# Physiologie der Obstgehölze

Gerhard Friedrich
Dietrich Neumann
Michael Vogl

## Physiologische Erkenntnisse in der industriemäßig organisierten Obstproduktion

# Physiologie der Obstgehölze

## Physiologische Erkenntnisse in der industriemäßig organisierten Obstproduktion

2. neu bearbeitete und erweiterte Auflage

Herausgegeben von

Prof. em. Dr. sc. Dr. h. c. Gerhard Friedrich
Dresden-Pillnitz

Prof. Dr. sc. Dietrich Neumann
Leiter der Versuchsstation Rostock-Biestow des Institutes für Obstforschung Dresden-Pillnitz der Akademie der Landwirtschaftswissenschaften der Deutschen Demokratischen Republik

Prof. Dr. sc. Michael Vogl
Bereichsdirektor im Institut für Obstforschung Dresden-Pillnitz der Akademie der Landwirtschaftswissenschaften der Deutschen Demokratischen Republik

Mit 292 Abbildungen,
davon 20 auf 8 Farbtafeln, und 119 Tabellen

AKADEMIE-VERLAG BERLIN
1986

unter Mitarbeit von

Prof. Dr. sc. Heinz Schulz
Prof. Dr. sc. Gottfried Stolle
Martin-Luther-Universität Halle—Wittenberg
Sektion Pflanzenproduktion

Dr. Ladislav Černý, Mlada Boleslav

Dr. Rolf Büttner
Dr. Christa Fischer
Dr. Manfred Fischer
Dr. Kurt Gliemeroth
Dr. Max Katzfuss
Dr. habil. Heinz Murawski †
Dr. habil. Ursula Neumann
Dr. sc. Georg Otto
Dr. Hans Rode
Dr. Josef Salzer
Dr. sc. Johann Schmadlak
Dr. sc. Siegfried Schmidt
Dr. Gotthard Schönberg
Dr. habil. Hanna Streitberg
Dr. Manfred Ulrich und andere
Institut für Obstforschung Dresden-Pillnitz der Akademie der Landwirtschafstwissenschaften der DDR

Prof. Dr. sc. Heinz Leike
Institut für Züchtungsforschung Quedlinburg der Akademie der Landwirtschaftswissenschaften der DDR

Vertriebsrechte für die sozialistischen Länder: Akademie-Verlag Berlin
Vertriebsrechte für alle Staaten mit Ausnahme der sozialistischen Länder:
Springer-Verlag Berlin Heidelberg New York Tokyo
ISBN 3-540-15268-7 2. Auflage Springer-Verlag Berlin Heidelberg New York Tokyo

ISBN 3-05-500158-3 2. Auflage Akademie-Verlag Berlin

1986
Erschienen im Akademie-Verlag Berlin, DDR-1086 Berlin, Leipziger Straße 3—4

Lizenznummer: 202 · 100/549/86
Printed in the German Democratic Republic
Gesamtherstellung: VEB Druckhaus „Maxim Gorki", 7400 Altenburg
Lektor: Karl Abel
Einband und Schutzumschlag: Wolfgang Janisch
LSV 4325
Bestellnummer: 763 649 5 (6289)
07800

# Vorwort

In der obstbaulichen Forschung standen während vergangener Jahrzehnte technologische und ökonomische Arbeiten deutlich im Vordergrund. Es war notwendig, die Mechanisierung von Pflege und Ernte voranzutreiben, um ein Übermaß an Handarbeit durch Maschinenarbeit zu ersetzen. Eine dem modernen Anbau entsprechende Lagerwirtschaft mußte völlig neu entwickelt werden.

Aufgabe der physiologischen Forschung ist es schon heute, die Praxis in die Lage zu versetzen, über die optimale Gestaltung aller Pflegemaßnahmen höchste Erträge abzusichern, ohne die Bäume dabei so zu belasten, daß das Ertragspotential überzogen wird und es dadurch zum Ertragswechsel kommt. Darüber hinaus sind von den Züchtern mit Unterstützung der Physiologen neue Sorten mit höherem Ertragspotential und größerer Ertragssicherheit zu schaffen.

Um diese Ziele zu erreichen, bedarf es mehr denn je eines umfassenden Wissens um die Vorgänge der Pflanzenentwicklung und Ertragsbildung. Im praktischen Anbau müssen durch geeignete Maßnahmen der Bodenpflege, der Düngung, der Zusatzbewässerung und durch den Einsatz von Wachstumsregulatoren Voraussetzungen für hohe, stabile Erträge und damit im Zusammenhang für die zuverlässig ablaufende Blütenbildung für die Ernte des nächsten Jahres geschaffen werden. Notwendige Maßnahmen lassen sich umso zielstrebiger durchführen, je gefestigter das Wissen und dessen Nutzung bei der Planung des Komplexes der Pflegemaßnahmen ist.

Die allgemeinen Lehrbücher für den Obstbau beinhalten vorwiegend technologische Maßnahmen und Fragen der Standort- und Sortenwahl. Zur Physiologie der Ertragsbildung können sie nur wenig aussagen, weil das den Rahmen produktionsbezogener Darstellungen sprengen würde.

Unser Buch soll daher vorhandene Obstbaubücher keinesfalls ersetzen, dafür aber umso mehr ergänzen.

Seit dem Erscheinen der ersten Auflage dieses Buches sind 8 Jahre vergangen. Das physiologische Wissen hat während dieser Zeit in geradezu unwahrscheinlich hohem Maße zugenommen. Es mußten daher fast alle Kapitel überarbeitet und ergänzt werden, die sich auf Forschungsgebiete beziehen, die noch stark im Fluß sind und mit immer neuen Erkenntnissen aufwarten. In diesem Zusammenhang mußte auch der Züchtungsforschung sowie der praktischen Obstzüchtung und der Verflechtung mit der Pflanzenphysiologie mehr Aufmerksamkeit gewidmet werden. Es wird somit ein Buch vorgelegt, das die Fortschritte der Naturwissenschaften — soweit sie für den Obstbau interessant und wichtig sind — berücksichtigt und verarbeitet hat.

Der Akademie-Verlag hat uns bei der Abfassung der 2. Auflage in jeder Weise gefördert und unterstützt, so daß ihm der ganz besondere Dank der Autoren gebührt.

Die Herausgeber

# Inhaltsverzeichnis

# Einführung

## Notwendigkeit der Zusammenfassung des derzeitigen Erkenntnisstandes zur Physiologie der Ertragsbildung im Obstbau

Die biologischen Wissenschaften befinden sich in einer stürmischen Entwicklung. Pflanzenphysiologen, Züchtungsforscher, Biochemiker, Biophysiker und auch Wissenschaftler aus völlig anderen, aber auf die Pflanzenproduktion irgendwie rückwirkenden Forschungsgebieten legten zahlreiche grundlegend neue Ergebnisse vor. So können, um nur einige Beispiele zu nennen, die Wissenschaftszweige bzw. Arbeitsrichtungen Molekularbiologie, Isotopentechnik, Gewebekultur, Assimilationsforschung oder Wachstumsregulatoren mit Resultaten aufwarten, die den praktischen Pflanzenbau unmittelbar ansprechen. Zusammenfassend darf behauptet werden, daß sich unser Wissen von der Pflanzenentwicklung und Ertragsbildung, was die theoretischen Grundlagen, aber auch die praxisreifen Ergebnisse anbetrifft, während der letzten Jahrzehnte vervielfacht hat. Die vielschichtigen, neu erkannten Gesetzmäßigkeiten in praktische Nutzanwendung umzusetzen, ist nicht immer einfach. Diese Feststellung enthebt uns jedoch nicht von der Verpflichtung, zielstrebig und, wenn notwendig, auch hartnäckig an der weiteren Verbesserung der Obstproduktionsverfahren durch Nutzung, Anpassung und Überleitung naturwissenschaftlicher Erkenntnisse zu arbeiten.

Der Obstbauer, unabhängig davon, ob Praktiker oder Wissenschaftler, vermag diese Entwicklung mit ihrem schnell wachsenden Erkenntnisstand nicht mehr zu überschauen. Der Überblick wird vor allem dadurch erschwert, daß oft nicht sofort erkennbar ist, wo die Grenzen zwischen theoretischen Grundlagen und praktisch schon nutzbaren Forschungsergebnissen liegen. Dabei ist zunächst zwischen Ergebnissen der naturwissenschaftlichen Forschung zu trennen, die vorerst für die Weiterentwicklung der obstbaulichen Forschung selbst von Interesse sind und solchen, die nach entsprechender Anpassung in vorhandene Produktionsverfahren eingebaut werden können.

Naturwissenschaftliche Arbeitsergebnisse, die den Obstbauer interessieren könnten, werden oft in Zeitschriften veröffentlicht, die vorwiegend theoretischen Charakter tragen. Wie nicht anders zu erwarten, spielen obstbauliche Gesichtspunkte bei der Diskussion der Probleme nur in den seltensten Fällen eine Rolle. Trotzdem sind häufig Analogieschlüsse möglich und die Anpassung der für andere Pflanzen gültigen Verfahren an obstbauliche Verhältnisse erfordert oft nur einen relativ geringen Aufwand. Zur Erhärtung dieser Feststellung sei wiederum ein Beispiel genannt. Wachstumsregulatoren und Pflanzenwirkstoffe überhaupt gewinnen in der modernen Forschung zunehmend an Bedeutung. Sie werden auch in die Obstproduktion stärker Eingang finden. Das betrifft z. B. die Regulierung der Blütenknospenbildung. Bisher hat man zur Bekämpfung des periodischen Tragens (Alternanz) der Obstbäume im jeweiligen

Vollertragsjahr durch den Einsatz von Mitteln zur Lenkung biologischer Prozesse einen wesentlichen Prozentsatz der Blüten bzw. Früchte zerstört, d. h. man versucht, eine vom Regelmechanismus der Pflanze aus gesehen falsche Steuerung der Entwicklung und Stoffverteilung durch Vernichtung von Substanz auszugleichen. Mit einer solchen Methode kann man aber nie das Ertragspotential einer Sorte ausschöpfen, das ist nur möglich, wenn es mit Hilfe von Wachstumsregulatoren gelingt, eine regelmäßige jährliche Blütenbildung zu erzwingen, selbst bei Sorten, die aus genetisch bedingten Gründen zum Ertragswechsel neigen. Man darf erwarten, daß uns zukünftig eine ganze Palette sehr unterschiedlich, aber spezifisch wirkender Wachstumsregulatoren zur Verfügung stehen wird. Der Obstbauer muß lernen damit umzugehen. Ausreichende Kenntnisse über Zusammenhänge zwischen Wachstum, Entwicklung und Ertragsbildung sind die Voraussetzung dafür.

Pflanzenbauliche Gedanken stehen bei der Darstellung einer „Physiologie der Obstgehölze“ im Vordergrund. Technologisch-ökonomische Gesichtspunkte sind jedoch nicht weniger wichtig und bei der notwendigen Ganzheitsbetrachtung nicht vom pflanzenbaulichen Teil trennbar. Die Entwicklung industriemäßiger Produktionsverfahren, der Anbau von Obstbeständen in großen geschlossenen Produktionseinheiten, die Notwendigkeit nicht nur hohe, sondern auch regelmäßige Ernten bei bester Fruchtqualität einzubringen, stellen eine Einheit dar. Man braucht viele Fehlschläge in der Obstproduktion, die heute noch oft als naturbedingt und unbeeinflußbar angesehen werden, zukünftig nicht mehr als Auswirkung „höherer Gewalt“ hinzunehmen. Dabei soll nicht in Abrede gestellt werden, daß extreme Kälteeinbrüche, Hagelschäden und andere Naturkatastrophen immer auftreten können. Unabhängig davon hat sich aber schon heute herausgestellt, daß dort, wo nach modernen Gesichtspunkten mit dem erforderlichen Wissen und Können produziert wird, und wo alle Maßnahmen der Pflege an Boden und Baum unter Nutzung vorliegender wissenschaftlicher Erkenntnisse sorgfältig durchgeführt werden, die Ernten höher und stabiler sind als im Extensivobstbau, wo die Hauptverantwortung dem Wetter und dem Zufall überlassen wird.

Die in der Literatur verstreuten wertvollen Hinweise zur Ertragsphysiologie sind, solange sie nicht gesichtet, zusammengefaßt, für den Obstbau zugeschnitten und dem Praktiker in anwendungsbereiter Form nahegebracht werden, nicht umsetzbar. Die derzeitige Situation verlangt eine wertende, auf praktische Belange abgestimmte und für die obstbauliche Forschung anregende Zusammenfassung, begründet auf gefestigtem Wissen. Die Dringlichkeit ist umso größer, weil gerade während der letzten Jahre die technisch-technologische Entwicklung der Produktionsverfahren bis hin zur mechanisierten Ernte erfreulich rasch vorangegangen ist. Dagegen wurde die pflanzenbauliche Seite, z. B. was die Beeinflussung der Blütenknospendifferenzierung, die Ertragsbildung, die Erhaltung der Bodenfruchtbarkeit, die Probleme der optimalen Wasser- und Nährstoffversorgung, d. h. die Intensivierung der Stoffproduktion überhaupt, anbetrifft, zu stark vernachlässigt. Es ist aber verfehlt, die Merkmale zukünftiger industriemäßiger Produktionsverfahren nur von der technischen Seite aus zu sehen. Je moderner die Technik, desto besser. Im Vordergrund aber steht die höchstmögliche Steigerung der Leistung der Pflanze. Über allem wiederum steht der Mensch, der durch sein Wissen und Können alle Mittel zur Pflanzenproduktion mit höchster Effektivität einsetzt.

Die bewußte Anwendung pflanzenphysiologisch-obstbaulicher Forschungsergebnisse ist eine wichtige Voraussetzung für weitere Erfolge in der Obstproduktion. Bereits KOBEL betonte im Vorwort der ersten Auflage seines physiologisch orientierten Obstbaubuches (1931), daß wir, wenn wir die Gesetzmäßigkeiten, denen unsere Kulturpflanzen unterliegen, in ihren Grundzügen kennen, notwendig werdende Maßnahmen mit größerer Zuverlässigkeit durchführen können. Das Wissen um die theoretischen Grundlagen der Ertragsbildung ist die Basis für eine verbesserte Praxis. Dabei soll das Buch zur Physiologie der Obstgehölze Anleitungen zum praktischen Obstbau nicht verdrängen oder überflüssig machen, sondern ergänzen und vertiefen. Je mehr wir in die Theorie eindringen, desto fundierter wird unser praktisch anwendbares Wissen. Dabei können sich manche Rezepte, alt überlieferte Anschauungen und eine ganze Reihe scheinbar bestens begründeter Erfahrungen als falsch oder überflüssig erweisen. Auch hierfür sei ein Beispiel genannt. Manche Obstbauer glauben noch heute, daß die Probleme des Obstbaues durch neue Schnitt- oder Erziehungsmethoden zu lösen sind. In Wirklichkeit geht es aber zunächst um hohe Assimilationsleistungen, eine optimale Stoffverteilung im Sinne der Ertragsbildung, gesicherte Blühwilligkeit und ausreichende Fruchtungstendenz. Vom Standpunkt unseres heutigen Sortiments aus betrachtet benötigen wir letzten Endes neue Sorten, welche die geforderten Eigenschaften auf Grund ihrer genetischen Struktur mitbringen bzw. Verfahren, die geeignet sind, die Zielsetzung auch mit den jetzt angebauten Sorten zu realisieren.

Die Vielfalt der Problematik, die hier nur angedeutet werden konnte, verlangt eine Zusammenfassung der derzeitig anwendbaren Wissens zur Obstphysiologie, und zwar ohne Verzicht auf Hinweise zur perspektivischen Entwicklung. Dadurch werden Möglichkeiten erschlossen, die der Verwirklichung ständig verbesserter industriemäßiger Produktionsverfahren dienen. Die Darstellung der Obstproduktion vom Standpunkt des Physiologen aus gesehen soll dazu beitragen, den Praktiker zu veranlassen, seine Maßnahmen auf Grund eines besseren, gefestigteren Wissens zu treffen. Er soll in die Lage versetzt werden, sich eine wohlbegründete Vorstellung über Wachstum und Entwicklung der Obstbäume zu verschaffen, sich darauf bei jeder zu treffenden Entscheidung einstellen und von starren, immer nur bedingt gültigen „Rezepten“ abkommen zugunsten einer dynamischen Betrachtungsweise, die Pflanzenentwicklung und Standortbedingungen in gleicher Weise einbezieht. Dabei gilt auch für die Obstphysiologie die Forderung LEONARDO DA VINCIS (1452–1519):

„BEDENKE, DASS DU ZU JEDER ERKENNTNIS IHRE NUTZANWENDUNG SETZEN MUSST, DAMIT DIE WISSENSCHAFT NICHT UNNÜTZ SEI“.

# Bedeutung physiologischer Erkenntnisse für die Steigerung der Obstproduktion

Mängel in der Obstproduktion beruhen oft nicht auf fehlenden wissenschaftlichen Erkenntnissen über die Steuerung von Wachstum und Entwicklung. Sie kommen zustande, weil bekannte Gesetzmäßigkeiten negiert oder nur unzureichend beachtet werden.

Die Bedeutung der Physiologie der Ertragsbildung für die Obstproduktion kommt in den speziellen Kapiteln dieses Buches zum Ausdruck. Der einleitende Abschnitt beschränkt sich auf die grundsätzliche Problematik, und dargestellte Einzelfakten dienen nur der Beweisführung.

Die Notwendigkeit, physiologische Forschungsergebnisse zu nutzen, beginnt nicht erst, wenn die Bäume tragen, sondern bereits bei der Baumanzucht, der Planung der Obstanlage und der Pflanzung. Mag der Obstliebhaber seine Sorten nach dem Baumschulkatalog auswählen, ihm geht es nicht um höchste Erträge, sondern vorrangig um die Freude am Obstbau überhaupt. Der Leiter eines progressiven Obstbaubetriebes muß in jedem Falle die physiologisch-ökologischen Ansprüche der Obstarten und -sorten kennen, um die Sortenwahl nach der Wärmestufe und der Vegetationsdauer seines Standortes, der natürlichen und der zusätzlichen künstlichen Wasserversorgung und der Bodenqualität zu treffen. Das ist eine der grundlegenden Voraussetzungen für hohe und sichere Erträge bei geringstmöglichem Aufwand. Daß bei diesen Erwägungen ökonomische und versorgungspolitische Gesichtspunkte mitwirken, ist selbstverständlich.

Bei der *Planung einer Pflanzung* ist auch der Standortanpassung der Unterlagen in Wechselwirkung mit den Ertragssorten größte Aufmerksamkeit zu schenken.

Von den Verträglichkeitsbeziehungen zwischen verschiedenen Unterlagen und bestimmten Ertragssorten hängen Wuchs und Ertragsbildung so unmittelbar ab, daß davon das ökonomische Ergebnis entscheidend, und zwar für die Gesamtlebensdauer der Anlage, bestimmt wird. Ein Beispiel soll die Bedeutung der Sortenwahl verdeutlichen. Im gegenüber den Süd- und Mittelbezirken der DDR kühleren Mecklenburg wird man z. B. nicht den wärmebedürftigen ‚Golden Delicious‘ anbauen, für dessen volle Entwicklung auch die kürzere Vegetationsperiode der Küstengebiete nicht ausreicht. Besser gedeiht dort z. B. die Sorte ‚Auralia‘, die eine ähnlich hohe, zeitweilig vielleicht sogar höhere Assimilationsleistung aufweist und somit in kurzer Zeit viel Substanz produzieren kann, ohne an sehr warme Standorte gebunden zu sein. In der Magdeburger Börde reichen Wärme und die Spanne frostfreier Tage für die optimale Qualitätsbildung bei ‚Golden Delicious‘ aus. Es wird aber zumindest von Fall zu Fall zweckmäßig sein, während Trockenperioden zusätzlich zu bewässern. Damit erreicht man, daß diese Sorte selbst an heißen Tagen, an denen z. B. ‚Cox Orangen‘ oder ‚Boskoop‘ die Stoffproduktion einschränken, noch stark assimiliert und so die stoffliche Grundlage für ausreichende Fruchtgrößen selbst bei hohen Ernten gesichert wird.

Die nächste Stufe, auf der physiologische Gesichtspunkte eine maßgebliche Rolle spielen, ist die *Pflanzung der Bäume*. Fehler, die hierbei unterlaufen, wirken sich auf die Entwicklung über Jahre hinweg negativ aus. Versäumnisse sind für den, der die Zusammenhänge nicht erfaßt, möglicherweise in ihren Auswirkungen, aber nicht in ihren Ursachen erkennbar.

Die Umsetzung junger Gehölze vom Baumschulbestand in die Obstanlage bedeutet eine schwerwiegende Unterbrechung der Entwicklung, und zwar zu einer Zeit, zu der der Baum gerade erst anfängt ein Baum zu werden. Um Substanzverluste zwischen Rodung und Pflanzung herabzumindern, ist eine schnelle Pflanzung nach erfolgter Rodung erforderlich. Im Interesse der zügigen Weiterentwicklung der Bäume sind insbesondere die Reservestoffe der Wurzel, d. h. also die Wurzeln selbst, weitgehend zu erhalten. Jede Reduzierung der Wurzelmasse ist gleichzusetzen mit einem Verlust an Zuwachs des Jungbaumes am Standort. Der Wurzelrückschnitt ist ein seit Jahrhunderten geübter Unfug. Er ist ein Beispiel dafür, wie man durch Unkenntnis oder Mißachtung physiologischer Zusammenhänge den Wuchs der Bäume und die Ertragsbildung hinauszögern kann. Zu vermeiden sind weiterhin Wasserverluste beim Transport oder während der Lagerung der gerodeten Bäume. Der Wasserverlust ist in diesem Fall nicht gleichzusetzen mit dem beim wachsenden Gehölz im Hochsommer. Bei diesem wird der täglich am Mittag auftretende Wassermangel nachts wieder ausgeglichen. Wasserverlust beim gerodeten Gehölz führt zu nachhaltigen Schäden im Leitungssystem, die möglicherweise erst nach Jahren allmählich verschwinden.

In der *Obstanlage* ist es zunächst notwendig, für eine möglichst schnelle Herstellung einer großen Gesamtblattfläche zu sorgen. Der jahrzehntelang propagierte strenge Erziehungsschnitt, auch in der Form, wie er noch während der 50er Jahre gefordert wurde, verhindert dies, er ist falsch und der Obstproduktion nachteilig.

Im tragenden Obstbestand ist die optimale Einflußnahme auf Wuchs und Ertrag nur bei ständiger Beobachtung der Bäume möglich. Dabei spielen Sortenunterschiede eine Rolle. Sorten mit genetisch bedingter hoher Ertragsleistung, z. B. ‚James Grieve‘, ‚Golden Delicious‘ oder ‚Jonathan‘, verlangen hohe Nährstoffgaben, sie brauchen relativ viel Mineraldünger und bringen dann hohe Erträge. Andere Sorten, wie z. B. ‚Berlepsch‘, ‚Boskoop‘ und ‚Goldparmäne‘, reagieren im Jugendstadium auf hohe N-Gaben zunächst nur mit starkem Wuchs, meist auf Kosten des Ertrages. Dieses Beispiel besagt, daß die Stoffverteilung auf Wurzel, Baumkrone, Blätter und Früchte sortenweise sehr unterschiedlich ist, so daß es ein einheitliches Düngungsrezept z. B. schon für alle Apfelsorten nicht geben kann. Physiologische Gesichtspunkte und Kenntnisse sind die Voraussetzung für die richtige Steuerung des Entwicklungsablaufes.

Ein weiteres Beispiel hierfür ist die Wahl des Düngetermines. Stickstoff zur richtigen Zeit und in der richtigen Menge gegeben, fördert die Ertragsbildung. Mit Stickstoff kann man die Blütenknospendifferenzierung z. B. über eine N-Blattdüngung unterstützen, mit zu viel N oder einer zur falschen Zeit verabreichten Gabe hemmt man die Ausbildung von Blütenknospen oder macht sie sogar rückgängig. Um die Aufnehmbarkeit der Mineralstoffe zu sichern, ist stets ausreichende Bodenfeuchte ebenso wichtig wie das Vorhandensein der Nährstoff-Ionen selbst.

Mit Wassergaben zum richtigen Termin, d. h. bei Trockenheit *und* Wärme, erreicht man, daß die Pflanze weiter assimilieren kann. Dazu genügt es oft schon, wenn die Luftfeuchtigkeit durch die Regner erhöht wird. Zu Beginn der

Differenzierung der Blütenknospen stehen Wachstum und Knospenbildung miteinander in Konkurrenz. Bei Einleitung der Differenzierung wäre es am besten, der Baum würde „trocken stehen“. Eine Wassergabe zu dieser Zeit begünstigt infolge der dadurch geförderten Apikaldominanz das Triebwachstum mit dem Ergebnis, daß die Blütenknospendifferenzierung gehemmt wird. Im Herbst kann bei Trockenheit *und* Wärme eine geringe Wassergabe das Wachstum der Früchte noch deutlich fördern. Zu viel Wasser bewirkt in dieser Zeit eine erneute Anregung des zum Stillstand kommenden Triebwachstums und damit erhöhte Frostgefahr für den Baum im kommenden Winter.

Die angedeuteten Beispiele zeigen, daß gleiche Maßnahmen zu verschiedenen Zeiten und in unterschiedlichem Umfang angewandt, völlig andersartige und sogar gegensätzliche Auswirkungen haben können. Der Obstbauer neigt aber allgemein dazu, den Bäumen möglichst viel Nährstoffe und Wasser zu verabreichen. Ein Überangebot an Wasser führt zum Luxuskonsum und bewirkt, daß solche Bäume bei längerer Trockenheit viel nachhaltiger betroffen werden als solche, die sich durch gut dosierte, eher etwas sparsame Wassergaben eine ausreichende Trockenresistenz erhalten haben. Nährstoffe im Übermaß gegeben führen ebenfalls zu einem Luxuskonsum, und, besonders was den Stickstoff anbetrifft, zu Fehlleistungen im Stoffwechselgeschehen verbunden mit Ertragsverlusten und Erhöhung der Frostanfälligkeit, sowie vorzeitigem Fruchtverfall bei der Lagerung.

In allen Abschnitten des Produktionsverfahrens spielen physiologische Abläufe eine Rolle und fast immer lassen sie sich beeinflussen. Das betrifft auch Ernte und Lagerung. Bei der Ernte gilt es den für die Lagerung richtigen Zeitpunkt der Reife zu erfassen. Die Methoden hierzu verlangen ein tiefes Eindringen in biochemische Regelmechanismen. Sehr umfangreiche Forschungsergebnisse liegen auch über die Physiologie der lagernden Frucht vor. Hier werden die Wechselwirkungen zwischen dem physiologisch richtigen Erntezeitpunkt und der möglichen Lagerdauer, der Lagerfähigkeit der Früchte und dem Standort, der Düngung und Bewässerung der Bestände und der Ausbildung des Zellgewebes der Frucht durch beträchtliche Unterschiede im Lagerverhalten deutlich erkennbar.

Im Zusammenhang mit den genannten Beispielen sollen die vielfältigen Probleme weder zu Ende diskutiert noch Maßnahmen genannt werden, die in den folgenden Kapiteln eingehend beschrieben sind. Das Anliegen dieser einführenden Darstellung ist es, zu verdeutlichen, wie ausschlaggebend physiologische Kenntnisse für die gezielte Einflußnahme auf die Entwicklung der Bäume und die Ertragsbildung sind. Es wird aber auch deutlich, daß es „Rezepte“ im Sinne von allgemeingültigen Anweisungen für Bewässerung, Düngung, Schnitt, Bodenpflege usw. niemals geben kann. Selbstverständlich lassen sich Grenzen für erforderliche Nährstoffgaben oder die Zusatzbewässerung abstecken. Solche Hinweise kann aber nur derjenige richtig anwenden, der vom jeweiligen Entwicklungsstand der Bäume ausgeht, mit den Sorteneigentümlichkeiten vertraut ist, seinen Standort richtig zu beurteilen vermag und auch den Witterungsablauf in seine Maßnahmen einkalkuliert. Es gibt keine Starrheit bei der Anwendung irgendwelcher Maßnahmen in der Obstproduktion. Die Dynamik des Geschehens äußert sich an jedem Standort, bei jeder Sorte, in jeder Obstanlage anders. Höhe und Regelmäßigkeit der Ernten hängen daher in entscheidendem Maße vom ausreichenden Wissen des Obstbauers über physiologische Zusammenhänge ab. Er muß, will er im Laufe der sich entwickelnden industriemäßigen Produktion zu höchsten Ergebnissen kommen, eine Synthese mit der modernen Naturwissenschaft eingehen, wenn er nicht im Praktizismus stecken bleiben will. Nicht selten ist es notwendig, umzulernen und alte, aber falsche Schulmeinungen über Bord zu werfen und durch gefestigtes Wissen, gesichert durch zahlreiche neue Erkenntnisse, zu ersetzen.

## Prognostische Aufgaben der physiologischen Forschung im Obstbau

Die „Physiologie der Obstgehölze" ist eine sehr junge Wissenschaft. Als Kobel im Jahre 1931 seine erste zusammenfassende Darstellung wagte, mußte er sich auf die Behandlung einiger Teilgebiete beschränken, die vorwiegend Arbeiten zur Entwicklungsphysiologie betrafen. Vorliegende stoffwechselphysiologische Versuchsergebnisse bezogen sich fast ausschließlich auf die Mineralstoffernährung, wobei empirisch ermittelte Erfahrungswerte im Vordergrund standen.

Eine eigenständige Forschungsrichtung „Physiologie der Obstgehölze" entstand erst während der letzten 25 Jahre. Seither hat sich das Wissen um Vorgänge der Baumentwicklung und Ertragsbildung erfreulich vermehrt. Viele Fakten wurden zusammengetragen, z. B. zum Assimilationsverhalten und zur Transpiration, zur Problematik der Nährstoffaufnahme und Stoffwanderung, zur Wuchsstoffanwendung usw. Trotzdem dürfen die erzielten Ergebnisse nicht darüber hinwegtäuschen, daß wir uns erst am Anfang einer physiologischen Durchdringung der Produktionsverfahren des Obstbaus befinden. Vor allem gilt es nunmehr, gezielte Untersuchungen zu Fragen des Stoffgewinnes, der Stoffumwandlung sowie der Blüten- und Ertragsbildung in Abhängigkeit von genetischen und Umweltfaktoren durchzuführen. Es geht einerseits darum, in bereits bestehenden Anlagen die Erträge durch Einflußnahme auf Wachstum und Entwicklung unter Zugrundelegung eines zuverlässigen Wissens über den Ablauf von Ertragsbildungsprozessen ständig zu erhöhen. Andererseits ist es notwendig, kommende Generationen von Obstproduktionsverfahren mit noch dichteren Pflanzungen, höherem Ertragspotential und größerer Ertragssicherheit von physiologischer Warte aus vorzubereiten.

Die physiologische Forschung hat zwei unterscheidbare, wenn auch nicht voneinander trennbare Aufgaben zu erfüllen:

1. Es sind die Voraussetzungen dafür zu schaffen, daß über geeignete Maßnahmen bis hin zur Anwendung von Wachstumsregulatoren das Leistungspotential vorhandener Anlagen maximal ausgeschöpft wird. In diesem Zusammenhang muß geklärt werden, welches Pflegesystem im Hinblick auf Kronengestaltung, Mineralstoffversorgung, Bodenpflege und Bewässerung für die heute praxisüblichen Produktionsverfahren optimal ist. Das, was im technischen Bereich möglich ist, nämlich die EDV-gerechte Formulierung technologischer Parameter, sollte — wenn auch als Fernziel — ebenso für pflanzenbaulich-physiologische Maßnahmen angestrebt werden.

2. Durch die Züchtung müssen unter

Anwendung physiologischer Testverfahren Sorten mit erhöhter Leistung und regelmäßigem Ertrag geschaffen werden als Vorlauf für völlig neue Produktionsverfahren. Dazu gehört z. B. auch die Züchtung von Bäumen mit einer Struktur, die der mechanisierten Ernte entgegenkommt, d. h. zu den bisher formulierten und weiter gültigen Zuchtzielen kommen neue hinzu.

Unsere derzeit im Anbau befindlichen Sorten haben ein z. T. beachtliches, aber auch sehr unterschiedliches Ertragspotential. So bekannte Sorten wie z. B. ‚Boskoop', ‚Goldparmäne' oder ‚Cox Orangen' erreichen trotz bester Pflege immer nur eine mittlere Leistung. Sorten wie ‚James Grieve', ‚Golden Delicious' ‚Idared' oder ‚Auralia' bringen bei richtiger Pflege weit höhere Erträge. Man kann mit ‚Golden Delicious' — günstige Standorte und Pflegesysteme vorausgesetzt — immer etwa um 50% mehr ernten als der Mittelwert aller anderen Sorten beträgt. Diese Erfahrung lehrt, daß hohe Ertragssteigerungen im Apfelanbau grundsätzlich möglich sind.

Die Frage, warum die Erträge des ‚Golden Delicious' so hoch sind, kann der Physiologe einigermaßen zufriedenstellend beantworten. Es handelt sich um eine Sorte, die hohe Assimilationsleistungen auch bei wechselnden Witterungsbedingungen vollbringt. Das Verteilungsmuster der Assimilate auf Sproß, Blätter und Früchte ist günstig, die Stoffverteilung ist gut „programmiert", allerdings mit einer Einschränkung, die Wurzel wird gegenüber den oberirdischen Teilen benachteiligt. Dies hat zur Folge, daß nach etwa 6 Jahren die Erträge und Fruchtgrößen ziemlich plötzlich nachlassen, wenn nicht durch starken Rückschnitt der Krone ober- und unterirdische Organe wieder miteinander ins Gleichgewicht gebracht werden.

Die Voraussetzungen, die eine Sorte mitbringen muß, um hohe Erträge zu ermöglichen, lassen sich also von entwicklungs- und stoffwechselphysiologischer Warte aus einengen. Das Beispiel zeigt, daß die Ergebnisse der physiologischen Forschung dem Pflanzenbauer unmittelbar, dem Züchter durch Hinweise auf anzustrebende „Ertragsstrukturen" mittelbar dienen können. Um diese Erfahrungen auch bei der Züchtung neuer Sorten wirksam werden zu lassen, ist es notwendig, solche Testverfahren zu entwickeln, die es gestatten, bestimmte Leistungsparameter schon an der Jungpflanze zu erkennen.

Für die Verbesserung praxisüblicher Produktionsverfahren wie für die Neuzüchtung von Sorten zur industriemäßigen Produktion ist vorrangig die Vertiefung der Kenntnisse über die ökologischen, entwicklungsphysiologischen und stoffwechselphysiologischen Zusammenhänge bei der Ertragsbildung notwendig.

Der hohe Grad der Intensivierung des Obstbaus, die ständig zunehmende Zahl der Bäume je Flächeneinheit, die relativ hohen Mineraldüngermengen, die Forderung nach höheren und regelmäßigeren Erträgen und nach Mechanisierbarkeit der Ernte, kurz gefaßt, das Verlangen nach einer Produktion auf einem höheren Niveau, verlangt bessere Kenntnisse zur Stoffproduktion allgemein und speziell zur Blüten- und Ertragsbildung. Das komplizierte Wirkungssystem der Ertragsbildung setzt sich aus einer Fülle von Einzelwirkungen zusammen. Dabei realisiert sich der Ertrag nicht allein aus den Wechselbeziehungen sortentypischer Reaktionen und wirksam gewordener Umweltbedingungen. Auch die Rückwirkungen der einzelnen von Menschen weitgehend beeinflußten Elemente des Komplexes der Ertragsbildung aufeinander spielen besonders bei den vieljährigen Obstbäumen eine nicht zu unterschätzende Rolle.

Die bereits vorliegenden Ergebnisse zur Obstphysiologie sind wertvoll, sie vermitteln viele Anregungen. Nachteilig ist, daß sie Teilvorgänge der Entwicklung oft weitgehend isoliert vom Gesamtgeschehen aus beurteilen (z. B. Fruchtausdünnung, Triebhemmung durch Wachstumsregulatoren). Solche Erkenntnis-Bruchstücke lassen sich schwer in das gesamtphysiologische Geschehen einordnen. Die physiologische Forschung im Obstbau kann wesentlich effektiver arbeiten, wenn sie von einem Modell der Ertragsbildung, so wie es z. B. von Schmidt (s. S. 427), Neumann (s. S. 341) oder Jankiewicz (s. S. 434) vorgelegt wurde, ausgeht und geplante Forschungsarbeiten so konzipiert, daß sie dem Modell zuarbeiten. Jedes neue Forschungsergebnis sollte eine Erkenntnislücke schließen und das Modell verdichten helfen.

Für die weitere Steigerung der Obstproduktion interessieren in diesem Zusammenhang Untersuchungen zur Charakteristik der Obstarten und -sorten in allen Phasen der Ontogenese, insbesondere was die Beziehungen zwischen dem Entwicklungsablauf, der Stoffproduktion sowie der Blüten- und Ertragsbildung anbelangt. Dabei sind Zusammenhänge zwischen morphogenetischen Prozessen und Ertragsbildung, die in ständiger Wechselwirkung stehen, von großem Interesse.

Die Stoffproduktion als Voraussetzung für die Ertragsbildung erfordert weitere Erkenntnisse im Hinblick auf die Grundlagen der Kohlenhydrat- und Stickstoffassimilation, den Einbau der Assimilate in die verschiedenen Pflanzenorgane und die Bedeutung der Attraktionszentren für die Stoffwanderung und Stoffumwandlung. Es geht schließlich darum, Stoffbilanzen aufzustellen und wichtige Regulationsmechanismen in der Pflanze zur Charakterisierung der Beziehungen zwischen Synthesen und Attraktionszentren zu erfassen. Solche Erkenntnisse sind auch die Voraussetzung für eine gezielte Anwendung von Wachstumsregulatoren. Sie versetzen uns in die Lage, die möglichen Wirkungen mit ausreichender Exaktheit vorauszubestimmen.

Aus der Vielfalt der Einflußfaktoren müssen die leistungsbestimmenden Komponenten mit Hilfe biochemischer und biophysikalischer Untersuchungsmethoden herausgefunden werden. Im Anschluß daran werden sich Wege finden, sie zu beeinflussen. Ferner ist es notwendig, die wesentlichen physikalischen Umweltkomponenten unter natürlichen und im Modellversuch unter simulierten reproduzierbaren Bedingungen zu erfassen, um ihr Wirkungsspektrum einschätzen zu können.

Die leistungsbestimmenden Parameter müssen in quantitativ vergleichbaren Meßgrößen vorliegen, so daß ihre Verarbeitung mit Hilfe statistischer Methoden möglich wird. Das Ziel besteht schließlich darin, ein biostatistisches Modell der Ertragsbildung aufzustellen. Als Vorstufe dazu gilt es zunächst Teilvorgänge der Pflanzenentwicklung und Ertragsbildung in EDV-gerechten Modellen auszudrücken. Diese liefern an sich schon neue Erkenntnisse, darüber hinaus bilden sie die Grundlage für die zielstrebige Weiterführung der Forschungsarbeiten.

## Literatur

Kobel, F.: Lehrbuch des Obstbaus, Springer-Verlag, Berlin. 1. Aufl. 1931; 2. Aufl. 1954

Die für die Bearbeitung des vorliegenden Buches verwendete Literatur ist so umfangreich, daß es nicht möglich war, alle Autoren im Literaturverzeichnis aufzuführen. Die vollständige Literatur liegt bei den Verfassern der einzelnen Kapitel vor und kann von Interessenten eingesehen werden.

# Stoff- und Energiegewinn durch Assimilation des Kohlendioxids der Luft — Wanderung und Umwandlung der Assimilate — Respiration

## Photosynthese

### Photosynthese und Stoffproduktion

#### Der Photosyntheseprozeß, seine Bedeutung für das Leben auf der Erde und für die Pflanzenproduktion

Unter Photosynthese verstehen wir die Fähigkeit der grünen Pflanze, aus dem Kohlendioxid der Atmosphäre und dem aus dem Boden aufgenommenen Wasser mit Hilfe der Sonnenenergie organische Substanz zu bilden. Die Assimilation von Kohlenstoff nimmt unter den lichtabhängigen biologischen Synthesen eine Sonderstellung ein, die Pflanze erzeugt aus Elementen der Luft und des Wassers körpereigene Substanz. Die aufgenommenen Kohlenstoffatome vereinigen sich untereinander zu Ketten und bilden zunächst verschiedene Zucker. Diese wiederum sind Ausgangsprodukte für alle Naturstoffe, die der pflanzliche Organismus synthetisieren kann. Die Assimilation des Kohlenstoffes durch die Pflanze ist daher einer der wichtigsten photochemischen und biochemischen Prozesse auf der Erde überhaupt. Sie ist eine grundlegende Voraussetzung für die Entstehung und Erhaltung des Lebens.

Durch das Werden und Vergehen der Organismen wird der Kreislauf des Kohlenstoffes auf der Erde ständig in Gang gehalten. Aufbau und Zerfall C-haltiger Verbindungen sind die Voraussetzung dafür, daß der verfügbare Gehalt an Kohlendioxid in der Atmosphäre praktisch konstant bleibt.

Die Photosynthese verbraucht von der Sonne gelieferte Energie, denn die Photosyntheseprodukte sind energiereicher als die Ausgangsstoffe, d. h. das Energiepotential der Pflanze nimmt im Verlauf der Kohlenstoffassimilation zu. Die auf diese Weise gewonnene Energie liefert den Betriebsstoff für alle mit der Erhaltung und Weiterentwicklung des Lebens verbundenen energieaufwendigen biochemischen Reaktionen. Durch die C-Bindung in grünen Pflanzen findet der Kohlenstoff Eingang in die belebte Natur. Alle Tiere, zur C-Assimilation nicht befähigte niedere Organismen und nichtgrüne Pflanzenteile (z. B. Wurzeln) sind auf den Kohlenstoffgewinn durch assimilierende Pflanzenorgane angewiesen.

Die assimilatorische Leistung grüner Pflanzen reicht aus, um alle heterotrophen, d. h. nicht zur Kohlenstoffassimilation befähigten, Lebewesen der Erde mit organischen Kohlenstoffverbindungen zu versorgen. Dabei werden nur etwa 1, höchstens 2% der die Erdoberfläche erreichenden Sonnenenergie von den Pflanzen in chemische Energie umgewandelt. Etwa 48% der auf die Blätter auftreffenden Energie werden durchgelassen, 20% reflektiert und 30% in Wärme umgewandelt oder für die Transpiration verbraucht. Es ist daher eine vordringliche Aufgabe der Forschung, über die Züchtung neuer Formen von Kulturpflanzen und darüber hinaus durch zweckmäßige Gestaltung der Produktionsverfahren den Prozentsatz der nutzbaren Sonnenenergie zu erhöhen. Bereits an dieser Stelle sei erwähnt, daß das Licht nicht nur Energielieferant für die Pflanze ist, das Wirkungsfeld eingestrahlter Energie ist viel breiter. Das Licht steuert wichtige Schritte der Pflanzenentwicklung, so die Keimung, den Tag-Nacht-Rhythmus, den Verlauf des Triebwachstums und der Blütenbildung wie auch die einzelnen Entwicklungsabschnitte und Ruheperioden im Verlauf des Jahres.

Die Frage nach dem Chemismus der Kohlenstoff-Assimilation ist sehr alt. Selbst griechische Philosophen des Altertums dachten schon über die Möglichkeiten des Stoffgewinns und der Stoffumwandlung durch die Pflanze nach, ohne jedoch bei dem damaligen Wissensstand ihre Beobachtungen richtig interpretieren zu können. Das Geheimnis der Mechanismen der Kohlenstoffaufnahme durch die Pflanze konnte trotz stürmischer Entwicklung der Chemie in unserem Jahrhundert nicht so schnell gelöst werden, wie man vielleicht erwarten würde. Die Grundprinzipien ließen sich sehr bald klären, die einzelnen Schritte der C-Aufnahme und des C-Einbaus blieben noch lange unbekannt. Erst während der letzten Jahrzehnte, vor allem ermöglicht durch die Anwendung der Isotopentechnik, wurde der Ablauf des komplexen Assimilationsmechanismus erforscht, und täglich kommen neue Erkenntnisse hinzu. Selbst für den Spezialisten der Photosyntheseforschung ist es heute schwer geworden, das Gesamtgebiet noch zu überschauen. Um so weniger wird es dem Pflanzenproduzenten gelingen, alle neuen Forschungsergebnisse zu verfolgen. Er sollte jedoch zumindest die wichtigsten Prozesse, die auf die Stoffbildung Einfluß nehmen, überschauen, um sie für die Pflanzenproduktion zu nutzen. Es wäre falsch, den Komplex Photosynthese bei der ständigen Weiterentwicklung auszuklammern, weil man dann mit Sicherheit wichtige Möglichkeiten zur Einflußnahme auf die Ertragsbildung ungenutzt läßt. Neue Erkenntnisse dieses Forschungsgebietes lassen sich in der Regel auch nicht in Form von Rezepten anwendungsreif formulieren, meist müssen sie standortbezogen, individuell umgesetzt werden.

Es kann nicht die Aufgabe eines Obstbaubuches sein, selbst wenn es sich vorwiegend mit den physiologischen Grundlagen der Ertragsbildung bei der Obstproduktion befaßt, den Stand der Photosyntheseforschung erschöpfend darzustellen. Die folgenden Abschnitte vermitteln einen Überblick über das erforderliche Grundwissen, ohne die vielen Teilprozesse des Stoffgewinns durch Assimilation von C umfassend erläutern zu wollen.

Für den Obstbauer ist es notwendig zu erkennen und zu berücksichtigen, in welchem Maße die Assimilation der Obstgehölze durch äußere und innere, erblich bedingte Faktoren beeinflußt wird. Er muß wissen, daß er notwendige Pflegemaßnahmen an Boden und Baum dem individuellen Assimilationsverhalten der Gehölze, ja sogar einzelner Sorten anpassen muß, wenn er hohe und vor allem auch regelmäßige Erträge erzielen will. Es geht nicht darum, die letzte theoretische Feinheit der Photosyntheseforschung zu erfassen. Unsere Aufgabe ist es, die besonderen Beziehungen zwischen der Verhaltensweise der Obstgehölze und den an dem jeweiligen Standort gegebenen Möglichkeiten, einen hohen Stoffgewinn zu erzielen, im Produktionsverfahren zu überschauen.

# Biologie der Photosynthese

## Chloroplasten und Pigmente der Photosynthese

### *Strukturen des Photosyntheseapparates*

Die Assimilation des Kohlenstoffes findet in den Chloroplasten der Zellen von Blättern und grünen Früchten statt. Der Chloroplast ist in der Regel linsenförmig gebaut, sein Durchmesser beträgt maximal 5···8 μm. Er weist eine seiner Funktion angepaßte typische Struktur auf. Die Chloroplasten sind im Zytoplasma eingebettet, zwischen Chloroplasten und Zellplasma findet ein reger Stoffaustausch statt.

Ein Chloroplast erscheint unter dem Mikroskop nicht gleichmäßig grün; neben stärker gefärbten Bereichen (Grana) erkennt man eine hellere Substanz (Stroma), in welche die Grana eingebettet sind.

Chloroplastendünnschnitte lassen in mehr oder minder großer Anhäufung Faltenstrukturen erkennen, die aus in sich geschlossenen Doppellamellen bestehen, man bezeichnet diese Körper als Thylakoide. Die Grana sind Pakete von Thylakoiden, zahlreiche Thylakoide befinden sich aber auch locker verteilt im Stroma. Gegen das Zellplasma ist der Chloroplast durch eine Doppelmembran abgetrennt (Abb. 1 bis 3).

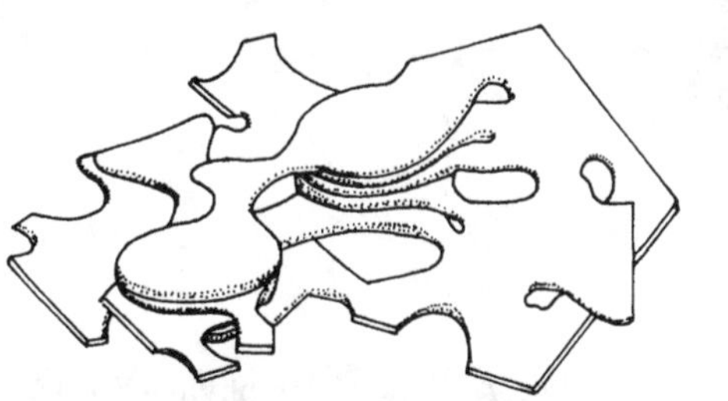

*Abb. 1:* Modell der Granabildung; die Stapel entstehen durch Überschiebung lateral miteinander verbundener Thylakoide; nach WEHRMEYER (1964) entnommen aus MOHR (1969)

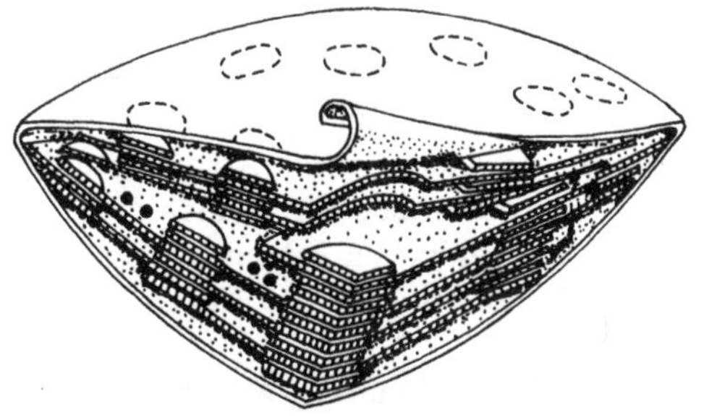

*Abb. 2:* Dreidimensionales Modell eines Chloroplasten; nach ERIKSON und Mitarb. (1961) entnommen aus MOHR (1969)

Die Chlorophyllmoleküle der Chloroplasten befinden sich in den Thylakoiden, gebunden an Strukturprotein. Ferner enthalten die Thylakoide Karotinoide und Plastochinone. Sie sind also Träger der für die C-Assimilation notwendigen Pigmente. Die Aufnahme der Strahlungsenergie, die „Lichtreaktion" der Photosynthese geht nur im Thylakoid vor sich, dagegen können die nicht unmittelbar vom Licht abhängigen Reaktionsschritte auch im Stroma ablaufen.

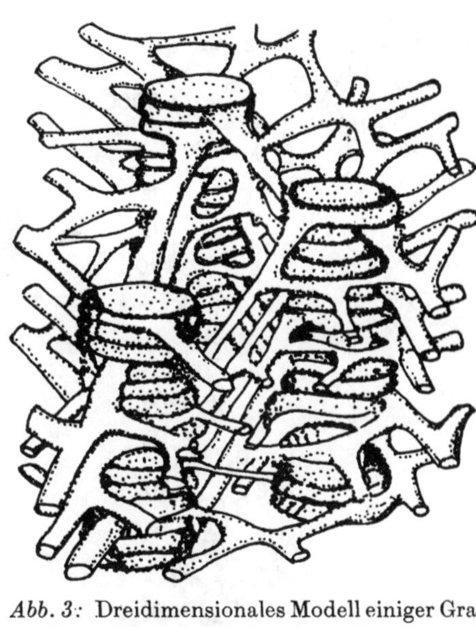

*Abb. 3:* Dreidimensionales Modell einiger Grana mit dem Strukturgerüst, welches die Thylakoide verbindet; nach WEIER und Mitarb. (1963) entnommen aus MOHR (1969)

Die Lamellen der Thylakoide sind nicht homogen, elektronenmikroskopische Aufnahmen lassen eine partikuläre Feinstruktur erkennen. Die Arbeiten über die Feinstruktur der Thylakoide führten zu wesentlichen neuen Erkenntnissen über stoffwechselphysiologische Zusammenhänge.

Damit hat sich unser Wissen um den Ablauf der biochemischen Vorgänge im Verlauf der Photosynthese während der letzten Jahre wesentlich erweitert.

### *Pigmente der Chloroplasten und ihre Bedeutung für die Photosynthese*

Die Chloroplasten enthalten als Hauptpigment das Chlorophyll a. Daneben finden sich Chlorophyll b, Karotinoide und Phycobiliproteide. Photosynthetisch aktiv ist nur das Chlorophyll a. Unabhängig davon können andere Pigmente indirekt an der Photosynthese mitwirken, indem sie Licht, das ihren Absorptionsspektrum entspricht, aufnehmen und später an das Chlorophyll a weitergeben. Sie sammeln und speichern kurzfristig die Lichtenergie und machen auf diese Weise Strahlungsbereiche nutzbar, die vom Chlorophyll a selbst nicht verwertet werden können. Die Molekülstruktur der Chloroplasten-Pigmente ist gut bekannt (Abb. 4). Die Chlorophylle gehören wie die Zytochrome zur Gruppe der Porphyrine. Das Zentralatom der Chlorophylle ist das Magnesium. Außer den 4 Pyrrolringen enthalten sie einen Cyclopentanonring. Die zwei Karboxylgruppen sind mit Methanol bzw. Phytol verestert. Man unterscheidet das blaugrüne Chlorophyll a und das gelbgrüne Chlorophyll b. Bei höheren Pflanzen beträgt der Anteil an Chlorophyll b etwa $^1/_3$ der Gesamtmenge des Chlorophylls. Die ebenfalls in höheren Pflanzen enthaltenen Karotinoide gehören zu den Tetraterpenen.

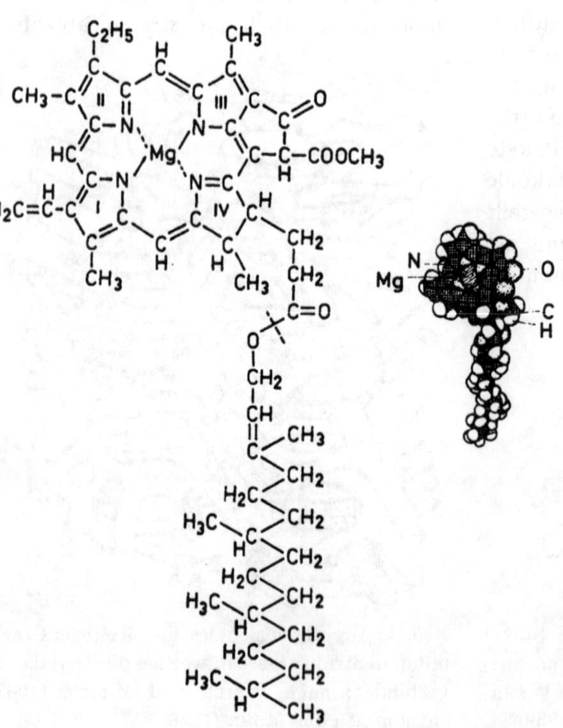


*Abb. 4:* Das Chlorophyll-a-Molekül links als Strukturformel, rechts als Kalottenmodell, oben das Porphyronringsystem, unten das Phytol; nach Kreutz (1966)

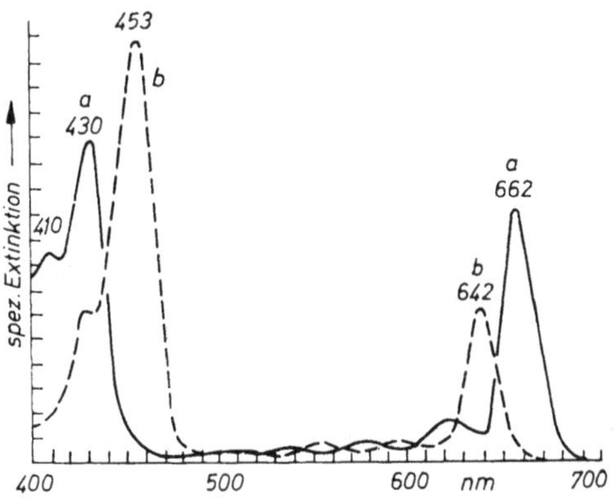


*Abb. 5:* Absorptionsspektren der Chlorophylle a und b in Äther; nach SMITH (aus RICHTER 1969). Die Zahlen geben die Lage der Absorptionsmaxima an. Sie sind bei beiden Chlorophyllen trotz der geringen Unterschiede in der molekularen Struktur deutlich verschieden

Die rot bis orangerot gefärbten Karotine sind Kohlenwasserstoffe, die mehr gelben Xanthophylle ihre Oxidationsprodukte. In den Chloroplasten der höheren Pflanzen ist vor allem das $\beta$-Karotin vertreten, von den Xanthophyllen findet sich neben anderen besonders das Lutein. Abbildung 5 zeigt die Absorptionsspektren der Chlorophylle a und b. In einem Thylakoid bilden etwa 200···400

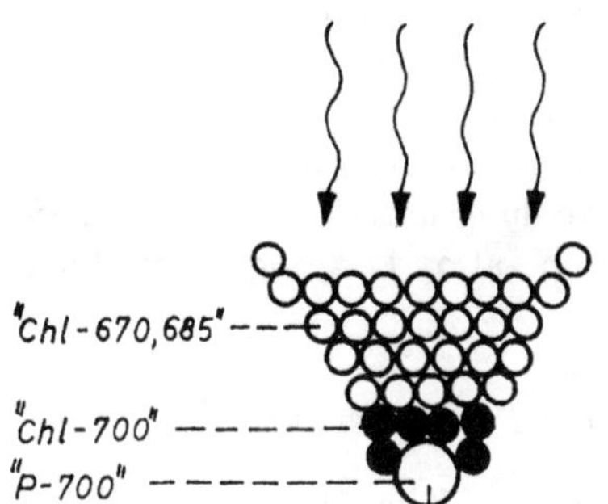


*Abb. 6:* Das wirksame Pigmentaggregat im Photosystem 1. Die Umsetzung der Lichtenergie in chemische Energie vollzieht sich am Molekül „P-700"; nach RICHTER (1969)

Chlorophyllmoleküle gemeinsam mit den Proteinen und anderen biologisch wichtigen Substanzen eine photosynthetische Einheit. Diese ist nur als Ganzes funktionstüchtig und zur Lichtreaktion befähigt. In einer solchen Einheit liegt das Chlorophyll a in verschiedenen, spektral deutlich unterscheidbaren Modifikationen vor. So unterscheidet man z. B. die Chlorophyllmodifikationen $a_{670}$, $a_{685}$ und das für die Photosynthese entscheidend wichtige Chlorophyll $a_{700}$, das nur wenige Prozent des Gesamtchlorophylls a ausmacht. Man kann sich vorstellen, daß die Formen, die Licht nicht selbst photochemisch umsetzen können, eine Art Zuträgerkette zum Chlorophyll $a_{700}$ bilden.

Als ein photochemisches Zentrum kann man sich ein einzelnes Chlorophyllmolekül vorstellen, das in enger räumlicher Beziehung zu einem Elektronendonator und einem Elektronenakzeptor steht. Eine solche Gruppe kann bei Einwirkung von Licht die Elektronentransportkette in Gang setzen (Abb. 6.) Eine photosynthetische Einheit besteht aber bei höheren Pflanzen aus zwei photochemischen Zentren, die beide nur im Zusammenwirken funktionsfähig sind. Das kleinere Photosystem 1 hat als Zentrum ein Molekül $P_{700}$. Als Energie-Zuträger wirken weitere Chlorophyll $a_{700}$- und wahrscheinlich auch $a_{685}$-Moleküle. Die Porphyronringsysteme dieser Moleküle sind flächenparallel ausgerichtet, es entsteht somit eine Struktur, die anscheinend Halbleitereigenschaften besitzt. Die Elemente des Photosystems 2 sind viel größer, sie erstrecken sich durch ein ganzes Thylakoid. Obwohl anzunehmen ist, daß sie ähnlich gebaut sind wie im Photosystem 1, kennt man ihre genaue Struktur vorerst nicht. Als Zuträger wirken Chlorophyll b und $a_{670}$ und wohl auch andere Pigmente, anscheinend auch $\beta$-Karotin. Die Frage, warum gerade dem $P_{700}$ eine zentrale Stellung im Photosynthesesystem zukommt, bedarf noch einer Erklärung. Man kann annehmen, daß die Pigmente mit dem langwelligsten Absorptionsband, also mit den energieärmsten Anregungszuständen als „sink" zu betrachten sind, sie dienen als Energiefalle und somit als Energiesammler im biologischen System. Die Anregung der photosynthetisch aktiven Pigmente erfolgt bei etwa 670 nm im langwelligen und bei 430 nm im kurzwelligen Bereich.

*Lichtabsorption durch Pigmente und Übertragung der Elektronenanregungsenergie*

Absorbiert ein Atom oder Molekül ein Photon, so kommt es dadurch in einen kurzlebigen, energiereicheren Anregungszustand. Bei Rückkehr in den Ausgangszustand gibt es die gespeicherte Energie wieder ab, und zwar in Form von Strahlung (Fluoreszenz), Wärme, durch Anregung benachbarter Moleküle oder in Form von photochemischer Arbeit, wie es für P 700 charakteristisch ist. Die Elektronenschalen (Orbitale) in den Atomen sind durch ganz bestimmte Energieniveaus gekennzeichnet. Diese steigen mit zunehmender Entfernung vom Atomkern an. Lichtquanten mit einer Energie, die genau der Energiedifferenz zwischen zwei Orbitalen entspricht, werden durch Verlagerung eines Elektrons auf eine kernfernere Schale, d. h. auf ein höheres Energieniveau, absorbiert. Diese physikalische Gesetzmäßigkeit hat zur Folge, daß nur Lichtquanten ganz bestimmter Wellenlängen aufnehmbar sind, sie werden durch die Absorptionslinien (Abb. 5) charakterisiert.

*Dynamik und Substanzumwandlung im Photosyntheseprozeß*

Unsere Betrachtungen beziehen sich wiederum nur auf die höheren Pflanzen. Niedere Pflanzen (soweit sie nicht Modellcharakter haben) und photosynthetische Bakterien bleiben unberücksichtigt. Der erste Schritt der Assimilation von Kohlenstoff ist die Bildung von Aldo- und Ketozuckern. Vergleicht man die Ausgangsprodukte $CO_2$ und $H_2O$ mit der Formel der Kohlenhydrate, so zeigt sich, daß die Umwandlung durch Reduktion erfolgen muß:

$$n\,CO_2 \xrightarrow[-\frac{n}{2}O_2]{+nH_2} (CH_2O)$$

Reduktionsvorgänge erfordern stets Zufuhr von Energie, die hier vom Sonnenlicht geliefert wird. Die Wärmeenergie und damit auch die arbeitsfähige Energie der entstandenen Verbindungen sind wesentlich größer als die der Ausgangsprodukte. Die Intensität der Photosynthese wird von den äußeren Faktoren: $CO_2$-Gehalt der Luft, Wasser- und Nährstoffzufuhr sowie Sonneneinstrahlung einerseits, von den genetisch bedingten Eigenschaften der Pflanze z. B. Blattstruktur, Chlorophyllgehalt, an der Assimilation beteiligte Enzymgarnituren, Grad der ökologischen Angepaßtheit an den Standort, Zahl der Spaltöffnungen, u. a. physiologischen Eigenschaften bestimmt. Blattstruktur, Diffusionsverhalten der Blattgewebe und Enzymgarnituren unterscheiden sich selbst innerhalb einer Obstart von Sorte zu Sorte und werden darüber hinaus noch von der Veredlungsunterlage modifiziert. Wir dürfen also Leistungsunterschiede erwarten.

*Vorgang der Energiegewinnung*

Schon um das Jahr 1800 beschrieb de Saussure die grundlegenden Vorgänge der Photosynthese, nämlich die Entnahme des Kohlenstoffes aus dem Kohlendioxid der Luft, der Elemente Wasserstoff und Sauerstoff aus dem Wasser und die Nutzung der Energiequelle der

Sonne. Die Summenformel der Assimilation besagt, daß aus 6 Molekülen Kohlendioxid und 6 Molekülen Wasser 1 Molekül Glukose entsteht, das um 2821,9 kJ (= 674 kcal) energiereicher ist als die Ausgangsprodukte. Sechs Moleküle Sauerstoff werden bei dieser Umsetzung frei. Über die komplizierten Teilvorgänge der Stoffumwandlung sagt die Summenformel nichts aus. Glukose ist auch nur eine der vielen Kohlenstoffverbindungen, die bei der Photosynthese, und zwar auch nicht als Anfangsprodukt, so wie man ursprünglich annahm, entstehen.

Wird die $CO_2$-Aufnahme einer Pflanze bei optimaler Gestaltung aller anderen Einflußfaktoren, welche die Assimilation beeinflussen, mit ansteigender Beleuchtungsstärke registriert, so entsteht, wie Abbildung 7 zeigt, eine Kurve, die zunächst fast linear mit der Lichtmenge zunimmt, dann aber allmählich in einen zweiten Ast übergeht, der sich asymptotisch einer Parallelen zur Abszisse auf der die Luxzahlen angegeben sind, annähert. Die anfangs deutliche Parallelität zwischen Strahlung und Assimilationsleistung geht bereits verloren, wenn erst ein Bruchteil der dem Sonnenlicht eigenen Intensität erreicht ist.

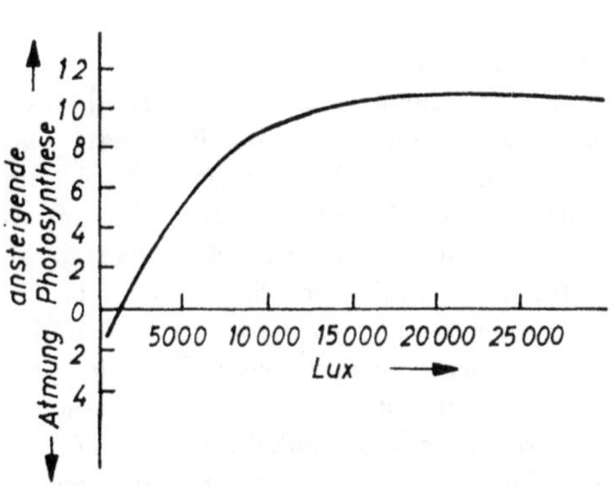


*Abb. 7:* Einfluß zunehmender Beleuchtungsstärke auf die Höhe der Photosyntheseleistung (schematisiert)

Daraus schlossen schon Forscher früherer Generationen, die sich mit der Assimilation befaßten, daß an der Kohlenstoff-Bindung zwei grundsätzlich verschiedene Wirkungsmechanismen beteiligt sein müssen, von denen einer lichtabhängig, der andere, der bei Belichtungszunahme den horizontalen Kurvenverlauf einleitet, lichtunabhängig ist. Sie unterteilten auf Grund dieser Erkenntnisse den Assimilationsvorgang in eine „Licht"- und eine „Dunkelphase". Beide Teilvorgänge existieren tatsächlich, wie man viel später mit Hilfe der Isotopentechnik exakt nachweisen konnte. Allerdings ist die scharfe Trennung in Licht- und Dunkelreaktion heute nicht mehr vertretbar, weil auch während der Lichtreaktion selbst Umsetzungen stattfinden, die nicht mehr an das Licht gebunden sind. Es ergab sich ferner, daß Temperaturänderungen zwar die im Dunkeln ablaufenden chemischen Umsetzungen beeinflussen, nicht jedoch die Lichtreaktion selbst.

Hill (1937) gelang es, einen wesentlichen Schritt der Lichtreaktion an isolierten Chloroplasten aufzuklären. Er bewies, daß diese auch ohne $CO_2$-Zufuhr Sauerstoff entwickeln, wenn man der Chloroplasten-Aufschwemmung Verbindungen zusetzt, die als Akzeptor für das Reduktionsprodukt (Wasserstoff) dienen, das bei der chemischen Umsetzung entsteht. Er konnte durch andere Oxidationsmittel den Stoff ersetzen, den die Pflanze in der Dunkelreaktion als Wasserstoffakzeptor benötigt. Damit war es Hill gelungen, nachzuweisen, daß es tatsächlich eine Licht- und eine davon trennbare Dunkelreaktion gibt. Andere Forscher bestätigten später seine Ergebnisse. Sie verdichteten sich schließlich noch zu der Erkenntnis, daß bei der Lichtreaktion eine photochemische Zerlegung des Wassers stattfinden müsse, wobei der freiwerdende Wasserstoff für die Reduktion des Kohlendioxids zu einem Kohlenhydrat dient. Die Rolle des Wasserstoffspenders spielt also das Wasser, der Wasserstoffempfänger ist das Kohlendioxid.

Die Richtigkeit dieser Hypothese bewiesen später RUBEN und KAMEN (1941) mit Hilfe von $^{18}O$-markiertem Wasser. Wird Sauerstoff im Prozeß der Photolyse des Wassers freigesetzt, so muß $^{18}O_2$ aus markiertem Wasser gasförmig ausgeschieden werden. Dies ist tatsächlich der Fall. Die Summenformel der Photosynthese lautet somit:

$$6\,CO_2 + 12\,H_2O \xrightarrow[\text{Chlorophyll}]{\substack{\text{(Lichtquanten,}\\ \text{Strahlungsenergie)}\\ h\nu}} 6(CH_2O) + 6\,H_2O + 6\,O_2$$

$\Delta H = 2821{,}9$ KJ ($= 674$ kcal),

$\Delta G'o = 2872{,}1$ KJ ($= 686$ kcal)

($\Delta G'o$ = Änderung der freien Energie des Systems)

Die Photolyse des Wassers erfolgt im Licht, die Reduktion des Kohlendioxyds im Dunkeln. Wird während der Lichtreaktion nicht mehr genug „Reduktionsenergie" (identisch mit reduziertem Nikotinamid-Adenin-Dinukleotidphosphat) gebildet, so sinkt die Photosyntheseleistung in der Dunkelperiode zwangsläufig ab. Die ersten Kohlenhydrate, die während der Dunkelphase gebildet werden, sind weder Glukose noch andere Hexosen, sondern Triosen.

Neben der Bildung von Kohlenhydraten setzt die Aminosäuresynthese nach kürzester Zeit ein. Die Analyse wesentlicher Teilschritte der Dunkelreaktion mit Hilfe der Isotopentechnik führte zu der Erkenntnis, daß die Übertragung der Energie aus der Licht- in die Dunkelreaktion nicht allein durch wasserstoffübertragende Enzyme geschieht, die Dunkelreaktion benötigt darüber hinaus noch ATP (= Adenosintriphosphat), das schon während des Ablaufs der Lichtreaktion gebildet wird. Die genannte Summenformel berücksichtigt somit die tatsächlichen schrittweise erfolgenden Abläufe der Energieaufnahme und -umwandlung nicht, sie faßt jedoch das Ergebnis des Photosynthesevorganges zusammen.

### *Teilschritte der Photosynthese*

Besonders während der letzten zwei Jahrzehnte konnte der schrittweise Ablauf der Photosynthese mit Hilfe der Isotopentechnik eingehend analysiert werden. Es wurde bereits erwähnt, daß die früher angenommene scharfe Trennung in Licht- und Dunkelreaktion heute nicht mehr haltbar ist. Wir müssen die Lichtreaktion auf den Primärvorgang der Assimilation, nämlich die Aufnahme der Lichtenergie durch photosynthetisch aktive Pigmente beschränken (erste Phase). In Wirklichkeit handelt es sich schon hier um mindestens zwei in Licht ablaufende voneinander trennbare Prozesse, jeder ist an einen bestimmten Molekülkomplex gebunden, so daß man von den Photosystemen 1 uns 2 sprechen kann (Kap. Pigmente S. 14).

Beide Reaktionen vollziehen sich im Chloroplasten. Der photochemische Primärvorgang (Quantenabsorption und -umwandlung) verläuft außerordentlich schnell und dauert nur $10^{-15}\cdots10^{-9}$ s (Abb. 8). Er ist die Voraussetzung für den Verlauf der *zweiten Phase*. von KAMEN als „Akkumulation stabilisierter photochemischer Produkte" bezeichnet. Die zweite Phase dauert $10^{-9}\cdots10^{-4}$ s. Während dieser Zeit erfolgen Redoxreaktionen mit den Endprodukten reduziertes NADP (= Nikotinamid-Adenin-Dinukleotid-Phosphat) und ATP (= Adenosin-Triphosphat). Schon im zweiten Schritt der Photosynthese kommt es also zur Bildung energiereicher Phosphate, die für die anschließende *dritte Phase*, in der das Kohlendioxid reduziert wird, benötigt werden. Anschließend im *vierten Schritt* fallen sichtbare und mit einfachen Labormethoden meßbare Photosyntheseprodukte an, die nunmehr für die eigentliche Stoffproduktion im Sinne des Substanzgewinnes verfügbar sind.

Die ersten stabilen Photosyntheseprodukte, Kohlenhydrate, organische Säuren und Amino-

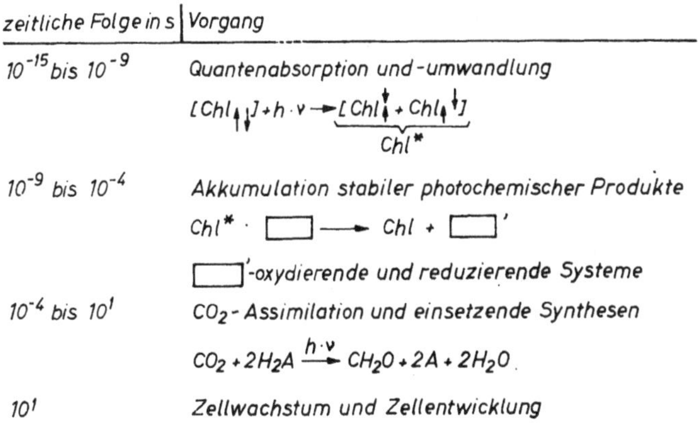


*Abb. 8:* Übersicht über die Teilschritte der Photosynthese; nach KAMEN (1963)

säuren, können auf zwei grundlegend verschiedenen Wegen gebildet werden. Die im Reaktionsablauf unterschiedlichen Photosynthesetypen charakterisieren bestimmte Pflanzengruppen. Wir unterscheiden den Reaktionszyklus nach CALVIN und den $C_4$-Dikarbonsäure-Zyklus der Photosynthese. Die sehr unterschiedlichen Reaktionsvarianten sind nicht jeweils bestimmten Pflanzenfamilien oder -gattungen zugeordnet, sondern ökologisch bedingt. Allgemein verbreitet bei Pflanzen aller Klimazonen ist der CALVIN-Zyklus. Den $C_4$-Dicarbonsäure-Zyklus findet man in der tropischen und subtropischen Vegetation an Standorten mit extremen Witterungsbedingungen bzw. -schwankungen. Diese Pflanzen zeichnen sich durch eine sehr hohe Photosyntheseleistung aus, die das Doppelte derjenigen, die nach dem CALVIN-Zyklus arbeiten, betragen kann. Obstgehölze gehören vorwiegend — sofern überhaupt Ausnahmen existieren — dem CALVIN-Typ an. Es ist jedoch nicht unmöglich, daß es Mischtypen gibt. So kann nicht ausgeschlossen werden, daß ältere Blätter mancher CALVIN-Zyklus-Pflanzen nach dem $C_4$-Dikarbonsäure-Zyklus arbeiten. Für die Obstgehölze fehlen hierzu zuverlässige Untersuchungen, so daß man sich auf Vermutungen beschränken muß.

## *$CO_2$-Reduktionszyklus nach Calvin*

CALVIN hat das Verdienst, den Ablauf der $CO_2$-Reduktion und den Einbau des Kohlenstoffes in den Stoffwechsel der Pflanze mit Hilfe moderner biochemischer Methoden aufgeklärt und damit ältere falsche Vorstellungen beseitigt zu haben.

Zunächst wird $CO_2$ an eine zweifach phosphorylierte Ketopentose (Ribulose-1,5-Diphosphat = R-1,5-DP) gebunden. Als Folge davon wird die Ketopentose karboxyliert und ihre C-Kette wird um ein C-Atom verlängert. Es entsteht somit eine Kette mit 6-C-Atomen, die unmittelbar danach in die ersten stabilen Photosyntheseprodukte, nämlich 2 Moleküle 3-Phosphoglyzerinsäure, übergeht (Reaktion 1).

Nunmehr werden diese beiden Moleküle Phosphoglyzerinsäure durch Einwirkung von NADH + $H^{\oplus}$, das aus den Reaktionen des zweiten Teilschrittes der Photosynthese stammt, reduziert. ATP aus der Photophosphorylierung liefert die Energie, um 3-Phosphoglyzerinsäure zu 1,3-Diphosphoglyzerinsäure zu phosphorylieren (Reaktion 2). ADP muß nunmehr durch photosynthetische Phosphorylierung zu ATP regeneriert werden.

Die zweifach phosphorylierte Glyzerinsäure wird reduziert (Reaktion 3). Reduktionsmittel ist wiederum NADPH + $H^{\oplus}$ aus der Lichtreaktion. Bei der Reduktion entsteht Glyzerinaldehyd-3-phosphat, gleichzeitig wird bei dieser Reaktion anorganisches Phosphat abgegeben (Reaktionen 1 bis 3, Abb. 9).

Das nunmehr vorliegende Glyzerinaldehyd-3-phosphat ist eine Aldotriose. In Wasser gelöst — und somit auch in der lebenden

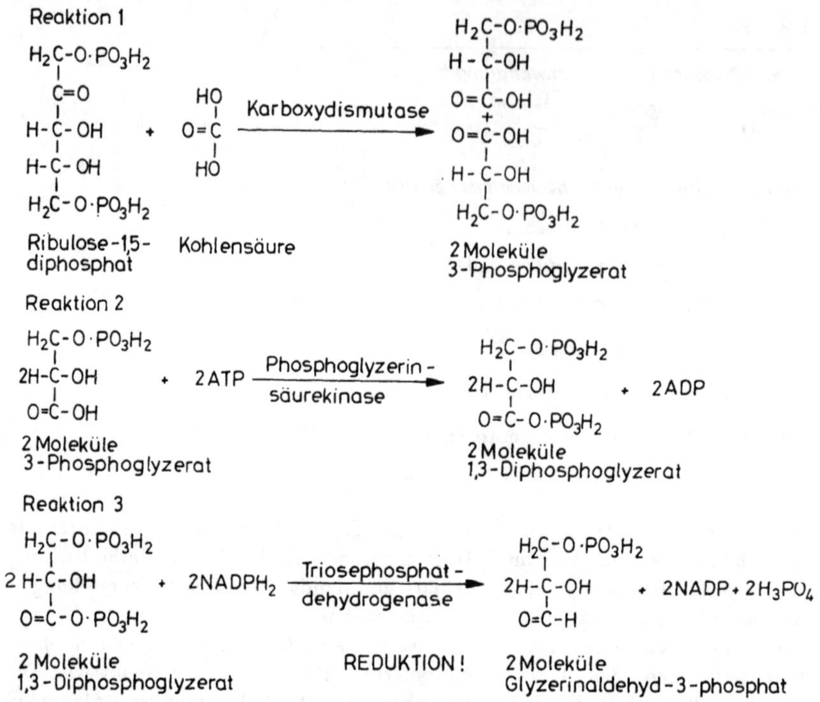


*Abb. 9:* Teilschritte 1···3 des $CO_2$-Reaktionszyklus; nach CALVIN, entnommen aus MÜNTZ (1973)

Zelle — findet sich daneben die isomere Form, das Dioxyazetonphosphat (Reaktion 4).

Durch das Enzym Aldolase werden beide somere Formen dimerisiert, und es entsteht

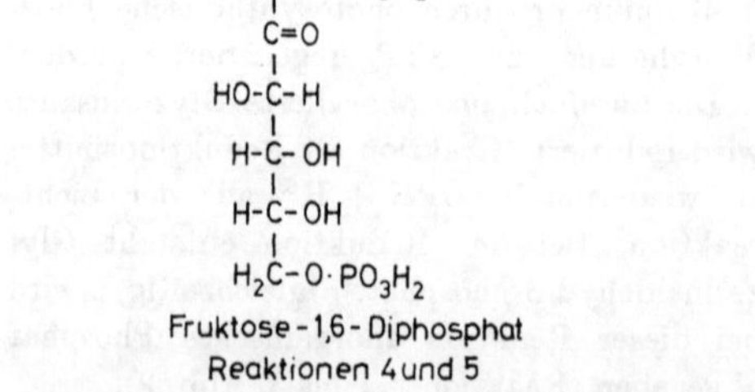


*Abb. 10:* Teilschritte 4···5 des $CO_2$-Reaktionszyklus; nach CALVIN, entnommen aus MÜNTZ (1973)

eine Hexose (Reaktion 5), nämlich eine zweifach phosphorylierte Fruktose (Fruktose-1,6-diphosphat) (Abbildung 10). Wir wissen daher heute, bedingt durch die Arbeiten von CALVIN, daß die ersten stabilen Phosphosyntheseprodukte, die bei der schrittweisen Reduktion des $CO_2$ entstehen, Triosen sind. Daraus synthetisiert die Pflanze phosphorylierte Fruktosemoleküle. Durch weitere Umwandlungen bilden sich Fruktose-1,6-diphosphat und schließlich Glukose, Saccharose und andere Zucker.

Um die Photosynthese und den beschriebenen Reaktionsablauf den ganzen Tag über aufrecht zu erhalten, müssen die Kohlendioxidakzeptoren immer wieder regeneriert werden. Am Vorgang der Regeneration des C-Akzeptors (2. Teil des CALVIN-Zyklus), der hier nicht näher beschrieben werden soll, sind Triosen und Hexosen entscheidend beteiligt, wobei alle Reaktionen nur an den Phosphorsäureestern dieser Monosaccharide stattfinden. Die Reaktionskette läuft so ab, daß am Ende des Regenerationsprozesses die gleiche Menge an Akzeptormolekülen zur Aufnahme des $CO_2$ zur Verfügung steht wie zu Anfang. Diese Feststellung beweist u. a., daß bei Berechnung der an den Umsetzungen beteiligten Molekülzahlen — unter Berücksichtigung des Reduktionsweges und der Vorgänge der Lichtreaktion — die Summengleichung der Photosynthese stimmt. Unabhängig davon muß einschränkend bemerkt werden, daß eine Molekül-Bilanz in der angedeuteten Form nur bedingte Gültigkeit haben kann. Der Photosynthesevorgang der Pflanze steht nicht isoliert da, er ist mit vielen anderen stoffwechselphysiologischen Veränderungen so eng verflochten, daß eine Abtrennung, wie sie hier aus Gründen der Festigung der Vorstellungen über den Ablauf der Photosynthese erfolgte, formal ist. Die gegebene Darstellung ist weder falsch noch unphysiologisch, aber sie vereinfacht die tatsächlichen Abläufe.

## *$C_4$-Dikarbonsäure-Zyklus*

Der Calvin-Zyklus ist nicht der einzige Weg, um $CO_2$ zu Kohlenhydraten zu reduzieren. Hatch und Slack (1970) fanden, daß es noch eine andere Möglichkeit gibt, bei der Dikarbonsäuren mit 4 C-Atomen eine wesentliche Rolle spielen, nämlich den $C_4$-Dikarbonsäurezyklus.

Bei Zuckerrohr und Mais ergab sich, daß Oxalessigsäure, Apfelsäure und Asparaginsäure nach kurzfristiger Assimilation die Hauptmenge des angebotenen $^{14}CO_2$ enthielten, lange bevor die klassischen Produkte des Calvin-Zyklus, 3-Phosphoglyzerinsäure und 3-Phosphoglyzerinaldehyd, markiert waren. Durch zahlreiche Analysen wurden die Beobachtungen beider Forscher belegt. Der Akzeptor für $CO_2$ ist in diesem Falle phosphorylierte Enolbrenztraubensäure. Es wird darauf verzichtet, den Gesamtweg des $CO_2$ im Falle des $C_4$-Zyklus zu beschreiben. Erwähnt sei nur, daß auch hier ADP, anorganisches Phosphat und ATP wieder die Rolle des Energieüberträgers spielen, um das C des Kohlendioxyds der Luft in organische Verbindungen einzuführen. Schließlich entstehen am Ende der Umsetzungen Kohlenhydrate als Assimilationsprodukte und, wie z. B. beim Zuckerrohr kaum anders zu erwarten, vor allem Rohrzucker sowie der regenerierte Akzeptor des Calvin-Zyklus, das Ribulose-1,5-Diphosphat. Der $C_4$-Zyklus hat zumindest wichtige Teilabläufe mit dem Calvin-Zyklus gemeinsam.

$C_4$-Pflanzen zeichnen sich durch sehr hohe Produktivität der Photosynthese aus. Im Gegensatz zu denen des Calvin-Zyklus fehlt ihnen die Lichtatmung fast gänzlich. Das kann aber nicht der einzige Grund für den verstärkten Stoffgewinn sein. Die beiden Photosynthesetypen bewirken auch Unterschiede in der Anatomie der assimilierenden Gewebe, in den Fermentgarnituren und im Chlorophyllgehalt.

Das Wissen um die ökologische und physiologische Bedeutung des $C_4$-Dikarbonsäureweges ist noch relativ gering. Es steht jedoch fest, daß enge Beziehungen zwischen ökologischem Pflanzentyp und $CO_2$-Reduktionsweg bestehen. Ob es auch unter den Obstgehölzen Formen des $C_4$-Types gibt ist — wie bereits erwähnt — nicht bekannt. Wir wissen nur, daß manche Apfelsorten, die in einem trockenen und heißen Klimagebiet entstanden sind, unter den Bedingungen unseres Klimas weit höhere Photosyntheseleistungen erreichen als Sorten, die im maritimen Klima zu Hause sind. Die Unterschiede in der Assimilationstüchtigkeit können jedoch auf Unterschiede der Blattanatomie und der Fermentgarnituren und auf eine bessere Anpassung an die neuen Umweltverhältnisse zurückzuführen sein, es muß sich nicht um unterschiedliche Assimilationstypen im Sinne der beiden verschiedenen Zyklen handeln.

## *Begrenzende Faktoren für die Photosyntheseleistung*

Die begrenzenden Faktoren der Photosynthese sollen hier nur kurz genannt werden. Ausführliche Hinweise aus der Sicht des praktischen Obstbaus finden sich im Kapitel „Ökologie der Photosynthese".

Die in der Luft vorhandene Kohlendioxid-Konzentration von 0,03% liegt weit unter der für die Assimilation optimalen Grenze. Bis zu einer Höhe von etwa 0,1% steigt die Intensität der Photosynthese mit dem Partialdruck des Kohlendioxids fast proportional an (Abb. 11).

Im Gewächshaus kann man durch $CO_2$-

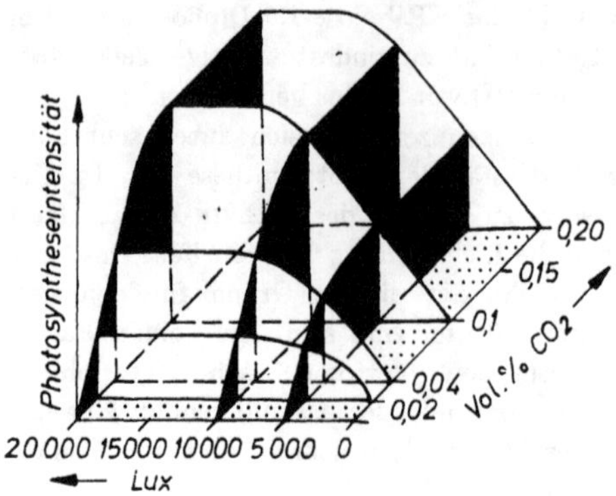


*Abb. 11:* Abhängigkeit der Photosyntheseintensität von der Beleuchtungsstärke und dem $CO_2$-Gehalt der Luft; nach LIBBERT (1973)

Zufuhr regelrecht „düngen" und damit das Wachstum steigern. Im Freiland scheidet diese Möglichkeit aus. Weiterhin ist die Lichtintensität von entscheidender Bedeutung für die Höhe der Assimilation. Mit ansteigender Beleuchtungsstärke nimmt auch die Assimilationsleistung zu, jedoch nur bis zu etwa 20000 Lux, dann ist infolge der Hemmung der Lichtreaktion 2 die Lichtsättigung erreicht. Höhere Lichtintensitäten, im Freiland fast immer verbunden mit einem Temperaturanstieg, sind nicht mehr in der Lage, die Photosyntheseleistung zu fördern. Bei starker Erwärmung der Blätter kommt es dann zu einem Leistungsabfall und zu verstärkter Atmung (Abb. 12).

Der Assimilationsapparat wird durch Hitze geschädigt, verschiedene Sorten sind unterschiedlich hitzeresistent. Hohe Temperaturen, die zu einer Hemmung der Assimilation führen, treten im Hochsommer im Freiland um die Mittagszeit häufig auf.

Weiterhin beobachten wir bei Obstbäumen, daß niedere Nachttemperaturen nachteilig wirken. Die Assimilation kommt in den Morgenstunden nach erfolgter Erwärmung der Luft erst langsam in Gang, das Blatt braucht längere Zeit, um seine volle Leistung wieder zu erreichen. Dadurch kommt es in den für die Assimilation besonders günstigen Morgenstunden zu einem beträchtlichen Tempoverlust. Die Ausbildung des Blattgewebes beeinflußt die Assimilationsintensität maßgeblich. Es lassen sich – mit allen Übergängen – Sonnen- und Schattenblätter unterscheiden. Sonnenblätter sind dem vollen Licht ausgesetzt, sie entstehen bei gut durchlichteten Bäumen auch im Innern der Krone und haben ein kräftig gebautes mehrschichtiges Palisadengewebe. Schattenblätter sind in ihrer Struktur, angefangen bei der Epidermis zarter, ihr Parenchym ist beträchtlich redu-

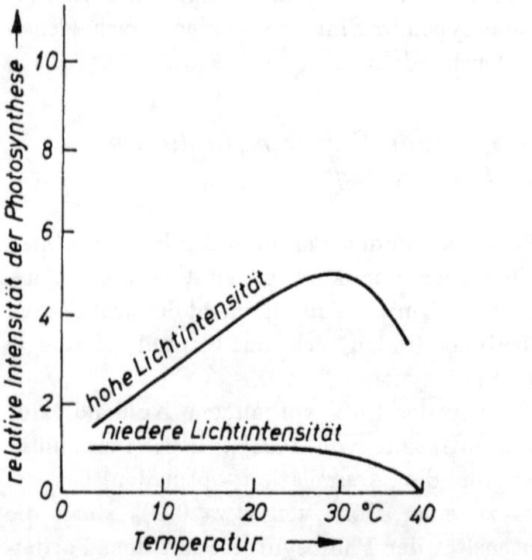


*Abb. 12:* Schematische Darstellung der Temperaturkurven der Photosynthese bei Stark- und Schwachlicht

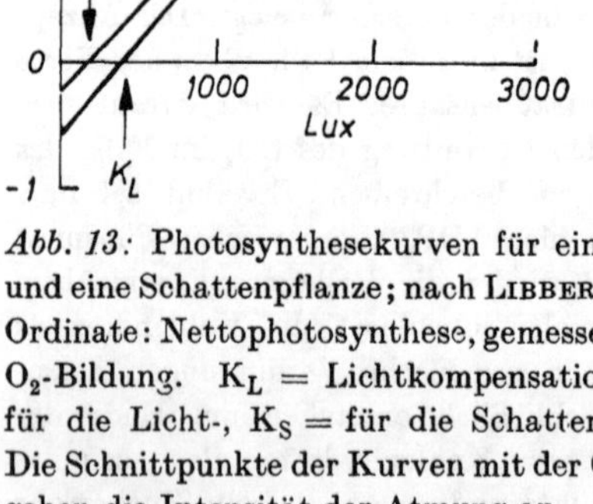


*Abb. 13:* Photosynthesekurven für eine Licht- und eine Schattenpflanze; nach LIBBERT (1973). Ordinate: Nettophotosynthese, gemessen an der $O_2$-Bildung. $K_L$ = Lichtkompensationspunkt für die Licht-, $K_S$ = für die Schattenpflanze. Die Schnittpunkte der Kurven mit der Ordinate geben die Intensität der Atmung an.
Querschnitte durch ein Sonnen- und ein Schattenblatt s. Abb. 38

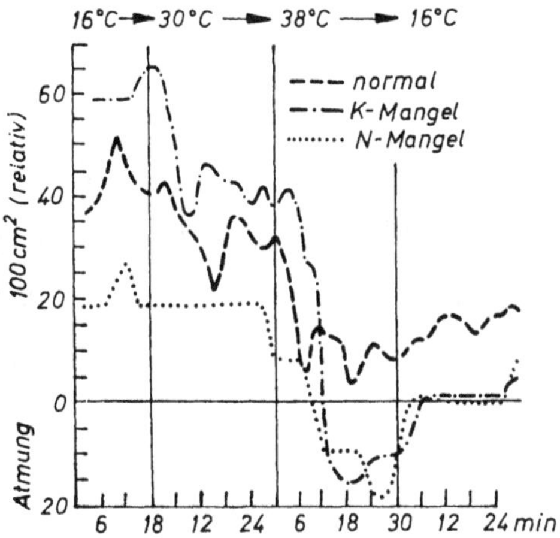


*Abb. 14:* Einfluß unterschiedlicher Ernährung auf das Assimilationsverhalten von Bäumen der Sorte ‚James Grieve' bei ansteigender und wieder abfallender Temperatur; nach FRIEDRICH und SCHMIDT (1963)

ziert und besteht manchmal nur aus einer einzigen Zellreihe. Sonnenblätter können eine mehrfach höhere Assimilationsleistung erreichen als Schattenblätter (Abb. 13).

Oft wird nicht berücksichtigt, daß Nährstoffmangel oder auch einseitiger Nährstoffüberschuß die Assimilation hemmen. Besonders nach Belastungen, z. B. durch Hitzeeinwirkung, braucht ein unzureichend ernährter Baum nach Abklingen der Erwärmung viel mehr Zeit, um wieder normal assimilieren zu können (Abb. 14) als ein optimal mit Mineralstoffen versorgtes Gehölz. Auch diese Beobachtung hat praktische Bedeutung, weil die im Versuch ermittelten Depressionen der Photosyntheseleistung auch unter Praxisbedingungen auftreten.

Nicht zuletzt behindert Wassermangel die Photosynthese, weil durch Schluß der Spaltöffnungen nicht nur die Transpiration, sondern auch der Gasaustauch weitgehend behindert wird.

## Versuch einer Einschätzung der Stoffproduktion durch Photosynthese allgemein und in einem Obstbaumbestand

### *Einschätzung der Weltproduktion an Assimilaten*

Die reichliche Hälfte aller auf der Erde produzierten organischen Kohlenstoffverbindungen entsteht in den Weltmeeren, der Rest wird von Landpflanzen erzeugt. Schätzungen besagen, daß jährlich etwa $5 \times 10^{10}$ t Kohlenstoff durch Photosynthese in Kohlenhydrate umgewandelt werden. Um diese Leistungen vollbringen zu können, benötigen die Pflanzen 1···2% bestimmter Wellenlängen des eingestrahlten Sonnenlichtes.

Schätzungen sind immer mit Fehlern behaftet, sie geben Größenordnungen an und berücksichtigen nur unvollkommen die Schwankungen im Leistungsvermögen der Pflanzen. So erzeugen z. B. tropische Regenwälder, bezogen auf die Flächeneinheit, etwa das Zehnfache an organischer Substanz im Vergleich zur Vegetation des gemäßigten Klimas. Aber auch verschiedene Pflanzen unserer Klimazone haben, wie Tabelle 1 an einigen Beispielen zeigt, ein recht unterschiedliches Assimilationspotential. Dabei sind krautige Nutzpflanzen den Gehölzen grundsätzlich überlegen.

### *Betrachtungen zur Stoffproduktion der Obstgehölze*

Selbst innerhalb einer Pflanzenart können Unterschiede in der genetisch fixierten Assimilationsleistung bestehen. So konnten BÜTTNER und SALZER feststellen, daß sich die im Anbau befindlichen Apfel-

*Tab. 1:* Maximale $CO_2$-Assimilation von Kräutern und Bäumen (nach LARCHER, 1962/1963)

| | Maximale $CO_2$-Assimilation in mg/g Laubtrockengewicht/Stunde |
|---|---|
| Krautpflanzen | |
| Krautige Nutzpflanzen | 30···50 |
| Sonnenkräuter | 30···40 |
| Schattenkräuter | um 20 |
| Holzpflanzen | |
| Sommergrüne Laubbäume | |
| Lichtblätter | 15···20 |
| Schattenblätter | um 10 |
| Immergrüne Laubbäume | |
| mediterraner und tropischer Gebiete | 6···8 |
| immergrüne Koniferen | 4···6 |

*Tab. 2:* Vergleich der Blattfläche von verschiedenen Apfelsorten; nach MURAWSKI und WUTTKE (1971)

| Sorte | Blattfläche in $m^2$ | Blattfläche je $m^3$ Kronenvolumen | Blattfläche je $m^2$ Kronengrundriß |
|---|---|---|---|
| ‚Alkmene‘ | 106,8 | 4,86 | 10,33 |
| ‚Auralia‘ | 74,5 | 2,39 | 5,69 |
| ‚Helios‘ | 60,5 | 4,07 | 8,72 |
| ‚Carola‘ | 51,2 | 2,09 | 4,55 |
| ‚Herma‘ | 36,4 | 2,09 | 4,49 |
| ‚James Grieve‘ | 81,0 | 4,13 | 8,52 |

sorten, bezogen auf die Einheit der Blattfläche im Assimilationsvermögen, wesentlich unterscheiden (Abb. 15). Aber nicht nur die Leistungen der Blätter schwanken von Sorte zu Sorte, sondern auch die Blattflächen der Bäume selbst (Tab. 2).

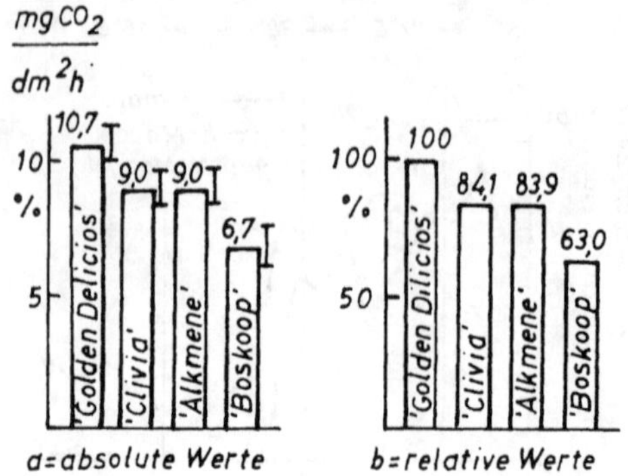


*Abb. 15:* $CO_2$-Assimilation verschiedener Apfelsorten (absolute und relative Werte bezogen auf ‚Golden Delicious‘) während der Vegetationsperiode 1971 in der Klimakammer bei einer Beleuchtungsstärke von 10000 Lux; nach BÜTTNER und SALZER (1973)

‚Alkmene‘ hat, bedingt durch kürzere Internodien, weit mehr Blätter als z. B. ‚Clivia‘. Man muß also bei einer Bilanz die Blattfläche und das genetisch fixierte Leistungsvermögen berücksichtigen. Die Blattfläche des einzelstehenden Baumes ermöglicht jedoch keine zuverlässige Aussage über diejenige eines Bestandes, in dem sich die Bäume gegenseitig behindern. Daher wurde in praxisüblichen Niederstammquartieren verschiedenen Alters und unterschiedlicher Pflanzsysteme die Blattfläche einmal ermittelt, um nunmehr diese Größe als Ausgang für die Bilanzierung eines Apfelbestandes nehmen zu können. Die errechneten Daten zeigt Tabelle 3. Die Durchschnittswerte der Photosynthese ermöglichen zwar eine grundsätzliche Aussage zur Leistung des Assimilationsapparates, diese ist aber selbst bei einer Sorte keine das ganze Jahr über gleichbleibende Größe. Im Tages- wie im Jahresrhythmus schwankt die $CO_2$-Aufnahme beträchtlich. Bezogen auf die Blattfläche nimmt sie im Laufe der Vegetationsperiode langsam ab. Die Blattfläche dagegen vergrößert sich ständig durch Zuwachs und Entstehung neuer Blätter.

*Tab. 3:* Vergleich der Gesamtblattflächen und Blattmassen verschiedener Apfelsorten bei unterschiedlichen Pflanzsystemen und Baumalter

| Sorte | Jahre nach der Pflanzung | Pflanzsystem in m | Zahl der Bäume je ha | Blattfläche eines Baumes in $m^2$ | Blattfläche eines Bestandes von 1 ha in $m^2$ | Gesamtmasse der Blätter am Ende der Vegetationsperiode in t je ha: Frischmasse | Trockenmasse |
|---|---|---|---|---|---|---|---|
| ‚Golden Delicious'/M 4 | 11 | 3,60 × 1,70 | 1640 | 21,2 | 34868 | 7,22 | 3,03 |
| ‚Alkmene'/M 4 | 9 | 4,30 × 2,70 | 860 | 23,2 | 19852 | 5,25 | 2,21 |
| ‚James Grieve'/M 4 | 11 | 3,60 × 3,10 | 900 | 28,0 | 25200 | 6,57 | 2,76 |
| ‚Roter Boskoop'/M 9 | 11 | 3,60 × 1,70 | 1640 | 15,2 | 24928 | 6,73 | 2,83 |

Bei der pflanzenphysiologisch-ökologischen Bewertung der Assimilationsleistung von Nutzpflanzen kommt hinzu, daß nicht die absolute Größe der theoretisch möglichen Photosyntheserate allein entscheidet. Wichtig ist z. B. ein hoher Stoffgewinn auch bei wechselhaftem Klimaablauf. Er ergibt sich aus der Gesamtmenge des im Photosyntheseprozeß aufgenommenen Kohlenstoffs, vermindert um den Atmungsverlust. Was wir mit unseren Geräten zur Ermittlung der Assimilation messen, ist die Nettophotosynthese, d. h. die Menge des in die Pflanze eingebauten Kohlenstoffs. Die Tatsache, daß auch in der assimilierenden Pflanze Dissimilationsvorgänge ablaufen, die wiederum $CO_2$ als Endprodukt liefern, bleibt beim Meßvorgang unberücksichtigt (s. Abschnitt Atmung S. 31). Weiter beeinflussen die im Zusammenhang mit der Blattstruktur stehende Verhaltensweise der Spaltöffnungen bei beginnendem Wassermangel die Fermentgarnituren, die Qualität des Standortes mit Einschluß aller Pflegemaßnahmen, die Veredelungsunterlage und andere Faktoren den wirklich erreichbaren Stoffgewinn.

Damit nicht genug, wir interessieren uns bei unseren Obstgehölzen nicht nur für die theoretisch mögliche Stoffproduktion — sie kann sogar lästig werden, wenn die Bäume bevorzugt Holz und Blätter bilden anstelle von Früchten — sondern für die Höhe der Obsternte. Daher fordern wir neben einer hohen Assimilationsleistung zusätzlich eine optimale Verteilung der Assimilate auf Blütenanlagen, Früchte, Blätter, Sproß und Wurzel (s. S. 30, 202). In dieser Hinsicht besteht eine sehr große Variabilität. Alle Abläufe lassen sich jedoch züchterisch und durch zweckmäßige Gestaltung der Umweltbedingungen, einschließlich der Unterlagenwahl, innerhalb bestimmter Grenzen beeinflussen. Es ist nicht gleichgültig, zu welchem Zeitpunkt der Pflanzenentwicklung reichlich Assimilate zur Verfügung stehen, ein deutlicher Mangel besteht vor allem zur Zeit des Austriebes. Sehr positiv wirken sich die Leistungen der Primärblätter nicht nur auf den Stoffgewinn allgemein, sondern auch auf die Fruchtungstendenz und somit auf die Ertragsbildung aus. Je früher und je besser sie entwickelt sind, umso sicherer werden von Anbeginn junge Früchte versorgt und die Wurzel, die um diese Zeit noch ständig Reservestoffe bereitstellen muß, wird entlastet. Die Wurzel spielt auch beim Assimilationsgewinn selbst eine weit größere Rolle als es zu vermuten ist. Sie liefert ständig Wachstumsregulatoren, und solange die Assimilate-Bilanz noch nicht ausgeglichen ist, auch Bildungsstoffe. Da die sich im Wurzelgewebe abspielenden Umsetzungen temperaturabhängige Fermentprozesse sind, wird sie mit zunehmender Bodentemperatur immer aktiver. Mangelnde Aktivität ist zu Vegetationsbeginn bei niederen Bodentemperaturen zu befürchten. Die Wurzel nimmt somit über ihren Regulationsmechanismus starken Einfluß auf die Assimilationstüchtigkeit der Blätter.

MORRIS und TRANQUILLINI (1969) untersuchten den Einfluß der Wasserversorgung auf die Assimilationsleistung. Da es nur mit Hilfe von Labormethoden möglich ist einzelne Einflußfaktoren voneinander zu trennen und einzuschätzen, arbeiteten sie mit Fichtensämlingen in Wasserkultur. Um osmotische Potentiale bestimmter Größenordnung in der Nährlösung herstellen zu können, wurde dieser Polyäthylenglykol in verschiedener Konzentration beigefügt. Es ergab sich, daß die Photosynthese bereits bei 304,0 kPa (= 3 atm) stark gehemmt ist und bei 911,9 kPa (= 9 atm) eingestellt wird. Beobachtungen an Obstbäumen während Trockenperioden bestätigten ein analoges Verhalten.

Über Pflegemaßnahmen verschiedenster Art, die Anwendung von Wachstumsregulatoren eingeschlossen, bemühen wir uns, das genetisch bedingte Leistungspotential der Photosynthese mit dem Ziel hoher Ernten auszuschöpfen. Um beurteilen zu können, welche Maßnahmen erfolgversprechend sind, bedarf es eines fundierten Wissens über die Zusammenhänge zwischen Ertragsbildungsprozessen und der Wirkung beeinflußbarer Außenbedingungen auf Wachstum und Entwicklung. Das betrifft z. B. Unterlagenwahl, Kronenerziehung, Blatt- und Bodendüngung, Bewässerung, Wuchsstoffanwendung und Bodenpflegesysteme.

*Versuch der Aufstellung einer Bilanz der Stoffproduktion eines Apfelbestandes*

Eine Bilanz über die assimilatorische Leistung eines Apfelbestandes aufzustellen ist auf Grund vielfältiger Wirkungsfaktoren nur bedingt möglich, aber trotz aller Mängel interessant. HEINICKE und CHILDERS (1937) prüften die Aufnahme von $CO_2$ eines Baumes während der Vegetationsperiode sowie die Verteilung der Assimilate auf die verschiedenen Pflanzenorgane. Ihre Aussage gilt noch heute. Was uns jedoch nicht mehr befriedigt ist die starke vegetative Entwicklung der verwendeten Sorte und die zu geringe Ertragsbildung. Außerdem interessiert uns heute mehr die Verhaltensweise des Bestandes, nicht des Einzelbaumes. Damit wird aber auch die gesamte Problematik schwieriger. Unabhängig davon soll der Versuch, einen Bestand zu bilanzieren, unternommen werden, weil dadurch, unabhängig von vielen Unzulänglichkeiten, Zusammenhänge sichtbar werden, die uns in der Regel verborgen bleiben. Es geht um die Größenordnung der Nettophotosynthese einer Apfelanlage. Bereits in diesem Zusammenhang sei erwähnt, daß in unserem Klima die Photosyntheseleistung zum begrenzenden Faktor für die Höhe der Obstproduktion werden kann. Bemühungen zur Steigerung der Leistung durch Züchtung neuer Sorten mit höherer Assimilationsintensität und zuverlässiger regelmäßiger Blüten- und Fruchtbildung und durch Schaffung günstiger Umweltverhältnisse für eine hohe Assimilationsrate haben daher vordringliche praktische Bedeutung.

Es wurde die Substanzproduktion — bezogen auf die Gesamtblattfläche eines Apfelbestandes — am Ende der Vegetationsperiode in Varianten berechnet (Tab. 4). Dabei wurde die Variabilität

*Tab. 4:* Stoffproduktion (Trockensubstanz auf Hexose umgerechnet) bezogen auf die Blattfläche einer Apfelniederstammpflanzung

| | Assimilationsleistung der Apfelblätter gemessen in der Assimilationskammer | | | | | |
|---|---|---|---|---|---|---|
| | 6 mg $CO_2$/dm$^2$ Blattfläche/h | | 10 mg $CO_2$/dm$^2$ Blattfläche/h | | 14 mg $CO_2$/dm$^2$ Blattfläche/h | |
| Gesamtblattfläche je ha in m$^2$ | Stoffproduktion — Gesamtleistung aller Blätter je ha und Vegetationsperiode in t | | | | | |
| | a) | b) | a) | b) | a) | b) |
| 15000 | 9,18 | 6,12 | 15,30 | 10,20 | 21,42 | 14,28 |
| 20000 | 12,24 | 8,16 | 20,40 | 13,60 | 28,56 | 19,04 |
| 25000 | 15,30 | 10,20 | 25,50 | 17,00 | 35,70 | 23,80 |
| 30 000 | 18,36 | 12,24 | 30,60 | 20,40 | 42,84 | 28,56 |
| 35000 | 21,42 | 14,28 | 35,70 | 23,80 | 49,98 | 33,32 |

Stoffproduktion während der gesamten Vegetationsperiode (Mai/Spetember)

a) Bruttogewinn durch Assimilation von $CO_2$

b) Bruttogewinn minus $^1/_3$ (Schätzwert für den Stoffverlust, der bedingt ist durch den Energiebedarf für die Aufrechterhaltung der Lebensprozesse und für Synthesen von Aminosäuren, organischen Säuren usw.)

der Blattflächen unterschiedlicher Bestände berücksichtigt, wie sie in Tabelle 3 zum Ausdruck kommt.

In der Tabelle 4 sind angenommene Meßwerte von 6, 10 und 14 mg $CO_2$/dm$^2$/Stunde genannt (Messungen mit Kammer, b, Abb. 40), um das je nach Sorte, Bestandsdichte, Kronengestaltung usw. schwankende Leistungspotential einordnen zu können. Die Werte dürfen nur als mögliche Beispiele angesehen werden. Sie sollen nicht zuletzt auf die beträchtlichen Unterschiede im Assimilationsgeschehen aufmerksam machen. Mit Hilfe im Freiland gemessener Assimilationswerte läßt sich die Größenordnung der zu erwartenden Stoffproduktion eines Bestandes einschätzen. Den Werten der Tabelle 4 sind neben den genannten Assimilationsquoten eine Gesamtassimilationsdauer von etwa 150 Tagen je Vegetationsperiode und eine tägliche Assimilationsdauer von 10 Stunden, bezogen auf den in der Tabelle genannten Durchschnittswert zugrunde gelegt. Der Abzug von etwa $^1/_3$ des Assimilationsgewinns für die Aufrechterhaltung der Lebensprozesse und für den Energieaufwand bei Synthesen der verschiedensten Art dürfte etwa den realen Verhältnissen entsprechen, er kann vielleicht sogar etwas höher sein. Bei ertragreichen Sorten wie ‚Golden Delicious' sollte eine regelmäßige jährliche Ernte von 350···400 dt/ha möglich sein. Äpfel enthalten etwa 15% Trockensubstanz, der Mineralstoffgehalt kann, da er mengenmäßig gering ist, vernachlässigt werden. Bei einem Ertrag von 40 t/ha „ernten" wir somit 6,4 t Assimilate. Die Blattmassen je ha sind in Tabelle 3 mit angegeben. Sie sind bei ‚Golden Delicious' mit 7,22 t/ha am größten, bei ‚Alkmene' mit 5,25 am niedrigsten. Bei einem Trockengewicht von etwa 42%, bezogen auf Frischmasse, verliert der Bestand mit den Blättern im Herbst bei ‚Golden Delicious' etwa 3 t/ha, bei den anderen Sorten etwas weniger. Bei den Blättern muß man von der Trockensubstanz, wenn man auf

Assimilate bezieht, noch die Mineralstoffe abziehen, deren Anteil etwa 10% beträgt.

AVERY (1977) hält die in der Literatur in der Regel genannten Assimilationsraten von Apfelblättern für zu niedrig, wobei er den Fehler in der angewandten Meßtechnik sucht. Er nennt unter Normalbedingungen Werte um 35 mg $CO_2$ $dm^{-2}$ $h^{-1}$. Die in unseren eigenen Untersuchungen ermittelten Werte lagen niedriger, wurden aber bei nicht optimalen Bedingungen erreicht, die allerdings im Freiland meist auch nicht gegeben sind. Bekannt ist, daß bei starkem Fruchtbehang die Blätter ihre Assimilationstüchtigkeit wesentlich steigern können, denn nur so wird erklärbar, daß Sorten mit relativ wenig Blättern (z. B. ‚Erwin Baur', ‚Clivia'), die als einjährige noch nicht tragende Pflanzen einen relativ niedrigen Assimilationsgewinn erzielen, hohe Ernten bringen können. Daß auch in diesen Fällen die $CO_2$-Assimilation sehr oft zum begrenzenden Faktor werden kann, ist daran zu ersehen, daß bei solchen Sorten die Früchte oft zu klein bleiben.

Über die von Wurzel und Krone jährlich benötigte Menge an Assimilaten konnten im Bestand keine eigenen Messungen durchgeführt werden. Die Versuche von HEINICKE und CHILDERS (1937) verdeutlichen jedoch die Größenordnung der Stoffproduktion dieser Organe. Die tägliche Assimilationsrate des von ihnen analysierten Baumes war jedoch weit niedriger als die von uns gemessene. Anscheinend verursachte das von ihnen verwendete Assimilationshaus, bedingt durch seine Konstruktion, starke Schattenbildung. Nicht nur die Assimilationsleistung sondern die Produktivität eines Baumes dürfte daher wesentlich höher sein. Überträgt man — mit allen Einschränkungen, die eine solche Schätzung verlangt — die im genannten Versuch ermittelten Werte auf einen Bestand, so würde sich bei einer Gesamtblattfläche von 33000 $m^2$ ein Zuwachs an altem Holz, bereits berechnet auf Trockensubstanz, von 3,9 t/ha, an Neuwuchs von 1,5 t/ha und an Wurzelmasse von 2,7 t/ha ergeben. Asche und Stickstoff wären hiervon abzuziehen. Die wirklich erreichbaren Werte dürften aus den oben genannten Gründen eher höher als niedriger liegen.

Einen sehr großen, nur schwer schätzbaren Verlust erleiden die Bäume durch den Schnitt. Das Holz besteht aus etwa 50···60% Trockensubstanz, davon sind etwa 90% organischer Herkunft, etwa 8···10%, je nach Alter des Holzes und Standort, Mineralstoffe einschließlich Stickstoff.

Wenn wir also Sorten fordern, die mit wenig Schnitt auskommen, so deswegen, weil starker oder unzweckmäßiger Wuchs die unökonomischste Art des Assimilateverbrauches darstellt. Nicht zuletzt ist daran zu denken, daß auch, unseren Augen unsichtbar, die Wurzel sich ständig erneuert. Dabei entstehen ebenfalls Verluste an Trockensubstanz, Energie und somit an Assimilaten. Wir müssen ferner bei unserer Rechnung berücksichtigen, daß der junge Baum beträchtliche Mengen an Assimilaten benötigt, um Wurzel und Krone aufzubauen. Nicht zuletzt müssen Reservestoffe für die Aufrechterhaltung des Lebens im Winter und für den Neuaustrieb erzeugt und gespeichert werden. Im Frühjahr ist die Wurzel so stark beansprucht, daß erst nach Jahresmitte die Bilanz an Assimilaten positiv wird. Gleichzeitig mit der Fruchtausbildung muß der Baum Energie und Baustoffe für die Entwicklung der Blütenknospen des nächstfolgenden Jahres aufbringen.

Dieser kurze und unvollständige Überblick soll verdeutlichen, daß die Stoff- und Energiebilanz eines Baumes beträchtliche Leistungen des Assimilationsapparates erfordert. Auf eine Aufrechnung der Soll- und Haben-Seite der Bilanz wird verzichtet, weil eine solche Addition leicht spekulativ werden könnte.

Der Obstbauer kann sich anhand der Tabellen 3 und 4 unter Berücksichtigung vielfältiger Varianten selbst davon überzeugen, daß es notwendig ist, alle Maßnahmen für die Steigerung der Assimilation zu nutzen.

### *Einfluß der Höhe des Ertrages auf die Assimilationsintensität*

Die Assimilationsleistungen werden, wie Messungen an Blättern nichttragender Bäume ergaben (Abb. 15), durch das genetisch bedingte Verhalten der Sorten beeinflußt. Es kommt noch hinzu, daß sich nichttragende und tragende Obstgehölze gleicher Sorten in der Höhe der $CO_2$-Aufnahme, bezogen auf die Einheit der Blattfläche, unterscheiden. Das trifft für alle Obstarten zu. Als Beispiel soll hier nur das Verhalten der Erdbeere erörtert werden.

Früchte wirken als Attraktionszentren für Assimilate. Nun haben bekanntlich stark tragende Obstgehölze eine im Vergleich zu nichttragenden geringere Blattfläche. Trotzdem wird die Gesamtmenge der erzeugten Assimilate nicht in dem Maße verringert wie die Blattfläche abnimmt, d. h. es wird von den Blättern fruchtender Pflanzen mehr Trockenmasse je Blattflächeneinheit produziert als von solchen ohne Früchte. Man darf allgemein annehmen, daß es bei nichtfruchtenden Pflanzen bzw. solchen, die auch kein anderes Attraktionszentrum besitzen, wie z. B. die Knollen bei der Kartoffel, zu einem Assimilatestau in den Blättern kommt. Erste grundlegende Untersuchungen über Wechselbeziehungen zwischen dem Gehalt der assimilierenden Organe an Assimilaten und deren Assimilationsleistung hat Kursanow (1933) durchgeführt. Es zeigte sich, daß verlangsamter Transport der Assimilate die Assimilationsintensität senkt. Der Staueffekt bedingt eine Minderung der $CO_2$-Aufnahme durch die Blätter. Daß wachsende Früchte die wohl wichtigsten Attraktionszentren bei im Ertrag befindlichen Obstbäumen sind, konnte mit Hilfe markierter $^{14}C$-Verbindungen nachgewiesen werden (Hansen 1967 und 1970 — an Früchten anderer Pflanzen konnte dieser Effekt von Linck und Sudia (1960), Stoy (1966), Khan und Sagar (1966), Kriedemann (1970) u. v. a. nachgewiesen werden). Es kann nicht unsere Aufgabe sein, die Theorie des Assimilatestaus und der Attraktionszentren hier eingehend zu interpretieren, sie mag aber als Arbeitshypothese für die Erklärung der Unterschiede im Assimilationsverhalten der Blätter tragender und nichttragender Obstgehölze gelten.

Tabelle 5 zeigt die Verteilung der Assimilate in Erdbeerpflanzen ohne und mit Früchten. Dabei kommt zum Ausdruck, daß bei nichttragenden Stauden die Blätter etwa 61% der markierten C-Assimilate aufgenommen haben, bei den Pflanzen mit 6 bzw. 12 Früchten finden sich in den Früchten 32,8 bzw. 47,5% wieder, und zwar im wesentlichen auf Kosten der Versorgung der Blätter. Interessant ist ferner, daß bei tragenden Stauden die Wurzeln recht schlecht versorgt werden (s. a. S. 30).

Ähnlich wie bei Erdbeeren ist auch bei anderen Obstarten die Versorgung der Wurzel durch starken Fruchtbehang vermindert. Der Ertrag an Obst ist aber keine Größe, die nur vom Vegetationsjahr selbst abhängig ist, sondern von der vorangegangenen Entwicklung möglicherweise vieler Jahre. Daher wirkt sich die Benachteiligung der Wurzel sicherlich auf den oder die nächstfolgenden Erträge aus. Diese Tatsache sollte man auch im Zusammenhang mit der Beurteilung der Alternanz berücksichtigen.

*Tab. 5:* Relative Verteilung der $^{14}C$-markierten Assimilate (prozentualer Anteil an der Gesamtimpulszahl) in Erdbeeren ohne bzw. mit 6 oder 12 Früchten je Pflanze im Jungfruchtstadium 36 Stunden nach der Applikation (nach HOFFMANN, 1973)

| | Blätter | Blattstiele | Früchte | Fruchtstiele | Wurzelhals | Wurzeln |
|---|---|---|---|---|---|---|
| Variante I ohne Früchte | 61,1 | 5,5 | | | 13,4 | 20,0 |
| Variante II — 6 Früchte je Pflanze | 39,2 | 3,0 | 32,8 | 2,8 | 9,3 | 12,7 |
| Variante III — 12 Früchte je Pflanze | 32,1 | 2,5 | 47,5 | 2,9 | 7,4 | 7,5 |

# Respiration

## Rolle der Atmung im Stoffwechselgeschehen

Ein lebendes System kann seine Struktur und seine Funktionsfähigkeit nur unter ständiger Aufwendung von Energie aufrecht erhalten. Die Atmung dient somit zunächst der Erhaltung des Lebens an sich, darüber hinaus aber der Bereitstellung von Energie für Synthesen verschiedenster Art.

Die Atmung im Dunkeln ist an der Sauerstoffaufnahme bzw. der Kohlendioxidabgabe durch die Pflanze leicht nachzuweisen. Bei Belichtung setzt bei vielen, jedoch durchaus nicht bei allen Pflanzen, eine beträchtliche „Lichtatmung" (Photorespiration) ein, die mit der Dunkelatmung, außer daß sie die gleichen Substrate nutzt und ebenfalls $CO_2$ entwickelt, nichts gemein hat. Ihr Ausgangsprodukt ist die aus der Photolyse stammende Glykolsäure.

Der Pflanzenbauer ist geneigt, eine starke Atmung grundsätzlich als negatives Kriterium zu werten. Man sieht — vielleicht auch beeinflußt durch das Verhalten der Früchte im Lager, wo man ständig Wärme und $CO_2$ abführen muß — oft nur die eine Seite, nämlich den Anteil der Atmung, der auf die Erhaltung der Lebensprozesse entfällt. Die andere Seite ist aber für die Pflanzenproduktion wichtiger. Orte verstärkter Atmung sind in der Regel Zentren intensiver Stoffumwandlung. Die Atmung ist daher keinesfalls nur „unproduktiv", sie ist ein notwendiger Stoffwechselprozeß, der die Bereitstellung von Energie besonders an Stellen verstärkter Stoffproduktion zum Ziel hat. So wird bei Bäumen unter günstigen Standortbedingungen mit hohen Erträgen die Wurzelatmung hoch sein als Folge der von der Wurzel geforderten hohen Leistung bei der Aufnahme von Mineralstoffen und bei der Synthese vieler organischer Verbindungen, insbesondere Aminosäuren. Starke Atmung ist in diesem Falle gleichzusetzen mit intensiver Arbeit, eine Feststellung, aus der sich u. a. Folgerungen für die Bodenpflege ableiten lassen.

Die Abläufe der Dissimilationsvorgänge und ihre Bedeutung für Stoffaufnahme, Stoffwanderung und Stoffumwandlung und für die Aufrechterhaltung der Lebensprozesse überhaupt sind bei zu allgemeiner Darstellung der Fakten und globaler Zusammenfassung vieler Einzelschritte zu einer Gesamtaussage nicht mehr durchschaubar. Eine, wenn auch keinesfalls erschöpfende, so doch ausreichend in die Tiefe dringende Erläuterung des Atmungszyklus, der je nach Ablauf zu einer optimalen oder im anderen Extrem völlig unökonomischen Energiewirtschaft führen kann, ist notwendig. Der Obstbauer, der eines Tages industriemäßig produzieren will, soll auch über die Atmung der Pflanze als Energiequelle soviel wissen, daß er die Stoffproduktion durch Pflegemaßnahmen bis hin zum Einsatz von Wachstumsregulatoren im Sinne einer optimalen Ertragsbildung zu lenken vermag. Er muß seine Beobachtungen über Wachstum und Entwicklung der Bäume mit Hilfe seiner Kenntnisse über die Physiologie der Ertragsbildung richtig einordnen können.

## Biologie der Dissimilation

### Die Atmung als Oxydationsprozeß

Die Atmung ist ein Oxydationsprozeß, Sauerstoff und Kohlendioxid werden miteinander ausgetauscht. Das geschieht vorwiegend durch die Spaltöffnungen der Blätter. Bei der Dissimilation wird organische Substanz abgebaut. Die dabei frei werdende nutzbare Energie (freie Enthalpie) deckt den Energiebedarf der Pflanze. Der biochemische Ablauf der Dissimilation ist bei allen Organismen, Pflanzen wie Tieren, im Prinzip ähnlich. Die Atmungskette ist biologisch gesehen sicherlich der wichtigste Oxydationsmechanismus der Organismen überhaupt.

Formen der Dissimilation sind Atmung und Gärung. Sie unterscheiden sich, indem bei der Atmung organisches Material völlig, d. h. zu $CO_2$ und $H_2O$ abgebaut wird, bei der Gärung jedoch unvollständig, z. B. zu Äthylalkohol oder Milchsäure.

Die wichtigsten Substrate für die Atmung sind die durch Photosynthese erzeugten Kohlenhydrate. Daneben wird, z. B. bei Keimpflanzen, die Energie aus Fetten und Proteinen gewonnen, so auch bei keimenden Samen des Kern- und Steinobstes oder der Nüsse. Die Freisetzung von Energie (ATP[= Adenosintriphosphat]-Bildung) bei der Atmung kommt durch oxydative Reaktionen zustande. Unter Oxydation versteht man die Abgabe von Elektronen (z. B. $Fe^{2+} \rightarrow Fe^{3+} + e^-$). Die Reduktion besteht in der Aufnahme von Elektronen (z. B. $2e^- + O_2 \rightarrow O^{2-}$).

Für abgegebene Elektronen muß ein Akzeptor vorhanden sein, d. h. jede Oxydation bedingt gleichzeitig eine Reduktion (Oxidoreduktion). Die genannten Regeln der chemischen Oxydation gelten auch für biologische Prozesse im Zusammenhang mit der Umwandlung organischer Substanzen. Zwischen der im Reagenzglas und der biologischen in der Pflanze ablaufenden Reaktion bestehen aber gewisse Unterschiede. Die biologische Reaktion wird durch Enzyme katalysiert, sie ist vielstufig, führt über oft zahlreiche Zwischenprodukte, und die Freisetzung von Energie erfolgt nicht im Zuge der unmittelbaren Oxydation von Kohlenstoff zu $CO_2$, sondern über den Umweg von Wasserstoff zu $H_2O$. $CO_2$ wird aus Karboxylgruppen durch Dekarboxylasen freigesetzt ($R{-}COOH \rightarrow RH + CO_2$) nachdem C-Atome des Substrates in Karboxylgruppen überführt worden sind.

Bei der Dissimilation spielen Elektronenübertragungen von einem Redoxsystem auf ein anderes eine bevorzugte Rolle. Der Reaktionsablauf nach einer bestimmten Richtung wird durch einen entstandenen „Elektronendruck" bzw. „Elektronensog" der beteiligten Redoxsysteme eingeleitet und weitergeführt. Vom Ort des hohen „Elektronendrucks" (bzw. des geringen „Elektronensogs")

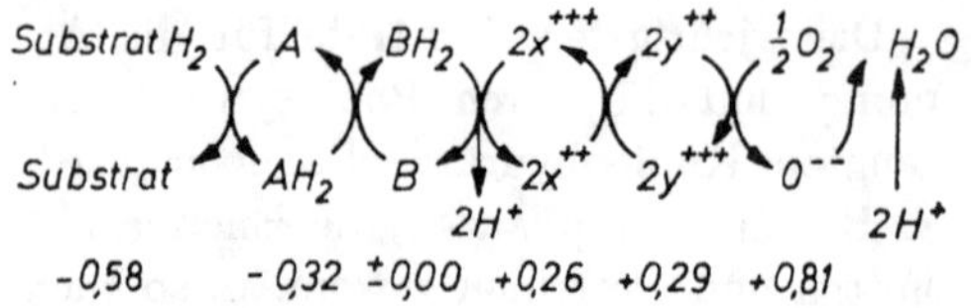


*Abb. 16:* Prinzipschema einer viergliedrigen Redoxkette, die in ihrem linken Teil (A, B) Elektronen + Protonen transportiert (Wasserstofftransportkette); in ihrem rechten Teil nur Elektronen (Elektronentransportkette). Die Zahlen sind die Werte für die Normalredoxpotentiale $E_0'$ in Volt

wandern Elektronen zu dem des niederen „Elektronendrucks" (bzw. des starken „Elektronensogs"). Die Größen „Elektronendruck" und „Elektronensog" kann man quantitativ als Redoxpotential messen. Das Redoxpotential ist ein Maß für die frei verfügbare Energie (freie Enthalpie). Elektronen auf stark negativem Redoxpotential („Elektronendruck") sind energiereich, d. h. „arbeitsfähig", stark positive spielen die Rolle des „Elektronensogs". Ein Elektronenübergang vom negativen zum positiven Redoxpotential ist somit exergon, die frei werdende freie Enthalpie wird von der Pflanze für die Produktion von ATP genutzt. Ein Elektronenübergang in entgegengesetzter Richtung ist durch die Zufuhr freier Enthalpie möglich, er ist endergon.

Abbildung 16 zeigt als Prinzipskizze eine solche Redoxkette. Ihre Glieder übertragen entweder Elektronen + Protonen („Wasserstofftransportkette") oder nur Elektronen („Elektronentransportkette"). Durch solche Redoxketten wird der Elektronentransport zwischen zwei Endgliedern, d. h. zwei Substraten, von denen eines der Sauerstoff sein kann, ermöglicht. Deutlich erkennbar ist, daß mit Hilfe der Redoxkette durch die Aufteilung der Redoxpotentialdifferenz $\Delta E_0'$ in mehrere kleine Redoxpotentialdifferenzen auch $\Delta G^{0\prime}$ aufgeteilt wird.[1]) Die freie Enthalpie steht somit an mehreren Stellen zur Verfügung und kann dort vom ATP-System abgenommen werden.

In der Pflanzenzelle ist zwischen Substrat und dem zur Verfügung stehenden Sauerstoff eine lange Redoxkette eingeschaltet. Sie besteht aus aneinandergereihten Redoxsystemen mit intermediären Redoxpotentialen.

So erfolgt beispielsweise die „Veratmung" von Glukose langsam, in Stufen, und es sind zahlreiche Fermente daran beteiligt. Die Aufeinanderfolge der einzelnen Schritte ist thermodynamisch bedingt. Die dosierte Bereitstellung von Energie an mehreren Stellen des Atmungszyklus ermöglicht es der Pflanze, in Abhängigkeit vom Ablaufrhythmus der Stoffumwandlung Energie an verschiedenen Punkten der Abbaukette abzuzapfen.

Die typische Speicherform der Energie ist wie bei der Photosynthese ATP (= Adenosintriphosphat), in dem die freiwerdende chemische Energie abgefangen wird. Man bezeichnet diesen Vorgang als „oxydative Phosphorylierung" im Gegensatz zur „Photophosphorylierung" bei der Photosynthese. Wenn auch die Atmung in anderer Richtung abläuft als die Photosynthese, so ist doch eine Analogie zwischen Atmungskettenphosphorylierung und Photophosphorylierung nicht zu übersehen. In beiden Fällen ist ein exergonischer Prozeß mit einer stark endergonischen Bildung von ATP aus ADP (= Adenosindiphosphat) und anorganischem Phosphat gekoppelt. Der Elektronentransport erfolgt bei der

[1]) (Normalredoxpotential = $E_0$. In der Biologie benutzt man meistens das auf pH 7 bezogene Normalpotential = $E_0'$. $\Delta G_0'$ = Änderung der freien Enthalpie in Joule/Mol. [4,2 Joule = 1 cal]).

Photosynthese im Chloroplasten, bei der Atmung in den Mitochondrien. Beide haben komplizierte, dem Zweck angepaßte Strukturen. Man darf annehmen, daß die Atmungskette der Mitochondrien während der Evolution aus der Photophosphorylierung des Chloroplasten hervorgegangen ist.

## *Teilschritte der Dissimilation*[1])

### *Atmungskette*

In der Atmungskette, einer Redoxkette, wird in den Mitochondrien der vom Atmungssubstrat abgespaltene Wasserstoff oxydiert. Schrittweise werden Elektronen auf Sauerstoff übertragen. Die Redoxsysteme der Atmungskette bestehen aus Oxydoreduktasen. Die Dehydrogenasen stellen das erste Glied der Atmungskette dar, sie sind mit ihrem Coenzym NAD (= Nikotinsäureamid-Adenin-Dinukleotid) bzw. NADP (= Nikotinsäureamid-Adenin-Dinukleotid-phosphat) locker an Mitochondrienmembranen gebunden (NAD + NADP würden wegen der positiven Ladung des Pyridinteiles im Coenzym besser mit $NAD^{\oplus}$ und $NADP^{\oplus}$ abgekürzt, jedoch hat sich die vereinfachte Schreibweise allgemein durchgesetzt).

Die Apoenzyme sind fest in der Innenmembran der Mitochondrien verankerte Multienzyme. Eine Übersicht über die Glieder der Atmungskette vermittelt nachstehende Zusammenstellung.

### *Dehydrogenasen*

In den Mitochondrien gibt es, den zahlreichen Substraten entsprechend, die dehydriert werden sollen, viele Dehydrogenasen unterschiedlicher Substratspezifität. Es überwiegen die Pyridinnukleotide NAD bzw. NADP (= Nikotinsäureamid-Adenin-Dinukleotid bzw. Nikotinsäureamid-Adenin-Dinukleotid-Phosphat). Nikotinsäureamid ist ein Vitamin der B-Gruppe. Mitochondrien enthalten viel NAD, ob NADP in pflanzlichen Mitochondrien auftritt, ist fraglich.

Übersicht über die Glieder der Atmungskette $E_0'$ = Normalredoxpotential bezogen auf pH = 7

| | $E_0'$ |
|---|---|
| *Substrate* | |
| NAD | −0,32 |
| Flavoproteide (FP) | −0,12 ··· +0,19 |
| Coenzym Q | ±0,0 ··· +0,10 |
| Zytochrom b | +0,04 |
| Zytochrom $c_1$ | +0,22 |
| Zytochrom c | +0,26 |
| Zytochrom a | +0,29 |
| Zytochrom $a_3$ | +0,55? |
| Sauerstoff | +0,81 |

Während der Oxydation des Substrates ist das Coenzym als Co-Substrat locker an das Dehydrogenase-Apoenzym gebunden. Daraufhin löst es sich in reduziertem Zustand ab. Von den 2 Protonen und 2 Elektronen, welche dem Substrat entzogen werden, übernimmt NAD nur 1 Proton und 2 Elektronen:

$$\text{Substrat-H}_2 + \text{NAD}^+ \xrightarrow[\text{genase}]{\text{Dehydro-}} \text{Substrat} + \text{NADH} + \text{H}^+$$

### *Flavoproteide*

Flavoproteide enthalten als Coenzym Flavinnukleotide, FMN (= Flavin-Mononukleotid) oder FAD (= Flavin-Adenin-Dinukleotid). Im Coenzym ist Riboflavin (= Vitamin $B_2$) der wirksame Anteil. Die meisten Flavinproteide enthalten Metalle (z. B. Fe, Cu, Mo, Mn).

Die Flavoproteide übertragen in der

[1]) Die Teilschritte der Dissimilation werden hier nur in ihren Grundzügen erörtert. Wer sich damit eingehender befassen will, sei auf das „Lehrbuch der Pflanzenphysiologie" von LIBBERT (1973) verwiesen, an das sich die hier gegebene Darstellung anlehnt.

Atmungskette Wasserstoff von NADH + H auf Coenzym Q:

$$\begin{array}{lll} NADH + H^+ + FP & \rightarrow & NAD^+ + FPH_2 \\ FPH_2 \qquad\quad + Q & \rightarrow & FP \qquad + QH_2 \\ \hline NADH + H^+ + Q & \xrightarrow{FP} & NAD^+ + QH_2 \end{array}$$

Flavinproteide u. a. Coenzyme enthalten vorwiegend Metalle, die als „Mikroelemente“ bezeichnet werden, da sie im Boden nur in Spuren vorkommen. Wenn sie fehlen, kann die Pflanze die für den normalen Stoffwechsel erforderlichen Coenzyme nicht bilden, es kommt zu Stoffwechselstörungen und Mangelerscheinungen. Aber auch reichlich im Boden vorhandenes Eisen kann zum „Mangelelement“ werden, wenn es die Wurzel infolge des Überschusses an anderen Ionen nicht mehr aufnimmt (physiologischer Eisenmangel). Je mehr Mineraldünger im Zuge der Intensivierung verabreicht werden, desto größer ist die Gefahr, daß die Spurenelemente ins Minimum geraten. Gerade der Zufuhr von Mikroelementen ist daher zukünftig mehr Beachtung zu schenken (s. S. 137).

*Coenzym Q*

Bis zum Coenzym Q, einem substituierten Benzochinon, übertragen die Glieder der Atmungskette je 2 Elektronen, die folgenden Zytochrome nur je 1 Elektron.

*Zytochrome*

Die Zytochrome besitzen als Coenzyme Eisenporphyrine. Das Eisenatom übernimmt durch Valenzwechsel den Elektronentransport ($Fe^{3+} + e^- \rightleftharpoons Fe^{2+}$). Die Zytochrome lassen sich nach Klassen ordnen, wobei für den Elektronentransport bei Pflanzen allgemein der Transportweg:

$$\rightarrow \text{Zyt. } c_{549} \rightarrow \text{Zyt. c} \rightarrow \text{Zyt. a} \rightarrow$$

anerkannt wird.

Als Endglied der Atmungskette wird Zytochrom $a_3$, auch als Zytochromoxydase bezeichnet, angesehen. Sie überträgt die Elektronen auf den Sauerstoff. Zytochrom a und Zytochrom $a_3$ sind weitgehend identisch, der Strukturunterschied ist gering, beide sind nur spektrometrisch zu trennen, und auch dann nur im biologisch aktiven Zustand.

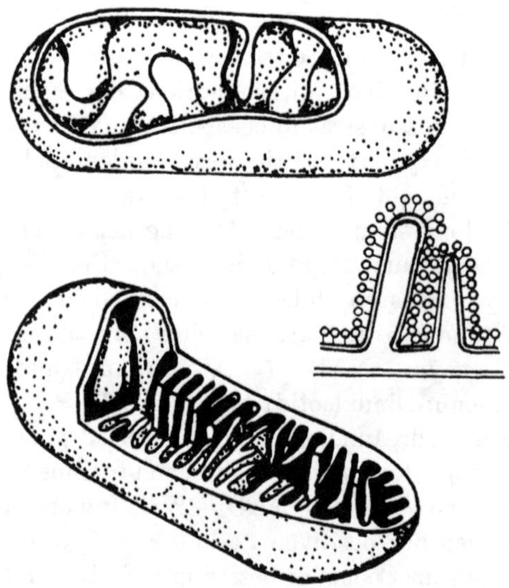

*Abb. 17:* Einfache Strukturmodelle von Mitochondrien

links oben: mit *tubuli mitochondriales*
links unten: mit *cristae mitochondriales*

Am Aufbau der Membranen sind neben Proteinen Phospholipide und Isoprenoidlipide maßgebend beteiligt; in Anlehnung an Sitte (1961) und Karlson (1962) nach Mohr (1969)

rechts: Auf der inneren Mitochondrienmembran dieses Modells sitzen gestielte Partikel (Oxysomen) mit einem Durchmesser von etwa 85 Å. Sie können z. B. bei Präparation isolierter Mitochondrien nach dem Negativ-Kontrastverfahren beobachtbar gemacht werden. Die Partikel besitzen ATPase-Aktivität. Es wird heute für möglich gehalten, daß im Bereich dieser Partikel die Kopplung von Atmungskette und oxidativer Phosphorylierung erfolgt; nach einer Vorlage von Franke aus Mohr (1969)

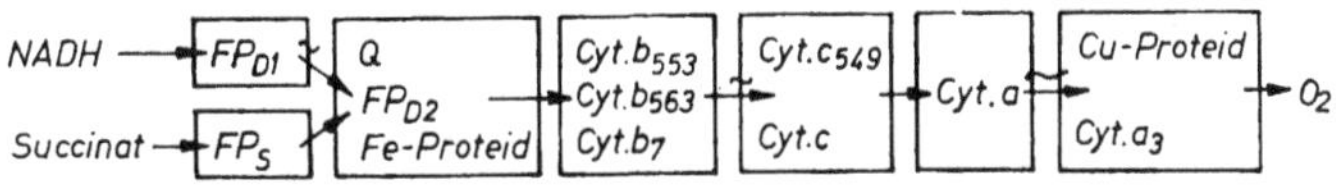


*Abb. 18:* Struktur der Atmungskette in Mitochondrien; $FP_D$ bzw. $FP_S$: NADH- bzw. succinatspezifische Flavoproteide; nach LIBBERT (1973)
Wellenlinien = Orte der Phosphorylierung (ATP-Bildung)

*Struktur der Atmungskette in den Mitochondrien*

Abbildung 17 zeigt in schematischer Darstellung den Aufbau der Mitochondrien. Die Dehydrogenasen sind locker an die Innenseite der inneren Mitochondrienmembran gebunden. Sie führen den Wasserstoff mit Hilfe von NAD unmittelbar zur Oxydation. Die Dehydrogenasen des Zytoplasmas sind hierzu nicht in der Lage, weil die innere Mitochondrienmembran für NADH undurchlässig ist. Der Wasserstoff muß daher an bestimmte Substrate gebunden durch die Membran geleitet werden. Alle weiteren Glieder der Atmungskette befinden sich im Inneren der Mitochondrienmembran oder sind ihr fest aufgelagert. Abbildung 18 verdeutlicht die derzeitigen Vorstellungen über die Struktur der Atmungskette in den Mitochondrien der Pflanzen.

*Phosphorylierungsmechanismen*

Wie bereits erwähnt, erfolgt die Übernahme der in der Atmungskette anfallenden Energie durch Phosphorylierung von ADP zu ATP. Man unterscheidet bei der Dissimilation zwei Arten von Phosphorylierung, nämlich die Substratphosphorylierung bei der Oxydation von Substraten durch Dehydrogenasen und die Atmungskettenphosphorylierung bei der Oxydation eines Gliedes der Atmungskette durch das nächstfolgende Glied.

*Substratphosphorylierung*

Die aus einem endergonen Stoffwechselschritt stammende freie Enthalpie wird intermediär als energiereiche Bindung zwischen dem Substrat und Phosphat gespeichert. Als Beispiel möge ein Schritt aus der Glykolyse dienen. 3-Phosphoglyzerinaldehyd (3-PGA) + $NAD^+$ → 3-Phosphoglyzerinsäure (3-PGS) + NADH + $H^+$ ($\Delta G^{0\prime} = -11$ kcal/Mol). Die Phosphorylierung erfolgt in der Natur in zwei Teilschritten. Im ersten entsteht bei Übernahme von Wasserstoff durch NAD zunächst eine energiereiche Thioazylbindung zwischen Apoenzym und dem Substrat. Diese wird unter Bindung von 1,3- d PGS mit ihrer energiereichen Azylphosphatbindung gespalten. Erst im zweiten Schritt wird das energiereiche angelagerte Phosphat zusammen mit der Bindungsenergie von ADP übernommen. Der Energieweg ist:

→ Enzym ~ Substrat → Substrat ~Ⓟ → ADP ~Ⓟ.

Von der freiwerdenden freien Enthalpie (− 11 kcal/Mol) werden nur + 7 kcal/Mol für die biologische Reaktion ADP → ATP nutzbar, der Rest wird benötigt, um die Gesamtreaktion in Gang zu setzen.

*Atmungskettenphosphorylierung*

Die oxydative Phosphorylierung (Atmungskettenphosphorylierung) ist an den Elektronenfluß der Atmungskette gebunden. Sie findet in der inneren Mitochondrienwand statt und ist der wichtigste Lieferant von ATP für die Zelle.

Die Bildung von ATP in der Atmungskette kann an mehreren Stellen erfolgen, nämlich jeweils dort, wo zwischen zwei Gliedern Energie frei wird. Dabei muß die Redoxpotentialdifferenz so groß sein, daß $\Delta G^0$ zur ATP-Bildung ausreicht.

Der Elektronentransport innerhalb der Atmungskette bedingt in jedem Falle die ATP-Bildung. Diese stagniert, wenn die ATP-Produktion z. B. durch Mangel an ADP unterbrochen wird. Diese Möglichkeit wird im Regelmechanismus der Atmung von der Pflanze genutzt (Atmungskopplung). Der Elektronentransport ist durch die verfügbare ADP-Menge begrenzt. Damit wird gleichzeitig die Atmung gehemmt. Unterbindet man diese Hemmung z. B. durch „Entkoppler" (Atmungsgifte oder Zerstörung der Lamellenstruktur der Mitochondrien), so steigt die Atmung ($O_2$-Verbrauch) unkontrolliert an. Die Oxydationsenergie wird aber nicht in Form von ATP abgefangen, sondern über Wärme ungenutzt frei. Diese Situation kennt der Obstbauer von überlagerten Früchten. Sie entwickeln Wärme, verlieren aber allmählich ihre Konsistenz, schmecken „gärig" und zersetzen sich schließlich. Daß die Atmung auch bei normalem Ablauf Wärme erzeugt, wird an der im Freien stehenden Pflanze

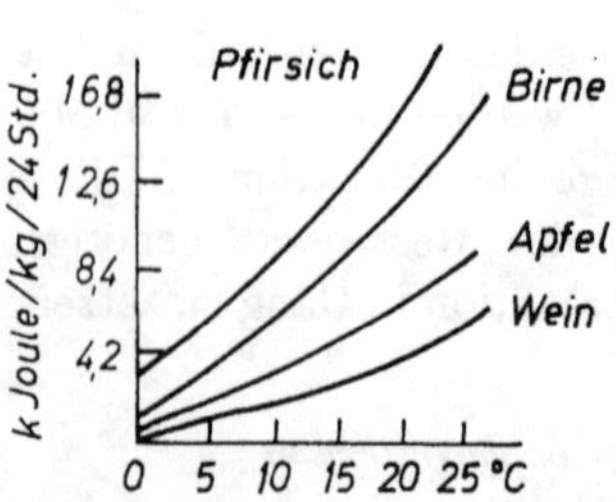


*Abb. 19:* Von Früchten verschiedener Obstarten abgegebene mittlere Wärmemenge in Abhängigkeit von der Lagertemperatur in großen Kalorien; nach Genevois (1934)

kaum, bei der lagernden Frucht jedoch deutlich sichtbar (Abb. 19).

Durch bestimmte Wachstumsregulatoren kann man über Veränderungen im Bereich der Atmungskettenphosphorylierung Wuchs- und Ertragsverhalten der Bäume beeinflussen. Es ist jedoch noch sehr wenig darüber bekannt, wo und wie diese Stoffe in die Atmungskette eingreifen. Mangelndes Wissen um diese Zusammenhänge erschwert das gezielte Eingreifen in das Stoffwechselgeschehen.

Für den Mechanismus der Atmungskettenphosphorylierung gibt es zwei Hypothesen, die hier nicht weiter erörtert werden sollen. Eine Möglichkeit besteht darin, daß die Atmungskettenphosphorylierung der Substratphosphorylierung ähnelt. Die zweite Theorie geht von einer chemiosmotischen Kopplung aus.

### *Abbauwege der Kohlenhydrate*

Der Abbau der Kohlenhydrate verläuft bei der Gärung wie bei der Atmung über weite Strecken in gleicher Weise. Einen Überblick über den Abbauweg vermittelt Abbildung 20.

Die wichtigsten Abbauwege der Kohlenhydrate bei der Atmung führen über die Glykolyse und den Zitronensäurezyklus. Dabei werden zunächst Kohlenhydrate, insbesondere Glukose, enzymatisch in Fruktose-1,6-diphosphat überführt, die eine sehr reaktionsfähige Form der Zucker darstellt. Der eingeschlagene Weg der Umsetzung geht aus Abbildung 21 hervor.

Zur Bildung dieser Verbindung wird ATP benötigt, d. h. die in den folgenden Stufen energieliefernde Atmung verlangt zur Einleitung eine Energiezufuhr.

### *Glykolyse*

Die Glykolyse, die sich im Plasma der Zelle abspielt, führt vom Fruktose-1,6-diphosphat bis zur Brenztraubensäure.

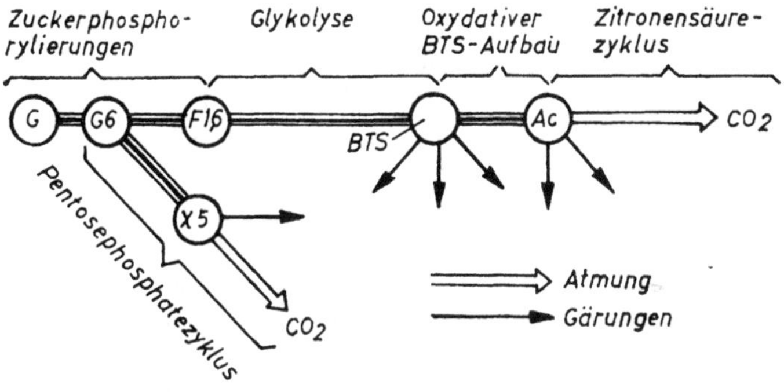


*Abb. 20:* Schematische Darstellung des Zusammenhangs zwischen Atmung und Gärungen; nach LIBBERT (1973)

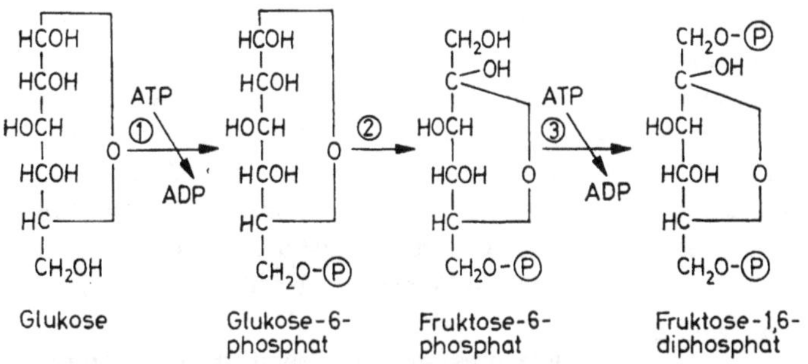


*Abb. 21:* Stoffwechselweg Glukose Fruktose-1,6-diphosphat; an der Umsetzung beteiligte Fermente: (1) Hexokinase, (2) Glukosephosphatisomerase, (3) Phosphofruktokinase

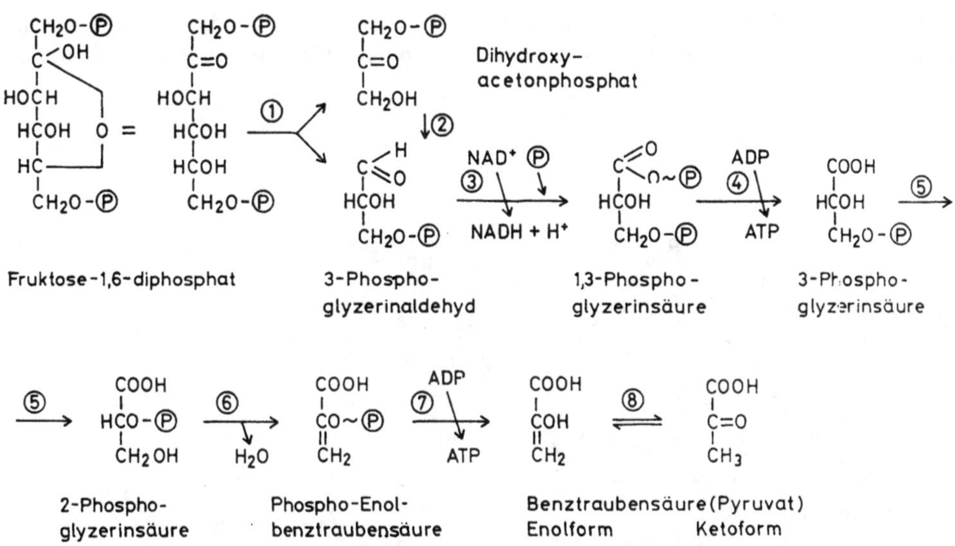


*Abb. 22:* Glukolyseablauf; an der Umsetzung beteiligte Fermente: (1) Aldolase (eine Lyase), (2) Triosephosphatisomerase, (3) Triosephosphatdehydrogenase, (4) Phosphoglyzeratkinase, (5) Phosphoglyzeratmutase, (6) Enolase (= Phosphoglyzeratdehydratase), (7) Pyruvatkinase, (8) Keto-Enol-Tautomerie, nicht enzymatisch

Abbildung 22 kennzeichnet den Abbauweg, an dem 7 Fermente beteiligt sind.

Während des Glykolyse-Vorganges findet eine Substratphosphorylierung (s. S. 35) im Anschluß an einen Oxydationsschritt statt. Der Wasserstoff wird von NAD übernommen und über die Atmungskette dem Wasserstoff zugeführt. Bei der Dehydratisierung von 2-Phosphoglyzerinsäure entsteht durch Wasserabspaltung die besonders energiereiche Enolphosphatbindung. Die Phosphoenol-Brenztraubensäure hat ein höheres Gruppenpotential (13 kcal/Mol) als ATP (7 kcal/Mol). Auf die ausführliche Darstellung der Einzelschritte wird verzichtet unter Hinweis auf die umfassende Erläuterung des Reaktionsablaufes bei LIBBERT (1973).

*Oxydativer Abbau der Brenztraubensäure*

Das Endprodukt der Glykolyse ist die Brenztraubensäure. Sie wird im Verlauf der Atmung durch ein Multienzym dekarboxyliert und aktiviert mit dem Endprodukt „aktivierte Essigsäure". Das dazu erforderliche Multienzym ist in den Mitochondrien lokalisiert, es enthält die Coenzyme Thiaminpyrophosphat (TPP), Liponsäure und Coenzym A. Abbildung 23 stellt den oxydativen Brenztraubensäureabbau dar.

Dabei wirkt TPP dekarboxylierend und gruppenübertragend. Nach der Dekarboxylierung der Brenztraubensäure ist der Azetaldehyd ($CH_3$—CHOH—) an den Thiazolring des TPP gebunden. TPP überträgt ihn auf Liponsäure, diese wirkt oxydierend und wiederum gruppenübertragend. Sie übernimmt den Azetylaldehydrest und oxydiert ihn zum Azetylrest. Die Oxydationsenergie wird als energiereiche Thioazylverbindung erhalten. Der Azetylrest wird auf CoA übertragen und in Dihydroliponsäure übergeführt. Die Dihydroliponsäure wird durch zwei weitere Coenzyme des Multienzyms reoxydiert, nämlich FAD und NAD, wobei letzteres den Wasserstoff der Atmungskette zuleitet.

Die „aktivierte Essigsäure" (Azetyl-Coenzym A) trennt sich vom Multienzym. Der Azetylrest, eine energiereiche Thioazylverbindung, die an ein Coenyzm gebunden ist, hat ein sehr hohes Gruppen-

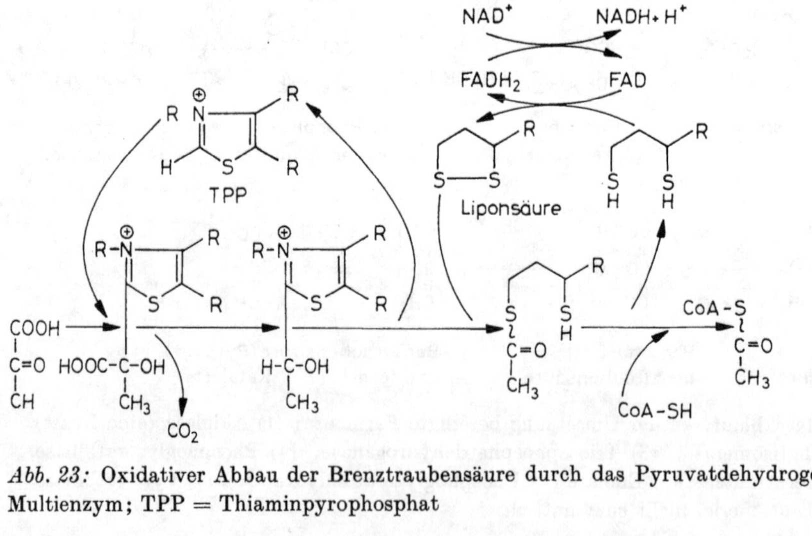


*Abb. 23:* Oxidativer Abbau der Brenztraubensäure durch das Pyruvatdehydrogenase-Multienzym; TPP = Thiaminpyrophosphat

potential (8 kcal/Mol) und somit eine starke Reaktionsfähigkeit. Man darf auf Grund der heutigen Kenntnisse der Glykolyse das Azetyl-CoA wohl als eines der wichtigsten Stoffwechsel-Zwischenprodukte der Zelle bezeichnen. Es charakterisiert einen Knotenpunkt, an dem sich viele Stoffwechselwege trennen und kann als „Weiche“ zwischen Kohlenhydrat- und Fettstoffwechsel dienen, darüber hinaus aber noch für eine ganze Reihe anderer Biosynthesen.

*Zitronensäurezyklus*

Der Zitronensäurezyklus dient dem restlosen Abbau des Azetylrestes des Azetyl-CoA. Die Wege dazu sind Hydratisierung. Dekarboxylierung und Dehydrierung. Als Bruttogleichung gilt nach LIBBERT (1973):

$$CH_3 - CO \sim S - CoA + 3\,H_2O$$
$$\rightarrow HS - CoA + 2\,CO_2 + [4\,H_2]$$

Der Azetylrest wird an Oxalessigsäure gebunden. Die dabei entstehende Zitronensäure wird schrittweise abgebaut, es wird wiederum Oxalessigsäure gebildet (Abb. 24).

Es handelt sich also um einen Stoffwechselkreis, daher der Begriff „Zitronensäurezyklus“.

Die Bildung der Zitronensäure wird über Zitratsynthese durch das hohe Gruppenpotential des Azetyl-CoA möglich, d. h. über die aus der Brenztraubensäureoxydation stammende Energie.

Isozitronensäure wird durch eine Dehydrogenase zu $\alpha$-Ketoglutarsäure umgesetzt, diese wiederum wird durch ein Multienzym analog wie Brenztraubensäure zu Azetyl-CoA zu Succinyl-CoA dekarboxyliert. Die Bindungsenergie des aus dem Brenztraubensäureabbau stammenden Azetyl-CoA wird zur Bildung der Zitronensäure benötigt. Succinyl-CoA gibt seine Energie bei der Substratphosphorylierung an ATP ab:

$$S \sim CoA \xrightarrow[-\,S]{+\,E} E \sim CoA \xrightarrow[-\,CoA]{P_i}$$

$$\rightarrow E \sim P \xrightarrow[-\,E]{+\,ADP} ADP \sim P (=ATP)$$

(S = Succinat, E = Enzym, E P = Phosphat gebunden an den Imidazolring eines Histidinrestes des Enzymproteins — nach LIBBERT, 1973).

Der Zitronensäurezyklus ist nicht nur Energiequelle, er eröffnet auch zahlreiche Wege zur Abzweigung von Zwischenprodukten und ist somit ein wichtiger Zulieferant für pflanzliche Synthesen. Das betrifft insbesondere die Ausgangsprodukte für die Aminosäuren der Asparagin- sowie der Glutaminfamilie und auch der Porphyrine.

*Karboxylierung der Brenztraubensäure*

Es wurde bereits erwähnt, daß Zwischenprodukte des Zitronensäurezyklus für Synthesen, insbesondere für die Bildung von Aminosäuren, abgezweigt und dem Zyklus entzogen werden. Somit besteht die Notwendigkeit, durch Ersatz der ausgefallenen Zwischenprodukte den Kreislauf aufrecht zu erhalten. Dies geschieht vorwiegend durch Karboxylierung von Brenztraubensäure zu Oxalessigsäure. Dieser Vorgang wird als WOOD-WERKMAN-Reaktion bezeichnet:

$$HOOC - CO - CH_3 + CO_2$$
$$\rightarrow HOOC - CO - CH_2 - COOH$$

Die WOOD-WERKMAN-Reaktion kann aus energetischen Gründen nicht nach der obigen Formel ablaufen, sie wird entweder durch Koppelung mit einer exergonen Reaktion oder durch Aktivierung von Brenztraubensäure bzw. $CO_2$ realisiert.

Als wichtigstes Ferment für die Regeneration von Zyklussäuren darf Pyru-

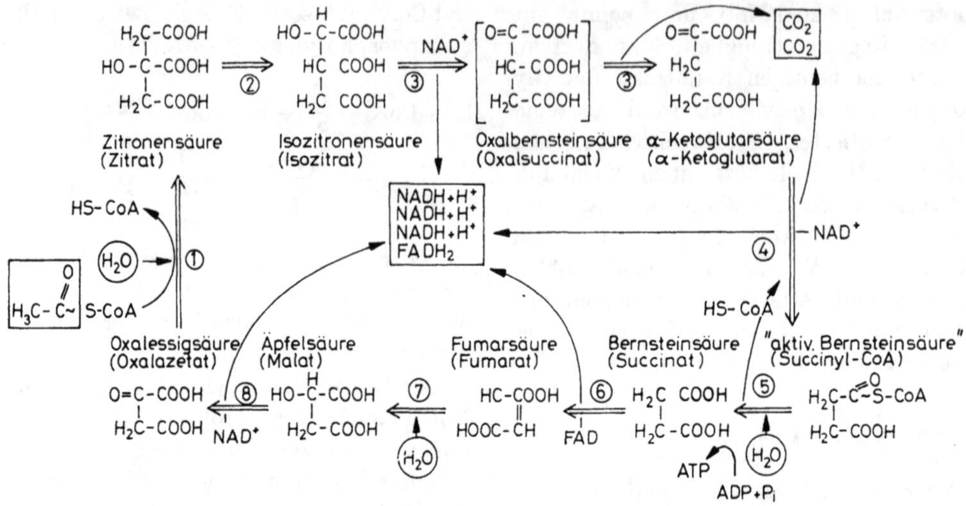


*Abb. 24:* Zitronensäurezyklus; an der Umsetzung beteiligte Fermente: (1) Zitratsynthase, (2) Aconitase, (3) Isozitratdehydrogenase, (4) α-Ketoglutaratdehydrogenase-Multienzym, (5) Succinat-CoA-Ligase, (6) Succinatdehydrogenase, (7) Fumarathydratase, (8) Malatdehydrogenase; nach Libbert (1973)

vat-$CO_2$-Ligase gelten, sie stellt den verbreitetsten Typ für biologische Karboxylierungen dar. $CO_2$ wird durch Bindung an ein Biotin-Enzym aktiviert, der Karboxylbiotinrest („aktiviertes $CO_2$") kann verschiedene Substrate karboxylieren (Abb. 25).

*Pentosephosphatzyklus*

Der Pentosephosphatzyklus ist ein weiterer Weg für Dissimilationsvorgänge in der Pflanze. Er endet in der restlosen Oxydation der Glukose. Die einzelnen Reaktionen finden im Zellplasma statt. Der Verzweigungspunkt sowohl des Glykolyse-Zitronensäurezyklus als auch des Pentosephosphat-Zyklus ist Glukose-6-Phosphat (Abb. 26). Der Pentose-

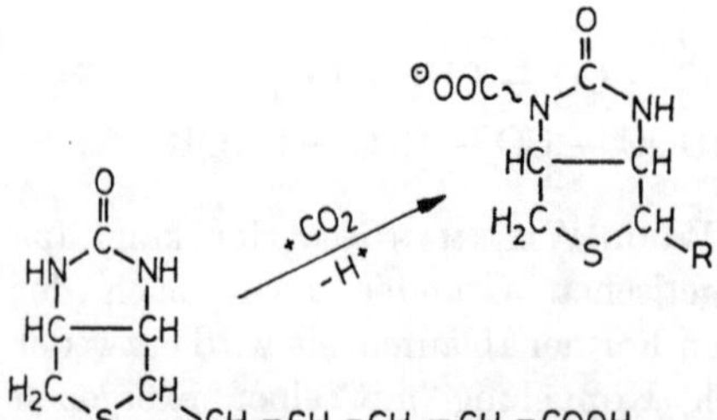

*Abb. 25:* Die ATP-bedürftige Karboxilierung von Biotin zum „aktivierten $CO_2$"

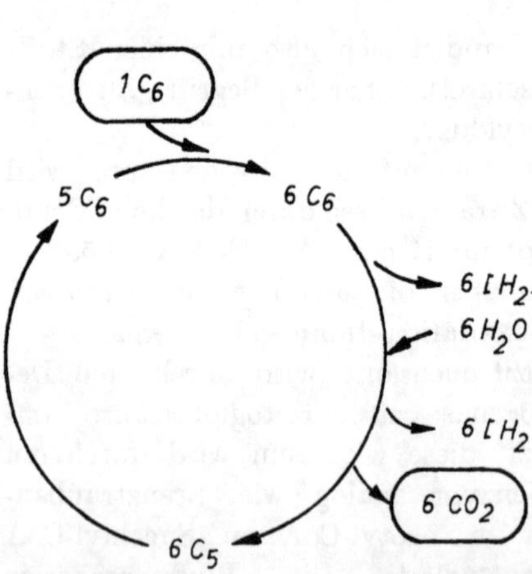


*Abb. 26:* Schematische Darstellung des Pentosephosphatzyklus
$C_6$ = Hexophosphat, $C_5$ = Pentophosphat

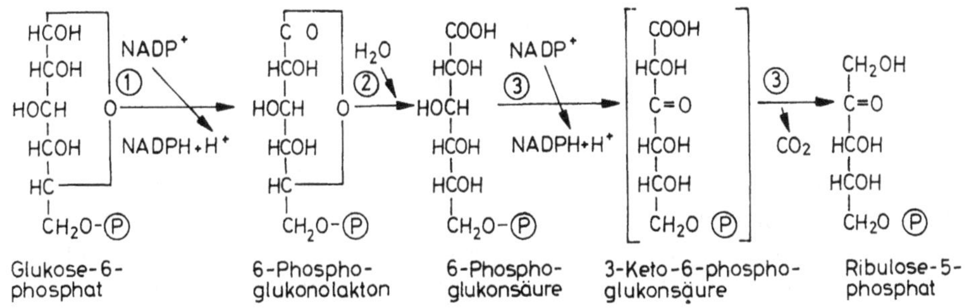


*Abb. 27:* Glukosephosphatoxidierende Phase des Pentosephosphatzyklus
(1) Glukose-6-phosphatdehydrogenase, (2) Glukonolazetonase, (3) Phosphoglukonatdehydrogenase

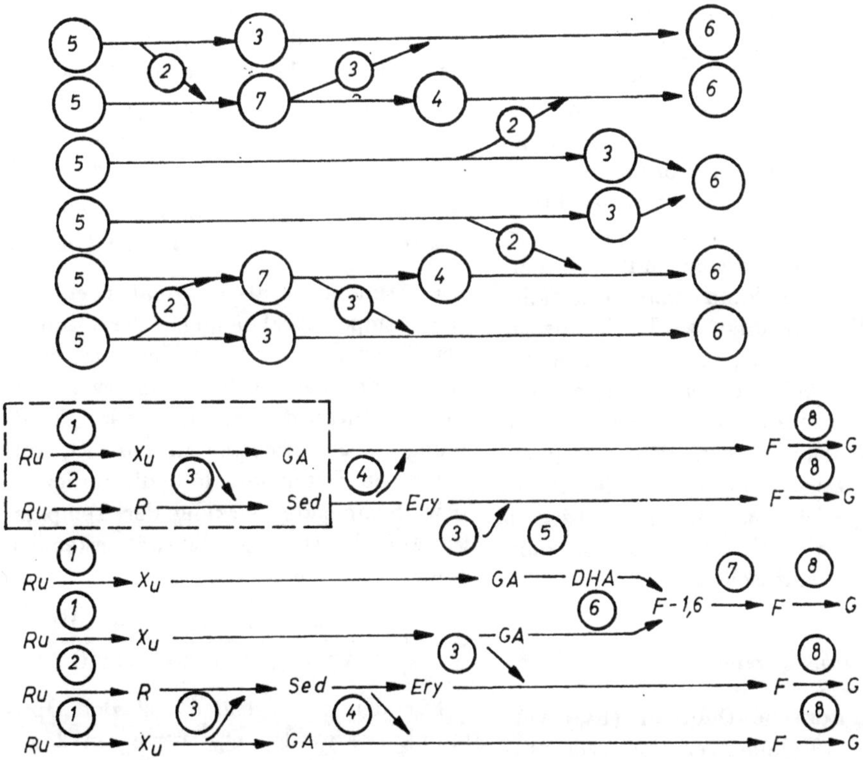

*Abb. 28:* Schematische Darstellung der glukosephosphat-regenerierenden Phase des Pentosephosphatzyklus; nach LIBBERT (1973)

oben: die großen Kreise sind Intermediate, die kleinen Kreise enzymgebundene Molekülbruchstücke, die Zahlen in den Kreisen geben die Anzahl der C-Atome an

unten: Ru = Ribulose-5-phosphat, R = Ribose-5-phosphat, Xu = Xylulose-5-phosphat, GA = 3-Phosphoglyzerinaldehyd, Sed = Sedoheptulose-7-phosphat, Ery = Erythrose-4-phosphat, DHA = Dihydroxiazetonphosphat, F-1,6 = Fruktose-1,6-diphosphat, F = Fruktose-6-phosphat, G = Glukose-6-phosphat. (1) Ribulosephosphat-3-epimerase, (2) Ribosephosphatisomerase, (3) Transketolase, (4) Transaldolase, (5) Triosephosphatisomerase, (6) Aldolase, (7) Fruktosediphosphatase, (8) Glukosephosphatisomerase

phosphatzyklus setzt sich aus zwei Teilabläufen zusammen. Beim ersten Schritt wird Glukosephosphat oxydiert, beim zweiten regeneriert.

Die beiden Teilschritte werden durch Abbildungen 27 und 28 charakterisiert.

Der Pentosephosphatzyklus dient besonders als NADPH-Quelle für verschiedene Synthesen, die NADPH-spezifische Reaktionsschritte enthalten, z. B. die reduktive Brenztraubensäure-Karboxylierung, die Biosynthese von Fettsäuren, von Isoprenoiden usw. Zahlreiche Zwischenprodukte dienen als Ausgangsmaterial für weitere Synthesen, z. B. Pentosephosphat für Nukleinsäuren. Glykolyse-Zitronensäurezyklus und Pentosephosphatzyklus sind nicht bestimmten Pflanzengruppen zugeordnet, sie können nebeneinander bei der gleichen Pflanze auftreten. Durch Fütterung der zu untersuchenden Gewebe mit $^{14}C$-markierter Glukose kann man ermitteln, welcher Weg benutzt wird. Grundsätzlich ist festzustellen, daß junge meristematische Gewebe bevorzugt den Glykolyse-Zitronensäureweg benutzen, ältere zumindest teilweise den Pentophosphatzyklus. Es zeigt sich also, daß die Pflanze in der Lage ist, sich anzupassen bzw. in bestimmten Situationen den für sie günstigeren Weg einzuschlagen.

*Respiratorischer Quotient*

Der respiratorische Quotient (RQ) verdeutlicht das Volumenverhältnis von produziertem $CO_2$ zu verbrauchtem $O_2$:

$$RQ = \frac{CO_2}{O_2}$$

Bei Veratmung von Kohlenhydraten, die nur aus Kohlenstoff, Wasserstoff und Sauerstoff bestehen, ist der RQ = 1 (nach dem AVOGADROschen Satz besitzen gleiche Molzahlen aller Gase gleiche Volumina)

$$C_6H_{12}O_6 + 6H_2O + \underline{\underline{6\,O_2}} \text{ ergeben}$$
$$\underline{\underline{6\,CO_2}} + 12\,H_2O$$

Der RQ ändert sich, wenn die Zahl der abgegebenen $CO_2$-Moleküle nicht gleich ist der Zahl der C-Atome im Substrat wie bei den Kohlenhydraten. Werden z. B. sauerstoffarme Fette oder Proteine veratmet, so ist der RQ niedriger als 1 (Fette etwa 0,7 — Proteine etwa 0,8). Werden sauerstoffreiche organische Säuren (z. B. Apfelsäure, Zitronensäure) abgebaut, so liegt der RQ über 1. Der RQ läßt sich durch manometrische Messungen feststellen, er ermöglicht Rückschlüsse auf das veratmete Substrat.

*Abhängigkeit der Atmungsintensität von Umwelteinflüssen und genetischen Faktoren*

Die Atmung ist als enzymatischer Prozeß temperaturabhängig. Der Einfluß der Temperatur auf die Enzymaktivität entspricht einer Optimumkurve. Der Temperaturkoeffizient $Q_{10}$ der Zellatmung, meist gemessen über die $O_2$-Aufnahme je Zeiteinheit, läßt die fördernde bzw. hemmende Wirkung der Temperatur auf die Atmungsintensität erkennen. Seine Definition lautet:

$$Q_{10} = \frac{\text{Atmungsintensität bei } t + 10\,°C}{\text{Atmungsintensität bei } t\,°C}$$

Für den ansteigenden Ast der Optimumkurve werden $Q_{10}$-Werte um 2 angegeben, d. h. bei einer Temperaturerhöhung um 10 Grad verdoppelt sich die Höhe der Atmung. Diese Steigerungsraten, die auch weit höher liegen können, sind für die Produktivität der Pflanze von Bedeutung. Dabei interessieren bei den Obstgehölzen ausschließlich Temperaturerhöhungen, die in dem im Obstanbau zu beobachtenden Bereichen liegen. Im Baumbestand können während der Vegetationsperiode Temperaturen zwischen etwa 10···35 °C auftreten. Steigen sie weiter an, was bei starker Einstrahlung zeitweilig möglich ist, so wird zunächst die Assimilation stark eingeschränkt, weil sich infolge der Temperaturerhöhung und dem dadurch meist gleichzeitig eintretenden Wassermangel die Spaltöffnungen schließen. Dabei kommt es zu einem sprunghaften Anstieg des Sauerstoffverbrauches, d. h. zu „unproduktiver“ Atmung. Atmungsbegrenzende Kontrollsysteme versagen bei noch höheren Temperaturen ihren Dienst, die Atmungskurve fällt wieder ab. Schließlich degeneriert infolge zu starker Erhitzung das Zellplasma, die Pflanze geht zugrunde. Von praktischer Bedeutung sind auch die Beobachtungen, daß nach Hitze (heiße Sommertage) oder Kälte (kalte Strahlungsnächte), trotz wieder eingetretener günstiger Bedingungen für die Assimilation, die Atmung scheinbar erhöht ist. Die vorübergehende Hemmung ist durch den Schock zu erklären, den der Assimilationsmechanismus infolge der extremen Temperaturen erhalten hat. Erst nach längerer Anlaufzeit erreicht die Assimilation wieder die normalen Erwartungswerte.

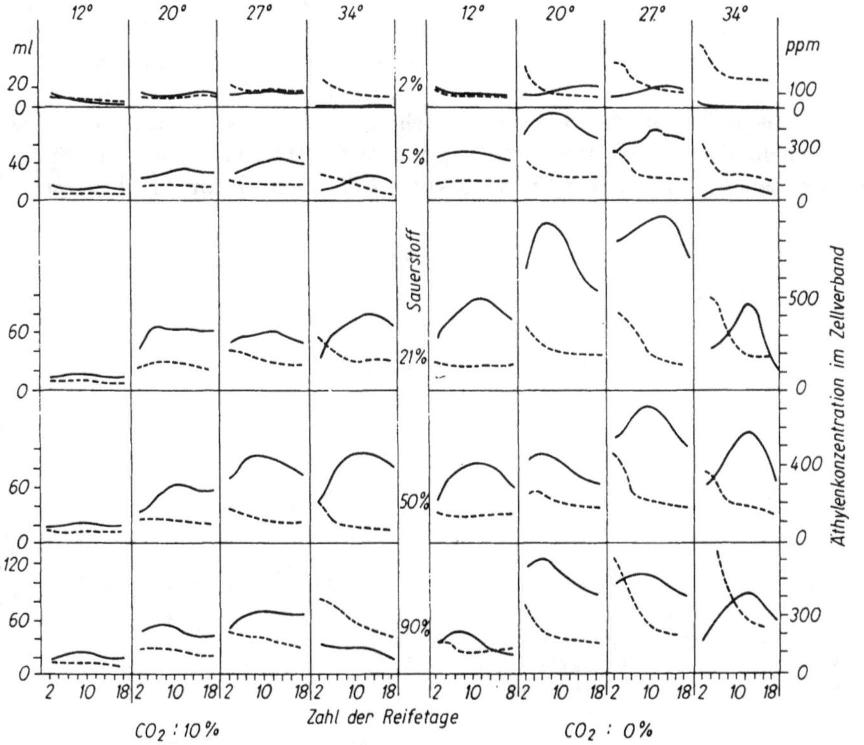


*Abb. 29:* Einfluß des Sauerstoff- und Kohlendioxidgehaltes der Lagerluft auf die Atmungsintensität und die Äthylenkonzentration im Zellgewebe von reifenden Äpfeln der Sorte ‚Golden Delicious‘, gemessen bei vier verschiedenen Temperaturen; nach Ulrich (1974).
Gestrichelte Linien: Atmungsintensität ausgedrückt durch die $CO_2$-Entwicklung in ml/100 g Fruchtmasse/Tag; durchgezogene Linien: Äthylengehalt im Zellverband der Frucht — Ausdruck für die Intensität der Äthylensynthese während der Fruchtreife

Es ist heute möglich, mit Hilfe von $O_2$ verschiedener Masse den bei der Photosynthese produzierten und den zur Zellatmung aufgenommenen Sauerstoff getrennt zu bestimmen. So konnte auch festgestellt werden, daß der blaue Anteil des Lichtes eine Steigerung der normalen Dunkelatmung bewirkt, die von der Photosynthese unabhängig ist. Die Dunkelatmung kann aber auch durch Stoffumwandlungen verschiedenster Art gegenüber dem zu erwartenden Normalwert verändert werden. Die Lichtatmung wird durch den Rotanteil des Lichtes verursacht.

Einen guten Überblick über die Intensität der Atmung in Abhängigkeit von Umweltfaktoren erhalten wir, wenn wir das Atmungsverhalten lagernder Früchte beobachten. In diesem Falle dürfte die Atmung nur zu einem geringen Prozentsatz als Energiequelle für die Stoffumwandlung dienen, sie hat vorwiegend die Aufgabe, die Lebensprozesse der Frucht aufrecht zu erhalten. Die Abhängigkeit der Atmungsintensität von der Lagertemperatur, den Einfluß des Sauerstoff- und Kohlendioxidgehaltes der Lagerluft auf die $CO_2$-Abgabe und das Ausmaß der Äthylenbildung bei ‚Golden Delicious‘ zeigt Abbildung 29. Die bei der Atmung erzeugte Wärme ist sehr gering, man kann sie im Freiland kaum messen. Anders liegen die Verhältnisse bei lagernden Früchten. Hier werden durch die Atmung so beträchtliche Mengen an Joule frei, daß man sie durch Kühlmaschinen entfernen muß.

Es ist bekannt, daß auch genetische Faktoren die Intensität der Atmung maßgeblich beeinflussen können. Die Literatur bringt dafür viele Beispiele und nennt oft extrem hohe (manche Mikroorganismen) oder niedrige Werte. Für Obstgehölze liegen nur wenige Untersuchungen in dieser Richtung, ausgenommen diejenigen an lagerndenFrüchten, vor. Genetisch bedingte Unterschiede

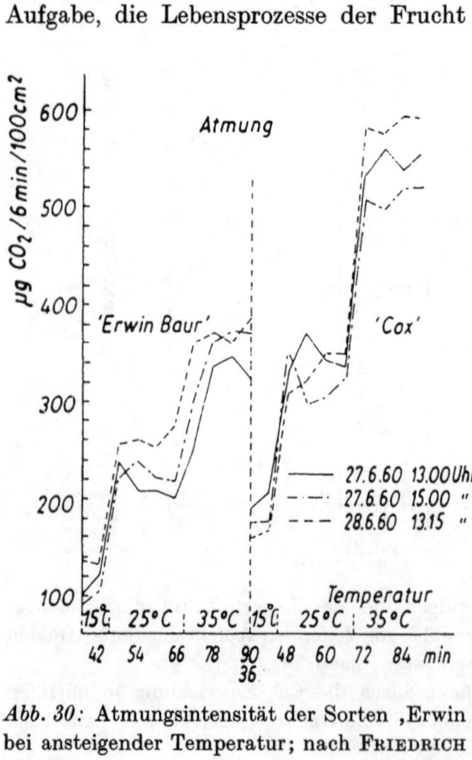


*Abb. 30:* Atmungsintensität der Sorten ‚Erwin Baur‘ und ‚Cox Orangen‘ (Blätter) bei ansteigender Temperatur; nach FRIEDRICH und SCHMIDT (1963)

der Sorten im Atmungsstoffwechsel sollen hier nur am Beispiel einiger Apfelsorten erörtert werden. Wie Abbildung 30 zeigt, ist die Atmungsintensität der Sorte ‚Cox Orangen' bei den gewählten Temperaturstufen immer um eine ganze Größenordnung höher als bei ‚Erwin Baur'. Zweifellos liegen in diesem Falle keine Atmungssteigerungen infolge verstärkter Stoffsynthesen vor, bei ‚Cox' ist der $Q_{10}$-Wert sorteneigentümlich weit höher als bei ‚Erwin Baur'. Die hohe Atmung von ‚Cox' dürfte eine Ausnahme im Atmungsverhalten darstellen, denn zwischen den meisten anderen Sorten sind die Unterschiede der Atmungsintensität nur gering. Es hat sich in den Untersuchungen von FRIEDRICH und SCHMIDT (1959) auch gezeigt, daß die Atmung bei einsetzender Hochsommerhitze nicht in dem zu erwartenden Maße ansteigt. Die Pflanze vermag sich vor zu starken Atmungsverlusten zu schützen.

Mehrjährige Untersuchungen von BÜTTNER und SALZER (1973), die an 25 cm langen Abschnitten beblätterter Triebe verschiedener weiterer Sorten während der gesamten Vegetationsperiode vorgenommen worden waren, erbrachten folgende Ergebnisse:

1. Die Absolutwerte der Dunkelatmung bei den untersuchten Sorten ‚Golden Delicious', ‚Clivia', ‚Alkmene' ‚‚Boskoop' und ‚Auralia' lagen zwischen 1,85 und 2,25 mg $CO_2$ je Quadratzentimeter Blattfläche und Stunde.
2. Die Differenzen der Mittelwerte der Sorten sind relativ gering und liegen meist wesentlich unter 15% der Vergleichssorte ‚Golden Delicious', so daß der größere Teil der Differenzen statistisch nicht gesichert werden kann.
3. Es folgt daraus, daß der erzielbare Stoffgewinn durch Photosynthese bei den untersuchten Sorten in erster Linie durch Unterschiede in der Bruttophotosynthese begründet ist. Spezifische Unterschiede im Stoffverlust durch Atmung spielen dabei kaum eine Rolle.

Bei den beschriebenen Versuchsergebnissen bleibt außer Betracht, inwieweit Veränderungen der Atmung zu bestimmten Terminen mit besonderen Entwicklungsabschnitten des Baumes korreliert sein können. Die Frage, wie erblich bedingte Unterschiede hinsichtlich der Atmungsintensität zustandekommen, kann nicht befriedigend beantwortet werden (HARTMANN 1962).

## Stofftransport und Verteilung von Assimilaten

In dem vielzelligen Körper der zu den höheren Pflanzen zählenden Obstgehölze ist eine weitgehende Arbeitsteilung eingetreten. So sind die farblosen Zellen des Wurzelsystems oder der Sproßachsen auf die Zufuhr von Stoffen angewiesen, die in den zur Photosynthese befähigten chlorophyllhaltigen Zellen gebildet werden. Zur Zeit des Vegetationsbeginns werden in den Speichergeweben der Wurzeln und Achsenorgane Stoffe mobilisiert, die für den Austrieb der Knospen notwendig sind. Diese Beispiele verdeutlichen die Notwendigkeit des Stofftransportes für das Leben der Pflanzen. Er vereinigt, was Differenzierung und Arbeitsteilung getrennt haben.

Für das Zusammenwirken der einzelnen Teile des Organismus ist neben dem Transport von Bau- und Betriebsstoffen (Substrattransport) der Transport von hormonartigen Wirkstoffen zur Koordinierung von Wachstum und Entwicklung notwendig.

Bei der Darstellung der Problematik des Stofftransports müssen wir uns im wesentlichen auf Ergebnisse stützen, die an Pflanzen gewonnen wurden, die nicht zu den Obstgehölzen gehören. Über die Verteilung der Assimilate liegen einige spezielle Untersuchungen an Obstgehölzen vor.

## Stofftransport

### Kurzstreckentransport

Die verschiedenen Organellen einer Pflanzenzelle haben unterschiedliche Aufgaben im Stoffwechsel, und es ist ein ständiger Transport von den „Orten der Produktion" zu den „Orten des Verbrauches" notwendig (Abb. 31). Dabei kann ein und derselbe Ort in Abhängigkeit von der Substanz sowohl Produktions- als auch Verbrauchsort sein. Für den Kurzstreckentransport dürfte die Diffusion als treibende Kraft ausreichen, wenn auch andere Mechanismen nicht auszuschließen sind.

Der Transport von Zelle zu Zelle, z. B. in parenchymatischen Geweben, Wurzel- oder Sproßspitzen, kann im Symplasten oder Apoplasten stattfinden. Beim symplasmatischen Transport erfolgt die Stoffleitung über die durch Plasmodesmen miteinander verbundenen Zellen unter ständiger Kontrolle des Zytoplasmas. Beim apoplasmatischen Transport müssen die Stoffe von der Zelle durch die äußere Plasmagrenzschicht, dem Plasmalemma, in den „freien Raum" gelangen. Aus diesem freien Raum, der sich aus Intermizellar- und Interzellularräumen zusammensetzt und in dem sich die transportierenden Stoffe außerhalb der Kontrolle des Zytoplasmas befinden, können sie von den anderen Zellen aufgenommen werden. Sehr wahrscheinlich werden für den Kurzstreckentransport innerhalb von Geweben beide Transportwege in Anspruch genommen, wobei man annehmen kann, daß für die einzelnen Stoffe unterschiedliche Wege benutzt werden. Über die Mechanik des Stofftransports von Zelle zu Zelle lassen sich noch keine gesicherten Angaben machen.

### Langstreckentransport

Der Transport über größere Entfernungen erfolgt im Phloem, in den Siebröhren, die aus langgestreckten Zellen mit siebartig durchbrochenen Querwänden, den Siebplatten, bestehen (Abb. 32). Ausdifferenzierten, transportierenden Siebröhren fehlen Zellkern, Tonoplast und Organellenreichtum normaler Pflanzenzellen. Das Siebröhrenplasma wird vom semipermeablen Plasmalemma umschlossen; es geht kontinuierlich in das Zellumen über. Die Siebröhren sind umgeben von Geleitzellen, mit denen sie über zahlreiche Tüpfel und Plasmodesmen in enger plasmatischer Verbindung stehen. Die Geleitzellen sind sehr plasmareich, haben große Zellkerne, keine Plastiden und viele Mitochondrien.

Der Transport der organischen Moleküle erfolgt in den Siebröhren in gelöster Form, wobei als Lösungsmittel Wasser dient. Die Moleküle werden mit einer Geschwindigkeit von etwa 50 bis 100 cm je Stunde geleitet. Etwa 90 Prozent der im Siebröhrensaft gelösten Moleküle sind Kohlenhydrate. Als Haupttransportform gilt die Saccharose. Daneben spielen bei den Obstgehölzen die Oligosaccharide Raffinose, Stachyose und Verbascose sowie der Zuckeralkohol Sorbit eine Rolle. Die genannten Oligosaccharide setzen sich aus Saccharose mit ein bis drei Molekülen Galaktose zusammen. Transportiert werden in den Siebröhren u. a. Aminosäuren, Amide, organische Säuren und Phytohormone.

Der Ein- und Austritt der Stoffe in die

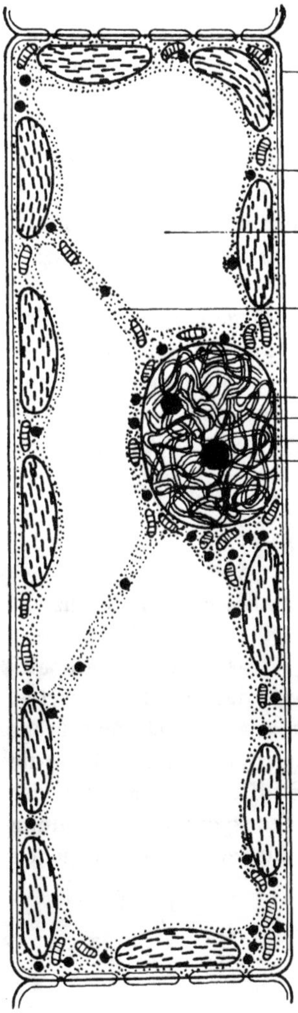


Abb. 31

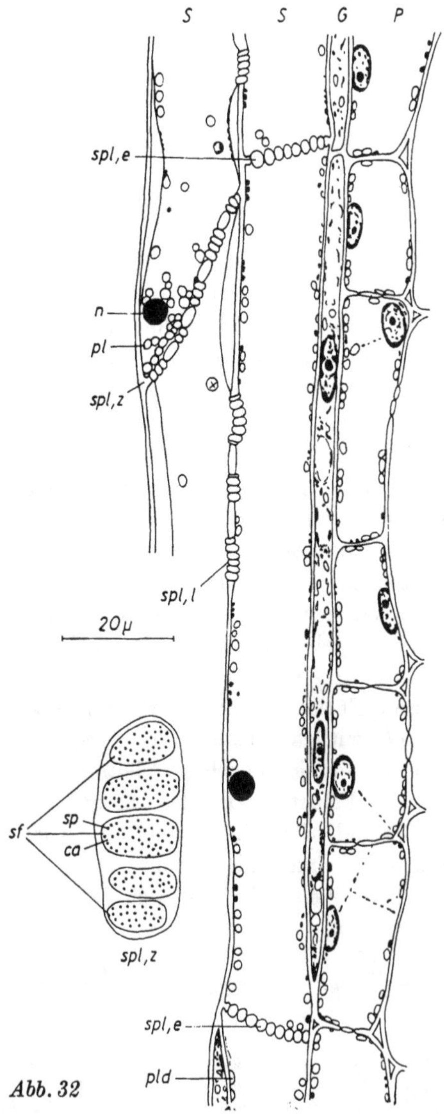


Abb. 32

*Abb. 31:* Schema einer älteren Zelle aus dem Assimilationsparenchym eines Laubblattes. W Zellwand, C Zytoplasma, V Saftraum (Vakuole), dieser wird durchzogen von Plasmasträngen, Cg, ZK Zellkern (KH Kernhülle, Chr Chromosomen, N Nukleolus), P Plastiden (Chloroplasten), Mi Mitochondrien, Sph Sphärosomen; nach v. DENFFER, SCHUMACHER, MÄGDEFRAU, EHRENDORFER (1971)

*Abb. 32:* Leicht schematisiertes Bild von Siebröhrengliedern S mit Geleitzellen G und Phloëmparenchymzellen P bei *Passiflora coerulea.* Das Zellumen der Siebröhrenglieder ist von einem gleichmäßigen, hochgradig aufgelockerten Plasma erfüllt. pl Plastiden, n Nukleolen der aufgelösten Zellkerne, spl, z schräge Siebplatten mit Siebfeldern sf. spl, e quergestellte Siebplatten. spl, l laterales Siebfeld, pld Plasmaverbindung zwischen Siebröhre und Geleitzelle. Links unten Siebplatte mit 5 Siebfeldern (sf) in Flächenansicht. sp Siebpore mit Kallosering. (Nach KOLLMANN), in v. DENFFER, SCHUMACHER, MÄGDEFRAU, EHRENDORFER (1971)

Siebröhren erfolgt über Parenchym- bzw. Geleitzellen, wobei das Einschleusen der Zucker in die Siebröhren gegen ein Konzentrationsgefälle erfolgt und Stoffwechselenergie erfordert.

Über die Mechanik des Stofftransports in den Siebröhren besteht noch keine Klarheit. Nach der von MÜNCH (1930) formulierten Hypothese erfolgt der Transport in den Siebröhren in Form einer Lösungsströmung (Massenströmung, Druckstromhypothese). Die in Wasser gelösten Stoffe werden von den Orten der Produktion (z. B. Assimilationsgewebe) bzw. Bereitstellung (z. B. Speichergewebe) zu den Orten des Verbrauchs (z. B. wachsende Gewebe) entlang eines osmotischen Gefälles transportiert (Abb. 33). Nach neueren Vorstellungen sind für die Aufrechterhaltung des osmotischen Gradienten die Geleitzellen durch aktives Be- und Entladen der Siebröhren beteiligt. Wesentliche Einwände gegen die Massenströmungshypothese leiten sich aus der Feinstruktur des Siebröhreninhalts und der Siebporen ab. Diese Strukturen sind einer Massenströmung hinderlich. Weiterhin läßt sich bei zahlreichen Dikotylen beobachten, daß sich im Verlauf der Entwicklung die Anzahl der Siebplatten je Längeneinheit vermehrt. Daraus ist zu schließen, daß die Siebplatten mit ihren Siebporen keine Hindernisse für den Transport sind, wie sich das aus der Massenströmungstheorie ableiten läßt, sondern daß sie als stimulierende Zonen des Transports angesehen werden müssen.

Auf der Grundlage zahlreicher Forschungsarbeiten sind weitere Hypothesen zur Mechanik des Stofftransports aufgestellt worden, ohne daß es zu einer Aufklärung des Problems gekommen ist.

## Stoffverteilung

Den gesamten Pflanzenkörper durchzieht das Netzwerk von Leitbündeln mit den Elementen des Wasser- und Nährsalztransportes sowie des Stofftransportes. Dieses Netzwerk ist aber noch keineswegs der Schlüssel zum Verständnis über die Richtung des Stofftransportes und der Stoffverteilung. Transport und Verteilung der Assimilate dürften im wesentlichen

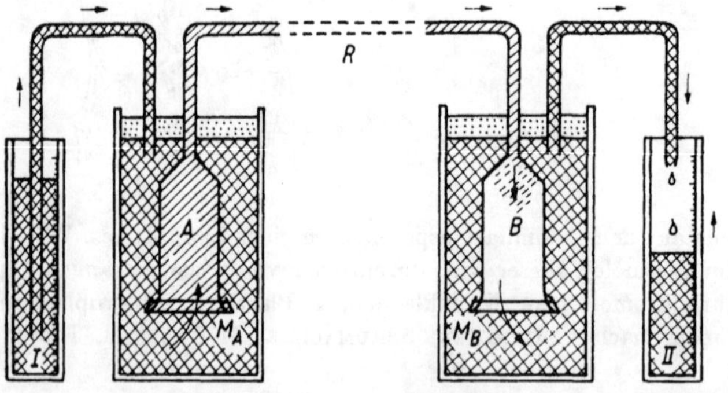


*Abb. 33:* MÜNCHscher Modellversuch zur Demonstration einer durch einen osmotischen Gradienten getriebenen Massenströmung. (Nach MÜNCH, 1930, aus ZIEGLER, 1963). Zelle A = 10%ige Saccharose-Lösung mit Kongorot angefärbt. Zelle B = Wasser; R = Verbindungsrohr, M = semipermeable Membran, Zelle A nimmt durch die semipermeable Membran $M_A$ Wasser auf, das durch den entstehenden hydrostatischen Druck durch die Membran $M_B$ aus Zelle B ausgedrückt wird. Zucker und Kongorot werden von A nach B transportiert. Wasser fließt von Gefäß I in Gefäß II, bis der osmotische Gradient A B ausglichen ist

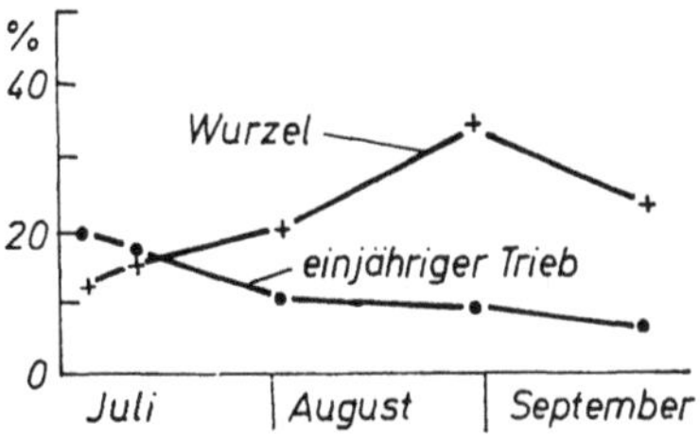


*Abb. 34:* Einbau von $^{14}C$-Assimilaten in Wurzeln und einjährige Triebe in % des $^{14}C$-Gehaltes eines Baumes der Sorte ‚James Grieve' auf M 4

durch den Entwicklungszustand der Pflanze bestimmt werden, wobei Richtung und Ausmaß des Transportes von der Position und der Attraktionskraft der Verbrauchsorte sowie von der Lage und dem Liefervermögen der Orte der Produktion und der Bereitstellung abhängen. Wachsende und speichernde Organe haben eine besonders hohe Attraktionskraft, die sich im Verlauf einer Vegetationsperiode verändert. So entstehen spezifische Verteilungsmuster, an deren Ausbildung Phytohormone entscheidend beteiligt sind. Untersuchungen mit $^{14}C$-markierten Assimilaten haben gezeigt, daß die oberen Blätter von Langtrieben des Apfelbaumes die Assimilate vorwiegend in apikaler Richtung transportieren, während die unteren vorwiegend die Wurzeln versorgen. Die Blätter aus der mittleren Region transportieren sowohl aufwärts als auch abwärts. Im Verlauf der Ontogenese verändert demnach das Blatt die Transportrichtung vom vorwiegend apikalen zum vorwiegend basalen Transport.

Die Wurzeln von Apfelbäumen, die bevorzugte Speicherorgane sind, erreichen ihre höchste Attraktionskraft für Assimilate etwa Anfang September, während die des einjährigen Triebes im Verlauf der Vegetationsperiode abnimmt (Abb. 34). Dieses Verhalten kann als Beispiel einer spezifischen Regulation der Stoffverteilung gelten. Das Verständnis für diese Zusammenhänge ist notwendig, wenn man Wachstumsregulatoren gezielt anwenden will.

# Ökologie der Photosynthese

## Blattanatomie und Gasdiffusion

Der Gasaustausch eines Blattes vollzieht sich zum größten Teil durch seine Spaltöffnungen. Obwohl die Summe der Fläche dieser Öffnungen nur wenige Prozent der Gesamtblattfläche ausmacht, können durch sie auf Grund besonderer physikalischer Effekte 66···90% derjenigen Gasmenge diffundieren, die in derselben Zeit durch einen freien Querschnitt von der Größe der Blattfläche wandern würde. Durch die Fähigkeit, den Öffnungsgrad der Spalten in Abhängigkeit von inneren und äußeren Faktoren zu verändern, kann die Pflanze sehr wirksam die Geschwindigkeit der Diffusion regulieren.

Die an der Diffusion beteiligten Gase sind Kohlendioxid, Sauerstoff und Wasserdampf. Sie wandern längs eines Diffusionsgefälles von den Orten höherer zu denen niedrigerer Konzentration.
Das bedeutet für

| | | |
|---|---|---|
| Kohlendioxid | im Dunkeln | aus dem Blatt |
| | im Licht | in das Blatt |
| Sauerstoff | im Dunkeln | in das Blatt |
| | im Licht | aus dem Blatt |
| Wasserdampf | | aus dem Blatt |

Bemerkenswert ist dabei, daß am selben Ort und zur selben Zeit die einzelnen Gase in verschiedenen Richtungen diffundieren können. Außerdem sind auch die diffundierenden Mengen unterschiedlich groß. Für Apfelblätter kann man, optimale Bedingungen vorausgesetzt, folgende Werte angeben:

| | Diffundierte Menge in mg je Quadratdezimeter und Stunde |
|---|---|
| Kohlendioxid | 5 ··· 15 |
| Sauerstoff | 3 ··· 15 |
| Wasserdampf | 500 ··· 1000 |

Die in der Zeiteinheit diffundierenden Mengen werden von den Diffusionswiderständen bestimmt. Im Falle der $CO_2$-Aufnahme in das Blatt kommen vor allem die Teilwiderstände an der Grenzschicht Außenluft—Blatt, in den Spaltöffnungen und im Mesophyll, die sich miteinander zu einem Gesamtwiderstand summieren, in Betracht. Zum anderen wird die Intensität des $CO_2$-Stromes in das Blatt auch von der Konzentrationsdifferenz Außenluft-Verbrauchsort (= Palisadenparenchym) bestimmt. Wenn man annimmt, daß an letzterem bei lebhafter Assimilation annähernd die Konzentration 0 herrscht, läßt sich der $CO_2$-Fluß in das Blatt durch folgende Beziehung darstellen:

$$P = \frac{(CO_2)\,a}{\sum r}$$

$P$ = $CO_2$-Fluß

$(CO_2)\,a$ = $CO_2$-Konzentration der Außenluft

$\sum r$ = Summe der Teilwiderstände für die $CO_2$-Diffusion

Er ist also proportional der Außenkonzentration an $CO_2$ (bis zu einem Optimalwert, s. Seite 56), aber umgekehrt proportional der Summe der Teilwiderstände zwischen Außenluft und Palisadenparenchym. Die Teilwiderstände sind dabei direkt (Grenzflächenwiderstand) oder indirekt (Spaltöffnungen) umweltabhängig oder durch die Blattanatomie unveränderlich gegeben. Der Mesophyllwiderstand ergibt sich aus der Blattanatomie (also Blattdicke, Zahl der Palisadenschichten, Interzellularanteil) als unveränderliche Größe und den Bedingungen für die Diffusion des $CO_2$ von der Zellwand bis zum Chloroplasten, abhängig vor allem vom Wasserhaushalt. Da jedoch bei höheren Pflanzen die Stomata in der Regel wesentlich früher auf beginnendes Wasserdefizit reagieren als dieser Mesophyllwiderstand (MOLDAU 1972), kann er vernachlässigt werden.

Durch die geöffneten Spaltöffnungen hindurch verliert das Blatt, zwangsläufig gekoppelt mit der Kohlendioxidaufnahme, auch Wasser in Form der Transpiration. Die Weite der Spaltöffnungen wird dabei maßgeblich vom $CO_2$-Bedarf des Mesophylls gesteuert; damit wird vermieden, daß bei ungünstigen Photosynthesebedingungen eine unproduktive Transpiration eintritt.

Die Diffusion des Sauerstoffs wird durch Spaltenschluß kaum behindert, da dieser in vergleichsweise sehr hoher Außenkonzentration vorliegt und demzufolge selbst durch die Zellwände hindurch eine genügend hohe Diffusionsgeschwindigkeit erreichen kann.

## Blattanatomie in Abhängigkeit von Sorte und Umwelt

Das Blatt hat ein begrenztes Wachstum. Es besitzt eine für Obstart und -sorte charakteristische Gestalt. Infolge seiner Aufgabe als Assimilations- und Verdunstungsorgan ist es flächig gebaut und verfügt über eine relativ große Oberfläche. Die Gesamtfläche aller Blätter eines Baumes ist beträchtlich. Ein Apfelniederstamm hat eine Blattfläche, die je nach Sorte und Alter des Baumes etwa zwischen 15 und 28 m$^2$ schwankt. Auf einen Bestand bezogen, kann man mit 25000···35000 m$^2$ Blattfläche je ha rechnen (FRIEDRICH 1974, s. S. 25). Bei der Ausbildung der Gesamtblattfläche machen sich Sortenunterschiede deutlich bemerkbar. ‚James Grieve' besitzt z. B. eine signifikant kleinere Gesamtblattfläche als ‚Golden Delicious', ‚Alkmene' und ‚Goldparmäne'.

Ein Großgefäßversuch in Pillnitz zeigte, daß sich bei höheren Wassergaben eine größere Gesamtblattfläche entwickelt. Aber auch im Zusammenhang mit veränderter Wasserzufuhr treten Sortenunterschiede auf. Während sich bei ‚Roter Boskoop', ‚Golden Delicious' und ‚Goldparmäne' in der Entwicklung der Gesamtblattfläche sehr bald der Einfluß des Wassers bemerkbar machte, reagierte ‚Alkmene' erst bei stärkerem Wasserentzug mit einer signifikant kleineren Gesamtblattfläche (STREITBERG 1975). Bei verminderter Lichtintensität vergrößerte sich im genannten Versuch die Gesamtblattfläche wesentlich im Vergleich zu einem Bestand, der hoher Lichtintensität ausgesetzt war.

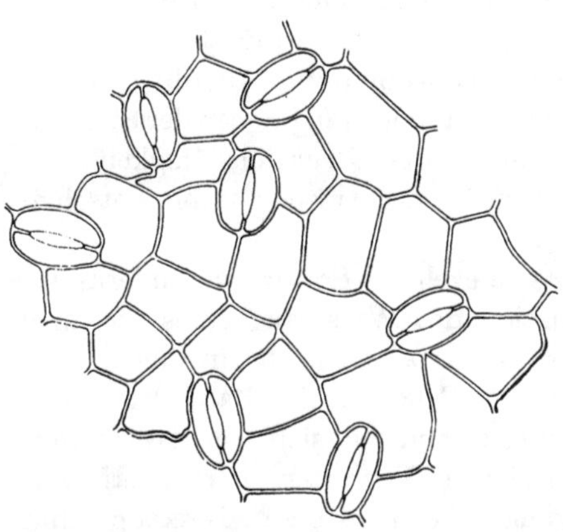

*Abb. 35:* Spaltöffnungen in der unteren Epidermis eines Apfelblattes

Der innere Bau des Blattes entspricht dessen Funktion als Assimilations- und Verdunstungsorgan. Ober- und Unterseite werden durch eine aus kubischen chlorophyllfreien Zellen bestehende Epidermis abgeschlossen. Nach außen ist die Oberhaut durch ein wasserabstoßendes Häutchen, die Kutikula, geschützt, die auf der Blattunterseite durch die Spaltöffnungen unterbrochen wird (Abb. 35). Oftmals besitzen die Blattepidermen auch Ausstülpungen, die äußerlich als Behaarung oder Beschuppung erkennbar sind. Unter der oberen Epidermis befindet sich das aus zylindrischen, dicht beieinanderstehenden Zellen gebaute Palisadenparenchym, das reichlich Chlorophyll enthält und in erster Linie die Aufgabe der Assimilation hat.

Der untere Teil des Blattes besteht aus den unregelmäßig verteilten, mit großen Interzellularräumen durchsetzten, stark verzweigten Schwammparenchymzellen. Das Schwammparenchym ist ebenfalls chlorophyllhaltig und dient vorwiegend dazu, den Wasserhaushalt der Pflanze durch Wasserverdunstung über die Spaltöffnungen zu regeln.

Über mehrere Jahre hinweg wurde von STREITBERG (1975) geprüft, wie sich fünf Apfelsorten in der Anzahl ihrer Stomata unterscheiden und wie sie im Zusammenhang damit auf differenzierte Lichtverhältnisse und Wassergaben reagieren. ‚Alkmene' bildet signifikant die meisten Stomata je Quadratmillimeter Blattfläche aus, ‚Roter Boskoop' die bei weitem geringere Menge (Abb. 36 und 37). ‚Alkmene' besitzt auch in anderer Hinsicht einen mehr xeromorphen Bau als ‚Roter Boskoop'. Das Wesentliche der xeromorphen Blattstruktur bei ‚Alkmene' besteht jedoch darin, daß bei reichlicher Wasserversorgung eine intensive stomatäre Transpiration und damit $CO_2$-Auf-

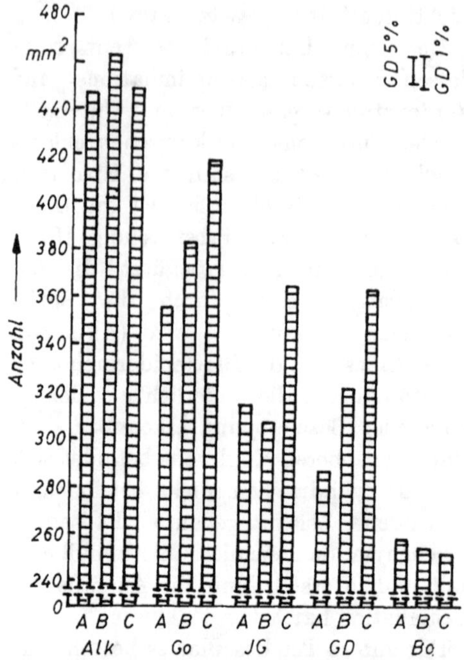


*Abb. 36:* Durchschnittliche Anzahl von Stomata auf 1 mm² Blattfläche der fünf geprüften Sorten bei differenzierter Bewässerung ($A$ = volle Gießwassermenge, B = 82% von A, C = 64% von A) im Jahre 1973 (Erklärung der Sortenbezeichnungen s. Abb. 37)

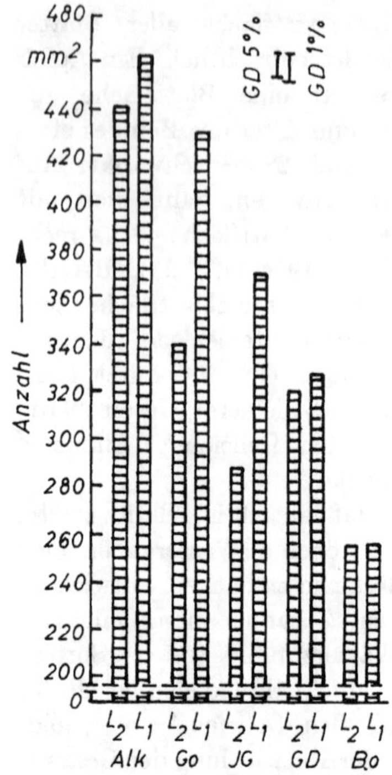


*Abb. 37:* Durchschnittliche Anzahl der Stomata auf 1 mm² Blattfläche der Sorten ‚Alkmene‘, ‚Golden Delicious‘, James Grieve‘, ‚Goldparmäne‘ und Roter Boskoop‘ bei unterschiedlicher Lichtintensität ($L_1$ = volles Tageslicht, $L_2$ = um etwa 26% reduziertes Tageslicht) im Jahre 1973

nahme stattfindet, bei erschwertem Wassernachschub dagegen durch Verschluß der Spalten die stomatäre Transpiration jederzeit schnell und nachhaltig eingeschränkt werden kann. Für die Pflanzen, die auch an trockeneren Standorten gedeihen können, ist die Fähigkeit, die Transpiration in Zeiten äußerster Wasserknappheit zu drosseln, besonders wichtig. Hohe Transpiration bei ausreichender Wasserversorgung ist ein Kriterium für einen intensiven Gasaustausch, der es den Pflanzen ermöglicht, günstige Witterungsbedingungen für eine rege Stoffproduktion auszunutzen. Sehr wesentlich ist auch ein schnelles Anpassungsvermögen an entsprechend veränderte Umweltbedingungen, eine Fähigkeit, die durch eine hohe Stomatazahl besser gewährleistet wird als durch nur wenige Spaltöffnungen. Allerdings ist in diesem Zusammenhang neben der Spaltenzahl auch die Reaktionsfähigkeit des Schließzellenmechanismus sehr entscheidend.

Die einzelnen Sorten verändern bei Variation des Wasserangebotes die Zahl ihrer Stomata nicht nach einem einheitlichen Schema. Die Zahl der Spaltöffnungen änderte sich bei drei unterschiedlichen Varianten der Wasserversorgung; beim ‚Roten Boskoop‘ nur wenig, dasselbe Verhalten zeigte ‚Alkmene‘, dagegen vermehrten sich die Stomata bei

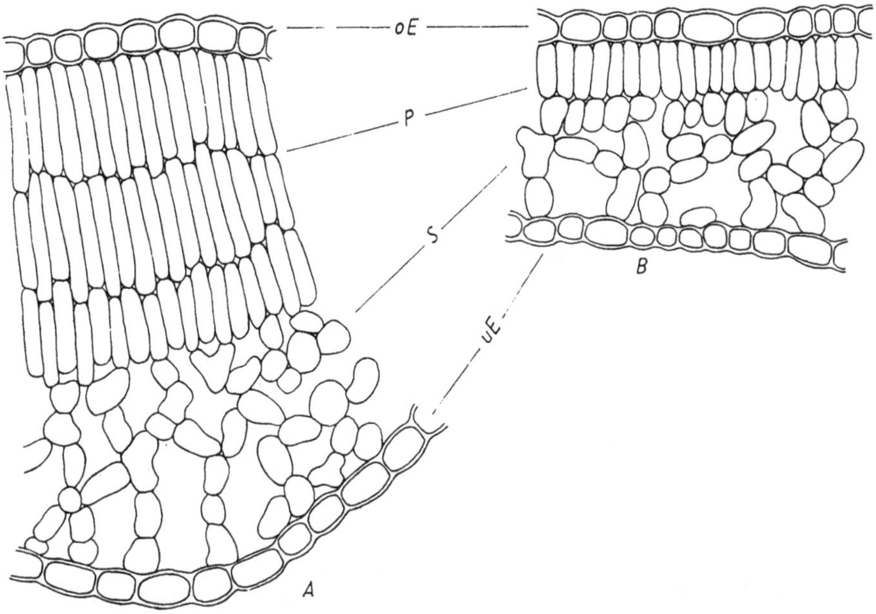


*Abb. 38:* Querschnitt durch Sonnenblatt (A), Schattenblatt (B) der Haselnuß

oE = obere Epidermis  S = Schwammparenchym
P = Palisadenparenchym  uE = untere Epidermis

Sonnenblatt mit stark entwickeltem Assimilationsgewebe, Schattenblatt nur mit einer Reihe Palisadenzellen

‚Golden Delicious' und ‚Goldparmäne' bei Wasserentzug deutlich. ‚James Grieve' reagierte erst bei stärkerer Einschränkung der Bewässerung mit erhöhter Stomatazahl. Differenzierter Lichtgenuß variierte die Anzahl der Stomata ebenfalls sortentypisch (Abb. 37). Bei ‚Goldparmäne' und ‚James Grieve' war ein beträchtlicher Unterschied in der Zahl der Spaltöffnungen bei voller und geminderter Lichtintensität nachzuweisen (Streitberg 1975).

Nicht alle Blätter eines Baumes sind untereinander anatomisch völlig gleich. Deutliche Unterschiede bestehen zwischen Sonnen- und Schattenblättern. Erstere stehen vorwiegend an der Peripherie der Baumkrone und überall dort, wo das volle Sonnenlicht vorhanden ist. Sie sind robust gebaut, und ihr Palisadengewebe ist kräftig entwickelt. Schattenblätter sind zwar von der Fläche her gesehen größer, aber in ihrer inneren Struktur zarter, z. T. besteht hier das Palisadengewebe nur aus einer Zellschicht (Abb. 38). Die assimilatorische Leistung von Sonnen- und Schattenblättern unterscheidet sich sehr stark. Jackson und Beakbane (1970), die die Blattstruktur des Apfels unter verschiedener Lichtintensität untersuchten, stellten ebenfalls fest, daß die Blattdicke eng korreliert ist mit der Lichtintensität, unter der das Blatt am Baum wächst. Dieses Ergebnis resultiert im wesentlichen aus der Zunahme der Dicke der Palisadenschicht bei höherer Lichtintensität.

# Messung des Gasaustausches

Zur Bestimmung des Gasaustausches werden meist das Infrarot-Absorptions-Meßgerät und der Warburg-Apparat eingesetzt. Während das Infrarot-Absorptions-Meßgerät (URAS) in der Regel zur Messung des Gasaustausches von Blättern, beblätterten Trieben, Einzelpflanzen und Wurzeln sowohl im Labor als auch im Freiland benutzt wird, findet die Warburg-Apparatur vorwiegend zu Messungen der Atmung und Photosynthese von Pflanzenteilen, vor allem für Gewebeschnitte im Labor, Verwendung.

## Infrarot — Absorptions-Meßgerät

Das Meßprinzip beruht auf der Feststellung des Absorptionsvermögens für Infrarotstrahlen von Gasen mit Dipolcharakter. Alle Gase außer den einatomigen Edelgasen und den zweiatomigen wie $H_2$, $N_2$ und $O_2$ haben ein typisches IR-Bandenspektrum. Dieses Prinzip wird in der Weise ausgenutzt, daß im Gerät zwei IR-Strahler gleicher Leistung auf das Meßfeld einwirken. Ein Strahl wird durch eine mit Vergleichsgas gefüllte Küvette, der andere durch eine mit dem Meßgas gefüllte Küvette M geleitet.

Der Meßblock des Gerätes besteht aus einer mit Stickstoff gefüllten, verschlossenen Vergleichsküvette (V) und einer offenen Meßküvette (M), durch die das zu prüfende Gas geleitet wird. Das von beiden am Meßblock befindlichen IR-Strahlern (ST 1) und (ST 2) ausgehende Rotlicht durchdringt die beiden Küvetten (V) und (M) und erreicht dann die beiden Gaskammern (GKM) und (GKV). Diese sind durch eine bewegliche, auf Druckunterschiede ansprechende Metallmembran voneinander getrennt.

Führt man durch die Meßküvette Stickstoff, so wird sowohl in der Meß- als auch in der Vergleichsküvette keine IR-Strahlung absorbiert, die in die beiden Gaskammern (GKV) und (GKM) fallenden Energiemengen sind gleich groß, und demzufolge ist auch die Temperatur- und Druckerhöhung des Gases in beiden Kammern gleich. In diesem Fall wird daher die Druckmembran weder nach rechts noch nach links verschoben, sie verharrt in der Nullage. Leitet man jedoch durch die Meßküvette (M) ein Dipolgas, z. B. $CO_2$, so wird auf Grund der Strahlungsabsorption der $CO_2$-Moleküle in die Gaskammer ‚GKM' eine klei-

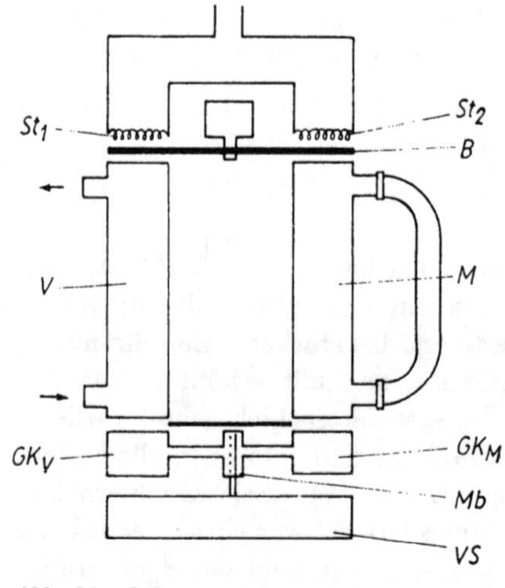


*Abb. 39:* Schema eines Infrarot-Absorptions-Meßgerätes

St 1 und St 2 = Strahler des Strahlerblocks
B = Blendenrad
V = Vergleichsküvette
M = Meßküvette
GKV = Gaskammer unter der Vergleichsküvette
GKM = Gaskammer unter der Meßküvette
Mb = Membran
VS = Verstärker

nere Strahlungsmenge gelangen als in die Gaskammer ‚GKV'. Demzufolge wird das Gas in der Kammer ‚GKV' stärker erwärmt und der daraus resultierende größere Druck drückt die Membran aus der Nullage nach rechts.

Das mit der Netzfrequenz gesteuerte Blendenrad ‚B' zerhackt periodisch gleichphasig über den Fenstern der beiden Küvetten ‚V' und ‚M' die IR-Strahlung, so daß schließlich in beiden Kammern periodische Druckschwankungen entstehen, denn bei Abdeckung der Strahlung durch die Flügel des Blendenrades wird die Temperatur- und damit auch die Druckdifferenz aufgehoben mit dem Ergebnis, daß die Membran in die Nulllage zurückgeht. Bei Freigabe des Strahlers wiederholt sich dieser Vorgang. Die Druckschwankungen werden über die Metall-Membran, ähnlich dem Vorgang wie er vom Kondensatormikrofon her bekannt ist, in Spannungsschwankungen umgewandelt, über einen Meßverstärker verstärkt und nach Gleichrichtung des Stromes registriert. Soll z. B. eine $CO_2$-Konzentration gemessen werden, so muß vor Eintritt des Meßgases in die Meßküvette ein etwa noch dort vorhandenes anderes Dipolgas (Wasserdampf) entfernt werden. Assimilationskammern, mit denen die Leistung der Blätter ermittelt werden kann, zeigt die Abbildung 40.

*Abb. 40:* Assimilationskammern nach Büttner und Salzer (1973). Die Kammern wurden im Freiland und im Klimaraum eingesetzt.

a) luftgekühlte Kammer, bei der die Blätter nach dem Licht ausgerichtet werden

b) luftgekühlte Kammer, bei der die Blätter in der natürlichen Stellung verbleiben

Die mit Kammer a erhaltenen Meßwerte liegen etwa um ein Drittel höher als bei Kammer b. Für die Bilanzierung wurden die mit der Kammer b ermittelten Daten verwendet, weil sie den Bedingungen der Blattstellung am freiwachsenden Baum entsprechen

# Analyse des Einflusses innerer und äußerer Faktoren auf die Stoffproduktion

## Einführung

Die Intensität der Photosynthese eines Blattes wird von zahlreichen Faktoren bestimmt, von denen sich im Freiland nur wenige aktiv beeinflussen lassen. Um zu ergründen, welche Wirkungen die Veränderung eines dieser Faktoren bedingt, muß das Zusammenspiel aller Einflüsse beachtet werden.

Zu den äußeren Faktoren gehören die $CO_2$-Konzentrationen der Luft, das Licht, die Temperatur, das Wasserangebot in Form der Boden- und Luftfeuchtigkeit und die Nährstoffversorgung. Man kann als negative Faktoren schließlich auch noch Luftverunreinigungen oder ähnliche Giftstoffe dazurechnen. Innere Faktoren sind z. B. die Blattanatomie, einschließlich der Stomataverteilung, der Pigmentgehalt, sortentypische Eigenheiten, was die Art der $CO_2$-Fixierung anbetrifft und der jeweilige Entwicklungszustand der Pflanze, der auch den Assimilatbedarf und damit die Assimilatabwanderung mitbestimmt. Doch auch einige dieser „inneren Faktoren" sind ihrerseits wieder von Außenbedingungen abhängig. Genetische und Umwelteinflüsse stehen in ständiger Wechselwirkung.

## Einfluß des Kohlendioxids auf die Assimilationsleistung

### $CO_2$-Gehalt der Luft und Produktivität der Photosynthese

Der C-Gehalt der Pflanze macht annähernd 40% des Trockengewichtes aus. Der Kohlenstoff wird fast ausschließlich über die Assimilation durch das Blatt aus dem $CO_2$-Reservoir der Luft entnommen. Die Luft enthält 0,03 Volumenprozent $CO_2$; das entspricht 0,57 mg $CO_2$/je Liter Luft bzw. 300 ppm $CO_2$. Der Kohlendioxidgehalt der Luft unterliegt Schwankungen um 9···20% dieses Durchschnittswertes. So steigt der $CO_2$-Gehalt in unmittelbarer Bodennähe, besonders nach Regen, durch die Bodenatmung an, in Höhe der Baumkronen nachts infolge der Pflanzenatmung. Im Gebirge liegen, bedingt durch den niederen Luftdruck und den geringeren Einfluß der Bodenatmung auf den $CO_2$-Gehalt höherer Luftschichten, die absoluten $CO_2$-Mengen je Liter Luft niedriger als im Flachland. Die $CO_2$-Zunahme unter dem Einfluß von Industrieimmissionen (Kraftwerke usw.) überschreitet in der Vegetationsperiode nur selten die Größenordnung der natürlichen Schwankungen.

1 $m^2$ Blattfläche erzeugt bei durchschnittlicher Assimilationsleistung in der Stunde etwa 1 g Kohlenhydrate und benötigt dazu etwa 1,5 g $CO_2$, also den $CO_2$-Gehalt aus nahezu 3 $m^3$ Luft. Dabei wird das Kohlendioxid vorwiegend über die Stomata aufgenommen, die ihrerseits nur 1—2% der Blattoberfläche für den Gasaustausch öffnen. Die $CO_2$-Versorgung ist damit vorrangig eine Frage der in Abhängigkeit von äußeren und inneren Faktoren wechselnden Diffusionsverhältnisse im Blattgewebe.

### $CO_2$-Kurve der Photosynthese

Die Nettophotosynthese setzt einen Mindestgehalt der Luft an Kohlendioxid voraus, den man als $CO_2$-Kompensations-

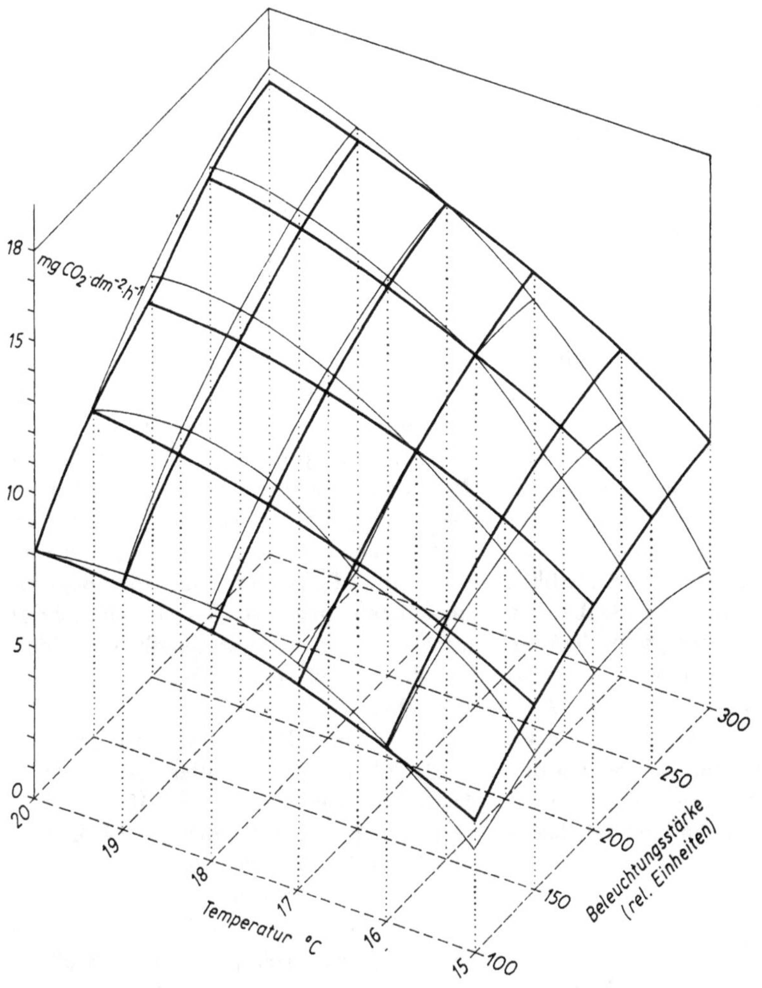


*Abb. 41:* Abhängigkeit der Nettophotosynthese-Intensität zweier Sorten von der Beleuchtungsstärke und der Temperatur

Nettophotosynthese-Intensität in mg $CO_2 \cdot h^{-1} \cdot dm^{-2}$ beblätterter abgeschnittener nichtfruchtender Langtriebe der Sorten ‚Golden Delicious' (stark ausgezogene Kurve) und ‚London Pepping' (dünn ausgezogene Kurve) in Abhängigkeit von Beleuchtungsstärke und Temperatur (Salzer)

punkt bezeichnet. Ishii und Nagai (1979) fanden ihn bei Apfelblättern in der Größenordnung von 47 bis 75 ppm $CO_2$. Bei weiterer Steigerung der $CO_2$-Konzentration steigt die Photosyntheseleistung des Blattes mit an, solange durch Energieabsorption und chemische Reaktionen in ausreichender Menge Kohlendioxidakzeptoren zur Verfügung stehen (s. a. S. 16). Aus eigenen Untersuchungen (Büttner) geht hervor, daß die Photosynthese bei Apfelsämlingen bis zu $CO_2$-Konzentrationen von 1% stark ansteigt. Sie beträgt dann etwa das 2,5fache der Leistung bei 0,03 Vol.-%. Mit vollständiger Absättigung des bereitgestellten Akzeptors bleibt die Assimilationsleistung trotz steigender $CO_2$-Konzentration konstant. Der „lichtabhängige" Sättigungsbereich ist erreicht. Dieser liegt im Vier- bis Hundertfachen der natürlichen $CO_2$-Konzentration. Schließlich kommt mit steigender $CO_2$-Gabe ein Punkt in der $CO_2$-Kurve, von dem an die Überdosis phytotoxisch wirkt. Bei empfindlichen Arten fällt die Assimilationsleistung, sobald die Luft etwa 1% $CO_2$ enthält, wieder ab. So wurden z. B. an Erdbeeren bei hohem $CO_2$-Angebot irreversible Schädigungen beobachtet.

### $CO_2$-Düngung

Im Gewächshaus ist die Erhöhung der Stoffproduktion durch eine Steigerung der $CO_2$-Konzentration realisierbar. Das Verfahren wurde bei der Verfrühung der Erdbeerkulturen beschrieben (Verwijs 1971). Die $CO_2$-Düngung ist jedoch nur bei hoher Lichtintensität wirksam. Sie kann in den Wintermonaten nur bei intensiver Zusatzbeleuchtung erfolgreich sein. Während der lichtintensiven Frühjahrs- und Sommermonate reicht eine gute Belüftung meist aus, um eine $CO_2$-Verarmung zu verhindern.

## Einfluß des Lichtes auf die Photosyntheserate

### Verfahren der Lichtmessungen

Bei pflanzenphysiologischen Untersuchungen zum Einfluß der Lichtes auf die Photosynthese werden meist nur zwei Bezugsgrößen verwendet. Mit einem Strahlungsschreiber (z. B. nach Robitsch) kann man die eingestrahlte Energiemenge in kJ je Minute und $cm^2$ registrieren. Häufiger wird die Beleuchtungsstärke in Lux (lx) mit einer Solarzelle o. ä. (Belichtungsmesser) erfaßt. Die Empfindlichkeitskurve des Luxmeters hat ihr Maximum im Gelbgrün. Im roten und blauen Spektralbereich, der für die Photosynthese von ausschlaggebender Bedeutung ist, spricht es weniger an. Durch dieses Verhalten ist die Verwendung des Luxmeters nur für Relativmessungen gegeben. Es berücksichtigt auch nicht den unterschiedlichen Energiegehalt verschiedener Strahlungsbereiche.

In unseren Breiten werden je nach Luftreinheit und Höhenlage sommerliche Maximalwerte von 75000···100000 Lux erreicht. Bei der Filtration des Lichtes durch Laub, besonders innerhalb dichter Baumkronen, tritt eine beachtliche Verarmung an photosynthetisch aktiver Strahlung (FAR) ein (vgl. S. 15 u. S. 59).

### Lichtkurve der Photosynthese

Die Lichtkurve (eigentlich „Beleuchtungsstärke-Kurve") der apparenten Photosynthese zeigt bei den Blättern aller höheren Pflanzen einen ähnlichen Verlauf. Im ersten Bereich, im Schwachlicht, nimmt die Intensität der Photosynthese proportional zur Stärke der Beleuchtung zu. Bei einer bestimmten Mindestmenge an Licht, am sogenannten Lichtkompensationspunkt, wird ebensoviel $CO_2$ assimiliert wie durch Atmung entsteht (Abb. 7 und 41). Minimumfaktor ist in dieser Situation die Lichtreaktion. Im Endbereich, bei Starklicht, bleibt die Photosyntheseleistung trotz zunehmender Beleuchtung konstant, der „Lichtsättigungsbereich" ist erreicht. Unter den konkreten Bedingungen wie der begrenzten $CO_2$-Konzentration der Außenluft und des Diffusionswiderstandes, der Schnelligkeit der chemischen Reaktionen bei der gegebenen Temperatur, kann eine weitere Energiezufuhr nicht mehr rasch genug umgesetzt werden, die Reduktionsäquivalente (s. S. 16f.), die Kohlendioxidakzeptoren sind im Überschuß.

Die Literaturangaben zum Verhalten einzelner Obstarten beziehen sich auf den normalen $CO_2$-Gehalt der Luft und variieren etwas mit den konkreten Klimabedingungen bei der Messung. RÜHMKORF (1966) fand diese Grenze bei Schattenmorellen im Bereich von 20000 bis 30000 Lux. BÜTTNER wies nach, daß der Sättigungswert beim Apfel noch über 50000 Lux liegen kann. Andere Autoren geben Werte um 30–60000 Lux an. Bei subtropischen Fruchtbäumen, so bei Feige, Eßkastanie, Kaki-Pflaume und Pfirsich fanden AMANO, HINO, DAITO und KURAOKA (1972) Werte bis 40000 Lux. Dazwischen liegt eine Übergangszone, bedingt vor allem durch den unterschiedlichen Lichtgenuß der Gewebe innerhalb des Blattes selbst, nämlich bei der Filtration des Lichtes durch die Palisadenschichten und, sofern die Photosynthese ganzer Zweige gemessen wird, hervorgerufen durch die spiralige Verteilung der einzelnen Blätter am Trieb, die sich teilweise gegenseitig gegenüber der Sonne abschirmen oder einen unterschiedlichen Neigungswinkel zum einfallenden Licht aufweisen.

Der Verlauf der Lichtkurve und besonders auch das Niveau der Lichtsättigung werden von der Obstart, der Sorte (Abb. 41), von den Anzuchtbedingungen der Pflanze und zahlreichen äußeren Faktoren beeinflußt.

Der Lichtkompensationspunkt liegt bei den Sonnenblättern laubabwerfender Gehölze um 500···700 Lux. Bei entsprechenden Untersuchungen an verschiedenen Obstarten und -sorten fanden FRIEDRICH und SCHMIDT (1963) solche zwischen 150 und 500 Lux.

Wichtiger ist das relative Lichtminimum, d. h. der Bruchteil der vollen Lichtmenge, bei dem die Blätter im Kroneninneren durch eine positive Bilanz noch lebensfähig sind. Bei lichtbedürftigen Holzarten, und dazu müssen alle Obstgehölze gerechnet werden, liegt dieses relative Lichtminimum bei 1/5···1/10 des vollen Tageslichtes (JAHNEL 1965). Bei ungenügender Wasser- und Nährstoffversorgung steigt durch gehemmte Lichtnutzung auch das relative Lichtminimum an.

In modernen Intensivanlagen ist die Sicherung einer guten Belichtung aller Blätter, die optimale Nutzung des Starklichtes von großer Bedeutung für die Stoffproduktion. Es werden Sorten benötigt, die unter den Bedingungen einer günstigen Wasserversorgung und Düngung einen hohen Lichtsättigungsbereich aufweisen.

Verbrennungen an Blättern und Früchten durch Starklicht, der „Sonnenbrand", können dagegen verschiedene Ursachen haben. Bei der plötzlichen Freistellung von Schattenblättern, etwa durch starken Sommerschnitt, kommt es nicht selten zu Trocken-(Hitze-)Schäden durch extreme Steigerung der Evaporation, an die diese Blätter meist nicht genügend angepaßt sind. Die mit extremem Starklicht verbundenen Begleiterscheinungen wie Überhitzung und Stomataschluß durch überhöhte Evaporation bei begrenzter Wassernachleitung führen dazu, daß gelegentlich auch von einem Absinken der $CO_2$-Assimilation des einzelnen Blattes mit zunehmender Strahlungsintensität berichtet wird. So sinkt nach Červenka (1979) nach einem Optimum (= Lichtsättigungsbereich) bei 20···40000 lx die Photosynthese des Apfelblattes bei 60···80000 lx wieder ab. Die maximale $CO_2$-Absorption eines Blattes erfolgt somit in unseren Breitengraden bereits bei der halben Maximalstrahlung.

Untersuchungen über die photosynthetische Verwertbarkeit rasch wechselnder Einstrahlungsintensitäten im Innern der Krone wurden von Pollard (1970) vorgenommen. Danach werden die durch mäßige Windbewegung hervorgerufenen Fluktuationen der Einstrahlung gut verwertet, vor allem, wenn die Blätter sonst stark beschattet sind und auch wenn die Maximalbeleuchtung über der Sättigungsgrenze liegt. Sobald durch den Wind Zweige zurückgebogen werden und Licht in sonst dunkle Kronenbereiche eindringt, nehmen es die Blätter auf und nutzen es. Sie benötigen dazu fast keine Anlaufzeit, sondern reagieren auch auf nur wenige Sekunden andauernde Sonnenbestrahlung mit verstärkter Assimilation.

## Einfluß der Temperatur auf das Assimilationsverhalten

### Lufttemperatur und Blatt-Temperatur

Die Temperatur des Blattes weicht in gewissen Grenzen von der Lufttemperatur ab. Durch nächtliche Ausstrahlung oder Transpiration bei günstigen Evaporationsbedingungen und gleichzeitig mäßiger Einstrahlung treten geringfügige Untertemperaturen auf. Dagegen kann es bei starkem Sonnenlicht zu erheblichen Übertemperaturen kommen. Dieser Effekt ist besonders bei Windstille und bei Transpirationsminderung durch Wassermangel ausgeprägt. Dabei können Übertemperaturen bis zu 10 °C entstehen. Landsberg u. a. (1975) konnten in einer Apfel-Intensivanlage auch an einem leicht bewölkten Sommertag an den voll belichteten Blättern Übertemperaturen um 2,5···5,8 K nachweisen.

Die Bedeutung der Temperatur für die physiologischen und biochemischen Vorgänge im Blatt ergibt sich aus der Regel von van't Hoff, nach der eine Erhöhung der Temperatur um 10 °C

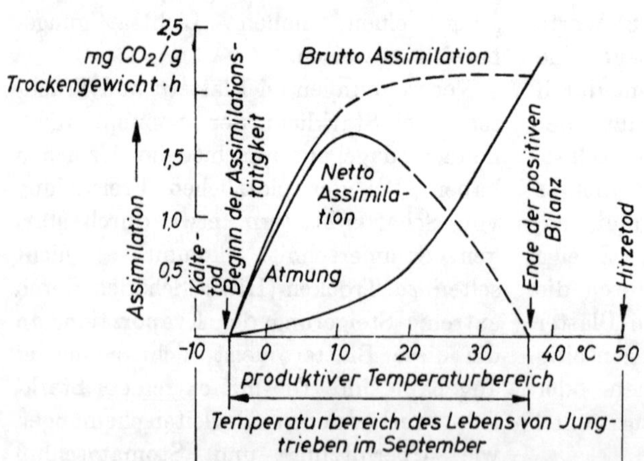


*Abb. 42:* Abhängigkeit der Brutto- und Nettoassimilation sowie der Atmung einer Sonnenzirbe (*Pinus cembra*) im September von der Nadeltemperatur; nach Tranquillini (1953)

eine chemische Reaktion etwa um das Zwei- bis Dreifache beschleunigt. Die Temperatur wirkt folglich vor allem über die Dunkelreaktion auf die Photosynthese und über die Temperaturabhängigkeit der Atmung auf die Nettoassimilation ein (Abb. 42; s. a. S. 18f.).

In diesem Zusammenhang sei auch erwähnt, daß Höhe und Verlauf der Nettophotosynthese bei Gehölzen auch von der Wurzeltemperatur beeinflußt werden (VOGL, POLSTER und FUCHS 1972).

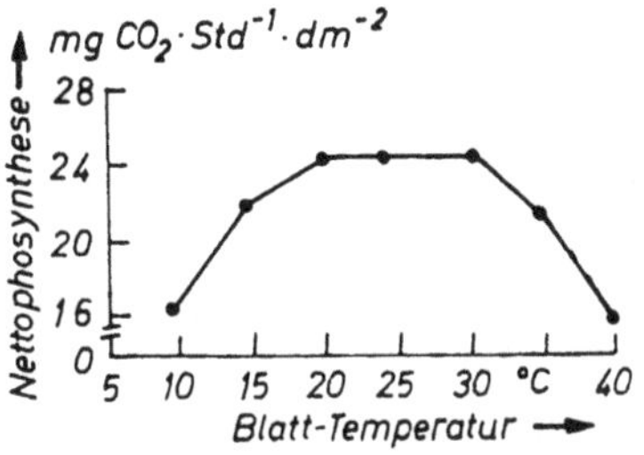


*Abb. 43:* Temperaturkurve der Photosynthese bei der Birnensorte ‚Williams Christ'; nach KRIEDEMANN (1971)

## Temperaturkurve der Photosynthese

Bei konstanten Lichtbedingungen steigt mit der Erhöhung der Temperatur die Photosynthese an, bis diese durch andere Faktoren, wie $CO_2$- oder Lichtmangel (Abb. 11) begrenzt wird. Erst bei Temperaturen um 40 °C und höher, die zu Plasmaschäden und zur Degeneration der Fermentsysteme führen, fällt die Bruttoassimilation mit steigender Temperatur wieder sprunghaft ab. Die Auswirkungen sehr hoher Temperaturen auf die Nettoassimilation sind negativer Art. Die Atmungsintensität steigt zunehmend an. Aus dem Verlauf der Bruttoassimilations- und Atmungskurve resultiert eine Optimumkurve der Nettoassimilation (Abb. 43).

Die Nettoassimilation ist bei den einheimischen Laubgehölzen mit geringen artbedingten Schwankungen bei Temperaturen um minus 3 °C bereits nachweisbar (unterer Temperatur-Kompensations-Punkt oder Temperaturminimum der Nettoassimilation). Bei optimaler Wasserversorgung und konstanten Strahlungsbedingungen zeigt sie ein Optimum im Temperaturbereich von 15···25 °C, sinkt dann leicht ab und erreicht den oberen Kompensationspunkt bei 43 °C. Darüber hinaus wird das Blatt durch die intensive Atmung bereits stark belastet, noch bevor es zu eigentlichen Hitzeschädigungen kommt.

Das Temperatur-Optimum der Nettophotosynthese von Einzelblättern wurde von FRIEDRICH und SCHMIDT (1964) bei der Apfelsorte ‚James Grieve' Ende August untersucht. Bei 10000 lx lag es bei einer Temperatur von 22 °C. LASKO und SEELEY (1978) fanden bei vollem Sonnenlicht und guter Wasserversorgung bei Apfel einen Optimalbereich bei 20···30 °C. Die Werte sind nicht immer vergleichbar, da die Bezugsgröße oft die Lufttemperatur, in anderen Fällen die Blattemperatur ist.

Derartige Optimumkurven werden von der Jahreszeit und anscheinend auch von der Tageszeit beeinflußt. REUTHER (1975) konnte bei Weinblättern nachweisen, daß das Temperaturoptimum im Frühsommer von 15 °C auf ein Optimum im Juli bei 20···25 °C anstieg und bis November langsam wieder absank. Möglicherweise wirkt auch hier der Einfluß der Temperatur im Wurzelraum mit. In Pillnitzer Versuchen zeigte sich, daß zumindest die Sorte ‚Golden Delicious' im Spätherbst in der Lage ist, selbst bei Temperaturen dicht über dem Nullpunkt noch eine nennenswerte Photosynthese aufrechtzuerhalten. Temperaturen unter − 1,3 °C bewirken physiologische Veränderungen, die zu einer längerdauernden Senkung (bis zu 2 Wochen) des photosynthetischen Leistungsvermögens der Blätter führen können (LASKO und SEELY 1978).

Hohe Temperaturen sind zumindest im Freiland in der Regel von extremen Evaporationsbedingungen begleitet; deshalb wird die Brutto- wie die Nettoassimilation meist durch Stomataschluß früher eingeschränkt als es der Temperaturkurve entspricht. Dieser Effekt tritt, verbunden mit Starklicht, an klaren Hochsommertagen auch als „Mittagsdepression" der Nettoassimilation in Erscheinung.

## Zur ökologischen Bedeutung des Temperaturfaktors

Die Bedeutung des Temperaturverlaufes in Obstanlagen für die Arten- und Sortenwahl ist vorwiegend im Einfluß der Temperatur auf Austrieb, Wachstum, Entwicklung und Vegetationsdauer einerseits und im Auftreten von Frostgefährdungen andererseits zu suchen. Demgegenüber ist die Wirkung der Temperatur auf die Nettoassimilation von untergeordneter Bedeutung, da sich diese innerhalb eines sehr breiten Temperaturbereiches dem Optimum nähert oder mindestens 50% des Optimums erreicht.

## Einfluß der Wasserversorgung auf die Assimilationsleistung

Das Wasser geht (vgl. Seite 18) in die Summenformel der Photosynthese als Voraussetzung für den Stoffgewinn ein. Es hat vor allem große Bedeutung für die Erhaltung des Quellungszustandes des Zellplasmas, also für die Stoffwechselaktivität der Zellen überhaupt, und als Transportmittel für die von der Wurzel aufgenommenen Nährstoffe im offenen Gefäßsystem der Pflanze. Auf die Assimilationstätigkeit wirkt es vor allem bei der Regulierung der Gasdiffusion durch die Stomata, die sich bei Trockenheit schließen; ferner über die Beeinflussung der Blattemperatur durch Verdunstungskühlung.

Wird die Wasserversorgung über längere Zeit hinweg eingeschränkt, so kommt es zu Anpassungsreaktionen. Die Blätter erhalten den Charakter von Sonnenblättern, sie bleiben kleiner, das Gewebe wird mehrschichtiger, also dicker, sie bilden eine stärkere, festere Epidermis und Zellen mit kleinerem Lumen. Die Zahl der Stomata ist vermehrt, und die Spaltöffnungen verringern ihren Durchmesser. Dabei sind nach den Befunden von STREITBERG (vgl. S. 50f.) die einzelnen Apfelsorten unterschiedlich anpassungsfähig. Derartige Sonnenblätter können bei Wassermangel ihre Wasserabgabe optimal drosseln. Bei reichlicher Wasserversorgung ist der Gaswechsel je Blattflächeneinheit nicht behindert; dafür wird jedoch die Blattfläche selbst verringert.

Der momentane Stomatazustand wird durch Licht, Wasserbilanz und $CO_2$-Gehalt innerhalb des Blattgewebes reguliert. Dunkelheit, hoher $CO_2$-Gehalt in den Interzellularen (Überwiegen der Atmung) oder Wassermangel führen zum Stomataschluß.

Die geschilderte Verhaltensweise wird auch durch Untersuchungen von ČERVENKA (1967) belegt, der die Nettophotosynthese bei den Apfelsorten ‚Boskoop' und ‚Ontario' im Freiland untersuchte. Hohe Photosyntheseleistungen waren mit einem Wassersättigungsdefizit von 25···30% korreliert. Erst oberhalb von 40% war ein deutliches Absinken der Assimilationsleistung durch Spaltenschluß zu beobachten.

HEINICKE und CHILDERS (1935) erzeugten bei jungen getopften Apfelbäumen ein Wasserdefizit durch langsame Austrocknung des Bodens. Im Verlauf des Versuches sank die Photosynthese bis auf 18% und die Transpiration bis auf 8% der Kontrollen ab. Dabei spricht die Transpiration eher auf die Austrocknung an als die Photosynthese.

Der höchste Stoffgewinn wird in der Regel während der ersten Tagesstunden erreicht, es ist dann schon genügend hell, die Pflanze hat sich über Nacht mit Wasser gesättigt, und die Luftfeuchtigkeit ist noch relativ hoch.

Eine wichtige Voraussetzung für hohen Stoffgewinn ist also eine angemessene Wasserversorgung über die Wurzel. Die Bedeutung der Luftfeuchtigkeit für den Ablauf der Assimilation steigt mit der Verminderung der Bodenfeuchtigkeit. Sie kann in der Nähe großer Wasserflächen (z. B. Potsdamer Seen, Süßer See, Bodensee, Küstengebiete) fehlende Niederschläge teilweise ersetzen. Zusätzliche Bewässerung bei Mangel an Bodenwasser führt zu einer Steigerung und Stabilisierung der Stoffproduktion. Der Weg des $CO_2$ wird darüber hinaus durch Diffusionswiderstände innerhalb der Gewebe bis in die Chloroplasten hinein bestimmt. Die Stomata spielen somit für die Assimilation keine so ausschließliche Rolle wie für die Transpiration.

Gesucht werden Formen, die bei möglichst geringem Wasserverbrauch eine hohe Stoffproduktion erreichen. Das Verhältnis von Nettoassimilation zur Transpiration wird nach Ivanov (1924) als Produktivität der Transpiration (PdT) bezeichnet. Sie betrug bei zweijährigen Bäumen der Sorte ‚Golden Delicious' im Durchschnitt der Vegetationsperiode 0,092, d. h. bei Abgabe einer Gewichtseinheit Wasserdampf durch Transpiration werden 0,092 Gewichtsteile $CO_2$ assimiliert. Der Zahlenwert unterliegt jedoch im Verlauf der Vegetationsperiode starken Schwankungen, bedingt durch Unterschiede im erreichten Entwicklungszustand der Blätter und wechselnde Klimabedingungen. Die PdT steigt auch mit Verbesserung der Nährstoffversorgung (s. S. 23) an. Der Wasserversorgung ist als regulierbarer Maßnahme große Bedeutung für die Obstproduktion zuzumessen (s. S. 101f.).

## Einfluß des Windes auf die Assimilationsintensität

Bei Windstille kann es zu einer $CO_2$-Verarmung im Blattbereich kommen. Deshalb fördert leichte Luftbewegung die Stoffproduktion bis zu einer optimalen Geschwindigkeit um 100 m/min (= 1,7 m/s). Dabei wird außerdem die Transpiration erhöht und die Überhitzung des Blattes verhindert.

Bei Messungen der Nettophotosynthese konnten Amano, Hino, Daito und Kuraoka (1972) für die Assimilation optimale, auf die Blattfläche bezogene Windgeschwindigkeiten ermitteln; der günstigste Luftumsatz betrug 1 Liter/dm²/min für Pfirsich, Wein, Kastanie und 2 l/dm²/min für Kaki-Pflaume, Feige und Satsuma-Mandarine. Höhere Geschwindigkeiten führten wieder zu einer Abnahme der Leistung.

Bei stärkeren Windgeschwindigkeiten, schon bei 200···300 m/min, konnten auch Polster und Neuwirth (1958) bei Laubgehölzen starke Depressionen der Assimilation nachweisen. Dabei kommt es zunächst über eine beträchtliche Transpirationserhöhung zu einer Belastung des Wasserhaushaltes, anschließend über den Schluß der Stomata zur Einschränkung des gesamten Gasaustausches.

## Pigmentgehalt assimilierender Organe und Mineralstoffversorgung

### Pigmentgehalt

Der Chlorophyllgehalt von Apfelblättern liegt nach Šiškanu (1973) in der Größenordnung von 0,3···0,7 g je m² Blattfläche oder 2···4 mg/g Blattfrischgewicht. Ihm ist aber keine entscheidende Bedeutung für die Höhe der Photosynthese zuzumessen, weil aus Untersuchungen an pigmentarmen Formen von Laubgehölzen bekannt ist, daß die Pigmente stets im Überschuß vorhanden sind und somit auch bei Vorliegen günstigster Bedingungen nicht zum begrenzenden Faktor der Photosynthese werden können.

### Mineralstoffversorgung

In Böden mit normalem ausreichendem Gehalt an Nährstoffen, einschließlich der Mikroelemente, ist die Rolle der Mineralstoffe vergleichsweise gering zum Einfluß, den die Klimabedingungen auf die Photosynthese ausüben. Nährstoffmangel bewirkt nicht nur eine direkte Hemmung der Photosynthese, sondern auch eine indirekte Verminderung der Stoffproduktion der Blattfläche und der gesamten Krone, weil in verarmten Böden ein vergleichsweise höherer Anteil der zur Verfügung stehenden Assimilate für die Ausbildung eines sehr umfangreichen Wurzelsystems verbraucht wird (Larcher 1969 und S. 23).

Nach Natr (1972) wird die Photosynthese durch im Boden verfügbare Mineralstoffe vor allem auf zwei Wegen beeinflußt:

1. sie wirken indirekt durch Förderung oder Hemmung der Aufnahme, Verteilung und Wirkung anderer Mineralstoffe,
2. oder direkt im engeren Sinne, weil sie unmittelbar an bestimmten Reaktionen der $CO_2$-Assimilation beteiligt sind; im weiteren Sinne durch Einflußnahme z. B. auf die Öffnungsweite der Stomata oder Zahl, die Struktur und die Aktivität der Chloroplasten.

Gefäßversuche zu Fragen des Nährstoffmangels verdeutlichen den Einfluß einiger Makro- und Mikroelemente auf die Photosynthese.

Childers und Cowart (1936) fanden an Apfelbäumen in Sand-Mangelkulturen bei unzureichender Versorgung der Bäume mit bestimmten Elementen neben Einwirkungen auf anatomische Merkmale (z. B. Zahl der Spaltöffnungen), daß die Leistung der Photosynthese bei einseitigem Nährstoffmangel unterschiedlich stark abnimmt. Dafür einige Beispiele:

| | | |
|---|---|---|
| Volldüngung NPK | = | 100% |
| Mangel an P | = | 98% |
| Mangel an K | = | 93% |
| Mangel an PK | = | 91% |
| Mangel an N | = | 37% |
| destilliertes Wasser | = | 32% |

Neben einer geringen Photosyntheseintensität zeigten die N-Mangelbäume auch eine wesentlich verzögerte Bewegung der Spaltöffnungen. Die Zeit zwischen Öffnen und Schließen betrug bis zu 30 Minuten.

Ein Beispiel für die Wirkung der Mikronährstoffe auf die Photosynthese gibt die Untersuchung von Kovalenko (1970). Er konnte bei Cu-Mangel bei gleichzeitig verminderter Assimilation eine Erhöhung der Atmung feststellen.

## Assimilatebedarf bzw. Assimilatestau als regulierende Größe

Bei verschiedenen Apfelsorten, Aprikosen und Erdbeeren konnte nachgewiesen werden, daß Blätter in unmittelbarer Nähe wachsender Früchte eine höhere flächenbezogene Stoffproduktion aufweisen als solche in größerem Abstand von der Frucht oder an Zweigen bzw. Gehölzen ohne Ertrag (MAGGS 1963, HANSEN 1971, OVSJANNIKOV 1972, ŠIŠKANU 1973 u. a.; s. S. 29). Die Angaben ließen sich durch eigene Untersuchungen (SALZER) bestätigen. Wenn auch diese Wechselbeziehungen zwischen Blatt, Frucht und anderen Verbrauchszentren für Assimilate (,sinks') noch nicht ganz geklärt sind, ist doch zumindest erkennbar, daß die Stomata fruchtnaher Blätter in der Regel weiter geöffnet sind.

## Zeitlicher Verlauf der Photosynthese

### Tagesgang der Photosynthese

In Abbildung 44 ist der Tagesverlauf der Intensität der Nettophotosynthese ($Ph_n$) der Apfelsorte ,Alkmene' an einem wenig bewölkten Sommertag dargestellt. Die $Ph_n$ steigt fast proportional mit dem Licht bis 9.00 Uhr zu einem Niveau an, auf welchem durch eine weitere Steigerung der Beleuchtung keine so starke Förderung mehr wie vor diesem Zeitpunkt erfolgt. Es tritt im Gegenteil ein geringer Abfall ein. Diese leichte Verminderung der $Ph_n$ zwischen 9.00 und 12.00 Uhr ist durch den Anstieg der Temperatur und die damit verbundene Erhöhung der Atmung bei gleichbleibender Bruttophotosynthese zu erklären. Da sich im Tagesverlauf die Faktoren Licht, Temperatur und Feuchte meist gleichsinnig verändern, ist an einem einzigen Tagesgang nicht eindeutig zu klären, welche spezifische Wirkung der einzelne Klimafaktor auf die $Ph_n$ ausübt. Zu einer kausalen Deutung der $Ph_n$ ist es notwendig, ihre Abhängigkeit von Licht, Temperatur und relativer Feuchte aus der Gesamtheit vieler Tagesgänge mit vielen Klimakombinationen im Jahresverlauf zu verfolgen. Erst dann ist es möglich, durch Korrelationsrechnungen die Wirkung der Einzelfaktoren unter Freilandbedingungen exakt abzugrenzen.

Da sich im vorliegenden Fall die Temperatur lediglich im sogenannten „mittleren" Temperaturbereich bewegt, d. h. in einer Spanne, in der Veränderungen der Temperatur nur relativ geringe $Ph_n$-Abweichungen bewirken, wird vor und nach Verlassen der Sättigungsgrenze die $Ph_n$ in erster Linie durch den Faktor Licht bestimmt.

CHROMENKO (1972), FRIEDRICH und SCHMIDT (1963) bestimmten die $Ph_n$ an Kronenteilen unter Berücksichtigung der Himmelsrichtung. Die einzelnen Kronenbereiche assimilieren in Abhängigkeit von der Tageszeit nicht gleichartig. Der jeweils von der Sonne unmittelbar bestrahlte Kronensektor assimiliert stärker als die

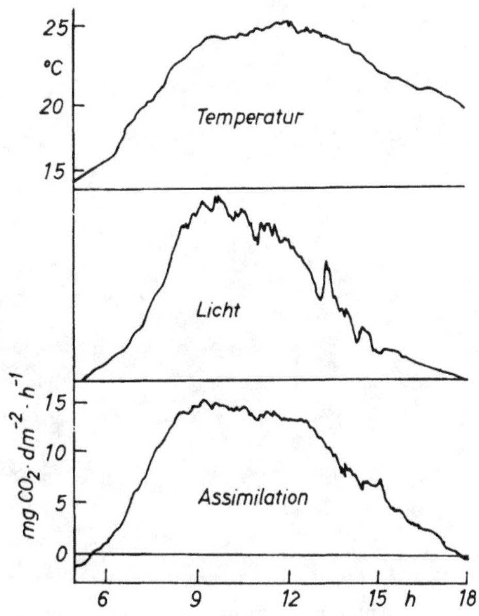


*Abb. 44:* Kurve eines Tagesverlaufes der Temperatur, des Lichtes und der Assimilation bei der Apfelsorte ,Alkmene' (SALZER)

anderen. Insofern ist am Morgen die $Ph_n$ des östlichen Kronenbereichs am höchsten (bezogen auf die übrigen Bereiche), d. h. dort liegt zu diesem Zeitpunkt das „Kronen-Assimilations-Maximum" vor, das sich mit dem Sonnenstand über ein Maximum im südlichen Teil zur Mittagszeit zu einem Maximum im Westen am Nachmittag verlagert (Abb. 45). Der Nordteil der Krone und das Kroneninnere sind nur mit geringer Leistung an der Primärproduktion beteiligt.

Bei den Untersuchungen von Friedrich und Schmidt (1963) kommt auch zum Ausdruck, daß eine sehr hohe Strahlungsintensität die Assimilation einschränkt, während große Helligkeit ohne unmittelbare Sonneneinstrahlung das Assimilationsverhalten der Blätter begünstigt. An solchen Tagen ist die Assimilation nicht nur grundsätzlich höher, sondern auch in den einzelnen Kronenteilen ausgeglichener. Infolge der diffusen Strahlung kommt es nicht zu so starken Differenzen zwischen den unmittelbar besonnten und im Schatten liegenden Kronenpartien. Die Leistung aller Blätter verschiedener Exposition ist etwa gleich.

## Jahresgang der Photosynthese

Laufende Messungen der Nettophotosynthese unter natürlichen Bedingungen während der Vegetationsperiode zeigen bei jungen Apfelbäumen eine sehr starke Variabilität der zu verschiedenen Zeiten

*Abb. 45:* Apfelniederstammanlage (Pflanzsystem 2×5 m) mit Reihenrichtung Nord—Süd. In den frühen Morgenstunden zur Zeit höchster Assimiliationsbereitschaft stehen die nach Osten gerichteten Flanken der Bäume im vollen Sonnenlicht. Die Westseite der Bäume wird von der Nachmittagssonne bis zum Sonnenuntergang beschienen

ermittelten Werte. Die Untersuchungen während mehrerer Jahre lassen den Schluß zu, daß das Photosynthesevermögen für Obstbäume zu einem bestimmten Zeitpunkt als Resultate dreier Wirkungen angesehen werden kann. Diese sind:

1. die zum Zeitpunkt der Messung unmittelbar einwirkenden Bedingungen, welche die umweltabhängigen Faktoren der Photosynthese betreffen,
2. die Summe der aus vorangegangenen Bedingungskonstellationen akkumulierten Informationen in der Pflanze,
3. eine endogene arten- bzw. sortentypische Rhythmik.

Durch laufend wiederholte Untersuchungen an sonst im Freiland gehaltenen Bäumen kann man den Einfluß der unter 2. genannten Faktoren im Klimaraum nachweisen. Es zeigte sich, daß bei zweijährigen Apfelbäumen auch unter diesen Bedingungen noch mit einer hohen Variabilität (Variabilitätskoeffizienten über 20%, in einzelnen Fällen bis 30%) gerechnet werden muß. Dabei dürfte es infolge der Komplexität der Wechselwirkungen zwischen den einzelnen beeinflussenden Faktoren nicht möglich sein, eine kontinuierliche Korrelation zwischen Umweltveränderungen und Photosynthesevermögen herzustellen. Dies könnte — wie einige Hinweise zeigen — am ehesten mit einigen stark von der Norm abweichenden oder bestimmte Teilprozesse begrenzenden Faktoren wie Hitze, Dürre oder Frost, gelingen.

Einen Jahresgang der Nettophotosynthese — gemessen unter standardisierten Bedingungen, zeigt Abbildung 46. Die schon erwähnte allgemeine Variabilität scheint einem allgemeinen Anstieg Ende Juli bis Mitte August überlagert zu sein. Bei anderen Sorten und Jahren sind — wenn auch unterschiedlich stark — ähnliche Tendenzen zu beobachten. Dieses Verhalten stimmt im Prinzip mit Beob-

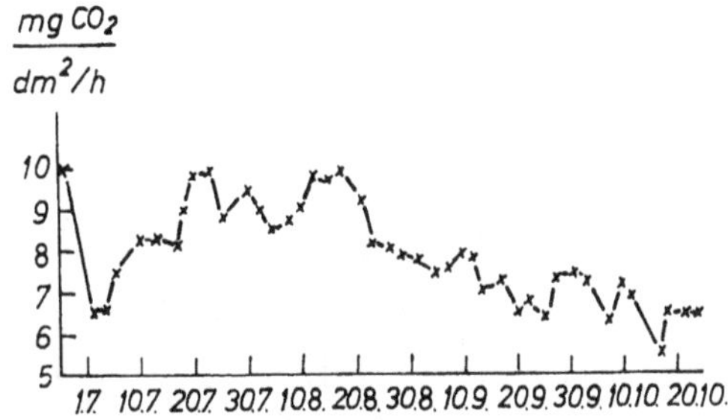


*Abb. 46:* Jahresgang des Mittelwertes der Nettophotosynthese von je 5 zweijährigen Bäumen der Sorte ‚Golden Delicious' auf M 11 während der Vegetationsperiode 1973. Messung im Klimaraum bei etwa 10000 Lux und 22···24°C (Büttner)

achtungen von Červenka (1972) überein. Er untersuchte während zweier Jahre die Nettophotosynthese beblätterter Unterlagen vom Typ M 9 und fand je ein Maximum im Juni und im August. (Möglicherweise ist das Junimaximum in Abbildung 49 im Abstieg mit erfaßt.)

Man kann vermuten, daß eine endogene Rhythmik auf der Basis korrelativer Beziehungen innerhalb des Baumes vorliegt. Dabei vermag das auf Mitte August fallende Maximum des Wurzelwachstums neue „sinks" für eine endogene Erhöhung der Photosynthese zu erzeugen.

## Einfluß der Unterlage auf das Assimilationsverhalten

Die Photosyntheseleistung ist nicht nur sortenspezifisch unterschiedlich, sondern kann selbst bei einer Sorte in Abhängigkeit von der Unterlage schwanken.

So prüften Friedrich und Schmidt (1963) die Assimilationsintensität der Apfelsorte ‚James Grieve' auf verschiedenen Unterlagen und konnten nachweisen, daß sie auf M 2 höher war als auf M 9.

In Gefäß- und Feldversuchen an Apfel zeigte Šiškanu (1973), daß die beiden

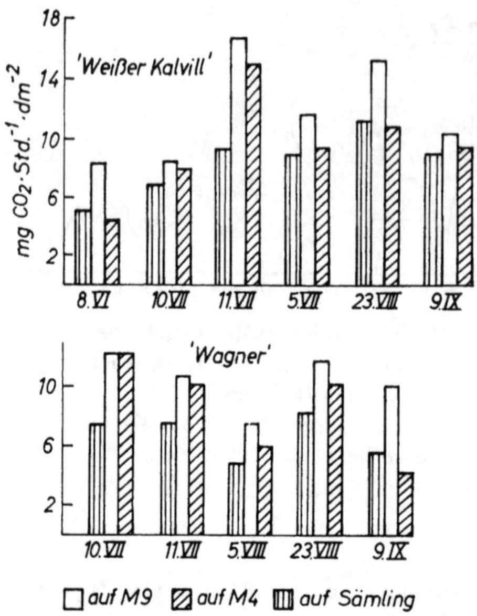


*Abb. 47:* Einfluß der Unterlagen auf die Photosyntheseintensität bei Apfelbäumen; nach Šiškanu (1973)

geprüften Sorten ‚Weißer Kalvill' und ‚Wagner' auf M 9 eine wesentlich intensivere Photosynthese, bezogen auf die Einheit der Blattfläche, aufwiesen als auf Sämling. Auf M 4 lagen die Assimilationswerte zwischen diesen beiden Extremen (Abb. 47). Die intensive Photosynthese der Sorten auf schwachwachsenden Unterlagen wurde durch neuere Untersuchungen anderer Autoren bestätigt.

Šiškanu wies allerdings auch darauf hin, daß die Literaturangaben über den Einfluß der Unterlage auf die Gaswechselintensität der Sorten sich teilweise widersprechen. Die meisten Widersprüche lassen sich mit großer Wahrscheinlichkeit durch unterschiedliche meteorologische Bedingungen während der Messungen erklären. Wenn die Intensität der Photosynthese auf schwachwachsenden Unterlagen unter optimalen Bedingungen relativ hoch ist, so reagieren doch gerade diese empfindlicher und ungünstiger auf Umweltbedingungen, wie z. B. Wassermangel und extreme Lufttrockenheit (Romaschku und Tichvinskaja 1964). Es deutet sich allerdings auch an, daß nicht alle Sorten gleichsinnig auf dieselben Unterlagen reagieren. ‚Weißer Kalvill' weist auf Unterlagen verschiedener Wüchsigkeit z. B. wesentlich größere Assimilationsunterschiede auf als die Apfelsorte ‚Wagner'. Bei Wein wurde sogar in Abhängigkeit von der Ertragssorte gegensätzliches Verhalten auf Unterlagen verschiedener Wüchsigkeit festgestellt.

Vergleiche der Photosyntheseintensität von Schattenmorelle auf *Prunus avium* und *Prunus mahaleb* ergaben eine höhere Leistung auf *Prunus mahaleb* (Rühmkorf 1966). Außerdem war hier die Abnahme der Leistung bei ungünstigen Umweltbedingungen (intensive Strahlung, hohe Temperatur, niedrige Luftfeuchte) geringer als auf *P. avium.*

Ein Einfluß der Unterlage auf den Gaswechsel der Edelsorte konnten von Dorobantu u. a. (1972) auch für Pfirsich bestätigt werden. So ist z. B. bei der Sorte ‚Elberta' auf ‚Roter Myrobalane' die Photosynthese geringer als auf Mandel und die Transpiration niedriger als auf Aprikose.

Für zukünftige Anbausysteme mit neuartigen Sorten könnte von Bedeutung sein, daß nach Untersuchungen an Apfel von Szalai (1971) und Ferree und Barden (1971) und an Steinobst (Strelez 1978) wurzelechte Bäume sehr hohe Assimilationsleistungen zeigen.

# Stoffbilanz und Ertrag

## Physiologische und morphologische Komponenten der Primärproduktion

Der Stoffgewinn einer Pflanze durch Photosynthese wird durch einen Komplex physiologischer, anatomischer und morphologischer Merkmale bestimmt, der genotypisch fixiert ist, aber durch die Umweltbedingungen in verschiedener Weise modifiziert werden kann. Es erscheint zweckmäßig, diese Merkmale als Komponenten der Primärproduktion zu bezeichnen. Die Analyse dieser Komponenten ist für die Beurteilung verschiedener Genotypen aufschlußreich. Für die Größe der Primärproduktion ist neben der blattflächenbezogenen Nettophotosynthese $Ph_n$ und der Fähigkeit zur Blattproduktion die Blattflächenwirkungsdauer (LAD = leaf area duration) von entscheidender Bedeutung. Aus Untersuchungen von Büttner und Salzer (1974) geht hervor, daß die Blattfläche einen etwa doppelt so großen Variabilitätskoeffizienten aufweist wie die auf die Einheit der Blattfläche bezogene Nettophotosynthese-Intensität. Es ist relativ leicht möglich, über die bei einigen Genotypen stark variierende Blattfläche durch Vergrößerung der Assimilationsfläche je Triebeinheit zu einer höheren Primärproduktion zu kommen. Der Weg, durch Verkürzung der Internodien mehr Blattfläche zu schaffen, um die Nettoassimilation zu erhöhen, findet jedoch seine Grenzen. Salzer und Büttner (1977) stellten bei einem Sortenvergleich bei Apfel fest, daß die Blattfläche, bezogen auf ganze Triebe oder auch gleiche Trieblängen, negativ mit der Nettophotosynthese je $dm^2$ Blattfläche korreliert. Amirshanov und Potapov (1972) fanden ähnliche Zusammenhänge zwischen Blattfläche und Blattleistung bei 3 Weinsorten und leiteten daraus sortenbedingte optimale Blattflächengrößen ab. Die Ursachen für den Abfall der Leistungen, bezogen auf die Blattfläche, sind bei eintriebigen Pflanzen in erster Linie im „sink/source-Verhältnis" zu suchen, bei Steigerung der Blattmasse ganzer Zweige und Bäume führt die gegenseitige Beschattung zur Minderung der Assimilationsrate.

Im Rahmen des genetisch fixierten Gefüges der Komponenten der Primärproduktion bleibt jedoch noch genügend Spielraum für modifizierende Einflüsse der Umwelt. Soweit das die Photosynthese betrifft, wurde darauf schon im Abschnitt S. 56f. (Faktorenanalyse) eingegangen. Eine Analyse der Umwelteinwirkungen auf die morphologischen Komponenten der Primärproduktion soll an dieser Stelle nicht erfolgen. Es ist jedoch eine Einschätzung der umweltbedingten Variabilität dieser Merkmale bei genetisch einheitlichem Material (Sorte) an Hand der Variabilitätskoeffizienten möglich, wie das folgende Beispiel zeigt.

### Material

20 zweijährige Bäume der Sorte ‚Golden Delicious' in Töpfen im Freiland angezogen. An den im Jahr 1974 gebildeten Trieben ermittelte Merkmale:

Einzelblattfläche v = 15,78% ↓ ↙ Internodienlänge v = 5,41%

Blattfläche je 50 cm Trieblänge v = 14,32% ↓ ↙ Internodienzahl v = 10,82%

Gesamtblättfläche je Trieb v = 10,23%

## Stoffbilanzen der Blätter

Ein Blatt verbraucht für sein Wachstum und für die in den Zellen stattfindenden Synthesen Assimilate. Sobald es etwa die Hälfte seiner endgültigen Größe erreicht hat, leitet es erste Assimilatüberschüsse ab, benötigt aber selbst noch einen hohen Anteil der neu gebildeten Kohlenhydrate. Unter normalen Bedingungen beginnt dieser Assimilateexport etwa 10 Tage nach dem Austrieb, 30 Tage nach dem Austrieb ist in der Regel der zur Blattbildung benötigte Eigenbedarf kompensiert (Watson und Landsberg 1979). Das gerade ausgewachsene Blatt erzielt den höchsten Assimilationsgewinn, seine Leistung sinkt mit der Alterung unwesentlich ab. Längs eines wachsenden Triebes gibt es somit ebenfalls altersbedingte Unterschiede in der Photosynthesekapazität der Blätter, außerdem steigt bei Apfel wie bei anderen Gehölzen von der Triebbasis zur Triebspitze der Sonnenblattcharakter der Blätter an, sie werden dicker, haben eine größere innere Oberfläche, mehr Chlorophyll und zahlreichere Stomata je Blattflächeneinheit (Satkowski 1972). Ein ausgereiftes Blatt benötigt in der Regel keine Zufuhr von Assimilaten.

Auch bei unzureichender Beleuchtung belastet es die tägliche Stoffbilanz nicht; bei anhaltender negativer Bilanz stirbt es ab bzw. fällt vorzeitig ab. Diese Erscheinung ist als „Sommerlaubfall“ bei der Sorte ‚Golden Delicious‘ besonders auffällig. Die während einer strahlungsreichen Frühsommerperiode im Kroneninneren (besonders an Wasserreisern) gebildeten Blätter geraten mit zunehmender peripherer Laubmasse allmählich und mit Umschlag zu einer Schlechtwetterperiode zusätzlich unter unzureichende Lichtverhältnisse, unterschreiten das relative Lichtminimum (S. 58f.) und reagieren dann relativ rasch durch Laubfall (Vogl und Illge 1980).

Folglich tragen alle voll entwickelten Blätter der Krone zum Stoffgewinn bei. Im Sinne einer positiven Bilanz über die Vegetationsperiode hinweg sind jedoch nur die Blätter produktiv, die mehr Assimilate an andere Organe abgeben als zu ihrer Bildung benötigt wurden. Für die Buche gibt Jahnel (1958) an, daß ein Blatt im Mittel das Dreifache seines Trockengewichtes als Jahresproduktion (Trockengewicht) erzeugt. Für Obst liegen hierzu keine exakten Angaben vor. Unter Verwendung der Mittelwerte aus den Tabellen 2 und 3, Seiten 24, 27, und über die Blatttrockenmasse/ha und die Stoffproduktion dieser Blattmasse in der Vegetationsperiode ergibt sich eine mittlere Stoffproduktion der Apfelblätter um das Vier- bis Zehnfache des Eigengewichtes. Die Angaben beziehen sich auf vorwiegend gut belichtete Blätter von Intensivanlagen.

Die Blattzahl je $m^2$ Standfläche läßt sich folglich nicht beliebig steigern. In geschlossenen Laubwäldern entstehen in Abhängigkeit vom relativen Lichtminimum etwa 6 $m^2$ Blattfläche je $m^2$ Bodenfläche, also etwa 60000 $m^2$ Blattfläche/ha. Die Blattfläche je $m^2$ Kronengrundriß liegt bei Obstanlagen in der gleichen Größenordnung oder sogar etwas höher, die Blattfläche je ha auf Grund der Arbeitsgassen jedoch beträchtlich niedriger (vgl. Tab. 3, S. 25). Die für den Ertrag optimale Blattfläche ist keine konstante Größe, sondern ist von Breitengrad (Strahlungsintensität), Sonnenscheindauer, Sorte und auch vom Anbausystem abhängig.

## Blatt/Frucht-Verhältnis

Nach Hansen (1972) werden bei Apfel zur Bildung von 100 g Frucht (Frischmasse) 200 $cm^2$ Blattfläche benötigt oder auch 25···30 Blätter für eine Frucht. Besitzt der Zweig nur 300 $cm^2$ Blattfläche je Frucht, so wandern 55···70 % der mit $^{14}C$ markierten neu gebildeten Assimilate in die Frucht. Sind 500 cm² Blattfläche je Frucht gegeben, so sinkt der für die Frucht benötigte Anteil auf 35···45% ab; damit ist auch die erforderliche Stoffproduktion für das vegetative Wachstum, einschließlich Wurzelwachstum und Blütenknospenbildung, gegeben. Diese Resultate werden durch Sorte und Klima innerhalb bestimmter Grenzen verändert. In der Moldauischen SSR brauchte in einer Palmettenanlage auf M 4 die ‚Simirenko Renette' 22···36 und ‚Jonathan' nur 19···22 Blätter je Frucht (SATKOVSKI 1972).

Die Blatt/Frucht-Relation beeinflußt nicht nur die Stoffverteilung; fruchtende Bäume können mit der halben Blattmasse die gleiche oder gar eine größere Gesamtproduktion als nichtfruchtende Bäume aufweisen (HANSEN 1978). Dieser Einfluß der Früchte auf die Photosyntheseleistung des Blattes wurde schon auf Seite 29 erörtert. Der Anteil der grünen Früchte selbst an der Primärproduktion eines Baumes liegt kaum über 1% (ČERVENKA 1979).

## Assimilationsverhalten in Abhängigkeit von Kronenbau und Bestand

Alle pflanzenbaulichen Maßnahmen müssen darauf gerichtet sein, das Licht so gut wie möglich auszunutzen. Die Lichtkurve der Photosynthese ist für das einzelne Blatt oder auch für eine Gruppe Blätter unterschiedlicher Blattstellung etwa eines Zweiges bzw. für einen ganzen Baum unterschiedlich zu werten (Abb. 48). Ein peripheres, dem direkten Sonnenlicht voll ausgesetztes Blatt kann das nicht effektiv nutzen, weil die Strahlung meistens über dem Optimum liegt. Die Blätter eines Zweiges im Kronenmantel mit unterschiedlicher Exposition und begrenzter gegenseitiger Beschattung können dagegen als Gesamtheit Starklicht besser verwerten. Licht über 30 klx bedeutet also für das voll belichtete Blatt den Sättigungsbereich, aber für etwa 15 bis 20% der gesamten Blattfläche des Baumes — je nach Kronenaufbau — Licht erst in der Nähe des Sättigungsbereiches (LAKSO u. a. 1978). Die höchste Lichtausnutzung weisen die schwach beschatteten Blätter unter günstigeren kleinklimatischen Bedingungen auf (KUDRJAVEZ u. a. 1978). Für eine größere Krone ist selbst bei sonnigem Wetter Lichtsättigung im Gesamtbereich theoretisch nicht zu erwarten, da im Kroneninneren Blätter bis an die Grenze des relativen Lichtminimums gebildet werden. Kronenbereiche, die weniger als 30% des vollen Tageslichtes erhalten, sind allerdings für die Fruchtproduktion nach Quantität wie Qualität nur noch von untergeordneter Bedeutung. Im Zentrum alter, dichter Kronen kann das Licht auf 6···10% der Einstrahlung zurückgehen. Die dort befindlichen Blätter haben fast keinen Anteil mehr am Stoffgewinn (KUDRJAVEZ 1972). Um im gesamten Kronenraum ausreichende Stoffproduktion zu sichern, sollte deshalb der Kronendurchmesser höchstens 3 m, möglichst jedoch nur etwa 2 m betragen und die Kronen selbst locker aufgebaut werden (KOLESNIKOV u. a. 1971).

Folglich ist die Produktivität kleiner, lichtoffener Baumkronen oder schmaler Obstwände mit der Arbeitsgasse als Lichtschacht am höchsten (MIKA u. a. 1972, ŠIŠKANU 1973). Bei größeren Bäumen kann aus gleichem Grund durch starken Rückschnitt, insbesondere durch Herausnehmen ganzer Äste, die Krone geöffnet und die Produktivität der verbleibenden Blätter wesentlich erhöht werden.

Die wichtigsten Reserven zur besseren Nutzung der Sonnenenergie für die Primärproduktion sind gegenwärtig zweckmäßiges Anbausystem und günstige Kronengestaltung. Eine optimale Ausnutzung der Strahlung für die Primärproduktion wird durch einen hohen Anteil an gut belichteter Kronenoberfläche gesichert sowie Arbeitsgassen, die einen ausreichenden Lichteinfall gewährleisten. Hohe Ansprüche an die Fruchtqualität erfordern, wenig produktive lichtarme Bereiche im Kroneninneren zu vermeiden.

Eine optimale Ausnutzung des biologischen Produktionsfaktors Licht setzt also eine Anpassung der Baumhöhen an die — meist technologisch bestimmten — Reihenabstände und Arbeitsgassen voraus. Winter (1980) variiert theoretisch bei gleichem Einfallswinkel der Sonne auf der Linie Kronenspitze der einen Reihe zum unteren Kronenrand der nächsten Reihe Baumhöhe und Reihenabstand bei gleicher Arbeitsgasse und findet bei den Hecken etwa gleich große Baumaußenseiten und somit ähnliche Ertragskapazitäten trotz verschiedener Anbausysteme. Optimierungsrechnungen mit ähnlichem Ergebnis liegen von Jackson (1980), Agafonov (1974, 1978) und Jacyna u. a. (1980) vor. Jacyna u. a. (1980) fordern für die Bedingungen in Zentralpolen eine Breite der Apfelhecke von 2 m bei einer Kronenhöhe von 3 m, einem Reihenabstand von 4 bis 4,5 m und einer Arbeitsgasse von 2 bis 2,5 m. Winter (1980) gibt für die Bodenseeregion nach der Formel optimale Baumhöhe = halber Reihenabstand + 1 m etwa das gleiche optimale Verhältnis an, empfiehlt aber für die lichtärmeren norddeutschen Gebiete nur eine Addition von + 0,5 m und für die sonnenreichen Mittelmeergebiete von + 1,5 bis 2 m.

Trotz der gleichen Oberflächenrelation im Modell von Winter sind schmale, an der Spitze abgeflachte Kronen, die sich mit einem Winkel von etwa 12° zur Vertikalen nach oben verschmälern (Agafonov 1978, Streitberg 1981) zu bevorzugen. Sie sichern durch gute Belichtung aller Kronenteile und geringe Eigenbeschattung auch qualitativ hochwertige Früchte, sind in der Lage, das Licht auch an der Spitze ausreichend zu absorbieren und lassen sich durch schwachwachsende Sorten-Unterlagen-Kombinationen gut realisieren, sie sind auch in der Lage, einen raschen Ertragsanstieg und bei hoher Ertragskapazität eine günstige Aufteilung der gebildeten Assimilate für Trieb- und Fruchtproduktion zu sichern. Außerdem wird, wenn auch die Literaturangaben nicht frei von Widersprüchen sind (Barden 1978, 1979), immer wieder von höherer Photosyntheseleistung auf schwachwachsenden Unterlagen (Trunov u. a. 1980, Titova u. a. 1976) berichtet.

In der industriemäßigen Apfelproduktion der DDR wird bei einer normativen Kronenhöhe von 1,8 m, einer Baumhöhe von 2,2 m und einer Kronenbreite von 1,8 m (Freie Spindel) bzw. 2,3 m (Gerüstastspindel) ein Reihenabstand von 4 m bzw. 4,5 m und eine Arbeitsgasse von 2,2 m gefordert. Die Begrenzung der Kronenhöhe und die Bemessung der Arbeitsgasse sind technologisch bedingt. Damit wird, selbst wenn der Höhenzuwachs während der Vegetationsperiode ohne Korrektur durch Sommerschnitt den Lichteinfallswinkel etwas verändert, vom optimalen Winkel noch abgewichen. Es werden somit (Schuricht 1981) etwa 25% des möglichen Ertrages verschenkt. In der Suche nach günstigeren Lichtverhältnissen trotz niedriger Hecken liegen auch die Gründe für die Experimente mit mehrreihigen Hecken unter Reduzierung des Kronendurchmessers bei sehr schmalen und aufwendigen Lichtschächten außerhalb der eigentlichen technologisch unvermeidlichen Arbeitsgassen (Scotti 1980, Sattler 1981). Gegenwärtig ist ein Kompromiß zwischen der gegebenen Technik und Technologie und dem physiologisch optimalen Anbausystem oft noch unvermeidbar. Jede überflüssige Überschreitung des normativen Reihenabstandes bedeutet jedenfalls weitere, nicht vertretbare Verluste.

Die Richtung der Baumreihen legt fest, zu welcher Tageszeit besonders viel direktes Sonnenlicht parallel zur Reihe ungefiltert den Boden in der Arbeitsgasse erreicht, und wann und wo die Licht- und Wärmestrahlung am intensivsten einwirken. In West- und Mitteleuropa wird die Nord-Süd-Richtung bevorzugt. Das direkte Sonnenlicht fällt zur Zeit der höchsten Lichtintensität parallel zur Reihe ein, wenn das beiderseits streuende diffuse Licht zur hohen Photosyntheseleistung noch ausreicht; einseitige Überhitzung, die zu Atmungsverlusten führt, wird vermieden. In südlicheren Gebieten mit hohem Sonnenstand spielt die Reihenrichtung eine zunehmend untergeordnete Bedeutung (AGAFONOV 1978). Doch auch mit anderen Reihenrichtungen (DEVYATOV und GORNY 1978, 1980) bzw. Abweichungen von der Nord-Süd-Richtung in Abhängigkeit vom Breitengrad bis zu 30 bis 40° (AGAFONOV 1978) wurden gute Erfahrungen gemacht.

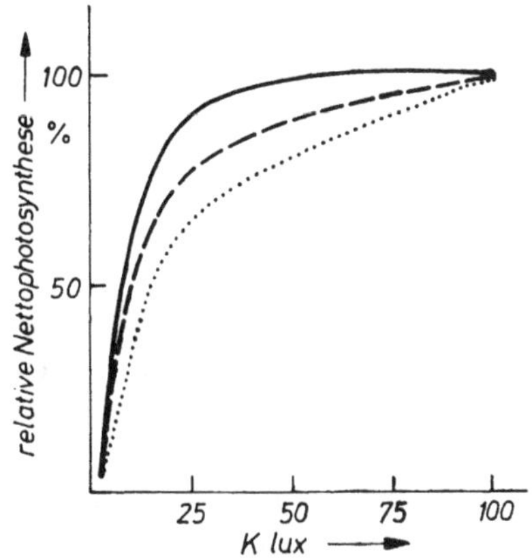


*Abb. 48:* Verallgemeinerte Reaktion der Photosynthese auf den Lichtfaktor, bezogen auf

——— ein einzelnes Blatt
------- eine Population von Blättern im Kronenmantel
······· einen ganzen Baum

(In Anlehnung an LAKSO und SEELEY 1978)

## Maßnahmen zur Sicherung einer hohen Assimilationsleistung

Maßnahmen, die zur Schaffung und Erhaltung eines leistungsfähigen Assimilationsapparates beitragen, an dieser Stelle eingehend beschreiben zu wollen, verbietet die Fülle des Stoffes. Schließlich wirken sich alle Eingriffe in eine Obstanlage in irgendeiner Form auf den Assimilationsapparat und die Photosynthese aus. Trotzdem soll versucht werden, einige wichtige der vielfältig möglichen Einflußfaktoren als Ergänzung zu den theoretischen Abhandlungen zu nennen. Nähere Erläuterungen dazu finden sich in den entsprechenden Kapiteln.

### Bei der Planung einer Obstanlage zu berücksichtigende Maßnahmen

Die erste Maßnahme zur Sicherung einer hohen Assimilationsleistung beginnt schon bei der Planung einer Anlage, bei der Wahl des Standortes, der Obstarten, der Sorten, der Pflanz- und Bodenpflegesysteme. Alle dabei eine Rolle spielenden Gesichtspunkte müssen darauf gerichtet sein, Plantagen zu schaffen, die in der Lage sind, über einen ständig funktionstüchtig bleibenden Blattapparat für viele Jahre hohe und sichere Ernten zu ermöglichen.

Bei der Planung ist zu beachten, daß die Sorten für den Standort geeignet sind. Zu vermeiden ist. z. B., daß mehltauempfindliche Apfelsorten wie ‚Cox Organgen', ‚Herma' oder ‚Jonathan' an mehltaubegünstigten Standorten angebaut werden; das gleiche trifft für schorfgefährdete Standorte und schorfanfällige Sorten zu. Die ausreichende Bekämpfung der Krankheitserreger ist dort nur mit erheblichem Aufwand möglich und gelingt trotzdem oft nicht ausreichend. Ein hoher Prozentsatz der Blätter wird befallen, und es ist somit von vornherein unmöglich, daß ein Maximum an Stoffgewinn erzielt wird.

## Maßnahmen bei der Anzucht der Bäume

Bei der Anzucht der Bäume spielt die Forderung, später am endgültigen Standort schnell eine leistungsfähige große Krone herzustellen, eine weit größere Rolle als allgemein angenommen wird. Nach der Pflanzung einer Anlage ist anzustreben, daß durch zügiges Wachstum die Bäume den ihnen zugedachten Kronenraum in kürzester Frist füllen. Das gelingt nur mit bestem Baumschulmaterial. Dieses muß gesund und virusgetestet sein. Die Bäume sollen auf der für den Standort und das Pflanzsystem optimalen Unterlage stehen. Unzureichend wüchsige Jungbäume, oft z. B. schon Nachveredlungen, etwa bei ‚Schattenmorellen', die auf Grund geminderter Verträglichkeit der Partner von vornherein benachteiligt sind und schließlich alle Bäume, die äußerlich nicht den besten Eindruck machen, sind im Grunde genommen pflanzunwürdig. Sie stören oder zerstören das gesamte Pflanzsystem und brauchen oft Jahre, um sich zu erholen. Die Ausfälle sind oft so groß, daß von vornherein absehbar ist, daß der für Höchsterträge notwendige Kronenraum je Hektar wenn überhaupt, so doch erst Jahre später, gegenüber wüchsigen Gehölzen erreicht wird. Wenn in Kleinanlaggen hier und da ein Baum nicht wächst, ist dies bedauerlich, aber nicht tragisch. Für den modernen industriemäßig betriebenen Großflächenobstbau gibt es keine Kompromisse hinsichtlich der Qualität des Baumschulmaterials. Ausfälle oder fast noch mehr die durch Teilschäden an Gehölzen bedingten Verzögerungen im Wachstum, verursachen hohe, in Geldwert leider oft nicht meßbare Schäden. Im Interesse hoher Leistungen, beginnend mit hohen Assimilationsleistungen, sind daher an das Baumschulmaterial künftig höhere Anforderungen zu stellen als bisher.

Das betrifft auch die Vorbildung einer assimilationsaktiven Krone schon in der Baumschule. Steilwachsende Sorten wie z. B. ‚Gloster' bilden eine vertikal betonte Krone in der die Blätter der inneren Partien sich gegenseitig stark beschatten. Um schnell zu einem ertragsfähigen Gerüst zu kommen, muß formiert werden. Das geschieht durch Schnitt und Herunterbinden der Triebe meist erst am endgültigen Standort. Um Stoffverluste durch Schnitt zu vermeiden und höhere Assimilationsgewinne durch seitliche Ausbreitung der Kronen schon in der Baumschule zu sichern, wendet man Wachstumsregulatoren an, die die Ansatzwinkel der Triebe vergrößern. So kann man auf den Schnitt verzichten, spart je ha etwa 100 Arbeitsstunden für das Formieren ein und erhält für die Pflanzung breitkronige, assimilationsaktive und blühwilligere Bäume.

Auch bestes Baumschulmaterial verlangt eine optimale Behandlung, wenn die Kette der Entwicklung nicht unterbrochen werden soll. Dazu gehört, daß die Bäume nach der Rodung schnellstens wieder gepflanzt werden. Schon ein teilweises Austrocknen der Wurzeln bedingt Zuwachsverluste, die sich meist nicht in einem Jahr beheben lassen. Im gleichen Sinne wirkt die Reduzierung der Wurzelmasse beim Roden oder Pflanzen. Die starken Wurzeln eines Jungbaumes sind seine wichtigsten Speicherorgane. Jedes verlorengegangene Wurzelstück vermindert die Zuwachsrate an Trieben und Blättern, im Extremfall um 50 und mehr Prozent. Wer, um schnell zu pflanzen, die Wurzeln zurückschneidet, verschenkt damit schon einen wesentlichen Teil des möglichen Zuwachses, d. h. des möglichen Ertrages späterer Jahre.

Jungbäume sind nach Pflanzung so zu pflegen, daß sie in schnellstmöglicher Zeit dem Pflanzsystem entsprechende Kronen entwickeln und die volle Ertragskapazität erreichen. Die intensive Pflege von Boden und Baum darf also nicht erst einsetzen, wenn die Bäume anfangen zu tragen, sondern sofort nach der Pflanzung. Dazu ist es u. a. notwendig, die Baumscheiben zur Erhaltung der Bodenfeuchte abzudecken, bei Trockenheit ist zu bewässern. Auch in einer Anlage, die noch nicht trägt, muß ein intensiver Pflanzenschutz betrieben werden, um die Blätter bis zum Schluß der Vegetationsperiode zu hohen Assimilationsleistungen zu befähigen. In diesem Zusammenhang wird man auch Harnstoffspritzungen durchführen, die gemeinsam mit einer angemessenen Mineraldüngung den Wuchs fördern. Blattspritzungen mit Harnstoff haben über ihre düngende Wirkung hinaus gegenüber der Stickstoffbodendüngung anscheinend noch einen erweiterten Einfluß. Sie veranlassen die Blätter zu verstärktem Wachstum und machen sie so zu Attraktionszentren. Die geringe Harnstoffmenge löst einen Wuchsimpuls aus. Nährstoffe aller Art wandern verstärkt zum wachsenden Blatt und angeregt durch diesen Impuls wird schließlich auch die Assimilation gesteigert.

Wenn gerade auf die optimale Pflege der Junganlagen besonderer Wert gelegt wird, so deswegen, weil hier oft die größten Fehler gemacht werden. Dabei läßt sich durch gute Pflege erreichen, daß die ertraglose Zeit wesentlich verkürzt und die für jedes Lebewesen entscheidende Jugendentwicklung so gesteuert wird, daß hochleistungsfähige Anlagen entstehen.

## Maßnahmen in ertragsfähigen Anlagen

Der Sicherung eines funktionstüchtigen Assimilationsapparates der Blätter wird in ertragsfähigen Anlagen meist die notwendige Aufmerksamkeit geschenkt, ohne in allen Fällen die gegebenen Möglichkeiten voll auszuschöpfen. Die Leistungsfähigkeit des Assimilationsapparates wird insbesondere durch ein dem Standort optimal angepaßtes Bodenpflegesystem, durch zusätzliche Bewässerung in Trockenzeiten und durch geeignete Spritzfolgen zur Bekämpfung von Schädlingen und Krankheitserregern erhalten.

Das Bodenpflegesystem übt auf die Entwicklung und die Funktionstüchtigkeit des Blattapparates einen weit größeren Einfluß aus als allgemein angenommen wird. Es sei nur daran erinnert, daß bei starkem Wassermangel die Blätter der Obstgehölze nicht welken, sondern abfallen (s. Wasserhaushalt S. 101 f.). Um die Zeit nach Mitte Juni, also während der wärmsten Monate, benötigt der Baum aber etwa die doppelte Anzahl der Blätter gegenüber den vorangegangenen Monaten, weil die Früchte in das Hauptwachstumsstadium eingetreten sind und der Bedarf an Assimilaten daher außerordentlich gestiegen ist. Der durch Austrocknung des Bodens bedingte teilweise Blattabfall wird oft übersehen oder hinsichtlich seiner Ursachen nicht richtig eingeschätzt.

Über ein geeignetes Bodenpflegesystem läßt sich der Wasserhaushalt und auch die Mineralstoffversorgung in günstigen Bereichen halten. Als das bisher zweckmäßigste Bodenpflegesystem ist die Einsaat von Gras, besser noch von Klee-Grasgemisch, in die Arbeitsgassen anzusehen. Dabei ist es notwendig, die Untersaat durch häufigen Schnitt ständig so kurz zu halten, daß die Wasser- und Nährstoffkonkurrenz gegenüber den Bäumen in Grenzen bleibt. In Trockengebieten ist die Zusatzbewässerung unerläßlich. Die Vorteile, welche das Grasmulchsystem gegenüber offen gehaltenem Boden bietet, sind wesentlich. Der Boden ist bedeckt, geschützt durch die Grasnarbe wird das Bodenleben gefördert, gleichzeitig verhindert diese eine zu starke Austrocknung der oberen Schichten und wirkt ausgleichend bei hohen Niederschlägen, wie auch länger anhaltender Trockenheit. Auch die mechanische Belastung des Wurzelhorizontes durch häufiges Befahren mit schweren Geräten wird gemindert.

Das Grasmulchsystem ist nicht angebracht, wenn die Böden sehr leicht und dazu noch humusarm sind. Unter solchen Bedingungen ist der Wasserhaushalt infolge der geringen Wasserkapazität des Bodens so angespannt, daß es selbst während kurz andauernder Trockenperioden sehr schnell zu irreversiblen Trockenschäden an Blättern kommen kann. Man wird daher auf leichten Sandböden zwar auf jeden Fall die Zusatzbewässerung einsetzen, um dadurch den Wasserhaushalt des Bodens regulieren zu können, die Graseinsaat muß jedoch unterbleiben.

Zur Bodenpflege gehört auch die Düngung. Wenn irgend möglich, sollten den Bäumen Humusdünger, gleichgültig in welcher Form, zugeführt werden. Humus wirkt puffernd und ausgleichend bei allen Belastungen der Bäume, die vom Boden ausgehen. Darüber hinaus ist die optimale Mineralstoffversorgung eine unerläßliche Notwendigkeit. Besonders ist darauf zu achten, daß es nicht zu einer einseitigen Nährstoffanreicherung im Boden kommt. Die Düngermengen müssen stets, besonders was den Stickstoff anbetrifft, mit der Ertragsleistung der Bäume in Einklang gebracht werden. Zukünftig ist auch der Düngung mit Mikroelementen stärkere Beachtung zu schenken. Gerade das Fehlen bestimmter Mikroelemente wie Bor, Zink, Mangan, aber auch die Behinderung der Aufnahme des im Boden vorhandenen Eisens infolge eines Ionenantagonismus bedingt Schäden an Blättern und Früchten, die sich außerordentlich nachteilig auf die Photosyntheseleistung auswirken (s. Seite 64). Auch im Hinblick auf die Versorgung mit Mikroelementen gleicht das Grasmulchsystem aus, da durch den ständigen Zerfall der Wurzeln der Deckpflanzen Nährstoffe, also auch Mikroelemente, aufgeschlossen und der Obstbaumwurzel verfügbar gemacht werden.

Die Zusatzbewässerung gewinnt in modernen Intensivanlagen zunehmend an Bedeutung. Dabei ist im Interesse einer hohen Assimilationsleistung die Überkronenberegnung anderen Bewässerungsmethoden vorzuziehen. Bei Hochsommerhitze und starker Sonneneinstrahlung lassen sich durch Wassergaben von nur wenigen Millimetern Hitzeschäden und Stoffverluste vermeiden. Durch Erhöhung der Luftfeuchtigkeit wird die unproduktive Transpiration, dadurch bedingt, daß die Pflanze viel Wasser verdunsten muß, um durch Erzeugung von Verdunstungskälte eine Abkühlung zu erreichen, herabgesetzt und Energie gespart. Andererseits können bei hoher Luftfeuchtigkeit und ausreichendem Bodenwasser die Spaltöffnungen auch an heißen Tagen geöffnet bleiben. Die Pflanze assimiliert und erzielt einen hohen Stoffgewinn. Ohne Bewässerung käme es sehr schnell zum Spaltenschluß und damit zur Einstellung der Assimilation, oft sogar zu einem Wärmeschock der Blätter, der bei Wiedereinsetzen der Wasserzufuhr erst nach einer gewissen Anlaufzeit überwunden wird. Nicht zuletzt ist mit irreversiblen Trockenschäden an jüngeren oder sehr empfindlichen Blättern im Kroneninneren zu rechnen. Die Zusatzbewässerung beeinflußt somit die Assimilationsleistung unmittelbar. Eine sparsame, aber ausreichende Beregnung in Trockenzeiten bei hohen Temperaturen sichert höchsten Stoffgewinn (s. S. 110f.).

Die klimatisierende Beregnung verdient vor allem in Gebieten mit hohen Sommertemperaturen mehr Beachtung. Der Licht-Sättigungswert für die Assimilation liegt beim Apfel bereits bei etwa 55000 Lux, die Optimaltemperaturen für die Assimilation betragen 25 bis 30 °C. An Hochsommertagen werden beide Werte oft schon in den späten Morgenstunden überschritten. Bei Einsatz der klimatisierenden Beregnung wird es möglich, die Assimilationstemperaturen und die Luftfeuchtigkeit durch Erzeugung von Verdunstungskälte im Optimum zu halten.

Nicht zuletzt spielt der Pflanzenschutz für die Gesunderhaltung der Blätter und die Sicherung ihrer vollen Leistungsfähigkeit eine entscheidende Rolle. Man sollte ihn aber trotz seiner überragenden Bedeutung nicht an die erste Stelle setzen, denn er stellt eine Maßnahme dar, welche die anderen ergänzt, aber nicht ersetzt. Vom Pflanzenschutz gilt das gleiche wie von der Bewässerung. Man muß versuchen, mit einem Minimum an Spritzungen ein Maximum an Erfolg zu erzielen.

Der Pflanzenschutz sichert gesundes Blattwerk und damit hohe Photosyntheseraten.

Bei der Auswahl und Anwendung von Pflanzenschutzmittel darf nicht übersehen werden, daß viele Wirkstoffe Nebenwirkungen auf die Blätter und damit auf den Assimilationsapparat ausüben. So schädigen Kupfermittel im Frühjahr nicht selten durch Verätzung die Blattepidermis und damit auch darunterliegende Zellschichten. Dieser Zustand tritt dann ein, wenn das Wetter nach der Spritzung kühl und naß ist.

Nach Schwefelspritzungen beobachtet man oft eine Vertiefung der grünen Blattfarbe, ähnlich wie nach Simazin-Anwendung. Die Frage, ob es sich dabei wirklich um eine Vermehrung des aktiven Chlorophylls handelt, bleibt auch hier offen.

Aber nicht nur anorganische Pflanzenschutzmittel zeigen Nebenwirkungen auf Blätter und somit auf den Assimilationsapparat, sondern auch viele organische Verbindungen. Zahlreiche Pflanzenschutzmittel sind ihrer chemischen Struktur nach Verbindungen, die Wuchsstoff- oder Hemmstoffcharakter haben können. So fördert z. B. Carbaryl bei höherer Konzentration den Fruchtfall, d. h. es greift in den natürlichen Auxin-Stoffwechsel ein. Ähnliches beobachtet man auch bei anderen Pflanzenschutzmitteln. Vom idealen Pflanzenschutzmittel ist zu fordern, daß es den Schaderreger abtötet, sich gegenüber dem Stoffwechsel der Pflanze jedoch völlig neutral verhält.

Ein kontrollierter Einfluß auf die Ernährung und Aktivität der Blätter im positiven Sinne ist z. B. durch Spritzungen mit Harnstofflösungen möglich. Da das Blatt in der Lage ist, gelöste Nährstoffe aufzunehmen, kann die Blattentwicklung und damit auch die Assimilationsleistung im Bedarfsfalle durch Nährstoffspritzungen gefördert werden.

Eine besondere Rolle bei der Lenkung von Pflanzenentwicklung und Ertragsbildung spielen Mittel zur Prozeßsteuerung. Auch sie üben in den meisten Fällen direkt oder auf Umwegen einen Einfluß auf die Assimilationsleistung der Blätter aus. Negativ auf die Stoffproduktion wirken Auxine, die kurz nach dem Fruchtansatz zur Fruchtausdünnung angewandt werden. Sie fördern u. a. die Zellstreckung mit dem Ergebnis, daß nach dem Eindringen des Wirkstoffes in die jungen noch wenig entwickelten Blätter Verbildungen entstehen, die zu Wachstumshemmungen Anlaß geben. Das geschieht zu einer Zeit, zu der die Blätter noch sehr jung und wenig entwickelt sind, und die durch Assimilation synthetisierten Kohlenhydrate noch restlos für den eigenen Aufbau benötigt werden. Die Zeit, zu der sie Assimilate an andere Organe abgeben können, wird durch diesen Streß hinausgezögert. Man versucht durch Anwendung des Amids der $\beta$-Indolyl-Essigsäure, das weniger negativ auf die Blattentwicklung wirkt als die Säure selbst, die Schäden einzuschränken. Zukünftig ist dieses Problem nur durch Züchtung neuer Sorten mit einem stabilen autonomen Regelsystem für die Blüten- und Ertragsbildung zu lösen, so daß sich die Anwendung von Wachstumsregulatoren zur Fruchtausdünnung erübrigt.

Anders liegen die Verhältnisse bei der Anwendung wuchshemmender Wachstumsregulatoren, z. B. des äthylenabspaltenden Ethephons, zur Sicherung bzw. Stabilisierung der Blütenknospendifferenzierung. Die Applikation erfolgt hier zu einer Zeit, zu der das Blattwerk schon weitgehend entwickelt ist, unabhängig davon, daß ständig noch neue Blätter zuwachsen. Wie der vorübergehende, kurzfristige Wachstumsstop sich auf Blattwachstum und Assimilationsleistung auswirkt, ist schwer einschätzbar. Die positive, langfristige Nachwirkung der Ethephonbehandlung besteht darin, daß im Folgejahr der Fruchtansatz höher ist, als er ohne Behandlung sein würde. Die in unmittelbarer Nachbarschaft der Früchte befindlichen Blätter steigern unter deren Einfluß ihre Assimilationsleistung, so daß für den Baum insgesamt über die Erhöhung der Fruchtzahl auch eine Intensivierung der Assimilationsleistung zustande kommt.

Es geht im Interesse der Reservestoffbildung und der Blütenknospendifferenzierung darum, das Laub bis zum letztmöglichen Tag assimilationstüchtig zu erhalten. Assimilierende Blätter liefern bis in den November hinein Reservestoffe an das Holz und vor allem auch an die Wurzeln. Höchste Erträge sind nur zu erwarten, wenn die Potenzen des Assimilationsapparates solange wie irgend möglich voll ausgeschöpft werden. Blätter von Obstbäumen, insbesondere vom Apfel, sterben im Herbst nicht ab, solange sie gesund sind, sie werden erst nach einem stärkeren Nachtfrost funktionsuntüchtig. Bis dahin sollten sie vollgrün, gesund und leistungsfähig erhalten werden. Der Zustand der Blätter einer Obstanlage ist ein Maßstab dafür, inwieweit die Pflegemaßnahmen zweckmäßig oder auch unzureichend sind. Wuchs und Ertrag müssen ständig in einem für die Sicherung des Neutriebes, des Fruchtwachstums, der Blütenknospendifferenzierung und der Reservestoffbildung in Sproß und Wurzel ausgewogenen Verhältnis erhalten werden. Wo dieses Optimum verlorengegangen ist, wird es der Obstbauer mit den ihm bekannten Mitteln schnellstens wieder herstellen. So betrachtet geht es auch nicht um Maximalerträge auf Kosten der Funktionstüchtigkeit des Blattapparates und des Stoffgewinns und somit der nächstjährigen Ernte, sondern um Optimalerträge, welche die Leistungsfähigkeit der Gehölze über viele Jahre hinweg sichern. Alle genannten Maßnahmen könnten als selbstverständlich gelten. Sie sind es dann, wenn sie überall in der Praxis zielstrebig angewandt werden, und wenn die vielen Fehler, die heute noch unterlaufen, der Vergangenheit angehören.

Der Vollständigkeit halber sei nur noch erwähnt, daß bei Gehölzen Schäden des Assimilationsapparates nicht nur im gleichen Jahr Ausfälle verursachen, sondern zumindest noch im nächstfolgenden Wuchs und Ertrag der Bäume negativ beeinflussen.

## Literatur

(Auswahl — das vollständige Verzeichnis kann beim Verfasser eingesehen bzw. angefordert werden)

AGAFONOV, N. V.: Teoreticeskoe obosnovanie optimalnych parametrov krony jabloni. Izvest. Timirjazevskoj sel'skochoz. Akad., Moskva **2** (1974) 98—107

AGAFONOV, N. V.: Prinzipy modelirovanija optimalnych parametrov krony plodovych derevev dlja intensivnych nasashdenij. Izvest. Timirjazevskoj sel'skochoz., Moskva **5** (1978) 140—151

AMANO, S., A. HINO, H. DAITO, T. KURAOKA: Studies on the photosynthetic activity in several kinds of fruit trees. I. Effect of some environmental factors on the rate of photosynthesis. J. Japan. Soc. Hort. Sci. **41** (1972) 144—150

AMIRDSHANOV, A. G., N. S. POTAPOV: Produktivnost fotosinteza i optimalnaja ploscad listev kustov vinograda. Fiziol. Biochim. kulturn. rast. **4** (1972) 416—420

AVERY, D. J.: Maximum photosynthetic rate — a case study. New Phytol. **78** (1977) 55—63

BARDEN, J. A.: Apple leaves, their morphology and photosynthetic potential. Hort. Sci. **13** (1978) 644—646

BARDEN, J. A., D. C. FERREE: Rootstock does not affect net photosynthesis, dark respiration, specific leaf weight and transpiration of apple leaves. J. Americ. Soc. Hort. Sci. **104** (1979) 526—528

BEAKBANE, A.: A relationship between leaf structure and growth potential in apple. Ann. appl. Biol. **60** (1967) 67—76

ČEREVENKÁ, K.: Prispevek ke studiu vlivu intenztity svetla a voduiho deficitu na asimilaci $CO_2$ jabloni. Vedecke Prace Ovonarske (1967) 79—88

ČERVENKÁ, K.: Absorpce energie a $CO_2$ jake zakladni prvek tvorby vynosu jablone. Autoref. Disertace, Ceskosl. Akad. ved., Praha (1979) 36 S.

CHROMENKO, V. V.: Daily course of photosynthesis in differently illuminated parts of apple crown. Fiziol. rastenij **19** (1972) 445—448

DEVJATOV, A. S., A. V. GORNY: The effect of hedgerow orientation on the rate of photosynthesis of apple leaves. Fruit science reports Skierniewice **7** (1980) Nr. 3, 117 to 123

FEUCHT, W.: Das Obstgehölz. Eugen-Ulmer-Verlag Stuttgart (1982) 256 S.

FRIEDRICH, G., G. SCHMIDT: Untersuchungen über das assimilatorische Verhalten von Apfel, Birne, Kirsche und Pflaume unter Verwendung einer neu entwickelten Apparatur. Arch. Gartenbau **7** (1959) 321—346

FRIEDRICH, G., G. SCHMIDT: Weitere Untersuchungen über das assimilatorische und respiratorische Verhalten der Obstgehölze. Arch. Gartenbau **11** (1963) 209—245

HANSEN, P.: $^{14}C$-studies on apple trees. VI. The influence of the fruit on the photosynthesis of the leaves and the relative photosynthetic yields of fruits and leaves. Physiol. Plant. **23** (1970) 805—810

HANSEN, P.: Blatt/Fruchtverhältnis, Assimilatverteilung und Fruchtentwicklung. Erwerbsobstbau **20** (1978) 228—231

HEINICKE, A. J., N. F. CHILDERS: The daily rate of photosynthesis during the growing season of 1935, of a young apple tree of bearing age. Cornell-Univ. Agric. Exp. Stat. Mem. **201** (1937) 52 S.

HOFFMANN, E.: Der Einfluß der Früchte auf die Photosyntheseraten und die Assimilatverteilung bei fruchttragenden und nichtfruchttragenden Auberginen- und Erdbeerpflanzen. Diss., HU Berlin (1973)

JACKSON, J. E.: Light interception — a simple model which can be used to optimize orchard design. Obstbau-Weinbau, Mitt. Südtiroler Beratungsring **17** (1980) 233

JACYNA, T., Z. SOCZEK: Effect of different degree of shading the apple hedgerow on the light penetration inside of tree crowns and the size and quality of crop. Fruit science reports Skierniewice **7** (1980) Nr. 2, 55—86

KELLER, TH.: Nettoassimilation, Sproß- und Wurzelatmung junger Pappeln bei unterschiedlicher Ernährung. DAL-Tagungsber. **100** (1968)

KHAN, A., G. R. SAGAR: Distribution of $^{14}$C-labelled products of photosynthesis during the commercial life of the tomato crop. Ann. Bot. N. S. **30** (1966) 727–743

KOLESNIKOV, V. A., N. V. AGAFONOV, N. CH. CHRYPOVA: Über die optimalen Kronenabmessungen bei Apfelbäumen. russ.; Izvestija Timirjasevskoj sel'skochoz. Akad., Moskva **3** (1971) 149–156

KOPVLOV, H. I.: Snisenie krony i intensivnost' fotosinteza. Sadovodstvo H. 11 (1972) 22

KRIEDEMANN, P. E.: The distribution of $^{14}$C-labelled assimilation in mature lemon trees. Austr. J. Agric. Res. 21 (1970) 623–632

KUDRJAVEC, R. P., V. V. KHROMENKO: Photosynthesis of apple leaves in relation to their age and weather conditions. russ.; Sbornik nauch. rabot N.-I. Zonal'n. Inst. Sadovod. Nechernozem. polsy **11** (1978) 80–88 (Ref. in Ref. J. (1979) 4.55.517)

LAKSO, A. N., E. J. SEELEY: Environmentally induced responses of apple tree photosynthesis. Hort. Sc. **13** (1978) 646–650

LARCHER, W.: Maximale Assimilation. Intern. Symp. d. Baumphysiol., Innsbruck (1962)

LINCK, A. J., T. W. SUDIA: Transport specifity of $^{14}$C to the fruit of Pisum. Plant. Physiol. **35** (1960), (Suppl.): Hort. Abstr. **31** (1961) Ref. Nr. 2467

LÜDDERS, P., G. BÜNEMANN: Die Wirkung des Zeitpunktes von Harnstoffspritzungen auf Apfelbäume. 5. Mitt. Mineralstoff- und Chlorophyllgehalt der Blätter. Z. Pflanzenernähr. Bodenkd. **125** (1970) 243–256

MAGGS, D. H.: The reduction in growth of apple trees brought about by fruiting. J. hortic. Sci. **38** (1963) 119–128

MIKA, A., R. ANTOSZEWSKI: Photosynthesis efficiency of apple trees trained as hedgerows. Fruit science reports Skierniewice **1** (1974) Nr. 1, 10–17

MORRIS, J. Y., W. TRANQUILLINI: Über den Einfluß des osmotischen Potentials des Wurzelsubstrates auf die Photosynthese von Pinus contorta-Sämlingen im Wechsel der Jahreszeiten. Flora, Abt. B **158** (1969) 277–287

MILBURN, J. A.: Water flow in plants. Longman-Verl., London, New York (1979) 225 S.

SALZER, J., R. BÜTTNER: Untersuchungen über die Nettophotosynthese bei Apfelsorten. 2. Mitt.: Komponenten der Primärproduktion bei 11 Apfelsorten. Arch. Züchtungsforsch. **7** (1977) 159–168

SATTLER, H.: Das nordholländische Spindelsystem: eine Möglichkeit für uns? Obst und Garten **100** (1981) 101–107

SCHISCHKANU, G. V.: Fotosintez Jabloni. Izdat. Schtiinza, Kischinjev (1973) 292 S.

SCOTTI, P.: Nordholländischer Schnitt. Gartenbaul. Vers. Ber. Landwirtschaftskammer Rhld. (1980) 218–222

SITTE, P.: Ber. dtsch. Bot. Ges. **74** (1961) 177–206

STOY, U.: Funktion von Blatt, Halm und Ähre bei der Ertragsbildung von Getreide. Ber. über die Arbeitstagung 1966 der „ARGE der Saatzuchtleiter". im Rahmen der „Vereinigung österr. Pflanzenzüchter", Gumpenstein

STREITBERG, H.: Anbausystem und Nutzung der Sonenenergie. Inform. f. d. industriemäßige Obstproduktion **6** (1981) 4–7

TITOVA, N. V., G. V. SHISHKANU: Photosynthesis and pigment content in apple trees on different rootstocks. russ. in „Fotosintez Jabloni i vinograda pri razlichn. uslov. proizrastenija", Kishinjev (1976) 12–32. Ref. Hort. Abstr. **47** (1977) 370

TRUNOV, N. A., I. A. MUROMZEW: Vlijanie podvoja na aktivnost kornevoj sistemi i fotosintez jabloni. Sadov., vinograd. vinodel. Mold. (1980) H. 9, 28–29

VOGL, M., H. POLSTER, FUCHS: Über den Einfluß der Bodentemperatur auf den Gaswechsel der Nadeln von Koniferenjungpflanzen. Biol. Zbl. **91** (1972) 757–762

WATSON, R. L., J. J. LANDSBERG: The photosynthetic characteristics of apple leaves (c. v. 'Golden Delicious') during their early growth. In: Photosynthesis and plant development, The Hague, Netherland, JUNK, W. (1979) 39–43) (Ref. Hort. Abstr. **50** (1980) 142

WINTER, F.: Welche Kulturmaßnahmen sind besonders geeignet, die Wirtschaftlichkeit des Apfelanbaues zu verbessern? Obstbau **5** (1980) 72–80

# Wasserhaushalt

## Physiologische Grundlagen

### Bedeutung des Wassers als Betriebs- und Baustoff

Das Wasser spielt bei der Entwicklung der Pflanzen eine sehr umfassende Rolle. Es beeinflußt alle Lebensvorgänge entscheidend. Die optimale Wasserversorgung ist deshalb eine der wichtigsten Voraussetzungen für das Gedeihen der Obstgehölze.

Die Pflanze besteht, wie jeder lebende Organismus, zum größten Teil aus Wasser. Die Blätter der Apfelbäume enthalten etwa 60%, die saftfrischen Triebe etwa 50% und die Früchte 80···90%. Am wasserärmsten sind reife Samen mit einem Wassergehalt von nur etwa 40%.

Die ausreichende Sättigung der Pflanzengewebe mit Wasser ist mit die wichtigste Voraussetzung für einen ungestörten Ablauf aller Lebensvorgänge. Wasserentzug schränkt zunächst die Stoffwechselfunktion der Zelle möglicherweise bis zur völligen Stagnation ein. Zu starke Entquellung des Plasmas führt, besonders wenn der Zustand längere Zeit anhält, zu starken Schädigungen und kann schließlich den Tod des Organismus verursachen.

Das Wasser dient zunächst als Lösungs- und Transportmittel für manche Assimilate und die aus dem Boden aufgenommenen Mineralstoffe. Es erhält das Protoplasma in einem ausbalancierten, physiologisch-chemisch günstigen Quellungszustand. Dadurch wird die Stoffwechselaktivität für den Ablauf einer fast unvorstellbar großen Vielzahl von biochemischen Reaktionen aufrechterhalten. Bereits ein Anwelken kann zu schwerwiegenden Störungen des physiologischen Zustandes und damit der Leistungsfähigkeit führen. Da die Obstgehölze, genau wie andere Landpflanzen, mit ihrem Blattwerk einer Atmosphäre ausgesetzt sind, die in der Regel ein Wassersättigungsdefizit aufweist, wird ihrer gesamten Oberfläche, besonders jedoch über die für die Photosynthese und die Transpiration geöffneten Spaltöffnungen, ständig Wasser entzogen. Durch den Transpirationsstrom wird die Zufuhr von Wasser, Mineralstoffen und auch organischen Verbindungen, die nur die Wurzel zu synthetisieren vermag, aufrechterhalten. Für eine hohe Photosyntheseleistung ist ein ständiger Wassernachschub auch während Trockenzeiten erforderlich. Die Produktivität hängt in starkem Maße von einer ausgeglichenen Wasserbilanz ab. Dabei spielen genetisch fixierte Grenzwerte eine nicht zu unterschätzende Rolle. Wie alle Pflanzen, sind auch Obstgehölze unterschiedlich gut an bestimmte Hydraturverhältnisse angepaßt. Zuverlässige Kenntnisse über den Wasseranspruch der einzelnen Obstarten und -sorten sind daher eine wesentliche Voraussetzung für die Angleichung der Sorten an den gegebenen Standort und nicht zuletzt an das auf die biologischen Gegebenheiten abgestimmte Pflegesystem.

Die Physiologie des Wasserhaushaltes wird in den Lehrbüchern der Pflanzenphysiologie ausführlich behandelt. Allgemeine Gesetzmäßigkeiten zu dieser Thematik werden in den folgenden Abschnitten unter Hinweis auf die einschlägige Literatur nicht erörtert. Die Ausführungen beschränken sich auf die Darlegungen der Rolle des Wasserhaushaltes der Obstgehölze vom Standpunkt der Obstproduktion aus gesehen. Dabei werden Wasseraufnahme, Wasserleitung und Wasserabgabe als Grundvorgänge des Wasserhaushaltes immer unter dem Gesichtswinkel hoher Ertragsleistungen betrachtet.

## Wasseraufnahme

### Aufgaben der Wurzeln bei der Aufnahme des Wassers

Obwohl die Blätter und Früchte auch Wasser aus Tau und Regen aufnehmen können, ist diese Möglichkeit praktisch belanglos gegenüber der Wasseraufnahme durch die Wurzeln. Die Wurzelhaarzonen sind Regionen optimaler Wasseraufnahme. Potentiometer-Versuche von Kramer (1946) sprechen dafür, daß auch ein nicht unbeträchtlicher Teil der Wasserabsorption durch die Oberfläche älterer verkorkter Wurzeln erfolgt (vgl. auch Kramer und Bullock 1966). Nach der Annahme von Lyr und Klemm (1967) spielt diese Form der Wasseraufnahme außerhalb der Vegetationszeit möglicherweise eine gewisse Rolle. Durch die starke Verästelung der Wurzeln wird die Durchströmungsgeschwindigkeit wesentlich verkleinert. Während sich der Transpirationsstrom im Querschnitt des Stammes mit Stundengeschwindigkeiten von Metern bewegt, braucht das Wasser durch die vieltausendmal größere Wurzelfläche nur mit weniger als einem Millimeter Stundengeschwindigkeit einzutreten. Bemerkenswert ist, daß trotz dieser langsameren Bewegung die Leitungswiderstände in den Wurzeln immer weit höher sind als in den Leitbahnen. Das aufgenommene Wasser wandert mit relativ großer Geschwindigkeit durch die Gefäßsysteme in Stamm und Äste sowie zu den Blättern. Dabei wirken starke Wurzeln, Stamm und Äste vorübergehend als Wasserspeicher, so daß geringe Differenzen in der Transpirationsintensität durch diese Pufferung ausgeglichen werden können. Der Baum ist in der Lage, durch aktive Einschränkung der Transpiration über den Schluß der Spaltöffnungen, durch Erhöhung der Saugkräfte oder auch Veränderungen im Wurzelwachstum bei kurzfristigem Wasserdefizit den Wasserhaushalt zu stabilisieren. Innerhalb bestimmter Grenzen ist sortenweise verschieden eine grundlegende Anpassung an den Standort möglich. Auf diese Besonderheit einzelner Sorten wird später noch ausführlicher eingegangen.

Der Umfang der Wasserbereitstellung hängt nicht zuletzt von der Aktivität des Wurzelwachstums ab. Ungünstige Bodenverhältnisse, unzweckmäßige Bodenpflegesysteme und mangelnde Mineralstoffversorgung behindern das Wurzelwachstum ebenso sehr wie unzureichende Assimilationstätigkeit, bedingt durch eine zu kleine Assimilationsfläche oder Schädigung der Blätter durch äußere Einflüsse. Die Wurzel benötigt für die Wasseraufnahme selbst, aber auch für Synthesen, insbesondere von Aminosäuren und Wachstumsregulatoren, Energie, die ihr in Form von Assimilaten zugeführt werden muß.

Die Wurzeln der Obstbäume sind nicht nur gegen das Austrocknen des Bodens empfindlich, sie werden fast noch nachhaltiger durch stauende Nässe, hervorgerufen durch Überschwemmungen oder

Bodenverdichtungen, geschädigt. Die Empfindlichkeit gegenüber zu hoher Bodenfeuchte beruht auf der Sauerstoffverdrängung in den Bodenhohlräumen durch das Wasser. Der für die Wurzelatmung benötigte Sauerstoff steht nicht mehr zur Verfügung, und es kann sehr schnell zu einem Absterben zunächst der feineren Wurzeln und somit zu einer Störung der Wasserversorgung kommen. Länger anhaltende stauende Nässe führt in der Regel zum Absterben der Wurzeln.

Die Bedeutung der Wurzel und der Wurzelaktivität für den Wasserhaushalt der Pflanze wird in diesem Zusammenhang nur angedeutet, da diese Fragen in einem gesonderten Abschnitt im Kapitel Seite 110 behandelt werden. Der Zusammenhang zwischen dem physiologischen Zustand der Pflanze und den auf sie einwirkenden ökologischen Faktoren wird in Abbildung 1 schematisch dargestellt. Ausführlich wird die Problematik von Kramer (1956a und b) behandelt.

## Physiologie der Wasseraufnahme

Die Wasseraufnahme durch die Wurzeln aus dem Boden erfolgt nach den Gesetzen der Osmose. Sie beschränkt sich jedoch

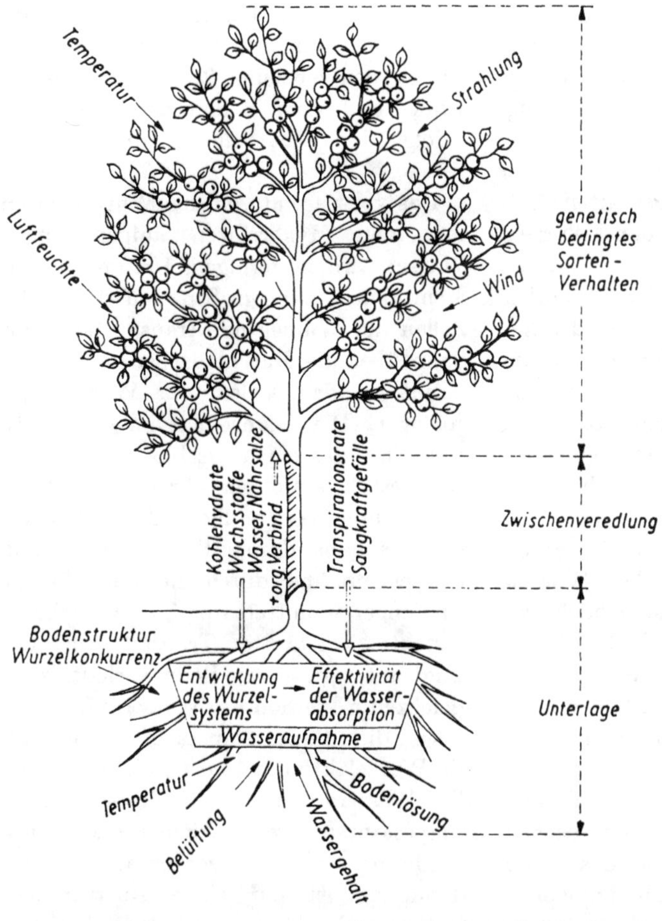


*Abb. 1:* Schema über die inneren und äußeren Faktoren des Wasserhaushaltes von Obstgehölzen; verändert nach Lyr und Klemm (1967)

nicht auf physikalisch-chemische Abläufe, denn die Pflanze beeinflußt aktiv den Umfang der Wasseraufnahme. Sie ist in der Lage, im Boden gelöste Mineralstoffe selektiv aufzunehmen, d. h. die Wurzel leistet bei der Wasser- und Mineralstoffaufnahme aktive Arbeit (Scholander 1968, Slatyer 1967).

Das Bodenwasser ist für die Pflanzenwurzeln nur teilweise verfügbar. Ein bestimmter, je nach der Bodenart, unterschiedlich hoher Anteil ist durch Hydratationskräfte der Bodenkolloide hygroskopisch fest gebunden. Die Saugkraft der Wurzeln reicht nicht aus, um dem Boden auch dieses Wasser zu entziehen, da Bindungskräfte von mehr als 5 MPa vorliegen. Die Feinwurzeln können dem Boden nur Wasser entreißen, solange ihre Saugspannung mit der Bodensaugkraft konkurrieren kann. In Kapillaren und Bodenhohlräumen wird das Wasser nur mit geringen Bindungskräften festgehalten und ist daher den Wurzeln weitgehend zugängig. Dabei erreicht die Wurzel Saugkräfte von etwa 0,5—1,0 MPa, d. h. sie kann den größten Teil des kapillaren Haftwassers aufnehmen. Das im Boden sich langsam abwärts bewegende Sickerwasser, das mit Saugkräften von nur 0,005···0,033 MPa festgehalten wird, ist für die Wurzel ebenfalls nutzbar. Bei Trockenheit ist sie in der Lage, durch aktive Salzakkumulation und Anreicherung von Zuckern in den Wurzelzellen die Saugkräfte maßgeblich zu erhöhen und dadurch im Boden fester gebundenes Wasser aufzunehmen.

Im Frühjahr, solange die Pflanze noch keine Blätter besitzt, wird Wasser mit darin gelösten Nährstoffen und organischen Verbindungen von der Wurzel aktiv in die Gefäße der oberirdischen Krone gedrückt. Sobald sich das Laub entfaltet und die Blätter als Transpirationsorgane ihre Funktion aufnehmen, verliert der Wurzeldruck seine Bedeutung und wird durch den Sog der Blätter ersetzt. Der Wurzeldruck, der neben Wasser insbesondere Zucker, aber auch Stickstoffverbindungen, insbesondere Aminosäuren, zu den Orten des Verbrauches befördert, spielt für den Austrieb der Bäume im Frühjahr eine entscheidende Rolle.

Der Umfang der Wasseraufnahme wird durch das Ausmaß der Transpiration der Blätter bestimmt. Je nach Intensität der Transpiration entsteht ein mehr oder minder großes Wasserdefizit. Dadurch steigen die Saugkräfte der Blattparenchymzellen an; hierdurch wiederum wird ein Unterdruck in den Wasserleitungsbahnen des Xylems hervorgerufen. Infolge der Saugkraftdifferenz, die sich bis zu den lebenden Zellen der Wurzelrinde und dem Bodenwasser fortsetzt, erfolgt der Wassereintritt in die Wurzel.

Das vorwiegend von den Wurzelhaaren und den Mykorrhizen aufgenommene Wasser wird in geringem Umfang in den Membranen, zum großen Teil durch die Zellen der Wurzelrinde transportiert, um dann über die Durchlaßzellen der Endodermis in das Xylem der Wurzeln zu gelangen. Die Pflanze hat im Gegensatz zum Tier, das einen geschlossenen Kreislauf besitzt, ein offenes Transportsystem. So wird es verständlich, daß zwischen Wasserabgabe durch Transpiration und Wasseraufnahme durch die Wurzeln ein sehr enger unmittelbarer Zusammenhang besteht. Verstärkte Transpiration bedingt unter günstigen Bodenverhältnissen gleichzeitig erhöhte Wasseraufnahme. Auch die Bodentemperatur beeinflußt die Wurzelaktivität und damit wiederum die Wasseraufnahme. Niedrige Bodentemperaturen verursachen eine Verminderung der Wasseraufnahme. Die Hemmung ist auf einen Anstieg der Leitungswiderstände in den Wurzelzellen durch Senkung der Permeabilität und Erhöhung der Viskosität des Protoplasmas sowie nicht zuletzt auf verringerte Stoffwechselaktivität überhaupt zurückzuführen. Dabei scheint der zeitliche Ablauf der Temperaturänderungen nicht ohne Einfluß auf das Gesamtgeschehen zu sein. Diese Verhaltensweise erklärt auch, warum die Austrocknungsgefahr der Gehölze im Winter bei kaltem, wenn auch durchaus noch nicht gefrorenem Boden, sehr groß ist, besonders wenn durch starke Sonneneinstrahlung die Verdunstung der oberirdischen Teile erhöht wird. Zu hohe Temperaturen in den oberflächennahen Bodenschichten wirken sich ebenfalls ungünstig auf die Wasserabsorption vor allem flachwurzelnder Arten aus. Die Bodenfeuchte in der Krume nimmt stark ab, und der osmotische Druck der Bodenlösung steigt an.

Durch unzureichende Wasserversorgung entstehen auch strukturelle Veränderungen im Protoplasma der Wurzelzellen, die Wasserpermeabilität wird dadurch vermindert. Dagegen wirkt sich in wasserübersättigten Böden die ungenügende Sauerstoffzufuhr ebenso wie die extrem erhöhte $CO_2$-Konzentration im Wurzelbereich ungünstig aus. Die Wurzel muß bei günstiger Entwicklung der Krone hohe Leistungen vollbringen. Dazu benötigt sie beträchtliche Mengen an Sauerstoff, um von der Krone angelieferte Assimilate zu $CO_2$ abbauen und Energie gewinnen zu können. Sauerstoffmangel und $CO_2$-Überschuß vermindern die Permeabilität der Wurzelzellen und somit schließlich auch die Wasserzufuhr. Dabei wirkt ein $CO_2$-Überschuß noch nachteiliger als vorübergehender Sauerstoffmangel. Über längere Zeiträume wird jedoch dem mangelnden Sauerstoffangebot der stärkere Einfluß zugesprochen (Kramer 1949).

# Wassertransport

## Bau des Wasserleitungssystems

Das Wasser hat bei Gehölzen vom Ort der Aufnahme bis zum Ort der Abgabe erhebliche Entfernungen zu überwinden. Zu diesem Zweck besitzen sie ein leistungsfähiges System der Wasserleitung.

Das Holz besteht aus verschiedenen Zellgruppen. Langgestreckte, englumige lebende oder tote Zellen dienen der Festigung, lebende Parenchymzellen der Speicherung. Schmale, mehrere Schichten hohe Markstrahlen aus lebenden Zellen durchziehen in radialer Richtung das Holz, beteiligen sich am radialen Stofftransport und an der Speicherung von Reservestoffen. Die Grundbausteine für das Leitungssystem stellen die Tracheiden und die für die Angiospermen charakteristischen Tracheen dar. Letztere bilden durch Aneinanderreihung vieler Gefäßzellen mit porig, leiterförmig oder ringförmig aufgelösten Endwänden lange Röhrensysteme. Gelegentlich ist die Endwand einer Gefäßzelle nicht aufgelöst, sondern nur mit Tüpfeln durchsetzt; sie markiert dann die Länge eines Gefäßes. Die Gefäße können bei Lianen wie *Clematis vitalba* L. bis zu 18 m lang werden. Bei den meisten Obstarten beträgt die Länge etwa einen Meter, bei einem Durchmesser der Gefäße bis zu 100 $\mu$m (= 0,1 mm).

Bäume und Sträucher der nördlichen und gemäßigten Nadel- und Laubwaldzone sowie vieler mediterraner Arten haben zahlreiche, relativ kleine Gefäße. Sie sind weitgehend gleichmäßig auf das in der ersten Hälfte der Vegetationsperiode gebildete „Frühholz“ und auf das nach Abschluß des Trieblängenwachstums gebildete „Spätholz“ verteilt; man spricht von einem „zerstreutmikroporen“ Holz (BRAUN 1963). Dieser phylogenetisch primitive Typ aus einem einfachen Tracheiden-Grundgewebe, in dem zerstreut (deshalb auch als „zerstreutporiges“ Holz bezeichnet) mikropore (also unter 100 µm Durchmesser) Gefäße mit behöften radialen und tangentialen Tüpfeln eingebaut sind, ist für die meisten Obstarten charakteristisch (Tab. 1).

Bei *Juglans regia* sind große Gefäße (Durchmesser > 100 µm) in relativ geringer Zahl in gleicher Weise angeordnet; man spricht von „zerstreut megaporem“

*Tab. 1:* Verschiedene Typen des holzanatomischen Aufbaues (Auszugsweise aus BRAUN 1963)
Primitiver Angiospermentyp

| | MiP | ZP | MeP | ld | rd | Mkstr. |
|---|---|---|---|---|---|---|
| *Fagus sylvatica* L. | + | – | – | + | + | br |
| *Malus purpurea* Rehd. | + | – | – | – | + | sch |
| *Malus sylvestris* Mill. | + | – | – | – | + | sch |
| *Prunus avium* L. | + | – | – | – | + | sch |
| *Prunus spinosa* L. | + | – | – | – | + | br |
| *Pyrus communis* L. | + | – | – | – | + | sch |
| *Alnus*-Untertyp | | | | | | |
| *Corylus avellana* L. | + | – | – | + | – | sch |
| *Prunus padus* L. | + | – | – | – | + | sch |
| *Sambucus nigra* L. | + | – | – | – | + | sch |
| *Sorbus Aucuparia* L. | + | – | – | + | + | sch |
| *Castanea*-Typ | | | | | | |
| *Castanea sativa* Miller | – | + | – | + | + | sch |
| *Ulmus*-Typ | | | | | | |
| *Vitis vinifera* L. | – | + | – | (+) | + | br |
| *Juglans*-Typ | | | | | | |
| *Juglans regia* L. | + | – | + | – | + | sch |
| *Juglans nigra* L. | + | – | + | – | + | sch |
| *Vaccinium*-Typ | | | | | | |
| *Vaccinium myrtillus* L. | + | – | – | + | + | sch/st |

MiP = zerstreut-mikropor liegende Gefäße
ZP = zyklopor liegende Gefäße
MeP = zerstreut megapor liegende Gefäße
ld = leiterförmiger Gefäßdurchbruch
rd = großporiger bzw. ringförmiger Gefäßdurchbruch
Mkstr. = Markstrahlen
sch = überwiegend nur 1···4 Zellschichten breit
br = außer schmalen auch breite Markstrahlen
st = Markstrahlzellen überwiegend stehend

Holz. Bei *Vitis vinifera* dagegen sind große Gefäße auf das Frühholz beschränkt; das Spätholz enthält nur kleinere Elemente. Diese Form wird als zyklopores oder ringporiges Holz bezeichnet. Doch auch bei zerstreutporigen Hölzern nimmt im Spätholz die Zahl englumiger Zellen im Verhältnis zu den weitlumigen stärker zu. Auf diese Weise werden auch dort die Jahresringe des Dickenwachstums, die durch den ständigen Wechsel englumiger Herbstgefäße mit weitlumigem Frühjahrsholz entstehen, markiert.

Die wasserleitenden Gefäße verlaufen etwa parallel zur Stammachse, sind jedoch meist gegenüber der Vertikalen seitlich etwas verschoben, so daß ein leicht spiraliger Verlauf entsteht. Bei achtjährigen Birnen verschiedener Sorten auf Sämlingsunterlage markierte RECKRÜHM (1969) den aufsteigenden Saftstrom an einer isolierten Faserwurzel mit radioaktivem Jod ($^{131}$J). An keinem der Bäume lagen die vorrangig mit Jod versorgten Äste im Bereich von 0···90 °C über der behandelnden Faserwurzel, sondern vorwiegend in Sektoren, die in einem Winkel von 90···360 °C gegenüber der Applikationsstelle verschoben waren. Andererseits ließen sich durch eine isolierte Wurzel, wenn auch quantitativ unterschiedlich, alle Äste eines Baumes markieren. Also ist neben der Versetzung durch den spiraligen Verlauf der Gefäße auch ein — allerdings geringer und langsamer — tangentialer Wassertransport möglich.

Der aufsteigende Wasserstrom folgt im ungestörten Leitungssystem so ausgeprägt dem Gefäßverlauf, daß einzelne Wurzelbereiche mit den zugeordneten Astpartien in unmittelbarer Wechselwirkung stehen. Den Nachweis dafür konnten schon KOLESNIKOV u. a. (1964) an 20jährigen Apfelbäumen durch Markierung bestimmter Wurzeln mit $^{32}$P erbringen. Sichtbar wird dieses Verhalten z. B. bei astweise alternierenden Bäumen, in denen bestimmte Kronenteile eine hohe Selbständigkeit in ihrer physiologischen Verhaltensweise besitzen.

Die Wurzel-Ast-Beziehungen zeigen sich auch oft ungewollt nach Herbizidbehandlungen, z. B. von Wegen. Bei Überdosierung ist nur eine bestimmte Astgruppe, nämlich diejenige, die von den betroffenen Wurzeln mit Wasser versorgt wird, geschädigt. Die Blätter dieses Kronenteiles zeigen die typischen Herbizidschäden, die anderen behalten ihre normal grüne Farbe. Somit beweist auch dieses Beispiel, daß die von einem Wurzelstrang aufgenommenen Stoffe bevorzugt einer Astgruppe zugeleitet werden. Der Stofftransport muß daher weitgehend auf einen durchgehenden vertikalen bzw. leicht spiraligen Verlauf längs der Gefäße beschränkt sein, wobei sich Astspuren bis zur Wurzel nachweisen lassen.

An einjährigen Trieben konnte SCHMIDT (1956) bei entsprechenden Markierungsversuchen an Apfel mit $^{32}$P über den basalen Blattstiel selbst Blattspuren nachweisen. Entsprechend der $^3/_8$ Divergenz der Blattfolge fand sich die stärkste Markierung im 8. Blatt, also oberhalb der Fütterungsstelle. Auf dieser kurzen Transportstrecke war eine leichte seitliche Versetzung durch spiraligen Verlauf noch nicht erkennbar.

Daß aber auch ein gewisser Stofftransport in Querrichtung möglich ist, beweisen die Versuche von RECKRÜHM (1969) und ferner die Tatsache, daß bei Verlust von Wurzeln oder Ästen der Baum in der Lage ist, einen Ausgleich für das vom Zulieferer abgeschnittene Teilsystem zu schaffen. Diese Möglichkeit des Quertransportes ergibt sich ebenfalls aus der Struktur des Leitungssystems.

Die Tracheen laufen nicht als voneinander isolierte Röhren durch den Stamm, sondern vereinigen sich stellenweise zu

Bündeln, in denen sie untereinander durch Tüpfel verbunden sind. Sie laufen dann wieder auseinander, wodurch ein Gefäßnetz sowohl in radialer wie in tangentialer Richtung über den ganzen Jahresring entsteht. Bei Apfel ist dieses Netz besonders weitmaschig (BRAUN 1963). Es ziehen einzelne Gefäße durch das Holz, die im Durchschnitt auf 5 cm Länge nur einmal Kontakt mit einem anderen Gefäß haben. An den Jahresringen haben bei den meisten Obstarten nur die Tracheiden Kontakt miteinander, so daß für den Radialtransport über die Jahresringgrenze hinweg ein größerer Widerstand zu überwinden ist.

Bei den meisten (zerstreutporigen) Obstarten fließt das Wasser in allen tracheidalen Zellelementen und Gefäßen. Bei einer Applikation von radioaktiven Isotopen oder fluoreszierenden Farbstoffen wird somit der ganze Jahresring in radialer Richtung einheitlich markiert. Bei zerstreutporigen Hölzern beteiligen sich auch mehrere (10 und mehr) Jahresringe am Wassertransport, bei ringporigen Holzarten fast nur der jüngste Jahresring. Die innersten, ältesten Jahresringe fallen für den Wassertransport aus. Sie lagern anorganische und organische, oft farbige Verbindungen (z. B. afrikanische Farbhölzer) in die interfibrillären und intermicellaren Räume der Gefäßwände ein. Das „Kernholz" gewinnt damit an Gewicht und verliert in der Regel an Wasser. Bei einigen Obstarten wie *Prunus*, *Castanea* oder *Juglans* weist allerdings das Kernholz keinen geringeren Wassergehalt auf als das funktionsfähige „Splintholz".

Für die Leistungsfähigkeit des Wasserleitungssystems ist die „relative Leitfläche" von wesentlicher Bedeutung. Nach HUBER (1956) gilt für die Landpflanzen der nördlichen gemäßigten Zone allgemein, daß zur Versorgung jedes Grammes grüner Teile etwa ein halber Quadratmillimeter wasserleitender Querschnittsfläche zur Verfügung steht. Da sich jedoch nach dem HAGEN-POISEUILLEschen Gesetz die Leitungselemente verschiedener Weite entsprechend der vierten Potenz ihrer Kapillardurchmesser an der Wasserleitung beteiligen, ist neben der relativen Leitfläche auch die aus dem Durchmesser der Gefäße resultierende „spezifische Leitfähigkeit" von Bedeutung, Leitfläche und spezifische Leitfähigkeit ergeben dann das „Gesamtleitvermögen" (HUBER 1956).

Wüchsige Obstsorten und starkwachsende Unterlagen haben offensichtlich auch die größeren Gefäßdurchmesser (ROGERS und BEAKBANE 1957). Wipfelwärts nehmen die relative Leitfläche und auch die Anzahl der Gefäße je $mm^2$ Holzquerschnitt zu. In ähnlicher Weise sind die Leittriebe gegenüber den Seitentrieben bevorzugt. Bei Spurtypen ist die Baummasse stärker reduziert als der Stammdurchmesser. Auch der Zuwachs an relativer Leitfläche von der Basis zur Spitze hin war nach einem Vergleich von ‚Golden Delicious' und ‚Starkspur Golden Delicious' nach INTRIERI (1968) beim Spurtyp ausgeprägter. Daraus folgt, daß Spurtypen hinsichtlich des Wassertransports von der Wurzel zu den verbrauchenden Organen begünstigt sind.

Die Leitfähigkeit des Holzes läßt sich als relative Größe auch in physiologischen Saug- oder Druckversuchen an Zweigstücken vergleichen. Dabei konnte BALDINI (1970) bei Birnen nachweisen, daß die Transpirationsrate der Blätter verschiedener Klone mit der Wasserleitfähigkeit des Holzes korreliert; das gilt in analoger Weise auch für den Einfluß verschiedener Unterlagen auf die gleiche Sorte. In diesem Zusammenhang war die stärkere Transpiration der Blätter am Fruchtholz gegenüber den Blättern an Langtrieben bei den untersuchten Sorten besonders interessant.

## Physiologie der Wasserleitung

Bei höheren Bäumen, z. B. bei alten Birnenhochstämmen steilwachsender Sorten, hat der Ferntransport im Xylem erhebliche Entfernungen und Höhenunterschiede bis etwa 20 m (bei manchen Laub- und Nadelhölzern bis zu 100 m) zu überwinden. Der Luftdruck von einer Atmosphäre ($\sim 1{,}01 \cdot 10^5$ Pa) kann aber nur eine Wassersäule von etwa 10 m Höhe tragen; bei einer technischen Saugpumpe reißt deshalb die Wassersäule bei Höhendifferenzen über 8···10 m ab. Im Holz kommt zum Gewicht der Wassersäule noch der Filtrationswiderstand hinzu.

Zur Erklärung der Wasserleitung in höheren Landpflanzen wird deshalb die von Böhm, Dixon und Joly sowie Askenasy Ende des vorigen Jahrhunderts entwickelte Kohäsionstheorie herangezogen. Danach existieren von den transpirierenden Organen bis zu den Wurzeln zusammenhängende Wasserfäden, deren Kontinuität durch die molekulare Kohäsion des Wassers gewahrt wird. Das Abreißen des Wassers von den quellungsfähigen Gefäßwänden wird durch Adhäsion verhindert.

Die Kohäsionskraft des Wassers ermittelten unabhängig voneinander Renner (1915) und Ursprung (1915), indem sie bestimmten, bei welcher Lufttrockenheit über eingestellten osmotischen Lösungen die Kohäsionsspannung in zurückgekrümmten Farnsporangien überwunden wird. Sie kamen auf Größenordnungen um 30 MPa. Diese Größenordnung konnte auch durch sorgfältige technische Tonometerversuche (Briggs 1950) bestätigt werden. Es gibt Hinweise dafür, daß die Kohäsionskraft des Wassers tatsächlich noch wesentlich höher ist (Milburn 1979), wenn auch durch thermisch bedingte zufällige (Molekularbewegung) Keimbildung besonders an Phasengrenzen die Zugspannung auch unterhalb von 30 MPa aufgehoben werden kann (Vogl 1963). Jedenfalls reicht die Kohäsion des Wassers zusammen mit der Adhäsion an den Gefäßwänden aus, um den Wassertransport von den Wurzeln bis zum Blatt aufrecht zu erhalten.

In diesem Zusammenhang ist die Meinung verbreitet, die Kontinuität der Wasserfäden unter Zugspannung, also unter negativem Druck, sei nur bei gasfreiem Gefäßwasser möglich. Diese Gasfreiheit kann jedoch schon durch die Stammatmung nicht vorausgesetzt werden. Tatsächlich wäre aber mit einem Auftreten von Gasblasen nur zu rechnen, wenn nicht der hydrostatische, sondern der Gasdruck über der Flüssigkeit sich rasch ändern würde. Bei den nur langsam erfolgenden Änderungen des Gasdruckes im Stamm kann die Gasdiffusion die auftretenden Differenzen meist ausgleichen. Da beim Gefrieren des Wassers die Gaslöslichkeit sprunghaft sinkt, ist es möglich, daß bei plötzlicher Eisbildung in den Tracheen des Angiospermenholzes Luftblasen entstehen. Diese Luftembolie setzt nach dem Auftauen die betroffenen Gefäße außer Funktion.

Alle Verletzungen des Holzes schalten somit die betroffenen Tracheen von der Wasserleitung aus. Trotzdem vertragen die Gehölze starke seitliche Einschnitte oder Verletzungen. Der Wasserstrom wird dann, allerdings bei einer Erhöhung der Nachleitwiderstände, über die kurzen Tracheiden umgeleitet. Offensichtlich kann aber auch das Auftreten größerer Gasembolien selbst in Gefäßen reversibel sein. Die Art der Wiederauffüllung ist noch nicht ganz geklärt.

Der Gefäßsaft ist im allgemeinen eine etwa 0,1%ige Lösung anorganischer und organischer Stoffe, wobei die Konzentration mit zunehmender Geschwindigkeit des Transpirationsstromes sinkt, mit abnehmender ansteigt, also tagesperiodisch schwankt, und die Zusammensetzung auch vom Witterungsablauf sowie von der Jahreszeit abhängig ist. Durch die Stammatmung und durch möglicherweise über die Wurzel aufgenommene geringe Menge an Karbonaten (Kusin 1955) führt der Xylemsaft den Blättern auch etwas Kohlenstoff zu; dieser kann nach Freisetzung von $CO_2$ auf 5% des durch Assimilation umgesetzten Kohlendioxids veranschlagt werden (Huber 1956).

Der Vorgang der Wasserleitung läßt sich nunmehr wie folgt erklären: Die Atmosphäre steht über die Stomata mit den Interzellularen des Blattes in Verbindung. Die Mesophyllzellen des Blattes verlieren durch Transpiration in den Interzellularraum Wasser. Damit erhöht sich die Saugkraft der Zelle. Dieser Sog setzt sich über die benachbarten Zellen bis zu den verästelten Leitbündeln fort. Dabei bleibt offen, welcher Anteil unmittelbar durch die Kapillaren der Zellwand oder durch die Zellen hindurch wandert. Neben dem kapillaren läuft stets ein osmotischer Wassertransport einher (Libbert 1974). Im Endeffekt führt so die Transpiration zum Transpirationssog, zum Unterdruck oder zur „Zugspannung" in den Gefäßen, deren Wandversteifungen, die ein Zusammenfallen der Leitstränge infolge des Unterdruckes verhindern, unter diesem Gesichtspunkt verständlich werden. Der Unterdruck setzt sich über die kontinuierlichen Wassersäulen bis zur Wurzel fort und entzieht den Wurzelzellen Wasser, sofern die Zugspannung der Wassersäule stärker als die Saugspannung der Wurzelgewebe ist. Der Nahtransport in die Wurzel erfolgt ähnlich wie im Blatt, nur daß in der Wurzelendodermis der wasserundurchlässige Casparysche Streifen den Transport durch die Zellwandkapillaren sperrt. Daraus ergibt sich, daß im Bereich der Wurzelgewebe das gesamte aufgenommene Wasser das Zell-Lumen auf osmotischem Wege passieren muß. Hier endet folglich auch die Zugspannung, der Unterdruck. Der Weg des Wassers vom Wurzelhaar zur Endodermis folgt entlang eines Anstieges der Saugspannung, also dem Wasserpotential in der Vakuole von den peripheren zu den zentralen Zellen hin.

## Wassertransport beim belaubten und unbelaubten Baum

### *Wassertransport im belaubten Baum*

Im belaubten Baum treten bei hoher Transpirationsbelastung erhebliche Saftstromgeschwindigkeiten auf. Sie liegen bei ringporigen Holzarten bei 4…44 m je Stunde, bei den zerstreutporigen Arten, zu denen die meisten Obstgehölze gehören, werden Geschwindigkeiten um 1…3 m je Stunde erreicht. Čermák u. a. (1973) haben am Stamm eines 10 m hohen Exemplars von *Prunus avium* einen Transpirationsstrom von 18 g $H_2O$ je $cm^2$ Holzquerschnitt und Stunde gemessen.

Die Saftstromgeschwindigkeit läßt sich durch Markierung des Wassers mit Farbstoffen, besonders Fluorochromen oder mit Radioisotopen, erfassen. Für vergleichende Serienuntersuchungen werden vor allem thermische Verfahren eingesetzt. Sie beruhen auf einer lokal begrenzten kurzfristigen Anheizung des Wasserstromes und der Messung des Wärmetransportes.

Am Morgen kommt die Wasserbewegung zuerst in der Krone in Gang und pflanzt sich von dort auf die basalen Teile fort. Im Laufe des Tages folgt die Saftstromgeschwindigkeit weitgehend der Transpirationsintensität. Dabei ist entsprechend der unterschiedlichen Transpirationsintensität in den verschiedenen Kronenteilen (z. B. süd- oder nordexponierte Kronenteile) auch die Saftstromgeschwindigkeit innerhalb des Stammquerschnittes etwas unterschiedlich. Im Stamm ist unterhalb der Krone entsprechend der dort geringeren relativen Leitfläche die Saftstromgeschwindigkeit höher als in peripheren Zweigen. Nachts erlischt der Wassertransport nicht völlig; die Saftstromgeschwindigkeit erreicht zu Sonnenaufgang ihr Minimum (Klemm 1967). Dieser Rhythmus der Wasserbewegung läßt sich vor allem in der ersten Nachthälfte noch durch die nächtliche Transpiration, weiter aber durch die Aufsättigung der Gewebe und vor allem auch des Stammes selbst während der Nacht (Klemm, entnommen aus Polster 1967) erklären.

*Wassertransport im unbelaubten Baum*

Bei sehr geringer oder fehlender Transpiration kommt es in den Gefäßen zum Überdruck, erkennbar durch Guttation an intakten Pflanzenteilen, besonders an den Blattspitzen oder durch „Bluten" des Sprosses oder Wurzelstumpfes an der Schnittstelle, wie es z. B. vom Rebenstock her bekannt ist.

Dieser „Wurzeldruck" ist meist geringer als 0,1 MPa. Er entsteht, indem osmotisch aktive Substanzen (Ionen, Zucker u. a.) aktiv aus der Wurzelrinde in die Gefäße geleitet werden. Dort entwickelt sich demzufolge eine hohe osmotische Konzentration, ein osmotischer Druck. Bei Verletzungen wird der Wanddruck aufgehoben, es wird Wasser nachgesaugt, und der Gefäßinhalt läuft an der Schnittstelle heraus. Da die Ausscheidung der osmotisch wirksamen Substanzen aktiv erfolgt, ist der Vorgang, wie alle chemischen Reaktionen, temperaturabhängig. So ist bei *Vitis vinifera* bei 8 °C Bodentemperatur nur eine schwache, ab 12 °C aber eine starke „Blutung" zu beobachten. Dieselbe Temperaturschwelle gilt für die Mobilisierung der Reserve-Kohlenhydrate der Rebe (Reuther u. a. 1973). Im Blutungssaft sind neben den Zuckern auch Aminosäuren, Kinine und Gibberelline nachweisbar. Jones (1974) konnte einen Einfluß der Unterlage bei Apfel zwar nicht auf die Menge, aber auf die Zusammensetzung des ausgetretenen Xylemsaftes nachweisen. Bei Kombinationen auf M 4 war der Trockengewichtsgehalt des Saftes oberhalb der Pfropfstelle etwa 30—50% geringer als unterhalb. Bei Kombinationen auf M 7 und MM 104 traten keine signifikanten Änderungen auf.

Bekannt ist das Bluten verletzter Birken im Frühjahr vor dem Laubaustrieb, wobei je Baum 50 und mehr Liter Saft abgegeben werden können. Wenn diese Erscheinung auch zur Zeit der Mobilisierung der Reservestoffe im Frühjahr besonders ausgeprägt ist, so läßt sich der Wurzeldruck bei Vorliegen entsprechender Bedingungen über das Bluten bei verschiedenen Gehölzen zu allen Jahreszeiten nachweisen (Vogl und Börtitz 1963). Der Wurzeldruck ist nur bei aussetzender Transpiration bzw. beim unbelaubten Baum von Bedeutung. Die Wasservorräte werden aufgefüllt, Gasembolien können beseitigt werden. Mit Beginn der Transpiration setzt über die Zugspannung eine für den Wassertransport zur Krone wesentlich wirksamere Kraft ein.

Einige nur dem Wurzeldruck zugeschriebene Erscheinungen beruhen auch auf Wasserverschiebungen innerhalb des Baumes. Der Zuckerahorn kann seinen Frühjahrsblutungssaft noch bei gefrorenem Boden abscheiden. Man spricht in diesem Falle besser von „Stammdruck" und „Stammbluten". Im Frühjahr kommt es regelmäßig zu einer Wasserverschiebung im Stamm. Die Rinde sommergrüner Bäume ist im Winter relativ wasserärmer als das Holz. In den ersten warmen

Frühlingstagen, noch vor dem Laubaustrieb, wird die in der Rinde abgelagerte Stärke hydrolisiert und zwar in der Regel noch vor der Mobilisierung der Reservestärke des Holzes. Es entsteht ein Saugkraftgefälle mit dem Ergebnis, daß eine Wasserverschiebung vom Holz zur Rinde eintritt. Diese Verlagerung wird durch ein Nachsaugen von Wasser im Holz aus den Wurzeln bzw. durch Auffüllen des Wasservorrates im Holz durch Wurzeldruck ergänzt. Die physiologische Aktivierung des Stoffwechsels eines Gehölzes noch vor Beginn des Austriebes ist auch für das Pfropfen von Interesse (Braun 1963).

# Wasserabgabe durch Transpiration

## Transpiration der Blätter

Die Transpiration der lebenden Pflanze ist eine physikalische und physiologische Notwendigkeit. Die höchste Effektivität, verbunden mit einem Maximum an Substanzbildung wird dann erreicht, wenn es gelingt, das Transpirationsverhalten über weite Zeiträume der Vegetationszeit hinweg optimal zu gestalten. Dabei ist das Optimum keine feststehende Größe, sondern schwankt bei einzelnen Arten und Sorten und in Abhängigkeit von den Umweltverhältnissen. Die Wasserabgabe wird von der Pflanze kontrolliert und geregelt. Vorwiegend erfolgt die Transpiration durch die geöffneten Stomata (stomatäre Transpiration). Bei Spaltenschluß ist die Wasserverdunstung nur noch durch die Kutikula der Blätter möglich (kutikuläre Transpiration).

Gemessen wird in der Regel die Gesamttranspiration, da beide Vorgänge meßtechnisch schwer zu trennen sind. Die kutikuläre Transpiration ist jedoch verhältnismäßig gering, zumal die Pflanze zahlreiche Schutzvorrichtungen entwickelt, um die Verdunstung durch die Kutikula herabzusetzen.

### Stomatäre Transpiration

Der Umfang der Transpiration wird durch die Blattstomata, von denen sich nach McDaniels und Cowart (1944) 200···700 Stück/mm$^2$ auf der Blattunterseite beim Apfel befinden, reguliert. Bau und Funktion der Stomata ermöglichen die Durchführung von Öffnungs- und Schließbewegungen in Anlehnung an die von der Pflanze angestrebte Transpirationsintensität.

Das stomatäre Transpirationsgeschehen wird außer von der Stomatazahl im wesentlichen durch die Spaltweite der Stomata selbst bestimmt. Diese wiederum hängt von der Lichtintensität, von der Außentemperatur und vom Wassersättigungszustand der Blätter ab. Je nachdem, ob einsetzende Belichtung oder beginnender Wassermangel im Blattgewebe den Bewegungsmechanismus der Stomata auslösen, unterscheidet man zwischen photo- und hydroaktiven Öffnungs- und Schließbewegungen der Stomata.

Die Stomata reagieren sehr sensibel und zwar schon innerhalb weniger Minuten auf physiologische Veränderungen im Blattgewebe. Als Folge davon kann auch die Transpirationsintensität kurzfristig verändert und den gegebenen Bedingungen angepaßt werden.

An feuchten Tagen wird die Spaltöffnungsweite nicht zum begrenzenden Faktor der Wasserabgabe. In diesem Fall folgt die Transpirationskurve tagsüber der Evaporation und ist eingipflig (Abb. 2). Bildet sich während des Sommers im Tagesverlauf zu Zeiten stärkster Einstrahlung ein Mittagsdefizit, so entstehen je nach Größe und Dauer des unzureichenden Wassernachschubs geringe bis starke Mittagsdepressionen, d. h. die Tageskurven werden zweigipflig. Während ausgesprochener sommerlicher Trockenperioden kommt es oft nur in den frühen Morgenstunden zu einer kurzfristigen Öffnung der Stomata, die sich bald darauf wieder schließen.

Die Transpirationsintensität wird durch das Blattalter, den anatomischen Bau des Blattes, die Insertionshöhe der Blätter, die Standortverhältnisse, insbesondere Klima, Bodenfeuchte und Nährstoffgehalt des Bodens, beeinflußt. Ferner können

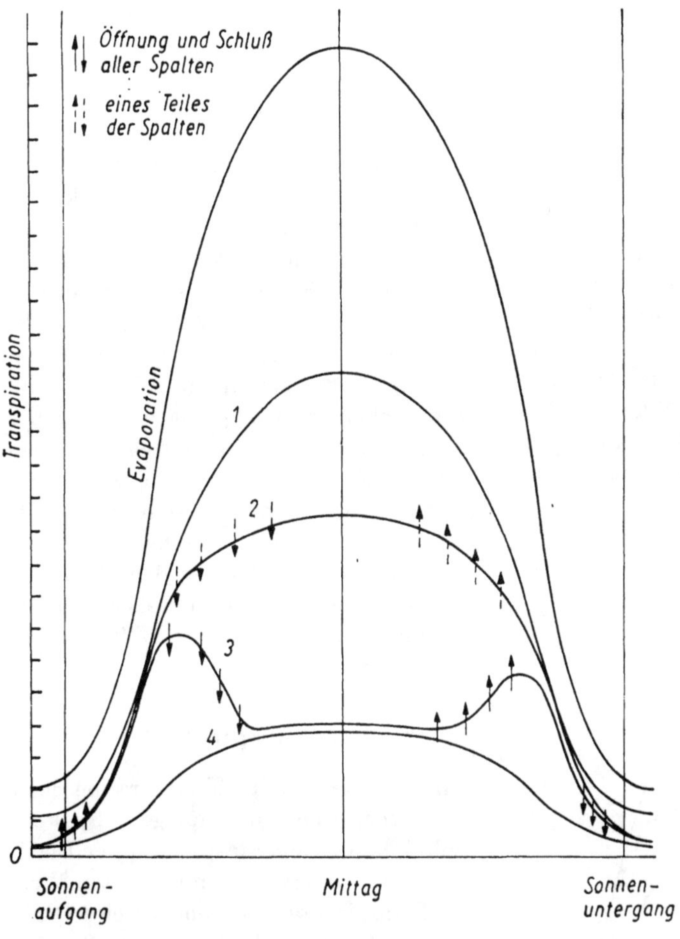


*Abb. 2:* Möglichkeiten des Tagesverlaufes der Transpiration bei verschiedener Wasserversorgung und unterschiedlichen Transpirationsbedingungen; schematisch nach Stocker (1956)

**1** Spalten dauernd geöffnet, Transpiration proportional der Evaporation;
**2** mittägliche Depression infolge teilweisen Spaltenschlusses;
**3** voller Spaltenschluß am Mittag;
**4** dauernd voller Spaltenschluß, kutikuläre Transpiration proportional der Evaporation.

Vollständige bzw. teilweise Öffnungs- und Schließbewegungen der Stomata sind durch ausgezogene bzw. punktierte Pfeile angedeutet

bestimmte Unterlagen oder Zwischenveredlungen das Transpirationsverhalten modifizieren. Für Laubgehölze ist typisch, daß die Transpirationsintensität früh sehr rasch ansteigt und bei stärkerer Lufttrockenheit, bedingt durch Zunahme der Einstrahlung, ebenso schnell eingeschränkt wird.

An feuchtkühlen Tagen transpirieren Obstgehölze wie andere Laubgehölze nur wenig. Bei Dauerregen kommt die Transpiration zum Erliegen. Taubildung senkt die Transpirationsintensität ebenfalls. Tritt die Taubildung nachts ein und dehnt sich das Abtrocknen des Laubes bis in die späten Morgenstunden aus, so entfällt das Transpirationsmaximum des Vormittages, und es wird eine stärkere Zunahme des Wasserdefizits in den folgenden Stunden vermieden. In taufreien Nächten kann die Transpiration ein Viertel bis ein Sechstel der Tagestranspiration betragen. STENZ (1967) untersuchte Tages- und Jahrestranspiration beim Apfel. Seine Ergebnisse sind in den Abbildungen 3 und 4 dargestellt.

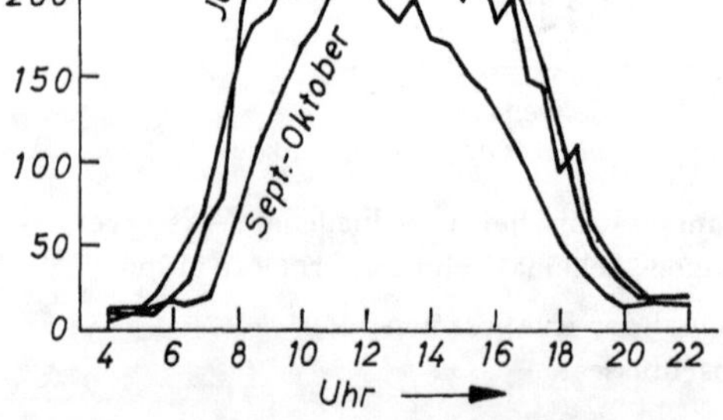


*Abb. 3:* Mittlere Tagesgänge der Transpiration — übergreifende Stundenmittel (‚Cox Orangen'/M 4 1964); nach STENZ (1967)

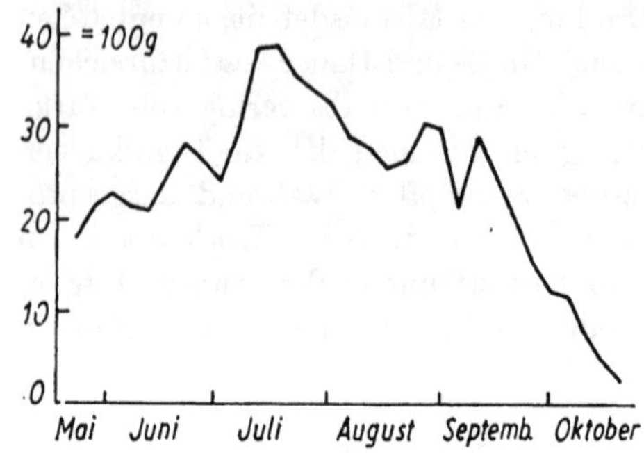


*Abb. 4:* Jahresgang der Transpiration — übergreifende Stundenmittel (‚Cox Orangen'/M 4 1964); nach STENZ (1967)

Auf den Jahresgang der stomatären Transpiration wirken dieselben Faktoren ein, die auch den Tagesgang beeinflussen. Die Temperatur tritt jedoch hier als begrenzender Faktor noch stärker in den Vordergrund. Die Ansprechschwelle, die Geschwindigkeit und die Wirksamkeit der stomatären Regulation sind sortenabhängig und je nach dem Grad der Standortanpassung verschieden ausgeprägt. Es gibt zahlreiche feinere Unterschiede in der Reaktionsweise der Spaltöffnungen zwischen verschiedenen Sorten. Selbst innerhalb eines Baumes unterscheiden sich Blätter unterschiedlicher Stellung am Sproß in ihrem Transpirationsverhalten.

## Kutikuläre Transpiration

Eine rein kutikuläre Transpiration liegt dann vor, wenn bei völligem Spaltenschluß die Gesamttranspiration der Blattober- und -unterseite den doppelten Wert der Transpiration der stomatafreien Oberseite nicht überschreitet. Das Größenverhältnis von kutikulärer zu stomatärer Transpiration läßt sich am besten im Austrocknungsversuch erfassen (Abb. 5). Man unterscheidet drei Phasen: erstens die stomatäre Transpiration (a), zweitens die Schließungsphase (b) und drittens die kutikuläre Transpiration (c).

Die kutikuläre Phase dauert um so länger und die Schließungsphase ist um so deutlicher charakterisiert, je mehr sich die Gehölze bereits bei Versuchsbeginn im Wassersättigungsdefizit befinden.

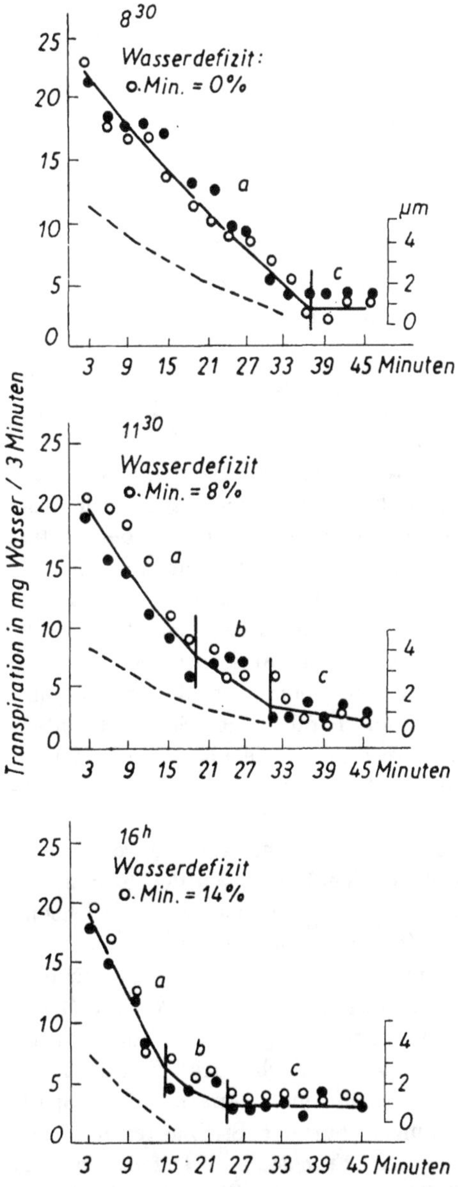


*Abb. 5:* Verhältnis von stomatärer zu kutikulärer Transpiration im Austrocknungsversuch bei Pappel (*Populus*); nach Reichenbach (1958)

Mehr xeromorph ausgebildete Pflanzen besitzen gegenüber den mesomorphen und hygromorphen eine viel geringere kutikuläre Transpiration.

Die kutikuläre Transpiration ist wie die Transpiration überhaupt von äußeren und inneren Faktoren abhängig und daher eine dynamische Größe. Selbst bei konstanten äußeren Verhältnissen ändert sie sich bis zum Eintritt eines Gleichgewichtes zwischen dem Wasserdefizit des Blattes und dem Quellungszustand der Kutikula auf der einen, den Verdunstungsbedingungen und der Wasserversorgung der Pflanze auf der anderen Seite.

Nachts ist bei stärkerer Quellung der Kutikula die kutikuläre Transpiration größer als am Tag. Auch bei jüngeren Blättern mit dünnerer Kutikula ist die Transpiration gegenüber älteren Blättern erhöht, da eine dickere Kutikula eine wirksamere Transpirationssperre darstellt. Nach Pisek und Cartellieri (1939) verdunsten Laubgehölze stomatär das 8···12fache der kutikulär abgegebenen Wassermenge. In völlig benetztem Zustand kann das Laub Wasser auch kutikulär aufnehmen.

## Transpirationsverhalten der Blätter in Baumkronen

Bei den Blättern innerhalb der Baumkrone unterscheidet sich die Transpirationsintensität in Abhängigkeit von der Laubdichte und der Durchlüftung der Baumkrone, d. h. durch gegenseitige Beschattung und Abschirmung des Windes. Durch die Ausbildung von Sonnen- und Schattenblättern mit allen dazwischenliegenden Abstufungen (S. 53) trägt der Baum den besonderen mikroklimatischen Verhältnissen in seinem Kronenraum Rechnung. Außerdem modifizieren die äußere Baumform und die Anordnung der Äste in der Krone das Transpirationsverhalten noch zusätzlich.

Bedingt durch den frühzeitigeren Lichteinfall beim Aufgehen der Sonne kommt mit dem Öffnen der Stomata auch die Transpiration auf der Ostseite der Bäume rascher in Gang als auf der lichtabgewandten Fläche und greift erst später auf die anderen Bereiche der Krone über. An Windtagen wird die Transpiration des Baumes vorwiegend auf der Kronenseite eingeschränkt, an der der Wind anliegt.

Es kommt den Obstgehölzen bei der Regulierung ihres Wasserhaushaltes zugute, daß sie einerseits ein tiefgreifendes Wurzelsystem besitzen, durch das sie in die Lage versetzt werden auch das Wasserreservoir der unteren Schichten zu nutzen, und daß sie andererseits den Wasserverbrauch schon bei beginnender Unterbilanz in den Blättern wirksam einschränken können (PISEK 1956).

## Transpiration der Zweige und Stämme

Die Zweig- und Stammtranspiration ist im Vergleich zur Laubtranspiration sehr gering. Blattlose Zweige geben weniger als 1% ihres Frischgewichtes je Tag an Wasser ab, d. h. $^1/_{500} \cdots ^1/_{1000}$ der Menge belaubter Kronen. Nach HUBER (1956) liegt die sommerliche Stammverdunstung bei Hölzern mit mehrschichtigem Periderm in derselben Größenordnung. Während des Winters verlieren blattlose Laubbäume durch Transpiration bis zu 16% ihres Wassergehaltes. Diese Verluste müssen zunächst aus Reserven des Stammes ersetzt werden und bis zum Frühjahrsaustrieb wieder zur Verfügung stehen. Das Ausmaß der Transpiration verholzter Kronenteile ist dem der kutikulären Transpiration vergleichbar. Die Höhe der Wasserabgabe durch die Oberfläche verkorkter Sproßachsen hängt vom artspezifischen Aufbau des Periderms, der Durchlässigkeit der Lentizellen und möglicherweise von in der Borke vorhandenen Rissen ab (LARCHER 1973).

## Transpiration der Früchte

Über die Transpiration wachsender Früchte liegen bisher nur wenige Untersuchungen vor. Mit der Fruchttranspiration der Pflaume beschäftigten sich NIJJAR (1968), mit der des Apfels STOLL (1968) sowie WILLS und SCOTT (1972). Die Untersuchungen erfolgten jedoch immer unter dem Gesichtspunkt des Verhaltens im Lager. Die von STOLL durchgeführten Untersuchungen über Masseverluste durch Wasserabgabe und Schrumpfungsneigung gelagerter Äpfel lassen die Bedeutung der Beschaffenheit der Fruchtschale für das Transpirationsverhalten erkennen. Die Eigenschaften der Schale sind sortenspezifisch verschieden und werden durch den unterschiedlichen Grad der Stellung der Frucht in der Krone, insbesondere was Lichtgenuß und Ausreife anbetrifft, modifiziert. STOLL (1968) stellte fest, daß die Früchte sonnenreicher Jahrgänge und aus Ländern mit hoher Strahlungsintensität sowie auch die am Einzelbaum intensiver belichteten Früchte und Fruchtsektoren eine relativ festere und damit auch schrumpfungsresistentere Schale besitzen. Verändert wurden durch die Streßfaktoren intensiverer Belichtung die Hypodermalzonen, in denen sich xeromorphe Modifikationen abzeichnen. Die Untersuchungen von NIJJAR (1968) an Pflaumen ergaben, daß die Früchte eine unterschiedlich starke Kutikula und eine verschiedene Anzahl von Spaltöffnungen auf der Stielhälfte und dem apikalen Fruchtteil besitzen; hierauf dürfte die unterschiedliche Schrumpfungsneigung der Früchte bevorzugt zurückzuführen sein.

## Einfluß von Umweltfaktoren auf die Intensität der Transpiration

### *Einfluß des Wassers*

Unter den die Transpiration begrenzenden Faktoren steht das Wasser an erster Stelle. Als Umweltfaktor wirkt es von der Atmosphäre und vom Boden aus. Ein niederer Wassersättigungsgrad der Luft ist gleichzusetzen mit einer Vergrößerung des Sättigungsdefizits und mit einer Erhöhung der Evaporation sowie der physikalischen Komponente der Transpiration. Wassermangel im Boden begrenzt die Wasseraufnahme durch Erhöhung der Bodensaugkraft. Es kommt zu einem Wasserdefizit in der Pflanze. Diese wird zur physiologischen Regulation der Wasserabgabe durch Verkleinerung der Spaltweite ihrer Stomata gezwungen. Damit wird verhindert, daß das Wasserdefizit in der Pflanze weiter ansteigt. In extremen Fällen führt nur der Mangel an Bodenfeuchtigkeit zur absoluten Begrenzung des Pflanzenlebens. Mangel an Luftfeuchte dagegen wird bis zu extremen Sättigungsdefiziten der Atmosphäre, unter Umständen sogar ohne Einschränkung der Transpiration, ertragen unter der Voraussetzung, daß genügend Bodenwasser zur Verfügung steht und das Wasserleitungssystem der Pflanze ausreichend leistungsfähig ist. Durch Besprühen der Bäume mit geringen Wassermengen kann erreicht werden, daß trotz weiter Öffnung der Spalten auch an strahlungsintensiven heißen Tagen die Transpiration niedrig bleibt, der Wasserhaushalt somit nicht überbeansprucht wird und trotzdem eine hohe Assimilationsleistung erzielt werden kann. Die Besprühung bewirkt in diesem Fall zwar keine allgemeine Erhöhung der Luftfeuchtigkeit, schafft aber durch Benetzung der Pflanzen und des Bodens ein günstigeres, feuchteres Mikroklima. Unter diesen Umweltverhältnissen erzielt die Pflanze einen hohen Stoffgewinn, während bei absoluter Lufttrockenheit der durch Wassermangel veranlaßte Spaltenschluß gleichzeitig die $CO_2$-Assimilation unterbindet.

### *Einfluß der Temperatur*

Temperatur und Luftfeuchtigkeit bestimmen meteorologisch das Sättigungsdefizit der Luft und damit die Evaporation. Die Beziehung der Transpiration zum Sättigungsdefizit der Luft läßt sich besonders klar für die kutikuläre Transpiration nachweisen, sofern man den Einfluß der Spaltöffnungen völlig ausschaltet. Für die Gesamttranspiration fand VAN DER PAAUW (1949) bei Hafer, daß die relative Feuchtigkeit der Luft nur bei niederen Temperaturen einen wesentlichen Einfluß ausübt, bei höheren

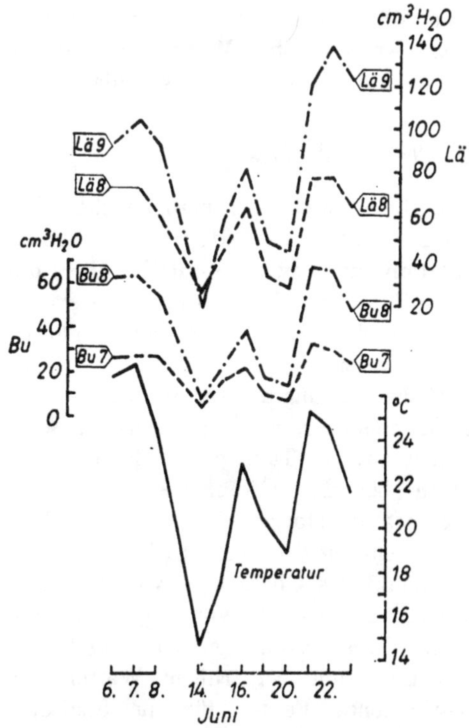


*Abb. 6:* Tagesmitteltemperatur und Tagestranspiration von Lärchen (Lä) und Buchen (Bu), Gewächshausversuche; nach EIDMANN (1943)

Temperaturen entscheidet in zunehmendem Maße der Grad der Erwärmung über das Transpirationsverhalten. Auf Grund dieser Beziehungen ergibt sich bei gleichbleibendem absoluten Wasserdampfgehalt der Luft und günstigem Wassersättigungsgrad des Bodens eine Korrelation der Temperatur mit der Transpiration (Abb. 6). Eine ähnliche Korrelation fanden Ivanov, Silina, Zhmur und Tselnicker (1951) bei Waldbäumen in der Umgebung von Moskau zur Zeit der Vegetationsperiode bei Temperaturen zwischen 4···29 °C. Die Funktion des Bewegungsmechanismus der Stomata ist im Winter an eine bestimmte Mindesttemperatur gebunden (Michaelis 1934). Die Bewegungsgeschwindigkeit ist bei Öffnen und Schließen in trockener Luft größer als in feuchter (Gäumann und Jaag 1937 sowie Hygen 1951). Gur, Bravdo und Mizrahi (1972) stellten fest, daß beim Apfel erhöhte Wurzeltemperaturen verstärkte Transpiration veranlassen.

*Einfluß des Lichtes*

Das Licht wirkt als maßgeblicher, begrenzender Umweltfaktor für die Transpiration und zwar ebenfalls über die Beeinflussung der Stomatabewegung. Da das Wasserdefizit der Gewebe gleichzeitig einen starken Einfluß ausübt, tritt die Wirkung des Lichtes um so mehr in Erscheinung, je geringer das Wasserdefizit ist. Im Tagesverlauf ist das vor allem bei der Öffnungsbewegung der Stomata am Morgen zu beobachten. Das Licht entscheidet wesentlich über den Zeitpunkt des Überganges von der kutikulären Nacht- zur vorwiegend stomatären Tagestranspiration. Am Tag bleibt das Licht nur bei trübem Wetter der bestimmende Faktor für die Spaltöffnungsweite, bei strahlungsintensivem heißem Wetter gewinnt das Wasserdefizit an Bedeutung und wird schließlich zum begrenzenden Faktor. Am Abend mit sinkenden Temperaturen setzt sich dann der Lichteinfluß wieder durch.

*Einfluß des Windes*

Der Wind wirkt auf die kutikuläre und stomatäre Transpiration art- und sortenspezifisch unterschiedlich ein. Die Gesamttranspiration schnellt bei Wind zunächst stark in die Höhe, fällt dann aber wieder ab, unter Umständen sogar bis unter die Ruhetranspiration. Die Erhöhung der Transpirationsrate ist von der Größe der jeweiligen Transpiration und Evaporation beeinflußt. An den sehr komplizierten Regelvorgängen sind sicherlich mehrere Einflußfaktoren beteiligt, z. B. die Erhöhung der äußeren kutikulären und inneren Membranwiderstände durch Entquellung, Spaltenbewegung, Erweiterungen des Spaltenmundes, Herabsetzung der Blattemperatur bei Wind und Einfluß der Bodentemperatur auf die Wasseraufnahme. Dabei ist es nicht verwunderlich, daß sehr unterschiedliche Reaktionen auf Wind beobachtet werden können.

In der Regel steigt bei zunehmender Luftbewegung die Transpiration an. Die Kurve folgt dann mehr oder weniger der Evaporation und läßt die Kurve des vom Wind nicht berührten Sättigungsdefizits hinter sich zurück. In vielen Fällen wurde aber auch nur eine geringe Transpiration im Wind oder sogar auch nur eine Herabsetzung der Transpirationsintensität beobachtet. Im allgemeinen wird man die Wirkung des Windes auf die Steigerung der Transpirationsrate in der freien Natur nicht überschätzen dürfen (Evenari und Richter 1937; Harder 1935).

*Einfluß bestimmter Nährstoffe auf die Transpiration*

Durch Mangel an bestimmten Mineralstoffen kann es zu einer Veränderung der Transpirationsintensität kommen. Ta-

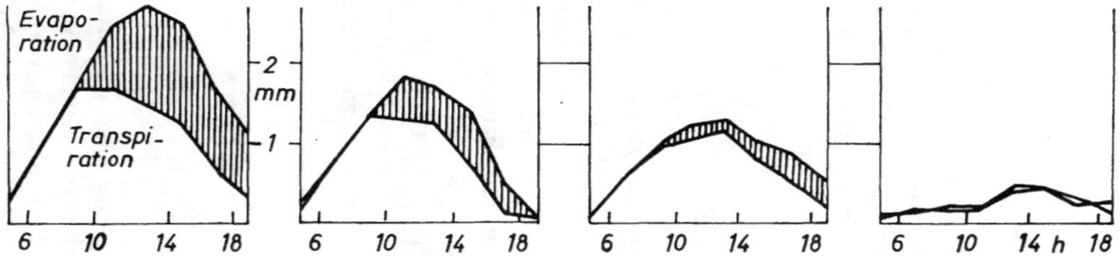


*Abb. 7:* Das Verhalten der Transpiration der Apfelsorte ‚James Grieve' auf der Unterlage M 4 bei unterschiedlichen atmosphärischen Evaporationsbedingungen; nach STENZ (1970)

Bei niedriger Verdunstung verläuft die Transpiration etwa übereinstimmend mit der Evaporation. Verschärfen sich jedoch die Verdunstungsbedingungen, hier ausgedrückt durch die Zunahme der Evaporation, so nimmt auch die Transpiration zu. Die Transpirationszunahme wird gegenüber der Evaporation aber in dem Maße geringer, wie der Wassernachschub aus dem Boden nachläßt.

*Tab. 2:* Triebwachstum und Transpiration verschiedener Obstarten im Gefäßversuch in den Jahren 1958 und 1959; nach REINKEN (1962)

| | Sorte/Unterlage | Substrat | Standjahr | Triebzuwachs in cm | Blattzahl | ∅ Fläche des Einzelblattes in cm² | Gesamtblattfläche in cm² | Gesamttranspiration in l | Transpiration in l/m² Blattfläche |
|---|---|---|---|---|---|---|---|---|---|
| *Apfel* | ‚Golden Delicious' | anlehm. Sand | 3. | 284 | 187,9 | 28,2 | 5298 | 74,9 | 141,4 |
| | M 4 | Lößlehm | 4. | 961 | 529,1 | 27,5 | 14561 | 230,7 | 158,4 |
| | | | 3. | 461 | 243,4 | 25,9 | 6304 | 65,8 | 104,3 |
| | | | 4. | 1052 | 677,2 | 26,8 | 18155 | 239,8 | 132,0 |
| *Birne* | ‚Conference' | anlehm. Sand | 2. | 160 | 237,9 | 15,2 | 3623 | 106,1 | 292,8 |
| *Sauerkirsche* | ‚Schattenmorelle'/ | anlehm. Sand | 2. | 263 | 118,5 | 32,7 | 3875 | 62,6 | 161,5 |
| | *Prunus avium* | | 3. | 1267 | 498,6 | 30,5 | 15212 | 233,8 | 143,7 |
| *Rote Johannisbeere* | ‚Houghton Castle' | anlehm. Sand | 3. | 1434 | 800,3 | 36,4 | 19129 | 126,5 | 43,4 |
| | | Lößlehm | 4. | 1797 | 2408,3 | 34,9 | 84122 | 369,0 | 43,9 |
| | | | 3. | 1337 | 574,0 | 31,6 | 18138 | 90,4 | 49,8 |
| | | | 4. | 896 | 1391,8 | 33,4 | 46472 | 202,6 | 43,6 |

rasov und Kovalenko (1970) führten Versuche mit vierjährigen Apfelbäumen der Sorte ‚Anisapfel‘ durch, wobei die Versorgung mit dem Element Kupfer variiert wurde. Bei starker Lufterwärmung beobachteten sie an den Cu-Mangelbäumen folgende Effekte: Erhöhung der Transpirationsrate und der Atmungsintensität der Blätter, Störungen im Regelmechanismus der Spaltöffnungen, Verringerung der Photosynthese und Veränderungen der Aktivität der Fermente aus der Gruppe der Oxydoreduktasen. Diese Beobachtungen weisen darauf hin, daß sich bei Cu-Mangel die Dürre- bzw. Hitzebelastbarkeit der Apfelbäume vermindert. Mangel an Mikroelementen behindert sowohl die Photophosphorylierung als auch die oxydative Phosphorylierung, und es kommt zu vielfältigen Störungen im Stoffwechsel (S. 35). Eine verabreichte Cu-Kopfdüngung führte bei den Mangelbäumen zur teilweisen und auch vollständigen Gesundung, die gestörten physiologischen Stoffwechselabläufe normalisierten sich.

Auch der Grad der Phosphorversorgung beeinflußt die Transpirationsintensität beim Apfel im Sinne einer Optimumkurve (Reinken 1961, 1962, 1963).

Mineralstoffmangel, aber auch Mineralstoffüberschuß wirken negativ auf das Assimilations- und Transpirationsgeschehen ein. Was die Assimilation anbetrifft (S. 64), gibt es hierüber eine ganze Reihe Untersuchungen. Hinsichtlich der Transpiration liegen zu dieser Problematik noch verhältnismäßig wenige Ergebnisse vor.

### *Genetisch bedingte Besonderheiten im Transpirationsverhalten der Obstarten und -sorten*

Unter Freilandbedingungen wird die Transpirationsintensität von der Gesamtheit aller klimatischen und edaphischen Faktoren beeinflußt. Der wichtigste genetisch bedingte Faktor ist das Regulationsvermögen der Stomata, das wiederum durch die freie Verdunstung beeinflußt wird. Stenz (1970) untersuchte u. a. die Abhängigkeit der Transpiration der Apfelsorte ‚James Grieve‘ von der unterschiedlichen Evaporation (Abb. 7). Ein ökologischer Arten- und Sortenvergleich ist deshalb streng genommen nur sinnvoll, wenn zu vergleichende Pflanzen unter denselben Standort- und Umweltverhältnissen untersucht werden. Reinken (1962) prüfte in einem Gefäßversuch verschiedene Obstarten und stellte fest, daß bei Bezug auf eine einheitliche Blattfläche ‚Golden Delicious‘ auf M 4 und die Sauerkirschensorte ‚Schattenmorelle‘ auf *Prunus avium* etwa die gleichen mittleren Transpirationswerte aufweisen, während die Birnensorte ‚Conference‘ auf Quitte und die Rote Johannisbeere ‚Houghton Castle‘ wesentlich andere Transpirationswerte zeigten (Tab. 2). Chirilei und Mitarbeiter (1968) führten Untersuchungen zur Transpiration bei Pfirsich, Aprikose und Birne durch. Dabei stellten sie ein unterschiedliches Verhalten der drei Obstarten während der Vegetationsperiode fest. Bis Anfang Juli lag der Pfirsich in der Transpirationshöhe an erster Stelle, ihm folgte die Birne und schließlich die Aprikose. Nach dieser Zeit nahm die Birne die erste Stelle ein, während der Pfirsich am wenigsten transpirierte. Kemkina (1970) stellte deutliche Transpirationsunterschiede bei verschiedenen Birnensorten fest.

### *Einfluß der Veredlungsunterlagen und Zwischenveredlungen auf die Transpiration*

Durch die Veredlungsunterlage und auch durch manche Zwischenveredlungen wird das sortentypische Transpirationsverhalten abgewandelt. FRIEDRICH (1953) unterscheidet a) wassersparende und b) wasservergeudende Unterlagen-Edelsorten- oder auch Unterlagen-Stammbildner-Edelsorten-Kombinationen. Zu der Gruppe a) gehören bspw. die Kombination Quitte A/‚Gellert'/‚Williams Christ'; zur Gruppe b) Quitte/‚Bertrams'/‚Williams Christ'. Durch verschiedene Stammbildner kam es in den Versuchen zu unterschiedlichem Transpirationsverhalten der Birnensorte ‚Williams Christ'. FRIEDRICH prüfte auch die Transpiration der Apfelsorte ‚Ontario' auf verschiedenen Unterlagen. Dabei zeigte sich, daß dieser auf M 9 im Frühjahr eine sehr starke Transpiration aufweist, die stärker ist als auf den anderen untersuchten Unterlagen. Auf der Unterlage M 9 sind die Bäume dann aber in der Lage, nach dem Hochsommer den Transpirationsstrom rasch und nachhaltig zu bremsen. Auch INTRIERI und BOTI (1969) stellten fest, daß einige Zwischenveredlungen die Rate der spezifischen Transpiration der verschiedenen Ertragssorten reduzieren, während andere sie vergrößern.

DOROBANTU, MIHACSCU, DVORNIC, SILLI und GAINA (1972) prüften das Transpirationsverhalten der Pfirsichsorten ‚Elberta' und ‚Sunbeam' auf verschiedenen Unterlagen. Auch hier ergab sich eine Modifikation des Sortenverhaltens durch die einzelnen Unterlagen. Die Mandel als Unterlage verminderte die Transpirationsrate der aufveredelten Sorten. Auch zwischen den beiden Pfirsichsorten selbst bestanden Unterschiede. ‚Elberta' wies eine geringere Transpirationsintensität auf. FIEDLER (1962) stellte fest, daß auch Aprikosen in ähnlicher Weise mit einer spezifischen, für einzelne Veredlungskombinationen typischen Verhaltensweise reagieren.

## Wasserbilanz

### Turgeszenz und Welken

Die Wasserbilanz der Pflanze ist annähernd ausgeglichen, solange Wasseraufnahme und -abgabe etwa übereinstimmen. Ein völliges Gleichgewicht beider Größen wird selten erreicht. Ist dieses durch starke Transpiration oder unzureichende Wasseraufnahme gestört, so welkt die Pflanze. Beim Welkevorgang verlieren die Zellen ihren Turgor, und die Gewebe die bei voller Wassersättigung eigene Druckspannung. Bei welkenden Zellen und Geweben ist die Plasmapermeabilität erhöht und der Dispersitätsgrad der Plasmakolloide vermindert (STOCKER 1956). Größere Wasserverluste der Blattzellen führen zur Schädigung der Chloroplasten und dadurch zur teilweisen oder vollständigen Einstellung der Photosynthese. Obstgehölze sind gegen das Welken sehr empfindlich. Ein starkes Welken der Blätter an heißen Tagen, wie man es etwa bei der Sonnenrose beobachten kann, würde bei Obstbäumen zum Tod der Zellen führen. Schwaches Welken hat bei Obstbäumen keine allzu nachteiligen Folgen. Bei rechtzeitig wieder einsetzender Wasserversorgung erhöht sich der Turgor, und die normale Leistungsfähigkeit wird wieder hergestellt.

Man spricht vom „vorübergehenden Welken", wenn der Welkevorgang tagesperiodisch durch große Hitze oder Lufttrockenheit in den Mittagsstunden eintritt. Hier kommt es nur zu einem Wasserdefizit in den Blättern, die übrigen Pflanzenteile sind noch ausreichend mit Wasser versorgt. In den Abend- und Nachtstunden wird durch Nachschub von Wasser das Defizit ausgeglichen, und es kommt zur vollen Wiederherstellung der Turgeszenz der Gewebe.

Zum „dauernden Welken“ kommt es dagegen, wenn im Boden nicht genügend der Pflanze zugängiges Wasser vorhanden ist, so daß der Wasserhaushalt nicht mehr ausgeglichen werden kann. Bei vorübergehendem Welken verringert sich zunächst die Stoffproduktion, dauerndes Welken führt dagegen zu Turgorverlusten und fast völligem Stoffwechselstillstand in allen Pflanzenteilen. Auch die sehr empfindlichen Wurzelhaare sterben ab. Das Plasma der embryonalen Gewebe degeneriert so stark, daß es schließlich ebenfalls zugrunde geht. Der Turgorverlust ist bei Obstgehölzen im Gegensatz zu vielen krautigen Pflanzen, die tagsüber ihre Blätter hängen lassen und sich am nächsten Morgen wieder voll erholt haben, optisch kaum zu erkennen. An Obstbäumen kommt es bei Wassermangel selbst an jungen Trieben nicht zum Erschlaffen, sondern die Blätter werden bei stärkerem Wasserentzug gelb und fallen schließlich ab. Zuerst vergilben die zu Beginn der Vegetationsperiode gebildeten Blätter, die auch meist wesentlich kleiner sind als die später entstandenen.

Das Welken besitzt für die Störung des Wasserhaushaltes der Pflanzen ebenso wenig Indikatorwert wie der Grad der Bodenaustrocknung oder der Saugdruck im permanenten Welkepunkt. Der permanente Welkepunkt ist maßgeblich von den Pflanzeneigenschaften abhängig und deshalb keine konstante Größe des Bodens (Slatyer 1967).

## Gradmesser für die Ausgeglichenheit der Wasserbilanz

Der Grad der Störung der Wasserbilanz läßt sich bei Obstgehölzen weder an äußerlich sichtbaren Symptomen, wie z. B. dem Welken der Blätter, noch durch Wassergehaltsbestimmungen des Bodens in der kritischen Phase, gekennzeichnet durch den Grenzwert der Verfügbarkeit des Bodenwassers, genau ermitteln.

## Wassersättigungsdefizit

Als Maß für die Veränderungen der Wasserbilanz ist es deshalb sinnvoll, entweder den „relativen Wassergehalt der Pflanze“, d. h. das Verhältnis des tatsächlich im Blatt gemessenen Wassergehaltes (W) zum Wassergehalt bei voller Aufsättigung mit Wasser ($W_s$) zu verwenden, oder man berechnet aus diesen beiden Werten das Wassersättigungsdefizit $(W_s - W) : W_s$. Es sind beide Verfahren mit Fehlern behaftet, die aber unter Praxisbedingungen in unserem Klima kaum ins Gewicht fallen.

Je nach dem ökologischen Typ der Obstart oder -sorte ist die Reaktion auf zunehmende Wasserunterbilanz verschieden. Unterbilanzen bis etwa zur Hälfte des Sättigungsdefizits werden schadlos überstanden. Sortenunterschiede sind bei Obstgehölzen zwar in einzelnen Fällen bekannt, es liegen jedoch noch keine experimentell erarbeiteten Daten für das im Anbau befindliche Sortiment vor. Bei den Forstgehölzen ertragen die Lichthölzer, wie z. B. *Pinus sylvestris*, ohne Schaden ein wesentlich höheres Wasserdefizit als die Schattenhölzer. Es ist zu vermuten, daß auch bei den Obstgehölzen xerophilere Sorten, auf die später noch etwas genauer eingegangen wird, zeitweisen Wassermangel besser überstehen als die mehr hygrophilen Sorten.

In der Regel vermögen die Bäume durch rechtzeitige Einschränkung der Wasserabgabe über den Schluß der Spaltöffnungen eine drohende Unterbilanz länger hinauszuschieben als die meisten krautigen Pflanzen.

### Osmotischer Wert der Blattgewebe

Neben dem Wassersättigungsdefizit kommt dem osmotischen Wert der Zellen als Indikator des „Wasserzustandes“ der Pflanze für Bilanzprüfungen besondere Bedeutung zu. Nach WALTER (1963) stellt er die wichtigste Größe zur Beurteilung der Wasserökologie überhaupt dar. Der osmotische Wert zeigt, ob und in welchem Grad die Pflanze unter ungünstigen Transpirationsbedingungen oder durch Abnahme des Wassergehaltes im Boden in ihrer Entwicklung behindert wird oder ob sie durch Regulation der Wasseraufnahme bzw. Abgabe in der Lage ist, einen Ausgleich herzustellen. Am meisten Trockensubstanz wird in der Regel dann produziert, wenn die osmotischen Werte der Blattgewebe niedrig sind, d. h. bei weitgehend voller Wassersättigung. Die Tagesschwankungen der osmotischen Werte kommen meist durch ein zeitweiliges Wasserdefizit, hervorgerufen durch stärkere Sonneneinstrahlung und Erwärmung im Tagesablauf, zustande.

Die niedrigsten Zellsaftkonzentrationen findet man bei den jüngsten Pflanzenteilen. Die Zellen des Vegetationskegels haben bei günstigen Wasserverhältnissen in der Regel einen osmotischen Wert von etwa 0,8 MPa. Er steigt im Laufe der Pflanzenentwicklung bis zu einer charakteristischen artspezifischen Größe an. Bei Wassermangel kann sich diese genetisch fixierte Größe bei Pflanzen, die nur eine geringe Fähigkeit zum Ausgleich ihrer Wasserbilanz besitzen, weiter erhöhen. Die xeromorpher gebauten Sonnenblätter haben ganz allgemein höhere osmotische Werte als Schattenblätter.

Bei den einzelnen Obstarten und -sorten ist die Fähigkeit, ihre Hydratur unter den gegebenen Standortbedingungen aufrechtzuerhalten und größere Unterbilanzen (Wasserdefizite) zu vermeiden, unterschiedlich stark ausgeprägt. Sie unterscheiden sich in ihrem „osmotischen Beharrungsvermögen“, man unterteilt sie daher in hydrostabile mit großem und hydrolabile mit geringem Beharrungsvermögen. Die Hydrostabilen gehen mit dem Wasser grundsätzlich sparsam um und schränken die Wasserabgabe optimal ein.

## Wasserbedarf verschiedener Obstarten und -sorten

### Abhängigkeit des Wasserbedarfs von genetisch bedingten Faktoren

Die obstbauliche Praxis ist an der Frage, ob es bei den Obstgehölzen bestimmte ökologisch unterscheidbare Typen gibt, sehr interessiert. Das Bekanntwerden von wassersparenden bzw. wasserverschwendenden Unterlagen und Ertragssorten hat große Bedeutung für eine Verbesserung der Anbauplanung im Hinblick auf die Anpassung bestimmter Sorten an einen gegebenen Standort.

Durch Gefäßversuche konnte festgestellt werden, daß innerhalb einer Obstart zwischen den einzelnen Sorten sehr unterschiedliche Wasseransprüche bestehen (STREITBERG, HOFFMANN 1972).

So verbrauchte z. B. die Sorte ‚Roter Boskoop‘ wesentlich mehr Wasser als ‚Alkmene‘. Dieser unterschiedliche Wasseranspruch der beiden Sorten besteht unabhängig von der Größe der Blattfläche. Auch bei Bezug des Wasserverbrauchs

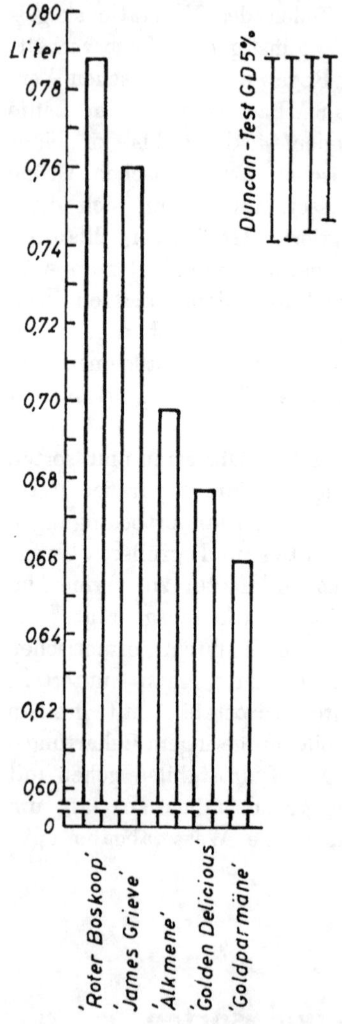


*Abb. 8:* Mittlerer Wasserverbrauch, bezogen auf 100 cm² Blattfläche der Apfelsorten ‚Roter Boskoop', ‚James Grieve', ‚Alkmene', ‚Gelber Köstlicher' (= ‚Golden Delicious') und ‚Goldparmäne' auf der Unterlage M 4 in Großgefäßen von 785 Liter Inhalt in den Jahren 1969—1971; nach STREITBERG und HOFFMANN (1972)

auf die Einheit der Blattfläche verbraucht ‚Roter Boskoop' fast doppelt so viel Wasser wie ‚Alkmene' (Abb. 8).

Die Sorte ‚Roter Boskoop' hat genetisch bedingt morphologisch und vor allem auch anatomisch einen mehr hygromorphen Bau und unterscheidet sich in dieser Eigenschaft wesentlich von ‚Alkmene', deren Blätter eine xerophilere Struktur aufweisen (STREITBERG 1975a). ‚Roter Boskoop' ist durch eine sehr geringe Spaltöffnungszahl von nur etwa 250 Stomata je mm² Blattfläche, eine dünnere Palisadenschicht, ein etwas breiteres Schwammparenchym und große Einzelblattflächen für feuchtere, d. h. auch für luftfeuchtere (Küsten oder Vorgebirge) Standorte geeigneter. Die von ihrer genetischen Struktur her xeromorphere Sorte ‚Alkmene' mit einer Stomatazahl von etwa 450/mm², einer breiteren Palisadenschicht und relativ kleiner Einzelblattfläche ist für trockenere Standorte geeigneter.

## Abhängigkeit des Wasserbedarfs von Klima und Boden

In einem Großgefäßversuch konnte festgestellt werden, daß der höchste Wasserbedarf bei fünf untersuchten Apfelsorten in der Zeit von Juni bis Anfang September liegt (STREITBERG, HOFFMANN 1972). Die Spitze im Juli/August (Tab. 3) wurde maßgeblich durch die meteorologischen Parameter Lufttemperatur, relative Luftfeuchte und Sonnenscheindauer bzw. Lichtintensität (Abb. 9) verursacht.

Bei der Beurteilung des Wasserbedarfs der Gehölze ist die jeweils herrschende Temperatur die wichtigste Einflußgröße. Es bestehen enge Beziehungen zwischen Wärme- und Wasserbedürftigkeit der Pflanzen. KEMMER und SCHULZ (1938) stellten fest, daß der Wasseranspruch der Apfelbäume während der Vegetationsperiode Mai bis September bei Erhöhung der durchschnittlichen Lufttemperatur um 1 °C jeweils um 80 mm ansteigt. Hierbei spielen aber auch das Alter der

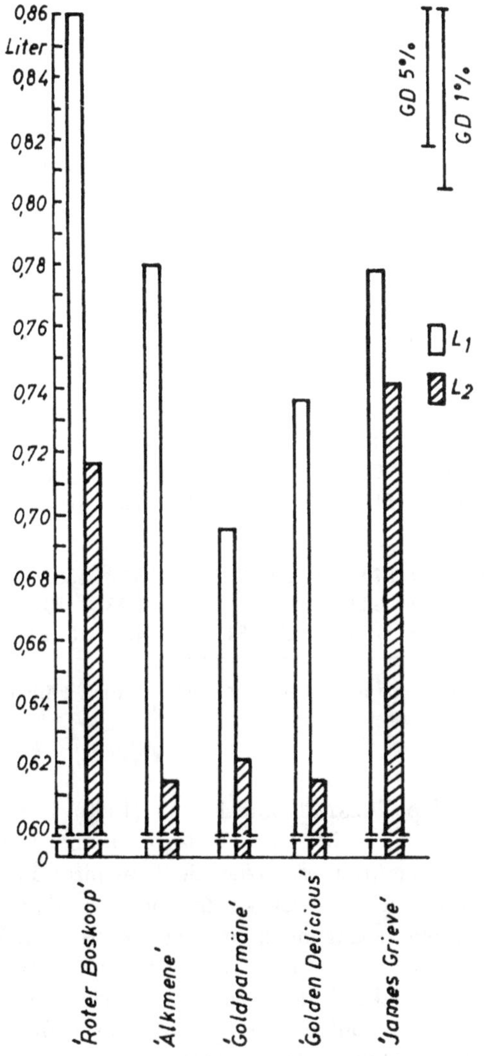


*Abb. 9:* Mittlerer Wasserverbrauch (bezogen auf 100 cm² Blattfläche) von fünf Apfelsorten unter normaler ($L_1$) und um 26% verminderter ($L_2$) Lichtintensität in den Jahren 1969/1971; nach STREITBERG und HOFFMANN (1972)

Gehölze und der jeweilige Standort eine wesentliche Rolle. Derartige Angaben sind standortbedingt und somit nicht in jedem Fall zu verallgemeinern. Beträgt beispielsweise die Durchschnittstemperatur Mai/September 16 °C, so stellten KEMMER uns SCHULZ (1938) beim Apfel einen Wasseranspruch von 700 mm fest. Birne auf Quittenunterlage ist im Wasserverbrauch etwa dem Apfel gleichzusetzen. Im wärmeren Südtirol lag dagegen bei einer Durchschnittstemperatur von 20,4 °C der Wasserverbrauch bei 1060 mm. An Standorten, an denen der Apfel 700 mm zum optimalen Gedeihen benötigt, wird man der sehr wasserbedürftigen Pflaume 800 mm zubilligen müssen, Birne auf Sämling 640 mm, der anspruchsloseren Süßkirsche und auch der Sauerkirsche auf *Prunus avium* 600 mm. Pfirsiche und Aprikosen auf Sämling, ebenso Sauerkirsche auf *Prunus mahaleb* kommen dagegen schon mit 500 mm aus. Im Vergleich zum Apfel ist der Wasseranspruch der Pflaume etwa 15% höher, der der Birne um 10% niedriger, der von Süß- und Sauerkirsche auf *Prunus avium* um 15% kleiner und der des Steinobstes auf Pfirsich- und Aprikosen-Sämling oder auf *Prunus mahaleb* um 30% geringer. Steinobst auf *Prunus domestica*-Unterlage dürfte etwa den gleichen Wasseranspruch haben wie Pflaumen (FRIEDRICH 1970). Es muß aber auch hier darauf hingewiesen werden, daß die genannten Absolutwerte nur mit großer Einschränkung gelten, da die verschiedensten Standortfaktoren in diesem Zusammenhang sehr entscheidend sind.

FIEDLER (1967) und STREITBERG, HOFFMANN (1972) kamen unter verschiedenen Versuchsbedingungen zu dem gleichen Ergebnis. Sie stellten fest, daß die Apfelbäume bei hohem Wasserangebot auch einen höheren Wasserverbrauch (Luxuskonsum) aufweisen. So konnte bei Bezug des Wasserverbrauches auf eine einheitliche Blattfläche bei den reichlich bewässerten Bäumen ein signifikant höherer Konsum als bei denen mit geringerem Wasserangebot festgestellt werden (Abb. 10). Bäume, die vorübergehend zu stark bewässert wurden (Luxuskonsum), reagieren aber auch wesentlich nachhaltiger auf eintretenden Wassermangel als die-

*Tab. 3:* Durchschnittliche Gießwassermengen, mittlerer Wasserrückfluß und Wasserverbrauch pro Gefäß (in Litern) von 5 Apfelsorten vom 1. Mai bis 31. Oktober in den Jahren 1969, 1970 und 1971; nach STREITBERG und HOFFMANN (1972)

| | Mai | Juni | Juli | August | September | Oktober | Summe | | Mittelwert pro Baum u. Monat | |
|---|---|---|---|---|---|---|---|---|---|---|
| | | | | | | | l | mm[1] | l | mm |
| 1969 | | | | | | | | | | |
| Gießwassermenge | 40,80 | 50,73 | 64,40 | 51,73 | 35,57 | 29,93 | 273,16 | 356,30 | 45,53 | 59,38 |
| Wasserrückfluß | 1,19 | 1,34 | 0,51 | 1,06 | 0,75 | 0,23 | 5,08 | 7,30 | 0,85 | 1,22 |
| Wasserverbrauch | 39,61 | 49,39 | 63,89 | 50,67 | 34,82 | 29,70 | 268,08 | 349,00 | 44,68 | 58,16 |
| 1970 | | | | | | | | | | |
| Gießwassermenge | 40,27 | 50,07 | 77,00 | 53,13 | 34,03 | 31,23 | 285,73 | 372,60 | 47,62 | 62,10 |
| Wasserrückfluß | 1,60 | 0,65 | 0,45 | 0,56 | 0,11 | 0,21 | 3,58 | 4,65 | 0,60 | 0,78 |
| Wasserverbrauch | 38,67 | 49,42 | 76,55 | 52,57 | 33,92 | 31,02 | 282,15 | 367,95 | 47,02 | 61,32 |
| 1971 | | | | | | | | | | |
| Gießwassermenge | 69,30 | 91,90 | 154,80 | 183,50 | 83,00 | 57,90 | 640,40 | 832,50 | 106,73 | 138,75 |
| Wasserrückfluß | 2,70 | 0,80 | 2,20 | 3,90 | 0,90 | 0,20 | 10,70 | 13,80 | 1,78 | 2,30 |
| Wasserverbrauch | 66,60 | 91,10 | 152,60 | 179,60 | 82,10 | 57,70 | 629,70 | 818,70 | 104,95 | 136,45 |

[1] Die Angaben des Wasserverbrauches der Versuchsgehölze in mm beziehen sich in allen Fällen auf die Gefäßoberfläche

jenigen, denen nur sparsam Wasser zugeführt worden war. Diese physiologischen Zusammenhänge haben große Bedeutung für den Einsatz der Zusatzbewässerung in der Praxis.

## Auswirkungen eines gestörten Wasserhaushaltes

Störungen im Wasserhaushalt haben stets eine mehr oder minder starke Beeinträchtigung aller Stoffwechselfunktionen der Pflanze zur Folge. Photosynthese und Transpiration reagieren sehr empfindlich auf eine angespannte Wasserbilanz. Ein Wasserdefizit bewirkt über die Verengung der Spaltöffnungen auch eine Verminderung des Gasaustausches und damit gleichzeitig eine Einschränkung des Stoffgewinns.

Wie POLSTER und FUCHS (1960) feststellten, sinkt nach Unterbrechung der Wasserzufuhr zunächst die Transpiration, während die $CO_2$-Aufnahme vorübergehend sogar noch ansteigt. Zwei Tage später waren bei abnehmender Stoffwechselaktivität beide Gaswechselvorgänge schon auf weniger als die Hälfte des Ausgangswertes abgesunken. Nach vier Tagen wurde ein Zustand erreicht, in dem Nettoassimilation und Dunkeltranspiration sistierten und nur noch im Licht eine schwache Transpiration erkennbar war. Nach Zufuhr von Wasser kehrte sich dieser Prozeß um. Wenige Stunden nach Wiederaufsättigung des Bodens und des Pflanzengewebes setzten Assimilation und Transpiration erneut ein, und bereits nach drei Tagen war die volle Leistung wieder erreicht.

Die Stagnation von Nettoassimilation und Dunkeltranspiration kennzeichnet

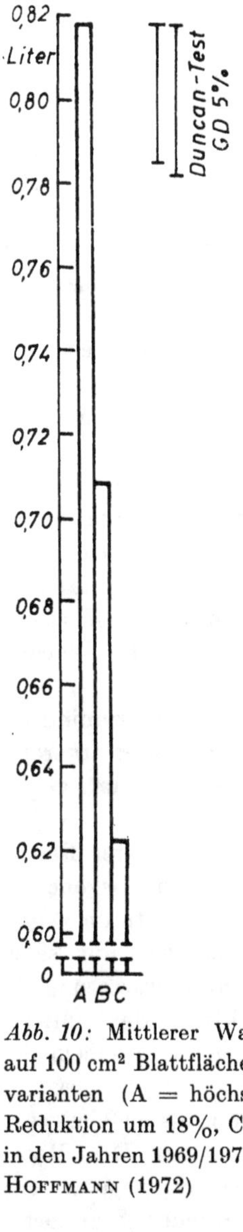


*Abb. 10:* Mittlerer Wasserverbrauch, bezogen auf 100 cm² Blattfläche der drei Bewässerungsvarianten (A = höchste Bewässerung, B = Reduktion um 18%, C = Reduktion um 36%) in den Jahren 1969/1971; nach STREITBERG und HOFFMANN (1972)

die Grenzsituation der Trockenbelastung, in der physiologische Regulationsvorgänge zum Erliegen kommen (WEISE und FUCHS 1964). Solange die Austrocknung ohne Sichtbarwerden letaler Schäden erfolgt, hängt es von der genetischen Struktur der Pflanzenart oder -sorte, aber auch von einigen Umweltfaktoren, wie z. B. der Mineralstoffversorgung der Böden, ab, wieviel Zeit benötigt wird, um die normale physiologische Funktionsfähigkeit wieder herzustellen. Obstgehölze mit leistungsfähigem tiefreichendem Wurzelsystem sind hierin krautigen Pflanzen überlegen. Auch Bäume mit xeromorphen Strukturen der Assimilationsorgane überstehen solche Belastungen besser als weniger an Trockenheit angepaßte Sorten.

Unterbleibt die Wasserzufuhr ganz, so reagiert die Pflanze mit einem sofortigen Nachlassen des Turgors, mit Schluß der Spaltöffnungen und schließlich mit Welken. Im Extremfall kommt es zur Plasmolyse oder Exosmose, bei der durch zu hohe Salzkonzentration in der Zelle das Protoplasma irreversibel geschädigt wird.

Für alle Obstarten und -sorten ist jedoch nicht nur Wassermangel, sondern auch zu hoher Bodenwassergehalt schädlich. Reichert sich der Boden zu stark mit Wasser an, so wird sowohl der Lufthaushalt als auch der Wärmehaushalt nachhaltig gestört, was wiederum zu einer erschwerten Atmung im Wurzelbereich, d. h. zu Sauerstoffmangel und Kohlendioxidanreicherung, führt. Gleichzeitig werden sowohl biochemische als auch physikalische Abläufe in der Pflanze verändert. Dadurch kommt es zu Störungen in der Nährstoffaufnahme, zu einer verstärkten Transpiration und möglicherweise sogar zur Guttation der Blätter. Übermäßiges Wasserangebot bedingt eine schwächere Wurzelentwicklung und auch Störungen der Wurzelaktivität. Es besteht weiterhin die Gefahr der Auswaschung von Nährstoffen in tieferen Schichten. Nicht zuletzt aber bietet ein wasserreicher Boden, besonders bei stagnierender Nässe, einen idealen Nährboden für viele bakterielle und pilzliche Krankheitserreger.

## Bedeutung des Wassers für die Stoffproduktion

Wasserhaushalt und Ertragsbildung der Obstbäume sind auf das engste miteinander verbunden. In einem Großgefäßversuch konnten wesentliche neue Erkenntnisse über das vegetative und reproduktive Verhalten von Apfelbäumen bei unterschiedlicher Wasserzufuhr gewonnen werden (STREITBERG und HOFFMANN 1972/73; STREITBERG 1975). Höhere Wassergaben förderten das gesamte vegetative Wachstum der Obstgehölze, einschließlich der Blattentwicklung. In mehreren Fällen wurde die Anzahl der Stomata auf der Blattunterseite herabgesetzt und z. T. das Palisadengewebe verschmälert. Es bildeten sich bei reichlicher Wasserzufuhr in manchen Fällen auch mehr Blüten und Früchte, was bei bestimmten Sorten zu einer signifikanten Ertragssteigerung führte (Abb. 11).

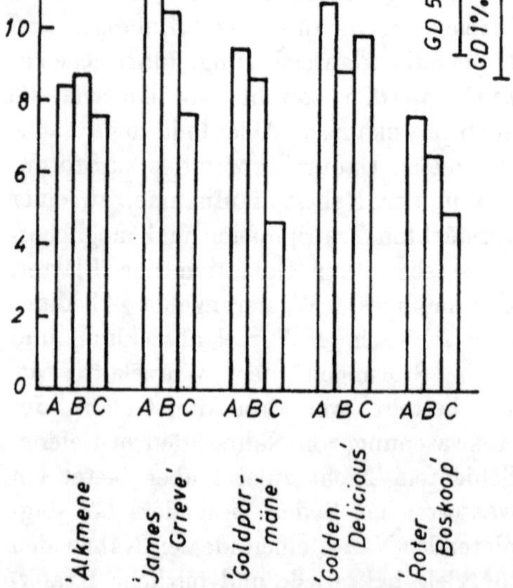


*Abb. 11:* Mittleres Gesamtfruchtgewicht pro Baum von 5 Apfelsorten unter verschiedener Bewässerung (A, B, C) in den Jahren 1970 bis 1973; nach STREITBERG (1975)

Im vegetativen Verhalten traten sowohl bei der Sproß- als auch bei der Blattentwicklung beträchtliche Sortenunterschiede auf. Die Sorte ‚Golden Delicious‘ reagierte z. B. im Sproßwachstum und auch in der Blattentwicklung sehr stark auf unterschiedliche Bewässerung. Bei höheren Wassergaben setzte ein verstärktes vegetatives Wachstum ein; es wurden aber dünnere, empfindlichere Blätter mit einer geringeren Stomatazahl je $mm^2$ entwickelt.

Die Sorte ‚Alkmene‘, die, wie bereits erwähnt, im Blattbau eine stärkere Anpassung an trockenere Standorte aufweist, reagierte in ihrem vegetativen Verhalten erst bei stärkerem Wasserentzug mit einer Minderung des Wachstums. Auch bei ‚James Grieve‘ zeigte sich stets, bei ‚Goldparmäne‘ zumindest in einigen Fällen, erst bei stärkerem Wassermangel eine Reaktion im vegetativen Wachstum.

Die Sorte ‚Roter Boskoop‘, deren Blattbau überhaupt nicht an einen trockeneren Standort angepaßt ist, reagierte im vegetativen Verhalten nicht oder nur sehr schwach auf differenzierte Bewässerung.
Die vegetative Reaktion der untersuchten Apfelsorten auf Unterschiede im Wasserangebot muß als eine Anpassung an die für die Sorte optimalen Umweltverhältnisse gewertet werden. Der ‚Rote Boskoop‘, der sich in seinem vegetativen Verhalten nicht an trockenere Standorte angleicht, hat demzufolge grundsätzlich einen sehr hohen Wasserverbrauch.

In der Blütenbildung und vor allem in der Fruchtungstendenz und schließlich im Ertrag zeigte sich ein sehr deutliches Wechselspiel zwischen starker vegetativer Reaktion, also guter Anpassung an differenzierte Wassergaben und einer damit in engem Zusammenhang stehenden geringeren Ertragsschwankung dieser

Sorten unter den entsprechenden Umweltverhältnissen. Die Sorten, die dagegen keine gute Anpassung an differenzierte Wassergaben aufwiesen, hatten signifikante Ertragsschwankungen bei verschiedenen Wassergaben.

Die Sorte, Golden Delicious', die im vegetativen Bereich sehr nachhaltig auf Wasserminderung reagiert, indem sie sich in ihrem Wachstum an die zur Verfügung stehenden geringen Wassermengen anpaßt, zeigte im Gesamtertrag je Baum im Durchschnitt von vier Jahren im Gefäßversuch keine signifikanten Ertragsunterschiede bei verschiedenen Wassergaben. Dieses Ertragsergebnis war mit darauf zurückzuführen, daß im Gefäß bei dieser Sorte die Alternanz sehr früh auftrat und durch reichliche Wassergaben noch verstärkt wurde.

‚Roter Boskoop', der im vegetativen Verhalten sich nicht an trockenere Umweltbedingungen anpassen kann, brachte bei Wasserverminderung signifikante Ertragsverluste.

Die Sorten ‚James Grieve' und ‚Goldparmäne', die eine Zwischenstellung einnehmen und im vegetativen Verhalten erst bei mehr oder minder starker Drosselung der Wasserzufuhr mit Einschränkung des Wuchses reagieren, ließen bei Wassermangel ebenfalls eine Minderung der Erträge erkennen.

Auch die Sorte ‚Alkmene', deren Blattanatomie trockeneren Standorten angepaßt ist, ermöglicht bei relativ geringer Wasserzufuhr noch gute Erträge. Unter ungünstigen Lichtbedingungen reagierte diese Sorte auf hohe Wassergaben sogar mit deutlich negativem Ertragsverhalten (Abb. 12).

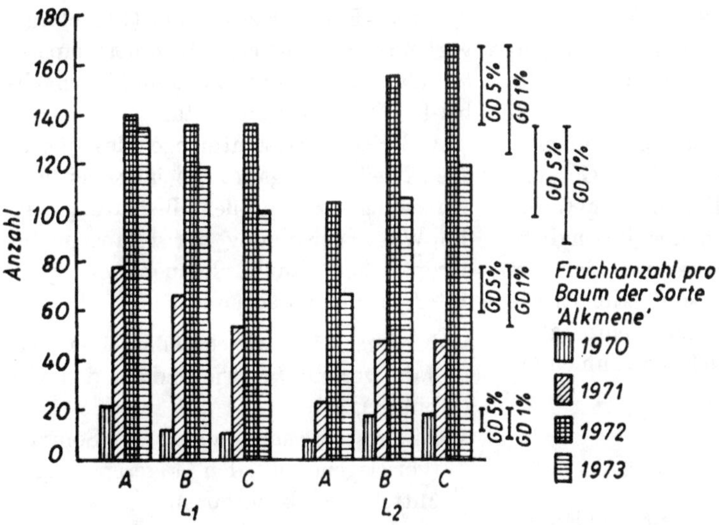


*Abb. 12:* Fruchtanzahl pro Baum und Sorte ‚Alkmene' unter verschiedenen Wassergaben (A = höchste Wassergabe, B = Reduktion um 18%, C = Reduktion um 36%) und differenzierter Lichtintensität ($L_1$, $L_2$) ($L_1$ = normale Lichtintensität, $L_2$ = Reduktion um 26%); nach STREITBERG (1975)

# Maßnahmen zur Regulierung des Wasserhaushaltes

## Einfluß des Standortes

Das während der Vegetationsperiode von den Obstgehölzen benötigte Wasser wird über den Boden bereitgestellt. Die Wasserzufuhr erfolgt in erster Linie als Niederschlag. Soweit nicht die Beschaffenheit oder die Neigung der Bodenoberfläche und die Menge des anfallenden Wassers ein Abfließen an der Oberfläche bedingen, sickert das Wasser über die Hohlräume in den Boden ein. In den Hohlräumen wird es zum Teil gegen die Wirkung der Schwerkraft festgehalten, während in den groben Poren ein Teil des Wassers in tiefere Schichten verlagert wird. Auf schwer wasserdurchlässigen Schichten reichert es sich zu Grundwasser oder vorübergehend zu Stauwasser an.

Der Verbrauch des Bodenwassers erfolgt als unproduktive Verdunstung des Bodens, Evaporation, und als produktiver Verbrauch in Form der Transpiration über die Pflanzen. Der Gesamtverbrauch wird in der Evapotranspiration zusammengefaßt. Neben der Beschaffenheit der Bodenoberfläche und der Art des Pflanzenbestandes sind klimatische Faktoren, insbesondere die Temperatur, die den Wasserverbrauch bestimmenden Faktoren.

### Klima

Das Klima hat somit entscheidenden Einfluß auf die Wasserzufuhr in den Boden und den Wasserverbrauch aus dem Boden. Die Wechselwirkungen von Niederschlag und Temperatur bestimmen aber nicht nur die jährliche Wasserbilanz des Bodens, sondern auch die Effektivität des Wassers für die Leistung der Obstgehölze. Je höher die Temperaturen bei ausreichender Lichtintensität sind, um so höher ist der Wasserverbrauch eines Obstgehölzes und die dadurch eintretende Leistungssteigerung. Diese Tatsache veranlaßte bereits KEMMER und SCHULZ (1938) zu der vereinfachenden Feststellung, daß der Wasserbedarf von Apfelbäumen um 80 mm im Jahr ansteigt, wenn die mittlere Sommertemperatur (Mai bis September) um 1 °C höher liegt.

Die langjährigen mittleren Jahresmengen des Niederschlags im mitteleuropäischen Raum reichen von etwa 450 mm (in der Magdeburger Börde) bis 1200 mm im östlichen Bodenseegebiet. Die wesentlichen Obstbaugebiete der DDR umfassen eine Spanne von 450 mm (Magdeburger Börde) bis 800 mm (Erzgebirgsvorland) bei mittleren Sommertemperaturen von 14 °C (Raum Gera und Eisenach) bis 16,6 °C im oberen Elbtal.

Außer der Gesamtmenge des jährlichen Niederschlags ist die jahreszeitliche Verteilung von großer Bedeutung für die Wasserversorgung der Pflanzen. Im europäischen Raum können wir grob unterscheiden zwischen

a) Niederschläge gleichmäßig über das Jahr verteilt (vorwiegend in den Gebirgen),
b) Niederschlagsmaximum im Sommer (vorwiegend in den tieferen Lagen Mittel- und Osteuropas),
c) Niederschlagsminimum im Sommer (vorwiegend in den Mittelmeerländern und den westeuropäischen Küstengebieten).

Der letztgenannte Typ der Niederschlagsverteilung bietet die ungünstigsten Voraussetzungen für eine ausreichende Wasserversorgung der Obstgehölze

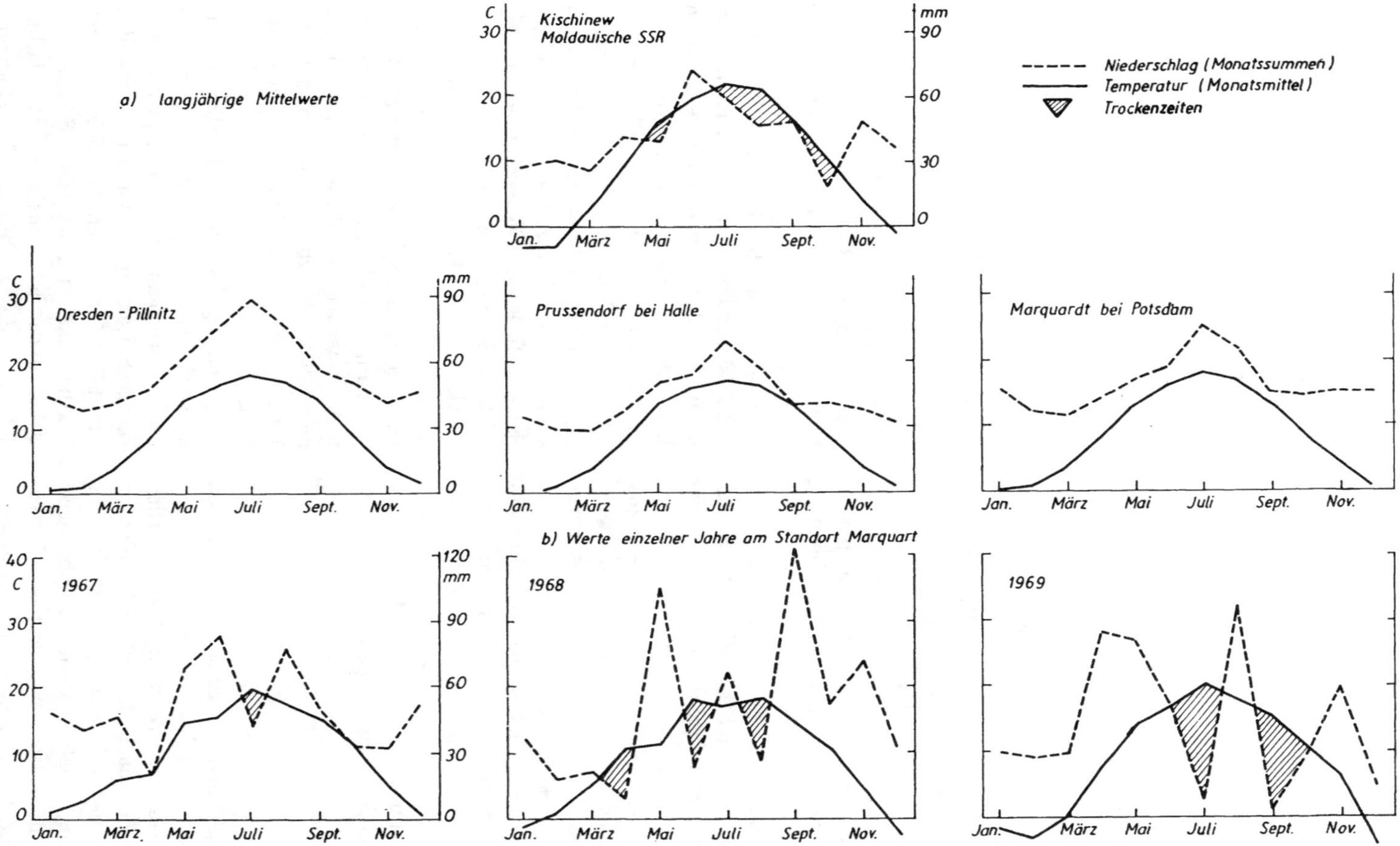


*Abb. 13:* Klimadiagramme verschiedener Standorte

und hat in der Regel Zusatzwasserversorgung zur Voraussetzung für den Anbau von Obst. Der Verteilungstyp b mit dem Niederschlagsmaximum im Sommer, der für unsere Obstanbaugebiete typisch ist, bietet günstige Voraussetzungen.

Gesamtniederschlag des Jahres, Niederschlagsverteilung und Temperatur während der Vegetationszeit sind so die den Wasserhaushalt bestimmenden meteorologischen Elemente. Ihr Zusammenwirken kann an einfachen Klimadiagrammen verdeutlicht werden. In Abbildung 13 sind Temperatur- und Niederschlagsverläufe auf der Basis von Monatswerten in einem Maßstabsverhältnis von 1 : 3 gezeichnet. Die Überschneidungsbereiche der beiden Kurven kennzeichnen das Auftreten von Trockenzeiten am jeweiligen Standort. Die im Teil a der Abbildung verwendeten langjährigen Mittelwerte weisen nur für die Moldauische SSR, nicht aber für die Standorte, die wichtige Schwerpunktbezirke des Obstanbaues der DDR repräsentieren, ausgesprochene und länger andauernde Trockenzeiten aus. Die typische Situation in unserem Klimaraum wird durch die Verlaufskurven der drei ausgewählten Jahre an dem im Havelobstbaugebiet gelegenen Standort Marquardt gekennzeichnet. Danach können in den einzelnen Jahren unterschiedlich verteilt relativ kurzfristige Trockenzeiten auftreten, auf die oft Perioden hoher Niederschläge folgen.

## Boden

Dem auf Grund seiner Eigenschaften als Wasserspeicher dienenden Boden entnehmen die Wurzeln kontinuierlich das Wasser nach Bedarf. Die Wassermenge, die ein bestimmter Boden zur Verfügung stellen kann, ist begrenzt durch die Kennwerte seines Wasserhaushalts. Die Menge, die ein Obstgehölz aufnehmen kann, wird weiterhin begrenzt durch das Bodenvolumen, das die Wurzeln des Gehölzes erschließen und der Intensität, mit der sie diesen Raum durchwurzeln, wenn wir hier von den Faktoren absehen, die den Aufnahmevorgang selbst beeinflussen.

*Nutzbare Wassermenge*

Die Menge an pflanzenverfügbarem Wasser (nK), die ein bestimmter Boden zu speichern vermag, ergibt sich aus der Differenz des Wertes der Feldkapazität (FK) und des permanenten Welkepunktes (PWP).

$$nK = FK - PWP$$

Die FK kennzeichnet dabei die Wassermenge, die ein Boden unter Feldbedingungen gegen die Schwerkraftwirkung festzuhalten vermag (bei einer Saugspannung von 29 KPa = 3 m WS). Der PWP ist der Punkt, an dem beim Wasserentzug durch die Pflanze aus dem Boden kein Wasser mehr nachgeliefert wird, so daß eine permanente Welke eintritt. Dies ist der Fall bei einer Saugspannung von etwa 1471 KPa = 150 m WS. Wenn auch manche Pflanzen wesentlich höhere Saugkräfte bei der Wasseraufnahme entwickeln können, so ist die allgemeine Festlegung des PWP als praktische untere Grenze des pflanzenverfügbaren Wassers insofern berechtigt, als in diesem Saugspannungsbereich bei stärkerem Bedarf nicht ausreichend Wasser vom Boden nachgeliefert werden kann, so daß die Welke aus diesem Grund ohnehin eintritt.

Die Größe der konventionellen Kennwerte des Wasserhaushaltes eines Bodens wird vorwiegend von den physikalischen Eigenschaften des Bodens beeinflußt. Die FK hängt in erster Linie von der Textur und Struktur des Bodens ab. Dabei üben der Gehalt an organischer Substanz, die Profiltiefe, die Horizont-

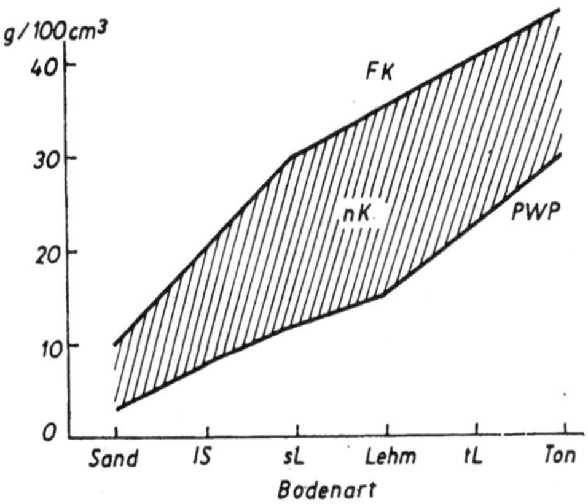


*Abb. 14:* Abhängigkeit der nutzbaren Wasserkapazität von der Bodenart

folge im Profil und die Höhe des Grundwasserstandes Einfluß aus. Der PWP ist eng mit dem Tongehalt des Bodens korreliert. In Abhängigkeit von der Korngrößenverteilung, die sich grob in der Bodenart ausdrückt, ergibt sich daraus die in Abbildung 14 im Prinzip dargestellte Beziehung. Es kommt darin zum Ausdruck, daß die mittleren Böden die größte Menge an nutzbarem Wasser speichern können. Die niedrigsten nK-Werte betragen nur etwa ein Drittel der hohen Werte.

*Tab. 4:* Kapazität für pflanzenverfügbares Wasser in Abhängigkeit von der Bodenart

| Bodenart | nutzbares Wasser 0···100 cm Tiefe mm |
|---|---|
| Sand | 67··· 82 |
| Sand, schwach anlehmiger Sand | 83··· 99 |
| anlehmiger Sand | 100···115 |
| anlehmiger Sand, schluffiger Sand | 116···132 |
| schluffiger Sand, lehmiger Sand | 133···149 |
| lehmiger Sand | 150···165 |
| sandig-toniger Lehm, Ton, lehmiger Sand | 166···182 |
| lehmiger Ton, Ton, lehmiger Sand | 183···199 |
| stark lehmiger Sand | 200···215 |
| sandiger Lehm | 216···232 |
| schwerer Lehm, schluffiger Lehm | 233···250 |

Unter der idealisierenden Voraussetzung, daß das Bodenprofil bis 100 cm Tiefe ohne Schichtenbildung aus der gleichen Bodenart besteht und der Grundwasserstand nicht beeinflussend wirkt, sind in Tabelle 4 die in der Bodentiefe 0···100 cm in Abhängigkeit von der Bodenart speicherbaren nutzbaren Wassermengen errechnet. Die Schwankungsbreiten innerhalb der Bodenarten von durchschnittlich 15 mm weisen darauf hin, daß noch relativ große Unterschiede in der Menge des nutzbaren Wassers innerhalb einer Bodenart bestehen. Die bei uns für den Obstbau genutzten Böden unterscheiden sich in ihrer Speicherfähigkeit für nutzbares Wasser bis 100 cm Tiefe etwa um 150 mm, das bedeutet in der Größenordnung des jährlichen Zusatzwasserbedarfs, wie er sich aus mittleren Trockenjahren unseres Klimaraumes ergibt.

### *Durchwurzelungstiefe*

Die zweite Begrenzung für die Wasseraufnahme liegt in der Verteilung der das Wasser aufnehmenden Wurzelorgane, die in Wechselbeziehung steht zur Obstart bzw. Sorten-Unterlagen-Kombination und zu den physikalischen Bodeneigenschaften. Unter Hinweis auf Abschnitt S. 198f. sei hier nur festgestellt, daß die vieljährigen Obstbäume in der Regel wesentlich tiefer mit einem Teil ihrer Wurzeln in den Boden eindringen als einjährige Kulturen. In Trockenzeiten sind diese Wurzeln in der Lage, aus den tieferen, feuchteren Schichten die Wasserversorgung sicherzustellen. Das ist eine der wichtigsten Ursachen dafür, daß es unter Feldbedingungen schwieriger ist, die positive Auswirkung zusätzlicher Wasserversorgung nachzuweisen als im Gefäß.

Zwischen den verschiedenen Malus-Unterlagen bestehen deutliche Unterschiede in der Durchwurzelungstiefe und im durchwurzelten Bodenvolumen. Die Feststellung, daß unter gleichen Bedingungen Apfelbäume auf vegetativ vermehrten Unterlagen einen besseren Bewässerungserfolg bringen als solche auf Sämlingsunterlagen und Bäume auf schwach wachsenden einen besseren als solche auf stark wachsenden Unterlagen (Slowik 1973, Cripps 1971, Fljurce 1971) dürfte in erster Linie auf die Eindringtiefe der Wurzeln zurückzuführen sein.

Die genetisch bedingte Fähigkeit der Obstbaumwurzeln, tiefer oder weniger tief in den Boden einzudringen, wird gewöhnlich durch die Eigenschaften des Bodens überlagert, die das Wurzelwachstum hemmen bzw. verhindern. Die am häufigsten auftretenden Hindernisse sind dabei

- Begrenzung der Bodenprofiltiefe durch anstehendes Muttergestein oder Stein- und Kiesschichten,
- Begrenzung durch Grundwasser,
- Hemmung durch Verdichtungshorizonte und Stauwasser.

Die Mächtigkeit der durchwurzelten Bodentiefe bildet unter gleichen klimatischen Ausgangsbedingungen neben der Bodenart das entscheidende Kriterium für die Bewässerungsbedürftigkeit eines Standortes.

*Grundwasserstand*

Das Grundwasser verdient unser Interesse nicht nur als Grenze für das Wurzelwachstum, sondern auch als zusätzlicher großer Vorrat für die Wasserversorgung der Gehölze neben der nutzbaren Kapazität des Bodens. Das Grundwasser muß für diesen Zweck so hoch anstehen, daß es von den Baumwurzeln in ausreichendem Maße entnommen werden kann, jedoch das für die Ernährung der Bäume erforderliche Bodenvolumen nach der Tiefe hin möglichst wenig einengt. Die erwähnten genetisch bedingten Eigenheiten des Wurzelwachstums sind dabei zu berücksichtigen.

Man unterscheidet zwischen dem Grundwasser, einer Wasseranreicherung im Boden, die während des ganzen Jahres besteht, und dem Stauwasser, das nur zeitweise vorhanden ist. Die Grundwasseroberfläche kann man nicht ohne weiteres im Boden erkennen, da sich darüber der Kapillarsaum anschließt, dessen Wassergehalt ebenso groß sein kann, wie der im Grundwasserbereich. Die Grundwasseroberfläche wird gekennzeichnet durch den Grundwasserspiegel, der sich in einem Wasserstandsrohr einstellt und der dem Grundwasserstand entspricht. In Abhängigkeit von Wasserverbrauch und Wasserzufuhr verändert sich die Höhe des Grundwasserstandes im Laufe des Jahres mehr oder weniger. Gerade die Veränderungen des Grundwasserstandes eines grundwassernahen Standortes, d. h. eines Standortes, an dem das Grundwasser auf Grund seiner Höhe für die Wasserversorgung der Gehölze zur Verfügung steht, sind von großer Bedeutung.

Ob und in welcher Menge das Grundwasser zur Verfügung steht, hängt von der Höhe des Grundwasserstandes und vom kapillaren Aufstieg des Wassers ab, der durch Bodenart und Aufbau des Bodenprofils bedingt ist. Eine verhältnismäßig einfache Methode zur Errechnung des kapillaren Aufstiegs unter ungesättigten Bedingungen findet man bei Kurc (1973), für die pF-Werte und die maximale Geschwindigkeit des Wasseraufstiegs 5···10 cm über dem Grundwasserspiegel benötigt werden. Giesel und Mitarbeiter (1972) errechneten Aufstiegshöhe und Aufstiegsmenge für idealisierte Ein- und Mehrschichtprofile verschiedener Bodenarten auf der Grundlage der Gleichung von DARCY. Die größten Aufstiegshöhen bei gleicher Aufstiegsmenge erzielten sie in Einschichtprofilen aus tonigem Schluff (Löß) und lehmigem Sand, die niedrigsten bei kiesigem Sand und schluffigem Ton. Bei gleichem Substrat verminderte größere Lagerungsdichte Aufstiegshöhe und -menge. In Abbildung 15 ist für einige wichtige Böden die Beziehung zwischen Aufstiegshöhe und Menge dargestellt. Eine Wassermenge von 5 mm/Tag, die unter unseren klimatischen Bedingungen für die Wasserversorgung der Pflanzen ausreicht, steigt in den mittleren bis leichten Böden auf eine Höhe von 30···60 cm, im Löß auf 85 cm und im schluffigen Ton nur bis auf 16 cm an. In Zweischichtprofilen ist neben der Bodenart der beiden Schichten auch die Tiefe des Grundwasserspiegels unterhalb der Grenze zwischen den beiden Schichten von Bedeutung für Höhe und Menge des Wasseraufstiegs. Ein Schema zur Errechnung des kapillaren Aufstiegs in nichthomogenen Bodenprofilen wurde von BLOEMEN (1980) erarbeitet.

Bei den Ackerzahlen unserer Boden-

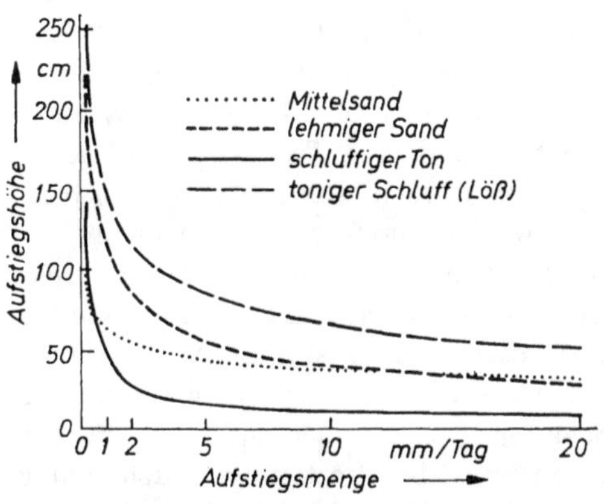


*Abb. 15:* Einfluß der Bodenart auf die Höhe und Menge des Wasseraufstiegs in Einschichtprofilen; nach Werten von GIESEL und Mitarbeitern (1972)

schätzung berücksichtigte man bereits den Einfluß des Grundwasserstandes unter dem Gesichtspunkt des Ertrages landwirtschaftlicher Kulturen. Als günstigster mittlerer Grundwasserstand für lehmigen Sandboden wurden etwa 150 cm, für tonigen Lehmboden 200 cm angenommen. Dem Problem des Grundwassereinflusses auf Obstbäume wird besonders in den Niederlanden nachgegangen, wo ein spezielles Versuchsfeld für Grundwasserstände auf schwerem Boden eingerichtet wurde (SEGEREN und VISSER 1969). Hier zeigte sich, daß die Mineralisation des Stickstoffs beim tiefsten Grundwasserstand (300 cm) am besten war. Bäume auf M 9 wuchsen dadurch in den ersten Standjahren stärker und bildeten mehr Blütenknospen. Mit höherem Grundwasserstand nahmen Stippigkeit, sommerlicher Blattfall und Absterben von Blattknospen zu. BUTIJN (1961) behandelt eingehend das Problem der Grundwasserwirkung und die Bestimmung des optimalen Grundwasserstandes bei Obstgehölzen. Er stellt fest, daß dort, wo das Grundwasser den Bäumen verfügbar sein soll, in erster Linie der Frühjahrsgrundwasserstand (etwa im Mai) maßgebend ist. Als besonders gefährlich bezeichnet er starke Schwankungen in der Höhe, wobei früherer hoher Stand weniger gefährlich ist als ein hoher Stand in der späteren Vegetationsperiode. Die Auswirkungen zu hoher Grundwasserstände in Verbindung mit Schwankungen in der Höhe machen die Ergebnisse von HOEKSTRA (1967) mit verschiedenen Apfelsorten auf M 9 und M 4 deutlich. Er kommt zu dem Schluß, daß auf gut strukturierten Marschböden, die eine gute Durchwurzelung zeigen, der mittlere Grundwasserstand im März mindestens 80···90 cm tief liegen sollte. Formeln zur Errechnung der optimalen Grundwassertiefe sind sowohl bei BUTIJN (1961) als auch bei

Sulyok-Schulek (1964) zu finden. Letzterer verwendet dazu:

Bodentiefe mit 80% der Wurzelmasse
+ Höhe des kapillaren Aufstiegs
+ 30 cm Sicherheitszone.

Die so errechneten Werte liegen etwas tiefer als die von Hoekstra angegebenen. Nach Dojcev (1969) soll der Grundwasserstand für Apfel auf schwach bis mittelstark wachsenden Unterlagen unter 150···200 cm liegen, soweit das Grundwasser wenig Mineralstoffe enthält. Bei mineralstoffreichem Grundwasser empfiehlt er sogar unter 350···400 cm.

*Wassersättigungsgrad*

Mit steigendem Wassergehalt eines Bodens sinkt dessen Luftgehalt, da die Summe beider durch das Porenvolumen begrenzt ist. Während am permanenten Welkepunkt nahezu das gesamte Porenvolumen von Luft eingenommen wird, kann der Luftanteil bei Feldkapazität in Abhängigkeit vom Boden zwischen 0 und 40 Vol.-% des Gesamtbodens schwanken (vgl. Abb. 14). Bei einem Luftanteil von 15% gilt ein Boden als ausreichend, unter 12% bereits als mangelhaft durchlüftet. Dabei muß nicht nur ein ausreichender Luftanteil, sondern auch ein entsprechender Gasaustausch mit der Atmosphäre garantiert sein, um einem Ansteigen des $CO_2$-Gehaltes in der Bodenluft auf Kosten des $O_2$-Gehaltes vorzubeugen. Eine zusammenfassende Übersicht über die Bedeutung der Bodendurchlüftung gibt Grable (1966).

Für praktische Belange interessiert,

- bei welchem Wassersättigungsgrad des Bodens Schäden an den Obstgehölzen zu erwarten sind,
- in welchem Bereich eine optimale Versorgung gesichert wird und
- wann Leistungsminderungen durch Wassermangel eintreten.

Die kritische Grenze, bei der durch zu hohen Wassergehalt ein Luftmangel eintritt, wird in schweren Böden mit geringem Grobporenanteil schnell und in leichten bzw. in Böden mit hohem Grobporenanteil praktisch nur im Grundwasserbereich und im Kapillarsaum des Grundwassers erreicht. Butijn (1961) verweist darauf, daß bei weniger als 10% Luft Schäden an Obstgehölzen auftreten. Die Obstarten zeigen dabei unterschiedliche Empfindlichkeit. Bei der Besprechung des Grundwassereinflusses wurde bereits erwähnt, daß die Obstgehölze im Laufe des Jahres unterschiedlich reagieren. Zu hoher Wassersättigungsgrad im Winter und Frühjahr wirkt sich weniger negativ aus als ein solcher im Sommer und Frühherbst (Delver 1969). Ebenso ist die Dauer des dabei eintretenden $O_2$-Mangels von Bedeutung (Doichev und Makariev 1971). Die Wasserübersättigung führt zu einer Verringerung des Wassergehaltes der Pflanzenorgane und des Chlorophyllgehaltes. Bei nichtfruchtenden Apfelbäumen und hoher N-Versorgung werden die Schäden am ehesten sichtbar.

Bei der Vielzahl der mit Apfelbäumen durchgeführten Gefäßversuche, in denen meist mit Wassersättigungsgraden von 20···80% der nutzbaren Kapazität gearbeitet wurde, konnte eine klare Korrelation zwischen der Höhe des Wasserangebots und dem Triebwachstum nachgewiesen werden. Ebenfalls ein positiver, aber weniger starker Zusammenhang besteht mit dem Zuwachs des Stammdurchmessers und dem Ertrag der Bäume. Ein gesicherter Leistungsabfall in Form der Abnahme der Photosynthese und der Senkung des Baumertrags tritt in der Regel erst bei Sättigungsgraden unter 50% der nK und vielfach erst unter 30% ein. Wesentlich ungünstiger wirkt sich ein starker Wechsel des Sättigungsgrades aus. Ein eindeutiger Nachweis von

Unterschieden in der Beeinflussung der Ertragsleistung durch Sättigungsgrade von 50···80% der nK ist schon unter den Bedingungen des begrenzten Durchwurzelungsraumes im Gefäßversuch schwierig. Bei Fortführung über mehrere Jahre und unter Feldbedingungen wird das noch problematischer. Butijn (1961) gibt 75% der nK als optimalen Sättigungsgrad für das Sproßwachstum an und stellt fest, daß das Fruchtwachstum weniger auf eine Feuchteabnahme des Bodens reagiert als das Sproßwachstum. Erst in der Nähe des permanenten Welkepunktes nimmt das Fruchtwachstum ab und kommt dann ganz zum Stillstand, wobei irreversible Welkeerscheinungen auftreten, die zu Schäden an den Gehölzen führen (Veihmeyer 1972). Die Geschmacksqualität der Früchte wird stark vom Wassersättigungsgrad des Bodens beeinflußt. So besaßen Äpfel eines Feldversuches bei 70% der FK durch Beregnung dreimal mehr Aromastoffe als ohne Zusatzbewässerung. Bei über 80% der FK durch Furchenbewässerung war der Gehalt an Aromastoffen niedriger (Stranbzhev und Mitarbeiter 1977).

Ebenso wie Luftmangel im Wurzelbereich und die daraus folgenden Schäden eine Frage der Dauer dieses Mangels sind, wirkt Wassermangel auch in Abhängigkeit von der Dauer. So wies Forshey (1965) nach, daß unter ungünstigen Bodenbedingungen die Bodenfeuchte wenigstens 30 Tage lang unter 25% der nK liegen mußte, um eine meßbare Verminderung der Fruchtgröße zu erhalten. Unter günstigeren Bedingungen blieb das Fruchtwachstum sogar durch Trockenperioden bis zu 50 Tagen unbeeinflußt. Assaf und Mitarbeiter (1974) untersuchten den Einfluß unterschiedlicher Sättigungsgrade in den Bodentiefen 0···60 cm und 60···120 cm auf die Leistung von Apfelbäumen auf Sämlingsunterlage unter den Bedingungen starker Evapotranspiration (tägliche mittlere Evaporationsrate Juni bis August 7···9 mm). Höchster Ertrag und größte Früchte wurden erhalten, wenn von Anfang Juni bis Anfang August die Bewässerung beim Erreichen von 40% der nK und danach beim Erreichen des Welkepunktes in der Tiefe 0···60 cm einsetzte. In 60···120 cm Tiefe betrug der Sättigungsgrad während dieser beiden Perioden 80 und 60% der nK. Das Problem der Sättigungsgrades kann insbesondere unter Feldbedingungen nicht allein unter dem Gesichtspunkt der optimalen bzw. ausreichenden Wasserversorgung der Gehölze gesehen werden. Ausreichende Bodenfeuchte bildet auch die Voraussetzung für Freisetzung, Transport und Aufnahme der Nährstoffe. Nach Kumashiro und Tateishi (1967) nahmen P- und B-Gehalt mit sinkender Bodenfeuchte beträchtlich ab. Am gefährlichsten auf den N-Haushalt wirkten sich starke Schwankungen in der Bodenfeuchte aus. Trockenheit in der Hauptaufnahmezone des Bodens während des Frühjahrs führte zu extremem N-Mangel in Verbindung mit verminderter Photosynthese, Wachstumsstockungen und geringerer Wurzelaktivität (Forshey 1966). Die im Frühjahr verabreichten Mineraldünger reicherten sich dabei an der Bodenoberfläche an, wo sie sogar auf junge Bäume toxisch wirkten.

## Einfluß der Bodenpflege auf die Wasserbereitstellung

Unter dem Begriff „Bodenpflege" werden im modernen Obstbau alle die Maßnahmen zusammengefaßt, die auf die Erhaltung und Hebung der Bodenfruchtbarkeit in der Obstanlage gerichtet sind. Da sich die Obstgehölze mit ihren Kronen wesentlich über die Bodenoberfläche erheben und in Abhängigkeit von Alter und Anbausystem ihre Kronengrundflächen nur einen Teil der Bodenfläche einnehmen, ist eine besondere Behandlung der Bodenoberfläche in Obstanlagen möglich und erforderlich, zumal die Baumwurzeln eine tiefergehende Bodenbearbeitung während der gesamten Standzeit der Bäume verbieten. Das Erfordernis wird verstärkt durch das Befahren der Arbeitsgasse mit zunehmend schwereren Maschinen.

In Abhängigkeit von der Entwicklung des modernen Anbausystems haben sich durch Kombination verschiedener Maßnahmen unterschiedliche Bodenpflegeverfahren herausgebildet, die in der Regel einen Kompromiß aus arbeits- und betriebswirtschaftlichen sowie pflanzenbaulichen Überlegungen darstellen. Für letztere spielt die Beeinflussung des Wasserhaushaltes des Bodens und damit die Wasserbereitstellung für die Bäume eine entscheidende Rolle. Die Einflußnahme kann jedoch nur in den von Klima und grundsätzlichen Bodeneigenschaften vorgegebenen Grenzen erfolgen.

Die Bodenpflegemaßnahmen wirken sich einerseits durch Erhöhung oder Senkung des unproduktiven Wasserverbrauchs direkt auf den Wasservorrat des Bodens aus und andererseits durch Veränderung der den Bodenwasserhaushalt bestimmenden Eigenschaften, wobei diese Veränderungen vorwiegend an und dicht unter der Oberfläche eintreten. Abgesehen von der direkten Beeinflussung des Gehalts an organischer Substanz sind es vorwiegend Veränderungen der Bodenstruktur, die Bedeutung für die Wasseraufnahme des Bodens und den Wasserverbrauch haben.

## Auswirkungen einzelner Bodenpflegemaßnahmen

In der Vergangenheit war in unseren intensiven Anlagen die Bodenbearbeitung die einzige Bodenpflegemaßnahme. Sie hatte das Ziel, ganzjährig jeglichen mit den Obstbäumen konkurrierenden Pflanzenwuchs auf mechanischem Wege zu beseitigen. Der unproduktive Wasserverlust wurde damit auf die Evaporation der gelockerten Bodenoberfläche eingeschränkt (Einfluß auf Bodenfeuchte s. Abb. 16). Starke Förderung der Durchlüftung der bearbeiteten Bodenschicht führt jedoch über mechanische und biologische Wirkungen zu schneller Struktur-

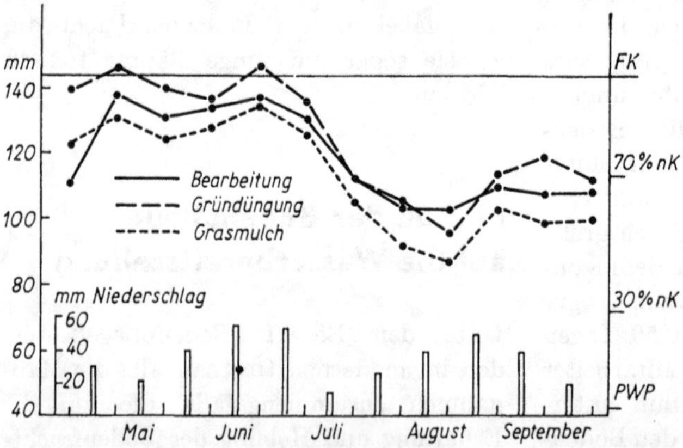


*Abb. 16:* Bodenwasserbilanz für 0···50 cm Tiefe, in Abhängigkeit von unterschiedlichen Bodenpflegemaßnahmen in der Arbeitsgasse auf Parabraunerde (Mittelwerte der Jahre 1967 bis 1971, Meßwerte von SCHÖNBERG)

verschlechterung an der Oberfläche, zu deren Kompensierung große Mengen an Stallmist eingesetzt werden müßten. Soweit dies nicht ausreichend geschieht, wird im Laufe der Zeit in Verbindung mit mangelnder Durchlüftung der Oberfläche die Wasserinfiltration in den Boden erschwert und die Evaporation erhöht.

Die Alternative zur Beseitigung allen Pflanzenwuchses unter den Obstbäumen besteht in der Duldung des Unkrautwuchses, bzw. in einem gezielten Anbau von Pflanzen zur Bedeckung der anderenfalls den meteorologischen Einflüssen schutzlos preisgegebenen Bodenoberfläche. Pflanzenwuchs in der Obstanlage fördert aber, abgesehen von anderen Konkurrenzerscheinungen, grundsätzlich den für die Obstbäume unproduktiven Wasserverbrauch in Form der Transpiration der Deckpflanzen. Deshalb wurde in der Vergangenheit bei der Auswahl und Beurteilung bestimmter Deckpflanzen neben den positiven Auswirkungen auch dem Wasserverbrauch und der dadurch für die Obstbäume entstehenden Konkurrenzgefahr Aufmerksamkeit gewidmet. Grundlagen dazu wurden von Goeldner (1956) erarbeitet. Bei Friedrich (1970) ist eine Zusammenstellung der Rangfolge des von verschiedenen Autoren ermittelten Wasserbedarfs von Deckpflanzen zu finden. Blasse (1961 und 1972) untersuchte speziell für leichte Böden geeignete Deckpflanzen und Deckpflanzengemische.

Ein- und zweijährige Pflanzen werden in der Regel als Gründüngungspflanzen in Obstanlagen verwendet, d. h. sie werden zu einem bestimmten Termin eingesät und im gleichen Jahr bzw. zu Beginn der nächsten Vegetationsperiode flach in den Boden eingearbeitet (Einfluß auf Bodenfeuchte s. Abb. 17). Für eine Dauerbegrünung mit guter Befahrbarkeit eignen sich besonders Gräser, jedoch haben diese, zwar nach Arten etwas differenziert, mit den höchsten Wasserverbrauch. Hinzu kommt, daß bei Dauergras der stärkste Wasserbedarf kurz vor und während des Hauptbedarfs der Obstgehölze liegt. Deshalb wurde nach Möglichkeiten gesucht, bei Verwendung von Gras als Dauerdeckpflanze dessen Wasserbedarf und in Verbindung damit andere Konkurrenzwirkungen einzuschränken. Möglichkeiten dazu bestehen in

— der Wahl der Grasart,
— dem häufigen Mähen des Grases,
— dem Belassen des Mähgutes auf der Grasfläche,
— der Einschränkung des Graswuchses mit chemischen Mitteln.

Außerdem sind Klima und Boden, insbesondere der Wasserhaushalt des Bodens, zu berücksichtigen.

Ohne den zusätzlichen Wasserbedarf der Deckpflanzen in Kauf nehmen zu müssen, ist eine Bedeckung der Bodenoberfläche mit organischen und anorganischen Stoffen möglich. Diese als Bodenbedeckung (Mulch) bekannten Maßnahmen wirken sich evaporationsmindernd und strukturschonend bzw. -verbessernd auf die Bodenoberfläche aus. Eine großflächige Anwendung organischer Bedekkungsmaterialien scheitert allerdings in der Regel an den nicht in ausreichendem Maße zur Verfügung stehenden Bedeckungsmaterialien und dem relativ hohen Arbeitsaufwand bei der Ausbringung. Durch die Entwicklung chemischer Stoffe, die als Bodenbedeckungsmaterialien geeignet sind und deren Ausbringung mechanisiert werden kann, gewinnt dieses Problem erneut an Bedeutung. Zur Zeit spielen Kunststoffolien und Bitumenemulsion dabei die Hauptrolle.

Wie sich Bitumenemulsion auf den Wasserhaushalt des Bodens auswirkt, geht aus Tabelle 5 hervor. Die Werte wurden unter den Baumscheiben von Apfel-

*Tab. 5:* Bodenfeuchte und ihre Veränderung unter Baumscheiben mit unterschiedlicher Bedeckung (in Masse-%) nach Messungen von SCHÖNBERG

| Boden-tiefe | 13. 7. 1970 | | | 13. 8. 1970 | | | Differenz zwischen den beiden Terminen | | |
|---|---|---|---|---|---|---|---|---|---|
| cm | Torf | Bitumen | ohne | Torf | Bitumen | ohne | Torf | Bitumen | ohne |
| 10 | 10,6 | 9,0 | 8,8 | 12,1 | 13,0 | 12,2 | + 1,5 | + 4,0 | + 3,4 |
| 30 | 11,1 | 10,7 | 10,5 | 10,8 | 13,3 | 12,3 | − 0,3 | + 2,6 | + 1,8 |
| 50 | 12,8 | 13,9 | 13,8 | 12,5 | 15,5 | 13,6 | − 0,3 | + 1,6 | − 0,2 |
| Mittel | 11,5 | 11,2 | 11,0 | 11,8 | 13,9 | 12,7 | + 0,3 | + 2,7 | + 1,7 |

niederstämmen im zweiten Standjahr gemessen. Die Bedeckung einer jeweils einen $m^2$ großen Fläche erfolgte im Frühjahr des gleichen Jahres. Bitumenemulsion wurde 1 $l/m^2$ gespritzt. Herbizide verhinderten in allen drei Varianten den Unkrautwuchs. Der geringere Wasserverbrauch unter Bitumenmulch während der Vegetationsperiode war verbunden mit einer Erhöhung der mittleren Tagestemperatur in 0···20 cm Bodentiefe im Zeitraum Mai bis Oktober, die gegenüber Torf 2,4 °C und gegenüber unbedecktem Boden 1,5 °C betrug. Unter Bitumen hatten die Bäume das stärkste Anfangswachstum und einen höheren Anfangsertrag.

Wesentlichen Einfluß auf die Gestaltung der Bodenpflege im Obstbau übten die Herbizide aus, mit deren Hilfe es möglich wurde, Unkrautwuchs zu verhindern, ohne die Bodenoberfläche mechanisch zu zerstören. Für den Wasserhaushalt bedeutet das, daß ein zusätzlicher Wasserverbrauch durch die Unkräuter verhindert wird und die Struktur der Bodenoberfläche erhalten bleibt.

## Auswirkungen verschiedener Bodenpflegeverfahren

Wie oben erwähnt, sind nicht nur pflanzenbauliche Gesichtspunkte für die Wahl der einzelnen Bodenpflegemaßnahmen und das sich daraus ergebende Bodenpflegeverfahren maßgebend. Im Interesse anderer Vorteile, insbesondere der immerwährenden guten Befahrbarkeit, der Erleichterung anderer Arbeitsgänge usw., kann und sollte ein Bodenpflegeverfahren aber nur angewandt werden, wenn dadurch die Ertragsleistung der Obstgehölze nicht negativ beeinflußt wird. So einfach und selbstverständlich diese Forderung klingt, so schwierig und langfristig erweist sich die exakte Beantwortung dieser Frage, da die Bodenpflegemaßnahmen in Wechselwirkung mit vielen anderen Einflüssen, insbesondere dem jährlichen Wetterverlauf, den Bodenbedingungen, der Düngung, aber auch der Sorte, Unterlage, dem Ertragsniveau usw., stehen. In Verbindung mit dem Wasserhaushalt eines Standortes ist die Beeinflussung des Bodenfeuchteverlaufs durch das Bodenpflegeverfahren eine entscheidende Teilfrage.

Auf Grund der bestehenden Wechselbeziehungen ist es nicht verwunderlich, daß es eine Vielzahl von Untersuchungen gibt, die sich mit der Beeinflussung der Bodenfeuchte durch das Bodenpflegeverfahren befassen und deren Ergebnisse teils widersprechend erscheinen, wenn man nicht die unter den jeweiligen Bedingungen wesentlichen anderen Faktoren mit berücksichtigt. Wir wollen uns deshalb unter dem Gesichtspunkt der Schonung des Bodenwasserhaushaltes nur den in unserem Klimaraum zur Zeit angewandten Bodenpflegeverfahren zuwenden.

Wie bei uns die ganzjährige Bodenbearbeitung der Gesamtfläche nicht mehr als Bodenpflege praktiziert wird, so wenden sich die maritim beeinflußten Obstbaugebiete mehr und mehr vom System des ganzflächigen Dauergrases, selbst bei Kurzgrashaltung und Belassen des Mähgutes auf der Grasfläche (Grasmulch), ab und der Streifenkultur zu. Die Herbizide bilden die Voraussetzung für die allgemeine Anwendung der Streifenkultur, d. h. Unkrautfreihaltung des Baumstreifens mit Herbiziden, während in der Arbeitsgasse zwischen den Baumstreifen andere Bodenpflegemaßnahmen durchgeführt werden.

Die nachfolgenden von SCHÖNBERG in einem langfristigen Bodenpflege/Düngungsversuch ermittelten Ergebnisse der Bodenfeuchtebeeinflussung wurden bei den angeführten Bodenpflegeverfahren in Streifenkultur bei Apfelniederstämmen auf Parabraunerde erhalten. Der Standort des Versuches zeigt im langjährigen Mittel eine Jahresniederschlagssumme von 677 mm und eine mittlere Jahrestemperatur von 9 °C. Abbildung 16 kennzeichnet den Bodenfeuchteverlauf im Mittel von 5 Jahren. Die mittlere Niederschlagssumme dieser Jahre betrug 700 mm (573···812 mm). Die erfaßten Jahre waren demzufolge relativ feucht. Die Probenahme für die gravimetrische Feuchtebestimmung erfolgte in der Mitte der Arbeitsgasse aus den Tiefen 10, 30 und 50 cm. Die in 0···50 cm Bodentiefe jeweils vorhandene Wassermenge wurde errechnet (Tab. 6) und zu den Kennwerten des Wasserhaushaltes in Beziehung gesetzt, so daß die Darstellung Auskunft über den jeweiligen Sättigungsgrad gibt. Im Pflegeverfahren „Bearbeitung“ wurde die Arbeitsgasse ganzjährig durch mechanische Bearbeitung unkrautfrei gehalten. Bei „Gründüngung“ wurde ebenfalls bis Juni bearbeitet und im Juli Gründüngungspflanzen eingesät, die man im zeitigen Frühjahr des nächsten Jahres einarbeitete. Bei „Grasmulch“ wurde die Dauergrasnarbe in der Arbeitsgasse jährlich 5···6mal gemäht.

Die Abbildung 17 zeigt, daß trotz vielfachen Schnittes Grasmulch im Mittel 5···10 mm entsprechend 5···10% der nK unter den beiden anderen Varianten bleibt. Jedoch ist der gesamte Feuchteverlauf so günstig, daß auch Grasmulch nicht unter 45% der nK absinkt, so daß sich keine Nachteile für die Wasserversorgung der Obstgehölze ergeben dürften (vgl. Ertragsverlauf Abb. 19). Die Verminderung des hohen Sättigungsgrades durch Grasmulch von April bis Juni ist bei dem schlecht durchlüfteten Boden des Standortes eher ein Vorteil als ein Nachteil. Von den beiden anderen Bodenpflegeverfahren zeigt Gründüngung im Frühjahr einen höheren Wassergehalt

*Tab. 6:* Kennwerte des Bodenwasserhaushaltes einer Parabraunerde nach SCHÖNBERG (1967)

| Bodentiefe cm | Raummasse g/100 cm³ | bei Feldkapazität Wasser Vol.-% | Luft Vol.-% | am permanenten Welkepunkt Wasser Vol.-% | nutzbare Kapazität Vol.-% | mm |
|---|---|---|---|---|---|---|
| 10 | 171 | 28,0 | 7,8 | 6,9 | 21,1 | |
| 30 | 162 | 27,7 | 12,7 | 8,8 | 18,9 | |
| 50 | 154 | 30,5 | 13,0 | 9,6 | 20,9 | |
| 0···50 | | | | | | 101,5 |

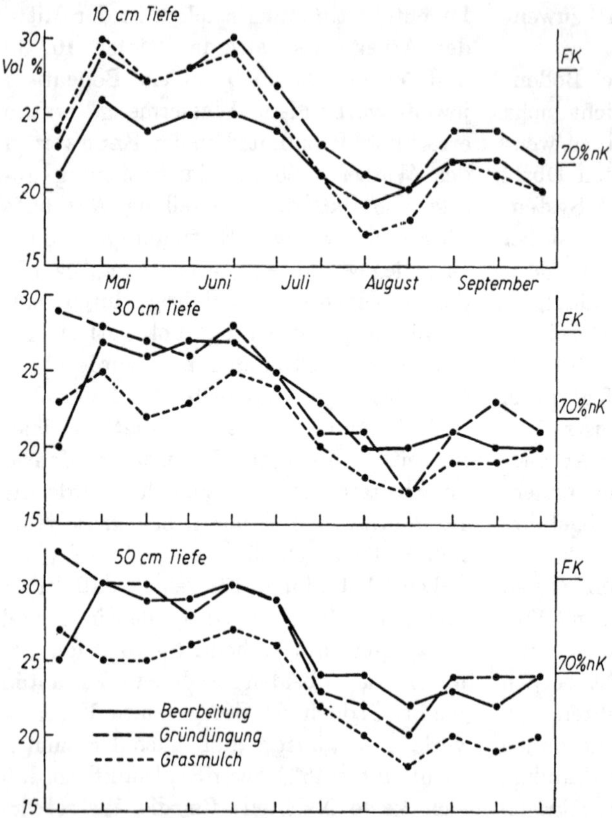


*Abb. 17:* Einfluß unterschiedlicher Bodenpflegemaßnahmen in der Arbeitsgasse auf den Bodenfeuchteverlauf und Sättigungsgrad in verschiedenen Bodentiefen auf Parabraunerde (Mittelwerte der Jahre 1967–1971)

als Bearbeitung. Nach Einsaat der Deckpflanzen im Juli steigt offenbar der Wasserverbrauch im August zunächst etwas über den von Bearbeitung an.

Die völlig unterschiedliche Deckpflanzenverwendung in den Bodenpflegeverfahren läßt einen Einfluß auf die Entnahmetiefe des Bodenwassers erwarten, deshalb sind in Abbildung 17 die Feuchteverläufe der Tiefen 10, 30 und 50 cm dargestellt. Beim Übergang von feuchten zu trockeneren Bedingungen ist für Grasmulch in der obersten Bodenschicht die stärkere Schwankung und in 30 und 50 cm dagegen die größere Ausgeglichenheit der Feuchteverlaufskurve typisch. Zusätzlicher Wasserverbrauch durch die Gründüngungspflanzen deutet sich vorwiegend im August in 30 cm Tiefe an. Nachfolgende stärkere Niederschläge bewirken in allen Tiefen wieder einen schnellen Anstieg der Feuchte unter der Einsaat.

Da sich das Freihalten des Baumstreifens von Deckpflanzen allgemein als vorteilhaft erwiesen hat, soll hier noch auf die Beeinflussung der Bodenfeuchte im Baumstreifen bei Grasmulch in der Arbeitsgasse eingegangen werden. Abbildung 18 zeigt den Bodenfeuchteverlauf in einem Jahr mit einem relativ trockenen Frühsommer, in dessen Folge die Bodenfeuchte in 0···50 cm Tiefe unter Grasmulch für kurze Zeit bis unter den Welkepunkt absank. Im Baumstreifen blieb die Feuchte um etwa 10% der nK darüber. Besonders groß ist die Differenz während der Hauptwachstumsperiode des Grases. Somit können, wie hier im Juni über 30% der nK, in Austrocknungs-

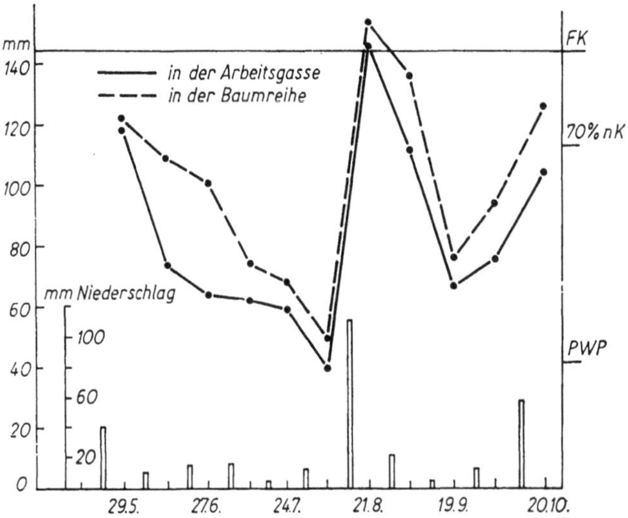


*Abb. 18:* Bodenwasserbilanz für 0···50 cm Tiefe unter Grasmulch in der Arbeitsgasse und in der angrenzenden mit Herbiziden behandelten Baumreihe auf Parabraunerde 1964, Apfelniederstämme im 2. Standjahr (Meßwerte von SCHÖNBERG)

perioden beträchtliche Saugspannungsdifferenzen mit den entsprechenden Folgeerscheinungen für die Wasserbewegung und Nährstoffaufnahme zwischen Baumstreifen und Arbeitsgasse mit Grasmulch auftreten. Diese Ergebnisse stimmen mit den von ENGEL (1971) unter völlig vergleichbaren Bedingungen erzielten überein, wonach die Bodenfeuchte unter Grasmulch in der Arbeitsgasse bei 6···8maligem Schnitt in zwei von drei Jahren von offengehaltenem Boden abwich, während das im angrenzenden herbizidbehandelten Baumstreifen nicht der Fall war. DOCHEV und STAMATOV (1979) stellten in einem Bewässerungsversuch mit Überkronenberegnung in Bulgarien fest, daß zur Erhaltung der Bodenfeuchte über 70% der FK der Wasserbedarf bei Grasmulch um 38% höher war als bei offen gehaltenem Boden, wobei die zusätzliche Menge vorwiegend von April bis Juni benötigt wurde.

Unter Berücksichtigung der angeführten und der in vielfacher Form in der Literatur vorhandenen Ergebnisse kann zusammenfassend festgestellt werden, daß Deckpflanzen, insbesondere Dauergras, den Wasserverbrauch fördern. Mit der Häufigkeit des Schnittes und durch die Streifenkultur wird der Zusatzverbrauch herabgesetzt. Aber auch bei der üblichen Schnitthäufigkeit des Grases im Mulchsystem ist der Wasserverbrauch größer als bei bearbeitetem Boden. Dies wirkt sich in Austrocknungsperioden negativ auf die Bodenfeuchte aus, am stärksten in der Hauptbedarfszeit des Grases (Mai bis Juni). Je geringer die nK des Bodens und/oder die Mächtigkeit des durchwurzelten Bodens, um so eher erwachsen daraus Leistungsminderungen für die Obstgehölze. Steht den Bäumen auf Grund hoher nK des Bodens und ausreichend hoher Niederschläge bei entsprechender Verteilung genügend Bodenwasser zur Verfügung, so ist die Gefahr der Ertragsminderung durch das Grasmulchverfahren in Streifenkultur gering (Abb. 19).

## Bewässerung

Aus den vorhergehenden Abschnitten wird deutlich, daß die Auswirkungen einer zusätzlichen Wasserversorgung der

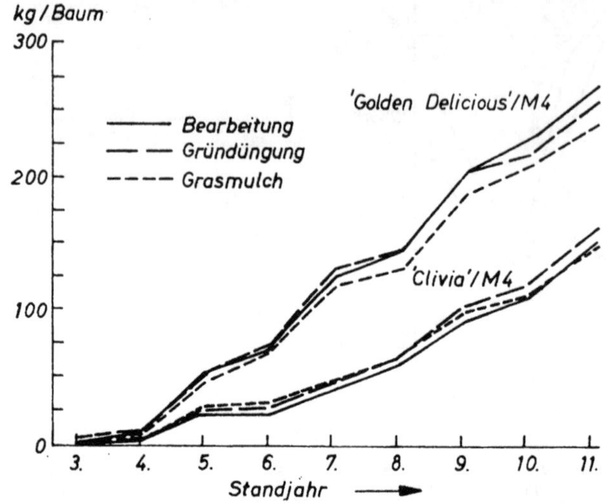


*Abb. 19:* Einfluß verschiedener Bodenpflegesysteme auf den Ertragsverlauf zweier Apfelsorten (Summenkurven) (Versuchsdaten von SCHÖNBERG)

Obstgehölze von vielfältigen Wechselbeziehungen zu anderen Faktoren bestimmt werden, von denen Klima, Wasserhaushalt des Bodens und Durchwurzelungstiefe die wichtigsten sind. Einfluß üben auch die Art der Wasserausbringung, die Reaktion der jeweiligen Obstart bzw. der Sorte und Unterlage aus. Die Bestimmung des Bewässerungszeitpunktes und der auszubringenden Wassermenge sollte auf der Grundlage exakter Kriterien vorgenommen werden.

## Bewässerungsverfahren

Die Ausbringung des Zusatzwassers kann auf verschiedene Weise erfolgen, woraus sich Unterschiede in der Wirkung ergeben. Grundsätzlich ist möglich

- Untergrundbewässerung,
- Anstau bzw. Berieselung der Bodenoberfläche und
- künstliche Beregnung.

Bei der Untergrundbewässerung werden die Oberfläche des Bodens nicht und die oberen Schichten wenig angefeuchtet. Ausreichend gleichmäßige Verteilung erfordert hohe Dichte der Bewässerungsrohre. Wasserverteilung und Wasserverluste im Untergrund sind von den Bodeneigenschaften abhängig und schwer zu kontrollieren.

Bei allen Stau- und Berieselungsverfahren tritt eine Wasserübersättigung der oberen Bodenschichten ein mit den entsprechenden negativen Auswirkungen auf die Struktur des Bodens und den Wasserverlust. ZULAVSKAJA und Mitarbeiter (1973) stellten bei ihrem Vergleich zwischen Furchenberieselung und Beregnung fest, daß bei Beregnung der Wasserverbrauch je dt Ertrag wesentlich niedriger lag als bei Furchenberieselung. Nach BUSCH und DONNERHACK (1965) beträgt der Ausnutzungsgrad des Zusatzwassers bei den verschiedenen Stau- und Berieselungsverfahren 0,16···0,41 gegenüber 0,74···0,80 bei Beregnung. Eine Befeuchtung der oberirdischen Teile der Bäume erfolgt bei den vorgenannten Verfahren der Wasserausbringung nicht.

Die Beregnung kann als Überkronen- oder Unterkronenberegnung durchgeführt werden. Durch die Überkronenberegnung wird die gesamte Baumkrone je nach Regnertyp kontinuierlich oder intermittierend befeuchtet, und es treten als Nebenwirkung der Wasserausbringung Kühlungseffekte an Blatt (UNRATH 1972) und Frucht (UNRATH und SNEED 1974) ein.

Bei diesen Untersuchungen wurde mit Schwachregnern gearbeitet. Innerhalb von 4 Jahren erzielte man während der Beregnung eine durchschnittliche Senkung der Fruchttemperatur um 5,6 °C und eine wesentliche Qualitätsverbesserung in Form besserer Ausfärbung, Erhöhung des Fruchtgewichts und Verminderung der Stippigkeit. Die Überkronenberegnung besonders mit Weitstrahlregnern hat sich wegen ihrer technischen Vorteile im Großflächenobstbau durchgesetzt. Die Unterkronenberegnung kann eingesetzt werden, wenn das Beregnungswasser die Baumkrone nicht berühren soll. Als wassersparendes Verfahren gewinnt die Tropfenbewässerung im Obstbau zunehmend an Interesse. Neuere Arbeiten sind vorwiegend auf die Erhöhung der Betriebssicherheit der Tropfanlagen gerichtet. Nach CATE (1980) besteht bei einer Wasserabgabe eines Tropfers von mindestens 4 l/h und weniger als 5 mg Fe/l Wasser kaum Verstopfungsgefahr. Beim Vergleich verschiedener Bewässerungsverfahren erwies sich die Tropfenbewässerung als rentabelstes.

## Bewässerungswirkung

Bei der Einschätzung der Wirkung von Zusatzwassergaben auf die Leistung von Obstgehölzen muß davon ausgegangen werden, daß das Wasserangebot nur einen der in enger Wechselbeziehung stehenden Umweltfaktoren darstellt. Es ist gleichzeitig der einzige, durch meteorologische Einflüsse bestimmte Umweltfaktor, den wir unter Feldbedingungen beherrschen. Eine positive Wirkung kann von der Bewässerung nur ausgehen, wenn, wie in den vorangehenden Abschnitten deutlich gemacht, andere Faktoren durch das Zusatzwasser nicht ins Minimum geraten und dadurch leistungsbegrenzend wirken. Daraus ergibt sich die Notwendigkeit, die Wirkung von Zusatzwassergaben nur auf bestimmte, streng definierte Bedingungen zu beschränken. An einem Standort erhaltene Ergebnisse lassen sich nicht ohne weiteres auf Standorte mit anderen Klima- und Bodenbedingungen übertragen.

Bei akutem Wassermangel ist durch Zusatzbewässerung eine Ertragssteigerung im gleichen Jahr über die Verminderung des Fruchtfalles und die Förderung des Fruchtwachstums und über die Verbesserung der Blütenknospendifferenzierung und Förderung des Blütenansatzes im Folgejahr zu erwarten. Weniger eindeutig sind die Auswirkungen oberhalb der Grenze des ausgesprochenen Wassermangels, wo Temperatur und Lichtintensität maßgeblich mitwirken. Gute und gleichmäßige Durchfeuchtung auch der oberen Bodenschichten vorwiegend bis Juli kann sich fördernd auf Fruchtgröße und Fruchtqualität auswirken und vermindert ernährungsphysiologische Störungen, wobei offenbar die Nährstoff-, insbesondere die Stickstoffwirkung, überwiegt. Die durch Wasserüberangebot entstehenden Schäden sind durch den dabei eintretenden Sauerstoffmangel an den Wurzeln, nicht aber durch zu viel Wasser bedingt und treten deshalb auf schlecht durchlüfteten Böden schneller ein als auf gut durchlüfteten. Die klimatisierende Wirkung der Überkronenberegnung wurde im vorangehenden Abschnitt kurz behandelt.

Die Aufstellung einer eindeutigen Rangfolge der Obstarten nach positiver Reaktion auf Zusatzwassergaben wird nicht nur durch die Wechselwirkung zu den Standortbedingungen, sondern auch durch die Anwendung verschiedener Unterlagen erschwert. Unter unseren Bedingungen gelten als besonders dankbar für Bewässerung neben der Erdbeere Apfel und Pflaume, besonders Hauszwetsche. Während im Bezirk Halle auch die Schattenmorelle auf *Prunus mahaleb*

*Tab. 7:* Mehrertrag durch Überkronenberegnung bei verschiedenen Apfelsorten auf leichtem Boden im Havelobstanbaugebiet, Mittel des 7…13 Standjahres; nach BLASSE (1979)

| Sorte | dt/ha | Sorte | dt/ha |
|---|---|---|---|
| ‚Golden Delicious‘ | 46 | ‚Jonathan‘ | 20 |
| ‚Herma‘ | 31 | ‚Undine‘ | 19 |
| ‚Carola‘ | 25 | ‚James Grieve‘ | 13 |
| ‚Breuhahn‘ | 22 | ‚Alkmene‘ | minus 23 |

als bewässerungsdankbar angesehen wird, steht dieselbe bei HILKENBÄUMER (1964) in der Reihe der Obstgehölze nach Wasseranspruch am Ende hinter Birne und Süßkirsche.

Auf den sortenunterschiedlichen Wasserbedarf bei Apfel wurde bereits auf Seite 103f. hingewiesen und dabei die Sorte ‚Alkmene‘ als eine trockneren Standortbedingungen angepaßte Sorte herausgestellt. In Tabelle 7 wird dies insofern bestätigt, als diese Sorte im Mittel von 7 Vollertragsjahren als einzige mit Mindererträgen reagierte.

Nach HEIDE (1981) brachten von 6 auf mittelstark- bis starkwachsenden Unterlagen stehenden Apfelsorten auf Lößlehm im Zeitraum 1977…1979 nach Beregnung: 1 Sorte (‚Clivia‘) in allen 3 Jahren Mehrerträge, 2 Sorten (‚Starkrimson‘ und ‚Wellspur‘) in allen 3 Jahren Mindererträge und die restlichen 3 Sorten in jeweils einem Jahr Mehrerträge. Unter ähnlich günstigen Bodenbedingungen bei höherer mittlerer Jahresniederschlagssumme wurden in der Kölner Bucht durch Beregnung von Apfelbäumen im Vollertrag die in Tabelle 8 zusammengestellten Ertragsergebnisse erhalten.

Es wird allgemein hervorgehoben, daß hohe Durchschnittstemperaturen in der Zeit von Mai bis Oktober ausschlaggebend für positive Auswirkungen der Beregnung in den einzelnen Jahren sind. GOODE und Mitarbeiter (1978) zeigten in einem Versuch mit ‚Cox Orangen‘ auf MM 104, daß die positive Bewässerungswirkung am stärksten war, wenn die Niederschlagsmenge im Juli…August unter dem Mittelwert lag und die Bäume starken Behang aufwiesen. Juni-Bewässerung erhöhte die Fruchtzahl und verminderte die Fruchtgröße und Fruchtqualität. Bewässerung von Juli bis September beeinflußte die Fruchtzahl nicht, förderte aber stark Fruchtgröße und Fruchtqualität. Von CRIPPS (1981) wird darauf hingewiesen, daß bei ‚Granny Smith‘ auf MM 104 durch Bewässerung die Zweijahresrhythmik von Wachstum und Ertrag verstärkt wurde. Von den 9 bei BLASSE und EISEMANN (1977) im Versuch stehenden Apfelsorten zeigten nach 5 Versuchsjahren 3 Sorten eine Verstärkung, und 5 Sorten eine Abschwächung der Ertragsschwankungen durch Bewässerung.

*Tab. 8:* Mehrertrag in dt/ha durch Beregnung bei Apfelsorten auf verschiedenen Unterlagen im Mittel der Jahre 1963 bis 1969 (8. bis 14. Standjahr) auf Löß-Braunerde in der Kölner Bucht nach HILKENBÄUMER (1971)

| Sorte | Unterlage | |
|---|---|---|
| | M 4 | M 9 |
| ‚Goldparmäne‘ | 44 | 17 |
| ‚James Grieve‘ | 27 | −4 |
| ‚Golden Delicious‘ | 4 | −12 |
| ‚Cox Orangen‘ | −6 | 8 |

Tropfenbewässerung auf Sandboden erhöhte nach BRINGEZU (1978) im Trockenjahr 1976 im Mittel von 3 Apfelsorten den Ertrag um 36 dt/ha. Im Folgejahr reagierte die Sorte ‚Breuhahn' mit Minderertrag. Die beiden anderen Sorten brachten im Mittel 20 dt Mehrertrag. Von den bei RÜGER (1981) unter Tropfenbewässerung stehenden 6 Apfelsorten auf M 9 auf Lehmboden brachte 1980 nur die Sorte ‚Gloster' einen Minderertrag.

Sind schon die unter ähnlichen Standortbedingungen erhaltenen Ergebnisse sehr unterschiedlich, so entspricht es der Erwartung, daß die Differenzen durch größere Unterschiede in den Standortbedingungen noch ansteigen. Unter den arideren Bedingungen der Moldauischen SSR z. B. werden Ertragserhöhungen von 50···100% erzielt (PANENKO und GLJAŃKO 1970, STASJUK 1971). RYBAK (1970) berichtet allerdings bei Apfelsorten auf Sämlingsunterlagen auch nur von einer Steigerung von 15···18%. Während GOODE und INGRAM (1971) mit Erhöhung des Wasserangebots Ertragssteigerungen erzielten, wirkte sich bei CAHOON und DONOHO (1967) die höhere Wassergabe ertragssenkend aus. Erstere verweisen auf einen Ertragsrückgang ab 8. bis 9. Standjahr in Verbindung mit einer Ca- und Mg-Abnahme im Blatt, während der K-Gehalt anstieg. BARRERA-GUERRA und SLOWIK (1980) stellten nach Bewässerung bei beiden Apfelsorten eine Erhöhung des Blattgehaltes an P und K und bei je einer Sorte an Mg und Cu fest.

Auf Grund der bestehenden Abhängigkeit zwischen vegetativer und generativer Leistung wird vielfach der Zuwachs des Stammdurchmessers oder der jährliche Neutrieb als Kriterium für die Beurteilung der Auswirkung der Zusatzbewässerung verwendet. GOODE und INGRAM (1971) stellten fest, daß beide Meßgrößen der vegetativen Leistung in den ersten Standjahren der Bäume von der Zusatzwasserversorgung beeinflußt wurden, daß aber mit höheren Erträgen der Einfluß nachließ. In den meisten Bewässerungsversuchen war die Förderung des Triebwachstums stärker als die Zunahme des Stammdurchmessers.

## Steuerung der Bewässerung

Die Abhängigkeit der Wirkung der Bewässerung von anderen Standortfaktoren und deren Beeinflussung durch das Zusatzwasser sowie die Begrenzung des für die Bewässerung zur Verfügung stehenden Wassers verlangt eine zielgerichtete und auf exakten Kriterien beruhende Steuerung der Bewässerung. Ziele der Steuerung sind

- positive Beeinflussung des Ertragsverhaltens der Bäume einschließlich Fruchtqualität im Bewässerungs- und Folgejahr,
- rationelle Nutzung des Wassers,
- keine negative Beeinflussung der für die Fruchtbarkeit verantwortlichen Bodeneigenschaften einschließlich des Grundwassers.

Die Steuerung der Bewässerung kann auf der Grundlage ganz verschiedener Meßwerte durchgeführt werden, für deren Auswahl nicht nur ihre Aussagegenauigkeit, sondern ganz entscheidend ihre leichte und schnelle Verfügbarkeit bzw. der für ihre Ermittlung nötige Aufwand mitbestimmend ist. Als Grundlage können Verwendung finden

- meteorologische Meßwerte, besonders Niederschlag und Temperatur,
- Meßwerte des Bodenwasserhaushalts, besonders Feuchtegehalt und Saugspannung,
- Meßwerte für den Wasserzustand der Pflanzen (vgl. S. 102f.).

So wünschenswert auch die Steuerung, insbesondere die Ermittlung des Zeitpunktes der Bewässerung über einen einzelnen, direkt an der Pflanze meßbaren Wert erscheinen mag, so würde dadurch allein die Frage nach der Höhe der Wassergabe in Verbindung mit dem angestrebten Sättigungsgrad des Bodens und allen damit im Zusammenhang stehenden Problemen nicht gelöst. Praktische Anwendung finden bisher nur Meßwerte der ersten beiden Gruppen.

Die relativ leicht verfügbaren meteorologischen Daten werden als Differenz aus Niederschlag und Wasserverbrauch zur Errechnung klimatischer Wasserbilanzen verwendet, in die die Auswirkungen des jeweiligen Bodens und Pflanzenbestandes nicht eingehen. Sie können auch keine genaue Auskunft über noch verfügbare und zur Bewässerung benötigte Wassermengen geben. Die Feuchtemeßwerte des Bodens werden diesen Notwendigkeiten auch nur gerecht, wenn sie raumbezogen vorliegen und zu den wesentlichen Kennwerten des Bodenwasserhaushaltes (FK und PWP) in Beziehung gesetzt werden. Saugspannungsmeßgeräte kann man vorteilhaft für eine einfache Steuerung der Bewässerung einsetzen, vorausgesetzt, daß sie in der Lage sind, die im jeweiligen Boden auftretenden Saugspannungen zuverlässig zu erfassen und anzuzeigen. Zur Senkung des Aufwandes bei der Steuerung nach auf gravimetrischem Wege ermittelten Bodenfeuchtewerten ist eine Kopplung mit der klimatischen Bilanzmethode von Vorteil.

Wünschenswert für die praktische Steuerung der Bewässerung sind direkte, wenig aufwendige Methoden, wofür eine kontinuierliche Erfassung sowohl des Bodenfeuchtezustandes als auch des Wasserzustandes der Pflanze erstrebenswert erscheint. Zu berücksichtigen sind dabei die spezifischen Ansprüche der Obstart im Laufe der Vegetationsperiode.

Schätzen wir die Wirkung der Bewässerung zusammenfassend ein und ziehen Schlußfolgerungen für unsere Anbaubedingungen, so müssen wir feststellen, daß der Erfolg in erster Linie vom Klima bzw. dem jeweiligen Wetterverlauf bestimmt wird. Ausgesprochene Trockenzeiten treten unter den Bedingungen der DDR nur unregelmäßig und mit relativ kürzerer Dauer auf als in ariden, südlicheren Gebieten, in denen die Bewässerung auch des Obstes eine allgemeine Notwendigkeit darstellt. Dadurch gewinnt bei uns der Bodenwasserhaushalt des jeweiligen Standortes stark an Bedeutung für die Entscheidung über die Bewässerungsbedürftigkeit und die notwendige Exaktheit der Bewässerungssteuerung.

Die durch die Obstarten bedingte Rangfolge der Bewässerungsbedürftigkeit wird durch die verwendete Unterlage oder ganz allgemein durch die Durchwurzelungstiefe des Bodens überlagert, wobei neben der Eigenart der Sorten-Unterlagen-Kombination die physikalischen Eigenschaften des Bodens ausschlaggebend sind. In Zeiten starken Wasserverbrauchs besteht um so stärkere Bewässerungsbedürftigkeit, je geringer die von den Obstgehölzen durchwurzelte Bodentiefe ist. Daraus folgt, daß mit dem Übergang zu schwächer wachsenden Unterlagen bei Apfel in Verbindung mit noch höherer Pflanzdichte die Zusatzwasserversorgung an Bedeutung gewinnt.

## Literatur

(Auszug — das vollständige Literaturverzeichnis kann beim Verfasser eingesehen bzw. angefordert werden)

ASSAF, R., B. BRAVDO, L. LEVIN: Effects of irrigation according to water deficit in two different soil layers, on the yield and growth of apple trees. J. hort. Sci. **49** (1974) 53–64

ATKINSON, D.: Water use and the control of water stress in high density plantings. Acta Hortic., The Hague **114** (1980) 45–56

BALDINI, E.: The transpiration of the pear leaves and its relations to the type of shoots, and the water conductivity of the scion and the rootstock. DAL-Tagungsber. Nr. 99 (1970) 133–138

BARRERA-GUERRA, J. L., K. SLOWIK: Influence of planting density, leaf position and management practices on the leaf content of nutrients in apple trees. II. Effects of irrigation, fertilization and planting density. Fruit Sci. Rep., Res. Inst. Pomology, Skierniewice 7 (1980) 191–201

BLASSE, W.: Verfahren der Obstberegnung Regnomat. Forschungsbericht Sekt. Gartenbau Humboldt-Univ. Berlin (1979)

BLASSE, W., A. EISEMANN: Intensivierung der Apfelproduktion durch Bewässerung im Havelländischen Obstbaugebiet. Gartenbau **24** (1977) 76–78

BLOEMEN, G. W.: Berekening van de capillaire opstijging in niet-homogene Bodenprofielen. Wageningen, Inst. Cultuurtechniek en Waterhuishoud (1980) Nr. 7

CERMAK, J., M. DEML, M. PENKA: A new method of sap flow rate determination in trees. Biol. Plant (Praha) **15** (1973) 171–178

CHIRILEI, H., N. GHENA, N. DOROBANTU, G. CURTICAPEANU: Contributii la studiul unor procese fiziologice la păr cais si piĕrsic. Lucr. sti. Inst. agron. „N. Bălcescu" Ser. XI. (1968) 121–131

CRIPPS, J. E. L.: Biennial patterns in apple tree growth and cropping as related to irrigation an thinning. J. Hortic. Sc. Ashford, Kent **56** (1981) 161–168

DELVER, P.: Wateroverlast en het afsterven van vruchtbomen. 1. Factoren in en buiten het gewas. Fruitteelt **59** (1969) 475–477

DOCHEV, D. V., I. STAMATOV: Issledovanija oroshenija jabloni. VI. Vlijanie sistemy sederzhanija pochvy na nekoterye parametry polivnogo rezhima sorta zolotoc prevoskhodnoe. Gradinarska i lezarska Nauka, Sofija **16** (1979) 19–27

DOJČEV, K., Z. MAKARIEV: Vlijanie na počvenoto preovlažnjavane vŭrchu rasteža na ednogodišni jabŭlkovi dŭrveta. Gradinarska i lozarska Nauka, Sofia **8** (1971) 3–9

DOROBANTU, N., G. MIHĂCSCU, V. DVORNIC, E. SILLI, R. GÁINA: Recherches concernant certains processes physiologiques chez le pêcher greffé sur différent portegreffes. Rev. roum. Biol. Bucarest, Sér. Bot. **17** (1972) 165–174

FRIEDRICH, F., D. SCHWOPE: Einfluß der Zusatzbewässerung auf die Ertragsbildung bei Apfelniederstämmen auf guten Böden. Arch. Gartenbau **12** (1964) 19–66

GIFFEN, A. J. van: Bodembehandelingsproef bij Golden Delicious op zandgrond proeftuin horst 1962–1976. Inst. Bodemvruchtbaarheid, Rapp. Haren-Gr. (1978) Nr. 11, 79

GOODE, J. E., K. H. HIGGS, K. J. HYRYCZ: Nitrogen and water effects on the nutrition, growth, crop yield and fruit quality of orchard-grown Cox's Orange Pippin apple trees. J. Hortic. Sci. Ashford, Kent **53** (1978) 295–306

GUR, A., B. BRAVDO, Y. MIZRAHI: Physiological responses of apple trees to supraoptimal root temperature. Physiol. Plantarum, Copenh. **27** (1972) 130–138

HEIDE, CH.: Steuerung des Faktors Wasser und seine pflanzenbaulichen Auswirkungen auf die Sorten-Unterlagen-Kombinationen beim Apfel. Gartenbau **28** (1981) 309–310

HUBER, B.: Die Transpiration von Sproßachsen und anderen nicht foliosen Organen. In: W. RUHLAND, Hdb. Pflanzenphysiologie Bd. III (1956)

HUBER, B.: Die Gefäßleitung. In: W. RUHLAND, Hdb. Pflanzenphysiologie, Bd. III (1956) 541–582

JANSSEN, J. W. H., A. P. HIDDING: Watergeven in de fruitteelt: wanneer en hoeveel? Fruitteelt, Den Haag **70** (1980) 640–642

KRAMER, P. J.: Physical and physiological aspects of water absorption. In: W. RUHLAND, Hdb. Pflanzenphysiologie (1956a) 124

KRAMER, P. J.: Roots as absorbing organs. In: W. RUHLAND, Hdb. Pflanzenphysiologie (1956b) 188

KURC, R.: Berechnung des kapillaren Aufstiegs des Grundwassers in das ungesättigte Bodenprofil. Arch Acker- u. Pflanzenbau u. Bodenkd. **17** (1973) 495–511

LYR, H., W. KLEMM: Wasseraufnahme in: H. LYR, H. POLSTER, H.-J. FIEDLER, Gehölzphysiologie. VEB Gustav Fischer Verlag, Jena 1967

PISEK, A.: Der Wasserhaushalt der Meso- und Hydrophyten, in: W. RUHLAND, Hdb. Pflanzenphysiologie Bd. III, Pflanze und Wasser (1956)

QUAST, P.: Über die Bestimmung des Beregnungs- und Bewässerungszeitpunktes von Obstanlagen mit Hilfe von Tensiometern. Erwerbsobstbau **23** (1981) 136–141

REINKEN, G.: Die Transpiration von Obstgehölzen in Abhängigkeit von Entwicklungszustand, Ernährung und Witterung. Arch. Gartenbau **10** (1962) 538–561

REINKEN, G.: Wachstum, Assimilation und Transpiration von Apfelbäumen und ihre Beeinflussung durch Phosphor. Phosphorsäure **23** (1963) 91–108

RÜGER, H.: Erfahrungen mit Tropfenbewässerungssystemen. Gartenbau, Vers.-Ber., Bonn, **17** (1978) 165–169

SCHÖNBERG, G.: Bilanzierung des pflanzenverfügbaren Bodenwassers mit Hilfe bodenphysikalischer Kennwerte als Grundlage für die Bewässerung im Obstbau. Tagungsber. der DAL Berlin Nr. 93 (1967) 5–13

SCHÖNBERG, G.: Langjährige Auswirkung unterschiedlicher Düngung und Bodenpflege auf den Ertrag von Apfelniederstämmen. Arch. Gartenbau **27** (1979) 411 bis 426

SEGEREN, A. W., J. VISSER: Het waterstandenproefveld voor de fruitteelt in de Ijsselmeerpolders. Tuinbouwmedelingen,'s – Gravenhage **32** (1969) 180–196

SLATYER, R. O.: Plant-water relationships, London, New York (1967)

STENZ, S.: Transpirationsmessungen am Apfelbaum nach dem Schwimmwagenprinzip. DAL-Tagungsber. **93** (1967) 83–91

STRANBZHEV, A., D. V. DOCHEV, D. KOSTURKOVA: Issledovanie oroshenija jabloni: IV. Vlijanie pelivnogo rezhima i sposoba oroshanija na soderzhanie aromaticheskikh veshestv v plodakh sorta jabloni Richared. Gardinarska i lozarska Nauka, Sofija **50** (1977) 1–14

STREITBERG, H.: Der Einfluß unterschiedlicher Strahlungsintensität und Wassergaben auf die vegetative und generative Entwicklung von Apfelbäumen in Großgefäßen unter den klimatischen Bedingungen von Dresden-Pillnitz. 3. Mitt. Ergebnisse über Blattzahl, durchschnittliche Einzelblattgröße, Gesamtblattgröße, Chlorophyllgehalt und Blattanatomie der Versuchsgehölze. Arch. Gartenbau (1975a) 3–29
4. Mitt. Ergebnisse über die Blütenbildung. Arch. Gartenbau **23** (1975b) 175–193
5. Mitt. Ergebnisse über Ertrag und Fruchtqualität der Versuchsgehölze. Arch. Gartenbau **23** (1975c) 195–214

STREITBERG, H., K. HOFFMANN: Der Einfluß unterschiedlicher Strahlungsintensität und Wassergaben auf die vegetative und generative Entwicklung von Apfelbäumen in Großgefäßen unter den klimatischen Bedingungen von Dresden-Pillnitz.
1. Mitt. Problematik und Methodik zur Durchführung des Versuches und erste Ergebnisse über den Wasserverbrauch der Versuchsgehölze. Arch. Gartenbau **20** (1972) 505–535
2. Mitt. Erste Ergebnisse über Stammdickenwachstum, Internodienlänge, Internodienanzahl, gesamtes Trieblängenwachstum und Verzweigung der Versuchsgehölze. Arch. Gartenbau **21** (1973) 187–221

TARASOV, V. M., V. F. KOVALENKO: Fiziologičeskie osobennosti jabloni v usovijach mednoj nedostatočnosti. Isvestija Timirjasevskoj sel'skochoxjajstveanoj akademii Moskva **1** (1970) 141–152

WALTER, H.: Zur Klärung des spezifischen Wasserzustandes im Plasma und in der Zellwand bei der höheren Pflanze und seine Bestimmung. Teil I. Ber. dtsch. Bot. Ges. **76** (1963) 40–53

WEISE, G., S. FUCHS: Die Sistierung der Nettoassimilation und ihre Beziehung zur Dürreresistenz. Biol. Zbl. **83** (1964) 625–631

WILLS, R. B. H., K. J. SCOTT: Effect of water loss from apples during cool storage on the water content of the fruit. J. Sci. Food and Agric. London **2** (1972) 1135–1136

# Mineralstoffhaushalt

## Bedeutung und Funktion der Mineralstoffe

Die Pflanze benötigt für Wachstum und Entwicklung zahlreiche Nährstoffe. Dazu gehören alle von der Pflanze aufnehmbaren und ihrer Ernährung dienenden Elemente. Dem als Gas aus der Luft aufnehmbaren Kohlendioxid sowie dem Wasser sind besondere Abschnitte gewidmet. Hier soll auf die Nährstoffe im engeren Sinne, die Mineralstoffe, eingegangen werden. Bei den mineralischen Nährstoffen handelt es sich um anorganische Stoffe, die in der Regel dem Mineralbestand des Bodens entstammen. Sie werden vorteilhaft nach ihrem wichtigsten Bestandteil, dem der Ernährung dienenden Element, unterschieden. Dabei gibt es:

- lebensnotwendige Elemente,
- nützliche Elemente,
- entbehrliche Elemente.

Lebensnotwendige Elemente sind unentbehrlich und können nicht durch andere ersetzt werden. Für die höheren Pflanzen gelten bisher neben C, H und O 13 Elemente als lebensnotwendig (Tab. 1). Nützliche Elemente können unter bestimmten Bedingungen das Wachstum fördern und Teilfunktionen lebensnotwendiger Elemente übernehmen, wie z. B. Na für K. Entbehrliche Elemente sind weder notwendig noch nützlich, obwohl sie zum großen Teil in der Pflanze vorkommen.

Bei den lebensnotwendigen Elementen wird zwischen Makro- und Mikronährstoffen unterschieden, wobei die drei praktisch wichtigsten (N, P und K) noch als Kernnährstoffe hervorgehoben werden. Die Unterscheidung in Makro- und Mikronährstoffe ist eine rein quantitative und durch die Höhe des Bedarfs an diesen Elementen bedingt. Nach ihrer physiologischen Wirkung sind sich oft ein Makro- und ein Mikronährstoff ähnlicher als die Angehörigen der gleichen Gruppe. In biologischer Sicht verdient deshalb die Gliederung der Nährstoffe nach dem chemischen Gesichtspunkt in Nichtmetalle, Alkali-, Erdalkalimetalle und Schwermetalle Interesse. Böning (1951) hat diesbezüglich folgende Einteilung vorgenommen:

1. Substantielle Elemente: N, P, S, (neben H, C und O),
2. Hydroregulatorische Elemente: K, Na, Ca, Mg, B, Cl,
3. Katalytisch wirksame Elemente: Mn, Fe, Mo, Zn, Cu.

Möglicherweise haben auch Elemente der zweiten Gruppe noch katalytische Funktionen wie z. B. Mg und B.

Die Mineralstoffe werden danach in zwei Funktionen wirksam. Die einzel-

*Tab. 1:* Lebensnotwendige Elemente der mineralischen Nährstoffe für höhere Pflanzen und Form ihrer Aufnahme

| | Anion | Kation |
|---|---|---|
| Makronährstoffe | N, P, S | K, Ca, Mg |
| Mikronährstoffe | Cl, B, Mo | Fe, Mn, Zn, Cu |

nen Elemente können als Baustoffe der organischen Substanz dienen oder in der Ionenform auf Enzyme einwirken und deren Aktivität beeinflussen. Die Assimilationsleistung kann nur schwer verändert werden, da sie primär von klimatischen Faktoren gesteuert wird. Eine maximale Wachstumsleistung erfordert eine dafür ausreichende Anlieferung mineralischer Nährstoffe. Werden bei einzelnen Nährstoffen geringere Mengen angeliefert, als sie der Assimilationsrate entsprechen, wirken sie auf den Ertrag begrenzend. Eine über die durch die Assimilationsrate erforderliche Anlieferungsmenge eines Mineralstoffes hinausgehende Menge wirkt dagegen nur dann ertragsmindernd, wenn Sekundärwirkungen dadurch ausgelöst werden. An der Ausbildung von Reserveorganen, wie sie z. B. die Früchte der Obstgehölze darstellen, sind die Mineralstoffe teilweise aber nur indirekt beteiligt. Sie beeinflussen diese Ertragsbildung über den mit ihrer Hilfe aufgebauten Assimilationsapparat und die mit seiner Hilfe produzierten Assimilate. Sie üben auch Einfluß auf den Assimilatetransport aus, während die Einlagerung hormonal gesteuert wird. Die Mineraldüngung kann aber auch den Hormonspiegel selbst beeinflussen.

Ausgehend von der funktionellen Bedeutung der Mineralstoffe für Pflanzen allgemein wird auf besondere Probleme im Mineralstoffhaushalt der Obstgehölze hingewiesen und auf Mangel- und Überschußerscheinungen eingegangen. Weiterreichende Abhandlungen über die Funktion der Mineralstoffe sind im „Handbuch der Pflanzenernährung und Düngung“ von Scharrer und Linser (1969, 1972) bei Mengel (1972) und bei Libbert (1979) zu finden. Bergmann und Neubert (1976) widmen den Mangel- und Überschußerscheinungen breite Aufmerksamkeit.

## Makronährstoffe

### Stickstoff (N)

In den Pflanzen findet man den Stickstoff hauptsächlich in den Eiweißverbindungen, den Proteinen des Plasmas, die 15···19% N enthalten. Bausteine der Proteine sind die Aminosäuren, von denen etwa 26 in den Eiweißkörpern vorkommen, die für Mensch und Tier als unentbehrlich gelten. Die Proteine haben vorwiegend als Baustoffe der Pflanzen Bedeutung, können aber auch durch die Anlagerung von Nichtproteinen physiologisch wirksame Stoffe bilden, die in den Betriebsstoffwechsel eingreifen. Weitere wichtige, aber gegenüber den Proteinen mengenmäßig zurücktretende stickstoffhaltige Stoffe sind organische Basen, Enzyme und Vitamine. Am Aufbau des Chlorophylls ist der Stickstoff ebenfalls beteiligt. Amide können als Reservestoffe vorkommen und Bedeutung für die Bindung überschüssigen $NH_4$-Stickstoffs haben.

In der Ionenform erfüllt der Stickstoff im Zusammenwirken mit den Ionen anderer Mineralstoffe allgemeine Ionenfunktionen bei der Regulierung des Quellungszustandes, des pH-Wertes und des Redoxpotentials der Zellen.

N-Mangel vermindert das vegetative Wachstum, beschleunigt die reproduktive Entwicklungsphase und führt dabei zu einer stärkeren Hemmung der Photosyntheseleistung als der Mangel an anderen Nährstoffen. Zu einem völligen Stillstand der Photosynthese kommt es jedoch zunächst nicht, da die Pflanze die Möglichkeit hat, Stickstoff aus N-haltigen Zellbestandteilen älterer Organe zu mobilisieren. Mit zunehmendem Mangel breitet sich der Proteinabbau über die ganze Pflanze aus und das Auftreten der Mangelsymptome muß als Folge gehemmter Chlorophyllsynthese und gleichzeitigen Abbaus der Plastidenproteine gesehen werden.

N-Mangel macht sich daher stets an älteren Blättern durch Vergilbungs- und Absterbeerscheinungen zuerst bemerkbar. Die jüngeren Teile bleiben zwar zunächst grün, aber hellen in der Regel auf. Im Gegensatz zum verminderten Triebwachstum sind die Wurzeln bei N-Mangel lang, aber nur wenig verzweigt. An Obstbäumen sind kleine, schmale, blaßgrüne Blätter zu finden. Die älteren Blätter sind gelb bis orangefarben bzw. rötlich und fallen vorzeitig ab. Die Zweige sind kurz und dünn und sterben bei starkem N-Mangel ab. Das Triebwachstum ist stark gehemmt und der Blütenknospenansatz gering. Die Früchte färben vorfristig aus.

N-Überschuß führt zu verstärktem und verlängertem vegetativem Wachstum. Die Blätter sind dunkelgrün, groß und saftig. Infolge des gestörten Gleichgewichts zwischen Kohlenhydraten und Stickstoffverbindungen kommt es zur Ausbildung großlumiger Zellen und weichen, schwammigen Gewebes, das eine erhöhte Anfälligkeit gegen Infektionen aufweist.

Bei Obstgehölzen führt N-Überschuß zu überhöhtem Triebwachstum und durch verstärkte Apikaldominanz oft zum Abwurf von Früchten noch vor dem Junifall, spätem Triebabschluß und häufig zu nur schwachem Blütenknospenansatz. Bei hohem Ertrag sind die Früchte meist klein. Schlechte Ausfärbung, Druckempfindlichkeit und schlechte Geschmacksqualität mindern den Gebrauchswert und mangelnde innere Qualität erhöht die Verluste während der Lagerung.

## Phosphor (P)

Die von der Pflanze aufgenommenen Phosphationen können frei im Zellsaft vorkommen oder Bindungen mit organischen Substanzen eingehen. Phosphor ist Baustein wichtiger Verbindungen, zu denen Phytin, Phosphatide, Nukleotide, Nukleinsäuren und Enzyme gehören. In seiner aktivierenden Wirkung spielt er im Ablauf der Photosynthese bei der Energie- und H-Übertragung die entscheidende Rolle. Als Überträger der Erbinformation in den Nukleinsäuren ist er für den Chemismus der Genetik von großer Bedeutung. Das freie Ion greift in die allgemeinen Regelfunktionen der Ionen mit ein.

Bei der Bedeutung, die der Phosphor im Zellstoffwechsel der Pflanzen hat, könnte man annehmen, daß P-Mangel zu einem raschen Absterben der Pflanzen führt. Das ist jedoch nicht der Fall. Bei Mangel kommt es zunächst zu einer Hemmung bzw. zu einem Stillstand des Wachstums, wobei sich die Blätter dunkelblaugrün bis schmutziggrün mit teilweise rötlicher Tönung verfärben. Neugebildete Blätter bleiben klein. Daß die Pflanzen längere Zeit in diesem Zustand verbleiben können ehe sich Absterbeerscheinungen an älteren Blättern zeigen, läßt sich aus einer erhöhten Phosphataseaktivität bei P-Mangel und der Freisetzung von Phosphationen aus organischen P-Verbindungen erklären. Das führt zumindest zu einer befristeten weiteren Aufrechterhaltung der lebenswichtigen Vorgänge bei gleichzeitiger Verminderung der Zellteilungsrate. Bei Obstgehölzen ist P-Mangel nicht selten und kann in seinem Erscheinungsbild leicht mit N-Mangel verwechselt werden. Durch Mangel wird das Triebwachstum gehemmt. Die kleinen dunkelgrünen, rötlich bis bronzefarbenen Blätter sind trocken, hart und brüchig und werden vorzeitig abgeworfen. Der Blüten- und Fruchtansatz wird reduziert und das Öffnen der Knospen gehemmt. Auch auf die Lagereigenschaften der Früchte scheint P-Mangel nachteilig zu wirken.

P-Überschuß kommt unter Freilandbedingungen wegen der starken Fixierung der Phosphationen im Boden kaum vor. P-Überversorgung des Bodens kann zu Störungen im Haushalt von Fe, Zn, Ca und anderen Mikronährstoffen führen.

## Schwefel (S)

Der Schwefel wird vorwiegend als Sulfation aufgenommen und ist frei im Zellsaft, vorwiegend aber verestert oder reduziert, vorzufinden. Nach Reduktion bildet die SH-Gruppe einen wichtigen Baustein der schwefelhaltigen Aminosäuren, wie Zystein, Zystin und Methionin. In Verbindung mit Eiweißen ist er auch Bestandteil lebensnotwendiger Enzyme. Über das S-reiche Protein der Chloroplasten und des Cytoplasmas wirkt der Schwefel u. a. direkt bei der Photosynthese mit. An sekundären Pflanzenstoffen enthalten viele Pflanzenöle wie Lauchöle, Senföle usw. Schwefel. Auch an den gemeinsamen Aufgaben der Ionen wirkt er mit.

S-Mangel tritt unter Freilandbedingungen Europas bei intensiver Düngung kaum auf, da durch die Düngung ausreichend Sulfationen und durch das Regenwasser $SO_2$ dem Boden zugeführt werden. Bei zunehmend S-armer Mineraldüngung und Verminderung der S-Abgabe an die Luft wäre eine Zunahme von Mangelerscheinungen denkbar. S-Mangel zeigt sich in gelblich grüner bis gelber Verfärbung der Blätter und ähnelt in seinen Symptomen denen des N-Mangels. Einen Anhaltspunkt für die Unterscheidung liefert das Verhältnis von N/S in der Pflanze, das jeweils zu ungunsten des Mangelelements verschoben ist. Im Gegensatz zu N-Mangel macht sich der S-Mangel zuerst an jüngeren Blättern bemerkbar. Über Schäden durch S-Überschuß ist bisher kaum berichtet worden. Weitaus größere Bedeutung haben $SO_2$-Schäden durch Luftverunreinigungen (s. a. S. 563).

## Kalium (K)

Mehr als die Hälfte des in Ionenform aufgenommenen K kommt frei in der Pflanze, insbesondere im Zellsaft, vor. Sein Gesamtanteil an der Trockenmasse ist höher als bei anderen Kationen und kann bis zu mehreren Prozenten betragen. Starke Anreicherung erfolgt in wachstumsaktiven Bereichen. So enthalten Blätter und junge Pflanzen die größten Mengen, und das Bedarfsmaximum liegt in der vegetativen Phase. Steigende Stoffwechselaktivität steigert die K-Aufnahme.

Das K tritt nicht als fester Baustein bestimmter Stoffe auf, sondern wirkt als freies oder nur locker an das Plasma gebundenes Ion intensiv auf alle Stoffwechselvorgänge. Enzyme werden aktiviert und insbesondere Ladungs- und Quellungszustand beeinflußt. Die quellende Wirkung des K vermindert im Gegensatz zum Ca die Wasserabgabe.

Hohe Aufnahmeraten von K führen zu hohen osmotischen Werten in der Zelle und erhöhter Wasseraufnahme bzw. Zurückhaltung des vorhandenen Wassers. Optimale K-Versorgung begünstigt somit den Wasserhaushalt der Pflanze. Hohe K-Konzentrationen in den Zellen bedingen einen niedrigen Gefrierpunkt und vermindern die Gefahr des Frostschadens. Im Gegensatz zum Ca ist das K in der Pflanze gut beweglich und wird auch in basipetaler Richtung transportiert. Daraus erklären sich die unterschiedlichen Verteilungsmuster für K und Ca in den verschiedenen Pflanzenteilen.

K-Mangel wird bei Obstgehölzen zuerst an fruchttragenden Zweigen sichtbar. Die Blätter zeigen dann allgemein eine blaugrüne Farbe und werden wellig bzw. falten und rollen sich je nach Obstart unterschiedlich zusammen. An mittleren Blättern beginnend bilden sich dunkel bis rotbraun gefärbte Blattrandnekrosen, die sich bei älteren Blättern auch nach der Mitte hin ausbreiten. Nach dem Absterben bleiben die Blätter im Gegensatz zu Mg-Mangel noch längere Zeit am Zweig. Die Früchte sind bei stumpfer, blasser Färbung, klein mit säurereichem, zuckerarmem Fruchtfleisch. Die Infektionsgefahr über Lentizellen ist erhöht.

Direkte K-Überschußschäden treten an Obstgehölzen unter Freilandbedingungen, abgesehen von Salzschäden, die besonders auf sorptionsschwachen Böden auch durch andere Salze hervorgerufen werden können, in der Regel nicht auf. Pflanzen können relativ hohe K-Gehalte ohne sichtbaren Schaden ertragen, wenn man von den indirekten Wirkungen absieht, die sich z. B. in Ca- und Mg-Mangel ausdrücken. Hoher K- und niedriger Ca-Gehalt in Früchten, speziell in Äpfeln, führt dabei zu wesentlichen Qualitätsminderungen und zur Erhöhung der Lagerverluste.

## Kalzium (Ca)

Das von der Pflanze aufgenommene Ca-Ion bleibt nur zu einem geringen Teil frei in Lösung, der größte Teil wird in schwer löslichen Verbindungen vorwiegend in den Blättern festgelegt. Oft enthalten ältere Blätter mehr Ca als jüngere. Ein ausgesprochenes Bedarfsmaximum besteht nicht. Es scheint eine kontinuierliche Aufnahme nötig zu sein, die in enger Beziehung zur Wasseraufnahme steht.

Das Ca bildet einen Baustein wichtiger Verbindungen, so z. B. des Phytins, des Pektins, der Ca-Oxalate u. a. Es wirkt aktivierend auf verschiedene Enzyme. Als Kontrahent des K wirkt es entquellend und fördert so die Wasserabgabe des Plasmas. Hoher Ca-Gehalt der Blätter verstärkt die Kutikula und verkleinert die Spaltöffnungen. Obwohl diese Veränderungen der Transpiration entgegen gerichtet sind, bewirkt starkes Ca-Angebot in der Regel eine Steigerung der Transpiration und begünstigt so Welkeerscheinungen.

Ohne Ca ist eine normale Entwicklung der Pflanzen über das Keimblattstadium hinaus und Wurzelwachstum nicht möglich. Ähnlich wie Bormangel hemmt ungenügende Ca-Versorgung den Kohlenhydrattransport. Offenbar besteht zwischen B und Ca eine Beziehung, da für normale Zellentwicklung beide Ionen in ausreichendem Maße vorhanden sein müssen.

Wichtige Funktionen erfüllt das Ca bei der Stabilisierung des Pektins in den Zellwänden und der Regulierung der Durchlässigkeit der Zellwände. Gerade bei Obst hat diese Problematik in den letzten Jahren in Verbindung mit dem Auftreten von Stippe und physiologischen Lagerkrankheiten große wirtschaftliche Bedeutung erlangt. Weltweit wird der Zusammenhang zwischen dem Ca-Haushalt der Frucht und diesen Krankheitserscheinungen untersucht (s. a. S. 525).

Der zusammenfassenden Feststellung von CHRISTIANSEN und FOY (1979), daß die Hauptfunktion des Kalziums in der Pflanze die Membranstabilisierung ist, wird von BRAMLAGE u. a. (1980) unter dem Hinweis zugestimmt, daß dies zu einer zu starken Beschränkung der Funktion des Kalziums auf eine passive Rolle führt. Die Zellmembran ist aber keine passive Struktur. Das Kalzium beeinflußt die energetischen Verhältnisse in und an den Zellwänden und ihre Auswirkungen.

Wichtige Funktionen des Kalziums in der Zelle sind folgende:

- $Ca^{2+}$ verbindet Pektinketten der Zellwand, z. B. über negative Valenzen an Phospholipiden und Proteinen an den Membranoberflächen,
- $Ca^{2+}$ aktiviert verschiedene Enzyme in den Membranen, z. B. ATPasen,
- $Ca^{2+}$ beeinflußt ATP-Synthese und -Verbrauch bei seiner Bewegung durch die Membran,
- Verfügbarkeit und Verteilung des Kalziums in der Zelle beeinflussen somit das Verhältnis von ADP/ATP,
- $Ca^{2+}$ ist wichtig für die Aufrechterhaltung der Potentialdifferenz von etwa 100 mV zwischen äußerer und innerer Oberfläche der Membranen, der Antriebskraft für die Wanderung von Stoffen durch die Membranen.

Absoluter Ca-Mangel mit sichtbaren Mangelsymptomen ist unter Praxisbedingungen selten, zumal mangelnde Ca-Versorgung vorrangig den ph-Wert des Bodens beeinflußt und mit der ph-Wert-Senkung Mangel und Überschuß an anderen Mineralstoffen entsteht, deren Symptome eher sichtbar werden als Ca-Mangel. Ca-Mangel ist auch nicht immer an äußeren Merkmalen sichtbar. Ca-Mangel-

Pflanzen bleiben im Wachstum zurück. Bei stärkerem Defizit werden die jüngsten Blätter chlorotisch und sterben ab. Die auf physiologisch bedingtem Ca-Mangel beruhende Stippe an Obst, speziell an Apfel, ist durch einen hohen Gehalt an K + Mg und einen niedrigen an Ca im Fruchtfleisch gekennzeichnet.

Mangelnde Ca-Versorgung der Frucht ist auch die Ursache für andere, insbesondere im Lager auftretende physiologische Fruchterkrankungen. Durch den Ca-Mangel werden entsprechend der Funktion des Kalziums die Zellwände durchlässiger, so daß Zellflüssigkeit in den Interzellularraum tritt und der Turgor der Zelle zurückgeht. Weitere Wasserabgabe führt zu Trockenstellen im Gewebe (Stippe). Bei hohem Wasserangebot von außen (Niederschlag, hohe Luftfeuchtigkeit) können anderseits die Zellen anschwellen und die Zellwände platzen. Die erhöhte Durchlässigkeit der Zellmembranen führt allgemein zu einem krankhaften Stoffwechsel mit Reifebeschleunigung und unterschiedlicher Verfärbung und Verfall des Fruchtfleisches bzw. von Teilen des Fruchtfleisches. Je nach den Bedingungen und der Empfindlichkeit der Sorten zeigen sich unterschiedliche Symptome (siehe nichtparasitäre Fruchterkrankungen, S. 513).

Unmittelbare Auswirkungen von Ca-Überschuß treten unter praktischen Bedingungen nicht auf. Bei hohen Ca-Gehalten des Bodens sich zeigende Kalkchlorosen sind in der Regel durch Mangel an Fe hervorgerufen, dessen Verfügbarkeit wie die von Mn, Zn und Cu durch zu hohen Ca-Gehalt vermindert wird. Hohe Kalkgaben auf leichten Böden können auch Mg-Mangelerscheinungen zur Folge haben.

## Magnesium (Mg)

Das von der Pflanze aufgenommene Mg-Ion bleibt etwa zu 50% frei in Lösung, während der Rest sorbiert und in Verbindungen festgelegt wird. Das im Chlorophyll gebundene Mg macht etwa 15% aus. Offenbar läßt sich Mg besser in der Pflanze transportieren als Ca und wird im Gegensatz zu diesem in jüngeren Pflanzenteilen angereichert. Als Zentralatom des Chlorophyllmoleküls kommt dem Mg eine entscheidende Rolle bei der Photosynthese zu, in der es durch kein anderes Element vertreten werden kann. Es ist daneben aber auch Baustein anderer wichtiger Verbindungen, wie des Phytins, Pektins und Mg-Oxalats, und es wirkt aktivierend auf Enzyme z. B. bei der Phosphorylierung und Protein-Synthese. Dabei erfordert das Mg immer höhere Konzentrationen als andere ebenfalls auf Enzyme aktivierend wirkende Stoffe.

Bei Obstgehölzen sind Mg-Mangelerscheinungen nicht selten. Der Mangel vermindert in erster Linie die Enzymaktivitäten. Jedoch kommt es zunächst nicht zum Zusammenbruch der Stoffwechselvorgänge, da eine Umlagerung von Mg in der Pflanze erfolgt. Da das Mg-Ion relativ leicht beweglich ist, wird es, wenn die Aufnahme durch die Wurzeln nicht mehr ausreichend ist, aus älteren Blättern in die jungen wachsenden Organe verlagert. Daher beginnt die Chlorophyllzerstörung an älteren Blättern, die zu Beginn durch Aufhellungen im mittleren Blattbereich zwischen den Blattadern gekennzeichnet sind. Die länglich-ovalen Flecken färben sich schnell braun bis rötlich und gehen dann in Nekrosen über. Bei diesem Vorgang bleibt der Bereich der Blattadern und der Rand des Blattes zunächst noch grün. Der vorzeitige Blattfall beginnt von der Triebbasis her. An der Spitze verbleiben kleine rosettenartig angeordnete Blätter. Selbst bei stärkerem Mangel wird der Blütenansatz und die Fruchtausbildung zunächst nicht oder nur wenig negativ beeinflußt.

Mg-Überschuß wirkt vorwiegend über die Störung des Verhältnisses Ca/Mg. Wie für Ca-Mangel typisch, wird das Wurzelwachstum durch Mg-Überschuß geschädigt und auch am Sproß können sich Symptome des Ca-Mangels zeigen. Bei der Stippe von Äpfeln steht das Mg im Mineralstoffgehalt der Früchte auf der Seite des K im Verhältnis zum Ca, so daß sich dabei Mg-Überschuß ebenfalls als Ca-Mangel ausdrückt.

## Mikronährstoffe

Wie schon erwähnt, gibt es keine eindeutigen Anhaltspunkte zur klaren Unterscheidung von Makro- und Mikronährstoffen. Die Trennung beruht auf quantitativen Gesichtspunkten und hat ihren Hintergrund in der historischen Entwicklung der Lehre von der Pflanzenernährung. Das Fe steht z. B. bei der mengenmäßigen Betrachtungsweise an der Grenze zwischen den beiden Gruppen und wird manchmal zu den Makronährstoffen gezählt. Allgemein sind die Mikronährstoffe dadurch gekennzeichnet, daß sie in relativ kleinen Mengen eine hohe physiologische Wirksamkeit besitzen. Ihre wichtigste Aufgabe besteht in der Steuerung und Aktivierung von Enzymreaktionen. Eine Ausnahme bildet dabei vermutlich das B, das Funktionen als Strukturelement besitzt.

Wir wollen die Mikronährstoffe nach ihrer Ionenbildung in die vier Kationenbildner gliedern, Fe, Mn, Zn und Cu, die Schwermetalle sind und die drei Anionenbildner Cl, B und Mo, von denen die ersten beiden Nichtmetalle sind. Das Mo gehört zu den Schwermetallen.

## Eisen (Fe)

Das von der Pflanze aufgenommene Fe-Ion bleibt nur zu einem geringen Teil in gelöster Form oder sorbtiv gebunden. Etwa 80% des Fe sind in den Chloroplasten an Eiweiß gebunden. Deshalb enthalten die Blätter wesentlich mehr Fe als andere Pflanzenteile. Als Bestandteil von Enzymen ist es für die Chlorophyll- und Eiweißsynthese notwendig. Der Wertigkeitswechsel zwischen $Fe^{2+}$ und $Fe^{3+}$ macht es für die Elektronenaufnahme und -abgabe geeignet.

Bei Fe-Mangel werden Wachstum und Stoffwechsel empfindlich gehemmt, und die Zellteilung hört auf. Es kommt dabei zu chlorotischen Aufhellungen der jüngsten Blätter mit scharf abgesetzten grünen Adern. Je jünger die Blätter, desto stärker tritt die Chlorose auf, und bei sehr starkem Mangel können die sich entfaltenden Blätter fast weiß erscheinen, wobei die Adern nur noch grüne Ansätze am Blattrand zeigen. Der Fe-Gehalt der Blätter korreliert mit der Intensität des Mangels, jedoch scheint der Anteil des säurelöslichen Fe ein besserer Indikator für den Fe-Mangel zu sein als der Gesamtgehalt an Fe.

An Obstbäumen, speziell Pfirsich, Kirsche und Apfel, findet man Fe-Mangelerscheinungen relativ häufig und das besonders auf kalkreichen Böden mit hohem pH-Wert als kalkinduzierte Chlorose. Stark chlorotische Gehölze blühen wenig, haben geringen Ertrag und schlecht ausgefärbte Früchte. Das kann zum Absterben einzelner Äste und ganzer Bäume führen. Bekämpfung über den Boden erfordert bei Kalkböden hohen Aufwand. Durch mehrmalige Blattspritzungen mit Fe in geeigneter Form, z. B. in Chelatform, kann der Mangel verhältnismäßig leicht überwunden werden, ohne jedoch dadurch die Ursachen zu beseitigen.

Auf stark saurem Mineral- und Moorboden kann Fe-Mangel dadurch hervorgerufen werden, daß andere Schwermetallionen im Überschuß vorhanden sind und dadurch die Fe-Aufnahme hemmen. Auch ständig hohe P-Gaben können durch Fe-Festlegungen Fe-Mangel induzieren. Mangelnde Verfügbarkeit und Beweglichkeit des Fe in der Pflanze kann ebenfalls Ursache für Mangelerscheinungen sein.

Fe-Überschuß kann bei hoher Fe-Konzentration auf sauren Böden auftreten und zeigt wenig spezifische, toxische Schäden.

## Mangan (Mn)

Das von der Pflanze aufgenommene Mn verbleibt nur zu einem geringen Teil in gelöster Form bzw. wird sorbiert. Der größte Teil geht organische Bindungen ein. Über die Aktivierung von Enzymen ist das Mn an der Photosynthese, Chlorophyllbildung, dem Eiweißstoffwechsel und der Synthese von Vitamin C beteiligt. Es wirkt in gleicher Weise wie das Mg und kann durch dieses ersetzt werden, obwohl die beiden Ionen bei verschiedenen Fermenten unterschiedlich in ihrer Wirkungsstärke sind. Für die Beeinflussung der Oxydations-Reduktionsvorgänge spielt der Valenzwechsel zwischen $Mn^{2+}$ und $Mn^{3+}$ eine wesentliche Rolle.

Durch Mn-Mangel wird die Kohlenhydrat- und Eiweißerzeugung und dadurch das Wachstum verringert. Die chlorotischen Mangelsymptome sind bei den verschiedenen Pflanzenarten unterschiedlich und teils spezifisch. Bei Obstgehölzen besteht große Ähnlichkeit mit dem Fe-Mangel. Die Mn-Mangelsymptome treten jedoch mehr nach den älteren Blättern hin auf, wobei im Gegensatz zum Fe-Mangel die noch grünen Blattadern von einem grünen Saum umgeben sind. Die jüngsten Blätter haben bei Mn-Mangel meist noch ein blaß- bis olivgrünes Aussehen. Für das Auftreten akutem Mn-Mangels kann zu hoher pH-Wert verantwortlich sein, da auf kalkhaltigem Boden trotz hohem Mn-Gehaltes nur wenig verfügbar ist. Aber auch auf saueren, leichten Böden kann es wegen starker Auswaschung des beweglichen Mn zum Mangel kommen. Die Aufnahme wird negativ beeinflußt durch hohe Ionenkonzentration an Mg, Na, Cu, Ca, Fe und $NH_4$, während K positiv zu wirken scheint.

Mn-Überschuß kann auf stark sauren Böden auftreten und sich bei sehr hohen Gehalten in den Obstgehölzen als Absterbeerscheinung, besonders der Rinde, in Verbindung mit geringem Wachstum zeigen. Aufkalken beseitigt die Ursachen.

## Zink (Zn)

Die Beweglichkeit des Zn in der Pflanze ist gering, da nur ein geringer Teil in Lösung bleibt bzw. sorbiert wird. Der größte Teil geht organische Bindungen ein. Wie Mg und Mn wirkt das Zn aktivierend auf Enzyme. So ist es an der Chlorophyllbildung und anderen Syntheseprozessen beteiligt. Es fördert insbesondere die Bildung von Auxinen.

Zn-Mangel vermindert die Produktion von Kohlenhydraten, Eiweißen und Wuchsstoffen. Das Wachstum wird dadurch gebremst. Starke Sonneneinstrahlung verstärkt die Mangelsymptome. Mangelerscheinungen traten bisher an Obstbäumen in anderen Anbaugebieten auf. Es zeigte sich dabei Kleinblättrigkeit und Rosettenbildung. Bei Apfel sind die Blätter lanzettförmig und zeigen unregelmäßig fleckige Chlorosen, die sich allmählich zum Blattrand hin vergrößern. Neu entstehende Blätter bleiben klein und sind bis auf eine kleine Fläche an der Blattbasis chlorotisch, z. T. verformen sie sich. Blätter und Zweige sind brüchig und die Rinde rauh. Schließlich werden die Blätter braun und sterben ab. Bei schwerem Mangel sterben ganze Zweige ab.

Zn-Überschuß zeigt unspezifische Schäden und tritt unter Freilandbedingungen kaum auf.

## Kupfer (Cu)

Nach Aufnahme durch die Pflanze wird das Cu zum großen Teil an Eiweiße gebunden und in den Chloroplasten vorgefunden. Es ist in Enzymen enthalten und über diese am Chlorophyllaufbau und der Photosynthese sowie zusammen mit dem Fe an der Nitratreduktion beteiligt. Cu ist u. a. Bestandteil der Phenoloxydasen, die bei Sauerstoffkontakt Phenole zu Chinonen oxydieren, wie das am Braunwerden der Schnittstellen von Äpfeln sichtbar wird.

Cu-Mangel vermindert die Erzeugung von Kohlenhydraten und Eiweißen. wodurch eine

Hemmung des Wachstums auftritt. Allgemeines Symptom ist eine chlorotische Weißfärbung der jüngsten Blätter. Cu-Mangel an Obstbäumen, über den aus verschiedenen Anbaugebieten berichtet wird, zeigt sich speziell bei Apfel an den Terminalblättern der wachsenden Triebe als unregelmäßige nekrotische Flecken. Die Blätter drehen sich und fallen später von der Spitze her ab. Im Herbst kann ein Absterben der Triebe folgen. Vielfach treiben während des Wachstums Seitenknospen aus, deren Triebe wiederum absterben, so daß die Zweige ein besenartiges Aussehen bekommen. Die Mangelsymptome an Obstbäumen traten offenbar erst nach Einführung organischer Fungizide stärker in Erscheinung. Die vorher angewandte Kupferkalkbrühe reichte möglicherweise in Mangelgebieten zur Verhinderung des Mangels aus.

Cu-Überschuß wirkt sich bei fast allen Pflanzen ähnlich wie Fe-Mangel aus und ist im Freiland relativ selten.

## Chlor (Cl)

Das von der Pflanze aufgenommene Cl findet man hauptsächlich in löslicher Form im Zellsaft, wobei die Gehalte in Abhängigkeit von Pflanze und Boden sehr unterschiedlich sind. Über die Aufgaben des Cl in der Pflanze ist noch wenig bekannt. Wie die Alkali- und Erdalkaliionen hat es Einfluß auf die Quellung des Plasmas, es wirkt stark quellend. Auch in der Enzymaktivität spielt es eine Rolle, speziell bei der $O_2$-Freisetzung im Photosyntheseprozeß.

Cl-Mangel zeigt sich als Chlorose, ist aber nur unter strengsten Versuchsbedingungen in Wasserkultur zu erzielen. Praktische Bedeutung hat jedoch der Cl-Überschuß. Die Pflanzenarten sind gegen Überkonzentrationen unterschiedlich empfindlich. Die Obstarten gelten als chlorophob, wobei an Baumobst erst bei relativ hohen Cl-Konzentrationen im Substrat Schäden auftreten. Stachelbeeren, rote Johannisbeeren und Erdbeeren sind dagegen sehr Cl-empfindlich. Cl-Überschuß trägt unter ariden Bedingungen wesentlich zur Erhöhung der Salzkonzentration des Bodens bei und bildet somit eine Teilursache der auftretenden Salzschäden.

## Bor (B)

Nach Aufnahme durch die Pflanze wird der größte Teil des B fest in die Zellwände und andere Strukturen eingebaut. In seiner physiologischen Funktion weicht das B von den metallischen Mikronährstoffen, die vorwiegend Fermentprozesse beeinflussen, ab. In seinen chemischen und physiologischen Eigenschaften ähnelt es mehr dem P. Es beeinflußt den Kohlenhydrathaushalt, Blüte und Fruchtansatz, Pollenkeimung, N-Stoffwechsel, aktive Salzaufnahme, Wasserhaushalt und den Wuchsstofftransport. Dabei sind die chemisch-physiologischen Vorgänge noch wenig geklärt. Das Ca ist ein wichtiger Gegenspieler, sowohl der Aufnahme als auch der Wirkung des B in der Pflanze.

B-Mangel hat im Obstbau wirtschaftliche Bedeutung. Besonders bei Apfel führt der Mangel zu Ertragsrückgang und starker Qualitätsminderung, die durch Deformation der Früchte und Korkbildung bedingt ist. Bei starkem Mangel zeigen sich schon bald nach Abfall der Blütenblätter an den kleinen Früchten unter der Schale Korkflecken, die zu Vertiefungen an der Fruchtoberfläche führen. Neben diesem Außenkork entstehen auch Korkflecke im Inneren der Frucht. Soweit bei starkem Mangel die Früchte nicht abgeworfen werden, zeigen sich starke Verformungen. Es kommt zu Blattverkrümmungen und zur Rosettenbildung. Die Terminalknospen und ganze Triebe sterben ab. Im Frühjahr entstehen dann viele kurze Triebe unter dem abgestorbenen Bereich. Ähnliche Symptome zeigen sich auch bei der Birne. An Früchten von Steinobst kommt es zu Gummifluß (Pflaumen) und Korkbildung (Kirsche). Behebung akuten Mangels erfolgt zweckmäßig durch Blattspritzung. Oft treten B-Mangelerscheinungen nur in Trockenjahren auf.

B-Überschuß führt zu nekrotischer Fleckigkeit der Blätter und kann als Folge zu starker B-Düngung gegen Mangel oder als Folge der Verwendung von Bewässerungswasser mit hohem B-Gehalt auftreten. In ariden Gebieten kann der hohe B-Gehalt des Bodens Ursache sein. Hohe Ca- und N-Gaben wirken gegen den Überschuß.

## Molybdän (Mo)

In der Pflanze findet man das Mo meist in organischer Bindung und in wesentlich kleinerer Menge als das B vor. Es ist, wie die anderen Schwermetalle, Bestandteil bestimmter Fermente und greift z. B. mit der Nitratreduktase in die Umwandlung von Nitrat zu Nitrit ein.

Bei Mo-Mangel tritt eine Hemmung der Photosynthese und eine Nitratanreicherung ein. An Obstbäumen kann sich Mangel durch blaßgrüne Flecke auf den Blättern ausdrücken, hat bisher aber keine Bedeutung erlangt.

## Nützliche und toxisch wirkende Mineralstoffe

Die in den beiden vorhergehenden Abschnitten behandelten Mineralstoffe gehören zu den mit der derzeitigen Analytik als unentbehrlich erkannten Pflanzennährstoffen. Daneben gibt es, wie einleitend bemerkt, entbehrliche Elemente, von denen ein Teil nützlich sein kann und solche, die bereits in geringen Konzentrationen als Gifte in den Pflanzen wirken.

Die Nützlichkeit bestimmter Mineralstoffe wirkt sich in der Regel als Wachstumsförderung bei bestimmten Pflanzenarten unter natürlichen Standortbedingungen aus und beruht auf teilweisem Funktionsersatz lebensnotwendiger Elemente, bedingt durch die Ähnlichkeit ihrer Ionen. So kann $Rb^+$ an die Stelle von $K^+$, $Sr^{2+}$ an die Stelle von $Ca^{2+}$, $Br^-$ an die Stelle von $Cl^-$ usw. treten. Einige höhere Pflanzen können Wachstumsförderung durch Na, Al, Si, Cl und Co erfahren. Dabei scheint das Na wenigstens für einige Pflanzenarten die Stellung eines lebensnotwendigen Elements einzunehmen.

In seiner stark quellenden Wirkung ermöglicht es einen teilweisen Ersatz des K. In der Tierernährung wird es ähnlich wie das Cl in größeren Mengen als in der Pflanzenernährung und unbedingt benötigt.

Alle in chemisch aktiver Form und zu hoher Konzentration vorliegenden Elemente wirken toxisch auf die Pflanzen, auch die Hauptnährstoffe. Durch Industrie und Zivilisation (Klärschlämme) kann es zu toxisch wirksamen Schwermetallanreicherungen kommen, z. B. auch bei dem in geringeren Konzentrationen als Spurenelement wichtigen Zn.

Während das Al z. B. für Farne nützlich ist, wirkt es als $Al^{3+}$ ähnlich wie $F^-$, $Ni^{2+}$ u. a. für höhere Pflanzen selbst in geringen Konzentrationen als Gift.

# Aufnahme der Mineralstoffe

Voraussetzungen für die Aufnahme von Mineralstoffen durch die Pflanze sind ein geeignetes Mineralstoffangebot und zur Aufnahme befähigte Organe. Auf die Bereitstellung wird auf Seite 160 näher eingegangen. Zur Aufnahme befähigt sind grundsätzlich alle unterirdischen und oberirdischen Organe. Da die Mineralstoffaufnahme mit der Wasseraufnahme verbunden ist, bildet bei Landpflanzen die Wurzel das Hauptaufnahmeorgan.

## Aufnahmeorgane

Die Wurzeln verankern das Obstgehölz im Boden und dienen der Wasser- und Nährstoffaufnahme, abgesehen von Speicher- und Synthesefunktionen. Gehölzwurzeln unterscheiden sich bezüglich der Langlebigkeit und Verteilung im Boden von denen einjähriger Pflanzen. Von Jahr zu Jahr wird neues Bodenvolumen für die Versorgung mit Wasser und Nährstoffen erschlossen.

Als Bereiche der Mineralstoffaufnahme kommen alle absorbierenden Wurzeloberflächen in Frage, die vorwiegend von der Wachstumszone und der Wurzelhaarzone gebildet werden. Atkinson und Wilson (1980) weisen darauf hin, daß bei Obstgehölzen grundsätzlich alle Wurzeln, auch die mit sekundärem Dickenwachstum, zur Aufnahme befähigt sind. Das kann bei begrenztem Standraum von großer praktischer Bedeutung sein. In seinen speziellen Untersuchungen zur Bedeutung der Photosynthese für die Nährstoffaufnahme stellte Faust (1980) fest, daß die Ca-Aufnahme vor allem vom Vorhandensein gesunder, junger Wurzelspitzen abhängt, deren Bildung durch eine entsprechende Photosyntheseleistung gefördert wurde.

Von den oberiridschen Organen sind sowohl die Blätter als auch Äste und Stamm sowie die Früchte zur Aufnahme von Mineralstoffen befähigt. Praktische Bedeutung hat nur die Aufnahme über das Blatt, wenn man von der Ca-Versorgung der Frucht absieht. Das Blatt ist in erster Linie Aufnahmeorgan für die gasförmigen Nährstoffe, die über die Spaltöffnungen in das Blattparenchym gelangen. Aber auch Ionen der Mineralstoffe können eindringen und der Ernährung dienen.

## Aufnahmemechanismus und Transport

Damit die Aufnahme der Nährstoffionen erfolgen kann, müssen diese zu den Absorptionszonen der Wurzeln gelangen. In der Reihe der Vorgänge, von denen die Mineralstoffversorgung der Pflanze abhängt, ist die Ionenbewegung zur Wurzeloberfläche hin einer der wichtigsten (Bowling 1979). Die Ionen erreichen die Absorptionszonen vorwiegend über die Bodenlösung.

Die Aufnahme in die Wurzel kann entsprechend ihrem Bau auf zwei verschiedenen Wegen erfolgen. Bei der passiven Aufnahme gelangen die Nährstoffionen mit der Bodenlösung in den sogenannten „scheinbar freien Raum", der sich aus den Interzellularräumen und den Hohlräumen in den Zellwänden zusammensetzt, bis an die Endodermis. Die Ionen werden nur locker sorbiert und sind daher relativ frei beweglich. Der Caspary-Streifen in der Endodermis stellt eine Sperre dar, hier erfolgt die Aufnahme in das Plasma der Endodermiszellen.

Der zweite Weg — die aktive Aufnahme — führt über das Plasma einer Wurzelhaar- oder Epidermiszelle und über die Plasmodesmen von Zelle zu Zelle ebenfalls bis zur Endodermis, von wo aus die Ionen in das Xylem und in diesem zu den Orten des Verbrauchs transportiert werden.

Die Antriebskräfte für das Eindringen der Ionen mit dem Bodenwasser in den freien Raum sind Diffusion und Massefluß. Dafür benötigt die Pflanze keine Energie. Die aktive Aufnahme in das Plasma der Zelle und die Weiterleitung in den Zellsaft der Vakuole sind dagegen energieaufwendig. Energie und für den äquivalenten Austausch mit der Bodenlösung benötigte $H^+$- und $HCO_3^-$-

Ionen werden aus dem Atmungsstoffwechsel zur Verfügung gestellt. Der Transport der Ionen durch die Grenzmembran der Zelle erfolgt mit Hilfe sogenannter Trägermoleküle. Die Bereitstellung der für die aktive Aufnahme der Ionen benötigten Energie aus dem Atmungsstoffwechsel macht die entscheidende Bedeutung der Sauerstoffaufnahme durch die Wurzeln und der Zuführung energieliefernder Kohlenhydrate verständlich (Bowling 1979, Faust 1979).

Aus der aktiven Mitwirkung der Pflanze bei der Ionenaufnahme erklären sich wichtige Verhaltensweisen:

- Salzanreicherung in den Zellen entgegen dem Konzentrationsgefälle; die Bodenlösung besitzt eine geringere Konzentration als die aufnehmende Pflanzenzelle,
- bevorzugte Aufnahme der hauptsächlich benötigten Ionen, auch bei höherer Konzentration der weniger benötigten Nährstoffe in der Bodenlösung; Ionenauswahl,
- nur teilweises Ausschließungsvermögen für entbehrliche und schädliche Ionen; Ionenauswahl nur begrenzt möglich,
- bevorzugte Aufnahme von Kationen gegenüber Anionen.

Der Ferntransport der durch die Wurzel aufgenommenen Ionen, der bei Obstgehölzen weite Wege überwinden muß, verläuft im Transpirationsstrom (s. S. 46) über das Xylem. Der Transportmechanismus beruht auf Massefluß. Auf dem gesamten Transportweg werden Ionen und Moleküle aus den benachbarten Zellen aufgenommen oder an diese abgegeben, so daß sich die Zusammensetzung des Xylemsaftes fortwährend ändert. Der Eintritt in benachbarte Zellen ist ein aktiver Vorgang, der über Trägersysteme abläuft. Ionen, die zu dem Trägersystem der an das Xylem grenzenden Zellen wenig Affinität besitzen, können so in verstärktem Maße bis zum Ende der Leitgefäße gelangen und dort bei starker Anreicherung, vorwiegend an Blatträndern und -spitzen, toxische Schäden hervorrufen wie z. B. Schwermetalle.

Da der Transpirationsstrom die Mineralstoffe zu den oberirdischen Teilen der Pflanzen befördert, hängt die Menge der Ionen, die an die Verbrauchsorte gelangen, auch von dessen Intensität ab. Bei einer Verstärkung des Transpirationsstromes wird die Ionenaufnahme der Wurzel gefördert. Ist diese jedoch nicht in der Lage, ausreichend Ionen nachzuliefern, so führt die Zunahme der Transpirationsrate zwangsläufig zu einer Verminderung der Konzentration im Xylemsaft (Bowling 1979).

Von Wichtigkeit für die Verfügbarkeit der Mineralstoffe an den Hauptverbrauchsorten ist die Möglichkeit, bereits in die organische Substanz eingebaute Stoffe wieder zu mobilisieren und diese in Ionenform zum neuen Verbrauchsort zu transportieren. In diesem Zusammenhang kann man unterscheiden

bewegliche Elemente: N, P, K, Mg, Mn, Cl und

schlecht bewegliche Elemente: Ca, S, Fl, Cu, Zn, B, Mo.

Daraus ergibt sich, daß Mangelsymptome für gut bewegliche Elemente vorwiegend an älteren Blättern, dagegen solche für schlecht bewegliche zuerst an jüngeren Blättern auftreten.

## Kalziumeinlagerung in die Früchte

Wegen der Bedeutung der Kalziumversorgung der Früchte für die Qualität und Lagerfähigkeit besonders bei Äpfeln, soll hier in Verbindung mit der Ca-Aufnahme auf die Einlagerung in die Frucht eingegangen werden. Bei ausreichendem Angebot an $Ca^{2+}$-Ionen aus dem Boden ist die Ca-Konzentration im Xylemsaft schon bei noch relativ geringem Transpirationsstrom hoch (Tromp 1979). Das läßt auf beträchtliche Wurzelaktivität schließen. Voraussetzungen dafür sind die ständige Neubildung von Saugwurzeln und Bodentemperaturen über +7 °C (Ferguson 1979). Bei ausreichender Bodenfeuchte werden im späten Frühjahr bis zum Frühsommer besonders intensiv neue Wurzelspitzen gebildet.

Für die mit dem Transpirationsstrom beförderten $Ca^{2+}$-Ionen bilden meristematische Gewebe bevorzugte Attraktionszentren. Aus Abbildung 1, in der der Zuwachs der Frucht und die Zunahme der wesentlichen Mineralstoffe in Abhängigkeit von der Zeit dargestellt sind, geht hervor, daß die Hauptmenge des Ca in den ersten Wochen der Fruchtentwicklung eingelagert wird. Der Mg- und insbesondere der K-Gehalt steigen mit der Größenzunahme der Früchte weiterhin an.

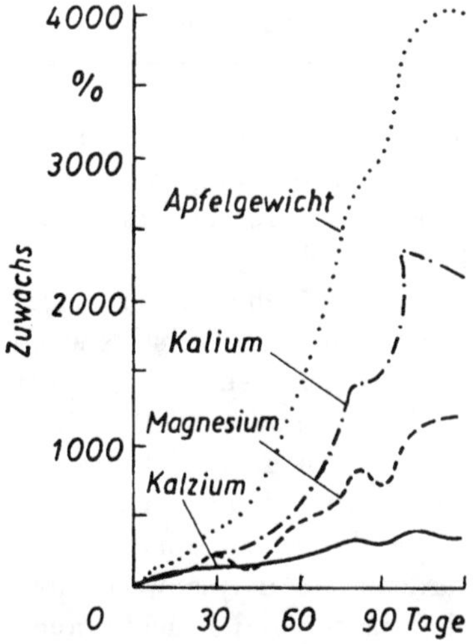


*Abb. 1:* Zuwachs des absoluten Mineralstoffgehaltes in Früchten von ‚Cox Orangen'/M 9 nach Kohl (1967)

Beim Wachstum der Früchte überwiegt mehr und mehr die Einlagerung von Syntheseprodukten über das Phloem, wobei zwar ausreichend $K^{+}$- und $Mg^{2+}$-, aber keine $Ca^{2+}$-Ionen mit in die Äpfel gelangen (Wilkinson und Perring 1964, Shear und Faust 1971). Dadurch sinkt die Ca-Konzentration in den Früchten und das Verhältnis zu K und Mg verschiebt sich zu ungunsten von Ca, und zwar um so stärker je größer diese werden. Für das weiterhin aus dem Boden aufgenommene $Ca^{2+}$ bilden Trieb- und Blattwachstum weit stärkere Attraktionszentren als die größer werdenden Früchte. Durch das zunehmende Mißverhältnis von Kalzium zu anderen Mineralstoffen werden über den fehlgeleiteten Stoffwechsel physiologisch bedingte Krankheiten gefördert (s. a. S. 513).

Bei ausreichendem Ca-Angebot durch den Boden bestimmen die klimatischen Bedingungen die Aufnahmerate. Eine Einflußnahme auf die Ca-Versorgung der Bäume ist daher nur über die Verbesserung der bodenphysikalischen Bedingungen möglich. Die Verteilung des aufgenommenen Ca im Obstgehölz wird vorwiegend von den Wechselwirkungen zwischen vegetativem Wachstum und Fruchtbehang bestimmt und ist damit durch Maßnahmen beeinflußbar, die sich auf das Wuchs-Ertrags-Verhältnis auswirken. Über die zusätzliche Kalziumversorgung der Früchte durch Spritzung von Ca-Lösungen wird im Zusammenhang mit der Stippigkeit berichtet (s. S. 525).

Die Mineralstoffaufnahme über das Blatt erfolgt ebenfalls in der Ionenform. Das bedeutet, daß die Ionen in Lösung auf dem Blatt vorliegen müssen. Sobald die Salze auf der Blattoberfläche auskristallisieren, können keine Ionen mehr eindringen. Deshalb ist die Aufnahme um so nachhaltiger, je länger der Lösungsfilm auf der Blattoberfläche erhalten bleibt. Der Zusatz eines Benetzungsmittels zur

Spritzlösung fördert die Befeuchtung der Blätter, ein Zusatz von Saccharose die Ionenaufnahme. Die Eigenschaften der Spritzlösung bestimmen weiterhin Konzentration, pH-Wert und Begleitionen. Je höher die Konzentration, um so mehr Ionen werden auf das Blatt gebracht. Wegen der Gefahr der Blattschädigung schon bei relativ niedrigen Konzentrationen sind hier Grenzen gesetzt (Spritzlösungen s. S. 168).

In Arbeiten über Wechselwirkungen zwischen der Nährstoffaufnahme durch Blatt und Wurzel wurde nachgewiesen, daß bei der Blatternährung festgestellte Vorteile z. T. auf eine Verstärkung der Aufnahme des auch über das Blatt verabreichten Nährstoffes durch die Wurzel zurückzuführen sind. In diesem Zusammenhang wurde auch die Aufnahme anderer Nährstoffe über die Wurzel gefördert. Als Beispiel für die Praxis können Harnstoffspritzungen dienen, die nicht nur die Stickstoffversorgung unmittelbar verbessern, sondern darüber hinaus als Impulsgeber für eine allgemein stärkere Nährstoffaufnahme wirken.

Grundsätzlich ist die Ernährung über Blatt und Wurzel als gleichwertig anzusehen. Bei ausschließlicher Ernährung über das Blatt ist jedoch in manchen Fällen die generative Entwicklung der Pflanze gestört.

Die Ionen dringen nicht, wie man lange Zeit angenommen hat, über die Spaltöffnungen, sondern vorwiegend durch die Kutikula in den „scheinbar freien Raum" des Blattes ein. Das ist möglich, weil die Kutikula nicht von einer zusammenhängenden Wachsschicht, sondern von einem Netzwerk gebildet wird, in das Wachsblättchen eingelagert sind. Der Wachsanteil der Kutikula nimmt mit dem Alter zu. Wesentlicher Bestandteil der Kutikula ist das Kutin, das mit seinem hydrophilen Charakter die Diffusion der Nährstoffe ermöglicht. Durch Benetzung der Kutikula wird die Diffusion gefördert. Die in den freien Raum eingedrungenen Ionen werden, ähnlich wie in der Wurzel, aktiv in das Zytoplasma aufgenommen und zu den Verbrauchsorten transportiert.

## Menge der aufgenommenen Mineralstoffe

Die Menge der aufgenommenen Mineralstoffe kann durch Analyse der verschiedenen Organe der Pflanze exakt bestimmt werden. Die Größenordnung, in der die Mineralstoffe in Blättern von Kulturpflanzen enthalten sind, geht aus Tabelle 2 hervor.

*Tab. 2:* Mineralstoffgehalte der Blätter von Kulturpflanzen, bezogen auf die Trockensubstanz (nach FINCK 1969)

| Element | Gehalt |
|---|---|
| N, K | 10···50‰ |
| Ca, Mg, P, S, Cl | 1···20‰ |
| Fe, Mn, Zn, Cu, B | 5···200 ppm |
| Mo | 0,2···5 ppm |

Die Übersicht macht die Unterschiede zwischen den Makro- und Mikronährstoffen, aber auch Unterschiede innerhalb dieser Gruppe deutlich.

Seit STEGLICH (1907) sind immer wieder Mineralstoffanalysen an verschiedenen Organen von Obstgehölzen durchgeführt worden, um Anhaltspunkte für die Größenordnung ihrer Mineralstoffversorgung und schließlich für den Mineralstoffentzug aus dem Boden zu erhalten. Inzwischen werden die Analysenwerte, insbesondere der Blätter und Früchte, auch zur Beurteilung des Versorgungszustandes der Gehölze mit Nährstoffen herangezogen.

## Zur Beurteilung des Nährstoffentzuges aus dem Boden

Für die Beurteilung des Entzuges aus dem Boden wird man bei geschlossener Bepflanzung die Entzugswerte auf die Fläche beziehen. In den Tabellen 3 bis 6 sind nach Angaben aus der Literatur die Mengen der Makronährstoffe zusammengestellt, die in bestimmte Organe des Apfelbaumes in einem Jahr je Hektar eingelagert werden. Es handelt sich dabei um Bestände unterschiedlicher aber ähnlicher Pflanzdichte, verschiedene Sorten, vorwiegend jedoch ,Golden Delicious' und ,Cox Orangen' sowie unterschiedliche Ertragsniveaus von Bäumen im Vollertrag. Die Früchte wurden in der Regel mit Kernhaus analysiert. Durch Umrechnung der tatsächlich erzielten Erträge auf einen angenommenen Ertrag von 300 dt/ha sind die Ergebnisse der verschiedenen Autoren für die Bildung eines Mittels geeignet. Die von KÖHNE (1977) verwendeten Zahlen beruhen auf Ergebnissen von GRUPPE.

*Tab. 3:* Mineralstoffeinlagerung in 300 dt Äpfel (die je nach Höhe des erzielten Ertrages unterschiedlichen Werte der zitierten Autoren wurden jeweils auf 300 dt/ha bezogen)

| N | P | K | Mg | Ca | |
|---|---|---|---|---|---|
| in kg/ha | | | | | |
| 13,9 | 4,2 | 37,9 | 1,5 | 3,0 | BATJER u. a. 1952 |
| 18,8 | 2,1 | 41,7 | 2,1 | 2,1 | GREENHAM 1976 |
| 18,0 | 6,0 | 46,0 | 1,5 | 2,1 | RIESEN 1977 |
| 17,0 | 5,1 | 45,8 | 3,5 | 1,8 | KÖHNE 1977 |
| 21,2 | 4,1 | 43,1 | 1,5 | 1,7 | WHITE 1979 |
| 17,8 | 4,3 | 42,9 | 2,0 | 2,1 | |

*Tab. 4:* Mineralstoffeinlagerung in das jährlich anfallende Schnittholz bei Apfel, berechnet in kg/ha

| Schnittholzmenge kg/ha | N | P | K | Mg | Ca | |
|---|---|---|---|---|---|---|
| – | 11,8 | 2,3 | 3,6 | 1,7 | 28,0 | BATJER u. a. 1952 |
| – | 11,0 | 2,0 | 8,0 | 2,0 | 11,0 | GREENHAM 1976 |
| – | 9,5 | 1,8 | 2,9 | 1,4 | 22,7 | KÖHNE 1977 |
| – | 12,2 | 2,1 | 9,4 | 1,8 | 13,8 | WHITE 1979 |
| 3000 | 10,0 | 2,2 | 8,3 | | | RIESEN 1977 |
| 3600 | 12,4 | 1,5 | 5,6 | 1,1 | 16,9 | PIOT 1976 |
| | 11,2 | 2,0 | 6,3 | 1,6 | 18,5 | |

Auf der Grundlage der Mittelwerte von Tabelle 3, 4 und 6 und den Daten von KÖHNE in Tabelle 5 wurde in Tabelle 7 ein mittlerer Entzug an Makronährstoffen je ha und Jahr errechnet. Bei der jährlichen Gesamtaufnahme ist die unterschiedliche Verwendung der Nährstoffe zu berücksichtigen. Sofern diese von den Früchten aufgenommen wurden, müssen sie als absoluter Nährstoffverlust für den Boden angesehen werden. Hinzu kommen die im Schnittholz eingelagerten

*Tab. 5:* Jährliche Mineralstoffeinlagerung in den Baum bei Apfel (Krone und Wurzel ohne Schnittholz), berechnet in kg/ha

| N | P | K | Mg | Ca | |
|---|---|---|---|---|---|
| 18,4 | 4,2 | 14,3 | 2,3 | 45,8 | BATJER u. a. 1952 |
| 4,0 | < 1 | 3,0 | < 1 | 12,0 | GREENHAM 1976 |
| 14,9 | 3,4 | 11,5 | 1,9 | 37,0 | KÖHNE 1977 |

*Tab. 6:* Jährliche Mineralstoffeinlagerung in Blätter und andere abfallende Teile bei Apfel, berechnet in kg/ha

| Pflanzenteil | N | P | K | Mg | Ca | |
|---|---|---|---|---|---|---|
| Blätter zur Fallzeit | 47,6 | 3,3 | 52,4 | 18,1 | 85,8 | BATJER u. a. 1952 |
| Blätter zur Fallzeit | 38,5 | 2,7 | 42,4 | 14,6 | 69,3 | KÖHNE 1977 |
| Mittel | 43,0 | 3,0 | 47,4 | 16,4 | 77,6 | |
| abfallende Blüten und Jungfrüchte | 11,9 | 1,7 | 14,8 | 1,1 | 3,7 | BATJER u. a. 1952 |
| abfallende Blüten und Jungfrüchte | 9,6 | 1,4 | 11,9 | 0,9 | 3,0 | KÖHNE 1977 |
| Mittel | 10,8 | 1,6 | 13,4 | 1,0 | 3,4 | |

Nährstoffe, falls dieses nicht in der Anlage verbleibt. Die beim Zuwachs von Wurzel und Krone in die Gerüstsubstanz eingebauten Nährstoffe müssen als für die Standzeit der Bäume festgelegt gelten, während die in den jährlich abgefallenen Blättern, Blüten und Jungfrüchten festgelegten der Boden mehr oder weniger kurzfristig zurück erhält. So werden z. B. beim Stickstoff von den jährlich insgesamt aufgenommenen 98 kg 54 kg wieder zurückgeführt. Bei Verbleib des Schnittholzes in der Anlage sind es sogar 65 kg. Aus Verlust durch die Früchte und langfristiger Festlegung ergibt sich somit ein Verbrauch von 33 kg N/ha.

*Tab. 7:* Jährliche Makronährstoffaufnahme durch 1 ha Apfelbäume mit 300 dt Ertrag (mittlere Werte in kg/ha)

| | N | P | K | Mg | Ca |
|---|---|---|---|---|---|
| Früchte | 17,8 | 4,3 | 42,9 | 2,0 | 2,1 |
| Schnittholz | 11,2 | 2,0 | 6,3 | 1,6 | 18,5 |
| Verlust | 29,0 | 6,3 | 49,2 | 3,6 | 20,6 |
| Langfristige Festlegung | 14,9 | 3,4 | 11,5 | 1,9 | 37,0 |
| Jährliche Rückführung | 53,8 | 4,6 | 60,8 | 17,4 | 81,0 |
| Gesamtaufnahme | 97,7 | 14,3 | 121,5 | 22,9 | 138,6 |

Bei ausgeglichenem Schnitt dürfte die Ertragshöhe die variabelste Größe für den Nährstoffverlust des Bodens sein. In Tabelle 8 wurden von BERGMANN (1981) an einem Standort und jeweils mehreren Sorten in 2 Jahren ermittelte Werte von Makro- und Mikronährstoffen für die verschiedenen Baumobstarten, bezogen auf 100 dt Früchte, zusammengestellt. Die Früchte wurden dabei mit Kernhaus bzw. Stein und Stiel (Pflaume und Sauerkirsche ohne Stiel) analysiert. In der ersten Zeile der Tabelle stehen für Äpfel Vergleichswerte aus der Literatur.

## Zur Beurteilung der Nährstoffversorgung des Gehölzes

Die verschiedenen Organe eines Obstgehölzes unterscheiden sich sowohl nach ihrer Lebensdauer als auch nach der im Jahresverlauf eingelagerten Nährstoffmenge. Deshalb müssen bei der Beurteilung der Versorgung mit Nährstoffen, sofern verschiedene Organe analysiert wurden, auch unterschiedliche Maßstäbe angelegt werden. Von Bedeutung ist auch die Bezugsgröße des Meßwertes. Die

*Tab. 8:* Mineralstoffentzug durch Früchte verschiedener Obstarten kg/100 dt Früchte (nach BERGMANN u. a. 1981)

| Obstart | N | P | K | Mg | Ca |
|---|---|---|---|---|---|
| Apfel (nach Angaben in der Literatur) | 4,6···7,1 | 0,7···1,4 | 12,6···14,5 | 0,5···0,7 | 0,5···1,0 |
| Apfel | 5,0···11,8 | 0,9···1,5 | 10,4···18,8 | 0,6···0,7 | 0,6···1,0 |
| Birne | 6,0··· 9,5 | 0,7···1,0 | 10,9···16,5 | 0,5···0,7 | 0,7···1,3 |
| Süßkirsche | 12,0···19,0 | 1,8···2,7 | 10,0···21,0 | 0,8···1,7 | 1,6···3,0 |
| Sauerkirsche | 20,0···21,0 | 2,2···3,0 | 14,4···20,0 | 1,3···2,0 | 1,9···3,0 |
| Pflaume | 12,0···15,6 | 1,4···2,2 | 16,6···24,4 | 0,6···1,0 | 1,4···2,3 |
| Pfirsich | 15,1 | 2,1 | 26,7 | 0,9 | 1,5 |

| | | | g/100 dt Früchte | | |
|---|---|---|---|---|---|
| Obstart | B | Cu | Mn | Mo | Zn |
| Apfel (nach Angaben in der Literatur) | | 3,7···16,0 | 2,5··· 9,8 | | 2,8···22,0 |
| Apfel | 19,3···28,6 | 1,6··· 6,8 | 3,8··· 9,4 | 0,02···0,13 | 2,9···7,2 |
| Birne | 18,8···40,1 | 2,2··· 8,9 | 5,8··· 8,3 | 0,02···0,11 | 5,5···12,5 |
| Süßkirsche | 26,3···42,0 | 4,2···11,6 | 6,0···13,8 | 0,02···0,19 | 6,7···21,2 |
| Sauerkirsche | 12,6···45,8 | 3,2··· 7,9 | 7,8···12,6 | 0,06···0,14 | 7,7···16,3 |
| Pflaume | 22,9···44,8 | 1,4··· 3,7 | 7,8···15,9 | 0,07···0,09 | 11,8···20,1 |
| Pfirsich | 27,5 | 4,6 | 12,0 | 0,08 | 19,8 |

Ergebnisse werden in der Regel in Prozent der Trockenmasse ausgedrückt. Aus verschiedenen Gründen wird den Blattanalysewerten bisher der Vorzug bei der Bestimmung der Nährstoffversorgung der Obstgehölze gegeben. Bei der Beurteilung der Werte muß man davon ausgehen, daß sie den Versorgungszustand der jeweils für die Analyse verwendeten Blätter zum Zeitpunkt ihrer Ernte ausdrücken und somit von den vorausgegangenen Aufnahmebedingungen (Bodenfeuchte, Temperatur, Nährstoffversorgung des Bodens usw.) und der Verteilung der Nährstoffe im Obstgehölz (Einfluß des Fruchtbehangs, Wuchsstärke usw.) beeinflußt sind.

In dem Bemühen, die Variationsbreite der Ergebnisse, die durch eine Vielzahl weiterer Faktoren beeinflußt wird, einzuschränken, wurde die Methodik der Probenahme präzisiert. Unter unseren Klimabedingungen werden bei Apfel Anfang August gesunde, vollentwickelte Blätter aus dem mittleren Bereich von Langtrieben entnommen. Zu einer Probe sollten nur Blätter einer Sorte, ähnlichen Alters und Ertrages vereinigt werden.

Seit Pflanzenanalysen zur Beurteilung der Mineralstoffversorgung der Obstgehölze durchgeführt werden, ist man bemüht, eine Wertung dieser Analyseergebnisse vorzunehmen. Zur Beurteilung des Mineralstoffgehaltes von Apfelblättern wird eine Einteilung in bis zu 5 Versorgungsbereiche vorgenommen, wie sie in Abbildung 2 schematisch dargestellt sind.

Im Bereich akuten Mangels und im Bereich der Exzeßversorgung treten in der Regel Mangel- bzw. Überschußsymptome auf (s. S. 132f.). Zwischen guter Versorgung und latentem Mangel liegt der Grenzwert für den Ertrag, während sich eine Luxusversorgung noch nicht in Ertragsdepressionen aber speziell bei Obst

*Tab. 9:* Bereiche guter Versorgung von Apfelblättern mit Nährstoffen, zusammengestellt nach verschiedenen Autoren

| | | CHILDERS (1969) | ROWE (1979) | MIKA (1982) |
|---|---|---|---|---|
| in % der Trockenmasse | N | 1,8···2,6 | 2,4···2,8 | 2,1···2,4 |
| | P | 0,12···0,22 | 0,20···0,24 | 0,15···0,26 |
| | K | 1,2···1,8 | 1,4···1,7 | 1,1···1,7 |
| | Mg | 0,24···0,40 | 0,20···0,30 | 0,22···0,32 |
| | Ca | 1,0···1,5 | 1,0 | |
| in ppm | B | 20···40 | 25···30 | 25···45 |
| | Cu | 5···12 | 5···10 | |
| | Mn | | 30···80 | 41···100 |
| | Mo | 0,5···1,0 | um 0,2 | |
| | Zn | 25···50 | 15···25 | |

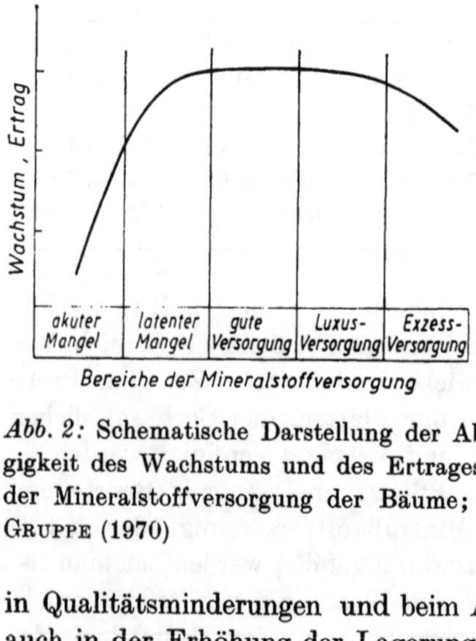


*Abb. 2:* Schematische Darstellung der Abhängigkeit des Wachstums und des Ertrages von der Mineralstoffversorgung der Bäume; nach GRUPPE (1970)

in Qualitätsminderungen und beim Apfel auch in der Erhöhung der Lagerungsverluste ausdrückt.

In Tabelle 9 wurden Grenzwerte für die Bereiche guter Versorgung von Apfelblättern mit Makro- und Mikronährstoffen zusammengestellt. QUAST (1978) unterscheidet bei einem N-Bereich von 2,2···2,6 noch zwischen optimal für die Qualitätsbildung (2,2···2,4) und optimal für die Ertragshöhe (2,4···2,6). Bei höheren Werten sinken die Erntemengen deutlich ab. Umfangreiche Zusammenstellungen von Grenzwerten, auch für andere Obstarten aus der älteren Literatur, sind bei BERGMANN und NEUBERT (1976) zu finden. Um einen Vergleich der optimalen Versorgungsbereiche der verschiedenen Baumobstarten zu ermöglichen, wird eine von GREENHAM (1976) veröffentlichte Tabelle wiedergegeben (Tab. 10).

QUAST (1978) gibt für N bei Sauerkirschen einen Optimalbereich von 3,0···3,2 und bei Süßkirschen von 2,8···3,0 an.

*Tab. 10:* Bereiche guter Versorgungen mit Hauptnährstoffen in % der Trockenmasse in Blättern von Baumobstarten (GREENHAM 1976 nach WALLER)

| Obstart | N | P | K | Mg |
|---|---|---|---|---|
| Apfel | 2,4···2,8 | 0,20···0,25 | 1,2···1,6 | 0,20···0,25 |
| Birne | 2,1···2,6 | 0,15···0,20 | 1,2···1,6 | 0,20···0,25 |
| Pflaume | 2,0···2,6 | 0,15···0,20 | 1,5···2,0 | 0,20···0,25 |
| Kirsche | 2,4···2,8 | 0,20···0,25 | 1,5···2,0 | 0,20···0,25 |

## Zur Beurteilung der Eigenschaften der Früchte

Entsprechend den physiologischen Funktionen beeinflussen die Mineralstoffe auch die innere und äußere Beschaffenheit der Früchte. Das verstärkte Auftreten sogenannter physiologischer Erkrankungen, besonders bei der Langzeitlagerung, führte dazu, daß die Möglichkeiten der Vorhersage solcher Krankheiten stark an Interesse gewonnen haben. Es wurden und werden dabei intensiv die Zusammenhänge zwischen dem Mineralstoffhaushalt und derartigen physiologischen Störungen untersucht. Bei Untersuchungen zum Auftreten der Stippe wurde die zentrale Bedeutung der ausreichenden Kalziumversorgung des Apfels deutlich.

In diesem Zusammenhang interessierten auch Beziehungen zwischen dem Mineralstoffgehalt des Blattes und der Frucht (Pouwer 1974, Pouwer u. a. 1977, Turner u. a. 1977). Danach war sowohl der K- als auch der N-Gehalt von Blatt und Frucht positiv korreliert. Zwischen den Ca-Gehalten bestand jedoch kein Zusammenhang. Boon u. a. (1968) verwendeten das Verhältnis von $K + Mg/Ca$ im Blatt, ausgedrückt in Milliäquivalent, als Kennwert für das Auftreten von Stippe, wobei ein Wert über 0,8 Stippegefahr anzeigt. Pouwer (1974) weist darauf hin, daß bei der Beurteilung dieses Nährstoffverhältnisses im Blatt auch die Konzentrationen der einzelnen Nährstoffe sowie Standortfaktoren und Pflegemaßnahmen zu berücksichtigen sind. In Untersuchungen von Delver (1980) stand dieses Nährstoffverhältnis des Blattes nur in Jahren starken Stippebefalls in Korrelation zur Stärke des Auftretens der Krankheit. Die beträchtliche Variation zwischen den Jahren unterstreicht die Bedeutung zahlreicher anderer Faktoren wie Fruchtgröße, Stärke des Triebwachstums, Höhe der Sommertemperatur, Wasserhaushalt usw. für die Stippeausbildung. In umfangreichen Praxiserhebungen mit ‚Cox Orangen' stellte Quast (1980) eine negative Korrelation der Stippe zum Ca-Blattgehalt in feuchten Jahren und zum N-Blattgehalt in 2 von 3 Jahren fest, während die Fleischbräune in einem Jahr mit dem N-Blattgehalt in positiver Korrelation stand.

Allgemein wird der Mineralstoffgehalt des Fruchtfleisches von Apfel kurz vor oder zur Ernte zur Kennzeichnung des Verhaltens der Früchte hinsichtlich physiologischer Erkrankungen als besser geeignet angesehen, als der im Blatt (Hartmann, 1979, Holland 1980, Waller, 1980, Sharples 1980). Dem Verhältnis von K/Ca wird dabei besondere Aufmerksamkeit geschenkt. Werden die Mineralstoffgehalte der Frucht, wie es üblich ist, in g/100 g Fruchtfleisch ausgedrückt, so bringt ein Wert dieses Verhältnisses $< 30$ eine geringere Prädisposition für physiologische Erkrankungen der Frucht zum Ausdruck als Werte $> 30$. Dabei spielen auch die Gehalte der einzelnen Nährstoffe in der Frucht eine Rolle. Optimalwerte der verschiedenen Mineralstoffe in der Frucht für spezielle Lagerbedingungen sind bei Waller (1980) und Sharples (1980) zu finden. Sie beruhen vorwiegend auf Untersuchungen von ‚Cox Orangen'. Die Werte von Sharples werden im Kapitel über nichtparasitäre Krankheiten der Früchte wiedergegeben.

# Einfluß der Mineralstoffe auf die Substanzproduktion

Die pflanzliche Substanzproduktion wird durch das art- und sortenspezifische genotypische Potential der Pflanze bestimmt, ferner durch die vom Klima bzw. der Witterung abhängigen Umweltfaktoren und durch die vom Boden gegebenen Ernährungsbedingungen (BERGMANN und NEUBERT 1976). Diese Charakterisierung macht deutlich, daß die Auswirkungen der Nährstoffe von vielen exo- und endogenen Faktoren abhängig sind, die wir nicht beeinflussen können.

Unter Freilandbedingungen haben wir, abgesehen von der Beeinflußbarkeit der Bodenfeuchte durch Bewässerung, die Möglichkeit durch Düngung in den Nährstoffhaushalt des Bodens einzugreifen und so zu verhindern, daß das Nährstoffangebot zum begrenzenden Faktor für die Nährstoffaufnahme und damit auch für die Stoffproduktion durch Assimilation von $CO_2$ wird.

Die Mitwirkung des Bodens und anderer Einflußfaktoren bei der Nährstoffversorgung stellt ein allgemeines pflanzenbauliches Problem dar. Unterschiede in der Verwendung der Nährstoffe ergeben sich durch die Vieljährigkeit der Obstgehölze, den umfangreichen Holzkörper als Einlagerungs- und Puffersystem und die Art des Ertrages und der Ertragsbildung.

Zur produzierten Substanz eines Obstgehölzes gehören alle Teile des Gehölzes, sowohl die vegetativen als auch die generativen. Produktionsziel der Obstproduktion ist der auf generativem Wege entstehende Fruchtertrag, so daß das Interesse am Einfluß der Mineralstoffe letztendlich auf die Höhe des Fruchtertrages und die Qualität der Früchte gerichtet sein muß. Da zwischen Höhe des Fruchtertrages und der vegetativen Leistung Korrelationen bestehen, wird auch das Wuchsverhalten, insbesondere bei Junggehölzen, zur Beurteilung der Auswirkungen der Mineralstoffe herangezogen.

Der Einfluß der Nährstoffe auf die Substanzproduktion der Obstgehölze wurde bisher in der Regel auf der Basis von Gefäß- und Feldversuchen untersucht. Der Gefäßversuch bietet dabei die Möglichkeit, die unter Freilandbedingungen wirkenden Umweltfaktoren zu steuern und in der Nährlösungskultur die Mitwirkung des Bodens bei der Nährstoffbereitstellung und -aufnahme auszuschalten. Damit werden völlig andere Bedingungen geschaffen und es darf nicht verwundern, daß die in Gefäßversuchen erhaltenen Ergebnisse im Feldversuch oft nicht reproduzierbar sind. Im Gefäßversuch ist es möglich, grundsätzliche Abhängigkeiten zu ermitteln und Mangel- und Überschußbedingungen herzustellen, die am natürlichen Standort nicht zu erreichen sind. Das begrenzte Wurzelvolumen im Gefäß spielt dabei eine wichtige Rolle. Gefäßversuche sind deshalb auch auf relativ junge Gehölze begrenzt.

Im Feldversuch muß davon ausgegangen werden, daß an jedem Standort und in jedem Jahr unabhängig von den hergestellten Düngungsvarianten andere Bereitstellungs- und Aufnahmebedingungen für Nährstoffe herrschen. Wegen der Mitwirkung der Standortfaktoren, insbesondere des Bodens und des Klimas ist es auch bei dem Bedarf angepaßter mineralischer Düngung nicht möglich, eine exakt gesteuerte Nährstoffversorgung zu erreichen. Bei der Beurteilung der Ergebnisse der großen Anzahl von Feldversuchen zur Mineraldüngung gilt es, diesen Mangel unbedingt zu berücksichtigen.

Nachdem in der Vergangenheit die Freiland-Düngungsversuche vorwiegend auf die Wirkung einzelner Nährstoffe und die Wechselwirkungen zwischen den

Hauptnährstoffen gerichtet waren, werden neuerdings stärker die Wechselbeziehungen zwischen Höhe der Mineraldüngung und wesentlichen anderen Einflußfaktoren, wie Bodenpflege, Bewässerung, Standort, Sorte, Unterlage, Ertragshöhe usw., untersucht.

Bei der anschließenden Einschätzung der einzelnen Hauptnährstoffe hinsichtlich ihrer Bedeutung für die Stoffproduktion wird davon ausgegangen, daß bei den Versuchen die anderen Nährstoffe ausreichend zur Verfügung standen.

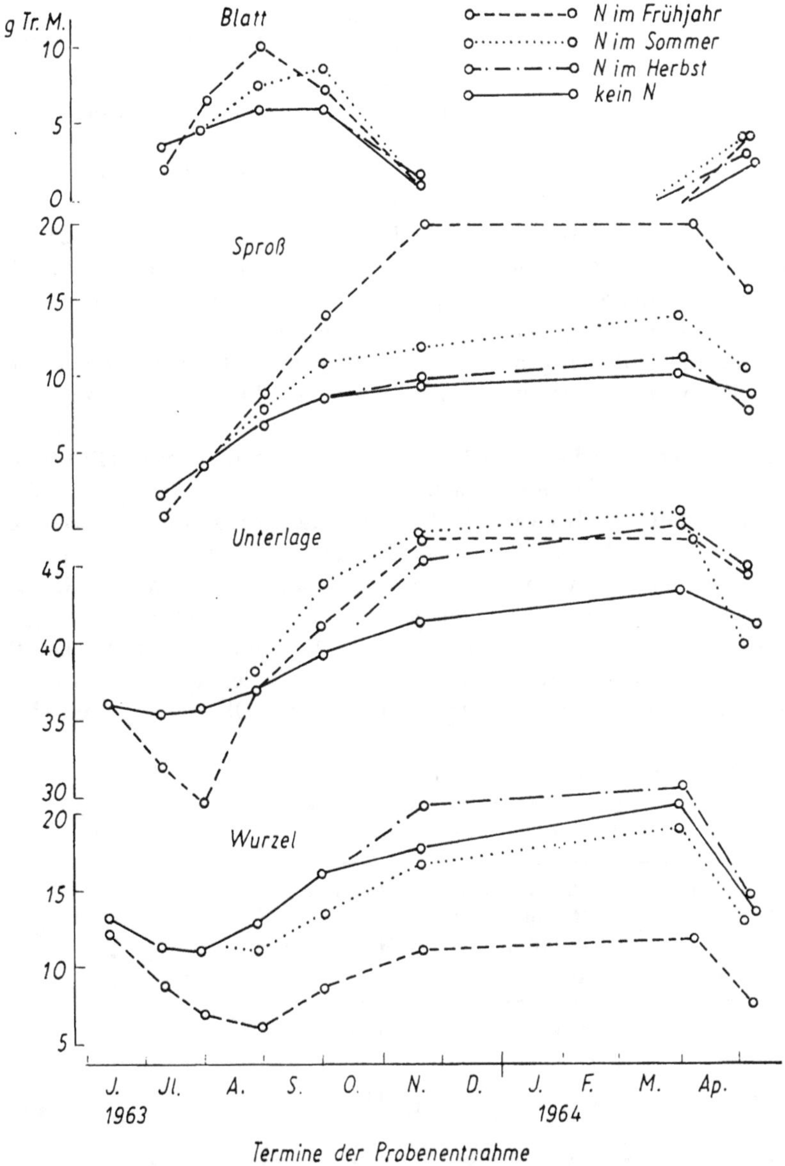


*Abb. 3:* Einfluß der Höhe und des Termins der N-Gabe auf die Trockenmasse verschiedener Organe junger Apfelbäume in Abhängigkeit von der Zeit (nach HILL-COTTINGHAM und WILLIAMS 1967)

## Stickstoff

Der Stickstoff ist der Nährstoff, der die Substanzproduktion am sichtbarsten und stärksten beeinflußt. Grundsätzlich gilt die in Abbildung 2 verdeutlichte Abhängigkeit. Umfangreiche Untersuchungen zur Stickstoffwirkung führte DELVER (1973) durch. In einem Gefäßversuch wurde der Einfluß der Höhe der N-Gabe auf die Trockenmasse der Blätter, Stämme, Triebe und Wurzeln der Apfelunterlage M 11 in Abhängigkeit von 2 Feuchtestufen untersucht. Die Darstellungen über die Abhängigkeit der Trockenmasse von der Höhe der N-Gabe machen deutlich, daß von einer Mindestversorgung an, die Höhe der N-Düngung nur geringen Einfluß auf die Substanzproduktion der verschiedenen Organe ausübt. Der wesentliche Unterschied besteht bei Stamm und Trieben zwischen den Feuchtestufen, wobei ‚feucht' die höheren Werte aufweist. Der Abfall der Kurve, bedingt durch eine zu hohe N-Gabe, ist nur bei Stamm und Wurzel deutlicher erkennbar, und das besonders unter trokkenen Bedingungen.

Neben der Höhe des N-Angebots ist auch der Zeitpunkt der Gabe von Bedeutung. In Abbildung 3 sind entsprechende Ergebnisse eines Gefäßversuches mit 1jährigen Veredlungen der Sorte ‚Lord Lambourne' auf M 2 dargestellt.

Die in Torf-Sand-Mischung stehenden Bäume zeigen außer bei ‚Unterlage' und ‚Blatt' ohne N-Düngung in der Trockenmasse keine wesentlichen Abweichungen zu den N-Varianten. Die Frühjahrsgabe des N fördert das Sproß- und Blattwachstum auf Kosten des Wurzelwachstums. Die Sommergabe erhöht die Trockenmasse des Stammanteils der Unterlage und der Blätter im Herbst und Frühjahr. Die Herbstgabe erhöht vorwiegend die Trockenmasse der Wurzel.

Im gleichen Gefäßversuch wurden auch die Auswirkungen der N-Varianten auf die Blütenknospendifferenzierung im ersten und die Blütenbildung und den Fruchtansatz im zweiten Jahr untersucht. Die Ergebnisse sind in Tabelle 11 zusammengestellt.

Bei der Ausdeutung und Anwendung dieser Ergebnisse ist zu berücksichtigen, was einleitend allgemein zu den in Gefäßversuchen erhaltenen Ergebnissen gesagt wurde. Das gilt für den Stickstoff in verstärktem Maße, da die Stickstoffversorgung in der Obstanlage stehender

*Tab. 11:* Einfluß der Höhe und des Termins des Stickstoffangebots auf Blütenbildung und Fruchtansatz bei Apfel (nach HILL-COTTINGHAM und WILLIAMS 1967)

| Behandlung | Blütenknospen in % der Gesamtknospen | Blütenbildende Knospen in % der Blütenknospen | Fruchtansatz in % der Blütenknospen |
|---|---|---|---|
| kein Stickstoff | 44,5 | 77,8 | 0,99 |
| Stickstoff im Frühjahr | 39,8 | 72,0 | 0,15 |
| Stickstoff im Sommer | 49,1 | 88,2 | 3,44 |
| Stickstoff im Herbst | 47,4 | 82,3 | 24,39 |

Bäume vorwiegend aus dem Bodenvorrat erfolgt. Im vorliegenden Gefäßversuch wurde der Stickstoff ausschließlich durch die Düngung zu den angegebenen Terminen bereitgestellt. Eine N-Mobilisierung aus dem Gehölz zum Ausgleich des Bedarfs war bei den Junggehölzen kaum möglich.

Aus der Vielfalt der zur Höhe der N-Düngung durchgeführten Feldversuche sollen zwei unter gleichen Standortbedingungen angelegte mit unterschiedlichen Fragestellungen als Beispiel dienen. In beiden Versuchen wurde die P- und K-Düngung im Verhältnis N : P : K = 1 zu 0,26 : 1,83 gleichzeitig mit der N-Düngung erhöht. Den Boden des Versuchsstandortes bildete eine Lehm-Parabraunerde mit relativ dicht lagerndem Pflughorizont und einer Pflugsohlenverdichtung bis 34 cm Tiefe.

*Tab. 12:* Einfluß der Höhe und des Termins der N-Düngung auf den Ertrag von 5 Apfelsorten in 8 Ertragsjahren (nach FIEDLER und SCHURICHT 1974)

| N-Düngung Menge kg/ha | Termin | mittlerer Jahresertrag kg/Baum |
|---|---|---|
| 120 | Frühjahr | 18,8 |
| 240 | Frühjahr | 18,9 |
| 120 | 50% Frühjahr<br>50% Sommer | 17,7 |
| 240 | 50% Frühjahr<br>50% Sommer | 18,3 |
| 120 | Sommer | 19,3 |
| 120 | Herbst | 17,9 |
| 120 | in 6 Gaben<br>März—August | 17,9 |
| 240 | in 6 Gaben<br>März—August | 18,7 |

Tabelle 12 enthält die durchschnittlichen 8jährigen Erträge eines Versuches bei jährlichen N-Gaben von 120 und 240 kg/ha und unterschiedlicher zeitlicher Ausbringung. Die mittleren Jahreserträge zeigen keine gesicherten Unterschiede.

In Tabelle 13 sind die Ergebnisse eines Düngungs-Bodenpflegeversuches mit der Hauptwirkung Düngung und 3 Sorten-Unterlagen-Kombinationen zusammengestellt. Die Jahre, in denen gesicherte Unterschiede zwischen den Düngungsstufen bestehen, sind gekennzeichnet. Im Mittel der erfaßten 9 Vollertragsjahre ist die hohe Düngungsstufe der niedrigen ertragsmäßig überlegen. Der Einfluß der Bodenpflege (Bodenbearbeitung, Gründüngung, Kurzgrasmulch) war jedoch stärker als der der Düngung.

Die starken Ertragsschwankungen, die in beiden Versuchen auftraten, wurden durch die Höhe der N-Düngung nicht bzw. nur wenig beeinflußt. Im Düngungs-

*Tab. 13:* Einfluß der Höhe der N-Düngung auf den Ertrag von Apfel (nach SCHÖNBERG 1979)

| N-Menge kg/ha | Ertrag kg/Baum 3. | 8. | 11. | 5.—13. Standjahr |
|---|---|---|---|---|
| 240 | 0,61 | 17,2 ⎤ | 38,8 ⎤ | 221,7 ⎤ |
| 120 | 0,70 ⎤ * | 16,2 ⎤ * ⎥ ** | 37,9 ⎥ * | 215,7 ⎥ * |
| 60 | 0,47 ⎦ | 14,0 ⎦ ⎦ | 36,6 ⎦ | 209,5 ⎦ |

* gesichert bei P = 5%
** gesichert bei P = 1%

Bodenpflegeversuch ergab sich aus der Analyse der Variationskoeffizienten der Ertragshöhe zwischen den Jahren, daß der Haupteinfluß von den verwendeten Kombinationen ausging und der der N-Düngung nur etwa 1/7 davon betrug (SCHÖNBERG 1982).

In Bulgarien untersuchte LEHOVA (1976) den Einfluß der N-Düngung in Verbindung mit einer P/K-Grunddüngung auf die vegetative Leistung von jungen Bäumen der Apfelsorte ‚Golden Delicious' auf M 4 und M 7. Die N-Stufen entsprachen dabei 0···480 kg N/ha. Der jährliche Zuwachs stieg bis 120 kg/ha an, um bis 480 kg N/ha wieder auf den Zuwachs der ungedüngten Bäume abzusinken. Auf M 7 reagierten die Bäume schneller auf die N-Steigerung, jedoch wirkte sich die Wuchsminderung der höheren Gaben bei Bäumen auf M 4 stärker aus.

Die Ergebnisse von einigen repräsentativen während der letzten Jahre in verschiedenen Ländern durchgeführten Feldversuche zur Wirkung der N-Düngung auf den Ertrag sollen zusammengefaßt werden. Sie beziehen sich auf N-Gaben von 0···360 kg N/ha (TODOROV und STOILOW 1972, VISSER und SLAGER 1974, CHACATRAJAN 1975, DEGTYAR 1975, GUZ 1975, PADUCHIKH 1976, GOODE u. a. 1978, KULESZA und SZAFRANEK 1978, ROMANIUK u. a. 1979, BARSNES 1982) bzw. von 50···450 kg N/ha (DELVER 1974, GAMMEREN und HEIJKOOP 1978). In der Regel traten durch die N-Steigerung Erhöhungen des Ertrages ein, die aber meist sehr gering waren und in keinem Verhältnis zur N-Steigerung standen.

WIESLAW und SZAFRANEK (1978) stellten bei einer N-Steigerung von 0···360 kg N/ha bei 3 Sorten keine, bei der vierten (‚Kaiser Wilhelm' auf ‚Antonowka'-Sämling) eine signifikante Ertragserhöhung fest.

Allgemein wirken sich höhere N-Gaben stärker auf das Wachstum als auf die Ertragshöhe aus und beeinflussen die Qualität der Früchte negativ. In Abbil-

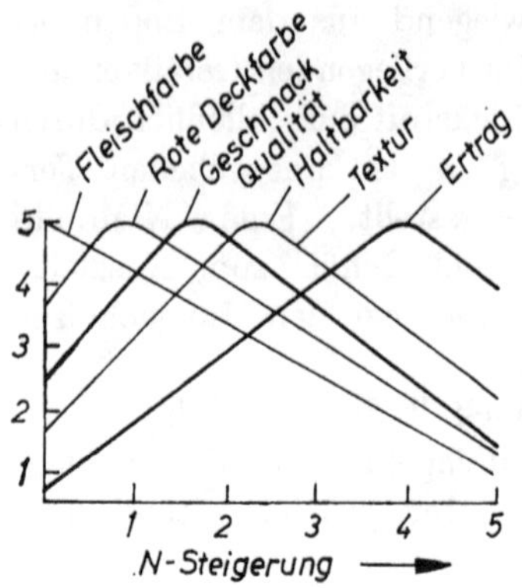


*Abb. 4:* Prinzipschema der Wirkung steigender N-Versorgung auf den Ertrag und die verschiedenen Qualitätskomponenten des Apfels (nach STOLL 1969)

dung 4 ist der Zusammenhang zwischen N-Steigerung und verschiedenen Ertragsmerkmalen im Prinzip gekennzeichnet.

In Abhängigkeit vom Standort und von der Sorten-Unterlagen-Kombination werden 50···120 kg N/ha als effektive N-Düngermenge angesehen. Entscheidenden Einfluß auf die Bereitstellung des Stickstoffs durch den Boden hat das angewendete Bodenpflegeverfahren und DELVER (1973) sieht in der Veränderung der Bodenpflegeverfahren die Hauptursache für die in den letzten 20 Jahren erfolgte starke Zurücknahme der für die Obstproduktion empfohlenen Stickstoffmengen. Während er in offen gehaltenem Boden 50···100 kg N/ha als ausreichend ansieht, erfordern ganzflächig mit Gras bewachsene Anlagen 200···350 kg N/ha. Für die Grasstreifenkultur (Arbeitsgasse Kurzgrasmulch, Baumstreifen Herbizidbrache) ermittelte er bei 50% der Wurzeln im Baumstreifen und breitwürfiger Ausbringung des Düngers 100···200 kg N/ha als optimal. Aus einer neueren Mitteilung (DELVER 1979) geht hervor, daß in einer ungedüngten Anlage im April/Mai der Nitrat-N-Gehalt in 0—60 cm Tiefe im Herbizidstreifen um 20···60 kg N/ha höher lag und in einer gedüngten Anlage um

100···150 kg N/ha als im Grasstreifen. Im Grasstreifen stieg der Gehalt von April bis Juni nicht über 5···15 kg N/ha an. Die Differenzen der von QUAST (1977) angegebenen Werte, die sich auf eine Bodentiefe von 0···100 cm beziehen, liegen in einer ähnlichen Größenordnung. Es wird dabei deutlich, daß das verwendete Herbizid (mit Simazinanteil) stärkeren Einfluß auf die Höhe des Nitratanteils ausübt, als die Stickstoffgaben. Nach BAXTER und NEWMAN (1971) fördert Simazinanwendung das Wachstum mehr als Amitrol, Paraquat oder Diquat. Gleichzeitig stellten sie fest, daß N-Düngung die Graskonkurrenz nicht aufhebt und Wachstum und Ertrag weniger fördert als die Herbizidanwendung. Das Wachstum von jungen Bäumen der Sorte ‚Golden Delicious' auf MM 106 wurde durch N-Düngergaben bei Grasmulch (ganzflächig) stark, bei Bodenbearbeitung dagegen nicht gefördert (HAYNES 1981).

In unserem in Tabelle 13 bereits angeführten Düngungs-Bodenpflegeversuch konnte die N-Düngung eine Ertragssenkung durch Kurzgrasmulch auf der Arbeitsgasse gegenüber Bodenbearbeitung auf der Arbeitsgasse auch nicht verhindern. In Abbildung 5 sind die Auswirkungen der höheren Düngergaben im Vergleich zu 60 kg N/ha für die beiden Bodenpflegeverfahren auf die Ertragshöhe der Sorte ‚Golden Delicious' /M 4 in Abhängigkeit von den Standjahren der Bäume wiedergegeben. Der Einsatz des Grases erfolgte im ersten Standjahr.

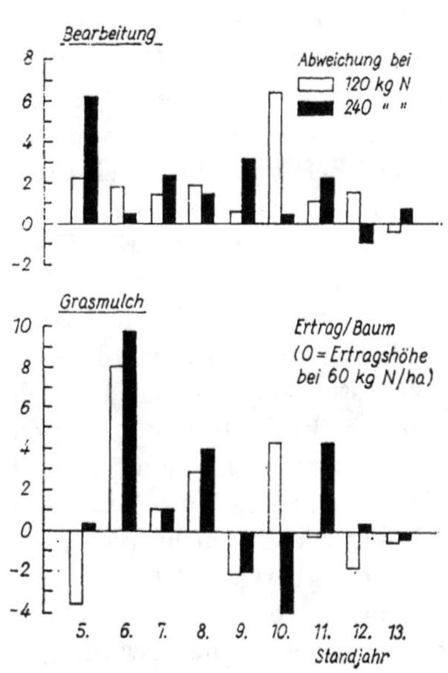


*Abb. 5:* Abweichungen der Ertragshöhe durch Erhöhung der Düngergabe über 60 kg N/ha bei unterschiedlicher Bodenpflege, ‚Golden Delicious'/M 4 nach SCHÖNBERG (1979)

Die Abbildung macht deutlich, daß die höheren Düngerstufen bei Bodenbearbeitung bis zum 13. Standjahr fast ausschließlich ertragserhöhende Wirkung hatten. Bei Grasmulch treten dagegen vom 9. Standjahr an häufig Ertragssenkungen bedingt durch höhere Gaben ein. Der Mehrertrag bei verstärkter Düngung wurde fast ausschließlich im 4.···8. Standjahr gebracht. Die höheren Düngungsstufen bieten bei Grasmulch vom 9. Standjahr an keinen Vorteil bezüglich der Ertragshöhe.

Dieser Befund könnte im Sinne der Ergebnisse von WELLER (1977) damit erklärt werden, daß sich im N-Haushalt unter dem Grasstreifen nach einer N-Akkumulationsperiode ein Gleichgewicht eingestellt hat und nur noch niedrige oder bei starker Mobilisierung auch keine N-Gaben für eine ausreichende Versorgung erforderlich sind. Von WELLER wird eingeschätzt, daß je nach dem Vorrat an mineralisierbarer Substanz und den Mineralisierungsbedingungen in Obstanlagen jährlich 20···300 kg N/ha mineralisiert werden können.

## Phosphor

Aus dem im Vergleich zu Stickstoff und Kalium relativ geringem Bedarf und dem Verhalten des Phosphors im Stoffwechsel

(s. S. 133) wird erklärlich, daß Obstbäume schon bei niedrigem P-Angebot mit optimalen Wachstumsleistungen reagieren. Eine Unterversorgung wirkt sich vor allem auf die Blüten- und Fruchtbildung ungünstig aus. BOULD und PARFITT (1973) stellten im Gefäßversuch mit Apfelbäumen auf MM 104 Mangelbedingungen her, die gegenüber ausreichend versorgten Bäumen zu Wachstumsminderungen und geringerem Blütenansatz und Ertrag im Folgejahr führten. Auch in Gefäßversuchen von TAYLOR und GOUBRAN (1975), die als Substrat Lehmboden mit niedrigem P-Gehalt verwendeten, führten steigende P-Gaben zur Erhöhung von Wachstum, Fruchtansatz und Ertrag. Nicht ausreichend mit P versorgte Bäume zeigten eine Verzögerung in der Blütenentwicklung und im Aufblühen, was als eine Ursache für den verminderten Fruchtansatz angesehen werden kann. Früchte von P-Mangelbäumen enthielten weniger, aber dafür größere Zellen.

Die während der letzten Jahre durchgeführten Feldversuche zur Wirkung der P-Düngung lassen sich in zwei Gruppen einteilen. In Versuchen, bei denen nur die P-Gabe erhöht wurde, konnten keine gesicherten Auswirkungen auf die Ertragshöhe festgestellt werden. Dabei wurde von KRÜGERKE (1966) zwischen 0 und 52 kg P/ha variiert. BOON (1975) erfaßte in 3 Versuchen eine Spanne von 0 bis 436 kg P/ha. Auf die stärkere Mobilisierung des P durch Grasmulch wird hingewiesen.

In der zweiten Gruppe der Feldversuche wurde eine P-Steigerung in Verbindung mit der Steigerung anderer Nährstoffe durchgeführt. Durch eine jährliche Gabe von 22 kg P/ha als Superphosphat erzielten BOULD u. a. (1972) gegenüber ohne P-Düngung Ertragssteigerungen, die kleiner als die durch die K-Gabe, aber größer als die durch die N-Gabe verursachten waren. NYHLEN (1980) verglich in seinem Versuch verschiedene Kombinationen von P- und K-Düngungsstufen, die die gleiche N-Menge erhielten. Als Kontrolle diente eine Parzelle ohne NPK-Düngung, die den höchsten Ertrag brachte. Alle anderen Varianten ohne P hatten niedrigere Erträge.

Zur Klärung des Einflusses einer P+Ca-Gabe und der Art ihrer Ausbringung auf den Boden und auf das Wachstum von Apfelbäumen auf Sämling verglich SHELTON (1976) die Varianten ‚ohne P+Ca-Düngung‘ und ‚mit P+Ca-Düngung‘, ausgebracht auf den Boden und eingearbeitet in den Boden. Die Ausbringungsarten hatten keinen Einfluß auf das Wachstum, das durch die P+Ca-Gabe gefördert wurde. Sicher kann man die Reihe der in ihren Ergebnissen anscheinend widersprüchlichen Versuche weiter fortsetzen. Erklärungen für die Differenziertheit der Ergebnisse dürften in der unterschiedlichen Verfügbarkeit des P im Boden und in Wechselbeziehungen des P zu anderen Nährstoffen zu suchen sein. Letztere Feststellung soll durch die Arbeiten von TARASOV und ZHURAVLEVA (1980) belegt werden, wo es um den Befall junger Apfelbäume mit der Rosettenkrankheit geht, die sich durch hohe P-Gaben verstärkt. Hohe K-Gaben verminderten zwar das Wachstum, förderten aber nicht die Rosettenkrankheit. Durch Zn-Gaben wurden sowohl die Wachstumsdepressionen als auch die Rosettenkrankheit behoben. P+Zn und K/Zn wirkten gleich gut, woraus man schließen kann, daß das Auftreten der Rosettenkrankheit nicht von der Menge des verfügbaren P, K und Zn im Boden sondern vom Verhältnis dieser Elemente zueinander bestimmt wird.

Diese Ergebnisse erinnern erneut daran, daß die Wirkungen der Nährstoffe über ihren hier diskutierten Einfluß auf die Substanzproduktion hinausgehen.

## Kalium

Kalium ist der Nährstoff, von dem die Obstgehölze die größte Menge aufnehmen. Am meisten davon wird in die Früchte eingelagert, bei Apfel z. B. mehr als die doppelte Stickstoffmenge. Es wird aber zu einem geringeren Anteil als andere Nährstoffe in organische Verbindungen eingebaut und wirkt vorwiegend als freies Ion auf die Stoffwechselvorgänge ein.

Düngungsversuche mit Kalium bringen zum Ausdruck, daß ein zunehmendes Angebot, wenn, wie bei CATZEFLIS (1971), von Mangelbedingungen ausgegangen wird, sich zuerst auf die Fruchtgröße, dann auf die Ertragshöhe und zuletzt auf die vegetative Leistung positiv auswirkt. Auch aus den Versuchen von DEGTYAR' und KROLIK (1973) und HOLLAND u. a. (1975) geht hervor, daß der Ertrag mehr als das Wachstum durch das Kaliumangebot beeinflußt wird. In einem Gefäßversuch mit 2 Apfelsorten stellte SOLOVEV (1972) fest, daß eine hohe N-Gabe nur das Triebwachstum, aber nicht das Wurzelwachstum förderte, während N in Verbindung mit K einen gegenteiligen Effekt bewirkte, und ein ausgeglichenes Trieb- und Wurzelwachstum nur bei NP und NPK-Gaben gesichert wurde. Berücksichtigt man neben dem hier zum Ausdruck kommenden Wechselspiel der Nährstoffe in der Pflanze die starke Mitwirkung des Bodens bei der Bereitstellung und Festlegung des Kaliums (s. a. S. 163), so werden die in Düngungsversuchen mit Kalium erzielten unterschiedlichen Ergebnisse verständlicher.

LÜDDERS und BÜNEMANN (1975) schalteten in ihrem Gefäßversuch die Mitwirkung des Bodens aus, indem sie Jungbäume von ‚Cox Orangen' in Sand-Staukultur jahreszeitlich unterschiedlich mit K versorgten. Den geringsten Triebzuwachs wiesen Bäume mit ausschließlicher K-Versorgung im Herbst auf. Gutes K-Angebot im Sommer förderte die Ausfärbung der Früchte. Relativ gleichmäßige K-Versorgung während der ganzen Vegetationsperiode führte zu den höchsten Erträgen der Jungbäume.

Ein Feldversuch von CATZEFLIS (1971) verdeutlicht den Einfluß der K-Düngung auf den Ertrag von Apfelbäumen, die 14 Jahre lang kein Kalium erhalten hatten. Jährliche Tiefendüngung bewirkte nach 3 Jahren, Oberflächendüngung nach 4 Jahren einen Ertragsanstieg. Bei BOULD u. a. (1972) erhöhte eine jährliche Gabe von 104 kg K/ha auf den Boden in Form von Kaliumsulfat bei 2 Apfelsorten auf M 2 den Ertrag stärker als Stickstoff- und Phosphorgaben. DEGTYAR' und KROLIK (1973) erzielten bei konstanter NP-Düngung durch Steigerung des K von 0···208 kg/ha Ertragserhöhungen bis 27%. In einem Feldversuch mit ‚Golden Delicious'/MM 106 auf Sandboden und K-Stufen von 75···300 kg K/ha trat bei nur 75 kg K jährlich eine Ertragsminderung von 10% gegenüber den höheren K-Stufen ein (CATZEFLIS und RYSER 1978).

Im Gegensatz zu diesen positiven Auswirkungen höherer K-Gaben führte bei HANSEN (1975) eine K-Steigerung von 0···2400 kg K/ha auf sandigem Lehm zu keiner eindeutigen Beeinflussung der Ertragshöhe von ‚Cox Orangen' und bei SADOWSKI und ZOLCIK (1978) wurde der Ertrag von ‚Landsberger Renette' durch K-Gaben von 42···250 kg K/ha gesenkt. In vielen Düngungsversuchen, in denen die K-Gaben meist mit anderen Nährstoffgaben kombiniert wurden, bewirkte die K-Steigerung keine oder nur geringe Erhöhungen des Ertrages (BRUCHHOLZ und FIEDLER 1979, MANTINGER 1979, UEBEL 1982). Es wird betont, daß NPK-Gaben vorteilhafter wirkten als die Steigerung nur des K allein oder auch des K in Kombination mit einem anderen Nährstoff (CHACATRJAN 1975, CHEVALIER 1976, LAL u. a. 1978). SZAFRANEK (1975) sowie SZÜCS und KALLAY (1978) weisen darauf hin, daß höhere Düngergaben, insbesondere K-Gaben, die Lagerqualität wesentlich verschlechterten. Auch wenn höhere Gaben sich nicht auf Ertrag und Wachstum negativ auswirkten, verminderten sie doch den Trockensubstanz-, Zucker- und Askorbinsäuregehalt, die Ausfärbung der Früchte und erhöhten deren Säuregehalt.

## Kalzium

Kalzium wird in ähnlicher Menge wie Kalium von Obstgehölzen aufgenommen (s. a. S. 145f.), wobei der weitaus größte Teil in den vegetativen Organen, vorwiegend in den Blättern, in schwer löslichen Verbindungen festgelegt wird. Wenn auch ohne Ca keine normale Entwicklung der Obstgehölze möglich ist, so besteht doch die wesentlichste Funktion des Ca in der Membranstabilisierung und Steuerung der Membrandurchlässigkeit.

Unter Feldbedingungen treten in der Regel keine reinen Ca-Mangelschäden auf, wie sie in Gefäßversuchen zustande kamen. Dort reduzierte Ca-Mangel die vegetative Leistung und schränkte das Wurzelwachstum ein, nicht zuletzt weil unter diesen Umständen der pH-Wert des Bodens sinkt und dadurch die Aufnahme anderer Nährstoffe blockiert wird. Bei Erniedrigung des pH-Wertes zunehmend frei werdende Al-Ionen sind die Ursache für auftretende toxische Schäden (Kotze u. a. 1976). Kalkgaben wirken in erster Linie auf den Boden und erhöhen die Ca-Aufnahme durch die Gehölze nur bis zu einem für den jeweiligen Boden optimalen pH-Wert (Engel 1976, Quast 1982). Eine weitere Steigerung der Kalkgaben fördert deshalb in der Regel auch die Substanzproduktion der Obstgehölze nicht.

Im Interesse der Steigerung der inneren Qualität der Früchte in Abhängigkeit von einer ausreichenden Ca-Versorgung sind die neueren Arbeiten zur Kalkdüngung vorwiegend auf die Förderung der Ca-Aufnahme gerichtet (Shelton 1976, Wiersum 1979, Lord u. a. 1981).

## Magnesium

In der Gesamtaufnahme durch die Obstgehölze liegt das Magnesium wenig über der Menge des P. In die Früchte wird wesentlich weniger, in die Blätter mehr eingelagert, was durch die Unersetzbarkeit des Mg im Chlorophyllmolekül zu erklären ist. Im Chlorophyll sind etwa 15% des aufgenommenen Mg wiederzufinden.

Den Zusammenhang zwischen Mg-Versorgung, Wachstum und Ertrag untersuchten Bould und Farfitt in einem Gefäßversuch an Apfelbäumen auf MM 104. Obwohl bei einem Mg-Blattgehalt $< 0,15\%$ Mg Mangelsymptome sichtbar wurden, bestand bei Blattgehalten von 0,07 bis 0,33% noch keine gesicherte Korrelation zu Wachstum und Ertrag. In einem langfristigen Feldversuch von Hansen (1975) wurden bei jüngeren ‚Cox Orangen'-Bäumen Mg- und K-Gaben kombiniert. Das Mg wurde dabei von 0···1100 kg/ha gesteigert, ohne daß eindeutige Auswirkungen auf Ertrag und Zuwachs eintraten. Durch die steigenden Gaben wurde der Gehalt des Bodens an austauschbarem Mg in der oberen Bodenschicht stark angehoben, der Mg-Blattgehalt jedoch nur schwach beeinflußt. Kulesza und Szafranek (1978) stellten in ihrem Düngungsversuch bei hohen NPK-Gaben, die die Lagerfähigkeit der Äpfel ungünstig beeinflußten, bei $MgSO_4$-Gaben bis 200 kg/ha eine Verbesserung des Lagerverhaltens fest, obwohl Mg-Blattspritzungen in der Regel stippefördernd wirken und der Mg-Gehalt der Früchte bei der Beurteilung der Lagerfähigkeit auf die Seite des Kaliums gestellt wird (s. a. S. 136). Die Untersuchungen von Allen (1980) machen deutlich, daß auftretende Mg-Mangelerscheinungen auch zu einer hohen Kaliumversorgung in unmittelbarer Beziehung stehen.

# Wechselbeziehungen im Nährstoffhaushalt

Die Mineralstoffe stehen in Boden und Pflanze in vielfachen Wechselbeziehungen, die sich als gegenseitige Hemmung (Antagonismus) oder auch gegenseitige Förderung (Synergismus) in den verschiedenen Bereichen des Nährstoffhaushaltes auswirken können. Bereits im Boden bei der Bereitstellung der Nährstoffe (s. S. 160f.) sind solche Wechselbeziehungen wirksam. Im Nährstoff-Stoffwechsel der Pflanze sind sie wirksam,

- bei der Aufnahme der Mineralstoffe,
- beim Transport der Mineralstoffe und
- bei der Funktion der Mineralstoffe.

Die Aufnahmekapazität einer Pflanze für Mineralstoffionen ist begrenzt, so daß die Mehraufnahme eines Ions auf Kosten eines anderen geht. Außerdem gilt die Regel von der Konstanz des Verhältnisses der Summe der Kationen zur Summe der Anionen:

$$\frac{NH_4 + K + Na + Ca + Mg}{NO_3 + Cl + SO_4 + PO_4} \approx \text{konstant.}$$

Da die Kationen in äquivalent größeren Mengen aufgenommen werden als die Anionen, ist der annähernd konstante Quotient etwas größer als 1. Die Größe des Quotienten wird auch bei einseitigem Angebot an Mineralstoffen kaum verändert. Eine erhöhte K-Aufnahme kann z. B. durch geringere Mg- und Ca-Aufnahme als Folge eines Antagonismus oder eine stärkere $NO_3$-Aufnahme als Folge eines Synergismus ausgeglichen werden. Zur Erklärung kann beitragen, daß bei der aktiven Ionenaufnahme (s. a. S. 141) verschiedene Ionen in der Lage sind, den freien Platz an einem Trägersystem zu besetzen. Je nach der Spezialisierung des Trägers wird es sich bei den Konkurrenten um Ionen mit ähnlichen Eigenschaften handeln. Nach Epstein und Rains (1965) kann z. B. Kalium über zwei verschiedene Trägersysteme aufgenommen werden, von denen das eine hoch selektiv für K wirkt, während das andere auch Na zu binden vermag. Alkaliionen sind in der Lage, am gleichen Träger in Konkurrenz zu treten. Die Konkurrenz zwischen K und Rb ist dabei besonders stark. Auch für Anionen wurden derartige Wechselbeziehungen ermittelt. Die $NO_3$-Ionen scheinen über besondere spezifische Träger zu verfügen, daher konnten bisher keine Konkurrenzionen nachgewiesen werden.

Allgemein gilt, daß

- höheres K-Angebot die Aufnahme von Mg bzw. Ca senkt,
- höheres Ca-Angebot die Aufnahme von Mg und K senkt,
- höheres Mg-Angebot die Aufnahme von K bzw. Ca senkt.

Wegen der Bedeutung für die Fruchtqualität soll hier speziell auf Wechselbeziehungen bei der Ca-Aufnahme eingegangen werden. Neben der Menge der verfügbaren $Ca^{2+}$-Ionen spielt bei der Aufnahme vor allem das Verhältnis von $Ca^{2+}/Mg^{2+}/K^+$ eine Rolle. Als Voraussetzung für gute Verfügbarkeit und Aufnahme sollte der Anteil des Ca an der Absättigung der Kationenaustauschkapazität des Bodens (s. S. 161) 65···85% betragen. Hohe Konzentrationen an $H^+$, $K^+$, $Na^+$, $Mn^{2+}$ und $Al^{3+}$ wirken dabei ebenso hemmend wie $NH_4^+$. Hohe Borkonzentrationen behindern die Ca-Aufnahme ebenfalls, $Cu^{2+}$ und $Zn^{2+}$ dagegen fördern sie, wobei $Zn^{2+}$ außerdem die Ca-Festlegung als Ca-Oxalat mindert. Für die Disproportion im Ionenangebot und deren Verfügbarkeit spielt neben einem niedrigen pH-Wert auch der Gehalt des Bodens an Komplexbildnern eine Rolle. Außerdem scheint das den Wurzeln bei der Aufnahme zur Verfügung stehende Sauerstoffangebot einen starken Einfluß auszuüben.

Auf dem Transportweg der Ionen können Wechselbeziehungen die Überführung von Ionen in schwerlösliche Verbindungen bewirken, wodurch die Verfügbarkeit bestimmter Ionen vermindert wird.

Auf wesentliche Wechselwirkungen bei der Funktion der Mineralstoffe wurde bereits hingewiesen (s. S. 132f.). Bei den allgemeinen Funktionen, die die Ionen zu erfüllen haben, kommt dem Zusammenwirken aller beteiligten Ionen stärkere Bedeutung zu als der Konzentration bestimmter Ionen. Das gilt vor allem für die Regulierung des Quellungszustandes des Plasmas, des ph-Wertes und des Redoxpotentials. Am Beispiel des Quellungszustandes des Plasmas, der als wichtiges Steuerungssystem der Lebensvorgänge den Wasserhaushalt reguliert, soll dies verdeutlicht werden. Quellung fördert vorwiegend die Aufbau-, Entquellung dagegen mehr die Abbauvorgänge. Die wichtigsten Ionen wirken dabei in Abhängigkeit von der Größe ihrer Wasserhülle:

Dabei beeinflussen in der Zelle vorhandene Ionen in ihrer Gesamtheit den Wasserhaushalt und können sich gegenseitig vertreten.

Die richtige Einstellung des pH-Wertes in Zellsaft und Plasma regelt die Pflanze u. a. durch Aufnahme von Kationen oder Anionen. Bei der Einstellung der Redoxpotentiale wirken Ionen durch Wertigkeitswechsel, z. B. $Fe^{2+} \rightarrow Fe^{3+}$, $Mn^{2+} \rightarrow Mn^{3+}$, oder über Oxidation bzw. Reduktion mit.

Neben Wechselbeziehungen von Ionen beim Ablauf allgemeiner Funktionen gibt es eine Vielzahl solcher für spezielle Funktionen, wie z. B. bei der Aktivierung eines bestimmten Ferments, wobei sich wiederum Ionen verschiedener Art vertreten können. So kann z. B. $Mg^{2+}$ das $Ca^{2+}$ vertreten. Bei der Erhaltung der Fruchtqualität kann das Mg jedoch das Ca nicht ersetzen (Wills u. a. 1975).

| Kationen | Kationen |
|---|---|
| $Na^+ > K^+, NH_4^+$ | $> Mg^{2+} > Ca^{2+} > Al^{3+}$ |
| Anionen | Anionen |
| $Cl^- > NO_3^-$ | $> SO_4^{2-} > PO_4^{3-} > H_2BO_3^-$ |
| ← quellend | entquellend → |

## Bereitstellung der Nährstoffe

Der größte Teil der mineralischen Nährstoffe wird im Zuge von Verwitterung und Bodenbildung aus dem geologischen Ausgangsmaterial des Bodens freigesetzt. Nur geringe Mengen werden durch Niederschlag, Grundwasser und Düngung zugeführt. Der Anteil der Nährstoffe am gesamten Mineralgehalt des Bodens ist sehr niedrig. Die Hauptanteile bilden $SiO_2$ und $Al_2O_3$. Mit Ausnahme von Ca in Kalk- und Tonböden liegen die Anteile der Makronährstoffe an der Gesamt-

*Tab. 14:* Austauschkapazität verschiedener Tonminerale und der organischen Substanz (nach SCHEFFER und SCHACHTSCHABEL 1970)

| Substanz | m val/100 g |
|---|---|
| Kaolinite | 6 |
| Illite | 30 |
| Montmorillonite | 100 |
| organische Substanz | 150···250 |

masse des Bodens unter 1% bzw. bei K und Mg in Tonboden auch wenig darüber.

## Verfügbarkeit der Nährstoffe

Von dem Gesamtgehalt eines Nährstoffes im Boden steht nur ein geringer Teil (meist weniger als 2%) den Pflanzen für die Aufnahme unmittelbar zur Verfügung. Die Verfügbarkeit ist von der Bindungsform der Nährstoffe abhängig. Wir unterscheiden dabei:

*bewegliche Nährstoffe*

| | |
|---|---|
| in Wasser gelöste bzw. lösliche Nährstoffe | ungebunden |
| austauschbare Nährstoffe | sorbiert |

*Reservenährstoffe*

| | |
|---|---|
| in anorganischen Verbindungen | gebunden |
| in organischen Verbindungen | gebunden |

Die ungebundenen Nährstoffe liegen meist in Ionenform in der Bodenlösung vor und sind so für die Pflanze aufnehmbar. Die durch elektrische Ladungen von den Oberflächen der Sorptionskomplexe angezogenen und locker gebundenen, sorbierten Nährstoffe, vorwiegend Kationen, sind nicht mehr frei in der Bodenlösung beweglich, können aber auf Grund der bestehenden dynamischen Gleichgewichte leicht ausgetauscht werden und stehen den Pflanzen ebenfalls zur Verfügung. Die sorptive Bindung schützt sie gleichzeitig vor der Gefahr der Auswaschung und in gewissem Maß auch vor einer Festlegung durch Ausfällung. Die Menge sorptiv gebundener und austauschbarer Ionen ist eine wichtige Kenngröße eines Bodens und wird als Austauschkapazität in mval/100 g (Milliäquivalent je 100 g Boden) gemessen. In Tabelle 14 sind mittlere Werte der Austauschkapazität verschiedener Stoffe angegeben. Sie weisen auf die großen Unterschiede zwischen den Tonmineralen hin und kennzeichnen die Bedeutung der organischen Substanz. Die Höhe der Austauschkapazität ist besonders bei der organischen Substanz stark vom pH-Wert abhängig und steigt mit diesem an.

Interesse verdient der Anteil der Kationen (Basen) an der gesamten Austauschkapazität, da diese für die Pflanzenernährung am wichtigsten sind. Ihr prozentualer Anteil an der Austauschkapazität wird als Basensättigung (V-Wert) bezeichnet und in Prozent der Austauschkapazität ausgedrückt. Abbildung 6 macht den Einfluß der Bodenart auf die Höhe der Austauschkapazität und die Basensättigung deutlich.

Die Anionensorption spielt mengenmäßig nur bei niedrigem pH-Wert eine stärkere Rolle. Die Stärke der Sorption

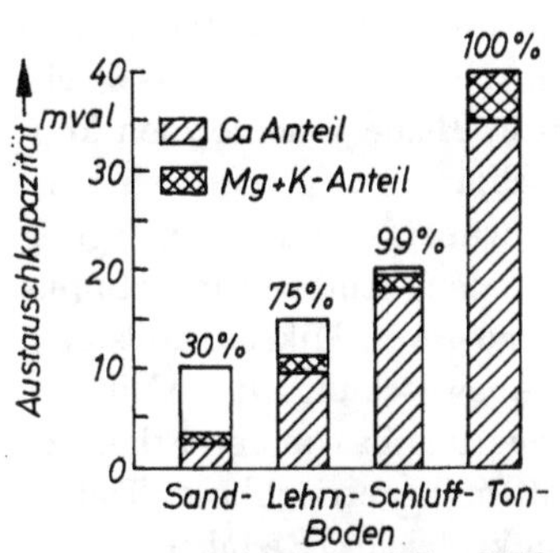


*Abb. 6:* Austauschkapazität und Basensättigung verschiedener Bodenarten (verändert nach FINCK 1969)

nimmt mit der Wertigkeit der Anionen ab in der Reihenfolge $PO_4^{3-}$, $SO_4^{2-}$, $NO_3^-$, $Cl^-$.

## Angebot aus dem natürlichen Kreislauf

### Stickstoff

Unter den Mineralstoffen für die Pflanzenernährung nimmt der Stickstoff insofern eine Sonderstellung ein, als er in den Mineralen primärer Gesteine nicht enthalten ist. Mit 78,1 Vol.% bildet er als gasförmiges $N_2$-Molekül den Hauptanteil der Atmosphäre und ist nur mit 0,03% an der Masse von Litho- und Hydrosphäre beteiligt, in die er sekundär über Lebensvorgänge und besonders durch organische Substanz gelangte und gelangt. In der Gasform ist der Stickstoff für die Ernährung der höheren Pflanzen nicht verwertbar. Im Boden und im Wasser liegt er oft als Salzausscheidung, z. B. als Nitrat und als gelöstes Salz, vor. Seine Hauptmasse ist in der organischen Substanz der lebenden Organismen und ihren Rückständen gebunden.

Unter Mitwirkung von Mikroorganismen wird der Stickstoff im Boden aus organischen Verbindungen als $NH_4^+$ mineralisiert und in Abhängigkeit von der Bodendurchlüftung durch Bakterien zum großen Teil zu $NO_3^-$ oxydiert, das leicht auswaschbar ist. Beide Ionenformen können von der Pflanze aufgenommen werden. Eine vorübergehende Festlegung erfolgt durch den Einbau in Humus oder in die Körper von Mikroorganismen. Neben der Auswaschung des Nitrats, d. h. der Verlagerung in von den Pflanzenwurzeln nicht mehr erreichbare Tiefen, kann die mikrobielle Reduktion des Nitrats zu gasförmigen Verlusten führen. Stark beeinflußt wird die N-Verfügbarkeit durch den Grad der Durchfeuchtung des Bodens und durch die Beweglichkeit der Ionen. Die mehr oder minder ausgeprägte Dynamik des Stickstoffhaushaltes in Abhängigkeit von Bodenfeuchte und -temperatur und von der Art und Menge der mineralisierbaren organischen Substanz kann in ungünstigen Fällen dazu führen, daß z. B. bei großer Trockenheit und dadurch bedingter Stagnation der Mineralisierung während der Hauptbedarfszeiten der Obstgehölze aufnehmbarer Stickstoff nicht in ausreichendem Maße zur Verfügung steht.

### Phosphor

Phosphor ist in Eruptivgesteinen etwa mit 0,1% und in den meisten Sedimentgesteinen in etwas geringerer Menge enthalten. Besonders aus Apatiten werden bei Verwitterung Phosphationen frei. Geringe Mengen davon können von den Bodenkolloiden sorbiert werden. Auch das Bodenwasser enthält nur wenig, je Liter 0,03···0,06 mg, P. Der Phosphorgehalt von Böden beträgt im Durchschnitt 10···100 mg/100 g Boden. Bis zu 50% davon sind organisch, vor allem im Phytin gebunden und werden nach dessen Abbau verfügbar.

Die Aufnahme durch die Pflanze erfolgt als $H_2PO_4^-$- und $HPO_4^{2-}$-Ion. Entscheidend für die Versorgung ist die ausreichende Freisetzung dieser Ionen aus anorganischen Festlegungen und aus dem Abbau organischer Reserven. Dies geht vorwiegend als Folge biologischer Aktivität in feuchten, schwach saurem Boden und insbesondere nach Humusdüngung vor sich. Eine Festlegung erfolgt sehr schnell in Fe- und Al-reichen, sauren Böden, aber auch im Humus. Abgesehen davon, daß manche Böden nicht ausreichend mit P versorgt sind, macht häufig mangelnde Nachlieferung den Phosphor zum Minimumfaktor.

## Schwefel

Der Schwefel ist vorwiegend als Sulfid in den Gesteinen enthalten, aus denen er durch Verwitterung freigesetzt und zu Sulfat oxydiert wird. Zu einem beachtlichen Teil liegt er in Boden und Pflanze in organischer Bindung vor. In der Bodenlösung und Atmosphäre findet man ihn als $SO_2$. Unter unseren Klimaverhältnissen beträgt der Gesamtgehalt im Boden etwa 8···40 mg/100 g Boden. Der größere Teil befindet sich in organischer Bindung, vorwiegend in Eiweißverbindungen.

Die Pflanze nimmt beträchtliche Mengen an Schwefel aus dem Boden auf, so daß in der Pflanzensubstanz dem Phosphor ähnliche Mengen vorliegen. Er wird als $SO_4^{2-}$-Ion aufgenommen und vorwiegend durch Mineralisierung der organischen Substanz verfügbar gemacht. Die Umwandlung organischer S-Verbindungen erfolgt unter Mitwirkung von Schwefelbakterien. Die Festlegung erfolgt fast ausschließlich in der organischen Substanz. Während Schwefel unter ariden Bedingungen meist ausreichend verfügbar ist, kann unter humiden Bedingungen bei zu geringer Zufuhr Mangel auftreten.

## Kalium

Kalium wird durch Verwitterung vorwiegend aus primären Silikaten, wie Feldspat, Glimmer usw., frei und entweder sorbiert oder in Tonmineralen wieder festgelegt. Die Gesteine der Erdrinde enthalten etwa 2,4% K. Der K-Gehalt der Böden liegt bei 0,2···3,0 g/100 g Boden, wovon nur ein geringer Teil organisch gebunden ist. Den höchsten K-Gehalt besitzen tonreiche Böden.

Die Aufnahme erfolgt als $K^+$-Ion vorwiegend aus den Zwischenschichten und Kristallgittern von verwitterten Mineralen. Eine Festlegung findet vorwiegend in den Zwischenschichten bestimmter Tonminerale statt, wodurch Auswaschungen wie auch ein Luxuskonsum durch die Pflanze verhindert werden. Unter humiden Bedingungen und besonders auf leichten Böden kann infolge von Auswaschung und hohem Verbrauch Mangel auftreten.

## Kalzium

Das zweiwertige Ca-Ion kann bei der Verwitterung aus primären Silikaten und aus sekundären Ca-Mineralen (Kalkstein, Dolomit usw.) freigesetzt und im Boden sorbiert oder in sekundären Mineralen wieder festgelegt werden. Die feste Erdrinde enthält etwa 3,4% Ca. Der Gesamtgehalt der Böden beträgt 0,2···1,5 g/100 g Boden. Extrem hohe Werte erreichen Kalkböden. In organischer Substanz ist der Kalkanteil unbedeutend. Bei der Basensättigung der Austauschkapazität eines Bodens bildet Ca den Hauptanteil (vgl. Abb. 6) und beeinflußt die Einstellung der Bodenreaktion sowie anderer Bodeneigenschaften maßgeblich.

Von der Pflanze wird das $Ca^{2+}$-Ion aufgenommen. Unter Mitwirkung des bodenbürtigen $CO_2$ erfolgt die Überführung von $CaCO_3$ in das leichter lösliche Bikarbonat, das gemeinsam mit der Kohlensäure ein wichtiges Puffersystem des Bodens bildet. Festlegungen durch Ausfällung schwer löslicher Verbindungen erfolgen in sauren bis neutralen Böden in geringem Maße. Die Ausfällung im alkalischen Bereich ist, was die Beseitigung von Überschüssen anbetrifft, eher günstiger zu beurteilen. Außer in sehr sauren Böden ist in den meisten Böden die Ca-Versorgung der Pflanzen gesichert. Trotzdem macht sich zur Einstellung einer optimalen Bodenreaktion oftmals eine Kalkzufuhr erforderlich, zumal durch Auswaschung beträchtliche Mengen an Ca verloren gehen und zwar in humidem Klima mehr als durch den Pflanzenentzug selbst.

## Magnesium

Das zweiwertige Mg-Ion wird durch Verwitterung aus primären Silikaten und sekundären Mg-Mineralen, wie Dolomit, Magnesit, frei und zum großen Teil sorbiert. Unter alkalischen Bedingungen erfolgt leicht eine erneute Festlegung in sekundären Mg-Mineralen. Am Aufbau der Erdrinde ist Mg mit 1,9% beteiligt. Böden enthalten 0,1···1,0 g/100 g Boden. Ein hoher Mg-Gehalt liegt in Kalkböden vor; dagegen kann in sauren Böden leicht Mangel auftreten. Der Anteil des Magnesiums an der organischen Substanz ist gering.

Die Aufnahme des Magnesiums erfolgt als $Mg^{2+}$-Ion, wobei die Menge des Entzuges ähnlich niedrig ist wie bei P und S. Die Mg-Dynamik im Boden ähnelt der des Kalziums.

## Eisen

Als 2- und 3-wertiges Kation wird das Fe durch Verwitterung aus vielen primären, meist dunklen Mineralen, und aus sekundären Fe-Mineralen freigesetzt und, außer in saurem Boden, schnell wieder in Form sekundärer Fe-Minerale ausgefällt. Es bleibt dabei aber relativ leicht mobilisierbar. Der Gesamteisengehalt der Böden beträgt im Durchschnitt 0,5···4,0 g/100 g Boden. In der organischen Substanz ist der Eisenanteil gering. Für das Ausmaß der Aufnahme sind weniger die im Boden vorhandenen Mengen als die Mobilitätsverhältnisse des Fe von Bedeutung. Nennenswerte Mengen an beweglichem Fe liegen nur in sauren, schlecht durchlüfteten Böden vor. Das trifft besonders für schwere Tonböden mit hohem Kolloidanteil zu. Neben der Aufnahme als $Fe^{2+}$ und $Fe^{3+}$ ist in geringem Umfang auch die Aufnahme Fe-haltiger Moleküle in Form von Chelatverbindungen möglich. Dabei sind andere Schwermetalle starke Konkurrenten des Fe.

## Mangan

Mangan wird, ähnlich wie Eisen, aus vielen primären, dunklen Mineralen und aus sekundären Mn-Mineralen durch die Verwitterung freigesetzt und teilweise als $Mn^{2+}$ vom Boden sorbiert oder wieder als sekundäres Mn-Mineral ausgefällt. Es bleibt dabei, besonders in Form von amorphen Verbindungen, relativ leicht mobilisierbar. Der Anteil an der organischen Substanz ist gering, obwohl Mn an Humus angelagert werden kann. In unseren Böden beträgt der Gesamtgehalt an Mn 20···500 mg/100 g Boden. Mit steigendem Tonanteil steigt auch der Mn-Gehalt. Für die Pflanzen ist der pflanzenaufnehmbare Anteil, der in Abhängigkeit von den Bodenbedingungen stark schwankt, von größerem Interesse als der Gesamtgehalt. Neutrale bis alkalische Böden verfügen über geringe Mengen an austauschbarem Mn. Je niedriger der pH-Wert, desto mehr austauschbares Mn steht zur Verfügung. Festlegungen in Form von Oxiden erfolgten vor allem auf leichten, gut durchlüfteten, weniger auf tonreichen Böden, selbst bei höheren pH-Werten.

## Zink

Zink wird aus primären, dunklen, Fe- und Mg-haltigen Mineralen und sekundären Zn-Mineralen durch Verwitterung freigesetzt, sorbiert, erneut als sekundäres Mineral ausgefällt oder im Humus festgelegt. In unseren Böden beträgt der Gesamtanteil 1···30 mg/100 g Boden. Bei der Aufnahme des Zn besteht zwar auch eine Konkurrenz zu den Schwermetallen, jedoch hängt in der Praxis die Aufnahme stärker von Bodenart, pH-Wert und Phosphorgehalt ab. Mit fallendem pH-Wert nimmt die Zn-Aufnahme zu.

### Kupfer

Kupfer wird aus primären, vorwiegend dunklen Fe- und Mg-haltigen Mineralen und sekundären Cu-Mineralen durch Verwitterung freigesetzt, sorbiert, als sekundäres Cu-Mineral wieder ausgefällt oder im Humus festgelegt. Der Gesamtgehalt unserer Böden an Cu beträgt 0,5···10 mg/100 g Boden. Der Cu-Gehalt steigt mit dem Tongehalt. Auf sauren Böden wird das Cu stärker mobilisiert als auf alkalischen, jedoch ist die pH-Abhängigkeit nicht so groß wie beim Mn. Bestimmte Humusstoffe legen Cu so stark fest, daß es zu Mangelerscheinungen kommen kann. Der Gesamtgehalt an Kupfer ist für die Versorgung weniger von Interesse als seine Mobilisierbarkeit.

### Chlor

Das Chlor unterscheidet sich von den anderen Mikroelementen dadurch, daß es in noch geringeren Mengen als diese unbedingt benötigt wird. Bei manchen Pflanzen sind größere Mengen nützlich. Die Freisetzung erfolgt aus Cl-haltigen Mineralen durch Verwitterung. Der Hauptanteil der Ionen bleibt in der Bodenlösung und wird unter humiden Bedingungen leicht ausgewaschen, während unter ariden Bedingungen eine Anreicherung erfolgt. Der Gesamtgehalt an Cl im Boden ist deshalb auch sehr unterschiedlich; wegen des hohen Anteils in der Bodenlösung verdient die Mobilisierung kaum Interesse und trotz der Auswaschungsverluste wird die Bilanz durch Zufuhren mit dem Niederschlag und die übliche Düngung ausgeglichen.

### Bor

Bor ist das leichteste der Pflanzenernährung dienende Element. Es wird aus B-haltigen, primären und sekundären Mineralen freigesetzt und verbleibt zum kleineren Teil in Lösung oder wird sorbiert. Der größere Teil wird in sekundären Mineralen ausgefällt. Die Böden haben einen Gesamtgehalt von 0,5 bis 10 mg/100 g Boden. In marinen Ablagerungen können die Werte wesentlich höher liegen. In der organischen Substanz wird sehr wenig festgelegt. Entscheidend für die Versorgung der Pflanze ist der wasserlösliche Teil des Bors. Steigender pH-Wert, Tongehalt, Humusgehalt begünstigen die Festlegung.

### Molybdän

Molybdän ist das schwerste der von der Pflanze benötigten Elemente. Es wird bei der Verwitterung aus Mo-haltigen primären Silikaten und sekundären Mineralen freigesetzt und zum großen Teil wieder ausgefällt. Der Mo-Gehalt der Böden beträgt 0,05 ···0,5 mg/100 g Boden. Die Bindung an die organische Substanz ist bedeutungslos. Für die Aufnahme verdient nur die Verfügbarkeit Interesse. Auswaschung tritt kaum ein.

## Ergänzung der Mineralstoffe durch Düngung

Das Nährstoffangebot an die Pflanze kann sowohl durch Boden- als auch durch Blattdüngung ergänzt werden.

### Bodendüngung

Bei der Bodendüngung werden mineralische oder organische Düngemittel dem Boden zugeführt und über diesen die Mineralstoffe den Pflanzen zur Aufnahme angeboten. Das heißt aber auch, daß die Düngemittel selbst den Umwandlungs-, Festlegungs- und Transportvorgängen des Bodens unterworfen sind. Die mineralische Düngung dient ausschließlich dem Ziel der Zufuhr mineralischer Nährstoffe, während die organische Düngung in erster Linie auf die Verbesserung der Fruchtbarkeitseigenschaften des Bodens gerichtet ist. Bei der Mineralisierung der organischen Substanz im Boden werden dann auch Nährstoffe freigesetzt.

Das Ziel der mineralischen Düngung sollte es sein, den Nährstoffvorrat des Bodens so zu ergänzen, daß eine optimale Versorgung der Pflanze sichergestellt ist. So einfach diese Zielstellung erscheint, so schwierig ist sie in der Praxis zu erreichen. Diese Behauptung beweist nicht zuletzt die Entwicklung der Mengenempfehlungen für die mineralische Düngung von Apfelanlagen während der letzten 20 Jahre. Bei der Bemessung der Gaben an mineralischem Dünger ist zu bedenken, daß die aufgenommene Nährstoffmenge in der Regel stärker durch das Angebot aus dem natürlichen Kreislauf, d. h. aus dem des Bodens und die dort herrschenden Aufnahmebedingungen als durch die mit dem Dünger ausgebrachten Nährstoffmengen bestimmt wird.

Es erhebt sich somit die Frage, woran sich die Mengenempfehlungen für die Mineraldüngung orientieren sollen. Bisher werden dafür genutzt:

— Daten über die Nährstoffversorgung des Bodens,
— die Mineralstoffversorgung der Blätter und evtl. der Früchte der Obstgehölze,
— sowie die Wachstumsreaktionen der Obstgehölze.

Die Einschätzung der Versorgung des Bodens mit einem bestimmten Nährstoff auf der Grundlage von Bodenanalysen wird vor der durchzuführenden Düngung vorgenommen, um danach die Düngermengen zu bemessen. Die Analysenergebnisse hängen stark von der angewandten Methode ab. Angestrebt wird dabei, den pflanzenverfügbaren Teil des jeweiligen Nährstoffes zu erfassen. Die Schwierigkeiten bestehen in der richtigen Beurteilung des Versorgungszustandes des Bodens auf Grund der Analysenwerte und der Ableitung eines entsprechenden Düngungsbedarfs. In diesem Zusammenhang spielen auch die Unzulänglichkeiten hinsichtlich der nicht unmittelbar nachweisbaren Korrelationen zwischen Versorgungszustand des Bodens und Baumleistung eine Rolle. Für die Hauptnährstoffe P, K, Mg und Ca bildet der Bodenversorgungszustand trotzdem nach wie vor die Grundlage der meisten obstbaulichen Düngungsempfehlungen (Balobin und Shkurko 1972, Quast 1976, o. A. 1977, o. A. 1978, Karpenchuk 1978, Schönberg und Illge 1980, Mika 1982), wobei der Ca-Düngungsbedarf in der Regel über den pH-Wert des Bodens bestimmt wird.

Der N-Düngungsbedarf wird durch Bilanzierung ermittelt, wobei Ertragshöhe, Baumalter, Bodenpflegeverfahren, Standortfaktoren usw. Berücksichtigung finden. Ähnlich wie bei 1jährigen Kulturen z. B. Wintergetreide, wird neuerdings versucht, den Bodenvorrat an mineralisiertem Stickstoff $N_{min}$ (bzw. $N_{an}$) vor der Frühjahrsdüngung bei der Bemessung der N-Düngermenge zu berücksichtigen (Scharpf und Wehrmann 1979). Quast (1980) weist auf die begrenzte Aussagekraft der $N_{min}$-Methode für Obstanlagen hin. da das Nachlieferungsvermögen des Bodens an N, das durch diese Methode nicht erfaßt werden kann, außerordentlich stark variiert. Bei Erdbeeren hält er die praktische Anwendung dieses Verfahrens für möglich. Nach Untersuchungen von Wehrmann und Scharpf (1980) bestanden zwischen den $N_{min}$-Gehalten, bezogen auf 0···90 cm Tiefe, in verschiedenen Obstanlagen Differenzen von mehreren 100 kg/ha, bedingt durch unterschiedliche Düngung in den Vorjahren. Dabei war der Gehalt unter Gras niedrig im Vergleich zum herbizidbehandelten Baumstreifen, in dem die Höhe im Jahresverlauf relativ konstant blieb. Zwischen dem $N_{min}$ im Februar/März und dem N-Blattgehalt im Juli/August wurde eine positive Korrelation festgestellt.

Im Gegensatz zu Meßzahlen über den Versorgungsgrad des Bodens, die der Bemessung der Düngermengen zugrunde gelegt werden, sind Werte über die Mineralstoffversorgung der Blätter sowie Beobachtungen über Wachstumsreaktionen der Gehölze das Ergebnis bereits vorher durchgeführter Düngungsmaßnahmen oder, genauer gesagt, eine Folge der Nährstoffaufnahme. Daraus können unter Berücksichtigung der herrschenden Bedingungen Rückschlüsse auf die Wirkung der bereits durchgeführten Düngung und langfristig, unter Ausschaltung extremer Jahreseinflüsse, auch Hinweise für die weitere Düngung abgeleitet werden.

Nährstoffwerte von Blättern sind, sofern sortenbezogene Grenzwerte der Versorgung vorliegen (s. S. 148), geeignet, sowohl auf Mangel- als auch auf Überschußversorgung hinzuweisen. Sie helfen zusammen mit den Mineralstoffwerten der Früchte, Disproportionen in der Nährstoffversorgung aufzudecken.

## Blattdüngung

Wie bereits erwähnt (s. S. 141), sind die Blätter zur Mineralstoffaufnahme befähigt und es ist deshalb auch eine Blattdüngung möglich. Sie wird in der Regel als Blattspritzung durchgeführt. Wegen der Schäden, die bei höherer Konzentration der Spritzlösung an den Blättern eintreten können, ist die Nährstoffmenge, die mit einer Spritzung ausgebracht werden darf, begrenzt.

Im allgemeinen nehmen jüngere Blätter die Nährstoffe schneller und in größeren Mengen auf, sie sind aber gegen höhere Konzentrationen empfindlicher als alte Blätter. Obwohl nur ein Teil der ausgebrachten Nährstoffmenge von den Blättern aufgenommen wird, kann mit diesem Verfahren eine schnelle und gezielte Wirkung erreicht werden.

Unter praktischen Bedingungen findet die Blattdüngung für folgende Zwecke Anwendung:

- zur Ergänzung der N-Versorgung bei niedriger Bodendüngung,
- zur Überwindung von Schwierigkeiten bei der Nährstoffversorgung aus dem Boden,
- zur Überwindung der Folgen von Schäden am Gehölz und Schwächezuständen, z. B. infolge von Frost oder Hagel,
- zur Behebung von Mangelerscheinungen durch Festlegungen bestimmter Elemente im Boden bzw. als Folge eines Überangebots an anderen Nährstoffen.

Die Anwendung bezieht sich vorwiegend auf Harnstoffspritzungen zur Unterstützung des Stickstoffhaushaltes, Kal-

*Tab. 15:* Konzentration der Spritzbrühe für die Blattdüngung mit Harnstoff bei verschiedenen Obstarten

| Obstart | % Harnstoff | Obstart | % Harnstoff |
|---|---|---|---|
| Apfel | 0,5···1,0 | Pfirsich | 1,2···2,0 |
| Birne | 0,8···1,0 | Rebe | 0,4···0,7 |
| Pflaume | 0,6···0,8 | Strauchbeerenobst | 0,4···0,6 |
| Kirsche | 0,4···0,8 | Erdbeere | 0,8···1,0 |

*Tab. 16:* Mittel und Konzentrationen von Spritzbrühen für die Blattdüngung

| Nährstoff | chemische Verbindung | Konzentration |
|---|---|---|
| Phosphor | Ammoniummonophosphat $(NH_4)_2HPO_4$ | 0,8···1,0 |
| Kalium | Kaliumsulfat $K_2SO_4$ | 0,9···1,2 |
| Kalzium | Kalziumnitrat $Ca(NO_3)_2$ | 0,6···1,0 |
| | Kalziumchlorid $CaCl_2$ | 0,6···1,0 |
| Magnesium | Magnesiumsulfat $MgSO_4$ | 1,8···2,2 |
| Eisen | Eisensulfat $FeSO_4$ | 1,8···2,2 |
| Bor | Natriumtetraborat (Borax) $Na_2B_4O_7 \times 10H_2O$ | 1,8···2,0 |
| Kupfer | Kupfersulfat $CuSO_4$ | 1,8···2,0 |
| Zink | Zinksulfat $ZnSO_4$ | 0,5···1,5 |
| Mangan | Mangansulfat $MnSO_4$ | 0,8···1,2 |
| Molybdän | Natriummolybdat $Na_2MoO_4$ | 0,8···1,2 |

ziumspritzungen gegen Stippe und Mikronährstoffspritzungen bei auftretenden Mangelerscheinungen. In Tabelle 15 sind Richtwerte für die Konzentration der Spritzbrühe bei Anwendung von Harnstoff für die verschiedenen Obstarten angegeben.

Weitere chemische Verbindungen, die zur Blattdüngung eingesetzt werden können, sind in Tabelle 16 zusammengestellt.

## Literatur

(Auszug — das vollständige Literaturverzeichnis kann beim Verfasser eingesehen bzw. angefordert werden)


ALLEN, M.: Relationships between soil factors and magnesium deficiency in apple. In: D. ATKINSON u. Mitarb. Mineral nutrition of fruit trees (1980) 279—283

ATKINSON, D., S. A. WILSON: The growth and distribution of fruit tree (apple, cherry and plum) roots: some consequences for nutrient uptake. In: D. ATKINSON u. Mitarb. Mineral nutrition of fruit trees (1980) 137—150

BALOBIN, V. N., T. J. SHURKO: Udobrenie sada. Izd. Uradzaj, Minsk (1972) 69 S.

BANGERTH, F.: Investigation upon Ca related physiological disorders. Phytopathol. Z., Berlin (West), Hamburg **77** (1973) 20—37

BANGERTH, F.: The function of calcium in the cell and the subcellular units of apple fruit. Acta Hort. **45** (1974) 43—47

BERGMANN, W., P. NEUBERT: Pflanzendiagnose und Pflanzenanalyse. VEB Gustav Fischer-Verlag, Jena (1976) 711 S.

BERGMANN, W., CH. FLEISCHMANN, S. SELIGER: Makro- und Mikronährstoffgehalte der Früchte von Kern- und Steinobstarten sowie Entzug durch 100 dt Früchte. Iga Kurzdokumentation Erfurt (1981) Nr. 26, 12 S.

BOON, J., A. DAS, A. C. VAN SCHREVEN: Control of bitter pit and breakdown by calcium in the apples ‚Cox's Orange Pippin' and ‚Jonathan'. Agric. Res. Rep., Wageningen, **711** (1968)

BOULD, C., R. J. PARFITT: Leaf analysis as a guide to the nutrition of fruit crops. X. Magnesium and phosphorus sand culture experiments with apple. J. Sci Food and Agric., London **24** (1973) 175—185

BOWLING, D. J. F.: Uptake and transport of nutrients. Acta Hortic., The Hague **92** (1979) 153—163

CATZEFLIS, J.: Correction de carences pottassiques des pommiers. Rev. suisse Viticult., Arboricult. et Hortic, Lausanne **3** (1971) 35—40

CHRISTIANSEN, M. N., C. D. FOY: Fate and function of calcium in tissue. Commun. Soil Sci. and Plant Anal., New York **10** (1979) 427—442

DELVER, P.: Stikstofvoeding, bodembehandeling en stikstofbemesting bij vruchtbomen (appel, peer). Verslagen landbouwkd. Onderz., Wageningen **790** (1973) 187 S.

FERGUSON, I. B.: The uptake and transport of calcium in the fruit tree. Acta. Hortic., The Hague **92** (1979) 183–192

FIEDLER, W., R. SCHURICHT: Einfluß von Zeitpunkt und Menge der Stickstoffdüngung auf Apfelniederstämme. Arch. Gartenbau, Berlin **22** (1974) 275–286

FULLER, M. M.: The ultrastructur of the outer tissues of coldstored apple fruits of high and low calcium content in relation to cell breakdown. Ann. appl. Biol., London **83** (1976) 299–304

GREENHAM, D. W. P.: The fertiliser requirements of fruit trees, Fertiliser Society London (1976) Nr. 157, 32 S.

HANSEN, P.: Virkning of Kalium og magnesium til ‚Cox's Orange' pa lermuld. Tidsskrift for Planteavl **79** (1975) 259–265

KARPENCHUK, G. K.: Opredelnie potrebnosti jabloniv udobrenjakh. Sadovodstvo, Vinogradarstvo i Vinodelie Moldavii, Kisinev (1978) H. 7, 21–25

KULESZA, W., R. C. SZAFRANEK: Wplyw zroznico wanego nawozenia na wzrost i plony jabloni. Rocz. Nauk rolniczych, Ser. A, **103** (1978) 79–92

LORD, W. J., J. H. BAKER, R. A. DAMON jr.: Soil, tree, and fruit responses to lime and to type and timing of nitrogenous fertilizer applications under ‚Sturdeespur Delicious' apple trees. J. Amer. Soc. horticult. Sci., Alexandria, Va. **106** (1981) 616–619

LÜDDERS, P., G. BÜNEMANN: Der Einfluß jahreszeitlich unterschiedlicher Kaliumverfügbarkeit auf das vegetative und generative Wachstum von Apfelbäumen, Erwerbsobstbau, Berlin (West), Hamburg **17** (1975) 83–87

MIKA, A.: Nowe zalecenia nawozenia sadow. Owoce-Warzywa-Kwiaty, XXI (1982) H. 10, 4–6

NYHLEN, A.: Effekter av klimat, jordmaan och gödsling paa skörd och lagringsduglighei-hos äpplesorten ‚Ingrid-Marie' 1. Ett gödslingsförsök med fosfor och kalium. Institut for Trädgaardsvetenskap, Bericht **12** (1980) 68 S.

O. A.: Düngung der Obstbäume. Mitteilungen der Eidg. Forschungsanstalt für Obst-, Wein- und Gartenbau Wädenswil, Flugschrift Nr. **15** (1977) 15 S.

O. A.: Lime and fertiliser recommendations No. 3 Fruit and Hops, Ministry of Agriculture, Fisheries and Food (1978) Nr. 3, 13 S.

PADUCHIKH, L. W.: Die Wechselbeziehung zwischen Apfelertrag und Qualität und Nährstoffspiegel. (russ.) Khimiya v Sel'skom Khozyaistve **14** (1976) H. 11, 28–30

QUAST, P.: Teilweise veränderte Düngungsempfehlungen für den Niederelbe-Obstbau aufgrund weiterer Erhebungsuntersuchungen. Mitt. Obstbauvers.-Ringes, Jork **33** (1978) 358–364

QUAST, P.: Besonderheiten bei der Kalkanwendung im Obstbau. Mitt. Obstbauvers.-Ringes, Jork **37** (1982) 93–96

REDMOND, W. J.: Transport of calcium in apple trees and its penetration into the fruit. Commun. Soil Sci. and Plant Anal., New York **6** (1975) 261–272

SADOWSKI, A., E. ZOLCIK: Wplyw nawozenia N i K na wzrost i owocowanie mlodych jabloni odmiany Landberska. Zeczyty nauk. Szkoly glownej Gospodarstwa wiejskiego Akad. Rolniczej w Warszawie, Ogrodnictwo, Warszawa (1978) H. 10, 43–61

SCHARPF, H. C., J. WEHRMANN: Beurteilung der Stickstoffversorgung von Obstanlagen mit Hilfe der Bodenanalyse auf Mineralstickstoff ($N_{min}$-Methode) Erwerbsobstbau, Berlin (West), Hamburg **21** (1979) 66–69

SCHARRER, K., H. LINSER: Pflanzenernährung. Handbuch der Pflanzenernährung und Düngung. Springer-Verlag, Wien, New York, 1. Band Teil 1 (1969) 594 S., 2. Teil (1972) 1429 S.

SCHÖNBERG, G.: Harnstoff zur Blattdüngung bei Obstgehölzen. speziell, Berichte für die Landwirtschaft. Harnstoff Heft 2 (1973) 46–49

SCHÖNBERG, G.: Langjährige Auswirkungen unterschiedlicher Düngung und Bodenpflege auf den Ertrag von Apfelniederstämmen. Arch. Gartenbau, Berlin **27** (1979) 411–426

SCHÖNBERG, G.: Zum Einfluß von Bodenpflege und Stickstoffdüngung auf die Ertragsschwankungen bei Apfel. Vortrag zur internationalen Arbeitstagung „Minderung der Ertragsschwankungen bei Baumobst" vom 2.–4. 11. 1982, Institut für Obstforschung Dresden-Pillnitz

SCHÖNBERG, G., R. ILLGE: Merkblatt für die Mineraldüngung in der Produktion von Baumobst, iga-Ratgeber (1980) 28 S.

SHARPLES, R. O.: The influence of orchard nutrition on the storage quality of apples and pears grown in the United Kingdom. In: D. ATKINSON u. Mitarb. Mineral nutrition of fruit trees (1980) 17–28

SHEAR, C. B., M. FAUST: Calcium transport in apple trees. Plant Physiol. Rackville, Md. **45** (1970) Nr. 6, 670–674

SHELTON, J. E.: Effect of placement of phosphorus fertilizer and lime upon growth of ‚Delicious' and ‚Golden Delicious' apple trees. J. Amer. Soc. horticult. Sci., Alexandria, VA. **101** (1976) 481–485

TARASOV, V. M., A. N. ZHURAVLEVA: Wachstum, Fruchten und Befall mit Rosettenkrankheit junger Apfelbäume bei Einbringung hoher Gaben von Phosphor-, Kali- und Zinkdüngern. (russ.) Izvest. Timirjazevskoj sel'skochoz. Akad., Moskva (1980) 6, 110–118

TAYLOR, B. K., F. H. GOUBRAN: The phosphorus nutrition of the apple tree. I. Influence of rate of application of superphosphate on the performance of young trees. Austral. J. agric. Res., Melbourne **26** (1975) 843–853

WALLER, W. M.: Use of apple analysis. In: D. ATKINSON u. Mitarb. Mineral nutrition of fruit trees (1980) 383–394

WIERSUM, L. K.: Effects of environment and cultural practices on calcium nutrition. Commun. Soil Sci. and Plant Anal., New York **10** (1979), 259–278

WIESLAW, K., R. C. SZAFRANEK: Wplyw zroznicowanego nawozenia na wzrost iplony jabloni. Rocz. Nauk rolniczych, Ser A. Warszawa **103** (1978) 3, 79–92

WILLS, R. B. H., K. J. SCOTT, E. T. CARROLL: Use of alkaline earth metals to reduce the incidence of storage disorders of apples. Austral. J. agric. Res. Melbourne **26** (1975) 169–171

# Pflanzenentwicklung und Ertragsbildung

## Allgemeiner Teil

### Wachstum und Entwicklung von Sproß und Wurzel

#### Definition der Begriffe Wachstum und Entwicklung

Das Wachstum gehört zu den Grundphänomenen des Lebens. Es findet seinen Ausdruck vor allem in der Größenzunahme der Individuen und ist durch die Entwicklung der Zellen bedingt. Wachstum äußert sich allgemein als eine irreversible Zunahme des Volumens und der Substanz der Zellen. Es ist ein Vorgang, der an die Lebensfähigkeit des Zytoplasmas gebunden ist.

Der Begriff „Entwicklung" drückt die qualitative Seite der Veränderungen aus. Er beinhaltet eine irreversible Veränderung der Form, der Funktion oder des Ausmaßes an Differenzierung.

Beide Prozesse, Wachstum und Entwicklung, laufen in der Regel bei Pflanzen nebeneinander ab, greifen ineinander und sind mitunter kaum zu trennen.

Das Wachstum vollzieht sich auf der Zellebene als Teilungs-, Plasma-, Streckungs- und Differenzierungswachstum in aufeinander folgenden Phasen. Auf der Ebene der Organe zeigt sich das Wachstum in zeitlich unterschiedlichen Abläufen entsprechend den Entwicklungsphasen der Pflanze.

### Natürliche und synthetische Wachstumsregulatoren und ihre Funktionen

Wachstumsregulatoren sind Substanzen mit Hormoncharakter. Sie sind Zwischenträger zwischen genetischer Information und Stoffumsatz. Selbst nur in geringsten Mengen vorhanden, tragen sie entscheidend dazu bei, Stoffwechselvorgänge zu katalysieren mit dem Ergebnis, daß nach einem genetisch vorgegebenen Programm der pflanzliche Organismus in der für die Art bzw. Sorte typischen Form entsteht. Das wird insbesondere durch ein ausgewogenes Verhältnis zwischen Wuchsförderung und Wuchshemmung erreicht. Wachstumsregulatoren bestimmen nicht zuletzt das Ausmaß der vegetativen und generativen Entwicklung und beeinflussen somit die Blüh- und Ertragswilligkeit der Obstgehölze unmittelbar.

Die dominierende Stellung der Wachstumsregulatoren im pflanzlichen Stoffwechsel rechtfertigt es, an den Anfang der Betrachtungen über Wachstum, Entwicklung und Ertragsbildung eine Übersicht über die wichtigsten dabei beteiligten Stoffgruppen zu stellen. Wenn diese genannt und charakterisiert werden, so ist dabei zu beachten, daß verschiedene Verbindungen in der Regel auch unterschiedliche Reaktionen auslösen, daß es aber auch durchaus möglich ist, allein durch Veränderung der Konzentration ein und desselben Stoffes gegensätzliche Wirkungen zu erzielen. Wie ein Wachstumsregulator im konkreten Falle wirkt, hängt wesentlich vom physiologischen Zustand der Pflanze ab. Es können im Extremfall, je nach dem erreichten Entwicklungszustand, durch den gleichen Wachstumsregulator völlig gegensätzliche Reaktionen ausgelöst werden. Das ist z. B. bei der Anwendung von Auxin zur Fruchtausdünnung bzw. zur Verhütung des Vorerntefruchtfalles zu beobachten. Im Juni bewirkt die Zufuhr von Auxin zur Frucht verstärkten Fruchtfall, im August verhindert es die zu frühe Ausbildung des Trennungsgewebes zwischen Fruchtansatzstelle und Fruchtstiel. Die zusammenfassende Darstellung enthebt uns daher nicht von der Verpflichtung, in den folgenden Kapiteln auf die für den jeweiligen Fall typische Konstellation der Wachstumsregulatoren einzugehen. Diese Stoffgruppe wird somit immer wieder in den verschiedensten Zusammenhängen auftauchen. Ferner sei bereits jetzt darauf hingewiesen, daß es neben der Gruppe der natürlich vorkommenden Wachstumsregulatoren auch synthetisch hergestellte Substanzen gibt, die als Wuchsförderer oder Wuchshemmer wirken. Die Syntheseprodukte sind in vielen Fällen pflanzenfremd. Trotzdem sollen sie mit in die Betrachtungen eingereiht werden und zwar deshalb, weil sie, wenn wahrscheinlich auch auf anderen Wegen, schließlich doch den gleichen Effekt bewirken wie die natürlichen Substanzen. Wir haben damit eine Möglichkeit gewonnen, in das Produktionsverfahren mit Hilfe dieser Regulatoren gezielt einzugreifen, wenn die Entwicklung nicht in den gewünschten Bahnen verläuft.

### *Natürlich in der Pflanze vorkommende Wachstumsregulatoren (Phytohormone)*

Das Teilungswachstum wird vor allem durch Phytohormone der Zytokiningruppe gefördert. Zytokinine sind ihrer chemischen Natur nach N-Substituierte des Adenins. Verbindungen dieser Gruppe werden vorwiegend in den Wurzelspitzen synthetisiert. Typische Vertreter sind Zeatin und Kinetin (Abb. 1). Neben der Förderung der Zellteilung bewirken Zytokinine eine allgemeine Stimulation des Stoffwechsels und regen die Synthese von RNS und Protein an.

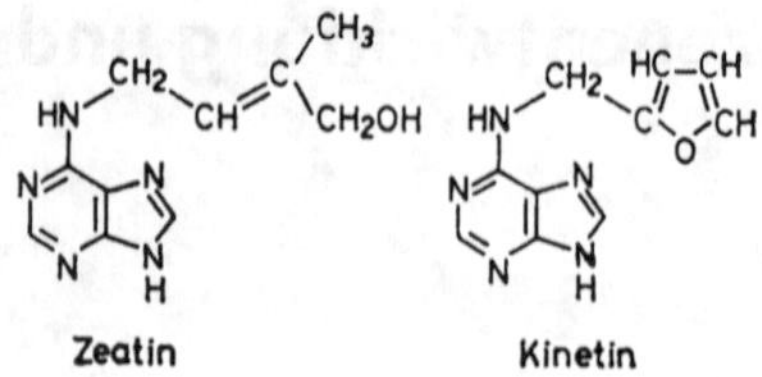


*Abb. 1:* Formeln von Zeatin und Kinetin

Das Streckungswachstum, das dem Teilungswachstum folgt, wird durch Auxine, insbesondere die $\beta$-Indolyl-Essigsäure (Abb. 2), vorbereitet und gefördert. Das Wirkungsspektrum ist relativ breit und beschränkt sich nicht auf diese Funktion. Das Streckungswachstum kommt dadurch zustande, daß das Au-

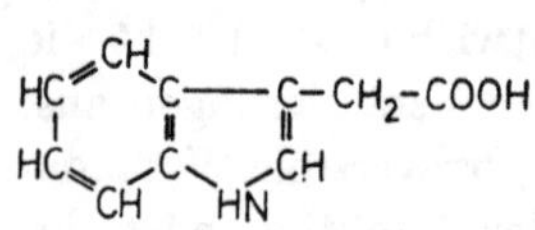

*Abb. 2:* Formel der $\beta$-Indolylessigsäure (Indol-3-Essigsäure = Auxin)

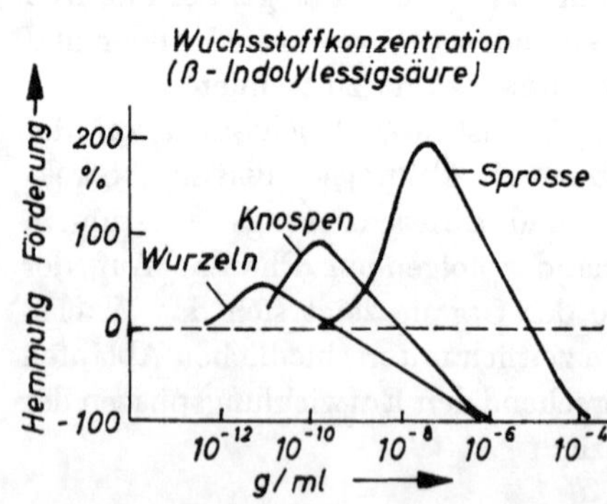


*Abb. 3:* Die Wirkung von Auxin auf das Wachstum verschiedener Organe in Abhängigkeit von der Konzentration; nach Henke

xin als Effektor auf ein Fermentsystem wirkt, das eine Lockerung der Wandelemente bewirkt. Als Folge davon kann der Turgordruck die Zelle strecken. Weiterhin bewirkt das Auxin gleichzeitig die Bildung von m-RNS, die für die Synthese von Wandsubstanz notwendig ist. Auxinwirkungen in der Pflanze sind stark konzentrationsabhängig (s. Abb. 3). Die für das Sproßwachstum optimalen Konzentrationen wirken auf Knospen und insbesondere auf die Wurzel bereits hemmend. Somit kann das Streckungswachstum allein schon durch Veränderungen im Auxinspiegel gesteuert werden. Auch bei der Fruchtentwicklung spielen Auxine eine wichtige Rolle.

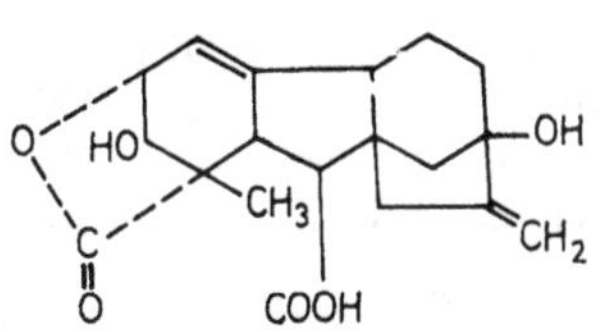


*Abb. 4:* Formel von Gibberellin $A_3$; nach CROSS und Mitarbeiter

| | |
|---|---|
| Gibberellin $A_1$ | $C_{19}H_{24}O_6$ |
| (= Dihydrogibberellinsäure) | |
| Gibberellin $A_2$ | $C_{19}H_{26}O_6$ |
| Gibberellin $A_3$ | $C_{19}H_{22}O_6$ |
| (= Gibberellinsäure) | |
| Gibberellin $A_4$ | $C_{18}H_{24}O_5$ |
| oder | $C_{19}H_{22}O_5$ |
| Gibberellin $A_5$ | $C_{19}H_{22}O_5$ |

Eine weitere Gruppe der Phytohormone stellen die Gibberelline dar (Abb. 4). Sie nehmen ebenfalls Einfluß auf das Streckungswachstum. Von den mehr als 50 heute bekannten Gibberellinen ist die Gibberellinsäure $GA_3$ stark verbreitet. Es ist jedoch möglich, daß in einer Pflanze verschiedene Gibberelline, die abgekürzt mit $GA_1$, $GA_2$, $GA_3$ usw. bezeichnet werden, gleichzeitig vorkommen. So finden sich beim Apfel z. B. meist die Gibberelline $GA_4$ und $GA_7$. Die Synthese geschieht vorwiegend in den Sproß- und Wurzelspitzen. Ähnlich wie Auxine haben

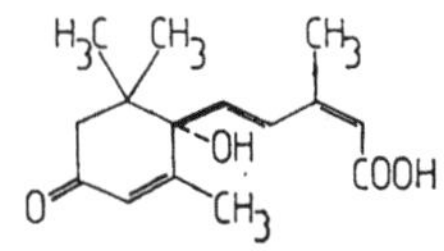


*Abb. 5:* Formel der Abscisinsäure

Gibberelline ein breites Wirkungsspektrum. Sie stimulieren auch die Zellteilung und erfüllen bei der Fruchtentwicklung wichtige Aufgaben. Besonders gut ist der GA-Gehalt mit der Wachstumsrate bei jungen Keimlingen korreliert.

Wachstum und Entwicklung werden nicht nur von wuchsfördernden Verbindungen, sondern auch von Hemmstoffen gesteuert. Ein weit verbreiteter Hemmstoff ist die Abscisinsäure, ein Sesquiterpenoid (Abb. 5). Sie wird vorwiegend in Blättern und Früchten synthetisiert, hemmt das Streckungswachstum und die Zellteilung und wirkt vor allem bei der Auslösung von Ruhezuständen mit. So wird der Eintritt in die winterliche Ruhe vorwiegend dem Wirken der Abscisinsäure zugeschrieben. Die Substanz bedingt bei Anreicherung das Abklingen des vegetativen Wachstums sowie das Altern der Zellen und schließlich den Blatt- und Fruchtfall. Auffallend ist auch die Beschleunigung der Fruchtreife unter dem Einfluß der Abscisinsäure. Es wirkt dabei ähnlich wie Äthylen.

Ein wichtiger pflanzeneigener Hemmstoff ist weiterhin das Äthylen, das bei den verschiedenen Entwicklungsschritten wirksam wird. So spielt es zunächst eine Rolle bei der Blühstimulierung (s. S. 453), zur Zeit der Fruchtreife bei der Ausbildung des Trennungsgewebes zwischen Trieb und Frucht, und nicht zuletzt beeinflußt es den Reifevorgang der Früchte während der Lagerung. Es nimmt entscheidenden Einfluß auf das Lagerverhalten besonders bei Äpfeln (s. S. 512). Es gibt in der Pflanze noch zahlreiche Verbindungen mit Wuchsstoffcharakter, die aber gegenüber den hier genannten zurücktreten.

## *Wichtige synthetische Wachstumsregulatoren und Möglichkeiten ihrer Anwendung*

Von der großen Zahl der bekannten Wirkstoffe werden nur diejenigen genannt, die im Obstbau eine Rolle spielen oder möglicherweise zukünftig Bedeutung gewinnen können. Nur selten angewandte Wirkstoffe werden im Zusammenhang mit den Anwendungsmöglichkeiten genannt. Zusammenfassende Wirkstoffübersichten finden sich bei THOMSON (1976/77), ABDEL RAHMAN et al. (1977), DRABER (1977), FRYER und MAKEPEACE (1977, 1978), LÜDDERS und DEBOR (1975, 1978), WAGENBRETH u. a. (1981).

### *Auxine*

Auxine sind Substanzen, die eine dem natürlichen Auxin entsprechende oder sogar intensivere physiologische Wirkung aufweisen. Sie fördern die Zellteilung, insbesondere jedoch die Zellstreckung und zeichnen sich durch ausschließlich basipetalen Transport in Richtung Wurzel aus.

Indolyl-3-buttersäure (IBA)
α-Naphthylessigsäure (NAA),
1-Naphthylessigsäureäthylester
1-Naphthylessigsäuremethylester
1 Naphthylacetamid (NAD, NAAm)
2-(3-Chlorphenoxy)propionsäure (3-CP)
2-(2,4,5-Trichlorphenoxy)propionsäure (2,4,5-TP)
2,4-Dichlorphenoxyessigsäure (2,4-D)
2,4,5-Trichlorphenoxyessigsäure (2,4,5-T)

Manche Präparate dienen der Erhöhung des Fruchtansatzes bei Sauerkirschen. Auxine werden insbesondere zur Fruchtausdünnung kurz nach der Blüte bei Apfel, Birne, Pfirsich und Pflaume eingesetzt; kurz vor der Fruchtreife bei Apfel zur Hemmung des Vorerntefruchtfalles. Dabei ist die angestrebte Wirkung stark von der Dosierung und vom Entwicklungsstand der Pflanzen abhängig. Für unterschiedliche Regulationsmaßnahmen werden bestimmte in der Praxis bewährte Auxine verwendet. Manche Auxine dienen wegen ihrer unnormal starken Wuchsförderung, besonders bei Überdosierung, auch als Herbizide (z. B. 2,4-D).

### *Gibberelline*

Gibberelline wirken bei der Zellstreckung und Fruchtentwicklung mit. Von den zahlreichen Gibberellinen hat vor allem die Gibberellinsäure ($GA_3$) Bedeutung erlangt. Mischungen, z. B. $GA_4 + GA_7$ sind im Handel, Gibberelline dienen der Erhöhung des Fruchtansatzes, insbesondere bei Birnen durch Ausbildung parthenokarper Früchte nach Blütenschäden oder mangelnder Befruchtung. Diese immer wieder genannte Möglichkeit hat jedoch keine praktische Bedeutung erlangt. Die Fruchtentwicklung bei Kirschen und Wein wird durch Gibberelline begünstigt. Manche Präparate verbessern die Fruchtqualität bei Kirschen. Bei der Produktion von samenlosem Wein (UdSSR, USA, Japan) werden Gibberellinbehandlungen oft in das Produktionsverfahren integriert.

### *Zytokinine*

Sie bewirken u. a. Zellteilungen in Gewebekulturen in Gegenwart von Auxin und verzögern die Alterung der Gewebe. Zytokinine dienen im Produktionsverfahren der Förderung der Stoffakkumulation und damit der Verbesserung des Fruchtansatzes, z. B. der Steigerung der Fruchtgröße und des Ertrages bei Wein.
6-Benzylaminopurin (Benzyladenin, BAP, BA)
6-Benzylamino-9-(tetrahydropyren-2yl)-9H-purin (SD 8339, PBA).

### *Abscisinsäure*

Abscisinsäure (ABA) kommt wegen geringer Persistenz in der Pflanze und hoher Synthesekosten für die Praxisanwendung bisher nicht in Frage. Stabilere synthetische Strukturanaloga sind bisher nicht bekannt. Abscisinsäure induziert die Knospenruhe und verlängert sie. Beschleunigung von Blattalterung und Abszissionsvorgängen, Ausdehnung der Knospenruhe im Frühjahr, Transpirationshemmung durch Stomataschluß, dadurch effektivere Wassernutzung bei der Stoffproduktion unter Dürrebelastung.

### *Äthylen und Äthylen abgebende Substanzen sowie Stimulatoren der Äthylenbiosynthese*

Äthylen nimmt pflanzenphysiologisch und anwendungstechnisch eine Sonderstellung ein. Äthylenwirkungen werden durch Anwendung der Äthylen abspaltenden Verbindung Ethephon im großen Umfang genutzt. Äthylen hemmt den Auxintransport und damit die Apikaldominanz, es beschleunigt Reife, Seneszenz und Abszission.

Bei Apfel Dämpfung der Alternanz durch Einsatz kurz vor bzw. während der Sommerruhe zur Stabilisierung der Differenzierung der Blütenknospen. Verwendung zur Reifeförderung und Reifekonzentration. Es dient bei Stein- und Beerenobst der Vorbereitung der maschinellen Ernte; Anwendung zur Defoliation in Baumschulen.

2-Chloräthanphosphonsäure (CEPA, Ethephon)

### *Antiauxine und Auxintransporthemmstoffe*

Als Antiauxine werden Substanzen verstanden, die mit dem nativen Auxin (IAA) um den spezifischen Rezeptor konkurrieren (Audus 1972; Draber 1977).

Anwendung zur Reifebeschleunigung bei Birnen. Für eine Reihe von Wirkstoffen ist eine Hemmung des basipetalen Auxintransportes erwiesen, und zwar wie folgt mit abnehmendem Wirkungsgrad: Naptalam > Chlorflurecol > TIBA (Draber 1977).

Von verschiedenen den Auxintransport hemmenden Substanzen hat die 2,3,5,-Trijodbenzoesäure (TIBA) eine Praxisanwendung gefunden. Es dient der Vergrößerung der Astwinkel. Die Wirkung ist stark vom Applikationstermin abhängig.

4-Chlorphenyl-2(2H)-tetrazol-2-yl-essigsäureäthylester (PP 528)

Diese Substanz hemmt das Terminalwachstum bei Apfel, Pflaume und Kirsche (Stutzmittel).

### *Antigibberelline und Gibberellinbiosynthesehemmstoffe*

Zahlreiche Wachstumsretardantien stehen in antagonistischer Wechselwirkung zu den Gibberellinen. Oft ist nicht zu entscheiden, ob ein Antagonismus zwischen den Hemmstoffen und GA auf einer Wirkungshemmung oder auf einer Hemmung der Biosynthese von GA besteht. Die Wirkstoffe hemmen das Streckungswachstum und mindern die Apikaldominanz. Die Wuchshemmung verursacht indirekt eine Blühförderung bei Apfel und Birne und eine Erhöhung des Fruchtansatzes bei samenlosem Wein.

2-Chloräthyl-trimethylammoniumchlorid (CCC, Chlormequatchlorid), Bernsteinsäure-mono-N,H-dimethylhydrazid, (SADH, Daminozid, Aminozid).

Der Wirkstoff führt über Sproßstauchungen zur Hemmung der Apikaldominanz. Er dient der Abkürzung der ertraglosen Zeit bei Jungbäumen und fördert die Blütenbildung insbesondere bei Apfel, Birne und Pfirsich. Bei Daueranwendung Gefahr der Verzwergung der Bäume und Kleinbleiben der Früchte, Verbesserung der Fruchtfärbung, Erhöhung der Fruchtfleischfestigkeit und Hemmung des Vorerntefruchtfalles bei Apfel und Birne. Verbesserung der Fruchtausfärbung bei Süß- und Sauerkirsche. Hemmung des Triebwachstums als ergänzende Maßnahme bei der Kronenformierung.

### *Antiäthylene und Äthylenbiosynthesehemmstoffe*

Rhizobitoxin, Aminoäthoxyvinylglycin (AVG) und Methoxyvinylglycin (MVG) senken den Juni- und Vorerntefruchtfall. Die Fruchtreife wird verzögert, die Fruchtfleischfestigkeit erhöht.

### *Weitere Substanzen mit spezifischer Wirkung auf Obstbäume*

#### *Meristemätzmittel*

Diese Gruppe von Substanzen bzw. Substanzgemischen tötet freiliegende Sproßvegetationspunkte ab und erspart das manuelle Stutzen. Die Verzweigung bei jungen Apfelbäumen wird gefördert und damit die Ertragsstruktur der Krone verbessert sowie die Blütenbildung angeregt. Die Wirkung ist stark von der Dosierung abhängig.

Im Handel sind Mischungen aus Methylestern langkettiger Festtsäuren (Off-Shoot).

*Weitere Wachstums- und Entwicklungsstimulatoren*

Neben den bereits genannten Wachstumsregulatoren gibt es noch zahlreiche andere synthetische Wirkstoffe mit stimulierender Wirkung auf Wachstum und Entwicklung, einschließlich Ertragsbildung. Der Wirkungsmechanismus läßt sich jedoch nicht in die bekannten Mechanismen nativer Wachstumsregulatoren einordnen. Zu dieser Gruppe unspezifischer Stimulatoren gehören u. a.

2-Chlor-3-(2-methyl-3-chlophenyl)-propionitril (PRB 8, PRB-200-E-50, FMC 28979),

N-Methyl-1-naphthylcarbamat (Carbaryl).

Diese Substanzen wirken auxin- und gibberellinähnlich und finden Verwendung für die Blüten- bzw. Fruchtausdünnung bei Wein, Pfirsich und Apfel.

*Zur Problematik der Anwendung von Wachstumsregulatoren*

Die breite Palette an Wachstumsregulatoren läßt die Möglichkeiten erkennen, die sich uns in Zukunft bei der Anwendung dieser Wirkstoffe bieten. Unabhängig davon ist es unter heutigen Bedingungen bei der oft unzulänglichen Kenntnis physiologischer Zusammenhänge kaum möglich, für alle diese Substanzen konkrete Anwendungsempfehlungen zu geben. Man wird sich daher in der Praxis auf diejenigen Wachstumsregulatoren beschränken, deren Wirkungsweise relativ zuverlässig und mit großer Wahrscheinlichkeit vorausschaubar ist.

Anwendungsmöglichkeiten werden von Fall zu Fall in den einzelnen Kapiteln sachbezogen zur jeweiligen Problematik mit genannt.

## Wachstum, Entwicklung, Bau und Funktion des Sprosses

*Wachstumsvorgänge in verschiedenen Organen*

Die Zellen, in denen die erste Phase des Wachstums, das embryonale Wachstum, als Teilungswachstum und Plasmawachstum abläuft, liegen im Bereich der Bildungsgewebe oder Meristeme. Diese befinden sich hauptsächlich in den Sproß- und Wurzelspitzen. Meristeme an den Sproßspitzen haben auch die Bezeichnung Apikalmeristeme oder Terminalmeristeme. Die Spitzenmeristeme der Seitenknospen, die sich in den Blattachseln entwickeln, werden entsprechend als Lateralmeristeme bezeichnet. Reste primärer Meristeme bilden das Kambium, welches das sekundäre Dickenwachstum des Stammes, der Äste und der Wurzeln gewährleistet. Sekundär wieder embryonal gewordene Zellen sind in den Folgemeristemen der Abschlußgewebe (Borke) zu finden (Abb. 6).

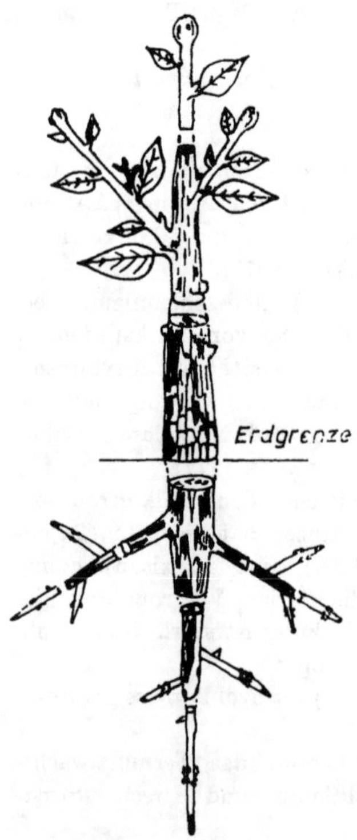


*Abb. 6:* Schematische Darstellung der Wachstumszonen

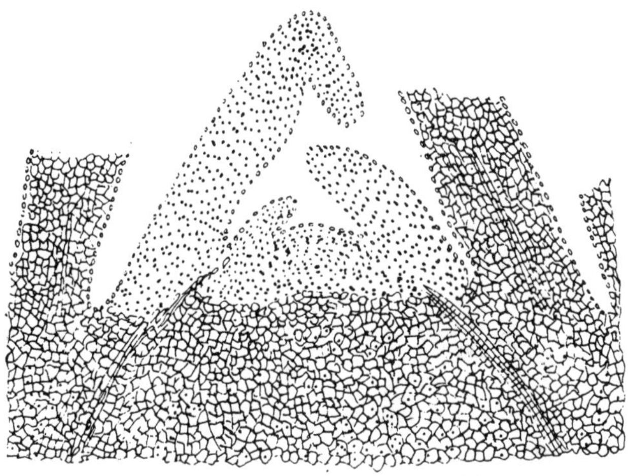

*Abb. 7:* Sproßvegetationspunkte des Apfels; mikroskopisches Bild; nach KOLOMIEZ (1973)

*Gliederung des Sproßvegetationspunktes*

Die embryonalen Zellen des Sproßvegetationspunktes, dem Hauptort für das embryonale Wachstum befinden sich in einer deutlich abgegrenzten Zone der Sproßspitze, die nur Bruchteile eines Millimeters groß ist. Im mikroskopischen Bild ist zu erkennen, daß der Sproßscheitel durch Blattanlagen unterschiedlicher Entwicklung eingehüllt wird. Ein solcher Sproßscheitel stellt eine Knospe dar. Wird das Teilungswachstum der Zellen des Sproßmeristems zeitweilig unterbrochen, z. B. durch das Ende der Vegetationsperiode, dann bildet sich diese Knospe zur Ruheknospe um. Die den Sproßscheitel einhüllenden, noch nicht voll ausgebildeten Blätter erfahren dabei eine Umdifferenzierung zu Knospenschuppen.

An die embryonale Zone des Sproßvegetationspunktes schließt sich die Zone der Differenzierung an. Sie ist etwa 0,04···25 mm lang. In ihr vollzieht sich hauptsächlich das Streckungs- und das Differenzierungswachstum der Zelle (Abb. 7—9).

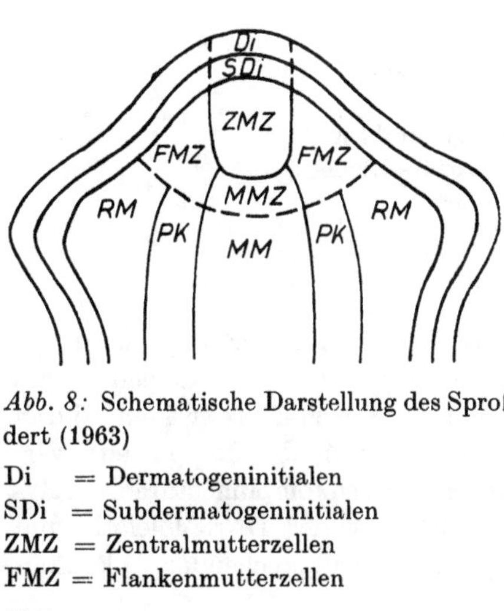


*Abb. 8:* Schematische Darstellung des Sproßvegetationspunktes eines Apfels; nach BRAUN, verändert (1963)

Di = Dermatogeninitialen
SDi = Subdermatogeninitialen
ZMZ = Zentralmutterzellen
FMZ = Flankenmutterzellen
MMZ = Markmutterzellen
RM = Rindenmeristem
Pk = Prokambium
MM = Markmeristem

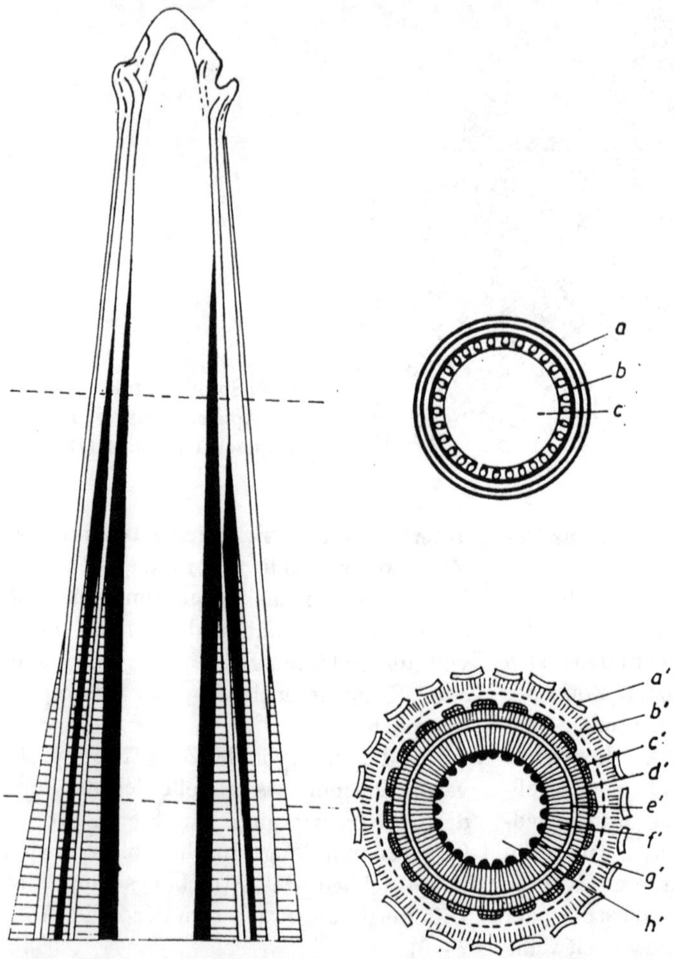


*Abb. 9:* Die primären Gewebearten im Sproßscheitel mit Wachstumszonen; nach STRASBURGER (1971)

a = primäre Rinde
b = Leitbündelring
c = Mark
a' = Reste der primären Rinde
b' = sekundäre Rinde mit Kork
c' = Protophloem
d' = sekundäres Xylem
e' = Kambium
f' = Markstrahlen
g-' = primäre Rinde
h' = Mark

## *Das embryonale Wachstum*

### *Vorgänge beim embryonalen Wachstum*

Zum embryonalen Wachstum der Zellen gehören das Teilungs- und das Plasmawachstum. Bevor eine Zellteilung erfolgt, wird das genetische Material, das gesamte Erbgut, im Vorgang der identischen Reduplikation verdoppelt. Dies geschieht, wie wir heute wissen, durch das Öffnen der in der Doppelhelix verbundenen basenkomplimentären Polynukleotidstränge der DNS-Moleküle und Anlagerung entsprechender komplimentärer Nukleotide. Die Kette trennt sich dabei wie ein Reißverschluß in zwei gleichwertige Teile. Jeder geöffnete Einzelstrang dient dann als Matrize für einen neuen komplimentären Strang. Dieser Ablauf ist ein echter Wachstumsvorgang, weil dabei eine irreversible Neubildung von Substanz zustande kommt. Erst nach der Verdoppelung des gesamten Informationsstranges der DNS-Moleküle kommt es beim Vorgang der Mitose zur Neuverteilung dieses genetischen Materials auf die beiden Tochterkerne. Den Abschluß des Teilungswachstums schließlich bildet die Anlage und Ausbildung der neuen Zellwand als Trennwand für die entstandenen Tochterzellen. Die Lage dieser Zellwand kann von entscheidendem Einfluß auf Art und Funktion der neugebildeten Zellen und der sich aus den Tochterzellen entwickelnden Descendenden sein. Dies ist der erste Differenzierungsschritt. Er schließt oft eine Polarisierung ein.

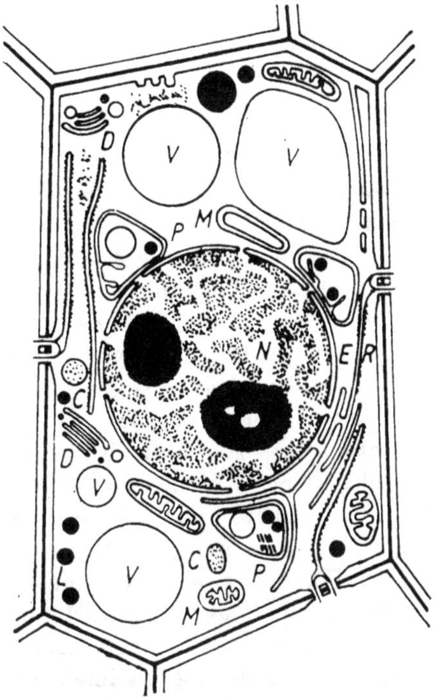

*Abb. 10:* Schematische Darstellung einer embryonalen Zelle; verändert, nach Sitte

Beim embryonalen Wachstum vollzieht sich ein starkes Plasmawachstum. Müssen doch neugebildete Tochterzellen zunächst die Größe der Mutterzellen wieder erreichen, um sich erneut teilen zu können. Das bedeutet, daß das Zellvolumen sich im Laufe des embryonalen Wachstums verdoppelt. An dieser Substanzbildung sind in erster Linie Aminosäuren und Eiweiße beteiligt. Die Eiweißsynthese erfolgt entsprechend der zu realisierenden genetischen Information an den Ribosomen, diese sind Struktureinheiten im Zytoplasma, die selbst aus Eiweiß (50%) und RNS bestehen und nur elektronenmikroskopisch sichtbar gemacht werden können.

*Formen embryonaler Zellen*

Embryonale Zellen haben zumeist reguläre, weitestgehend kubische Formen. Ihre Größe beträgt z. B. im Vegetationspunkt des Apfels 5···20 $\mu$m. Sie können gut mit dem Lichtmikroskop erkannt werden. Das Lumen der Zellen ist vollständig mit Zytoplasma ausgefüllt und der in der Mitte liegende Zellkern nimmt einen großen Teil des Raumes ein. Die primäre Zellwand ist zartwandig und wenig strukturiert. Chemisch gesehen besteht sie hauptsächlich aus Protopektinen. Mit dem Lichtmikroskop sind im Inneren der embryonalen Zellen keine Vakuolen erkennbar, ebenso fehlen die Interzellularen. Das elektronenmikroskopische Bild läßt als Inhaltsstoffe, als Substrukturen, Proplastiden, Mitochondrien, Ribosomen und die Membransysteme des endoplasmatischen Retikulums erkennen (Abb. 10).

### *Abhängigkeit des embryonalen Wachstums von Phytohormonen und anderen Wirkstoffen*

Das embryonale Wachstum wird vor allem durch Phytohormone der Zytokiningruppe gefördert. Wurzelspitzen sind ihre hauptsächlichsten Synthesezentren. Ihre Konzentration in der Zelle ist sehr gering, so daß 10 ml Blutungssaft des Weinstockes nur 0,5···1 mg Zytokinin enthalten. Die verstärkte biosynthetische Aktivität zytokininreicher Orte macht diese zu Aktivitäts-(-Attraktions-)zentren, sogenannte sinks, zu denen Nährstoffe wie Kohlenhydrate, Aminosäuren, energiereiche Phosphate und Wachstumsregulatoren, z. B. Auxine, hinströmen.

In den Bildungsgeweben besteht ein großer Bedarf an Bau- und Wirkstoffen. Diese diffundieren von angrenzenden Gewebepartien zu den Zellen intensiven Plasmawachstums. Einige zum Plasmawachstum notwendige Wirkstoffe sind Bausteine von Coenzymen und zählen deshalb nicht unmittelbar zu den Phytohormonen. Bei diesen Stoffen, die nur erst z. T. bekannt sind, handelt es sich z. B. um Thiamin (Vitamin $B_1$), Pyridoxol (Vitamin $B_6$), Nikotinsäure, Panthothensäure, Riboflavin, Myoinositol. Zu ihnen zählen die „Bios-Stoffe“ mit der wichtigen Verbindung „Biotin“, welche noch in einer Verdünnung von 1 : 400 Mrd. wirksam ist.

## *Streckungswachstum*

### *Verlauf des Streckungswachstums*

Auf das embryonale Wachstum der Zelle folgt das Streckungswachstum. In dessen Verlauf erlangt die Zelle ihre endgültige Größe. Dabei kommt er zu einer raschen, deutlich feststellbaren Vergrößerung der Zelle, die mit einem Membranzuwachs verbunden ist. Das Streckungswachstum erfolgt hauptsächlich in einer begrenzten Zone des wachsenden Organes, die unmittelbar unter dem Sproß- bzw. unter dem Wurzelvegetationspunkt liegt. In der Wurzel ist dieser Bereich nur wenige Millimeter lang und befindet sich noch vor der Wurzelhaarzone. Im Sproß ist sie ausgedehnter, wobei in ihr auch noch embryonales Wachstum gleichzeitig vorkommen kann. Da das Flächenwachstum der Membran nicht an allen Zellwänden in gleichem Ausmaß erfolgt, ergeben sich durch unterschiedliche Zuwachsraten verschiedene Zellformen. So strecken sich z. B. die Zellwände des Primärparenchyms vorwiegend in der Organrichtung, während die Streckung der Zellwände der primären Palisaden- und Markstrahlenzellen quer dazu erfolgt. Bei der Bildung von Interzellularräumen werden bei manchen Parenchymzellen eng begrenzte Partien der Membran gestreckt (Abb. 11).

Die Volumenvergrößerung beim Streckungswachstum ist so beträchtlich, daß die sich streckende Zelle das 10···50fache

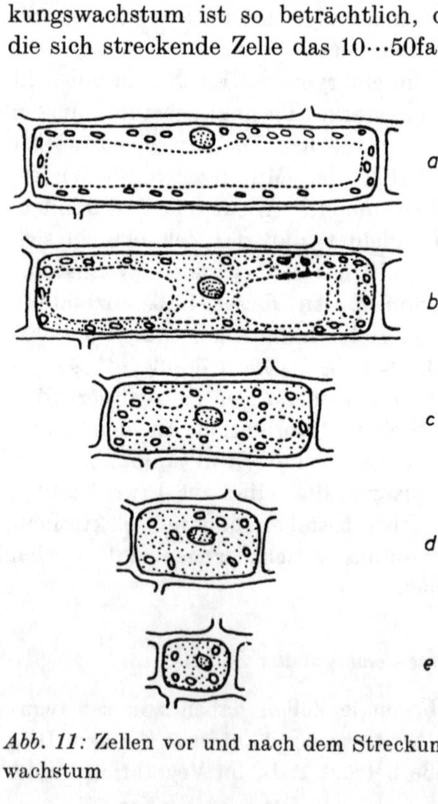


*Abb. 11:* Zellen vor und nach dem Streckungswachstum

ihres Ausgangsvolumens erreichen kann. Die Streckung verläuft so rasch, daß dabei Geschwindigkeiten von 100% Zuwachs/h möglich sind. Eine wesentliche Stabilisierung jedes Streckungswachstums ist mit einer starken Wasseraufnahme der Zelle verbunden. Die gesamte Proteinmenge wird aber zumeist nicht vermehrt. Durch die Wasseraufnahme kommt es zur Bildung einer großen Vakuole oder eines ganzen Systems von Vakuolen (Vakuom), so daß wesentliche Teile des kaum vermehrten Zytoplasmas an die Wandpartien der Zelle gedrängt werden. Es können aber auch dünne Plasmastränge die Vakuolen besonders zum Kern hin durchziehen.

Das Streckungswachstum wird durch die Wirkung von Streckungswuchsstoffen (Auxinen) eingeleitet. Diese machen die Zellwand plastischer und dehnbarer, und es kommt zu einer „Wandlockerung". Die Wasseraufnahme erfolgt bei dem Streckungswachstum entsprechend der osmotischen Zustandsgleichung (sogenannte Saugkraftgleichung):

$S_z$ = Saugspannung der Zelle
$S_i$ = Saugkraft der Zelle, die durch die molare Konzentration des Zellsaftes gegeben ist

$S_z = S_i - W$ W = Wanddruck
bzw.
$S_z = S_i - (W + A)$ A = Außendruck der umliegenden Gewebe.

Eine Erniedrigung des Wanddruckes führt nach der in der Formel ausgedrückten Beziehung zur Erhöhung der Saugspannung d. h. zur Erhöhung des Druckes, mit welchem das Wasser osmotisch in die Zelle gezogen wird. Das einströmende Wasser drückt dann die Zelle hauptsächlich in die Länge. Da bei diesem Vorgang im wesentlichen nur die Festigkeit der Wand verringert wird, vollzieht sich die Wasseraufnahme bei etwa gleichbleibendem osmotischem

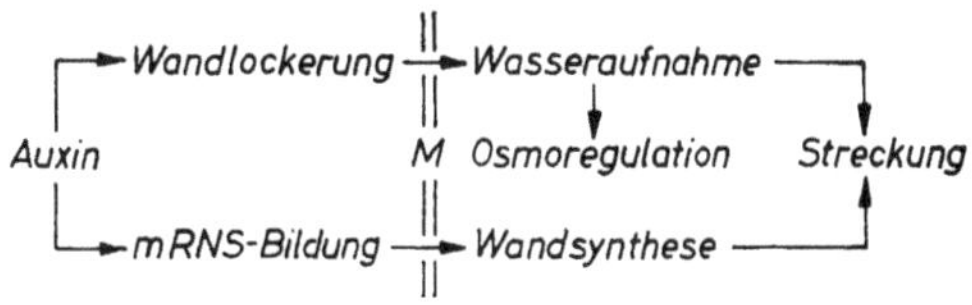


*Abb. 12:* Wirkungsweise des Auxins beim Streckungswachstum; nach Libbert (1973)

Druck ($S_i$). Dieser wird durch Osmoregulation über längere Zeit hinweg konstant gehalten.

Die Wirkungsweise des Auxins beim Streckungswachstum bezieht sich auch auf die Bildung von m-RNS, die für die Synthese von Wandsubstanz notwendig ist (Abb. 12).

### *Differenzierungswachstum*

In der Phase des Differenzierungswachstums erfolgt die endgültige Ausgestaltung der Zelle. Das Differenzierungswachstum vollzieht sich im allgemeinen im Anschluß an das Streckungswachstum. Aber schon die befruchtete Eizelle in einer Samenanlage ist determiniert. Im Zweizellenstadium wird die eine Zelle zur Anlage des Sproßscheitels, die andere zur Anlage der Primärwurzel ausgebildet. Bei den anschließenden Teilungsfolgen werden entsprechend der einzelnen Determinierungsschritte bestimmte Potenzen realisiert. Es erfolgt eine Auswahl aus der Vielzahl vorhandener umsetzbarer Informationen des Genbestandes, dadurch wird die Entwicklung und die Existenz des Individuums gesichert. Bereits vor dem Streckungswachstum ist festgelegt, welche Zelle bzw. welcher Zellverband teilungsfähig bleibt und in welchem eine Weiterdifferenzierung erfolgen soll.

Nach einer bestimmten Folge regelmäßig verlaufender Zellteilungen können auch wiederum inäquale Teilungen erfolgen, bei denen sich die Tochterzellen physiologisch und zumeist auch morphologisch voneinander unterscheiden (z. B. die Bildung von Schließzellen in der Blattepidermis).

*Differenzierung der Zellwand*

Am einfachsten läßt sich das Differenzierungswachstum an der Bildung der Zellwand charakterisieren. Die erste Zellwand, die sich nach erfolgter Kernteilung in der Zelle bildet, besteht aus Pektinsäuremolekülen, die sich nach und nach zu Propektinen und durch Bisalzbildungen mit Kalzium und Magnesium, daneben durch Esterbildung mit Zuckern und Phosphat vernetzen. Diese erste Schicht wird allgemein als Mittellamelle bezeichnet. In die „Maschen" des entstandenen „Netzwerkes" werden dann Hemizellulosen eingelagert (Abb. 13).

Unmittelbar auf die Mittellamelle lagert sich beiderseitig die Primärwand auf. Diese enthält bereits Zellulosemoleküle (etwa 5%), die als Mikrofibrillen in eine amorphe Grundmasse (Wandmatrix) eingelagert werden (Abb. 14).

Die Sekundärwand, die erst nach erfolgter Zellstreckung gebildet wird, enthält wesentlich mehr Mikrofibrillen mit gestreckten Zellulosemolekülen. Es können mehrere Sekundärschichten aufeinander folgen, in denen die Richtung der Mikrofibrillen wechselt. Durch Veränderung der Streckungsrichtung der Mikrofibrillen wird die Festigkeit der Wand bedeutend erhöht.

Die Auflagerung von Mikrofibrillen auf vorhandene Wandschichten wird vielfach als Appositionswachstum (Auflagerungswachstum) bezeichnet. Werden Mikrofibrillen in die Wandpartien eingeschoben, dann spricht man von Intussusceptionswachstum.

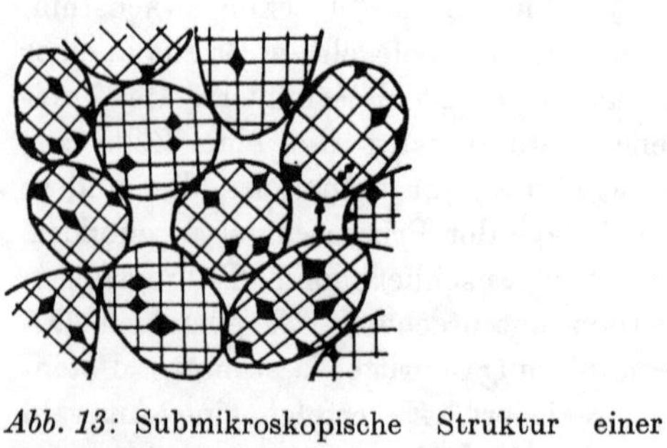

*Abb. 13:* Submikroskopische Struktur einer Zellwand im Querschnitt

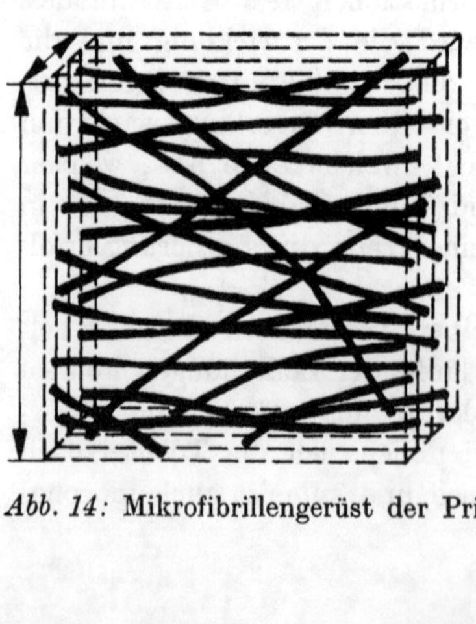

*Abb. 14:* Mikrofibrillengerüst der Primärwand

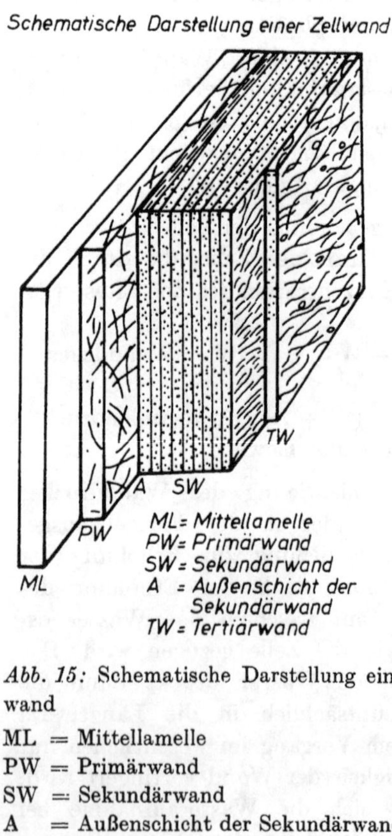


*Abb. 15:* Schematische Darstellung einer Zellwand

ML = Mittellamelle
PW = Primärwand
SW = Sekundärwand
A = Außenschicht der Sekundärwand
TW = Tertiärwand

Die Mikrofibrillenbildung erfolgt simultan mit der Synthese der Zellulose. Eine spätere Einlagerung von Lignin in die Wandmatrix führt zur Verholzung. Die damit verbundene Erhöhung der Festigkeit der Zellwand ist durch Lignin (Polymerisat der drei Phenolpropanderivate: Cumaryl-, Coniferyl- und Syringylalkohol) bedingt. Ein anderer Inkruststoff ist das Suberin (Polimerisat aus Dikarbonsäuren: Hydroximono- und Dikarbonsäuren). Es kann zusammen mit Wachs in der Sekundärwand die Zellulose ersetzen (Verkorkungen, Bildung von Borke), dadurch wird die Durchlässigkeit solcher Gewebe wesentlich herabgesetzt.

Auf die Außenwand der Epidermis lagert sich zumeist Cutin (Polimerisat aus Hydroxymonokarbonsäuren) auf. Cutinisierte Zellwände sind fester (Außenwand) und weniger durchlässig für Wasserdampf (Abb. 15).

Die innerste Abschlußschicht der Sekundärwand wird wegen ihrer abweichenden Zusammensetzung und Struktur als Tertiärwand bezeichnet. Sie enthält neben Zellulose und Protopektiden viel Hemizellulose.

Die funktionelle Differenzierung der Zelle ist oft mit der Bildung neuer, z. T. submikroskopischer Strukturen verbunden. Sehr deutlich wird diese Art der Differenzierung am Beispiel der Plastidenbildung. In der embryonalen Zelle sind nur Proplastiden als Vorstufen späterer Zellorgane vorhanden. Diese können sich später entweder zu Chloroplasten, Leukoplasten oder Chromoplasten entwickeln. Ähnliche Neubildungen sind bei der Kompartimierung der Zelle festzustellen. Es besteht auch die Möglichkeit der Umdifferenzierung bereits differenzierter Zellen, z. B. bei der Bildung von Sekundärmeristemen in Rindengeweben. Dies geschieht bei der Borken- oder der Kallusbildung, bei Abschlußgeweben an Schnittstellen, Frostrissen usw. Der Obstbauer nutzt diese Fähigkeit der Zellen besonders bei den Veredlungsverfahren.

*Dickenwachstum*

Das Sproßwachstum äußert sich im allgemeinen nicht nur als Längenwachstum sondern gleichfalls — wenn auch weniger auffällig — als Dickenwachstum. Diesem Dickenwachstum liegen zwei verschiedene Wachstumsprozesse zugrunde, die als primäres und sekundäres Dickenwachstum bezeichnet werden. Während sich das primäre Dickenwachstum in unmittelbarer Nähe des Apikalmeristems und nur während einer relativ begrenzten Zeit vollzieht (Abb. 16), setzt das sekundäre Dickenwachstum erst nach Abschluß des Primärwachstums ein und

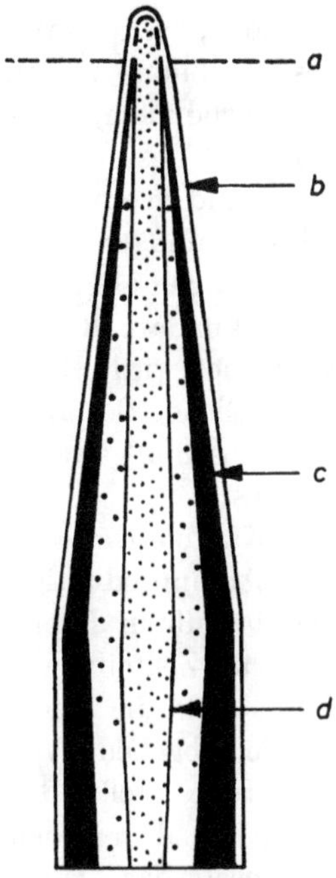


*Abb. 16:* Schematischer Aufbau eines sich verstärkenden Sprosses; nach BRAUN (1963)

a = Apikalmeristem
b = primäres Abschlußgewebe
c = Prokambium
d = Protoxylem

setzt sich bis zum Absterben der Achsen fort. Das primäre Dickenwachstum der Gehölze erfordert kein besonderes Meristem. Es beruht auf einer mehr oder weniger unregelmäßigen Zellvermehrung des Mark- oder Rindenparenchyms.

Bedeutungsvoller ist das sekundäre Dickenwachstum. Dabei kommt es zur regelmäßigen Neubildung und Differenzierung von Zellen durch die Tätigkeit eines besonders dafür gebildeten Meristems, des Kambiums. Diese periphere Meristemschicht sichert den erforderlichen Zuwachs an Leitungs- und Festigungselementen im Sproßsystem. Das von Resten des apikalen Meristems abgeleitete Kambium bildet während seiner aktiven Tätigkeit eine geschlossene zylinderförmige Schicht, die den zentralen Holzkörper von der ihn mantelförmig umgebenden Rinde trennt. Die nach dem Achseninneren abgehenden, sehr zahlreichen Folgezellen des Kambiums werden teils zu sekundären Leitbündeln, teils zu sekundärem Parenchym, dessen Zellwände sich verdicken und verholzen. Diese Zellen bilden das sekundäre Holz. Alle vom Kambium nach außen abgehenden Zellen ergeben die sekundäre Rinde, die auch als Bast bezeichnet wird. Diese Zellelemente sind wesentliche Bestandteile des sekundären Abschlußgewebes der Borke (Abb. 17 und 18).

Die Tätigkeit des Kambiums wird weitgehend durch die Auxinproduktion der Knospen bzw. der belaubten Krone des Baumes gesteuert. Die Zellteilungen im Kambium beginnen, sobald die Knospen im Frühjahr Auxin abgeben. Vor Eintritt in die Winterruhe stellt das Kambium seine Tätigkeit ein. Durch den jahresperiodischen Wechsel der Holzbildung entstehen bei den Gehölzen der gemäßigten Klimazone sogenannte Jahresringe, die auf Stammquerschnitten deutlich zu sehen sind, wodurch das Baumalter bestimmt werden kann. Wenn

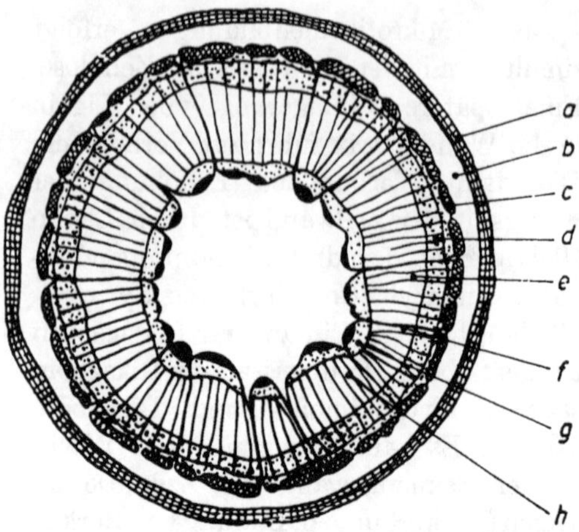


*Abb. 17:* Querschnitt durch einen 1jährigen Sproß von *Prunus avium* (teilweise schematisiert)

a = Korkgewebe
b = Rindengewebe
c = primäres Phloem
d = sekundäres Phloem
e = Kambium
f = sekundäres Xylem (Holzteil)
g = primäres Xylem
h = Markstrahlen
i = Mark (im Sproßzentrum)

sich im Frühjahr die neuen Triebe entwickeln, werden besonders weitlumige Gefäßzellen ausgebildet. Sie sind relativ dünnwandig und ermöglichen einen raschen Wassertransport. Dieses Frühjahrsholz dient hauptsächlich der Zufuhr von Wasser und Nährstoffen nach den Verbrauchsorten. Später, besonders gegen Ende der Vegetationsperiode, bildet sich dann englumiges Spätholz, das vor allem die Festigkeit erhöht. Die Stärke der Jahresringe ist auch ein Ausdruck der Stoffproduktion während einer Vegetationsperiode. Ihre Größe und die Zahl ihrer Elemente sind je nach Witterungsablauf, Mineralstoffversorgung und Pflegezustand der Obstgehölze verschieden. Schädigungen der Blätter — etwa durch Pflanzenkrankheiten, Schädlinge oder

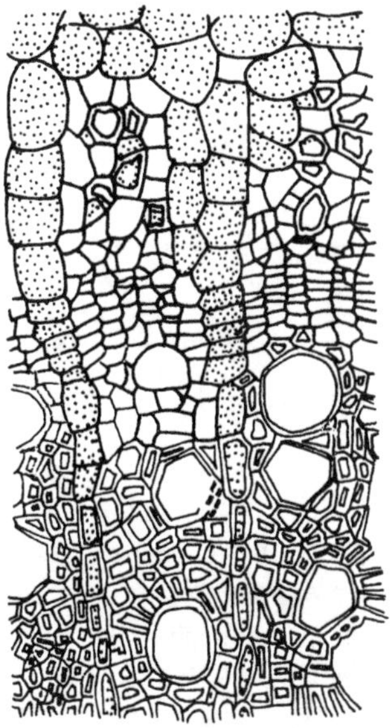


*Abb. 18:* Querschnitt durch die Kambiumzone mit Bast- und Holzelementen

Frost — können das Holzwachstum völlig zum Stillstand bringen.

Das Dickenwachstum einzelner Abschnitte des Sproßsystems ist untereinander eng korreliert. Deshalb ist es möglich, bei Bäumen das Stammdickenwachstum als ein Maß für die Kronenentwicklung zu verwenden.

### *Triebwachstum der Obstgehölze und seine Beeinflußbarkeit*

Das Wachstum der Obstgehölze äußert sich im Verlauf der Vegetationsperioden in der periodischen Neubildung von Blättern, Blüten, Früchten, Trieben, Knospen und Wurzeln. Besonders auffällig ist das Sproßwachstum der Bäume, das zur Verzweigung und zur Langtriebbildung beiträgt. Dieses ist mit einer Zunahme des Kronenvolumens verbunden. Das Dickenwachstum macht sich vor allem bei der Zunahme des Stammumfanges und des Umfanges der Gerüstäste bemerkbar. Das Gesamtwachstum eines Obstbaumes kann erst nach einem längeren Zeitraum zum Abschluß kommen. Ein Baumalter von mehr als 80 Jahren ist durchaus möglich. Im praktischen Obstbau ist auf Grund von ökonomischen und anbautechnischen Gesichtspunkten eine frühzeitige Rodung — oft bereits nach 20 Jahren — notwendig.

Zu Beginn einer Vegetationsperiode treiben die Winterknospen als Spitzenknospen an den Kurz- und Langtrieben bzw. ein Teil der Lateralknospen an den Langtrieben aus. Dieser Vorgang ist durch Wachstumsvorgänge in den Knospenschuppen und in den durch die Knospenschuppen eingehüllten Sproßteilen bereits seit einiger Zeit vorbereitet. Zu diesem Zeitpunkt sind am verdeckten Sproßscheitel Blatt- und z. T. auch Blütenorgane weitestgehend differenziert. Sie können durch einfaches Streckungswachstum in kurzer Zeit — soweit es die vorherrschenden Temperaturverhältnisse

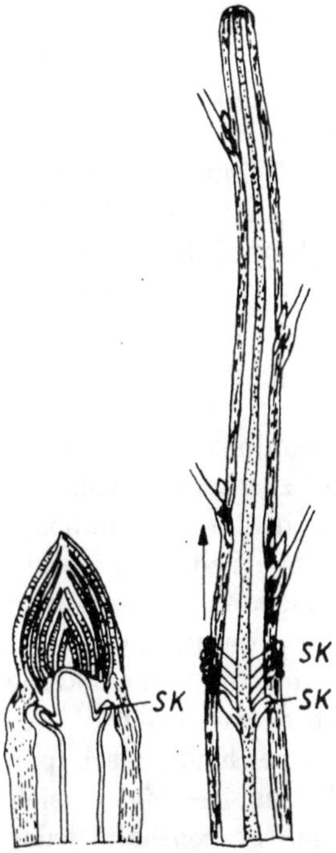


*Abb. 19:* Austrieb einer Laubknospe
SK: Narben der Knospenschuppen = Astring

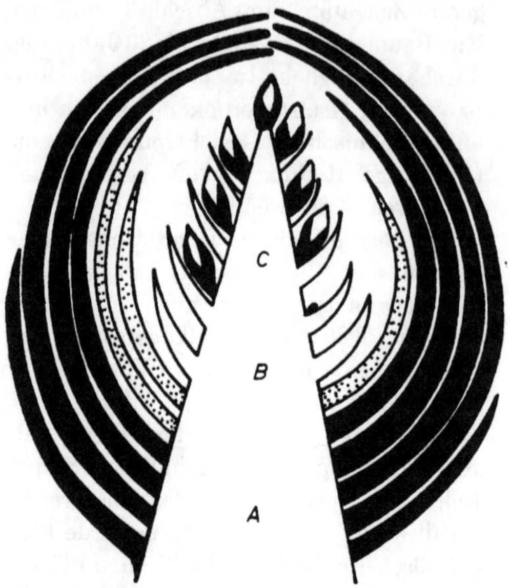


*Abb. 20:* Blütenknospe bei Kernobst; schematisiert; nach ABBOTT

a) Bereich der Knospenschuppen
b) Bereich der Übergangsblätter
c) Bereich der Blüten

gestatten — zur vollständigen Ausbildung kommen. Bei der austreibenden Laubknospe ist die Achsenstreckung im vorderen Teil des Sproßscheitels stärker als im Bereich der Knospenschuppen, so daß der Ansatz der Knospenschuppen später als Narbe — am sogenannten Astring — deutlich zu sehen bleibt und auf diese Weise den Beginn des jährlichen Neuwuchses markiert (Abb. 19). Bei den Blütenknospen des Kernobstes bildet sich terminal der Blütenstand (= Infloreszenz) (Abb. 20). Eine Neutriebbildung kommt erst nach der Blühperiode durch ein Austreiben von 1…2 Achselknospen der rosettenförmig angeordneten Blätter im Infloreszenzbereich zustande (Abb. 21). Bei Steinobst enthält die Blütenknospe keine Laubblätter. Alle Seiten- (Lateral-) knospen der gestauchten Triebe sind Blütenknospen. Die Spitzenknospe ist eine Laubknospe, die die Triebbildung fortsetzt. In der Achsel eines jeden Blattes und in jeder sich zu einer Knospenschuppe entwickelnden Blattanlage bildet sich eine Knospenanlage. So enthält jeder Blattansatz und jeder Astring eine große Anzahl von wenig differenzierten Knospenanlagen, die unter bestimmten Umständen austreiben können und somit die Triebbildung fortzusetzen vermögen. Solche Knospenanlagen werden allgemein als schlafende Augen bezeichnet. Bei jedem Schnitt am übergeordneten Sproß sind

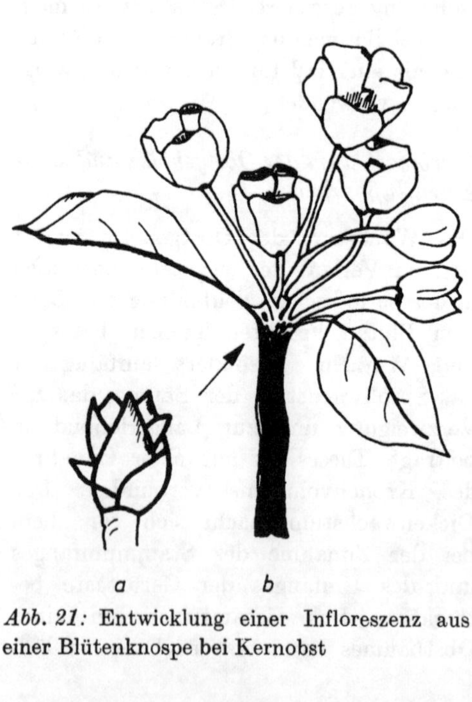


*Abb. 21:* Entwicklung einer Infloreszenz aus einer Blütenknospe bei Kernobst

sie in der Lage auszutreiben und die Triebverlängerung fortzusetzen.

Eine Ersatztriebbildung kann auch durch Adventivknospen erfolgen. Diese Knospen entstehen zumeist an Schnittstellen aus Kalluswucherungen.

In einer im Frühjahr austreibenden Ruhe- oder Winterknospe entwickeln sich zuerst die bereits vorhandenen Blattanlagen, um den sich anschließend streckenden Vegetationskegel schützend zu umhüllen. Danach beginnt die eigentliche Sproßverlängerung durch Spitzenwachstum, wobei in einem typischen Rhythmus neue Blattanlagen gebildet werden. Die sich zuerst entwickelnden Blätter sind also bereits in der vorangegangenen Vegetationsperiode bei der Winterknospenbildung angelegt worden. Sie sind oft kleiner und weichen in ihrer Gestalt von den Folgeblättern ab.

Mit dem Beginn der Hauptwachstumsperiode kommt es zu relativ starken Zellstreckungen in den Gewebepartien zwischen den Blattansätzen. Den ausgebildeten Sproßabschnitt von einem Blattansatz zum folgenden nennt man allgemein Internodium. Die durchschnittliche Internodienlänge ist für jede Sorte charakteristisch. Kompaktformen wie z. B. die Apfelsorte ‚Alkmene' oder der Spurtyp ‚Golden Spur' haben kurze Internodien. An den Langtrieben sind alle Internodien mit Ausnahme der basalen und terminalen Internodien vollkommen gestreckt. Bei Kurztrieben unterbleibt die Internodienstreckung ganz oder teilweise.

Als Nodien werden die Blattansatzstellen bezeichnet. Am Ende der Perioden des Trieblängenwachstums werden die zuletzt angelegten Blätter zu Knospenschuppen umgebildet und übernehmen damit eine Schutzfunktion für den ruhenden Vegetationspunkt und für die Blattprimordien. Der Zeitpunkt für die Endknospenbildung ist im Jahresverlauf in Abhängigkeit von den vorherrschenden Umweltbedingungen sehr unterschiedlich. An Langtrieben erfolgt die Endknospenbildung in unserem Klima im allgemeinen nicht vor dem Monat Juli. An Kurztrieben bilden sich die Endknospen bereits etwas eher. Anhaltende Trockenheit im Sommer kann die Bäume zur vorzeitigen Endknospenbildung zwingen. Durch längere Regenperioden wird die Endknospenbildung hinausgezögert.

Die Bildung der Blattprimoriden am Sproßvegetationspunkt erfolgt spiralförmig, so daß die Blätter gleichmäßig bei gleichen Winkelabständen um die Sproßachse verteilt werden. Bei den Obstgehölzen steht infolgedessen — wie bei allen Rosaceen — das 6. Blatt jeweils über dem ersten. Es sind zwei Umläufe um den Trieb notwendig, ehe wieder zwei Blätter deckungsgleich sind. Diese Blattstellung nennt man 2/5 Stellung. Den Zeitabschnitt zwischen der Bildung zweier aufeinanderfolgender Blattanlagen nennt man Plastochron. Bei Apfelbäumen ist das Plastochron nach Fulford in der Hauptwachstumsperiode größer als 7 Tage (s. a. S. 428).

Dauer, Stärke und Verlauf der Wachstumsvorgänge in den Sproß- und Wurzelorganen der Obstgehölze sind sehr unterschiedlich. Die Blütendifferenzierung in den Knospen erfolgt im allgemeinen erst dann, wenn das Trieblängenwachstum in der Krone eines Baumes weitestgehend abgeschlossen ist. Das Fruchtwachstum beginnt während des Trieblängenwachstums, endet aber im allgemeinen erst Monate danach. Auch die Intensität des Trieblängenwachstums selbst ist nicht immer gleich. Zumeist lassen sich typische Wachstumsphasen unterscheiden. Auf eine kurze Zeitspanne langsamer Anfangsentwicklung (beim Apfel oft im April) folgt eine längere Periode starken Wachstums. Diese Phase wird allgemein als Hauptwachstumsperiode oder 1,

Wachstumsperiode bezeichnet. Sie endet in Abhängigkeit von den Witterungsbedingungen im Juni. Das stärkste Trieblängenwachstum läßt sich an den Langtrieben etwa Mitte Mai beobachten. Bei stark wachsenden Sorten bzw. Sorten-Unterlagenkombinationen kann diese Wachstumsphase noch über den Monat Juni hinausgehen, so daß die folgende Wachstumsperiode schwer abzugrenzen ist. Die zweite Wachstumsphase, die nach kurzer Ruheperiode einsetzen kann, wird von altersher als Johannistrieb (24. Juni) bezeichnet. Dieser mögliche Johannistrieb ist stark von der Wasserversorgung, der Verfügbarkeit von Mineralstoffen und der Menge der bereits gebildeten Reservestoffe abhängig. Er kann bei schwach wachsenden Sorten nur kurze Zeit – etwa einen Monat – dauern. Bei stärker wachsenden Sorten kann er sich bis zum Herbst hinziehen. Es ist auch möglich, daß nach Abschluß des Johannistriebes, Ende Juli oder später, eine dritte, aber nun noch kürzere Wachstumsperiode, einsetzt. Dieser Herbsttrieb tritt besonders nach sommerlichen Trokkenperioden mit Beginn reichlicher Niederschläge auf (Abb. 22 u. 23).

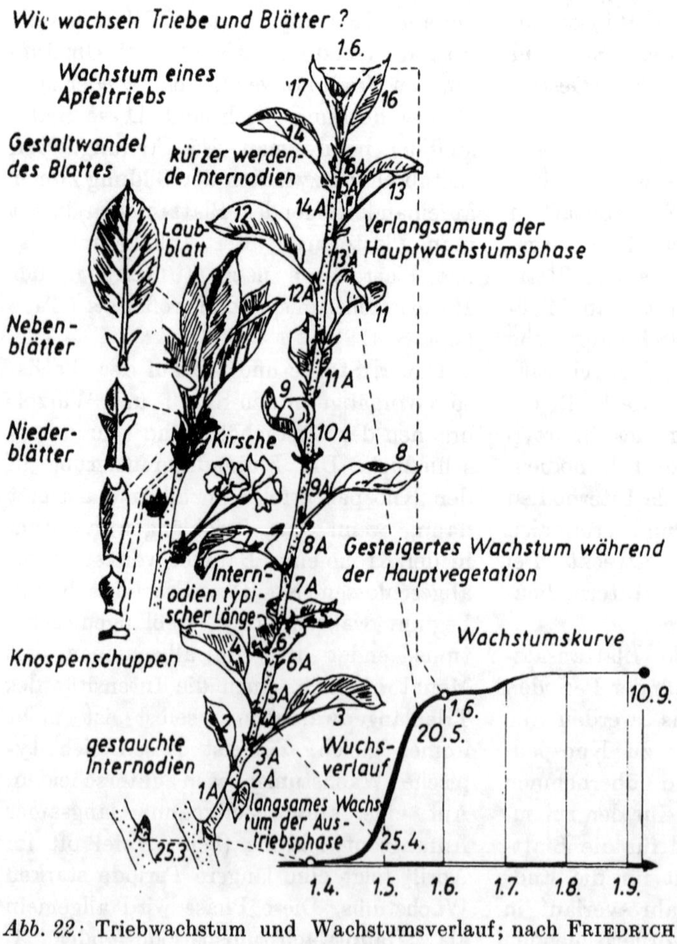


*Abb. 22:* Triebwachstum und Wachstumsverlauf; nach FRIEDRICH und PREUSSE

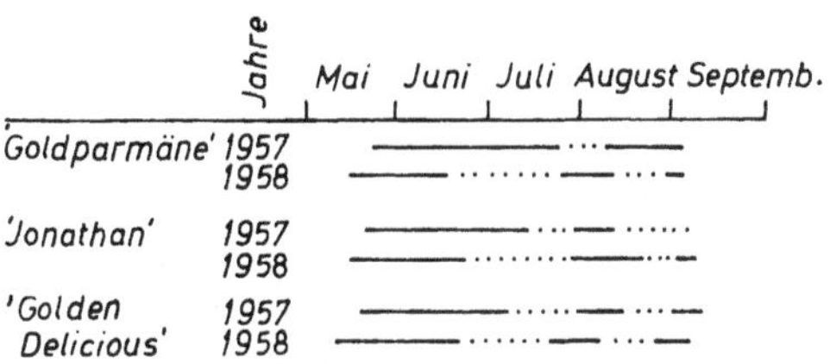


*Abb. 23:* Periodizität des Triebwachstums einiger Apfelsorten; nach STOITSCHKOFF

—— Wuchsförderung,
····· Wuchshemmung

Obstgehölze sind als mehrjährige Gewächse durch die Lage ihrer ursprünglichen Entstehungszentren an bestimmte klimatische Verhältnisse angepaßt und können deshalb nur in solchen Klimazonen angebaut werden. Die Anbaugebiete liegen in Europa zwischen 40 und 50° nördlicher Breite, in Nordamerika zwischen 30 und 40° nördlicher Breite und auf der Südhalbkugel der Erde zwischen 30 und 45° südlicher Breite. Dies sind Gebiete mit gemäßigtem Klima und Winterkälte.

### *Einfluß der Temperatur auf das Triebwachstum*

Die Abhängigkeit des Wachstums von Umweltbedingungen, besonders der Temperatur, drückt sich in einer Optimumbeziehung aus. Sie ist die Resultante mehrerer Stoffwechselvorgänge, da nicht alle die gleichen Optima haben. So liegt z. B. das Temperaturoptimum für die Atmung höher als das der Photosynthese. Das Temperaturoptimum für das Wachstum ist folglich der Bereich, in dem die beste Koordinierung der Geschwindigkeiten der beteiligten Prozesse möglich ist. Der optimale Temperaturbereich liegt bei Obstgehölzen, modifiziert nach Obstart und -sorte, zwischen 15 und 25 °C. Das Temperaturminimum liegt bei etwa 2···4 °C und das Maximum dürfte 35 °C nicht überschreiten, da dann bereits Gewebeschädigungen auftreten, die das Wachstum des Sproßvegetationspunktes beeinflussen. Schädigungen durch niedere Temperaturen werden in wachsenden Sproßgeweben bereits bei —2°···—4 °C festgestellt. Das Triebwachstum wird vor allem durch die Temperaturverhältnisse während der Hauptwachstumsphase bestimmt. Eine Durchschnittstemperatur von 12°···18 °C dürfte für die meisten Obstgehölze in dieser Phase optimal sein.

Die einzelnen Obstarten lassen sich auf Grund unterschiedlicher Temperaturansprüche wie folgt ordnen, wobei mit der wärmeliebenden Obstart begonnen wird:

1. Pfirsich
2. Aprikose
3. Birne
4. Süßkirsche
5. Erdbeere
6. Pflaume
7. Apfel
8. Walnuß
9. Hauszwetsche
10. Sauerkirsche
11. Himbeere
12. Johannisbeere
13. Brombeere
14. Haselnuß
15. Eberesche

Obwohl Pfirsich und Aprikose zu den wärmebedürftigeren Obstarten zählen, treiben sie im Frühjahr eher aus als etwa der Apfel und die Birne. Dies dürfte damit zu erklären sein, daß beide Obstarten ein tiefer liegendes Temperaturminimum besitzen.

Die Kardinalwerte der Temperaturansprüche in Bezug auf das Wachstum der Obstgehölze sind keine starren Fixpunkte, sie stehen, wie Klimakammerversuche andeuteten, in Wechselbeziehung zum Licht bzw. zur Tag/Nachtperiode. So war in einem Klimakammerversuch bei 22 °C Tages- und 18 °C Nachttemperatur die Hauptwachstumsperiode länger als bei 18 °C Tagestemperatur und 14 °C Nachttemperatur (Abb. 24).

Der jährliche Temperaturwechsel ist von großer Bedeutung für die Gesamtentwicklung des Sproßsystems. Es kann

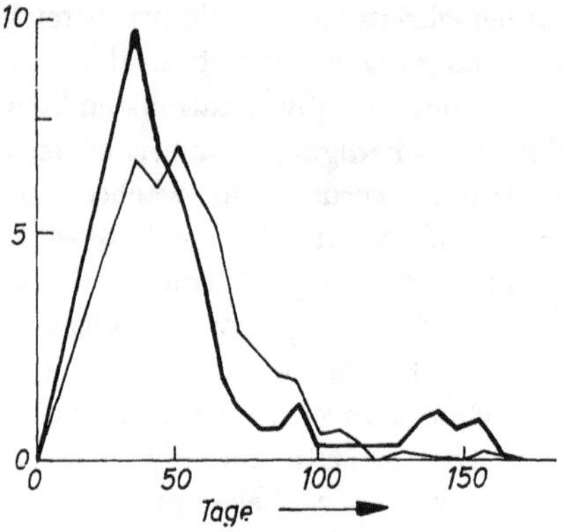


*Abb. 24:* Einfluß unterschiedlicher Tag- und Nachttemperatur auf das Trieblängenwachstum

——: 18 °C tags und 14 °C nachts
——: 22 °C tags und 18 °C nachts

mit großer Sicherheit heute angenommen werden, daß durch niedere Temperaturen während der Ruheperiode, die in den Knospen vorhandenen Hemmstoffe beseitigt werden, wodurch erst ein Austrieb im Folgejahr möglich wird. Über den Thermoperiodismus und darüber, daß die Temperaturen das photoperiodische Verhalten beeinflussen, wird noch zu berichten sein (s. S. 402), ebenso über den Verlauf der Ruheperiode (s. S. 409).

*Einfluß des Lichtes auf das Triebwachstum*

Während die Temperatur direkt in die Wachstumsvorgänge einzugreifen vermag, beeinflußt das Licht sie nur indirekt. Es wird erst nach Absorption an bestimmten Pigmentsystemen wirksam. Die durch die Photosynthese entstehenden Bau- und Wirkstoffe haben indirekten Einfluß auf die Wachstumsvorgänge in den Sproßsystemen. Ein anderer Teil des von der Pflanze aufgenommenen Lichtes, das hellrote (600 nm) und das dunkelrote (730 nm) wird durch das Phytochromsystem gebunden und hat photomorphe Wirkung. Das Phytochromsystem befindet sich vor allem in den Meristemen, das von ihm gebundene Licht bewirkt u. a., daß das Wachstum der Internodien nicht zu stark gefördert wird und das Blattwachstum proportioniert erfolgt. Ein weiteres Pigmentsystem, sehr wahrscheinlich sind es bestimmte Karotinoide oder Flavine, nimmt den Teil des Lichtes auf, der für das phototropische Wachstum notwendig ist. Über photoperiodische Effekte des Lichtes wird auf Seite 402 berichtet.

*Einfluß des Wassers auf das Triebwachstum*

Der Wassergehalt bzw. der Wasserumsatz der Obstgehölze übt einen starken Einfluß auf das vegetative Wachstum aus. Dies ist damit verbunden, daß durch das ausgedehnte Wurzelsystem beträchtliche Mengen an Wasser aus dem Boden aufgenommen werden und die transpirierende Blätter große Wassermengen umsetzen. Überhaupt ist das Wasser der Hauptbestandteil fast aller Zellen. Alle entscheidenden biochemischen Grundreaktionen, wie Photosynthese und Atmung, brauchen das Wasser als Reaktionssubstrat.

Über die Physiologie des Wasserhaushaltes wurde bereits berichtet (s. S. 101).

*Einfluß der Nährstoffversorgung auf das Triebwachstum*

Der Einfluß der Nährstoffversorgung auf das Triebwachstum wird besonders durch die Stickstoffwirkung deutlich. So kommt es oft während der Vegetationsperiode nach vorangegangener Stickstoffdüngung, aber auch nach Stickstoffmobilisierung durch Zusatzbewässerung bei trockenem, warmem Wetter zu einem erneuten Trieblängenwachstum. Dieses hat, besonders wenn es um die Jahresmitte einsetzt, eine korrelative Hemmung der Blütenknospenbildung zur Folge.

Eine kurzzeitige Beeinflussung des Triebwachstums erfolgt durch Nährstoff-, insbesondere Harnstoffspritzungen auf das Blatt. In stark wachsenden Langtrieben werden große Mengen an Auxinen gebildet, und der Transpirationsstrom zu diesen ist sehr hoch. Infolge des hormongesteuerten Stofftransportes wandern auch Nährstoffe verstärkt zu, die dann möglicherweise bei der Fruchtbildung fehlen.

*Abb. 26:* Langtrieb mit vorzeitigen Trieben (schwache Apikaldominanz)

*Abb. 25:* Unverzweigter Langtrieb (starke Apikaldominanz)

Bei zu spät während der Vegetationsperiode einsetzendem Neutrieb bleibt der Nachschub an Bildungsstoffen unzureichend. Der weitere Ausbau der Zellwände und die Reservestoffbildung sind nicht gesichert. Dadurch wird auch die Frostanfälligkeit erhöht.

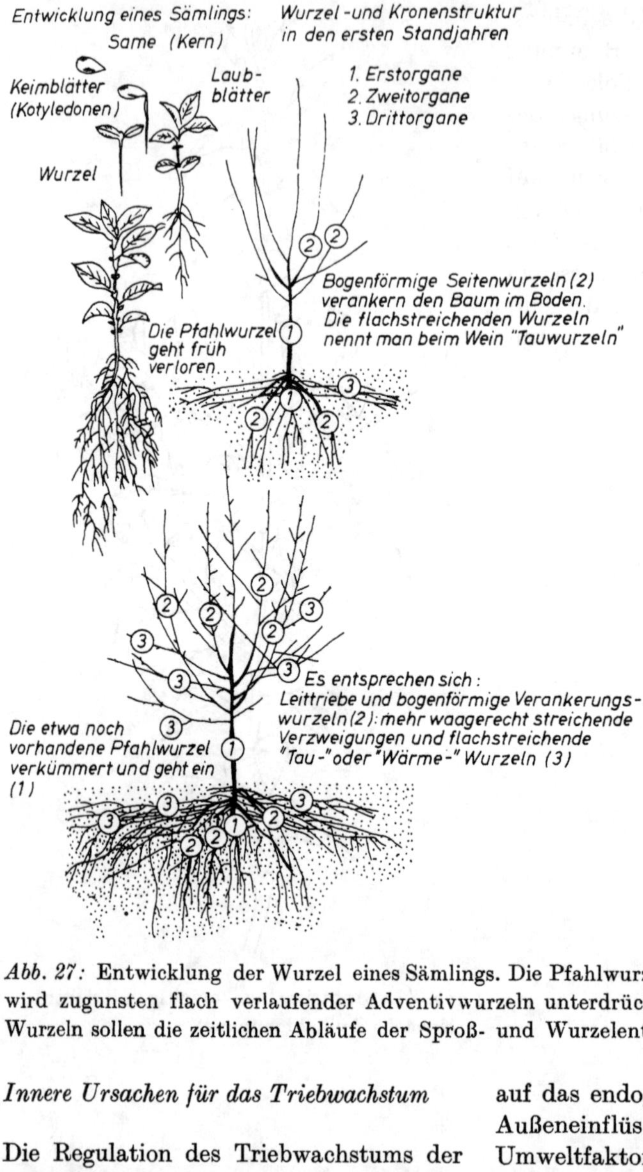


Wurzel und Krone stehen in ständiger Wechselwirkung. Während die Wurzel für die Aufnahme von Wasser und Nährstoffen sorgt und u. a. wichtige Wachstumsregulatoren synthetisiert, sichern die Blätter der Krone den notwendigen Energiegewinn

*Abb. 27:* Entwicklung der Wurzel eines Sämlings. Die Pfahlwurzel geht schon bald verloren und wird zugunsten flach verlaufender Adventivwurzeln unterdrückt. Die Zahlen an Trieben und Wurzeln sollen die zeitlichen Abläufe der Sproß- und Wurzelentwicklung verdeutlichen

### *Innere Ursachen für das Triebwachstum*

Die Regulation des Triebwachstums der Obstgehölze erfolgt durch die Wirkung endogener Wuchs- und Hemmstoffe. Diese Phytohormone bestimmen weitgehend den Beginn, den Abschluß, die Rhythmik, die Stärke sowie das korrelative Wachstum. Zur Beurteilung der Wachstumsvorgänge im Sproß müssen unbedingt die Regulationsbeziehungen von Wurzel und Sproß beachtet werden (s. S. 371).

Im normalen Vegetationsverlauf wirken auf das endogene Regelsystem zahlreiche Außeneinflüsse modifizierend ein. Diese Umweltfaktoren gehören zum Komplex der natürlichen Standortbedingungen. Seine Komponenten vermögen in unterschiedlicher Weise das hormonale Regelsystem und damit das Wachstum zu beeinflussen.

Je nach der Position der austreibenden Knospe am Trieb und der Position des Triebes im Verzweigungssystem, ist die Wachstumsintensität der sich bildenden Sprosse unterschiedlich. Die längsten

Triebe entstehen entweder als Leitast oder Stammverlängerung. Die Wachstumsintensität in untergeordneten Verzweigungssystemen ist entsprechend der korrelativen Wuchsbeziehungen bestimmt. Auch vertikal wachsende Triebe im oberen Kronenbereich, die sich oft nach Beseitigung eines Teiles der Stammverlängerung bilden oder aus Adventivknospen an großen Schnittwunden entstehen, können vielfach eine beträchtliche Länge erreichen. Diese vertikal wachsenden Triebe haben auf Grund ihrer ausgeprägten Apikaldominanz trotz ihrer Länge zumeist keine vorzeitigen Seitentriebe. Der Auxin- und Stickstoffgehalt solcher Triebe ist im Vergleich zu horizontal wachsenden kleineren Trieben beträchtlich größer, während sich die Beziehung zum Kohlenhydratgehalt umgekehrt verhält. Die Stärke der Apikaldominanz, die sich aus dem zur Triebbasis gerichteten Wuchsstoffstrom ergibt, ist bei den Obstarten und -sorten sehr unterschiedlich. Die Veredlungsunterlage (s. S. 372) kann sie verstärken oder abschwächen (Abb. 25 und 26).

## Wachstum, Entwicklung, Bau und Funktion der Wurzel

Die Wurzel befindet sich in der Erde, sie bleibt den Augen verborgen. Anscheinend ist dieses der Grund dafür, daß ihre Bedeutung für die Obstproduktion bis auf den heutigen Tag meist unterschätzt wird. In der älteren Literatur wird sie sogar manchmal als „Standort" für die aufveredelte Ertragssorte angesehen, d. h. man ordnete sie in eine Kategorie ein, die außerhalb der Pflanze lag. Dagegen wurde und wird der Sproß in seiner Bedeutung überbetont. Fragen des Schnittes werden nicht selten übertrieben kompliziert. Dabei übersieht man, daß der Schnitt nicht so problematisch ist wie er oft dargestellt wird. Der Rückschnitt dient vorwiegend dazu, altes Fruchtholz durch neues zu ersetzen, die Bildung von Neutrieb, der hohe Assimilationsleistungen vollbringt, anzuregen und das Gleichgewicht zwischen Wachsen und Fruchten, aber auch zwischen Sproß und Wurzeln herzustellen und für lange Zeit zu erhalten.

Über die Obstbaumwurzel wissen wir besonders durch die Arbeiten von Kolesnikov (1924, 1930, 1956, 1957, 1959, 1960, 1962 u. a.), durch die Untersuchungen von Rubin (1975) und Weller (1964, 1965) so gut Bescheid, daß es nicht schwerfallen sollte, die Aufgaben der Wurzel richtig einzuschätzen und darauf aufbauend die Bodenpflegesysteme so zu wählen, daß durch optimale Förderung der Wurzelentwicklung höchste Ertragsleistungen möglich werden.

### *Äußerer Bau der Wurzel*

Ihrer Entstehung nach unterscheidet man Wurzelsysteme generativen und vegetativen Ursprungs. Die Wurzel des Sämlings ist zumindest anfänglich eine Pfahlwurzel mit deutlich ungeordneten seitlichen Verzweigungen (Abb. 27). Schon relativ früh verliert die Pfahlwurzel ihre führende Stellung, sie wird durch stärkere, am Wurzelhals entspringende Seitenwurzeln abgelöst.

Beim Steckholz wie auch beim Trieb, der sich schon an der Mutterpflanze bewurzelt, entstehen von Anfang an am unteren Ende mehr oder minder gleichwertige Seitenwurzeln. Später gewinnen auch hier einige wenige Wurzeln die Oberhand und werden im Wachstum bevorzugt.

Bei sehr jungen Wurzeln kann man zwei Typen unterscheiden. Die Wurzeln des größeren Typs werden von Kolesnikov „Wachstums-" oder „Achsenwurzeln" genannt. Sie verlängern sich täglich um Millimeter oder auch um Zentimeter.

Die von der jungen primären Rinde umgebene hellgefärbte Zone dieser Wurzeln kann bis etwa 25 cm lang werden. Der Wurzeldurchmesser beträgt etwa 2 mm. Eine davon abweichende andere Art stellen die hellgefärbten Wurzeln des kleineren Wuchstyps dar, nach KOLESNIKOV „Saugwurzeln" oder „aktive Wurzeln" genannt. Sie werden auch als „Faserwurzeln" bezeichnet, sind nur wenige Millimeter lang und etwa 3/10 Millimeter dick. Beide Wurzeltypen besitzen Wurzelhaare, die bei Obstbaumwurzeln recht kurz sind.

Die jungen Wurzeln behalten ihre helle Farbe nur vorübergehend, spätestens einen Monat nach ihrer Entstehung bräunt sich die Rinde, und die Wurzelhaare schrumpfen ein. Die Zellen der Endodermis, der schützenden Zellschicht unter der Rinde, verkorken, die Primärrinde verkümmert und beginnt zu zerfallen. So entsteht das überraschende Bild, daß die Wurzelspitze der jungen Wurzel dicker ist als das daran anschließende Stück (Abb. 28). Bald bildet sich unter der zerfallenden Wurzelrinde ein neues Kambium, und das sekundäre Dickenwachstum der Rinde setzt ein. Der Wurzeldurchmesser nimmt wieder in dem Maße zu, wie neue Zellen gebildet werden. Dieses Verhalten ist aber nur bei den

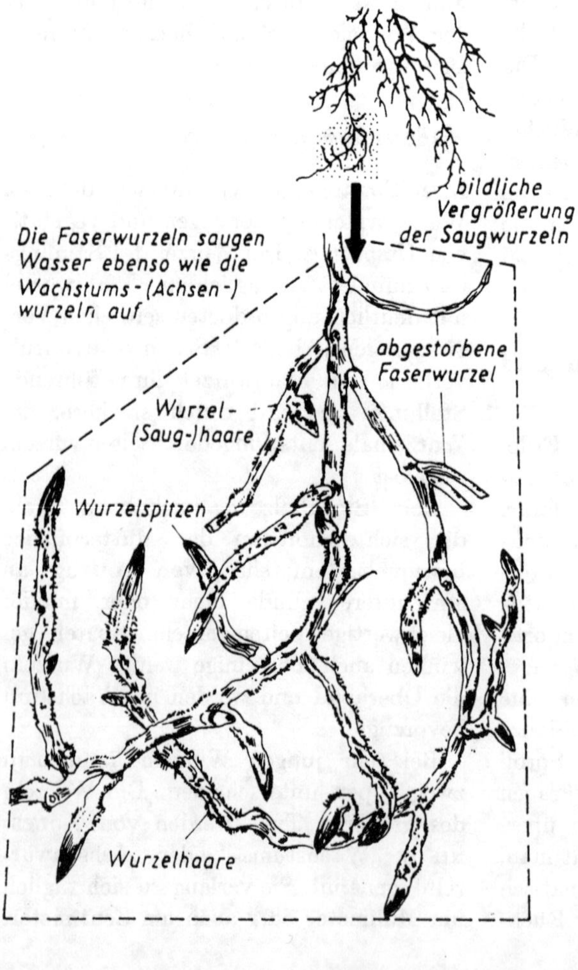


*Abb. 28:* Endstück einer Wurzel

Wurzeln des größeren Typs zu beobachten. Manchmal ist jedoch auch bei ihnen das Dickenwachstum nur mäßig, nicht selten bilden sie Seitenwurzeln, ohne selbst kräftiger zu werden. Zuweilen sterben sie völlig ab. Bei den kleineren Saugwurzeln (Faserwurzeln) ist es sogar die Regel, daß sie kein sekundäres Dickenwachstum aufweisen und bald zugrunde gehen.

Das unterschiedliche Verhalten der „Wachstumswurzeln" und der „Saug-" oder „Faserwurzeln" erklärt sich aus ihrer Funktion. Die „Saugwurzeln" dienen vorwiegend der Aufnahme von Wasser und von Nährstoffen sowie der Transformation (Assimilation) eingewanderter Elemente. Die Wachstumswurzeln dagegen haben die Aufgabe, das Wurzelsystem schnell zu vergrößern. Nach Ingangkommen des sekundären Dickenwachstums entwickeln sich die Wachstumswurzeln zu den sogenannten „Leitwurzeln", die ständig kräftiger werden und das langlebige Gerüst des Wurzelkörpers bilden. An den feineren Verzweigungen der Leitwurzeln entstehen immer neue kurzlebige Saugwurzeln; die Leit- und Gerüstwurzeln dienen weiterhin dem Stofftransport zwischen den oberirdischen Organen und den Saugwurzeln. Die Wurzeln wachsen vorwiegend nachts. Dabei bestimmen vom Sproß gelieferte Kohlenhydrate bzw. auch Kohlenhydratreserven das Ausmaß des Wachstums maßgeblich.

Die stärkeren Wurzeln sind wichtige Speicherorgane des Baumes. Während des Winters wird der größte Teil der Reservekohlenhydrate in den Hauptwurzeln und im untersten Stammstück gespeichert.

Die Zahl der „Saugwurzeln" eines Baumes ist weit größer als die der „Wachstumswurzeln". Beim Apfel sind etwa 90% aller Einzelwurzeln Saugwurzeln. Die Gesamtlänge der etwa 60000 Einzelwurzeln eines einjährigen Apfelbaumes wird von Kolesnikov auf rund 250 m geschätzt. Bei älteren Bäumen dürfte die Gesamtmenge je nach Baumgröße wenige bis viele Kilometer betragen.

Wasser und Nährstoffe können nur von jungen unverkorkten Wurzelteilen aufgenommen werden. Zur Stickstoffaufnahme aus dem Boden sind ausschließlich neu gebildete Saugwurzeln befähigt. Die junge Obstbaumwurzel hat nicht nur die Fähigkeit, Mineralstoffe und Wasser aufzunehmen, sie ist gleichzeitig ein wichtiges Syntheseorgan.

### *Genetisch und durch Umweltverhältnisse bedingte Abwandlungen im Bau der Wurzel*

Das Wurzelsystem entwickelt sich wie die Krone nach einem erblich fixierten Schema, dieses wird jedoch durch Umwelteinflüsse vielfältig abgewandelt. Diese Erkenntnis hat nicht nur wissenschaftliche Bedeutung, sie ist von großem praktischem Interesse, weil Standortwahl, Bodenpflegesystem, die Mineralstoffversorgung und Zusatzbewässerung in unmittelbarer Wechselwirkung zum Wurzelwachstum stehen und Pflegemaßnahmen am Boden der Wurzel eine optimale Entwicklung sichern sollen. Einen umfassenden Überblick über die Wurzelentwicklung bei Obstgehölzen gab schon Rogers (1939/40). Inzwischen sind viele neue Erkenntnisse hinzugekommen; sie alle besagen, daß dem Produktionszentrum Wurzel zukünftig mehr Aufmerksamkeit geschenkt werden muß als bisher. Das gilt besonders bei Einführung industriemäßiger Produktionsverfahren. Kolesnikov (1962) nennt zahlreiche Faktoren, die auf das Wurzelwachstum einwirken. Weller (1964, 1965) ergänzt diese Ausführungen auf Grund umfangreicher eigener Untersuchungen immer mit dem Ziel, die Bodenpflege im Sinne einer möglichen Ertragssteigerung zu verbessern.

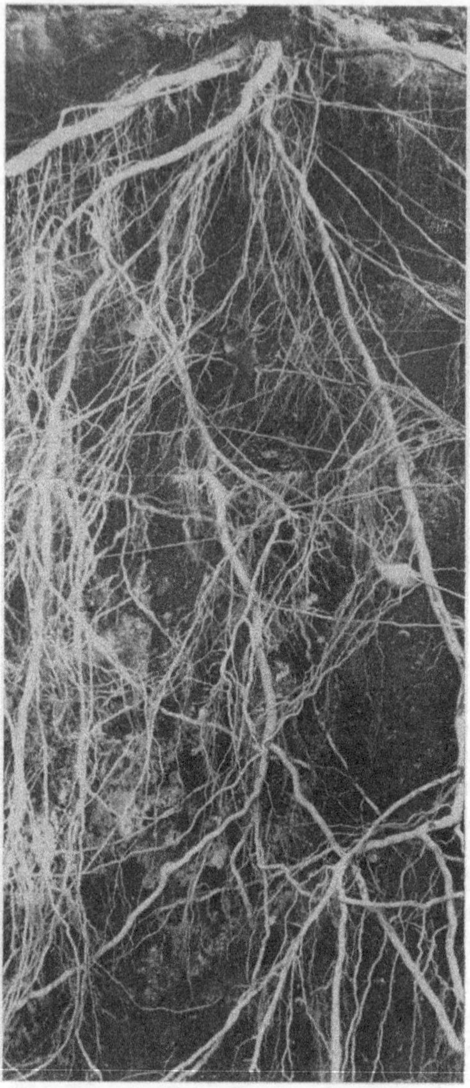

*Abb. 29:* Verlauf der Wurzel in einer 4 Jahre alten Dichtpflanzung der Sorte ‚Ontario'. Der gesamte Bodenraum zwischen den Reihen ist durchwurzelt, lange bevor die Kronen ihre endgültige Ausdehnung erreicht haben

*a:* Aufsicht auf die freigelegten Wurzeln im Bereich der Arbeitsgasse

Während beim Sproß die erbliche Struktur sich stets so deutlich dokumentiert, daß man an der Kronenform die Sorte erkennt, ist dies bei der Wurzel nicht im gleichen Maße der Fall. Die modifizierenden Einflüsse der Umwelt, des Bodens, sind so nachhaltig, daß artgleiche Wurzeln je nach Bodenbeschaffenheit unterschiedliche Formen annehmen können, d. h. die Umwelt hat einen stärkeren Einfluß auf die Wurzel als auf den Sproß. Das hängt aber nicht zuletzt auch damit zusammen, daß die Wurzel eine sehr gute Anpassungsfähigkeit besitzt. Dabei ist es aber nicht gleichgültig, welche Wurzeln man in die Betrachtungen einbezieht, die feineren Wurzeln reagieren auf Umweltverhältnisse deutlicher als die Hauptwurzeln (Weller 1965). So konnten auch Weaver und Mitarbeiter feststellen, daß der allgemeine Charakter des Wurzelsystems einer Obstunterlage in der Gesamtheit der Merkmale ebenso den Erbcharakter repräsentiert wie die oberirdischen Teile. Die zu beobachtenden Modifikationen im Wachstum sind jedoch stärker als bei der Krone ein Spiegelbild für die Besonderheiten der einwirkenden Bodenbedingungen. Trotz aller standortbedingten Abwandlungen sind aber immer Gemeinsamkeiten zu erkennen, durch die sich ein Unterlagentyp vom anderen unterscheidet. Auf die Jugendentwicklung wirken sich Bodenfaktoren nur wenig aus. Je älter die Bäume werden, desto ausgeprägter wird jedoch die von den Umweltbedingungen beeinflußte Wuchsform.

### *Wuchsverhalten der Wurzel im Verlauf der Entwicklung*

Unterschiede bestehen nicht nur hinsichtlich der Größe, auch das Verhältnis von Tiefen- und Breitenausdehnung wird standortbedingt abgewandelt (Weller 1965). Überwiegt während der Jugend die Tiefenentwicklung der Wurzel, so tritt diese Tendenz später gegenüber dem Breitenwachstum zurück (Bosse 1960). Die Wurzel zieht die gut durchlüftete,

*Abb. 29b:* Bodenschnitt — die Meßlatte läßt die Tiefenlage der Wurzeln erkennen

besser mit Nährstoff angereicherte Krume den im Untergrund ungünstigeren Verhältnissen vor, d. h. die Umstimmung der Breitenausdehnung erfolgt bei Wurzeln ganz allgemein; die später angelegten seitwärts streichenden Wurzelstränge werden zu Hauptwurzeln, die ursprünglichen Tiefenwurzeln verlieren an Bedeutung oder verkümmern gänzlich.

Die Wurzel erreicht eine weitere Ausdehnung als die oberirdische Krone, das trifft bereits für Jungbäume zu, die bei Dichtpflanzungen schon nach 2···4 Jahren den gesamten zur Verfügung stehenden Bodenraum durchwurzeln, lange bevor die Kronen ihren Standraum füllen (Abb. 29). Die Unterdrückung der Pfahlwurzel wird auch dadurch begünstigt, daß durch das Umpflanzen der Baumschulgehölze viel Wurzelmasse verlorengeht (Kemmer und Schulz 1938, Kemmer 1956). Die physiologisch aktiven Wurzeln befinden sich daher vorwiegend in oberflächennahen Schichten, die stärkeren tiefgehenden dienen der Stoffleitung, insbesondere jedoch der Wasserversorgung während Trockenzeiten und der Reservestoffablagerung. Die für die Baumernährung sehr wichtigen Saugwurzeln finden sich in geringer Bodentiefe, dabei ist diese Feststellung relativ zu verstehen. Auf gemulchten Böden können die Wurzelspitzen sogar aus dem Boden in die Mulchschicht hineinwachsen. Auf Sandboden werden sie stets wesentlich tiefer liegen und sich unterhalb der ständig austrocknenden Krume befinden. Die vertikale Verteilung der Wurzeln zeigt ebenfalls wesentliche Unterschiede. Dewjatew und Balobin (1959) stellten bei 50jährigen Apfelbäumen auf sandig-lehmigen Aueböden das Dichtemaximum der Saugwurzeln in weit größerer Entfernung vom Stamm fest als bei 17jährigen Gehölzen derselben Sorte. Auch hier ergeben sich also Unterschiede in der Wurzelausbildung, abhängig vom Alter der Bäume.

*Unterschiede im Wurzelwachstum bedingt durch Obstart, Unterlage und Standort*

Die verschiedenen Obstarten unterscheiden sich in der Art der Wurzelbildung z. T. beträchtlich. Birne auf Sämling, Süßkirsche auf Vogelkirsche und Walnuß sind Tiefwurzler, Apfelunterlagen, Quitte, Pflaume und Sauerkirsche auf *Prunus mahaleb* typische Flachwurzler. Allerdings besitzt auch diese Einteilung keine Allgemeingültigkeit. KOLESNIKOV (1969) fand z. B. bei Äpfeln gelegentlich größere Wurzeltiefen als bei Birne. Der vorwiegend durchwurzelte Raum wird jedoch von fast allen Autoren übereinstimmend mit 40···100 cm Tiefe angegeben. Bei sehr guten Böden dürfte die Hauptwurzelmasse wesentlich flacher, bei etwa 20···40 cm Tiefe liegen. Von Bedeutung ist auch die Verzweigungsdichte innerhalb des Wurzelsystems. Bestimmte Bodenräume werden unterschiedlich stark mit Faserwurzeln durchzogen. So bilden z. B. Apfel, Quitte, Pflaume und Schwarze Johannisbeere „intensive Wurzelsysteme", Birne, Süßkirsche auf Vogelkirsche, Pfirsich, Aprikose, Nüsse, Rote Johannisbeere, Himbeere und Brombeere sowie auch *Prunus mahaleb* und *Prunus myrobalana* „extensive". OTTO (1960) konnte nachweisen, daß zwischen bestimmten Unterlagenklonen meßbare genotypische Unterschiede hinsichtlich der Verzweigungsdichte bestehen.

Da Obstbäume meist aus Unterlage und Ertragssorte bestehen, erhebt sich die Frage, welcher Partner den größeren Einfluß auf die Wurzelbildung ausübt. Dies ist zweifellos die Unterlage. So ist z. B. das Wurzelsystem von M 9 nur relativ klein, das von M 11 dagegen besonders groß. Unabhängig davon geht aber auch M 9 unter günstigen Bodenbedingungen mit seinen stärkeren Wurzeln weit in die Tiefe. Die Meinung, schwach wachsende Unterlagen würden besonders flach wurzeln, ist also nur bedingt richtig, unabhängig davon, daß die Verankerung der Wurzeln im Boden meist zu wünschen übrig läßt. Ferner haben verschiedene Unterlagen auch einen unterschiedlich starken Anteil an Faserwurzeln. Besonders wenig findet man bei M 9, sehr viele bei M 11. Der Einfluß der Ertragssorte auf Wachstum und Entwicklung der Unterlage ist zweifellos vorhanden, denn Assimilate, Wuchs- und Hemmstoffe, welche der Sproß an die Unterlage liefert, wirken sich irgendwie aus (TUKEY und BRASE 1933). So ist u. a. bekannt, daß bei unverträglichen Kombinationen die Zulieferung von Kohlenhydraten an die Wurzel nicht für deren Entwicklung ausreicht. Das Erfrieren solcher Bäume schon in milden Wintern resultiert mit aus der wegen mangelnder Stärkezufuhr unzureichenden Härtung. Der vielfältige Stoffaustausch bleibt auch bei voll verträglichen Partnern nicht ohne Einfluß, daher ist unter großkronigen Sorten die Wurzel auch immer stärker entwickelt als unter kleinkronigen, selbst bei derselben Unterlage. Von den qualitativen und quantitativen stofflichen Unterschieden in Abhängigkeit von der Kombination der Partner kann kaum berichtet werden, da hierzu Untersuchungen fehlen. Unterschiede sind jedoch sicher vorhanden. Wachstumsregulatoren, die vom Sproß zur Wurzel wandern, werden Wachstumsrichtung, Verzweigungsanteil, Verzweigungscharakter, Faserwurzelbildung und anatomischen Bau der Unterlage modifizieren. Umgekehrt verändert die Veredlungsunterlage die Wuchsform der Krone innerhalb bestimmter Grenzen.

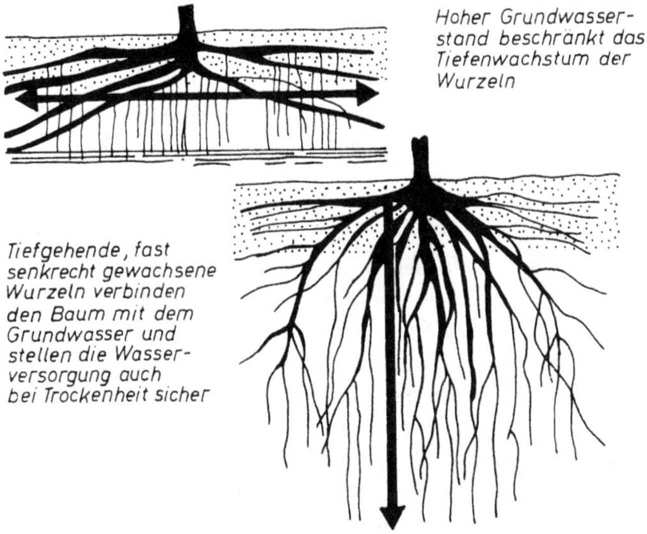


*Abb. 30:* Beschränkung des Tiefenwachstums der Wurzel durch hohen Grundwasserstand

Die ökologischen Bedingungen wirken sich auf das Wurzelwachstum ebenfalls aus. Je nach Ausnutzungsgrad des Wassers und der Nährstoffvorräte wird sich die Verzweigungsdichte und Gesamtausdehnung der Wurzeln verändern und den Standortbedingungen anpassen. In Trokkengebieten liegt die Wurzel tiefer als dort, wo die Krume stets genügend Wasser enthält. In nährstoffarmen Sandböden ist die Breitenausbildung weit größer als auf nährstoffreichem Löß. Wo ein hoher Grundwasserstand dem Luftsauerstoff den Zutritt zum Boden verwehrt, wurzeln die Bäume sehr flach. Auf gut strukturierten Standorten gehen sie weit tiefer (Abb. 30). Durch hohen Grundwasserstand bedingte Flachwurzelung wirkt sich während Trockenzeiten oft sehr nachteilig aus. Sackt der Grundwasserspiegel so schnell ab, daß rasch gebildeter Wurzelneuwuchs den Anschluß an noch wasserführende Schichten nicht schafft, dann ist mit starken Dürreschäden zu rechnen. Neben der Wasser- und Nährstoffaufnahme vermindert sich vor allem die Assimilationsleistung. Dadurch bedingt bleiben die Früchte klein, das Triebwachstum stockt. Die Differenzierung der Blütenknospen wird möglicherweise noch eingeleitet, aber die Blütenorgane entwickeln sich infolge unzureichender Ernährung nicht weiter. Damit wird auch die Ernte des Folgejahres gefährdet. Es ist daher notwendig, auch auf Gelände mit hohem Grundwasserstand Möglichkeiten zur Bewässerung während extremer Trockenperioden zu schaffen.

Das Verhältnis Wurzelmasse zu Sproßmasse ist in der Regel bei einer Kombination festgelegt. Bei Apfel beträgt der Wurzelanteil etwa 25 bis 30% des Kronengewichtes ohne Stamm. Der Wurzelanteil vergrößert sich mit abnehmender Bodenqualität. Der Baum versucht nach dem Schnitt der Krone oder nach Wurzelverletzungen dieses Verhältnis immer wieder herzustellen. Dabei muß das angestrebte Wurzel-Sproß-Verhältnis nicht immer physiologisch optimal sein. So hat z. B. ‚Golden Delicious' die Eigenschaft, die Krone und besonders die einjährigen Triebe bevorzugt mit Assimilaten zu versorgen und die Wurzel zu vernachlässigen. Nach spätestens 6 Jahren kommt die Wurzel so stark ins Hintertreffen, daß sie die Versorgung des Sprosses mit Wasser und Nährstoffen nicht mehr sichern kann. Nur durch einen sehr starken Rückschnitt kann das richtige Sproß-Wurzel-Verhältnis wieder hergestellt werden. Während beim Jungbaum die Wurzel-Sproß-Relationen noch eng und vollkommen sind, verliert sich diese Regulationsfähigkeit früher oder später beim alten und insbesondere beim abgängigen Baum. In diesem Zusammenhang verstärkt sich auch die Alternanz.

### *Wirkung von Licht, Wasser, Wärme und Nährstoffgehalt des Bodens auf die Wurzelausbildung*

Neben den bereits genannten Faktoren spielt das Licht als primäre Energiequelle für die Stoffproduktion eine zwar indirekte, aber keinesfalls unwichtige Rolle bei der Entwicklung der Wurzel (Abb. 31). Sie benötigt für die Wasser- und Nährstoffaufnahme und für Synthesen Energie, die in Form von Assimilaten geliefert wird. Ist die Zulieferung unzureichend, so bleibt die Wurzel klein, sie ist in ihrer Leistungsfähigkeit eingeschränkt (Lenke 1956, Wagenknecht 1960).

Assimilate werden durch Veratmung insbesondere in Form von Adenosintriphosphat, der universellen Energiequelle, wirksam. Zur Atmung benötigt die Wurzel Sauerstoff und ein lockeres Bodengefüge, damit entstehendes Kohlendioxid abdiffundieren kann. Reger Gasaustausch im Boden ist eines der entscheidendsten Kriterien für hohe Leistungen der Wurzel. Darauf sollte bei der Durchführung der Bodenpflege stets Rücksicht genommen werden. Bei Beschattung eines Baumes, d. h. wenn die Schattenblätter gegenüber den Sonnenblättern überwiegen, nimmt die Wurzelmasse nicht nur absolut, sondern auch relativ im Verhältnis zur Sproßmasse ab (Maggs 1960, Lebedev 1963). Bei starker Beleuchtung der Blätter fördert der Lichtimpuls auch die Entwicklung von Speicherorganen in der Wurzel und die wasserleitenden Elemente werden deutlich stärker ausgebildet. Lichtblätter begünstigen über den komplexen Regelmechanismus die Gefäßbildung und schaffen damit wiederum günstige Voraussetzungen für einen verstärkten Transpirationsstrom.

Bodenwärme beeinflußt das Wachstum deutlich (Tab. 9). Es besteht eine weitgehende Parallelität zwischen der Intensität der Wurzelentwicklung und der Nettoassimilation. Dabei ist auch festzustellen, daß die Wurzelausbildung in Bodenbereichen, die unmittelbar von den Sonnenstrahlen getroffen werden, stärker ist als im Kronenschatten. Bei Bodentemperaturen unter 5 °C wächst die Wurzel kaum (Rogers und Booth 1960). Ein völliger Stillstand tritt beim Apfel bei 0 °C ein. Die Pflaume soll nach Bodo (1926) eher mit dem Wurzelwachstum einsetzen als der Apfel. Es gibt also zweifellos Unterschiede in der Wärmebedürftigkeit der Wurzeln verschiedener Obstarten und -sorten. Die Weinrebe hat z. B. ein Temperaturminimum von 8···12 °C (Gabowič 1958). Das Temperaturoptimum dürfte bei den Hauptobstarten zwischen 15 und 25 °C liegen, während oberhalb von 30···35 °C wieder eine Stagnation eintritt. Die Kardinalpunkte für die optimale Bodentemperatur sind dynamische Größen, sie schwanken je nach Sauerstoff- und Kohlendioxidkonzentration im Boden. Besonders hemmend wirkt Sauerstoffmangel bei hoher Temperatur. Es ist also nicht unmittelbar die Wärme selbst, welche das Wachstum begrenzt, ausschlaggebend sind die

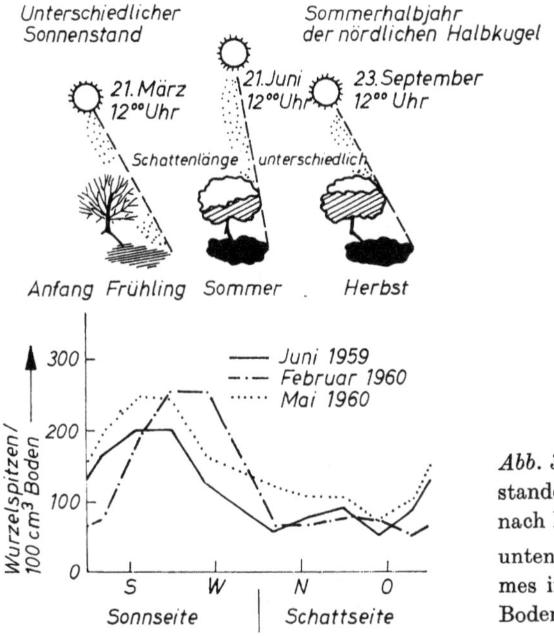


*Abb. 31:* oben: Veränderungen des Sonnenstandes im Verlauf der Vegetationsperiode; nach FRIEDRICH und PREUSSE (1970)

unten: Verteilung der Wurzelspitzen eines Baumes in Abhängigkeit von der Erwärmung des Bodens; nach WELLER (1965)

sich verändernden Bedingungen für den Gasaustausch im Boden.

In Abhängigkeit vom Temperaturverlauf zeigt die Obstbaumwurzel einen typischen Jahresgang. Bei tiefen Temperaturen im Winter ruht die Wurzeltätigkeit, sie kommt im Frühjahr mit zunehmender Erwärmung schon vor der Sproßentwicklung in Gang. Sie verlangsamt sich im Herbst, sobald die Bodentemperatur absinkt, hält jedoch länger an als das Sproßwachstum.

*Tab. 9:* Bodentemperaturen unter einem 20-jährigen ‚Boskoop'-Hochstamm (Höhe 6,4 m, Kronendurchmesser 9,2 m) an einem nahezu wolkenlosen Sommernachmittag (19. 6. 59, 15³⁰, Lufttemperatur 27,6 °C, Bewölkung 1/8, schwach windig) (nach WELLER 1965)

| Bodentiefe | Stammentfernung und Himmelsrichtung | | | |
|---|---|---|---|---|
| | 4 m NO | 2 m NO | 2 m SW | 4 m SW |
| 5 cm | 19,1° | 18,9° | 22,8° | 27,8° |
| 10 cm | 17,4° | 17,4° | 19,9° | 24,8° |
| 20 cm | 15,2° | 15,2° | 16,6° | 23,9° |
| 50 cm | 12,9° | 12,8° | 13,9° | 14,6° |

Die Wurzelentwicklung folgt nicht allein der Wärmekurve, sie ist fast noch stärker vom Wasserhaushalt des Bodens abhängig. Unter günstigen Klima- und Feuchtigkeitsbedingungen verläuft die Wachstumskurve eingipfelig, unabhängig davon, daß es während der kurzen Sommerruhe zu einer vorübergehenden Stagnation kommen kann. In Dürregebieten entstehen durch eine Wachstumsruhe während der heißen Sommermonate ausgeprägt zweigipfelige Kurven. Das gehemmte Wachstum der Wurzel im Hochsommer ist nicht allein auf das geringere Wasserangebot zurückzuführen, sondern hat auch hormonelle Ursachen. Das starke Frühjahrswachstum des Sprosses ist mit einem Überangebot des vom Sproß gebildeten und zur Wurzel abwandernden Auxins verbunden. Auxin hemmt jedoch in hohen Konzentrationen den Wuchs der Wurzel deutlich. Erst wenn nach kurzer Sommerruhe der Auxinstrom nachgelassen hat, pendelt sich das Wuchsstoff-Hemmstoff-Verhältnis in der Wurzel wieder in optimale Bereiche ein, so daß diese erneut zu wachsen beginnt.

In trockenen Böden ist die Wurzelmasse stets geringer als in feuchten (BENNETT und DOSS und Mitarbeiter 1960). Hohe Feuchtigkeit schadet wiederum, weil die Bodenbelüftung, insbesondere die $CO_2$-Abgabe, behindert wird. Eine unerwünschte Nebenwirkung besitzt die herkömmliche Zusatzberegnung. Die Bodentemperatur wird durch die Wassergaben um einige Grad, zumindest in der wurzelreichen Oberschicht, erniedrigt. Dieser Schock führt zu einer Verzögerung im Wurzelwachstum, besonders auch deshalb, weil die Abkühlung lange Zeit vorhält und sich nur schwer ausgleicht. In trockenen Böden vermindert sich die Wurzelmasse ebenso wie in zu nassen. Optimal ist ein mäßig feuchter, warmer, gut durchlüfteter Boden. Diese Tatsache sollte man nicht nur bei der Wahl des Bodenpflegesystems, sondern auch bei der Bemessung der Zusatzbewässerung stets berücksichtigen. Schwachregner, die bei hohen Temperaturen gleichzeitig der klimatisierenden Beregnung dienen und deren Wirkungsweise mit einem warmen Regen gleichzusetzen ist, wird man Starkregnern, die mit großen Mengen kalten Wassers den Boden verschlämmen, abkühlen und den Gasaustausch erschweren, vorziehen.

Nicht zuletzt wird die Wurzelausbildung durch den Nährstoffgehalt des Bodens entscheidend beeinflußt. In Böden mit ausgeglichenem Nährstoffverhältnis wächst nicht nur der Sproß stärker, sondern ebenso auch die Wurzel. Dabei geht es nicht nur um die unmittelbare Einwirkung der Nährstoffe auf das Wurzelwachstum, sondern vor allem um die Wechselbeziehungen zwischen Assimilationsleistung und Energiebereitstellung für die Wurzel. Bei Nährstoffmangel wird in der Regel ein relativ großer Teil der Assimilate für den Aufbau des Wurzelsystems selbst benötigt.

Wesentlich ist ferner die Gesunderhaltung der Blätter bis zum Blattfall. Bei ausreichender Nährstoffversorgung werden von Anfang Oktober bis zum Beginn des Blattfalls noch soviel Kohlenhydrate erzeugt, wie für die Atmung während der Vegetationsruhe nötig sind. Ausreichende Assimilatezufuhr begünstigt weiterhin die Winterhärte.

### *Einige Besonderheiten in den Wurzel-Sproß-Beziehungen*

Abgesehen davon, daß alle Einflüsse, die auf die Krone wirken, sich im Wurzelbereich niederschlagen, verdienen noch einige Besonderheiten erwähnt zu werden. Je stärker man die Krone schneidet, desto kleiner bleibt auch die Wurzel (HATTON und Mitarbeiter 1923). Entblätterung wirkt im gleichen Sinne, ebenso die Ringelung der Rinde. Blattschäden, gleichgültig wie sie entstanden sind, bedingen zwangsläufig Depressionen im Wurzelbereich.

Beim ‚Golden Delicious' konnten LENZ und SIEBERTZ (1980) einen Rückgang der Gesamtwurzelmasse um etwa 50% nach starkem Behang feststellen. Wie bei Erdbeeren war auch der Stärkegehalt der Wurzeln reduziert. Trotzdem bleiben dem Baum noch ausreichend Reservestoffe für den Austrieb des kommenden Jahres. Die genannten Beispiele verdeutlichen jedoch, daß übermäßiger Behang den Ertrag des Folgejahres negativ beeinflußt. HOFFMANN (1972) konnte die Abhängigkeit der Wurzelmassebildung von der Ertragsleistung bei Erdbbeere bestätigen. Zur Reifezeit betrug das

Wurzeltrockengewicht bei einem Behang mit 5 Früchten nur etwa die Hälfte desjenigen der ertraglosen Staude. Ähnlich, wenn auch nicht so stark, sinkt dabei der Stärkegehalt der Wurzel ab.

Anscheinend ist jede Wurzelpartie mit einem bestimmten Gerüstast unmittelbar verbunden, so daß zwischen einzelnen Wurzeln und Kronenteilen innerhalb des Gesamtbaumes eine hohe Selbständigkeit

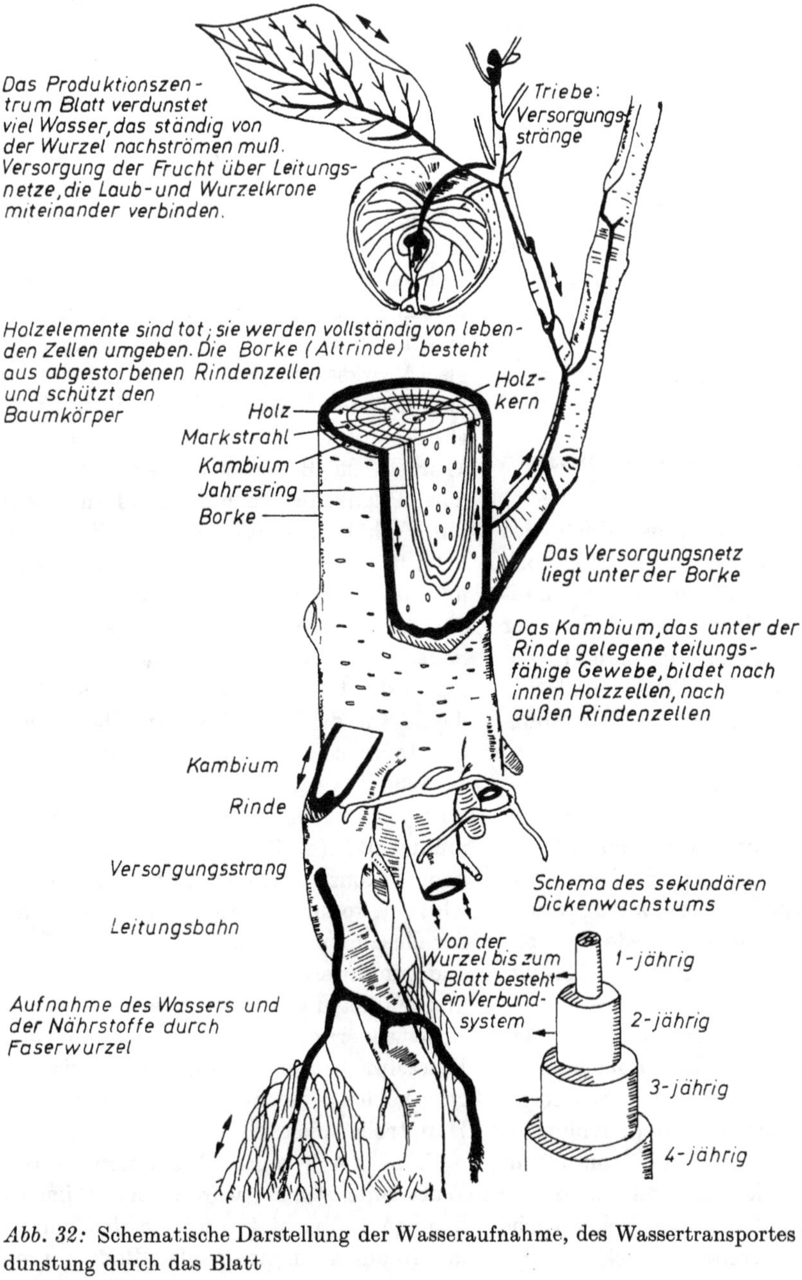


*Abb. 32:* Schematische Darstellung der Wasseraufnahme, des Wassertransportes und der Verdunstung durch das Blatt

besteht (Abb. 32). Dieses Verhalten kommt auch im Zusammenhang mit der Alternanz deutlich zum Ausdruck (S. 446f.). Daß die Entfernung von Terminalknospen die Neubildung von Wurzeln verhindert, läßt die engen Zusammenhänge im Wuchsstoffhaushalt zwischen Sproß und Wurzel erkennen. Wird der Behang zerstört, so wirkt sich dieser Verlust positiv auf das Wurzelwachstum aus.

Neben einem Jahresgang im Wurzelwachstum beobachtet man auch einen Tagesgang. Kolesnikov fand an Apfelbäumen, daß in der Nacht das Wurzelwachstum stärker ist als am Tag. Die Wasserverhältnisse sind dann infolge eingeschränkter Transpiration günstiger und die Assimilatezufuhr zur Wurzel wird nachts verstärkt.

*Gegenseitige Beeinflussung der Wurzeln im Obstbaumbestand*

Die Wurzelkonkurrenz hinsichtlich des verfügbaren Wassers und der Nährstoffvorräte spielt zweifellos in dichten Pflanzungen eine wesentliche Rolle. Schon der verminderte Lichtgenuß in dichten Beständen reduziert die $CO_2$-Assimilation und damit indirekt auch die Versorgung der Wurzeln mit Assimilaten.

Weiterhin besteht eine grundsätzliche Konkurrenz hinsichtlich der Behinderung des Wurzelwachstums, wenn durch Graseinsaat zusätzlich Wasser und Nährstoffe verbraucht werden. Dem Entzug durch den Graswuchs kann man jedoch durch erhöhte Nährstoffgaben und Zusatzbewässerung begegnen.

Die Pflanzdichte beeinflußt die Verteilung der Wurzeln im Boden nachhaltig. In Dichtpflanzungen ist das Wurzelgewicht, bezogen auf das Bodenvolumen, höher, vor allem unterhalb von 50 cm Tiefe. Ähnlich wie bei Dichtstand der Nadelgehölze im Wald der Höhenwuchs auf Kosten der Breitenentwicklung der Bäume stark gefördert wird, ist die Obstbaumwurzel bei Dichtpflanzungen gezwungen, ihren Nährstoff- und Wasserbedarf auch aus tieferen Schichten zu decken (Atkinson 1980). Bei Dichtstand ist der Wasseranspruch höher als bei weiter Pflanzung. Die Verwertung der Bodenfeuchte durch die Bäume nimmt mit zunehmender Pflanzdichte ebenfalls zu.

Bekannt ist, daß ein Baum um so schwächer wächst, je stärker man den von ihm angestrebten natürlichen Standraum einengt. Zweifellos spielt in diesem Zusammenhang auch die Wurzelkonkurrenz eine nicht unwesentliche Rolle. Es wäre jedoch verfehlt, die wachstumshemmende Wirkung nur in einem einzigen physiologisch wirksamen Faktor zu suchen. Es handelt sich zweifellos um einen Ursachenkomplex. Die Anhäufung lebender Wurzeln im Boden verändert nicht nur das Pflanzenwachstum, sondern auch die Verhältnisse im Boden selbst. Das betrifft nicht allein den Wassergehalt und die Menge der verfügbaren Nährstoffe, sondern insbesondere auch den Sauerstoffvorrat in den Bodenkapillaren. Dabei dürfte die Anhäufung von Kohlendioxid für die Wurzelaktivität besonders nachteilig sein. Darüber hinaus kommt es auch in wachsenden Anlagen zu Erscheinungen, die in den Bereich „Bodenmüdigkeit“ (S. 458) gehören. Durch die hohe Konzentration von Obstbaumwurzeln kommt es zu einer Umstellung der Zusammensetzung und zu einer Veränderung der Tätigkeit der Mikroflora und Fauna des Bodens. Daraus ergeben sich wiederum Rückwirkungen auf das Wurzelwachstum. Es ist schwierig zu entscheiden, welcher Faktor dabei die Hauptrolle spielt.

Eine ausgeprägte Behinderung des Wurzelwachstums wurde bei Pfirsichbäumen beobachtet; die von den einzelnen Bäumen durchwurzelten Bodenräume überschneiden sich selbst bei dichtem Stand nicht. Bei Äpfeln konnte jedoch ein ungestörtes Ineinanderwachsen benachbarter Wurzelsysteme beobachtet werden. Ausgrabungen von Wurzeln zeigten, daß die gesamte Fläche von Wurzeln dicht durchzogen ist, ohne daß es zu einer gegenseitigen Beinflussung der Wurzeln verschiedener Bäume kommt.

Wenn somit besonders in Dichtpflanzungen nach einiger Zeit ein Nachlassen des Wuchses, oft verbunden mit einer verstärkten Tendenz zur Fruchtbildung, zu beobachten ist, so dürfen die Ursachen in ersten Auswirkungen einer beginnenden Bodenmüdigkeit zu suchen sein.

### *Einige wesentliche Stoffwechselleistungen der Wurzel*

#### *Wasseraufnahme und Wasserverbrauch*

Alle physiologischen Vorgänge laufen in wässeriger Phase ab. Das Wasser hat in der Pflanze eine Doppelfunktion zu erfüllen. Einmal ist es das Medium, in dem sich die Stoffwechselabläufe vollziehen, zum anderen das Transportmittel im offenen Gefäßsystem für Mineralstoffe und Assimilate, die zu den Orten des Verbrauches gelangen müssen.

Die Wurzel entzieht dem Boden das Wasser (Abb. 33). Sie schaltet sich als Vermittler in das Hydraturgefälle zwischen Boden und Atmosphäre ein. Die wichtigste Wasserquelle für die Wurzel ist das Kapillarwasser des Bodens (Wasserhaushalt S. 81). Es wird von der Wurzelzelle aufgenommen, indem sie die Bodensaugkraft überwindet, d. h. Arbeit leistet. Der erste Schritt der Wasseraufnahme besteht in einer Quellung der Zellwand, in deren kapillaren Räumen auch der weitere Transport durch die Wurzelrinde hindurch erfolgt. Ein ständig aufrecht erhaltenes Hydraturgefälle im Zellgewebe sorgt für den weiteren Transport von Zelle zu Zelle. Die dabei entstehenden Kräfte lassen sich als „Wurzeldruck" nachweisen. Er wird bei Verletzungen der Pflanze am Blutungssaft sichtbar. Wasseraufnahme und Wassertransport in der Wurzel haben ihre Ursache zweifellos nicht nur in passiven chemisch-physikalischen Vorgängen. Bei der Erhaltung eines osmotischen Gefälles spielen Stoffwechselleistungen eine entscheidende Rolle. Größere Transportentfernungen werden ausschließlich unter Nutzung der Xyleme in den Leitbündeln bewältigt. Weitere Hinweise zur Wasseraufnahme siehe Seite 82f.

Der Wasserverbrauch einer Obstanlage wird von der Verdunstungsfläche der Blätter, der Fähigkeit der Wurzeln Wasser aus dem Boden aufzunehmen und dem in der Arbeitsgasse möglicherweise eingesätem Kleegrasgemisch bestimmt. Dabei verbraucht eine regelmäßig gemulchte Deckpflanzenkultur nicht nur Wasser, sie schützt auch den Boden bei großer

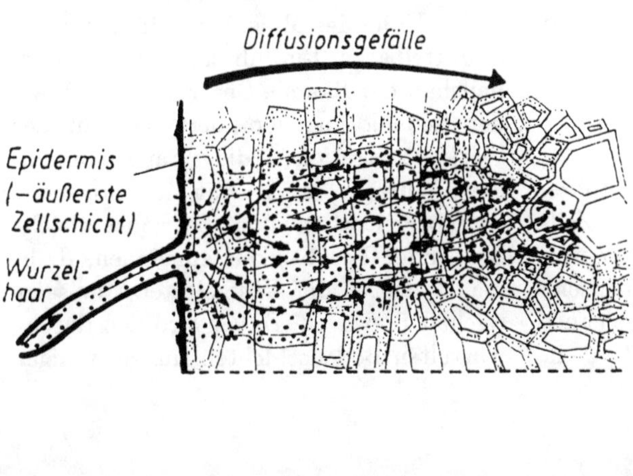


*Abb. 33:* Aufnahme des Wassers durch die Wurzel und Transport im Zellgewebe bis zu den Holzgefäßen

Trockenheit vor übermäßiger Austrocknung. Die Wurzelmasse der Deckpflanzen fördert weiterhin den Nährstoffaufschluß und wirkt bei geeigneter Zusammensetzung auch als Stickstoffsammler.

ATKINSON (1980) weist darauf hin, daß selbst bei optimaler Bodenbewässerung Dichtpflanzungen bei Sommerhitze noch unter Wassermangel leiden können. Er empfiehlt daher die intermittierende Verneblung von Wasser, damit die Blätter während der größten Tageshitze feucht gehalten werden (klimatisierende Beregnung). Eine solche Behandlung entlastet die Wurzel, weil die Transpiration auf einen Bruchteil der Ausgangsgröße absinkt. Der Ertrag, vor allem Fruchtgröße und Einzelfruchtgewicht, steigen an. Eigene Versuche konnten die Richtigkeit der von ATKINSON aufgestellten Forderung voll bestätigen. Im trockenwarmen Sommer des Jahres 1982 wurde in einem kleinen Bestand die klimatisierende Beregnung durchgeführt. Dabei konnten Fruchtqualitäten und Fruchtgrößen erzielt werden, die die Leistungen vorangegangener kälterer Sommer weit übertrafen. Wird Wasser bei Trockenheit und hoher Strahlungsintensität nur über die Wurzel zugeführt, so muß diese durch Anpassung des Transpirationsstromes an die hohe Lufttemperatur und Lufttrokkenheit sehr viel Arbeit leisten. Bei klimatisierender Beregnung wird der Transpirationsstrom stark entlastet, die Wurzel kann daher ihr zufließende Assimilate für den Stoffgewinn nutzen, und es kommt nicht zur Energievergeudung.

### *Mineralstoffaufnahme*

Die aktive Aufnahme von Mineralstoffen durch die Wurzel erfolgt über die Zellmembranen. Diese sind nicht ohne weiteres für jede im Boden gelöste chemische Verbindung durchlässig. Man bezeichnet die Zellwände als „semipermeabel", d. h. sie können bestimmte Stoffe oder Ionen durchlassen, sich gegen andere sperren. Auf diese Weise sichert sich die Pflanze ein deutliches, wenn auch keineswegs absolutes Auswahlvermögen. Die ausgewählte Substanz kann in der aufnehmenden Zelle zunächst gespeichert werden und zwar entgegen dem bestehenden Konzentrationsgefälle. Zu diesem Zweck muß sie in der Regel durch chemische Umwandlung so verändert bzw. aus dem Konzentrationsgefälle herausgenommen werden, daß sie die weitere Stoffaufnahme nicht stört. Dieser aktive Transport ist energieaufwendig, d. h. ATP-bedürftig. Für die Spezifität der Substanzaufnahme sind Membranproteine verantwortlich, welche das von der Pflanze erwünschte Ion „erkennen" (LIBBERT 1974). Dazu vermag das Membranprotein entweder die Bindung des Substrates an einen niedermolekularen Träger zu katalysieren, oder es wird als „Transportprotein" selbst Vermittler dieses Vorganges. Der katalytisch bedingte Stofftransport ist also substratspezifisch, und das lebende System hat durch ein Programm korrelativer Hemmungen die Möglichkeit, bei der Aufnahme chemisch verwandter Substanzen eine Selektion vorzunehmen. An diesem Vorgang sind wahrscheinlich auch bestimmte Fermente beteiligt.

Einzelheiten über die Mineralstoffaufnahme enthält das Kapitel ‚Aufnahme der Mineralstoffe' (s. S. 140).

Die Höhe der Mineralstoffdüngung hat unmittelbaren Einfluß auf den Wasserhaushalt der Bäume. Der osmotische Wert der Bodenlösung verändert sich mit der Salzkonzentration; die Saugspannung der Wurzeln muß mit zunehmender Salzkonzentration auch bei sonst gleichbleibender Feuchtigkeit zunehmen, d. h. die Hydratur der Wurzel steigt in salzreichen Böden an. Dabei wird den durchwurzelten Bodenschichten um so weniger

Wasser entzogen, je höher die Salzkonzentration ist. Aus diesem Verhalten muß man den Schluß ziehen, daß mit reichlicher Mineralstoffversorgung auch eine ausreichende Zusatzbewässerung einhergehen muß, um zu vermeiden, daß die Salzkonzentration im Boden zu stark ansteigt und der Grenzwert der Saugspannung, bei dem die Pflanzen unter Wassermangel zu leiden beginnen, zu früh erreicht wird.

Die Wurzelverteilung ist auch vom Säuregrad des Bodens abhängig. Allerdings ist die Obstbaumwurzel nicht an einen engen pH-Bereich gebunden. Auch dürfte die Auswirkung der Wasserstoffionenkonzentration auf das Wurzelwachstum mehr sekundärer Art sein. In der Regel spielen Unterschiede im pH-Wert unserer Böden auf das Wurzelwachstum keine entscheidene Rolle. Nachteilig sind zu hohe pH-Werte über 7, weil dadurch die Aufnahme bestimmter Ionen gehemmt wird, so kommt es auf alkalischen Böden z. B. zu physiologischem Eisenmangel. Die Erscheinungen, die auf zu kalkhaltigem Boden zu beobachten sind, entsprechen etwa denen, die man bei schlechter Durchlüftung der Bodenkrume beobachtet. Bei leicht sauren Böden, die für Obstbäume am günstigsten sind, wurden bisher keine Schäden in der Ionenaufnahme beobachtet (s. S. 159).

### *Einige Beispiele für Stoffsynthesen in der Wurzel*

Die Pflanze ist im Gegensatz zum Tier in der Lage, alle Aminosäuren zu synthetisieren. Bevorzugte Orte der Aminosäuresynthese sind wachsende junge Blätter. Aber auch unterirdische Organe können Aminosäuren bilden. Dabei wird in der Wurzel zuerst Asparaginsäure in Asparagin umgewandelt. Auf diese Weise wird von den Wurzeln aufgenommener Ammoniakstickstoff, der als Ion giftig wirkt, sofort durch Bindung an Asparaginsäure und Glutaminsäure unter Bildung von Asparagin und Glutamin entgiftet. In den Blättern entstehen dagegen vorwiegend solche Aminosäuren, deren Ausgangsprodukte unmittelbar aus der Photosynthese stammen.

Interessant für das Stoffbildungsvermögen der Wurzel sind auch Beobachtungen, die besagen, daß z. B. das Atropin der Tollkirsche oder das Nikotin der Tabakarten in den Wurzeln gebildet wird. Obwohl die Obstbaumwurzel keine Alkaloide synthetisiert, zeigen doch diese Beispiele, daß Wurzeln zu recht komplizierten Synthesen fähig sind. Das betrifft auch einige Wachstumsregulatoren, insbesondere die in den Wurzelspitzen gebildeten Zytokinine und Gibberelline. Sie werden wahrscheinlich teils an Ort und Stelle verbraucht, teils wandern sie mit dem Transpirationsstrom zu den oberirdischen Organen. Zytokinine fördern insbesondere die Zellteilung, stimulieren den Stoffwechsel generell und machen Orte ihrer Wirkung zu Attraktionszentren. Viele Vorgänge im Zusammenhang mit der Zytokininwirkung insbesondere in der Wurzel sind noch nicht ausreichend geklärt. Die in der Wurzel gebildeten Phytohormone treten in Wechselwirkung mit den nur in oberirdischen Organen entstehenden und nur basalwärts wandernden Auxinen. Dieses Wechselspiel wird im anschließenden Kapitel erörtert.

Die Tatsache, daß auch die Wurzel Wachstumsregulatoren erzeugt, ist für die Gesamtentwicklung eines Baumes von entscheidender Bedeutung. Sie zeigt, daß man sie keinesfalls nur als Wasser- und Nährstofflieferant für die Ertragssorte ansehen kann, sondern daß sie im Regelmechanismus des aus mehreren Partnern, die auch unterschiedlichen Stoffwechseltypen angehören, bestehenden Baumes eine sehr wesentliche Rolle spielt.

Es ist notwendig, sich daraus ergebende Möglichkeiten für die Obstproduktion nutzbar zu machen.

## Literatur

(Auszug — das vollständige Literaturverzeichnis kann beim Verfasser eingesehen bzw. angefordert werden)

ATKINSON, D. u. Mitarb.: The distribution of roots and the uptake of nitrogen by established apple trees, grown in grass with herbicide strips. Rep. East Malling for 1976 (1977) 183

ATKINSON, D., G. NAYLOR, G. A. COLDRICK: The effect of tree spacing on the apple root system. Hort. Res. **16** (1976) 89–105 u. Erwerbsobstbau **19** (1977) 143

BENNETT, O. L., B. D. DOSS: Effect of soil moisture level on root distribution of cool-season forage species. Agron. J. **52** (1960) 204–207

BONO, F.: Untersuchungen auf dem Gebiete des Wurzelwachstums des Apfels und der Zwetsche. Fortsch. d. Landw. **1** (1926) 768–773

BRAUN, H. J.: Die Organisation des Stammes von Bäumen und Sträuchern. Wiss. Verlagsges., mbH Stuttgart (1963)

DEWJATEW, A. S., W. N. BALOBIN: Raspredelenije ndobrenyi w ssadu w swjazi s rasprostranenijem kornewoj ssistemuy. Ssad i ogorod Nr. **11** (1959) 49–52

ESAU, K.: Pflanzenanatomie. VEB Gustav Fischer Verlag, Jena 1969

FEUCHT, W.: Fruchtholz und Ertrag der Obstbäume. Eugen Ulmer Verlag, Stuttgart 1968, 85 S.

FRIEDRICH, G., H. PREUSSE: Obstbau in Wort und Bild. Neumann Verlag, Radebeul 3. Aufl. 1982, 391 S.

GABOWIČ, W. J.: Ossobennosti agrotechniki winograda w ssewernych rajonach w swjazi s razwitijem ego kornewoj systemy. Izv. timirjazevskoj sel'skochozjajstvennoj akademij, **1** (1958) 85–102

GUR, A., J. HEPNER, Y. SHULMAN: The influence of root temperature on apple trees. IV. The effect on the mineral nutrition of the tree. J. Hortic. Sci., Ashford, Kent **54** (1979) 313–321

HATTON, R. G., N. H. GRUBB, J. AMOS: Some factors influencing root development. I. Effect of scion on root. East Malling Res. Stat. Ann. Rep. 1923

HOFFMANN, G.: II. Internationales Symposium, „Ökologie und Physiologie des Wurzelwachstums". Akademie-Verlag, Berlin 1974

KEMMER, E.: Beobachtungen an Wurzelkörpern von Apfelgehölzen. Züchter **26** (1956) 1–12

KEMMER, E., F. SCHULZ: Grundlagen der Bodenpflege im Obstbau. Berlin 1938, 240 S.

KOLESNIKOV, V. A.: Kornewaja sistemy plodowych derewjew. Naučnoagronomičeskij Žurnal, Nr. 3 (1924)

— —: The root system of fruit tree seedlings. J. Pomol. 8 (1930) 197–203

— —: Knowledge and control of the plants root and top systems ensure high yields of apple trees. Rep. 14, Intern. Hort. Congr., Vol. I (1955) 906–913

— —: Postuplenije fosfora superfosfata w jablonju w zawisimosti ot sposoba i glubiny ego wnesenija. Izv. timirjazevskoj sel' skochozjajstvennoj akademii, Moskva (1957) 213–223

KOLESNIKOV, V. A.: Untersuchungen über Gesetzmäßigkeiten am Wurzelsystem bei Obstgehölzen mittels einer besonderen Methode der Probenentnahme. DAL-Tagungsber. **35**, Berlin (1962) 169–177

KOLESNIKOV, V. A.: Das Wachstum der axialen und der Saugwurzeln der Obst- und Beerenobstkulturen im jährlichen Zyklus ihrer Lebenstätigkeit. (russ.) Izv. timirjazevskoj sel'skochozjajstvennoj akademii, Moskva (1959) 127–148

LENZ, F.: Wachstum und Wasserverbrauch bei jungen Erdbeerpflanzen (‚Senga Sengana') in Abhängigkeit von der Wurzeltemperatur. Erwerbsobstbau **21** (1979) 146–148

LENZ, F., G. SIEBERTZ: Trockensubstanzbildung und Stärkegehalt bei Wurzeln von ‚Golden Delicious' in Abhängigkeit vom Fruchtbehang. Erwerbsobstbau **22** (1980) 203–204

LIBBERT, E.: Lehrbuch der Pflanzenphysiologie. VEB Gustav Fischer Verlag, Jena 1974, 471 S.

LYR, H., H. POLSTER, H.-J. FIEDLER: Gehölzphysiologie. VEB Gustav Fischer Verlag, Jena 1967

MAGGS, D. H.: The stability of the growth pattern of young apple trees under four levels of illumination. Ann. Bot. (London) N. S. **24** (1960) 434–450

MEL'NIK, N. M.: Der Einfluß von Verfahren der Bodenpflege der Zwischenreihen und Baumstreifen in der Obstanlage auf die Entwicklung des Wurzelsystems bei Apfel (russ.). Beloruss. sel'skochoz. Akad., Sb. nauc. Tr. Gorki **33** (1977) 54–59

MONDESHKA, P. K., C. N. COLOV: Über das Wachstum der Saugwurzeln von Pflaumenunterlagen, die mit der Sorte ‚Stanley' veredelt wurden (bulg.) Gradinarska i lozarska Nauka, Sofija **15** (1979) 3–13

MUROMCEV, I. A., I. A. TRUNOV: Der Einfluß von Trockenheit auf das Wurzelwachstum von Apfel und Birne (russ.). Nauc. Tr. Agrotechn. i Selekcija Plod. Kul'tur. Voronez **93** (1978) 116–131

NULTSCH, W.: Allgemeine Botanik. Georg Thieme Verlag, Stuttgart 1965, 389 S.

OTTO, G.: Ein Quotient zur Bestimmung der Verzweigungsdichte von Gehölzfaserwurzeln im Zusammenhang mit Problemen der Rhizosphäre. Intern. Symposium über physiol. Probleme im Obstbau, Dresden-Pillnitz 1960. DAL-Tagungsber. **35** (1962) 179–184

ROGERS, W. S.: Root studies. VII. A survey of literature on root growth, with special reference to hardy fruit plants. J. Pomol. **17** (1939/40) 67–84

ROGERS, W. S.: Root studies. VIII. Apple root growth in relation to rootstock, soil, seasonal and climatic factors. J. Pomol. **17** (1939/40) 99–130

ROGERS, W. S., G. A. BOOTH: The roots of fruit trees. J. hort. Sci **14** (1960) 27–34

RUBIN, C.: Langjährige Versuche mit Düngung in Obstanlagen. Arch. Gartenbau **24** (1976) 69–106

STRASBURGER, E.: Lehrbuch der Botanik. 30. Auf., VEB Gustav Fischer Verlag, Jena 1971

TAMÁSI, J.: Der Einfluß der Edelsorte auf die Herausbildung der Wurzeln der Unterlage (ung.). Kertgazdaság **13** (1981) 48–52

TUKEY, H. B., K. D. BRASE: Influence of the scion and of an intermediate stem-piece upon the character and development of roots of young apple trees. New York State Agr. Exp. Stat. Techn. Bull. **218** (1933)

VOLZ, H.: Untersuchungen über das Auftreten von mechanischen Bodenverdichtungen in Obstanlagen und ihre Auswirkung auf das Wurzelwachstum von Apfelniederstämmen. Diss. Univ. Bonn (1959)

WAGENKNECHT, E.: Beiträge zur Kenntnis der Wurzelausbildung verschiedener Bestockungen. Mitt. Staatsforstverw. Bayerns **31** (1960) 434–450

WEAVER, J. E.: Root development of field crops. New York and London (1926) 291 S.

WELLER, F.: Vergleichende Untersuchungen über die Wurzelverteilung von Obstbäumen in verschiedenen Böden des Neckarlandes. Min. f. Ernährung, Landwirtschaft, Weinbau und Forsten, Baden-Württemberg (1964) 181 S.

WELLER, F.: Die Ausbreitung der Pflanzenwurzeln im Boden in Abhängigkeit von genetischen und ökologischen Faktoren. Eugen Ulmer Verlag, Stuttgart 1965, 123 S.

## Wachstum, Entwicklung und Bau der reproduktiven Organe

### Entwicklung der Blüte bei Kern- und Steinobst

Die Differenzierung der Blütenknospen beginnt bei Obstgehölzen schon in der 2. Hälfte der Vegetationsperiode und dauert den Herbst und Winter über bis zu Beginn des Austriebes an. Für die Obstproduktion bedeutet dies, daß bereits seit Mitte des vergangenen Jahres festgelegt und daher entschieden ist, welche Knospen Laub und welche Blüten bilden werden. Ein Eingriff oder eine Behandlung der Bäume, die den Blütenansatz positiv beeinflussen soll, ist daher nur in der Zeit vor bzw. bei Beginn der Differenzierung der Blütenknospen erfolgversprechend. In den Herbst- und Wintermonaten wird schon äußerlich sichtbar, welche Knospe sich zu einer Blütenknospe umgewandelt hat. Eine von STREITBERG entwickelte Methode zur Diagnose des Blütenknospenbesatzes im Oktober/November wird auf Seite 219 beschrieben.

*Entwicklung der Blütenorgane und Bildung der Geschlechtszellen*

Am kurztriebigen Fruchtholz durchläuft die künftige Blütenknospe in den Monaten Mai und Juni zunächst eine vegetative Entwicklungsphase. In dieser werden im wesentlichen der Sproßscheitel und die Blattanlagen ausgebildet. Etwa ab Ende Juni sind nach erfolgter Determination in den zukünftigen Blütenknospen auch morphologische Veränderungen zu beobachten. Der Sproßscheitel erstarkt, wird breiter und schiebt sich wie ein Pflock in die Höhe. Es entsteht der sogenannte Meristempflock. Er leitet die Differenzierung der Blütenanlagen ein.

Der Zeitpunkt der Differenzierung kann beträchtlich schwanken. Sie setzt bei den einzelnen Obstarten und -sorten zu unterschiedlichen Terminen ein und wird auch durch exogene Faktoren, wie z. B. die jährlich anders ablaufende Witterung, den Standort, das Pflegesystem und die Mineraldüngung beeinflußt. Auch die Stellung des blütenbildenden Holzes innerhalb der Krone und sein Alter (einjährige Langtriebe oder mehrjähriges Fruchtholz) spielen eine Rolle hinsichtlich der Einleitung und des Ablaufes der Differenzierung.

Der Impuls zur Blütenbildung kann bei derselben Sorte zu verschiedenen Zeiten, anscheinend in Abhängigkeit vom Beginn des Austriebes im Vegetationsjahr, einsetzen.

Die Umbildung der Knospen zu Blütenknospen beginnt bei Süßkirschen stets am frühesten, und zwar Anfang Juni bis Anfang Juli. Bei Apfel und Birne werden erste morphologische Veränderungen in den Knospen Ende Juli oder im Laufe des August sichtbar. Bei der Quittensorte ‚Berecki' entwickelt sich die Blütenknospe erst ab Ende September. Nach Untersuchungen im Hallenser Gebiet darf man die Differenzierung der Blütenknospen beim Apfel unter Berücksichtigung von Sorteneigenheiten und Unterschieden im Witterungsablauf etwa in der Zeit vom 5. Juli bis 18. August erwarten.

Nicht nur, was den Beginn der Differenzierung anbetrifft, ergeben sich von Sorte zu Sorte bzw. von Jahr zu Jahr Unterschiede, sondern auch in Anbetracht der Dauer des Differenzierungsvorganges. Dieser währt wesentlich länger als man früher angenommen hat. Bei Apfel und Birne vergehen bis zu dem Zeitpunkt, an dem die Knospe schon äußerlich als typische Blütenknospe erkennbar ist, 3···5 Wochen, bei Kirschen 4···6 Wochen, bei Pfirsich 8···9 Wochen und bei der Quitte ‚Berecki' sogar mehrere Monate. Damit ist jedoch der Differenzierungsvorgang nicht abgeschlossen. Er geht den Winter über, solange die Witterung es zuläßt, weiter. Der Einfluß des Standortes macht sich erst bei größeren Differenzen, die sich sowohl auf die geographische Lage als auf unterschiedliche Klimagebiete beziehen, bemerkbar. Obstart und -sorte beeinflussen den Zeitpunkt und den Ablauf der Differenzierung der Blütenknospen sehr deutlich. Der Einfluß der Unterlage auf diesen Vorgang ist jedoch noch umstritten. Einige Autoren stellten eine Förderung der Differenzierung durch die Unterlage ‚M 9' fest, andere konnten einen Unterlageneinfluß nicht bestätigen.

Die Abbildung 1 verdeutlicht den Entwicklungsablauf der Blütenknospen bei verschiedenen Obstarten und -sorten. Dabei lassen sich drei große rhythmische Entwicklungsabschnitte unterscheiden. Es kommt zu einer sehr raschen Ent-

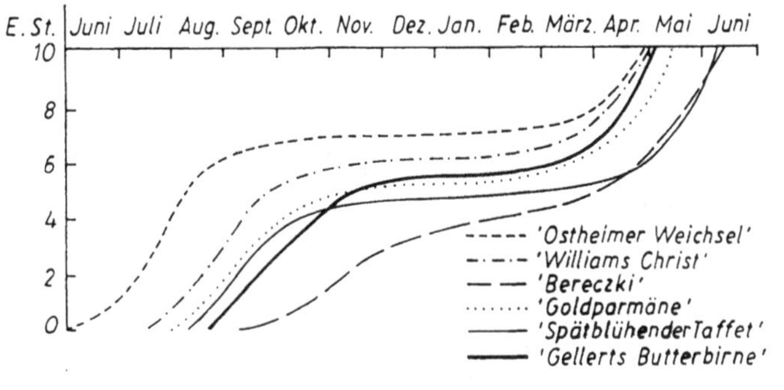


*Abb. 1:* Durchschnittlicher Entwicklungslauf der Blütenknospen verschiedener Obstsorten, nach ZELLER

wicklung unmittelbar nach Beginn der Differenzierung, gefolgt von einer starken Verzögerung bzw. einem Stillstand während der Wintermonate und schließlich zu einer beschleunigten Weiterentwicklung bis zur Anthese bei Beginn des Frühjahres. Auch bei diesem Entwicklungsablauf ergeben sich sehr deutliche Unterschiede zwischen verschiedenen Obstarten und -sorten.

In den Blütenknospen werden bis etwa Oktober alle Blütenorgane voll ausgebildet. Während der Wintermonate geht die Entwicklung entweder nur sehr langsam vor sich, oder sie verharrt bei tiefen Temperaturen ganz. Nur die genannte Quittensorte macht eine Ausnahme. Die Blütenknospen entwickeln sich stetig weiter. Zu Beginn des Frühjahres äußert sich die wiederauflebende Aktivität des Stoffwechsels darin, daß die gebildeten Blütenorgane zu ihrer endgültigen Größe heranwachsen. Ist dies geschehen, so bricht die nunmehr stark angeschwollene Blütenknospe auf, die Blüte entfaltet sich. Während in den Frühjahrsmonaten die in der Blütenknospe ausgebildeten Blütenorgane an Größe zunehmen und die Blütenknospe zu „schwellen" beginnt, vollziehen sich in den gebildeten männlichen und weiblichen Sexualorganen entscheidende qualitative Veränderungen.

Im Innern der jugendlichen Antheren (Staubgefäße) befindet sich ein Gewebe aus Zellen besonderer Struktur und Funktion, den Mutterpollenzellen. Sie stellen die Mutterzellen der Pollenkörner dar. Nach der Meiose erfolgt eine normale Mitose. Infolge des zweimaligen Teilungsschrittes, in dessen Gefolge die Anzahl der Chromosomen auf die Hälfte reduziert wird, entstehen aus einer Pollenmutterzelle vier Tochterzellen mit der halben Chromosomenzahl (Tetrade). Nach Bildung der Zellwände trennen sich diese und reifen zu Pollenkörnern heran, welche die Antheren füllen. Etwas später als in den Antheren und zwar unmittelbar vor der Anthese, setzt in den Fruchtblättern ein entsprechender Entwicklungsablauf zur Bildung des weiblichen Geschlechtsapparates ein.

Die schon im Vorjahr im Fruchtknoten angelegten „Samenknospen" der Samenanlage wachsen im Frühjahr ebenfalls heran und differenzieren ihre Zellgewebe. In der Mitte entsteht der Nucellus, der von zwei Hüllblättern, den Integumenten, so eingeschlossen wird, daß an der Spitze die Mikropyle freibleibt. Die Embryosackmutterzelle entwickelt sich im Nucellusgewebe und stellt das Gegenstück zur Pollenmutterzelle dar. Diese Archesporzelle durchläuft ebenfalls zwei Teilungsschritte — die Meiose und Mitose, wobei im ersten Fall die Chromosomen zahlenmäßig wieder auf die Hälfte reduziert werden. Diese Teilungsvorgänge spielen sich dann ab, wenn die Blütenblätter zwischen den Kelchblättern sichtbar werden. Von den jeweils vier Tochterzellen gehen drei bald zugrunde; während die hinterste als Embryosackzelle rasch heranwächst. Der Zellkern teilt sich nunmehr in drei aufeinanderfolgenden Teilungsschritten; vorerst zum zwei-, vier- und schließlich zum achtkernigen Embryosack. Es entsteht der Eiapparat mit den Synergiden und den Antipoden, die bei den Kern- und Steinobstarten frühzeitig degenerieren sowie der sekundäre Embryosackkern. Die letzten Entwicklungsphasen laufen relativ schnell ab und zwar dann, wenn die Blütenknospe schon aufgeblüht ist. Bei den Obstgehölzen wird somit der männliche Geschlechtsapparat (Andröceum) viel früher ausgebildet als der weibliche (Gynäceum). Ungeachtet dessen, sind die Narben des Griffels bei Apfel und Birne schon bestäubungsfähig, bevor die Staubbeutel sich öffnen. Bei Pfirsich, Aprikose und Beerenobst fällt die Empfängnisreife der Narbe und das Stäuben des Staubbeutels zeitlich zusammen. Bei den Nüssen stäuben die männlichen Blütenstände bereits, bevor die Narben der Blüten empfangsbereit sind. Dieses Verhalten erklärt die mangelnde Befruchtung vieler Blüten, den meist zu geringen Ertrag und die je nach Blühwitterung mehr oder weniger ausgeprägte Ertragsunsicherheit.

Die Entwicklung der Einzelblüten und des Blütenstandes erfolgt nach feststehenden Regeln. Beim Kernobst stäuben zuerst die äußeren Staubgefäße einer Blüte und innerhalb des Blütenstandes (Infloreszenz) öffnet sich zuerst die Terminalblüte. Beim Steinobst sind die Verhältnisse umgekehrt. Die Reife der Staubfäden beginnt mit den inneren Kreisen und die Aufblüte mit der untersten Blüte des Blütenstandes.

### *Blühtermin, Blühfolge, Blühdauer, Bestäubung und Pollenübertragung*

Die zu normaler Fruchtbildung erforderliche Bestäubung der Kernobstarten untereinander ist nur dann möglich, wenn sich deren Blütezeiten ausreichend überdecken. Das Aufblühen der Knospen ist vor allem von der Lufttemperatur (Temperatursumme) und von der Intensität der Sonneneinstrahlung abhängig. Die Bodentemperatur übt nur einen geringen Einfluß aus. Dabei fördert leichter Boden die Blütenentwicklung, schwerer Boden verzögert sie. Blühtermin, Blühfolge und Blühdauer sind bei den einzelnen Sorten genetisch bedingt unterschiedlich, werden jedoch von standort- und witterungsbedingten Schwankungen

*Tab. 1:* Phänometrische Untersuchungsergebnisse über die Blühdauer von Apfelsorten

| Sorte | Durchschnittliche Gesamtblühdauer in Tagen | relative Hauptblühdauer |
|---|---|---|
| ‚Klarapfel' | 15 | 0,31 |
| ‚Roter Boskoop' | 16 | 0,39 |
| ‚Früher Victoria' | 18 | 0,37 |
| ‚James Grieve' | 20 | 0,40 |
| ‚Herrnhut' | 17 | 0,53 |
| ‚Landsberger' | 21 | 0,29 |
| ‚Dülmener Rosenapfel' | 15 | 0,24 |
| ‚Oldenburg' | 21 | 0,35 |
| ‚Albrechtapfel' | 21 | 0,50 |
| ‚Cox Orangen' | 17 | 0,42 |
| ‚Breuhahn' | 15 | 0,40 |
| ‚Goldparmäne' | 14 | 0,57 |
| ‚Ontario' | 16 | 0,44 |
| ‚Erwin Baur' | 17 | 0,29 |
| ‚Clivia' | 17 | 0,49 |
| ‚Carola' | 15 | 0,85 |
| ‚Berlepsch' | 17 | 0,21 |

$$\text{relative Hauptblühdauer} = \frac{\text{Hauptblühdauer}}{\text{Gesamtblühdauer}}$$

beträchtlich modifiziert (Tab. 1). Trotzdem bleiben die relativen Verhältnisse im Sortenverhalten auch bei unterschiedlichem Witterungsablauf im wesentlichen erhalten.

Die Apfelsorten unterteilt man nach ihrer Blühfolge in vier Gruppen (frühblühend, mittelfrühblühend, mittelspätblühend, und spätblühend), (s. auch KOBEL 1954; RUDLOFF und SCHANDERL 1950). Die Blühdauer der einzelnen Sorten stellt eine Sorteneigentümlichkeit dar, andererseits übt die Witterung einen nicht unwesentlichen Einfluß auf den Ablauf der Blütezeit aus. Dabei lassen sich Sorten mit sehr raschem Blühverlauf, bei denen fast alle Blüten sich zur gleichen Zeit entfalten und verblühen und Sorten, bei denen sich das Öffnen und Verblühen der einzelnen Blüten im Blütenstand über eine längere Zeitspanne hinzieht, unterscheiden (z. B. ‚Golden Delicious', ‚Carola' und ‚Boskoop').

Die Gesamtblühdauer wird bei einer Sorte, die auch am einjährigen Holz willig Blüten bildet (z. B. ‚Golden Delicious'), wesentlich verlängert. Die Blüten am mehrjährigen Holz blühen zuerst auf, die am einjährigen Trieb entfalten sich oft 1···2 Wochen später. Neben der Gesamtblühdauer einer Sorte ist, wie Tabelle 1 zeigt, auch die relative Hauptblühdauer von Interesse. Phänometrische Untersuchungen von SCHOSSIG (1956) zeigen, daß der zeitliche Anteil der Hauptblüte, bezogen auf die Gesamtblühdauer, bei den einzelnen Sorten beachtlich schwankt. Erkennbar ist die explosive Blütenentwicklung bei ‚Carola' und der verzögerte Blühverlauf bei ‚Berlepsch', interessant ist ferner, daß Witterungseinflüsse auf die Blütenentwicklung einen unterschiedlichen Einfluß ausüben. So blüht z. B. ‚Boskoop' auch bei Regenwetter voll auf. Die Hauptblüte dauert nur wenige Tage, so daß bei fehlendem Bienenflug das Nichtbestäuben der Blüten zum Ertragsausfall führt. Eine verzögerte Blütenentwicklung beobachtet man z. B. bei ‚Golden Delicious'. Die Blühcharakteristik einer Sorte ist von großer praktischer Bedeutung. Sorten mit einer langen Blühperiode und verzögerter Blütenentwicklung, besonders während Schlechtwetterperioden, haben höhere Bestäubungs- und damit Befruchtungschancen als rasch aufblühende Sorten. Die erste Gruppe ist auch beim Auftreten von Blütenfrösten bevorteilt. Es besteht die Wahrscheinlichkeit, daß zumindest ein Teil der Blüten entwicklungsbedingt noch so weit zurück ist, daß sie den Frost überstehen. Bei plötzlich aufblühenden Sorten vernichtet ein Kälteeinbruch praktisch den gesamten Blütenbesatz und damit den zu erwartenden Behang. Aus diesem Grund sollte der Obstzüchter als wirksamen „Frostschutz" auf die Züchtung von Sorten mit langsam verlaufender Blütenentwicklung bedacht sein. Obstgehölze sind Insektenblütler. Dieses Verhalten ist insbesondere für die Bestäubung der selbststerilen Arten und Sorten von entscheidender praktischer Bedeutung. Die Pflanzsysteme müssen darauf abgestimmt sein. Besonders bei industriemäßiger Produktion in Obstanlagen mit nur wenigen Sorten erlangen die Bestäubersorten und ihre Verteilung in der Anlage als maßgebliche Stabilisatoren der Ertragsbildung überragende Bedeutung.

Untersuchungen und praktische Erfahrungen beweisen immer wieder, daß bei Kernobst die Pollenübertragung durch den Wind nur eine untergeordnete Rolle spielt. Insekten und zwar vorwiegend die Honigbiene, sind die entscheidenden Pollenüberträger und damit Bestäuber. Im Interesse hoher und stabiler Ernten müssen ausreichend Bienenvölker in der Obstanlage zur Blütezeit zur Verfügung stehen. Es sind mindestens zwei bis vier Völker je ha zu fordern, die einen geeigneten Standort innerhalb der Obstanlage einnehmen müssen. Bei Süßkirschen besteht insbesondere bei ungünstigem Blühwetter eine enge Korrelation zwischen dem Ertrag und der Anzahl der an der Bestäubung beteiligten Bienenvölker. Zu Höchsterträgen sind 6···8 Bienenstöcke/ha notwendig.

Für die Züchtungsarbeit ist die künstliche Pollenübertragung unabdingbar. Damit verbunden ist die Frage nach einer zweckmäßigen Lagerung des Pollens. Als wichtigste Faktoren einer erfolgreichen Pollenlagerung haben Temperatur und Luftfeuchtigkeit zu gelten. Da es im gleichen Jahr nicht gelingt frühblühende Sorten mit spätblühenden zu kreuzen, ist man auch an einer Langzeitlagerung interessiert. Fischer und Walther (1981) haben in Folie eingeschweißte Süßkirschenpollen bei −18 °C ein Jahr lang keimfähig erhalten können. Lee, Bünemann und Herrmann (1981) gelang es sogar Pflaumenpollen bei −20 °C drei Jahre lang zu konservieren. Bei der Lagerung ergaben sich jedoch wesentliche Sortenunterschiede.

*Pollenkeimung auf der Griffelnarbe; Pollenschlauchwachstum im Griffel; Sterilitäten und ihre Ursachen*

Sobald der Pollen auf eine sekretierende Narbe gelangt, beginnt er, günstige Temperaturverhältnisse vorausgesetzt, zu keimen. Der Keimung geht eine Feuchtigkeitsaufnahme durch das Pollenkorn voraus. Binnen weniger Stunden wächst der Pollenschlauch heran. Er entwickelt sich auf der Narbe chemotrop und dringt in das sich unterhalb der Narbe trichterförmig ausbreitende Leitgewebe des Griffels ein. Er durchwächst das langgestreckte, aus lose verbundenen Zellen bestehende Gewebe und gelangt in das Samenfach (Abb. 2).

Auf der Narbe des Griffels können viele

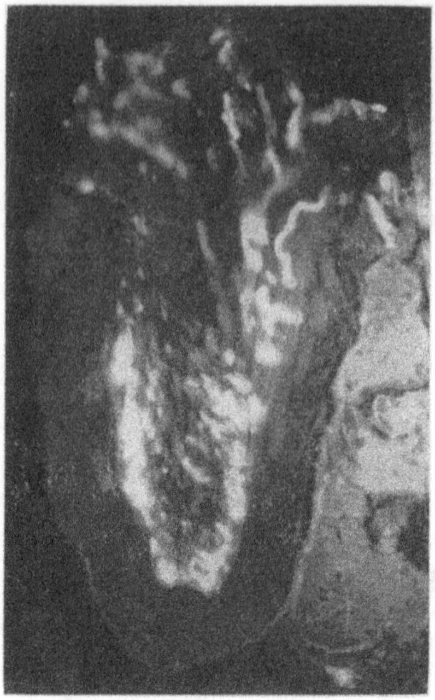

*Abb. 2:* Einwachsen der Pollenschläuche in die Griffelnarbe (Längsschnitt)

Pollen Platz finden. Ihre Anzahl ist unterschiedlich und hängt von der Intensität der Bestäubung ab.

Haben die Pollenschläuche das Leitgewebe des Griffels erreicht, so wachsen sie in Richtung der Samenanlage weiter. Mit beginnender Keimung vollziehen sich im Inneren des Pollenkorns wesentliche Entwicklungsvorgänge. Der Geschlechtskern teilt sich in zwei Tochterkerne, diese wandern in den Pollenschlauch ein. Nach etwa 24 Stunden teilt sich der hintere Kern noch einmal, so daß im Pollenschlauch schließlich zwei generative und ein vegetativer Kern enthalten sind. Während des Wachstums des Pollenschlauches befindet sich der vegetative Kern, der anscheinend einen Wachstumsreiz ausübt, immer an der Schlauchspitze. Es folgen die beiden Geschlechtskerne.

Dem Pollenschlauch stehen anfangs

eigene Reservestoffe für das Wachstum zur Verfügung. Sehr bald scheint der wachsende Pollenschlauch aus dem Griffel nicht nur Wasser, sondern auch organische Stoffe aufzunehmen (Linskens und Esser 1959). Es handelt sich dabei um Zucker und Aminosäuren. Die stoffwechselphysiologischen Beziehungen deuten die Partnerschaft zwischen männlichen und weiblichen Organen bereits vor dem Befruchtungsprozeß an. Die physiologischen Wechselbeziehungen sind für das weitere Verhalten des Pollenschlauches ausschlaggebend. Er kann in seinem Längenwachstum durch den Griffel gefördert oder auch gehemmt werden. So konnten Stösser und Neubeller (1980) eine Anreicherung von Kohlenhydraten in den Griffeln bei Kirschen während der Anthese und kurz danach feststellen. Der Stärkeabbau erfolgte schneller, wenn Pollenschläuche im Griffel wuchsen. Das deutet darauf hin, daß unter dem Einfluß der Pollenschläuche die Stärke hydrolisiert und als Substrat für das Wachstum der Pollenschläuche verwendet wird.

Übereinstimmend stellten Schmadlak

*Tab. 2:* Anzahl der auf der Narbe gekeimten Pollen und in den Griffeln eingedrungenen Pollenschläuche beim Apfel (Mittelwert aus 5 Untersuchungswerten)

a) Diploide × diploide Sorten

| | | |
|---|---|---|
| ‚James Grieve' | × ‚Goldparmäne' | 77 |
| | × ‚Cox Orangen' | 73 |
| | × ‚Ontario' | 80 |
| | × ‚Oldenburg' | 100 |
| | × ‚James Grieve' | 90 |
| ‚Goldparmäne' | × ‚James Grieve' | 64 |
| | × ‚Cox Orangen' | 47 |
| | × ‚Ontario' | 57 |
| | × ‚Oldenburg' | 74 |
| | × ‚Goldparmäne' | 65 |
| ‚Cox Orangen' | × ‚James Grieve' | 88 |
| | × ‚Goldparmäne' | 98 |
| | × ‚Ontario' | 50 |
| | × ‚Oldenburg' | 76 |
| | × ‚Cox Orangen' | 34 |
| ‚Ontario' | × ‚James Grieve' | 51 |
| | × ‚Goldparmäne' | 80 |
| | × ‚Cox Orangen' | 74 |
| | × ‚Oldenburg' | 66 |
| | × ‚Ontario' | 49 |
| ‚Oldenburg' | × ‚James Grieve' | 25 |
| | × ‚Goldparmäne' | 32 |
| | × ‚Cox Orangen' | 26 |
| | × ‚Ontario' | 29 |
| | × ‚Oldenburg' | 41 |

b) Diploide × triploide Sorten

| | | |
|---|---|---|
| ‚James Grieve' | × ‚Biesterfelder' | 0,4 |
| | × ‚Boskoop' | 0,3 |
| ‚Goldparmäne' | × ‚Biesterfelder' | 2,6 |
| | × ‚Boskoop' | 2,8 |
| ‚Cox Orangen' | × ‚Biesterfelder' | 0,8 |
| | × ‚Boskoop' | 1,0 |
| ‚Ontario' | × ‚Biesterfelder' | 2,7 |
| | × ‚Boskoop' | 1,3 |
| ‚Oldenburg' | × ‚Biesterfelder' | 2,7 |
| | × ‚Boskoop' | 0,3 |

c) Kompatible und nichtkompatible Sortenkombinationen

Kompatible Kombinationen

| | | |
|---|---|---|
| ‚Ribston | × ‚Cox Orangen' | 40 |
| Pepping' | × ‚Cox Pomona' | 72 |

Nichtkompatible Kombinationen

| | | |
|---|---|---|
| ‚Biesterfelder' | × ‚Cox Orangen' | 43 |
| | × ‚Cox Pomona' | 26 |
| ‚Zabergäu' | × ‚Ontario' | 73 |
| | × ‚Goldparmäne' | 80 |

(1965), STOTT (1972) und ANVARI und STÖSSER (1981) fest, daß bei Fremdbestäubung die Apfelgriffel nach vier bis fünf Tagen durchwachsen werden. Dabei wachsen die Pollenschläuche im Griffel wesentlich schneller als im Fruchtknoten. In diesem wurden beim Apfel nach 10 bis 12 Tagen noch keine Pollenschläuche in den Samenanlagen gefunden. (ANVARI und STÖSSER 1981). Auch die Pollenqualität und das Pollenschlauchwachstum von diploiden und triploiden Apfelsorten wurden von SEILHEIMER und STÖSSER (1982) untersucht und deren bekannten Verhaltensweisen bestätigt.

Die Griffel von Süß- und Sauerkirschen waren innerhalb von 2—3 Tagen vollständig durchwachsen, die Samenanlage wurde erst nach 6—8 Tagen erreicht (STÖSSER und ANVARI, 1981).

Nicht alle von der Narbe in das Leitgewebe des Griffels eingedrungenen Pollenschläuche passieren den Griffel und wachsen in den Fruchtknoten ein. Das trifft auch für voll miteinander verträgliche (kompatible) Sortenpartner zu (Tab. 2). Bei Selbstbestäubungen von Fremdbefruchtern oder bei inkompatiblen Sortenpartnern wird das Wachstum der Pollenschläuche im Griffel gehemmt. Die Enden der Pollenschläuche verdicken sich unter dem Einfluß des Griffelgewebes und stellen ihr Längenwachstum ein, die Befruchtung der Eizelle unterbleibt und Unfruchtbarkeit ist die Folge (Abb. 5—7). Aus den stoffwechselphysiologischen Beziehungen zwischen Pollenschlauch und Leitgewebe des Griffels ergibt sich beim Obst eine der durch progame Inkompatibilität bedingte wichtige Unfruchtbarkeitsursache. Sie wird als physiologisch bedingte Sterilität bezeichnet. Bei den meisten Obstarten und -sorten wird daher schon im Griffel über Fruchtbarkeit oder Unfruchtbarkeit zwischen den Partnern entschieden.

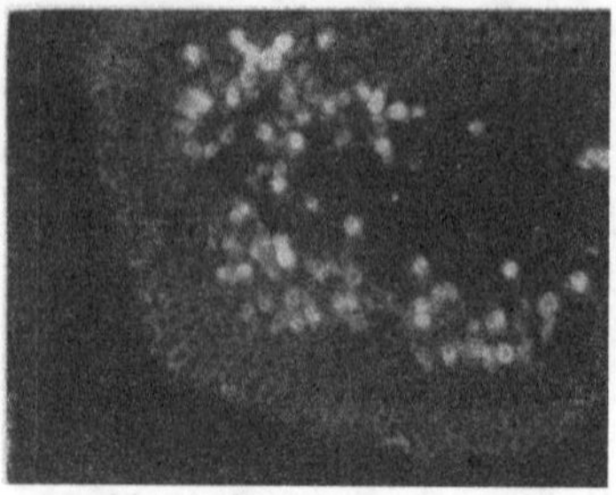

*Abb. 4:* Pollenschläuche im Süßkirschengriffel (Querschnitt)

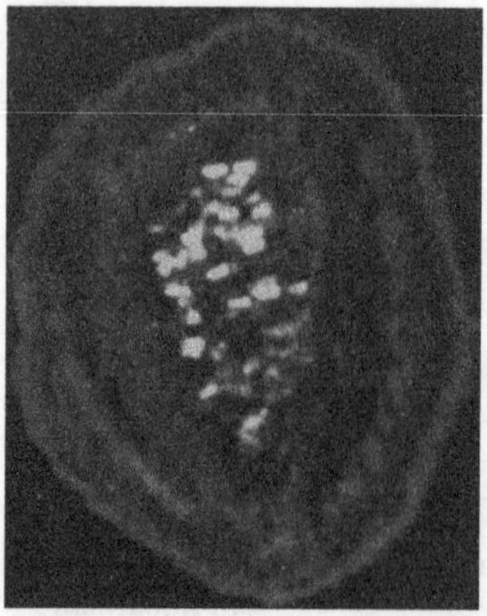

*Abb. 3:* Pollenschläuche im Apfelgriffel (Querschnitt)

Diese Wechselbeziehungen wurden auch quantitativ durch SCHMADLAK (1965a, b) untersucht. Der Prozentsatz der Pollenschläuche, welcher die Griffelbasis erreicht, wird mit der Zahl der in die Narbe eingedrungenen Pollenschläuche verglichen. Dieser Vergleich dient als Grundlage für einen Kompatibilitätstest. Je mehr Pollenschläuche bis zur Griffelbasis vordringen, desto geringer ist die Hemmwirkung des Griffels auf das Pollenschlauchwachstum und um so günstiger sind die gegenseitigen sexuellen Beziehungen einzuschätzen und umgekehrt. Da die postgame Inkompatibilität (Hemmung nach der Befruchtung) bei Kern-

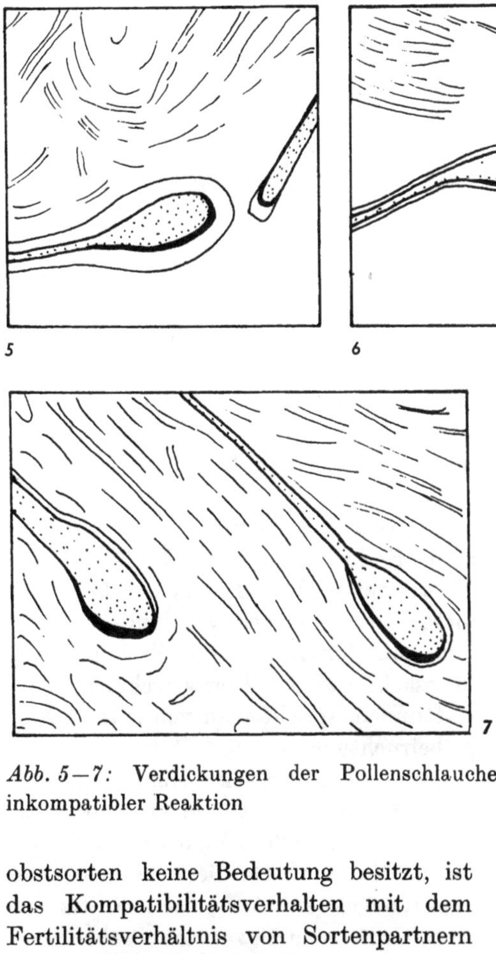


*Abb. 5–7:* Verdickungen der Pollenschlauchenden im Griffelgewebe als Folge inkompatibler Reaktion

obstsorten keine Bedeutung besitzt, ist das Kompatibilitätsverhalten mit dem Fertilitätsverhältnis von Sortenpartnern gleichbedeutend. Bei Artkreuzungen muß dieser Grundsatz nicht unbedingt gelten. Es gibt Ausnahmen. Gattungskombinationen zwischen Apfel und Birne zeigen, daß das Griffelwachstum nicht behindert wird, die entstandene Verbindung daher scheinbar kompatibel ist, die in Praxis auftretende Hemmung muß daher postgamer Natur sein. Die physiologisch bedingte Sterilität führt zur Unfruchtbarkeit, obwohl die männlichen wie die weiblichen Blütenorgane an sich voll funktionstüchtig sind. Die Unfruchtbarkeit entsteht durch die Wechselwirkung von Pollenschlauch und Griffelleitgewebe. Bei Fremdbefruchtern wird die Selbstbefruchtung durch diese Form verhindert. Ebenso besteht die Kreuzsterilität (Intersterilität, Gruppensterilität) auf physiologisch unzureichender Verträglichkeit. Dabei setzt Intersterilität Selbststerilität voraus. Während die Sorten des Kernobstes selbststeril sind, ist die Kreuzsterilität vorwiegend bei Süßkirschen zu finden.

Eine andere Form der Sterilität ist zytologisch bedingt. Diese tritt als Gonensterilität auf und ist chromosomal verursacht. Sie kann sowohl die männlichen als auch die weiblichen Geschlechtszellen betreffen. Die Pollensterilität ist bei Kernobstsorten verbreitet, sie kommt jedoch nicht bei Steinobst und bei Erdbeeren vor. Steril sind Pollen triploider Sorten, die im Gegensatz zu den normal funktionsfähigen diploiden Geschlechtszellen einen dreifachen, nicht ausbalancierten Chromosomensatz enthalten. Schon äußerlich zeigen Pollen solcher Sorten oft Mißbildungen. Die Keim- und Befruchtungsfähigkeit ist praktisch verlorengegangen.

Trotz Sterilität der Pollen bilden triploide Sorten Früchte. Sie sind vollwertige Fruchtträger, kommen jedoch als Bestäubersorten nicht in Betracht. Diese Besonderheiten mancher Obstsorten sind bei der Planung von Obstanlagen zu berücksichtigen.

Die morphologisch bedingte Sterilität tritt z. B. in Form der Umwandlung von Antheren in Blumenblätter bei „gefüllt" blühenden Formen auf. Auch verkümmerte pollenlose Antheren kommen vor mit dem Ergebnis, daß die Blüte rein weiblichen Charakter trägt. Diese Form der Sterilität hat bei manchen Erdbeersorten Bedeutung. Weitere bekannte Sterilitätsformen sind für den Obstbau ohne wirtschaftliches Interesse.

*Befruchtung, Verschmelzung der männlichen und weiblichen Geschlechtszellen*

Nachdem die Pollenschläuche den Griffel passiert haben, gelangen sie in den Fruchtknoten und wachsen an den Wänden des Samenfadens entlang. Da die Samenanlage beim Kernobst eine anatrope Stellung einnimmt, verändern die Pollenschläuche ihre Wuchsrichtung und wachsen schräg aufrecht in die Samenanlage. Schließlich gelangen sie bis zur Mikropyle, der Eingangspforte zum Embryosack. Der erste Pollenschlauch erreicht den Embryosack an der Seite, an der sich der Eiapparat befindet. Der Pollenschlauch entleert nunmehr seinen Inhalt in das Innere des Embryosackes.

Der vegetative Kern wurde bereits vom Gewebe resorbiert. Er hat seine Aufgabe, das Wachstum des Pollenschlauches zu beeinflussen, gelöst. Ein generativer Kern verschmilzt mit der Eizelle; damit ist die eigentliche Befruchtung, die Verschmelzung des männlichen Geschlechtskernes mit der weiblichen Geschlechtszelle, vollzogen. Der neu entstandene Kern — Zygote genannt — ist der Ursprung des neuen Lebewesens. Aus ihm entwickelt sich der Embryo. Er besitzt nunmehr zwei Chromosomensätze — einen vom Vater und einen von der Mutter — und ist wie alle Körperzellen wieder diploid.

Der zweite generative Kern verbindet sich mit dem in der Mitte des Embryosackes befindlichen Doppelkern. Dieser nunmehr aus drei Kernen entstandene neue Kern, der als sekundärer Embryosack bezeichnet wird, entwickelt sich zum Endospermgewebe. Er stellt das Nährgewebe des Embryos dar, das diesen im ersten Entwicklungsabschnitt mit Nährstoffen versorgt. Weil im Embryosack zwei Kernverschmelzungen stattfinden, spricht man von einer „Doppelbefruchtung".

Die im Embryosack befindlichen weiteren Kerne, die Synergiden und Antipoden, lösen sich vor oder nach der Befruchtung auf. Da die Pollenschläuche in der Regel beim Apfel nach 48 Stunden den Griffel durchwachsen haben, ist mit einer Befruchtung 3···5 Tage nach Bestäubung zu rechnen.

Wir kennen jedoch auch abweichende Formen der Fruchtbildung. Wenn beim Obst die Befruchtung in der Regel die Voraussetzung der Samen- und Fruchtbildung darstellt, so gibt es doch auch Ausnahmen der Samen- wie auch der Fruchtbildung.

Bei Parthenokarpie oder Jungfernfrüchtigkeit bildet sich eine Frucht ohne vorangegangene Befruchtung und ohne Entwicklung eines Embryos.

Jungfernfrüchtigkeit tritt öfters bei Birnen, seltener bei Äpfeln auf. Parthenokarpe Früchte bilden sich oft aus Spätblüten, denen keine Bestäuber mehr zur Verfügung stehen. Auch Frosteinwirkung fördert das Auftreten von Parthenokarpie. Parthenokarpe Birnen sind oft walzenförmig gestaltet, die typische Birnenform geht verloren, manche Früchte verkrüppeln. Bei Apfelsorten erreichen parthenokarpe Früchte meist nicht die normale Größe. Eine Ausnahme stellt die Sorte ‚Mitschurins Kernlose' dar, hier entstehen normale Früchte ohne oder mit nur wenigen Kernen.

Die Apomixis hat mit der Parthenokarpie gemein, daß ebenfalls Früchte ohne vorangegangene Befruchtung gebildet werden, die jedoch Samen enthalten. Der Embryo kann entweder aus einer nicht befruchteten, haploiden Eizelle, aus einer nicht reduzierten, diploiden Eizelle oder aus einer unreduzierten, diploid gebliebenen Synergiden- bzw. Antipodenzelle des Embryosackes entstehen.

Bei Adventiv- oder Nucellarembryonie entsteht der Embryo nicht aus einer Zelle des Embryosackes, sondern aus somatischen diploiden Zellen des umgebenden Gewebes.

### *Methode zur Beurteilung der Blütenqualität*

Bei Untersuchungen von 150 jungen kräftigen Apfelfrüchten je Sorte unter dem Stereomikroskop 1···2 Wochen nach der Vollblüte wurde über mehrere Jahre hinweg festgestellt, daß sich an jungen Früchten, sortenbedingt etwas unterschiedlich, am Ende des Achsengewebes eine Mindestanzahl von 10—16 Staubblättern und 4···5 Fruchtblättern befand. Bei der Sorte ‚Breuhahn' bildeten sich im lateralen Infloreszenzenbereich bereits bei 6 Staubblättern Früchte aus (Streitberg 1978, 1980a, 1980b). Mehrjährige Beobachtungen verdeutlichten, daß nur Blüten mit bestimmten Mindestzahlen an Staub- und Fruchtblättern vollwertig und befruchtungsfähig sind. Werden diese Mindestzahlen an Staub- und

Morphologische Merkmale befruchtungsfähiger (normaler) Blüten in Abhängigkeit von der Sorte

| Sorte | Art der Blüten | Mindestwerte | |
|---|---|---|---|
| | | Staub-blätter | Frucht-blätter* |
| ‚Alkmene' | A + C | 15 | 5 |
| | B | 12 | 5 |
| ‚Auralia' | A | 15 | 5 |
| (‚Tumanga') | B + C | 10 | 4 |
| ‚Breuhahn' | A | 10 | 4 |
| | B | 10 | 5 |
| | C | 6 | 3 |
| ‚Carola' (‚Kalco') | A | 14 | 4 |
| | B | 12 | 4 |
| | C | 13 | 4 |
| ‚Clivia' | A | 16 | 5 |
| | B | 12 | 4 |
| | C | 15 | 4 |
| ‚Golden Delicious' | A + B | 15 | 5 |
| | C | 12 | 5 |
| ‚Herma' | A | 15 | 5 |
| | B | 10 | 4 |
| | C | 13 | 4 |
| ‚Idared' | A | 16 | 5 |
| | B | 11 | 5 |
| | C | 15 | 5 |
| ‚James Grieve' | A + B + C | 14 | 4 |
| ‚Jonathan' ‚Ontario' und ‚Undine' | A + B + C | 10 | 4 |
| ‚Schweizer Orangen' | A | 10 | 5 |
| | B + C | 10 | 4 |
| ‚Spartan' | A + C | 15 | 4 |
| | B | 11 | 4 |

A = Blüten der terminalen Kurztriebinfloreszenzen

B = Blüten der terminalen Langtriebinfloreszenzen

C = Blüten der lateralen Langtriebinfloreszenzen

* Da die befruchtungsfähigen Blüten aller Apfelsorten in der Regel 5 Kelch- und 5 Blütenblätter besitzen, wurden nur die bei den Sorten variierenden Zahlen der Staub- und Fruchtblätter angegeben.

Fruchtblättern nicht erreicht, so handelt es sich um minderwertige Blüten. Es konnte nachgewiesen werden, daß diese keine Früchte bilden.
Die Tabelle auf Seite 219 nennt für einige wichtige Apfelsorten die morphologischen Entwicklungsstadien, die erreicht werden müssen, wenn die Blüte vollwertig, d. h. befruchtungsfähig, sein soll.

Bei der Beurteilung der Blütenqualität interessiert das prozentuale Verhältnis von normalen, vollwertigen Blüten zur Gesamtblütenzahl. Die terminalen Infloreszenzknospen an Kurztrieben zweijähriger Sproßbereiche bildeten in 75% aller Fälle den höchsten Prozentsatz normaler Blüten. Die Sorten- und Jahresunterschiede in der Blütenqualität betrugen im Untersuchungszeitraum jeweils über 50%, während die Standortunterschiede nur etwa 30% ausmachten. Anhand von multiplen quasilinearen Regressionsanalysen wurden die Zusammenhänge von Infloreszenzknospenbesatz, Blütenqualität, Fruchtungstendenz und Ertrag ermittelt. Die gewonnenen Werte wurden entsprechend der Höhe des Infloreszenzknospenbesatzes in drei Gruppen eingeteilt und berechnet. Dabei wurde deutlich, daß sich eine Verbesserung der Blütenqualität um so stärker auf die Erhöhung der Fruchtungstendenz auswirkt, je niedriger der Infloreszenzknospenbesatz ist. Noch nachhaltiger ist der Einfluß der Blütenqualität auf den Ertrag selbst. Bei einem Infloreszenzknospenbesatz unter 30% und durchschnittlichen Einzelbaumerträgen von mindestens 10 kg erhöhte eine gute Blütenqualität von mindestens 80% normaler Blüten die Einzelbaumerträge maßgeblich (Streitberg, Handschack, im Druck). Bei einem Infloreszenzknospenbesatz über 55% ließ sich dagegen kein gesicherter Einfluß der Blütenqualität auf den Ertrag nachweisen. Eine steigernde Wirkung der Blütenqualität auf den Ertrag ist auch zu erwarten, wenn bei ungünstigen Witterungsbedingungen ein Teil der angelegten Blüten vernichtet oder nicht bestäubt wird. Da häufig mit ungünstigem Wetter zur Blüte zu rechnen ist, wird eine gute Blütenqualität immer vorteilhaft sein. Daher verdienen in Zukunft Sorten den Vorzug, die grundsätzlich eine gute Blütenqualität aufweisen und zwar möglichst auch in den lateralen Sproßbereichen. Das ist z. B. bereits jetzt bei der sehr ertragreichen Sorte ‚Auralia‘ der Fall.

## Literatur


Streitberg, H.: Beziehungen zwischen Morphologie und Fruchtansatz der Apfelblüten. Arch. Gartenbau **26** (1978) 243–255.

Streitberg, H.: Die Blütenqualität bei Apfelbäumen ein Kriterium für den Fruchtansatz. Gartenbau **27** (1980) 83–84

Streitberg, H.: Blütenqualität bei Apfel — ein Kriterium für den Fruchtansatz. Industriemäßige Obstprod. v. G. Stolle, Martin-Luther-Univ. Halle—Wittenberg, wiss. Beitr. 1980/52 17–35.

Streitberg, H., M. Handschack: Blütenqualität, Fruchtungstendenz und Ertrag, Symposium November 1982 Dresden-Pillnitz (im Druck


## Weiterentwicklung der Blüte zum Fruchtansatz

Die Entwicklung des Samens und der Frucht bzw. Scheinfrucht ist bei den Obstarten durch einige Eigentümlichkeiten charakterisiert. Die meisten Obstgehölze können ohne vorher erfolgte Befruchtung keine Früchte ansetzen. Nicht selten bilden auch unbefruchtete Blüten kleine Früchte, werfen diese jedoch nach kurzer Anfangsentwicklung ab. Unbefruchtete Apfelblüten entwickeln sich nicht, sie werden abgeworfen. Anders bei der Birne; hier läuft die Entwicklung der Samenanlagen zunächst an — ganz gleich, ob eine Befruchtung stattgefunden hat oder nicht. Der Abwurf nichtbefruchteter Jungfrüchte erfolgt einige Wochen nach erfolgtem Ansatz. Auch bei Süß- und Sauerkirschen sowie Pflaumen setzt zunächst eine Fruchtentwicklung ohne Befruchtung ein. Sobald die Fruchtansätze etwa Erbsengröße erreicht haben — das ist nach einer Entwicklung von etwa 3···4 Wochen der Fall, werden sie abgestoßen. Das gleiche trifft für den Pfirsich zu, der sich nach etwa 5 Wochen von nichtbefruchteten Jungfrüchten trennt. Die Samenanlage ist in allen diesen Fällen weiterentwickelt worden, beim Pfirsich erreicht sie oft drei Viertel der endgültigen Samengröße. Im Inneren des Kernes befindet sich jedoch kein echter Samen, sondern nur ein wässerig-glasiges, durchsichtiges Nucellusgewebe.

*Entwicklung des Embryos und des Endosperms sowie Wechselwirkungen zwischen beiden*

Wir wissen durch Untersuchungen von OSTERWALDER (1910) an Kernobst und von SCHANDERL (1948/49) an Steinobst über den weiteren Ablauf der Entwicklung nach der Befruchtung gut Bescheid. Beim Kernobst setzt in diesem Fall eine rege Kernteilung und ein rasches Wachstum der Samenanlage, besonders des Embryosackes und des Nucellus, ein. Die Kernteilung findet vorerst im sekundären Embryosack statt, der sich zu einem vorläufigen Endosperm-Gewebe entwickelt. Dabei umgeben sich die freien Kerne bald mit Zellwänden, sie werden ‚zellulär'. Dem Endosperm obliegt die Aufgabe, den Embryo zu ernähren.

Das Endosperm wächst in den Nucellus hinein und entwickelt sich zu einem Saugorgan, dem Haustorium.

Nach und nach wird das Nucellusgewebe aufgezehrt.

Die Entwicklung des Embryos verläuft anfänglich sehr zögernd, die befruchtete Eizelle teilt sich und bildet den aus wenigen Zellen bestehenden Vorkeim. Erst wenn das Endosperm den größten Teil des Nucellusgewebes resorbiert hat, differenziert sich der Vorkeim weiter, er schwillt kugelförmig an. Der Embryo benimmt sich seinerseits wie ein Parasit im Endosperm-Gewebe. In schneller Wachstumsfolge vergrößert er sich und bildet nach und nach die Keimblätter (Kotyledonen), die Wurzelhaube (Radicula) und den zukünftigen Vegetationspunkt (Plumula). Bis zur Samenreife werden die Gefäßbündel und die übrigen Organe des Embryos ausgebildet. Tabelle 3 verdeutlicht den Verlauf der Entwicklung des Embryos bei den Samen einiger Apfelsorten.

Beim Steinobst ist das Prinzip der Entwicklung der Samen dem des Kernobstes ähnlich. Bei frühreifen Pfirsich- und Süßkirschensorten hinkt die Embryonalentwicklung der Fruchtentwicklung hinterher, so daß bei erreichter Fruchtreife die Samen noch keine lebensfähigen Embryonen besitzen. Solche Samen sind nicht keimfähig, die Keimblätter sind noch nicht geschlossen. Frühreifende Sorten verfügen daher sehr oft über Früchte mit noch offenen Steinen.

Zwischen der Embryonalentwicklung und der Ausbildung der Fruchthäute bzw. der Scheinfrucht bestehen bestimmte physiologische Wechselbeziehungen. Es können charakteristische, untereinander abgrenzbare Wachstumsperioden beobachtet werden. Da die Dauer der Fruchtentwicklung in Abhängigkeit von der Reife der jeweiligen Sorte variiert, ergeben sich zwischen den Sorten Unterschiede hinsichtlich der Länge dieser Wachstumsperioden.

Das Fruchtwachstum gliedert sich in drei Abschnitte. Der erste ist durch ein starkes, der zweite durch ein verzögertes und der dritte wiederum durch

*Tab. 3:* Entwicklung der relativen Größenverhältnisse von Embryo und Samen des Apfels (%)

| Sorte | 1. 6. | 15. 6. | 29. 6. | 14. 7. | 29. 7. | 11. 8. | 24. 8. | 2. 9. | 21. 9. |
|---|---|---|---|---|---|---|---|---|---|
| ‚Klarapfel‘ | — | 30,0 | 78,5 | 89,0 | 91,0 | — | — | — | — |
| ‚Fr. Victoria‘ | — | 28,8 | 82,5 | 83,2 | 84,2 | 84,5 | — | — | — |
| ‚Albrecht‘ | — | 38,7 | 82,4 | 86,5 | 93,2 | 94,0 | 94,5 | 94,5 | — |
| ‚Herrnhut‘ | — | 25,2 | 72,8 | 83,5 | 84,1 | 88,1 | 88,3 | 88,3 | — |
| ‚Goldparmäne‘ | — | 23,0 | 81,7 | 81,7 | 86,2 | 87,6 | 88,1 | 90,2 | 96,0 |
| ‚Cox Orangen‘ | — | 22,7 | 74,0 | 76,5 | 89,5 | 93,7 | 94,0 | 94,0 | 94,0 |
| ‚J. Boettner‘ | — | 33,0 | 74,1 | 75,5 | 85,0 | 86,0 | 87,2 | 87,2 | 87,5 |
| ‚Ontario‘ | — | 19,6 | 81,2 | 82,0 | 90,0 | 90,5 | 90,5 | 90,5 | 90,5 |
| $\bar{x}$ | — | 27,7 | 79,0 | 82,2 | 88,0 | 89,2 | 90,4 | 90,8 | 92,0 |

ein sehr intensives Wachstum bis hin zur Fruchtreife gekennzeichnet.

Bei Pfirsichsorten stellte Kramer (1956) fest, daß die erste Periode bis 50 Tage nach erfolgter Befruchtung andauert. Sie endet, wenn der Nucellus seine maximale Größe erreicht hat. Während dieser Zeitspanne ist das Wachstum des Embryos gehemmt. Die zweite Periode beginnt mit einer schnellen Entwicklung des Embryos, während nunmehr die fleischige Fruchthülle ihr Wachstum verlangsamt. Die Dauer der zweiten Periode ist sortentypisch unterschiedlich und vor allem von der Reifezeit der Früchte abhängig. Bei frühreifenden Sorten kann die zweite Periode schon nach wenigen Tagen, bei spätreifen jedoch erst nach einigen Wochen durch die dritte Wachstumsperiode abgelöst werden. In unseren Anbaugebieten benötigt der Embryo etwa 40 Tage bis zu seiner vollen Ausbildung. Sorten mit einer zweiten Periode, die weniger als 40 Tage andauert, ergeben Samen mit nicht vollentwickelten Embryonen. Diese sind in der Regel nicht keimfähig. Die dritte Periode währt bis zur Fruchtreife und dauert zwei bis neun Wochen.

Von Interesse sind auch Ergebnisse gleichlaufender Untersuchungen von Willing (1960) bei Kirschen. Die erste Wachstumsperiode schwankt bei den einzelnen Sorten zwischen 20 und 26 Tagen gerechnet von der Hauptblühphase an. Die zweite Periode, die wiederum durch ein verzögertes Wachstum der fleischig werdenden Fruchthülle gekennzeichnet ist, währt je nach Reifezeit der Sorte unterschiedlich lang, z. B. bei der frühreifenden ‚Kassins‘ 5···8 Tage, bei der spätreifenden ‚Schattenmorelle‘ 4···5 Wochen. Die dritte Wachstumsperiode ist bei den Sorten nicht so unterschiedlich groß wie die vorangehende. Sie beträgt 14···33 Tage bis zur Pflückreife.

Das Wachstum der Früchte bei Kirschen dauert im Durchschnitt der Sorten und Jahre von Beginn der Hauptblühphase an bis zur Pflückreife etwa 59 Tage. ‚Kassins‘ ist schon nach 46 Tagen, die ‚Schattenmorelle‘ erst nach 70 Tagen pflückreif. Die Wachstumsdauer insgesamt ist vor allem von der Länge der zweiten Wachstumsperiode abhängig.

Mit der rhythmisch ablaufenden Entwicklung des Samens und des Fruchtfleisches laufen stoffliche Veränderungen in der Frucht einher.

### *Vorzeitiger Fruchtfall*

Wuchsfördernde und wuchshemmende Wachstumsregulatoren spielen bei der Entwicklung der Frucht eine entscheidende Rolle. Voraussetzungen für den

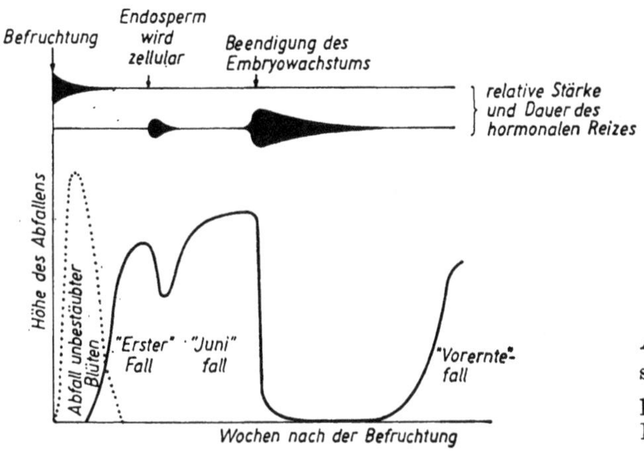


*Abb. 8:* Diagramm über den Zusammenhang zwischen Hormonproduktion und Fruchtfall; nach Luckwill

Fruchtansatz und die Fruchtbildung bei normalem Entwicklungsablauf sind: Bestäubung der Narbe, Pollenschlauchwachstum im Griffel, Befruchtung der Eizelle, einschließlich Endosperm- und Embryoentwicklung und Verhinderung des vorzeitigen Abfallens der Frucht.

Die Wuchsstoffproduktion eines Baumes und der Komplex der Beziehungen zwischen der Samen- und Fruchtentwicklung einerseits, dem Fruchtfall andererseits waren beim Apfel Gegenstand vieler Untersuchungen (Luckwill 1948, 1952, 1953 und viele andere) (Abb. 8). Luckwill kommt zu dem Ergebnis, daß die Früchte im Verlauf ihrer Entwicklung ständig dazu neigen, sich vom Zweig zu trennen. Dieser Tendenz wird durch Wuchsstoffbildung und Wuchsstoffwanderung entgegengewirkt. Die Intensität der Wuchsstoffproduktion ist dabei nicht zuletzt von der erreichten Entwicklungsphase der Samenanlage abhängig. Ein erster stärkerer Impuls der Entwicklung durch Wuchsstoffe dürfte schon mit der Befruchtung und Bildung des Embryos gekoppelt sein. Wuchs- und Hemmstoffe gelangen von den Eizellen in die Ovarien und die umgebenden Gewebe, regen das Wachstum an und steuern es. Wachstumsregulatoren wandern über den Stiel zur Fruchtansatzstelle hin und beugen hier durch Verhinderung der Ausbildung eines Trennungsgewebes dem Abfall der befruchteten Blüten vor (s. a. S. 222 u. 454). Unbefruchteten Blüten des Kernobstes fehlt dieser Wuchsstoffstrom. Als Folge davon werden sie in der Regel abgestoßen. Beim Steinobst geht die Entwicklung auch der nichtbefruchteten Blüten zwangsläufig noch für kurze Zeit weiter, dann kommt es ebenfalls zum Fruchtfall. Nach Luckwill (1948) und anderen Autoren wird das Auxin, das als Regulator dieses Vorganges gilt, in der Samenanlage besonders im Endosperm gebildet.

Die erste Entwicklungsphase nach der Befruchtung bis zu dem Zeitpunkt, zu dem das Endosperm zellulär wird, ist ein sehr kritischer Abschnitt der Fruchtbildung. In dieser Periode wird relativ wenig Auxin durch die Samen produziert, aber viel für die Fruchtentwicklung selbst benötigt. Eine stärkere Bildung setzt erst ein, wenn sich das Endosperm mit Zellwänden umgibt. Das ist etwa drei Wochen nach dem Abfall der Blütenblätter der Fall. Damit endet die erste Phase des Fruchtfalles.

Das folgende schnelle Embryowachstum bedingt eine Verminderung der Auxinproduktion. Es wandert nicht immer genügend Wuchsstoff über den

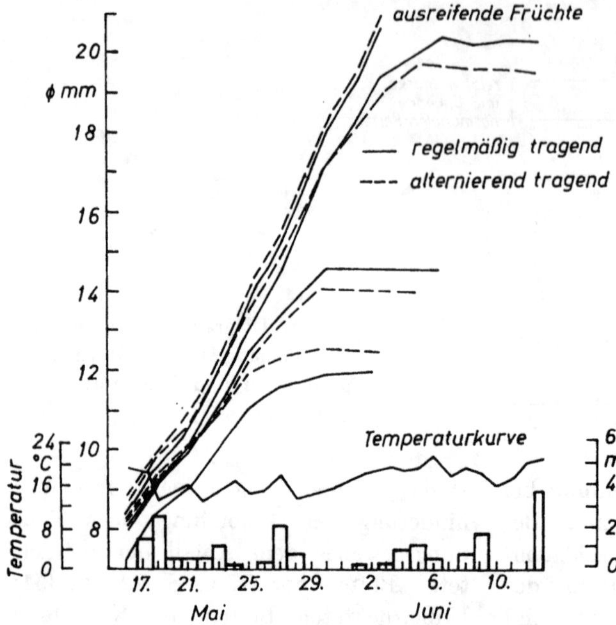


*Abb. 9:* Wachstum der Junifallfrüchte (nach SCHUMACHER 1965) Etwa 14 Tage vor dem Abfallen wird das Wachstum der Jungfrüchte gehemmt. Der Beginn der Wachstumshemmung fällt meist mit einem vorübergehenden Temperaturabfall zusammen

Stiel an die Anwachsstelle der Frucht ab. Dieses Verhalten ist die stoffliche Ursache für den Junifall. Mit Abschluß des Embryowachstums steigt die Auxinbildung stark an. Sie übertrifft die vorher erreichten Werte und beendet damit den Junifruchtfall. Danach klingt der Wuchsstoffstrom allmählich wieder ab mit dem Ergebnis, daß es kurz vor der Ernte zur dritten Fallperiode kommt, die als Vorerntefruchtfall bezeichnet wird (Abb. 9).

Die erkannten Gesetzmäßigkeiten der Samen- und Fruchtentwicklung machen eine Regulierung des Fruchtfalles durch Anwendung synthetischer Wachstumsregulatoren möglich. Vor Beginn des Vorerntefruchtfalles läßt sich der zu weit abgesunkene Auxinspiegel durch Wuchsstoffspritzungen erhöhen; dadurch wird das vorzeitige Ablösen der Früchte verhindert. Andererseits kann durch Spritzung mit einer überhöhten Dosis zur Zeit der ersten Entwicklungsphase der Früchte ein Teil der Samenanlagen zur Einstellung der Wuchsstoffproduktion veranlaßt und damit eine Fruchtausdünnung erreicht werden.

Der Fruchtfall ist darüber hinaus noch eine Auswirkung der bestehenden Wechselwirkungen zwischen genetisch bedingter Verhaltensweise und Umwelteinflüssen, insbesondere spielen in diesem Zusammenhang Nährstoff- und Wasserkonkurrenz eine Rolle.

## Wachstum und Entwicklung der Früchte

Das für die Nutzung der Obstgehölze entscheidende Kriterium ist der Fruchtbehang. Er setzt sich zusammen aus der Anzahl und der Masse der Einzelfrüchte. Bei bestimmten Arten ist darüber hinaus die Streuung der Einzelfruchtmasse ein wesentliches Merkmal zur Beurteilung der Qualität und technologischer Eigenschaften. Die Anzahl der Früchte je Baum bleibt nach den charakteristischen Fruchtfallperioden weitgehend konstant. Eine Verringerung kann nur durch außergewöhnliche Umstände, z. B. Hagel, eintreten. Dagegen ist das Wachstum der Früchte vielfältigen endogenen und exogenen Einflüssen von der Befruchtung bis zur Ernte ausgesetzt.

Trotz erheblicher morphologischer und anatomischer Unterschiede zwischen den Früchten des Kern-, Stein- und Beerenobstes ist deren Wachstum einigen allgemeinen Gesetzmäßigkeiten unterworfen. So folgt der Zuwachs der Früchte nach Untersuchungen verschiedener Autoren in Abhängigkeit von der Zeit einer Sigmoidkurve (NITSCH 1965). Bei den Arten und Sorten ist jedoch die typische Wachstumskurve unterschiedlich ausgeprägt. Diesem Umstand liegen verschiedene Ursachen bzw. verschieden starke Wirkungen gleicher Ursachen zugrunde. Eine ausgeprägte Wechselbeziehung zwischen Embryonal- und Fruchtwachstum liegt beim Steinobst vor. Da es sich bei den Früchten dieser Arten um „echte“ Früchte handelt, soll deren Wachstum zuerst dargestellt werden. Es verläuft in drei voneinander gut abgrenzbaren Abschnitten. Der erste Abschnitt dauert 21 bis 24 Tage bei Kirsche und etwa 50 Tage bei Pfirsich. Während dieser Zeit kommt es zu einem relativ schnellen Wachstum der Frucht und des Nucellus, der seine endgültige Größe erreicht. Der Embryo verändert sich dabei kaum. Sein Wachstum ist solange gehemmt, bis der Nucellus voll ausgewachsen ist.

In diesem Abschnitt geht auch die Differenzierung des steinigen Endocarps von der fleischigen Fruchthülle vor sich. Die Dauer dieses Abschnittes ist artspezifisch und weitgehend sortenunabhängig. Der zweite Abschnitt ist durch ein schnelles Wachstum des Embryos gekennzeichnet. Die Zunahme der fleischigen Fruchthülle ist dagegen deutlich gehemmt. Die Dauer des zweiten Abschnittes korreliert sehr eng mit der sortentypischen Reifezeit. Sie beträgt bei der frühreifen Kirschsorte ‚Kassins Frühe‘ nur 5 bis 8 Tage, bei der spätreifen ‚Schattenmorelle‘ jedoch 4 bis 5 Wochen. Bei Pfirsich beträgt die Zeitspanne zwischen früh- und spätreifenden Sorten 10 bis 40 Tage. Während des dritten Wachstumsabschnittes erfolgen bei Kirschen die Fruchtfärbung und wesentliche Veränderungen der Inhaltstoffe. Die drei Wachstumsabschnitte der Früchte des Steinobstes stehen, abhängig von Art und Sorte, in einem mehr oder weniger engen Zusammenhang mit den Fruchtfallperioden. Bei Schwarzen Johannisbeeren wurde auch eine Beziehung zum Phytohormongehalt der Fruchtansätze nachgewiesen (KRAMER 1956; NEUMANN 1955; WILLING 1960). Da eine ausreichende Größe des Embryos eine wichtige Voraussetzung für die normale Keimung ist, haben Samen von frühreifenden Sorten des Steinobstes oft eine ungenügende oder fehlende Keimfähigkeit. Auch die Erscheinung der sogenannten „Spaltsteine“ hat ihre Ursache in der ungenügenden Ausbildung der Embryonen.

Im Gegensatz zum Steinobst, dessen Früchte von den Fruchthüllen gebildet werden, ist beim Kernobst der Fruchtknoten vom parenchymatischen Hypanthium umschlossen, welches zur Ernte die wesentliche Fruchtmasse ausmacht (Scheinfrüchte). Prinzipiell bestehen auch bei den Früchten des Kernobstes Wechselbeziehungen zwischen dem Wachstum von Endosperm und Embryo einerseits und der Frucht andererseits. Intensives Wachstum von Endosperm und Embryo hemmen die Zellteilung im

Hypanthium. Die Gegenläufigkeit dieser Vorgänge wird mit dem dafür jeweils hohen Stoffbedarf erklärt. Bedingt durch den andersartigen anatomischen Aufbau und die Mehrsamigkeit der Früchte treten die Wachstumsabschnitte nicht so deutlich in Erscheinung wie beim Steinobst. Es hat sich daher bei den Früchten des Kernobstes eine Einteilung des Wachstumsverlaufes in die Abschnitte „Zellteilung“ und „Zellstreckung“ als zweckmäßig erwiesen. Das Ende der Zellteilung fällt dabei zeitlich mit der vollen Ausbildung der Embryonen mit Kotyledonen, Plumula und Radicula zusammen. Dieser Abschnitt endet bei Apfel 50 bis 60 Tage nach der Befruchtung. Danach ist mit dem Einsetzen des ‚Junifalls‘ zu rechnen, dessen Intensität u. a. von bestimmten Phytohormonkonzentrationen in den Fruchtansätzen abhängt (s. a. S. 222). Während der Zellteilung vollziehen sich wesentliche morphologische Veränderungen an der Frucht. So wird bei Apfel in den ersten Wochen der Zellteilung das Wachstum in Richtung der Fruchtachse (Stielansatz — Kelch) gefördert. Gegen Ende dieses Abschnittes kommt es zu einer etwa gleichmäßigen Zunahme von Höhe und Radius. Der Fruchtformindex ändert sich danach nur noch unwesentlich (Roemer 1966a). Die Zellstreckung setzt in den mitteleuropäischen Gebieten in der ersten oder zweiten Junidekade ein. Der Übergang von Zellteilung zu Zellstreckung ist fließend. Erkenntnisse der letzten Jahre machen immer deutlicher, daß während dieses Überganges stoffwechselphysiologische Prozesse in der Pflanze ablaufen, welche die Differenzierung der Blütenknospen beeinflussen und damit die Fruchtbarkeit der Gehölze wesentlich bestimmen (Hanke 1981, Schmidt 1974).

Das Wachstum der Früchte wird in der Regel als Zunahme des Durchmessers senkrecht zur Fruchtachse bestimmt. Die Beziehungen zwischen Durchmesser und Masse sind für die wichtigsten Sorten des Kernobstes festgelegt. Sie unterstellen bei Apfel eine kugelähnliche Fruchtform (Roemer 1966a). Das „innere Hohlraumvolumen“ ist ebenfalls typisch für einzelne Sorten. Es geht in das spezifische Gewicht ein. Ihm wird eine Bedeutung für das Lagerungsverhalten zugeschrieben (Henze 1977). In Abbildung 10 ist die Zunahme des Durchmessers und der Masse von Früchten der Sorte ‚Golden Delicious‘ graphisch dargestellt. Der Sigmoid-Charakter der Kurve ist bei der Massezunahme deutlicher als bei der Zunahme des Durchmessers. Typisch ist die schnellere relative Zunahme des Fruchtdurchmessers als der Fruchtmasse. Die höchste Zunahme des Durchmessers erfolgt 30 bis 35 Tage, der Masse 85 bis 90 Tage nach der Befruchtung (Vollblüte). Die größte relative Zunahme des Durchmessers fällt zeitlich mit dem Übergang von Zellteilung zu Zellstreckung zusammen. In der Literatur wird wiederholt hervorgehoben, daß bei Apfel die durch Sorte, Witterung und Standort bedingten Abweichungen von dem als Beispiel in Abbildung 10 dargestellten Wachstumsverlauf geringer sind, als allgemein angenommen wird (Winter 1969).

Wie jedes biologische Merkmal zeigt

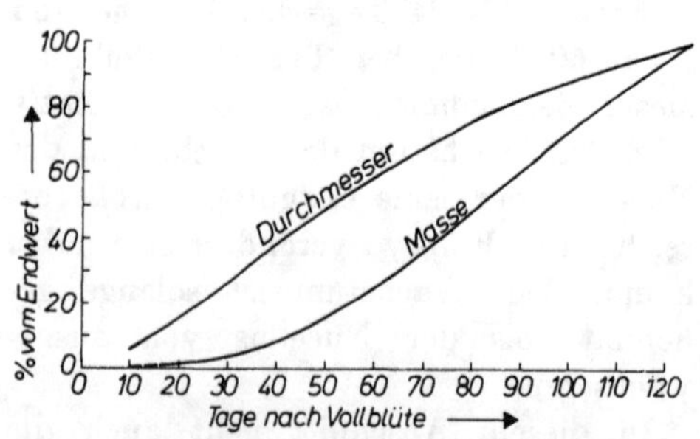


*Abb. 10:* Zunahme des Durchmessers und der Masse von Früchten der Sorte ‚Golden Delicious‘ im Mittel der Jahre 1972 bis 1980 (Standort: Prussendorf bei Halle)

die Fruchtgröße eine natürliche Variabilität. Sie ist in der unterschiedlichen Wachstumsintensität einzelner Früchte begründet. Die verursachenden Faktoren der Variabilität sind bisher am besten bei Apfel untersucht. Sie sollen daher bei dieser Obstart dargelegt werden. Die Faktoren können wirken:

— innerhalb eines Baumes,
— zwischen Bäumen,
— zwischen Jahren und Standorten.

Trotz bestehender Wechselwirkungen zwischen diesen Gruppen ist diese Gliederung der folgenden Betrachtung zugrunde gelegt.

Die Variabilität der Größe der Früchte eines Baumes kann bereits durch eine unterschiedliche Entwicklung des Hypanthiums vor der Befruchtung beeinflußt werden. Untersuchungen darüber liegen nicht vor. Da die Befruchtung der Blüten eines Baumes nicht zur gleichen Zeit erfolgt, ergibt sich daraus ein unterschiedlicher Wachstumsbeginn der Früchte. Sowohl die Einzelblüte einer Infloreszenz als auch die Infloreszenzen eines Baumes blühen in einer bestimmten Folge auf. Die Früchte aus den Primärblüten der Infloreszenzen und aus früh aufblühenden Infloreszenzen beginnen früher mit ihrem Wachstum und werden größer (Ilse 1983). Die Aufblühfolge von Infloreszenzen wird auf topophysische Unterschiede zurückgeführt (Lucke 1958). Bei vielen Sorten sind die zwei- bis dreijährigen Altersbereiche des Verzweigungssystems bevorzugt (Schade 1972). Deutlich später blühen die Infloreszenzen einjähriger Langtriebe. Dies hat in der Regel kleinere Früchte zur Folge. — Über die Beziehungen zwischen Samenzahl und Fruchtgröße liegen zahlreiche Untersuchungen vor. Eine höhere Samenzahl je Frucht bedingt danach nicht immer größere Früchte. Jedoch zeigen Früchte mit wenigen Samen ($< 4$) oft eine unregelmäßige Form. Fruchtwachstum ohne Samenentwicklung ist möglich, aber unter mitteleuropäischen Bedingungen ohne wirtschaftliche Bedeutung.

Die Fruchtgrößen eines Baumes zur Ernte entsprechen weitgehend einer Normalverteilung. Ihre Streuung hat sich als relativ konstant erwiesen ($s = 4$ bis 6 mm, selten 7 mm). Sie läßt sich im wesentlichen aus der Aufblühfolge und der Blühlänge ableiten. Dies setzt einen gleichsinnigen und gleichartigen Wachstumsverlauf aller Früchte eines Baumes voraus. Es wird in diesem Zusammenhang von der „Konstanz der absoluten Fruchtgrößendifferenz" gesprochen (Winter 1969).

Unterschiede im Wachstum der Früchte verschiedener Bäume sind in erster Linie durch unterschiedliche Behangdichten (Früchte/$m^3$ Kronenvolumen) bedingt. Die Größenzunahme der Früchte von Bäumen mit verschiedener Behangdichte ist zu Beginn des Wachstums sehr ähnlich. Im späteren Verlauf ergeben sich jedoch zunehmend Differenzen. Bei geringer Behangdichte wird eine sortentypische Fruchtgröße nicht überschritten. Auch ist eine bestimmte Mindestfruchtgröße erforderlich, um ein vorzeitiges Abwerfen zu verhindern. Die negative Beziehung zwischen Behangdichte und mittlerer Fruchtgröße beruht auf der begrenzten stofflichen Versorgung bei hoher Behangdichte. Günstige äußere Bedingungen (z. B. Witterung, Intensität der Bewirtschaftung) werden die Grenze des Beginns geringeren Fruchtwachstums bei zunehmendem Behang nach oben verschieben und umgekehrt. Darüber hinaus werden diese Beziehungen durch das Baumalter und den Anteil an bestimmten Altersklassen der Fruchtäste am Baum beeinflußt.

Da zwischen Jahreswitterung und Standort ohnehin enge Wechselbeziehungen bestehen, können diese Faktorengruppen gemeinsam behandelt werden. Ein solches Vorgehen ist nur dann nicht berechtigt, wenn eine Wirkung des Standortes in Abhängigkeit von seiner geographischen Breite nachzuweisen ist (z. B. Sonnenstand, Tageslänge). Ein solcher Fall könnte gegeben sein durch die Tatsache, daß Früchte südlicher Herkünfte in der Regel eine kugeligere Form haben (Roemer 1966b). Diese Erscheinung läßt sich aber auch mit den entsprechenden Klimabedingungen erklären. — Von den Witterungsfaktoren haben Temperatur und Niederschlag den größten Einfluß auf das Wachstum der Früchte. Eine deutliche Temperaturwirkung auf das Fruchtwachstum wurde für die Zeit von der Befruchtung bis etwa Mitte Juni nachgewiesen. Bei niederen Lufttemperaturen wirken natürliche Niederschläge oder Zusatzberegnung, die zu weiterer Abkühlung der Lufttemperatur führen, wachstumshemmend. Ist es dagegen sehr heiß, so daß die Blatttemperaturen über den für die Assimilation optimalen liegen, dann kann eine klimatisierende Beregnung (S. 77) deutlich wachstumsfördernd sein. Bei einer ausgeglichenen Wasserbilanz bis zum Frühsommer ist, in Abhängigkeit vom Boden, nur in ausgesprochenen Trockenjahren mit einer deutlichen Beeinflussung des Fruchtwachstums zu rechnen. Nach dem Junifall wird der Einfluß von Witterungsfaktoren auf das Wachstum der Früchte zunehmend geringer. Ab zweiter August-Dekade ist es im allgemeinen möglich, standortbezogene Zuwachsraten für die Vorhersage der Fruchtgröße zur Ernte zu nutzen. Der Einfluß von Witterungsfaktoren auf das Fruchtwachstum ist geringer, als allgemein angenommen wird. Die stärkste Wirkung geht von der Behangdichte aus. Verzögert sich bei Wassermangel infolge von Sommertrockenheit der Fruchtzuwachs, so wird dies nach Einsetzen stärkerer Regenfälle meist ausgeglichen. Unabhängig davon ist zu beachten, daß eine ausreichende Wasserversorgung der Bäume für einen hohen Assimilationsgewinn und die damit verbundene Bildung von Reservestoffen, die zum Spätsommer vorwiegend in der Wurzel abgelagert werden und für den Austrieb im Folgejahr bestimmt sind, notwendig ist und die Ertragsbildung fördert (s. a. S. 195 u. S. 371 f.).

## Literatur

(Auszug — das vollständige Literaturverzeichnis kann beim Verfasser eingesehen bzw. angefordert werden)


Hanke, V.: Histologische Untersuchungen zur Blütenknospendifferenzierung bei Malus domestica Borkh. (Golden Delicious). Diss. IfO Dresden-Pillnitz d. AdL d. DDR (1981)

Henze, J.: Spezielle Hinweise für die Lagerung von Äpfeln der ‚Cox'-Gruppe. Erwerbsobstbau **19** (1977) 51—53

Ilse, W.: Der Einfluß der Blühdauer auf die Fruchtgröße zur Ernte. Tag.-Ber. AdL, DDR, Berlin **221** (1984) 139—144

Kramer, S.: Beiträge zur Züchtungsforschung beim Pfirsich I. Untersuchungen zur Frucht- und Embryonalentwicklung bei Pfirsichsorten Prunus persica (L.). Arch. Gartenbau **4** (1956) 67—82

Lucke, R.: Zur Topophysis der Blüten zweier Apfelsorten. Diss. Univ. Stuttgart-Hohenheim (1958)

Neumann, U.: Über Beziehungen zwischen Wuchsstoffgehalt und Fruchtentwicklung bei Johannisbeeren. Arch. Gartenbau **3** (1955) 274—296

Nitsch, J. P.: Physiology of flower and fruit development. In: Handb. Pflanzenphys. XV/I Springer-Verlag Berlin (1965) 1537 to 1647

Roemer, K.: Veränderungen der Fruchtform während des Wachstums. Mitt. OVR Jork **21** (1966a) 477—484

Roemer, K.: Einfluß der Temperatur auf die Fruchtform. Mitt. OVR Jork, **21** (1966b) 248—254

RUDLOFF, C., G. FEUCHT: Funktionelle Tendenzen der reproduktiven Organe des Apfels. Gartenbauwiss. 4 (1957) 26–42

SCHANDER, H.: Untersuchungen über die Gestalt der Frucht bei Kernobst. Gartenbauwiss. 1 (1954) 313–324

SILBEREISEN, R.: Zur temperaturabhängigen Fruchtentwicklung beim Apfel. Angew. Botanik 48 (1974) 39–62

STENZ, S.: Über die Fruchtgrößenveränderung einiger Apfelsorten und ihre Abhängigkeit von atmosphärischen Umweltbedingungen. Veröff. Inst. für Agrarmeteorologie der Karl-Marx-Universität Leipzig 2, Heft 1 (1962)

WILLING, H.: Phänologische und chemische Untersuchungen zur Fruchtentwicklung bei Kirschen. Arch. f. Gartenbau 8 (1960) 561 bis 594

WINTER, F.: Die „Behangdichtemethode", ein Modell zur Analyse und Prognose von Kernobsterträgen. Agrarstatistisches Amt der EG 5 (1969)

ZELLER, O.: Entwicklungsgeschichte der Blütenknospen ... Z. Pflanzenzüchtung 44 (1960) 175–214; 243–278

### *Anwendung von Wachstumsregulatoren zur Vorbereitung der Ernte*

Für die Erntevorbereitung insbesondere bei Stein- und Beerenobst hat sich der Wachstumsregulator Ethephon bewährt. Er erleichtert die Fruchtabtrennung beim mechanischen Schütteln. Ethephon begünstigt die Ausbildung einer Trennschicht zwischen Fruchtstiel und Trieb. Die Wirkung ist temperaturabhängig. Nach SANDKE (1967) gelten 18–20 °C als optimal. Höhere Temperaturen wirken beschleunigend, niedrigere verzögernd. Temperatureffekte sind durch Anpassung der Konzentrationshöhe an den Temperaturablauf etwas steuerbar. Zu beachten ist, daß Ethephon durch starken Regen und unmittelbar nach der Anwendung teilweise abgewaschen werden kann.

Die Spritzung soll bei Johannisbeeren 3 bis 5 Tage, bei Stachelbeeren 5 bis 7 Tage, bei Kirschen 7–10 Tage vor dem beabsichtigten Erntetermin erfolgen. Als Konzentrationen für Flordimex nennt SANDKE für Johannisbeeren 0,04–0,06%, für Stachelbeeren 0,06–0,08%, für Kirschen 0,05–0,1%.

Johannisbeeren sprechen sehr gut auf Ethephon an, man spritzt jeweils 3 bis 4 Tage vor der Ernte immer nur den Anteil des Bestandes, der nach dieser Zeit geerntet werden kann. Schwarze Johannisbeeren lassen sich, wenn sie vollreif sind, auch ohne Vorbehandlung abernten.

Stachelbeeren dürfen nicht zu früh behandelt werden, weil dann Ethephon noch nicht wirkt. Die Früchte sollen ihre wirkliche Erntegröße erreicht haben, bevor gespritzt wird. Für die Ernte grüner Stachelbeeren eignet sich Ethephon nicht, die Haltekräfte werden in diesem Fall kaum gemindert, aber die Früchte werden weich.

Kirschen werden wie Strauchbeerenobst behandelt. Dabei ist auf tropfnasse Spritzung Wert zu legen. Die Früchte müssen vor der Behandlung ihre volle Größe erreicht haben und gut gefärbt sein. Wendet man das Präparat zu zeitig an, so werden sie notreif. Auch die Handernte läßt sich mit Ethephon vorbereiten, weil dadurch die Pflückbarkeit deutlich erleichtert wird.

Überdosierungen führen insbesondere bei Kirschen leicht zu verminderter Fruchtqualität, verstärktem Blattfall oder Gummifluß. Bei Anwendung von Ethephon an erkrankten, durch Spinnmilben, Schrotschußkrankheit oder auch nur durch Trockenheit geschädigten Bäume sollte man vorsichtig sein, oft reagieren sie mit starkem Laubfall.

Durch Ethephonwirkung bildet sich ein Abschlußgewebe an der Trennungsstelle, so daß die Früchte kaum saften.

FORSYTH u. a. (1977) wendeten Ethephon zur Erntevorbereitung bei Kulturheidelbeeren an. Eine Behandlung bei Blaufärbung von 10–20% der Beeren mit 1000 ppm Ethephon führte zu beschleunigter Reife. Dadurch wurde die Zahl der möglichen Pflücktermine verringert. Die Festlegung des optimalen Applikationstermines ist jedoch wegen des starken Einflusses der Witterung problematisch.

Die Erdbeere reagiert auf Ethephonbehandlungen praktisch nicht, das Mittel kann dort nicht zur Unterstützung der mechanischen Ernte eingesetzt werden (Nestler 1978).

Auch für die Vereinheitlichung des Reifeprozesses ist Ethephon einsetzbar. Rejmann (1975) berichtet, daß bei der in der VR Polen angebauten Sommerapfelsorte ‚Klos' ungleichmäßige Reife, vorzeitiger Fruchtfall und unbefriedigende Fruchtausfärbung der Produktion nachteilig sind. Durch Ethephonbehandlung kommt es zu einer besseren Ausfärbung gleichmäßigerer Reife und Verfrühung des Erntetermines. Ein Zusatz von Pomonit (NAA) verhinderte gleichzeitiges Abfallen der Früchte, (s. a. Jones 1977).

## Rolle der Phytohormone bei der Entwicklung von Wurzel, Sproß, Blütenknospen und Früchten

Unterschiede im Bau der Obstarten und -sorten hinsichtlich Verzweigungswinkel, Verzweigungshäufigkeit und Wuchsstärke sind das Ergebnis der durch Wachstumsregulatoren induzierten Förderungen und Hemmungen zwischen verschiedenen Vegetationspunkten. In diesem Zusammenhang spielt die Apikaldominanz, gekennzeichnet durch ein dominantes apikales Meristem, eine entscheidende Rolle (Abb. 26, S. 191). Pflanzenhormone wirken in diesem Zusammenhang wahrscheinlich weit unmittelbarer als durch Wachstumsvorgänge selbst entstehende ‚sinks' (Schmidt 1980). Dabei sind Orte hoher Nährstoffkonzentration stets auch Orte bevorzugter Nährstoffzuwanderung. Die Wachstumsregulatoren wiederum sind nur ‚ausführende Organe', sie realisieren, was den Umfang ihrer Wirksamkeit und die zwischen ihnen auftretenden Wechselbeziehungen anbetrifft, ein genetisch vorgegebenes Programm.

Der Jahreszyklus eines Baumes beginnt mit der Aktivierung der Wurzeltätigkeit. Im Anschluß daran entfalten sich die Knospen. Die beim Austrieb entstehenden Blätter erzeugen in beträchtlichen Mengen das die Zellstreckung begünstigende Phytohormon Auxin (IES). Dieses fördert auch die Kambiumtätigkeit, neues Leitgewebe wächst zu (Abbott 1970, Jankiewicz 1972, Schmidt 1980). Nach dem Modell von Jankiewicz dominiert im Wuchs derjenige Sproß, der beim Austrieb seine Entwicklung mit nur einer geringfügig höheren Auxinproduktion begann, sehr bald über weniger gut versorgte und daher schwächer bleibende Triebe. Die in vielen Organen gebildeten Gibberelline wirken ebenso wie Auxin vorwiegend auf das Streckungswachstum. Sie beeinflussen später aber auch das Fruchtwachstum und sind an der Differenzierung der Blütenknospen für das Folgejahr beteiligt. Das Auxin wandert mit den Assimilaten zur Wurzel und zwar mit zunehmender Laubentwicklung in so starkem Maße, daß es in der Wurzel etwa um die Jahresmitte zu einem beträchtlichen Überangebot kommt. Das Versorgungsoptimum wird überschritten. Bekannt ist, daß die optimale Auxinkonzentration in der Wurzel weit niedriger liegt als im Sproß. Der Auxinüberschuß induziert eine Wuchshemmung (Abb. 3, S. 172). Damit stockt nicht nur das Wurzelwachstum selbst, sondern auch die Zytokininsynthese. Mangelnde Zytokininzufuhr zum Sproß ist dann wahrscheinlich die Ursache für das nachlassende Streckungswachstum, das Stadium der „Sommerruhe“ ist erreicht (SCHMIDT 1978). Infolge der Verminderung des Sproßwachstums läßt nach kurzer Zeit auch die Auxinsynthese im Sproß nach, es wandert weniger Auxin zur Wurzel ab, so daß im Wurzelbereich sich allmählich wieder eine für das Wachstum optimale Konzentration herausbildet. Damit wird die Wurzel erneut aktiv und synthetisiert auch wieder Zytokinine. Infolge der Zufuhr dieses Phytohormons zum Sproß kommt es zum Neuaustrieb, dem ‚Johannistrieb“, der allerdings weit schwächer ist als der Frühjahrsaustrieb.

Während der Spanne der ‚Sommerruhe‘, in der Zellteilungsvorgänge gegenüber der Zellstreckung überwiegen, werden die Knospen für das Folgejahr gebildet. Es wird auch darüber entschieden, in welchem Ausmaß neben den Blattdie Blütenknospen entstehen. Blütenknospen werden nur angelegt, wenn der Zytokininspiegel zwar niedrig, aber trotzdem noch hoch genug ist, um zu sichern, daß eine vegetative Knospe durch zügige Weiterentwicklung der Blütenorgane innerhalb relativ kurzer Zeit zu einem generativen Organ werden kann. Die Bildung ausreichender Blütenknospen ist an ein ausbalanciertes, durchaus nicht bei allen Sorten, insbesondere des Apfels, gesichertes Verhältnis bestimmter Wachstumsregulatoren zueinander gebunden.

Im Zusammenhang mit der Blütenknospendifferenzierung muß erneut die Apikaldominanz genannt werden. Starkwachsende apikale Sproßorgane hemmen die Differenzierung basalwärts angeordneter Knospen- und Blütenanlagen. Dagegen fördern alle Faktoren, welche die Apikaldominanz schwächen, die Blütenbildung (SCHMIDT 1979). Der Gravimorphismus steht dabei in enger Beziehung zur Apikaldominanz (JANKIE-

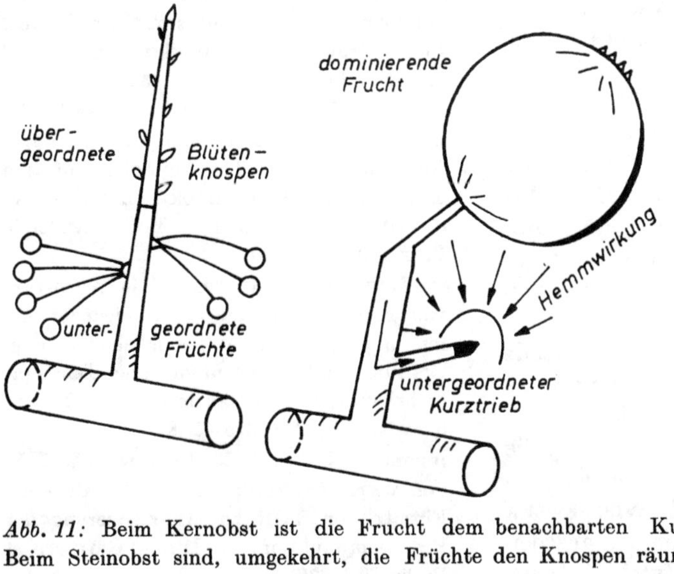


*Abb. 11:* Beim Kernobst ist die Frucht dem benachbarten Kurztrieb stets übergeordnet. Beim Steinobst sind, umgekehrt, die Früchte den Knospen räumlich untergeordnet (FEUCHT 1968)

WICZ 1972). Je stärker ein Sproß zur Horizontalen geneigt ist, desto schwächer wird sein Wuchs. An horizontal geneigten Zweigen werden tieferstehende Seitenknospen noch dominant. Die Apikaldominanz wird in eine Anzahl mehr oder weniger im Wuchs geförderter Seitentriebe „aufgeteilt".

Apikaldominanz, Sommerruhe und Blütenknospendifferenzierung werden von der Stärke des Fruchtbehanges deutlich beeinflußt. Früchte des Kernobstes sind „apikale Sproßsysteme" und hemmen die Differenzierung basalwärts folgender Knospen zu Blütenknospen. Die Früchte greifen durch eigene Hormonsynthese sehr nachhaltig in den Wuchshormonhaushalt der Bäume ein und wirken bei manchen Sorten so negativ auf die Blütenbildung, daß es fast regelmäßig zum Ertragswechsel (Alternanz) kommt (z. B. ‚Boskoop', ‚Ontario'). Anders liegen die Verhältnisse z. B. bei Süßkirschen. Die Früchte wachsen am zweijährigen Holz und haben keinen Einfluß auf die Blütenbildung am Neuwuchs (Abb. 11).

Insbesondere beeinflussen die Früchte zunächst das vegetative Wachstum, damit aber auch das Wurzelwachstum, die Wurzelaktivität und schließlich die Blütenknospenbildung. Sie können mit dazu beitragen, daß ein der Blütenbildung abträgliches Verhältnis der Wuchsstoffe zueinander zustande kommt. Diese Erkenntnis ist für die zielgerichtete Anwendung synthetischer Wachstumsregulatoren zur Ertragsstabilisierung von ausschlaggebender Bedeutung.

Wenn sich durch kürzer werdende Tage der Herbst ankündigt, kommt das Wachstum wieder zum Stillstand. In diesem Zusammenhang gewinnt die wuchshemmende Abscisinsäure an Bedeutung (PIENIAZEK und WISNIEWSKA 1962). Dieses Phytohormon ist anscheinend neben Auxin und Zytokinin auch schon an der Herausbildung der Sommerruhe beteiligt. Leider sind unsere Kenntnisse über das Wirken der Phytohormone immer noch sehr lückenhaft, so daß wir oft auf Vermutungen angewiesen sind, wenn es uns an Wissen fehlt.

Die Darstellung der Wirkungsweise der natürlichen Wachstumsregulatoren wurde sehr vereinfacht, sie soll dazu dienen, die bei der Anwendung synthetischer Wachstumsregulatoren zu erwartende Wirkung besser beurteilen und in den Entwicklungsablauf einordnen zu können.

Die derzeit gültigen Vorstellungen über das Wirken der Wachstumsregulatoren im Zusammenhang mit der Fruchtentwicklung werden in einem später folgenden Kapitel dargelegt (S. 427).

## Literatur

(Das vollständige Literaturverzeichnis kann beim Verfasser eingesehen bzw. angefordert werden)

ABDEL-RAHMAN, M.: Amaize, a new biostimulant for field and sweet corn. Proc. Plant Growth Reg., Working group, 4th ann. Meeting (1977) a, 130–136

ABBOTT, D. L.: The role of budscales in the morphogenesis and dormancy of the apple fruit bud. — In: The physiology of tree crops/Editors: L. C. LUCKWILL and C. V. CUTTING. — London, New York: Academic Press (1970) 65–80

ABOU-ZEID, A., W. GRUPPE: Das Wachstum von Kirschenembryonen verschiedener Arten und Sorten in Abhängigkeit von dem Grad der Embryonenentwicklung, Temperaturbehandlung und Nährmedien, — Gartenbauwiss. 37 (1972) 225–238

AGRFONOW, N. W., I. K. BLINOWSKIJ, E. P. SOLOWEJ: CCC-Präparat für Erdbeeren. Einsatz von TUR zur Intensivierung der Erdbeerproduktion. — Dtsch. Gärtnerpost Berlin 30 (1978) 5, S. 4

AUDUS, L. J.: Hormones controlling reproduction. In: Plant Growth Substances London (9172) 245–293

BOXUS, PH.: The production of strawberry plants by in vitro-micropropagation. — Hort. Sci. **49** (1974) 209–210

BRUNNER, T.: The necessary connection between mechanical and chemical growth-regulation in fruit-trees. — Bot. Közlem. **65** kötet **2** (1978) 99–105

BURTS, E. C., G. KELLY: Seed abortion and fruit drop in Bartlett pear caused by sevin. — J. Econ. Entom. **53** (1960) 956–957

BYERS, R. E.: Chemical thinning of spur "Golden Delicious" and "Starkrimson Delicious" with Sevin and Vydate. Hort. Sci. Mount Vernon **13** (1978) 59–61

CHRISTOFERI, G., N. FILITY: Controllo chimico dello sviluppo del ciliegio dolce in vivaio. — Riv. Ortofloro frutticolt. ital., Fierence **63** (1979) 279–290

DRABER, W.: Natürliche und synthetische Pflanzenwachstumsregulatoren. In: WEGLER, R.: Chemie der Pflanzenschutz- u. Schädlingsbekämpfungsmittel. — Springer-Verlag Bd. 4 (1977) 1–63

DHURIA, H. S., V. P. BHUTANI, C. PARMAR: Thinning plums with 2-chlorethylphosphonic acid. — Sci. Hortic. Amsterdam **4** (1976) 279–283

FIRUZEH, P.: Der Einfluß der Hemmstoffe Alar, CCC und TIBA auf das Wachstum der Apfelsorte „Roter Boskoop“ sowie der Sauerkirschensorten „Schattenmorelle“ und „Köröser Weichsel“. — Diss. Univ. Hohenheim (1970) 107 S.

FORSYTH, F. R., D. L. CRAIG, R. STARK: Etaphon as a chemical harvesting aid for the late season highbush blueberry covile. — Canad. J. Plant. Sci. Ottawa **57** (1977) 1099–1102

FRYER, J. D., R. J. MAKEPEACE (edit.): Weed Control Handbook, Vol. II, Recommendations including plant regulators. Blackwell Scientific Publ. Oxford, Chapt. 19 (1977) 403–423

GLIEMEROTH, K., C. RICHTER: Zur Sterilkultur von Malusbastarden, Teil I: Die. Methodik der in-vitro-Vermehrung. — Arch. Gartenbau **28** (1980) 453–458

GYURO, F., M. TOTH: Effect of B-9 and Stim-80 on shoot growth of cherry and sour cherry trees and on the quantity of blooms. — Sep Publ. Univ. Horticult. 8 (XL) (1976) 127–135

JANSEN, H.: Wuchs- und Hemmstoffe im Gartenbau. Verlag Eugen Ulmer Stuttgart (1969) 135 S.

JONKERS, H.: Groeriremming, bloemanleg en vruchtzetting bij de appel, na behandeling met Alar (= B-nine). — Meded. Dir. Tuinb., ś-Gravenheage **28** (1965) 630–640

KNIGHT, J. N., J. E. JACKSON: Apple thinning. — East Malling Res. Stat., Rep. Maidstone Kent 1979 (1980) 227–230

KUSTERMANS, C. J., J. WESTERLAKEN: Chemische dunning op Winston. — Fruitteelt Den Haag **68** (1978) 561–563

KVAALE, A.: Etefon (2-kloretyl-fosfonsyre) some tynnings-middel

LEIKE, H., R. LABES, C. OERTEL, M. PETERSDORF: Nutzung der Gewebe- und Organkultur für die Pflanzenzüchtung und Pflanzgutproduktion. Fortschrittsber. AdL der DDR, Bd. 16, H. 8 (1978)

LINK, H.: Die chemische Fruchtausdünnung beim Apfel. — Obst und Garten, Stuttgart **97** (1978) 202–204

LOONEY, N. E., P. D. LIDSTER: Some growth regulator effects on fruit quality, mesocarp composition and suspectibility to post-harvest surface marking of sweet cherries. — J. Americ. Soc. Hort. Sci. Alexandria **105** (1980) 130–134

LUCKWILL, L. C.: Studies of fruit development in relation to plant hormones. — J. Hort. Sci. **28** (1953) 14–24

LUCKWILL, L. C.: Fruit growth in relation to internal and external chemical stimuli. The Ronald Press Co., New York 1959

LUCKWILL, L. C.: The effect of certain growth regulators on growth and apical dominance of young apple trees. — J. Hort. Sci. **43** (1968) 91–101

Aktuelle Literaturinformationen aus dem Obstbau,

Technische Universität Berlin

LÜDDERS, P., H. W. DEBOR: Ethrel im Obstbau (1967 bis 1974) Nr. 38 (1975)

—: TIBA im Obstbau Nr. 40 (1975)

—: Anwendung und Wirkung von Alar beim Apfel Nr. 62 (1977)

—: Nr. 70 (1978) Anwendung und Wirkung von CCC auf Obstgewächse und Weinreben

MANTINGER, H., R. STAINER, G. GIULIANT: Einfluß einer Ethrel-Behandlung auf die Reife und Haltbarkeit der Früchte. — Obstbau-Weinbau, Lana **15** (1978) 238—240

MODLIBOVSKA, I.: Progress report of the use of growth retardants in apple and pear trees. — East Malling Res. Stat./Ann. Rep. for 1968 (1969) 179—180

NESTLER, V.: Zur Wirkung von Ethephon auf das Reifen der Erdbeeren. — Arch. Gartenbau, Berlin **26** (1978) 99—104

PIENIAZEK, J., J. WISNIEWSKA: The influence of daylength and Temperature on the course of winter rest of Antonowska seedlings. — Advanc Hort. Sci. **2** (1962) 188 to 195

PIENIAZEK, S. A., Z. SOSZEK, S. M. GEGLOWSKI: Control of biennial bearing of apple trees. — Prace Inst. Sadwn. Skierniewice **2** (1957) 107—119

PLICH, H., A. BASAK: Further trials on induction of feathering in young apple and cherry nursery trees. — Fruit Sci. Rep., Res. Inst. Pomology Skierniewice **5** (1978) 57—66

— —: Weed Control Handbook, Vol. II, Recommendations including plant regulators. Blackwell Scientific Public. Oxford 1978

PLICH, H., E. S. HEGAZY: Induction of feathers in apple trees in the first year of growth in the nursery. — Fruit Sci. Rep., Res. Inst. Pomology Skierniewice **4** (1977) 11—21

QUINLAN, J. D.: Recent developments in the chemical control of tree growth. — Acta Horticulture. The Hague, No 120 (1981) 144—151

QUINLAN, J. D., A. P. PRESTON: The use of branching agents to replace hand pruning of young trees of Bramley's seedling apple. — J. Hort. Sci., London **53** (1978) 39—43

SANDKE, G.: Nachfolgende Reaktionen junger Apfelbäume auf Ethephonbehandlung vor der Ernte. — Arch. Gartenbau, Berlin **28** (1980) 419—429

—: Anwendung von Flordimex zur Fruchtablösung — Informationen über Ergebnisse mehrjähriger Erprobung in Praxisbetrieben. — Informationen industriem. Obstproduktion 5 (1980) 30—33

SCHMIDT, S.: Modellvorstellungen zum Entwicklungsrhythmus von Apfelbäumen. — Arch. Gartenbau, Berlin **21** (1973) 587—601

SCHMIDT, S., M. KATZFUSS: Ertragsstabilisierung in Apfelintensivanlagen mittels Flordimex. — Informationen industriem. Obstproduktion 5 (1980) 26—28

— —: Verfahren der Ertragsstabilisierung mittels Flordimex: F/E Bericht Inst. f. Obstforschung Dresden-Pillnitz der AdL (1980) 46 S.

SCHUMACHER, R.: Die Fruchtbarkeit der Obstgehölze. Verlag Eugen Ulmer, Stuttgart, 2. Aufl. (1975) 197 S.

SCHUMACHER, R., F. FANKHAUSER: Wirkung von Alar bei partieller Kronenbehandlung. — Schweiz. Z. Obst- u. Weinbau **107** (1971) 108—112

SCHUMACHER, R., F. FANKHAUSER, W. STADLER: Förderung der Seitentriebbildung einjähriger Okulate in der Baumschule. — Schweiz. Z. Obst- u. Weinbau **112** (1976) 184—190

SHUTAK, V. G., C. E. OLNEY, T. W. KERR: Sussinic acid 2,2-dimethylhydrazide residnes after application to apple trees. — Proc. Amer. Soc. Hort. Sci. **92** (1968) 63—66

STILL, S. M.: Defoliation of nursery stock for early harvest. — Proc. Intern. Plant Prop. Soc. **26** (1976) 255—259

STÖSSER, R.: Befruchtungsbiologische und embryologische Untersuchungen bei der Süßkirsche (Prunus avium L.) — Diss. Landw. Hochschule Hohenheim (1966) 112 S.

SURANYI, D. (edit.): Growth substances in horticulture. Mezögazdasagi Kiado, Budapest (1978) 323 S.

SUTA, A., M. COTOROBAI, S. STAN: Effectele retardantului de crestere SADH (Alar) la mural altoit pe portaltoi mijlociu, cultivat in sistem superintensiv. — Proc. Veget. Hort., Bucuresti **26** (1977) 20—23

WEAVER, R. H.: Plant growth substances in agriculture. San Francisco, Verlag W. H. Freeman & Co. (1972) 554 S.

THOMSON, W. T.: Agricultur chemicals. Book III 1976/77 revision. Fumigants, growth regulators, repellents and rodenticides. — Indianapolis, Thomson Publ. (1976/77)

Wagenbreth: D. u. a.: Wirkungen und Einsatzmöglichkeiten von Wachstumregulatoren in der Pflanzenproduktion, Teil I: Wirkstoffe AdL der DDR, Bd. 19, H. 5 (1981)
— Teil II: Anwendungsgebiete. Bd. 19, H. 6 (1981)
Wertheim, S. J.: The drop of flowers and fruits in apple, with special reference to the June drop of Cox's Orange Pippin and its control with growth regulators. — Meded. Landbouwhogeschool Wageningen (1971) 17—71
—: Nederlandse proefreulaten met het dunmiddel Amid thin. — Fruitteelt Den Hag 68 (1978) 596—598
Zagaja, S. W.: Growth of seedlings from immature fruit tree embryos. — Balsgard Fruit breeding Symp. (1964) 181—183

## Organische Inhaltsstoffe insbesondere der Früchte und ihre stoffwechselphysiologische Bedeutung

Der Nährwert und die Qualität der Früchte werden außer durch die innere und äußere einwandfreie Beschaffenheit, den morphologischen Aufbau, die Textur und die Konsistenz sowie den Gehalt an Mineralstoffen weitgehend durch die organischen Inhaltsstoffe bestimmt.

Die Früchte setzen sich aus einer Vielzahl organischer Substanzen zusammen, die lebensmittelanalytisch zu folgenden Hauptgruppen zusammengefaßt werden können:

- Stickstoffhaltige Verbindungen, insbesondere Proteine, Proteide, Amine, freie Aminosäuren, u. a.,
- Kohlenhydrate, zu denen Mono- und Oligosaccharide, Polysaccharide und Zuckeralkohole gehören,
- Organische Säuren, wie aliphatische und cyclische Mono-, Di- und Tricarbonsäuren, Mono-, Di- und Polyhydroxysäuren u. a.,
- Lipide und Lipidpolymere, bei denen es sich im wesentlichen um Ester von ein- und mehrwertigen Alkoholen mit organischen Säuren unterschiedlichen Kohlenstoffgehaltes sowie Steroide und höhermolekulare Kohlenwasserstoffe handelt,
- Pflanzenphenole, zu denen Katechine, Leucoanthocyanine und Cyanidine, Flavon(ol)e, Anthocyane und Anthocyanidine, Hydroxyzimtsäuren und Hydroxykumarine zählen,
- Farbstoffe außer Quercetine und Anthocyane, wie Chlorophylle, Karotine und Karotinoide,
- Aromastoffe, mit einer großen Zahl organischer Säuren, mit Alkoholen, Estern, Ketonen und zahlreichen anderen organischen Verbindungen,
- Äthylen und und anderen organischen Stoffen mit Phytohormoncharakter und
- Vitamine, den für die menschliche Ernährung unentbehrlichen essentiellen Substanzen.

Der Gehalt der Früchte an diesen organischen Stoffen ist von Fruchtart zu Fruchtart und innerhalb einer Fruchtart von Sorte zu Sorte sehr unterschiedlich (Tab. 1). Neben den genetisch bestimmten Unterschieden im Gehalt und in der Zusammensetzung der Früchte an den einzelnen organischen Verbindungen wird die qualitative und quantitative Zusammensetzung der organischen Substanz durch den Boden, alle Anbau- und Kulturmaßnahmen, die Behangstärke sowie das Klima in den einzelnen Jahren stark modifiziert. Hinzu kommt, daß die qualitative und quantitative Zusammensetzung der organischen Stoffe in den Früchten im Verlauf ihrer gesamten Entwicklung, beginnend mit der Befruchtung über die Zellstreckungsphase und die Reifestadien bis zur Alterungsphase und Seneszenz, nicht konstant sind, sondern bestimmten gesetzmäßigen Veränderungen unterliegen. Dies

*Tab. 1:* Die chemische Zusammensetzung baum- bis genußreifer Früchte und Nüsse in % Frischmasse sowie mittlerer energetischer Wert in KJ (1 KJ = 0,239 kcal.) Zusammengestellt nach Angaben aus der Literatur (s. Verzeichnis am Ende des Kapitels)

| Obstart | Trockensubstanz $\bar{x}$ | | Rohprotein $\bar{x}$ | | Kohlenhydrate $\bar{x}$ | | Fette $\bar{x}$ | | titrierbare Säure $\bar{x}$ | | Rohfaser $\bar{x}$ | | KJ |
|---|---|---|---|---|---|---|---|---|---|---|---|---|---|
| Apfel | 21,0 | (8–23) | 0,27 | (0,1–0,4) | 12,1 | (3,5–18,2) | 0,27 | (0,1–0,7) | 0,5 | (0,2–0,8) | 0,83 | (0,5–1,8) | 218 |
| Birne | 21,5 | (12–24) | 0,47 | (0,3–0,7) | 12,5 | (4,7–16,2) | 0,38 | (0,2–0,6) | 0,3 | (0,1–0,6) | 1,79 | (1,2–4,5) | 234 |
| Quitte | 19,8 | (14–30) | 0,35 | (0,3–0,7) | 13,0 | (8,2–14,8) | 0,42 | (0,2–0,9) | 1,0 | (0,7–2,1) | 1,56 | (0,5–2,5) | 284 |
| Aprikose | 20,7 | (7–22) | 0,88 | (0,7–1,1) | 11,5 | (3,1–17,3) | 0,09 | (0,07–0,2) | 1,1 | (0,5–2,7) | 0,65 | (0,5–1,0) | 225 |
| Pfirsich | 19,5 | (9–20) | 0,66 | (0,4–1,0) | 9,7 | (7,1–17,0) | 0,09 | (0,07–0,2) | 0,6 | (0,2–1,1) | 0,64 | (0,4–1,2) | 192 |
| Pflaume | 19,4 | (8–26) | 0,66 | (0,5–1,0) | 11,6 | (3,5–17,6) | 0,09 | (0,07–0,2) | 2,2 | (0,2–2,9) | 0,66 | (0,4–2,0) | 259 |
| Mirabelle | 22,5 | (8–25) | 0,69 | | 14,6 | | 0,19 | | | | 0,66 | | 281 |
| Reineclaude | 22,5 | (11–27) | 0,76 | (0,7–0,8) | 16,6 | (4,8–15,9) | | | 2,2 | (0,5–2,9) | 0,61 | (0,3–1,8) | 301 |
| Süßkirsche | 25,6 | (14–27) | 0,71 | (0,4–1,3) | 12,5 | (8,4–18,5) | 0,45 | (0,3–0,8) | 0,6 | (0,4–0,9) | 0,45 | (0,2–0,8) | 280 |
| Sauerkirsche | 24,4 | (12–26) | 0,80 | (0,5–1,2) | 11,6 | (6,5–16,1) | 0,45 | (0,1–0,5) | 1,4 | (0,8–2,5) | 0,27 | (0,2–0,5) | 251 |
| Erdbeere | 15,7 | (7–71) | 0,85 | (0,2–1,2) | 7,6 | (2,9–11,2) | 0,38 | (0,2–0,5) | 1,1 | (0,5–2,6) | 1,33 | (0,8–4,2) | 165 |
| Johannisbeere (rot) | 16,3 | (12–21) | 1,08 | (0,7–1,4) | 7,8 | (0,9–9,9) | 0,14 | (0,1–0,3) | 2,1 | (1,8–3,5) | 4,70 | (2,4–5,9) | 188 |
| Johannisbeere (schwarz) | 19,4 | (13–25) | 0,98 | (0,9–1,7) | 10,2 | (2,2–11,4) | 0,10 | (0,1–0,2) | 2,1 | (0,8–4,5) | 5,60 | (2,5–6,1) | 238 |
| Stachelbeere | 14,4 | (8–17) | 0,78 | (0,5–1,0) | 8,6 | (2,3–11,5) | 0,15 | (0,1–0,2) | 2,4 | (1,0–2,9) | 2,48 | (1,8–3,4) | 184 |
| Himbeere[1]) | 15,5 | (9–25) | 1,30 | (1,2–1,4) | 8,1 | (1,8–9,6) | 0,30 | (0,2–0,4) | 1,4 | (0,7–3,3) | 5,33 | (4,7–5,6) | 167 |
| Brombeere[1]) | 15,3 | (12–22) | 1,20 | | 8,6 | | 1,00 | | 1,5 | | 4,00 | | 202 |
| Weinbeere | 24,0 | (18–28) | 0,68 | (0,4–1,3) | 15,5 | (7,1–20,2) | 0,46 | (0,3–1,3) | 1,2 | (0,2–1,3) | 0,80 | (0,5–1,0) | 301 |
| Walnüsse | 85,6 | | 14,4 | | | | | 56–68 | | | | | 2950 |
| Haselnüsse | 83,2 | | 13,9 | | | | | 61–73 | | | | | 2887 |

[1]) Kultursorten; ( ) von ... bis

ist der Grund dafür, daß die Früchte einer Art und Sorte in ihrer Zusammensetzung solche großen Unterschiede aufweisen können.

Fleischig-saftige Früchte enthalten im frischen Zustand 70 bis über 90%, im Mittel 80···87% Wasser. Nur die zum Schalenobst gehörenden Samenkerne der Wal- und Haselnüsse weisen demgegenüber im frischen, baumreifen Zustand nur 20···40% und im handelsüblichen, trockenem Zustand etwa 4···8% Wasser auf.

Die Hauptmenge der Trockensubstanz heimischer Früchte besteht, mit Ausnahme bei den Schalenobstkernen, zu 70···90% aus Kohlenhydraten, zu 1···30% aus Rohfaser und zu 2 bis etwas über 10% aus organischen Säuren. Die Menge an stickstoffhaltigen Verbindungen beträgt bei den einzelnen Fruchtarten 2 bis 6% und die Menge an Fett- und Wachsstoffen nur 1···3%. Alle anderen organischen Verbindungen sind in den Früchten nur in wenigen mg oder Bruchteilen davon je 100 g Trockensubstanz angereichert. Sofern es sich dabei um stoffwechselaktive Verbindungen handelt, sind sie für den Verlauf der Entwicklung der Früchte von großer Bedeutung.

Der energetische Wert fleischig-saftiger Früchte ist mit 160···300 kJ je 100 g Frischsubstanz verhältnismäßig gering, nur die Wal- und Haselnußkerne besitzen aufgrund ihres hohen Fett- und Proteingehaltes einen energetischen Wert von 2500···3000 kJ je 100 g eßbarem Anteil.

Der hervorragende ernährungsphysiologische Wert der Früchte liegt deshalb nicht im Energiegehalt, sondern in den für den normalen menschlichen Stoffwechsel unentbehrlichen Vitaminen, Mineralstoffen und organischen Substanzen begründet. Wenn auch der Vitamingehalt im Obst in geringeren Mengen vorhanden ist als im Gemüse, so ist er doch höher einzuschätzen, da das Obst im frischen Zustand verzehrt wird und die Vitamine somit voll wirksam werden. Insbesondere die gute Kombination mit den Fruchtsäuren bedingt den hohen diätetischen Wert. Die Obstarten enthalten natürliche Pektinstoffe, die den menschlichen Körper in seinen Abwehrreaktionen unterstützen. Die Kohlenhydrate des Obstes sind vorwiegend als Fruchtzucker enthalten und werden deshalb beim Verzehr direkt ins Blut übernommen und wirken so erfrischend. Auf die Darmflora haben die im Fruchtfleisch enthaltenen Pektinstoffe und Hemizellulosen einen regulierenden Einfluß. Die in den Früchten vorkommenden Faserstoffe sind für eine normale Peristaltik des Dickdarms unerläßlich und unterstützen den menschlichen Körper gegen das Auftreten mehrerer Erkrankungen, wie z. B. Appendicitis, Krebs des Dickdarms, Diabetes, Gallensteine, Tiefenthrombose der Venen, Hämorrhoiden, Ischias, bestimmte Herzerkrankungen und Varicose der Venen (Wills und Mitarbeiter 1981).

## Stickstoffhaltige organische Verbindungen

Fleischige Früchte enthalten nur relativ geringe Mengen an organischen Stickstoffverbindungen. Im Stoffwechsel der Früchte spielen sie deshalb als Atmungssubstrat eine unbedeutende Rolle (Lewis und Martin 1965). Sie haben aber für die Aufrechterhaltung der Lebensfunktion der Zellen und damit der gesamten Frucht, eine überragende Aufgabe zu erfüllen.

Stickstoffhaltige Verbindungen bilden den Hauptteil des Protoplasmas, welches in einer ausgewachsenen Zelle als dünne Schicht gleichmäßig an die vorwiegend aus Kohlenhydraten aufgebaute Zellwand angelagert ist. Nur im Bereich zwischen Eckenvakuolen und Tonoplasten (Zippel 1983), der inneren Membran des Protoplasmas, ist es verstärkt angereichert.

Im Zytoplasma sind zahlreiche Organellen eingebettet, welche die eigentlichen Zentren der Stoffumsetzungen bilden, wie z. B. die Mitochondrien, Chloroplasten (welche sich im Verlauf der Fruchtreife mit zunehmender Destruktion der Chlorophylle in Chromoplasten umwandeln), Ribosomen, Endoplasmatisches Reticulum, Dictyosome, Lysosome, Mikrotubuli, Mikrofilamente und Centriole. Ihre Membranen bestehen aus einer Phospholipid-sterin-Doppelschicht (Lipid-Bilayer), die innen und außen von Gerüst-Proteinen umgeben und durch zahlreiche Transmembranproteine durchzogen und in welche Tunnelproteine eingebettet sowie Regulatorproteine und periphere Proteine ein- und aufgelagert sind. Durch diesen strukturellen Aufbau besitzen die Organellenmembranen die erforderlichen hydrophilen und hydrophoben Eigenschaften, die für den Stoffaustausch zwischen Vakuolenflüssigkeit und Protoplasma erforderlich sind (STEPHENSON 1980).

Die stickstoffhaltigen Verbindungen bilden als globuläre Proteine ferner die Apoenzyme, denen als Cofaktoren zahlreiche prostetische Gruppen wie Metallionen, Coenzyme und Phospholipide zugeordnet sind. Nur in ihrer Einheit als Holoenzym sind sie befähigt, die ständig in den Zellen ablaufenden Auf-, Um- und Abbauvorgänge an organischen Verbindungen im Verlauf der gesamten Fruchtentwicklung von der Befruchtung bis zur Seneszenz zu katalysieren. Die Enzyme kommen im Zytoplasma in gelöster oder an die Membranen gebundener Form vor. Die N-haltigen Verbindungen teilt man ein in:

- Proteine: die sich nur aus Aminosäuren zusammensetzen und
- Proteide: die neben Aminosäuren noch prosthetische Gruppen enthalten und als Lipo-, Chromo- oder Nucleoproteide usw. bezeichnet werden.

Bei den Proteinen unterscheidet man zwischen löslichen und unlöslichen Proteinen, den eigentlichen Eiweißstoffen. Lösliche Stickstoffverbindungen wurden, mit Ausnahme von Schwarzen Johannisbeeren, in allen Obstarten mit unterschiedlichen Mengen nachgewiesen. In Apfelfrüchten bestehen sie zu etwa 2···6% aus Ammoniak-N, 20···30% aus Amid-N (Asparagin, Glutamin, Adenin u. a.), 40···60% freien Aminosäuren, 2···5% aus basischen Stickstoffverbindungen und bis zu 20% aus anderen N-haltigen Substanzen. Die löslichen Aminosäuren stehen funktionell zwischen dem anorganischen Stickstoff und dem schwerlöslichen Stickstoff der Makromoleküle. Während die niedermolekularen N-Verbindungen wie Aminosäuren, Säureamide, Amine, Nukleotide in makromolekulare N-Verbindungen wie Proteine, Nukleinsäuren u. a. eingebettet werden oder durch Aufspaltung aus diesen entstehen können, ist die Bildung von anorganischem N ($NH_3^+$) aus den niedermolekularen N-Verbindungen nicht, ein Einbau von anorganischem N in niedermolekulare N-Verbindungen jedoch möglich.

Neben ihren Aufgaben als Gerüsteiweißsubstanzen für die Aufrechterhaltung der Protoplasmastruktur, als globuläre Eiweißstoffe in den Membranen der Organellen den Stoffaustausch zwischen dem Zellsaft und dem Protoplasma bzw. den Organellen zu ermöglichen und als Apoferment direkt an den Stoffumsetzungen beteiligt sind, bilden einige N-Substanzen den Ausgangspunkt für die Synthese sekundärer Stoffwechselprodukte in den Zellen. So wird z. B. das Reifungshormon Äthylen aus der Aminosäure Methionin (SCHILLING und KENDE 1978) gebildet und die Aminosäure Tyrosin ist ein Substrat für die o-Phenoloxydase bei der Entstehung der Melanoidine, welche mit die braune Farbe des Fruchtfleisches beim Auftreten nichtparasitärer Erkrankungen bilden. Einige N-Verbindungen kommen in gesunden Früchten nicht vor, sondern werden erst bei der Entstehung nichtparasitärer Erkrankungen synthetisiert, wie das iso-Amylamin und das Hexylamin in Apfelfrüchten (HILKENBÄUMER und Mitarbeiter 1960).

Der Gehalt an Stickstoffverbindungen in den Früchten ist unterschiedlich hoch und schwankt in Abhängigkeit von Sorte, Jahreswitterung, Boden, Anbau- und Kulturmaßnahmen in weiten Bereichen.

Nach HANSEN (1970) u. a. Autoren enthalten die aufgeführten Früchte in der Frischsubstanz folgende Proteinmengen:

Apfel und Preiselbeere
0,2 und 0,4% (gering)

Pfirsich, Birne, Heidelbeere, Stachelbeere und Pflaume
0,5···0,8% (mittel)

Aprikose, Brombeere, Kirsche, Himbeere, Rote und Weiße Johannisbeere
1,0···1,5% (hoch)

Schwarze Johannisbeere
über 1,7% (sehr hoch)

Die absolute Menge schwankt bei den einzelnen Obstarten je nach Sorte, Anbau- und Wachstumsbedingungen um ± 50 bis 100% der vorstehend angegebenen Werte und ist auch im Verlauf der gesamten Fruchtentwicklung nicht konstant. Bei allen Fruchtarten nimmt der Proteingehalt bezogen auf die Masseeinheit Frucht in der Zellteilungs- und Anfangsphase der Zellstreckung — beim Apfel z. B. bis zum 130. Tag nach der Vollblüte — zu, um danach bis zum Ende des Fruchtwachstums wieder abzunehmen (Abb. 1). Bei den Kernobstfrüchten, die zwischen Baum- und Genußreife ein Klimakterium in der Atmungsintensität durchlaufen, wird durch Umwandlung und Einbau von Amidstickstoff und Aminosäuren Protein neu gebildet. Mit Beginn der Seneszenz verringert sich der Proteingehalt in den Früchten wieder.

Die organischen Stickstoffverbindungen sind in der Frucht nicht gleichmäßig verteilt angeordnet. So ist die Schale stets reicher an Protein als das

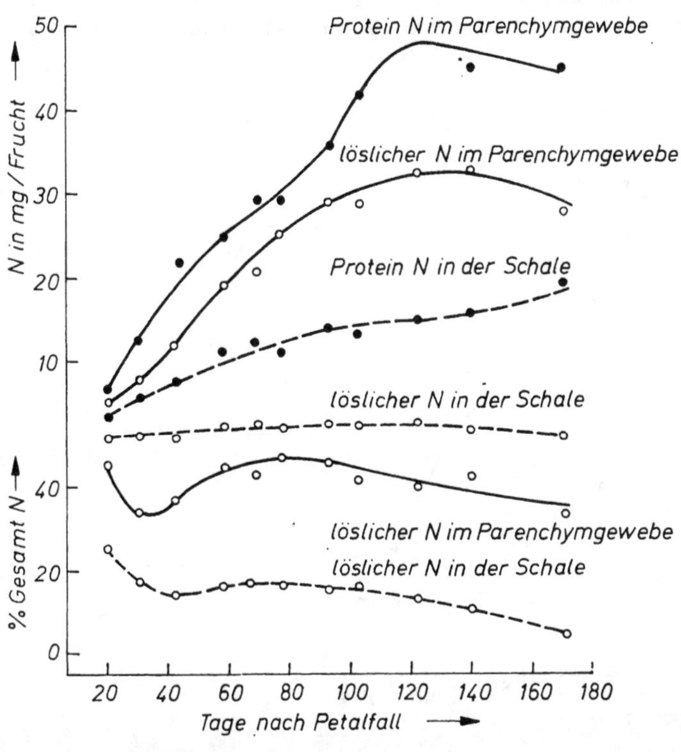


*Abb. 1:* Veränderungen des Proteinstickstoffs und des löslichen Stickstoffs in den Früchten der Apfelsorte ‚Bramley's Seedling' während ihrer Entwicklung; nach HULME (1935)

Parenchymgewebe. Beim Apfel enthält die Schale 320···360 mg, das Parenchymgewebe 100···150 mg, bei der Birne die Schale 80—120 mg und das Parenchymgewebe 20···40 mg Protein je 100 g Frischsubstanz. Zwischen anthozyanhaltiger Fruchthälfte und grüner bestehen nach PAECH (1950) keine Unterschiede im Proteingehalt.

Aminosäuren bilden den überwiegenden Teil der löslichen N-Verbindungen. Beim Apfel schwankt, bezogen auf Stickstoff, der Gehalt je 100 g Frischsubstanz an Protein-N zwischen 10···45 mg, der an löslichem N zwischen 8···40 mg. Das Verhältnis ist bei den einzelnen Sorten nicht konstant, sondern liegt zwischen 1 : 0,6···5 : 1. Bei Birnen beträgt das Verhältnis lösliche N-Verbindungen zu Protein 0,4···0,9···1 (Abb. 2).

Das Spektrum an freien Aminosäuren ist in allen Obstarten annähernd gleich (Tab. 2), die einzelnen Aminosäuren sind jedoch in sehr unterschiedlichen Mengen enthalten. Ihre quantitative Zusammensetzung wird maßgeblich vom Reifegrad der Früchte und der Jahreswitterung beeinflußt (DRAWERT und Mitarbeiter 1971 a). Die Menge an freien Aminosäuren liegt bei Beerenfrüchten, Stein- und Kernobst bei 40···200 mg und bei Weinbeeren bei 500···600 mg je 100 g Fruchtgewebe. In Heidelbeeren konnten freie Aminosäuren nur in geringen Mengen nachgewiesen werden. Mit Ausnahme von Arginin bei Weinbeeren dominieren in allen Fruchtarten Glutamin- und Asparaginsäure mit ihren Halbamiden Glutamin und Asparagin (DRAWERT 1971 c). Sie stellen das Pool an Aminostickstoff dar, aus welchem durch Transaminierungsreaktionen im Verlauf der Fruchtentwicklung und Reife andere Aminosäuren gebildet werden können. Während des jugendlichen Wachstums der Früchte, also in der Aufbauphase, werden hauptsächlich Glutamin, Asparaginsäure und Glutaminsäure gebildet, mit fortschreitender Entwicklung reichern sich auch andere freie Aminosäuren im Fruchtgewebe an.

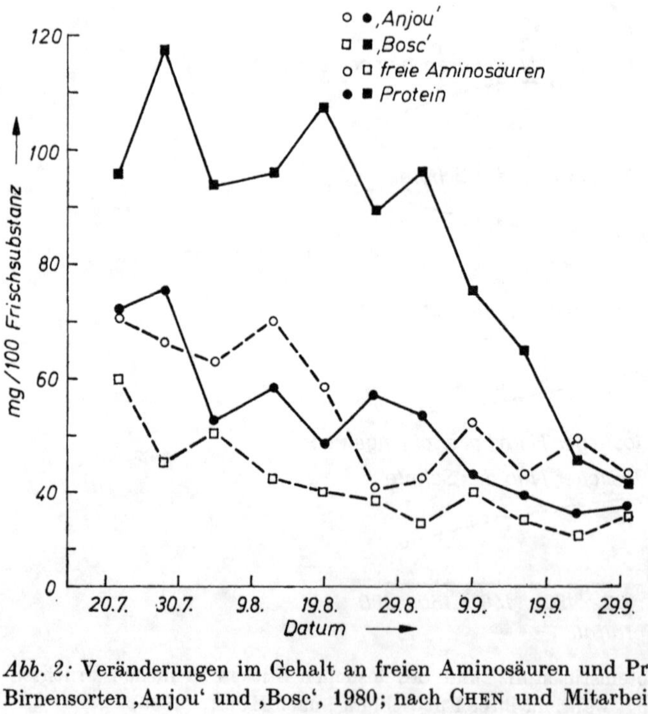


*Abb. 2:* Veränderungen im Gehalt an freien Aminosäuren und Protein in den Früchten der Birnensorten ‚Anjou' und ‚Bosc', 1980; nach CHEN und Mitarbeiter (1982)

*Tab. 2:* Gehalt an Gesamtstickstoff, Stickstofffraktionen und freien Aminosäuren einiger Fruchtarten; nach Drawert und Mitarbeiter (1970)

| | Apfel | Pfirsich | Süßkirsche | Sauerkirsche | Erdbeere | Johannisbeere schwarz | Johannisbeere rot | Himbeere | Heidelbeere | Weinbeere |
|---|---|---|---|---|---|---|---|---|---|---|
| Gesamtstickstoff und Stickstoffraktionen einiger Fruchtarten in mg je 100 g Frucht | | | | | | | | | | |
| Gesamt N | | 180 | 151 | 224 | 113 | 218 | 181 | 189 | 136 | |
| alkoholunlöslich N | | 50 | 60 | 66 | 70 | 167 | 110 | 101 | 125 | |
| alkohollöslich N | | 130 | 91 | 158 | 43 | 51 | 71 | 88 | 11 | |
| N aus freien Aminosäuren | | 18 | 11 | 12 | 12 | 15 | 12 | 16 | 1 | |
| Freie Aminosäuren in mg je 100 g Frucht | | | | | | | | | | |
| Glutamin | 21,0 | 20,4 | 16,7 | 14,1 | 24,6 | 34,4 | 22,1 | 28 7 | 0,7 | 99,5 |
| Asparagin | 21,0 | 27,6 | 19,2 | 19,7 | 19,3 | 7,8 | 10,8 | 26,1 | 0,7 | 37,0 |
| Glutaminsäure | 6,9 | 8,7 | 3,5 | 3,8 | 8,5 | 12,0 | 8,3 | 18,1 | 0,6 | 53,0 |
| Asparaginsäure | 4,8 | 49,7 | 3,8 | 4,4 | 5,9 | 2,9 | 4,6 | 9,1 | 1,5 | 22,0 |
| Alanin & Glycin | 0,8 | 1,6 | 1,1 | 0,9 | 3,2 | 5,7 | 8,0 | 14,5 | + | 57,5 |
| Valin | 0,4 | 2,4 | + | 1,1 | 0,5 | 2,0 | 1,0 | 3,1 | + | 7,0 |
| Methionin | 0,4 | — | + | — | + | 0,5 | 0,4 | 0,4 | + | 2,4 |
| Isoleucin | 0,5 | 1,7 | + | 0,8 | + | 1,5 | 1,4 | 1,4 | + | 13,0 |
| Leucin | 0,2 | 0,7 | 0,6 | 0,5 | + | 0,6 | 0,7 | 1,1 | + | 13,6 |
| Tyrosin | 0,3 | + | — | + | — | — | 0,2 | 1,1 | — | 6,0 |
| Phenylalanin | 0,2 | 1,4 | + | — | + | + | 0,4 | 0,5 | — | 23,0 |
| Prolin | — | + | 7,5 | 12,5 | — | 4,0 | 4,8 | 7,8 | + | 44,0 |
| Histidin | 0,3 | + | + | + | 2,1 | + | 0,5 | 3,5 | + | 8,1 |
| Lysin | 0,3 | 1,1 | + | 2,4 | — | 0,9 | 1,6 | 1,8 | — | 2,7 |
| Arginin | 0,8 | 0,5 | 0,5 | 0,4 | 0,1 | 0,8 | 0,8 | 2,5 | — | 150,0 |
| $NH_3$ | — | 1,6 | 1,4 | 2,7 | 0,9 | 2,7 | 2,4 | 1,9 | 0,3 | 25,0 |
| Summe | 36,7 | 116,8 | 54,3 | 63,3 | 65,1 | 75,8 | 67,8 | 121,6 | 3,8 | 563,8 |

+ Spur, — nicht nachgewiesen, ohne Angabe = keine Analysenwerte

Im klimakterischen Reifungsprozeß und während der Lagerung der Früchte kommt es als Folge einer einsetzenden Proteinneubildung und eines Umbaus von Aminosäuren zu starken Schwankungen sowohl im Proteinstickstoff als auch an freien Aminosäuren (Drawert 1971 c).

In Äpfeln überwiegt im Gegensatz zu den Beerenfrüchten Asparagin mengenmäßig um ein Mehrfaches die anderen Aminosäuren, wohingegen Glutamin nur wenig angereichert wird. Es bestehen aber erhebliche Unterschiede zwischen den einzelnen Sorten (Drawert und Mitarbeiter 1970).

Im Apfelprotein liegt der Gehalt an Histidin über dem an Asparaginsäure. Auffallend ist, daß in den von Drawert und Mitarbeiter (1971 b) untersuchten Apfelsorten ‚Golden Delicious', ‚Champagnerrenette', ‚Goldparmäne', ‚Cox Orangen' und ‚Jonathan' die Aminosäure Methionin nur in sehr geringen Konzentrationen vorliegt, obwohl nach den heutigen Vorstellungen aus dieser Aminosäure Äthylen gebildet wird (s. S. 243). Bei den Früchten besteht fast eine lineare Beziehung zwischen dem Proteingehalt je Zelle und ihrer Atmungsintensität. Der Atmungsanstieg im Klimakterium ist aber nicht an eine Proteinsynthese gebunden (DILLEY und KLEIN 1969), sondern letztere läuft während der Fruchtreife ersteren nach (HULME 1958). Die Höhe des Protein-N-Gehaltes beeinflußt das Lagerverhalten der Kernobstfrüchte im starken Maße. Große Früchte besitzen im Verhältnis zu kleinen annähernd denselben Gesamtstickstoffgehalt. Da die Fruchtmasse stärker von der Zellgröße als von der Zellzahl abhängt (SHARPLES 1968), bedeutet dies, daß bei fast gleichem N-Gehalt die spezifische Oberfläche des Tonoplasten größer und damit der Stoffaustausch zwischen Zellflüssigkeit und Protoplasma intensiver verläuft. Früchte mit großen Zellen sind aus diesem Grund instabiler, haben einen hohen Stoffwechsel und sind auf dem Lager anfälliger gegen Streßbedingungen.

Früchte von Bäumen, die reichlich und spät mit Stickstoff, vor allem mit Harnstoff (STOLL 1973) gedüngt werden, bauen das Chlorophyll langsamer ab und entwickeln in unzureichendem Maße Aroma- und Geschmacksstoffe. Da nach HELM und LÜDDERS (1982) bei steigendem N-Angebot der N-Gehalt (Abb. 3), aber auch der P- und Mg-Gehalt in den Früchten stark ansteigen und bei gleichbleibendem K-Gehalt die Ca-Einlagerung in den Früchten erheblich zurückgeht, wird verständlich, daß Früchte von solchen Bäumen auf dem Lager leicht zum Auftreten nichtparasitärer Erkrankungen neigen. Die negative Wirkung einer zu

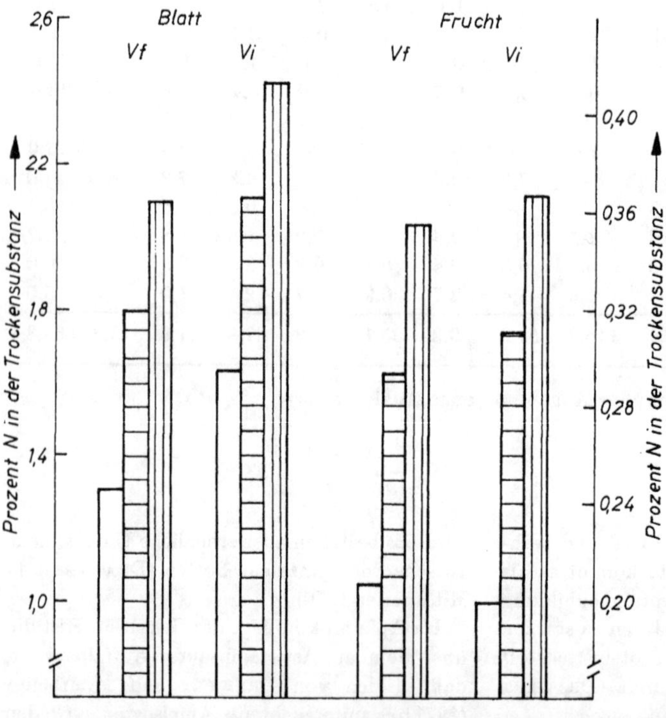


*Abb. 3:* Einfluß einer gestaffelten Nitratdüngung auf den N-Gehalt in der Trockensubstanz der Blätter (8. 7. 78) und der Apfelfrüchte (12. 9. 78) der Sorte ‚Cox Orangen‘ auf M 9; 3. Standjahr; [weiß] = 4, [waagerecht schraffiert] = 8, [senkrecht schraffiert] = 12 mmol $NO_3$/l Gefäßversuch;
Vf = Virusfreie, Vi = Virusinfizierte Bäume; nach HELM und LÜDDERS (1982)

hohen N-Gabe scheint durch eine gleichzeitig reichliche K-Düngung noch verstärkt zu werden. In dieser Richtung wirkt eine höhere N-Gabe als Ammoniak-N gegenüber Nitrat-N noch zusätzlich negativ (Lüdders und Manclakis 1977). Auch der Zeitpunkt der N-Bereitstellung ist von erheblichem Einfluß. Eine geringe N-Versorgung im Juli bis September führt zu einem geringeren Gehalt an Mineralstickstoff und Säure in den Früchten, hohe N-Bereitstellung (Düngung oder Mobilisierung des Stickstoffs im Boden) zu höheren Stickstoffgehalten (Lüdders und Bünemann 1960). Vor allem der Gehalt an freien Aminosäuren, Aminen und Amiden nimmt beträchtlich zu.

Choureitah und Hassan (1975) fanden mit steigender N- und K-Düngung bei Stachelbeeren, Helm und Lüdders (1983) bei Äpfeln sowie Drawert und Mitarbeiter (1975) und Matzner und Postel (1978) bei ‚Schattenmorellen‘ wesentlich höhere Aminosäurekonzentrationen. Insbesondere zwischen dem Gehalt an Asparagin und der Höhe der N-Düngung besteht eine enge Korrelation. Demgegenüber wirkt eine ausreichende Versorgung der Bäume mit Ca stabilisierend auf das Protein und senkt gleichzeitig die Atmungsintensität der Früchte (Bramlage und Mitarbeiter 1974). Zu beachten ist, daß bei einer hohen Stickstoffdüngung der Gehalt an Fruchtstickstoff stärker ansteigt als in den Blättern und gleichzeitig das Verhältnis löslicher Stickstoff zu Proteinstickstoff enger wird (Hill und Mitarbeiter 1953).

Neben der Düngung beeinflussen zahlreiche Anbau- und Kulturmaßnahmen den Stickstoffgehalt der Früchte und das Verhältnis löslicher Stickstoff zu Proteinstickstoff.

Stark wachsende Unterlagen senken, schwach wachsende erhöhen im allgemeinen den N-Gehalt der Früchte (Brown 1926). Hohe Temperaturen mit adäquaten Niederschlägen am Beginn der Zellteilungsphase reduzieren die Proteinsynthese, hoher und tiefer Temperaturreiz kurz vor der Baumreife steigern den Gehalt an Proteinstickstoff (Mellenthin und Wang 1976). Die Wirkung eines Sommerschnittes ist nicht eindeutig; wird er mehrjährig durchgeführt, stabilisiert sich die Wirkung dahingehend, daß ein Schnitt im Juli zu einer Senkung des Frucht-N-Gehaltes führt (Strukelec 1981).

Im erheblichen Maße wird das Niveau der einzelnen Stickstoff-Fraktionen in den Früchten, insbesondere das Verhältnis von löslichem Stickstoff zum Proteinstickstoff, durch das Reifestadium beeinflußt. Mit Eintritt der Früchte in das Klimakterium bereits zu einem Zeitpunkt, zu dem sie noch am Baum hängen, steigt der Gehalt an Proteinstickstoff an und nimmt während der anschließenden Lagerung und Nachreife weiterhin schnell zu (Chaplin 1966). Im Verlauf der Lagerung wird die Geschwindigkeit des Stickstoff-Stoffwechsels durch die einzelnen Lagerfaktoren in gleicher Richtung wie die Atmungsintensität beeinflußt (Frenkel und Mitarbeiter 1968).

## Kohlenhydrate

Den größten Teil der organischen Substanz der Früchte bilden mit 40···60% in der Trockensubstanz die Kohlenhydrate. Sie sind als Gerüstsubstanzen in den Zellwänden enthalten und als energiereiche Reservestoffe im Zellsaft gelöst.

Wichtige, in den Früchten vorkommende Kohlenhydrate sind

Monosaccharide, zum überwiegenden Teil Hexosen ($C_6$-Zucker) und Pentosen ($C_5$-Zucker),

Oligosaccharide, vorwiegend Disaccharide,

wie Saccharose, Maltose und Mannose, aber auch Triosen und höhere Oligosaccharide,

Polysaccharide, zu denen hochmolekulare Verbindungen wie Stärke, Zellulose, Hemizellulosen und Pentosane gehören und im weiteren Sinne auch die Pektinstoffe.

Die freien Mono- und Disaccharide sind zum größten Teil im Zellsaft gelöst und bedingen den mehr oder weniger süßen Geschmack der Früchte. Da die relative Süßkraft bezogen auf Saccharose = 1, der Fruktose = 1,4, der Glukose = 0,69 und des Sorbits (Zuckeralkohol) = 0,5 beträgt (Täufel und Mitarbeiter 1979), wird eine Frucht um so süßer schmecken, je höher ihr Gehalt an Zucker insgesamt und je höher der Anteil Fruktose und je niedriger der Gehalt an Sorbit an der Gesamtzuckermenge einer Frucht ist. Entscheidend für die Geschmacksausprägung ist ein hoher Gehalt an Saccharose dann, wenn die l-Apfelsäure stark abgebaut ist und sich ein weites Säure-Zuckerverhältnis einstellt (Gorin und Klep 1982).

Glukose, Fruktose und Saccharose bilden in den Früchten heimischer Obstarten die Hauptmenge an Zucker. Sie sind in stark wechselnden Verhältnissen in den Früchten der verschiedenen Obstarten und Sorten (Blaha 1981) angereichert.

In Abhängigkeit von der Sorte, dem Blatt-Fruchtverhältnis und den Anbau- sowie Wachstumsbedingungen schwankt der Gehalt an diesen drei Zuckerarten in den einzelnen Jahren zum Zeitpunkt der Pflück- bzw. Genußreife in weiten Bereichen (Tab. 3) und ist im starken Maße vom Reifegrad der Früchte abhängig (Abb. 4).

Einen hohen Anteil an Fruktose an der Gesamtzuckermenge besitzen Birne (60···80%) Quitte (50···75%), Apfel (50···70%), Brom-

*Tab. 3:* Der Gehalt verschiedener Obstarten an Zuckern. Zusammengestellt nach Angaben aus der Literatur (s. Verzeichnis am Ende des Kapitels)

| Obstart | Glukose | Fruktose | Saccharose | Gesamtzucker | |
|---|---|---|---|---|---|
| | min. max. | min. max. | min. max. | min. max. | $\bar{x}$[2]) |
| Apfel | 1,17–5,50 | 5,01–11,80 | 0,51–6,64 | 3,00–16,00 | 11,2 |
| Birne | 0,90–3,90 | 4,52–9,70 | 0,40–4,73 | 5,60–14,20 | 9,8 |
| Quitte | 2,00–2,40 | 5,60–6,60 | 0,40–1,60 | 8,10–14,20 | 9,9 |
| Aprikose | 0,10–3,40 | 0,10–3,40 | 1,00–10,00 | 1,57–12,00 | 7,7 |
| Pfirsich | 0,32–6,90 | 0,45–4,40 | 4,01–10,70 | 4,00–11,70 | 8,5 |
| Pflaume | 1,26–5,20 | 0,96–7,00 | 1,00–7,20 | 2,30–16,10 | 9,0 |
| Reineclaude | 2,00–5,10 | 1,04–4,30 | 1,20–4,60 | 4,10–14,50 | 8,5 |
| Süßkirsche | 1,70–7,70 | 1,50–10,22 | 0–1,30 | 6,38–17,30 | 12,1 |
| Sauerkirsche | 2,88–5,50 | 2,63–6,11 | 0–1,02 | 5,51–15,56 | 9,5 |
| Erdbeere | 1,20–3,80 | 1,02–4,30 | 0–3,04 | 2,81–9,81 | 5,7 |
| Johannisbeere rot | 1,40–2,60 | 1,80–2,80 | 0,10–0,40 | 0,60–8,32 | 5,8 |
| Johannisbeere schwarz | 2,35–3,90 | 3,30–4,80 | 0,20–0,62 | 1,58–10,64 | 6,3 |
| Stachelbeere | 1,20–4,40 | 2,10–4,10 | 0,10–1,64 | 1,98–10,25 | 4,6 |
| Himbeere | 0,77–3,28 | 1,10–3,68 | 0–3,68 | 1,74–8,67 | 5,2 |
| Brombeere[1]) | 1,18–4,50 | 1,55–4,54 | 0–0,59 | 2,41–10,42 | 5,5 |
| Blaubeere[1]) | 2,99 | 3,21 | 0,25 | 10,68 | 6,2 |
| Weinbeere | 5,20–9,20 | 3,40–8,01 | 0–2,24 | 6,90–19,70 | 14,8 |

[1]) Kultursorten [2]) nach Schulz (1980)

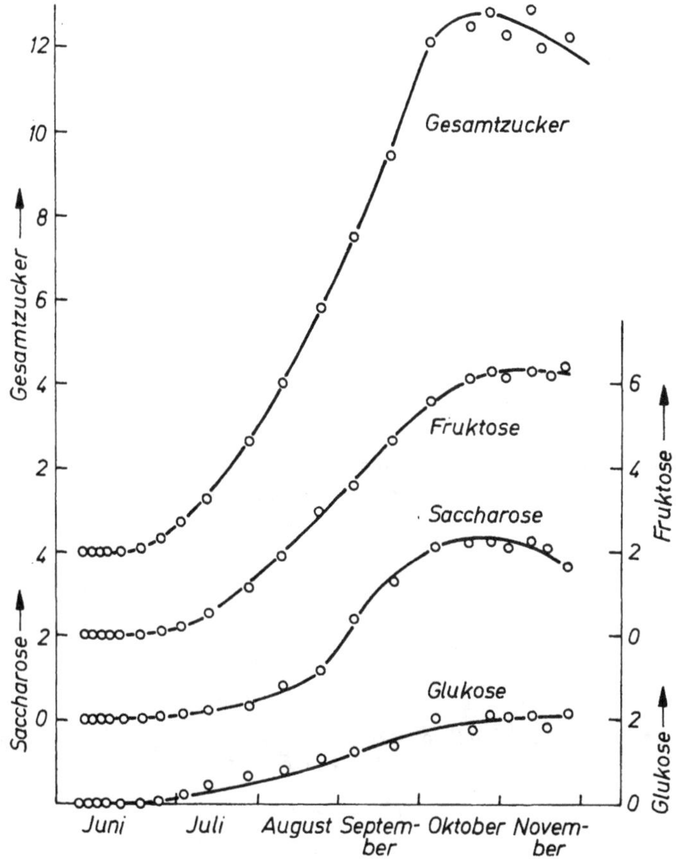


*Abb. 4:* Gehalt an Gesamtzucker, Fruktose, Saccharose und Glukose in g/Frucht der Apfelsorte ‚Bramley's Seedling' 1930; nach ARCHBOLD (1932)

beere (50···60%), Heidelbeere (45···55%) und Süßkirsche (25···50%.

Einen hohen Anteil an Glukose am Gesamtzucker enthalten Sauer- (50···60%) und Süßkirsche (45···50%), aber auch einige Pfirsichsorten. Reich an Saccharose sind Pfirsich und Aprikose (70···80%) sowie die Pflaumenarten (25···40%). Mit 1···25% Saccharose relativ wenig enthalten Reineclaude, Quitte, Birne und Apfel. Sehr wenig Saccharose, meist unter 1% des Gesamtzukkers, findet sich in Süß- und Sauerkirsche, den Beerenobstarten sowie der Weinbeere.

Der Zuckeralkohol Sorbit nimmt insofern eine Sonderstellung ein, als er nur in wenigen Fruchtarten in größeren Mengen angereichert wird. Im Mittel enthalten Birnen 2,8%, Pflaumen 2,4%, Süßkirschen 2,1%, Pfirsiche 1,3%, Äpfel 1,2% und Sauerkirschen 1,1% in der Frischmasse. In den anderen Obstarten ist er nur in Spuren nachweisbar. Im allgemeinen ist der Gehalt an Sorbit in jungen Apfel- und Birnenfrüchten relativ hoch (Abb. 5) und verringert sich bis kurz vor Eintritt der Baumreife. Mit zunehmendem Reifegrad und während der Lagerung der Früchte erhöht sich der Sorbitanteil wieder beträchtlich und kann Mengen bis zu 10% der Trockensubstanz erreichen (LÜDDERS und FISCHER-BÖLÜBASI 1982). Die Zunahme verläuft um so intensiver, je niedriger die Lagertemperatur ist. Sehr reich an Sorbit sind auch Apfelfrüchte, die anfällig gegenüber dem Auftreten des ‚Low temperature breakdown' sind (FIDLER und NORTH 1968), ein kausaler Zusammenhang konnte jedoch bislang nicht nachgewiesen

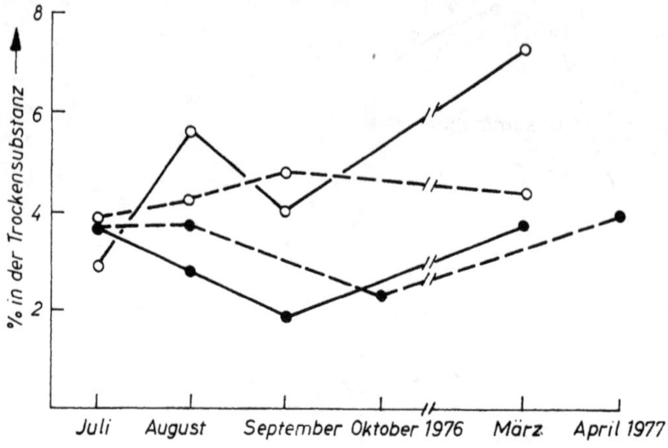


*Abb. 5:* Sorbitgehalt in % Trockensubstanz der Apfelsorten ‚Cox Orangen' (———) und ‚Golden Delicious' (– –), mit hohem • und niedrigem ∘ Behang; nach Lüdders und Fischer-Bölükbasi (1980)

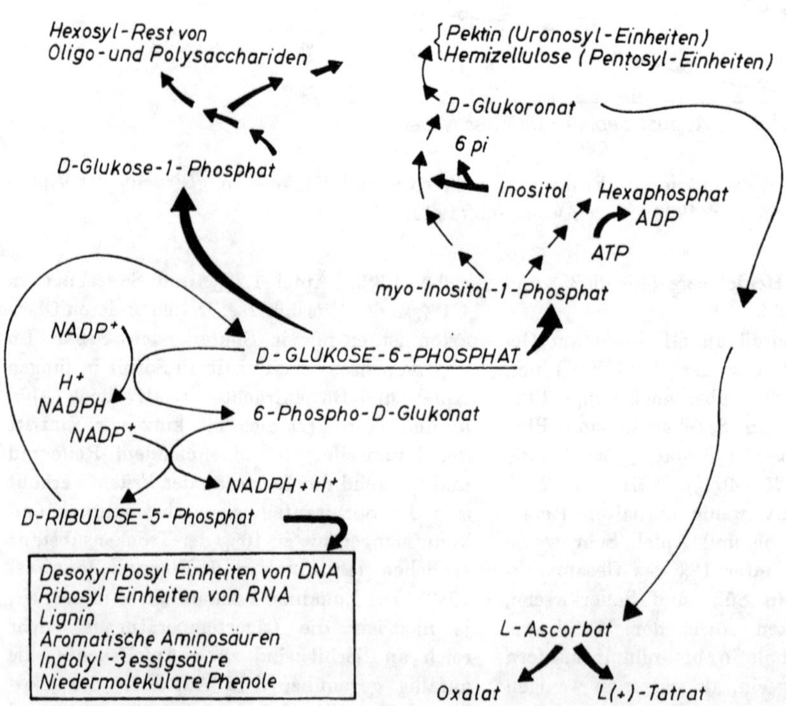


*Abb. 6:* Stoffwechselabläufe in Pflanzen, in welchen D-Glukose-6-phosphat eingebunden ist; nach Gander (1982)

werden. Es ist aber anzunehmen, daß bei starker Sorbitanreicherung in den Interzellularen, wie es bei glasigen Früchten der Fall ist (s. S. 528) zu einem turgorbelasteten osmotischen Zusammenbruch des Protoplasmas kommt (Zippel 1983), was zu einem Zusammenbruch der Parenchymzellen und ganzer Gewebepartien führen kann.

Neben diesen vier vorherrschenden Zuckerarten wurden in einigen Früchten als freie Zucker in Mengen von 0,01···0,1%, bezogen auf Frischmasse,

die Hexose: Mannose in Äpfeln und Pfirsichen,

die Pentose: Xylose in Äpfeln, Birnen, Aprikosen, Pfirsichen, Pflaumen, Kirschen, Erdbeeren sowie Arabinose in Äpfeln und Weinbeeren und

das Disaccharid: Maltose in Äpfeln, Birnen, Aprikosen, Erdbeeren und Weinbeeren nachgewiesen (Tressler und Joslyn 1961).

In Spuren kommen ferner noch eine Vielzahl Mono-, Di-, Tri- und Oligosaccharide ($C_7$···$C_9$-Zucker), Zuckersäuren, wie Galakturonsäure, Glukonsäure und zusammengesetzte Zucker wie Zuckerphosphate, Glykoside, Glykoproteide, vor allem membrangebundene Glykoproteine und Glykolipide, Nukleotide (Kushnirenko und Mitarbeiter 1981) Loewus und Tanner 1982) u. a. vor, von denen dem D-Glukose-6-Phosphat im Kohlenhydratstoffwechsel (Turner und Turner 1975) eine zentrale Stellung zukommt (Abb. 6).

Zu den Polysacchariden gehören im Obst im wesentlichen Stärke, Zellulose und Hemizellulosen, Pentosane und Pektinstoffe (Abb. 7).

Die Stärke ist in größeren Mengen nur in den Kernobstarten enthalten. Stein- und Beerenobst sind mit Ausnahme sehr junger grüner Früchte frei von Stärke (Rees 1958). Die Stärke ist im wesentlichen aus D-Glukose aufgebaut. Entsprechend ihrem strukturellen Aufbau besteht sie aus zwei Fraktionen, aus der höhermolekularen, geradkettigen Amylose und dem verzweigtkettigen Amylopektin mit einem geringeren Mole-

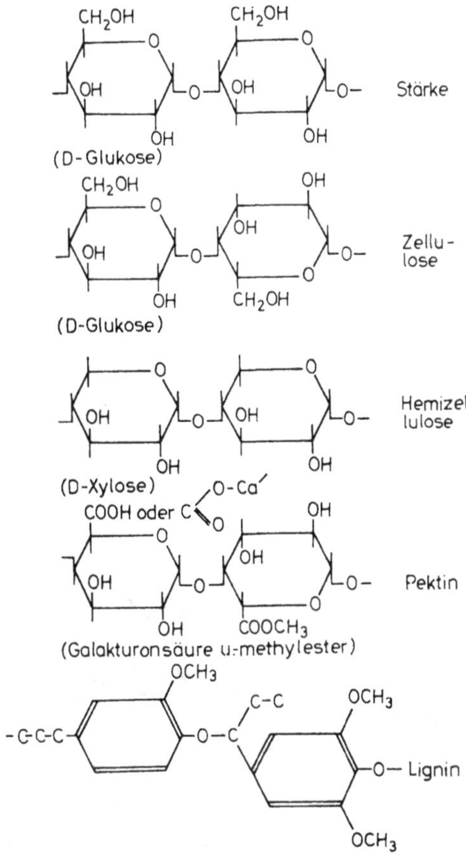


*Abb. 7:* Strukturformeln der Grundsubstanzen einiger Polysaccharide

kulargewicht. Das Verhältnis beider Fraktionen zueinander schwankt bei den einzelnen Obstarten von 1 : 2···3. In jungen Apfelfrüchten beginnt die Stärkeeinlagerung etwa 4···5 Wochen nach der Befruchtung, erreicht ihr Maximum mit 0,4···2,0, maximal 3,0% bezogen auf Frischsubstanz etwa zwischen der 14.···18. Entwicklungswoche und nimmt danach gleichmäßig bis zur Baumreife wieder ab. Der Kumulationspunkt der Stärkeeinlagerung in Apfelfrüchten wird etwa zum selben Zeitpunkt erreicht wie der des Chlorophyllgehaltes (Abb. 8). Im Stadium der Genußreife ist Stärke bei den Kernobstfrüchten nicht mehr nachweisbar.

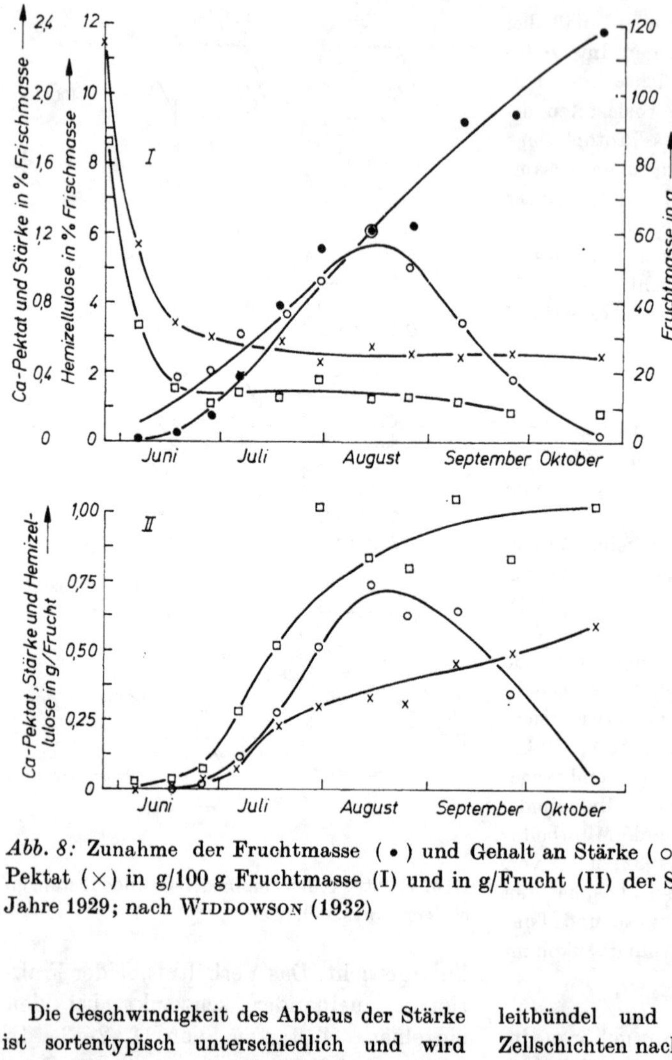


*Abb. 8:* Zunahme der Fruchtmasse ( • ) und Gehalt an Stärke ( ○ ), Hemizellulose (□) und Ca-Pektat (×) in g/100 g Fruchtmasse (I) und in g/Frucht (II) der Sorte ,Bramley's Seedling' im Jahre 1929; nach WIDDOWSON (1932)

Die Geschwindigkeit des Abbaus der Stärke ist sortentypisch unterschiedlich und wird durch Wachstums- und Klimabedingungen stark modifiziert. Während die Früchte der Sorte ,Clivia' zum Zeitpunkt der Baumreife noch relativ viel Stärke enthalten — Stärkewert 3···4 der Skala (Abb. 5, S. 480), ist sie in den Früchten der Sorten ,Herma' und ,Jonathan' weitgehend abgebaut (SCHULZ 1983).

Die Akkumulation der Stärke beginnt in den Früchten in den der Schale am nächsten liegenden Parenchymgewebezellen und schreitet von dort aus bis zum Kerngehäuse voran. Der Abbau der Stärke verläuft in umgekehrter Reihenfolge. Zunächst verschwindet sie um das Kerngehäuse und danach im Rindenparenchym. Am längsten ist Stärke um die Periantleitbündel und unterhalb der subkutanen Zellschichten nachweisbar.

Dieser charakteristische Stärkeabbau wird durch die $\alpha$- und $\beta$-Amylase eingeleitet. Die Aktivität beider Enzyme erhöht sich mit zunehmender Fruchtreife. Je niedriger die Amylaseaktivität zum Zeitpunkt der Baumreife ist, um so länger ist die Haltbarkeit der Früchte, wie MCARTHUR-HESPE (1955) an Birnen nachweisen konnte. Im Stadium des verstärkten Abbaus der Stärke wird in den Kernobstfrüchten vorübergehend der Gehalt an Zucker erhöht (Abb. 6, S. 481).

Während die $\beta$-Amylase Maltosemoleküle von den Enden her abtrennt, spaltet die $\alpha$-Amylase die Stärkemoleküle im Innern unter Bildung von Dextrinen auf. Beide Enzyme können nur α-1,4-Bindungen lösen. Für den Endabbau der Stärkemoleküle sind deshalb noch weitere Fermente erforderlich (Baldwin 1957), welche die 1,6-Bindungen im Stärkemolekül spalten und den weiteren Abbau der Stärke zu Glukose ermöglichen. Die Geschwindigkeit des Stärkeabbaus ist stark temperaturabhängig. Der Temperaturkoeffizient ist sortenabhängig und beträgt im Mittel für die Temperaturen + 1 °C, 10 °C und 20 °C = 1 zu 1,79:2,74.

Dieser charakteristische Rückgang im Stärkegehalt der Kernobstfrüchte wird häufig als Reifekriterium herangezogen; ein direkter Zusammenhang zum Pflückzeitpunkt besteht jedoch nicht, da der Abbau der Stärke jahresbedingt mit sehr unterschiedlicher Intensität verläuft.

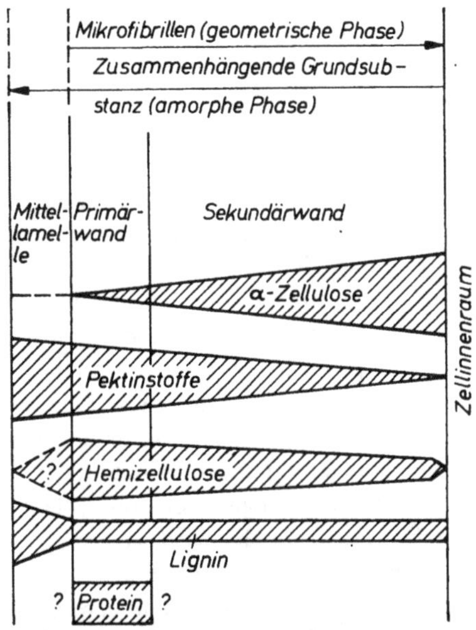


*Abb. 9:* Aufbau der Zellwand und Verteilung der Zellwandbestandteile; nach Bateman und Basham (1976)

Die Textur der Früchte ist vom Turgor der lebenden Zelle abhängig, dem Vorhandensein von Stützgewebe sowie dem Zusammenhalt der Zellen im Zellverband. Während der Turgor vom osmotischen Wert des Zellsaftes, von der qualitativen und quantitativen Zusammensetzung der in ihm gelösten Stoffe abhängt, wird das Stützgewebe durch faserartig miteinander verbundene Polysaccharide (Zellulose, Hemizellulosen, Pentosane) und Lignin (einem Komplex polymerer aromatischer Verbindungen) gebildet. Den Zusammenhalt der Zellen zu einem Zellverband (Parenchymgewebe) bewirkt das Pektin und die in ihm inkrustierten Polysaccharide. Alle drei Stoffgruppen bewirken durch ihre strukturelle Anordnung in den Zellwänden und Mittellamellen die Festigkeit und zugleich die Elastizität des Fruchtgewebes.

Die Zellwände werden auf zwei Wegen gebildet (O'Brien 1972):

- durch Transformation der Zellplatte bei der Zellstreckung.
  Aus ihr bildet sich die Mittellamelle, an welche zu beiden Seiten Protoplasma angelagert wird und
- durch Ausdehnung einer primären Zellwand, an welche die durch Enzymsysteme in den Mikrotubuli unterhalb des Plasmalemma gebildeten Zellulosemikrofasern mit einem Durchmesser von etwa 10 nm und einer Länge von 30 nm angelagert werden (Leeper 1973).

Auf diese Weise entsteht die Grundstruktur pflanzlicher Zellwände wie sie in Abbildung 9 dargestellt ist. Die Zellwand besteht aus einer amorphen Grundsubstanz und den aus α-Zellulose bestehenden Mikrofibrillen, die gemeinsam mit den eingelagerten Hemizellulosen die kristalline Phase der Zellwände bilden. Auf diesem strukturellen Aufbau der Zellwände beruht ihre Doppelfunktion. Als Skelettsubstanz ist sie für das Gefüge der Zellen verantwortlich, durch ihre partielle Quellbarkeit reguliert sie den Austausch der organischen Stoffe zwischen Zellwand und Interzellularraum und zwischen Zellwand und Protoplasma.

Während die Mittellamelle vorwiegend aus Pektinstoffen und Lignin aufgebaut ist, setzt sich die primäre Zellwand von außen nach innen mit abnehmender Konzentration aus Pektinstoffen, Lignin und Hemizellulosen sowie in zunehmender Konzentration aus Zellulose zusammen. Die sekundäre Zellwand besteht nur aus Zellulose, Hemizellulosen und Lignin unterschiedlicher Konzentrationen. In die Matrix der primären Zellwand sind mehrere andere Polysaccharide, meist Hexane und Pentosane, eingelagert. Die drei Grundsubstanzen Zellulose, Pentosane und Lignin bilden die Rohfaser des pflanzlichen Gewebes. Zu ihr wird von einigen Autoren auch das Cutin gerechnet.

Die Zellulose besteht zum überwiegenden Teil aus D-Glukosemolekülen, die meist in $\alpha$-1,4-Stellung, zum geringeren Teil in $\beta$-1,4-Stellung glykosidisch miteinander verbunden sind. Neben Glukose enthalten die Zellulosen je nach Fruchtart in wechselndem Verhältnis die Polysaccharide Glukosan, Galaktan, Mannan und Xylan mit den dazugehörenden Zuckern Glukose, Galaktose, Mannose und Xylose.

Der Gehalt der Früchte an Zellulose ist je nach dem erreichten Entwicklungsstadium unterschiedlich hoch. Er schwankt, bezogen auf die Fruchtmasse, zwischen 0,5% bei Pflaumen und fast 6% bei Himbeeren. Ihr Anteil an der Gesamtgerüstsubstanz beträgt 20···40%.

Die Menge an Zellulose verändert sich im Verlauf der gesamten Fruchtentwicklung nach bestimmten Gesetzmäßigkeiten. Beim Apfel nimmt sie bis Mitte Juli zu und erreicht Werte von 1···1,3% in der Frischmasse. Bis zur Baumreife verringert sich ihr Gehalt wieder auf 0,4···1,0%. Im Verlauf der Lagerung vermindert sich die Menge an Zellulose im Apfel nur gering. Nach KNEE (1978) beträgt der durchschnittlich freigesetzte Anteil Kohlenhydrate aus der Zellulose im Verlauf der Fruchtentwicklung weniger als 0,5% bezogen auf die Frischmasse, wobei sich die größten Veränderungen am Xylan, Araban und den Hemizellulosen vollziehen (HULME 1958). In Erdbeeren nimmt die Menge an Zellulose in kleinen Früchten von über 2,0% in der Frischmasse bis zum Leucostadium auf unter 0,7% ab und bleibt im Stadium der Anthozyanbildung weitgehend konstant (SPEYD und MORRIS 1981 a, b).

Die Hemizellulosen setzen sich aus zwei Fraktionen zusammen, die sich in ihrer Löslichkeit unterscheiden. Die Fraktion A besteht aus Glukosan, Galaktan, Xylan, Araban und Uronsäure, die Fraktion B aus Glukosan, Galaktan, Xylan, Arabinogalaktan und Rhamnose. Im Gegensatz zur Zellulose liegt der Gehalt an Hemizellulosen in den Früchten in der Zellteilungsperiode am höchsten und nimmt beim Apfel bis zur Baumreife ab. Im Juni enthalten Äpfel in der Frischsubstanz über 8% Hemizellulose, bei der Baumreife unter 1% (Abb. 8). Während der Lagerung verringert sich der Gehalt an Hemizellulose nur unbedeutend.

Der Abbau der Hemizellulosen vollzieht sich vorwiegend an den Galaktanen durch das Ferment $\beta$-Galaktosidase (WOLLNER 1978), wobei zwischen der Rate des Weichwerdens der Apfelfrüchte und der Aktivität der $\beta$-Galaktosidase eine enge Beziehung besteht (BARTHLY 1974).

Unter den Pentosanen ist das Araban neben Glukosan, Xylan und Galaktan in den Obstfrüchten das verbreitetste Polysaccharid. Pentosane kommen sowohl in den Mittellamellen als auch in der primären und sekundären Zellwand vor. Orangen und andere Fruchtarten enthalten 0,8···1,2% Pentosane je 100 g Frischsubstanz.

Lignin ist keine einheitlich aufgebaute organische Verbindung. Es ist ein Komplex aromatischer Substanzen und setzt sich aus Phenyl-Propan-($C_6$-$C_3$)-Einheiten zusammen. Im wesentlichen besteht es aus Koniferyl-, Sinapin- und o-Hydroxyzimtalkohol. Lignin bildet die Hüllsubstanz um die Zellulosefasern.

Die in den Obstarten vorkommenden Pektinstoffe stellen polymerhomologe Gemische aus 1,4-$\alpha$-glukosidisch verknüpften Molekülen der D-Galakturonsäure von unverzweigter kettenförmiger Anordnung und unterschiedlicher Kettenlänge dar, die noch partielle Anteile Zucker, wie Arabinose, Xylose, Glukose, Galaktose, Mannose und Rhamnose, enthalten. Durch partielle Veresterung der Karboxylgruppen mit Methoxylgruppen und durch Nebenvalenzbindungen über H-Brücken und Hauptvalenzbindungen mit zwei- und dreiwertigen Kationen ($Ca^{++}$, $Mg^{++}$, $Fe^{+++}$) entsteht ein dreidimensionales Netzwerk, welches als Protopektin bezeichnet wird. Dieses ist ein wasserunlöslicher Stoff. Durch Ankopplung von $\alpha$-Zellulose und verschiedenen Zuckerarten über Nebenvalenzbindungen und Phosphorsäure über Hauptvalenzbindungen wird die Wasserunlöslichkeit noch weiter erhöht.

Als inkrustierender Bestandteil der primären Zellwand und der Mittellamellen besitzt Protopektin zellverbindende und zugleich Stützfunktion im Gewebe und infolge ihrer Quellbarkeit und Kolloidnatur reguliert es den Wasserhaushalt der Zelle und Frucht. Die hohe Quellbarkeit und das starke Wasserbindungsvermögen beruhen auf der Anwesenheit von freien Hydroxyl- und Karboxylgruppen.

Die Pektinstoffe bilden im Mittel zu 30% die Zellwandsubstanz. Der Protopektingehalt in den Früchten beträgt 0,1···1,8% (Tab. 4). Er ist in jungen Früchten höher und nimmt bis zur Baumreife ab (Abb. 8).

Im nativen Pektin junger Früchte beträgt der wasserlösliche Anteil nur etwa 10 bis maximal 30%. Er erhöht sich im Verlauf der Fruchtreife beträchtlich und erreicht beim Apfel im genußreifen Zustand bis zu 50% des Gesamtpektins.

Der Abbau der Pektinstoffe erfolgt auf zwei Wegen. Zum einen werden die polyvalenten Kationen herausgelöst und die Neben- und Hauptvalenzbindungen gesprengt. Es entsteht in zunehmendem Maße wasser löslicher Pektin. Zum anderen werden die nun freien Pektinketten durch Einwirkung der Polygalakturonase zu Galakturonsäuremolekülen abgebaut. Dieser Vorgang vollzieht sich progressiv mit zunehmender Fruchtreife. Da gleichzeitig die Zellulaseaktivität stark zunimmt (Abb. 10), wird das Gewebegefüge gelockert und die Früchte werden weicher. Mit dem Abbau der Pektinstoffe geht auch die Quellbarkeit und das Wasserhaltevermögen des Gewebes verloren. Sicher steht damit die Mehligkeit und das Altersbersten der Früchte im Zusammenhang.

Die Höhe des Gehaltes an Kohlenhydraten in den Früchten der einzelnen Obstarten wird durch alle diejenigen Wachstumsfaktoren und Anbaumaßnahmen gefördert, die zur Stimulierung

*Tab. 4:* Pektingehalt verschiedener Obstarten in % der Frischmasse; nach Saburow und Antonow (1953); Gierschner und Otterbach (1981)

| | | | |
|---|---|---|---|
| Apfel | 1,00···1,80 | Erdbeere | 0,70 |
| Birne | 0,50···1,40 | Johannisbeere (schwarz) | 1,50 |
| Aprikose | 0,50···1,30 | Johannisbeere (rot) | 1,15 |
| Pfirsich | 0,56···1,25 | Stachelbeere | 0,30···1,42 |
| Pflaume | 0,20···1,50 | Himbeere | 0,10···0,72 |
| Kirsche | 0,35···0,76 | Weinbeere | 0,20···1,00 |

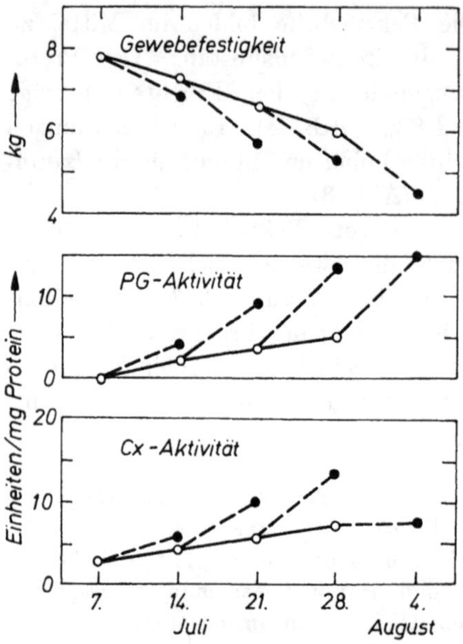


*Abb. 10:* Veränderungen der Gewebefestigkeit und der Aktivitäten der Polygalacturonase (PG) und der Zellulase (Cx) bei ‚Spadona' Birnen während der Reife am Baum (●) und nach einer Woche Lagerung bei +20°C (○); nach BEN-ARIE und SONEGO (1979)

der Assimilationsleistung und optimalen Versorgung mit Nährstoffen beitragen sowie das biologische Gleichgewicht zwischen vegetativer und generativer Leistung der Fruchtträger begünstigen.

Jeder störende Eingriff durch die Natur über das Klima und den Infektionsdruck oder den Menschen über einseitig oder falsch angewendete Anbaumaßnahmen, muß in den Früchten zu Abweichungen in der genetisch determinierten Potenz und Kohlenhydratmatrix führen. Oft genügt schon ein im Minimum befindlicher oder einseitig gesteigerter Wachstumsfaktor, um eine Verschiebung des Spektrums an Kohlenhydraten in den Früchten hervorzurufen. Berücksichtigt man die stoffwechselbedingten Veränderungen in der quantitativen und qualitativen Zusammensetzung der Kohlenhydrate im Verlauf der gesamten Fruchtentwicklung und Reife, so werden die aufgezeigten großen Abweichungen in der Zusammensetzung bei den einzelnen Fruchtarten und Sorten verständlich.

Bedeutenden Einfluß auf die Anreicherung der Früchte mit Kohlenhydraten üben die Klimafaktoren Sonnenscheindauer, -intensität und Temperatur aus. Wenn auch die autotrophe Assimilation der Früchte bei hohen Strahlungsintensitäten zu einer positiven C-Bilanz in den Früchten führen kann (LENZ und NOGA 1982), so ist sie im Verhältnis zu der der Blätter doch sehr gering (WIENEKE 1968; HANSEN 1970). Entscheidend für die Kohlenhydratanreicherung in den Früchten ist das Blatt-Frucht-Verhältnis, wie bereits HALLER und MAGNES Anfang der zwanziger Jahre nachweisen konnten (Abb. 11).

Die Stärke des Fruchtbehanges spielt insbesondere beim Apfel eine wesentliche Rolle im Zusammenhang mit der Assimilatsynthese, dem -transport und der

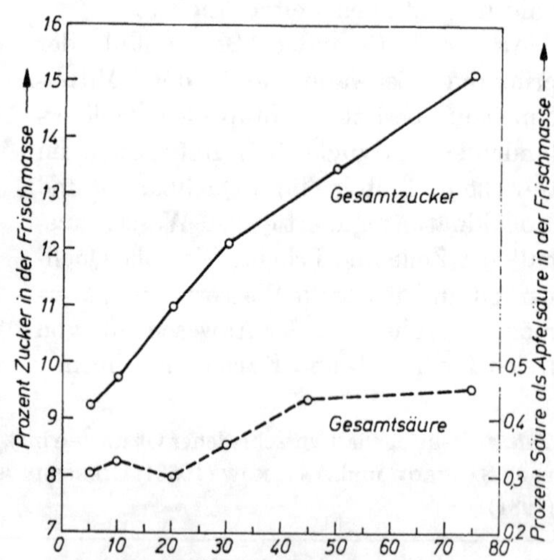


*Abb. 11:* Gehalt an Zucker und Säure in den Früchten der Apfelsorte ‚Ben Devis' in Abhängigkeit von der Zahl Blätter je Frucht; nach HALLER und MAGNESS (1924), entnommen: SMOCK und NEUBERT (1950)

-verteilung. Die source-sinks-Beziehungen verändern sich in Abhängigkeit von der Behangsdichte entscheidend (BANGERTH 1979). Aus diesem Grunde findet man häufig in Früchten von Jungbäumen mit stärkerem Behang einen höheren Gehalt an Zucker (LÜDDERS 1979), vor allem an Glukose und Fruktose, wohingegen der Saccharosegehalt sortenabhängig höher oder tiefer sein kann (LÜDDERS und FISCHER-BÖLÜKBASI 1980). Der Zuckeralkohol Sorbit ist in den Früchten bei starkem Behang niedriger als bei höherer Behangstärke.

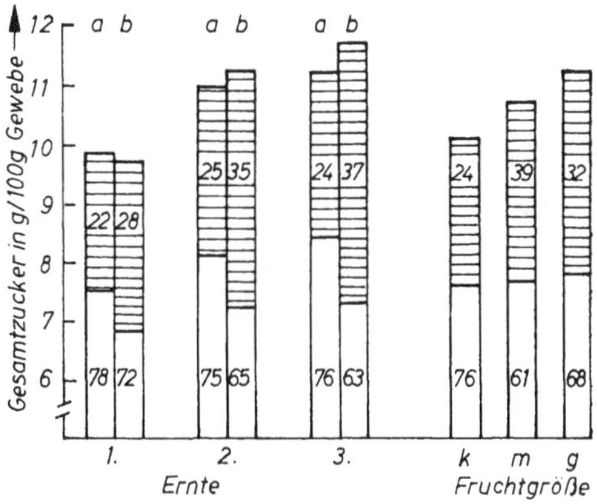


*Abb. 12:* Einfluß des Standortes der Bäume über NN und der Fruchtgröße auf den Gehalt an Gesamtzucker, Saccharose und reduzierenden Zuckern in den Früchten der Apfelsorte ‚Golden Delicious'; nach ECCHER ZERBINI und Mitarbeiter (1978); a = 3 m über NN, b = 300 m über NN; Zahlen in den Säulen = Prozentanteile

[schraffiert] = Saccharose,
[leer] = reduzierende Zucker

Bei der Anwendung von Hormonen, die die Äthylensynthese und damit die Fruchtreife inhibieren, wie Amminoethoxyvinylglycin (AVG), werden Früchte mit höherem Anteil Stützgewebe und damit besserer Fruchtfleischfestigkeit gebildet (MÜLLER und Mitarbeiter 1979). In gleicher Richtung wirkt eine Spritzung mit $GA_3$ drei Wochen vor der Ernte bei Süßkirschen (FACTEAU 1982). Nach Anwendung von Alar und TIBA kann bei einem hohen Behang der Saccharosegehalt gemindert (LÜDDERS 1979), durch Alar der Stärkegehalt erhöht (LÜDDERS und FISCHER-BÖLÜKBASI 1980) und durch Ethephon (JONES 1980) der Stärkeabbau gefördert und der Zuckergehalt gesteigert werden.

Der Reifeverlauf ist sicher mit entscheidend für die Ausprägung von Früchten mit einem hohen Kohlenhydratgehalt. ESCHER-ZERBIUS und Mitarbeiter (1978) konnten nachweisen, daß unter den strahlungsintensiven Produktionsbedingungen Italiens in einer Anbauhöhe von 300 m über NN gegenüber solchen von 3 m über NN bei verlängerter Wachstumsphase bis zu 10% mehr Zucker in den Früchten angereichert wird (Abb. 12). Infektionen mit pilzlichen Erregern bedingen qualitative und quantitative Veränderungen im Zuckergehalt der Früchte. Die in Äpfeln, Birnen und Pfirsichen nach Befall mit *Gliocladium roseum, Sclerotium rolfii* und *Aspergillus niger* enthaltenen Mengen an Glukose und Fruktose verringern sich, wohingegen die an Saccharose erhöht wird. Bei Pfirsichfrüchten konnten nach Infizierung mit *A. niger* gegenüber gesunden Früchten sowohl im befallenen als auch im umgebenen Gewebe Ribose, Maltose und Raffinose in Mengen nachgewiesen werden, die höher waren als der Gehalt an Fruktose (SUMBALI und MEHROTRA 1981). Durch Fungizide kann der Kohlenhydratgehalt in den Früchten sowohl positiv als auch negativ beeinflußt werden. Nach Behandlungen mit Thiram entsteht ein festeres Gewebe mit einem höheren Gehalt an löslicher Trockensubstanz, bei Anwendung von Captan wird die Reife stimuliert, die Früchte besitzen eine geringere Gewebefestigkeit bei gleichzeitig niedrigerem Gehalt an löslicher Trockensubstanz (BREMER und BÜNEMANN 1982).

Nach Spritzungen von Transpirations-Hemmern wie Poly-1-p-methen-8-9-diyl (Vapor Gard) oder Di-1-p-menthene (Wilt Pruf NCF) sowie emulsionsbildenden Substanzen wie A-C-polyethen und Octyl-phenoxyethanol (Piyac) an Bäumen auf Standorten mit geringerer Wasserversorgung wird zwar die Einzelfruchtmasse erhöht, sie fördern aber zugleich die Reife, reduzieren die Gewebefestigkeit und beschleunigen den Stärkeabbau (MILLER 1979).

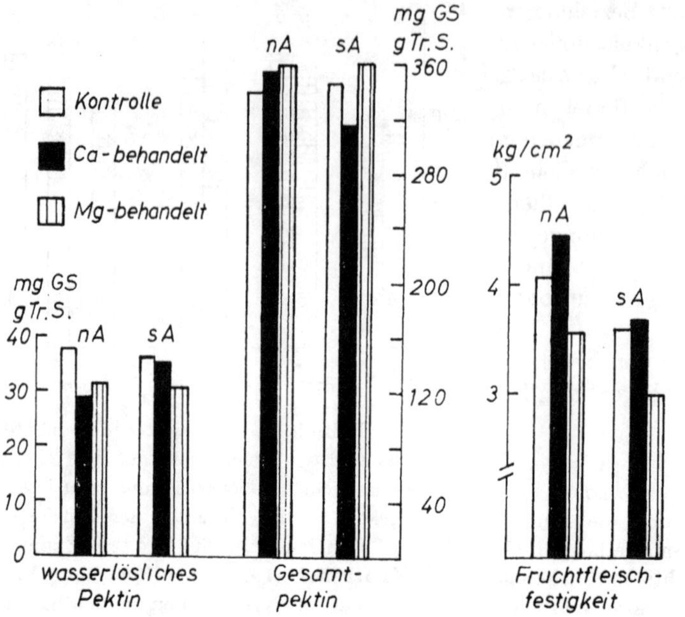


*Abb. 13:* Wirkung einer Ca- und Mg-Applikation auf den Gehalt an Pektin und die Fruchtfleischfestigkeit der Früchte der Sorte ‚Cox Orangen', 1972; nA = nicht ausgedünnt, Fruchtdurchmesser 60 mm, sA = stark ausgedünnt, Fruchtdurchmesser 71 mm; nach CORTES (1974)

Einen erheblichen Einfluß auf den Kohlenhydrat-Stoffwechsel in den Früchten hat die Düngung. Durch eine zu hohe und einseitig gesteigerte N-Düngung werden meist große Früchte mit einem höheren Gehalt an Mono- und Disacchariden und einem niedrigeren an Stärke gebildet (MONOLAKIS und LÜDDERS, 1978). Nach Ca- und Mg-Applikation ist der Gehalt an löslichem Pektin meist geringer (Abb. 13) und bei starkem Behang wird der Gesamtpektingehalt gleichzeitig erhöht. Die Fruchtfleischfestigkeit nimmt nach Ca-Spritzungen meist zu (CORTES 1974). Nach höherer Mg-Gabe wird der Gehalt an Fruktose in den Früchten gemindert, der an Sorbit und $\beta$-Glukose steigt dagegen an; bei gleichzeitig starker Fruchtausdünnung und der damit verbundenen Zunahme der Einzelfruchtmasse verringert sich der Gehalt an $\alpha$- und $\beta$-Glukose und der an Saccharose nimmt zu. Die Beziehungen zwischen der Düngung und dem Gehalt an Kohlenhydraten in den Früchten sind sehr komplex, weshalb in der Literatur oft widersprüchliche Angaben zu finden sind.

Im Verlauf der Lagerung verändern sich die Mengen an Kohlenhydraten in Abhängigkeit von der Lagertemperatur und dem Lagerverfahren bei den einzelnen Obstarten und Sorten sehr unterschiedlich (vergl. S. 481). Der Gehalt an Saccharose verringert sich bei den meisten Apfelsorten beträchtlich, obwohl es auch Sorten gibt, wie z. B. ‚Ingrid Marie' und ‚Cox Orangen', bei denen er während der Lagerung konstant bleibt oder sogar ansteigt (ROEMER 1982). Die Menge an Glukose nimmt während der Lagerung der Früchte sowohl im maschinengekühlten als auch im CA-Lager stets zu. Demgegenüber kann der Gehalt an Fruktose in Apfelfrüchten sowohl ansteigen als auch abnehmen.

## Organische Säuren

Nach den Kohlenhydraten bilden die organischen Säuren quantitativ den zweitgrößten Teil der Trockensubstanz in den

Früchten. In Verbindung mit den Zuckerarten verursachen sie den süß-sauren Geschmack und beeinflussen mehr oder weniger das Aroma der Früchte. Ihr Gehalt ist deshalb ein wichtiges Qualitätsmerkmal bei den einzelnen Obstarten, insbesondere bei den relativ säureärmeren Kernobstfrüchten. Der Anteil an der Trockensubstanz beträgt im Mittel bei Kernobstarten 3···5%, bei Steinobstarten 2,5···11% und bei Beerenobstarten 7···17%. Die organischen Säuren kommen als freie Säuren und an mineralische und zum Teil an organische Kationen gebundene Salze vor. Sie sind im Zellsaft gelöst. Die Gesamtsäure einer Frucht setzt sich also aus einem titrierbaren Anteil (freie Säuren und saure Salze) und einem nicht titrierbaren Anteil (neutrale Salze) zusammen. Das Verhältnis beider Fraktionen in den einzelnen Fruchtarten ist sehr unterschiedlich. Die Menge nicht titrierbarer Säure am Gesamtsäuregehalt einer Frucht schwankt von 0,2% bei einigen Apfelsorten bis zu 30% bei Mostbirnen (Herrmann 1968), sie macht im Mittel bei den einzelnen Obstarten und Sorten weniger als 1% des Gesamtsäure-Gehaltes aus. Der Anteil gebundener Säure ist vor allem in jungen Früchten sehr hoch, also zu einem Zeitpunkt verstärkter Kationeneinlagerung.

Die titrimetrische Azidität stellt deshalb kein absolutes Maß für die vorhandene Menge an Gesamtsäure dar, sondern läßt nur eine Aussage über die zeitlichen Veränderungen der Mengen an Gesamtsäure zu. Solange Kationen in den sich entwickelnden Früchten angereichert werden, nimmt die Menge an gebundenen Säuren zu. Es besteht eine direkte Beziehung zwischen Kationenaufnahme und Säurebildung (Wolf, 1960, 1969). Nach dem Abtrennen der Frucht vom Fruchtträger und damit Einstellung der Kationenzufuhr bildet die titrierbare Menge organischer Säuren ein absolutes Maß für die Veränderung des Gesamtsäuregehaltes.

Als freie Säuren und als saure Salze bestimmen die organischen Säuren entsprechend ihrem Dissoziationsgrad die aktuelle Azidität, die Wasserstoffionen-Konzentration des

*Tab. 5:* In Apfel- und Birnenfrüchten nachgewiesene organischen Säuren; nach Hulme (1958)

| Apfel | | | Birne | | |
|---|---|---|---|---|---|
| Ganze Früchte oder Saft von ganzen Früchten | Parenchymgewebe | Schale | Ganze Früchte oder Saft von ganzen Früchten | Parenchymgewebe | Schale |
| Chinasäure | Apfelsäure | Apfelsäure | Chinasäure | Apfelsäure | Apfelsäure |
| Glykolsäure | Zitronensäure | Zitronensäure | Glykolsäure | Zitronensäure | Zitronensäure |
| Bernsteinsäure | Chinasäure | Chinasäure | Bernsteinsäure | Chinasäure | Chinasäure |
| Milchsäure | Shikimisäure | Shikimisäure | Milchsäure | Shikimisäure | Shikimisäure |
| D-Galakturonsäure | Bernsteinsäure | Glyzerinsäure | D-Galakturonsäure | Glyzerinsäure | Glyzerinsäure |
| Zitramalsäure | Glyzerinsäure | α-Oxoglutarsäure | | Schleimsäure | Zitramalsäure |
| Schleimsäure | α-Oxoglutarsäure | Brenztraubensäure | | | |
| | Brenztraubensäure | Oxalessigsäure | | | |
| | Glyoxylsäure | | | | |
| | Isozitronensäure | | | | |

Vakuolensaftes. Sie bilden in den Früchten ein Puffersystem mit bestimmtem pH-Wert, der abhängig ist von dem Verhältnis gebundener zu freien Säuren. Bei den meisten Fruchtarten wie Apfel, Pflaume, Weinbeere oder Himbeere korreliert der pH-Wert mit der titrierbaren Azidität recht gut, weniger zum Beispiel bei Erdbeere und Pfirsich. Der pH-Wert schwankt bei den einzelnen Fruchtarten in Abhängigkeit von Sorte, Anbaubedingungen

*Tab. 5a:* Vorkommen organischer Säuren in Früchten

Aliphatische Monokarbonsäuren

Ameisen-, Essig- und Buttersäure in Weinbeere, Erdbeere, 2-Methyl, 2,3,-dihydroxybuttersäure in Apfel

Aliphatische Monokarbonsäuren mit Alkohol-, Keton- oder Aldehydgruppen

| | |
|---|---|
| Glykolsäure, | in unreifen Früchten von Weinbeere, Apfel, Birne |
| Milchsäure, | in fast allen Fruchtarten; ein natürliches Vorkommen wird jedoch angezweifelt und auf die Tätigkeit von Mikroorganismen (Gärung) zurückgeführt, |
| Glyzerinsäure, | in Weinbeere, |
| Mevalonsäure, | in mehreren Fruchtarten, bildet Vorstufe für die Karotinsynthese |
| Brenztraubensäure, | als intermediäres Stoffwechselprodukt in fast allen Fruchtarten, |
| Glyoxylsäure, | in unreifen Früchten der Weinbeere und des Apfels, |

Alipathische Di- und Trikarbonsäuren

| | |
|---|---|
| Bernsteinsäure, | in fast allen Fruchtarten, |
| Fumarsäure, | in grünen Äpfeln, Birnen, |
| L-Apfelsäure, | in fast allen Fruchtarten, |
| D-Weinsäure, | charakteristisch für Weinbeere, aber auch in Stachelbeere nachgewiesen (Lee und Jacobs 1951), |
| Zitramalsäure (2-methyl-Apfelsäure), | in der Schale von Apfelfrüchten (Hulme 1957) |
| Zitronensäure, | weit verbreitet bei allen Fruchtarten, |
| Isozitronensäure, | kommt in Spuren in mehreren Fruchtarten vor, |
| Cis-Aconitsäure, | in Spuren in manchen Früchten, |
| Oxalessigsäure, | weit verbreitet in allen Fruchtarten, |
| α-Oxoglutarsäure, | in Spuren in vielen Obstarten, |

Säurederivate aus Zuckerarten

| | |
|---|---|
| Schleimsäure, | in Apfelfrüchten (Hulme 1957) |
| Galakturonsäure, | in Apfel, Birne, Aprikose, Pfirsich, |
| Glukuronsäure, | in Apfel und Pflaume, |

Karbozyklische Monokarbonsäure, aromatische und alicyklische Säuren

| | |
|---|---|
| Salizylsäure, | in Johannis- und Erdbeere, |
| p-Kumarsäure, | meist als Derivate in mehreren Fruchtarten |
| Kaffeesäure, | |
| Chinasäure und deren Depsid, die Chlorogensäure, | in Apfel, Birne, Aprikose, Pfirsich, |
| Shikimisäure, | in Apfel, Birne, Erdbeere und Stachelbeere, in welcher sie nach Whiting (1958a) bis zu 20% der Gesamtsäure ausmachen kann. |

und Reifegrad zwischen 2,5 bis wenig über 4,0 in der Genußreife und um 5,0 in überreifen Früchten.

Die Verteilung der Säuren innerhalb einer Frucht ist nicht gleichmäßig. Bei Äpfeln zum Beispiel ist die Konzentration an Säuren in der apikalen Hälfte geringer als in der basalen (LALL 1934) und nimmt in wachsenden Früchten in äquatorial-radialer Richtung von außen nach innen zu. Dies gilt sowohl für die titrimetrische Azidität als auch für den Gesamtsäuregehalt (ARCHBOLD und BARBER 1934) und stimmt weitgehend mit der Kationenverteilung in der Frucht überein. In der reifenden Frucht wird der Säuregehalt im Innern wiederum schneller abgebaut als in den Randzonen des Parenchymgewebes.

Die organischen Säuren sind in den Früchten in hoher Mannigfaltigkeit enthalten (Tab. 5). Neben den am Aufbau der Fette beteiligten höhermolekularen Fettsäuren und den freien und gebundenen Aminosäuren konnten die in der Tabelle 5a wiedergegebenen organischen Säuren nachgewiesen werden. Neben diesen als freie Säuren nachgewiesenen, kommen vor allem $C_2 \cdots C_8$-Säuren als Ester gebunden in den flüchtigen Aromastoffen fast aller Fruchtarten vor.

Mengenmäßig bilden Apfel- und Zitronensäure in pflückreifen Früchten von Kern-, Stein- und Beerenobstarten (Tab. 6) und die Weinsäure in den Weinbeeren den Hauptteil der Säuren. Alle anderen Säuren werden entweder als Sekundärstoffe in den Früchten angereichert, sind nur in bestimmten Reifestadien in größeren Mengen vorhanden, wie z. B. die Chinasäure in jungen Früchten (HULME 1958), bilden Zwischenprodukte des Intermediärstoffwechsels, insbesondere des Zitronensäurezyklus, oder werden nur unter Streßbedingungen (Stoffwechselanomalien, Auftreten nichtparasitärer Erkrankungen, bei der Lagerung unter tiefen Temperaturen oder hohem $CO_2$-Gehalt und niedrigem $O_2$-Gehalt in der Lageratmosphäre) stärker in den Früchten angereichert, wie z. B. die Bernsteinsäure (HENZE 1969; BACHMANN 1981).

Eine zentrale Stellung im gesamten Säurestoffwechsel der Früchte kommt der Oxalessigsäure zu, da über sie der Auf-, Um- und Abbau der Kohlenhydrate, N-haltigen Verbindungen, der Fette und organischen Säuren verläuft (Abb. 14). Lange Zeit betrachtete man den Metabolismus dieser organischen Stoffe als ein nebeneinander ablaufendes Geschehen. Dem ist aber nicht so. Allen diesen Fruchtinhaltsstoffen liegt ein funktionaler Zusammenhang zugrunde, bei dem das

*Tab. 6:* Hauptsächliche Säuren einiger Beerenobstarten in % Frischgewicht; Zusammengestellt von GREEN (1971)

| Fruchtart | pH | typisch reife Frucht | Zitronensäure | Apfelsäure | Isozitronensäure und Lactone |
|---|---|---|---|---|---|
| Erdbeere | 3,26 | 1,01 | 0,92 | 0,09 | |
| Johannisbeere schwarz | 3,1 | 3,1 | 3,16 | 0,44 | + |
| Johannisbeere rot | 2,9 | 2,5 | 2,02 | 0,26 | + |
| Johannisbeere weiß | 2,6 | 2,31 | 1,72 | 0,60 | + |
| Stachelbeere | 3,1 | 1,99 | 0,88 | 0,73 | + |
| Himbeere | 3,47 | 2,8 | 2,06 | 0,80 | |
| Brombeere kultiviert | 3,0 | 1,5 | Spur | 0,82 | 0,81 |

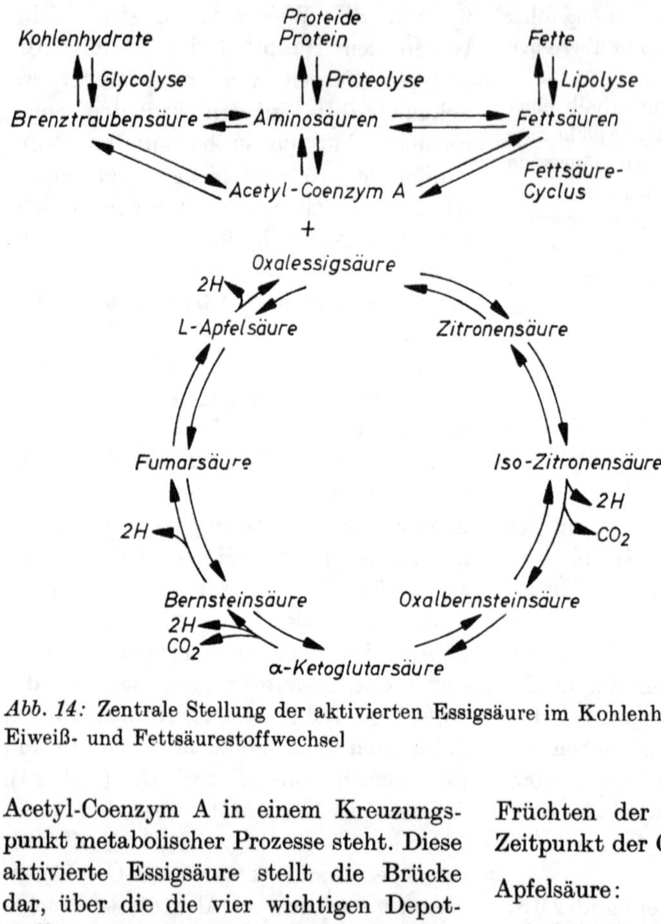


*Abb. 14:* Zentrale Stellung der aktivierten Essigsäure im Kohlenhydrat-, Eiweiß- und Fettsäurestoffwechsel

Acetyl-Coenzym A in einem Kreuzungspunkt metabolischer Prozesse steht. Diese aktivierte Essigsäure stellt die Brücke dar, über die die vier wichtigen Depotstoffe chemisch miteinander verbunden sind. Zum Beweis dessen sei ein Versuch von DRAVERT und STEFFEN (1965, 1966) angeführt. Sie applizierten im Reifestadium befindliche Weintrauben getrennt mit $^{14}C$ markierter Apfel-, Wein-, Essig- und Glutaminsäure sowie Glukose und fanden bereits nach wenigen Stunden die $^{14}C$-Aktivitäten in den organischen Säuren (meist Apfel- und Zitronensäure), in Aminosäuren und in den Kohlenhydraten wieder. Auf diese Weise werden alle in den Früchten vorkommenden Säuren durch Karboxylierung und Dekarboxylierung, Aminierung und Desaminierung als Metaboliten in den Stoffwechsel einbezogen (WOLF 1953).

Die prädominanten Säuren in den Früchten der einzelnen Obstarten zum Zeitpunkt der Genußreife sind:

Apfelsäure:

Apfel (80···95%), Kirsche (85···92%), Aprikose (70···80%), Birne (60···80%), Pflaume (30···90%), Pfirsich (50%), Stachelbeere und Brombeere, Weinbeere (25···30%),

Zitronensäure:

Erdbeere (> 60%), Rote und Schwarze Johannisbeere (> 80%), Himbeere (85···90%), Stachelbeere (50%)

Weinsäure:

Weinbeere (50···65%).

Häufig ist Chinasäure (frei oder als Depsid an Kaffeesäure gebunden) in den Früchten in hohen Konzentrationen nachweisbar und kann in Apfelfrüchten, die sich noch in der Zellteilungsphase befinden, bis zu 40% der Gesamttitrationsazidität ausmachen (Abb. 16).

Die Zuordnung der Früchte nach den Hauptsäureanteilen hat aber nur bedingten Charakter, da sich in Abhängigkeit vom Reifegrad die qualitative ebenso wie die quantitative Zusammensetzung der organischen Säuren ändert und auch zwischen den Sorten einer Fruchtart Unterschiede bestehen können. So fanden Li und Hansen (1963) in ‚Anjou'-Birnen als prädominante Säure Apfelsäure, in ‚Bartlett'-Birnen jedoch Zitronensäure und Apfelsäure zu gleichen Teilen.

Im Verlauf der Fruchtentwicklung und Reife ändert sich die qualitative und quantitative Zusammensetzung der organischen Säuren genetisch bedingt nach bestimmten Gesetzmäßigkeiten. Bei Äpfeln ist in jungen Früchten unmittelbar nach der Befruchtung die titrimetrische Azidität analog der der Blätter sehr gering und auch die Zusammensetzung der Säuren ähnelt phylogenetisch bedingt denen der Blätter (Krotkov und Mitarbeiter 1951). Mit zunehmender Fruchtentwicklung hält der Kationenstrom mit der Zunahme an Gesamtsäure nicht Schritt, und es vermehrt sich die Konzentration an titrierbarer Säure (Abb. 15) und der pH-Wert nimmt niedrigere Werte an. Etwa mit Beginn der Stärkeeinlagerung verringert er sich dann zunächst allmählich, um mit fortschreitender Fruchtvolumenzunahme rascher abzunehmen. Diese Konzentrationsabnahme an organischen Säuren ist im Verlauf des Fruchtwachstums nur ein Verdünnungseffekt, der um so stärker ausgeprägt ist, je schneller die Fruchtmasse zunimmt. Bezogen auf die Einzelfrucht erhöht sich der Gehalt an titrierbarer Säure jedoch bis zum Erreichen der Baumreife,

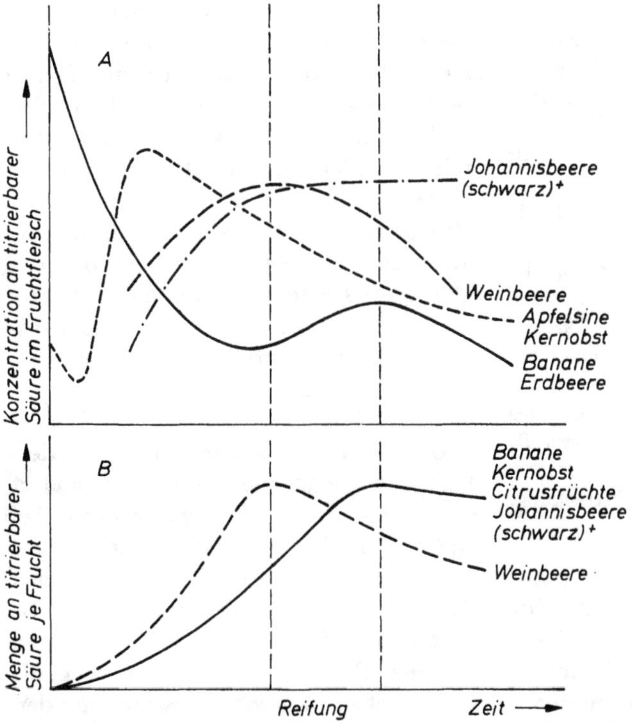


*Abb. 15:* A u. B. Vergleichende schematische Darstellung der im Verlauf der Entwicklung unterschiedlichen Lage der Maxima der Menge an titrierbarer Säure bei verschiedenen Früchten. A bei Bezug auf Frischgewicht, B bei Bezug auf die einzelne Frucht, Koordinaten in willkürlichen Einheiten; nach Wolf (1960); ergänzt nach Green (1971)

um im Stadium der Genußreife erst langsam, mit Einsetzen der Seneszenz rascher abzunehmen. Die Zeitspanne zwischen dem Aziditätsmaximum und dem Reifebeginn ist genetisch bestimmt und deshalb bei den einzelnen Sorten von unterschiedlicher Dauer. Einem ähnlichen Verlauf folgt die titrierbare Azidität bei manchen Birnen-, Pflaumen- und Pfirsichsorten.

Die Menge an titrierbarer Säure je Masseeinheit Fruchtgewebe erhöht sich im Verlauf des Wachstums der Weinbeere stärker und erreicht bereits kurz vor dem Einsetzen des Reifeprozesses den Maximalwert, um danach wieder abzunehmen. Ähnlich verhalten sich auch Rote Johannisbeeren und einige Pfirsichsorten. Bei Schwarzen Johannisbeeren (Green 1971), Erdbeeren (Spayd und Morris 1981), Kirschen und Aprikosen (Guichard 1955b) nimmt die Menge an titrierbarer Säure im Verlauf der Fruchtentwicklung bis zum Eintritt in die Genußreife stark zu und erhöht sich danach zum Teil geringfügig weiter oder bleibt zumindest auf gleichem Niveau. Von 11 untersuchten Roten Johannisbeersorten verhalten sich 5 wie Schwarze Johannisbeeren, bei 6 Sorten nimmt der Gehalt an titrierbarer Säure mit zunehmender Reife ab (Sesvecan und Mitarbeiter 1981).

Im allgemeinen Verlauf der Zu- und Abnahme der titrierbaren Säure bestehen wahrscheinlich enge Beziehungen zur morphologischen Entwicklung der Früchte. Zumindest beim Apfel fällt das Maximum des Anstieges mit dem Ende der Zellteilungsphase zusammen. Ähnlich ist es auch bei der Weinbeere, bei der ja die Zellteilungsphase bis kurz vor Erreichen der Reifephase verläuft. Erst danach vergrößert sich nach Genevois (1938) das Fruchtvolumen durch Zellstreckung.

Der rasch einsetzende Rückgang in der Titrationsazidität mit Beginn der Fruchtreife ist auf eine verstärkte Einbeziehung der organischen Säuren in den Atmungsstoffwechsel der Früchte zurückzuführen (Hulme und Mitarbeiter 1969). Erkennbar ist dies an dem mit der Reife zunehmenden Respirationsquotienten RQ. Während er bis zu dem Entwicklungsabschnitt, in welchem die Früchte mit Assimilaten über den Fruchtträger versorgt werden, bei 0,9···1,1 liegt, was auf eine vorrangige Veratmung von Zucker schließen läßt, steigt er im klimakterischen Atmungsanstieg auf 1,25 und darüber und nähert sich dem Wert für die Veratmung reiner Apfelsäure von 1,33. Mit einsetzendem Alterungsprozeß oder Auftreten von Stoffwechselanomalien steigt der RQ sogar auf Werte von 1,5···1,8 an, was auf die Bildung von Azetaldehyd oder einsetzende alkoholische Gärung hinweist. Bei der Bildung von Azetaldehyd aus Apfelsäure über Brenztraubensäure werden je Mol aufgenommenem Sauerstoff vier Mol $CO_2$ ausgeschieden, der RQ beträgt also 4.

Auf die Frucht bezogen, verändert sich der Gehalt an titrierbarer Säure in den Früchten nach einheitlicherem Schema (Abb. 15). Bei den Früchten der meisten Obstarten erhöht sich die Menge je Frucht solange, wie die Frucht wächst und am Baum, Strauch oder der Pflanze reif geworden ist, zum Beispiel bei den Kernobstarten, Pfirsich, Aprikose oder Erd- und Johannisbeere. Bei wenigen Obstarten, zum Beispiel der Weinbeere oder der Pflaume (Gatet 1939; Guichard 1955b), wird das Maximum bereits zu einem früheren Zeitpunkt erreicht, und zwar dann, wenn die Früchte sich zu färben beginnen.

Der Gehalt an Gesamtsäure — titrierbare und gebundene Säure — verändert sich bezogen auf die Fruchtmasse bei Apfel, Pfirsich und Weinbeere in gleicher Weise wie die Konzentration der freien Säuren (Krotkov und Mitarbeiter 1957, Hulme u. Wooltorton 1957). Bezogen auf die Frucht durchläuft er ebenfalls im gleichen Entwicklungsstadium den Kumulationspunkt wie die freien Säuren, obwohl der Anteil gebundener Säuren bei den einzelnen Obstarten in Abhängigkeit vom Entwicklungsstadium und von den Anbau- und Wachstumsbedingungen sehr variabel sein kann. Entscheidend dafür ist sicher das weite Verhältnis zwischen gebundener und freier Säure.

Die Menge an gebundener Säure je Frucht nimmt solange zu, wie die Frucht sich entwickelt und Kationen aufnimmt. Entsprechend dem Verlauf der Kationenanreicherung liegt in jungen Früchten, die sich in der Zellteilungsphase befinden, der Gehalt an gebundener Säure sehr hoch. Ihr Anteil an der Gesamtsäure wird mit zunehmendem Fruchtvolumen relativ geringer.

Die Konzentrationsänderungen der wichtigsten in den Früchten vorkommenden Säuren weisen im Verlauf der Fruchtentwicklung erhebliche Unterschiede auf und ihre quantitativen Veränderungen sind arten- und sortentypisch differenziert.

In der Zellteilungsperiode sind bei Äpfeln Apfel-und Chinasäure mengenmäßig zu gleichen Teilen vorhanden (Abb. 16). In der Zellstreckungsperiode verringert sich jedoch die Menge an Chinasäure wesentlich stärker als die an Apfelsäure. Vor allem in Früchten mit einem hohen Säuregehalt trifft dies zu. Im baumreifen Stadium macht deshalb bei diesen Sorten die Apfelsäure 80···90% der Gesamtsäure aus. Die Menge an Zitronensäure verändert sich im Verlauf der Fruchtentwicklung nur unbedeutend, und ihr Anteil an der Gesamtazidität schwankt zwischen 0,5 und maximal 10%. Sie steigt in der Zellstreckungsperiode zunächst geringfügig an und fällt mit einsetzender Baumreife sortenabhängig zu unterschiedlichen Zeiten wieder ab. Die Veränderungen im Gehalt an Zitronensäure sind im Verhältnis zu denen der Apfelsäure gering.

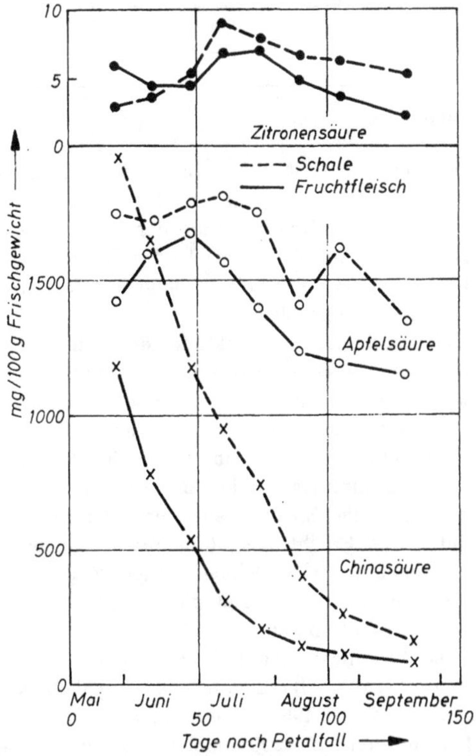


*Abb. 16:* China-, Apfel- und Zitronensäuregehalt in der Schale und im Parenchymgewebe der Früchte der Apfelsorte ‚Bramley's Seedling' während ihrer Entwicklung am Baum; Auszug nach HULME und WOOLTORTON (1957)

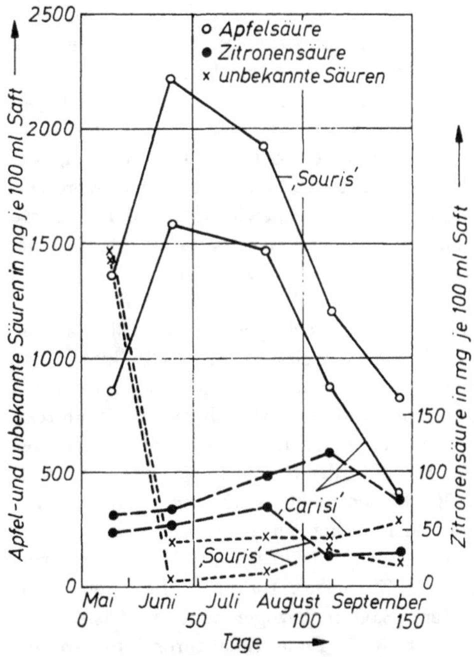


*Abb. 17:* Veränderungen im Gehalt einiger Säuren in den Früchten der Birnen ‚Souris' und ‚Carisi' während ihrer Entwicklung; nach JACQUIN und TAVERNIER (1954)

Auch bei Birnen ist die Menge an Apfelsäure in den jungen Früchten (Abb. 17) sehr hoch und bildet neben Chinasäure die dominierende Säure. Der Gehalt an Zitronensäure ist zu diesem Zeitpunkt wesentlich geringer. Nach einer Konzentrationserhöhung in der Zellteilungsphase nimmt die Menge an Apfelsäure sehr stark ab, die an Zitronensäure bis kurz vor Erreichen der Baumreife jedoch zu, um danach wieder abzunehmen. Das Verhältnis beider Säuren zueinander beträgt bei den einzelnen Sorten zum Erntezeitpunkt 1 : 1 bis 30 : 1, es können sogar höhere Mengen an Zitronensäure als Apfelsäure vorliegen. Auf der anderen Seite gibt es Sorten, wie die Birnensorte ‚Anjou', bei der Zitronensäure nicht nachgewiesen werden konnte und der Anteil an Apfelsäure an der Gesamtsäure fast 90% ausmacht (Tab. 7).

*Tab. 7:* Gehalt an organischen Säuren in Birnenfrüchten in mg/100 g Fruchtgewebe; nach Li und Hansen (1963) und nach der Lagerung; nach Chen und Mitarbeiter (1981), Auszug

| Sorte | Shikimi- | China- | Zitronen- | Apfel- | Bernstein- | Wein- | Gesamtsäure |
|---|---|---|---|---|---|---|---|
| ‚Bartlett' | 6,2 | 11,6 | 173,9 | 159,3 | 2,0 | 18,9 | 272,1 |
| ‚Anjou' | 6,4 | 9,2 | 0,0 | 332,4 | 0,0 | 34,0 | 382,1 |
| | nach der Lagerung | | | | | | |
| 1% $O_2$ | 9 | 11 | 0,0 | 310 | 68 | 11+ | 427,9++ |
| Luft | 2 | 7 | 0,0 | 212 | 20 | 15+ | 274,5++ |

+) Chlorogensäure; ++) einschließlich 0,9 bzw. 0,5 Fumarsäure

Die in jungen Früchten in sehr hohen Konzentrationen vorliegende Chinasäure verringert sich bereits in der Zellteilungsphase sehr stark, durchläuft gegen Ende Juni ein Minimum und reichert sich bis zur Baumreife wieder etwas an. In reifen Früchten beträgt ihr Anteil an der Gesamtsäure selten mehr als 10%. Birnenfrüchte enthalten auch eine beträchtliche Menge an Shikimisäure.

In reifen Aprikosen ist das Verhältnis Apfel- : Zitronen- : L-China- : Bernstein- und andere Säuren bezogen auf Molbasis etwa 100 : 16 : 3 : 3. Freie Galakturonsäure kommt zwar nur in Spuren vor, die Menge weist aber starke Unterschiede bei den Sorten auf.

In Pfirsichen herrscht im allgemeinen Apfelsäure vor, in Früchten mancher Sorten werden aber Zitronen- und andere Säuren im Verlauf des Fruchtwachstums so stark angereichert, daß sie zu gleichen Teilen mit Apfelsäure nachgewiesen werden können oder diese sogar übersteigen. Der Jahreseinfluß auf die Zusammensetzung der einzelnen Säuren ist bei Pfirsichen besonders groß (Anet und Reynold 1955b). Im Saft reifer Pfirsiche variiert das Verhältnis der einzelnen Säuren von Apfelsäure 34···139 : Zitronensäure 18···60 : Galakturonsäure 0,5···26 mmol je Liter Saft. Die Menge an Chinasäure liegt oft in gleicher Höhe wie die der Apfelsäure. Es bestehen im Verhältnis beider Säuren zueinander aber ebenfalls erhebliche Jahres- und Sortenunterschiede.

Während der Entwicklung der Pfirsiche steigt der Gehalt an titrierbarer Azidität fast parallel zur Fruchtmassenzunahme und sinkt mit einsetzender Fruchtreife wieder steil ab. Die Apfelsäure erreicht im Fruchtfleisch ihre höchste Konzentration in noch sehr unreifen Früchten, die Zitronensäure erst kurz vor Eintritt der Fruchtreife. Chinasäure verringert sich schon in sehr kleinen grünen Früchten in erheblichem Maße und die Abnahme hält bis zur Fruchtreife an.

Die Zusammensetzung der organischen Säuren ist bei den Pflaumen sehr unterschiedlich (Lit. s. Wolf 1960). Neben Apfelsäure in Mengen von 52···290 mmol je Liter Saft enthalten sie im wechselnden Verhältnis noch China- und Chlorogensäure. Ihr Gehalt ist zwar meist gering, kann aber auch höher sein als der an Apfelsäure. Zitronensäure kommt nur in sehr geringen Mengen oder gar nicht vor und liegt mit 0,8···6,2 mmol etwa in gleicher Höhe wie die Galakturonsäure mit 2···9 mmol je Liter Saft.

Der Gehalt an titrierbarer Säure, bezogen auf die Fruchtmasse, erreicht bei Pflaumen sein Maximum schon vor oder spätestens mit Eintritt in die Reifephase. Dieser Verlauf wird vor allem durch die Zu- und Abnahme der Apfelsäure bestimmt. Nur in sehr jungen Früchten werden größere Mengen an China- und Chlorogensäure nachgewiesen.

Kirschen enthalten im reifen Zustand vorwiegend Apfelsäure. Bernsteinsäure, Zitramalsäure, Chlorogensäure (meist Neochlorogensäure) (Wolf 1958c) und Chinasäure sind in unterschiedlichen Mengen vorhanden. Die Gesamtsäure nimmt, bezogen auf die Einzelfrucht, bis zum Eintritt in die Vollreife zu, bezogen auf die Fruchtmasse wird zum Zeitpunkt des Beginns der Rotfärbung ein Maximum durchlaufen, wobei der Anteil an Apfelsäure an der Gesamtsäure in grünen Früchten etwa 40% und in vollreifen Früchten etwa 85% beträgt.

Bei Erdbeeren tritt ein Maximum in der Konzentration an Zitronensäure und an Apfelsäure und ein Minimum an Bernsteinsäure im Verlauf der Fruchtentwicklung dann auf, wenn die Beeren in das Leucostadium eintreten. Das Verhältnis Zitronensäure zu Apfelsäure beträgt auf mmol-Basis in grünen Früchten etwa 2···4 : 1 und bei reifen Früchten 8···10 : 1 (Wolf, 1960; Hulme und Wooltorton 1958b) mit einem Gehalt an titrierbarer Säure bei den einzelnen Sorten von 2,170···4,272 g je 100 g Fruchtgewebe (Osvaldo und Mitarbeiter 1983). Die in den Früchten enthaltene Menge an China- und Bernsteinsäure nimmt von unreifen bis zu vollreifen Früchten zu, mengenmäßig treten sie aber zurück, und ihr Anteil an der Gesamtsäure beträgt bezogen auf Apfelsäure nur 2,1···0,5%.

In Johannisbeeren steigt im Verlauf der Fruchtentwicklung die Konzentration an Zitronensäure etwa dreimal schneller an als die an Apfelsäure. Zur Zeit der Fruchtreife erhöht sich die Menge an Zitronensäure nur noch gering, die an Apfelsäure nimmt aber stark ab (Guichard 1955b).

Bei Stachelbeeren reichert sich Apfelsäure im Verlauf der Fruchtentwicklung zunächst erheblich an und verringert sich erst im letzten Drittel der Fruchtentwicklung wieder. Die Menge an Zitronensäure erhöht sich demgegenüber bis zur Reife und die an Shikimisäure verringert sich stark bis zur Maximalkonzentration an Apfelsäure, danach nur noch gering. Das Verhältnis aller drei Säuren zueinander beträgt in kleinen grünen Früchten etwa 1 : 0,1 : 0,6, in großen grünen Früchten 1 : 0,6 : 0,1 und in reifen Früchten 0,8 : 1 : 0,2 (Whiting 1958a).

Die zum Zeitpunkt der Ernte und Genußreife in den Früchten der einzelnen Obstarten enthaltene titrierbare und Gesamtsäure ist abhängig von

- genetischen Faktoren,
- der Bereitstellung von Assimilaten,
- der Versorgung der Früchte mit Mineralstoffen
- den Wirkungsmechanismen angewandter synthetischer Wachstumsregulatoren und
- den Lagerfaktoren.

Durch die genetische Potenz werden sowohl der quantitative Anteil der einzelnen Säuren als auch der an Gesamtsäure einer Frucht innerhalb einer Obstart bestimmt und die Richtung, in welcher die Früchte auf Abweichungen in der Bereitstellung an Assimilaten und Nährstoffen in den einzelnen Jahren reagieren. Der titrierbare Säureanteil beträgt zum Zeitpunkt der Baumreife bei sauren Apfelsorten (‚Ontario', ‚Herma') 1,2···1,5% in der Frischsubstanz und bei süßen Sorten unter 0,5% (‚Golden Delicious'). Bei 21 untersuchten Erdbeersorten fanden Osvaldo und Mitarbeiter (1983) titrierbare Säuremengen, die um 100% schwankten) und der von Kuusi (1965) an Früchten von 12 Sorten Schwarzer Johannisbeeren ermittelte Säuregehalt variierte, ausgedrückt in verbrauchten ml 0,1 n NaOH/100 g Beeren, von 475···710. Diese genetisch determinierten Unterschiede an titrierbarer Säure werden durch alle diejenigen Anbau- und Kulturmaßnahmen positiv oder negativ beeinflußt, welche die Versorgung der Früchte mit Assimilaten und Mineralstoffen bestimmen, insbesondere über die assimilatorische Leistung und die Mineralstoffaufnahme der Fruchtträger und das Blatt-Fruchtverhältnis.

In Jahren mit hoher Strahlungsintensität und Sonnenscheindauer wird bei Äpfeln der Gehalt an titrierbarer Säure erhöht (WALLACE 1950), was auch innerhalb eines Jahres an Früchten, die dem Sonnenlicht direkt ausgesetzt sind, beobachtet werden kann (MARTIN 1953). Von SKARD und WEYDAHL (1950) in Norwegen durchgeführte Untersuchungen zeigten, daß der Gehalt an titrierbarer Säure mit zunehmender geographischer Breite anstieg. Diese Befunde müssen aber stets im Zusammenhang mit der Temperatur gesehen werden, da die Früchte, welche direkt dem Sonnenlicht ausgesetzt sind, eine höhere Temperatur aufweisen. Dies wiederum kann der Grund dafür sein, daß bei Schwarzen Johannisbeeren eine starke negative Beziehung zwischen Sonnenscheindauer und Säuregehalt beobachtet wurde (KUUSI 1965). Auch Weinbeeren, die dem Sonnenlicht direkt ausgesetzt waren, sind ärmer an Gesamtsäure.

Die Temperatur ist meist über die Geschwindigkeit der Fruchtreife wirksam. Mit steigender Temperatur wird der Abbau organischer Säuren stärker beschleunigt als der von Zucker. Es bestehen aber bei den einzelnen Fruchtarten hinsichtlich der Einbeziehung der einzelnen Säuren in den Stoffwechsel erhebliche Unterschiede. Die Temperatur, bei welcher Zucker und Säure mit gleicher Intensität abgebaut werden, liegt für Apfelsäure wesentlich niedriger als für Weinsäure. In Weinbeeren wird Apfelsäure bei + 20 °C kaum, bei plus 30 °C dagegen sehr schnell reduziert. Aus diesem Grund beträgt bei einigen Weinsorten das Verhältnis Weinsäure zu Apfelsäure in guten Weinjahren 3 : 1, in Jahren mit kühler Witterung 2 : 3···2 : 4 (KIEFLER und REMICH 1949).

Verallgemeinernd gilt, daß in warmen und trockenen Jahren oft weniger Säure angereichert und schneller wieder abgebaut, in Jahren mit kühler Witterung dagegen weniger Zucker, aber mehr Säure eingelagert und diese langsamer abgebaut wird. Äpfel aus Mittelgebirgslagen sind reicher an unlöslicher Trockensubstanz, an Mineralstoffen und an titrierbarer Säure und weisen eine bessere Haltbarkeit auf als solche aus dem Flachland (DAMAST 1949).

In Jahren mit gleichmäßig guter Wasserversorgung liegt der Gehalt an Säuren stets höher als in Jahren mit geringen Niederschlägen. Der Einfluß der Einzelfruchtmasse spielt hierbei sicher eine mitentscheidende Rolle. Die Wirkung einer hohen Strahlungsintensität und Sonnenscheindauer wird immer durch hohe Temperaturen und niedrige Wasserversorgung überlagert (Tab. 8), wobei die einzelnen Sorten recht unterschiedlich auf Klimaabweichungen reagieren.

Besonders stark reagiert die Sorte ‚Golden Delicious‘ auf Klimaabweichungen (Abb. 18).

Die Düngung wirkt sowohl über die Versorgung der Blätter mit Mineralstoffen als auch über die assimilatorische

*Tab. 8:* Einfluß des Klimas während der Fruchtentwicklung und der Fruchtmasse auf den Säuregehalt der Früchte einiger Apfelsorten zum Zeitpunkt der Pflückreife; nach SCHULZ (1983)

| Jahr | Sorte | | | | Klimadaten | | |
|---|---|---|---|---|---|---|---|
| | ‚Clivia‘ | ‚Jonathan‘ | ‚Herma‘ | ‚Golden Delicious‘ | T | So | mm |
| 1977 | 115/0,77 | 129/1,03 | 167/1,10 | 150/0,53 | 2284 | 804 | 365 |
| 1981 | 132/0,50 | 133/0,82 | 205/1,02 | 143/0,51 | 2509 | 823 | 243 |
| 1982 | 100/0,40 | 115/0,72 | 154/0,83 | 108/0,24 | 3429 | 1070 | 142 |

1. Zahl = Fruchtmasse in g; 2. Zahl = Säuregehalt in g/100 g Frischsubstanz; T = Summe der Tagesmitteltemperatur; So = Summe der Sonnenscheindauer in h; mm = Summe der Niederschläge in mm

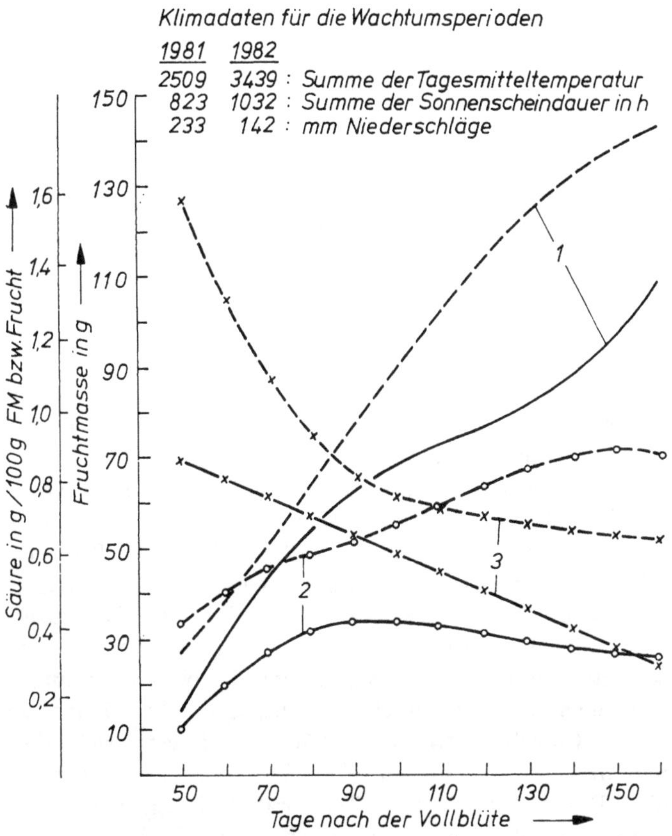


*Abb. 18:* Zunahme der Fruchtmasse (1), Abnahme der titrierbaren Säure in g/100 g Fruchtmasse (2) und Veränderung der titrierbaren Säure in g/Frucht (3), berechnet als Apfelsäure, in den Früchten der Apfelsorte ‚Golden Delicious' 1981 (– – – –) und 1982 (————), Boden: Lößlehm, Pflanzjahr der Bäume 1969, Unterlage M 4; (SCHULZ 1983)

Leistung des Fruchtträgers als auch über die direkte Versorgung der Früchte mit Kationen. Mit steigender Kationeneinlagerung in die Früchte erhöht sich deren Gehalt an gebundener und titrierbarer Säure als Folge einer Reizauslösung auf die Zelle, wodurch diese zur vermehrten Säurebildung angeregt wird (WOLF 1960). Dabei besteht eine besonders enge Beziehung zur Kaliumanreicherung im Gewebe (EILKINSON 1958; DE HAAS 1959). Dies gilt sowohl für Kernobst als auch für Erdbeeren (Tab. 9).

Eine einseitige Versorgung der Früchte mit P und N fördert die Bildung von Protoplasma und Enzymen und damit eine Umsetzung der Kohlenhydrate und Säuren (DAVIS und BLAIR 1936). Durch eine reichliche Versorgung mit Ca kann bei Äpfeln der Säuregehalt um 5···10% erhöht werden (CORTES 1974), eine übermäßige Versorgung der Früchte mit Mg übt keine einheitliche Wirkung aus.

Da die Unterlage die Größe der Aufnahme von Wasser und Mineralstoffen beeinflußt, wird durch sie die assimilatorische Leistung und damit auch der Säuregehalt der Früchte limitiert. So fand BROWN (1926) in Apfelfrüchten von Bäumen auf M2- und M9-Unterlagen einen geringeren Gehalt an titrierbarer

*Tab. 9:* Einfluß der Düngung auf den Gehalt vollreifer Erdbeeren an Ascorbinsäure und an titrierbarer Säure; nach KIESER und Mitarbeiter (1952)

| | Düngung mit: | | | | |
|---|---|---|---|---|---|
| | N | N + P | N + K | P + K | N + P + K |
| Titrationsazidität in mmol/100 g | 9,5 | 9,9 | 12,1 | 13,3 | 13,1 |
| Askorbinsäure in mg/100 g Gewebe | 39,8 | 39,1 | 45,0 | 45,5 | 45,1 |

Säure als in solchen von Bäumen auf M 1.

Ähnlich der Versorgung der Früchte mit Kohlenhydraten wird der Gehalt an Säure im Fruchtgewebe um so höher sein, je weiter das Blatt-Fruchtverhältnis ist (Abb. 11). Die Wirkung des Blatt-Fruchtverhältnisses wird aber begrenzt durch das Klima und die Mineralstoffversorgung der Blätter und der Früchte. In gleicher Richtung wirkt eine Fruchtausdünnung. STOLLE und Mitarbeiter (1978) ermittelten in Früchten der Sorte ‚Golden Delicious' mit einer Einzelfruchtmasse über 135 g einen um 5,5% höheren Säuregehalt gegenüber Früchten mit einer durchschnittlichen Einzelfruchtmasse unter 100 g. Diese Beziehungen werden aber durch die Insertion der Früchte an den Bäumen beeinflußt. Nach DOBRUNOW und GLADYSCHEWA (1947) besteht ein vertikaler Gradient in der Richtung, daß die Früchte um so größer, zuckerreicher und gleichzeitig säureärmer sind, an je höher inserierten Zweigen sie gewachsen sind.

Durch Einwirkung von Wachstumsregulatoren kann der Säuregehalt ebenfalls positiv und negativ beeinflußt werden. Da Alar den Malateffekt hemmt und zugleich die Reife verzögert, wird auch der Säureabbau inhibiert. Reifefördernde Wachstumsregulatoren, wie 2,3,5,-T, stimulieren demgegenüber den Säureabbau (WALTER 1967).

Auch Fungizide können den Gehalt an Säure in den Früchten in positiver als auch in negativer Richtung beeinflussen. Bei Kirschen wird der Gehalt an Chlorogensäure und Neochlorogensäure sowie Bernsteinsäure durch Cu-haltige Mittel erhöht, der Gehalt an Shikimisäure durch Ferbam und Glyodin reduziert (DAS und Mitarbeiter 1965).

Nach der Ernte beeinflussen Temperatur und Zusammensetzung der Lageratmosphäre den Verlauf des Säurestoffwechsels in den Früchten. So werden die Säuren verstärkt in den Atmungsstoffwechsel einbezogen, die Menge an titrierbarer Säure verringert sich deshalb in den Früchten kontinuierlich. Liegt die Temperatur niedrig, wird weniger Säure dissimiliert als bei höheren Temperaturen. Durch unterschiedliche Temperaturhemmung der am Säurestoffwechsel beteiligten Enzyme kann es gleichzeitig zur Anreicherung bestimmter Säuren kommen.

Unter CA-Lagerbedingungen ist nach HENZE (1969) durch direkte Fixierung von $CO_2$ (Karboxylierung) eine Zunahme an Apfelsäure möglich; bei geringem Sauerstoffgehalt in der Lageratmosphäre kann sie demgegenüber verstärkt abgebaut werden. Oft wird durch das Lagerverfahren der Säureabbau mehr beeinflußt (LAU und LOONEY 1982) als durch eine unterschiedliche Stickstoff-Düngung (FIRUZEH und LÜDDERS 1978).

Unter CA-Lagerbedingungen, aber auch bei Lagertemperaturen um − 1 °C wird stets Bernsteinsäure angereichert, wie HANE (1962) an Erdbeeren und FIRUZEH und LÜDDERS (1978) sowie BACHMANN (1981) an Äpfeln nachweisen konnten. Dies beruht auf der

Hemmung der Bernsteinsäure-Dehydrogenase (KNEE, 1973a u. b).

Nach einer CA-Lagerung fanden LI und HANSEN (1964) bei Birnen eine Zunahme an titrierbarer Säure um 48%, wobei sich die einzelnen Säuren wie folgt veränderten: Shikimisäure = + 63%, Chinasäure = + 73%, Zitronensäure = + 10%, Apfelsäure = + 71%, Bernsteinsäure = + 100% und Weinsäure = + 113%.

Besonders stark verläuft die Anreicherung der Bernsteinsäure unter der Wirkung hoher $CO_2$-Konzentrationen; bei Äpfeln im Fruchtfleisch bis auf 0,21% (HULME 1956), bei Pfirsichen und Aprikosen nach 30 Lagertagen bis auf 0,68% und nach 60 Lagertagen bis auf 1,56% (bezogen auf Frischsubstanz). Besonders intensiv nimmt der Gehalt an Bernsteinsäure in Früchten mit einem geringen Interzellularvolumen zu. Bei Früchten der Sorte ‚Cox Orangen' fand HENZE (1969) im Verlauf der CA-Lagerung einen Anstieg an Bernsteinsäure um 57%, in den Früchten der Sorte ‚Golden Delicious', die ein größeres Interzellularvolumen besitzen, einen solchen um nur 25%.

## Lipide und Lipid-Polymere

Neben den Proteinen und Kohlenhydraten gehören die Lipide zu den Grundbausteinen aller Zellen. Der Gehalt an Lipiden und lipoiden Verbindungen ist mit 0,2···0,8% in der Frischsubstanz bzw. 1···3% in der Trockensubstanz ganzer Früchte zwar verhältnismäßig gering, für den Stoffwechsel und das Lagerverhalten der Früchte besitzen sie aber eine große Bedeutung.

In den Früchten erfüllen die Lipide und Lipid-Polymere im wesentlichen drei Funktionen:

- als Depotlipide bilden sie in den Samen der Früchte mit 15···25% der Trockensubstanz eine Nährstoffreserve für den Embryo (SMOCK und NEUBERT 1951, NEUBELLER 1963),
- in den Membranen des Protoplasmas und der Zellorganellen erfüllen sie in nichtkovalenter Bindung mit Proteinen und Kohlenhydraten eine Barriere- und Austauschfunktion. Diese in den Membranen komplex angeordneten organischen Substanzen grenzen die Zellen und im Protoplasma die Organellen gegen ihre Umgebung ab und ermöglichen zugleich den aktiven Transport der Assimilate und Nährstoffe durch Diffusion oder erleichtern den Transport dieser Stoffe mit Hilfe von Carriern. Im Parenchymgewebe sind die Lipide und Lipid-Polymere in einer Konzentration von 30···100 mg je 100 g Frischsubstanz (NEUBELLER 1963; GOLLIARD 1968; MAZLIAK 1970), in den Membranen des Protoplasmas und der Plastiden bis zu 30% enthalten,
- auf und in der Epidermis und Hypodermis der Früchte haben sie als wasserabweisende Schicht und inkrustierender Bestandteil eine die Frucht nach außen abschließende Funktion zu erfüllen und regeln zugleich als Strukturlipide den Gasaustausch ($CO_2$ und $O_2$), die Wasserdampfabgabe und den Austritt von Aromastoffen mit der und an die sie umgebende Atmosphäre. In der Trockensubstanz der Schale beträgt bei genußreifen Früchten der Gehalt an Lipidverbindungen 2 bis 6%, weist aber je nach Fruchtart und Sorte große Schwankungen auf.

Die im Wachs vorkommenden Triterpene üben eine fungizide bzw. fungistatische Wirkung aus und schützen die unverletzte Frucht vor Infektionen. Ferner sind Lipide Ausgangsprodukte für die Bildung einiger flüchtiger Karbonylverbindungen. Durch oxydativen Abbau endogener Lipide entstehen Aldehyde und Ketone (SALUNKHE und DO 1977). Ausgangsprodukte dafür sind neutrale Glycerollipide (CROTEAU 1978), die mittels Acyl-hydrolasen (Golliard und Matthew 1976) in freie Fettsäuren und den dreiwertigen Alkohol Glycerol gespalten werden. Durch $\alpha$-Oxydation entstehen aus den Fettsäuren $C_{11} \cdots C_{17}$ Aldehyde, durch $\beta$-Oxydation kurzkettige gesättigte $\beta$-Hydroxy- und $\beta$-Ketosäuren. Unter der Einwirkung von Lipoxigenasen werden zunächst Hydroperoxide und bei deren Spaltung mittels Cleavage-Enzymen $C_6$- und $C_9$-Aldehyde gebildet (Eriksson 1975; Golliard und Matthew 1976, 1977). Nach Hansen (1966) kann die in den Lipiden enthaltene Linolsäure auch Ausgangsprodukt, zumindest Präkursor der Äthylensynthese sein.

Für den Begriff „Lipide" gibt es keine einfache Definition. Im allgemeinen werden darunter „Fettsubstanzen" verstanden, die unterschiedlichsten chemischen Stoffklassen angehören. Im biochemischen Sinne versteht man unter lipiden Substanzen solche, die mehr oder weniger langkettige Fettsäuren enthalten und im Wasser schwerlöslich, dagegen in organischen Lösungsmitteln leicht löslich sind (Mazliak 1970). In lebenden Zellen kommen aber auch zahlreiche Protein- u. a. Lipidkomplexe vor, die sowohl durch polare als auch durch unpolare Lösungsmittel aus dem Gewebe extrahiert werden können.

Die Lipide der Früchte teilt man ein:

— in einfache Lipide, zu denen Fette und Wachse gehören, und

— in komplexe Lipide, zu denen Phospholipide, Glycerophospholipide, Glyceroglykolipide und Sphingoglyko-

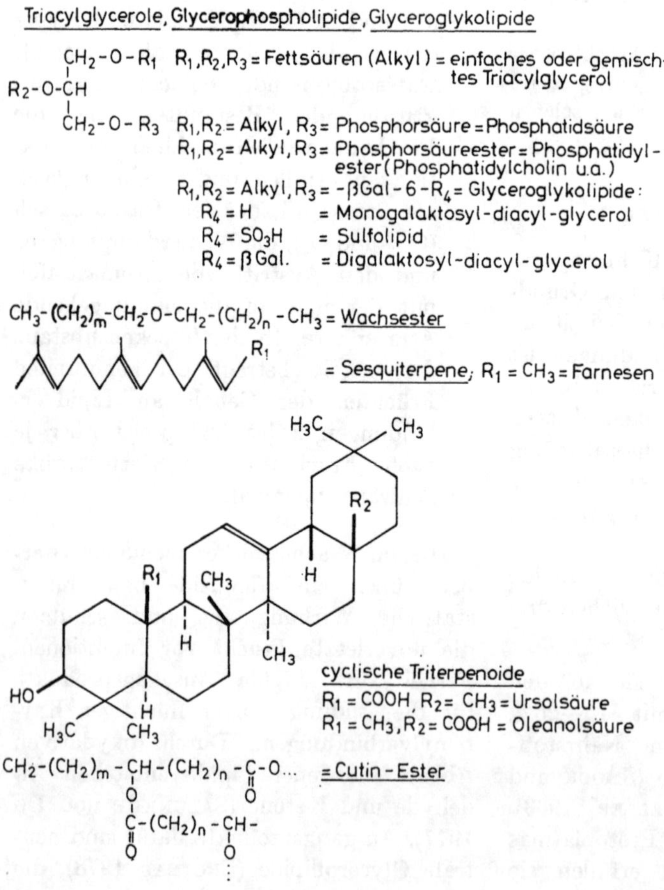


*Abb. 19:* Chemische Strukturen einiger in den Früchten vorkommender Lipide

lipide (Abb. 19) zusammengefaßt werden.

Als Fette werden Trifettsäureester des Glycerols (Abb. 19) bezeichnet. Sie kommen als einfache (alle drei Hydroxylgruppen sind mit drei gleichen Fettsäuren verestert) oder gemischte Ester (sie enthalten unterschiedliche Fettsäuren) vor. Unter Wachs versteht man Fettsäureester von langkettigen ein- oder zweiwertigen Alkoholen. Die Fruchtwachse sind Gemische aus solchen Estern mit Paraffinen, freien Alkoholen, Cerebrosiden u. a. organischen Verbindungen. Die Sterole bilden den unverseifbaren Anteil der Fette und Wachse.

Die komplexen Lipide bestehen aus einer lipophilen und einer hydrophilen Komponente. Der lipophile Bestandteil wird von den Fettsäuren gebildet, die esterartig oder amidartig an Glycerol oder langkettige Aminoalkohole (Sphingosin = Sphingoglykolipide) gebunden sind. Als hydrophile Gruppe enthalten sie Phosphorsäure bzw. deren Ester (Phospholipide, Glycerophospholipide) und Kohlenhydrate (Glyceroglykolipide).

Esterartig gebunden enthalten die Phospholipide und die Glycerophospholipide Fettsäuren (Phosphatidsäuren), Cholin (Phosphatidylcholin), Ethanolamin (Phosphatidylethanolamin), Serin (Phosphatidylserine) und Inositol (Phosphatidylinositole). Als Grundbausteine biologischer Membranen bilden in den Parenchymgeweben der Früchte die Glycerophospholipide die Hauptmenge an Lipiden. Glyceroglykolipide kommen in den Membranen der Früchte vor allem als Mono- und Diglykosyldiacylglycerole vor. Chloroplastenmembranen enthalten z. B. neben Phosphatidylglycerol hauptsächlich Monogalaktosyl-diacylglycerole, deren Sulfonsäureester (Sulfolipide) sowie Digalaktosyl-diacylglycerole.

Neben hochmolekularen Kohlenwasserstoffen, den Paraffinen, sind im Wachs noch Steroide nachweisbar, zu denen die Sterole (Tetracyclische Triterpene, die eine 3-$\beta$-Hydroxylgruppe und am $C_{17}$ eine aliphatische Kette unterschiedlicher Länge enthalten), Sterolester sowie pentacyclische Triterpene gehören. Als deren wichtigste Vertreter im Wachs von Äpfeln, Birnen und Weinbeeren konnten Ursolsäure und Oleanolsäure (MEIGH und Mitarbeiter 1967; MAZLIAK 1970) nachgewiesen werden.

Freie Fettsäuren sind in Früchten nur in verhältnismäßig geringen Mengen enthalten (TEVINI und LICHTENTHALER 1977). In Apfelschalen unreifer Früchte kann ihr Anteil bis zu 50% der Gesamtsäure, in vollreifen Früchten immerhin noch einige Prozent an der Gesamtsäure ausmachen (MEIGH und Mitarbeiter 1967).

An ersterartig und amidartig gebundenen Fettsäuren konnten in den Lipiden der Früchte die gesättigten Fettsäuren $C_7 \cdots C_{30}$ (Tab. 10 u. 14, SCHMITZ 1967), einfach ungesättigte Fettsäuren $C_{12:1}$, $C_{14:1}$, $C_{15:1}$, $C_{16:1}$ und $C_{18:1}$ sowie zwei- und dreifach ungesättigte Fettsäuren $C_{16:2}$, $C_{18:2}$ und $C_{18:3}$ nachgewiesen werden.

Die in den Lipiden der Epidermis festgestellten niedermolekularen Fettsäuren $C_2 \cdots C_6$ sind den flüchtigen Aromastoffen zuzuordnen (NEUBELLER 1979) und legen den Gedanken nahe, daß sie aus den höhermolekularen Fettsäuren gebildet und in den Lipiden nur mehr oder weniger zurückgehalten werden (MAZLIAK 1970; CROTEAU und FAGERSON 1971; CROTEAU 1978).

Das Verhältnis der einzelnen Fettsäuren ist bei den verschiedenen Fruchtarten und im Verlauf der Entwicklung und Reife der Früchte nicht konstant. Als vorherrschende Säuren sind jedoch in den Lipiden die Fettsäuren $C_{16:0} > C_{18:0}$ sowie an ungesättigten Fettsäuren $C_{18:2} > C_{18:1} > C_{18:3}$ enthalten (s. Tab. 10 u. 11). Im Kutikulafett reifer Früchte beträgt der Anteil gesättigter

*Tab. 10:* Gehalt an Fettsäuren in % Gesamtfettsäuren in den Samen, dem Parenchymgewebe und in der Epidermis von Apfelfrüchten; nach MAZLIAK und POMMIER-MIARD (1963), NEUBELLER (1963), MAZLIAK (1969)

| Fettsäuren | Samen | Parenchymgewebe | Epidermis |
|---|---|---|---|
| C 8 : 0+ | | 0,20 | 0,6 |
| C 9 : 0 | | | 0,65 |
| C 10 : 0 | | | 0,6 |
| C 11 : 0 | | | Spur |
| C 12 : 0 | — | 0,20/0,6 | 1,0 |
| C 12 : 1 | | | 0,3 |
| C 13 : 0 | | | 0,6 |
| C 14 : 0 | Spur | 0,40/0,9 | 1,9 |
| C 14 : 1 | | Spur | 0,6 |
| C 15 : 0/C 14 : 2 | | | 0,6 |
| C 15 : 1 | | | 0,15 |
| C 16 : 0 | 8 – 10 | 31,0 | 30,0 |
| C 16 : 1 | Spur | Spur | 1,0 |
| C 16 : 2 | | Spur | 0,6 |
| C 17 : 0 | | — | 0,3 |
| C 18 : 0 | Spur/2,0 | 4,2 | 10,4 |
| C 18 :1 | 25 – 30 | 7,0 | 15,8 |
| C 18 : 2 | 60 – 70 | 53,0 | 26,4 |
| C 18 : 3 | Spur | 4,0 | 6,1 |
| C 19 : 0 | | Spur | |
| C 20 : 0 | 1 | | 1,5 |
| C 20 : 1 | | Spur | |
| C 21 : 0 | | Spur | |
| C 22 : 0 | | | 0,6 |

+) erste Zahl = Anzahl C-Atome; zweite Zahl = Zahl der Doppelbindungen

*Tab. 11:* Zusammensetzung der Fettsäuren in % der Gesamtsäure der Lipide im Parenchymgewebe und in der Schale des Apfels; nach MAZLIAK (1969)

| Parenchymgewebe | | | | Schale | | |
|---|---|---|---|---|---|---|
| Hauptsäuren | Gesamt-Gewebe | Mitochon-drien | Micro-some | Gesamt-Gewebe | Mitochon-drien | Micro-some |
| C 16 : 0 | 31 | 19 | 27 | 30 | 16 | 35 |
| C 16 : 1 | Spur | Spur | — | 1 | 1,5 | — |
| C 18 : 0 | 4,5 | 5 | 1,5 | 10,5 | 5 | 4,5 |
| C 18 : 1 | 4 | 9 | 3,5 | 16 | 7 | 5 |
| C 18 : 2 | 53 | 56 | 58 | 26 | 46 | 41 |
| C 18 : 3 | 7 | 5 | 3,3 | 6 | 8 | 4 |

$C_{16}$- und $C_{18}$-Säuren am Gesamtfettsäuregehalt 41…56% und der Anteil an ungesättigten $C_{16}$- und $C_{18}$-Säuren 33…48% (SCHMITZ 1967).

In den Membranen des Protoplasmas und der Zellorganellen ist das Verhältnis der Hauptfettsäuren entsprechend den vorherrschenden Lipiden sehr unterschiedlich:

- Plasmalemma = Phospholipide, Neutralfette, Sterole und Galaktolipide:
  Fettsäuren = $C_{18:2} > C_{16:0} > C_{18:0} > C_{18:1} > C_{18:3} > C_{16:1}$,
- Mitochondrien = Phospholipide 70…90% der Gesamtlipide:
  Fettsäuren = $C_{18:2} > C_{18:3} > C_{16:0} > C_{18:1} > C_{18:0}$,
- Chloroplasten = vorherrschend Galaktolipide:
  Fettsäuren = $C_{18:3} > C_{16:0} > C_{18:3} > C_{18:0}$,
- Mikrosomen = Phospholipide, neutrale Lipide, Galaktolipide:
  Fettsäuren = $C_{18:3} > C_{18:2} > C_{16:0} > C_{18:1} > C_{18:0} > C_{16:1}$,
- Zellkerne = 54…63% Phospholipide, neutrale Lipide, Glykolipide:
  Fettsäuren: = $C_{18:2} > C_{16:0} > C_{18:1} > C_{18:3} > C_{18:0} > C_{16:1}$.

Der Gehalt und die Zusammensetzung der Lipide sind in den einzelnen Gewebearten der Früchte im Verlauf ihrer Entwicklung, Reife und Alterung nicht konstant. Er folgt weitgehend den Veränderungen der freien und gebundenen Fettsäuren.

Bei der Anreicherung der Lipide in den Samen kann man nach TEROINE (1920) drei Phasen unterscheiden. Im Verlauf der Samenentwicklung wird in ihnen, bis sie ihre endgültige Größe erreicht haben, kein Öl deponiert. Danach folgt bis zum Ende der Milchreife der Samen ein Abschnitt intensiver Lipidvermehrung. Mit Beginn der Samenreife ist die Einlagerung an Fettsubstanzen weitgehend abgeschlossen und ihre Menge bleibt bis zur Baumreife der Früchte weitgehend konstant. Die Phase der intensiven Lipiddeponierung ist bei den einzelnen Apfelsorten unterschiedlich lang. Während sie sich z. B. bei den Früchten der Sorte ‚Jonathan‘ relativ lang erstreckt und erst 2…4 Wochen vor der Baumreife der Früchte abgeschlossen ist, wird die Hauptmenge des Ölgehaltes in den Samen der Früchte der Sorten ‚Golden Delicious‘ und ‚Ontario‘ bereits zu Beginn der zweiten Hälfte im August erreicht.

Der Fettsäureanteil in den Samen unterliegt starken Schwankungen. Zu Beginn der Lipideinlagerung ist der Anteil an gesättigten Fettsäuren höher als der an ungesättigten (NEUBELLER 1963). Die Menge an Palmitinsäure ($C_{16:0}$) beträgt im Stadium der Milchreife der Samen 45…60% in der Trockensubstanz und verringert sich bis zur Ausreife auf 6…10%. Einem ähnlichen Verlauf unterliegt die Arachinsäure ($C_{20:0}$). Sie nimmt im selben Zeitraum von 7…20% auf 1…2% ab. Demgegenüber unterliegt der Gehalt an Stearinsäure ($C_{18:0}$) mit 1,2…2,1% nur geringen Schwankungen. Entgegengesetzt verhalten sich die ungesättigten Fettsäuren. Zu Beginn der Lipideinlagerung beträgt ihr Anteil nur wenige Prozent und reichert sich im Verlauf der Hauptperiode der Öldeponierung sehr stark an. Sie bilden zur Zeit der Baumreife der Früchte die Hauptmenge an Fettsäuren im Samenöl (Tab. 10).

Im Parenchymgewebe grüner, unreifer Kernobstfrüchte sind dieselben Lipide enthalten (Tab. 12) wie in den grünen Blättern. Zwischen den einzelnen Sorten bestehen jedoch erhebliche qualitative als auch quantitative Abweichungen. Etwa 45…50% sind Phospholipide und jeweils 18…24% entfallen auf Galactolipide sowie Steroide. Der Anteil an Cerebrosiden beträgt weniger als 4% und der an Triacylglycerolen (Fette) nur annähernd 5% des Gesamtlipidgehaltes des Gewebes. Von den Phospholipiden entfallen wiederum 60…70% auf Phosphatidylcholin und -ethanolamin (Tab. 13).

*Tab. 12:* Quantitative Zusammensetzung der Lipide im Parenchymgewebe vor- und nachklimakterischer Apfelfrüchte; nach GALLIARD (1968)

| Lipidfraktion | Lipide in mg/1000 g Frischmasse | | Prozentanteil an der Gesamtlipidmenge | |
|---|---|---|---|---|
| | v | n | v | n |
| Phosphatidylcholin | 189 | 214 | 21,5 | 22,7 |
| Phosphatidylethanolamin | 124 | 101 | 14,4 | 10,7 |
| Phosphatidylinositol | 53 | 59 | 6,0 | 6,2 |
| Phosphatidylglycerol | 27 | 7,7 | 3,1 | 0,8 |
| Diphosphatidylglycerol | 5,8 | 4,4 | 0,7 | 0,5 |
| Phosphatidylserin | 4,0 | 4,0 | 0,4 | 0,4 |
| Phosphatidsäure | 2,8 | 6,0 | 0,3 | 0,7 |
| Unbekannte Phospholipide | — | — | 0,2+ | 0,2+ |
| Gesamtphospholipide | 405,6 | 396,1 | 46,6 | 42,2 |
| Monogalaktosyldiglycerol | 42 | 12 | 4,8 | 1,3 |
| Digalaktosyldiglycerol | 107 | 49 | 12,2 | 5,3 |
| Polygalaktosyldiglycerol | — | — | — | — |
| Unbekannte Glyceroglykolipide | — | — | — | — |
| Gesamtgalaktolipide | 169 | 61 | 17,0 | 6,6 |
| Veresterte Steroidglukoside | 12 | 15 | 1,4 | 1,6 |
| Steroidglukoside | 51 | 51 | 5,8 | 5,4 |
| Sterole | 129 | 190 | 14,7 | 20,1 |
| Sterolester | 18 | 22 | 2,0 | 2,1 |
| Gesamtsteroide | 210 | 278 | 23,9 | 29,2 |
| Sulfolipide | — | — | 1,0 | 1,0 |
| Glukocerebroside | 34 | 49 | 3,9 | 5,2 |
| Triacylglycerole (Fette) | 44 | 50 | 5,0 | 5,3 |
| Chlorophylle | 0,9 | 0,3 | 0,1 | 0,03 |
| Kombinierte neutrale Lipide | 208++ | 272++ | 23,1 | 28,7 |
| Kombinierte polare Lipide | 672 | 675 | 76,9 | 71,3 |
| Gesamtlipide | 880++ | 947++ | — | — |

+) geschätzte Werte; ++) direkt gewogen
v = vor-, n = nachklimakterische Früchte

Im Laufe der Fruchtreife und dem damit verbundenen Um- und Abbau bestimmter Zellorganellen verändert sich sowohl die Gesamtmenge an Lipiden als auch deren Zusammensetzung. Während der Gehalt an Phospholipiden weitgehend konstant bleibt, verringert sich die Menge an Galaktolipiden (Abbau der Chloroplasten) im erheblichen Maße und der an Steroiden, vor allem an Sterolen, sowie an Cerebrosiden und Fetten nimmt stark zu, so daß sich insgesamt mit der Fruchtreife der Gehalt an Lipiden im Parenchymgewebe erhöht.

In reifen Früchten beträgt der Anteil an Phospholipiden 42···75% und der an Galaktolipiden nur noch wenige Prozent. Die Zusammenstzung der Lipidverbindung folgt dabei dem Abbau des Chlorophylls im Fruchtgewebe. Da das Chlorophyll im äußeren Pericarp, vor allem in den subkutanen Zellschichten langsamer

*Tab. 13:* Phospholipide einiger Fraktionen des Apfelparenchymgewebes; nach Ben Abdelkader und Mitarbeiter (1968)

| Lipide | Inneres Parenchymgewebe | | | Äußeres Pericarp |
|---|---|---|---|---|
| | Gesamtgewebe | Mitochondrien | Microsome | Gesamtgewebe |
| | % Gesamtlipide | | | |
| Neutrale Lipide | 24 | 10 | ++ | 85 |
| Glykolipide | Spur | Spur | Spur | 5,5 |
| Phospholipide | 75 | 90 | ++ | 9,5 |
| | % Gesamtphospholipide | | | |
| Lysoverbindungen | 1 | – | 0,3 | – |
| Phosphatidylinositol | 1,6 | 5 | 14,7 | 18,2 |
| Phosphatidylcholin | 32,6 | 45 | 39,5 | 33,8 |
| Phosphatidylglycerol | Spur | 7 | 7,6 | 9,5 |
| Phospathidylserin | 6,9 | 3 | 12,2 | Spur |
| Phosphatidylethynolamin | 38,7 | 35 | 25,6 | 18,2 |
| Diphosphatidylglycerol | 3,8 | – | 0,1 | 8,7 |
| Phosphatidsäure | 16,3 | 5 | Spur | 11,6 |

abgebaut wird, findet man in diesen Gewebeschichten reifer Früchte auch noch einen höheren Anteil an Galaktolipiden (Tab. 13). Nach Thibaudin (1969) wird in den ersten Stunden nach Applizierung $^{14}$C-markierter Essigsäure diese in Lipiden der Mikrosomen wiedergefunden. Man kann sie deshalb als Ort der Synthese der Lipide, vorrangig der poly-ungesättigten Fettsäuren, ansehen, von welchen sie dann in die anderen Zellorganellen, insbesondere in die Mitochondrien, transloziert werden.

Die Fettsäurenzusammensetzung der Lipide im Parenchymgewebe folgt dem allgemeinen Prinzip: in der Zellteilungs- und in der Anfangsphase der Zellstreckung liegt der Anteil an gesättigten Fettsäuren relativ hoch, in reifen Früchten überwiegen ungesättigte Fettsäuren (Romani und Mitarbeiter 1965). Mit Beginn der Seneszenz werden die ungesättigten Fettsäuren wieder stärker metabolisiert (Mazliak 1970). Die im Verlauf der Fruchtreife neu gebildeten Fettsäuren werden zum überwiegenden Teil in Triglycerole und zum geringeren Teil in Phospholipide inkorporiert (Mazliak 1967). In genußreifen Früchten des Apfels bilden Linolsäure mit 50···60% und Palmitinsäure mit 20 bis etwas über 30% die Hauptmenge an Fettsäuren. Der Anteil an Ölsäure beträgt 7···10% und der an Linolensäure schwankt zwischen 4···10%. Stearinsäure ist mit etwa 4% enthalten und Laurinsäure sowie Myristinsäure mit weniger als 1%.

Die Fettsäuresynthese während der gesamten Fruchtentwicklung folgt weitgehend den Veränderungen der Atmungsintensität (Thibaudin und Mitarbeiter 1967, 1968, Harwood 1975). Sie ist im postklimakterischen Minimum sehr gering, erreicht ein Maximum mit dem Klimakterium, um in der Alterungsphase der Frucht wieder stark abzufallen.

Am häufigsten wurden in den verschiedensten Fruchtarten die Lipide innerhalb und auf der Epidermis untersucht, da von ihrem Gehalt und ihrer quantitativen und qualitativen Zusammensetzung das Lagerverhalten der Früchte und das Auftreten nichtparasitärer Erkrankungen weitgehend mitbestimmt wird. Die überragende Bedeutung der Lipide als Transpirationsschutz konnte bereits von PIENIAZEK (1944) nachgewiesen werden. Nach Entfernung der Lipide von der Epidermis mit Chloroform (HORRACKS und LOWER 1964) transpirierten die Früchte der Sorte ‚Granny Smith' 70 mal und die der Sorte ‚Golden Delicious' 30 mal stärker als solche mit einer intakten Fett-/Wachsschicht. Oft genügt schon ein einfaches Abwischen des Lipidüberzuges mit einem Tuch (HALL und LOWER 1966), um die Transpiration der Früchte bei verschiedenen Sorten um 10···50% zu erhöhen.

NEUBELLER (1963) ermittelte nach einer Lagerdauer von 6,5 Monaten folgende Fett-/Wachsgehalte und Masseschwunde bei den Früchten der Sorten:

‚Golden Delicious':
  Fett-/Wachsgehalt 4,5···6,0%,
  Masseschwund über 9%

‚Jonathan':
  Fett-/Wachsgehalt 3,5···4,3%,
  Masseschwund ca. 7,5%

‚Ontario':
  Fett-/Wachsgehalt 3,5···4,3%,
  Masseschwund ca. 4%.

Es müssen deshalb noch andere Gründe für die unterschiedliche Transpirationsneigung der Früchte vorliegen. Sicher spielt das Verhältnis Wachs—Fett auf der Kutikula und deren chemische Zusammensetzung eine Rolle. GOLOVKIN und KUSMIN (1970) fanden eine negative Korrelation zum Nonakosan-Gehalt im Wachs. Sie untersuchten 18 in der Sowjetunion angebaute Apfelsorten und fanden bei 4 Sorten mit einer Haltbarkeit von über 10 Monaten eine Nonakosankonzentration am Gesamtkohlenwasserstoffgehalt von 70%, bei 9 Sorten mit einer Haltbarkeit von 9···6 Monaten eine solche von 70···86% und bei weiteren 5 Sorten mit einer Haltbarkeit von 2 Monaten bis wenigen Wochen von 87···90%.

Der Anteil an Paraffinen und Steroiden und das Verhältnis gesättigter zu ungesättigten Fettsäuren im Wachs und Fett auf und in der Epidermis prägt ebenfalls die Struktur der Lipidschicht (JEFFRE und Mitarbeiter 1976, KOLATTUKY und WALTON 1972). Die Fett-/Wachsschicht auf der Kutikula besteht aus einer festen, meist kristallinen Phase, mit einem Schmelzpunkt zwischen 60 und 70 °C und einer flüssigen amorphen Phase (kutikulares Öl, HUELIN und GALOPP 1951) mit einem Schmelzpunkt von 35 ···40 °C. Beide unterscheiden sich in den Anteilen an lipiden Substanzen und Fettsäuren (Tab. 14). Während der Fruchtentwicklung reichern sich beide Phasen unterschiedlich stark an. In jungen Früchten herrscht die kristalline Phase, in genußreifen Früchten mehr oder weniger die amorphe Phase vor, wie FREEMAN (1979) an Heidelbeeren mit Hilfe der Rasterelektronenmikroskopie nachweisen konnte (Abb. 20). Die differenzierte Ausbildung der kristallinen und der amorphen Phase ist mit hoher Wahrscheinlichkeit die Hauptursache für die unterschiedliche Transpirationsneigung der Früchte der einzelnen Sorten. So fanden HALL und HUTT (1966) im Gegensatz zu anderen Sorten bei den Früchten von ‚Golden Delicious' in freien Spalten der Kutikula in beträchtlichen Mengen stäbchenförmige Wachsablagerungen (vgl. auch Abb. 25, S. 505).

Bei der Ausprägung der Struktur der Fett-/Wachsschicht ist sicher die Struktur der Kutikula von mitentscheidender Bedeutung. Einmal beeinflußt sie durch ihren Grundaufbau die Struktur der Wachs-/Fettschicht, zum anderen bedingt ihre Stärke die Höhe der Transpirationsneigung der Früchte. NEUBELLER (1971) fand bei Früchten mit einem hohen Kutinanteil in der Epidermis einen niedrigeren Masseschwund.

Für das Auftreten der Schalenbräune sind

*Tab. 14:* Hauptbestandteile des Apfelschalenwachses; nach MAZLIAK (1963)

| | festes Wachs | flüssiges Wachs (Fett) |
|---|---|---|
| Paraffine | $C^{27}$ $C^{29}$ $C^{31}$ $C^{33}$ | $C^{15}$ $C^{16}$ $C^{17}$ $C^{18}$ $C^{19}$ $C^{20}$ $C^{21}$ $C^{22}$ $C^{23}$ $C^{24}$ $C^{25}$ $C^{26}$ $C^{27}$ $C^{28}$ $C^{29}$ |
| gesättigte Fettsäuren | $C^{16}$ $C^{18}$ $C^{20}$ $C^{22}$ $C^{24}$ $C^{26}$ $C^{28}$ $C^{30}$ | $C^{10}$ $C^{12}$ $C^{14}$ $C^{16}$ $C^{18}$ $C^{20}$ $C^{22}$ $C^{24}$ |
| ungesättigte Fettsäuren | Ölsäure, Linolsäure | Palmitölsäure, Ölsäure, Linolsäure, Linolensäure |
| primäre Alkohole | $C^{20}$ $C^{22}$ $C^{24}$ $C^{26}$ $C^{28}$ $C^{30}$ $C^{32}$ | $C^{16}$ $C^{18}$ $C^{20}$ $C^{22}$ $C^{24}$ $C^{26}$ $C^{28}$ $C^{30}$ |
| sekundäre Alkohole<br>Diole | d-n-Nonacosan-10-ol<br>$C^{22}$ $C^{23}$ $C^{24}$ $C^{25}$ $C^{26}$ $C^{27}$ $C^{28}$ $C^{29}$ $C^{30}$ | |
| Hydroxysäuren | $C^{14}$ $C^{15}$ $C^{16}$ $C^{17}$ $C^{18}$ $C^{19}$ $C^{20}$ $C^{21}$ $C^{22}$ $C^{23}$ | |

C = Zahl Kohlenstoffatome je Einzelbestandteil

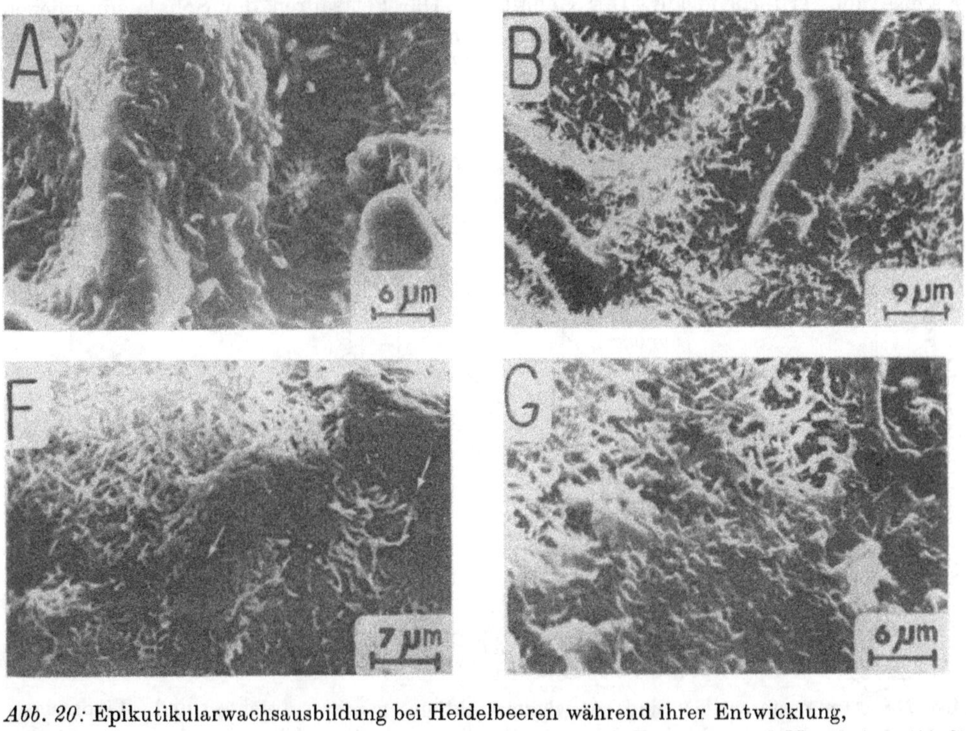


*Abb. 20:* Epikutikularwachsausbildung bei Heidelbeeren während ihrer Entwicklung, A = 9. 4., B = 24. 4., F = 24. 5. und G = 5. 6. (1977); nach FREEMAN und Mitarbeiter (1979) Auszug

die Lipide und Lipidpolymere auf der Epidermis insofern von Bedeutung, als sie die Ausscheidung flüchtiger Stoffwechselprodukte aktiv bzw. passiv regulieren und das in der Lipidschicht enthaltene α-Farnesen (MEIGH 1969; ANETT 1972) für die Ausbildung der Schalenbräune verantwortlich ist (s. Seite 514f.).

In der Schale erreicht die Menge an α-Farnesen etwa 10 $\mu g/cm^2$, im Wachs auf der Epidermis bis 30 $\mu g/cm^2$. Das α-Farnesen ist leicht flüchtig und kann oxydativ schnell abgebaut werden. Durch Anwendung von Antioxydantien, wie Diphenylamin, Ethoxyquin u. a. (CONOVER und POOLE 1981) wird der oxydative Abbau des α-Farnesens stark gehemmt und damit das Auftreten der Schalenbräune reduziert.

Die Zellen der Schale enthalten dieselben Lipide wie die Zellen des Parenchymgewebes, jedoch ist ihre Zusammensetzung unterschiedlich. In den Zellen der Schale treten verstärkt Paraffine, Wachse und Triterpene auf. Der Gehalt an Phospholipiden ist mit etwa 15% bedeutend niedriger als in den Zellen des Fruchtfleisches. Dafür sind die neutralen Lipide wesentlich stärker angereichert. Die Konzentration an gesättigten Fettsäuren ist gegenüber der an ungesättigten bedeutend höher. Während im Parenchymgewebe die Linolsäure über 53% des Gesamtfettsäuregehaltes ausmacht, beträgt ihr Anteil in den Zellen der Schale reifer Früchte nur etwa ein Viertel (MAZLIAK 1969). Als Gründe werden dafür angenommen:

— verstärkter oxydativer Abbau der ungesättigten Fettsäuren durch eine mit der Reife progressiv zunehmende Lipoxydaseaktivität in der Schale (Abb. 21),
— der Anteil an ungesättigten Fettsäuren wird zu Hydroxysäuren umgewandelt (HEINEN und BRAND 1963) und
— die mehrfach ungesättigten Fettsäuren sind Hauptbestandteile der Galaktolipide in den Chloroplasten, die im Verlauf der Fruchtreife abgebaut werden.

Die Fettsäuren der Schale unterliegen meist charakteristischen Veränderungen. Von den gesättigten Fettsäuren ist der Gehalt an Laurinsäure zum Zeitpunkt der Baumreife der Früchte sehr hoch und nimmt bis zur Genußreife stark ab. Myristin- und Stearinsäure werden

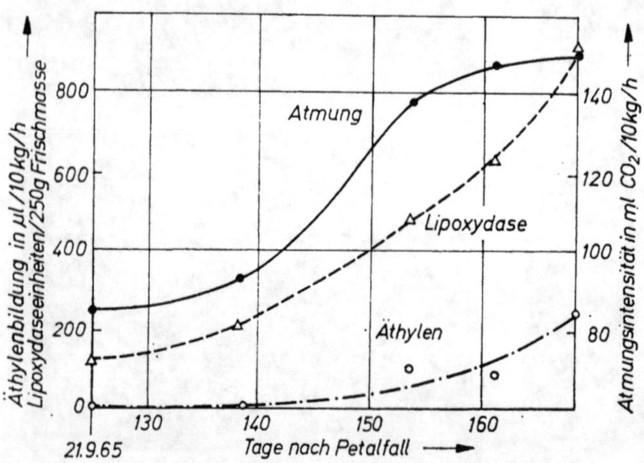


*Abb. 21:* Atmungsintensität und Äthylenproduktion ganzer Früchte und Lipoxydaseaktivität der Schale der Früchte der Sorte ‚Cox Orangen' während ihrer Entwicklung am Baum; nach MEIGH und Mitarbeiter (1967)

in der Zellteilungsphase der Früchte angereichert, erreichen mit fast 50% der Gesamtfettsäuremenge gegen Ende der Zellteilungsphase ein Maximum und verringern sich dann wieder. Ihr Anteil beträgt in genußreifen Früchten etwa 14···17%. Demgegenüber werden Stearin-, Arachin- und Behensäure erst in der Zellstreckungsphase akkumuliert und erreichen ihr Maximum mit etwas über 10, 4 und 5% mit bzw. kurz vor Eintritt der Früchte in die Baumreife. Mit Beginn der Zellteilungsphase bis kurz vor Eintritt der Früchte in die Baumreife nimmt der Gehalt an

Ölsäure von unter 3% bis 14···17%,
Linolsäure von 25% bis über 44% und der an Linolensäure von 25% bis 25···27%

zu und verringert sich bis zum Erreichen der Genußreife. In den Zellen der Schale verläuft die Neubildung an Fettsäuren 10mal stärker als in den Zellen des Parenchymgewebes.

Auf der Epidermis werden die während der Fruchtentwicklung in den Zellen der Schale und den darunterliegenden hypodermalen Zellschichten (SCHMITZ 1967) gebildeten Lipide abgelagert. Sie entsprechen deshalb mit einigen Abweichungen weitgehend der Zusammensetzung der Lipide in den Zellen der Schale. Die im Fett (flüssiges Wachs) und Wachs vorkommenden Lipidverbindungen sind in Tabelle 14 zusammengefaßt. Neben den in der Tabelle ausgeführten Lipiden enthalten die Wachse noch größere Mengen an Triterpenen, vor allem die einfach ungesättigte Ursol- und Oleanolsäure. Nach SCHNEIDER (1960) beträgt ihr Anteil am Gesamtwachs etwa 50%. Als Kohlenwasserstoffe kommen im Wachs neben dem bereits erwähnten n-Nonacosan noch n-Heptacosan (KREGER 1948) und an sekundären Alkoholen d-n-Nonacosan-10-ol (Tab. 14), Triacontanol, Heptacosanol und Octacosanol (CHIBNELL und Mit-

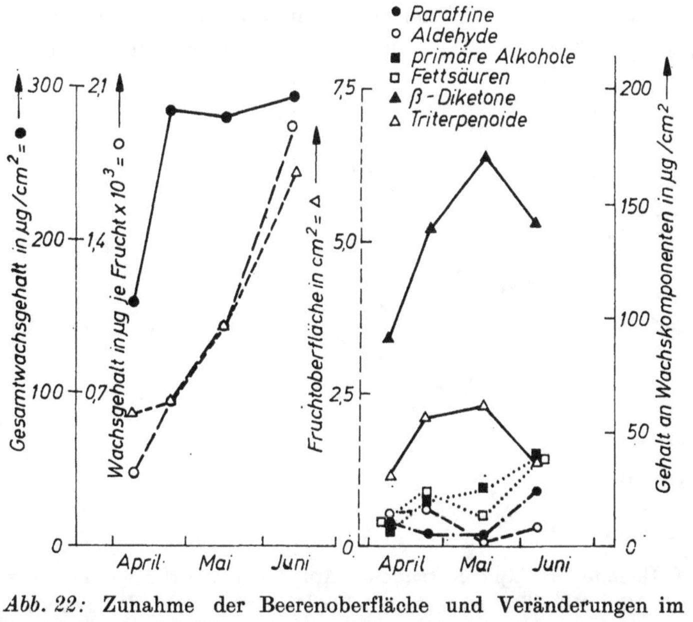


*Abb. 22:* Zunahme der Beerenoberfläche und Veränderungen im Wachsgehalt je Beere und je cm² Beerenoberfläche sowie einiger Wachstumskomponenten von Heidelbeeren der Sorte ‚Bluegem' im Jahre 1977; nach FREEMAN und Mitarbeiter (1979)

arbeiter 1931, 1934) vor. Im Wachs von Heidelbeeren ist mit über 60% ein sehr hoher Anteil an $\beta$-Diketonen enthalten (Abb. 22).

Die Lipide setzen sich zusammen aus: 57···62% Fettsäuren, 21···26% Kohlenwasserstoffen, etwa 7% Primäralkoholen und 4···7% anderen Lipidbestandteilen (MORICE und Mitarbeiter 1973). In jungen grünen Früchten überwiegt der Anteil an Alkoholen, in reifen Früchten der an Fettsäuren.

Die Hauptbestandteile der Fettsäuren bilden Palmitin-, Öl-, Stearin- und Linolsäure. Während der Fruchtreife erhöht sich bei Äpfeln der Anteil an Palmitin- und Stearinsäure um das 2···3fache, der an Ölsäure um das 5···8fache und der an Linolensäure um das 9···15fache (NEUBELLER 1963).

Die absolute Menge an Lipiden auf der Epidermis von Äpfeln schwankt zwischen 0,5 und etwas über 1 mg/cm² Schalenoberfläche (HUELIN und GALLOP 1951; NEUBELLER 1963). Bei Beerenfrüchten liegt sie im allgemeinen etwas niedriger und beträgt z. B. bei Heidelbeeren etwa 0,3 mg/cm² (Abb. 22). Im Verlauf der Fruchtentwicklung erhöhen sich die Wachsablagerungen auf der Epidermis zeitlich in Form einer S-Kurve (MAZLIAK 1969) und bleiben während der Lagerung der Früchte weitgehend konstant. Demgegenüber nimmt die Menge an Fetten in der Zellteilungsphase der Früchte nur geringfügig zu, steigt mit einsetzender Fruchtreife bedeutend an und erreicht im Stadium der optimalen Genußreife ein Maximum (s. Abbildung unten). Erst mit Eintritt der Frucht in die Alterungsphase verringert sich die Menge an Fettstoffen auf der Schale wieder. Die Gesamtlipidkonzentration auf der Schale vergrößert sich während der Lagerung und Nachreife der Früchte (Abb. 23), wobei das Maximum an Lipiden während der Lagerung erst 80 (‚Jonathan‘) ···100 Tage (‚Golden Delicious‘) nach dem Erreichen der maximalen Ausscheidung flüchtiger Aromastoffe erreicht wird.

Die Ausbildung der Fett-/Wachsschicht auf der Kutikula kann durch Anbau- und Kulturmaßnahmen sowohl positiv als auch negativ beeinflußt werden. Sie ist jedoch in erster Linie ein Sortenmerkmal. Durch Kreuzung bestimmter Ausgangssorten kann die Menge und die Zusammensetzung an Lipiden nicht zwangsläufig erhöht werden, wie NEUBELLER und BUCHLOH (1982) an der Birnensorte ‚Bristol Cross‘ nachwiesen. Während die beiden Eltern ‚Williams

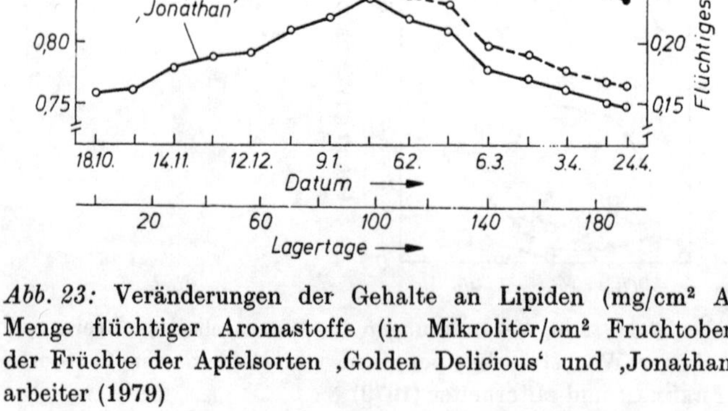


*Abb. 23:* Veränderungen der Gehalte an Lipiden (mg/cm² Apfelschalenoberfläche) und der Menge flüchtiger Aromastoffe (in Mikroliter/cm² Fruchtoberfläche) während der Lagerunder Früchte der Apfelsorten ‚Golden Delicious‘ und ‚Jonathan‘; nach NEUBELLER und Mitarbeiter (1979)

Christ‘ und ‚Conference‘ einen Paraffin- und Rohfettgehalt zum Zeitpunkt der Einlagerung von 3,1 und 2,5 mg/cm² Schale aufwiesen, der sich im Verlauf der Lagerung auf jeweils 3,5 mg/cm² Schale erhöhte, betrug dieser bei den Früchten der Sorte ‚Bristol Cross‘ nur 2,1 mg/cm² und nach der Auslagerung 2,7 mg/cm². Der Masseschwund der Früchte der Sorte ‚Bristol Cross‘ war mit 1,77 g/Tag/kg Früchte demgegenüber deutlich höher als bei den Eltern mit 1,46 und 0,63 g/Tag und kg Früchte.

Wesentlich modifiziert wird der Lipidanteil auf der Schale durch die Jahreswitterung. So fand NEUBELLER (1963b) bei der Sorte ‚Golden Delicious‘ in der Lagerperiode 1960/61 eine Zunahme an Fett von 1,06 g auf 2,03 g und an Wachs von 1,45 g auf 1,68 g je 100 g Schalentrockensubstanz, in der Lagerperiode 1961/62 dagegen von 1,13 g auf 3,93 g bzw. 1,30 g auf 2,65 g. Im feuchteren, kühleren Klima Schleswig-Holsteins betrug die Zunahme an Fett auf der Schale der Früchte von 4 Apfelsorten 1,7···2,0% und im wärmeren Klima Süd-Württembergs 2,7···3,0% in der Trokkensubstanz (NEUBELLER 1963b). Die Menge an Wachs war bei beiden Herkünften mit 1,2···1,6% relativ konstant.

Durch die Unterlage kann die Menge und die Zusammensetzung beeinflußt werden, wie NORDBY und Mitarbeiter (1979) an Zitrusfrüchten belegen konnten.

Das Lagerklima wirkt auf den Gehalt an Lipiden in der Richtung, daß bei tieferen Lagertemperaturen der Abbau der ungesättigten Fettsäuren und damit der Fette stark verzögert wird (SCHMITZ,

*Tab. 15:* Identifizierte Kutinsäuren im Apfelkutin; nach EGLINTON und HUNNEMAN (1968)

| Säuren | % Gesamtsäure | Säuren | % Gesamtsäure |
|---|---|---|---|
| Monokarbonsäuren | | Monohydoxy-Monokarbonsäuren | |
| n-Tetradecansäure | 0,01 | 16-Hydroxyhexadecansäure | 8,0 |
| n-Hexadecansäure | 0,29 | 18-Hydroxy-octadeca-9,12-diensäure | 13,0 |
| cis-9-Octadecensäure + all-cis-9,12-Octadecadiensäure | 0,64 | 18-Hydroxy-octadec-9-ensäure | 5,0 |
| Octadecansäure | 0,06 | Dihydroxy-Dikarbonsäuren | |
| n-Eicosansäure | 0,06 | 8,9-Dihydroxyheptadecan-1,17-diolsäure | 0,18 |
| n-Docosansäure | 0,10 | 9,10-Dihydroxyoctadecan-1,18diolsäure | 0,06 |
| Methyl-Tetradecansäure | 0,02 | Dihydroxy-Monokarbonsäuren | |
| Dicarbonsäuren | | 10,16-Dihydroxyhexadecansäure | 24,0 |
| Hexadecan-1,16-diolsäure | 0,22 | Trihydroxy-Monokarbonsäuren | |
| Heptadecadien-1,17-diolsäure | | 9,10,18-Trihydroxyoctadecensäure | 3,0 |
| Heptadec-9-en-1,17-diolsäure | 0,09 | crythro-9,10,18-Trihydrocyoctadecansäure | 7,0 |
| Octadeca-9,12-dien-1,18-diolsäure | 0,06 | threo-9,10,18-Trihydrocyoctadecansäure | 17,0 |
| Octadec-9-en-1,18-diolsäure | 0,28 | | |
| Octadecan-1,18-diolsäure | 0,04 | | |

*Tab. 16:* Äther-lösliche Säuren im Kutin einiger Früchte; nach BAKER und MARTIN (1963)

| Frucht | 9,10, 18-Trihydroxy-Octadecansäure | 10, 16-Dihydroxy-Hexadecansäure | 10, 18-Dihydroxy-Octadecansäure | 18-Monohydroxy-Octadecansäure |
|---|---|---|---|---|
| Stachelbeere | | +++ | | + |
| Schwarze Johannisbeere | | +++ | | + |
| Birnen | | | | |
| ,Konferenz' | +++ | +++ | + | ++ |
| ,Gladfield' | +++ | +++ | + | ++ |
| Äpfel | | | | |
| ,Bramley' | +++ | +++ | + | ++ |
| ,Worcester' | +++ | +++ | + | ++ |
| ,Cox Orangen Renette' | +++ | +++ | + | ++ |
| ,Dove' | +++ | +++ | + | + |
| ,Dabinett' | +++ | +++ | + | + |

1967). Eine Behandlung mit verschiedenen Wachsarten (ESPELIE und Mitarbeiter 1982) mit dem Ziel, die Transpirationsverluste während der Lagerung zu reduzieren, hat auf die quantitative und qualitative Zusammensetzung der Lipide bei Apfelfrüchten keinen Einfluß. Während der CA-Lagerung, insbesondere bei niedrigen Sauerstoffgehalten in der Lageratmosphäre, wird die Synthese ungesättigter Fettsäuren wesentlich reduziert (MAZLIAK 1965).

Zu den Lipiden werden auch die Kutinstoffe gezählt. Es sind Polyester-Derivate von Hydroxy- und Epoxyfettsäuren (KALATTUKUDY 1977). Kutin setzt sich vorwiegend aus hochmolekularen Co-mono-Dicarboxy-Fettsäuren zusammen, die reich an sekundären Hydroxylgruppen sind (Abb. 19 und Tab. 15 und 16). Sie machen über 80% des Gesamtkutins aus. Bei Apfelfrüchten ist mit durchschnittlich 1,5 mg/cm$^2$ etwa dreimal soviel Kutin in der Schale enthalten wie Wachs (MAZLIAK 1970). Nach den heutigen Vorstellungen besteht die Kutikula pflanzlicher Gewebe aus drei Schichten: der äußeren lamellaren Region, welche aus Kutinwachs gebildet wird und auf der sich das Epikularwachs ablagert, der darunter angeordneten retikularen Region, welche sich aus einem Kutin-Kohlenhydratkomplex zusammensetzt und der inneren Kohlenhydratregion, die mit der Epidermis verbunden ist (DEAS und HOLLOWAY 1977). Die lamellare Region wird als primäre Kutikula und die retikulare Region als sekundäre Kutikula bezeichnet. Letztere entwickelt sich erst dann, wenn der Aufbau der primären Region abgeschlossen ist. Während der Lagerung der Früchte erhöht sich in den ersten Wochen der kutikulare Komplex nur noch in geringem Maße (VISKANSKA und GRIGOROVA 1982). Diese geringe Zunahme des Kutikularkomplexes und die Verdichtung der hypodermalen Zellschichten bedingen in Verbindungen mit der Zunahme an Fett auf der Epidermis die Abnahme der Transpirationsintensität nach den ersten Lagerwochen.

## Pflanzenphenole

Zu den wichtigen Bestandteilen der Obstfrüchte zählen auch die phenolischen Inhaltsstoffe. Gemeinsam ist diesen Verbindungen, daß sie im Molekül eine, in der Mehrzahl jedoch zwei oder mehrere phenolische Hydroxylgruppen ($OH^-$) enthalten. Sie werden deshalb als Polyphenole oder allgemein als Pflanzenphenole bezeichnet. Früher faßte man einen Teil dieser Stoffe, und zwar die Hydroxyphenolkarbonsäuren, Katechine, Leucoanthozyanidine und Proanthozyanidine, unter dem Begriff „Gerbstoffe" zusammen, da sich diese in den Pflanzen als monomere (Hydroxyphenylcarbonsäuren, Katechine und Leucoanthozyanidine) und oligomere, meist dimere (Proanthozyanidine) Verbindungen (HERRMANN 1974, 1979) unter bestimmten Bedingungen zu polymeren Verbindungen mit gerbenden Eigenschaften kondensieren können.

Die Pflanzenphenole leiten sich von Phenolsäuren und dem 2-Phenylchroman ab. Hydroxybenzoesäuren besitzen das Grundgerüst des Phenylmethans ($C_6C_1$), Hydroxyzimtsäuren und Hydroxycumarine das des Phenylpropans ($C_6C_3$), und die Flavanoide das des Diphenylpropans ($C_6C_3C_6$). Die wichtigsten in den Früchten vorkommenden Vertreter dieser chemischen Verbindungen sind in den Abbildungen 24 und 25 sowie in der Tabelle 17 aufgeführt.

Die phenolischen Inhaltsstoffe haben vielfältige Bedeutung für den Stoffwechsel, den Geschmack und das Aussehen der Früchte sowie für die gesunde Ernährung der Menschen.

Zahlreiche Pflanzenphenole dienen der Phenoloxydase als Substrat und werden durch diese nach mechanischer Ver-

*Tab. 17:* Substitutionsmuster der in den Früchten verbreitetsten Flavanoide + Katechine

| Flavanoid-Typ | Name | Substituenten in Stellung | | | | |
|---|---|---|---|---|---|---|
| | | 5 | 7 | 3′ | 4′ | 5′ |
| Flavanone | Naringenin | OH | OH | H | OH | H |
| | Eriodyctiol | OH | OH | OH | OH | H |
| | Hesperitin | OH | OH | OH | $OCH_3$ | H |
| Flavon | Apigenin | OH | OH | H | OH | H |
| | Luteolin | OH | OH | OH | OH | H |
| Flavonole | Kämpferol | OH | OH | H | OH | H |
| | Quercetin | OH | OH | OH | OH | H |
| | Isorhamnetin | OH | OH | $OCH_3$ | OH | H |
| | Myricetin | OH | OH | OH | OH | OH |
| Anthozyanidine | Pelargonidin | OH | OH | H | OH | H |
| | Zyanidin | OH | OH | OH | OH | H |
| | Delphinidin | OH | OH | OH | OH | OH |
| | Päonidin | OH | OH | $OCH_3$ | OH | H |
| | Petunidin | OH | OH | $OCH_3$ | OH | OH |
| | Malvidin | OH | OH | $OCH_3$ | OH | $OCH_3$ |
| | Hirsutidin | OH | $OCH_3$ | $OCH_3$ | OH | $OCH_3$ |
| Isoflavone | Prunetin | OH | $OCH_3$ | H | OH | H |
| Katechine | Katechin | | | | | |
| | Epikatechin | OH | OH | OH | OH | H |
| | Gallokatechin | | | | | |
| | Epi-Gallokatechin | OH | OH | OH | OH | OH |

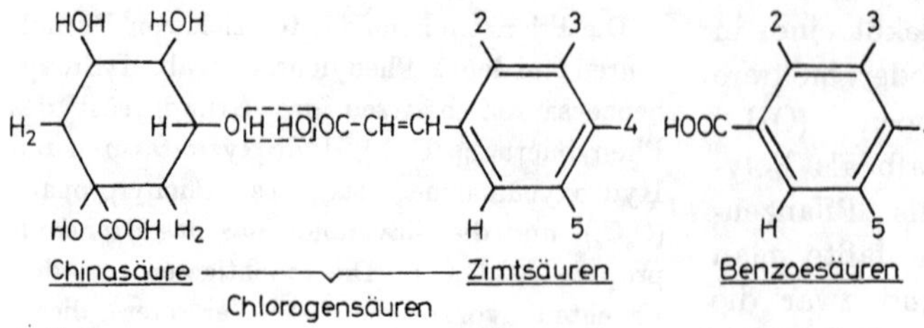


| | | Zimtsäuren | Benzoesäuren |
|---|---|---|---|
| 4-Hydroxy | : | p-Cumarsäure | 4-Hydroxybenzoesäure |
| 3,4-Dihydroxy | : | Kaffeesäure | Protocatechusäure |
| 3-Methoxy-4-hydroxy- | : | Ferulasäure | Vanillinsäure |
| 3,5-Dimethoxy-4-hydroxy | : | Sinapinsäure | Syringasäure |
| 3,4,5-Trihydroxy- | : | | Gallussäure |
| 2-Hydroxy- | : | o-Cumarsäure | Salicylsäure |
| 2,5-Dihydroxy- | : | | Gentisinsäure |
| 4-Methoxy-3-hydroxy- | : | Isoferulasäure | |

*Abb. 24:* Einige im Obst nachgewiesene Hydroxyzimt- und Hydroxybenzoesäuren sowie Chlorogensäuren

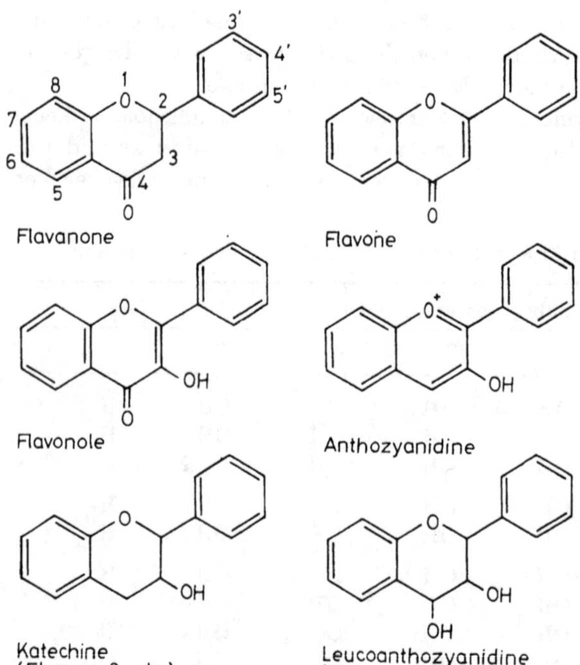


*Abb. 25:* Strukturen der Flavanoide

letzung der Gewebe und dem dadurch bedingten unkontrollierten Einwirken der o-Phenoloxydase in Gegenwart von Luftsauerstoff über die Stufe der o-Chinone zu braunen, kondensierten, gerbstoffartigen Produkten umgewandelt, die den Druckstellen und Schnittflächen an Früchten die braune Farbe verleihen. Vor allem die Katechine und Proanthozyanidine, in geringerem Maße Chlorogensäure und andere Kaffeesäureester, in ihrer Gegenwart auch mehrere andere Flavonoide, werden in diese Reaktion einbezogen. Solange aber Askorbinsäure im Fruchtgewebe enthalten ist, reduziert diese die entstandenen o-Chinone unter gleichzeitiger Bildung von Dehydroaskorbinsäure.

Dieser Vorgang läuft solange ab, bis die gesamte in den Früchten enthaltene Askorbinsäure verbraucht ist. Erst danach können die gebildeten o-Chinone zu Kondensationsprodukten umgewandelt werden. Braungefärbtes Fruchtgewebe enthält deshalb keine Askorbinsäure mehr. Aufgrund der bestehenden enzymatischen Redox-Beziehungen zwischen den o-Diphenolen und der Askorbinsäure wurde diesem System große Bedeutung als Endoxydasesystem in den Früchten zugeschrieben. In Früchten findet man häufig eine enge Übereinstimmung in der qualitativen Beziehung zwischen dem Gehalt an Polyphenolen sowie der Polyphenoloxydaseaktivität (Abb. 26).

Flavonole besitzen aber auch einen oxydationshemmenden Effekt und wirken stabilisierend auf den Vitamin-C-Gehalt. Bei Fruchtsäften kann durch Zusatz von Rutin der Askorbinsäureverlust erheblich gemindert werden. Quercetin wirkt bereits in Konzentrationen von 3 ppm sehr stark hemmend, andere Flavonole erst bei höheren Konzentrationen (LETAN 1966). Neben der Stellung ist die Zahl freier Hydroxylgruppen für diese Wirkung verantwortlich. Sind in den Aglykonen die Hydroxylgruppen glykosidisch gebunden, ist die antioxydative Wirkung geringer.

Ein höherer Gehalt an Katechinen und Proanthozyanidinen, wie er in jungen, grünen Früchten, in Früchten von Mostbirnen und -äpfeln sowie in Quitten vorliegt, und ihre nach Verletzung der

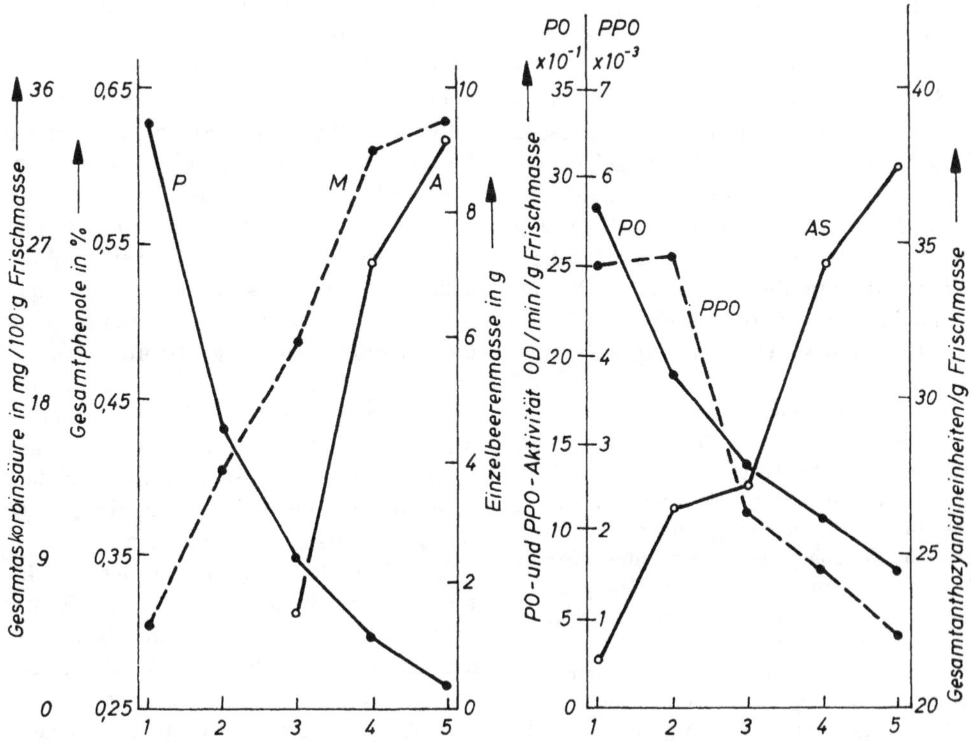


*Abb. 26:* Zunahme der Einzelfruchtmasse (M) und Veränderungen im Gehalt an Gesamte phenolen (P), Gesamtanthozyanidine (A), Gesamtaskorbinsäure (AS) sowie der Peroxydas- (PO) und Polyphenoloxydaseaktivität (PPO) der Früchte der Erdbeersorte ‚Cardina' während ihrer Entwicklung; nach SPAYD und MORRIS (1981)

Früchte (Kauen) entstehenden Kondensationsprodukte verleihen den Früchten einen herben, adstringierenden Geschmack. Durch systematische Züchtung von Tafelobst hat man den Gehalt an Pflanzenphenolen gesenkt. Ein gewisser Gehalt an adstringierenden Substanzen ist aber unbedingt notwendig, da sie zum vollen Geschmack der Früchte und der aus diesen hergestellten Säfte und Weine beitragen. Fruchtgetränke mit einem sehr geringen Gehalt an phenolischen Substanzen besitzen einen leeren und faden Geschmack.

Einige Phenolverbindungen erhöhen die Resistenz der Früchte gegen Fäulniserreger (EYRDE 1957, EDNEY, 1973). Ihre Wirkung beruht auf der Hemmung von Enzymen (EDNEY 1964), wobei vor allem die Leucoanthozyanidine die Polygalakturonaseaktivität inhibieren (CODE und WOOD 1961). Zwischen der Widerstandsfähigkeit des Fruchtgewebes gegen Infektionen und ihrem Phenolgehalt besteht eine enge Beziehung (KIRKHAM 1957, HULME und EDNEY 1960). Sicher spielt hierbei ein optimales Gleichgewicht zwischen dem Gehalt an Phenolverbindungen und stickstoffhaltigen Substanzen des Wirts eine große Rolle.

Die Pflanzenphenole besitzen auch einen erheblichen Einfluß auf die durch natürliche Auxine gesteuerten Wachstumsvorgänge. Zimtsäurederivate und Flavonole (Quercetin, Rutin) beeinflussen die Indolessigsäureoxydase synergistisch, Monophenole dagegen antagonistisch. Flavonole wurden ferner als Antagonisten der Abscisinsäure erkannt. Auf Veränderungen im Flavonoidgehalt und damit auf die Aktivität endogener Wachstumshemmstoffe wird die Wirkung von Herbiziden zurückgeführt (MASHTAKOV und Mitarbeiter 1971).

Zu den Flavonoiden gehören wichtige Farbstoffe, wie die hell- bis dunkelrot, blau und blauviolett gefärbten Anthozyanine und die schwach gelb gefärbten Flavonolderivate. Sie bedingen die Deckfarbe und bis zu einem gewissen Grade die Grundfarbe der Kernobstfrüchte, ferner die Farbe reifer Früchte des Beerenobstes, der Pflaumen und Kirschen, jedoch nicht die gelbrote Farbe der Pfirsiche und Aprikosen.

Mehrere Flavonoide besitzen eine pharmakodynamische Wirkung im menschlichen Körper. In dieser Richtung wirken Flavonole und zum Teil auch Katechine. Bekannt ist die koronarerweiternde und kapillarabdichtende Wirkung einiger Flavonole. Ihnen werden auch spasmolytische Eigenschaften sowie entzündungshemmende Wirkungen zugesprochen (BÖHM 1967). Die Flavonylglykoside Hesperidin, Eriodictrin und Rutin wurden deshalb unter dem Begriff „Vitamin P" zusammengefaßt.

Die in der Literatur angegebenen Werte über den Gehalt an Gesamtphenolen differieren stark. Vor allem in früheren Publikationen weichen diese gegenüber den heute ermittelten Werten z. T. beträchtlich ab. Bedingt ist dies durch die zur damaligen Zeit gegebenen Möglichkeiten der analytischen Erfassung der Phenole und ihrer Abtrennung von nichtphenolischen Begleitstoffen. Meist wurden deshalb in älteren Arbeiten die in den einzelnen Fruchtarten vorkommenden 10···20 und mehr Phenole als Gesamtphenole erfaßt und auf ein bestimmtes Flavonoid bzw. eine Hydroxylphenolcarbonsäure umgerechnet.

Der Gesamtphenolgehalt in den Früchten wird im Mittel mit 100 bis 500 mg je 100 g Fruchtgewebe angegeben. Bei den einzelnen Fruchtarten differieren die ermittelten Gehalte jedoch, so z. B. bei Äpfeln von 50···1700 mg, Birnen von 11···400 mg, Pfirsichen von 28 bis 270 mg, Pflaumen bis zu 2100 mg, Erdbeeren von geringen Spuren bis zu 160 mg, Schwarzen Johannisbeeren von 100 bis 450 mg, Stachelbeeren von 70···410 mg und

Weinbeeren um 100 mg je 100 g Fruchtgewebe (CRAFT 1961; VIGOROV 1962; WALTER 1962; VAN BUREN 1971; RANADIVE und HAARD 1971; HERRMANN 1973; JANKOV 1974). Wenn auch genetisch bedingte Unterschiede im Gehalt an Gesamtphenolen zwischen den einzelnen Sorten einer Fruchtart bestehen, so sind diese Differenzen sicher auch auf andere Faktoren, wie Anbaubedingungen, Herkunft, Klima, Reifegrad und die von den einzelnen Autoren in die Untersuchungen einbezogenen Gewebepartien der Früchte für diese erheblichen Abweichungen mit verantwortlich.

Bei Äpfeln verändert sich in der Zellteilungsphase der Gesamtphenolgehalt je 100 g Fruchtgewebe nur unbedeutend. Mit Beginn der Zellstreckung kommt es bis zum Erreichen des Kumulationspunktes im Chlorophyllgehalt je Frucht zu einer intensiven Abnahme. In der weiteren Entwicklung der Frucht flacht die Kurve ab und der Gehalt unterliegt mit Eintritt der Äpfel und Birnen in die Baumreife nur noch geringen Veränderungen (HULME u. RHODES 1971). Bezogen auf die Gesamtfrucht erhöht sich die Menge an Gesamtphenolen in der Zellteilungsphase intensiv, mit Erreichen des Maximalwertes am Ende der Zellteilung nimmt sie mit zunehmendem Fruchtwachstum degressiv ab und kurz vor Eintritt der Frucht in die Baumreife wieder stärker zu. Bei Pfirsichen (CRAFT 1961), Pflaumen und Erdbeeren (Lit. s. HERRMANN 1973, STÖHR und HERRMANN 1975, STÖHR und Mitarbeiter 1975) verändert sich der Gehalt an Gesamtphenolen, bezogen auf die Fruchtmasse, in gleicher Richtung wie bei den Äpfeln, bezogen auf die Einzelfrucht erhöht er sich jedoch bis zum Erntezeitpunkt dieser Früchte. Da sich aber die einzelnen Phenolsäuren und Flavonoide in den Früchten der verschiedenen Fruchtarten im Verlauf ihrer Entwicklung unterschiedlich verändern, können während des Wachstums der Früchte 2 Maxima auftreten, wie z. B. bei den Schwarzen Johannisbeeren (AYRES 1962, zitiert bei GREEN 1970).

Die Verteilung der Phenole innerhalb einer Frucht ist nicht gleichmäßig. Die Schale von Kernobstfrüchten und das Deckgewebe der Steinobstarten sind bedeutend reicher an Gesamtphenolen als die inneren Gewebeschichten einer Frucht. Kleine Früchte enthalten mehr Phenole als große, bezogen auf die Fruchtmasse (Verdünnungseffekt!), Wintersorten mehr als Sommersorten und bei Mostobstarten ist der Gehalt höher als bei Tafelobst.

Mit der Einführung moderner Analysenmethoden gewann man einen tieferen Einblick in die Vielfalt und die quantitative Zusammensetzung sowie die Veränderungen der Phenole in den Fruchtarten und Sorten. Die in den Früchten hauptsächlich vorkommenden Phenole teilt man ein in: Hydroxyphenolcarbonsäuren, Hydroxycumarine, Flavanone, Flavone, Isoflavone, Flavonole, Katechine, Leucoanthozyanidine, Proanthocyanidine und Anthozyanidine (HERRMANN 1962, VAN BUREN 1970).

Die in den Früchten vorkommenden Hydroxyphenolcarbonsäuren leiten sich im wesentlichen von der Benzoesäure und der Zimtsäure ab. Es sind zyklische Mono-, Di- und Trihydroxysäuren. Von den in den Früchten nachgewiesenen Phenolsäuren haben jeweils die ersten drei der in der Abbildung 24 aufgeführten Säuren die größte Bedeutung. In den meisten heimischen Obstarten sind die Zimtsäurederivate in höheren Konzentrationen angereichert als die Benzoesäurederivate. Die anderen in Abbildung 24 genannten Phenolsäuren kommen in der überwiegenden Mehrzahl der Früchte nur in sehr geringen Mengen vor. Eine Ausnahme bilden Süß- und Sauerkirschen (TANCHEV 1980). In Stachel-, Erd- und Brombeeren wurden auch Shikimisäure und deren Ester u. a. nachgewiesen (GREEN 1971). Cumarine sind nur in geringen Konzentrationen in Pflaumen und Pfirsichen enthalten (HERRMANN 1973).

*Tab. 18:* Gehalt an Hydroxyzimtsäuren einiger Obstarten; nach HERRMANN (1974)

| | Kaffee-säure | p-Cumar-säure | Ferula-säure |
|---|---|---|---|
| | mg/kg Frischsubstanz | | |
| Äpfel (‚Cox Orangen-Renette', James Grieve, ‚Jonathan' ‚Golden Delicious' | 52—94 | 15—22 | 4—8 |
| Äpfel (‚Schöner von Boskoop') | 191,191 | 16,20 | 6,6 |
| Birnen (‚Konferenz') | 43,43 | | |
| Birnen (‚Alexander Lucas') | 98,108 | 8,8 | |
| Süßkirschen (‚Büttners Rote Knorpelkirsche') | 35,43 | 117,152 | |
| Süßkirschen (‚Büttners Schwarze Knorpelkirsche') | 59,61 | 29,30 | |
| Sauerkirschen (‚Schattenmorelle') | 38,44 | 70,100 | |
| Himbeeren, Brombeeren, Rote Johannisbeeren | 10—30 | 10—20 | 5—15 |
| Schwarze Johannisbeeren | 69, 93 | 100,120 | 14,15 |
| Erdbeeren | | 15—24 | |

Die Hauptmenge der in den Früchten vorkommenden Hydroxyphenolcarbonsäuren bilden die Kaffee-, p-Cumar- und Ferulasäure sowie ihre Depside mit der Chinasäure (Tab. 18). bei einigen Fruchtarten auch 4-Hydroxybenzoesäure, Protocatechusäure oder Gallussäure (HERRMANN 1973; STÖHR und HERRMANN 1975 a u. b; STÖHR und Mitarbeiter 1975). Zwischen den einzelnen Sorten und Herkünften einer Fruchtart bestehen große Unterschiede in der quantitativen Zusammensetzung (WALKER 1962). In Aprikosen, Pfirsichen, Pflaumen und Mirabellen ist nach HERRMANN (1974) nur Kaffeesäure enthalten. In einigen Fruchtarten, wie in Schwarzen Johannisbeeren, kommen auch Zuckerester der Hydroxyzimtsäuren vor (KOEPPEN und HERRMANN 1977).

Die quantitativen Veränderungen an Kaffeesäure (Abb. 27 B) und Chlorogensäure (HULME und RHODES 1974) folgen der aufgezeigten Veränderung der Gesamtphenole beim

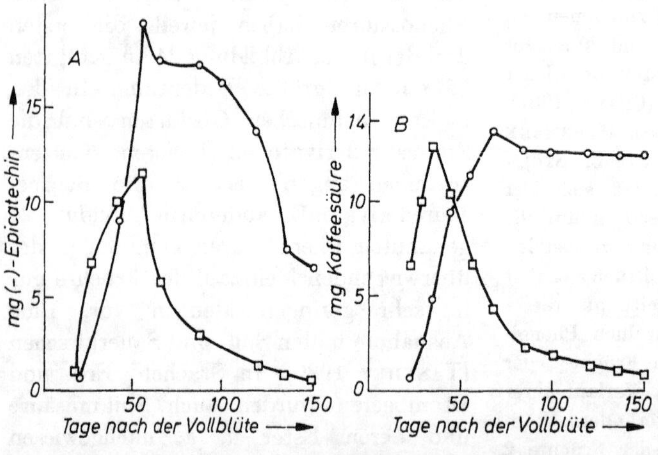


*Abb. 27:* Veränderungen im (—)-Epikatechingehalt (A) und Gehalt an Kaffeesäure (B) in den Früchten der Apfelsorte ‚Golden Delicious 'während ihrer Entwicklung am Baum 1972; ○-○-○- = Epikatechin bzw. Kaffeesäure/Apfel; □-□-□- = Epikatechin bzw. Kaffeesäure/ 10 g Frischgewicht; nach MOSEL und HERRMANN (1974)

Apfel. Unmittelbar nach der Befruchtung ist der Gehalt sehr gering, erhöht sich dann sprunghaft und fällt gegen Ende der Zellteilungsperiode zunächst steil, in der Hauptphase der Zellstreckung nur noch allmählich ab. In der Frucht ist die Kaffeesäuresynthese unmittelbar nach der Zellteilungsphase weitgehend abgeschlossen.

Nach den Phenolcarbonsäuren bilden die Katechine, Leucoanthozyanidine und Proanthozyanidine in den Früchten die zweitstärkste Gruppe an phenolischen Bestandteilen. In der älteren Literatur werden oft alle drei Verbindungen als Tannine bezeichnet. Chemisch sind Katechine monomere Flavan-3-ole, Leucoanthozyanidine monomere Flavan-3,4-diole (Abb. 25) und Proanthozyanidine oligomere, meist dimere Verbindungen verschiedener Flavanoleinheiten (HERRMANN 1979). Sie setzen sich zum überwiegenden Teil aus einem Anthozyanidin (bei Apfel, Birne, Pfirsich vorherrschend Zyanidin, zum geringeren Teil Pelargonidin und Delphinidin; HERRMANN 1972) und einem Katechin zusammen.

Alle drei Stoffgruppen sind farblose Verbindungen, die unter der Wirkung von Oxydasen zu braun gefärbten Melanoidinen umgewandelt werden können. In den Früchten liegen sie in der Regel als freie Aglycone vor. Je nachdem, ob die Seitenkette im Molekül der Katechine aus Kaffeesäure oder aus Gallussäure besteht, bezeichnet man sie als Katechine oder Gallokatechine. Beide Verbindungen können als (+)- oder (−)-Katechine vorliegen. Letztere werden auch als Epikatechine bzw. Epigallokatechine bezeichnet.

Mit Ausnahme bei Pfirsichen und einigen Pflaumenarten sind in baum- bzw. genußreifen Früchten vorwiegend (−)-Katechine enthalten. Das Verhältnis (+)- zu (−)-Katechinen beträgt bei den einzelnen Fruchtarten 1 : 2···1 : 30 (HERRMANN 1974). Gallo- und Epigallokatechine kommen in einigen Apfelsorten mit 8···16 mg, Sauerkirschen 40···50 mg, Pfirsichen mit durchschnittlich 7 mg und nur in Spuren in Pflaumen, Erdbeeren, Stachelbeeren, Johannisbeeren und Weinbeeren vor.

Die in den einzelnen Fruchtarten ermittelten Gehalte an Gesamtkatechin sind sehr unterschiedlich (Tab. 19) und differieren auch von Sorte zu Sorte einer Fruchtart in weiten Bereichen. Sehr reichlich enthalten sind sie mit 110···300 mg/kg Frischsubstanz in Weinbeeren, Aprikosen, Sauerkirschen und Brombeeren. Einen relativ hohen Gehalt besitzen auch einige herbe Apfelsorten und die Hauspflaume, einen mittleren die meisten Apfelsorten, Süßkirschen und Pfirsiche. Eine geringe Menge ist mit 10···60 mg/kg Frischsubstanz in frühreifen und süßen Apfelsorten, Birnen, einigen Pflaumenarten, Erdbeeren, Johannisbeeren, Stachelbeeren und Himbeeren enthalten.

Die Katechine sind im Fruchtfleisch fast gleichmäßig verteilt. Nur in ganz jungen Früchten weisen die äußeren Gewebeschichten eine höhere Konzentration auf. In der Schale der Kernobstfrüchte sind sie besonders stark angereichert.

Leuco- und Proanthozyanidine kommen in den Früchten etwa in gleicher Menge wie die Katechine vor. Auch das Verteilungsmuster in den Früchten ist ähnlich.

Unmittelbar nach der Befruchtung ist der Gehalt an Katechinen, und wahrscheinlich auch der an Leuco- und Proanthozyanidinen, sehr gering. Bereits zu Beginn der Zellteilungsphase erhöht er sich sowohl prozentual als auch bezogen auf die Frucht sehr schnell (Abb. 27A). Gegen Ende der Zellteilungsphase werden Werte von über 0,1% in der Frischsubstanz bzw. fast 2 g pro Apfel erreicht. Im weiteren Verlauf der Fruchtvolumenzunahme verringert sich der prozentuale Gehalt wieder, um mit Erreichen der Baumreife annähernd den Anfangswert einzunehmen. Im Stadium der Genußreife der Früchte beträgt die Konzentration an Flavanolen nur noch etwa 10 (MOSEL und HERRMANN 1974) ···30% (CRAFT 1961) gegenüber der zum Zeitpunkt der Zellteilungsphase (Abb. 30).

*Tab. 19:* Der Gesamtgehalt der Obstarten an Katechinen in mg/kg Früchte; nach HERRMANN (1974)

| | | |
|---|---|---|
| Äpfel | ‚Cox Orangen-Renette‘ | 64 |
| | ‚James Grieve‘ | 34 |
| | ‚Jonathan‘ | 105, 162 |
| | ‚Golden Delicious‘ | 47, 61 |
| | ‚Schöner von Boskoop‘ | 78, 84 |
| | ‚Weißer Glockenapfel‘ | 73, 78, 85 |
| Birnen | ‚Konferenz‘, ‚Alexander Lucas‘, ‚Williams Christ‘ | 10—30 |
| Süßkirschen | ‚Büttners Rote und Schwarze Knorpelkirsche‘ | 58—70 |
| Sauerkirchen | ‚Schattenmorelle‘, hellrote Baumweichsel | 170—200 |
| Pfirsiche | ‚Frühe Alexander‘ | 66 |
| Aprikosen | | 246 |
| Pflaumen | ‚Czar‘ | 19 |
| | ‚Wangenheims Frühzwetschge‘ | 31 |
| | ‚Hauspflaume‘ | 92, 95, 98 |
| Mirabellen | ‚Nancy‘ | 61 |
| Erdbeeren | ‚Senga Sengana‘, ‚Senga Precosa‘ | 17—45 |
| Brombeeren | verschiedene Sorten | 110—195 |
| Johannisbeeren | Rote, Schwarze, Weiße | 12—50 |
| Himbeeren | verschiedene Sorten | 32—62 |
| Stachelbeeren | | 16, 45, 51, 62 |
| Wein | ‚Riesling‘ | 289, 291, 310 |

Die Bildung der Flavanole setzt in der Frucht erst nach der Hydroxyphenolcarbonsäuresynthese ein. Letztere bildet eine Vorstufe der Flavanole. Im Verlauf der Lagerung werden die Flavanole in Abhängigkeit von der Lagertemperatur und der Zusammensetzung der Lageratmosphäre mehr oder weniger schnell abgebaut.

Die allgemein im Pflanzenreich weit verbreiteten Flavanole und Flavone kommen in unseren heimischen Kern-, Stein- und Beerenobstarten nicht oder nur in Spuren vor (WILDANGER 1972). Sie bilden jedoch den größten Teil der Flavanoide in den Zitrusfrüchten (HERRMANN 1970).

Eine bedeutende Gruppe der Flavanoide in den Früchten sind die Flavonole. Sie leiten sich von den Flavanonen ab, enthalten aber im mittleren Ring eine Doppelbindung und am $C_3$ eine Hydroxylgruppe (Abb. 25). In den Früchten sind die freien Aglycone selten nachzuweisen. In der Regel liegen sie als Mono-, seltener als Di- oder Trioside vor. Bei den Flavonolen sind die Zuckermoleküle über eine Sauerstoffbrücke vorwiegend am $C_3$, wenig am $C_7$ und selten am $C_5$ gebunden. Durch die unterschiedlichen Aglycone und die Zahl gebundener Zuckerreste ergibt sich die Vielzahl möglicher flavonoider Substanzen in den einzelnen Fruchtarten.

Die schwach gelb gefärbten Flavonole sind im Gewebe der meisten Obstarten wesentlich geringer angereichert als andere Flavanole. Im eßbaren Anteil enthalten Äpfel, Birnen und Quitten etwa 1 mg/kg, die Steinobstarten 10 (Pfirsiche) bis 60 (Sauerkirschen) mg/kg Früchte. In der Schale der Kernobstarten kann der Gehalt 100···400 mg/kg betragen. In den Beerenobstarten sind die Flavonole mit 20···40 mg/kg in annähernd gleicher Menge enthalten wie die Flavanole. Eine Ausnahme machen wohl die Erdbeeren, in denen WILDANGER (1972) bis 1800 mg/kg im Fruchtgewebe nachweisen konnte.

Da zur Bildung der Flavonole Licht notwendig ist, werden sie besonders stark in den Früchten angereichert, die unmittelbar dem Sonnenlicht ausgesetzt sind. Bei Kernobst ist deshalb der Gehalt der Früchte an Flavonolfarbstoffen auf der Sonnenseite in der Schale und den subkutanen Zellschichten etwa um 20···40 % höher als auf der Schattenseite. Im Parenchymgewebe der Kernobstfrüchte kommen Flavonole nur in Spuren bis maximal 2 mg/kg Fruchtgewebe, meist unter 0,1 ppm, vor (HERRMANN 1976).

Von den zahlreichen Vertretern dieser Stoffgruppe enthalten die meisten Obstarten, die Zitrusfrüchte ausgenommen, fast nur Quercetinglykoside und in geringerem Umfange Kämpferolglykoside. Höhere Mengen an Kämpferol konnten in der Schale der Quitten, einigen Apfelsorten, in Sauerkirschen und Erdbeeren nachgewiesen werden (HENNING und HERRMANN 1980, 1981). Bei den Birnen treten dafür größere Mengen Isorhamnetin auf. In einigen Beerenobstarten, vor allem in Schwarzen Johannisbeeren, kommen auch Myricetinglykoside vor.

Während der Entwicklung der Früchte nimmt der Gehalt in der Frischsubstanz der beiden in den Früchten am weitesten verbreiteten Flavonole Quercetin und Kämpferol in Übereinstimmung mit den Hydroxyphenolcarbonsäuren und Katechinen ab. Bei einigen Fruchtarten, z. B. den Sauerkirschen, kann eine kurzzeitige Phase der Anreicherung vorkommen (Abb. 28). Eine Ausnahme bilden die Schwarzen Johannisbeeren, in welchen mit zunehmender Reife Quercetin- und Myricetinglykoside wieder erheblich angereichert werden (Abb. 29). Im Laufe der Lagerung und Fruchtreife wurde in der Schale von Apfelfrüchten eine Zunahme des Gehaltes von Flavonolen beobachtet (DONCHEV 1977; HOLEVY und KOFRANEK 1977).

Die wohl auffälligste Gruppe der Flavanoide bilden die Anthozyanidine. Sie verleihen den meisten Früchten die rote Farbe. Die Zusammensetzung der Anthozyane ist bei den einzelnen Obstarten und Sorten sehr unterschiedlich (HERRMANN 1960; JURED 1972). Von den in

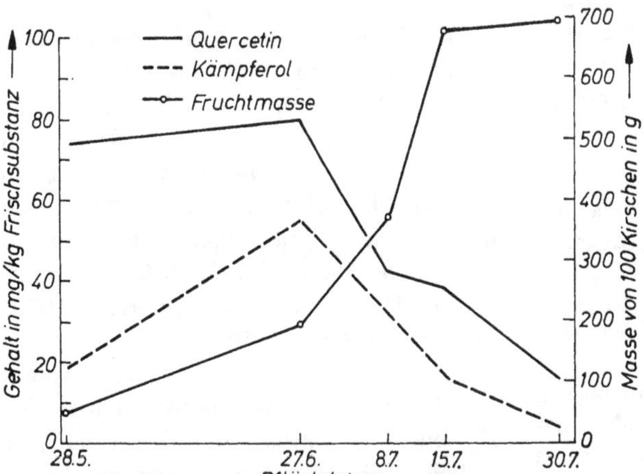


*Abb. 28:* Veränderungen des Flavonolgehaltes von Sauerkirschen der Sorte ‚Fanal' während der Fruchtentwicklung 1974 berechnet als Aglykon; Anmerkung: 27. 6. = Beginn der Rotfärbung, 15. 7. = Rotfärbung abgeschlossen, 30. 7. = Genußreife; nach STARKE und HERRMANN (1976)

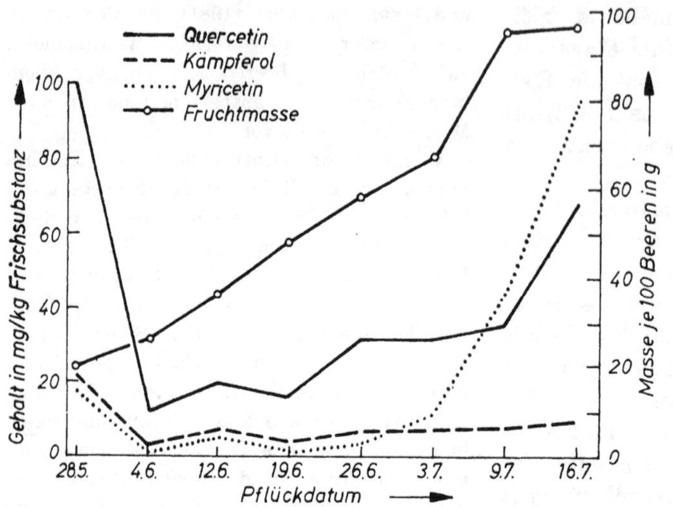


*Abb. 29:* Veränderungen des Flavonolgehaltes von Schwarzen Johannisbeeren der Sorte ‚Silvergieters Schwarze' während der Fruchtentwicklung 1973 berechnet als Aglykon; Anmerkung: 3. 7. = Beginn der Schwarzfärbung, 16. 7. = Genußreife; nach STARKE und HERRMANN (1976)

der Natur vorkommenden 16 Anthozyanidinen (MARKALIS 1975) treten in den Früchten, die in der Tabelle 17 aufgeführt sind, am häufigsten auf. In Verbindung mit den angelagerten Zuckerarten ergibt sich die Fülle von Anthozyanen. So konnte RIBERAU-GAYON (1960) in Weinbeeren verschiedener Sorten 5⋯17 Anthozyane nachweisen, wobei sich die qualitative und quantitative Zusammensetzung mit zunehmendem Reifegrad der Früchte noch verschieben kann (KOEPPEN und HERRMANN 1977).

In Übereinstimmung mit dem Flavonol Quercetin ist das entsprechende Zyanidin am häufigsten in Früchten vertreten, gefolgt von Delphinidin und Pelargonidin. In geringen Mengen enthalten sie noch Malvidin, Petunidin und Päonidin.

In Äpfeln, Birnen, Brombeeren, Himbeeren, Johannisbeeren, Pfirsichen, Pflaumen, Sauer- und Süßkirschen sowie den Stachelbeeren bilden Zyanidinglykoside den Hauptbestandteil der Anthozyane. Die rote Farbe der Kulturerdbeeren beruht dagegen zu 90 bis 95% auf dem Gehalt an Pelargonidin. Nur in den Wilderdbeeren sind Pelargonidin und Zyanidin etwa zu gleichen Teilen an der Farbgebung beteiligt.

Die rote Farbe der Aprikosen und zum überwiegenden Teil auch der Pfirsiche, wird im Gegensatz zu den anderen Früchten nicht durch Anthozyane, sondern durch eine starke Anreicherung an Karotinfarbstoffen hervorgerufen.

Der Anthozyangehalt unterliegt in den einzelnen Fruchtarten großen Schwankungen. Er beträgt in reifen Erdbeeren etwa 5⋯15 mg, in roten Himbeeren 30⋯50 mg, in schwarzen Himbeeren bis 450 mg (DARAVINGAS und CAIN 1965) und in der Schale von Äpfeln bis zu 100 mg je 100 g Frischsubstanz (HERRMANN 1960, 1966; CHICHESTER 1972; SPAYD und MORRIS 1981).

Die Anthozyane sind in den Äpfeln sowohl in der Epidermis als auch in der Hypodermis enthalten. Wie aus der Tabelle 20 entnommen werden kann, bestehen im Verteilungsschema zwischen den Sorten erhebliche Unterschiede. Will man rotgefärbte Apfelsorten züchten, so ist dieses Phänomen zu beachten.

*Tab. 20:* Verteilung der Anthozyane in der Schale von Äpfeln der Sorte ‚Cox's Orange Pippin' und deren roten Mutanten; nach Mišić and Tešović (1971)

| Sorte | Prozentgehalt gefärbter Zellen | | |
|---|---|---|---|
| | Epidermis | Subepidermis | |
| | 1. Schicht | 2. Schicht | 3. Schicht |
| ‚Cox's Orange Pippin' | 7,1 | 25,9 | 4,8 |
| ‚Red Cox' | 9,7 | 30,2 | 5,7 |
| ‚Queen Cox' | 41,0 | 29,0 | 5,1 |
| ‚Crimsen Cox' | 43,9 | 37,8 | 8,1 |
| ‚Cherry Cox' | 46,6 | 50,4 | 9,0 |

Eine intensive Anthozyanbildung in den Früchten ist erst mit Beginn oder nach Abbau des Chlorophylls möglich. Besonders deutlich wird dies an Erdbeeren. Man unterscheidet hier hinsichtlich der Farbentwicklung drei Stadien. Das grüne Chlorophyllstadium dauert von der Vollblüte an gerechnet im Mittel etwa 22···25 Tage. Ein Leukostadium (weiße Früchte), bei welchem die Chlorophylle bereits abgebaut sind, aber die Anthozyansynthese noch nicht eingesetzt hat, nimmt etwa einen Zeitraum von 20···30 Stunden ein. Das dritte Stadium ist durch eine intensive Anthozyanbildung charakterisiert und schließt mit der Vollreife der Früchte nach 25 bis 29 Vegetationstagen ab. Ein ähnliches Leukostadium ist auch im Parenchymgewebe vieler Kernobstarten zu beobachten, bevor die Karotinneubildung einsetzt.

Obwohl die Fähigkeit zur Anthozyananreicherung in der Schale bei den Äpfeln genetisch fixiert ist, können im Prinzip die Früchte aller Sorten Anthozyan bilden. Kenntlich ist dies am Auftreten von Anthozyanfarbstoffen bei einigen Fruchtarten und -sorten im Jugendstadium oder nach einer Verletzung, obwohl die reifen Früchte kein Anthozyan enthalten. Als Beispiel mag auch die oft starke Rotfärbung von Äpfeln aus Höhenlagen gelten.

Zur Ausbildung der Anthozyanfarbstoffe ist die Einwirkung von Licht notwendig (Abb. 30). Die erforderliche Lichtmenge zur Auslösung der Anthozyansynthese ist bei den einzelnen Sorten sehr unterschiedlich. Bei der Sorte ‚Ingrid Marie' genügt schon eine geringe Lichtintensität, ‚Albrechtapfel' und ‚Jonathan' benötigen dagegen schon erheblich höhere Strahlungsintensitäten. Die Früchte dieser Sorten werden deshalb nur auf

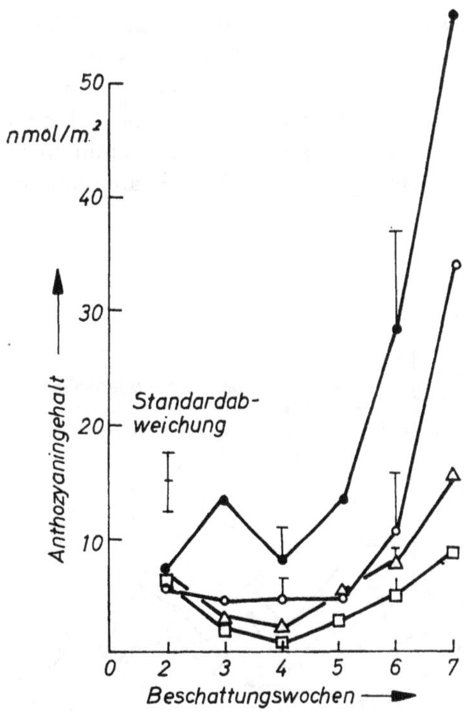


*Abb. 30:* Einfluß der Lichtintensität auf den Anthozyangehalt der Früchte der Apfelsorte ‚Jonathan'. Die Ernte erfolgte im wöchentlichen Abstand. ( • ) = volles Sonnenlicht, ( ∘ ) = 42%, (△ = 37%, ( □ ) = 22% des vollen Sonnenlichtes; nach Chalmers und Mitarbeiter (1973) (s. a. Tafel 2, Abb. 3A)

der unmittelbar der Sonne ausgesetzten Seite rot. Noch höher liegt die Reizschwelle bei normal gelben Sorten, wie zum Beispiel bei ‚James Grieve' und ‚Golden Delicious'. Bei ihnen nehmen nur die in den Spitzenregionen der Bäume hängenden Früchte einen rötlichen Farbton an (s. a. Tafel 2, Abb. 2A).

Die für jede Sorte unbedingt notwendige Mindestlichtmenge zur Auslösung der Anthozyanbildung wird nach der Ernte der Früchte wesentlich herabgesetzt. Legt man z. B. Äpfel der Sorte ‚James Grieve' nach der Ernte für drei bis fünf Tage in die Sonne, so bilden sie sehr viel Anthozyan und nehmen in kurzer Zeit eine leuchtend rote Farbe an.

Besonders intensiv wirkt in diesem Stadium eine Bestrahlung mit UV-Licht für 5···60 Minuten (CHALMERS und FARAGHER 1977). In Verbindung mit tieferen Temperaturen wird die Phenylalanin-ammonia-lyase stark akkumuliert und gleichzeitig das Phenylalanin-ammonia-lyase-inaktivierungssystem inaktiviert (TAU 1982; GRISEBACH 1981) und damit die Anthozyansynthese angeregt. Begast man Früchte gleichzeitig mit Äthylen, so wird die Bildung von Anthozyanen zusätzlich verstärkt (CRAKER 1971).

Um Äpfel mit einem hohen Deckfarbenanteil zu produzieren, ist es notwendig, daß alle Früchte dem Sonnenlicht ausgesetzt sind und nicht durch Blätter beschattet werden (Abb. 31).

Ein Sommerschnitt im Juni und Juli (HANSEN 1978; STRUKLEC 1981) oder August (PRESTON und PERRING 1974 a u. b) fördert aus diesem Grund ebenfalls die Anthozyansynthese. Gleichzeitig wird die Konkurrenz zwischen Trieb und Frucht um die assimilierten Kohlenhydrate (WALTER 1967) zugunsten der Frucht genutzt.

Bereits OVERTON stellte 1899 fest, daß eine reichliche Versorgung der Zellen mit Zucker die Anthozyanbildung fördert. Eine gute Ausbildung der roten

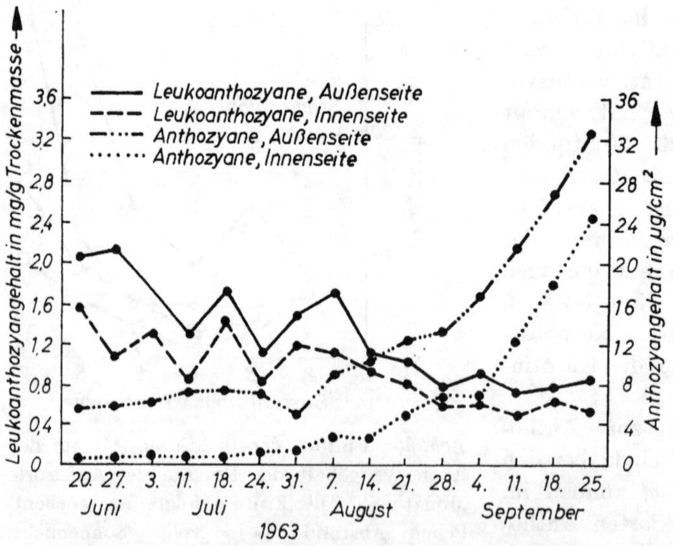


*Abb. 31:* Veränderungen im Leukoanthozyan- und Anthozyangehalt in der Schale der Apfelfrüchte der Sorte ‚Mc Intosh' im Verlauf ihrer Entwicklung; nach FAUST (1964)

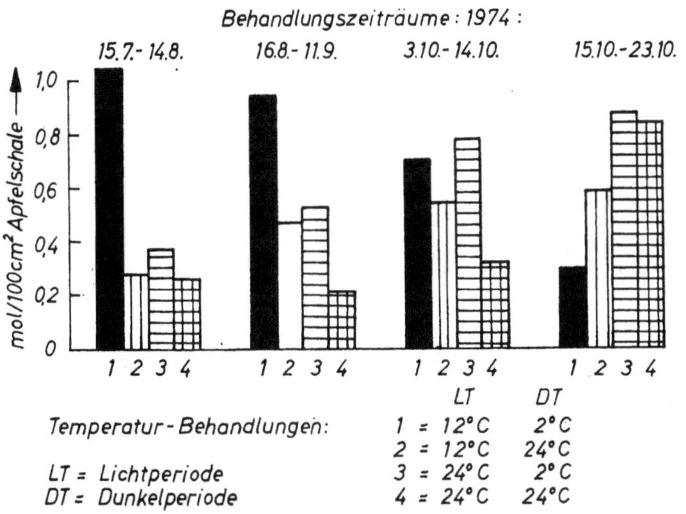


*Abb. 32:* Anthozyanbildung bei Früchten der Sorte ‚Jonathan' nach Temperaturbehandlung in Küvetten; nach Diener und Naumann (1981)

Deckfarbe ist deshalb nur dann möglich, wenn die Früchte ausreichend mit Kohlenhydraten versorgt werden.

Anthozyan wird in den Früchten dann am stärksten angereichert, wenn abwechselnd höhere Tages- und tiefere Nachttemperaturen auf sie einwirken. Bei solchen, die unbedeckt durch Blätter frei hängen, sind diese Bedingungen infolge intensiver Wärmeeinstrahlung am Tag und Abkühlung in der Nacht am besten gegeben. Verstärkt wird die Temperaturdifferenz in einem Baumbestand durch eine den Wärmenachschub aus dem Boden behindernde und die nächtliche Ausstrahlung fördernde Untersaat zwischen den Baumreihen (Gormley 1981).

Die Wirkung des Temperaturreizes auf die Anthozyansynthese ist jedoch in den einzelnen Entwicklungsabschnitten der Frucht nicht gleich (Abb. 32). Während im Juli bis September größere Temperaturunterschiede zwischen Tag und Nacht die Anthozyanbildung fördern, sind mit zunehmender Baumreife höhere Tag- und Nachttemperaturen erforderlich. Auf dieser Gesetzmäßigkeit beruht die starke Deckfarbenausbildung bei den Früchten der verschiedenen Apfelsorten in südlicheren Anbaugebieten Europas. Jahresbedingte Unterschiede im Ausfärbungsgrad der einzelnen Sorten sind zum großen Teil auf den zeitlich abweichenden Verlauf der Reife der Früchte und die damit verbundenen unterschiedlichen Temperaturbedingungen zurückzuführen. Nach Überschreiten des klimakterischen Atmungsmaximums geht bei Apfelfrüchten die Fähigkeit zur Anthozyansynthese verloren.

Die Farbausbildung hängt wesentlich vom Ernährungszustand der Blätter ab. Besonders eine überhöhte Stickstoffdüngung wirkt sich nachteilig auf die Färbung der Früchte aus (Abb. 33). In den Früchten steigt der Chlorophyllgehalt ungefähr proportional mit der Stickstoffzufuhr an.

Bei sehr starken und späten Stickstoffangeboten schließen die Bäume nicht rechtzeitig ihr vegetatives Wachstum ab. Dies führt dazu, daß die Früchte sehr viel Chlorophyll bilden und es nur

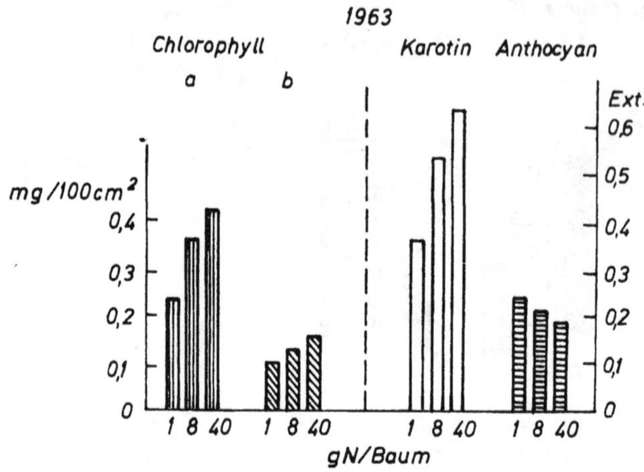


*Abb. 33:* Farbstoffgehalt in der Schale der Früchte der Sorte ‚Cox Orangen' in Abhängigkeit von der Stickstoffzufuhr (Gefäßversuch); nach KAETHER (1965)

langsam abbauen. Gleichzeitig besteht eine Konkurrenz zwischen den Trieben und Früchten im Verbrauch von Kohlehydraten. Hinzu kommt eine erhöhte Beschattung durch reichlich ausgebildetes Blattwerk. Bei stark erhöhter Stickstoffzufuhr sinkt deshalb der Prozentsatz der Früchte mit einem hohen Deckfarbenanteil. Der alkohollösliche N-Gehalt in der Trockensubstanz der Früchte sollte unter 0,4% betragen. Eine optimale Ausfärbung der Früchte ist dann gegeben, wenn der N-Gehalt zwischen 0,1···0,2% variiert (FAUST 1965a und b).

Die negative Wirkung einer hohen Stickstoffdüngung läßt sich bis zu einem gewissen Grad durch eine reichliche Kalizufuhr kompensieren (EAETHER 1966). Um eine optimale Farbausbildung zu erzielen, sollte der Kaliumgehalt in den Blättern etwa zwischen 1,2 und 1,6% bezogen auf die Trockenmasse, liegen. Beträgt er weniger als 1%, so sind die Früchte meist nur ungenügend ausgefärbt.

Die Ursachen für die gute Fruchtausfärbung bei höherem sommerlichen K-Angebot sind die erhöhte Assimilationsleistung und der schnellere Assimilationstransport von den Blättern in die Früchte (LÜDDERS und BÜNEMANN 1974).

Durch den Einsatz von Wachstumsregulatoren und fungiziden Mitteln kann die Farbe der Früchte gleichfalls beeinflußt werden. Manche Wuchshemmstoffe erhöhen bei Äpfeln und Kirschen den Zuckergehalt in den Früchten und fördern die Ausbildung der roten Deckfarbe. Gleichzeitig tritt eine Aufhellung der Grundfarbe ein. Derartige scheinbar positive Einflüsse sind oft mit negativen Wirkungen auf den Stoffwechsel, besonders was die Haltbarkeit der Früchte im Lager anbetrifft, gekoppelt. Auch sind manche dieser ‚farbbildenden' Wirkstoffe hygienisch nicht unbedenklich.

Möglicherweise läßt sich auch durch Anwendung von Mitteln zur Hemmung der Transpiration die Ausbildung der Deckfarbe positiv beeinflussen.

Über die Wahl der Unterlage-Ertragssorte-Kombination läßt sich die Anthozyanidinanreicherung in den Früchten steuern. Bei der Sauerkirschensorte ‚Schattenmorelle' bilden z. B. im langjährigen Mittel die Früchte von Bäumen auf den Unterlagen CER W 8 und CER W 11 mit 496 und 526 mg/100 g Fruchttrockensubstanz 24 bzw. 28% mehr Anthozyanidine als von Bäumen auf der Unterlage *P. avium* (SCHMID und Mitarbeiter 1982).

Mit dem Eintritt der Früchte in die Alterungsphase werden die Anthozyane hydrolytisch durch die in den Früchten enthaltene β-Galactosidase in das Aglycon und den Zucker gespalten. Anschließend kann dann das Aglycon durch die Einwirkung der Polyphenoloxydase über o-Chinone abgebaut werden (SCHMID 1971; SPAYD und Mitarbeiter 1982). Damit verbunden verändert sich bei überreifen Früchten die Fruchtfarbe von rötlichen zu bräunlichen Farbtönen.

## Chlorophyll- und Karotinoidfarbstoffe

Ein auffälliges Merkmal der Früchte bildet die Farbe. Ähnlich den Blättern besitzen junge, wachsende Früchte einen grünen Farbton. Mit zunehmender Entwicklung und Reife vollzieht sich bei ihnen ein Farbumschlag nach gelb, gelbrot, rot oder blau. Die Ursachen hierfür liegen im Abbau der grünen Farbkomponenten und dem Hervortreten sowie der Neubildung von gelben und roten Farbstoffen.

An der Färbung der Früchte und Blätter sind im wesentlichen vier chemisch sehr unterschiedlich aufgebaute Farbstoffgruppen beteiligt. Die grüne Färbung entsteht durch die beiden Chlorophylle a und b. An der Herausbildung des gelben Farbtones sind vor allem die Karotinoide und im geringen Umfang die Flavonole beteiligt. Die rote Farbe in den Früchten und im Herbstlaub kommt durch die gegen Ende der Vegetationsperiode verstärkt gebildeten Anthozyane zustande. Der braune Farbton von Früchten und Blättern im fortgeschrittenen Stadium der Seneszenz und beim Auftreten von Nekrosen beruht schließlich auf einer Bildung von Oxydationsprodukten aus den in den Früchten und Blättern enthaltenen Phenolverbindungen.

Der Farbwechsel ist charakteristisch für den normalen Entwicklungsprozeß aller pflanzlichen Gewebe. Koloristisch gesehen kennzeichnet die Reifenfolge Plasmochrom grün, Plasmochrom gelb und rot, Chymochrom gelb, rot oder blau den physiologischen Abbau. Die Farbveränderungen in den Früchten sind somit im gewissen Sinne Indikatoren für ihren physiologischen Zustand, man nutzt sie mit zur Bestimmung des Pflückzeitpunktes.

Die einzelnen Farbstoffe sind in den Organen entweder an bestimmte Organellen gebunden oder kommen gelöst im Zellsaft vor. Chlorophylle und Karotinoide sind nur in den Plastiden enthalten. Bei ihnen unterscheidet man zwischen den farblosen Leukoplasten und den farbtragenden Chromoplasten. Beide entstehen im Verlaufe der Gewebeentwicklung aus den Protoplastiden. Verläuft ihre Entwicklung unter Lichteinwirkung, bilden sich grüne Chloroplasten. Mit zunehmender Alterung der Gewebe wird das Chlorophyll abgebaut und die Chloroplasten wandeln sich in die gelb bis rot gefärbten Chromoplasten um. Diese enthalten als farbgebende Komponente nur noch die Karotinoide.

Anthozyane und Flavonole sind im Gegensatz zu den Chlorophyllen und Karotinoidfarbstoffen zum überwiegenden Teil in gelöster Form im Zellsaft enthalten. Nur noch ein geringer Teil ist in einigen Fruchtarten an Zellwände gebunden.

Wegen ihrer Löslichkeit in Fetten und Fettlösungsmitteln werden die Chlorophylle und Karotinoide als Lipochrome bezeichnet. In den Früchten sind dieselben Chlorophyllkomponenten-a und -b wie in grünen Blättern enthalten. Von den in der Natur nachgewiesenen nahezu 500 Karotinoiden kommen in den heimischen Obstarten nur etwa 30 vor.

Die Karotinoide leiten sich vom Isopren ab und gehören chemisch zu den Tetraterpenen. Es sind Verbindungen mit 40 Kohlenstoffatomen. Charakteristisch für die Stoff-

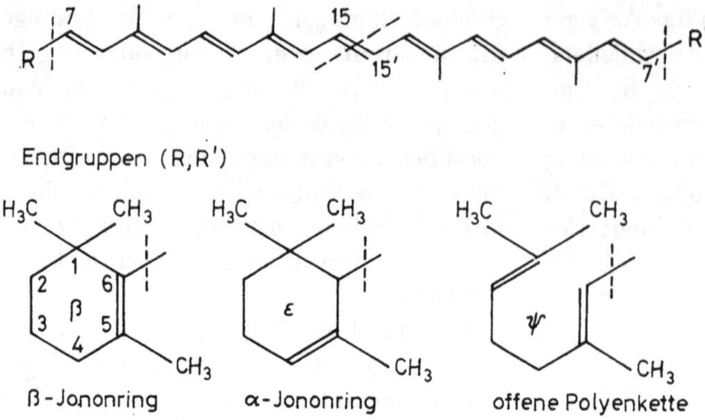


*Abb. 34:* Grundstrukturen einiger wichtiger Karotinoide der Früchte

gruppe sind zahlreiche konjugierte Doppelbindungen. Je höher deren Zahl im Molekül ist, um so dunkelgelber ist die Eigenfarbe der Karotinoide. Sind diese in höheren Konzentrationen in den Früchten enthalten (Aprikosen, Tomaten) nehmen sie eine rote Farbe an. Karotinoide können als an den Enden offene Polyenkette vorliegen oder die Endgruppen sind zu einem oder zwei zyklischen Jononringen ausgebildet (Abb. 34). Je nachdem, ob im Jononring die Doppelbindung zwischen $C_5{=}C_6$ oder $C_4{=}C_5$ angeordnet ist, werden sie als $\beta$- oder $\alpha$-Jononring bezeichnet. Nur die Karotinoide, welche einen $\beta$-Jononring besitzen, sind als Provitamin-A wirksam.

Zu den Karotinoiden gehören Kohlenwasserstoffe (Carotene), als deren wichtigste Vertreter in den Früchten Phytoen, Lycopin, $\alpha$-, $\beta$- und Zetakarotin genannt werden sollen. Enthalten sie am C-Atom 3 bzw. 3′ eine (= Monole), zwei (= Diole) oder anstelle der Methylgruppen am $C_5$ bzw. $C_5'$ eine oder zwei weitere Hydroxylgruppen (= Triole oder Polyole), werden sie als Xanthophylle bezeichnet. Ist anstelle der Doppelbindung in den Jononringen ein Sauerstoffatom epoxydartig gebunden, nennt man sie Epoxidmonole, Monoepoxid-Diole oder Diepoxid-Diole. Da mit zunehmender Reife der Früchte die Karotinoide in veresterter Form vorliegen, entsteht die Vielzahl möglicher Karotinoide. Wichtigste Vertreter der Xanthophylle in den Früchten sind Kryptoxanthin (Monol), Lutein, Zeaxanthin (Diole), Violaxanthin (Diepoxid-Diol) und Neoxanthin (Diepoxid-Triol).

Die Früchte enthalten in allen Gewebeschichten die Chlorophyllkomponenten a und b sowie Karotinfarbstoffe. Ihre Menge ist aber in Abhängigkeit von dem jeweiligen Entwicklungsstadium unterschiedlich groß. Sie nimmt bei den Kernobstfrüchten von der Schale über die subkutanen Zellschichten zum Parenchymgewebe hin ab (Abb. 35). Im Verlauf der Fruchtreife verringert sich zunächst der Chlorophyllgehalt im Fruchtfleisch stärker als in der Schale. Relativ langsam erfolgt der vollständige Abbau in den subkutanen Zellschichten. In diesen kann Chlorophyll selbst dann noch nachgewiesen werden, wenn es in der Schale nicht mehr enthalten ist.

Die qualitative und quantitative Zusammensetzung der Karotinoide ist in den einzelnen Fruchtentwicklungsphasen nicht gleich. Vor allem die in den grünen Chloroplasten konzentriert vorkommenden Karotinoide $\beta$-Karotin und Lutein werden mit zunehmender Fruchtreife stärker abgebaut (Tab. 21). Demgegenüber werden bei Kernobstfrüchten die Xanthophylle Violaxanthin und Neoxanthin mit Beginn der Fruchtreife angereichert. In reifen Früchten setzen sich deshalb die Karotinoide vorwiegend aus Diolen und Polyolen zusammen (Tab. 22). Nur Pfirsiche enthalten demgegenüber in der Genußreife etwa 17%, Weinbeeren über 30% und Aprikosen über 88% Kohlenwasserstoff-Karotinoide. Bei

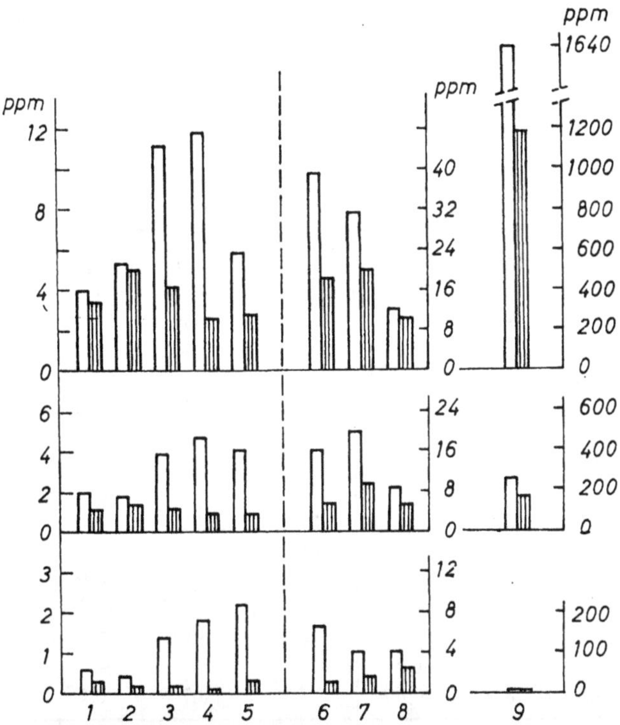


*Abb. 35:* Karotinoid-, Chlorophyll- und Flavonolgehalt in der Schale (oben), den hypodermalen Zellschichten (Mitte) und dem Parenchymgewebe (unten) der Apfelfrüchte der Sorten ‚Golden Delicious' und ‚Albrechtapfel'; nach SCHULZ (1969). □ = ‚Golden Delicious', ▥ = ‚Albrechtapfel'

1 = β-Karotin, 2 = Lutein, 3 = Violaxanthin, 4 = Neoxanthin, 5 = nicht identifizierte Karotinoide, 6 = Gesamtkarotingehalt, 7 = Chlorophyll a, 8 = Chlorophyll b, 9 = Flavonole

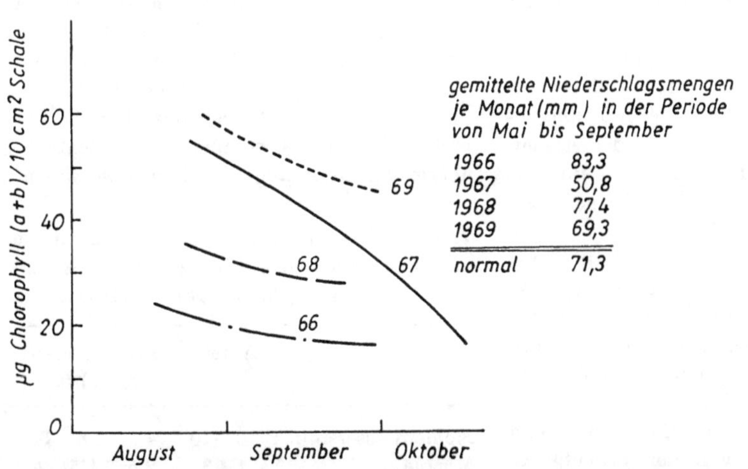


*Abb. 36:* Veränderungen im Chlorophyllgehalt in der Schale der Apfelfrüchte ‚Golden Delicious' in den Jahren 1966, 1967, 1968 und 1969; nach HERREGODS (1970)

*Tab. 21:* Prozentuale Veränderungen der Karotinoide in der Schale der Apfelfrüchte der Sorte „Golden Delicious" und in Erdbeeren der Sorte „Tenira", nach GROSS und Mitarbeiter (1978), GROSS (1982); für Erdbeeren umgerechnete Werte

| Fruchtart | Apfel | | | | Erdbeere | | |
|---|---|---|---|---|---|---|---|
| Datum/Reifegrad | 18. 7. | 26. 9. | 10. 10. | 7. 11. | grün | partiell reif | reif |
| β-Karotin | 34,0 | 27,6 | 23,0 | 7,9 | 23,0 | 21,9 | 8,5 |
| Cryptoxanthin | 2,0 | – | – | 2,4 | – | – | – |
| Lutein | 47,5 | 33,3 | 24,0 | 9,2 | 43,7 | 46,3 | 51,5 |
| Isolutein | 0,2 | 2,7 | 3,7 | 6,8 | 0,8 | 1,4 | 1,7 |
| Violaxanthin | 0,8 | 19,5 | 24,8 | 39,6 | – | – | – |
| Cis-Violaxanthin | – | – | – | – | 1,7 | 3,7 | 13,0 |
| Trans-Violaxanthin | – | – | – | – | 4,6 | 3,2 | 8,5 |
| Zeaxanthin | 1,7 | 0,9 | 2,5 | 3,1 | – | – | – |
| Mutatoxanthin | 2,8 | – | – | 1,1 | – | – | – |
| Luteoxanthin b | 2,5 | 1,1 | 2,5 | 7,6 | 4,1+ | 6,1+ | 3,0+ |
| Chrysanthemaxanthin | – | – | – | – | 1,9 | 2,1 | – |
| Antheraxanthin | – | – | – | – | 2,0 | 2,8 | 6,0 |
| Neochrome | 3,7 | – | – | 1,7 | 3,9 | – | – |
| Neoxanthin a | 4,2 | 11,7 | 15,6 | 18,2 | 9,8+ | 8,8+ | 7,7+ |
| Neoxanthin b | – | – | – | 1,2 | – | – | – |
| Unbekanntes Karotin | 0,6 | 3,2 | 3,9 | 0,6 | 4,5 | 3,7 | 0,1 |
| Gesamtkarotinoide in µg/g Gewebe | 18,2 | 7,3 | 12,5 | 13,0 | 1,9 | 0,8 | 0,4 |

+ Luteoxanthin bzw. Neoxanthin

dunkelgelbfleischigen Aprikosen entfallen davon über 60% auf β-Karotin. Reich an β-Karotin sind auch Weinbeeren und einige Pflaumenarten.

Der absolute Gehalt an Chlorophyll schwankt in den einzelnen Jahren erheblich. Entscheidend sind hierbei die klimatischen Bedingungen, die im Zusammenhang mit der Assimilationsleistung und der Nährstoffaufnahme wirksam werden. In Jahren mit geringem Sonnenschein und hohen Niederschlagsmengen (Abb. 36) enthalten die Früchte relativ wenig Chlorophyll. Wenn sie zum Erntezeitpunkt trotzdem eine grüne Farbe aufweisen, so liegt es daran, daß sie eine geringere Stoffwechselaktivität besitzen und damit verbunden der Reifeverlauf verzögert wird.

Der absolute Gehalt an Chlorophyll und Karotin hängt ferner von der Fruchtgröße ab. Massige Früchte enthalten zwar auf die Frucht bezogen eine höhere Gesamtmenge an Pigmentstoffen, infolge des Verdünnungseffektes ist bei ihnen die Menge je Masse- oder Schalenflächeneinheit aber geringer. Kleine, meistens innerhalb der Baumkrone wachsenden Früchte, bilden ähnlich den Schattenblättern bedeutend mehr Chlorophyll.

Einen Einfluß hat auch das Blatt-Frucht-verhältnis. Nach Ausdünnen der Früchte bei übermäßigem Behang enthalten diese wesent-

*Tab. 22:* Zusammensetzung der Karotinoide in reifen Fruchtarten in %; nach GALLER und MCKINNEY (1965), GREEN (1971) u. a.

| | Apfel | Birne | Beerenobst |
|---|---|---|---|
| Kohlenwasserstoffe | 8···10 | 4,2 | 8···14 |
| Monole | 1···3 | 2,5 | 1,5···4 |
| Diole und Polyole | 90···98 | 93,5 | 84···87 |

lich mehr Chlorophyllfarbstoffe und Karotinoide (LENZ und GRASS 1979). Auch nach einem Sommerschnitt reichern sich in Blatt und Frucht Chlorophyll und Karotinoid stärker an (STRUKLEC 1981).

Mit zunehmendem Baumalter werden kleine Früchte mit hohem Chlorophyll- und Karotinoidgehalt produziert (SCHULZ 1969). In solchen Früchten wird auch das Chlorophyll nach der Ernte und Lagerung nur sehr langsam abgebaut. Da Chlorophylldestruktion und Aromabildung negativ miteinander korrelieren, genügen solche Früchte nicht mehr den Verbraucheranforderungen. Dies trifft vor allem für die Früchte der Sorte ‚Golden Delicious' zu.

Nach Anwendung reifefördernder Wachstumsregulatoren und Fungizide wird das Chlorophyll schneller abgebaut, und es tritt eine vorzeitige Aufhellung der Grundfarbe ein. Bei der Ernte zeigen Früchte von Thiram- und Dichlofluanid-behandelten Bäumen eine bedeutend hellere Grundfarbe, von Captan-behandelten Bäumen eine wesentlich intensivere Grünfärbung (BREMER und BÜNEMANN 1982).

Bei überhöhtem Stickstoffangebot entwickeln sich Früchte mit reichlichem Chlorophyll- und Karotinoidgehalt (KAETHER 1965, 1966). Eine zusätzliche Harnstoffspritzung im Sommer wirkt noch verstärkend. In klimatisch ungünstigen Anbaugebieten ist dies besonders ausgeprägt.

Im Verlauf der Farbstoffentwicklung kann man bei den Chlorophyllen und den Karotinoiden in der Veränderung einen bestimmten Rhythmus beobachten. Während der Fruchtentwicklung am Baum wird im Stadium der Zellteilung und dem ersten Abschnitt der Zellstreckung zunächst verstärkt Chlorophyll in den Früchten synthetisiert. Nach Überschreiten eines Maximalgehaltes verringert sich die Gesamtmenge bis zum Eintritt der Baumreife wieder sehr schnell und bleibt nach der Ernte für eine bestimmte Zeit, die für die einzelnen Sorten recht unterschiedlich lang ist, nahezu konstant. Mit Beginn der Genußreife nimmt die Intensität des Chlorophyllabbaues wieder zu. Verbleiben die Früchte bis zum Eintritt der vollen Genußreife jedoch am Baum, so kommt es weder zu einem

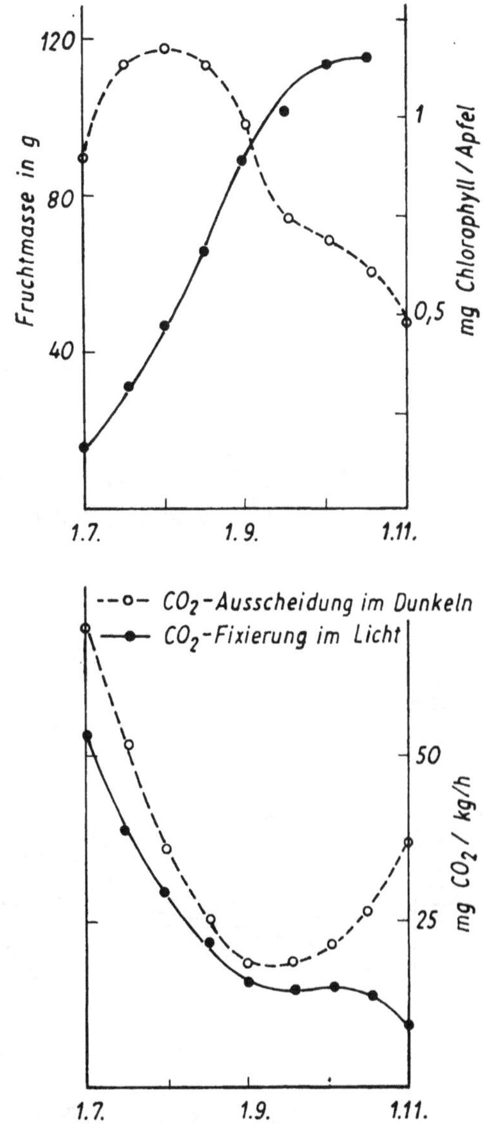


*Abb. 37:* Veränderungen im Gesamtchlorophyllgehalt und der Fruchtmasse (oben) sowie der Atmungsintensität im Licht und im Dunkeln (unten) bei der Apfelsorte ‚Jonathan'; nach CLIJSTERS (1969)

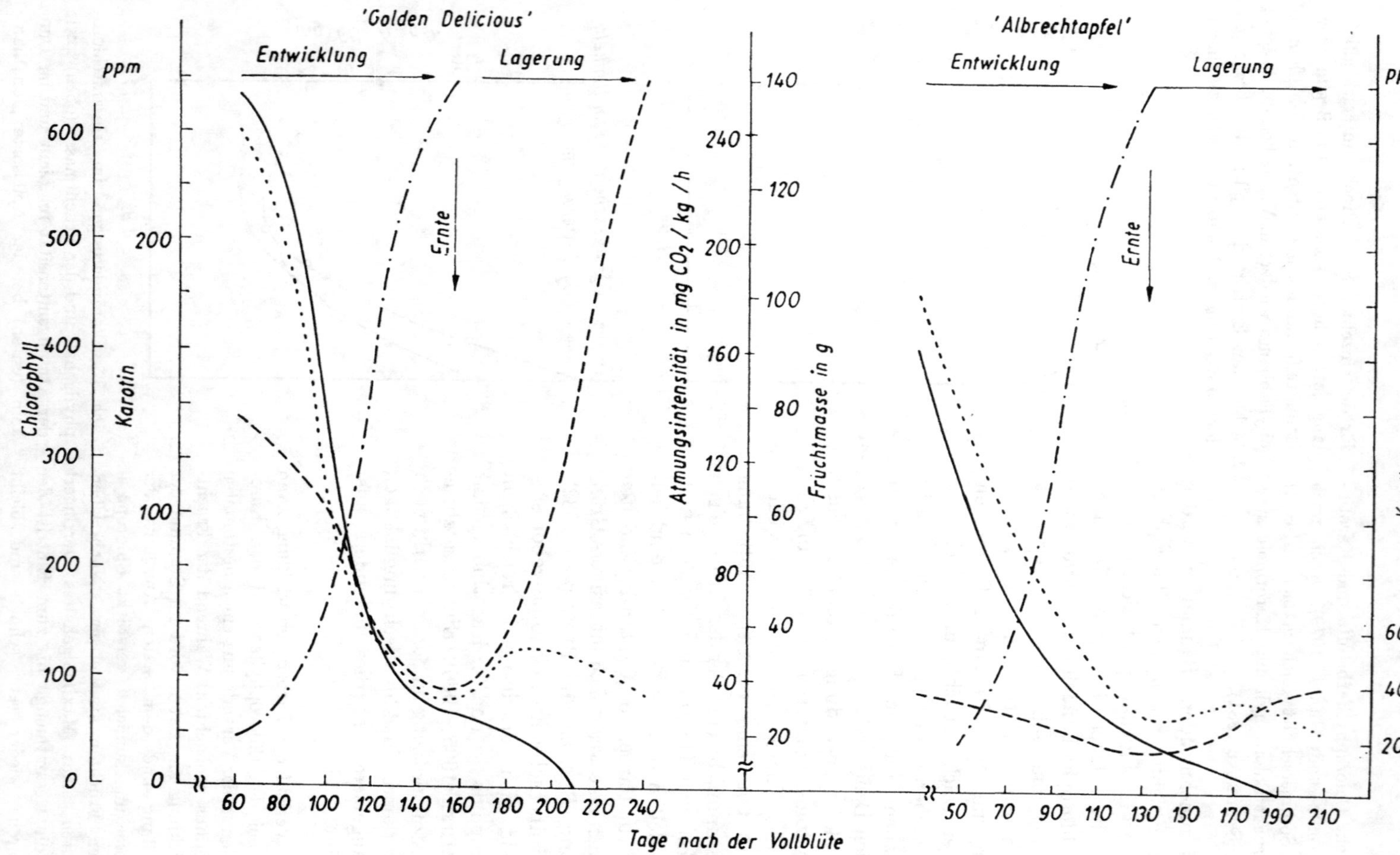

'Golden Delicious'
Entwicklung
Lagerung
Ernte
ppm
Chlorophyll
Karotin
600
500
400
300
200
100
0
200
100
0
60 80 100 120 140 160 180 200 220 240
Atmungsintensität in mg $CO_2$ / kg / h
240
200
160
120
80
40
Fruchtmasse in g
140
120
100
80
60
40
20
'Albrechtapfel'
Entwicklung
Lagerung
Ernte
ppm
Karotin
60
40
20
50 70 90 110 130 150 170 190 210
Tage nach der Vollblüte

Abbaustopp, noch zu einem anschließenden schnellen Chlorophyllverlust wie beim lagernden Apfel, sondern der Chlorophyllrückgang verläuft nahezu linear. Der Kulminationspunkt im absoluten Chlorophyllgehalt (Abb. 37 oben) liegt bei den Kernobstarten etwa zwischen 70 und 90 Tagen nach der Vollblüte (s. a. Tafel 1, Abb. 1A).

Aufgrund des hohen Chlorophyllgehaltes sind die Früchte in der Lage, Kohlenstoff zu assimilieren (Abb. 37 unten). Die Assimilation spielt aber für die Reservestoffeinlagerung nur eine untergeordnete Rolle, da die Atmungsintensität im Dunkeln meist höher ist, als die Assimilationsleistung unter Lichteinwirkung.

Im Unterschied zu den Blättern sind die in den Früchten während der Fruchtreife und Alterung aus den Chloroplasten entstehenden Chromoplasten befähigt, Karotin, insbesondere Xanthophylle, zu synthetisieren. Die Intensität der Neubildung an Karotinoiden ist genetisch determiniert und durch exogene Faktoren beeinflußbar.

Kernobstarten, die bereits einen geringen Gehalt an Gesamtkarotin während ihrer Entwicklung am Baum aufweisen (Abb. 38), synthetisieren in der Reifephase ebenfalls nur unbedeutende Mengen.

Im zeitlichen Ablauf der Veränderungen des Karotinoidgehaltes kann man zumindest bei den Kernobstarten drei Phasen unterscheiden. Im Stadium der Zellteilung und im Anfangsstadium der Zellstreckung werden deshalb Karotinoidfarbstoffe in den Früchten angereichert, wie sie für assimilierende Gewebe charakteristisch sind.

Mit Beginn des Chlorophyllabbaues erfolgt gleichzeitig eine Verringerung im Karotinoidgehalt. Ist die Chlorophyllmenge in den Früchten auf ein bestimmtes, bei den einzelnen Sorten unterschiedliches Niveau herabgesunken, so erfolgt kurz vor oder mit Beginn des klimakterischen Atmungsanstieges eine Neusynthese an Karotinoidfarbstoffen. Ihre Zusammensetzung weicht aber vom Spektrum der Karotinoide in den Chloroplasten ab. Während in den sich entwickelnden Chloroplasten zum größten Teil nur $\beta$-Karotin, Lutein und in wesentlich geringerer Konzentration Violaxanthin und Neoxanthin und andere Karotinoide vorkommen, werden in den Chromoplasten reifender Früchte stets zahlreiche Xanthophylline gebildet, die zum größten Teil in veresterter Form vorliegen (Tab. 21). Reifen die Früchte am Baum, werden in den Chromoplasten bedeutend geringere Mengen an Karotinoiden neu gebildet als während des Reifeprozesses geernteter Früchte. Dieses Phänomen weist auf eine erhöhte und eigenständige biosynthetische Aktivität der Schalenchromoplasten hin. Das unterschiedliche Verhalten während der Fruchtreife am Baum und nach der Ernte ist auf die veränderten Hormonwirkungen zurückzuführen. Die Karotinoidsynthese wird durch Äthylen beschleunigt. Verbleiben die Früchte am Baum, wird das endogene Äthylen durch wuchsfördernde Hormone (Auxine) gehemmt. Nach der Ernte entfällt die Auxinwirkung, Äthylen überwiegt und löst den Reifeprozeß und die Destrukturierung der Chloroplasten aus.

Anders als bei Kernobstfrüchten verändern sich sowohl qualitativ als auch quantitativ die Karotinoide in Erdbeerfrüchten, Aprikosen und Pfirsichen. Wäh-

---

*Abb. 38:* Veränderungen im Chlorophyll- und Karotingehalt in der Schale der Apfelsorten ‚Golden Delicious‘ und ‚Albrechtapfel‘ während der Entwicklung der Früchte am Baum und im Verlauf der Lagerung bei +20 °C; (nach SCHULZ)
——— = Chlorophyllgehalt, ----- = Karotingehalt, ... = Atmungsintensität bei +20 °C,
–•–·– = Fruchtmasse

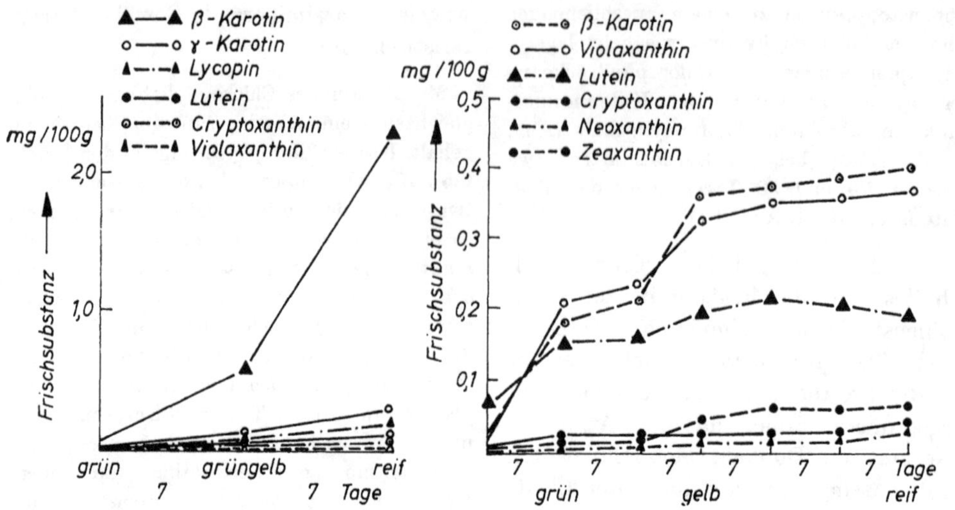


*Abb. 39:* Karotinoidgehalt reifender Aprikosenfrüchte (links) und Pfirsichfrüchte (rechts); nach KATAYAMA und Mitarbeiter (1971)

rend der Entwicklung der Erdbeeren verringern sich mit Ausnahme des Cis-Violaxanthin alle Karotinoide bis zur Vollreife. Besonders ausgeprägt ist dies für die typischen Chloroplastenkarotinoide β-Karotin und Lutein (Tab. 21). In Aprikosen werden demgegenüber die Karotinoide mit zunehmender Fruchtentwicklung und Reife progressiv angereichert (Abb. 39 links). In Pfirsichen nimmt der Gehalt an Karotinoiden nur bis zum Erreichen des Leuco- bzw. Gelbstadiums zu und bleibt danach bis zum Eintritt der Genußreife weitgehend konstant (Abb. 39 rechts).

Der Gehalt an Karotinfarbstoffen in Früchten, die sich im genußreifen Zustand befinden, schwankt. Er kann unter 1 ppm oder auch über 35 ppm, bezogen auf die Frischmasse, liegen (Tab. 23). Der Abbau der Chlorophyllfarbstoffe und die Neusynthese der Karotinoide im Verlauf der Lagerung werden durch die Temperatur und durch eine veränderte Atmosphäre beeinflußt (Abb. 40).

Im Temperaturbereich von 0···+4 °C ist die verzögernde Wirkung auf die Veränderung beider Farbstoffgruppen insbesondere im CA-Lager bei einer Kohlendioxidanreicherung und Sauerstoffsenkung erheblich. Dabei hat die Sauerstoffminderung eine größere Wirkung als die Kohlendioxidanreicherung. Reifen Früchte unter erhöhtem Sauerstoffgehalt nach, wird der Abbau der Chlorophyll- und Karotinoidfarbstoffe gefördert. Dies beruht unter anderem auf der verstärkten Wirkung von Äthylen. Unter CA-Lagerbedingungen mit stark reduziertem Sauerstoffpartialdruck oder Lagerung unter reduziertem Druck (Abb. 41) ist die Äthylenwirkung gehemmt und das Chlorophyll wird langsamer abgebaut.

Im Anschluß an die Lagerung in veränderter Atmosphäre sollten solche Früchte zur optimalen Ausfärbung im Temperaturbereich von etwa +18···+22 °C nachreifen. Hierbei wirkt eine stufenweise Temperaturerhöhung besonders günstig auf den Chlorophyllabbau.

## Aromastoffe

Unter Aromastoffen versteht man im allgemeinen die flüchtigen Ausscheidungen der Früchte. Im weiteren Sinne gehören

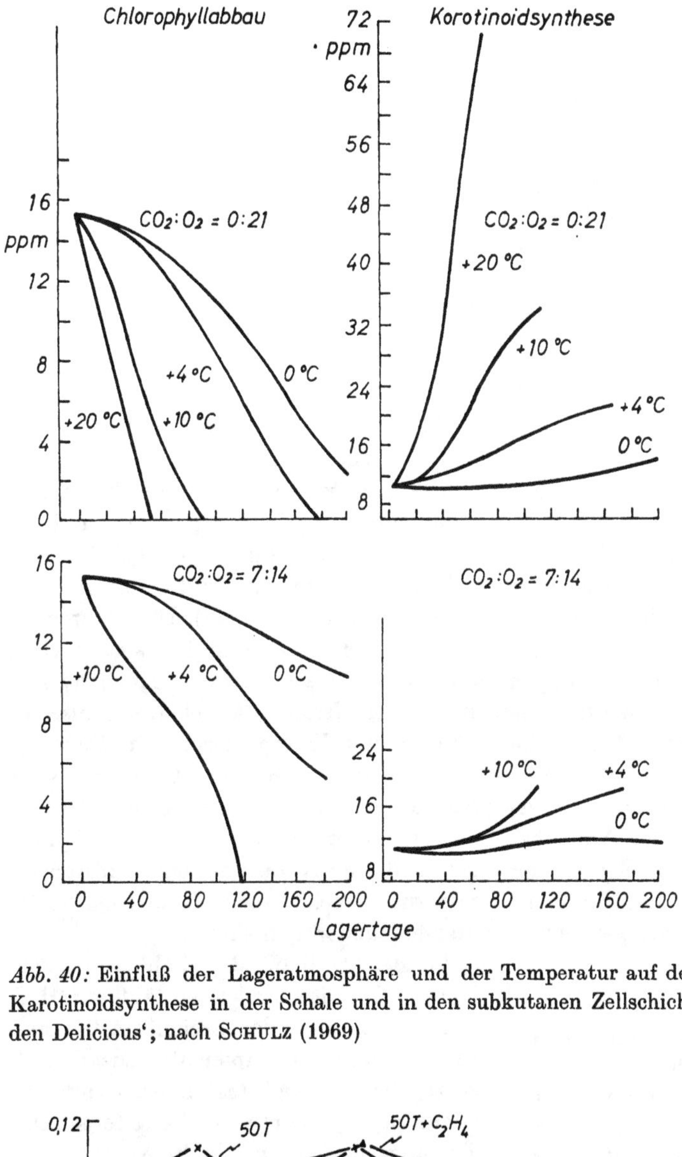


*Abb. 40:* Einfluß der Lageratmosphäre und der Temperatur auf den Chlorophyllabbau und die Karotinoidsynthese in der Schale und in den subkutanen Zellschichten bei der Apfelsorte ,Golden Delicious'; nach SCHULZ (1969)

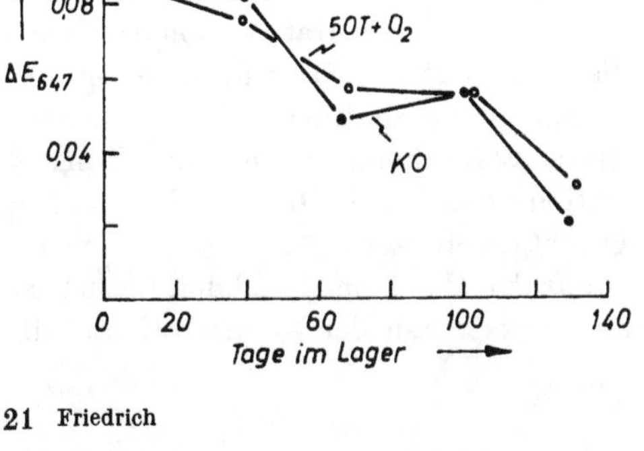


*Abb. 41:* Veränderungen des Chlorophyllgehaltes während der Lagerung von Apfelfrüchten; 50 T = 50 Torr Normalluft; KO = Kühllagerung bei +4 °C; 50 T + $C_2H_4$ = 50 Torr Normalluft + 170 ± 30 ppm Äthylen; 50 T + $O_2$ = 50 Torr, $O_2$ auf 6,6% eingestellt; nach BUFLER und BANGERT (1981)

*Tab. 23:* Gesamtkarotinoidgehalt in Früchten in ppm der Frischmasse; nach BORENSTEIN und BUNNEL (1966), CURL (1964), u. a.

| | | | |
|---|---|---|---|
| Äpfel | 0,9···5,4 | Johannisbeeren rot | 0,7 |
| Birnen | 0,3···1,2 | Johannisbeere schwarz | 1,4···2,0 |
| Aprikosen | 20···40 | Stachelbeeren | 1,8 |
| Pfirsiche | 20···30 | Blaubeeren | 2,7 |
| Pflaumen | 21 | Brombeeren | 1,0···5,9 |
| Kirschen | 5···11 | Preiselbeeren | 5,8 |
| Erdbeeren | 0,6··· 1,5 | Weinbeeren | 1,8 |

dazu jedoch auch die geschmacksbildenden Komponenten, zumal sie in zahlreichen Fällen die gleiche chemische Zusammensetzung und Struktur besitzen. Der Unterschied besteht nur im jeweiligen physikalischen Zustand. Sofern sie in Dampfform auftreten, wirken sie über den Geruchssinn, in gelöster bzw. gebundener Form über die Geschmacksrezeptoren auf den Menschen ein.

Die Aromen besitzen einen hohen ernährungsphysiologischen Wert, sie wirken appetitanregend und fördern die Sekretion der Verdauungsdrüsen. Kenntnisse über die chemische Zusammensetzung und die Biosynthese der Aromabestandteile und die bei ihrer Entstehung ablaufenden Umsetzungen sind auch für den Obstproduzenten wichtig, weil sie Auskunft geben über:

— die Wirkung zahlreicher wachstums- und entwicklungssteuernder Mechanismen auf den Stoffwechsel der Früchte
— das von den Früchten erreichte Stadium der Reife
— den Einfluß der Lagerbedingungen, wie z. B. Temperatur, relative Luftfeuchtigkeit und Zusammensetzung der Lageratmosphäre auf den Reifeverlauf und die innere Qualität der Früchte sowie
— die qualitätsverändernden Einflüsse der Manipulationen, denen die Früchte von der Ernte bis zum Tag des Verbrauches unterworfen wurden.

Schließlich können Aromastoffe Stoffwechselstörungen in den Früchten auslösen und erkennbar machen, nicht zuletzt am Auftreten der verschiedensten, nichtparasitären, physiologisch bedingten Erkrankungen.

Die qualitative und quantitative Zusammensetzung der Aromastoffe und die sich bildenden Mengen sind bei den einzelnen Fruchtarten und -sorten sehr unterschiedlich (Abb. 42). Das heterogene Stoffgemisch setzt sich im wesentlichen aus Kohlenwasserstoffen, Karbonylverbindungen, freien Alkoholen, organischen Säuren und Estern zusammen. Daneben kommen in einigen Fruchtarten basische Stoffe wie Äthyl-, iso-Amyl, Hexylamine, ferner schwefelhaltige Verbindungen und eine Anzahl anderer Substanzen vor, die verschiedenen chemischen Stoffklassen zuzuordnen sind.

Vergleicht man die Zahlen in der Tabelle 24 miteinander, so fällt auf, daß sich das Aroma der Steinobstarten aus relativ wenigen Komponenten zusammensetzt, die Beerenobstarten wiederum besitzen neben anderen, als charakteristische Bestandteile schwefelhaltige Substanzen.

Für das Aroma einer Frucht ist aber nicht nur die qualitative, sondern auch die quantitative Zusammensetzung der Stoffgemische entscheidend. Die meisten Aromastoffe kommen nur im Konzentrationsbereich von $10^{-3}\cdots10^{-9}$ g je 100 g Fruchtgewebe vor.

Für den Geschmack und den Geruch ist die Wirksamkeit der Aromastoffe auf die

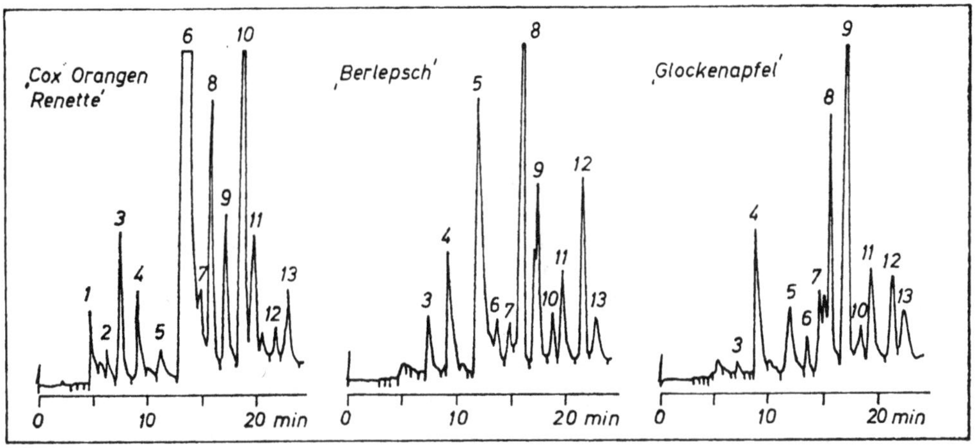


*Abb. 42:* Aroma-Chromatogramme verschiedener Apfelsorten nach 4 Monaten Kühllagerung; nach STREIF (1981)

1 = Acetaldehyd
2 = Methylazetat
3 = Äthylazetat
4 = Äthanol
5 = Äthylbutyrat
6 = Butylazetat
7 = Isoamylazetat
8 = Butanol
9 = Butylbutyrat
10 = Hexylazetat
11 = intern. Standard: Isoamylbutyrat
12 = Hexanol
13 = Amylbutyrat

*Tab. 24:* Im Aroma einiger Fruchtarten nachgewiesene flüchtige und nichtflüchtige chemische Stoffklassen und Zahl der Verbindungen

| | Kohlen-wasserstoffe | Karbonyl-verbindungen Aldehyde, Ketone | Alkohole | Organische Säuren und Lactone | Ester | Basen | Verschiedene chemische Verbindungen | S-haltige Verbindungen | Summe |
|---|---|---|---|---|---|---|---|---|---|
| Apfel | 32 | 42 | 43 | 45 | 92 | 12 | 9 | | 275 |
| Birne | 1 | 17 | 18 | 11 | 79 | | | | 126 |
| Aprikose | 4 | 1 | 5 | 3 | 7 | | 20 | | 40 |
| Pfirsich | 4 | 7 | 12 | 8 | 31 | | 3 | | 65 |
| Orange | 49 | 31 | 35 | 10 | 29 | | | | 154 |
| Kirsche | 3 | 6 | 15 | 9 | 15 | | 2 | | 50 |
| Erdbeere | 36 | 47 | 46 | 36 | 101 | | 11 | 4 | 281 |
| Stachelbeere | 32 | 58 | 54 | 7 | 39 | | 21 | 3 | 214 |
| Johannisbeere | 43 | 37 | 36 | 14 | 46 | | 10 | 1 | 187 |
| Himbeere | 3 | 34 | 32 | 14 | 20 | | 7 | | 110 |
| Weintraube | 23 | 34 | 33 | 20 | 63 | 1 | 13 | 1 | 188 |

Zusammengestallt nach der im Anhang wiedergegebenen Literatur

Sinnesorgane wichtig. Die Reizschwelle beim Menschen hinsichtlich der einzelnen Komponenten ist sehr unterschiedlich. Sie beträgt z. B. nach ROTHE (1974) in wäßrigen Lösungen bei dem im Aroma verschiedener Früchte nachgewiesenem Äthyl-2-methylbutyrat = $10^{-4}$, bei Isobutanol = $10^{-3}$, Anisaldehyd = $10^{-2}$, Äthylacetat = $10^{-1}$, Äthanol = $10^{1}$, Aceton = $10^{2}$ und bei 2,3-Butandiol = $10^{3}$ ppm.

Trotz zahlreicher Untersuchungen ist es bisher noch nicht gelungen, eindeutige Beziehungen zwischen art- und sortentypischem Aroma und bestimmten Aromabestandteilen aufzufinden. Sicherlich ist es nicht nur eine bestimmte Komponente, die charakteristisch für das Odor einer Frucht ist; entscheidend scheint zu sein, daß ein Gemisch mehrerer Substanzen verschiedener Stoffklassen einen „Aromakomplex" bildet. Nach BUCHLOH (1956) sind weniger die Aldehyde und Ketone als vielmehr die Ester die bestimmenden Bestandteile des Aromas. Sie sind in Abhängigkeit vom physiologischen Reifezustand einer Frucht bei den Kernobstarten zu 75%···95% an den flüchtigen Emanationen beteiligt. Meist handelt es sich um Ester aus Alkoholen und organischen Säuren mit 1···8 Kohlenstoffatomen. Die Azetate haben bei Äpfeln und Birnen dabei den weitaus größten Anteil (PAILLARD und Mitarbeiter 1970).

Charakteristisch für den Geschmack grüner Äpfel sind nach FLATH und Mitarbeiter (1967) die Gehalte an Hexanal und Hexenal, wohingegen als typische Komponenten für die Geschmacksbildung bei reifen Äpfeln Äthyl- und Hexyl-2-methylbutyrat und n-Butyl und n-Hexylazetat gefunden wurden. Im Aroma von Aprikosen wiederum ist der Gehalt an Terpenabkömmlingen, bei Pfirsichen der Gehalt an $\gamma$- und $\delta$-Lactonen und bei Himbeeren 1-(p-)Hydroxyphenyl-3-butanon entscheidend.

Die Biosynthese der Aromastoffe ist noch weitgehend ungeklärt. Sie entstehen durch enzymatische Reaktionen aus meist nichtflüchtigen Substanzen und stellen entweder Endprodukte der Glykolyse dar oder werden im Verlauf des Ab- und Umbaues von Proteinen, Aminosäuren, Fetten, Wachsen und organischen Säuren gebildet (Abb. 43). Welche organischen Verbindungen in die Synthese von Aromastoffen einbezogen werden, hängt z. B. bei Äpfeln davon ab, ob die Sorten stärker zum Estertyp (‚Cox Orangen') oder mehr zum Alkoholtyp (‚Glockenapfel') neigen. Für die Produktion eines art- und sortentypischen Aromas sind aerobe Bedingungen unerläßlich. Unter anaeroben Verhältnissen und mit zunehmendem Alter der Früchte werden Verbindungen gebildet, die das Aroma negativ beeinflussen, so besteht eine Parallelität zwischen dem Reifegrad der Kernobstfrüchte und der Äthylazetat- (QUAST 1978), Azetaldehyd- und der Azetatbildung im allgemeinen (BANGERTH 1973).

Als Entstehungsort der Aromastoffe wird nach STRACKENBROCK (1962) die Schale angesehen. Von hier aus diffun-

*Tab. 25:* Gehalt an Aromastoffen im Gewebe einiger Fruchtarten nach LÜTHI (1967), NURTEN (1970) u. a.

| | | | |
|---|---|---|---|
| Valery-Bananen | 65···338 ppm | Erdbeeren | 5···10 ppm |
| Trauben | 20···250 ppm | Pfirsiche | 4···8 ppm |
| Äpfel | 25···165 ppm | Himbeeren | 2···3 ppm |
| Birnen | 10···30 ppm | Preiselbeeren | 1 ppm |
| Schwarze Johannisbeeren | 1···22 ppm | | |

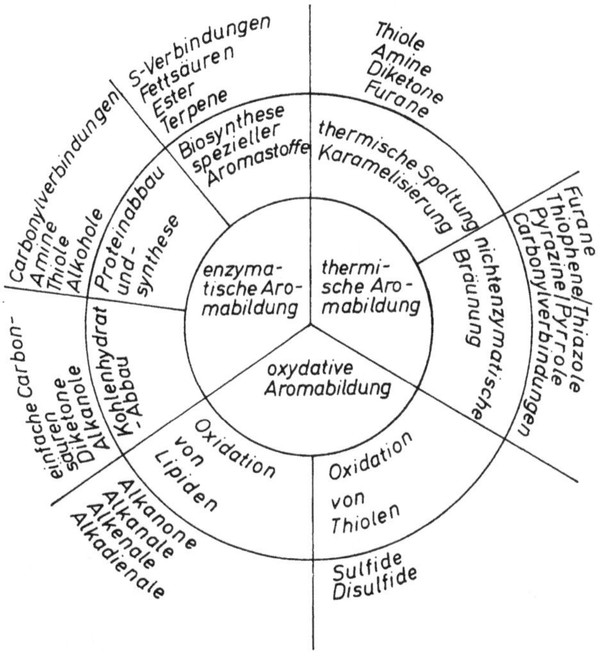


*Abb. 43:* Wichtigste Reaktionstypen der Aromabildung; nach ROTHE (1980)

dieren diese sowohl nach außen als auch nach innen. Unter anaeroben Bedingungen und bei höherem $CO_2$-Gehalt in der inneren Atmosphäre einer Frucht (Interzellularen) werden bestimmte Aromakomponente auch im Inneren der Frucht gebildet.

Die von einzelnen Fruchtarten erzeugten Mengen an Aromastoffen sind unterschiedlich groß. Tabelle 25 gibt den mittleren Gehalt reifer Früchte, der jedoch stark schwanken kann, wieder. Die von einer Frucht ausgeschiedene Menge an flüchtigen Stoffwechselprodukten hängt weitgehend vom chemischen und morphologischen Aufbau der Fruchtschale sowie von den klimatischen Bedingungen des Standortes und der jeweiligen Vegetationsperiode ab. Äpfel der Sorte ‚Golden Delicious‘ scheiden z. B. während der Lagerung bis zu 0,9 ml/t, die des ‚Roten Boskoop‘ dagegen nur 0,001 ml/t und Tag aus. Nach FIDLER (1960) entspricht bei Äpfeln die Menge der flüchtigen Stoffe nur 0,1···0,3% des insgesamt ausgeschiedenen Kohlenstoffes. Von diesem geringen Anteil entfallen bereits 70···80% auf Äthylen.

Die Art der Zusammensetzung und die Menge der Ausscheidungen an Aromastoffen hängt von zahlreichen inneren und äußeren Faktoren ab. Den größten Einfluß übt der erreichte Reifegrad aus. Im Verlauf der Fruchtentwicklung und -lagerung ändert sich die gebildete und abgegebene Menge an Aromastoffen ständig. Während die Äthylen- und $CO_2$-Bildung mit zunehmender Reife ein Maximum durchläuft, um dann wieder abzufallen (s. S. 312), steigt die Exhalation der Gesamtmenge an flüchtigen Stoffwechselprodukten in Luft normaler Zusammensetzung bis kurz vor Zusammenbruch des Stoffwechsels der Frucht laufend an (Abb. 44).

Auch die quantitative Zusammensetzung des Aromaspektrums in der Zeitspanne der Fruchtreife wechselt. Einige Komponenten treten mit zunehmender Reife sehr stark in den Vordergrund, wie z. B. bei Äpfeln Butyl- und Hexylazetat, andere wiederum durchlaufen

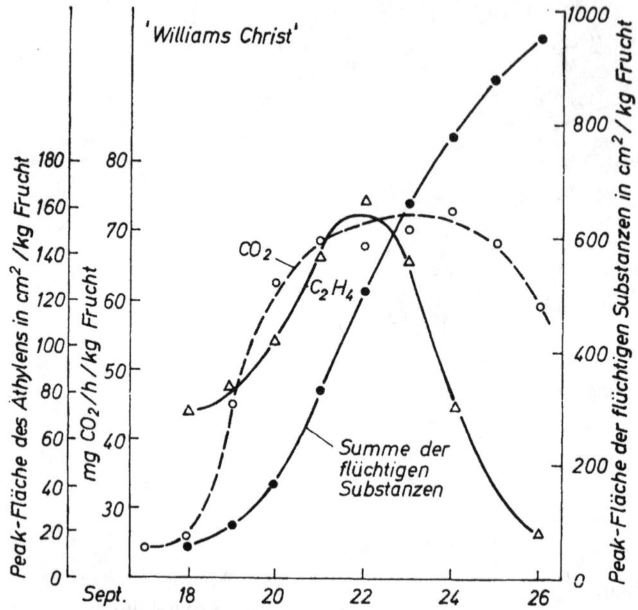


*Abb. 44:* Bildung von flüchtigen Substanzen, Kohlendioxid und Äthylen durch ‚Williams Christ' während des klimakterischen Verlaufs; nach Romani und Lily (LIM) Ku (1966)

ein Maximum, das meist mit der optimalen Genußreife zusammenfällt. Eine dritte Gruppe nimmt während des Reifeprozesses ab. Die bei Untersuchung der Aromastoffe offensichtlich werdenden Zusammenhänge zwischen Reifevorgang und Aromastoffbildung machen es verständlich, daß immer wieder versucht wurde, die charakteristischen Veränderungen des Aromaspiegels als Grundlage für die Bestimmung des Reifegrades, insbesondere jedoch des Zeitpunktes der Pflückreife zu verwenden (Neubeller und Buchloh 1973). Nach Bachmann (1982b) erreichen Früchte der Sorte ‚Golden Delicious' dann ihre optimale Pflückreife, wenn sie 7 Tage nach der Ernte bei +18 °C einen Schwellenwert von etwa 500 ppm $C_6$- und $C_8$-Estern (abgegeben von 5 Früchten innerhalb von 6 Stunden in einem Einlitergefäß = headspace-Methode) erreichen. Liegt die ausgeschiedene Menge darunter oder darüber, so haben die Früchte die günstigste Pflückzeitspanne noch nicht erreicht oder schon überschritten.

Zu Beginn der Fruchtreife findet man in den Emanationen einen höheren Gehalt an leicht flüchtigen Bestandteilen. Mit zunehmender Reife werden dagegen vermehrt schwerer flüchtige Stoffwechselprodukte ausgeschieden. Dieses Verhalten hängt offensichtlich mit der sich verändernden Zusammensetzung und Struktur der Kutikula sowie der Fett- und Wachsschicht auf der Oberfläche der Frucht zusammen. Die Schale absorbiert zunächst größere Mengen höhermolekularer Verbindungen, die erst im fortgeschrittenen Reifestadium mit beginnendem Abbau der Fette und Lipoide stärker abdiffundieren können.

Es ist bekannt, daß die Menge der flüchtigen Aromastoffe von Jahr zu Jahr schwankt. Diese Beobachtung ist auf den unterschiedlichen Ablauf der

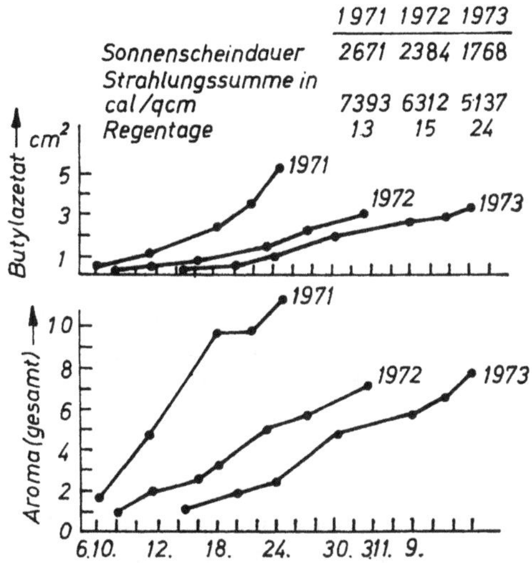


*Abb. 45:* Verlauf der Gesamtaroma- und Butylazetatproduktion bei der Apfelsorte ‚Golden Delicious' im Verlauf der Reife am Baum und der Witterungsverlauf in Stuttgart-Hohenheim zwischen dem 15. 9. und 25. 10.; nach BUCHLOH und NEUBELLER (1974)

Jahreswitterung und der damit in Zusammenhang stehenden veränderten Assimilationsleistung bzw. der ebenfalls von der Witterung beeinflußten Stoffumwandlungsprozesse zurückzuführen. Das Ausmaß der gebildeten Menge an Aromastoffen und die zeitlichen Verschiebungen bei deren Entstehung hängen vor allem von der Sonnenscheindauer und der Strahlungsintensität (Abb. 45) während der letzten Wochen und Tage der Fruchtentwicklung ab. Äpfel, die aus südlichen Gegenden stammen, entwickeln unter dem Einfluß einer starken Sonneneinstrahlung bedeutend mehr Aromastoffe als solche aus nördlichen Gebieten. Diese Beziehung gilt nicht absolut, sie ist weitgehend arten- und sortenspezifisch. Sehr bekannt ist z. B. das Wärmebedürfnis der Sorte ‚Golden Delicious'. Sie benötigt zur optimalen Ausbildung des Aromas ein mittleres Weinbauklima. In südlichen Breitengraden entwickelt sie ein meist überreifes bananenartiges Aroma, in nördlichen Anbaugebieten hat sie dagegen einen grasigen , „leeren" Geschmack. Die unzureichende Versorgung mit Assimilaten einzelner Früchte im Inneren eines Baumes scheint die Ursache dafür zu sein, daß Schattenfrüchte gegenüber den der Sonne voll ausgesetzten ihr Aroma nur mangelhaft entwickeln.

Nicht unerheblich können Aroma und Geschmack durch die Anwendung von Wachstumsregulatoren und Pflanzenschutzmitteln beeinflußt werden, da einige dieser Stoffe unmittelbar in den Fermenthaushalt der Früchte eingreifen.

Im starken Maße wird das Aroma einer Frucht durch die Düngung variiert. Zur optimalen Ausbildung des Aromas ist eine harmonische Düngung unerläßlich. Mit steigender N-Gabe (SOMOGYI u. Mitarb. 1964) wird zwar die Bildung an flüchtigen Stoffen erhöht, infolge verzögerter Reife solcher Früchte tritt aber oft eine erhebliche Verschiebung zur negativen Seite hin ein. Geschmack und Aroma werden bis zu einem gewissen Grad durch Kaliumdüngung positiv beeinflußt, und bei gesteigerter Phosphorversorgung nimmt die Produktion an flüchtigen Substanzen zu (FORSYTH und WEBSTER 1971). Magnesiummangel wirkt negativ auf die Aromabildung (FRITZSCHE 1965, 1966), eine günstige Kalziumversorgung (WILLS 1972) über die Steuerung des Pyruvatstoffwechsels positiv. Da jedoch durch reichliche Versorgung der Früchte mit $Ca^{++}$-Ionen der Reifeverlauf verzögert wird, setzt die Aromabildung später ein als bei Früchten, die ungenügend mit Kalzium versorgt sind. Insbesondere ist die Äthylazetatbildung verzögert (BANGERTH 1973).

Im Verlauf der Lagerung und Nachreife wird die von den Früchten gebildete Menge an Aromastoffen von der Temperatur, der relativen Luftfeuchtigkeit, dem $CO_2/O_2$-Verhältnis und der Luftbewegung im Lagerraum beeinflußt. In ihrer Wir-

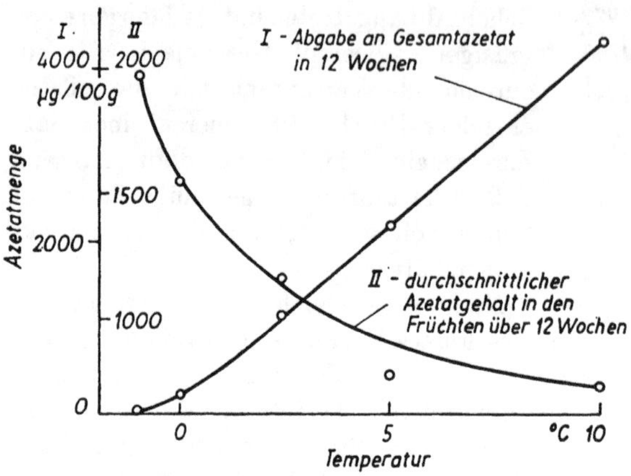


*Abb. 46:* Gehalt und Ausscheidung an gesamtflüchtigen Azetaten in Früchten während der Lagerung bei unterschiedlichen Temperaturen; nach WILLS und MCGLASSON (1971)

kung bestehen dabei große Unterschiede (s. Abb. 23, S. 278). Ansteigende Temperaturen oberhalb von +6···+8 °C wirken nur noch auf den zeitlichen Verlauf der Aromaproduktion ein. Die Menge an gebildeten flüchtigen Verbindungen bleibt konstant. Mit absinkender Lagertemperatur wird dagegen die ausgeschiedene Gesamtmenge, vor allem die Abgabe der Azetate an die umgebende Lagerluft (Abb. 46), erheblich verringert und in den Früchten selbst angereichert. Dies ist eine der Ursachen für das Auftreten nichtparasitärer Fruchtfleischerkrankungen. Das Aroma von CA-gelagerten Früchten unterscheidet sich wesentlich von solchen, die in normaler Atmosphäre aufbewahrt werden. Im Lager mit kontrollierter bzw. gesteuerter Atmosphäre bilden die Früchte insgesamt nur etwa 1···4% der Menge an Aromastoffen, die sie im normalen, nicht gasdichten Kühllager abgeben (MEIGH 1956, 1957).

Der Beginn der Aromabildung wird bei 2% Sauerstoff in der Atmosphäre stärker gehemmt als bei einem Kohlendioxidgehalt von 5% (PATTERSON und Mitarbeiter 1974). Nach KNEE und HALFIELD (1981) kann die geringere Esterbildung bei einem niedrigen Sauerstoffgehalt auf eine reduzierte Alkoholbildung zurückgeführt werden.

Erhöhte Kohlendioxidkonzentrationen in den Zellen der Gewebe führen zur vermehrten Bernsteinsäureanreicherung und ein gleichzeitig geringer Sauerstoffpartialdruck zur stärkeren Äthanol- und Azetaldehyd- (BACHMANN 1982a) sowie Äthylazetatbildung (GOLIAS und NOVAK 1979). Nach HENZE (1982) ist für die Verschlechterung der Geschmacksentwicklung eine Äthanolanreicherung im Gewebe nicht ausschlaggebend. Bei Gehalten von 900···1000 ppm im Gewebe sind die Früchte der Sorte ‚Golden Delicious' nach der Auslagerung und Überführung in Luft mit 21% Sauerstoff und höheren Temperaturen wieder regenerierbar (BACHMANN 1982a). Bei anderen Sorten (‚Cox Orangen') liegt dieser kritische Bereich niedriger. LIDSTER und Mitarbeiter (1983) führen eine stärkere Bildung an Äthanol und Azetaldehyd in CA-gelagerten Früchten jedoch auf eine Schädigung des Fruchtgewebes zurück. Bei Früchten, die gegen Streßbedingungen widerstandsfähiger sind, wird anscheinend unter einem niedrigen Sauerstoffpartialdruck die Synthese von Äthylbutyrat, Hexanol, Azetaldehyd und Äthanol während der Lagerung reduziert. In gleicher Weise wirkt eine Lagerung unter reduziertem Druck (SHATAT und Mitarbeiter 1978). Für die unterschiedlichen Aussagen hinsichtlich der Wirkung eines geringen Sauerstoffpartialdruckes während der Lagerung könnte der unterschiedliche $CO_2$-Gehalt in der Atmosphäre in Verbindung mit 1···3 °C Temperaturdifferenzen ausschlaggebend sein. Es ist anzunehmen, daß bei geringen Sauerstoffpartialdrücken bereits Gehalte von 3···5% $CO_2$ stark fördernd auf die Bildung von Äthanol und Äthylazetat wirken (PATTERSON 1974).

Anders sind die 50mal höheren Gehalte an Äthanol und 100mal höheren Mengen an Äthylazetat, wie sie SHATAT und Mitarbeiter (1978) an CA-gelagerten Früchten im Verhältnis zu solchen aus dem normalen maschinengekühlten Lager und solchen aus dem LRD-Lager mit 100 Torr fanden, nicht zu deuten. Eine starke Senkung des $O_2$-Partialdruckes wirkt demnach nur dann negativ, wenn bei höheren $CO_2$-Gehalten das Sauerstoffangebot so gering wird, daß eine anaerobe Atmung einsetzt (HENZE 1969, 1973).

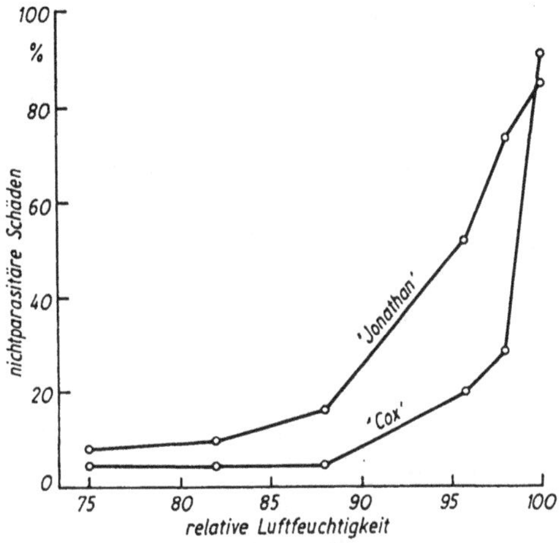


*Abb. 47:* Einfluß der relativen Luftfeuchtigkeit auf nichtparasitäre Schäden der Äpfel in einem normalen Kühllager; nach HANSEN und KUPRIANOFF (1961)

Nach der Aufnahme aus dem Lager mit künstlich gesteuerter Atmosphäre unterscheiden sich solche Früchte in der Aromabildung ebenfalls von denen, die in Luft natürlicher Zusammensetzung aufbewahrt wurden. Bei CA-gelagerten Früchten ist die Initialphase bis zum Einsetzen der Aromaproduktion verlängert (LEBLOND 1971). Gleichzeitig kommt es zur verstärkten Äthanol- und Äthylenazetatakkumulation. Je reifer die Früchte zum Zeitpunkt der Einlagerung waren und je später sie ausgelagert werden, desto schneller erfolgt die Alkoholanreicherung im Fruchtfleisch und damit gleichzeitig der Verfall der Früchte.

Die relative Luftfeuchtigkeit wirkt über das Partialdruckdefizit auf die Exhalation der flüchtigen Stoffwechselprodukte ein. Niedrige Feuchtigkeit in der Lagerluft verstärkt, höhere verringert die Abgabe der flüchtigen Stoffe (WILLS und MCGLASSON 1970).

Neben der Bedeutung der flüchtigen Stoffwechselprodukte für die Aroma- und Geschmacksbildung der Früchte wird ihnen eine Funktion als Reifestimulanz und eine Beteiligung bei der Entstehung nichtparasitärer Krankheiten zugeschrieben.

Eine Anreicherung von Aromastoffen in der Lagerluft hat eine Zunahme der $CO_2$-Ausscheidung zur Folge (HENZE 1969). Ob dieser Vorgang eine Reifebeschleunigung charakterisiert, ist noch nicht eindeutig bewiesen, wird aber vermutet. Da durch die flüchtigen Fettsäureester der Diffusionswiderstand der Kutikula gegenüber $O_2$ und $CO_2$ herabgesetzt wird, tritt ein verstärkter Gasaustausch ein. Dieser stimuliert seinerseits oxydative Prozesse. Daraus ziehen SMOCK und YATSU (1959) die Schlußfolgerung, daß die Aromastoffe, zumindest bei höheren Temperaturen, die Entwicklung der Früchte anregen.

Wie bereits hervorgehoben, sind einige flüchtige Stoffwechselprodukte am Auftreten nichtparasitärer Erkrankungen beteiligt. Für die Entstehung der Fleischbräune (WILLS und MCGLASSON 1970) und des Tiefenscaldes (deep scald, soft scald) (WILLS 1973) werden in erster Linie die leicht flüchtigen Azetate und andere flüchtige Substanzen verantwortlich gemacht. Durch eine stärkere Luftzirkulation und bei Lagerung in einer Atmosphäre mit niedriger relativer Luftfeuchtigkeit werden diese Verbindungen zum größten Teil an die Lagerluft abgegeben, und der Gehalt im Fruchtgewebe sinkt damit unter ein toxisch wirkendes

Niveau ab. Auf diese Weise läßt sich bei anfälligen Sorten das Auftreten der Fleischbräune weitgehend einschränken (Abb. 47).

In gleicher Richtung wirkt eine ein- oder mehrmalige Zwischenerwärmung der Früchte auf etwa +12···+15 °C im Verlauf der Lagerperiode; auch dadurch wird erreicht, daß sich die flüchtigen Ester in den Früchten verringern.

Am Auftreten der Schalenbräune (superficial scald) ist das in den flüchtigen Ausscheidungen nachgewiesene α-Farnesen beteiligt. Seine Oxydationsprodukte (MEIGH 1969, ANET 1972) bedingen ursächlich die Entwicklung der Schalenbräune. Diese Annahme wird dadurch gestützt, daß mit Hilfe der Anwendung von Antioxydantien ein Auftreten der Schalenbräune verhindert werden kann. Durch Einwickeln der Früchte in wachshaltiges Papier oder durch starke Ventilation werden diese Stoffe aus der Schale entfernt. Die Folge davon ist, daß die Schalenbräune verzögert wird oder überhaupt nicht auftritt.

## Rolle des Äthylens[1]) im Stoffwechsel der Früchte

Unter den flüchtigen Stoffwechselprodukten nimmt das Äthylen eine Sonderstellung ein. Es wurde lange Zeit als ein Endprodukt des Stoffwechsels reifender Früchte angesehen, das keine Aufgaben mehr zu erfüllen hat. Mit der Verfeinerung der Analysentechnik entdeckte man, daß es den Charakter eines ubiquitär vorkommenden Wachstumsregulators besitzt, der im Wechselspiel mit den wuchsfördernden Stoffen: Auxinen, Gibberellinen, Zytokininen und dem Hemmstoff Abscisinsäure (SCHUMACHER 1979) im Metabolismus aller wesentlichen Entwicklungsstadien der Frucht wirksam ist (LIEBERMANN 1973, DORFFLING 1980, SEMBDNER und Mitarbeiter 1980). Es greift regulierend in Wachstum und Entwicklung pflanzlicher Organe, z. B. der Blatt- und Blütenknospen, der Blüten, Früchte und Blätter ein, wo es die verschiedensten, bei den unterschiedlichen Fruchtarten z. T. gegensätzliche Wirkungen, auslösen kann (Tab. 26).

*Tab. 26:* Einige biologischen Wirkungen des Äthylens; nach Angaben von ABELES (1973), zusammengestellt von BURTON (1978)

| Induktion | Inhibition |
|---|---|
| Fruchtreife | DNA-Synthese |
| Abszission | Zellstreckung/Wachstum |
| Zellstreckung | Auxintransport |
| Epinasti | Streßmetaboliten |
| Enzymsynthese | |
| Streßmetaboliten | |

Unabhängig davon ist Äthylen trotz allem ein typisches Reifungshormon. Es entfaltet bei zahlreichen Früchten seine volle Wirksamkeit erst während der letzten beiden Entwicklungsstadien pflanzlicher Organe, der Reife und Seneszenz. Zugleich ist es als Antagonist zu den Auxinen ein Wachstumsinhibitor, da es von einer bestimmten Konzentration an in der Zelle die Wirksamkeit der Auxine einschränkt und deren Gehalt begrenzt.

In pflanzlichen Organen löst Äthylen eine Reihe von Veränderungen aus, die charakteristisch für den Reifeverlauf und die Alterung der Gewebe sind. Dabei stellt nach PRATT und GOESCHL (1969) die Fruchtreife einen speziellen komplexen Fall der Organseneszenz dar. Gegenwärtig gibt es zwei Theorien über den Reife - und Alterungskomplex von Fruchtgeweben und die Wirkung des Äthylens (MCGLASSON 1970, ZOGLAUER 1982).

[1]) Äthylen = Ethylen = Ethen; die ältere, dem Obstbauer geläufigere Form wurde vorerst beibehalten.

Nach den älteren Vorstellungen ist die Reifung als Seneszenzprozeß zu betrachten, in dessen Verlauf die intrazelluläre Organisation zusammenzubrechen beginnt. Die Zellpermeabilität wird erhöht, und die Fähigkeit der Zellen, in einem bestimmten Zustand der Stabilität zu verharren, wird verringert, indem unter der Wirkung des Äthylens die Lipoidfraktion der Membran aufgelöst wird und die lipophile/hydrophile Balance sich ändert. Die Folge davon wäre ein verstärkter Übertritt der im Zellsaft gelösten Reservestoffe in das Protoplasma. Da gleichzeitig die Mitochondrien anschwellen und die Permeabilität ihrer Membranen zunimmt, kommt es zu einem ungeregelten Stoffwechsel in den Zellen. Ferner erfolgt eine Stimulierung der Aktivität bestimmter Fermentsysteme, wie der Hydrolasen (Abbau des Chlorophylls, der Stärke, des Pektins), der Malat-Dekarboxylase und der Karboxylmethyl-Zellulase. Auch eine Aktivierung der Indolylessigsäureoxydase wird angenommen, da von einer bestimmten Äthylenkonzentration an sich der Auxingehalt in den Zellen verringert. Gleichzeitig kommt es zur Aktivierung von Enzymen für die Äthylen-, Pigment- und Aromastoffsynthese.

Die heutige Vorstellung geht mehr davon aus, daß Fruchtreife und Seneszenz das Endstadium der Differenzierung darstellen, was als zielgerichteter Prozeß spezifische Enzyme erfordert. Nach Ehwald (1981) und Zippel (1983) bleiben in diesem Prozeß die intrazelluläre Organisation und Funktionstüchtigkeit der Membranen erhalten. Gestützt wird diese Theorie dadurch, daß nach Applizierung von Substanzen, welche die Membranstrukturen ändern, wie z. B. Lecithin, Tween 20, Triton X 100 oder SOS, die Äthylensynthese, anscheinend durch reversible Interactions mit den lipophilen Substanzen in den Membranen, signifikant gehemmt (Odawara und Mitarbeiter 1977, Imaseki und Watanabe 1978), jedoch durch Spritzungen bzw. Gewebeinfiltrationen von $Ca^{++}$-Ionen angeregt wird (Anderson und Mitarbeiter 1978).

Im Verlauf der gesamten Fruchtentwicklung kann man nach Lieberman und Kunishi (1972) mehrere Abschnitte erkennen, die durch bestimmte Änderungen im Hormonstatus charakterisiert sind. Aus der Abbildung 48 sind die allgemeinen Wechselwirkungen zwischen den die Zellteilung und -streckung fördernden Gibberellinen, Auxinen und Zytokininen sowie das Wachstum inhibierenden und die Reife sowie Seneszenz einleitenden Hemmstoffen Äthylen und Abscisinsäure, wie sie für den Apfel typisch ist, erkennbar.

Die Wechselwirkung Auxin—Äthylen wird bei der Ausbildung der Trenngewebe vor dem Abwurf der Früchte bei dem Juni- wie auch Vorerntefruchtfall besonders deutlich.

Die Entwicklung der Frucht wird nach der Zellteilung durch relativ niedrige

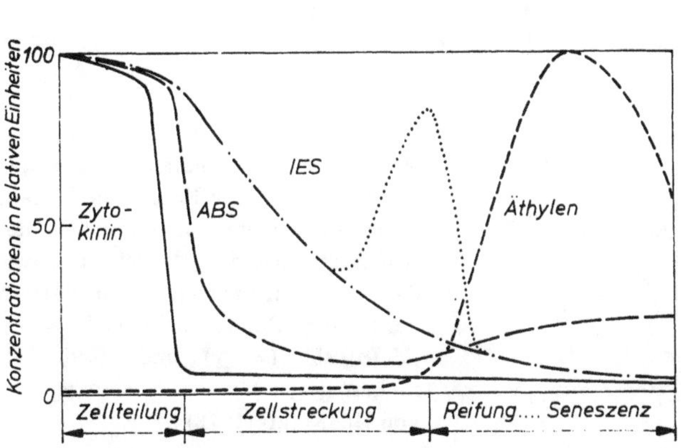


*Abb. 48:* Änderungen im Hormonstatus während der Entwicklung der Früchte, nach Lieberman und Kunishi (1972) in Anlehnung an Zoglauer (1982) ergänzt nach Mousdale und Knee (1981); IES = Indolylessigsäure, ABS = Abscisinsäure

Konzentrationen von Auxinen stimuliert. Mit zunehmender Anreicherung der Auxine wird durch diese gleichzeitig die Äthylensynthese angeregt. Wird dabei aber ein für ein bestimmtes Organ typischer Schwellenwert überschritten, so kommt es zur Unterdrückung der Auxinwirkung. Die Folge davon ist die Ausbildung einer Trenngewebeschicht zwischen Trieb und Frucht über den Abbau der Gerüstsubstanzen der Zellen im Bereich der Ansatzstelle des Fruchtstieles. Insbesondere werden Zellulose und Pektin hydrolisiert. Die Zellen an der Gewebegrenzfläche kollabieren, und es kommt zum Abwurf der entsprechenden Organe. Gesteuert wird dieser Mechanismus zusätzlich auch durch Gibberelline, Zytokinine und Abscisinsäure, die zusammen mit dem Auxin ein eingespieltes System von Wachstumsregulatoren bilden.

Die Hemmung des Knospenwachstums während der Winterruhe wird wahrscheinlich ebenfalls dadurch hervorgerufen, daß das Äthylen die Auxinwirkung aufhebt. Erst mit abnehmendem Gehalt an Äthylen und gleichzeitiger Gibberellin- oder Zytokininanreicherung (SCHMIDT 1971) kann sich die Knospe weiterentwickeln. Wie aus Abbildung 49 ersichtlich, geht der Äthylengehalt in den Knospen bis zum Aufbruch der Blüte ständig zurück und nimmt dann im Zuge der Blütenentfaltung in den Blütenblättern wieder zu. Mit Beginn der Vollblüte wird ein Maximum erreicht, welches dann den Abwurf der Blütenblätter bedingt.

Der Äthylengehalt fällt in den befruchteten Blüten weiter ab und hält sich in den sich nun entwickelnden Früchten auf einem inaktiv niedrigem Niveau. Mit Beginn der Reife steigt dann der Äthylengehalt bis zum Eintritt der Seneszenz erneut erheblich an. Im Stadium der Seneszenz verringert sich die im Fruchtfleisch enthaltene und von den Früchten ausgeschiedene Menge Äthylen unter der Wirkung eines ungeregelten Stoffwechsels der Zellen bis zum vollständigen Zusammenbruch der Zellstruktur der Frucht.

Ein Beweis für die Annahme, daß ein niedriges Niveau an Wachstumshormonen die Äthylensynthese fördert, kann nach LIEBERMAN und KUNISHI (1972) darin gesehen werden, daß das Wachstum der Früchte erst aufhört und die Alterung

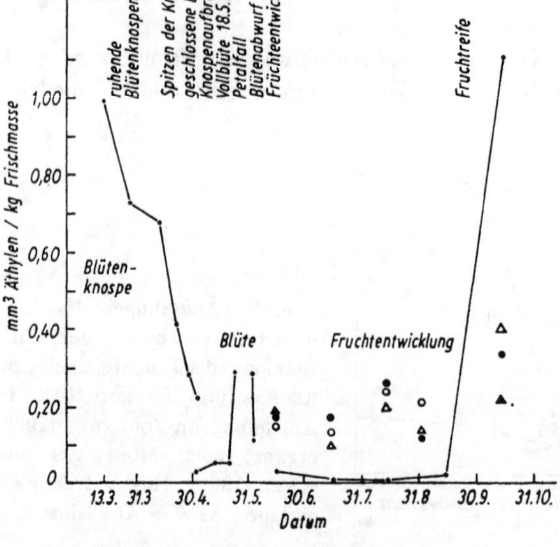


*Abb. 49:* Äthylengehalt in der Knospe, der Blüte und der Frucht im Verlauf ihrer Entwicklungsstadien bei der Apfelsorte ‚Golden Delicious' sowie der Gehalt an Äthylen in den Blättern der Sorten ‚Golden Delicious' (= •), ‚McIntosh' (= △) und ‚Red Astrachan' (= ○) nach Zahlenangaben von BLANPIED (1972)

*Tab. 27:* Veränderungen der Aktivitäten von Wachstumsregulatoren und der Atmungsintensität im Verlauf der Reife einiger Fruchtarten; zusammengestellt nach Angaben von McGlasson (1978)

| | Zunahme in der Aktivität bei den Früchten | | | |
|---|---|---|---|---|
| | Tomate | Avocado | Pfirsich | Weinbeere |
| Atmungsrate | stark | mittel | stark | keine |
| Äthylen | stark | mittel | + stark | keine |
| Abscisinsäure | + stark | sehr stark | + gering | sehr stark |
| Auxin | + stark | ++ stark | keine | keine+) |
| Gibberellin | ++ schwach | 0 | ++ gering | sehr gering |
| Zytokinin | +++ schwach | 0 | ? | ? |

Maximum tritt ein: + = kurz vor, ++ = vor, +++ = lange vor dem Eintritt des Atmungsmaximum; + oder sehr gering

erst einsetzt, wenn die vorhandenen Mengen an IES, Zytokinin und Gibberellin ein Minimum erreicht haben. Setzt man Wachstumshormone reifendem Gewebe zu, so wird der Alterungsprozeß und gewöhnlich auch die Äthylenbildung unterdrückt. Auf der anderen Seite konnte von Crane (1969) und in jüngster Zeit von Moudale und Knee (1981) nachgewiesen werden, daß kurz vor dem Einsetzen einer verstärkten Äthylensynthese gegen Ende des präklimakterischen Stadiums sprunghaft der Gehalt an IES im Apfelfruchtgewebe auf das 3···4fache gegenüber dem Niveau gegen Ende der Zellstreckungsphase ansteigt (s. Abb. 48), was wiederum die These stützt, daß zur Auslösung der Äthylenbildung ein gewisses Niveau an Auxin erforderlich ist.

Nicht für alle Fruchtarten gelten die in Abbildung 48 aufgezeigten Änderungen in der Aktivität der Wachstumsregulatoren im Verlauf der Fruchtentwicklung. Es bestehen erhebliche Unterschiede im Zusammenspiel dieser Hormone bei der Auslösung der Fruchtreife und -alterung sowohl zwischen den Fruchtarten mit und ohne Klimakterium in der Atmungsrate als auch bei Fruchtarten, die ein Klimakterium aufweisen (Tab. 27). Insbesondere sind Bedeutung und Wirkungsmechanismus der Abscisinsäure bei der Fruchtreife und -alterung noch nicht völlig geklärt. Für die Induktion der Fruchtreife beim Apfel kommt dem Äthylen sicher das Primat zu (Bangerth 1980). Dagegen scheint bei der Avocadofrucht und der Weinbeere die Abscisinsäure das reifeauslösende Seneszenzhormon zu sein, obwohl von Koch (1977) in der Reifephase III der Weinbeeren eine fast 15-fache Zunahme im endogenen Äthylengehalt festgestellt werden konnte. Die Konzentration geht aber in der Reifephase IV wieder auf das alte Niveau zurück. Auch bei Pfirsichen ist der Gehalt an Abscisinsäure positiv mit der Wachstumsrate korreliert und nimmt mit dem Eintritt in die Reifephase weiter zu (Rammina und Masia 1980).

Bereits 1864 berichtete Girardin über die Förderung der Abscission der Blätter an Bäumen, die Leuchtgas ausgesetzt waren. Als physiologisch wirksamen Bestandteil konnte Neljubov 1901 Äthylen nachweisen.

Die Bedeutung des Äthylens für die Fruchtreife wurde von Denny (1924) an Zitronen entdeckt, bei denen es den Farbumschlag von grün nach gelb fördert. In den folgenden Jahren erkannte man den Zusammenhang mit dem Atmungsstoffwechsel (Biale 1960). Schon geringe Mengen Äthylen genügen, um die Sauer-

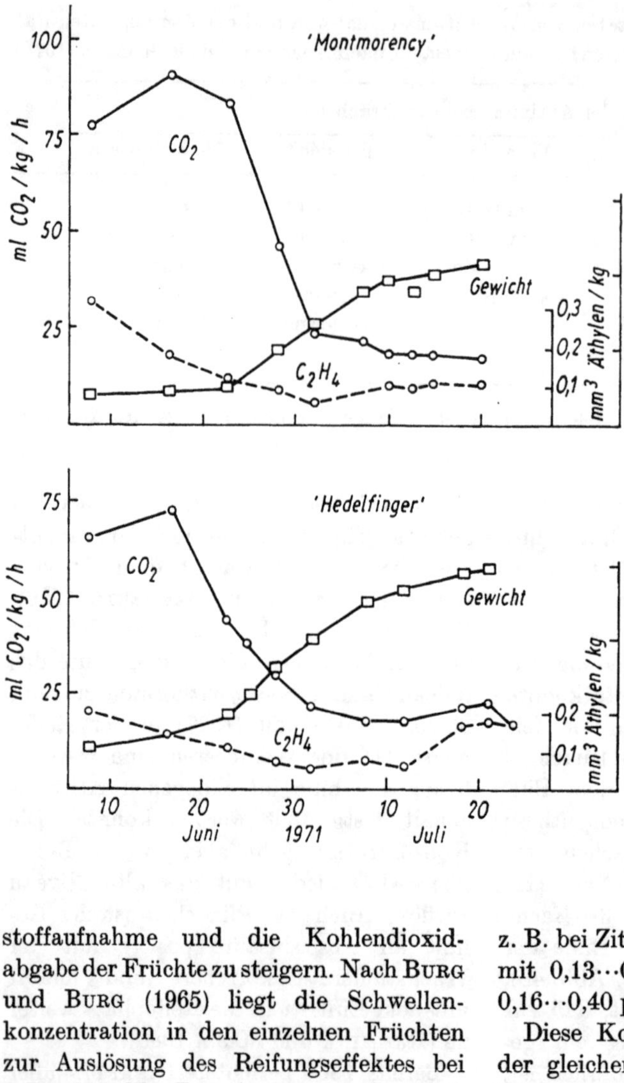


*Abb. 50:* Durchschnittsgewicht, Äthylengehalt zur Ernte und Atmung 24 h nach der Ernte von Sauer- (‚Montmorency') und Süß- (‚Hedelfinger') Kirschen; nach Blanpied (1972)

stoffaufnahme und die Kohlendioxidabgabe der Früchte zu steigern. Nach Burg und Burg (1965) liegt die Schwellenkonzentration in den einzelnen Früchten zur Auslösung des Reifungseffektes bei 0,04···0,5 µl/l. Zur Auslösung des Reifungsvorganges bei Früchten, die im präklimakterischen Stadium geerntet werden, reicht meist schon eine Konzentration in der Lagerraumluft von 0,1···1 ppm aus. In jedem Fall genügen 10 ppm, um reifestimulierend zu wirken. Nicht alle Fruchtarten scheiden Äthylen aus. Es wird in größeren Mengen nur von solchen abgegeben, die ein Klimakterium besitzen (s. Seite 478); aber auch in den meisten Fruchtarten ohne Klimakterium gelang es, Äthylen im Gewebe nachzuweisen, wie z. B. bei Zitronen mit 0,11···0,17, Orangen mit 0,13···0,32 und Ananasfrüchten mit 0,16···0,40 ppm (Burg und Burg 1962).

Diese Konzentrationen liegen etwa in der gleichen Größenordnung wie bei den Pflaumen, die ein Klimakterium in der Atmung während der Reife durchlaufen. Blanpied (1972) gelang der Nachweis erheblicher Mengen an Äthylen im Fruchtgewebe der Süß- und Sauerkirschen, Fruchtarten, in denen kein Klimakterium nachzuweisen ist (Abb. 50) oder zumindest nur angedeutet wird.

Im Gewebe von Früchten der Obstarten, bei denen ein klimakterischer Atmungsanstieg mit Beginn der Reife beobachtet werden kann, ist aber im allgemeinen die Anreicherung des Äthylens in der Interzellularluft wesentlich höher. Die ermittelten Mengen in den Interzellularen reifender Früchte schwanken beim Apfel zwischen 2···600 ppm, bei der Birne von 0,1···300 ppm und beim Pfirsich zwischen 1···21 ppm. Nur bei Bananen und Pflaumen sind sie mit 0,05···2,1 ppm und 0,14···0,23 ppm sehr niedrig, obwohl diese ebenfalls im Verlauf der Fruchtreife ein Klimakterium aufweisen. Da analog zum Kohlendioxid und Sauerstoff für die Diffusion des Äthylens aus dem Fruchtgewebe das Fick-sche Gesetz gilt, besteht eine fast lineare Beziehung zwischen dem Gehalt an Äthylen in den Interzellularen und der von den Früchten in der Zeiteinheit ausgeschiedenen Menge.

Behandelt man unreif geerntete Früchte mit äthylenhaltiger Luft, so reagieren Fruchtarten mit und ohne Klimakterium unterschiedlich. Solche mit Klimakterium (Abb. 51 unten) verlegen ihren natürlichen Reifeverlauf vor, ohne dabei das Niveau der Atmung wesentlich zu verändern (Abb. 51 oben). Das exogen einwirkende Äthylen stimuliert lediglich die endogene Äthylensynthese. Daher läuft der Atmungsrhythmus so ab wie in den Früchten, die unter natürlichen Bedingungen am Baum oder auf dem Lager reifen. Werden Früchte dieser Gruppe jedoch zu einer Zeit mit Äthylen begast, zu der sie sich bereits im Stadium des Klimakteriums befinden, so tritt keine zusätzliche Äthylenwirkung ein. Das im Fruchtgewebe endogen gebildete Äthylen reicht in diesem Fall vollkommen für den normalen Ablauf des Atmungszyklus aus. Dieselbe Wirkung wie künstlich zugesetztes Äthylen auf vorklimakterische Früchte besitzt auch das normalerweise von reifen Früchten ausgeschiedene Äthylen. Aus diesem Grund soll man reife Äpfel oder Birnen niemals mit unreifen zusammen in einem Raum aufbewahren; es sei denn, man will deren Reife bewußt beschleunigen.

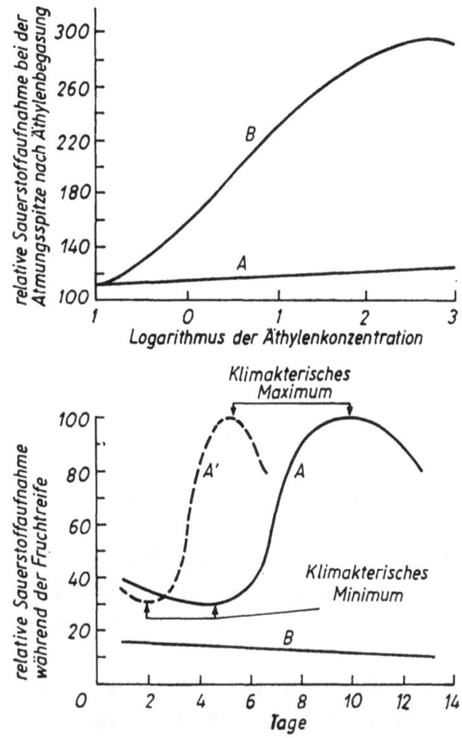


*Abb. 51:* Wirkung einer Äthylenbegasung auf die Atmungsintensität der Früchte.
oben: Vergleich der Wirkung auf Früchte mit (A) und ohne (B) Klimakterium
unten: Normaler Atmungsverlauf der Früchte mit (A) und ohne (B) Klimakterium sowie die Wirkung einer Äthylenbegasung auf die Früchte mit (A') Klimakterium; nach Biale (1960)

Vollkommen anders reagieren Früchte auf eine Äthylenbehandlung, die keinen klimakterischen Atmungsanstieg zeigen. In ihnen wird unabhängig vom erreichten Entwicklungsstadium durch Äthylen die Atmungsintensität gesteigert und zwar um so stärker, je höher die Äthylenkonzentration ist (Abb. 51 oben). Im Unterschied zu den Früchten von Fruchtarten mit klimakterischem Atmungsanstieg stellt sich bei ihnen die Atmungsintensität aber kurze Zeit nach der Begasung wieder auf das Ausgangsniveau ein. Durch das applizierte Äthylen wird in diesen

Früchten keine endogene Äthylensynthese angeregt.

Nach GÖRING (1978) besteht der Unterschied zwischen Früchten mit und ohne Klimakterium darin, daß nichtklimakterische Früchte nach Abschluß des Wachstums unmittelbar in die Reifephase übergehen und altern, während klimakterische Früchte nach voller Ausbildung in einem zeitlich mehr oder minder ausgeprägten Dormanzustand verharren. Dieser Abschnitt relativer physiologischer Ruhe, der dem sogenannten präklimakterischen Stadium entspricht, ist u. a. durch eine minimale Atmungsrate gekennzeichnet und Ausdruck einer Stoffwechselumstellung.

Der gesamte Komplex der bei der Reife ablaufenden physiologischen Prozesse kann nach BANGERTH (1980) nicht mehr als unteilbare Einheit angesehen werden, da einige typische Reifekriterien, wie der Abbau des Chlorophylls, enger mit dem Abscisinsäuregehalt als mit dem Äthylengehalt korrelieren. Werden Früchte mit Silbernitrat behandelt, werden die Äthylensynthese und das Weichwerden des Fruchtfleisches unterbunden, die Atmungsrate ist jedoch stark erhöht (SALVEIT und Mitarbeiter 1978). Dies ist ebenfalls als ein Beweis dafür anzusehen, daß die Äthylenwirkung, der Atmungsstoffwechsel und einige mit der Reife verbundene Prozesse nicht unbedingt durch denselben Mechanismus metabolisiert werden müssen.

Der zeitliche Verlauf und die Höhe der Äthylenbildung sowie die Intensität der von den Früchten ausgeschiedenen Äthylenmenge werden durch zahlreiche Faktoren, die vom Produktionsverfahren her nachwirken und den Lagerbedingungen, denen die Früchte ausgesetzt sind, beeinflußt. Dabei gilt als Grundsatz, daß jede Maßnahme, die zu einer unausgeglichenen Fruchtentwicklung führt, als Streß induzierend auf die Äthylensynthese wirkt. Auslöser können sowohl ein ungünstiger Witterungsablauf während der Vegetationsperiode als auch einseitige Düngungsmaßnahmen, Schädigungen des Assimilationsapparates, eine der Pflanzenentwicklung nicht angepaßte Zusatzbewässerung usw. sein.

In zahlreichen Versuchen konnte eine Wirkung der im Obstbau eingesetzten Wuchsstoffe auf die endogene Äthylenbildung nachgewiesen werden (s. S. 175). Die zur Verringerung der Haltekraft der Fruchtstiele bei Stein- oder Beerenobstsorten als Vorbereitung für die mechanische Ernte angewandte 2-Chloräthylenphosphonsäure (Ethephon) spaltet bei ihrer Zersetzung im Fruchtgewebe Äthy-

*Tab. 28:* Wirkung von Ethrel, Alar und Auxin auf die Abszission, Gewebefestigkeit und Ausbildung der Deckfarbe bei Äpfeln der Sorte ‚McIntosh'; nach EDGERTON und BLANPIED (1970)

| Behandlung | Erntedatum | Fruchtfall in % | Gewebefestigkeit in N | Rotfärbung in % |
|---|---|---|---|---|
| Alar | 24. 9. | 2 | 72,5 | 56 |
| Alar + Ethrel | 24. 9. | 77 | 69,0 | 67 |
| Alar + Ethrel + TP | 24. 9. | 3 | 65,4 | 91 |
| Kontrolle | 24. 9. | 29 | 64,5 | 51 |

Alar = 2000 ppm am 9. 8. gespritzt
Ethrel = 250 ppm am 15. 9. gespritzt
TP (2,4,5-Trichlorphenoxypropionsäure) = 20 ppm am 15. 9. gespritzt

len ab und induziert weiterhin die endogene Bildung von Äthylen. Auf dieser Reaktion beruht die vorzeitige bzw. nachhaltigere Ausbildung eines Trennungsgewebes; werden jedoch Ethrel und Auxine gleichzeitig den Früchten zugeführt, so erzielt man eine doppelte Wirkung. Durch die Auxine wird die Entwicklung des Trenngewebes verzögert und durch das Äthylen werden die Reifungsprozesse beschleunigt. Das führt zu einer besseren Ausfärbung der Früchte, ohne daß diese kurz nach der Behandlung abfallen (Tab. 28).

Auf eine Intensivierung der Äthylenbildung in der Frucht kann auch die ausdünnende Wirkung der Carbaryle zurückgeführt werden. Allerdings tritt der Fruchtabwurf in der Regel nur bei beginnender Fruchtentwicklung und erhöhter Dosierung ein (s. S. 449).

Ein scheinbarer Widerspruch besteht im Verhalten der zur Verhinderung des Vorerntefruchtfalles eingesetzten Wachstumsregulatoren aus der Auxingruppe, z. B. $\beta$-Indolylessigsäure. Auf der einen Seite verzögern sie die Ausbildung eines Trennungsgewebes, auf der anderen fördern sie die Äthylenanreicherung in den Früchten. Die Ursache kann im unterschiedlichen Gehalt an endogenen Auxinen in der Zone, in denen das Trennungsgewebe ausgebildet wird, liegen. Die fruchteigenen und zusätzlich verabreichten Auxinmengen maskieren die Wirkung des Äthylens (s. S. 456). Der genaue Wirkungsmechanismus ist gegenwärtig noch nicht bekannt, jedoch darf man annehmen, daß $\beta$-Indolylessigsäure den Fruchtfall deswegen verzögert, weil die Auxinwirkung stärker ist als die des Äthylens.

Auch durch den Einsatz von Zykloheximid wird die Äthylenbildung teilweise gefördert. Die reifestimulierende Wirkung des Äthylens wird aber unterdrückt, weil diese Substanz die Eiweißsynthese und damit die Bildung der zur Auflösung der Zellverbände zwischen Fruchtholz und Stiel notwendigen Fermente verhindert. Das zur Verstärkung des Blütenansatzes, Reduzierung des vegetativen Wachstums, Verhinderung des Vorerntefruchtfalles und Verzögerung der Fruchtreife eingesetzte Bernsteinsäure-2,2-dimethylhydrazin (Handelsname: Alar, B-9) hemmt nach Blanpied (1972) die Äthylenanreicherung sowohl in den Früchten als auch in den Fruchtstielen (Tab. 29).

In gleicher Richtung wirken das Vitamin K5 (2-methyl-3-phytyl-1,4-naphthochinon) und Menadion (2-methyl-1,4-naphthochinon), die in einer Konzentration von 1,0 mmol angewendet, die Äthylenbildung zu 90% hemmen, jedoch die $CO_2$-Ausscheidung stark anregen (Saltveit 1980).

*Tab. 29:* Der extrahierbare Äthylengehalt (in $mm^3$ je kg Fruchtmasse) im Fruchtfleisch und in den Fruchtstielen von Äpfeln der Sorte ‚McIntosh' sowie der Einfluß der Alarbehandlung auf den Fruchtfall; nach Blanpied (1972)

| Tage nach der Vollblüte | Fruchtfall | | Fruchtfleisch | | Fruchtstiele | |
|---|---|---|---|---|---|---|
| | a) | b) | a) | b) | a) | b) |
| 143 | 40 | 3 | 5,05 | 0,23 | | 0,14 |
| 146 | 58 | 5 | 9,24 | | 1,39 | 0,18 |
| 149 | 86 | 6 | 34,20 | 1,14 | 2,39 | 0,24 |

a) bei natürlichem Reifeverlauf
b) nach Behandlung der Bäume mit 1000 ppm Alar

*Tab. 30:* Wirkung einer Behandlung mit $5 \times 10^{-4}$ Mol AVG und 25 ppm NES auf die Fruchtfleischfestigkeit und die endogene Äthylenanreicherung in Früchten der Apfelsorte ‚Golden Delicious' nach einer Lagerung bei +2 °C; nach BANGERTH (1978)

| Behandlungszeit in Tagen vor der Ernte (AVG) | Gewebefestigkeit ($kg/cm^2$) Lagertage | | | Endogener Äthylengehalt (ppm) Lagertage | | |
|---|---|---|---|---|---|---|
| | 0 | 35 | 60 | 0 | 35 | 60 |
| Kontrolle | 7,4 | 5,6 | 4,2 | 0,9 | 102 | 95 |
| 39, 27, 18, 7, 1 | 8,0 | 6,6 | 5,6 | 0,8 | 1 | 2 |
| 18, 7, 1 | 7,6 | 5,8 | 5,0 | 0,9 | 3 | 2 |
| 18, 7, 1, + NES | 7,7 | 5,9 | 4,9 | 1,0 | 1 | 1 |
| NES | 7,5 | 5,3 | 4,0 | 3,0 | 118 | 128 |

Werden Bäume in einem Zeitraum bis zu 39 Tagen vor der Ernte mit dem rhizobitoxinanalogen AVG (Aminoethoxyvinylglycinhydrochlorid) behandelt, so wird die Äthylenbildung und damit die Reife der Früchte während der anschließenden Lagerung weitgehend unterbunden, die Fruchtreife am Baum verzögert und die Fruchthaltekraft erhöht (Tab. 30). Besonders die die Äthylenbildung fördernde Wirkung einer gleichzeitigen Naphthylessigsäurebehandlung wird aufgehoben. Da auch die ABS-Synthese unterdrückt wird, verändert sich die Fruchtfleischfestigkeit selbst nach 25tägigem Nachreifen bei +20 °C nicht oder nur unbedeutend.

Die Wirkung ist jedoch bei den einzelnen Sorten unterschiedlich (Abb. 52). Die Interaction des AVG beruht auf einer Hemmung der Umwandlung von S-Adenosyl-Methionin (SAM) zur 1-Aminocychlopropan-1-karboxylsäure (ACC) bei der Äthylenbildung aus der Aminosäure Methionin (Abb. 53).

Nach MCGLASSON und PRATT (1964) fördert jede Verletzung der Früchte in ihnen die Äthylenanreicherung und stimuliert damit die Atmungsintensität und die Reife (z. B. Fraß durch Apfelwickler). In gleicher Weise wirkt eine Infektion der Früchte mit Mikroorganismen (HISLOP und ARCHER 1973), wobei Äthylen jedoch nicht unmittelbar als Kettenglied in der Initialabwehrreaktion des Wirts bzw. der Phytoalexinakkumulation fungiert (PARADIES und ELSTNER 1980). Es kommt hinzu, daß Mikroorganismen oft selbst in der Lage sind, Äthylen zu bilden und an die umgebende Luft oder die Frucht abzugeben.

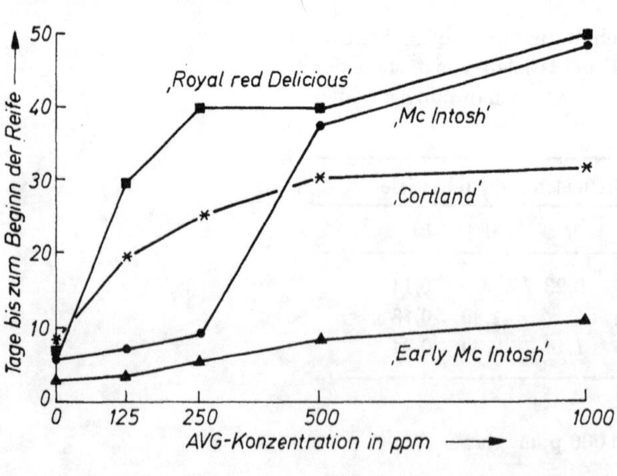


*Abb. 52:* Erforderliche Anzahl Tage bei Raumtemperaturen bis zum Einsetzen der Fruchtreife (1 ppm endogenes Äthylen) nach der Behandlung mit AVG in unterschiedlichen Konzentrationen 1 Woche vor der Ernte, nach AUTIO und BRAMLAGE (1982)

Auf dem Lager ist die von den Früchten ausgeschiedene Äthylenmenge stark von der Temperatur abhängig (s. S. 322). Die bei 0···+2 °C von Apfelfrüchten ausgeschiedene Menge schwankt, berechnet auf den abgegebenen Kohlenstoff (nach FIDLER 1960), zwischen 0,2···3,0 g Äthylen je Tonne und Tag. Im selben Temperaturbereich fanden KOLESNIK und DOROFEEVA (1972) sogar eine Äthylenabgabe von 4,85 ml/kg/Tag, was einer täglichen Bildung von 6,06 g/t/Tag entspricht.

Parallel zur unterschiedlichen Höhe der Äthylenausscheidung durch die Früchte schwankt auch der Äthylengehalt in der Lageratmosphäre im Temperaturbereich von 0 bis +2 °C in weiten Bereichen und kann selbst im CA-Lager Konzentrationen bis über 1 000 ppm erreichen (STREIF 1978). Mit ansteigender Temperatur erhöht sich die Synthese zur Ausscheidung des Äthylens beträchtlich, wie aus Abbildung 54a und b hervorgeht.

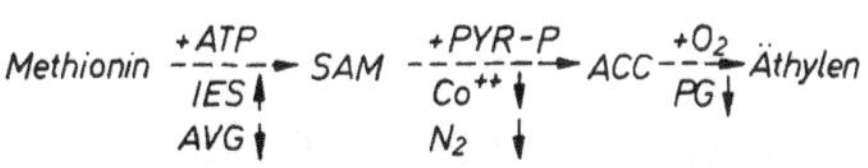


*Abb. 53:* Generalschema der Äthylenbiosynthese aus der Aminosäure Methionin nach LIEBERMAN (1979) und DÖRFLING (1980); ↑ fördert, ↓ hemmt die Umwandlung; PG = Propylgallat

Der Anteil des gebildeten Äthylens an der Gesamtausscheidung flüchtiger Stoffwechselprodukte schwankt in Abhängigkeit vom Reifegrad der Früchte sehr stark. Bezogen auf den Kohlenstoffanteil der insgesamt exhalierten flüchtigen Aromastoffe kann der Anteil im CA-Lager etwa 0···90% betragen, er sinkt im Verlauf der Nachreife und mit beginnender Seneszenz bei höheren Temperaturen auf 10···20% ab.

Die Temperatur beeinflußt aber nicht nur die Bildung, sondern auch die Wirksamkeit des Äthylens. Bei Zimmertemperaturen ist die Äthylensensibilität nach DUVEKOT (1975) etwa 1000mal höher als bei den niedrigen Lagertemperaturen. Unterhalb von +4 °C wirkt Äthylen auf physiologische Prozesse der Fruchtreife nur relativ gering. Trotzdem werden bei Konzentrationen über 500 ppm die Festigkeit und der Säureabbau bei Kernobstfrüchten während der Lagerung gegenüber Konzentrationen unter 10 ppm signifikant verringert (LIU 1978). Die obere Grenze der Äthylenwirksamkeit liegt bei +35 bis +40 °C, das Optimum der Äthylenbildung und seiner Wirkung auf die Atmung bei +20 °C.

Die Intensität der Äthylenbildung und -anreicherung im Gewebe sowie deren Ausscheidung wird durch den Erntezeitpunkt entscheidend beeinflußt (CHEN und MELLENTHIN 1981). Befinden sich die Früchte zum Erntezeitpunkt bereits im klimakterischen Atmungsanstieg, bilden sie auch während der Lagerung größere Mengen Äthylen. Das Niveau der Bildung und Ausscheidung wird zugleich durch die Sorte erheblich beeinflußt. Bei einer Lagertemperatur von −1,1 °C entwickeln z. B. die Früchte der ‚Boscs Flaschenbirne' mit 80 µl/kg je Stunde etwa fünfmal soviel Äthylen wie die Früchte der Sorte ‚Anjou' (CHEN u. M. 1982). Die Konzentration in der Interzellularluft liegt dabei sogar achtmal höher. Äpfel der Sorte ‚Golden Delicious' bilden zweimal soviel wie ‚Auralia' und zehnmal soviel wie ‚Idared' (ZOGLAUER 1982).

Ob die von mehreren Autoren festgestellte reifefördernde Wirkung immer nur auf eine höhere Äthylenkonzentration zurückgeführt werden kann, ist anzuzweifeln, da in den meisten Fällen unter CA-Lagerbedingungen höhere Mengen Azetaldehyd gebildet und sowohl endogen als auch in der Lageratmosphäre angereichert werden. Nach JANES und FRENKEL (1978) löst Azetaldehyd unabhängig vom Äthylen an lagernden Früchten typische Reifemerkmale aus.

Auch durch die Zusammensetzung der Lageratmosphäre wird die Synthese und Wirkung des Äthylens beeinflußt. Da die Bildung nur unter aeroben Bedingungen ablaufen kann (s. Abb. 54), wird sie beim Fehlen von Sauerstoff unterbunden. Gleichzeitig ist Sauerstoff für das Wirksamwerden des von den Früchten selbst

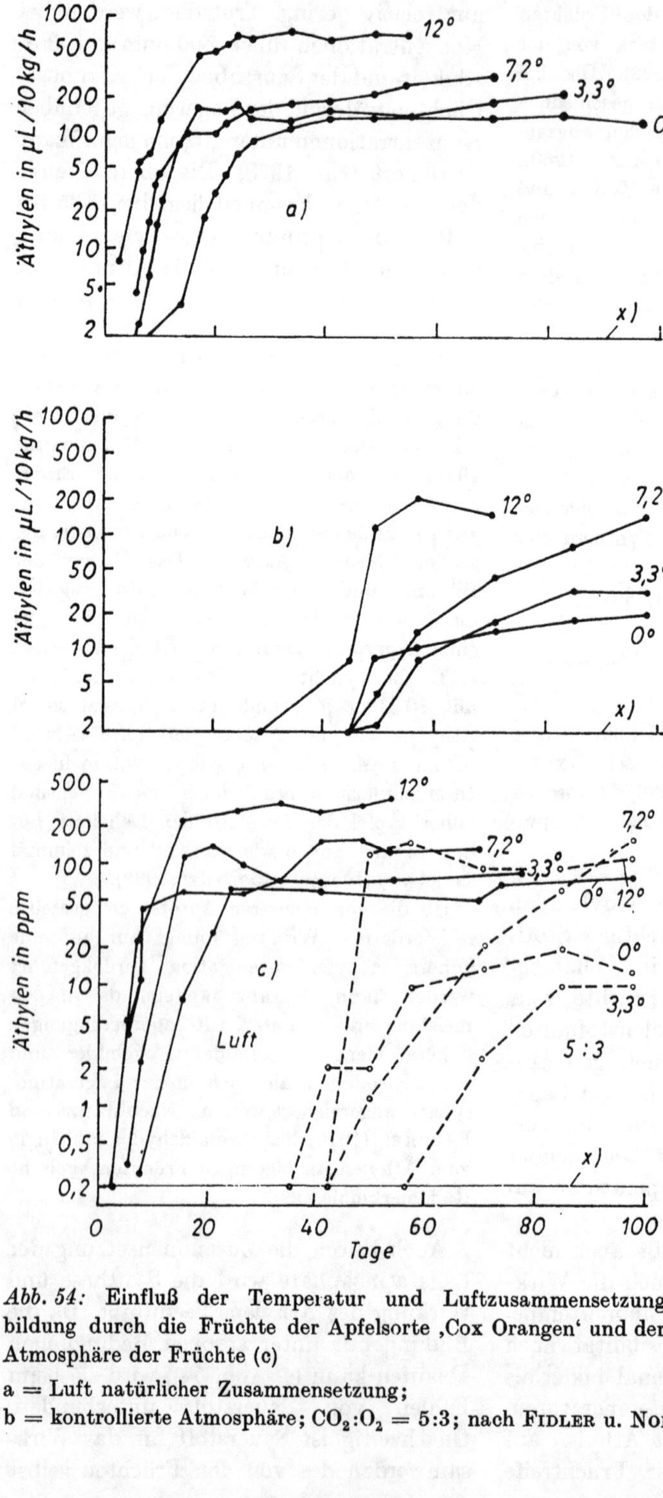


*Abb. 54:* Einfluß der Temperatur und Luftzusammensetzung (a + b) auf die Äthylenbildung durch die Früchte der Apfelsorte ‚Cox Orangen' und der Äthylengehalt in der inneren Atmosphäre der Früchte (c)

a = Luft natürlicher Zusammensetzung;

b = kontrollierte Atmosphäre; $CO_2$:$O_2$ = 5:3; nach Fidler u. North (1971)

entwickelten Äthylens notwendig. Verringerter Sauerstoffgehalt im Lager führt zur Synthesehemmung und zugleich zur Wirkungsinhibierung. Bei der CA-Lagerung ist deshalb der Sauerstoffgehalt unter Berücksichtigung anderer Stoffwechselabläufe so niedrig einzustellen, daß Äthylensynthese und -wirksamkeit maximal gehemmt werden.

Ein wesentlich erhöhter Kohlendioxidgehalt kann die Äthylenbildung deutlich fördern (DHAWAN und Mitarbeiter 1981), In Konzentrationsbereichen, wie sie bei der CA-Lagerung eingestellt werden, hemmt es jedoch die autokatalytische Äthylensynthese und begrenzt die Triggerfunktion des Äthylens. Der Wirkungsmechanismus des Äthylens beruht darauf, daß es mit metallhaltigen Rezeptoren eine Bindung eingeht. Der Vorgang wird durch angereichertes Kohlendioxid kompetativ gehemmt (ABELES 1973, BEYER 1973). Die Wirkung ist jedoch reversibel und kann durch hohe Äthylenkonzentrationen verringert werden. Bei der CA-Lagerung tritt eine kumulative Wirkung des Sauerstoffes und des Kohlendioxids ein, die, wie aus Abbildung 54 ersichtlich, durch die Temperatur zusätzlich beeinflußt wird.

Eine Anreicherung des Äthylens in der Frucht und in der Lageratmosphäre läßt sich auch durch Lagerung bei reduziertem Druck unterbinden (BUFLER und BANGERTH 1981). Um unerwünschte Reifeeffekte durch eine hohe Konzentration von Äthylen im CA-Lager zu vermeiden, empfiehlt es sich, Aktivkohlefilter einzusetzen. Dann ist es möglich, den Äthylengehalt unter 10 ppm zu halten (BERARD und LOUGHEED 1982). Äthylen kann auch oxydativ mittels Ozon, Kaliumpermanganat ($KMnO_4$) oder durch Anwendung von UV-Strahlen der Wellenlängen 185 und 254 nm abgebaut werden. SCOTT und WILLS (1973) entwickelten dafür eine Apparatur, die nach dem in der Abbildung 55 dar-

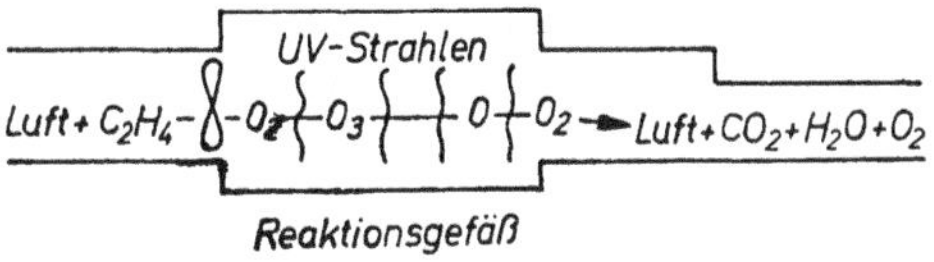


*Abb. 55:* Generator für den oxydativen Abbau des Äthylens mit Ultravioletten Strahlen; nach SCOTT u. WILLS (1973), entnommen von WILLS u. M. (1981)

gestellten Prinzip arbeitet. Bei Einsatz solcher Geräte werden unerwünschte Nebenwirkungen von Ozon auf Metall, Verpackungsmaterialien und Früchte vermieden.

## Stoffwechselphysiologische Bedeutung der Vitamine[1])

### *Begriffsbestimmungen und Bedeutung der Vitamine für den Stoffwechsel der Pflanze, Mensch und Tier*

Der Begriff „Vitamine“ hat sich im Laufe der Wissenschaftsentwicklung mehrfach gewandelt. Häufig wurden in der Vergangenheit sogar Vitamine und Hormone in einem Atemzug genannt. Es ist jedoch eine deutliche Abgrenzung nötig. Hormone sind Stoffe, die von der Pflanze oder vom tierischen Körper gebildet werden, um Entwicklungs- und Wachstumsprozesse zu steuern. Als Wuchs- und Hemmstoffe regulieren sie den Entwicklungsablauf einer Pflanze, beginnend mit der Keimung des Samens, der Teilung der Zellen und der Herausbildung einzelner Pflanzenorgane mit dem Ergebnis, daß sich aus dem Samen nach einem genetisch vorgegebenen Programm die Mutterpflanze reproduziert. Wenn man die Gruppe der Wuchs- und Hemmstoffe der Pflanze als Phytohormone zusammenfaßt, die durch synthetische Wachstumsregulatoren in ihrer Wirkung unterstützt

[1]) In Anlehnung an SCHUBERT, 1. Auflage.

werden bzw. deren Wirkung reduzieren, so trifft dies den Kern der Sache.

Vitamine haben dagegen bestimmte Aufgaben im Stoffwechsel von Pflanze, Mensch und Tier zu erfüllen. Ihr Fehlen führt zu Erkrankungen. Sie sind daher für die Erhaltung des Lebens unentbehrlich. Ähnlich wie Katalysatoren bei chemischen Prozessen werden sie nur in kleinsten Mengen benötigt. Da sie jedoch einem Abbau unterliegen, ist eine ständig erneute Zufuhr erforderlich. Der Begriff „Vitamine" wurde von dem polnischen Chemiker K. Funk 1912 geprägt und wird in der Regel im Zusammenhang mit der menschlichen Ernährung gebraucht. Menschen und Tiere können viele Vitamine nicht selbst synthetisieren. Sie sind auf Zulieferung durch die Pflanze oder über tierische Nahrung angewiesen. Die Pflanze hat gegenüber dem Tier den Vorteil, daß sie die benötigten Vitamine selbst erzeugen kann, während der tierische Körper nur noch in einigen Fällen, und zwar in der Regel über die Mithilfe von Mikroorganismen, dazu in der Lage ist.

Vitamine spielen in der Pflanze, besonders bei der Phosphorylierung, eine wichtige Rolle. Einige davon werden z. B. als Coenzyme in die Phosphorylierungskette eingebaut.

Für den normalen Kohlenhydratstoffwechsel sind Vitamin $B_1$ und $B_3$, in der Atmungskette Vitamin $B_2$ und im Aminosäurestoffwechsel Vitamin $B_6$ unbedingt erforderlich (Täufel und Mitarbeiter 1979). Durch Vitamin $K_1$ und Menodoin wird der Reifeverlauf mehrerer Früchte verzögert und Vitamin $K_5$ reduziert bei Äpfeln und Tomaten sehr stark die Äthylenbildung (Saltveit 1980). Außerdem kommt es, sofern z. B. Mangel an Eisen oder bestimmten Spurenelementen vorliegt, die untrennbare Bestandteile mancher Vitamine sind, ebenso zu „Vitaminmangelkrankheiten" wie beim Menschen. Die dargestellten Zusammenhänge verdeutlichen auch den Unterschied zwischen Hormonen und Vitaminen. Erstere sind Regulationsstoffe der Entwicklung, letztere akzessorische Nährstoffe. Allerdings läßt sich darüber streiten, ob das Vitamin C, das gerade im Zusammenhang mit der menschlichen Ernährung sehr oft genannt wird (Tab. 31), wirklich noch zur Gruppe der Vitamine gerechnet werden kann. Es unterscheidet sich von allen anderen Vitaminen dadurch, daß es in weit größeren Mengen benötigt wird. Dem Bedarf nach ist es mehr ein unentbehrlicher Bestandteil der Nahrung vergleichbar bestimmten essentiellen Aminosäuren als ein Vitamin im engeren Sinne.

Vitamine können von Mensch und Tier auch als Provitamine aufgenommen werden (z. B. $\beta$-Karotin = Provitamin A). Sie unterliegen dann einer enzymatischen ($\beta$-Karotin in Retinol) oder energetischen (Provitamin D in Calciferol) Aktivierung. Eine in manchen Fällen mögliche Eigensynthese im Verdauungstraktus stellt keine Verletzung des Prinzips dar, daß Vitamine in der Regel von außen zugeführt werden müssen, denn bei der genannten Gruppe sind Darmbakterien an der Synthese entscheidend beteiligt.

Vitaminwirkungen einer Substanz sind oft artspezifisch. So ist z. B. Askorbinsäure bisher nur beim Menschen, den Primaten und den Meerschweinchen als essentielles Vitamin in Erscheinung getreten. Die meisten Tiere benötigen keine Zufuhr von Vitamin C.

Schließlich wäre noch auf den Begriff der „Antivitamine" einzugehen. Es handelt sich hierbei um Verbindungen, welche die Vitaminwirkung einer Substanz im tierischen Körper abschwächen oder völlig aufheben können. In der Mehrzahl dürfte dieses Phänomen auf Strukturanalogen beruhen, die das eigentliche Vitamin aus seinen Wirkungsorten verdrängen (kompetive oder inkompetive Hemmung). Als Beispiel sei die p-Glukoaskorbinsäure ge-

*Tab. 31:* Vitamingehalte des baum- bis genußreifen Obstes; nach SMOCK u. NEUBERT 1950, GRÄFE 1963, FRAGNER 1964, FRITZSCH 1965, DREWS 1968, HERRMANN 1966, 1974, GREEN 1971, MAPSON 1970 und TÄUFEL und Mitarbeiter 1979

| Vitamine in 100 g Frischmasse | | | | | | | | | |
|---|---|---|---|---|---|---|---|---|---|
| Obstart | β-Karotin mg | L-Askorbinsäure mg | Folsäure ($B_c$) µg | Pantothensäure ($B_3$) mg | Pyridoxin ($B_6$) mg | Thiamin ($B_1$) mg | Riboflavin ($B_2$) µg | Niacin ($B_5$) mg | Biotin (Vitamin H) µg |
| Apfel | 0,02···0,70 | 2··· 40 | 0,8 | 0,03···0,60 | 0,02···0,20 | 0,02···0,12 | 3··· 50 | 0,05···0,50 | 0,20···0,90 |
| Birne | 0,01···0,19 | 1··· 23 | 1,8···16 | 0,02···0,05 | 0,15···0,20 | 0,01···0,09 | 10···100 | 0,13···0,25 | 0,01···0,10 |
| Quitte | 0,03···0,50 | 10··· 15 | — | — | — | 0,02···0,06 | 20··· 30 | 0,20 | — |
| Pfirsich | 0,16···1,80 | 2··· 20 | — | 0,04···0,07 | 0,03 | 0,01···0,12 | 10···130 | 0,40···0,90 | 10···30 |
| Aprikose | 0,30···4,80 | 3··· 10 | — | 0,30 | — | 0,03···0,06 | 40···130 | 0,10···0,80 | — |
| Pflaume | 0,05···0,60 | 0··· 10 | — | 0,12···0,24 | 0,04 | 0,02···0,20 | 20··· 90 | 0,20···0,60 | 0,10 |
| Kirsche | 0,03···0,37 | 1··· 28 | 6···30 | 0,03···0,12 | 0,04 | 0,02···0,07 | 10··· 65 | 0,20···0,50 | — |
| Erdbeere | 0,03···0,42 | 20···100 | 6···60 | 0,07···0,23 | 0,06 | 0,02···0,05 | 20··· 80 | 0,30···0,70 | — |
| Stachelbeere | 0,06···0,24 | 2··· 50 | — | 0,14···0,30 | — | 0,03···0,07 | 20··· 30 | 0,10···0,40 | — |
| Johannisbeere rot | 0,01···0,15 | 7··· 50 | — | 0,60 | 0,04 | 0,02···0,08 | 0··· 20 | 0,10···0,40 | — |
| Johannisbeere schwarz | 0,01···0,24 | 106···297 | — | 0,40 | 0,08···0,19 | 0,02···0,08 | 20··· 60 | 0,20···0,40 | — |
| Himbeere | 0,03···0,35 | 13··· 25 | — | 0,26 | 0,90 | 0,02···0,09 | 30··· 90 | 0,30···0,90 | — |
| Brombeere | 0,12···0,78 | 15··· 21 | — | 0,10···0,20 | 0,05 | 0,02···0,04 | 20··· 50 | 0,20···0,50 | — |
| Weinbeere | 0,01···0,06 | 1··· 11 | — | 0,07 | — | 0,01···0,10 | 5··· 90 | 0,20···0,80 | — |
| Tagesbedarf eines Erwachsenen bei mittlerer Beschäftigung in mg: | | | | | | | | | |
| | 3,00 | 75 | 0,1···0,2 | 10 | 1···2 | 2,20 | 1,80 | 18,0 | 0,01 |

nannt, die in der Lage ist, die Vitamin C-Mangelkrankheit Skorbut hervorzurufen. Dabei handelt es sich um eine inkompetive, durch Askorbinsäure nicht aufzuhebende Hemmung.

## *Wichtige Vitamine des Obstes*

### *β-Karotin (Provitamin A)*

Erst ausgangs der zwanziger Jahre unseres Jahrhunderts wurde entdeckt, daß die bei Pflanzen weit verbreiteten Karotine mit einem oder zwei β-Jononringen (s. S. 295) als Provitamine A anzusehen sind. In der Natur am weitesten verbreitet ist β-Karotin. Es ist mit Chlorophyllen vergesellschaftet. Ihm kommt bei der Lichtabsorption Bedeutung zu (s. S. 14). Möglicherweise wird durch β-Karotin die Photophosphorylierung gefördert. Es gilt als sicher, daß zumindest niedere Pflanzen das von Karotinoiden absorbierte Licht direkt photosynthetisch verwerten können, bei höheren kann β-Karotin anscheinend Lichtenergie für kurze Zeit speichern, um sie dann an Chlorophyll weiterzugeben.

Der Gehalt verschiedener Obstarten an β-Karotin geht aus Tabelle 31 hervor. Aprikosen und Pfirsiche, zum Teil auch Brombeeren, sind besonders reich an Karotin. Da α- und β-Karotin ständige Begleiter der Chlorophylle sind, verringert sich in den meisten Früchten mit zunehmendem Reifegrad deren Gehalt (GROSS und Mitarbeiter 1978, GROSS 1979).

Der Gehalt an Provitamin A in den Früchten wird durch alle diejenigen Anbau- und Kulturmaßnahmen positiv beeinflußt, die zu einem erhöhten Gehalt an Chlorophyllen führen. Der Tagesbedarf eines erwachsenen Menschen schwankt zwischen 2 und 3 mg. Bei der Beurteilung von Nahrungsmitteln ist jedoch zu berücksichtigen, daß die physiologische Verwertbarkeit des β-Karotins in Abhängigkeit von der Pflanzenart nur 5···45% betragen dürfte. Für Obst, das roh genossen wird, sind relativ hohe Verwertungsquoten anzusetzen.

### *L-Askorbinsäure*

Die international gültige Bezeichnung für Vitamin C (Antiskorbutfaktor) ist heute L-Askorbinsäure (Tab. 32). In der Natur kommt neben L-Askorbinsäure stets in mehr oder weniger großen Mengen noch die Dehydro-L-Askorbinsäure vor, die das primäre Oxydationsprodukt der Askorbinsäure darstellt und gleichfalls gegen Avitaminosen wirksam ist. Der weitere Abbau führt zu 2,3-Diketo-L-Gulonsäure, einer nicht mehr als Vitamin wirksamen Verbindung (Abb. 56).

Askorbinsäure ist im Pflanzen- und Tierreich nahezu universell verbreitet. Auf die Biosynthese bei Pflanzen oder Tieren soll hier nicht näher eingegangen werden. Sie gilt im wesentlichen als geklärt. Es genügt die Feststellung, daß sie von Glukose bzw. Glukose-6-Phosphat ausgehend bei Pflanzen und Tieren über unterschiedliche Intermediäre verläuft. Als Reaktionsorte sind die Mikrosomen anzusehen.

Der Gehalt an AS und DAS schwankt bei den einzelnen Fruchtarten und Sorten in Abhängigkeit von den Anbaubedingungen und Kulturmaßnahmen sowie der Witterung in weiten Bereichen. Insbesondere der Jahreseinfluß ist beträchtlich und kann Abweichun-

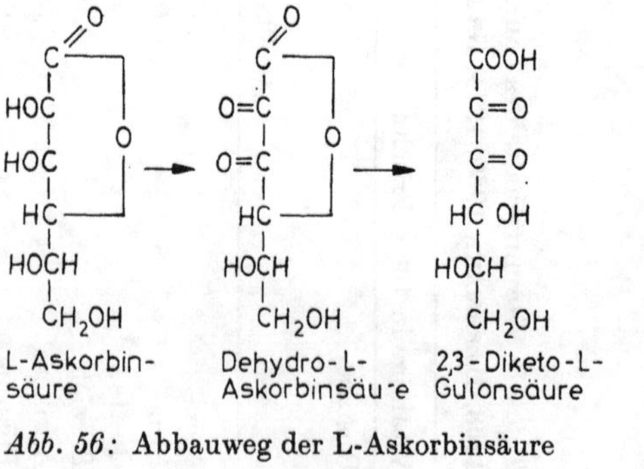


*Abb. 56:* Abbauweg der L-Askorbinsäure

*Tab. 32:* Gehalte verschiedener Apfelsorten an L-Askorbinsäure; nach HERRMANN 1966 (1), SCHUBERT 1978 (2), HANSEN 1978 (3) und eigenen Versuchen (4) zusammengestellt

| Sorte | Gehalt an Askorbinsäure (mg/100 g Frischsubstanz) | Sorte | Gehalt an Askorbinsäure (mg/100 g Frischsubstanz) |
|---|---|---|---|
| ‚Baumann' | 16,2 (1) | ‚James Grieve' | 6,8 (1) |
| ‚Berlepsch' | 23,5 (1) | ‚Jonagold' | 11,0 (3) |
| ‚Clivia' | 9,2 (4) | ‚Jonathan' | 9,1 (4) |
| ‚Carola' | 5,5 (2) | ‚Melrose' | 8,0 (3) |
| ‚Cox Orangen Renette' | 8,1 (2) | ‚Mutsu' | 14,0 (3) |
| ‚Erwin Baur' | 6,5 (2) | ‚Oldenburg' | 3,1 (1) |
| ‚Gloster' | 8,0 (3) | ‚Ontario' | 20,6 (1) |
| ‚Golden Delicious' | 14,3 (4) | ‚Roter Boskoop' | 11,2 (2) |
| ‚Goldparmäne' | 18,1 (1) | ‚Rome Beauty' | 3,6 (1) |
| ‚Gravensteiner' | 7,8 (1) | ‚Wilhelm' | 14,9 (1) |
| ‚Herma' | 24,0 (4) | ‚Undine' | 36,0 (3) |
| ‚Idared' | 23,0 (3) | | |

gen vom langjährigen Mittelwert um ± 100% und mehr bedingen (MARGINEANU und Mitarbeiter 1981). In der Regel haben Früchte der gleichen Art bei Anbau unter kälteren Witterungsbedingungen einen höheren Askorbinsäuregehalt. Bei reichlichen Niederschlägen entwickeln sich jedoch große Früchte mit relativ geringem Gehalt an Askorbinsäure. Dies ist bei Beeren- und Steinobst meist stärker ausgeprägt als bei den Kernobstarten. Auch der Bodeneinfluß ist beträchtlich, so daß innerhalb eines Jahres erhebliche Abweichungen bei den Herkünften vorkommen können (MOCKEL und Mitarbeiter 1942). Nach Applizierung von Gibberellinsäure (BANGERTH 1976) und Ethrel (PLANCHER und SCHRAITLE 1980) zur Regulierung des Reifeverlaufs und Erleichterung der Ernte der Früchte wird der Askorbinsäuregehalt signifikant gesenkt. Nach Einsatz von Pestiziden kann die Askorbinsäuresynthese sowohl inhibiert als auch stimuliert werden. Bei Erdbeeren erhöht eine überdosierte Spritzung mit Captan den Askorbinsäuregehalt kurzzeitig bis zu 65% (ENGST und Mitarbeiter 1969).

Äpfel von Bäumen auf den Unterlagen M 9 enthalten bis zu 100% mehr Askorbinsäure als solche von Bäumen auf M 4 und 1. Die geringsten Mengen besitzen die Früchte von Bäumen auf M 11 (MATZNER 1962, 1963, ARLT 1962). Bei Schattenmorellen weisen die Früchte von Bäumen auf den Unterlagen CER W 13 und CER W 8 mit 117,2 und 108,3 mg% in der Trockenmasse einen signifikant höheren Gehalt auf als Früchte von Bäumen auf den Unterlagen *Prunus mahaleb* mit 79,1 mg oder CER W 10 mit 91,3 mg% in der Trockenmasse.

Kleine Früchte sind meist reicher an Askorbinsäure als große (Verdünnungsfaktor). Aus diesem Grund enthalten auch Früchte von Bäumen, die reichlich mit Stickstoff gedüngt wurden, oft weniger Askorbinsäure. Verstärkt wird diese Wirkung durch das vermehrte Triebwachstum und der dadurch bedingten höheren Beschattung der Früchte, welche zusätzlich die Askorbinsäuresynthese limitiert. Reichliche Versorgung der Bäume mit Kalium verringert ebenfalls den Askorbinsäuregehalt der Früchte (MATZNER 1963, Tab. 33).

Die Konzentration an AS korreliert meist mit der Stoffwechselaktivität der entsprechenden Gewebe. Mit Einsetzen der Fruchtreife

*Tab. 33:* Einfluß der Düngung auf den Askorbinsäuregehalt in Früchten der Sorte ‚Cox Orangen Renette', nach ROOTSI und FERNQVIST (1959), in mg/100 g Fruchtmasse (Durchschnittswerte von 4 Jahren)

| Düngung | 0 | N | NP | NK | NPK |
|---|---|---|---|---|---|
| AS-Gehalt | 17,6···25,6 | 16,8···21,4 | 15,3···22,0 | 12,9···18,2 | 13,5···16,7 |
| $\bar{x}$ | 21,1 | 18,9 | 19,2 | 15,9 | 15,4 |

erhöht sich deshalb der Gehalt an AS und DAS bei Äpfeln, Birnen, Aprikosen, Pfirsichen, Zwetschen, Kirschen und Johannisbeeren wieder beträchtlich, bei anderen Obstarten, wie den Erdbeeren und Weinbeeren, jedoch nur gering (TRAUTNER u. SOMOGYI, 1978). Gegenteilige Untersuchungsergebnisse sind meist auf die Verwendung einer ungeeigneten Extraktionsmethode zurückzuführen. Mit abnehmendem Säuregehalt in der Frucht und der damit verbundenen Erhöhung des pH-Wertes wird bei der Verletzung des Gewebes durch den internen Sauerstoffgehalt die Askorbinsäure sehr rasch zerstört. In einem solchen Falle wird nur ein Anteil der ursprünglich vorhandenen Askorbinsäure erfaßt.

Die Rolle der Askorbinsäure im Stoffwechsel der Pflanze ist noch nicht restlos geklärt; neuerdings wird vermutet, daß sie für die Umwandlung von Zitronensäure in α-Ketoglutarsäure erforderlich ist, über die der Krebszyklus bei vielen Pflanzen mit dem N-Stoffwechsel verbunden ist. Licht, besonders Rotlicht, fördert die Synthese der Askorbinsäure. Aus diesem Grund ist der Gehalt in dem dem Sonnenlicht direkt ausgesetzten Fruchtgewebe wesentlich höher angereichert als im Gewebe der Schattenseite einer Frucht (PAECH 1938, MATZNER 1962). Ein direkter Zusammenhang mit der Anthozyansynthese besteht jedoch nicht, da rotschalige Sorten oft weniger Askorbinsäure enthalten als gelbschalige. Wahrscheinlich ist auch neben der unterschiedlichen Stoffwechselaktivität die Lichteinwirkung mit entscheidend für die ungleichmäßige Askorbinsäureverteilung innerhalb einer Apfelfrucht. Bei Äpfeln enthält die Schale, mit Ausnahme der reinen Epidermis, etwa 3···5mal mehr Vitamin C als das Fruchtfleisch (Tab. 34).

Weiterhin wurde wiederholt eine gleichlaufende Tendenz im Gehalt pflanzlicher Gewebe an Askorbinsäure und Karotin beobachtet. Alle diese Befunde weisen auf eine Beteiligung der Askorbinsäure an der Photosynthese hin. Das stünde auch im Einklang mit den physiko-chemischen Eigenschaften dieser Säure, die als Elektronenüberträger in Redoxsystemen wirksam wird.

Auch eine Beteiligung der AS und DAS als Endoxydasesystem wird angenommen. Dafür sprechen das sehr stark schwankende Verhältnis an AS zu DAS in den einzelnen Entwicklungsphasen der Früchte und die engen Beziehungen zwischen dem Gehalt an Vitamin C und der Aktivität einiger Oxydasen (Tab. 35). Letztlich sei vermerkt, daß Askorbinsäure den Tyrosin- und Eisenstoffwechsel der Pflan-

*Tab. 34:* Relativer Gehalt an Askorbinsäure in verschiedenen Fruchtzonen beim Apfel; nach SCHULZ (1959) und MATZNER (1962)

| Gewebeart/Sorte | ‚Berlepsch' | ‚Boskoop' | ‚Golden Delicious' |
|---|---|---|---|
| Schale | 100 | 100 | 100 |
| subkutane Zellschichten | 50 | 41 | 16 |
| äußeres Fruchtfleisch | 37 | 22 | 8 |
| inneres Fruchtfleisch | 23 | 11 | 1 |
| Kernhausgewebe | 19 | 9 | 1 |

*Tab. 35:* Askorbinsäuregehalt und Phenoloxydase-Aktivität von Äpfeln und Birnen während der Reifung, in mg/100 g Trockensubstanz; nach KOCH und BRETHAUER (1956)

| | ‚Boskoop' | | | ‚Williams Christ' | | |
|---|---|---|---|---|---|---|
| | unreif | halbreif | reif | unreif | halbreif | reif |
| Askorbinsäure | 1,7 | 21,1 | 37,2 | 1,0 | 16,2 | 23,7 |
| Dehydroaskorbinsäure | 212,8 | 48,9 | 36,5 | 94,7 | 54,6 | 40,4 |
| Vitamin-C-Oxydationskapazität je g Gewebe | 26,7 | 0,4 | 10,4 | 22,2 | 7,4 | 0 |
| Polyphenoloxydaseaktivität je g Gewebe | 117,5 | 12,0 | 19,5 | 318,7 | 42,7 | 55,3 |

zen verändert und Einflüsse auf verschiedene Enzymsysteme (z. B. auf Phosphatasen und Zytochromoxydasen) ausüben kann.

Während der Lagerung verringert sich der Askorbinsäuregehalt in den Früchten in Abhängigkeit von der Fruchtart, Sorte (Abb. 57), Temperatur und Zusammensetzung der Lageratmosphäre sehr unterschiedlich. Der Temperaturkoeffizient liegt bei 2···3. Mit Absinken der Temperatur bis auf ein physiologisch vertretbares Maß kann der Abbau der Askorbinsäure verzögert werden (POLENSKY 1979). Zwischen der Abbaugeschwindigkeit und der Atmungsintensität besteht bei den einzelnen Fruchtarten eine enge Beziehung (KOPEC 1966). Auch durch Senkung des Sauerstoffpartialdruckes in der Lageratmosphäre läßt sich der Abbau des Vitamin C verzögern. Bei höheren Kohlendioxidgehalten in der Lagerraumluft wird die Askorbinsäure meist schneller zerstört. Während der Lagerung der Früchte unter reduziertem Druck verändert sich die Konzentration an Askorbinsäure nur gering (Abb. 58).

Die Abbildung 59 verdeutlicht die wesentlichsten physiologischen Wirkungen der Askorbinsäure im Warmblütlerorganismus. Für den erwachsenen Menschen wird ein täglicher Bedarf von 60···70 mg genannt. Überdosen sind unschädlich, da es dann zur Ausscheidung der Verbindung mit dem Harn kommt. Die Bedeutung des Vitamin C bei Obst wird in der Regel vom Ernährungswissenschaftler sehr betont. Dabei kommen zwangsläufig die anderen Vitamine zu kurz. Vitamin C ist in vielen Pflanzen (z. B. Kartoffeln, Gemüse) vorhanden,

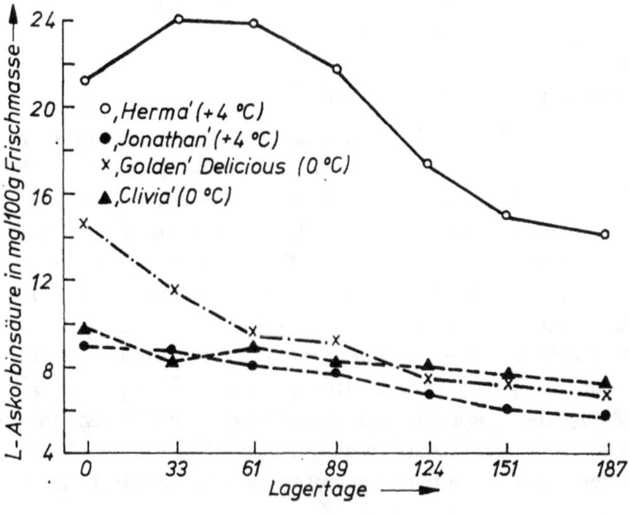


*Abb. 57:* Veränderungen im L-Askorbinsäuregehalt in den Früchten der Apfelsorten ‚Herma,' ‚Jonathan', ‚Golden Delicious' und ‚Clivia' (SCHULZ) während der Lagerperiode 1981/82

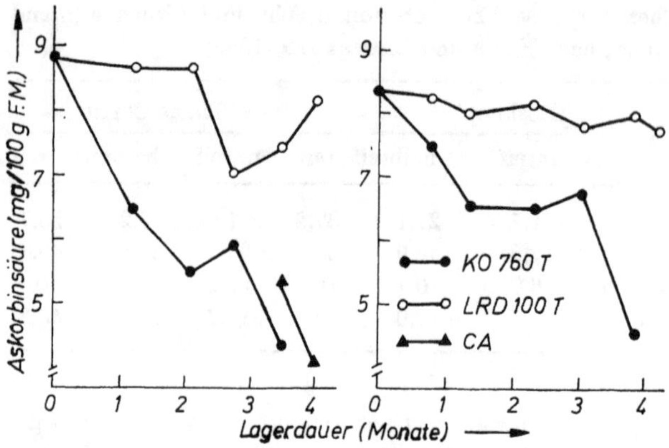


*Abb. 58:* Veränderungen im L-Askorbinsäuregehalt während der Lagerung der Früchte der Birnensorten ‚Alexander Lucas' und ‚Konferenz'; nach STREIF (1974); KO 760 T = Kontrolle, 760 Torr; LRD 100 T = Unterdrucklagerung, 100 Torr; CA = Lagerung unter kontrollierter Atmosphäre

wird aber durch Kochen weitgehend zerstört. Die besondere Wertung der Askorbinsäure bei Obst ist berechtigt, weil die Früchte meistens roh gegessen werden und somit der volle Gehalt des Wirkstoffes zur Geltung kommt.

*Vitamine der B-Gruppe*

Zu den Vitaminen der B-Gruppe gehören Verbindungen der verschiedenartigsten chemischen Konstitution. Ihre gemeinsame, recht äußerliche Charakteristik ist gute Wasserlöslichkeit. Das Wissen um den Gehalt des Obstes an Komponenten des B-Komplexes ist vergleichsweise gering, obwohl einzelne Obstarten z. T. beachtliche Werte aufweisen (Tab. 31).

*Folsäure (Vitamin $B_c$)*

Folsäure und ihre Abkömmlinge sind zu den Vitaminen zu rechnen, obwohl der Tagesbedarf des Menschen (etwa 0,1···0,2 mg) im gesunden Verdauungstrakt von der Darmflora synthetisiert werden kann. Die Bedeutung des Vitamin $B_c$, vor allem für die Bildung der Erythrozyten, tritt nach Erkrankung der Verdauungsorgane, nach medikamentöser Behandlung mit Präparaten, welche die Darmflora schädigen oder in Situationen erhöhten Bedarfs (Schwangerschaft) in Erscheinung. Über die Rolle der Folsäure in biochemischen Systemen höherer Pflanzen liegen kaum Hinweise vor, während bei tierischen Organismen zahlreiche Angriffspunkte diskutiert werden (z. B. Beeinflussung der Biosynthese der Aminosäuren, Zusammenhänge zur Nukleinsäuresynthese, Rolle als Enzymeffektor). Dieser Befund mag überraschen, denn in Pflanzen sind bisweilen Gehalte gefunden worden (z. B. Spargel 150 µg/100 g Frischgewicht), die den von tierischen Geweben weit übersteigen.

*Inosite (Bios I)*

Inosite kommen in tierischen Geweben meist als Phosphorlipide und bei Pflanzen mit Phosphorsäure verestert vor. Größte Bedeutung hat hier zweifellos Inosithexaphosphorsäure (Phytinsäure) und ihr in Wasser sehr schwach lösliches Kalziumsalz (Phytin). Vermutlich begünstigen solche Verbindungen die Fähigkeit der Pflanzen, Inosit sowie Phosphate zu speichern und im Bedarfsfall über Enzymsysteme zu mobilisieren. Von einigen Autoren wird vermutet, daß Inosit für die Syn-

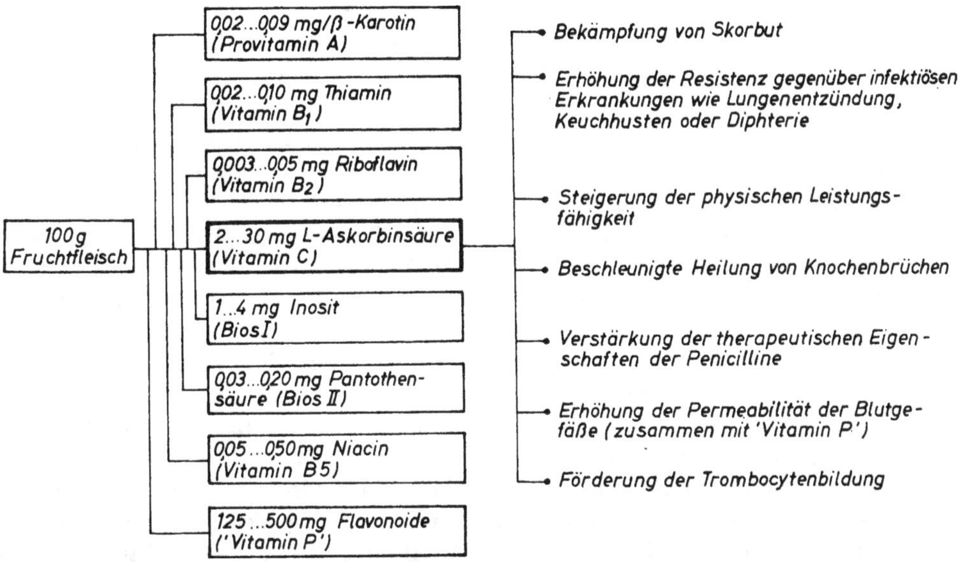


*Abb. 59:* Wirkungen der Vitamine im Organismus der Warmblütler, dargestellt am Beispiel der L-Askorbinsäure

these des Biotins (Vitamin H) von Bedeutung ist und keine eigene Vitaminwirkung entfaltet. Dem steht allerdings entgegen, daß Inosit-Mangeldiäten Leberverfettungen auch bei ausreichender Biotinzufuhr auslösen können. Für Obstfrüchte liegen nur wenige Untersuchungsergebnisse über den Gehalt im Gewebe vor. Im Apfel wurden Mengen von 1···4 mg/100 g Fruchtgewebe ermittelt.

### *Pantothensäure (Vitamin $B_3$)*

Der tägliche Bedarf an Pantothensäure des erwachsenen Menschen wird auf etwa 10 mg geschätzt. Er dürfte in der Regel befriedigt werden, denn die Verbindung stellt eine im Pflanzen- und Tierreich weit verbreitete Säure dar. Äpfel enthalten etwa 0,8 µg/100 g eßbarem Anteil. Sehr reich an $B_3$ sind Birnen, Kirschen und Erdbeeren (Tab. 31). Im pflanzlichen Gewebe liegt die Pantothensäure bis zu 62% in phosphorilierter Form vor (Kirilenko 1982). Als Mangelsymptome sind vor allem Entzündungen der Epithelgewebe, der Schleimhäute (Magen) und des Zahnfleisches bekannt geworden.

Im Zellstoffwechsel kommt der Pantothensäure zentrale Bedeutung als Coenzym A bei der oxydativen Dekarboxilierung innerhalb des Zitronensäurezyklus und darüber hinaus im Fettstoffwechsel zu.

### *Thiamin (Vitamin $B_1$)*

Obwohl erst 1926 in kristalliner Form gewonnen, spielte dieses Vitamin in den achtziger Jahren des 19. Jahrhunderts im Kampf gegen die Beri-Beri-Krankheit eine erhebliche Rolle. Relativ früh wurde nämlich erkannt, daß beim Schälen des Reises ein für den Menschen lebensnotwendiger Stoff entfernt wird, der, wenn er in Form von Schalenextrakten der Nahrung wieder beigefügt wurde, das Krankheitsbild der Beri-Beri zum Abklingen brachte. Diese Befunde haben maßgeblich zur Ausarbeitung der Vitaminhypothese durch Funk im ersten Jahrzehnt unseres Jahrhunderts beigetragen, wenngleich es ihm noch nicht möglich war, das eigentlich wirksame Vitamin zu isolieren.

Für Thiamin ist typisch, daß es in Pflanzen oft in höherer Konzentration vorkommt als im tierischen Gewebe. Bemerkenswert hoch liegen die Gehalte in Mandeln und Nüssen (bis 0,5 mg/100 g Trockenmasse); Kernobst enthält etwa 0,1···0,15 mg/100 g Trockenmasse und erreicht damit das Niveau des Gemüses.

Die universelle Verbreitung des Thiamins weist auf zentrale Aufgaben im Zellstoffwechsel hin. Seine Biosynthese konnte jedoch noch nicht eindeutig geklärt werden. Unter den physiologischen Wirkungen sei vor allem seine Rolle als Karboxilasecoenzym bei der Dekarboxilierung der Brenztraubensäure zu Azetaldehyd und Kohlendioxid hervorgehoben. Mit Einflüssen auf den Zuckerstoffwechsel ist zu rechnen, denn das Vitamin fungiert außerdem als Coenzym der Transketolase.

Trotz des vergleichsweise hohen Gehaltes in Pflanzen kann es beim Menschen leicht zu Mangelerscheinungen kommen, denn die Verbindung wird infolge guter Wasserlöslichkeit und hoher Thermolabilität in Nahrungsmitteln leicht zerstört. Der tägliche Bedarf des Menschen dürfte bei 1,5 mg liegen. Therapeutisch werden oftmals drei und mehr mg je Tag verabreicht. Es sei besonders vermerkt, daß Thiaminmangel nicht nur die Beri-Beri-Krankheit hervorruft, sondern auch den Verlauf des Diabetes ungünstig beeinflußt.

*Riboflavin (Vitamin $B_2$)*

Hinsichtlich der Verbreitung des Riboflavins besteht weitgehende Analogie zum Thiamin. Da Riboflavin in Wasser schwer löslich und außerdem unempfindlich gegenüber Hitzeeinflüssen ist, sind die Gehaltsverluste in der Regel geringer als bei Thiamin. Der Tagesbedarf des erwachsenen Menschen wird auf 1,5 mg geschätzt. Bei Mangel, der vor allem während der Schwangerschaft infolge des erhöhten Bedarfes auftreten kann, kommt es zu Stomatitis, zu Sehbeschwerden durch Adaptionsschwächung des Auges und zu Hautschäden.

Riboflavin-5-Phosphat ist identisch mit dem Coenzym des 1932 von WARBURG aus Hefe isolierten ersten gelben Fermentes (aerobe Transhydrogenase). In dieser Form hat Riboflavin entscheidende Bedeutung für den Elektronentransport von Substraten (Donatoren, z. B. reduziertes Diphosphorpyridinnucleotid) auf Akzeptoren (z. B. Zytochrom c und ähnliche Verbindungen). Mit der Aufklärung dieses Sachverhaltes konnte ein erster Beweis für die Mitwirkung von Vitaminen in Elektronentransportketten bei der oxydativen Phosphorylierung und was Pflanzen anbetrifft, analog dazu wohl auch bei der Photophosphorylierung erbracht werden. Damit wird die maßgebliche Rolle der Vitamine auch für den pflanzlichen Organismus an einem Beispiel treffend charakterisiert.

*Niacin (Vitamin $B_5$)*

Unter dieser Bezeichnung werden Nikotinsäure und Nikotinsäureamid zusammengefaßt. Während im tierischen Organismus in der Regel der Amidgehalt den an freier Säure übertrifft, liegen die Verhältnisse bei Pflanzen meist umgekehrt. Der Gesamtgehalt an Niacin ist im tierischen Gewebe um ein vielfaches höher als bei Pflanzen. Über den Gehalt im Obst gibt Tabelle 31 Auskunft.

Niacin gehört zu den wärme- und lichtstabilen Verbindungen. Verluste treten leicht wegen der guten Löslichkeit im Wasser auf. Der Tagesbedarf des erwachsenen Menschen wird mit 10 bis 40 mg angegeben. Diese weite Spanne ergibt sich aus der unterschiedlich stark ausgeprägten Fähigkeit zur Eigensynthese im Darmkanal, die ihrerseits von der Nahrungszusammensetzung abhängig ist. Während der Schwangerschaft, infolge fiebriger Infektionen oder in Fällen von Diabetes steigt der Bedarf an. Bekanntestes Beispiel des Niacinmangels in der Endphase ist die Pellagraerkrankung. Müdigkeit, Schlaflosigkeit, psychische Depressionen und periphere Durchblutungsstörungen können auf Mangel an Niacin zurückzuführen sein.

Die stoffwechselphysiologische Bedeutung des Niacins bei Pflanzen und Tieren ergibt sich aus der Funktion des Nikotinsäureamids als Coenzym mehrerer Oxydoreduktasen. Auf diese Weise greift es einerseits in die Photosynthese, andererseits in die Endoxydation der Kohlenhydrate und Fette ein. Darin kann auch die Ursache liegen, daß der Gehalt an Niacin neben Biotin und Pantothensäure nach einer Spritzung der Bäume mit 2,4,5 T erhöht wird (CATLIN 1959, RANE und Mitarbeiter 1965).

*Pyridoxine (Vitamin $B_6$)*

Über das Vorkommen der Pyridoxine bestehen erst seit kurzer Zeit genauere Vorstellungen, nachdem zuverlässige Bestimmungsmethoden entwickelt werden konnten. Wichtige Fragen der Biosynthese dieser Substanzgruppe sind noch ungeklärt. Die pflanzen- wie tierphysiologische Bedeutung der Pyridoxine dürfte vor allem in der Mitwirkung bei Transaminierungsvorgängen zu suchen sein.

Als Krankheitssymptome, die mit Pyridoxinmangel einhergehen, werden allergische Hautkrankheiten, Bronchialasthma, multiple Sklerose und Herzmuskelschwäche genannt. Die notwendige Tagesdosis des Menschen wird auf 1,5 mg geschätzt.

*Biotin (Vitamin H)*

Biotin ist für alle Säuger ein unerläßlicher Ernährungsfaktor. Da es von Mikroorganismen des Darmes synthetisiert werden kann, sind Mangelerkrankungen beim Menschen relativ selten. Der Tagesbedarf wird auf 0,3 mg geschätzt. Die Gehalte im Obst liegen zwar vergleichsweise niedrig (Tab. 31), bleiben jedoch in Verarbeitungsprodukten weitgehend erhalten, da Biotin thermostabil und in kaltem Wasser schwer löslich ist.

Es gilt als sicher, daß Biotin an Karboxylierungsreaktionen beteiligt ist, z. B. an der Karboxylierung von $\alpha$-Ketoglutarsäure zu Oxalbernsteinsäure. Auch im Stoffwechsel der Nukleinsäuren und Eiweiße scheint Biotin eine erhebliche Rolle zu spielen.

*Weitere im Obst enthaltene Vitamine*

Nach FRAGNER (1964) sollen in Äpfeln bis zu 0,72 mg/100 g Frischsubstanz an Tocopherolen (Vitamin E) enthalten sein. Diese fettlösliche und nur von grünen Pflanzen synthetisierbare Substanz hat einen nachhaltigen Einfluß auf die Fortpflanzungsfähigkeit der Warmblütler und beeinflußt außerdem ihre Nerventätigkeit. Die Hauptquelle des Menschen für dieses oft nicht in ausreichendem Maße verfügbare Vitamin dürften die verschiedensten pflanzlichen Fette und Öle sein.

Erdbeeren enthalten nach übereinstimmenden Literaturangaben einen nennenswerten Gehalt an Vitamin K (etwa 15 Einheiten/g Trockenmasse). Vitamin K hat für die Blutgerinnung wesentliche Bedeutung. Es ist allerdings noch unklar, ob der gesunde Mensch auf eine Zufuhr über die Nahrung angewiesen ist, da Vitamin K durch die intakte Darmflora in ausreichenden Mengen synthetisiert werden soll.

Abschließend sei auf den sogenannten

Vitamin-P-Faktor des Obstes hingewiesen. Hierbei handelt es sich um Polyphenole (Bioflavonoide), die eine große pharmakologische Bedeutung besitzen. Sie setzen die Brüchigkeit der Kapillargefäße herab und beeinflussen damit zusammenhängende Erkrankungen günstig. Die ernährungsphysiologische Wirkung des Vitamins C wird durch diese Stoffgruppe erhöht. Definitionsgemäß sind Polyphenole jedoch nicht zu den Vitaminen zu zählen, da es sich nicht um essentielle Substanzen der menschlichen Ernährung handelt.

## Literatur

(Auszug — das vollständige Literaturverzeichnis kann beim Verfasser eingesehen bzw. angefordert werden)


ABELES, F. B.: Ethylene in Plant Biology. Acad. Press, New York u. London (1973)

ARCHBOLD, H. K.: Chemical studies in the physiology of apples, XII. Ripening process in the apple and the relation of time of gathering to the chemical changes in cold storage. Ann. Bot., (London) **46** (1932) 407—426

AUTIO, W. R., W. J. BRAMLAGE: Effects of AVG on maturation, ripening, and storage of apples. J. Amer. Soc. Hort. Sci. **107** (1982) 1074—1077

BACHMANN, U.: Prüfung der Belastbarkeit von Früchten der Apfelsorten Cox Orange und Golden Delicious durch extreme CA-Bedingungen. Diss. Friedrich-Wilhelm-Univ. Bonn (1981)

BACHMANN, U.: Prüfung der Belastbarkeit von Früchten der Apfelsorten Cox Orange und Golden Delicious durch extreme CA-Bedingungen. Mitt. Klosterneuburg **32** (1982a) 15—32

BACHMANN, U.: Der Aromagehalt als Qualitätsmerkmal einer Frucht. Erwerbsobstbau, **24** (1982b) 74—75

BAKER, R. A., J. T. MARTIN: Cutin of plant articles. Nature **199** (1963) 1268—1270

BANGERTH, F.: The effect of a substituted amino acid on ethylene biosynthesis, respiration, ripening and preharvest drop of apple fruits. J. Amer. Soc. Hort. Sci. **103** (1978) 401—404

BANGERTH, F.: Anwendungsmöglichkeiten von Phytohormonen und Wachstumsregulatoren in der Pflanzenproduktion. Hohenheimer Arbeiten, Schriftenreihe der Universität Hohenheim, Reihe: Pflanzliche Produktion, Eugen Ulmer Stuttgart (1979)

BANGERTH, F.: Anwendungsmöglichkeiten von Phytohormonen und Wachstumsregulatoren im Obstbau. in BANGERTH, F. (1979) 149—174

BANGERTH, F.: Funktion der Abscisinsäure bei der Reife von Apfelfrüchten. Gartenbauwissenschaft **45** (1980) 224—228

BARMORE, Ch. R., D. H. SPALDING, R. T. MCMILLIAN: Anthocyanin development in mango fruit in response to a preharvest antitranspirant spray. Hort Sci. **9** (1974) 114—115

BATEMAN, D. F., H. G. BASHAM: in: HEITEFUSS, R. M., P. H. WILLIAMS: Physiological plant pathology. Springer, Berlin, Heidelberg, New York (1976) 316—355

BEN ABDELKADER, A., A. M. CATESSON, P. MAZLIAK, A. THIBAUDIN, A. TREMOLIÉRES: Bull. Soc. fr. Physiol. veg. **14** (1968) 323 to 349

BEN-ARIE, R., L. SONEGO: Changes in Pectin substances in ripening pears. J. Amer. Soc. Hort. Sci. **104** (1979) 500—505

BIALE, J. B.: Respiration of fruits; in: W. RUHLAND, Hdb. Pflanzenphysiologie, Springer-Verlag Beılin **12/2** (1960)

BLANPIED, G. D.: A study of ethylene in apple, red raspberry, and cherry. Plant Physiol. **49** (1972) 627—630

BORENSTEIN, B., R. H. BUNNELL: Carotenoids: Properties, occurence, and utilization in Foods. Adv. Fd. Res. **15** (1966) 195—276

BREMER, H., G. BÜNEMANN: Nebenwirkungen organischer Schorffungizide. II. Ertrag und Fruchtqualität bei ‚Golden Delicious‘. Gartenbauwiss. **47** (1982) 204—211

BROWN, J. W.: Chemical studies in the physiology of apples. V. Methods of ash analysis, and the effect of environment on the mineral constitution of the apple. Ann. Bot. **40** (1926) 129—147

BUCHLOH, G.: Der Einfluß der „Luftwäsche“ auf die Lagerung von Äpfeln. Angew. Botanik **30** (1956) 169—184

BUCHLOH, G., J. NEUBELLER: Veränderungen des Aromas bei ,Golden Delicious' im Verlauf der Reife am Baum, II. Teil, Erwerbsobstbau **16** (1974) 69–72

BUFLER, G., F. BANGERTH: Enzymaktivitäten und Fruchtreife bei unterschiedlich gelagerten Apfelfrüchten. Gartenbauwiss. **46** (1981) 30–36

BURG, S. P., E. A. BURG: Ethylene action and the ripening of fruits. Science **148** (1965) 1190–1196

BURTON, W. G.: Biochemical and physiological effects of modified atmospheres and their role in quality maintenance, in: HULTIN, H. O., M. MILNER, Postharvest biology and biotechnology. Food and Nutrition Press. Inc. Westport, Connecticut USA (1978) 97–110

CHALMERS, D. J., J. D. FARAGHER, J. W. RAFF: Changes in anthocyanin synthesis as an index of maturity in red apple varieties. J. hortic. Sci. **48** (1973) 387–392

CHEN, P. M., W. M. MELLENTHIN: Effects of harvest date on ripening capacity and postharvest life of „d'Anjou" pears. J. Amer. Soc. Hort. Sci. **106** (1981) 38–42

CHEN, P. M., D. G. RICHARDSON, W. M. MELLENTHIN: Differences in biochemical composition between „Beurre d'Anjou" and „Bosc" pears during fruit development and storage. J. Amer. Soc. Hort. Sci. **107** (1982) 807–812

CHEN, P. M., R. A. SPOTTS, W. M. MELLENTHIN: Stem-end decay and quality of low oxygen stored „d'Anjou" pears. J. Amer. Soc. Hortic. Sci. **106** (1981) 695–698

CHOUREITAH, A., A. H. HASSAN: Die Aminoverbindungen in Stachelbeeren der Sorte „Rote Triumpf" in Abhängigkeit von der NK-Düngung. Gartenbauwiss. **40** (1975) 85–97

CLIJSTERS, H.: On the effect of light on carbon dioxide exchange in developing apple fruits. Progress Photosynth. Res. **1** (1969) 388–395

CRANE, J. C.: The role of hormones in fruit set and development. Hort Sci. **4** (1969) 108–111

CURL, A. L.: The carotenoid of several low-carotenoid fruits. J. Food Sci. **29** (1964) 241–245

DAKO, D. Y., K. TRAUTNER, J. C. SOMOGYI: Der Glukose-, Fruktose- und Saccharosegehalt verschiedener Früchte. Schweiz. med. Wochenschr. **100** (1970) 897–903

DENNY, F. E.: Hastening the coloration of lemons. J. agric. Res. **27** (1924) 757–769

DIENER, H.-A., W.-D. NAUMANN: Der Einfluß von Tag-und Nachttemperaturen auf die Anthocyansynthese in der Apfelschale. Gartenbauwiss. **46** (1981) 125–132

DOBRUNOW, L. G., O. M. GLADYSCHEWA: Qualitative Unterschiede in den Früchten verschiedener Teile der Krone des Apfelbaumes. Ber. Akad. Wiss. UdSSR, N. S. **55** (1947) 655–658, (zit. n. WOLF, 1960)

DÖRFLING, K.: Growth, Fortschritte der Botanik. **42** (1980) 111–125

DRAWERT, F., H. STEFFAN: Biochemisch-physiologische Untersuchungen an Traubenbeeren. II. Verteilung und Veratmung von zugeführten $^{14}$C-Verbindungen. Vitis, Ber. Rebenforsch. **5** (1965) 27–34

DRAWERT, F., H. STEFFAN: Biochemisch-physiologische Untersuchungen an Traubenbeeren. III. Stoffwechsel von zugeführten $^{14}$C-Verbindungen und die Bedeutung des Säure-Zucker-Metabolismus für die Reifung von Traubenbeeren. Vitis, Ber. Rebenforsch. **5** (1966) 377–384

DRAWERT, F., I. GALLER, F. MATZNER: Der Einfluß steigender Stickstoffgaben auf den Gehalt an freien Aminosäuren in Früchten der „Schattenmorelle'. Chem. Mikrobiol. Technol. Lebensm. **3** (1975) 169–171

DRAWERT, F., W. HEIMANN, K. ROLLE: Über Aminosäuren in Früchten und deren Verhalten während Wachstum und Reife. I. Mitt., Quantitative Bestimmung von freien und gebundenen Aminosäuren in verschiedenen Früchten. Z. Lebensmittel-Untersuch. u. Forsch. **144** (1970) 238–245

DRAWERT, F., W. HEIMANN, K. ROLLE: dito, II. Mitt. Verhalten der Aminosäuren beim Wachstum von Äpfeln. Z. Lebensmittel-Untersuch. u. Forsch. **145** (1971a) 7–15

DRAWERT, F., W. HEIMANN, K. ROLLE: dito, III. Mitt. Über Transaminierungsreaktionen in reifenden Äpfeln. Z. Lebensmittel-Untersuch., Forsch. **145** (1971b) 15–19

DRAWERT, F., W. HEIMANN, K. ROLLE: dito, IV. Mitt. Beziehungen zwischen den Aktivitäten von Aminotransferasen, der Glutamatdehydrogenase und einigen freien Aminosäuren in reifenden Äpfeln. Z. Lebensmittel-Unters. u. Forsch. **146** (1971c) 13 bis 17

DREWS, H.: Frisches Obst; in: SCHORMÜLLER, J., Handbuch der Lebensmittelchemie, V/2, Springer-Verlag Berlin, Heidelberg, New York (1968) 1–75

DUVEKOT, W. S.: Ethylen bedreigt de houdbaarkeit, Groenten en Fruit **29** (1975) 1283

ECCHER ZERBINI, P., T. ECCHER, F. L. GORINI: Parametri di qualitá di mele golden delicious provenienti da frutteti a diversa altitudine. ATTI dell'Istituto Sperimentale per la Valorizzazione Tecnologica dei Prodotti Agricoli Milano. **1** (1978) 45–70

EDGERTON, L. J., G. D. BLANPIED: Interaction of succinic scid 2,2-dimethylhydrazide, 2-chloroethylphosphonic acid and auxins on maturity, quality and abscission of apples. J. Am. Soc. Hort. Sci. **95** (1970) 664–666

EGLINTON, G., D. H. HUNNEMAN: Gas-chromatographic Mass spectrometric studies of long chain hydroxyacids, I the constituent cutin acids of apple cuticle. Phytochemistry **7** (1968) 313–322

EHWALD, R.: Probleme der räumlichen Differenziertheit des Stofftransportes an pflanzlichen Geweben. Diss. Humboldt-Univ. zu Berlin (1981)

EHWALD, R., P. ZIPPEL, P. LIPPMANN: Osmotische Eigenschaften der Apfelparenchymzellen; in: GÖRING, H., R. EHWALD: Colloquia Pflanzenphysiologie, Nr. 6 Nachernte-physiologie, Humboldt-Universität Berlin (1982) 31–48

EINHORN, O., H. KÖTER, G. MEISCHAK: Obst und Gemüse, 2. Aufl., Leipzig, VEB Fachbuchverlag (1975)

FAUST, M.: The relation between leucoanthocyanins and anthocyanin in McIntosh apples. Proc. Am. Soc. Hort. Sci. **85** (1964) 85–90

FIDLER, J. C.: Naturally occuring volatile organic compounds in: RUHLAND, W., Hdb. Pflanzenphysiologie, Springer-Verlag Berlin **12/2** (1960) 347–359

FIDLER, J. C., C. J. NORTH: The effect of conditions of storage on the respiration of apples: IV. Changes in concentration of possible substrates of respiration, as related to production of carbon dioxide and uptake of oxygen by apples at low temperatures. J. hort. Sci. **43** (1968) 429–439

FIDLER, J. C., C. J. NORTH: Sorbitol in stored apples. J. hort. Sci. **43** (1970) 197 to 204

FIDLER, J. C., C. J. NORTH: The effect of conditions of storage on the respiration of apples. VI. The effects of temperature and controlled atmosphere storage on the relationship between rates of production of ethylene and carbon dioxide. J. hort. Sci. **46** (1971) 237–243

FIRUZEH, P., P. LÜDDERS: Einfluß der N-Düngung auf die äußere und innere Qualität von Äpfeln während der Lagerung. Erwerbsobstbau **20(10)** (1978) 208–212

FLATH, R. A., D. R. BLACK, D. G. GUADAGNI, W. H. MCFADDEN, T. H. SCHULZ: Identification and organoleptic evaluation of compounds in Delicious apple essence. J. agr. Fd. Chem. **15** (1967) 29–35

FRAGNER, J.: Vitamine Bd. 1 u. 2, VEB Gustav Fischer Verlag Jena 1964

FRAYSSE, J. L., P. CASSAGNES, G. SERGENT: Contribution a l'étude de la coloration des pommes rouges avec des régulateurs de croissance (SADH, ethephon, 2,4,5-TP). Arbor. Fruit. **26** (1979) 45, 47–48

FREEMAN, B., L. G. ALBRIGO, R. H. BIGGS: Cuticular waxes of developing leaves and fruit of blueberry, Vaccinium ashei reade cv. Bluegem. J. Am. Soc. Hort. Sci. **104** (1979) 398–403

FRITZSCHE, G.: Übersicht über die Qualitätskriterien von Kern- und Steinobst. Schweiz. Z. Obst- und Weinbau **101** (1965) 137–142, 164–170

GALLER, M., G. MACKINNEY: The carotenoids of certain fruits (apple, pear, cherry, strawberry). J. Food. Sci. **30** (1965) 393–395

GALLIARD, T.: Aspects of lipid metabolism in higher Plants-II. The identification and quantitative analysis of lipids from the pulp of pre- and post-climacteric apples. Phytochemistry **7** (1968) 1915–1922

GANDER, J. E.: Polyhydroxy Acids: relation to hexose phosphate; in: LOEWUS, F. A., W. TANNER, Plant Carbohydrates I, Intracellular Carbohydrates, Encyclopedia of Plant Physiology. New Series Volume 13 A, Springer-Verlag Berlin, Heidelberg, New York (1982) 77–102

GIERSCHNER, K., G. OTTERBACH: Pektinbestimmung zur Erfolgskontrolle einsetzender Pektin-Enzympräparate in der Lebensmittelindustrie. Die industrielle Obst- u. Gemüseverwertung **66** (1981) 1–10

GÖRING, H.: Zytoplasmatische Osmoregulation bei der Einwirkung von Streßfaktoren auf Pflanzen und ihre hormonale Regulation, in: GÖRING, H., P. HOFFMANN, Colloquia Pflanzenphysiologie der Humboldt-Univ. zu Berlin (1978) 87–108

GÖRING, H.: Auxine, Protonen und Streckungswachstum. Wiss. Zeitschr. Ernst-Moritz-Arndt-Univ. Greifswald, Math.-nat. Reihe **29** (1980) 87–90

GOLIÁŠ, J., J. NOVÁK: Gaschromatographische Bestimmung flüchtiger, von unversehrten Äpfeln abgegebener Aromastoffe. Die Nahrung **23** (1979) 393–401

GOLOVKIN, N. A., KUZMIN, M. P.: Retaining quality and decreasing weight loss during the cold storage of apples. Annexe 1970–3, Bull. IFF. Paris (1970) 267–269

GORIN, N.: L-Malate and Sucrose content of Golden Delicious Apples: a comparison between enzymatic analyses using whole apples and apple juice. Z. Lebensm. Unters. Forsch. **167** (1978) 327–328

GRÄFE, H.-K.: Warum sollen wir Obst essen? VEB Verlag Volk und Wissen Berlin (1963)

GREEN, A.: Soft Fruit; in: HULME, A. C., The biochemistry of fruits and their products **2** (1971) 375–409, Academic Press London und New York

GROSS, J.: Changes of Chlorophylls and carotenoids in developing strawberry fruits, (Fragaria ananasse) cv. „Tenira". Gartenbauwiss. **47** (1982), 142–144

GROSS, J., A. ZACHARIAE, F. LENZ, G. ECKHARDT: Carotenoid changes in the peel of the „Golden Delicious" apple during ripening and storage. Z. Pflanzenphysiol. **89** (1978) 321–332

GUICHARD, C.: Contribution á l'étude des acides organiques chez les végétaux par chromatographie de partage sur papier. Rev. gén. bot. **62** (1955) 117–123

HALL, D. M., L. LOWER: A study of the surface wax deposits on apple fruits. Austral. J. biol. Sci., **19** (1966) 1017–1025

HANE, M.: Untersuchungen über den Säurestoffwechsel von Erdbeerfrüchten. Gartenbauwiss. 27(9) (1962) 453–482

HANSEN, E.: Postharvest physiology of fruits. Ann. Rev. Plant Physiol. **17** (1966) 459 to 480

HANSEN, E.: Proteins; in: HULME, A. C., The biochemistry of fruits and their products. Acad. Press. London a. New York **1** (1970) 147–158

HANSEN, H.: Der Vitamin-C-Gehalt neuer Apfelsorten nach der Ernte und optimaler Lagerung. Obst und Garten **97** (1978) 94

HANSEN, H., J. KUPRIANOFF: Some experiences with air-washing in cold and gas stores of pears and apples. IIF, Annexe 1961-1 (1961) 337–344

HELM, H. U., P. LÜDDERS: Einfluß steigender Nitraternährung auf den Mineralstoffgehalt der Blätter und Früchte von Apfelbäumen mit unterschiedlichem Viusbefall. Mitt. Klosterneuburg **32** (1982) 105–110

HELM, H. U., P. LÜDDERS: Einfluß der Nitraternährung auf den Kohlenhydrat- und Äpfelsäuregehalt der Früchte von Apfelbäumen mit unterschiedlichem Virusbefall, Gartenbauwiss. **47** (1982) 270–273

HELM, H. U., P. LÜDDERS: Einfluß der Nitraternährung auf den Gehalt an freien Aminosäuren in Früchten virusfreier und virusinfizierter Apfelbäume. Gartenbauwiss. **48** (1983) 41–44

HENZE, J.: Möglichkeiten zur Beeinflussung der Fruchtatmung und -reifung bei Kernobst. Gartenbauwissenschaft **34**(16) (1969) 159–225, 329–364

HENZE, J.: Genußwertentfaltung bei Äpfeln. Erwerbsobstbau 24 (1982) 70–72

HERREGODS, M.: Onderzoek gesubsidieerd door het instituut tot aanmoediging van het wetenschappelijk onderzoek in Nijverheid and Landbouw (I. W. O. N. L.) Comite voor onderzoek op de bewaring van tuinbouwprodukten, Sectie 1, Verslag van het onderzoek, Periode 1, april 1968–31. maart 1970

HERRMANN, K.: Obst, Obstdauerwaren und Obsterzeugnisse. Paul Parey Verlag Berlin, Hamburg (1966)

HERRMANN, K.: Über die phenolischen Inhaltsstoffe des Obstes. Der Erwerbsobstbau **16** (1974) 1–5

HÖLL, W.: Fruchtreifung, Naturwiss. Rdsch. **29** (1976) 257–262

HULME, A. C.: Some aspects of the biochemistry of apple and pear fruits. Adv. Fd., Res. 8 (1958) 297–413

HULME, A. C.: The biochemistry of fruits and their products. 1 u. 2 London, New York, Academic. Press. (1970, 1971)

HULME, A. C., L. S. C. WOOLTORTON: The organic scid metabolism of apple fruits Changes in individual acids during growth on the tree. J. Sci. Fd. Agricult. 8 (1957) 117–122

JACQUIN, P., J. TAVERNIER: Contribution á l'étude des principaux constituants des poires á poire au cours de la croissance et de la maturation. Ann. Inst. Nat. Rech. agronom., Sér. E. Ann. Technol. agricole **3** (1954) 209–229

JANES, H. W., CH. FRENKEL: Promotion of softening processes on pear by acetaldehyde independent of ethylene action. J. Amer. Soc. Hort. Sci. **103** (1977) 397–400

KAETHER, K. E.: Der Einfluß der mineralischen Stickstoffernährung auf Inhaltsstoffe des Apfels, insbesondere auf die Pigmente der Fruchtschale. Gartenbauwiss. **30** (**13**) (1965) 361–402

KATAYAMA, T., T. O. M. NAKAYAMA, R. H. LEE, C. O. CHICHESTER: Carotenoid transformations in ripening apricots and peaches. J. Food Sci. **36** (1971) 804–806

KIESER, M. E., A. POLLARD: The effect of fruit storage on apple juice processing. II. Ann. Report Agric. Hort. Res. Sta. Long Ashton, Bristol 1951 (1952) 188–192

KNEE, M.: Metabolism of polygalacturonate in apple fruit cortical tissue during ripening. Phytochemistry **17** (1978) 1261–1264

KNEE, M., S. G. SHALFIELD: The metabolism of alcohols by apple fruits tissue. J. Sci. Food agr. **32** (1981) 593–600

KOCH, J., G. BRETTHAUER: Über den Vitamin-C-Gehalt reifender Früchte. Landwirtschaftliche Forschung **IX** (1956) 51–61

KOCH, R.: Der Gaswechsel reifender Weinbeeren. Diss. Univ. Hohenheim (LH) (1977)

KOLESNIK, A. A., E. V. DOROFEEVA: Intensivnost' vydelenija étilena pri sozre vanii jablok. Fiziol. i biochim. kult. Rast., Kiev **4** (1972) 188–192

KORNAZKAJA, N. M.: Die biochemischen und technologischen Eigenschaften der Kirschen (russ.). Konservn. i ovosc. promysl., Moskva **5** (1981) 28–30

KUUSI, T.: The most important quality criteria of some home-grown blackcurrant varieties. II. Dry matter, pectin, acid content, colour and formol value. J. Scientific Agricultural Soc. of Finland, Maataloustieteellinen Aikakauskirjy **37** (1965) 282–304

LI, P. H., E. HANSEN: Effects of modified atmosphere storage on organic acid and protein metabolism of pears. Proc. Am. Soc. Hortic. Sci. **85** (1964) 100–111

LI, B. W., P. J. SCHUMANN: Sugar Analysis of fruit juices: content and method. J. Food Science **48** (1983) 633–635, 653

LIDSTER, P. D., H. J. LIGHTFOOT, K. B. MCRAE: Production and regeneration of principal volatiles in apples stored in modified atmospheres and air. J. Food. Sci. **48** (1983) 400–402, 410

LIEBERMANN, M.: Biosynthesis and action of ethylene. Ann. Rev. Plant Physiol. **30** (1979) 533–591

LIEBERMANN, M., A. T. KUNISHI: Thoughts on the role of ethylene in plant growth and development; in: CARR, D. J., Plant Growth Substances. Proc. 7th Intern. Conference on Plant Growth Substances, Canberra, Australia (1970) Springer-Verlag Berlin, Heidelberg, New York (1972) 549–560

LÜDDERS, P., T. FISCHER-BÖLÜKBASI: Einfluß von Alar und TIBA auf den Säure- und Kohlenhydratgehalt von Äpfeln bei unterschiedlichem Fruchtbehang. Gartenbauwiss. **45** (1980) 102–110

LÜTHI, H. R.: Über Bedeutung, Entstehung und Erhaltung des Apfelaromas. Flüssiges Obst **34** (1967) 494–499

MAPSON, L. W.: Vitamins in fruits; in: HULME, A. C., The biochemistry of fruits and their products. **1** Acad. Press London, New York (1970) 369–386

MATZNER, F.: Der Apfel als Vitamin-C-Träger. Der praktische Ratgeber im Obst-Gartenbau u. Geflügelzucht (1962)

MATZNER, F., W. POSTEL: Über den Einfluß steigender Stickstoffgaben auf den Gehalt an freien und gebundenen Aminosäuren im Fruchtfleisch von Sauerkirschen der Sorte „Schattenmorelle". Qualit. Plant. et Mat. Veg. **28** (1978) 165–186

MAZLIAK, P.: La cire cuticulaire des pommes (Pirus amul L.). Rev. Gen. Bot. **70** (1963) 437–553

MAZLIAK, P.: Le metabolisme des lipides au cours de la maturation des pommes. Qualit. Plant. et Mat. Veg. **XIX** (1969) 19–53

MAZLIAK, P., J. POMMIER-MIARD: Les lipides de la pomme. Fruits **18** (1963) 177–183

McGLASSON, W. B., H. K. PRATT: Effects of wounding on respiration and ethylene production by cantaloupe fruit tissue. Plant Physiol. **39** (1964) 128–132

McGLASSON, W. B.: Role of hormones in ripening and senescence; in: HULTIN, H. T., M. MILNER, Postharvest biology and biotechnology. Food & Nutrition Press, Inc., Westport, Connecticut, USA (1978) Chapter 3, 77–96

MEIGH, D. F., J. D. JONES, A. C. HULME: The respiration climacteric in the apple. Production of ethylene and fatty acids in fruit attached to and detached from the tree. Phytochemistry **6** (1967) 1507–1515

MIŠIĆ, P. D., Z. V. TEŠOVIĆ: Anthocyanin colour distribution in the skin of „Cox's Orange Pippin" apple and its dark-red spots. Hortic. Res. **11** (1971) 161–165

MOSEL, H. D., K. HERRMANN: Die Phenole in Früchten. III. Die Gehalte an Catechinen und Hydroxyzimtsäuren in Kern- und Steinobst. Z. Lebensm. Unters. Forsch. **154** (1974) 6–11

MOUSDALE, D. M. A., M. KNEE: Indolyl-3-acetic acid and ethylene levels in ripening apple fruits. J. Exp. Bot. **32** (1981) 753 to 758

NELJUBOV, D.: Über die horizontale Nutation der Stengel von Pisum sativum und einiger anderer Pflanzen. Beih. Bot. Zentralblatt **10** (1901) 128–139

NELJUBOV, D.: Geotropismus in der Laboratoriumsluft. Ber. Dtsch. Bot. Ges. **29** (1911) 97–112

NEUBELLER, J.: Über den Lipoidgehalt von Apfelfrüchten während ihrer Entwicklung am Baum und ihrer Lagerung. Gartenbauwiss. **28** (1963a) 199–244

NEUBELLER, J.: Lipoidgehalt von Apfelschalen in verschiedenen Reifestadien. Erwerbsobstbau **6** (1963a) 205–207

NEUBELLER, J.: Beziehungen zwischen Wasserabgabe von Äpfeln und der Zusammensetzung der Fruchtschale. Z. Lebensm. Unters. Forsch. Berlin (West) **147** (1971) 86–93

NEUBELLER, J., G. BUCHLOH: Vergleichende Untersuchungen an der Birnensorte „Bristol Cross" und ihren Eltern „Williams Christ" und „Conference." Mitt. Klosterneuburg **32** (1982) 221–227

NEUBELLER, J., G. BUCHLOH, H. S. DHURIA: Verhalten flüchtiger Bestandteile und Lipide von Äpfeln während der Kühllagerung. Mitt. Klosterneuburg **29** (1979) 227–233

NORDBY, H. E., ST. NAGY, J. N. SMOOT: Relationship of rootstock to leaf and juice lipids in citrus. J. Amer. Soc. Hortic. Sci. **104** (1979) 280–282

NURSTEN, H. E.: Volatile compounds: The aroma of fruits; in: HULME, A. C., The biochemistry of fruits and their products. Acad. Press, London u. New York **1** (1970) 239–267

OSVALDO, A. C., H. O. QUARANTA, J. L. PICCINI, S. PEREZ: Adaption of a steam distillation method for determining total volatile acids in strawberries. Deutsche Lebensmittel-Rundschau **79** (1983) 46–47

PAECH, K.: Biochemie und Physiologie der sekundären Pflanzenstoffe. Springer, Berlin, Heidelberg, Göttingen (1950) 59

PIENIAZEK, S. A.: Physical characters of the skin in relation to apple fruit transpiration. Plant Physiol. **19** (1944) 529–536

PRATT, H. K., J. D. GOESCHL: Physiological roles of ethylene in plants. Ann. Rev. Plant Physiol. **20** (1969) 541–584

RIBÈREAU-GAYON, P.: Untersuchungen über die Farbstoffe roter Trauben. Dt. Lebensm.-Rundschau **56** (1960) 217–223

RICHMOND, M. L., S. C. C. BRANDAO, J. I. GRAY, P. MARKAKIS, CH. M. STINE: Analysis of simple sugars and sorbitol in fruit by high-performance liquid. J. agric. Food Chem. **29** (1981) 4–7

ROOTSI, N., I. FERNQVIST: Schwankungen des Askorbinsäuregehaltes bei einzelnen Apfelsorten aufgrund von Analysen, durchgeführt 1952–1957 in Alnarp. Statens Trädgardsförsöks Särtrycksserie **105** (1959) 299–319

ROTHE, M.: Aufgaben und Probleme der modernen Aromaforschung. Nahrung **18** (1974) 115–123

ROTHE, M.: Bedeutung und Entwicklung der

Aromaforschung. Nahrung **24** (1980) 7 bis 19

SABOROW, N., M. ANTONOW: Die Lagerung und Verarbeitung von Obst und Gemüse. Deutscher Bauernverlag Berlin (1953)

SCHNEIDER, W.: Beiträge zum chemischen Aufbau der Apfelschale. Diss. Julius-Maximilian-Univ. Würzburg (1960)

SCHUBERT, E.: in: FRIEDRICH, G., D. NEUMANN, M. VOGL: Physiologie der Obstgehölze, Akademie Verlag, Berlin 1. Aufl. (1978) 131–136

SCHULZ, H.: Lagerungsversuche mit Äpfeln und Erdbeeren in Kunststoffbeuteln unter Berücksichtigung der Aktivitätsänderungen der Peroxydase, Polyphenoloxydase und Katalase während der Entwicklung und Lagerung der Früchte. Diss. Martin-Luther-Univ. Halle (1959)

SCHULZ, H.: Untersuchungen über die Farbstoffveränderungen in Apfelfrüchten während ihrer Entwicklung und Lagerung unter besonderer Berücksichtigung der Chlorophylle, Carotine und Carotinoide. Diss. sc., MLU Halle (1969)

SCHULZ, H.: Physiologie lagernder Früchte; in: OSTERLOH, Obstlagerung. VEB Dt. Landwirtschaftsverlag, Berlin (1980) 110 bis 157

SCHULZ, H.: Vergleichende Untersuchungen mit dem Beckman DK-2A, dem MOM-Color-D-Gerät, den Farbtafeln nach Fetkenheuer und dem Reflexionsmeßgerät zur objektiven Bestimmung des Farbumschlages der Grundfarbe von Grün nach Gelb bei Apfelfrüchten. Fo. Bericht, MLU, Sektion Pflanzenproduktion, Vorratshaltung (1983)

SCOTT, K. J., R. H. H. WILLS: Atmospheric pollutants destroved in an ultra violet scrubber. Lab. Practice 22 (1973) 103–106, in: WILLS, R. H. H., T. H. LEE, D. GRAHAM, W. B. MCGLASSON, E. G. HALL: Postharvest; An introduction to the physiology and handling of fruit and vegetables, Granada Publishing London, Toronto, Sydney, New York (1981) 65

SESVECAN, D., B. PLANCHER, W. GRUPPE: Veränderungen der Saftqualität von Roten und Weißen Johannisbeeren in Abhängigkeit vom Erntetermin. Erwerbsobstbau **23** (1981) 197–198

SHATAT, F., F. BANGERTH, J. NEUBELLER: Beeinflussung der Fruchtaromaproduktion durch 3 verschiedene Lagerverfahren. Gartenbauwiss. **43** (1978) 214–222

SMOCK, R. M., A. M. NEUBERT: Apples and apple products. Intersci. Publ., Inc. New York u. London (1950)

SMOCK, R. M., L. YATSU: Apple volatile effects on the ripening of Cortland apples. Proc. Am. Soc. Hort. Sci. **78** (1969) 71–77

SPAYD, S. E., J. R. MORRIS: Changes in strawberry quality during maturation. Arkansas Farm Research **30** (1981) 6

SPAYD, S. E., J. R. MORRIS: Physical and chemical characteristics of puree from onceover harvested strawberries. J. Amer. Soc. Hort. Sci. **106** (1981) 105–109

STARKE, H., K. HERRMANN: Die phenolischen Inhaltsstoffe des Obstes. VIII. Veränderungen des Flavonolgehaltes während der Fruchtentwicklung. Z. Lebensm. Unters. Forsch. **161** (1976) 131–135

STRACKENBROCK, K. H.: Einfluß der Umweltfaktoren auf aromatische Substanzen im Apfel. Eucarpia Conf. Environm. factors distrib. fruit varieties, Arnhem 1961, Wageningen **182** (1962) 50–56

STREIF, J.: Vereinfachte Methode zur schnelleren gaschromatographischen Bestimmung von flüchtigen Aromastoffen. Gartenbauwiss. **46** (1981) 72–75

STRUKLEC, A.: Einfluß des Schnittermins beim Sommerschnitt auf Blatt und Frucht beim Apfel. Gartenbauwiss. **46** (1981) 268–276

TÄUFEL, A., L. TUNGER, M. ZOBEL: Lebensmittellexikon, VEB Fachbuchverlag (1979)

TERROINE, E. F.: Etat actuel de nos connaisauces sui la formation des graisses au cours de la naturation des graisses et fruits oleagineuses et sur l'utilisation des graisses au cours de la germination. Ann. des Sci. natur Bot. X, **52**, I-LXIII (1920)

THIBAUDIN, A.: Biosynthese et Renouvellement des lipides dans diverses fractions cellulaires du parenchyme de pomme. Variations au cours de la maturation. C. R. Ac. Sci. **268** (1969) 1399–1402

TRAUTNER, K., J. C. SOMOGYI: Änderungen der Zucker- und Vitamin-C-Gehalte in Früchten während der Reifung. Mitt. Gebiete Lebensm. Hyg. **69** (1978) 431–446

WHITING, G. C.: Sugars; in: HULME, A. C.,

The biochemistry of fruits and their Products. 1 (1970) 1–31, Academic Press, London u. New York

WIDDOWSON, E. M.: Chemical studies in the physiology of apples. XIII. Ann. Botany (London) **46** (1932) 597–631

WILDANGER, W.: Der qualitative Nachweis und die quantitative Bestimmung der in einigen Obstarten und Gemüsearten vorkommenden Flavone und Flavonole. Diss. TH Hannover (1972)

WILLS, R. B. H., W. B. MCGLASSON: Changes organic acids of Jonathan apples during cool storage relation to the development of preakdown. Phytochemistry **7** (1968) 733–739

WILLS, R. B. H., G. HOPKIRK, K. J. SCOTT: Reduction od Soft scald in apples with antioxidants. J. Amer. Soc. Hort. Sci. **106** (1981) 569–571

WILLS, R. B. H., T. H. LEE, D. GRAHAM, W. B. MCGLASSON, E. G. HALL: Postharvest, An introduction to the physiology and handling of fruit and vegetables. London, Toronto, Sydney, New York, Granada Publishing Limited-Technical Books Division Frogmore (1981)

WILLS, R. B. H., W. B. MCGLASSON: Effect of storage temperature on apple volatiles associated with low temperature breakdown. J. hortic. Sci. **46** (1971) 115–120

WOLF, J.: Der Säurestoffwechsel fleischiger Früchte; in: RUHLAND, W., Hdb. Pflanzenphysiologie **XII/2** Pflanzenatmung einschließlich Gärungen und Säurestoffwechsel, Springer-Verlag Berlin (1960) 720–808

WROLSTAD, R. E., R. S. SHALLENBERGER: Free sugars and sorbitol in fruits; A compilation from the literature. J. Assoc. off. anal. chem. **64** (1981) 91–103

ZIPPEL, P.: Osmotische Eigenschaften von Apfelparenchymzellen in Beziehung zum Calciumgehalt, zur Reifung und zur Lagerung. Diss., Humboldt-Univ. Berlin (1983)

ZOGLAUER, K.: Äthylenproduktion reifender und lagernder Äpfel sowie einige Grundlagen der Regulation der Äthylenbildung in pflanzlichen Geweben. Diss., Humboldt-Univ. Berlin (1982)

# Spezieller Teil

## Entwicklung des Sproßsystems bei Baumobstgehölzen

### Entwicklung des Verzweigungssystems

Das Sproßsystem der Obstgehölze entwickelt sich durch Bildung von Seitensprossen an der Sproßachse. Den Ausgangspunkt dafür bilden Seitenknospen, die in den Blattachseln entstehen. Infolgedessen ist die Blattstellung, d. h. die Verteilung der Blätter an der Sproßachse, für die Insertion der Seitensprosse maßgebend. Bei 2/5-Stellung, die den Kern- und Steinobstarten eigen ist, beträgt der Divergenzwinkel 144°. An einem aufrechten Sproß dieser Arten sind also die Blätter und ihre Achselknospen in der Weise radiär symmetrisch verteilt, daß in akropetaler Reihenfolge das 6. Blatt über dem 1., das 7. über dem 2. usw. steht. Der Divergenzwinkel der Knospen ist maßgebend für den Winkel, den aufeinanderfolgende Seitensprosse einschließen. Die Internodienlänge ergibt den Abstand der Seitensprosse, die aus den Knospen hervorgehen können.

Die Knospen treiben in der Regel erst in der Vegetationsperiode nach ihrer Bildung aus. Beim Austrieb in derselben Vegetationsperiode entstehen die sogenannten vorzeitigen Triebe. Es sind in bezug auf die vorjährige Mutterachse Tochterachsen 2. Ordnung. Sie treten bei Pfirsich und einigen Sauerkirschen regelmäßig auf, bei anderen Arten nur unter besonders günstigen Wachstumsbedingungen an Mutterachsen mit günstiger Stellung im Verzweigungssystem. — Knospen, die nach ihrer Bildung im Ruhezustand verblieben und im Verlauf des sekundären Dickenwachstums überwallt sind, können viele Jahre nach ihrer Entstehung zum Austrieb angeregt werden, z. B. durch eine Rindenverletzung oder starken Schnitt des Gehölzes.

Die Triebbildung geht nicht nur von Knospen aus, die bei der vorjährigen Triebbildung lateral oder terminal angelegt worden sind. Dauergewebe des Stammes und der Wurzel, das wieder teilungsfähig geworden ist, kann auch Sproßanlagen bilden. Die aus ihnen hervorgehenden endogenen Adventivsprosse tragen bei der Haselnuß als „Stockausschläge" und bei der Himbeere als „Wurzelsprosse" wesentlich zur Bildung des Sproßverzweigungssystems bei. Die Adventivsprosse von Pflaumen- und Kirschenunterlagen sind dagegen obstbaulich unerwünscht.

Die Gestalt des Sproßverzweigungssystems wird vor allem durch die Ausbildung und Entfaltung der Knospen und durch die Richtung und Entwicklungsintensität der aus ihnen hervorgehenden Seitensprosse geprägt. Diese sind ihrerseits von der polaren Differenzierung, von der negativ geotropischen Reaktionsweise und von der Stellung der Mutterachse abhängig. Die Insertion der Knospen wirkt dabei differenzierend. Wenn bei senkrechter Stellung der Mutterachse die Knospen im oberen Bereich gefördert sind (Akrotonie), entwickelt sich ein baumartiges Sproßverzweigungssystem. Bei stärkerer Entwicklungsintensität der Lateralknospen und -sprosse im basalen Bereich der Mutterachse (Basitonie) erhält das Sproßverzweigungssystem eine strauchartige Gestalt. Infolge der Akrotonie der Baumobstarten gehen aus den Knospen im oberen Bereich aufrechtstehender vorjähriger Triebe (Mutterachsen) Langtriebe hervor. Aus den Knospen im mittleren Bereich entstehen Sprosse mit kürzeren Internodien, Kurztriebe. Die schwach ausgebildeten Knospen im basalen Bereich bleiben im Ruhezustand. Der Grad der Akrotonie ist art- und sortenspezifisch. In den Korrelationsbeziehungen der Triebe zueinander spielt die Apikaldominanz für den Wuchscharakter eines Baumes und damit auch für die Ertragsbildung eine wichtige Rolle (s. S. 191).

Die akrotone Förderung tritt nicht nur an aufrechtstehenden Trieben und älteren Achsen des Sproßverzweigungssystems in Erscheinung. Unter dem Einfluß der obengenannten Faktoren werden bei waagerechter Stellung der Mutterachse die an der Oberseite inserierten Knospen bzw. Triebe im Wachstum gefördert, bei bogenförmigen Achsen die in der Nähe des Scheitelpunktes befindlichen. Bei nach unten geneigten Achsen entwickeln sich auch die obersten Knospen und Triebe, in diesem Fall die basalen am stärksten.

Die beschriebenen Auswirkungen der Akrotonie prägen den Habitus der Baumkrone während der gesamten Dauer ihrer Entwicklung. Durch das zunehmende Gewicht der Teilverzweigungssysteme und ihres Fruchtbehanges vergrößert sich der Winkel, den ihre Achsen mit der Senkrechten einschließen, oder die Achsen biegen sich nach unten, bekommen also einen anderen Verlauf. Infolgedessen verlagert sich der Bereich der relativ starken Triebförderung von der Spitze zur Mitte (Scheitelpunkt) oder zur Basis der Achse. Mit zunehmendem Alter des Verzweigungssystems vergrößert sich außerdem der Anteil der Achsen höherer Ordnung mit geringerer Triebstärke. Dadurch nimmt der Anteil der Langtriebe ab.

*Elemente und Merkmale des Verzweigungssystems*

Der Anbau von Obstgehölzen zur Produktion von Obst erfordert Eingriffe in die natürliche Entwicklung des Sproßsystems, die man zusammenfassend als Kronengestaltung bezeichnet. Zur Ausarbeitung und Anwendung rationeller Verfahren der Kronengestaltung ist eine Methodik zur quantitativen Erfassung und Beschreibung des Verzweigungssystems und seiner Elemente erforderlich.

*Elemente*

Als Elemente der Kronenverzweigung sind die Hauptachse und deren Seitenachsen 1. bis n. Ordnung zu betrachten. Die Seitenachsen werden ihrer Funktion gemäß als Gerüstäste oder Fruchtäste bezeichnet. Die letztjährigen Triebe nennt man in ihrer Gesamtheit und in der Einzahl Neuwuchs. Der jährliche Neuwuchs nimmt als Verzweigungselement eine Sonderstellung ein. Er bestimmt nicht nur die Weiterentwicklung des Verzweigungssystems, sondern auch dessen Reproduktivität, weil sich seine Knospen zu Blütenknospen differenzieren können. Das gilt auch für den Neuwuchs, der aus einer Terminalknospe als Verlängerungstrieb hervorgeht und nicht zur Verzweigung beiträgt. Der Verlängerungstrieb stellt den jüngsten Bereich der Achse dar, die ihrem Alter entsprechend in Altersbereiche gegliedert ist. Die über ein Jahr alten Bereiche eines Verzweigungssystems werden in ihrer Gesamtheit als Altwuchs bezeichnet.

*Merkmale*

Die Gestalt und die Ertragskapazität eines Verzweigungssystems sind von den Eigenschaften seiner Elemente und von der Anordnung der Elemente im System abhängig. Wichtige Merkmale eines Elementes, also einer Achse, sind ihre Länge, der Winkel, den sie mit der Mutterachse oder der Senkrechten einschließt, und ihr Verlauf. — Die Länge des Neuwuchses ist von so großer Bedeutung, daß man sie als Grundlage für die Klassifizierung verwendet und zur Bezeichnung bestimmter Längenklassen besondere Begriffe gebildet hat (Langtrieb, Kurztrieb, Fruchtrute, Fruchtsproß u. a.). Die Bedeutung der Trieblänge ergibt sich aus ihrem Zusammenhang mit dem Anteil der Knospen des Triebes, die sich zu Blütenknospen differenzieren, der sogenannten reproduktiven Tendenz. Die Häufigkeitsverteilung der Triebe eines Verzweigungssystems auf die Längenklassen ist art- und sortenspezifisch. — Der Winkel, den die Seitenachse mit der Mutterachse einschließt, gehört zu den kronengestaltenden Wuchsmerkmalen, weil er unter anderem das Verhältnis der Kronenhöhe zur -breite, den Höhenindex der Krone, beeinflußt. — Der Verlauf ist ein Merkmal, dessen Ausbildung sich mit dem Alter der Achse erheblich verändern kann. Die zunehmende Krümmung ist vom Verhältnis der Länge zum Basisquerschnitt des Triebes, dem Trieblängenindex und von der Verteilung des Fruchtbehanges auf die Altersbereiche der Achse abhängig.

Ein Verzweigungssystem ist durch die Gesamtheit seiner Elemente und das Verhältnis der Elemente zueinander geprägt. Die morphologische Ertragskomponente einer Krone läßt sich daher nur auf Grund komplexer Merkmale erfassen, die Ausdehnung der Verzweigung z. B. durch den Grundriß und das Volumen. Für die Art der Verzweigung müssen die früher üblichen verbal beschriebenen Begriffe durch Merkmale ersetzt werden, deren Ausprägung meßbar ist. Der Verzweigungsgrad ist als Anteil der Seitenachsen an der Gesamtlänge aller Achsen an zwei-

oder dreijährigen ungeschnittenen Teilverzweigungssystemen zu bestimmen. In Verbindung mit dem Winkel der Seitenachsen zur Mutterachse sowie der Besatzdichte und Verteilung der Seitenachsen an der Mutterachse ist der Verzweigungsgrad für die Anzahl Schnitte zur Auslichtung der Krone maßgebend.

*Korrelation der Merkmale*

Die Merkmale der Verzweigungselemente und des Verzweigungssystems werden nicht unabhängig voneinander ausgebildet. Die bestehenden Zusammenhänge sind für die Kronengestaltung und Ertragsschätzung in Produktionsanlagen ebenso von Bedeutung wie für Forschungsarbeiten, z. B. über Fragen des Anbausystems und der Ertragsbildung. Korrelationen können bei der umweltbedingten Modifikation der Merkmale von Bäumen einer Sorten-Unterlagen-Kombination und bei der genetisch bedingten Variation von Sorten einer Obstart auftreten. Die verschiedenen Ursachen müssen in jedem Fall beachtet werden. Sie können Art und Stärke der Korrelation differenzieren.

Die Abhängigkeit der Triebleistung eines Teilverzweigungssystems vom Umfang bzw. von der Fläche seines Basisquerschnittes kann untersuchungsmethodisch genutzt werden, weil sie den Schluß von dem leicht zu messenden Basisquerschnitt auf die nur mit größerem Aufwand zu ermittelnde Neuwuchslänge des Teilverzweigungssystems ermöglicht (Abb. 1). Da der Quotient beider Merkmale sortenspezifisch ist, gilt die Schlußfolgerung nur für Verzweigungsysteme einer Sorten-Unterlagen-Kombination. Die Abhängigkeit der Gesamtlänge Neuwuchs von der Gesamtlänge Altwuchs ist erwartungsgemäß ebenso eng, so daß man in der Regel auf die sehr umständliche Messung der Altwuchslänge verzichten kann. Bei

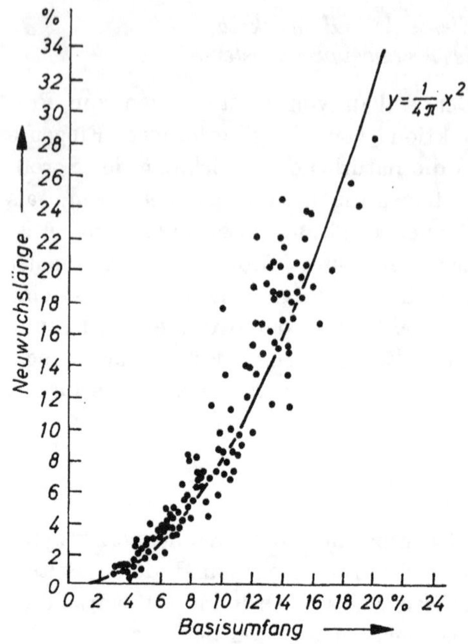


*Abb. 1:* Korrelation Basisumfang-Neuwuchslänge bei Teilverzweigungssystemen von ‚Ontario'/M 13

Bäumen einer Sorte ist in vielen Fällen statt dessen das Kronenvolumen als Merkmal für die morphologische Ertragskomponente eines Baumes zu verwenden. Bei Sorten ist die Korrelation Verzweigungslänge—Kronenvolumen wesentlich schwächer, denn der Quotient beider Merkmale, die Verzweigungsdichte, ist sortenspezifisch. Es gibt auch Korrelationen, die nur in einem Sortiment deutlich in Erscheinung treten, z. B. die Abhängigkeit des Kronenhöhen-Index vom Winkel, den die Seitenachsen 2. Ordnung mit der Senkrechten einschließen.

*Entwicklung von Teilverzweigungssystemen mit reproduktiver Funktion*

In der obstbaulichen Fachsprache wird der Begriff „Fruchtholz" für Triebe und kleine Teilverzweigungssysteme verwendet, die mit einer oder mehreren Blütenknospen besetzt sind oder bereits

Früchte getragen haben. Dabei werden Langtriebe eingeschlossen (langes Fruchtholz, Fruchtrute). Die als Fruchtholz bezeichneten, ohne Schnitteingriff entstandenen Teilverzweigungssysteme sind in der Regel aus einem kurzen bis mittellangen Fruchttrieb hervorgegangen. Teilverzweigungssysteme, die sich ohne wesentlichen Schnitteingriff aus einem Langtrieb entwickeln, können etwa bis zum 5. Entwicklungsjahr als Fruchtast bezeichnet werden.

*Fruchtholz*

Die als Fruchtholz bezeichneten unverzweigten Sprosse können ein- oder mehrjährig sein, gestreckte oder gestauchte Internodien besitzen und terminal oder lateral Infloreszenzknospen differenziert haben. Sie entstehen bei den Pomoideen aus Lateralknospen von Langtrieben oder an älteren Verzweigungssystemen aus Lateralknospen von sogenannten Fruchtkuchen, sehr häufig mit gestauchten Internodien. Fruchtkuchen sind postflorale Verdickungen der Sproßachse. Durch mehrjährige Wiederholung der Verzweigung kurzer Fruchtsprosse entsteht das sogenannte Quirlholz, Teilverzweigungssysteme mit sehr kurzen Achsen höherer Ordnung, die mit zunehmendem Alter nur noch Früchte geringer Qualität bilden. — Bei den Prunoideen differenziert sich die Terminalknospe eines Triebes nicht zur Infloreszenzknospe. Auch am Kurztrieb werden Infloreszenzknospen nur lateral angelegt. Wegen seines Aussehens im blühenden Zustand wird er als Bukettsproß oder -trieb bezeichnet. Bukettsprosse können sich mehrere Jahre lang durch den Terminaltrieb geringfügig verlängern. Bei der Süßkirsche bildet sich an ihnen der größte Teil des Fruchtbehanges. Sauerkirschsorten, vor allem die ‚Schattenmorelle', fruchten überwiegend an Lateralinfloreszenzen von Langtrieben. Die betreffenden Bereiche der Achsen verkahlen anschließend, weil bei den Steinobstarten in der Regel keine gemischten Knospen, sondern nur Blatt- oder Blütenknospen gebildet werden und auch die Beiknospen fehlen können. Bei Pflaumensorten kann eine Verkahlung älterer Bereiche des Verzweigungssystems durch Absterben der ursprünglich reproduktiven Kurztriebe eintreten. Die Bildung von reproduktiven Kurztrieben und verzweigtem Fruchtholz ist bei Pfirsisch unbedeutend, weil die Infloreszenzknospen vorwiegend an kräftigen Langtrieben lateral gebildet werden.

*Fruchtast*

Die vom Langtrieb ausgehende vegetative Entwicklung eines Fruchtastes ist abhängig von der Länge des Triebes (a) und vom jährlichen Wachstumsindex ($b_i$), dem Längenverhältnis von Neuwuchs zu Altwuchs. Die Verzweigungslänge y im Entwicklungsjahr x ist

$$y = a\Pi_{i=1}^{i=x-1}(1 + b_i).$$

Der Wachstumsindex $b_i$ kann sich von Jahr zu Jahr ändern. Falls er konstant bleibt, gilt $y = a(1 + b)^{x-1}$, und die Verzweigungslänge mehrjähriger Fruchtäste erreicht die größten Werte (Abb. 2). Wenn der Wachstumsindex variiert, beeinflußt die Rangordnung der $b_i$-Werte im Laufe der Entwicklung den Verlauf der Zunahme der Verzweigungslänge und damit den Anteil der Altersbereiche. Waagerechtstellung des Langtriebes zu Beginn der Fruchtastentwicklung hat eine Abnahme des Wachstumsindex im Verlauf der Entwicklung zur Folge. Bei abnehmenden $b_i$-Werten erhöht sich der Anteil der älteren Altersbereiche. Das kann im Hinblick auf die unterschiedliche reproduktive Tendenz der Altersbereiche vorteilhaft sein. Die Anfangstrieblänge a und der jährliche Wachs-

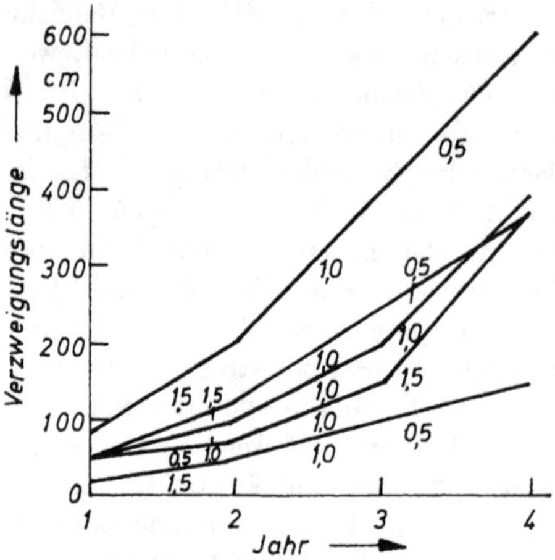


*Abb. 2:* Modellbeispiele für den Verlauf der Verzweigungslänge von Fruchtästen in Abhängigkeit von der Anfangstrieblänge (a) und dem jährlichen Wachstumsindex ($b_i$). Die jährlichen $b_i$-Werte sind eingezeichnet

*Tab. 1:* Anteil der Altersbereiche an der Verzweigungslänge bei 4jährigen Fruchtästen in Eschenhörn im Durchschnitt von 1967 und 1968

| Sorte | Altersbereich (%) | | | |
|---|---|---|---|---|
| | 4j | 3j | 2j | 1j |
| ,Undine' | 9 | 13 | 24 | 54 |
| ,Auralia' | 9 | 13 | 16 | 62 |
| ,James Grieve' | 7 | 15 | 27 | 51 |
| ,Herma' | 13 | 16 | 27 | 44 |
| ,Golden Delicious' | 10 | 15 | 27 | 48 |
| ,Ontario' | 14 | 19 | 25 | 42 |
| ,Clivia' | 16 | 18 | 24 | 42 |
| ,Carola' | 18 | 24 | 23 | 35 |
| ,Elektra' | 18 | 20 | 26 | 36 |
| $\bar{x}$ 9 Sorten | 13 | 17 | 24 | 46 |

tumsindex $b_i$ sind sortenspezifisch. Infolgedessen ergeben sich sortenspezifische Anteile der Altersbereiche an der Verzweigungslänge der Fruchtäste (Tab. 1). Die reproduktive Tendenz der Altersbereiche kann an der Fruchtbesatzdichte gemessen werden. Bei der Zuordnung des Fruchtbesatzes zu den Altersbereichen der Achsen des Fruchtastes ist es zweckmäßig, den Fruchtbesatz zweijähriger und älterer Seitenachsen unter 3 cm Länge auf den betreffenden Altersbereich der längeren Mutterachse dieser Seitenachsen zu beziehen. Es wird also nicht berücksichtigt, daß die Fruchtbildung eigentlich immer am zweijährigen Bereich erfolgt. Die Fruchtbesatzdichte ist am dreijährigen Altersbereich des Fruchtastes größer als am zweijährigen und nimmt am vierjährigen wieder ab (Tab. 2). Die Früchte am zweijährigen Altersbereich sind aus Knospen des vorjährigen Neuwuchses hervorgegangen. Ihre Besatzdichte hat eine besonders große Jahresstreuung, weil die Differenzierung lateraler Infloreszenzknospen am Neuwuchs von überdurchschnittlicher Junitemperatur stark gefördert wird. — Die Dichte des Fruchtbesatzes aller Altersbereiche ohne Neuwuchs bleibt im Verlauf der Fruchtastentwicklung im 3. und 4. Jahr etwa auf gleicher Höhe. Im 5. Jahr beginnt sie abzunehmen, weil die älteren Bereiche der Achsen ihre reproduktive Funktion verlieren und zunehmend als Gerüst dienen.

Für die mögliche Dauer der freien, d. h. ohne Schnitteingriff verlaufenden Fruchtastentwicklung, sind außer der Fruchtastbesatzdichte am Gerüst und der Verzweigungslänge je Fruchtast auch die Länge der Hauptachse und der Quotient beider Merkmale, der Verzweigungsgrad, maßgebend. Die sortenspezifische Ausbildung dieser Merkmale (Tab. 3) kann durch die Faktoren Unterlage, Boden, Witterung und Pflege stark modifiziert werden.

*Tab. 2:* Verteilung des Fruchtbesatzes auf die Altersbereiche der Verzweigung und Fruchtbesatzdichte je Altersbereich bei 4jährigen Fruchtästen 5- bis 6jähriger Kronen in Eschenhörn 1967 bis 1968

| Sorte | Jahr | Fruchtbesatz (%) | | | Fruchtbesatzdichte (St/m) | | |
|---|---|---|---|---|---|---|---|
| | | 4j | 3j | 2j | 4j | 3j | 2j |
| ‚Undine' | $\bar{x}$ 67, 68 | 3 | 23 | 74 | 0,4 | 1,8 | 1,5 |
| ‚Auralia' | | 15 | 52 | 33 | 2,0 | 5,4 | 2,5 |
| ‚James Grieve' | | 9 | 27 | 64 | 1,3 | 2,4 | 2,9 |
| ‚Herma' | | 8 | 47 | 45 | 0,7 | 4,4 | 1,9 |
| ‚Golden Delicious' | | 5 | 22 | 73 | 1,0 | 3,3 | 6,4 |
| ‚Ontario' | | 10 | 45 | 45 | 1,2 | 2,2 | 1,4 |
| ‚Clivia' | | 28 | 43 | 29 | 7,0 | 10,4 | 4,8 |
| ‚Carola' | | 36 | 58 | 6 | 4,6 | 7,9 | 1,0 |
| ‚Elektra' | | 28 | 55 | 17 | 8,1 | 14,4 | 2,6 |
| $\bar{x}$ 9 Sorten | 67 | 17 | 38 | 45 | 2,5 | 5,4 | 2,7 |
| | 68 | 14 | 45 | 41 | 3,3 | 6,2 | 2,9 |
| $\bar{x}$ | $\bar{x}$ | 16 | 41 | 43 | 2,9 | 5,8 | 2,8 |

*Tab. 3:* Vegetative Merkmale 4jähriger Fruchtäste 5- bis 6jähriger Kronen in Eschenhörn 1967 und 1968

| Alter (Jahre) | Sorte | Verzweigungslänge (cm) | Länge der Hauptachse (cm) | Verzweigungsgrad |
|---|---|---|---|---|
| 4 | ‚Undine' | 867 | 144 | 6,02 |
| | ‚Auralia' | 756 | 140 | 5,37 |
| | ‚James Grieve' | 537 | 167 | 3,21 |
| | ‚Herma' | 515 | 144 | 3,64 |
| | ‚Golden Delicious' | 504 | 148 | 3,40 |
| | ‚Ontario' | 399 | 172 | 2,30 |
| | ‚Clivia' | 347 | 150 | 2,31 |
| | ‚Carola | 302 | 157 | 1,93 |
| | ‚Elektra' | 301 | 153 | 1,97 |
| 3 | $\bar{x}$ 9 Sorten | 228 | 131 | 1,72 |
| 4 | $\bar{x}$ 9 Sorten | 503 | 153 | 3,35 |

## Beziehungen zwischen den Komponenten der Ertragskapazität im Verlauf der Trieb- und Ertragsbildung

In jedem Verzweigungssystem sind die Ausprägungsstufen vegetativer und reproduktiver Merkmale so miteinander kombiniert, daß sich eine bestimmte Struktur der Ertragskapazität ergibt. Der Erwartungswert für den Ertrag eines Verzweigungssystems kann als Produkt von Maßzahlen phänometrisch erfaßbarer Merkmale definiert werden:

$$E = nN \times \frac{nN_I}{nN} \times \frac{nI}{nN_I} \times \frac{nF}{nI} \times M_F$$

*Tab. 4:* Vegetative und reproduktive Merkmale von Apfelsorten auf M 11 Standweite 4,5 × 3 m, 7. Standjahr, Mittelwerte von 100 Bäumen je Sorte, Standort Rostock-Biestow

| Sorte | Anzahl Neuwuchs nN (Stück) | Infloreszenzen je Neuwuchs nI/nN (Stück) | Fruchtansatz nF/nI (%) | Fruchtmasse $M_F$ (g) | Ertrag E (kg) |
|---|---|---|---|---|---|
| ‚Auralia' | 323 | 1,4 | 129 | 92 | 45 |
| ‚Elektra' | 285 | 0,7 | 162 | 105 | 29 |
| ‚Carola' | 246 | 1,4 | 128 | 103 | 29 |
| ‚Undine' | 221 | 1,0 | 97 | 140 | 24 |
| ‚James Grieve' | 206 | 1,8 | 63 | 115 | 23 |
| ‚Ontario' | 178 | 0,6 | 97 | 197 | 17 |

Es handelt sich um das multiplikative Zusammenwirken der Merkmale Anzahl Neuwuchs (nN), Anteil des mit Infloreszenzen besetzten, d. h. reproduktiven Neuwuchses ($nN_I/nN$), Anzahl der Infloreszenzen je reproduktiven Neuwuchs ($nI/nN_I$), Fruchtansatz (nF/nI) und Fruchtmasse ($M_F$). Die Kombination der Ausbildungsstufen dieser Merkmale, die Struktur der Ertragskapazität, ist art- und sortenspezifisch (Tab. 4). Sie kann durch exogene Faktoren, vor allem durch die Kronengestaltung, modifiziert werden. Für die Beurteilung von Anbausystem-Varianten ist sie daher ebenso von Bedeutung wie für die Sortenbeurteilung und Sortenzüchtung.

Die Merkmale, die für die Ertragskapazität eines Verzweigungssystems bestimmend sind, werden in zwei oder drei Jahren nacheinander, teilweise auch gleichzeitig ausgebildet. Der Verlauf der Trieb- und Ertragsbildung kann als Modell in Form eines gerichteten Graphen dargestellt werden (Abb. 3). Zur Vereinfachung wird angenommen, daß es sich um die Entwicklung eines Fruchtastes handelt, die von einem Langtrieb ausgeht. Die Darstellung schließt drei Entwicklungsjahre ein, die im Normalfall (a) für die Ertragsbildung erforderlich sind. Nur unter günstigen Bedingungen ist mit einer Dauer von zwei Jahren zu rechnen (Fall b, Differenzierung von Infloreszenzknospen am Langtrieb in dessen Entwicklungsjahr). Die vegetativen und reproduktiven Merkmale sind als Elemente des Systems den Punkten des Graphen (Kreise) zugeordnet. Die Relationen zwischen den Elementen entsprechen den Kanten des Graphen (Pfeile). Die als Beispiel angenommenen Maßzahlen für die Ausbildung der Merkmale und ihrer Quotienten sind jeweils darunter geschrieben. Die vegetative Entwicklung des Verzweigungssystems wird durch die waagerecht gezeichnete Kantenfolge beschrieben, die reproduktive durch die im Punkt nN abzweigende und mit $nN_I$ beginnende Folge von Kanten. Während sich die vegetative Entwicklung ständig fortsetzt, endet die reproduktive jeweils mit dem Ertrag im Punkt E. Die Darstellung könnte durch weitere Merkmale bzw. Vorgänge ergänzt werden, z. B. die Masse des Neuwuchses, die Blattbildung und die Kumulation des Altwuchses als Folge der periodischen Neuwuchsbildung.

Zwischen den vegetativen Merkmalen des Verzweigungssystems, die als morphologische Komponente der Ertragskapazität zu betrachten sind, und den reproduktiven Merkmalen, in denen die

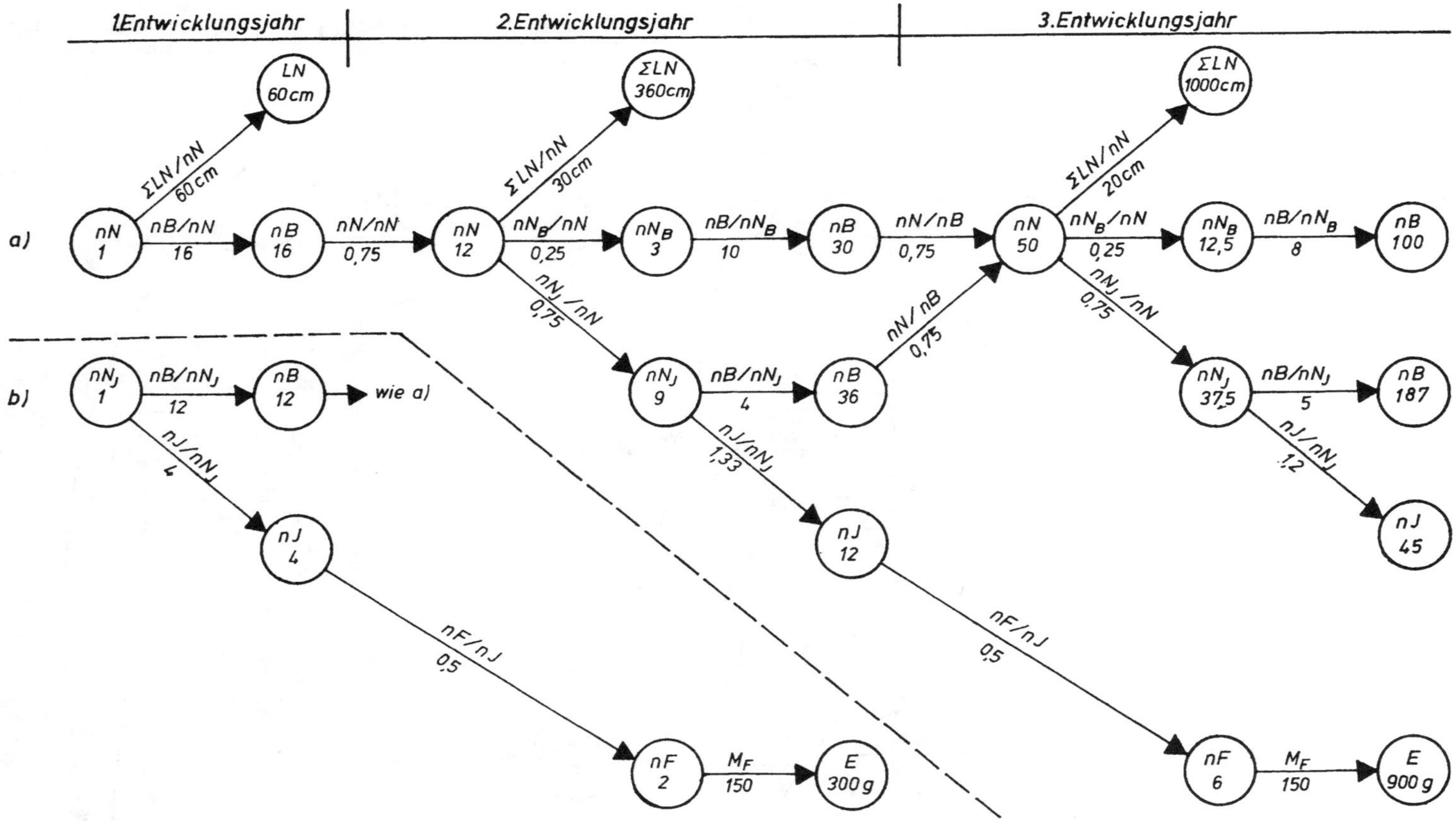


*Abb. 3:* Schematische Darstellung der Knospen-, Trieb- und Ertragsbildung am Fruchtast
(nB = Anzahl Blattknospen, $N_B$ = nur mit Blattknospen besetzter Neuwuchs, $N_1$ = mit Infloreszenzknospen besetzter Neuwuchs, $\sum$LN = Gesamtlänge Neuwuchs; weitere Erläuterungen im Text)

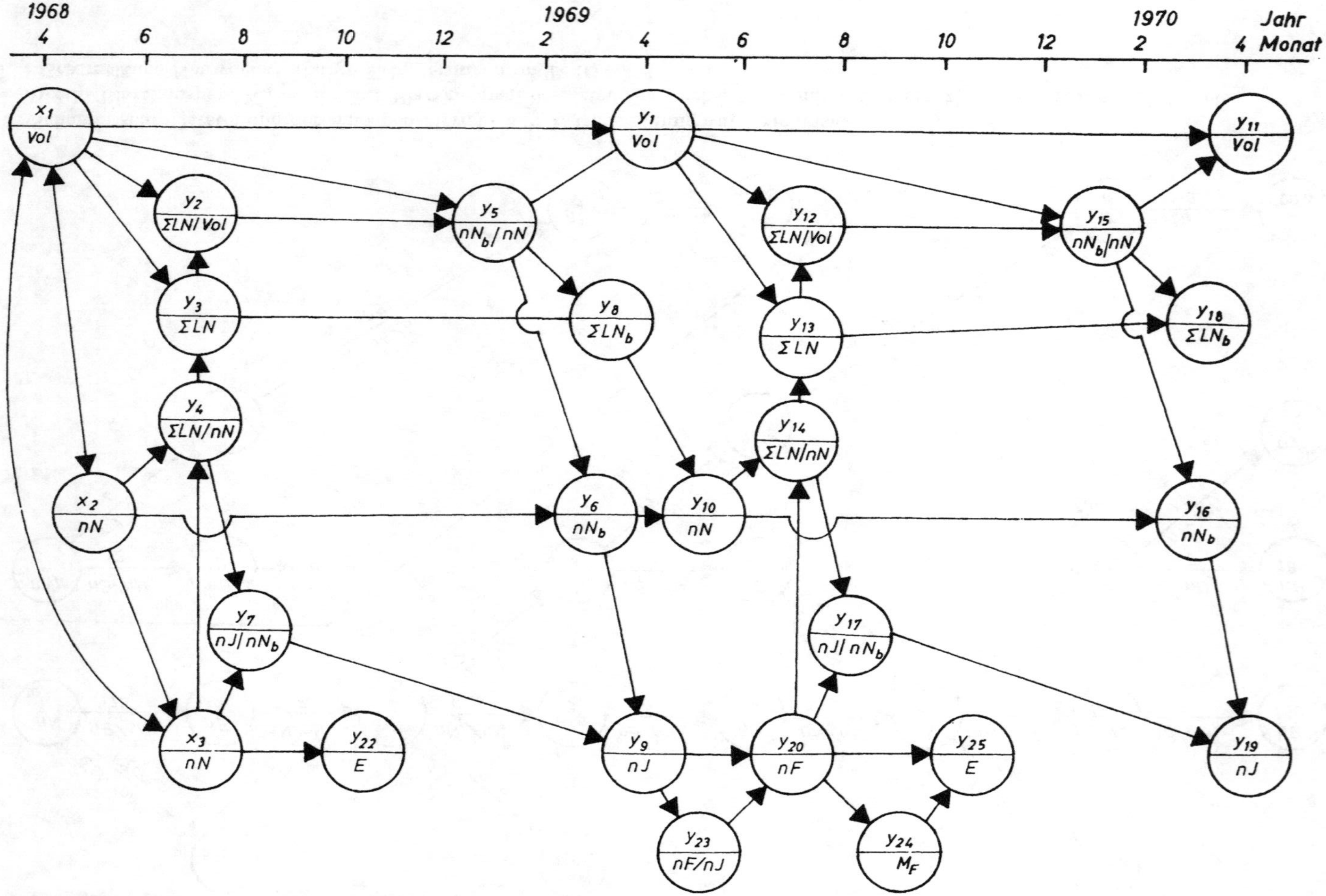


*Abb. 4:* **System der Trieb- und Ertragsbildung für eine quantitative Analyse mit Hilfe der Pfadkoeffizientenmethode (Erläuterung im Text)**

physiologische Komponente stärker zum Ausdruck kommt, bestehen mannigfaltige Beziehungen. Sie werden im Verlauf der Trieb- und Ertragsbildung wirksam und sind für die Struktur der Ertragskapazität eines Verzweigungssystems wesentlich. Der Darstellung und Untersuchung dieser Beziehungen dient ein Modell, das in Anpassung an Feldversuchsdaten für eine quantitative Systemanalyse mit Hilfe der Pfadkoeffizientenmethode (Dörfel 1970) entworfen wurde (Abb. 4). Dem Entwurf liegt die Ausbildung der Merkmale einer Baumkrone zugrunde. Den 27 Punkten des Graphen sind mehrere Jahreswerte von 8 vegetativen und 6 reproduktiven Merkmalen zugeordnet. Das Kronenvolumen (Vol), die Anzahl Neuwuchs (nN) und die Anzahl Früchte (nF) werden als Primärvariable betrachtet. In der Merkmalsausbildung im Verlauf von 2 Jahren ist ein von den Primärvariablen ausgehender vollständiger Ablauf der Ertragsbildung enthalten. Die Reduktion der Anzahl und der Länge des Neuwuchses durch den Schnitt ist berücksichtigt. Durch die Verbindung der graphentheoretischen Systemanalyse mit der Pfadkoeffizientenmethode ermöglicht das Verfahren von Dörfel Zerlegungen der Korrelation zwischen einer Primär- und einer Sekundärvariablen nach der Länge der Einflußketten, d. h. der Anzahl Kanten bzw. Einzelpfade und nach dem Verlauf der Einflußketten. Der Gesamteinfluß der Primärvariablen wird zerlegt in den direkt wirkenden und den über andere Primärvariable wirkenden Anteil. Die statistische Prüfung des Modells ist aufgrund der Daten von 6 Sorten mit je 100 Bäumen im 6. bis 8. Standjahr (1968) bis 1970) in Rostock-Biestow erfolgt.

Der direkte Einfluß des Kronenvolumens 1968 (Vol. $x_1$) erstreckt sich nicht nur auf die folgenden Jahreswerte dieses Merkmals ($y_1$, $y_{11}$), sondern auch auf die Gesamtlänge des Neuwuchses 1968/69 ($\Sigma$LN, $y_3$, $y_8$) und 1969/70 ($y_{13}$, $y_{18}$) und die Anzahl des Neuwuchses 1968/69 (nN, $y_6$, $y_{10}$) und 1970 ($y_{16}$). Der Schnitteingriff (Anteil des belassenen Neuwuchses, $nN_b/nN$, $y_5$, $y_{15}$), der nicht vom Kronenvolumen abhängig ist, mindert dessen positiven Einfluß auf die genannten Merkmale bzw. deren Jahreswerte nur unwesentlich.

Die Anzahl Neuwuchs 1968 ($x_2$) beeinflußt im vegetativen Bereich des Systems, ebenso wie das Kronenvolumen, seine nachfolgenden Jahreswerte am stärksten. Ein direkter Einfluß der Anzahl Neuwuchs 1968 auf das Kronenvolumen 1969 und 1970 ($y_1$, $y_{11}$) ist nicht erkennbar, wahrscheinlich weil das System nur Verbindungspfade über den Schnitteingriff ($y_5$, $y_{15}$) vorsieht. Auch die Verminderung des direkten Einflusses der Anzahl Neuwuchs auf den folgenden Jahreswert $y_{10}$ ist auf den Schnitteingriff ($y_5$) zurückzuführen.

Die Anzahl Früchte 1968 (nF, $x_3$) übt einen sehr starken Einfluß auf die in das System als Sekundärvariable eingeordneten reproduktiven Merkmale aus. Er reicht auf dem Verbindungspfad $x_3 \rightarrow y_7 \rightarrow y_9 \rightarrow y_{20} \rightarrow y_{17} \rightarrow y_{19}$ fast unvermindert über 2 Jahre. Die Größen und Vorzeichenänderungen der Einflüsse (Pfadkoeffizientenprodukte) beim Übergang von der ersten zur zweiten Vegetationsperiode bringen die Sortenspezifität der Korrelationen deutlich zum Ausdruck. Der direkte Einfluß der Anzahl Früchte auf den Infloreszenzbesatz des Neuwuchses ($nI/nN_b$) wird in dem oben genannten Verbindungspfad zweimal mit seiner negativen Komponente ($x_3 \rightarrow y_7$, $y_{20} \rightarrow y_{17}$) wirksam. Er hat aber noch eine 2. Komponente $x_3 \rightarrow y_4 \rightarrow y_7$ bzw. $y_{20} \rightarrow y_{14} \rightarrow y_{17}$, deren Größe und Vorzeichen sortenspezifisch von der Größe der Mittelwerte der drei Variablen in

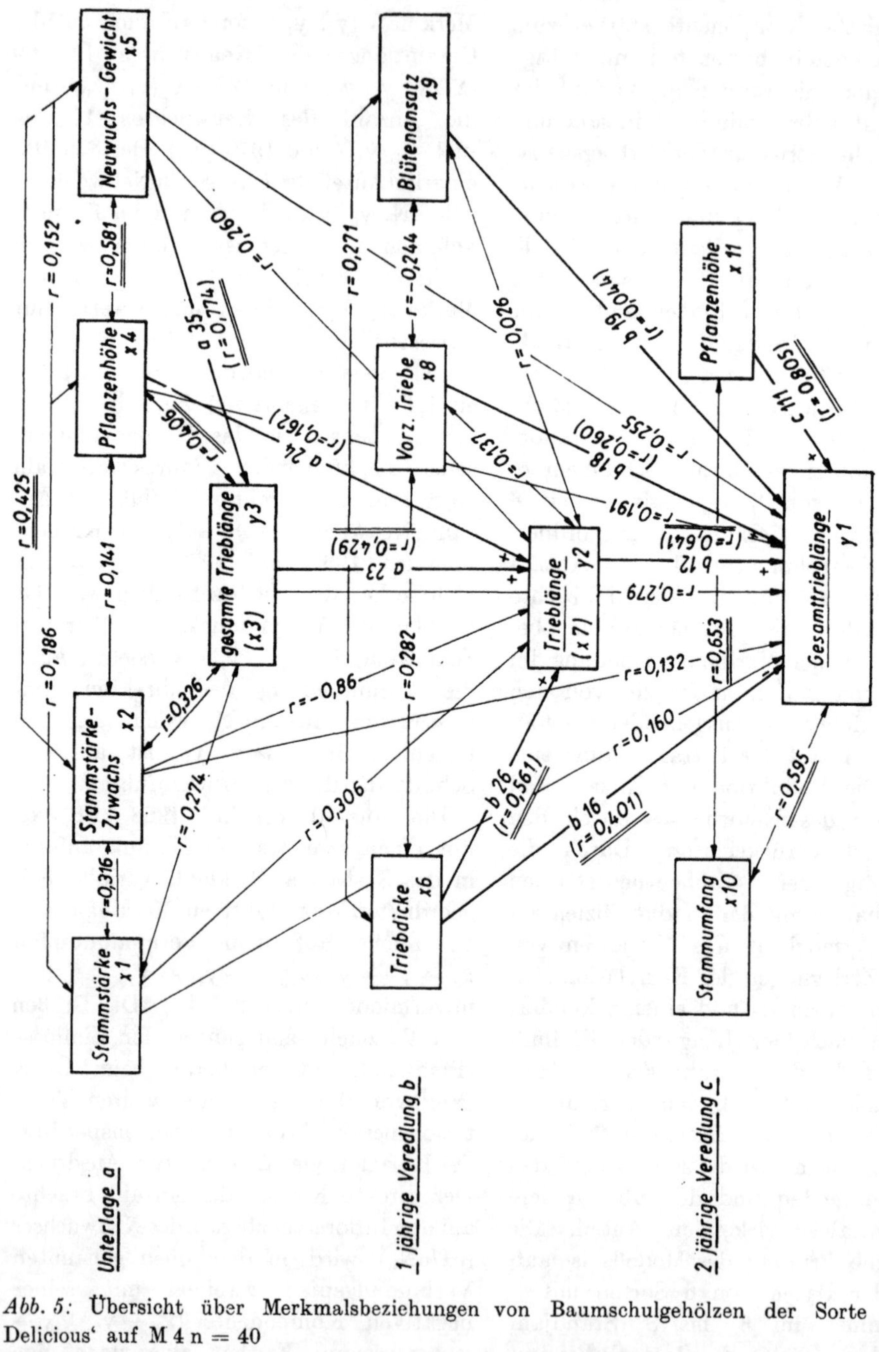


*Abb. 5:* Übersicht über Merkmalsbeziehungen von Baumschulgehölzen der Sorte ‚Golden Delicious' auf M 4 n = 40
(Signifikante Regressionskoeffizienten — Korrelationskoeffizienten —) Signifikanz rP = 5% — P = 1% — n. s.

Abhängigkeit von exogenen Faktoren, z. B. der Junitemperatur, beeinflußt wird. Die Deutung der Pfadkoeffizienten dieses Kantendreiecks ist schwierig, weil die durchschnittliche Neuwuchslänge ($y_4$, $y_{14}$) als Behelfsmerkmal für die Häufigkeitsverteilung der Neuwuchslänge nicht ausreichend ist und das Merkmal Infloreszenzenbesatz je Neuwuchs ($nI/nN_b$, $y_7$, $y_{17}$) eine Zusammenfassung der Merkmale Anteil des reproduktiven am belassenen Neuwuchs ($nN_I/nN_b$) und Anzahl Infloreszenzen je reproduktiven Neuwuchs ($nI/nN_I$) darstellt.

Die quantitative Systemanalyse bringt auch die Zusammenhänge zwischen den vegetativen und reproduktiven Merkmalen zum Ausdruck. Das Kronenvolumen ($x_1$) und vor allem die Anzahl Neuwuchs ($x_2$) wirken direkt über die Anzahl belassenen Neuwuchses ($y_6$, $y_{16}$) positiv auf die Anzahl Infloreszenzen ($y_9$, $y_{19}$). Der stets negative direkte Einfluß der Anzahl Neuwuchs ($x_2$, $y_{10}$) auf die Neuwuchslänge ($y_4$, $y_{14}$) setzt sich auf den Infloreszenzenbesatz ($y_7$, $y_{17}$) fort. Dabei treten sortenspezifische Größen- und Vorzeichenänderungen ein. Bei der Fortsetzung dieser Einflußkette zur Anzahl Infloreszenzen ($y_9$, $y_{19}$) ergeben sich nur noch geringe Größenänderungen ohne Vorzeichenwechsel. Die Beeinflussung vegetativer Merkmale durch die Anzahl Früchte ($x_3$, $y_{20}$) ist im System nur über die durchschnittliche Neuwuchslänge ($y_4$, $y_{14}$) auf die Gesamtlänge Neuwuchs ($y_3$, $y_{13}$) usw. vorgesehen. Die Größe dieser Einflüsse ist geringer als die der vegetativen Merkmale auf die reproduktiven.

Die Zerlegung der von den Primärvariablen ausgehenden Einflüsse ermöglicht eine quantitative Schätzung der Verbindungspfade des Systems. Sie liefert damit statistische Maßzahlen zur Kennzeichnung des Prozesses der Ertragsbildung, die für die Ausarbeitung von Methoden der Ertragsregulierung von großer Bedeutung sind.

## Wirkung kronengestaltender Maßnahmen auf das Verzweigungssystems

Die Art und Ausdehnung des Verzweigungssystems sowie seine vegetative und reproduktive Leistung können durch kronengestaltende Maßnahmen verändert werden. Am wirksamsten ist die Entfernung von Teilen des Verzweigungssystems durch Schneiden und die Veränderung des Winkels von Trieben und Ästen durch Biegen.

### *Schneiden*

Die von Koopmann (1896) formulierten Gesetzmäßigkeiten der Schnittwirkung auf den Neuwuchs werden seitdem als wesentliche theoretische Grundlage für die Kronengestaltung genutzt. Sie ließen sich experimentell auch an 1jährigen Veredlungen von ‚Cox's Orange Pippin' und ‚Golden Delicious'/M 9 bestätigen (Jonkers 1963, 1982): Mit zunehmender Verkürzung der Sproßachse wird der in der folgenden Vegetationsperiode entstehende terminale Trieb länger und die Anzahl vorzeitiger Triebe größer. Die Verdickung der Sproßachse und das Wurzelwachstum werden mit zunehmender Schnittstärke geringer, das Verhältnis der Triebmasse zur Wurzelmasse wird größer. Das Schneiden beeinflußt die Relationen zwischen den Komponenten des Baumes bei der Verteilung der Stoffproduktion. Mit zunehmender Schnittstärke vergrößern sich die Quotienten Sproßmasse zu Wurzelmasse und Neuwuchsmasse zu Altwuchsmasse-Zunahme. Außerdem nimmt der Anteil der Blätter an der Gesamtproduktion zu.

Die Verminderung der Anzahl Knospen bei zunehmender Schnittstärke verringert auch die Anzahl der Blätter. Ungeschnittene Bäume haben die größte Blattzahl, aber die geringste Blattgröße und Gesamtblattfläche. Kurzer Fruchtholzschnitt erhöht die Blattgröße und das Verhältnis Blattfläche zu Fruchtmasse am stärksten.

Der Schnitt kann den art- und sortenspezifischen Verzweigungsgrad und den Winkel der Seitenachse zur Mutterachse stark beeinflussen. Durch die Entfernung der apikalen Knospen eines Langtriebes entfällt ihre wachstumshemmende Wirkung auf die darunter befindlichen lateralen Knospen. Die aus ihnen hervorgehenden Seitenachsen wachsen stärker und bilden einen kleineren Winkel zur Mutterachse.

Der Schnitteingriff in ältere Bereiche des Verzweigungssystems regt das Triebwachstum aus ruhenden Knospen an. Mit der Stärke des Schnittes nehmen die durchschnittliche Länge und Dicke der entstehenden Triebe, die Gesamtlänge des Neuwuchses sowie die Blattfläche zu. Die Triebe aus den ruhenden Knospen der älteren Astbereiche haben eine größere Wachstumsintensität, ihre Wachstumsdauer ist länger und ihre reproduktive Tendenz geringer.

Der Schnittermin beeinflußt das Triebwachstum, weil die Knospen unterhalb der Schnittstelle in eine relativ veränderte Lage zu dieser neuen Spitze der Achse gebracht werden. Je später der Schnitt nach Vegetationsbeginn erfolgt, um so kürzer bleibt der aus der obersten Knospe gebildete Trieb. Die Zunahme des Stammdurchmessers ist bei spätem Schnitt etwas geringer.

Der Sommerschnitt sollte erst dann erfolgen, wenn die Kurztriebe ihr Längenwachstum abgeschlossen haben, die Blütenknospendifferenzierung begonnen hat, der Junifruchtfall zu Ende ist und die Fruchtansätze sich in der Phase der Zellvergrößerung befinden. Bei zweckmäßiger Durchführung hat der Sommerschnitt physiologisch günstige Wirkungen auf die Fruchtqualität. Außerdem wird durch das Kürzen oder vollständige Entfernen von Langtrieben weniger Wurzelwachstum und auf die Dauer abnehmendes Triebwachstum erzielt.

*Biegen*

Das Biegen verändert den Winkel des Triebes zur Senkrechten und damit die als Gravimorphismus bezeichnete Wirkung der Schwerkraft der Erde auf das Längenwachstum, sowie die Knospenbildung und -differenzierung. Der Austrieb der Knospen einjähriger Triebe mit akrotonem Verzweigungsmodus wird nach Champagnat (1954, 1965) von zwei morphogenetischen Komplexen in Wechselwirkung beeinflußt: von den inhärenten Faktoren, welche die folgende Wachstumsrate der Knospen determinieren und von einem korrelativen Hemmungseffekt, der während der Wachstumszeit wirksam ist. Werden einjährige Langtriebe vor oder zu Beginn der Vegetation horizontal gebogen, ergeben sich im Vergleich zu senkrecht stehenden folgende Veränderungen: Abnahme der Neuwuchslänge, geringere Zunahme des Holzanteils im Verlauf der Vegetationsperiode, Ausdehnung des kurztriebbildenden Bereiches, dichterer Blütenknospenbesatz und frühere Blütenknospendifferenzierung. Das bedeutet eine Annäherung an die Merkmalsausbildung 3 bis 8 cm langer Triebe mit terminaler Infloreszenzknospe. — Das Waagerechtbiegen von Langtrieben während der Wachstumszeit ab Juni bis September hemmt das Triebwachstum der Terminalknospe im folgenden Jahr, der Infloreszenzenbesatz wird aber nicht mehr beeinflußt.

## Anwendung der Wirkungsgesetze bei der Durchführung der Kronengestaltung

Während der Erziehung der Krone wird durch Schneiden oder (und) Biegen die Entwicklung des geplanten Gerüstes gelenkt, z. B. die Entstehung von Seitenachsen in bezug auf ihre Insertion an der Hauptachse, ihren Winkel und ihre relative Stärke zur Hauptachse. Durch den Rückschnitt des Verlängerungstriebes der Hauptachse und der Gerüstäste wird deren Besatzdichte mit Fruchtästen gefördert.

Für intensive Anbausystem-Varianten mit über 1000 Bäumen je ha werden Bäume erzogen, deren Kronengerüst nur aus der vertikalen Achse besteht und die man deshalb als schlanke Spindeln bezeichnet. Bei größeren Baumformen für starkwüchsige Bäume sind an der Hauptachse des Kronengerüstes 1 oder 2 Serien schräg stehender Gerüstäste angeordnet, 2 gegenständige je Serie bei Palmetten, 3 oder mehr je Serie oder in unregelmäßiger Verteilung an der Hauptachse bei Rundkronen.

Die senkrechte oder schräge Stellung der Gerüstachsen vermindert im Vergleich zu waagerecht stehenden Gerüstachsen den Anteil der Triebe, die sich in senkrechter Stellung entwickeln. An den senkrechten Langtrieben bilden sich infolge jährlich konstanter oder sogar zunehmender Wachstumsindices sehr große Teilverzweigungssysteme. Sie haben eine geringe reproduktive Tendenz und verursachen infolge übermäßiger Verzweigungsdichte im oberen Kronenbereich zu starke Beschattung der unteren Kronenteile.

Bei den waagerecht oder schräg stehenden Langtrieben an der vertikalen Gerüstachse und an schrägen Seitenachsen des Gerüstes nimmt der Wachstumsindex der Fruchtäste im Verlauf ihrer Entwicklung ab. Der Anteil der älteren Fruchtastbereiche mit großer reproduktiver Tendenz ist infolgedessen relativ groß. Der Anteil des Neuwuchses ist gering. Infolgedessen erfordert die Belichtung der unteren Kronenbereiche verhältnismäßig wenig Auslichtungsschnitt. Schlanke Spindeln mit waagerecht stehenden Fruchtästen an der senkrechten Hauptachse sind daher in bezug auf die Lichtaufnahme, den spezifischen Ertrag, die Fruchtqualität und den Schnittaufwand als eine sehr vorteilhafte Variante der Kronengestaltung und Baumform zu beurteilen.

## Literatur

Champagnat, P.: Recherches sur les "rameaux anticipes" des végétaux ligneux. Revue de Cytologie et de Biologie végétales. Tome **XV** (1954) 1–51

Champagnat, P.: Quelques caractères de la ramification du rameau d'un des arbres fruitiers. Arboricult. Fruitière **12** (1965) Nr. 142, 6–7

Jonkers, H.: Testing Koopmann's rules of apple tree pruning. Scientia Horticulturae **16** (1982) 209–215

Jonkers, H.: Pruning young apple trees and binding of branches. XVIth int. horticult. Congr. Brussels **3** (1962, hrsg. 1963) 441–443

Neumann, D., U. Neumann: Anbausysteme und Kronengestaltung beim Kernobst. Fortschr. Ber. Landw. **6** (1968) 5, 58 S.

## Entwicklung des Sproßsystems bei Strauchbeerenobst

Ein Strauch besteht aus mehreren Teilverzweigungssystemen, die sich infolge basitoner Förderung des Triebwachstums aus einem Wurzelstock entwickeln. Sie befinden sich in verschiedenen Entwicklungsstadien und sind weniger voneinander abhängig als die Äste einer Baumkrone.

Bei den Johannis- und Stachelbeeren, die zur Gattung *Ribes* gehören, bilden sich aus den Basisknospen der Mutterachse und aus Adventivknospen des wurzelnahen Bereiches Langtriebe. Die Verzweigung dieser Langtriebe ist ungefähr bis zum 3. Entwicklungsjahr, also nur vorübergehend, akroton gefördert. Mit zunehmender Kurztriebbildung im oberen Sproßbereich tritt die basitone Förderung wieder in Erscheinung. Die basalen Triebe haben gegenüber den apikalen eine größere Wachstumsintensität, sowie eine längere Dauer des intensiven Wachstums im ersten Drittel der Wachstumsperiode. In ihrem basalen Bereich ist daher die Länge der Internodien größer und die Knospenbesatzdichte geringer. Die aus dem wurzelnahen Bereich wachsenden Langtriebe, die sogenannten Bodentriebe, sind vorwiegend mit vegetativen Knospen besetzt. An den basalen und apikalen Langtrieben und den Kurztrieben der mehrjährigen Teilverzweigungssysteme bilden sich vorwiegend generative und generativ-vegetative (gemischte) Knospen.

In den generativ-vegetativen Knospen werden neben den zentralen Sproßscheiteln in den Achseln der Blattprimordien Seitensproßscheitel gebildet. Diese differenzieren sich nicht wie der zentrale Sproßscheitel im Jahr ihrer Anlage zu Blütenknospen. Sie vergrößern sich im Laufe des Herbstes und Winters nur unbedeutend und bilden im Frühjahr Blattprimordien. Entsprechend dem Auftreten niedriger Temperaturen während der Herbst- Winterruhe und bestimmter Lichtmengen im Frühjahr bilden sie im Frühjahr bis Sommer entweder einen Trieb mit Seitenknospen oder sie entwickeln sich zur Blütenknospe. In den Achseln ihrer Blattprimordien können wieder neue Nebenknospen entstehen, die den gleichen Entwicklungszyklus durchlaufen. Die Anzahl der Nebenknospen je generativ-vegetativer Knospe ist bei den *Ribes*-Arten verschieden. Bei der Stachelbeere und der Schwarzen Johannisbeere wird meistens nur eine Nebenknospe angelegt, bei den Roten und Weißen Johannisbeeren mehrere. Die Nebenknospen der Schwarzen Johannisbeere degenerieren außerdem leichter unter ungünstigen Entwicklungsbedingungen. Infolgedessen nimmt die Knospenbesatzdichte im mehrjährigen Altersbereich der Teilverzweigungssysteme bei der Schwarzen Johannisbeere ab, bei den Roten und Weißen Johannisbeeren dagegen zu.

Die Blüteninduktion beginnt in der Phase geringerer Wachstumsintensität der Langtriebe. Sie vollzieht sich im basalen Bereich des Triebes, während das Wachstum am Triebende noch langsam weiter verläuft. Sowohl die Blütenknospen am Langtrieb wie auch die Einzelblüten an der Blütentraube haben eine ausgeprägte basitone Förderung.

Die Ertragskapazität des Strauches ergibt sich aus folgenden Ertragskomponenten:

- Gesamtlänge der Verzweigung des Strauches
- Anzahl, Größe und Alter der Teilverzweigungssysteme
- Knospenbesatzdichte je Verzweigungslänge
- Anteil generativer Knospen an der Gesamtzahl der Knospen
- Anzahl Infloreszenzen je generativer Knospe
- Anzahl Blüten je Infloreszenz
- Fruchtansatz der Blüten
- Masse je Frucht

Die morphologische Komponente Gesamtlänge der Verzweigung des Strauches gliedert sich in Teilverzweigungssysteme verschiedenen Alters. Ein Teilverzweigungssystem besteht aus einer dem Alter entsprechenden Anzahl von Altersbereichen. Diese Altersbereiche unterscheiden sich in der Länge, der Knospenbesatzdichte und der reproduktiven Tendenz der Knospen.

Bei der Schwarzen Johannisbeere bildet der einjährige Bereich der zwei- und dreijährigen Teilverzweigungssysteme 60···70% ihrer Verzweigungslänge. Er ist dichter mit Knospen und Infloreszenzen besetzt als die älteren Bereiche und hat daher die größte Fruchtbesatzdichte. Im Zusammenwirken mit einem hohen Anteil an der Gesamtverzweigungslänge befindet sich der größte Anteil der Früchte je Strauch am einjährigen Bereich der zwei- und dreijährigen Teilverzweigungssysteme. Die Roten und Weißen Johannibeeren sind dagegen in dem mehrjährigen Altersbereich dichter mit Knospen und Infloreszenzen besetzt als in dem einjährigen Bereich. Die größte Ertragskapazität haben daher die drei- und vierjährigen Teilverzweigungssysteme.

Die Himbeere (*Rubus idaeus* L.) bildet aus einem langlebigen Wurzelstock und horizontal wachsenden Rhizomen Teilverzweigungssysteme, die nach der Fruchtbildung im 2. Entwicklungsjahr absterben. Bei sinkenden Temperaturen und kürzer werdender Tageslänge im Herbst bilden die Wurzelsprosse über der Bodenoberfläche eine Blattrosette, aus der nach einer Ruhepause im Frühjahr ein Langtrieb hervorgeht. Frühjahrssprosse haben keine Wachstumshemmung und holen infolge größerer Wachstumsintensität den Wachstumsvorsprung der Triebe aus Blattrosetten bereits Ende Mai ein. In den bis über 3 m langen Trieben, den sogenannten Primärruten oder Jungtrieben, differenzieren sich in der terminalen Knospe und den meisten Knospen der Blattachseln Blütenprimordien, die bei den sogenannten „Herbstsorten" schon im 1. Entwicklungsjahr, im allgemeinen aber erst im 2. Entwicklungsjahr zu kurzen Seitentrieben mit rispigen Blütenständen austreiben. Unter dem fruchttragenden Bereich der Rute erstreckt sich ein Bereich schlafender Knospen. An der Basis der Rute sind unter dem Erdboden oder dicht darüber eine oder mehrere basale Knospen inseriert, aus denen im 2. Entwicklungsjahr die Ruten der nächsten Rutengeneration hervorgehen. Sie verdicken sich schon in einem sehr frühen Entwicklungsstadium der Rute. Unterhalb der basalen Knospen befinden sich unterirdische, schlafende Knospen, die bei Beschädigung der basalen Knospen zu dünneren Sprößlingen austreiben können. — Die Ertragskapazität einer Rute ist von ihrer Länge und Dicke, dem Besatz mit fruchttragenden Seitentrieben, der Anzahl Früchte je Seitentrieb und der Masse je Frucht abhängig.

Die Brombeerarten der Untergattung *Rubus eubatus* bilden aus Triebknospen am Wurzelstock bis zu 8 m lange Ruten, die wie bei der Himbeere nach der Fruchtbildung im 2. Entwicklungsjahr absterben. Die Ruten und Blätter haben sortenspezifisch mehr oder weniger kräftige gerade oder gekrümmte Stacheln, mit denen sie sich an benachbarten Zweigen oder Stützvorrichtungen verhaken können. Die meisten Sorten bilden an der Jungrute lange vorzeitige Seitentriebe. Man bezeichnet sie als Geiztriebe und kürzt sie durch Sommerschnitt auf 2 bis 4 Knospen. Aus den verbleibenden Knospen gehen im Frühjahr rispige Blütenstände hervor. Die Blütenknospendifferenzierung beginnt im terminalen Bereich der Rute. Auch innerhalb des Blütenstandes ist die Spitzenblüte gefördert.

## Literatur

(Auszug — das vollständige Literaturverzeichnis kann beim Verfasser eingesehen bzw. angefordert werden)

HARDH, J. E., J. WALLDEN: Blütenbildung und Beerenwachstum der Schwarzen Johannisbeere. Maataloustieteelinen Aikakauskirja (J. sci. agric. Soc. Finland) **37** (1965) 61–75

HUDSON, P.: Effects of environment on Rubus idaeus L. I. Morphology and development of the raspberry plant. J. hortic. Sci., **34** (1959) 163–169

KEIPERT, K.: Beerenobst. Verlag Eugen Ulmer Stuttgart (1981) 349 S.

LENZ, F.: Untersuchungen zum Blühen und Fruchten einiger Kultursorten von *Ribes rubrum* L. und *Ribes nigrum* L. Diss. Inst. f. Obstbau und Gemüsebau d. Landw. Hochschule Stuttgart-Hohenheim (1960)

LIEGEL, W.: Entwicklungsgeschichtliche und physiologische Untersuchungen an einigen Kultursorten der Gattung *Rubus*. Diss. Landw. Hochschule Stuttgart-Hohenheim (1961)

THOMAS, G. G., E. H. WILKINSON: Vegetative growth and flower bud initiation of the blackcurrant in the field. Proc. 16th. Int. Hort. Congr. Brussels **1** (1962) 256–257

TOPČIJSKI, S.: Einfluß hoher Temperaturen auf gemischte Knospen der Schwarzen Johannisbeere in der Phase der fakultativen Ruhe (russ.). Naučni trudove Visš selskostopanski institut. Agronomičeski fakultet. Serija rastenievudstvo, Sofija **18** (1967) 259–263

TRINKLIN, J. G., E. H. WILKINSON, W. W. SCHWABE: Factors affecting flower initiation in the black currant *Ribes nigrum* (L.). J. hortic. Sci. **45** (1970) 275–282

WEBB, R. A.: Fruit size in black currant and and the assessment of crop potential. J. hortic. Sci. **47** (1972) 199–204

WEBB, R. A.: The components of yield in black currants. Scientia Horticulturae **4** (1976) 247–254

WILLIAMS, I. H.: Effects of environment on *Rubus idaeus* L. III. Growth and dormancy of young shoots. J. hortic. Sci. **34** (1959) 210–218

—: IV. Flower initiation and development on the infloreszence. J. hortic. Sci. **34** (1959) 219–227

WILSON, D., J. ADAM: A comparitive study of vegetative growth and flower bud differentiation in black currant varieties. Annu. Rep. agric. horticult. Res. Stat. Long Ashton, Bristol 1966 (hrsg. 1967) 104–111

WITKOWSKI, W. L.: Blütenknospendifferenzierung bei Schwarzen Johannisbeeren. Botanisches Journal **97** (1962) 394–3989

WITKOWSKI, W. L.: Der Aufbau und der Lebenszyklus der Knospen von Sämlingen und Stecklingen der *Grossularia* Mill. Botanische Zeitschrift **48** (1963) 714–720

ZELLER, O.: Entwicklungsrhythmen von Obstgewächsen in Finnland II. Blütenentwicklung einiger Kultursorten von Ribes nigrum L. und von R. alpinum L. in verschiedenen geographischen Breiten Finnlands. J. scient. agricul. Soc. of Finland **40** (1968) S. 150–169

## Entwicklung des Sproßsystems bei Erdbeeren

### Morphologie des Sprosses

Die Gartenerdbeere (*Fragaria ananassa* Duch.) gehört, wie die meisten Obstarten, zur Familie der Rosaceae. Sie ist ein ausdauerndes krautartiges Gewächs, dessen Sproßachse staudenartig gestaucht bleibt und sich kaum über den Erdboden erhebt. Die Blätter sind an der Sproßachse in einer 2/5 Spirale angeordnet, das ermöglicht eine maximale Lichtexposition. Das Erdbeerblatt besteht aus dem Blattstiel und in der Regel aus einer dreiteiligen Blattspreite, bei einigen Sorten kommen aber auch vier- und fünfteilige Blattspreiten vor. Die Lebensdauer des Blattes schwankt zwischen 21 und 77 Tagen und liegt durchschnittlich bei 56 Tagen.

An der Basis jedes neuen Blattes am Sproß können Primärwurzeln entstehen. Voraussetzung dafür ist, daß der Sproß nicht über dem Erdboden steht und dieser genügend feucht ist. Die Primärwurzeln sind relativ lang und kräftig, aber nur in begrenzter Anzahl vorhanden. Die Masse des Wurzelwerkes wird von den lateral entstehenden Sekundärwurzeln gebildet, sie sind ausschlaggebend für die

Wasser- und Nährstoffversorgung der Pflanze. Die Wurzeln der Erdbeere dienen darüber hinaus als Speicherorgane für die Einlagerung von Reservestoffen im Herbst.

Die in den Blattachseln am Sproß sitzenden Knospen verändern im Jahresverlauf ihre Wachstumstendenz. Unter dem Einfluß spezifischer Werte des Temperaturverlaufs und photoperiodischer Effekte entwickeln sich aus ihnen zunächst die Ausläufer, im Bereich abnehmender Tageslängen und Temperaturen wachsen sie zu kleinen Seitenachsen aus und schließlich werden in den Sproßachsen terminal und axillar die Infloreszenzen veranlagt. Dieser Wachstumszyklus wird von Photoperiode und Temperatur über Phytohormone gesteuert und jede Erdbeersorte weist hier spezielle Werte auf und ist dadurch an einen bestimmten Adaptationsbereich gebunden. Diese hochgradige Empfindlichkeit der Gartenerdbeere gegenüber Photoperiode und Temperatur ist aus ihrer Entstehung zu erklären. *Fragaria ananassa* ist ein spontan in Kultur entstandener Bastard zweier im Ursprungsland isoliert gebliebener, systematisch nahe verwandter Wildarten, *Fragaria chiloensis* und *Fragaria virginiana*. Beide sind im natürlichen Vorkommen zweihäusig, damit Fremdbefruchter und stark heterozygot. In Wachstumsperiodik, Bodenansprüchen und ökologischem Verhalten weisen sie sehr unterschiedliche, zum Teil gegensätzliche Variationstendenzen auf. Die aus Südamerika stammende *Fragaria chiloensis* ist durch Starkwüchsigkeit, xerophile Blattmerkmale, große Blüten und große langachsige Früchte gekennzeichnet. Sie ist auf offene Lagen und Sandböden (Strand) spezialisiert, klimatologisch blieb ihr Verbreitungsgebiet meist auf maritime Zonen der Pazifikküste beschränkt. In niederen Breiten ist sie „winterwüchsig", aber im allgemeinen kälteempfindlich. Die Blüteninitiation erfolgt spät, da ihr Temperaturgrenzwert für die Ausläuferbildung relativ niedrig liegt.

Die in Nordamerika beheimatete *Fragaria virginiana* verfügt dagegen nur über mittlere Wuchskraft, bildet aber mehr Seitenachsen (Seitenkronen). Das Blatt hat keine xerophile Struktur, die Blüten sind klein, der Blütenstand dünnachsig, und auch die Frucht ist klein, aber geschmacklich besser als bei *Fragaria chiloensis*. Ökologisch weist die Art eine sehr weite Adaptation an verschiedene Lage- und Bodenbedingungen auf, ihre Verbreitung blieb aber auf mittlere und höhere Breitengrade Nordamerikas beschränkt. Im Entwicklungszyklus sind Winterruhe und Kältebedürfnis zum Neudurchtrieb stark ausgeprägt. Sie ist winterhart, die Blüteninitiation erfolgt relativ früh im Übergang zum Kurztag.

Aus der Vereinigung des genetischen Potentials der Stammarten ergeben sich nun sehr viele Möglichkeiten, durch fortgesetzte Kreuzung und Selektion Typen zu finden, die unter den jeweiligen Klimabedingungen optimale Leistungen erreichen. Unter unseren ökologischen Bedingungen sind das die Typen, die mehr zur *Fragaria virginiana* hin tendieren und ihr Entwicklungsgang im Jahresverlauf soll im folgenden betrachtet werden.

## Phasen der Entwicklung der Gartenerdbeere im Jahresablauf

### *Vegetative Phase*

Für die Reaktivierung des Wachstumspotentials nach der Vegetationsruhe bedarf es der Einwirkung tiefer Temperaturen. Nur nach Befriedigung des Kältebedarfs sind Höchstwerte in der vegetativen Leistung im folgenden Frühjahr möglich. Nach Überschreiten des Wachstumsschwellenwertes, der hypothetisch mit 6 °C angenommen wird (Bauer und Koch 1964), setzt das Streckungswachstum aller im Herbst des Vorjahres veranlagten und partiell differenzierten Pflanzenorgane ein. Erstes, mikroskopisch sichtbares Anzeichen ist die Bildung der Staubblattanlagen in den Blüten, sie erfolgt etwa ab Mitte Februar. Mit zunehmender Temperatur und Tageslänge beginnt die Blattentwicklung und auch das Streckungswachstum der Infloreszenzen. Je nach dem Grad der im Herbst erreichten Ausdifferenzierung ergeben sich bei ihnen unterschiedlich aufgebaute Verzweigungstypen mit unterschiedlichen Relationen zwischen den Längen der Haupt- und Folgeachsen. Alle diese Wachstumsprozesse basieren auf der Aktivierung der in den Adventivwurzeln gespeicherten Reservestoffe. Das Wurzelwachstum setzt erst etwa Anfang Mai wieder ein und erreicht im August seinen Höhepunkt. Überschreitet die Tageslänge 14 Stunden, und es werden Temperaturen über 16 °C erreicht, beginnt die Entwicklung von Ausläufern, aus den Blattachselknospen. Die ersten im Frühjahr differenzierten Blattachselknospen entwickeln sich gewöhnlich auch zu den ersten vegetativen Reproduktionsorganen, den Ausläufern. Diese weisen in der Regel zwei Nodien und zwei Internodien auf. Während sich am zweiten Nodium die erste Ausläuferpflanze entwickelt, die sich adventiv bewurzelt, kann am ersten eine Seitenranke entstehen. Die Ausläuferentwicklung beginnt zur Blütezeit und nimmt dann ständig zu, während die Zahl der neugebildeten Blätter und die Blattgröße allmählich reduziert werden. Dieser Prozeß setzt etwa zum Zeitpunkt der Fruchtreife ein und Mitte August ist dem äußeren Anschein nach das Wachstum der Mutterpflanze zum Stillstand gekommen, auch die Ausläuferbildung hört auf.

*Neutrale Phase*

Im Bereich mittlerer Temperaturen (6···15 °C) setzt unter Langtagsbedingungen die neutrale Wachstumsphase ein. Die Blattstiele werden kürzer und die Blattspreiten kleiner, es bildet sich eine typische Rosette. Die Blattachselknospen verändern unter dem Einfluß abnehmender Tageslängen und Temperaturen ihre Wachstumstendenz. Statt der bisherigen Induktion von zweigliedrigen werden jetzt mehrgliedrige Blattachselknospen gebildet. Sie wachsen zu kleinen Seitenachsen und später zu Seitenkronen aus, die sich adventiv bewurzeln und dadurch in der Lage sind, selbständig zu existieren. In der Altblattzone der Sproßachse beginnt ebenfalls die Neubildung von Adventivwurzeln. Der Wurzelzuwachs erreicht jetzt sein Maximum und wird unter dem Einfluß von Kurztag und weiter absinkenden Temperaturen nach Mitte September fast ganz eingestellt. Durch die Bildung von Seitenkronen kommt es zu einer Verdichtung der Pflanzenstruktur (Bestockung) und zur Regeneration der Sproßachse. Mit der Umstimmung der Pflanze in die folgende generative Phase wird eine wachstumsinaktive Phase eingeleitet. In den oberirdischen Pflanzenteilen bleibt die Aktivität auf Teilungswachstum in den Vegetationspunkten beschränkt, und in der Wurzelzone findet nur noch Streckungswachstum statt.

*Generative Phase*

Ausschlaggebend für die Umstimmung in die generative Phase ist die genetisch fixierte Empfindlichkeit gegenüber dem

Photoperiode-Temperaturkomplex, für den jede Sorte spezifische Schwellenwerte aufweist. Generell kann jedoch festgestellt werden, daß sich unter den Bedingungen von Kurztag und Temperaturen im Bereich von 6···15 °C in den Sproßachsen terminal und axillar die Differenzierung der einzelnen Teile der Infloreszenzen vollzieht. Sie läuft in zeitlich einander nachgeordneten Zellteilungsvorgängen ab. Je nach Abhängigkeit von der Temperatur und der Photoperiodeempfindlichkeit einer Sorte und dem Temperatur- und Photoperiodegang vom Initiationsbeginn bis zum Einsetzen der Winterruhe ergeben sich Unterschiede im Ausbildungsgrad der Blütenteile. So treten unterschiedliche Blütenzahlen und auch eine unterschiedliche Ausdifferenzierung der Haupt- und Seitenachsen auf.

Spät angelegte Infloreszenzen differenzieren wenig aus. Es entstehen kaum verzweigende Blütenstandstypen mit kurzen Sekundär- und rudimentären Tertiärachsen, die relativ wenig Blüten tragen. Die Früchte sind dafür dann gut ausgebildet und reifen verhältnismäßig gleichzeitig.

Bei mittelfrüh veranlagten Infloreszenzen, die in der Hauptachse ausdifferenziert sind, sind auch die Folgeinternodien in das Streckungswachstum im Frühjahr mit einbezogen, so daß die Blütenstände fast die gleiche Höhe erreichen wie bei spät veranlagten Typen. Sie sind aber stärker und tiefer verzweigt und vielblütiger, dadurch reifen die Früchte schon recht folgernd.

Bei früh veranlagten Infloreszenzen ist die Hauptachse voll ausdifferenziert und dadurch nicht mehr streckungsfähig. Sie bilden im Frühjahr vielblütige, basal verzweigte Blütenstände aus, an denen die Früchte dann stark folgernd reifen. Bei extrem früh und in allen Internodien ausdifferenzierten Blütenstandsanlagen bleiben nur die Stiele der Blüten streckungsfähig. Diese nur bei den Primärblütenständen einer Sproßachse vorkommenden Typen treten in Verbindung mit extrem verlängerten und warmen Herbstperioden auf.

Die Anlage der Blütenstände und Einzelblüten erfolgt bis zum Unterschreiten des Wachstumsschwellenwertes (etwa Ende November). Die in dieser Zeit geringer vegetativer Aktivität anfallenden überschüssigen Kohlenhydrate werden in den Wurzeln gespeichert. Mit dem Beginn der Winterruhe schließt sich dann der Jahreszyklus.

### Einfluß entwicklungsphysiologischer Faktoren auf den Ertrag

Aus der Schilderung des Jahresverlaufs der Entwicklung der Erdbeerpflanze ist zu ersehen, daß das jährliche Ertragspotential vorwiegend von den Wachstumsvorgängen in der neutralen und generativen Phase bestimmt wird, während es in der vegetativen Phase realisiert wird. Abgeleitet davon ist im praktischen Erdbeeranbau vor allem auf eine möglichst frühe Pflanzung (Juli/August) bei Verwendung von gut entwickeltem, gesundem Pflanzgut bei ausreichender Bewässerung zu achten. Nur so ist es zu erreichen, daß sich die Pflanzen bis zum Beginn der neutralen Wachstumsphase ausreichend entwickelt haben und dann in der Lage sind, eine Reihe von Seitenkronen und damit im Zusammenhang ein gutes Wurzelsystem auszubilden. Im allgemeinen wird an jeder voll entwickelten Seitenkrone mindestens ein Blütenstand ausdifferenziert, d. h. der Bestockungsgrad ist entscheidend für den Ertrag im folgenden Kulturjahr. Ebenso große Bedeutung hat die gute Ausbildung des Wurzelsystems. Es gewährleistet unter diesen Umständen die optimale Ernährung während der Blütenstandsdifferenzierung und ist darüber hinaus in der Lage, genügend Reservestoffe für die erste Etappe der vegetativen Phase im Frühjahr zu speichern. Bei allen Pflegemaßnahmen sollte grundsätzlich darauf geachtet werden, daß die Wurzeln geschont werden.

Um höchstmögliche Erträge zu sichern, ist es notwendig, die jeweiligen Kulturmaßnahmen den drei Wachstumsphasen der Erdbeere zweckmäßig anzupassen. Nach Kramer et al. (1978) werden in der vegetativen Phase hohe Temperaturen und 70–80% der vollen Wasserkapazität des Bodens benötigt, um je Blütenstand das Optimum von 6–8 Blättern zu erreichen. Durch ausgewogene Düngung, bei der ein Mangel wie auch ein Überangebot unbedingt zu vermeiden ist und der Pflanzenentwicklung entsprechende Wasserversorgung muß das angelegte Ertragspotential realisiert werden. Eine optimale Kaliumversorgung des Bodens beeinflußt die Qualität der Früchte positiv, in gleicher Weise wirkt sich eine ausreichende Phosphordüngung aus. Bei der Festlegung der erforderlichen Mineralstoffmengen ist vom Versorgungsgrad des Bodens auszugehen. Bei Stickstoff ist es notwendig, den mineralischen Anteil im Boden zu bestimmen. Nach Quast (1979) ist der Höchstertrag nur dann gesichert, wenn der mineralisierte Stickstoff, und zwar Stickstoffvorrat plus Zudüngung, im Frühjahr 60–80 kg je ha beträgt. Niedrigere, aber besonders höhere Werte führen zu Ertragsdepressionen.

In der neutralen Phase der Pflanzen, deren Beginn man etwa mit dem Ende der Ernte gleichzusetzen hat, ist nach Kramer et al. (1978) ein starkes Wachstum die Vorleistung für einen hohen Ertrag im nächsten Jahr. Deshalb sind nach der Ernte Düngungsmaßnahmen mit den Hauptnährstoffen N, P, K, die auch über die Beregnungsanlage ausgebracht werden können, wichtig. Durch Defoliation kann die Blütenknospendifferenzierung weiter gefördert und die Einzelfruchtmasse im Folgejahr erhöht werden. Dabei ist jedoch der Zustand des Bestandes zu beachten (Kramer et al. 1977, Fiedler 1979). Darüber hinaus ist zu berücksichtigen, daß nicht jede Sorte positiv auf diese Maßnahme reagiert. Hohe Bodenfeuchte im Zeitraum der neutralen Phase führt zu einer übertriebenen Förderung der Ausläuferbildung und mindert den Ertrag, weil gleichzeitig die Ausbildung von Kronen gehemmt wird.

In der generativen Phase, die sortenspezifisch unterschiedlich Ende August/Anfang September einsetzt, fördern ausreichende Bodenfeuchtigkeit von 60–80% der vollen Wasserkapazität sowie hohe Tagestemperaturen das Wachstum, die Blütenknospendifferenzierung und damit die Ertragsbildung (Kramer et al. 1978).

Neben der Bewässerung und Düngung darf die Gesunderhaltung des Laubes nicht vernachlässigt werden, denn eine maximale Assimilationsleistung und Stoffproduktion ist von großem Einfluß auf die ausreichende Versorgung aller wachsenden Pflanzenorgane mit Assimilaten.

Hohe Erträge in Verbindung mit konzentrierter Fruchtreife sind wesentliche Voraussetzungen für die Einführung maschineller Ernteverfahren. Aber auch die Pflanze selbst und insbesondere die Frucht müssen „erntemaschinengerechte“ technologische Eigenschaften aufweisen. Die Frucht soll neben guten Verarbeitungseigenschaften vor allem so fest sein, daß sie alle notwendigen Manipulationen möglichst schadlos übersteht. Dabei ist zwischen der Festigkeit der Fruchthaut und der des Fruchtfleisches zu unterscheiden. Beide Eigenschaften müssen bei einer mit Maschinen erntbaren Frucht in ausgewogenem Maße vorhanden sein.

Sowohl die genannten Komponenten der Fruchtfestigkeit als auch der Konzentrationsgrad der Fruchtreife und morphologische Eigenschaften der Pflanze selbst sind züchterisch zu beeinflussen. Gleiches gilt für ein hohes Ertragspotential, dessen weitgehende Realisierung aber in hohem Maße von der Intensität der Kulturmaßnahmen beeinflußt wird.

## Literatur

(Auszug — das vollständige Literaturverzeichnis kann beim Verfasser eingesehen bzw. angefordert werden)

CLEMENTS, R. F.: Short day treatment may be answer to producing second crop Redgauntlet. Grower, London 77 (1972) 765—768

DEBOR, H. W., H. SONDERMANN: Aktuelle Literaturinformationen aus dem Obstbau, Univ.-Bibliothek T. U. Berlin Nr. 82, Bibliographie des Internationalen Erdbeeren-Schrifttums

FIEDLER, W.: Einfluß der Defoliation unmittelbar zur Ernte auf verschiedene vegetative und generative Merkmale von Erdbeerpflanzen. Arch. Gartenbau 27 (1979) 369—375

HEIDE, O. M.: Photoperiod and temperature interactions on growth and flowering of strawberry. Physiol. Plant. 40 (1977) 21—26

KRAMER, S., G. THOMAS, C. SCHUCHARDT: Wachstum und Entwicklung der Erdbeere sowie mögliche Beeinflussung durch Wachstumsregulatoren. Wiss. Z. d. Humboldt-Univ. Berlin, Math.-Nat. Reihe XXVII (1978) H. 5, 499—503

KRAMER, S., G. THOMAS, R. BENNE: Untersuchungen zur Defoliation bei Erdbeeren. II. Einfluß der Defoliation in Abhängigkeit vom Alter der Bestände auf Ertrag und mittlere Einzelfruchtmasse. Arch. Gartenbau 25 (1977) 135—139

NIKITOCHKINA, T. D.: The characteristics of strawberry growth and cropping during productive life. (russ.) Dokl. Moskovsk. Sel-skokhoz. Akad. 216 (1976) 57—62

SHAFOROSTOVA, N. K. Morphoenesis of reproductive buds of strawberry. (russ.) Ref. Hort. Abstr. 47 (1977) Nr. 11 269

SYNOWSKI, B., W. D. NAUMANN: Abweichungen im vegetativen und generativen Verhalten von Erdbeerpflanzen nach Mikrovermehrung. Tätigkeitsbericht Inst. f. Obstbau u. Baumschule der Univ. Hann. 1980/81 (1982) 33—34

## Vererbung morphologischer Merkmale und Möglichkeiten der züchterischen Beeinflussung

Der gesamte Komplex der morphologischen Merkmale gliedert sich botanisch in viele einzelne Elemente des Sproßverzweigungssystems. Diese Merkmale zeichnen sich in den Kollektionen der verschiedenen Obstarten durch eine außerordentlich hohe Formenmannigfaltigkeit aus. Ursache dafür sind die verschiedenen geographischen Herkünfte unserer heutigen Kultursorten, zufällige und gezielte Hybridisationen verschiedener Wildarten und Kulturformen sowie natürliche und künstliche Auslese auf bestimmte Werteigenschaften im Verlauf der Evolution. Der genetische Hintergrund der hohen Variabilität morphologischer Merkmale besteht in der genetischen Konstitution der Obstarten, die zwischen den einzelnen Gattungen große Unterschiede aufweist. Am Beispiel des Apfels sollen diese Zusammenhänge dargestellt werden.

Der Apfel mit einem haploiden Chromosomensatz von $n = 17$ weist diploide ($2n = 34$), triploide ($2n = 51$) und tetraploide ($2n = 68$) Formen sowohl bei Kultursorten als auch bei Wildarten auf. Die genetische Konstitution und die der Gattung Malus eigene Selbstinkompatibilität lassen in den Nachkommenschaften unzählige Kombinationsmöglichkeiten der in den Eltern vorkommenden Erbanlagen sowie eine komplizierte Aufspaltung und damit eine große Variabilität erwarten. Diese wird

*Tab. 1:* Ausprägung morphologischer Merkmale an ausgewählten Apfelsorten (nach MURAWSKI 1976)

| Merkmal | Sorten | | | | | |
|---|---|---|---|---|---|---|
| | ‚Alkmene' | ‚Auralia' | ‚Carola' | ‚Clivia' | ‚Helios' | ‚James Grieve' |
| Kronenvolumen ($m^3$) | 20 | 31 | 25 | 15 | 15 | 20 |
| Gesamtverzweigungslänge (m) | 454 | 489 | 279 | 249 | 182 | 379 |
| Verzweigungsdichte ($m/m^3$) | 21 | 16 | 11 | 16 | 12 | 19 |
| Anzahl $S_2$ je Teilverzweigungsystem (Stück) | 673 | 611 | 397 | 428 | 371 | 582 |

einerseits durch Modifikationen, die den Phänotyp beeinflussen und andererseits durch die genotypisch bedingten Variationen hervorgerufen (RIEGER und MICHAELIS 1958), die bei quantitativen Merkmalen zu kontinuierlicher Aufspaltung führen (KAPPERT 1958). Die meisten bisher untersuchten morphologischen Merkmale unterliegen solchen kontinuierlichen Aufspaltungen.

Die Ausprägung morphologischer Merkmale beim Apfel ist deutlich sortenspezifisch. Für die Züchtung sind die sortentypischen Unterschiede dann von Bedeutung, wenn sich in den Nachkommenschaften bestimmte Merkmale ähnlich den Elternsorten ausprägen. Als Hauptursache für die Ähnlichkeit zwischen Eltern und Nachkommen nimmt MURAWSKI (1972) eine hohe additiv genetische Varianz an, die eine zielgerichtete Elternwahl ermöglicht. Voraussetzungen zur ausreichenden Beurteilung des Erbwertes und der Kombinationseignung der Sorten sind Nachkommenschaftsprüfungen. Dazu liegen Untersuchungen vor, die von einzelnen Apfelnachkommenschaften bis zu gezielten Kreuzungsserien reichen. Besonderer Wert wird auf solche wirtschaftlichen Merkmale gelegt, die für die Einordnung der neuen Sorten in intensive Anbausysteme von hoher arbeitsökonomischer Bedeutung sind, wie z. B. Merkmale des Sproßverzweigungssystems, des Habitus und der Wuchsstärke einschließlich Internodienlänge, Kompaktheit des Astgerüstes, Kleinkronigkeit und jährlicher Neuwuchs. Diese Merkmale lassen sich züchterisch schwierig beeinflussen, da sie Komplexe von vielen einzelnen Eigenschaften darstellen. Sie müssen an einem umfangreichen Ausgangsmaterial einzeln erfaßt werden, wenn man einen Selektionserfolg erreichen will.

Einzelne Merkmale des Sproßverzweigungssystems wurden bei Kultursorten (NEUMANN 1965, MURAWSKI 1976) und an verschiedenen Nachkommenschaften (SCHMIDT 1947, LAPINS 1969, FISCHER 1974, MUWAWSKI 1976) untersucht. Wie groß die morphologischen Unterschiede bei einzelnen Sorten sein können, zeigt Tabelle 1 anhand wichtiger kronengestaltender Merkmale.

Bei verschiedenen Apfelnachkommenschaften konnte eine ähnlich hohe Variabilität ermittelt werden. Die Analyse von 6 Nachkommenschaften mit 10 Elternsorten (‚Alkmene', ‚Erwin Baur', ‚James Grieve', ‚Oldenburg', ‚Macoun', ‚Jonathan', ‚Klarapfel', ‚Carola', ‚Berlepsch' und ‚Starking') ergab deutliche Differenzen bei den verschiedenen Einzelmerkmalen des Sproßverzweigungssystems (FISCHER 1977). Die Bildung des Sproßverzweigungssystems ist u. a. von der Aktivität der Apikal- und Lateralmeristeme abhängig (SCHMIDT 1971). Die Apikaldominanz nimmt mit zunehmender Entfernung von der Terminalknospe ab, so

‚Klarapfel‘ × ‚Carola‘

‚Klarapfel‘ × ‚Starking‘

‚Alkmene‘ × ‚Erwin Baur‘

‚Macoun‘ × ‚Jonathan‘

*Abb. 1:* Typische Verzweigungsformen von Hybriden aus den Nachkommenschaften:

daß im zweijährigen Kronenbereich bei den meisten Sämlingen die Lateralmeristeme aktiviert sind und Seitentriebe gebildet werden. Das Ausmaß der Seitentriebbildung ist vom Genotyp abhängig und innerhalb der Populationen sehr heterogen. Die große Variabilität solcher Merkmale, wie Gesamtlänge und Anzahl Seitenachsen 1. Ordnung ($S_1$) im zweijährigen Stammbereich, ermöglicht deren Nutzung zur Auslese von Formen mit mittlerer Verzweigungslänge für einen lockeren Kronenaufbau. Zum Beispiel werden in der Population ‚Klarapfel‘ × ‚Carola‘ überwiegend kurze Seitenäste ($S_1$ — mittlere Trieblänge = 19,8 cm), in der Population ‚Macoun‘ × ‚Jonathan‘ hingegen überwiegend Langtriebe ($S_1$ — mittlere Trieblänge = 27,6 cm) ausgebildet (s. Abb. 1). In der Population mit ‚Carola‘ als Elternsorte prägt sich bei der Mehrzahl der Hybriden der Verzweigungstyp der Sorte ‚Carola‘ aus (s. Abb. 1 oben).

Die Tendenz zu starker Ausprägung der Merkmale des Verzweigungssystems weist auf Starkwüchsigkeit der Hybriden sowie Nachkommenschaften hin, die auch einen erhöhten Schnittaufwand erfordern. Das trifft auch für die Verzweigungsmerkmale der zwei- und dreijährigen Fruchtäste zu. Als starkwüchsig muß die Population ‚Macoun‘ × ‚Jonathan‘ bezeichnet werden. Die Hybriden (Abb. 1 unten) erreichen im Vergleich zu ‚James Grieve‘ × ‚Oldenburg‘ und ‚Alkmene‘ × ‚Erwin Baur‘ die höchsten Werte in der Gesamttrieblänge mit 271 cm (‚James Grieve‘ × ‚Oldenburg‘ = 102 cm, ‚Alkmene‘ × ‚Erwin Baur‘ = 99 cm). Solche Populationen wie ‚Macoun‘ × ‚Jonathan‘ sind in Bezug auf den Verzweigungstyp und die Wüchsigkeit nicht für den Intensivanbau geeignet. Der Schnittaufwand wäre zu hoch. Günstig sind solche Populationen wie ‚Alkmene‘ × ‚Erwin Baur‘ und ‚James Grieve‘ × ‚Oldenburg‘ zu beurteilen. Populationen wie, Berlepsch‘ × ‚Klarapfel‘ erwiesen sich als zu schwachwüchsig. Sie würden im Anbau auf schwachwachsenden Unterlagen wie M 9 nicht den jährlich notwendigen Neuwuchs erreichen (Tab. 2).

Der dreijährige Fruchtast übernimmt eine stark reproduktive Funktion. In einer Reihe von Populationen drückt sich diese Tendenz zur Fruchtbildung besonders in der Entwicklung von kurzem Fruchtholz aus. Eine übermäßige Fruchtholzbildung wie in den Populationen ‚Klarapfel‘ × ‚Starking‘ (mittlere Anzahl von 35 Fruchtspießen, Abb. 1 oben) und ‚Klarapfel‘ × ‚Carola‘ (mittlere Anzahl von 34 Fruchtspießen) bedingt eine hohe Verzweigungsdichte in den Baumkronen. Die Belichtung reicht dann für die Fruchtentwicklung nicht mehr aus. Die Früchte im Innern der Krone bleiben klein und grün. Der Schnittaufwand erhöht sich. Solche Populationen sind für die Auslese nicht geeignet.

*Tab. 2:* Ausprägung der Merkmale „Gesamtlänge" sowie „Länge $S_2$" und „Anzahl $S_2$" an zweijährigen Fruchtästen (nach FISCHER 1977)

| Merkmal | Populationen | | | | | |
|---|---|---|---|---|---|---|
| | ‚Macoun‘ × ‚Jonathan‘ | ‚Klarapfel‘ × ‚Starking‘ | ‚Klarapfel‘ × ‚Carola‘ | ‚James Grieve‘ × ‚Oldenburg‘ | ‚Alkmene‘ × ‚Erwin Baur‘ | ‚Berlepsch‘ × ‚Klarapfel‘ |
| Gesamtlänge (cm) $\bar{x}$ | 271 | 238 | 199 | 197 | 179 | 164 |
| Länge $S_2$ (cm) $\bar{x}$ | 174 | 132 | 95 | 102 | 99 | 63 |
| Anzahl $S_2$ (Stück) $\bar{x}$ | 15 | 14 | 14 | 13 | 12 | 13 |

*Tab. 3:* Beispiele für den Anteil additiv genetischer Varianz ($h^2_e$) an der gesamten genetischen Varianz bei Erdbeere und Apfel (nach MURAWSKI und FISCHER 1979)

| Erdbeere | | Apfel | |
|---|---|---|---|
| Anzahl Seitenkronen | 0,21 | Internodienlänge | 0,78 |
| Anzahl Blütenstände | 0,28 | Mehltauresistenz | 0,49 |
| Anzahl Fruchtstände | 0,18 | Länge Seitenäste | 0,41 |
| Wuchsstärke | 0,13 | Anzahl Seitenäste | 0,32 |

Einen besseren Verzweigungstyp weisen Populationen wie ‚James Grieve' × ‚Oldenburg' und ‚Alkmene' × ‚Erwin Baur' (Abb. 1 unten) in bezug auf die reproduktive Leistung aus. Die Selektionsrate ist für einen geeigneten morphologischen Typ in diesen Populationen vergleichsweise hoch.

Die Variabilität der dargestellten morphologischen Merkmale der Sproßverzweigungssysteme in den 6 Populationen läßt eine kontinuierliche Aufspaltung erkennen, aus der auf die polygene Bedingtheit der Merkmale geschlossen werden kann. Diese Aufspaltung ist von der klassischen Genetik her schwer zu interpretieren. Die Anwendung spezifischer statistischer Verfahren wie Schätzungen der Heritabilität und genetischer Varianzkomponenten, kann nach der vorherrschenden Art der Genwirkungen den notwendigen Selektionserfolg sichern. Derartige Untersuchungen liegen bei Erdbeere (MURAWSKI 1979, WATKINS, SPANGELO und BOLTON 1970) und bei Apfel (DATHE 1978, WATKINS und SPANGELO 1970) vor. Während bei der Erdbeere der Anteil additiver genetischer Varianz klein und der Anteil nichtadditiver Varianz bestimmend ist (MURAWSKI 1979), herrscht beim Apfel vorwiegend additiv genetische Varianz vor (DATHE 1978) (Tab. 3). Auf der Grundlage der Schätzwerte der Heritabilität wird die Beurteilung der Merkmale für die Selektion vorgenommen. In Untersuchungen an 35 Nachkommenschaften mit 14 Elternsorten (DATHE 1975) wurden morphologische Merkmale ermittelt, die sich durch einen hohen genetischen Ausprägungsgrad und eine geringe Umweltvariabilität auszeichnen, z. B. die Merkmale Kronenvolumen und Internodienlänge. Sie können als züchterisch aussichtsreiche Selektionsmerkmale genutzt werden. Sehr gut geeignet für die frühzeitige Selektion sind die Merkmale „Gesamtlänge der $S_1$" für den Verzweigungstyp, „mittlere Internodienlänge" für die Form und Höhe der Krone, „Kronenvolumen" für den Wuchstyp. Das Kronenvolumen ist zugleich ein wirtschaftlich bedeutendes Merkmal, das den Habitus charakterisiert und auch eine Bezugsgröße für die Ermittlung des möglichen spezifischen Ertrages darstellt. Es gilt als wichtiger Parameter für das Ertragspotential von Idiotypen und kann nach den angegebenen Heritabilitätsschätzwerten als Selektionsmerkmal genutzt werden.

Für den Züchter ist von großer Bedeutung, von welchen Elternsorten mit hoher Wahrscheinlichkeit bestimmte gewünschte Merkmalsausprägungen zu erwarten sind. Darauf geben beim derzeitigen Stand der Erkenntnisse die Schätzwerte der allgemeinen Kombinationseignung schlüssige Hinweise. So ermittelte DATHE (1975) für das Merkmal Kronenvolumen in Nachkommenschaften mit den Elternsorten ‚Alkmene', ‚Clivia', ‚Cox Orangen', ‚Jonadel', ‚Carola', ‚Idared' und

,Jonathan' im Durchschnitt kleinkronigere Formen als mit den Elternsorten ,Auralia', ,Golden Delicious', ,McIntosh', ,Starkrimson', ,Undine' und ,Juno'. Die zuletzt genannten Sorten sind also in den Nachkommenschaften weniger geeignet zur Auslese von Hybriden mit kleinkronigen Formen. Die Entwicklung intensiver Anbausysteme auf schwachwachsenden Unterlagen mit kleinkronigen Sorten erfordert vom Züchter, nach neuen Wegen zu diesem Ziel zu suchen.

Ein morphologisches Merkmal, das beim Apfel zu einem Beispiel für eine relativ einfache Vererbung im Sinne der klassischen Genetik geworden ist, ist die Internodienlänge. Durch spontane Mutationsversuche und in Kreuzungsnachkommenschaften (Murawski und Jaschkova 1972, Fischer 1974, Lapins 1974, 1976) wurden Idiotypen mit verkürzten Internodien bzw. Spurtypen gefunden, die sich von den übrigen Idiotypen durch einen veränderten Habitus unterscheiden und von obstbaulichem Interesse sind. Die Verkürzung der Internodien ist wahrscheinlich prävalent bedingt (Blodgett und Aichele 1960, Knight 1964, Arasu 1968, Murawski 1966b). Murawski (1969) wies nach, daß zwischen Trieb- und Internodienlänge bei Sämlingen keine Beziehung besteht. Die Ursachen der stark verkürzten Internodien der Apfelsorte ,Alkmene' liegen im Wachstumsrhythmus dieser Sorte begründet. Die Wachstumsraten der Internodienlänge von ,Clivia' und ,Alkmene' (1,52 und 1,31 mm/Tag) sind signifikant niedriger als die von ,Auralia' und ,Herma' (2,07 und 1,98 mm/Tag) (Murawski und Jaschkova 1972).

In zahlreichen Versuchen erwiesen sich einige chemische Substanzen als bedeutungsvoll, die vor allem das Sproßwachstum hemmen, die somit dem Gibberellin entgegenwirken. So kann durch Anwendung des Hemmstoffes Alar beim Kernobst eine Trieb- und Internodienverkürzung erreicht werden. Es ist bekannt, daß Wachstum und Entwicklung der Pflanzen hormongesteuerte Prozesse sind. Die Wirkung der breiten Palette der Wachstumsregulatoren auf die Morphogenese kann so gedeutet werden, daß sie

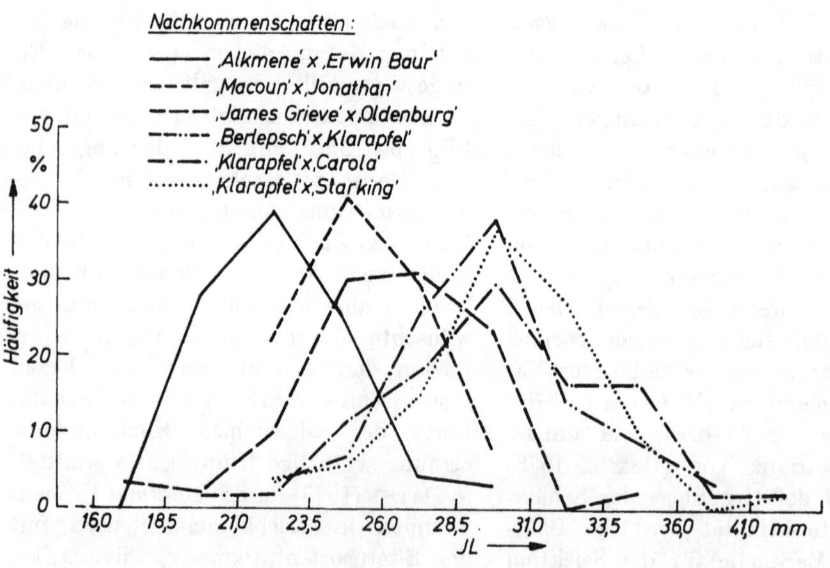


*Abb. 2:* Internodienlänge am einjährigen Langtrieb (nach Fischer 1977)

fähig sind, Genwirkungen zu aktivieren oder zu blockieren. Die großen Unterschiede im Wirkungsmechanismus verdeutlichen z. B. die Sorten ‚Alkmene' und ‚Auralia'. Morphologisch gleichen die gestauchten Internodien von ‚Alkmene' den Trieben solcher Sorten mit längeren Internodien, die mit Alar behandelt wurden.

In Nachkommenschaften mit der Apfelsorte ‚Alkmene' wurden die signifikant kürzesten Internodien ausgeprägt (MURAWSKI und JASCHKOVA 1972, FISCHER 1974). In Abbildung 2 ist am Beispiel von 6 Populationen die mittlere Internodienlänge am einjährigen Langtrieb dargestellt. Zwischen den Populationen bestehen deutliche Unterschiede. Die Variabilität ist in den Populationen genügend groß, um Sämlinge mit kurzen Internodien auszulesen. Durch die Verkürzung der Internodien entstehen kleinkronige Formen mit kompaktem Wuchs bzw. Spurtypen. Das bestätigen Beobachtungen an amerikanischen Spurtyp-Sorten der ‚Delicious'-Gruppe (SILBEREISEN 1967a, b) sowie an Nachkommen aus der Population ‚Grove' × (‚Winesap' × ‚Rome Beauty') (OBERLE 1965). Auch Nachkommen aus Kombinationen mit ‚Clivia' verhalten sich ähnlich (MURAWSKI und JASCHKOVA 1972). Der für Apfelgehölze unkomplizierte Erbgang des Merkmals Internodienlänge ermöglicht durch gezielte Elternwahl eine züchterische Nutzung zur Herstellung von Baumformen mit Spurtypcharakter.

Gleichzeitig kann mit der Verkürzung der Internodien die Blattfläche beeinflußt werden. Zwischen den Merkmalen Internodienlänge, Blattgröße und Blattfläche je Trieblängeneinheit besteht eine enge Wechselwirkung. Bei der vorhandenen Variabilität spalten in Nachkommenschaften von Sorten mit kurzen Internodien und größerer Einzelblattgröße Idiotypen mit kompaktem Wuchs und vergrößerter Blattfläche je Trieblängeneinheit heraus (Abb. 3). Die Nachkommenschaft ‚Alkmene' × ‚Erwin Baur' hat von 6 untersuchten Populationen auf Grund der kürzesten Internodien die

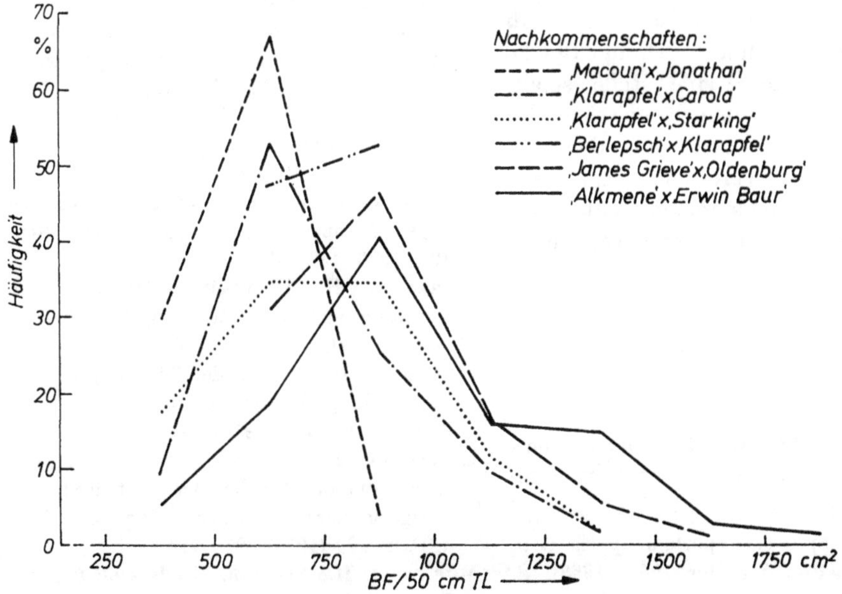


*Abb. 3:* Blattfläche je 50 cm Trieblänge (nach FISCHER 1977)

größte Blattfläche je Einheit der Trieblänge. Die Blattgröße besitzt eine mittlere Ausprägung, die für eine ausreichende Belichtung der Krone als günstig beurteilt wird. Da zwischen Blattgröße und Blattfläche je Trieblängeneinheit sowie der Photosyntheseleistung ein enger Zusammenhang besteht, kann durch die Vergrößerung der Blattfläche je Trieblängeneinheit auch das photosynthetische Potential in bestimmten Grenzen erhöht werden. Auf Grund dessen wird in den Nachkommenschaften auf eine mittlere Ausprägung des Merkmals Blattfläche selektiert. Damit kann sowohl eine genügende Belichtung der Krone als auch eine ausreichende Blattfläche, die von MURAWSKI und WUTTKE (1971) mit etwa 4 $m^2$ je $m^3$ Kronenvolumen angegeben wird, zur optimalen Entwicklungs- und Ertragsbildung gewährleistet werden. Die genetische Variabilität ist für die Selektion solcher Idiotypen genügend groß.

Eine enge Wechselbeziehung besteht zwischen Blühwilligkeit, Fruchtungstendenz und Ertrag. Aus Beobachtungen an Zuchtmaterial ist zu schließen, daß bei der Ertragsbildung auch die Stärke der Apikaldominanz eine Rolle spielt. Über die Zusammenhänge zwischen der morphologischen Struktur und dem Ertrag sowie ihrer Vererbung liegen aus den Kreuzungsnachkommenschaften gegenwärtig noch keine sicheren Ergebnisse vor.

## Literatur

(Auszug — das vollständige Literaturverzeichnis kann beim Verfasser eingesehen bzw. angefordert werden)

ARASU, N. T.: Spur-type sports in apples. Rep. E. Malling Res. Sta. for 1967 (1968), S. 113—119

BLODGETT, E. C., M. D. AICHELE: Some notes on apple varieties. Washington State Departm. of Agricult. Bull. Nr. 3, Washington (1960)

DATHE, B.: Quantitativ-genetische Untersuchungen an Apfelsämlingen zur Entwicklung neuer Selektionsprinzipien. Diss., AdL, DDR Berlin (1975)

DATHE, B.: Quantitativ-genetische Untersuchungen an Apfelsämlingen zur Entwicklung neuer Selektionsprinzipien. Arch. Züchtungsforsch. **8** (1978) 79—89

FISCHER, C.: Untersuchungen zur Variabilität morphologischer Merkmale an Apfelsämlingen als Beitrag zur Verbesserung der Züchtungsmethodik in der Apfelsortenzüchtung. Diss. AdL, IfO Dresden-Pillnitz (1974)

FISCHER, C.: Untersuchung zur Ausprägung morphologischer Merkmale an Apfelsämlingen als Beitrag zur Verbesserung der Züchtungsmethodik in der Apfelsortenzüchtung. Arch. Züchtungsforsch., **7** (1977) 283—297

KAPPERT, H.: Die natürliche Formenmannigfaltigkeit der Organismen. In: Handbuch d. Pflanzenzücht. 2. Aufl., Bd. 1 Berlin, Hamburg, Paul-Parey-Verlag (1958) 1—53

KNIGHT, R. L.: Progress in breeding apples and pears. Proc. of the Balsgard Fruit Breeding Symposium, 31. 8.—2. 9. 1964

LAPINS, K. O.: Segregation of compact growth types in certain apple seedling progenies. Can. J. Plant. Sci. **49** (1969) 765—768.

LAPINS, K. O.: Spur type growth habit in 60 apple progenies. J. Amer. Soc. Hort. Sci., **99** (1974) 568—572

LAPINS, K. O.: Inheritance of compact growth type in apple. J. Amer. Soc. Hort. Sci., **101** (1976) 133—135

MURAWSKI, H.: Über einige Probleme zur Verbesserung des Züchtungsfortschrittes beim Apfel. Unveröff. Manuskript 1972

MURAWSKI, H.: Beitrag der Züchtung für die Entwicklung der Anbausysteme. Tag.-Ber. AdL d. DDR **141** (1976) 35—42

MURAWSKI, H.: Schätzung genetischer Varianz-Komponenten bei der Gartenerdbeere (Fragaria ananassa Duch.). Tag.-Ber. AdL d. DDR **174** (1979) 207—213

MURAWSKI, H.; FISCHER, M.: Beschleunigung des Zuchtfortschritts in der Obstzüchtung durch gezielte Anwendung genetischer Erkenntnisse in Verbindung mit Methoden der Kombinationszüchtung — eine internationale Aufgabe. Tag.-Ber. AdL d. DDR **174** (1979) 11—13

NEUMANN, U.: Die Struktur der Ertragskapazität von Apfelsorten und ihre Bedeutung für die Kronenerziehung. Habil-Schrift Univ. Rostock (1965)

OBERLE, G. D.: The occurrence of spur type trees in seedling apple populations. Fruit Var. Hort. Dig. **19** (1965) 43—46

SCHMIDT, M.: Beiträge zur Züchtungsforschung beim Apfel. I. Phänologische, morphologische und genetische Studien an Nachkommenschaften von Kultursorten. Züchter, **17./18.** (1947) 161—224

SCHMIDT, S.: Untersuchungen über den Phosphorstoffwechsel der Blätter in Beziehung zum entwicklungsbiologischen Verhalten von Apfelbäumen (Malus domestica) Arch. Gartenbau **19** (1971) 157—192

SILBEREISEN, R.: In- und ausländische Erfahrungen mit „Spur"-Typen. Erwerbsobstbau **9** (1967a) 51—54

SILBEREISEN, R.: Über das Verhalten von „Spur"-Typen. Bad. Obst- u. Gartenbauer, **6** (1967b) 25—29

WATKINS, R.; L. P. S. SPANGELO: Components of genetic variance for plant survival and vigour of apple trees. Theoretical and applied Genetics **40** (1970) 195—203

WATKINS, R., L. P. S. SPANGELO, A. T. BOLTON: Genetic variance components in cultivated Strawberry. Canad. J. Genet. Cytol., Ottawa **12** (1970) 52—53

## Korrelative Beziehungen zwischen Wurzel und Sproß

Infolge der starken Heterozygotie der Kernobstarten ist die Anzucht von Bäumen auf generativem Wege nicht möglich. Zwar gelingt es, Ertragssorten durch autovegetative Vermehrung anzuziehen, aber der Aufwand ist viel zu groß, als daß diese Methode praktischen Wert erlangen könnte. Aus diesem Grund hat sich die Vermehrung der Ertrags-(= Edelsorten) durch Pfropfung auf Unterlagen durchgesetzt. Der Obstbaum besteht daher in der Regel aus einer artgleichen oder artfremden generativ oder vegetativ vermehrten Unterlage, der eine Ertragssorte aufveredelt wurde.

### Wechselbeziehungen zwischen Wurzel und Sproß bei nicht kombinierten Gehölzen

Nichtkombinierte, d. h. unveredelte Gehölze, z. B. Unterlagen oder Ertragssorten auf eigener Wurzel, stellen eine physiologisch einheitliche Pflanze dar, deren Organe bestimmte Aufgaben zu übernehmen haben. Bei ungestörter Entwicklung streben verschiedene Organe eines Baumes ein ganz bestimmtes Verhältnis zueinander an und sind bemüht, dieses ständig aufrechtzuerhalten (UMHAUER 1962). Oberirdische Pflanzenteile und Wurzelsysteme korrelieren ebenso in typischer Weise miteinander wie Sproßachsen und Seitentriebe. Diese Gesetzmäßigkeiten der Baumentwicklung lassen für die Praxis des Obstbaues wichtige Schlußfolgerungen zu. So konnte bei Birnenunterlagen ein Zusammenhang zwischen dem Ablauf des Dickenwachstums beim Stamm in der Baumschule während der ersten Entwicklungsjahre und dem Ausmaß der Bewurzelung auf dem Verschulbeet nachgewiesen werden. Jeder willkürliche Eingriff führt zur Störung der Korrelation und damit zu einem Mißverhältnis zwischen ober- und unterirdischen Organen. Daher können Wuchsmerkmale nur zu einem Zeitpunkt ermittelt werden, zu dem dieses korrelative Verhältnis entweder noch nicht gestört ist oder sich nach erfolgtem Eingriff wieder eingependelt hat.

Grundsätzlich verläuft das Stoffwechselgeschehen bei unveredelten Pflanzen, im Gegensatz zu Veredlungskombinationen, sortentypisch und ungestört. Bei veredelten Bäumen verändert sich der Stoffwechsel im Rahmen der korrelativen Beziehungen der Veredlungspartner zueinander.

## Wechselbeziehungen zwischen Wurzel und Sproß bei kombinierten Gehölzen

Kombinierte, d. h. veredelte Gehölze, bestehen aus der Unterlage und einer Kultur(= Ertrags)sorte. Manchmal wird noch ein dritter Partner, eine Zwischenveredlung, dazwischengeschaltet. Die im kombinierten Gehölz vereinigten Pfropfpartner Sorte, Unterlage und evtl. Zwischenveredlung sind genetisch unterschiedliche Pflanzen, die auch in der Veredlungsgemeinschaft versuchen werden, ihre genetisch bedingte Reaktionsnorm so weit wie möglich aufrechtzuerhalten. Eingeschränkt wird dieses Bestreben durch die den Veredlungspartnern aufgezwungene Arbeitsteilung, die beide voneinander abhängig werden läßt. Die Unterlage stellt das wasser- und nährstoffaufnehmende Wurzelsystem, dabei ist zu berücksichtigen, daß für das Wachstum wichtige Stoffe, z. B. Wachstumsregulatoren und bestimmte Aminosäuren, in der Wurzel synthetisiert werden (siehe S. 205). Die Blätter der Edelsorte sorgen für den Stoffgewinn durch Assimilation des $CO_2$. Der Stammteil beeinflußt den Transport der Stoffe von der Wurzel zur Krone und umgekehrt. Seine Fermentgarnituren spielen beim Stoffaustausch sicher ebenfalls eine Rolle. Unser Wissen über diese Zusammenhänge ist jedoch noch sehr gering. Aus mehreren Komponenten bestehende Gehölze zeigen gewisse Umstimmungen in der Entwicklung bis hin zu Wachstumshemmungen, bedingt durch den mehr oder weniger veränderten Stoffwechselablauf.

Ein Baum, bestehend aus mehreren Teilindividuen, verhält sich im Wuchs und Ertrag daher anders als es die Sorte (Unterlage) auf eigener Wurzel tun würde. Das durch Pfropfung entstandene „Sammelindividuum" gehorcht neuen, eigenen Gesetzmäßigkeiten, die ihre Ursachen in der gegenseitigen stofflichen Beeinflussung der Partner finden.

### *Einfluß der Pfropfkombination auf den Hormonhaushalt*

Auf Grund einer umfangreichen Analyse von Arbeiten über Unterlagen-Edelreis-Korrelationen stellt McKenzie (1961) die Hypothese auf, daß wuchshemmende Substanzen eine vorrangige Rolle bei der Determinierung der Wuchsstärke von Apfelklonen spielen. Er kommt zu dieser Ansicht durch Analogieschlüsse auf Grund von Beobachtungen der Leistungen anderer Pflanzen, bei denen Untersuchungen zu dieser Problematik ausgeführt wurden. Es zeigte sich, daß Zwergsorten von Getreide einen viel niedrigeren Auxinspiegel als wüchsigere Sorten besitzen. Die Auxinwirkung ist nicht deswegen eingeschränkt, weil davon zu wenig produziert wird, sondern weil der fermentative Abbau des Auxins beschleunigt ist.

Die Neigung zu stärkerer Verzweigung ist ein charakteristischer Zug schwachwüchsiger Unterlagen. Die extrem schwachwüchsigen Typen haben bei natürlicher Entwicklung eine ausgeprägte Tendenz zu horizontalem Wuchs. Auxinanhäufungen in den Sproßspitzen behindern den Austrieb der darunter stehenden Lateralknospen und führen zu apikaler Dominanz, d. h. sie fördern den Wuchs weniger und steil aufrecht wachsender Triebe. Auxinmangel in den Spitzenknospen bedingt dagegen starke

Verzweigung; der Austrieb der tiefer stehenden Lateralknospen wird kaum behindert. Es ist wahrscheinlich, daß die Wuchsintensität auch bei Obstgehölzen weitgehend über den Auxinhaushalt gesteuert wird. Eine Hypothese, welche auf der Zerstörung bzw. Hemmung von wachstumsfördernden Substanzen durch entsprechende Fermentgarnituren der Unterlage beruht, besitzt große Wahrscheinlichkeit. Die Hemmung im Sproßwachstum käme dann dadurch zustande, daß diese Hemmstoffe über das Transportsystem von der Unterlage in die aufveredelte Ertragssorte wandern. Dabei ist zu berücksichtigen, daß das Auxin zwar eine sehr wichtige Rolle beim Sproßwachstum spielt, daß aber auch Gibberelline, Zytokinine und schließlich die stark wuchshemmende Abscisinsäure mitwirken und in ständiger Wechselwirkung zu den Auxinen stehen.

Versucht man die unterlagenbedingte Wuchshemmung allein auf veränderte Auxinproduktion der Edelsorte zurückzuführen, so ließen sich viele Fakten in der Verhaltensweise der Veredlungskombinationen nicht erklären. Die Hypothese ist geeignet, wesentliche durch Unterlagen und Zwischenveredlungen verursachte Wirkungen einzuordnen, wenn auch vieles noch nicht experimentell bewiesen ist.

### *Wechselwirkungen zwischen Wurzel und Sproß bei ungestörter Entwicklung*

#### *Sorten- und Unterlageneinflüsse auf Merkmale der Baumentwicklung*

De Haas und Hildebrandt (1967) haben die wichtigsten möglichen Wechselwirkungen der Veredlungspartner zusammengestellt. Demnach verändert die Wurzelunterlage folgende Eigenschaften der Ertragssorte:

- Wuchsstärke, Baumhöhe, Lebensdauer,
- Habitus der Krone (Astwinkel),
- Standfestigkeit der Bäume,
- Vegetationsablauf (Austrieb, Blüte, Blattfall, Triebabschluß),
- Dauer der Phasen der Baumentwicklung,
- bei Früchten Reifezeit (bei Kernobst Baum- und Genußreife) Größe, Farbe, Haltbarkeit, Empfindlichkeit gegenüber physiologischen Krankheiten,
- Anfälligkeit des Baumes gegenüber Krankheitserregern,
- direkte Übertragung von Krankheitserregern (Viren, Mykoplasmen),
- Frostanfälligkeit,

Einfluß der Ertragssorte auf die Unterlage:

- Wuchsstärke der Wurzel,
- Wachstum der Wurzel in die Tiefe,
- Verzweigungswinkel der Wurzel.

Allein aus dieser Aufstellung wird ersichtlich, daß die Wechselwirkungen zwischen Unterlage und Edelsorte sowohl quantitativer als auch qualitativer Art sind. Zahlreiche Untersuchungsergebnisse deuten auf das Vorherrschen des Unterlageneinflusses hin. Das betrifft nicht nur das Wachstum oder die generative Entwicklung der Sorte, sondern auch ihre anatomische Struktur (McKenzie 1961). Das bedeutet jedoch nicht, daß das Edelreis keinen Einfluß hätte. Im Gegenteil, die aufveredelte Sorte besitzt eine hohe Stabilität ihres eigenen Stoffwechsels, der sich unabhängig von der Unterlage durchsetzt. Die Unterlage modifiziert das Edelreis, zumindest was den Wuchscharakter anbelangt, stärker als das Edelreis die Unterlage.

Als Beispiel für die Wechselbeziehungen von Merkmalen der Unterlage, der Ertragssorten und der Veredlungskombinationen an Baumschulgehölzen soll die Abbildung 1 dienen. Die hier dar-

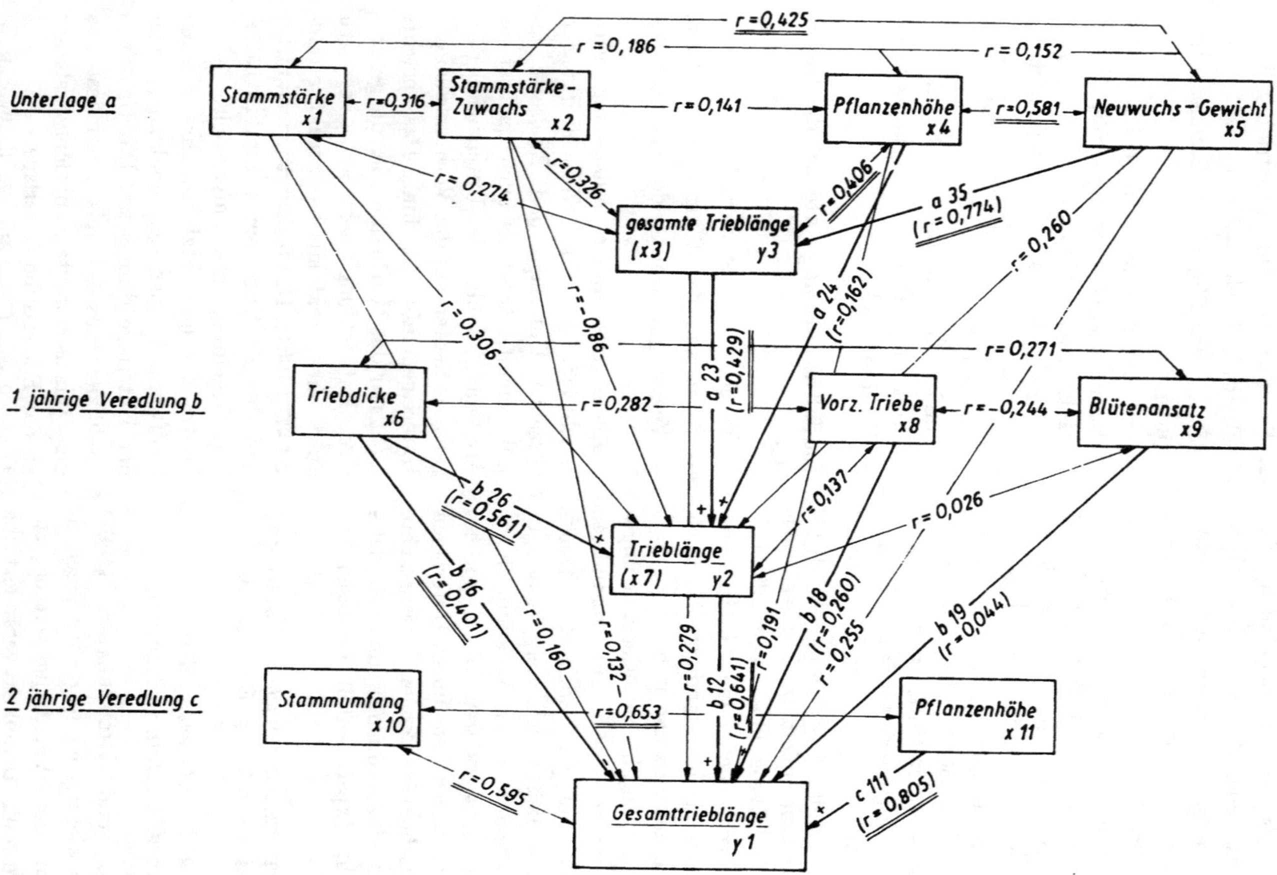


*Abb. 1:* Übersicht über Merkmalsbeziehungen von Baumschulgehölzen der Sorte ‚Golden Delicious' auf M 4 n = 40 (Signifikante Regressionskoeffizienten — Korrelationskoeffizienten —) Signifikanz rP = 5% — P = 1% — n. s.

gestellten Korrelationskoeffizienten charakterisieren die Art und die Ausprägung der Beziehungen.

*Einfluß einer Zwischenveredlung auf Verträglichkeit sowie Wuchs- und Ertragsverhalten der Kombination*

Die Anzucht der Bäume mit Stammbildern bzw. Zwischenveredlung ist auf praktische Erwägungen zurückzuführen. Die Baumschulbetriebe mußten für die rationelle Anzucht zu langsam, schwach- oder krummwachsender bzw. mit der Unterlage wenig verträglicher Sorten jeweils geeignetere, wüchsigere Partner als Zwischenveredlung einschalten, um der Praxis straff gewachsene bzw. nicht durch geminderte Verträglichkeit geschwächte Bäume liefern zu können.

Dadurch werden zweifellos die physiologischen Beziehungen des nunmehr aus drei selbständigen Partnern zusammengesetzten Gehölzes kompliziert. Es ist zu bedenken, daß für die Ertragssorte die Zwischenveredlung die „Unterlage" darstellt, für die eigentliche Unterlage ist die Zwischenveredlung die „Sorte" mit ihren jeweiligen Einflußmöglichkeiten. Obwohl die den Stamm bildende Zwischenveredlung vorwiegend dem wechselseitigen Stofftransport dient, beeinflußt sie doch auch den Stoffwechsel der beiden anderen Partner. In manchen Fällen kann dieser behindert werden, zumindest ist wahrscheinlich, daß manche von der Krone in die Wurzel gelieferten Stoffwechselprodukte und umgekehrt, sich beim Durchgang durch die Zwischenveredlung verändern. Nur so ist zu erklären, daß über die Zwischenveredlung zwei Partner, die bei unmittelbarer Verbindung miteinander nicht lebenstüchtig sind, wie z. B. die Quittenunterlage und ‚Williams Christ' durch Einschaltung der Zwischenveredlung (‚Gellerts') ausreichende Verträglichkeit erlangen.

Die vermehrten Veredlungsstellen führen jedoch, wie Untersuchungen zeigen, zu Stauungen im Stoffwechsel. Friedrich (1970) faßt seine Erkenntnisse über die physiologische Wirkung von Zwischenveredlungen wie folgt zusammen:

„Die Zwischenveredlung wirkt nicht ausschließlich auf die Krone ein, sondern verändert analog dazu auch die Wüchsigkeit der Unterlage und zwar in der Weise, daß diese sich in ihrer Entwicklungstendenz ebenfalls der Wuchsstärke des jeweilig schwächsten Partners weitgehend angleicht. Das bedeutet aber, daß ein Baum mit einer oder auch mehreren Zwischenveredlungen in bezug auf seine Standfestigkeit letzten Endes das Verhalten des schwachwüchsigsten Partners widerspiegelt".

So verliert z. B. der starkwüchsige ‚Boskoop' auf der Unterlage Sämling nicht nur seine Starkwüchsigkeit, sondern auch seine Standfestigkeit, sobald M 9 zwischen Unterlage und Sorte eingeschaltet wird.

Versuchsergebnisse mit Apfel und Birne zeigen, daß das Wuchsverhalten einer Sorte durch verschiedene Zwischenveredlungen in unterschiedlicher Weise, also keinesfalls immer gleichsinnig, beeinflußt wird (Friedrich 1961).

Langjährige Versuche lassen erkennen, daß bei manchen Sorten Ertrag und Lebensdauer durch eine günstige Zwischenveredlung wesentlich erhöht werden können (z. B. ‚Hibernal'-Stammbildner zwischen M 11 und ‚Ontario'). Im gleichen Sinne wirkt eine gut verträgliche Zwischenveredlung als Verbindung zweier unzureichend miteinander verträglichen Partner.

Neben der möglichen Regulierung des Wuchs- und Ertragsverhaltens durch die

Verwendung bestimmter Zwischenveredlungssorten tragen diese auch zur Erhöhung der Resistenz gegen Winterfrost (z. B. ‚Antonowka', ‚Hibernal') und Stammerkrankungen, wie z. B. Kragenfäule (*Phytophtora cactorum*) bei.

*Besonderheiten im Zusammenleben einer art- oder sortenfremden Wurzel mit einer Ertragssorte.*

Das harmonische Zusammenleben zwischen verschiedenen Pfropfpartnern ist nicht immer gegeben. Einer der Gründe ungenügender Verträglichkeit kann das zu weite Verwandtschaftsverhältnis der Partner sein. Andererseits geht die Verträglichkeit oft weit über Art-, gelegentlich sogar über Gattungsgrenzen hinaus (z. B. *Prunus domestica/Prunus armeniaca, Cydonia/Pyrus, Cydonia/Crataegus*). Solche im Pflanzensystem so nahestehenden Arten wie Apfel und Birne sind hingegen untereinander nicht ausreichend verträglich.

Die Unverträglichkeit von Pfropfpartnern kann sich sehr unterschiedlich äußern. Im extremsten Fall kommt es zu keiner lebensfähigen Verbindung, die Edelsorte wird von der Unterlage nicht angenommen. In anderen Fällen erfolgt eine meist ungenügende, nur auf enge Gewebepartien beschränkte Verwachsung miteinander, so daß es bei mechanischer Belastung zum Ausbruch der Edelsorte kommt. Nicht ausreichende Affinität äußert sich auch in einer Verminderung des Wuchses ober- und unterirdischer Teile, Verfrühung des Ertragsbeginns, vorzeitiger Laubfärbung (verstärkte Anthozyanbildung), vorzeitigem Laubabfall sowie verfrühtem Triebabschluß. Fast immer werden unzureichende Mengen an Reservestoffen gebildet. Dadurch erhöht sich u. a. die Frostempfindlichkeit, und die Lebensdauer des Baumes wird verkürzt.

*Praktische Nutzung der Kombinationswirkung in der Obstproduktion*

Das nach bestimmten auch ökonomisch beeinflußten Gesichtspunkten aus Edelsorte und Unterlage zusammengesetzte Obstgehölz ist das wichtigste und für den obstbaulichen Erfolg, aber auch Mißerfolg, bestimmende Produktionsmittel. Die Austauschbarkeit der Partner, die Möglichkeit, die Kombinationswirkung zu varriieren, ist entscheidend dafür, daß bei zweckmäßiger Anpassung der Kombinationen an den Standort einschließlich der dort möglichen Bodenpflege, bei Wahl eines günstigen Pflanzsystems und Berücksichtigung arbeitswirtschaftlicher und ökonomischer Forderungen, optimale Leistungen erzielt werden können.

*Anpassung der Kombinationen an der Standort*

Die Unterlage einer Veredlungskombination ist das Bindeglied zum Standort für die Edelsorte. Das Vorhandensein mehrerer, unterschiedlich wirkender und reagierender Unterlagen gestattet es, durch richtige Wahl der Unterlage die Ertragssorte an Besonderheiten des gegebenen Standortes anzupassen. Je besser dies gelingt, um so günstiger sind Pflanzenentwicklung und Ertragsverhalten. Weiterhin ermöglicht das Vorhandensein sehr unterschiedlicher Unterlagen die optimale obstbauliche Nutzung eines weiten Spektrums recht unterschiedlicher Standortverhältnisse. So können durch Einschalten starkwüchsiger und anspruchsloserer Unterlagen in die Kombination auch leichte Böden noch mit ausreichendem ökonomischen Effekt genutzt werden.

*Anpassung der Kombinationen an das Pflanzsystem*

Industriemäßige Produktionsverfahren im Obstbau bedingen die Standardisierung der Pflanzsysteme. Diese Forderung ist nur realisierbar, wenn die Entwicklungstendenzen der Veredlungskombinationen voraussehbar und abschätzbar sind. Dabei müssen die jeweiligen Standort- und Pflegeeinflüsse auf die Kombination berücksichtigt werden. Die Kombinationswahl ist so zu treffen, daß an dem gegebenen Standort dem jeweiligen Pflanzsystem zugeordnete Parameter der Pflanzenentwicklung, insbesondere was die Wuchsstärke der Bäume anbelangt, erreicht werden. Das macht ferner eine jederzeitige Reproduzierbarkeit der vegetativen und generativen Verhaltensweise der Veredlungskombinationen erforderlich, die gegenwärtig am effektivsten durch Verwendung von vegetativ vermehrbaren Unterlagen zu sichern ist. Die genannten Forderungen gewinnen mit zunehmender Mechanisierung weiterer Arbeitsgänge im Produktionsverfahren, insbesondere bei Schnitt und Ernte, erhöhte Bedeutung.

*Anpassung der Kombinationen an arbeitswirtschaftliche und ökonomische Forderungen*

Die Austauschbarkeit der Kombinationspartner hat neben pflanzenbaulichen auch wesentliche arbeitswissenschaftliche und somit ökonomische Folgerungen. Gestellte Forderungen sind durch entsprechende Partnerwahl weitgehend zu realisieren. Daß die Sorte selbst zum Standort passen muß, sei in diesem Zusammenhang nochmals erwähnt. Der Wechsel der Ertragssorte hat für das Wuchs- und Ertragsverhalten einer Kombination primäre Bedeutung. Der arbeitswirtschaftliche Aufwand und seine Abhängigkeit von der Ertragshöhe beeinflussen das Betriebsergebnis. Unterschiede ergeben sich auch von Sorte zu Sorte. Daher spielt die Sortenwahl selbst eine entscheidende Rolle.

Ähnliches gilt, wenn auch nicht so gravierend, für die Unterlage. Wuchsverlauf und Wuchsstärke, Ertragsbeginn, Ertragsverlauf und Ertragshöhe sind weitgehend durch Unterlagen regulierbar. SCHMADLAK (1972) konnte schon bei Baumschulgehölzen feststellen, daß der zu erwartende Erlös mit einer bestimmten Sorte, bedingt durch die Unterlagenwahl, zwischen 80 und 120% des Unterlagenmittels, d. h. um 40%, schwanken kann. Diese Variabilität ist lediglich auf die unterschiedliche Wuchsbeeinflussung oder differenzierte Affinitätsverhältnisse zurückzuführen.

## Literatur

(Auszug — das vollständige Literaturverzeichnis kann beim Verfasser eingesehen bzw. angefordert werden)


FRIEDRICH, G.: Der Einfluß verschiedener Stammbildner auf Wuchs und Ertrag von Birnenviertelstämmen. Züchter **31** (1961) 77—83

FRIEDRICH, G.: Der Obstbau. 8. Aufl. Neumann Verlag Radebeul (1980)

KOCH, H.-J.: Vegetative und generative Leistung einzelner Steinweichselauslesen im Vergleich zu ‚Alpruma'. Gartenbau **28** (1981) 368

KÜPPERS, H.: *Prunus pumila* L., eine schwachwüchsige Pflaumenunterlage? Erwerbsobstbau **24** (1982) 92—96

MCKENZIE, D. W.: Rootstock-scion interaction in apples with special reference to root anatomy. J. hortic. Sci. **36** (1961) 40—47

MEIER, G., M. REICHEL, G. STOLLE: Ertragsleistungen von Apfelsorten auf der Unterlage M 9. Arch. Gartenbau **28** (1980) 107 bis 113

MELI, T.: Auch in Intensivobstanlagen ist man rasch in der Alternanz. Schweiz. Z. Obst- u. Weinbau **104** (1968) 374

O'KENNEDY, N. D.: Early results with the very dwarfing apple rootstock M 27. Symposium über Dichtpflanzungen im Obstbau, Lana (1980) 242

PÄTZOLD, G.: Wuchsstärke und Ertrag von Sorten-Unterlagen-Kombinationen für die Produktion von Tafeläpfeln. Gartenbau **27** (1980) 18–19

ROGERS, W. S., A. B. BEAKBANE: Stock and scion relations. Ann. Rev. Plant. Physiol. 8 (1957) 217–236

SCHMADLAK, J.: Über die Intensität der Infloreszenzbildung an einjährigen Okulaten verschiedener Edelsorten-Unterlagenkombinationen des Apfels in der Baumschule. Arch. Gartenbau **15** (1967), 211–234

SCHMADLAK, J.: Untersuchungen über Leistung und Verhalten von Apfelunterlagen in Verbindung mit Edelsorten im Baumschulalter sowie über die Variabilität und Merkmalsbeziehungen der Veredlungspartner bzw. -kombinationen. Diss. Sc., HU, Berlin (1972)

SCHMADLAK, J.: Wuchs und Ertrag von Apfelsorten auf *Malus-baccata/prunifolia*-Unterlagen (Dab-Klone) und EM-Typen. Arch. Gartenbau **22** (1974), 207–225

SCHURICHT, R., G. PÄTZOLD: Empfehlungen für die standort- und anbausystemspezifische Auswahl von Sorten-Unterlagen-Kombinationen bei Apfel. Gartenbau **27** (1980) 15–16

UMHAUER, M.: Wurzel- und Sproßentwicklung von Birnenunterlagen und Veredlungen. Diss., MLU, Halle–Wittemberg (1962) 72 S.

# Regeneration bei vegetativer Vermehrung

## Anatomische Grundlagen

Die Entstehung sproßbürtiger Wurzeln erfolgt bei den verschiedenen Pflanzenarten nicht einheitlich. Es wird angenommen, daß bei Obstgehölzen Adventivwurzeln direkt aus dem Kambium bzw. außerhalb des Kambiums im Bereich neugebildeter Phloemzellen entstehen, wobei das Gefäßsystem der Adventivwurzeln sofort enge Verbindungen mit dem Xylem des Steckholzes bekommt. Bei verschiedenen Obstgehölzen konnte eine Beziehung der Neigung zur Adventivwurzelbildung zum Anteil von Sklerenchymzellen im Gewebe nachgewiesen werden.

Bei der Birnensorte ‚Konferenz' umschließt beispielsweise ein Sklerenchymring das Sekundärphloem und verhindert so die Adventivwurzelbildung. Bei gut wurzelnden Arten und Sorten befindet sich im primären Phloem-Parenchym lebendes Protoplasma, so lange sich das Sklerenchym bildet. Weiterhin grenzen Phloemstrahlen am äußeren Ende an lebendes Gewebe und werden nicht durch verholzte Zellen blockiert. Aus diesem Umstand wird die Tatsache erklärt, daß juvenile Triebe mit noch geringem Sklerenchymanteil besser wurzeln als adulte. Außerdem besteht auch bei ersteren eine enge Korrelation zwischen dem Verholzungsgrad und der Bewurzelungswilligkeit.

## Physiologische Grundlagen

Der Regenerationsprozeß beginnt in der Regel an der Schnittstelle von geeigneten Pflanzenteilen, indem einzelne Zellen bzw. Zellgruppen wieder meristematisch werden. Nach LORENZEN (1972) erfolgt danach, meist anschließend an eine Kallusbildung, in Abhängigkeit von relativ niedriger Auxinkonzentration (IES) und gekoppelt mit RNS-Synthese eine Determinierung zu Wurzelanlagen und das Auswachsen dieser endogenen Anlagen; für das anschließende Längenwachstum der Adventivwurzeln ist auch eine Proteinsynthese erforderlich. In den neu entstandenen

Wurzeln gebildete Phytohormone gelangen dann in die oberirdischen Teile und regen das Triebwachstum an. Zugesetzte Nährstoffe und Wachstumsregulatoren können auf die Anlage und Bildung von Adventivwurzeln positiv oder auch klar hemmend wirken".

Die Bewurzelungsfähigkeit wird durch das Niveau im Gehalt von Auxinen und Wuchsinhibitoren (Gibberelline) bestimmt. Nicht bzw. schwer zur Adventivwurzelbildung zu bringende Arten und Sorten besitzen im Verlaufe des ganzen Jahreszyklus in den Trieben freie Wuchsinhibitoren, indes Auxine nur während des Knospen- und Blütenstadiums gebildet werden. Wurzelbildungsinhibitoren konnten beispielsweise durch Austauschveredlungen von der Apfelunterlage M 2 auf MM 106 übertragen werden.

Nach ROBINSON und SCHWABE (1977) besitzt das Verhältnis löslicher Kohlenhydrate zu freier Indolylessigsäure einen entscheidenden Einfluß auf das Regenerationspotential von Apfelwurzeln. Dieses Verhältnis ist bei Unterlagen entgegengesetzt zu dem der Sorten. Günstig für eine Regeneration ist eine Anreicherung von Kohlenhydraten bei starker IES-Verminderung im November, wie sie bei Unterlagen auftritt. Sorten zeigen diese KH-Anreicherung im November nicht, dagegen eine starke IES-Anreicherung im Juli. IES ist offenbar an der korrelativen Hemmung des Knospenaustriebes direkt beteiligt. Das stützt auch die Angaben von FADL und HARTMANN (1967), die an Birnensteckhölzern nachweisen konnten, daß die Bewurzelungsfähigkeit mit der Knospenaktivität parallel läuft. Sie ist im Spätsommer und Herbst höher als zu anderen Zeiten und konnte experimentell durch die Entfernung einer unterschiedlichen Anzahl von Knospen variiert werden. Es bestand eine positive Beziehung zwischen Bewurzelungsprozentsatz und Anzahl Knospen am Steckholz. Zum Kohlenhydratgehalt und zum Gehalt verschiedener Eiweißstoffe konnten dagegen keine Beziehungen zur Kallus- und Wurzelbildung nachgewiesen werden. Die Aktivierung dieser Substanzen während der Wurzelbildung erfolgt aber in Abhängigkeit von Quantität und Qualität der vorhandenen Wuchsstoffe, d. h. sie ist arten- und sortenspezifisch. Sie kann durch Witterungseinflüsse einerseits und durch künstliche Zuführung von Auxinen andererseits erheblich variiert werden.

Durch das Einstellen unbewurzelter Abrisse von Malus- und Quittenunterlagen vor dem Stecken im Frühjahr in $\beta$-Indolylbuttersäure (50 mg/l), $\beta$-Indolylessigsäure (200 mg/l), Naphthylamin (40 mg/l) bzw. einem Gemisch aus $\beta$-Indolylessigsäure, Vitamin $B_1$ und 6-Benzylaminopurin erreichten KOVALEVA und SENIN (1982) die in Tabelle

*Tab. 1:* Bewurzelung (%) unbewurzelter Abrisse nach Wuchsstoffbehandlung (nach KOVALEVA und SENIN, 1982)

| | MM 106 | M 9 | M 26 | Quitte A |
|---|---|---|---|---|
| Kontrolle (Wasser) | 59 | 49 | 42 | 28 |
| $\beta$-Indolylbuttersäure | 93 | 91 | 83 | 70 |
| $\beta$-Indolylessigsäure | 82 | 72 | 60 | 70 |
| Naphthylamin | 75 | 81 | 51 | 40 |
| Gemisch IES/Vitamin $B_1$/Benzylaminopurin | 69 | 66 | 63 | 40 |

1 dargestellten Ergebnisse, die auch die unterschiedliche Reaktion genetisch verschiedenen Materials deutlich belegen.

## Genetische Grundlagen

Die Arten- und Sortenspezifität der Neigung zur Adventivwurzelbildung, d. h. ihre genetische Bedingtheit, konnte in Vererbungsexperimenten eindeutig nachgewiesen werden. Da eine Vielzahl von Faktoren einen Einfluß auf Särke und Umfang der Adventivwurzelbildung ausüben, sind einfache Aufspaltungen in der $F_1$-Generation nicht zu erwarten. Tatsächlich wurde auch eine mehr oder weniger kontinuierliche Variabilität für das Merkmal „Steckholzbewurzelung“ gefunden. Bei *Pyrus* und *Malus* konnte nachgewiesen werden, daß bestimmte Arten bzw. Sorten stärkere Neigung zur Adventivwurzelbildung auf ihre Nachkommen übertragen, ebenso wie sich das leistungsfähigere Wurzelsystem von Pfirsichsteckhölzern in Kreuzungen mit Mandeln in der $F_1$ durchsetzt. Weiterhin spielt die spezifische Kombinationseignung einzelner Sorten eine wichtige Rolle für die Bewurzelungsneigung der Nachkommen. Diese Erkenntnisse sind von grundsätzlicher Bedeutung, sollen einzelne Obstarten bezüglich ihrer Vermehrbarkeit durch Steckholz züchterisch bearbeitet werden.

## Praktische Anwendung

### *Obstunterlagen*

An zahlreichen Obstbauinstituten, besonders aber in East Malling, sind anhand umfangreicher Experimente mit Varianten zur Schnittzeit, zur Erziehung der Mutterpflanzen, zur Wuchsstoffanwendung, Bodenheizung, Steckzeit, zum Stecksubstrat u. a. Vorstellungen erarbeitet worden, wie das Verfahren der vegetativen Vermehrung von Obstunterlagen über Steckholz wirtschaftliche Bedeutung erlangen kann. Allgemein gültige „Rezepte“ können nicht gegeben werden. Es wird in jedem Falle darauf ankommen, die spezifischen Ansprüche einer Art bzw. Sorte während der Vermehrung zu beachten, um zum Erfolg zu gelangen.

Als Ausgangsmaterial dienen am besten eigens zum Steckholzschnitt angelegte Mutterpflanzen-Hecken (Pflanzweise in East Malling: $1{,}8 \times 0{,}3$ m). Hiervon werden 60—80 cm lange einjährige Triebe mit Astring geschnitten. Das verdickte basale Triebende ist am ehesten zur Wurzelbildung in der Lage. Besonders bei schlecht wurzelnden Arten ist der Schnitt auf Astring empfehlenswert.

Aus über 1 m langen kräftigen Trieben von Pflaumen beispielsweise können auch zwei Steckhölzer geschnitten und erfolgreich zur Bewurzelung gebracht werden. Der Steckholzschnitt sollte entsprechend dem Ausreifezustand des Holzes vorgenommen werden. Triebe, die ihr Wachstum noch nicht abgeschlossen haben, wurzeln schlechter. Zur Anregung und zur Verbesserung der Wurzelbildung ist eine Wuchsstoffbehandlung der Steckhölzer notwendig. In der Literatur werden dazu unterschiedliche Vorschläge gemacht. Die verbreitetste Methode ist das kurzzeitige Eintauchen in eine alkoholische Lösung von 4-(Indolyl-3)-Buttersäure (Indolyl-Buttersäure = IBS). Nach entsprechender Antrocknungszeit werden die behandelten Steckhölzer in ein Substrat von Torf/Sand (1 : 1) eingeschlagen und bei gleichmäßiger Feuchtigkeit einer 4- bis 5wöchigen Wärmebehandlung bei 15 bis 21 °C ausgesetzt. Hierbei kommt es darauf an, daß nur die basalen Triebteile erwärmt und die oberen am Knospenaustrieb gehindert werden. Das erfolgt am besten durch eine Bodenheizung in kühlen, gut durchlüfteten Räumen. Ein Verpacken der Reiser in Foliebeutel und Lagerung bei +10 °C führte ebenfalls zum Erfolg. Interessante Angaben veröffentlichten Gur, Zerem und Lederman (1982), die zur Unterstützung der IBS-Wirkung mit Zusätzen von Wuchsstoffsynergisten wie Salizylsäure, Hydroxyquinolinsulfat und Naphtoquinonderivat in Konzentrationen von 500 ppm zur IBS-Lösung eine verbesserte Wurzlbildung an Apfelunterlagen-Steckhölzern erzielten.

Das Aufschulen der auf diese Weise behandelten Steckhölzer erfolgt in der Regel im Frühjahr auf gut vorbereitetem Boden, wobei die Pflanztiefe mindestens 15 cm betragen soll. Wichtig für den Aufschulerfolg dürfte eine ausreichend hohe Bodenfeuchte sein, die bei ungenügenden Niederschlägen nur durch Zusatzbewässerung zu erreichen ist.

Günstige Resultate erzielte u. a. Albrecht (1980) durch Auspflanzung der Steckhölzer in Foliehäuser, wodurch optimale Bodenwasserverhältnisse und günstigere Temperaturbedingungen erreicht wurden.

In Tabelle 2 sind die bisherigen Erfahrungen mit der Steckholzvermehrung für einige Obstunterlagen zusammengestellt.

Diese Ergebnisse zeigen, daß es möglich ist, bei einigen Unterlagenarten einen hohen Anteil bewurzelter Steckhölzer zu erhalten. Von großer Bedeutung ist eine gute Pflege der Unterlagen in der Baumschule, um sie im Aufschuljahr bis zur Okulationsfähigkeit zu bringen. Wenig problematisch ist diese Art der Vermehrung bei Rebunterlagen. Sie stellt hier das geläufige Vermehrungsverfahren dar und wird seit Jahrzehnten praktiziert.

Die von Howard (1972) mitgeteilten Ergebnisse, daß die Adventivwurzelbildung von Steckholz vom Virusgehalt des Klons beeinflußt wird, lassen die bisher besprochenen Resultate noch in einem anderen Licht erscheinen. Die in der Apfelunterlage MM 106 nachgewiesenen 5 Virosen hatten eine deutliche Depression der Wurzelbildung bezüglich Anzahl bewurzelter Steckhölzer und Anzahl gebildeter Wurzeln je Steckholz zur Folge. Demnach ist zu erwarten, daß mit virusbereinig-

*Tab. 2:* Empfehlenswerte Methoden für die Vermehrung einiger Obstunterlagen durch Steckholz (nach Howard, 1971 — aus Gebert, 1973)

| Unterlage | Zeit des Steckholzschnittes | IBS-Konzentration ppm | Lagerungs-temperatur | Lagerungs-dauer |
|---|---|---|---|---|
| *P. Myrobalane* B | Mitte Herbst | 2500 | sofort aufschulen | |
| P. St. Julien A | Mitte Herbst | 2500 | 15 °C | 6…8 Wochen |
| P. Brompton | Mitte Herbst | 5000 | 15 °C | 12…15 Wochen |
| Quitte A und C | Mitte Herbst | 500 | 15…21 °C | 3…4 Wochen |
| MM 106 | im Spätwinter | 2500 | 21 °C | 4…5 Wochen |
| MM 111 | im Spätwinter | 2500 | 21 °C | 4…5 Wochen |
| M 26 | im zeitigen Frühjahr | 2500 | 21 °C | 4…5 Wochen |

tem Material bzw. mit von vornherein virusfreien Unterlagen-Neuzüchtungen noch Leistungsreserven für dieses Vermehrungsverfahren zu erschließen sind.

*Obstsorten*

Dieses Verfahren fand auch mehrfach Anwendung zur Erzeugung autovegetativ vermehrter Obstsorten von Arten, die üblicherweise über den Weg der Veredelung vermehrt werden. Prinzipiell besteht die Möglichkeit, viele Kern- und Steinobstarten mit Hilfe des bei der Unterlagenvermehrung beschriebenen Verfahrens zur Wurzelbildung zu bringen. Die Ausbeute an Pflanzware ist aber sehr gering, so daß dieses Verfahren für das gegenwärtige Sortiment noch nicht von wirtschaftlichem Interesse ist im Gegensatz zur Vermehrung von Strauchbeerenobst. Für dieses ist die Steckholzvermehrung allgemein üblich.

Steckhölzer der Jochelbeere z. B., einem Artbastard aus Stachelbeere und Schwarzer Johannisbeere (Murawski 1977), bewurzelten sich ohne Bewurzelungshilfen in mehreren Jahren stets zwischen 60 und 70%. Selbst Steckholz mit nur einem Auge führte bei Schwarzen Johannisbeeren zum Erfolg (Osipov, 1978).

Bereits Hatton u. a. (1926) wiesen nach, daß die Möglichkeit besteht, bestimmte Sorten autovegetativ zu vermehren. Diese bilden sogenannte „burrknots", zur Wurzelbildung neigende Stammverdickungen. Dieses Merkmal fand erst in letzter Zeit wieder stärkere Beachtung (Trebušenko 1972), da es auf diesem Wege evtl. möglich wird, auch bei Kernobst Formen zu erzeugen, die neben den Vorteilen einer auf Unterlagen veredelten Ertragssorte die Eigenschaft besitzen, autovegetativ über Steckholz vermehrbar zu sein. Dadurch wären völlig neue Möglichkeiten einer wesentlich verbilligten Anzucht von Obstgehölzen eröffnet. Genetische Analysen an *Malus* (Smith 1972; Dathe 1974) und *Prunus* (Roselli 1972) haben ergeben, daß diese Eigenschaft genetisch fixiert und damit vererbbar ist.

Für den praktischen Anbau autovegetativ vermehrter Obstsorten fehlt aber, insbesondere bei Kernobst, die entscheidende Möglichkeit der Anpassung an unterschiedliche Bodenverhältnisse über die Wahl der Unterlage, so daß allzu optimistische Prognosen nicht am Platze sind. Für einige Steinobstarten können die Erfolgsaussichten dagegen günstiger beurteilt werden, wobei in vielen Fällen aber eine Vermehrung durch Grünstecklinge vorteilhafter ist als durch Steckholz bzw. Wurzelschößlinge. Auch die in vitro-Vermehrung eröffnet neue Möglichkeiten.

## Literatur

(Auszug — das vollständige Literaturverzeichnis kann beim Verfasser eingesehen bzw. angefordert werden)


Albrecht, H. J.: Vermehrung von Ziergehölzen durch Steckholz in Plastfolienzelten. Gartenbau **27** (1980) 122–124

Ashirn, G. A.: Physiological studies of rooting cuttings of Malling-Merton 106 (MM 106) and East Malling II (EM II) apple (*Malus sylvestris* Mill.) clones. Diss. Abstr. B, **28** (1968) 3550

Bartoloni, G., G. Roselli: Richerche sjlla propagaziowe del susund per talea di ramo, 3. gradicazione e Attecchiments in talee legnose di susuni con o senza redici preformate. Riv. Ortoflorofrutticolt., Ital., Firence **63** (1979) 57–62

Daussant, Ch., Cl. Valat: L'action de l'association nationale technique pour l'amélioration de la viticulture (A. N. T. A. V.) dans le domaine de la sélection clonale des materials de multiplication végétative de la vigne. C. R. Seanses Acad. Agric. France, Paris H. 1 (1978) 100–108

DOUD, S. L., R. F. CARLSON: Propagation methods of fruit tree cultivars from hardwood cuttings. Fruit Varieties and Horticultural Digest, **26** (1972) 80–83

ECK, P., A. W. STRETCH: Cutting wood production from highbush blueberry mother blocks plants as affected by nitrogen nutrition and fungicide treatment. Hort. Science, Mount Vernon, Va. **14** (1979) 599–600

FADL, S. MOSTAFA, HARTMANN, T. HUDSON: Relationship between seasonal changes in endogenous promoters and inhibitors in pear buds and cutting bases and the rooting of pear hardwood cuttings. Proc. Am. Soc. Hort. Sci. **91** (1967) 96–112

GARNER, R. J.: Budding hardwood cuttings of plum rootstocks in the season of establishment. J. hortic. Sci., **41** (1966) 263–269

GEBERT, F.: Vermehrung von Klon-Unterlagen durch Holzstecklinge. Mitt. OVR, **28** (1973) 12–14

GRZYB, Z. S.: Growth and rooting of Brompton plum, F12/1 cherry and M 26 apple clonal rootstocks: I. Effect of the selected treatments on the number of shoots, their length and the rooting ability. Fruit Sci. Rep., Res. Inst. Pomology, Skierniewice **16** (1981) 38–42

GRUPPE, W.: Bewurzelung von Kirschhybriden nach Anhäufeln und Drahten. 1. Mitt. Hybriden innerhalb der Sektion *Eucerasus* Gartenbauwissenschaft, Stuttgart **43** (1978) 254–259

GUR, A., A. ZEREM, E. LEDERMANN: Die Vermehrung von Apfelunterlagen. Erwerbsobstbau **24** (1982) 29–33

HATTON, R. G., H. WORMALD, A. W. WITT: On "burr–knots" of fruit trees. J. Pomol., **5** (1926) 195–204

HOWARD, B. H.: Low cost fruit trees. Part. 1 Propagation with hardwood cuttings. Grower **73** (1970) 540

HOWARD, B. H.: Low cost fruit trees. Part. 2 Hardwood cutting technique is practical success. Grower **73** (1970) 613–614

HOWARD, B. H.: Depressing effects of virus infection on adventitious root production in apple hardwood cuttings. J. hortic. Sci. **47** (1972) 255–258

HOWARD, B. H.: Moisture change as a component of disbudding responses in studies of supposed relationships between bud activity and rooting in leafless cuttings. J. Hortic. Sci., Ashford, Kent **55** (1980) 171–180

KESTER, D. E., E. SARTORI: Rooting of cuttings in populations of peach (*Prunus persica* L.), almond (*Prunus amygdalus* Batsch.) and their $F_1$hybrids. Proc. Am. Soc. Hort. Sci. **88** (1966) 219–224

KOLEVA, A.: Izuchavania varkhu vazmozhnistite za korenoobrazuvane na zreli reznici ot formi na makhalebkata (Predvaritelno saobshtenie). Postizenija nauc. Izsl. Inst. Ovosharstvo Kjustendil, Sofija (1979) 81–88

LORENZEN, H.: Hormonale und korrelative Steuerung der Adventivwurzelbildung. Naturwiss. Rdsch. **11** (1958) 108

MAETHE, H.: Vor einer neuen Aera der Anzucht vegetativ vermehrter Unterlagen? Versuche in East Malling/England mit Stecklingen und Steckholz Dt. Baumschule, Aachen **32** (1980), 105

NEMETH, G.: Benzyladenine stimulated rooting in fruit-tree rootstocks cultured in vitro. Z. Pflanzenphysiol., Stuttgart, New York **95** (1979) 389–396

OGOLIK, M., Z. GRUCA: Ukorzenianie sie i wzrost zdrewnialych sadzcnek porzeczki czarnej, cietych z roznych czesci pedu (Bewurzelung und Wachstum von Steckhölzern der Schwarzen Johannisbeere aus verschiedenen Teilen des Triebes) Poznanskie Tow. Przyjaciol nauk, Prace Komisji, Poznan **45** (1978) 309–313

PALANDZHJAN, V. A., T. E. SOSJAN: (Vergleichende anatomische Untersuchungen der Rinde einiger Apfel-Klonunterlagen) russ. Biol. Z. Armenii, Jerevan **33** (1980) 656–659

ROBINSON, J. C., W. W. SCHWABE: Studies on the regeneration of apple cultivars from root cuttings. II. Carbohydrate and auxin relations. J. hortic. Sci., London **52** (1977) 221–233

SAKISJAN, S., R. A. GUKASJAN: Ekologo-fiziologischeskoe obosnovanie processov nenija cerenkov v elektrokokornestimuljatore. Biol. Z.: Armenii, Erevan **34** (1981) 149–154

SMITH, N. G., P. F. WAREING: Rooting of hardwood cuttings in relation to bud dormancy and the auxin content of the excised stems. New Phytologist **71** (1972) 63–80

SUKHOCKAJA, S. G.: Sposoby prazmnozhenija Kornesobstvennoj vishni (Möglichkeiten zur Vermehrung wurzeleigener Sauerkirschen) Omskij sel'skochoz. Inst. Im. S. M. Kirova, nauk. Tr. Omsk **165** (1977) 33–35

## Pfropfverträglichkeit als physiologisches Problem

Wohl kaum ein anderes Problem des Obstbaues hat so viel unterschiedliche Aspekte wie das der Pfropfunverträglickeit. Bestimmte Unterlagen bilden mit bestimmten Edelreisern keine oder nur ungenügend lebensfähige Kombinationen. Beim Veredeln gilt von jeher der Grundsatz, nur ähnliches mit ähnlichem zu verbinden.

Die Vielfalt der Aspekte der Pfropfunverträglichkeit berührt vor allem folgende Gebiete:

*Physiologie/Taxonomie*
Verwandtschaftsgrad der Pfropfpartner

*Morphologie/Anatomie*
anatomische und morphologische Analyse der Pfropfverbindungen

*Physiologie*
stoffwechselphysiologische Vorgänge in den Pfropfpartnern und unmittelbar an der Veredlungsstelle

*Baumschule*
Ausfälle bei der Anzucht durch unverträgliche Kombinationen

*Züchtung*
Beurteilung der Verträglichkeitsbeziehungen bei der Prüfung neuer Sorten und Unterlagen

*Ökonomik des Anbaues*
Ertrags- und Qualitätseinbußen durch Unverträglichkeit in Produktionsanlagen

Theoretisch fundierte Arbeiten über Pfropfungen konnten verständlicherweise erst mit der Entwicklung der Pflanzenanatomie in der zweiten Hälfte des 19. Jahrhunderts entstehen (VÖCHTING 1892). In den folgenden Jahrzehnten rückten weiterhin rein praktische Gesichtspunkte der Unverträglichkeit in den Vordergrund. Es erschienen zahlreiche Veröffentlichungen, in denen, meist bei Birne und Steinobst, unterschiedlichste Symptome der Verträglichkeit bzw. Unverträglichkeit geschildert und auf die verschiedenste Weise interpretiert wurden. Die Ergebnisse wurden zuerst von ARGLES (1937) in ausführlichen Tabellen zusammengestellt. Die kritische Sichtung des Materials ergab ein aus 10 Punkten bestehendes Programm für die weitere Bearbeitung der Verträglichkeitsprobleme.

Die nächste Zusammenstellung erfolgte durch ROBERTS (1949), der nach Auswertung von 4079 Literaturstellen feststellen mußte, daß zwar viele spezielle Einzelerkenntnisse hinzugekommen sind, die prinzipielle Lösung aber nach wie vor aussteht.

Nach der Arbeit von ROBERTS und BEAKBANE (1957), in der die Problematik nach hypothetischen Mechanismen der Unterlagen-Reis-Wechselwirkungen gegliedert ist, folgt die Zusammenstellung von MOSSE (1962). Hier sind die bisherigen Fortschritte zusammengetragen und mit Erfolg systematisiert worden.

## Definition und Diagnose der Verträglichkeitsbeziehungen

Unter „Verträglichkeit“ soll die Eigenschaft zweier Veredlungspartner verstanden werden, bei der auf verschiedenem Wege erfolgenden vegetativen Vereinigung von Teilen der Sproßachse (= Veredlung) eine Verbindung einzugehen, die zu einem mehr oder weniger gut lebensfähigen Doppelorganismus führt. Dabei sollte die Bezeichnung „verträglich“ oder „unverträglich“ ausschließlich auf die vorliegende Kombination zweier Partner angewendet werden, nicht aber schon von vornherein für die zwei Einzelpartner generell. In Übereinstimmung mit den gleitenden Übergängen legen die Begriffe „Verträglichkeit“ und „Unverträglichkeit“ bzw. die international gebräuchlichen Termini „Kompatibilität“ und „Inkompatibilität“ keine ganz bestimmten Symptome oder Störungen zwischen den Partnern fest, sondern werden graduell unterschiedlich gebraucht. Häufig wird auch allgemein nur von „guter“ und „schlechter“ oder „ungenügender“ Kompatibilität für alle Verträglichkeitsstufen gesprochen. Die Schwierigkeiten des behandelten Gegenstandes kommen schon in seiner Diagnostik zum Ausdruck. Viele Symptome der Unverträglichkeit sind nämlich nicht nur für physiologische Störungen der Pfropfpartnerbeziehungen selbst, sondern auch für andere, z. B. für Umweltstörungen, charakteristisch und von ihnen abzugrenzen. Durch sorgfältige Versuchsdurchführungen sind alle Störungen und nicht optimale Umwelteinflüsse nach Möglichkeit fernzuhalten. In einem Partner vorkommende Viren können die Pfropfstelle passieren und sich im anderen Partner unter Umständen sehr viel stärker entwickeln und dort Symptome, die Unverträglichkeitssymptomen stark ähneln, auslösen. Deshalb müssen bei Versuchen zur Verträglichkeit gesunde, insbesondere virusfreie Partner verwendet werden.

Es ist bekannt, daß auch die Veredlungsmethodik — vor allem bei kritischen Kombinationen — die Reisannahme und die Ausprägung von Unverträglichkeitssymptomen deutlich beeinflußt.

Die Diagnose wird weiter durch die Variabilität der Symptome erschwert (Herrero 1968). Das betrifft vor allem:

1. die Variabilität innerhalb einer Kombination, d. h. die einzelnen Bäume zeigen bestimmte Symptome in unterschiedlicher Weise;
2. die Variabilität in der Zeit, d. h. die Symptome treten zu unterschiedlichen Zeitpunkten bzw. Entwicklungsabschnitten auf.

Eine Symptomauswertung benötigt in der Regel 20—30 Bäume und dauert bis zu 3 Jahren. Von verschiedenen Autoren sind Kataloge von Unverträglichkeitssymptomen zusammengestellt worden, die entweder allgemein oder nur für bestimmte Obstarten galten.

Als Beispiel sei die Liste von Hilkenbäumer (1948) angeführt:

1. Nichtannahme des Edelreises,
2. plötzliches oder langsames Absterben des Edelreises,
3. Kümmerwuchs des Reises,
4. Verbildungen der Rinde,
5. Erhöhung der Lentizellenzahl,
6. Wulstbildung an der Veredlungsstelle,
7. krankhafte Blattfarbe,
8. vorzeitiger Blattfall im Herbst,
9. verfrühte Blütenbildung,
10. vorzeitiger, aber geringer Fruchtertrag,
11. geringe Wurzelbildung,
12. Verminderung der Frostresistenz beider Partner.

Eine noch umfangreichere Liste mit 29 Merkmalen wurde von Tubbs (1951/52) aufgestellt. Bei intensiveren Untersuchungen während der letzten Jahre zeigte sich allerdings, daß es wahrscheinlich kaum eine Eigenschaft des Edelreises gibt, die nicht in irgendeiner Weise durch die Unterlage modifiziert wird. Die Untersuchungen von Kajmakan (1977) an Birne ergaben, daß die Einflüsse über vegetative Merkmale bis zur Zytologie des Embryosackes und zu elektronenmikroskopischen Details reichen.

Es sollen — Mosse (1962) folgend — zwei Typen der Inkompatibilität unterschieden werden:

A) Translozierte Inkompatibilität (= System-Unverträglichkeit)

1. Stärkeblockierung, d. h. Stärkeakkumulation oberhalb der Veredlungsstelle und ihr meist vollständiges Fehlen in der Unterlage,
2. Phloemdegeneration, d. h. Kollaps der jungen und extreme Wandverdickungen bei älteren Siebröhren,
3. meistens normale Gefäßverbindungen an der Veredlungsstelle,
4. früher Einfluß der Störungen auf das Wachstum des Reises,
5. verschiedenes Verhalten von Reziprokveredlungen, d. h. A auf B reagiert anders als B auf A,
6. Die Störungen sind nicht durch eine Zwischenveredlung behebbar.

Vor allem der letzte Punkt macht deutlich, daß es sich um eine Fernwirkung der unverträglichen Partner auch über Zwischenveredlungen hinweg handelt, daß also eine „systemische" Störung vorliegt. Beispiele für translozierte Inkompatibilität sind:

Pfirsich auf *Prunus myrobalana*,
Apfelsorten auf Wildarten,
Süß- auf Sauerorange,
*Prunus domestica* auf *P. americana*, *P. armeniaca*, *P. cerasifera*, andere Formen von *P. domestica*, *P. insititia*, *P. persica* oder auch Süßkirsche auf Sauerkirsche

Bei Steinobst ist — wie die Beispiele zeigen — zu beachten, daß selbst Formen, die der gleichen botanischen Art angehören, miteinander unverträglich sein können, so daß Angaben über Verträglichkeit immer auf ganz konkrete Stämme, Sämlingsnummern usw. zu beziehen sind.

B) Lokalisierte Inkompatibilität (begrenzte Unverträglichkeit)

1. Charakteristische Zwischenräume zwischen den Holz- und Rindenkörpern der Partner, die meist durch Parenchym aufgefüllt sind, dabei mitunter normale äußere Struktur der Veredlungsstelle,
2. stufenweises Verkümmern des Wurzelsystems durch unzureichende Versorgung mit Assimilaten,
3. langsame Entwicklung äußerer, in ihrem Grad von Ausmaß der Gefäßunterbrechungen abhängiger Symptome,
4. ähnliches Verhalten von Reziprok-Veredlungen,
5. die Störungen sind durch geeignete Zwischenveredlungen behebbar.

Die Störung ist bei diesem Kompatibilitätstyp auf die Berührungsfläche der Partner begrenzt und besitzt keine Fernwirkung, es ist eine „Kontaktunverträglichkeit".
Beispiele für lokalisierte Inkompatibilität:

einige Birnensorten auf Quitte,
Pflaumen auf *P. myrobalana*,
*P. insititia* auf *P. domestica*,
*P. armeniaca* auf *P. cerasifera*,
und entsprechend Punkt 4 der Aufstellung auch die jeweils reziproken Kombinationen.

Es soll nicht verschwiegen werden, daß sich nicht alle Erscheinungen der Inkompatibilität mühelos in die eine oder andere Gruppe einreihen lassen. Es gibt Übergänge und sogar Fälle, in denen beide Typen in einer Kombination vorkommen. Mitunter wird eine lokalisierte Inkompatibilität erst ungewöhnlich lange Zeit nach der Herstellung der Kombination offenbar. So können die aufveredelten Sorten jahrelang ein normales Aussehen und regelmäßige Erträge bringen. Bei einer starken mechanischen Belastung bricht dann der Stamm plötzlich an der Veredlungsstelle glatt und ohne Splitter ab, damit die ungenügende mechanische Verbindung zwischen den Veredelungspartnern dokumentierend. Andererseits können Süßkirschen auf Zuchtunterlagen mit Wildartenbeteiligung noch nach mehr als 5 Jahren schlagartig durch Unverträglichkeit zusammenbrechen. Das verzögerte Auftreten der Symptome erschwert die Verträglichkeitsprüfungen in der Züchtung sehr.

## Physiologische Untersuchungen zu den Verträglichkeitsbeziehungen

Physiologische Untersuchungen machen deutlich, daß es eine einheitliche Ursache der Unverträglichkeit nicht gibt. Man kann nicht einmal in allen Fällen von einer eindeutigen Zuordnung bestimmter Symptome zu bestimmmten physiologischen Vorgängen sprechen. Das Reis wird durch die Unterlage sehr unterschiedlich beeinflußt und wirkt seinerseits wieder auf die Unterlage zurück. Diese komplexe Einflußnahme erschwert eine Kausalanalyse ganz ungemein. Alle bisherigen Versuche in dieser Richtung konnten zwar diese und jene Unterschiede und eventuellen Zusammenhänge aufdecken, dabei aber kaum zwischen Ursache und Wirkung unterscheiden. Eine Kausalforschung zur Unverträglichkeit wäre letzten Endes gleichzusetzen mit einer Analyse der genetischen Unterschiedlichkeiten beider Partner mit Einschluß der zwischen ihnen bestehenden stoffwechselphysiologischen Wechselwirkungen in Raum und Zeit. Dieses Ziel je zu erreichen, dürfte sehr zweifelhaft sein. Für rein praktische Belange besteht dazu auch keine unbedingte Notwendigkeit, wie noch zu begründen sein wird.

Im Gesamtüberblick spielen einige Gruppen physiologischer Vorgänge eine Rolle, die einesteils mit sichtbaren Vorgängen gekoppelt sind und andererseits mit messenden Methoden erfaßt werden können. Es handelt sich vor allem um folgendes:

1. Stofftransport:
   Wasserleitfähigkeit,
   selektive Sperrung oder Öffnung der Veredlungsstelle für bestimmte Stoffgruppen,
2. Wechselwirkungen:
   Konzentrationsveränderungen von Inhaltsstoffen,
   Beeinflussung von Synthesewegen,
   Disproportionierung von Substrat-Ferment-Wirkungen.

Der an der Veredlungsstelle meistens geringere Querschnitt der Leitungsbahnen konnte auch physiologisch in einem Versuch von Gur und Blum (1975) bei verschiedenen Obstarten nachgewiesen werden. Bei Unverträglichkeit war die Geschwindigkeit des Transpirationsstromes im Bereich der Veredlungsstelle höher als bei verträglichen. Zu Unterschungen über den Ablauf des Stofftransportes bieten sich radioaktive Isotope an. Übereinstimmend wurde sowohl von Gronskis und Svarzbahs (1972) als auch von Trofanjuk et al. (1971) gezeigt, daß bei der Applikation von radioaktiv markiertem Phosphat durch Drosselung des Transportes die unverträglichen Kombinationen viel weniger davon in ihre Blätter einbauen als die verträglichen.

Bei der translozierten Inkompatibilität kann eine anormale Stärkespeicherung im Reis auf Kosten der Unterlage sehr charakteristisch sein und das Absterben oder Kümmern der Kombination einleiten. Katzfuss (1975) konnte bei unverträglichen Kombinationen von Pfirsich auf Pflaume und Pfirsich auf Myrobalane im Herbst des zweiten Standjahres einen deutlichen Stärke- und Saccharosestau im Edelreis feststellen. Bei Fortdauern der zu geringen Belieferung mit Nährstoffen fangen die Wurzeln an zu kümmern und abzusterben.

Bei den von Tabuenca (1962) untersuchten Kombinationen von Pfirsich auf Pflaume traten starke Stärkeanhäufungen in Reisern unverträglicher Kombinationen schon vor allen anderen Symptomen auf. Man kann dieses Symptom zur Frühdiagnose nutzen.

Oft wird bestimmten charakteristischen Inhaltsstoffen eine Rolle bei der

Entstehung der Verträglichkeit zugemessen, nur selten aber kann sie kausal nachgewiesen werden.

BUCHLOH (1960) fand, daß phenolische Stoffe bei der Entstehung der schwarzgefärbten Trennschicht im Bereich der Veredlungsstelle von inkompatiblen Birnen/Quitten-Kombinationen offenbar eine Rolle spielen (lokalisierte Inkompatibilität). Die für ein normales Funktionieren der Trennschicht erforderliche Lignifizierung wird durch phenolische Verbindungen, die die Polymerisierung des für die Ligninbildung erforderlichen Coniferylalkohols verhindern, unterbunden.

Auch Messungen von Fermentaktivitäten sind immer wieder für die Beurteilung von Verträglichkeitsbeziehungen heranzuziehen. Dabei ist die witterungsbedingte Variabilität zu beachten. Zu den charakteristischen Inhaltsstoffen des Kern- und Steinobstes zählen die sogenannten zyanogenen Glykoside, Verbindungen, die bei der Spaltung durch substratspezifische Fermente, die $\beta$-Glukosidasen, freie Blausäure entstehen lassen. Bei unausgeglichener Partnerschaft ist es denkbar, daß ein Partner durch zu intensive Fermentaktivität und dadurch bedingter Anreicherung von HCN vergiftet wird. GUR und BLUM (1973) untersuchten unterschiedlich verträgliche Pfirsichsorten auf Mandelsämlingen. Die Bäume steigerten auf dieser Unterlage nicht nur den Amygdalin-Gehalt, sondern entwickelten auch höhere Glukosidaseaktivitäten. Dadurch wurde Blausäure angehäuft, die für beobachtete Unverträglichkeitssymptome verantwortlich sein soll.

Dagegen fand BREEN (1974) bei Pfirsich auf Pflaume, daß dort das in beiden Komponenten enthaltene Glykosid Prunasin in seiner Konzentration ziemlich konstant und nicht mit Unverträglichkeitserscheinungen korreliert war.

GUR, SAMISH und LIFSCHITZ (1968) untersuchten die Frage der Birne/Quitte-Inkompatibilität im Zusammenhang mit dem Vorkommen des Glykosids Prunasin. Es wird bei inkompatiblen Kombinationen dicht oberhalb der Veredlungsstelle in einer scharf abgegrenzten Zone in der Birnenrinde gespeichert. Sind dort — wie bei den mit Quitte inkompatiblen Sorten festgestellt — größere Mengen des für Birnen typischen Arbutins vorhanden, dann wird bei hoher Glukosidaseaktivität die Hydrolyse des Prunasins — besonders bei höheren Temperaturen — stark gefördert. Die dabei auftretenden HCN-Mengen schädigen das Kambium. Dies wiederum behindert die Verbindung der Gefäße zwischen Reis und Unterlage. Daraus resultiert nicht zuletzt eine unzureichende Versorgung der Unterlage mit Assimilaten. Die Gewebe der Wurzel spalten daraufhin Prunasin, um sich besser mit Glukose versorgen zu können und vergiften sich dabei ebenfalls mit HCN. Die dadurch bedingten Rindennekrosen führen schließlich zum Absterben der Kombination. Die Autoren sind der Meinung, mit dieser Wirkungskette die tatsächlichen Gründe für die Unverträglichkeit der Birnen auf Quitte gefunden zu haben. Sie empfehlen als Frühdiagnose Bestimmungen des Arbutingehaltes in zu veredelnden Reisern.

Man geht sicherlich nicht fehl in der Annahme, daß bei der Inkompatibilität auch der Wuchsstoffgehalt und die Wechselwirkungen zwischen verschiedenen Wachstumsregulatoren deutlich in Mitleidenschaft gezogen werden. BRIAN und DURON (1972) brachten von außen her bestimmte Wuchsstoffmischungen an die Veredlungsstelle inkompatibler Birne/Quitte-Kombinationen, wodurch der Verwachsungsprozeß durch Herausbildung eines einheitlichen Kambiumringes gefördert wurde. Andere Mischungen und Konzentrationen wirkten nicht. Aus den Ergebnissen kann geschlossen werden, daß beim Verwachsungsprozeß nicht ausschließlich die genetisch determinierten Reaktionen ablaufen müssen, sondern daß gezielte Eingriffe durchaus möglich sind.

Durch die Entwicklung der pflanzlichen Gewebekultur ist es möglich geworden, Probleme der Unverträglichkeit auch mit diesen Methoden anzugehen. Die Ergebnisse verschiedener Autoren sind widersprüchlich; neben korrelativen Beziehungen zur tatsächlichen Affinität der Partner kam es entgegen den natürlichen Verhältnissen auch bei verwandtschaftlich weit entfernten Objekten zu einer innigen Verschmelzung ihrer Kalli.

Abschließend kann zur Problematik der Pfropfverträglichkeit gesagt werden, daß die Grundlagenforschung jetzt in absehbarer Zeit für die Lösung praktischer Fragen kaum Impulse geben kann. Der Schwerpunkt weiterer Untersuchungen sollte vor allem praktischen Belangen Rechnung tragen und zwar durch Untersuchungen zur Diagnostik und zur Überwindung der Inkompatibilität im weitesten Sinne. Von den heute im Anbau befindlichen Sorten sind die Verträglichkeiten mit den in Frage kommenden Unterlagen ausreichend bekannt. Kommen neue Sorten oder Unterlagen hinzu, dann sind unter Umständen Untersuchungen über Verträglichkeiten notwendig. Meistens werden vom Züchter Prüfungen zur Verträglichkeit in das Zuchtprogramm aufgenommen. Das ist besonders dann notwendig, wenn zur Einkreuzung von Resistenzeigenschaften auf Wildformen zurückgegriffen wird. So sind z. B. viele aus Kreuzungen mit Wildarten hervorgegangene Apfelunterlagen zumindest in der ersten Generation mit dem Apfelsortiment nicht verträglich und müssen dementsprechend weiter selektiert werden. Für den Züchter spielt dabei die kausale Bedingtheit der Unverträglichkeit eine untergeordnete Rolle. Wichtig für ihn ist die Möglichkeit einer Frühdiagnose.

Die Möglichkeiten einer Frühdiagnose der Unverträglichkeit für züchterische Belange hat Büttner (1978) zusammengestellt. Von den dort angeführten Methoden ist allerdings der überwiegende Teil offenbar nicht für die praktische Selektion eingesetzt worden. Für ihre Schaffung spielen Fragen des Ausgangsmaterials und seines taxonomischen Verwandtschaftsgrades, Selektionsmethoden und -stufen, die Zuchtziele und vor allem auch praktische Fragen der Anzucht eine große Rolle, so daß sich Allgemeingültiges für alle Obstarten kaum aussagen läßt. So wird es sicher auch weiterhin dem betreffenden Züchter überlassen sein, derartige Methoden auszuarbeiten und an seinem Material einzusetzen.

## Literatur

(Auswahl — das vollständige Verzeichnis kann beim Verfasser eingesehen bzw. angefordert werden)

Argles, G. K.: A review of the literature on stock-scion incompatibility in fruit trees, with particular reference to pome and stone fruits. Imperial bureau of fruit production — Technical communication No. 9, 1937

Breen, P. J.: Cyanogenic glycosides and graft incompatibility between peach and plum. J. Amer. Soc. Hort. Sci. **99** (1974), 412—415

Brian, C., M. Duron: Contribution à l'étude de l'incompatibilite au greffage des combinaisons poirier-cognassier.
II. Modifications du processus d'union provequées par l'application de quelques substances de croissance sur du matériel her-

bacé. Ann. Améliorat. Plantes Paris 22 (1972) 81–93

BUCHLOH, G.: The lignification in stock-scion junctions and its relation to compatibility. In: Phenolics in plants in health and diseases (Ed. J. B. Prichman), Pergamon Press 1960, 67–71

BÜTTNER, R.: Möglichkeiten der Frühdiagnose der Pfropfunverträglichkeit bei Obstgehölzen. Tag.-Ber. Akad. Landwirtsch.-Wiss. DDR Berlin **174** (1978), 263–267

ČERNYŠOVA, G. F., I. A. MUROMCEV: Rost kalljusov plodovych rastenij pri ich sovmestnom i razdel'nom vyraščivanii. Biol. Nauki Moskva **16** (1973), 3, 60–64

ČERNYŠOVA, G. F., N. STRUCHKOVA: Rost kalljusov plodovych rastenij pri ich sovmestnom i razdel'nom vyraščivanii. Voronezhskij sel'skochoz. Inst. im. K. D. Glinki, Nauč Tr. Voronezh **73** (1975), 186–198

FUJI, T., N. NITO: Studies on the compatibility of grafting of fruit trees.
I. Callus fusion between rootstock and scion. J. Jap. Soc. hortic. Sci. Tokyo **41** (1972), 1–10

GUR, A., A. BLUM: The role of cyanogenic glycoside in incompatibility between peach scions and almond rootstocks. Hortic. Res. Edinburgh, London **13** (1973), 1–10

HERRERO, J.: Problems of incompatibility in the plum-tree. Acta Hort., Int. Soc. Hort. Sci. **10** (1968), Part II, 387–399

JONES, O. P.: Xylem sap composition in apple trees. Effect of the graft union. Ann. Bot. Oxford **38** (1974), 463–467

KAJMAKAN, I. V.: Izmenčivost', biologičeskich priznakov gruši pod vlijaniem podvoja. Izdatelstvo štiinca. Kišinjov 1977

KATZFUSS, M.: Über den Kohlenhydrathaushalt verträglicher und unverträglicher Veredlungen zwischen Pfirsich und Pflaume. Flora Abt. A, **156** (1965), 207–230

TROVANJUK, A. P., Z. P. JAROSLAVEEVA, L. A., ERŠOV, N. C. ČERMARIN: Primenenie radioaktivnogo fosfora-32 pri izučenii sovmestimosti persika/abrikosa. Bjull. gos. Nikitskogo bot. Sada Jalta 1971, 65–68

VÖCHTING, H.: Über Transplantation an Pflanzenkörpern. Tübingen 1892

## Einflußnahme auf den Kronenbau durch Wachstumsregulatoren

### Anwendung von Wachstumsregulatoren bei der Baumanzucht

In manchen Fällen ist es zweckmäßig, zur Regeneration von Pflanzen aus Steckhölzern Wachstumsregulatoren zur Förderung der Wurzelbildung zu verwenden. Es eignen sich dafür einige synthetische Auxine (s. S. 390).

Durch getrennte Applikation verschiedener Wirkstoffe läßt sich der Wuchstyp zur Schlanken Spindel in der Baumschule vorbilden. Es wird zunächst mit einem Wachstumshemmer (Maleinsäurehydrazid bzw. Meristemätzmittel, z. B. Off-Shoot-O) gespritzt, nach etwa 14 Tagen mit Benzyladenin (= BAP) + $GA_3$ (PLICH/HEGAZY 1977).

Bei den Apfelsorten ‚Spartan' und dem aufrecht-steilwachsenden ‚Gloster 69' erreichte SCHUMACHER (1976) durch Behandlung mit NC 9634 (3-Phenyl-1,2,4-thiadiazol-5-yl-thioessigsäure) in Verbindung mit einem Netzmittel eine sehr günstige Seitentriebbildung (s. a. QUINLAN u. a. 1978).

Ethephon vergrößert bei steilwachsenden Apfelsorten die Astwinkel nach ein- bis zweimaliger Anwendung Ende Juni und Anfang Juli (0,2%) so nachhaltig, daß ein Binden überflüssig wird (GRAF 1973).

In der Baumschule dienen Wachstumsregulatoren ferner zur Blattabszission im Herbst. Durch Ethephon + EJ (MARCZINSKI 1977) wird die Entblätterung bei Apfel und Birne gefördert. Desgleichen durch Ethephon + Dupont-WK (= 90% Dedecyläther von Polyäthylenglycal) (LARSEN 1973; STOLL 1976). Auch mit Ethephon + Endothal erreicht man ähnliche Wirkungen.

## Anwendung von Wachstumsregulatoren zur Regulierung der Wuchsstärke der Bäume in Produktionsanlagen

Die Anwendung der zahlreichen wuchshemmenden Substanzen wird im wesentlichen am Wirkstoff Daminozid (Bernsteinsäure-mono-(N,N-dimethylhydrazid) dargestellt. Bei sehr engen Pflanzabständen ist die Hemmstoffanwendung während der ersten Standjahre, in denen meist der vegetative Wuchs überbetont wird, angezeigt. Nach SUTA u. a. (1977) wurde in Dichtpflanzungen auf M 4 und M 106 mit in den Sorten ‚Golden Delicious' und ‚Jonathan' im ersten Jahr vorwiegend der Wuchs gebremst, im zweiten festigte sich der Stamm. Auf den Schnitt konnte weitgehend verzichtet werden.

In den Niederlanden wurden in Engpflanzungen mit ‚Vereinsdechantsbirne' die Bäume dreimal im Jahr, beginnend bei der Nachblüte, mit CCC behandelt. Dadurch entstanden zweckmäßig geformte Gehölze, und zwar fast ohne Schnitt. CCC wirkt ähnlich wie ein Sommerschnitt, nur zuverlässiger.

QUINLAN (1981) erreichte mit dem Hemmstoff M+B 25—105 eine für die Ertragsbildung günstige Verzweigung der Äpfel, auch bei von Natur aus wenig zur Verzweigung neigenden Sorten. Damit verbunden waren ein früheres und stärkeres Blühen und ein während der ersten 3 Standjahre etwa verdoppelter Ertrag.

Werden Daminozid-Behandlungen über 2 Jahre lang ausgedehnt, so wird vom 3. Jahr an die blütenfördernde Wirkung geringer, die Früchte bleiben deutlich kleiner, die Lagerfähigkeit ist negativ beeinflußt.

Addidative oder synergetische Wirkungen von Komponenten mit gleicher oder ähnlicher Wirkungsrichtung werden besonders bei Süßkirschen zur Hemmung des Kronenwachstums genutzt. Daminozid + Ethephon vermindern das Kronenwachstum vor allem während der Jugendentwicklung.

Die umfangreiche Literatur über SADH (Daminozid) (LÜDDERS/DEBOR 1977, 1978) bringt viele Beispiele über Erfolge, aber auch über Enttäuschungen. Wenn konkrete Empfehlungen für die Anwendung ausgesprochen werden sollen, so in dem Sinne, daß dieser Wirkstoff vorrangig in Junganlagen bis zum Ertragsbeginn einzusetzen ist. In älteren Anlagen sind Daminozid-Behandlungen gerechtfertigt, wenn z. B. nach starker Verjüngung der Bäume eine daraus resultierende übermäßige vegetative Entwicklung gebremst werden muß. Keinesfalls ist die Anwendung von SADH als Dauermaßnahme anzusehen.

CCC hemmt den Wuchs bei Birnen ähnlich wie Daminozid bei Apfel. Es wird empfohlen, 6 Wochen nach der Blütezeit zu spritzen (MODLIBOWSKA 1969). Auch bei Pflaumen ist eine starke Triebhemmung durch CCC festzustellen (LUCKWILL 1968).

Die lange Persistenz des SADH kann zu Bedenken hinsichtlich der Anwendung führen. Es ist ein Jahr später noch in Früchten nachweisbar (SHUTAK u. a. 1968).

## Anwendung von Wuchshemmstoffen bei Erdbeeren

Bei mit CCC zu Beginn der Pflanzenentwicklung behandelten Erdbeeren wird die Ausläuferbildung verfrüht, der Wuchs gedrungener (AGROFONOW u. a. 1978). Beobachtete Ertragssteigerungen vermindern die Erträge der Folgejahre nicht.

Praktische Bedeutung hat dieses Verfahren bisher nicht erlangt.

Literatur Wachstumsregulatoren s. S. 232

## Nutzung der Gewebekultur für Pflanzenanzucht und Züchtung

### Einleitung

Seit Haberlandt (1902) erstmalig die Kultur pflanzlicher Zellen als Methode zum Nachweis der Totipotenz der Zellen vorschlug und erste, noch erfolglose Experimente durchführte, vergingen noch einige Jahrzehnte, bis mit der Entdeckung der Phytohormone grundlegende Voraussetzungen für die Induktion von Wachstums- und Differenzierungsprozessen aus synthetischen Nährmedien vorhanden waren. In einem klassischen Experiment zeigten Skoog und Miller (1957) an Kallusgeweben des Tabaks, daß die Differenzierung von Wurzeln und Sprossen sowie die Regeneration vollständiger Pflanzen durch das Auxin/Zytokinin-Verhältnis bestimmt wird. Der zweite Weg zur Bildung intakter Pflanzen aus undifferenzierten Geweben wurde von Reinert (1959) mit der somatischen (asexuellen) Embryogenese bei *Daucus carota* entdeckt. Die pflanzliche Zell- und Gewebezüchtung, ursprünglich ausschließlich in der physiologischen und genetischen Grundlagenforschung angesiedelt, entwickelte sich in den folgenden Jahren sehr schnell und erschloß zahlreiche Anwendungsgebiete in der Zierpflanzen- und Obstunterlagenverklonung und vor allem in der Pflanzenzüchtung. Die Methoden wurden im letzten Jahrzehnt zu einem besonders aktuellen und zukunftsträchtigen Zweig der pflanzlichen Züchtungsforschung.

### Begriffsdefinition

„Gewebekultur“ und „Gewebezüchtung“ werden im allgemeinen Sprachgebrauch der Anwendungsforschung als umfassende Begriffe für die Gesamtheit der Methoden verwendet. Da das allgemeine Grundprinzip darin besteht, Pflanzenorgane, Gewebeteile oder auch Zellen, die sogenannten Explantate, in Glasgefäßen auf bestimmten Nährmedien zur Entwicklung zu bringen, hat sich international der Begriff In-vitro-Kultur eingebürgert. Als Terminus beinhaltet er nicht nur eine „Kultur im Glas“, sondern schließt die Gesamtheit der mikrobiologischen Grundmethodik mit ein, vor allem eine Kultur keimfreier Pflanzenteile auf keimfreien Medien und unter Bedingungen, die eine Infektion der Gefäße mit Bakterien und Pilzen weitgehend ausschließen. Aus diesem Grunde wird häufig auch von Sterilkulturen gesprochen. Das Forschungsgebiet hat heute, ausgehend von den verschiedensten Zielstellungen der Grundlagenforschung und Anwendung, eine Vielzahl spezieller Kulturmethoden hervorgebracht, die neben der bereits genannten allgemeinen Bezeichung „In-vitro-Kultur“, ausgehend von den Explantaten, am besten mit „Zell-, Gewebe- und Organkultur“ charakterisiert wird.

### Anwendung der Zell-, Gewebe- und Organkultur in Pflanzenproduktion und Züchtung

Heute können Pflanzenorgane (Sprosse, Blätter, Blüten), Pflanzenteile (Sproßspitzen, Sproßsegmente, Fruchtknoten, Antheren), Pflanzengewebe und auch Zellen in Kultur genommen und zum Wachstum und zur weiteren Entwicklung gebracht werden. Grundlegende Voraussetzung für die Nutzung der Methoden in Pflanzenproduktion und Züchtung ist stets die Regeneration intakter lebensfähiger Pflanzen. Grundsätzlich können die Methoden der In-vitro-Kultur in zweierlei Richtung genutzt werden:

- Zur genetisch identischen Vermehrung (Verklonung) wertvoller Einzelpflanzen;

- zur Erhöhung der natürlich vorhandenen genetischen Variabilität und damit zur Schaffung neuen Ausgangsmatrials für die Züchtung.

Für die Pflanzenproduktion steht die Verklonung im Vordergrund. Im einfachsten Falle geht es um eine schnelle Massenvermehrung ausschließlich vegetativ vermehrter Sorten (z. B. Erdbeere). Der Einsatz in der Pflanzenzüchtung ist vielfältiger Natur und betrifft alle ihre Grundprozesse (Tab. 1). Der ökonomische Effekt wird dabei besonders durch die richtige Einordnung der jeweiligen Methode in den Zuchtprozeß bestimmt.

Heute sind prinzipiell alle Pflanzenteile einer Überführung in die In-vitro-Kultur zugänglich, wenn auch große Unterschiede zwischen den Familien und Arten, den verschiedenen Organen und Entwicklungsstadien der Pflanzenorgane bestehen. Für die Pflanzenproduktion und Züchtungsforschung ist nur die Kultur solcher Pflanzenteile sinnvoll, in denen in ausreichendem Maße die Organogenese und damit die Regeneration ganzer Pflanzen induziert werden kann. Die Wahl der Explantate hängt stark von der jeweiligen Nutzungsrichtung ab. Eine Übersicht vermittelt Tabelle 2.

Im Verlaufe der vergangenen 2 Jahrzehnte haben sich zahlreiche Gruppen um eine Optimierung der Medien und Kulturbedingungen bemüht. Dabei wurden die in bezug auf die „Eignung zur Gewebekultur" bestehenden Unterschiede zwischen Familien, Gattungen, Arten und sogar Genotypen immer auffälliger. Die grundlegenden Methoden und modernen Richtungen der Zell- und Gewebekultur wurden deshalb nicht zufällig an relativ wenigen günstigen Modellobjekten (*Nicotiana*-Arten, *Datura*, *Petunia*, *Daucus carota* u. a.) entwikkelt.

Einige Pflanzenfamilien sind in der Gewebekultur experimentell besonders schwierig zu bearbeiten, dazu gehören die Gräser und damit alle wichtigen Getreidearten. Mit wenigen Ausnahmen müssen auch die Gehölze, auch unsere Obstgehölze, dazu gerechnet werden. Bei Gehölzen ist häufig die schwierige Bewurzelung der limitierende Faktor. Eine Ausnahmestellung nimmt die Gat-

*Tab. 1:* Einsatz der Gewebekultur in der Pflanzenzüchtung

| Grundprozesse der Züchtung | Methodenkomplexe |
|---|---|
| Erzeugung von Ausgangsmaterial | – Embryokultur<br>– mutagene Behandlung von Zell- und Kalluskulturen<br>– somaklonale Variation<br>– Protoplastenfusion<br>– Gentransfer in Protoplasten |
| Selektion | – Selektion auf Zell- und Gewebeebene (Resistenz gegenüber toxinbildenden Bakterien und Pilzen, Salztoleranz, Temperaturtoleranz u. a.)<br>– Rationalisierung der Selektion durch Einbeziehung von DH-Pflanzen (gedoppelte Haploide aus der Antherenkultur) |
| Vermehrung der selektierten Genotypen | – In-vitro-Verklonung durch Sproßspitzenkultur („Meristemkultur"), somatische Embryogenese oder in Ausnahmefällen durch Primärkallus |

*Tab. 2:* Anwendung der Zell-, Gewebe- und Organkultur in der Züchtungsforschung und Züchtung

| Explantate | Nutzungsrichtung |
|---|---|
| Sproßspitzen (Meristeme und differenziertes Sproßgewebe) | – Genetisch identische Vermehrung von Einzelpflanzen (Verklonung), auch Sorten<br>– Aufbau und Vermehrung von Linien für die Hybridzüchtung<br>– Virusfreimachung bei Sorten und Zuchtmaterial<br>– Langzeitlagerung zur Erhaltung wertvoller Genotypen und Verminderung des Aufwandes bei der Erhaltung von heterozygoten, vegetativ vermehrten Sortimenten |
| Embryonen | – Überwindung der Kreuzungsbarrieren zur Herstellung neuartiger Art- und Gattungsbastarde |
| Antheren, Pollen | – Erzeugung von haploiden Geweben und differenzierten Pflanzen<br>– Herstellung homozygoter Pflanzen für die Züchtung (auch gedoppelte Haploide oder DH-Pflanzen genannt) |
| Zellen (Suspensionskulturen) | – Erhöhung der Mutationsrate, Selektion auf Zellebene<br>– Protoplastenerzeugung und -isolierung für weitere genetische und züchterische Experimente |
| Protoplasten | – Erhöhung der Mutationsrate, Nutzung der somaklonalen Variation, Selektion auf Zellebene<br>– Fusion der Protoplasten und Herstellung von neuartigen Bastarden, insbesondere mit Plasma-Kern-Kombinationen, die mit generativen Methoden nicht möglich sind<br>– Anwendung der Ergebnisse der Gentechnik bei höheren Pflanzen, Chromosomen und Gentransfer |
| Kallusgewebe (aus verschiedenen Explantaten während der In-vitro-Kultur induziert) | – bei bestimmten Pflanzen unter Beachtung einiger Voraussetzungen geeignet zur genetisch identischen Vermehrung<br>– Nutzung der erhöhten genetischen Variabilität (somaklonale Variation) für die Erzeugung neuen Ausgangsmaterials, z. B. Selektion resistenter Mutanten auf Gewebeebene<br>– Herstellung von Zellkulturen, sogenannten Suspensionskulturen (s. oben)<br>– Isolierung von Zellen, Herstellung von Protoplasten (s. oben) |

tung *Citrus* ein, bei der bereits heute alle Methoden der Zell- und Gewebekultur anwendbar sind und auch in großem Maße genutzt werden. Die Wahl des pflanzlichen Objektes hat einen entscheidenden Einfluß auf das Ergebnis. Wenn noch vor 10 Jahren die Meinung vorherrschte, daß diese Probleme über eine Optimierung und Anpassung der Medien und Kulturbedingungen prinzipiell lösbar sei, setzt sich heute immer mehr die Meinung von der entscheidenden Bedeutung des Genotyps durch. Umfassende genetische Analysen erbrachten in den letzten Jahren den Nachweis, daß die Fähigkeit zur Regeneration intakter Pflanzen sehr unterschiedlich ausgeprägt und eindeutig genetisch fixiert ist. Ausgehend von den Antherenkulturen bei Kartoffeln bezeichnen WENZEL und UHRIG (1981) diese Regenerationskapazität mit TCA (tissue culture ability), ein Begriff, der auf allen Gebieten der Zell- und Gewebekultur anwendbar ist und sich einbürgert.

Der Obstbauer oder -züchter hat jedoch keine freie Objektwahl, sondern ist vom vorgegebenen Sortiment bzw. von der züchterischen Zielstellung abhängig. Die bekannten Sorten, Genotypen und Wildformen wurden ausschließlich nach ihren Gebrauchseigenschaften selektiert. Die Eignung für die Gewebekultur (TCA) hatte keine Bedeutung und war noch vor Jahren unbekannt. Für die zukünftige Entwicklung der Obstzüchtung wird die TCA einen Selektionswert erhalten.

## In-vitro-Verklonung

### *Allgemeine Grundlagen*

Im Obstbau und in der Obstzüchtung ist die genetisch identische Vermehrung wertvoller Einzelpflanzen zur Zeit das wichtigste Anwendungsgebiet mit folgenden Zielstellungen:

- Sortenverklonung (Erdbeeren, Beerenobst)
- Verklonung wertvoller Genotypen als Ausgangsmaterial für die Züchtung einschließlich einer Langzeitlagerung in vitro (alle einheimischen Obstgehölze und Beerenobstarten)
- Effektive Unterlagenvermehrung bei *Malus*, *Prunus* und *Pyrus*
- In-vitro-Verklonung in Kombination mit Methoden der Virusbereinigung
- Transport über Ländergrenzen ohne besondere Quarantänemaßnahmen

Jede In-vitro-Vermehrung durchläuft nach MURASHIGE (1974) 3 Stadien:

Stadium I: Etablierung

Bei der Etablierung einer aseptischen Kultur für die vegetative Vermehrung ist es wichtig, daß die Kultur frei von erkennbarer Infektion ist, so daß eine ausreichende Anzahl der Explantate überlebt und daß schnelles Wachstum induziert wird. Verluste bis zu 90% und mehr sind bei Verwendung von Pflanzenmaterial aus dem Freiland möglich.

Stadium II: Multiplikation

Erst bei diesem Schritt wird eine Bildung adventiver Sprosse oder anderer Strukturen ausgelöst, die sich zu Pflanzen entwickeln können. Möglich sind das Austreiben vorhandener Lateralsysteme, die Auslösung einer somatischen Embryogenese oder die Neubildung von Meristemen und Knospen u. a.

Stadium III: Vorbereitung für die Überführung in Erdkultur

Es umfaßt die Bewurzelung von Sproßknospen, die Abhärtung der regenerierten Pflanzen gegenüber Wasserverlust, wechselnden Temperaturen, Pathogenen und anderen Bakterien und Pilzen der Bodenmikroflora sowie die Umstellung der Pflanzen von der teilweise heterotrophen auf die autotrophe Ernährung. Dieses Stadium wird zu Unrecht in vielen Publikationen vernachlässigt. Häufig sind die Probleme jedoch größer als in Stadium II. Stadium II ist die Nahtstelle zwischen der mikrobiologischen Labormethodik und den Arbeitstechniken der gärtnerischen Pflanzenanzucht und der Schlüssel für die praktische Anwendung der In-vitro-Verklonung in größerem Maßstab.

Ein Multiplikationsschritt ergibt in der Regel nur eine Vermehrungsrate von 1 : 2 bis maximal 1 : 50, die für eine praktische Vermehrung auch bei Verwendung mehrerer Explantate von einer Pflanze meist nicht ausreichen. Die Leistungsfähigkeit der In-vitro-Verklonung kommt dadurch zustande, daß die Stadien, in einem Zyklus angeordnet, zahlenmäßig unbegrenzt wiederholt werden können, wobei ein Teil der Pflanzen für die Nutzung abgeführt werden kann. Von besonderem Vorteil ist außerdem die enge Kombination mit der Langzeitlagerung, die bei geringem Aufwand und auf engem Raum eine pathogenfreie Depothaltung wertvoller Genotypen über mehrere Jahre gestattet. Solche In-vitro-Langzeitkulturen lassen sich ohne das verlustreiche Etablierungsstadium wieder direkt in die In-vitro-Verklonung überführen. Sie dienen als ständig verfügbares Genreservoir für die Züchtung. Abbildung 1 faßt die Schritte der In-vitro-Verklonung noch einmal zusammen.

### *Erkenntnisstand bei einheimischen Obstarten*

Seit den Publikationen zur Massenvermehrung bei Erdbeere (Boxus, Quoirin und Laine 1977) und der Apfelunterlage M 26 (Jones, Hopgood und O'Farrell 1977) gibt es große Fortschritte. Auf der Konferenz über die Baumschulproduktion von Obstpflanzen über Gewebekultur 1980 in Beltsville wurden bereits Verfahren zur In-vitro-Verklonung bei Erdbeere, Brombeere, Roter Himbeere, Weinrebe, Apfelunterlagen sowie Apfelsorten, Birne, Pfirsich und verschiedener *Prunus*-Unterlagen vorgestellt. Neben der weiteren Vervollkommnung der bekannten Verfahren für Erdbeeren, *Malus*- und *Prunus*-Arten und -Sorten sowie Weinrebe wurden in den letzten Jahren Methoden zur In-vitro-Verklonung der Schwarzen Himbeere (*Rubus occidentalis*), der Schwarzen und Roten Johannisbeere publiziert. Fortgesetzt wurden die Bemühungen zur Vermehrung von unterschiedlichen *Malus*- und *Prunus*-Unterlagen. Insbesondere bei *Malus* unterscheiden sich die Unterlagentypen stark in ihrer Bewurzelungsfähigkeit. Durch die In-vitro-Verklonung kann die Bereitstellung neuer Unterlagentypen für den Obstbau gegenüber den traditionellen Methoden der vegetativen Vermehrung wesentlich beschleunigt werden. Auch im praktischen Obstbau sind damit kurz- und mittelfristige Auswirkungen zu erzielen, da das klimatisch angepaßte und bewährte Obstsortiment unberührt bleibt. Seit einigen Jahren wird jedoch international auch erfolgreich an der In-vitro-Verklonung von Apfel- und Birnensorten, Süß- und Sauerkirschen sowie Pfirsichsorten gearbeitet. Abgesehen von der sofortigen Anwendbarkeit im Prozeß der Obstzüchtung setzt die generelle Nutzung im Obstbau grundlegende Umstellungen voraus, da die neue Möglichkeit der Vermehrung von Zuchtsorten nur über wurzelechte Bäume ausgeschöpft werden kann. Die bisherigen Bemühungen um autovegetativ vermehrbare Apfel- und Birnensorten erhalten ein größeres Gewicht. Das vorhandene Sortenspektrum und Zucht-

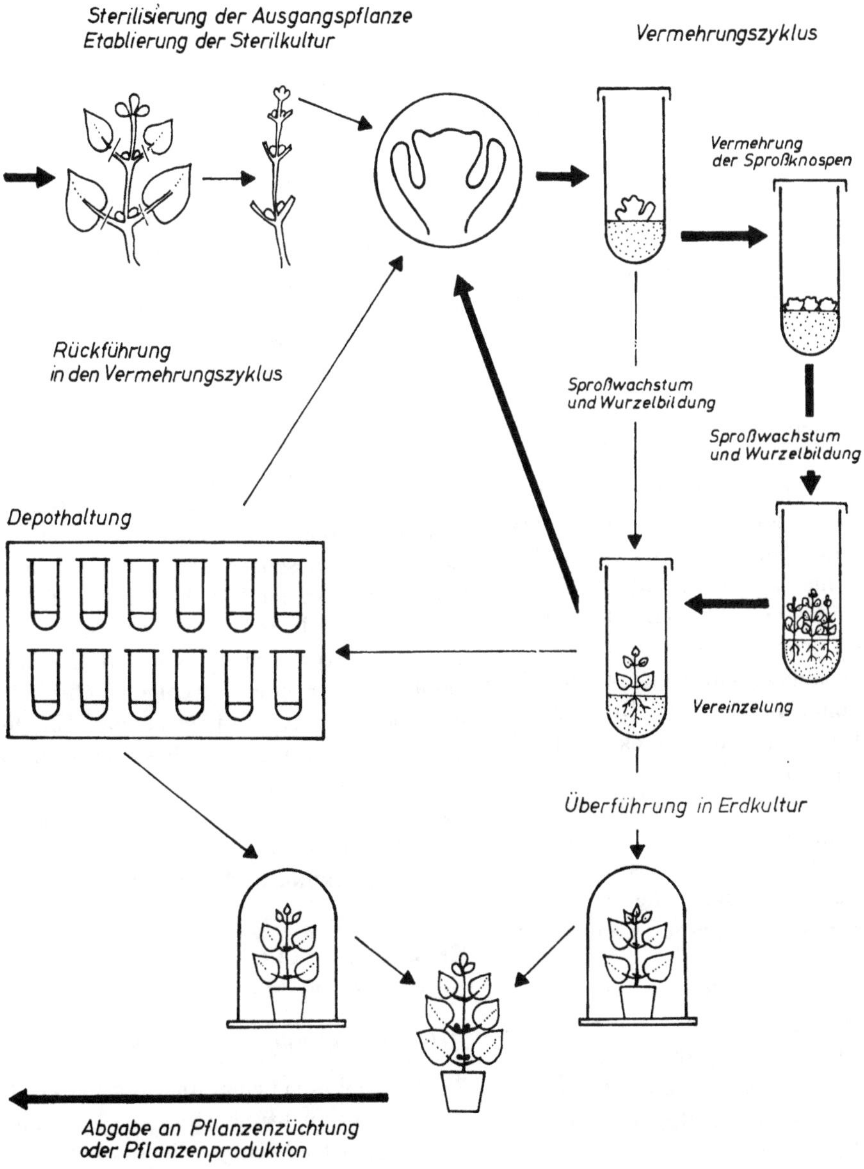


*Abb. 1:* Schema einer In-vitro-Verklonung

sortiment ist nicht in dieser Weise nutzbar. Langfristige Veränderungen in den Zielstellungen der Obstzüchtung sind unausweichlich.

Im Verlaufe der intensiven Bearbeitung der In-vitro-Verklonung haben sich einige Gesichtspunkte ergeben, die über das Hauptziel, die Erreichung einer hohen Vermehrungsrate, hinausgehen. Viele Autoren betonen die Möglichkeit, über Jahre pathogenfreie Pflanzen zu haben. Eine wichtige Seite besteht auch in der Kombination mit Methoden der Virusbereinigung oder der weitgehenden Virusfreimachung des Pflanzenmaterials, obwohl leistungsfähige Methoden und umfangreichere Erfahrungen in der praktischen Umsetzung beim Obst noch ausstehen.

Die In-vitro-Verklonung bietet sich auch als effektiver Weg der Mutantennutzung an. Wertvolle, relativ seltene Resistenzen könnten in wenigen Jahren in den Obstbau überführt werden, z. B. Birnen- oder Apfelzuchtklone, die gegenüber dem Feuerbrand resistent sind. Fischer, Schaefer u. a. (1983) fanden z. B. nur 5 resistente unter 175 geprüften Apfelsorten und Zuchtklonen. In den meisten Fällen werden bei Obstgehölzen Sproßspitzen als Ausgangsexplantate dienen. Bewährt haben sich auch dormante Knospen. Möglicherweise ist aber die bei *Ribes*-Arten häufige Polyembryonie zukünftig nutzbar. Bei den subtropischen *Citrus*-Arten werden neben der Sproßspitzenkultur, Nucellus- und Samenanlagenkulturen auch die Polyembryonie in großem Umfang erfolgreich für praktische Zwecke genutzt. In Spanien wurde bereits vor Jahren (Navarro und Juarez 1977) ein Programm beschlossen, nach dem der größte Teil der *Citrus*-Bäume des gesamten Landes mit diesen Methoden als virusfreie Bestände aufgebaut werden sollen.

Die In-vitro-Langzeitlagerung und der Aufbau eines In-vitro-Genreservoirs muß bei den stark heterozygoten, ausschließlich vegetativ vermehrten Obstsorten als zukunftsträchtige Aufgabe angesehen werden. Vier Arten der Depothaltung sind denkbar:

— Langzeitlagerung bei 15···25 °C auf speziellen Nährböden als Stammkultur;
— Kühllagerung bei 4···6 °C (handelsübliche Kühlschränke und Kühlräume);
— Lagerung bei Gefriertemperaturen —20···—40 °C (Gefrierschränke);
— Tieftemperaturlagerung in flüssigem Stickstoff bei —196 °C.

Die Erfahrungen mit der Gewebekultur bei Obst sind mit Ausnahme der Erdbeere noch gering. Für die Nutzung in der praktischen Obstzüchtung dürften die Stammkultur oder Kühllagerung bei +4 °C zur Zeit die günstigsten Varianten sein, weil sie wenig aufwendig sind und keine spezielle Ausrüstung erfordern. Nach Auffassung vieler Autoren ist die Aufbewahrung von pflanzlichen Geweben und Organen bei der Temperatur des flüssigen Stickstoffs (—196 °C) die einzige Methode bei der es gelingt, die Stoffwechselprozesse völlig zu unterbinden und damit Alterung und auch genetische Veränderungen absolut auszuschließen. Die Wiederbelebungsraten sind bisher fast nur bei Suspensionskulturen befriedigend. Die Tieftemperaturlagerung von Meristemen brachte bisher nur in wenigen Fällen für Praxisanwendung ausreichende Ergebnisse. So gelang mit Erdbeermeristemen die Kryopreservation bei —196 °C für 8 Wochen mit einer Wiederbelebungsrate und Regeneration von mehr als 55% (Kartha, Leung und Pahl 1980).

## Erzeugung neuen Ausgangsmaterials

### *Art- und Gattungsbastardierung*

Zur Entwicklung neuen Ausgangsmaterials für die Obstzüchtung stellt die Art- und Gattungsbastardierung einen wichtigen Weg dar. Insbesondere die Resistenzzüchtung ist auf die Einkreuzung von Wildformen als neue Resistenzquelle angewiesen. Andererseits können Gattungskreuzungen zu neuen Allopolyploiden mit wertvollen Eigenschaften führen. Bei vielen Art- und besonders Gattungskreuzungen treten Kreuzungsbarrieren auf, die durch Einsatz der Embryokultur oder auch einer Befruchtung in vitro überwunden werden können.

*Tab. 3:* Verschiedene Formen der Inkompatibilität und Wege zur Überwindung der Kreuzungsbarriere

| Formen der Inkompatibilität | Lokalisierung der Barriere | Methode zur Überwindung der Inkompatibilität |
|---|---|---|
| progame Inkompatibilität (Störung vor der Befruchtung) | — Stigma, Griffel (sporophytisch) | Befruchtung in vitro |
| | — Pollen (gametophytisch) | Befruchtung in vitro |
| postgame Inkompatibilität (Störung nach der Befruchtung) | — Endosperm Störung der Embryoernährung | Embryokultur |
| | — Unverträglichkeit der Genome | keine verfügbar |

Die Erforschung der Inkompatibilitätsbarrieren an Modell- und Nutzpflanzen hat zu wichtigen Ergebnissen geführt, die heute einen gezielten Einsatz der In-vitro-Methoden zur Verbesserung der Kreuzungsergebnisse zulassen. Tabelle 3 vermittelt dazu einen Überblick.

Die Embryokultur wird bei Gehölzen bereits seit mehreren Jahrzehnten zur Überwindung der Dormance und zur Beschleunigung der Samenkeimung und zur Erhöhung der Ausbeute insbesondere bei *Prunus*-Kreuzungen eingesetzt (Lammerts 1942). Sie ist auch heute eine wichtige Voraussetzung für die effektive Realisierung von *Prunus*-Bastarden. Nicht bekannt ist, ob es sich hierbei auch um Störungen der Embryoernährung im Sinne der postgamen Inkompatibilität handelt. Verschiedene Mechanismen scheinen an der Inkompatibilitätsreaktion beteiligt zu sein (Posselt 1978).

### *Erweiterung der genetischen Variabilität im Zuchtmaterial*

Die zukünftige Leistungsfähigkeit der Obstzüchtung erfordert die ständige Erweiterung der genetischen Basis. Einige neue Aspekte ergeben sich aus der Nutzung der genetischen Variabilität in Kallus-, Zell- und Protoplastenkulturen. Während für krautige landwirtschaftliche Nutzpflanzen bereits zahlreiche experimentelle Daten vorliegen, sind über unsere Obstgehölze keine größeren Versuche bekannt. Regenerate aus Kalluskulturen sind jedoch mit den heutigen Kenntnissen zu erzielen. Nutzbare Mutanten sind denkbar, erfordern aber noch umfangreiche experimentelle Arbeiten. Die prinzipiellen Möglichkeiten der In-vitro-Methoden demonstrieren wieder Experimente mit *Citrus*. Kochba, Ben-Hayyim u. a. (1982) gelang es, aus Zellkulturen auf einem hohe Salzkonzentrationen enthaltenden Medium aus den überlebenden Zellen salztolerante Embryonen zu regenerieren.

## Perspektiven

### *Protoplastenkultur*

Andere Wege zur Erweiterung der genetischen Basis, wie die Nutzung der somaklonalen Variation der Protoplasten, die Protoplastenfusion oder die Einbeziehung der Gentechnik, können heute noch nicht beschritten werden, weil dazu die experimentellen Voraussetzungen fehlen. Diese Situation ist nicht nur auf die besonderen Schwierigkeiten bei Gehölzen zurückzuführen, sondern hängt auch mit dem international wesentlich kleineren verfügbaren Forschungspotential für Obstgehölze im Vergleich zu Getreide und anderen landwirtschaftlichen Nutzpflanzen zusammen. Der wachsende Erkenntnisstand bei den ökonomisch bedeutendsten Kulturpflanzen wird jedoch zur zukünftigen Nutzung dieser Gebiete in der Obstzüchtung beitragen

*Erzeugung und Nutzung haploider Pflanzen*

Die Bedeutung der Haploiden und den aus ihnen abgeleiteten gedoppelten Homozygoten (doupled haploids = DH-Pflanzen) für die zukünftige Pflanzenzüchtung wird heute generell hoch bewertet. In der Obstzüchtung würden homozygote Kreuzungspartner mit wertvollen Eigenschaften den Zuchtprozeß verkürzen und den Selektionsaufwand merklich verringern. Schwer erreichbare Ziele der Resistenzzüchtung wären schneller zu realisieren. Für die wirksame Nutzung der Haploidentechnik in der Pflanzenzüchtung sind Methoden zur Induktion haploider Pflanzen in größerer Zahl notwendig. Die Ansatzpunkte für effektive Verfahren sind dort zu suchen, wo im Verlaufe des Lebenszyklus der höheren Pflanze auf natürlichem Weg haploide Zellen entstehen. Im Generationswechsel der Angiospermen entstehen durch Reduktionsteilung an zwei Orten gesetzmäßig haploide Zellen: In den Samenanlagen des Fruchtknotens die Eizellen sowie die ebenfalls haploiden Synergiden und Antipoden und in den Antheren die haploiden Pollen. Daraus ergeben sich zahlreiche Möglichkeiten, jedoch haben nur drei Wege bisher für die Pflanzenzüchtung Bedeutung erlangt:

- Genomelimination nach Art- oder Gattungskreuzung. Die dabei entstehenden haploiden Embryonen gehen auf den haploiden Chromosomensatz der Eizelle zurück;
- Gynogenese oder haploide Parthenogenese. Dabei werden die unbefruchteten Eizellen zur Entwicklung gebracht;
- Androgenese. Entwicklung haploider Embryonen und Pflanzen aus Pollen durch sogenannte Antheren- oder Pollenkultur.

Obwohl die Anwendung der Haploidentechnik bereits bei Reis, Weizen, Raps, Tabak u. a. bis zu nutzbaren Sorten geführt hat, gibt es bei Obstpflanzen nur erste experimentelle Ansätze. Bisher wurde nur die Methode der Antherenkultur angewendet. Denkbar sind aber durchaus positive Ergebnisse durch Genomeliminierung nach geeigneten Kreuzungen oder durch Gynogenese. Bei der Erdbeere (*Fragaria* × *ananassa*) erzielten nach Antherenkultur NIEMIROWICZ-SZCZYTT und ZAKRZEWSKA (1980) u. a. tetrahaploide Pflanzen. Über *Malus*- und *Prunus*-Antheren wurden bisher keine lebensfähigen Embryonen erreicht.

Aus *Malus*-, *Pyrus*- und *Prunus*-Antheren konnten bisher keine lebensfähigen Antheren regeneriert werden. Auch Antherenkulturen von *Ribes nigrum* brachten kein positives Ergebnis. Bei Hybriden der Weinrebe (*Vitis vinifera* × *V. rupestris*) gelang es aber RAJASEKARAN und MULLINS (1979) 2500 Embryonen anzuziehen, von denen jedoch alle regenerierten Pflanzen wieder diploid waren. Da sich im Kallus haploide Zellen befanden, könnte es sich zum Teil um spontan gedoppelte homozygote Pflanzen handeln, ein Vorgang, der von zahlreichen anderen Pflanzen bekannt ist. Antherenkulturen mit Sorten von *Vitis vinifera* entwickelten sich nicht.

Im Vergleich zu den meisten anderen Nutzpflanzen sind die Ergebnisse zur Erschließung der Haploidentechnik für die Obstzüchtung noch gering. Es gibt aber keinen Grund, die Obstgehölze als besonders schwierige Pflanzengruppe anzusehen, da die bisher eingesetzte Forschungsarbeit noch sehr gering war. Die Auswertung des sehr umfangreichen Erfahrungsschatzes, der bei Solanaceen, Brassicaceen und den schwierigen Getreidearten in den letzten Jahren erarbeite wurde, kann die Situation schnell wandeln.

## Literatur


Anonym: Proceedings of the Conference on Nursery Production of Fruits Plant Through Tissue Culture — Applications and Feasibility. April 21—22, 1980, Beltsville, Maryland (1980), 119 S.

BOXUS, P.; QUOIRIN, M.; LAINE, J. M.: Large scale propagation of strawberry plants from tissue culture. In: REINERT, J.; BAJAJ, Y. P. S. (Ed.): Applied and fundamental aspects of plant cell, tissue, and organ culture. Berlin, Heidelberg, New York, Springer-Verl., 1977, S. 130—143 (803 S.)

FISCHER, C.; SCHAEFER, H.-J.; FISCHER, M.; DATHE, B.; FICKE, W.: Erste Ergebnisse der Resistenzzüchtung gegen Feuerbrand, *Erwinia amylovora* (Burrill) Winslow et al. bei Kernobst. Arch. Züchtungsforsch. **13** (1983) 2, S. 137—146

HABERLANDT, G.: Culturversuche mit isolierten Pflanzenzellen. Sitzungsber. Akad. Wiss. Wien, Math. Nat. Classe **111**, Abt. 1 (1902), S. 69—92

JONES, O. P.; HOPGOOD, M. E.; O'FARRELL, D.: Propagation in vitro of M. 26 apple rootstocks. J. Hortic. Sci. **52** (1977), S. 235 to 238

KARTHA, K. K.; LEUNG, N. L.; PAHL, K.: Cryopreservation of strawberry meristems and mass propagation of plantlets. J. Amer. Soc. Hort. Sci. **105** (1980), 4, S. 481—484

KOCHBA, J.; BEN-HAYYIM, G.; SPIEGEL-ROY, P.; SAAD, S.; NEUMANN, H.; Selection of stable salt-tolerant callus cell lines and embryos in *Citrus sinensis* and *C. aurantium.* Z. Pflanzenphysiol. **106** (1982), S. 111—118

LAMMERTS, W. E.: Embryo culture an effective technique for shortening the breeding cycle of deciduous trees and increasing germination of hybrid seeds. Amer. J. Bot. **29** (1942), S. 166—171

MURASHIGE, T.: Plant propagation through tissue cultures. Ann. Rev. Plant Physiol. **25** (1974), S. 135—166

NAVARRO, L.; JUAREZ, J.: Tissue culture techniques used in Spain to recover virus-free *Citrus* plants. Acta Hortic. **78** (1977), S. 425—435

NIEMIROWICZ-SZCZYTT, K.; ZAKRZEWSKA, Z.: *Fragaria x Ananassa* anthers culture. Bull. Acad. Polon. Sci. **28** (1980) 5, S. 341—347

POSSELT, R.: Untersuchungen zur progamen Inkompatibilität bei *Prunus*-Arten und -Artbastarden. Arch. Züchtungsforsch. **8** (1978), S. 127—138

RAJASEKARAN, K.; MULLINS, M. G.: Embryos and plantlets from cultured anthers of hybrid grapevines. J. exper. Bot. **30** (1979), 166, S. 399—407

REINERT, J.: Über die Kontrolle der Morphogenese und die Induktion von Adventivembryonen an Gewebekulturen aus Karotten. Planta **53** (1959), S. 318—333

SKOOG, F.; MILLER, R. A.: Chemical regulation of growth and organ formation in plant tissue culture in vitro. Symp. Soc. Exp. Biol., Cambridge **11** (1957), S. 118—137

WENZEL, G.; UHRIG, H.: Breeding for nematode and virus resistance in potato via anther culture. Theoret. appl. Genet. **59** (1981), S. 333—340


## Regelmechanismen der Gehölzentwicklung

### Einfluß der Photoperiode und der Thermoperiode auf den Entwicklungsablauf im Jahreszyklus

Entsprechend den kosmischen Bedingungen besteht auf der Erdoberfläche ein dauernder periodischer Wechsel der Einstrahlung. Alle Pflanzen, Tiere und Menschen sind daher im Tag—Nacht-Rhythmus und auch im Jahresrhythmus einer periodischen Änderung von Licht und

Temperatur ausgesetzt. Die Amplitude dieser Rhythmik ist von der geographischen Breite abhängig.

Der Verlauf der Thermoperiode zwingt die Pflanzen der gemäßigten Breiten und natürlich auch der arktischen Regionen zu einer Winterruhe. In heißen und trokkenen Gebieten bestimmt periodische Dürre den Vegetationsrhythmus. Zahlreiche Pflanzenarten vermögen die Veränderungen der Tageslänge und der Temperaturamplitude als kosmische Weiser für eine Orientierung in der Jahreszeit zu nutzen. Dieses Reaktionsvermögen wird als Photo- bzw. Thermoperiodismus bezeichnet und dient zusammen mit einer oft vorhandenen endogenen Rhythmik dazu, den arteigenen Entwicklungsablauf mit den klimatischen Faktoren zu synchronisieren. Die Beeinflussung des Entwicklungsvorganges durch Photo- oder Thermoperiode muß mit der Ökologie der jeweiligen Pflanzenarten übereinstimmen (Abb. 1).

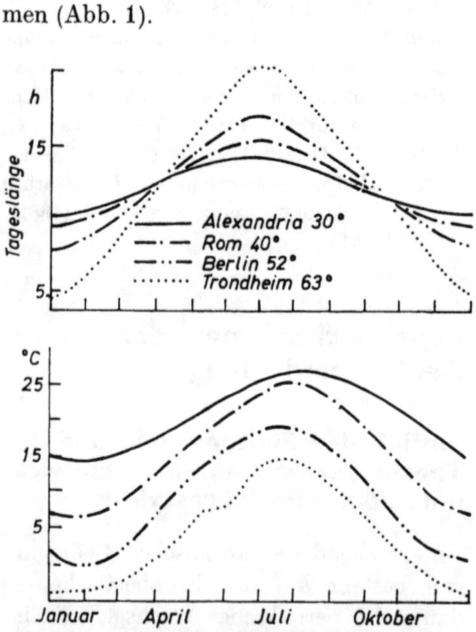


*Abb. 1:* Jahreszeitlicher Verlauf der Tageslängen und der Temperaturmittelwerte einiger Orte der nördlichen Halbkugel; verändert nach Lyr, Polster, Fiedler

Durch Photo- und Thermoperiodismus können allgemein bei Gehölzen und auch bei einem Teil unserer Obstgehölze Keimung, Austrieb, Blütenbildung, Eintritt in die Winterruhe, Laubfall und Frosthärtung zeitlich gesteuert werden. Junges (1958) faßt die Einheit von pflanzlicher Entwicklung und Umwelt als „Hypothese des stetig durchgehenden, entwicklungsphysiologisch bedingten, klimatischen Konnexes“ (Konnexhypothese) zusammen.

## *Photoperiodismus*

Bereits 1913 hat Klebs bei *Sempervivum* die Bedeutung der Photoperiode erkannt und Garner und Allard (1920, 1923, 1931) prägten nach ihren Untersuchungen an Tabak und einigen Gehölzen, unter anderem auch an *Malus*, die Bezeichnung „Photoperiodismus“. Hinsichtlich der Blüteninduktion unterscheidet man Kurztagpflanzen, Langtagpflanzen und tagneutrale Pflanzen, Kurztagpflanzen benötigen, um zur Blüte zu kommen, eine ununterbrochene Dunkelphase von mindestens 12 Stunden. Bei Gehölzen hebt eine kurzfristige Belichtung während der Dunkelperiode die durch Kurztag verursachte Wachstumshemmung auf. Bei den Langtagpflanzen ist für die Blütenbildung eine Tageslänge von mehr als 12 Stunden erforderlich und eine kurze Unterbrechung der Lichtperiode hebt hier den Langtageffekt auf. Bei tagneutralen Gewächsen wird die Entwicklung durch die Thermoperiode oder nur durch endogene Faktoren gesteuert.

Eine Klassifizierung in Kurztag- und Langtagpflanzen ist bei Gehölzen schwierig vorzunehmen, da die einzelnen Entwicklungsprozesse in unterschiedlicher Weise von Kurztag und Langtag beeinflußt und durch Temperatureffekte überlagert werden.

*a) Vegetatives Wachstum (Ruheperiode)*

Es gibt bei den Gehölzen viele Beispiele dafür, daß das Sproßwachstum durch die Länge der täglichen Dunkelperiode beeinflußt wird. Bei einer Tageslänge von weniger als 12—10 Stunden wird bei vielen Arten das Trieblängenwachstum eingestellt, der Vegetationskegel bildet eine Endknospe und die Pflanzen treten in die Vorruhe.

Mit zunehmender Tageslänge wird bei den meisten Gehölzen das Wachstum gefördert. Die optimale Wirkung auf das Sproßwachstum hat vielfach eine Tageslänge von 18—20 Stunden. An Hand mehrjähriger photoperiodischer Behandlungen konnte auch bei *Malus* und bei *Cydonia* durch 16stündige Langtagbehandlung eine Förderung des Trieblängenwachstums erzielt werden. Der Wildapfel *Malus zumi* REHD., welcher im Frühjahr stark wächst und sein Längenwachstum sehr früh innerhalb einer Vegetationsperiode beendet, reagiert vorwiegend im Frühjahr während seines Streckungswachstums auf photoperiodische Behandlungen, und zwar bewirkt eine Langtagbehandlung unter Zusatzbeleuchtung mit einem verstärktem Blaulichtanteil (HNT-Leuchtstoffröhren[1]) ein gesteigertes Längenwachstum der Triebe, während Kurztag das Längenwachstums der Triebe im Frühjahr sehr hemmt. Eine Langtagbehandlung unter Zusatzbeleuchtung mit Glühlampen oder NHI-Leuchtstoffröhren mit verstärktem Orange-Rotlichtanteil beein-

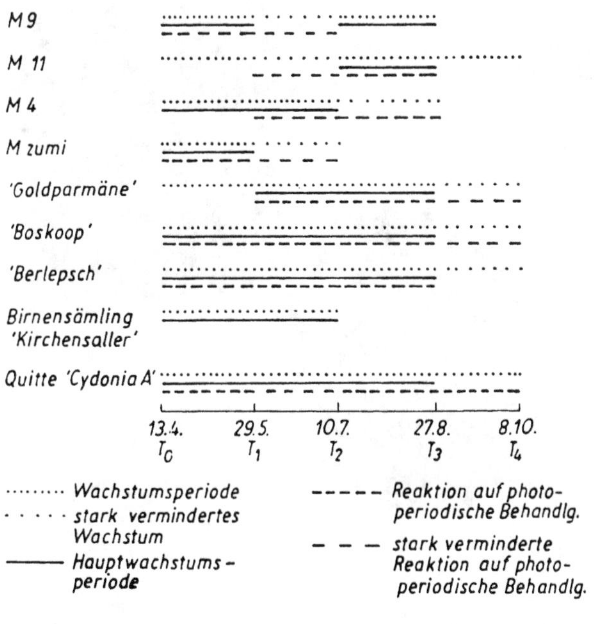


*Abb. 2:* Schema über Wachstumsperioden und Reaktionsvermögen auf photoperiodische Behandlungen der Apfelunterlagen M 4, M 9, M 11 des Wildapfels *Malus zumi*, der autovegetativen Apfeledelsorten ‚Goldparmäne' ‚Boskoop', ‚Berlepsch' sowie des Birnensämlings ‚Kirchensaller' und der Quitte ‚Cydonia A'

[1]) HNT = W-Tageslicht, HNI = W-Warmton.

flußt im Frühjahr das Streckungswachstum der Triebe negativ. In den späteren Monaten wird das Trieblängenwachstum dagegen gerade durch die letzte Behandlung gefördert.

Auch die photoperiodischen Untersuchungen bei den Apfelunterlagen M 4, M 9 und M 11 und bei den wurzelechten Edelsorten ‚Boskoop‘, ‚Goldparmäne‘, ‚Berlepsch‘ sowie bei den entsprechenden Veredlungskombinationen und bei ‚Cydonia A‘ zeigten, daß während der Hauptwachstumsperiode der Gehölze das Trieblängenwachstum durch Langtagbehandlung mit verstärktem Blaulichtanteil besonders gefördert wird (vgl. Streitberg 1964, 1967, 1970). Abbildung 2 gibt einen Überblick über den Wachstumsverlauf der untersuchten Unterlagen und wurzelechten Edelsorten und über die Reaktion dieser Gehölze auf photoperiodische Behandlungen. Das Schema zeigt sehr deutlich, daß eine günstige Reaktion auf Lichteinflüsse stark mit der Hauptwachstumsperiode gekoppelt ist. Die photoperiodische Reaktion erstreckt sich dann meist in abgeschwächter Form auf die Zonen geringeren Wachstums. Sehr gut läßt sich an Hand des Schemas auch das unterschiedliche Verhalten der ein-

*Abb. 3:* Blätter der wurzelechten Apfeledelsorte ‚Boskoop‘ von verschiedenen photoperiodischen Behandlungen. Blätter der Frühjahrsbehandlungen 1963 im Vergleich zu dem Blatt eines Freilandexemplares

A = Freiland
B = Kurztagbehandlung
C = Langtagbehandlung unter Zusatzbeleuchtung von HNI-Leuchtstoffröhren
D = Langtagbehandlung unter Zusatzbeleuchtung von HNT-Leuchtstoffröhren

zelnen Sorten und Unterlagen erkennen. Da die hier beschriebenen Effekte bereits bei Beleuchtungsstärken von 300 bis 600 Lux auftreten, wird deutlich, daß es sich um echte photoperiodische Effekte handelt.

Die Blattgröße wird durch photoperiodische Behandlungen ebenfalls beeinflußt (vgl. Köhler 1958, Streitberg 1967). Sechswöchige Behandlungen mit Zusatzbeleuchtung durch HNT-Leuchtstoffröhren verursachten im Frühjahr die Bildung größerer Blätter (Abb. 3). Da die Blätter der Freilandgehölze am kleinsten waren, muß angenommen werden, daß die Förderung des Blattwachstums sowohl durch Licht als auch durch erhöhte Temperatur in den Behandlungskabinen bedingt war. Kolorimetrische Prüfungen des Chlorophyllgehaltes ergaben, daß die Blätter bei Kurztagbehandlung viel weniger Chlorophyll enthielten als bei Langtagbehandlung.

Mittelwerte des Blattchlorophyllgehaltes der Sorte ‚Boskoop'

| | Chlorophyll in mg/1 g Frischgewicht |
|---|---|
| Kurztagbehandlung | 0,63 |
| Langtagbehandlung | 0,99 |

Vergleicht man die Holzbildung der Bäume unterschiedlicher photoperiodischer Behandlungen miteinander, so zeigt sich, daß durch Langtagbehandlung unter Zusatzbeleuchtung mit HNT-Leuchtstoffröhren während der ganzen Vegetationsperiode im Vergleich zur Kurztagbehandlung das Holzwachstum gefördert wird (Abb. 4). Thomson und Monz Miller (1963) stellten ebenfalls eine Förderung des Dickenwachstums durch Langtag fest. Das bedeutet, daß bei Langtagbehandlung bei *Malus zumi* das Gefäß-Holzfaser-Verhältnis verschoben wird und daß mehr vergrößerte, aber dünnwandigere Gefäße ausgebildet werden. Unter Kurztagbedingungen herrschten dagegen die starkwandigen Holzfaserzellen vor. Pieniazèk und Wisniewska (1962), die anatomische Untersuchungen bei der Sorte ‚Antonowka' durchführten, kamen zu ähnlichen Ergebnissen; Kocerženko und Maìko (1968) beobachteten derartige Erscheinungen bei Pfirsich, Mandel und Dattelpflaume.

Der Eintritt in die Ruheperiode geschieht nach übereinstimmenden Ergebnissen durch die Bildung von Hemmstoffen in den Blättern während der Dunkelphase. Selbst wenn nur einige Zweige oder Blätter im Kurztag ge-

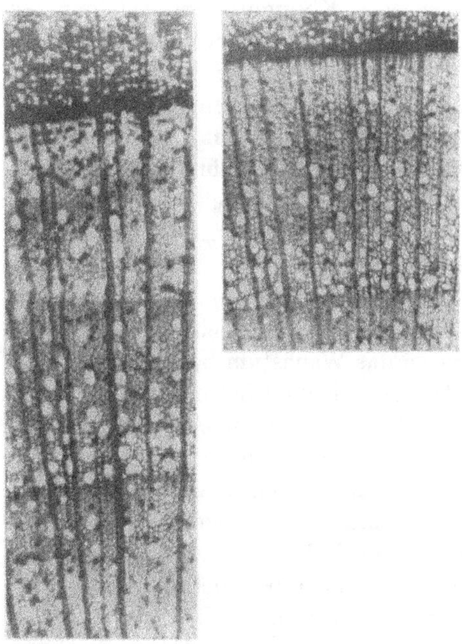

*Abb. 4:* Ausschnitte von zwei Querschnitten durch den mittleren Abschnitt des Hauptsprosses des Wildapfels *Malus zumi* unter verschiedenen photoperiodischen Dauerbehandlungen

A) Langtag unter Zusatzbeleuchtung von HNT-Leuchtstoffröhren

B) Kurztag

halten werden, üben diese Stoffe einen hemmenden Effekt auf das Wachstum der übrigen unter Langtag befindlichen Pflanzenteile aus (Waxman 1957).

Je länger die Einwirkung des Kurztages anhält, um so schwerer ist die Ruhe zu durchbrechen. Daß derartige Hemmstoffe den Eintritt in die Ruheperiode erzwingen, konnten Eagles und Wareing (1964) nachweisen, die bei *Betula pubescens* durch künstliche Applikation des Hemmstoffes den Beginn der Ruhe erreichten. Aus *Acer pseudoplatanus* konnte während Kurztagbedingungen ein sehr wirksamer Hemmstoff isoliert werden (Robinson, Wareing, Thomas 1963), es handelt sich um Abscisin (= Dormin), dessen chemische Konfiguration bekannt ist (Cornforth u. a. 1966). Es greift spezifisch in verschiedene Wachstums- und Entwicklungsprozesse ein. Da die Blätter während der Belichtung Auxin, Auxin-Synergisten, Gibberelline u. a. produzieren, in der Dunkelperiode der Spiegel dieser Verbindungen jedoch erniedrigt und der der Hemmstoffe erhöht wird, ist verständlich, daß die verschieden langen Licht- und Dunkelphasen das Wachstum beeinflussen.

Die einzelnen Gehölze reagieren nicht einheitlich auf die Änderungen der Photoperiode. Bei manchen wird der Eintritt in die Ruheperiode durch Langtag verhindert. Während unserer photoperiodischen Untersuchungen am Apfel, bei denen nicht beabsichtigt war, durch Langtagbehandlung die Winterruhe-Leriode aufzuheben, gelang es durch pangtag z. T. den Eintritt der Gehölze in die Vorruhe um 1···2 Wochen zu verzögern. Da die Photoperiode den Triebabschluß beeinflußt, wirkt sie indirekt auch auf die Frostresistenz (Henke und Schmidt 1965).

Einige Obstgehölze haben im Sommer eine längere Ruheperiode des Trieblängenwachstums. Es konnte z. B. eine derartige Sommerwachstumsruheperiode bei den Unterlagen M 9 und M 11 beobachtet werden (Abb. 5). Ab Mitte Juli erfolgte wieder Trieblängenwachstum, das dann bis Ende August anhielt.

Die Pflanzen treten zunächst in die Phase der Vorruhe ein, die bei vielen Arten durch Langtagbehandlung wieder aufgehoben werden kann. Bald danach wird die Vollruhe erreicht, während der es sehr schwer ist, ein Austreiben zu erzwingen. Es ist dann eine schnelle Abnahme der tiefsten Ruhe zu beobachten, und es kommt zu einer Nachruhe, die in eine Bereitschaftsperiode übergeht. Während dieser Zeitspanne wird das Austreiben in der Regel durch die Temperatur bestimmt. Werden die Gehölze zunächst tiefen Temperaturen

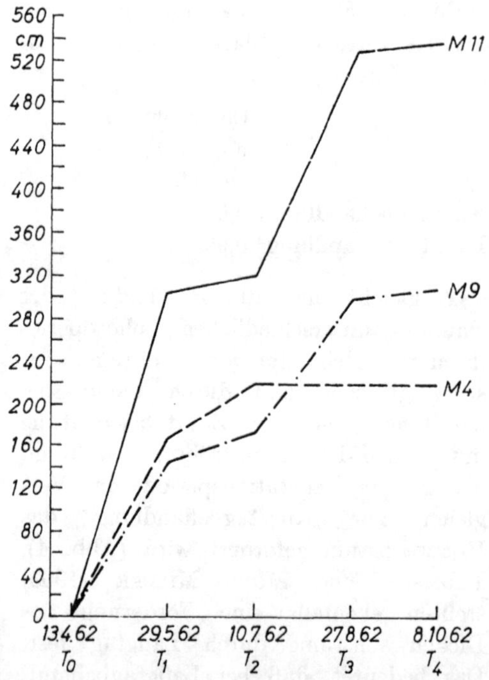


*Abb. 5:* Trieblängenwachstum der Apfelunterlagen M 4, M 9 und M 11 unter Freilandbedingungen (Topfkultur) im Jahre 1962

ausgesetzt, so verstärkt sich die Bereitschaft, bei höheren Temperaturen auszutreiben.

Wenn auch bei den meisten Gehölzen Kurztag den Abschluß des Triebwachstums herbeiführt, so tritt der Laubfall doch meist erst später ein und wird durch die Thermoperiode ausgelöst. Die Blätter bleiben zunächst noch grün und erst bei absinkenden Nachttemperaturen kommt es durch Anthozyanbildung zunächst zu einer intensiven Laubfärbung und, nachdem an den Blattstielen ein Trenngewebe ausgebildet wurde, schließlich zum Blattfall.

*b) Photoperiodisch reproduktive Effekte*

Über den Einfluß der Tageslänge auf die Anlage von Blütenknospen ist bei Gehölzen weit weniger bekannt als über die vegetativen photoperiodischen Reaktionen. Von den geprüften Apfelsorten und Unterlagen verhält sich ein großer Teil tagneutral. Der Wildapfel *Malus zumi* reagiert jedoch als typische Langtagpflanze. Kurztagbehandlungen wirken sich bei ihm immer negativ auf die Blütenbildung aus, sie reduzieren die Blütenzahl, allerdings kommt es niemals zu Alles- oder Nichts-Reaktionen, die bei Gehölzen auch kaum auftreten. Am Anfang der Vegetationsperiode wird die Blütenbildung des Wildapfels durch Langtag unter Zusatzbeleuchtung mit stärkerem Orange-Rotlichtanteil gefördert. Ab Mitte Juli bis zum Ende der Vegetationsperiode reagieren die Gehölze dagegen auf Langtagbehandlungen unter Zusatzbeleuchtung mit stärkerem Blaulichtanteil mit einer Blütenförderung. In sehr ähnlicher Weise wie der Wildapfel reagiert auch die Sorte ‚Goldparmäne', die sich ebenfalls wie eine Langtagpflanze verhält, da sie unter Kurztagbedingungen kaum Blüten anlegt. Die Unterlagen M 4 und M 11 erklärten wir ebenfalls zu Langtagpflanzen, da bei ihnen signifikante Unterschiede zwischen den Blütenzahlen der Kurz- und Langtagbehandlungen auftreten, wenn die Unterschiede hier auch nicht so groß sind wie bei *Malus zumi* und ‚Goldparmäne'.

Nach den bisherigen Beobachtungen kann gesagt werden, daß die Lichtfaktoren, die im Frühjahr das Streckungswachstum der Obstgehölze fördern, die Blütenbildung einiger Sorten und Unterlagen in dem gleichen Zeitraum hemmend beeinflussen. Die Umwelteinflüsse, die sich dagegen im Frühjahr hemmend auf das Trieblängenwachstum auswirken, fördern die Blütenbildung, genauso verhält es sich auch in den Sommermonaten. Wir haben es also bei Trieblängenwachstum und Blütenbildung in mehreren Fällen mit einem Antagonismus zu tun. Die Förderung des einen Faktors schließt zur gleichen Zeit die Förderung des anderen aus.

Eine Sorte mit Langtagcharakter behält ihr Verhalten auf sämtlichen Unterlagen bei. Tagneutrale Sorten lassen keinen photoperiodischen Unterlageneinfluß erkennen. Wachstumsrhythmus und Blühleistung sind also stark von der Sorte abhängig.

Ein spezifischer Langtageffekt auf die Blütenbildung, wie er bei *Malus zumi*, M 4 und M 11 sowie bei der wurzelechten und veredelten ‚Goldparmäne' beobachtet wurde, konnte bisher bei anderen Holzgewächsen nur vereinzelt nachgewiesen werden (vgl. Garner und Allard 1931; Vitkovski 1959; Gorter 1965). In den meisten Fällen wird jedoch bei der Blütenbildung von einem tagneutralen Verhalten der Gehölze gesprochen, wie das auch bei der Unterlage M 9 und den Sorten ‚James Grieve', ‚Boskoop' und ‚Berlepsch' beobachtet wurde.

Nach Nasr und Wareing (1958) genügt bei der Schwarzen Johannisbeere eine

Behandlung von nur 16 Kurztagen (täglich 8 Stunden Licht), um eine Blütenbildung zu induzieren. Hierbei wurde in diesem kurzen Zeitraum nicht das Längenwachstum beeinflußt. Das spricht für einen direkten Einfluß der Photoperiode auf die Blütenbildung. Sehr eingehend wurde das photoperiodische Verhalten der Erdbeere geprüft. Es handelt sich hier ebenfalls um eine Kurztagpflanze, bei der es durch Kurztagbedingungen von täglich 8 Stunden Licht zur Zeit der ersten Blüte gelang, eine zweite Ernte im August zu erzielen. Nach CLEMENTS (1972) reduzierte eine derartige 25tägige Kurztagbehandlung die erste Ernte um nur 4%, und brachte gute Erträge im August.

*Thermoperiodismus*

Bei Gehölzen liegen bisher wenig Untersuchungen über den Einfluß der Thermoperiode vor, obwohl auch hier anzunehmen ist, daß einige Entwicklungsprozesse thermoperiodisch gesteuert werden (MURNEEK und WHYTE 1948). JUNGES (1958) weist an mehreren Beispielen nach, daß ein optimaler Temperaturverlauf die Entwicklung bestimmt. Es wurde lange Zeit nicht erkannt, daß die Temperatur das photoperiodische Verhalten modifiziert (TAKAI 1970). Eine Senkung der Temperatur wirkt z. B. bei gleichbleibender Tageslänge wie eine Verkürzung der Lichtperiode, also wie Kurztag. Bei Grapefruit-Bäumen ist für den Abschluß des Trieblängenwachstums und die Ausbildung der Winterhärte kühlere Temperatur wirksamer als Kurztag (YOUNG 1961).

In einigen Fällen ist ein Kältereiz bereits nach der Keimung nachweisbar. So kommt das Wachstum bei Pfirsichkeimlingen zum Stillstand, wenn sie nicht einer Kältebehandlung von wenigen Wochen unterzogen werden. Viele Gehölze benötigen auch einen Kältereiz, um die Ruheperiode im Winter zu überwinden, wobei ein künstlicher Wärmereiz durch Warmbadbehandlung die gleiche Wirkung hat.

Die Blütenentwicklung kann bei den Gehölzen z. T. auch thermoperiodisch gesteuert sein. So werden die Blütenknospen bei vielen Arten bei höheren Sommertemperaturen angelegt. In mehrjährigen Versuchen wurde beobachtet, daß die Blühintensität der veredelten Sorten ‚Boskoop' und ‚Berlepsch' bevorzugt durch die Temperatur, und zwar durch höhere Nachttemperaturen im Juli und August, bestimmt wird (vgl. STREITBERG 1967). Obwohl bei diesen beiden Sorten die Photoperiode einen deutlichen Einfluß auf das Trieblängenwachstum hatte, wirkte sich hier eine unterschiedliche Tageslänge in keiner Weise auf die Blütenbildung aus. Auch ALLEWELDT (1964) schreibt, daß die Blühintensität blühreifer Reben vorwiegend durch die Temperatur bestimmt wird, obwohl die Tageslänge das Triebwachstum der Reben z. T. stark beeinflußt. Selbstverständlich erfolgen diese Reaktionen nur innerhalb bestimmter Temperaturspannen. Bei starken Temperaturabweichungen oder extremen Situationen in der Bewässerung oder Düngung kann es zu anderen Ergebnissen kommen.

## Literatur

(Auszug — das vollständige Literaturverzeichnis kann beim Verfasser eingesehen bzw. angefordert werden)

ALLEWELDT, G.: Die Umweltabhängigkeit des vegetativen Wachstums, der Wachstumsruhe und der Blütenbildung von Reben (Vitis-Species) III. Die Blütenbildung. Vitis 4 (1964) 240—261

CLEMENTS, R. F.: Short day treatment may be answer to producing second crop Redgauntlet. Grower, London 77 (1972) 765 to 768

CORNFORTH, J. W., B. V. MILLBORROW, G. RYBACK: Identification and estimation of (+)-abscisin II („dormin") in plant extracts by spectropolarimetry. Nature **210** (1966) 627–628

GARNER, W. W., H. A. ALLARD: Effects of the relative length of day and night and other factors of the environment on growth and reproduction of plants. J. agric. Res. **18** (1920) 553–606

GARNER, W. W., H. A. ALLARD: Effect of abnormally long and short alternation of light and darkness on growth and development of plants. J. agric. Res. **42** (1931) 629–651

GORTER, C. J.: Photoperiodism of flowering in Lombartscalville. Appl. hortic. Res. **5** (1965) Nr. 1

HENKE, O., S. SCHMIDT: Veränderungen der Wuchsstoff-Hemmstoff-Verhältnisse in Blättern und Knospen von Apfelbäumen. Flora **156** (1965) Abt. A, 33–42

JUNGES, W.: Zur Problematik des Zusammenhanges zwischen Entwicklung der Pflanze und klimatischer Umwelt unter besonderer Berücksichtigung der Stadientheorie. DAL-Sitzungsber. VII (1958) 16, 5–56

KLEBS, G.: Über das Verhältnis der Außenwelt zur Entwicklung der Pflanze. Sitz. Ber. Akad. Wiss. Heidelberg., math.-naturw. Kl. 5 (1913) 1–47

KLEBS, G.: Über das Verhältnis von Wachstum und Ruhe bei den Pflanzen. Biol. Zbl. **37** (1917) 373–415

KOČERŽENKO, I. E., I. K. MAJKO: Fotoperiodizm i osobennosti antomičeskoj struktury sejancev drevesnych rastenij. Fiziol. Rast., Moskva **15** (1968) 63–73

MURNEEK, A. E., R. O. WHITE: Vernalization and Photoperiodism. Symp. Waldtha Mass., USA (1948)

NASR, T. A., A., P. F. WAREING: Studies on flower initiation in black currant. I. Some internal factors affecting flowering. J. hortic. Sci. **36** (1961) 1–10
II. Photoperiodic induction of flowering. J. hortic. Sci. **36** (1961) 11–17

PIENIAZEK, J., J. WISNIEWSKA: The influence of daylength and temperature on the course of winter rest of Antonowka seedlings. Advanc. hort. Sci. **2** (1962) 188–195

ROBINSON, P. M., P. F. WAREING: T. H. THOMAS: Isolation of the inhibitor varying with photoperiod in acer pseudoplatanus. Nature **199** (1963) 875–877

STREITBERG, H.: Der Einfluß der Photoperiode auf Wachstum und Blütenbildung der Obstgehölze. DAL-Tagungsber. **65** (1964) 63 bis 72

STREITBERG, H.: Abhängigkeit des Wachstums und der Blütenbildung unserer Obstgehölze (MALUS, Pyrus und Cydonia) vom genetisch bedingten Sortenverhalten und der Wirkung von Umweltfaktoren (Licht und Temperatur). Habil.-Schrift, MLU, Halle (1967) 140 S.

STREITBERG, H.: Einfluß von Licht und Temperatur auf Wachstum und Blütenbildung einiger Veredlungskombinationen. DAL-Tagungsber. 99 (1970) 11–19

TAKAI, T.: Effective temperature for chilling, and the effect of the interaction between chilling and photoperiod on the growth response of strawberry varieties. Bull. hort. Res. Stat. Morioka **6** (1970) 91–101

THOMSON, B., P. MONZ MILLER: The role of light in histogenesis and differentiation in the shoot of *pisum sativum*. III. The internode. Amer. J. Bot. **50** (1963) 219–227

WAXMAN, S.: The development of woody plants as affected by photoperiodic treatments. Ph. D. Thesis Cornell University, Ithaca, N.Y.S. Diss. Abstr. 17 (1957) 2372

YOUNG, R. H.: Influence of day length, light intensity and temperature on growth, dormancy and cold-hardiness of Red Blush grapefruit trees. Proc. Am. Soc. Hort. Sci. **78** (1961) 174–180

ZELLER, O.: Entwicklungsverlauf der Infloreszenzknospen einiger Kern- und Steinobstsorten. Angew. Bot. **29** (1955) 69–89

## Verlauf, Steuerung und Ende der Ruheperiode (Winterruhe)

### Ausreifung der Gewebe, Reservestoffanhäufung und Wachstumsruhe der Knospen

Der jährliche Lebenszyklus unserer Obstgehölze läßt sich in etwa zwei gleiche Abschnitte unterteilen; Vegetationszeit und Ruhezeit. Die sehr großen Unterschiede der Sommer- und Winterbedingungen, vor allem was die Temperatur, die Lichtverhältnisse und alle davon abhängigen Faktoren anbetrifft, müssen notwendigerweise zu tiefgreifenden Veränderungen physiologischer Prozesse des Stoffwechsels wie auch der Strukturen führen. Die Wachstumsrate stellt eine Anpassung der Pflanzen an die ungünstigen, wechselhaften Bedingungen des Klimas der gemäßigten Zone dar, die sich im Laufe der Evolution herausgebildet hat. Die komplizierten Abläufe, gekennzeichnet durch die Wachstumsruhe der Knospen — die „wahre Wachstumsruhe" —, das Kältebedürfnis, die Verlängerung der Ruheperiode und Vertiefung des Ruhezustandes der Knospen durch vorangegangene hohe Temperaturen, die Zwangsruhe, die hier zu erläutern sind, stellen Äußerungen eines einheitlichen Komplexes im Mechanismus der Anpassung des ganzen Organismus dar.

Anscheinend beginnt die Wachstumsruhe der Obstgehölze nach dem Blattfall und endet, wenn die Knospen auszutreiben beginnen. Der Zeitraum der Wachstumsruhe ist in Wirklichkeit länger, jedoch nicht exakt abgrenzbar. Er wird vorbereitet, bevor es zur Einstellung des Wachstums kommt. Eng verbunden mit der Wachstumsruhe sind die Ausreifung der Gewebe und die Anhäufung von Reservestoffen.

## Ausreifung der Gewebe und Anhäufung von Reservestoffen

Die Ausreifung der Gewebe erkennt man äußerlich an der Färbung der Triebe. Von ihrer Basis beginnend verlieren sie ihre grüne Farbe und werden je nach Obstart und -sorte ockerfarbig, braun oder rotbraun bis violett. Mikrochemisch läßt sich die zunehmende Anhäufung von Stärke in den Zellen bis zum Ende der Vegetationsperiode feststellen. Mit der Ausreife der Gewebe und der Anhäufung von Reservestoffen überwiegen gegenüber den Synthesen die Hydrolyseprozesse. Einen Teil der Assimilate und der daraus hervorgegangenen Syntheseprodukte hat die Pflanze für die Erhaltung der Lebensprozesse und das vegetative Wachstum verbraucht. Den anderen speichert sie im sekundären Holz, in den Markstrahlen und in den Zellen der Rinde in Form von Zuckern, Stärke, Hemizellulosen, Fetten und organischen Stickstoffverbindungen. Die Stärke, deren Menge zu Ende des Sommers und bei Herbstbeginn beträchtlich zunahm, wird teilweise hydrolysiert, allmählich entstehen daraus Zucker, hauptsächlich Glukose und Maltose. Auch die Menge der löslichen Stickstoffverbindungen, der Fette, der Gerbstoffe u. a. Substanzen steigt an. Die Pflanze verliert viel Wasser, und die Konzentration der in den Zellen gelösten Stoffe steigt. Junge Gewebe differenzieren sich, in den Zellwänden wird Lignin in die Zellulosemizellen eingelagert, noch zarte junge Organe verholzen. In den Geweben, die der Speicherung von Reservestoffen dienen, häufen sich Zucker und teilweise auch Fette an. Das vegetative Wachstum der oberirdischen Teile und Organe verlangsamt sich zunehmend. Der Wuchs der Wurzeln, der inmitten des Sommers zeitweilig stagnierte, steigert sich und erreicht sein Maximum kurz vor dem Blattfall. Die aktiven Wurzeln (s. S. 193f.) nehmen um diese Zeit weiter Nährstoffe auf und wandeln assimilierten Stickstoff in organische Form um. Der in den Wurzeln gespeicherte Vorratsstickstoff ist für den Vegetationsbeginn des folgenden Jahres wichtig. Der Knospenwuchs endet bereits längere Zeit vor Abfall der Blätter.

In den Knospen und den ihnen benachbarten Geweben häuft sich ebenfalls besonders Stärke an, und zwar vor allem im Bereich der kräftig entwickelten Knospen. In den Blättern vermindert sich das Chlorophyll. Die Pflanze zieht den größten Teil der Zucker, der Phosphor- und Stickstoffverbindungen zurück. Ebenso wie Silizium und Kalzium verbleibt Kalium im Blatt und geht mit dem Blattfall fast restlos verloren. Durch Abbau des Chlorophylls und der Karotinoide färben sich die Blätter vor dem Abfall gelb bis rot. Die Art der Färbung ist für die verschiedenen Obstarten und Sorten charakteristisch. Das absterbende Blatt löst sich an einer Trennungsschicht an der Basis des Blattstieles. Nach dem Blattfall wird die Ablösungsstelle durch undurchlässiges Korkgewebe schnell verschlossen. Auch die Öffnungen der Korkwarzen am Trieb (Lentizellen) schließen sich durch festgefügtes Korkgewebe. Die Möglichkeit der Durchlüftung der Rinde wird damit stark eingeschränkt, Atmung und Wasserverdunstung der oberirdischen Teile erniedrigen sich und sind nur noch auf die Kutikula beschränkt. Das Schließen der Atemporen der Sproßoberfläche ermöglicht in der Praxis die Anwendung hochkonzentrierter Winterspritzmittel ohne Schaden für die Pflanze. Mit dem Blattfall enden Ausreife und Reservestoffbildung. Die Blätter mancher Obstarten (z. B. *Prunus mahaleb*) und Sorten reifen im Herbst nicht völlig aus und fallen in noch ziemlich grünem Zustand ab. Die Trennungsschicht der Blattstiele wird nämlich längere Zeit vor dem Blattfall gebildet, und die Herbstfröste beschleunigen das Lösen der Blätter. Der natürliche Blattfall im Herbst ist ein Ergebnis der Artenevolution. Ausreife und Zeitpunkt des Blattfalls sind wesentliche Charakteristika der Obstarten und Sorten. Sie geben Hinweise darüber, in welchem Maße die erblichen Eigenschaften unseren Klimabedingungen entsprechen.

Bei jungen Obstgehölzen beginnt der Blattfall später als bei älteren derselben Sorte. Blätter von Trieben im Inneren der Krone fallen früher ab als an peripheren Zweigen. Grundsätzlich entblättert sich zunächst die Triebbasis, später die Triebspitze. Eine wesentliche modifizierende Wirkung auf den Termin des Blattfalls hat auch die Unterlage. Der Klimaablauf des Jahres, der Wasserhaushalt des Bodens, die Nährstoffversorgung und andere Einflüsse variieren den Termin des Blattfalls. Allgemein gilt, daß die Faktoren, welche das vegetative Wachstum verlängern, auch die Ausreife der Gewebe und die Anhäufung von Reservestoffen hinauszögern. So verschiebt eine späte Stickstoffdüngung die Reife der Gewebe bedenklich. Ähnlich wirkten eine starke Verjüngung der Baumkrone, das Umpfropfen oder ein kräftiger Sommerschnitt. Dagegen beschleunigen Phosphor und Kali den Prozeß der Ausreife ebenso wie günstige Lichtbedingungen in der Baumkrone. Faktoren, welche das Wachstum stark hemmen, z. B. Mangel an Bodenfeuchte, Stickstoffmangel bzw. eine ungenügende Ernährung überhaupt, starker Schädlings- und Krankheitsbefall usw. beeinflussen die Ausreifung negativ. Die Pflanze kann sich dann nur ungenügend auf ungünstige Winterbedingungen vorbereiten. Stark empfindlich gegenüber solchen negativen Einflüssen, besonders was Wärme und Lichtgenuß anbelangt, sind Pfirsich, Quitte und wärmebedürftige edle Birnensorten.

Ungenügende Ausreife erkennt man an den Sommertrieben, deren Spitzen bis zum Ende der Vegetationsperiode grün bleiben, krautig und unverholzt sind. Ihre Spitzenblätter bilden kein Trennungsgewebe, sie fallen erst nach stärkerem Frost oder überhaupt nicht ab.

Nach dem Blattfall kommt es nicht zu einem Stillstand der biochemischen Prozesse, manche verstärken sich sogar. Die Stärkehydrolyse wird intensiver, die Menge der löslichen Stickstoffverbindungen nimmt zu, und durch Verdunstung von Wasser steigt ihre Konzentration in der Zelle. Die Kolloideigenschaften des Plasmas verändern sich demzufolge, die Viskosität erhöht und die Stoffwechselaktivität vermindert sich.

## Wahre Wachstumsruhe der Obstgehölze

Neben dem Ausreifen der Gewebe und der Anhäufung von Reservestoffen spielt ein weiterer wichtiger Vorgang zur Vorbereitung der Winterruhe eine entscheidende Rolle. Von Mitte des Sommers ab treiben keine in den Achseln der Blätter befindlichen Knospen mehr aus, weil ihre Entfaltung durch den inhibitiven Einfluß der Spitzenknospe und der Blätter gehemmt wird. Wenn man in die Korrelationen, die zwischen diesen Organen bestehen, eingreift, indem man z. B. die Spitzenknospe abschneidet, und die Pflanze entblättert, dann treiben diese Knospen aus. Am Ende des Sommers bzw. zu Anfang des Herbstes sind die Knospen auch nach solchen Eingriffen nicht mehr zum Treiben zu bringen, und zwar nicht einmal im Warmhaus. Die Knospen dieser Pflanzen sind in die „wahre Wachstumsruhe" eingetreten. Das betrifft die vegetativen wie die Blütenknospen. Unter dem Einfluß der natürlichen Bedingungen unseres Klimas wird die Entfaltungsfähigkeit erst durch zeitweilige Einwirkung tiefer Temperaturen wieder hergestellt.

Der erste, der diesen Zusammenhang erkannte, soll Knight (1801), zitiert bei Treviranus (1811) gewesen sein. Er beobachtete einen im Warmhaus stehenden Weinstock, der dort seine Wachstumsruhe bewahrte, während ein anderer, der erst im Winter in das Gewächshaus gebracht wurde, austrieb. Der erste Weinstock kam auch zum Austreiben, nachdem er einige Zeit lang ins Freie gebracht und dann wieder in das Glashaus gestellt wurde. Vegis (1961) führt an, daß derartige Beobachtungen über den Rhythmus des Treibens ruhender Knospen in England schon im 18. Jahrhundert, wenn nicht sogar früher, gemacht worden sind. Das zeigen auch drei von Vegis in alten Zeitschriften gefundene anonyme Berichte.

Askenasy (1877) stellte fest, daß die Zahl der Tage, die zum Austreiben notwendig ist, immer geringer wird, je länger die Bäume im Freiland verblieben waren. Anfang Dezember abgeschnittene Süßkirschenzweige benötigten im Warmhaus bis zum Erscheinen der ersten Blüten 27 Tage, Anfang April geschnittene nur 5. Das künstliche Treiben der Holzgewächse ist für den praktischen Zierpflanzenbau von großem wirtschaftlichem Interesse.

Die meisten Autoren der Jahrhundertwende von Müller-Thurgau (1885) bis zu Molisch (1909) vertraten die Ansicht, daß das Nichttreiben der Knospen ständig warm gehaltener Pflanzen dadurch zu erklären sei, daß sie der Wirkung niedriger Temperaturen entzogen wurden. Weber (1924), der anfangs diese Auffassung teilte, kam dagegen auf Grund seiner Versuche zu dem Schluß, daß hohe Temperaturen, die zu früh, d. h. vor Beendigung der Nachruhe wirken, die Ruheperiode der Knospen verlängern. Überdies hat Coville (1920) festgestellt, daß die Einleitung des Ruhezustandes der Knospen nicht ursächlich mit der Einwirkung niedriger Temperaturen verbunden ist, da dieser Prozeß dem Beginn der kalten Jahreszeit vorangeht. Coville weist auch darauf hin, daß Minusgrade für eine rasche Beendigung der Ruheperiode nicht unentbehrlich sind, sondern es genügen bereits dicht über Null Grad liegende Temperaturen, um fördernd zu wirken.

Erste Anregungen für das experimentelle Studium der Wachstumsruhe gab, wie gezeigt wurde, die gärtnerische Praxis. Weitere kamen unmittelbar vom Obstbau. In den Ende des vorigen Jahrhunderts in warmen Gebieten Amerikas, Asiens, Afrikas und Australiens neu entstandenen Obstanlagen beobachtete man ernste Entwicklungsstörungen. Besonders die Pfirsichbäume der aus gemäßigtem Klima stammenden Sorten wurden betroffen. Der Trieb verzögerte sich, Blattentfaltung und Triebwuchs verliefen sehr langsam, manche Knospen blieben in der Entwicklung stecken, andere verharrten weiter im Ruhezustand oder wurden, besonders die Blütenknospen, später abgeworfen. Mißernten waren die Folge. Chandler (1907, zit. nach Vegis 1961) war wahrscheinlich einer der ersten, der erkannte, daß dieses Verhalten mit der Wachstumsruhe in Verbindung stand und als Folge ihrer Verlängerung anzusehen ist. Große Aufmerksamkeit verursachten diese Beobachtungen, als in ausgedehnten Obstpflanzungen in den südlichen Gegenden der USA Jahre der Mißernte bedenkliche Schäden verursachten. Von den zahlreichen Autoren, die sich in Afrika, Nordkaukasien (Sowjetunion), Palästina, Indien und Australien, diesem aktuellen Thema widmeten, seien hier nur einige genannt. Nach Weldon (1934) wurde in Südkalifornien bei vielen Obstarten und Sorten die verlängerte Wachstumsruhe und die damit verbundene Verzögerung der Belaubung durch hohe Temperaturen und intensive Sonnenbestrahlung im Dezember und Januar verursacht. Chandler und Tufts (1934) und Chandler, Kimball, Philp, Tufts und Weldon (1937) vermuteten als Ursache ungenügende Kälteeinwirkung im Dezember und Januar, d. h. das Kältebedürfnis der Knospen blieb unbefriedigt.

Das nach Obstart und Sorte für den normalen Austrieb verschieden hohe Kältebedürfnis wird gewöhnlich durch die Summe der Stunden der z. B. +7 °C nicht übersteigenden Temperaturen im Winter und Frühjahr ausgedrückt. Experimentelle Arbeiten haben aber gezeigt, daß bei ununterbrochener Wirkung tiefer Temperaturen eine kleinere Anzahl an Kältestunden nötig ist, als wenn täglich nur einige Stunden lang tiefe Temperaturen herrschen (Moroz 1940). Mit tieferen ständig alternierenden höheren Temperaturen können sogar gegensätzliche Wirkungen erreicht werden (Vegis, 1948, Bennet 1950, Overcash und Campbell 1955), die Wachstumsruhe verlängert sich. Von Overcash und Campbell konstant bei +4 °C gehaltene ruhende Pfirsichbäume benötigten bis zum Austreiben 750 Stunden, bei tagesperiodisch wechselnden Temperaturen (16 Stunden +4°C und 8 Stunden +21 °C) dagegen 950 Stunden. Damit wurde die durch zeitweilige Wirkung höherer Temperaturen verursachte Verzögerung des Treibens aufgeklärt, ebenso die gefundenen Unterschiede in der Anzahl der notwendigen Kältestunden in den verschiedenen Anbaugebieten und Jahren.

Die einzelnen Pflanzenorgane treten nicht gleichzeitig in die „wahre Wachstumsruhe" ein. Zu Anfang wird das Wachstum der Knospen eingestellt und zwar der älteren, zuerst entwickelten. Damit ist eine Herabsetzung der Aktivität der Teilung der kambialen Zellen verbunden (Razdorskij 1949). Das Wurzel-

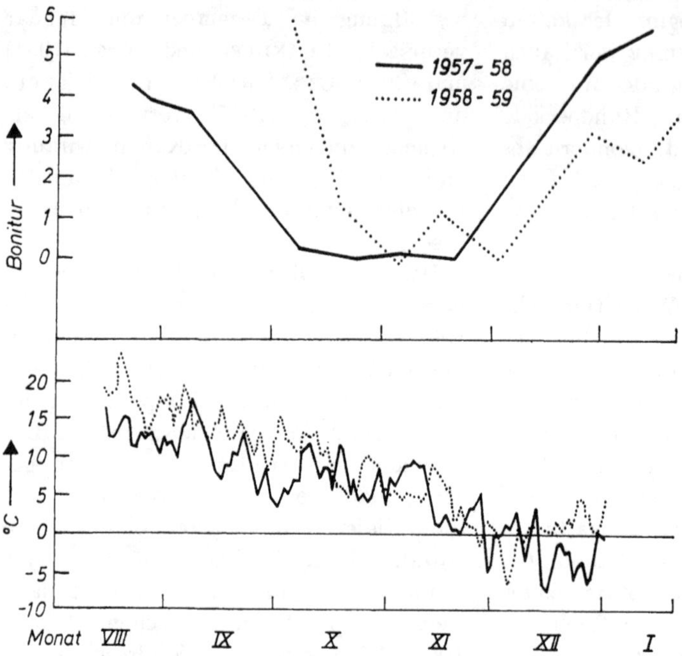


*Abb. 6:* Verlauf der „wahren Wachstumsruhe" von Knospen der Apfelunterlage M 1 und Verlauf der durchschnittlichen Tagestemperaturen der Jahre 1957/58 und 1958/59. Der Austrieb der Knospen wurde in 6 Stufen bonitiert:

1 Knospenspitze beginnt zu treiben,

6 Blättchen sind entfaltet, die Achse ist mindestens 1 cm lang; nach Černý (1963)

wachstum wird erst später eingeschränkt, aber auch früher als bei den Knospen wieder aufgenommen (s. S. 200). Es ist sehr wahrscheinlich, daß die durch erhöhte Bodentemperatur aktivierten Wurzeln Tiefe und Dauer der Ruhe vermindern (Černý 1962). Die Steinobstarten treten früher in die „wahre Wachstumsruhe" ein, in manchen Jahren schon Ende August, Anfang September, die Kernobstarten erst Ende September, Anfang Oktober. Das Ende der „wahren Wachstumsruhe" konzentriert sich bei allen Obstarten auf den Zeitpunkt, an dem die Temperaturbedingungen für Entwicklungsvorgänge ständig ungünstiger werden, d. h. auf die zweite Hälfte des Novembers und den Dezember (Černý 1962, 1963) (Abb. 6). Die „wahre Wachstumsruhe" ist, solange sie andauert, nicht immer gleich tief. Zu der wirksamsten Herabsetzung der Austriebfähigkeit der Knospen kommt es in diesem Zeitraum etwa beim Termin des Laubfalls (Abb. 7).

Die Wachstumsruhe der Knospen ist wahrscheinlich nicht absolut (s. a. S. 185f.). Es wurde ein begrenzter Wuchs der Vegetationspunkte und die Fortsetzung der Entwicklungsprozesse der Blütenknospen auch zur Zeit der Mittelruhe beobachtet (Chandler und Tufts 1934, Rjadnova 1951, Zeller 1955, Černý 1963 u. a.). Es gibt sogar Hinweise darauf, daß die „wahre Wachstumsruhe" keine unwiderrufliche Notwendigkeit darstellt. Ein ununterbrochener Wuchs der Bäume wurde experimentell durch geeignete Temperatur-, photoperiodische und Ernährungs-

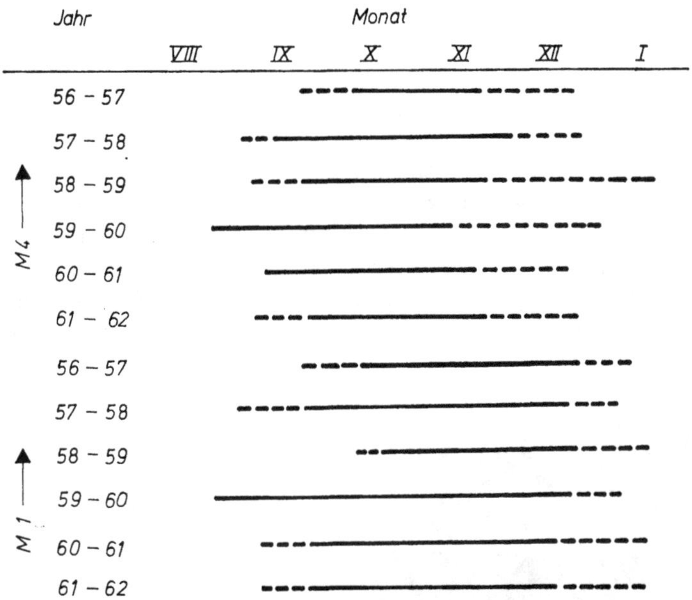


*Abb. 7:* Verschiedenheiten im Verlauf der „wahren Wachstumsruhe" der Knospen in den einzelnen Jahren (1956/57 bis 1961/62). Untersucht an Trieben der Unterlagen M 1 und M 4
– – – Zeit des Eintritts in die „wahre Wachstumsruhe",
——— Mittlere Dauer der „tiefen Wachstumsruhe"; nach ČERNÝ (1962)

bedingungen zum Beispiel durch Dauerlicht, Langtagbeleuchtung, intensive Ernährung und dergleichen erzielt (KLEBS 1914 u. a.). Es sind auch ähnliche Fälle des ganzjährigen Wuchses der Obstgehölze unter Naturbedingungen bekannt, so z. B. bei Pfirsichen, die in warmen Gegenden niederer geographischer Breiten immergrün bleiben und Ernten bringen.

Unter unseren Klimabedingungen treten allerdings Obst- u. a. Gehölze in die „wahre Wachstumsruhe" ein und vor allem in ihren Knospen kommt es dabei zu beträchtlichen Veränderungen. In der experimentellen Arbeit hat sich gezeigt, daß unsere Obstgehölze erst zur Zeit des Winterantritts, eben am Ende oder nach dem Ablauf der echten Winterruhe ihrer Knospen, die Frostwiderstandsfähigkeit gewinnen (ČERNÝ 1962). Durch das ausdauernde Sinken der Temperatur (das die Beendigung der Wachstumsruhe verursacht) und durch das Eintreten der harten Fröste kommt es in ihren Vegetationspunkten und in den Zellen anderer Organe zu weiteren bedeutenden Veränderungen. Die Viskosität des Zytoplasmas steigt stark an, das Plasma kann sich von den Wänden ablösen und die Plasmodesmen, welche die einzelnen Protoplasten vorher verbanden, ziehen sich ein. Die Kommunikation zwischen den einzelnen Protoplasten wird so aufs äußerste beschränkt. Auf der Oberfläche der abgesonderten Protoplasten häufen sich Lipoide an, die eine stark begrenzte Aufquellungsfähigkeit des Zytoplasmas verursachen. Bei Ende der Knospenruhe werden die Lipoidanhäufungen aufgelöst und die Verbindungen der Protoplasten durch Plasmodesmen wieder hergestellt (HENKEL 1948, HENKEL und OKNINA 1952).

Es wurde schon bemerkt, daß die kambialen Zellen in Abhängigkeit vom

Entwicklungszustand der Knospen in Ruhe verbleiben oder teilungsfähig werden. Diese Situation kann durch Verletzungen der Sproßachse verändert werden. Zur Zeit der wahren Wachstumsruhe kommt es nach einer Verwundung des Kambiums zur Kallusbildung und diese Reaktion bleibt lokalisiert (JOST 1893 zitiert bei WEBER 1911). Diese Eigenschaft nutzt man beim Pfropfen der Gehölze. Das Reis kann mit der Unterlage zusammenwachsen, ohne daß die Knospen sofort austreiben (Abb. 8 und 9). Die Kallusgewebe beider Partner verbinden sich nur durch die Plasmodesmen. Die mechanischen und Leitungsgewebe entstehen erst bei Knospenaustrieb nach Ablauf der Wachstumsruhe (ČERNÝ 1965). Die Möglichkeit des Verwachsens des Reises mit der Unterlage, ohne daß die Knospen bei der für diesen Vorgang notwendigen

*Abb. 8:* Querschnitt durch den Sproß eines Walnußbaumes (*Juglans regia* L.). Heilung einer Wunde zur Zeit der „wahren Wachstumsruhe“. Die Kambialzellen rechts bleiben im Ruhezustand; nach ČERNÝ (1965)

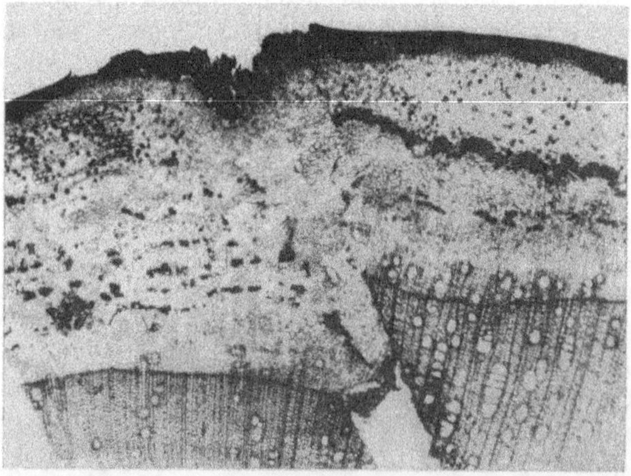

*Abb. 9:* Querschnitt durch die Verwachsung der Veredlungspartner des Walnußbaumes, veredelt in der Zeit der „wahren Wachstumsruhe“; nach ČERNÝ (1965)

Erwärmung austreiben, erlaubte es, eine neue Methode des Pfropfens der Walnüsse zur Zeit der „wahren Wachstumsruhe“ auszuarbeiten. Im Oktober und November gepfropfte und bei Erwärmung zusammengewachsene Veredlungen werden dann in kühlen frostfreien Räumen aufbewahrt und im Frühling unausgetrieben in der Baumschule aufgepflanzt. Die Methode hat sich in der Praxis bewährt und kann auch für andere Obstarten genutzt werden (ČERNÝ 1969).

Unter unseren Klimabedingungen endet die „wahre Wachstumsruhe“ im Dezember oder später im Januar. Dann sind die Knospen austriebsfähig. Vom Freiland ins Warmhaus übertragen kommt es schnell zum Knospenaufbruch. In der Natur entfalten sich die Knospen nur deswegen nicht, weil die Temperaturen zu niedrig sind. Die Bäume verharren in einer „Zwangsruhe“ die über ihre innere Entwicklungsbereitschaft hinwegtäuscht. Bestehende Unterschiede im Zeitpunkt der Beendigung der Wachstumsruhe bei verschiedenen Obstarten und Sorten sind durch den genetisch bedingten Temperaturbereich ihres Treibens gegeben.

Die Ergebnisse der entwicklungsphysiologischen Arbeiten zur Winterruhe

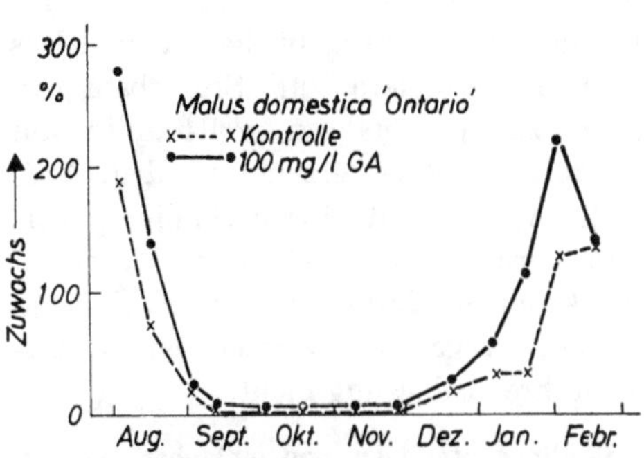


*Abb. 10:* Gibberellinsäurewirkung auf ruhende Terminalknospen von *Malus domestica*; jeder Punkt ist das Mittel aus 10 Einzelwerten; nach LEIKE (1969)

von ČERNÝ werden durch stoffwechselphysiologische Untersuchungen von LEIKE, der die Winterruhe mit Hilfe von Gibberellinsäure aufzuheben versuchte, ergänzt und bestätigt (Abb. 10). Es ergab sich, daß Gibberelline vor und nach der „wahren Wachstumsruhe“ Wachstum auslösen, zur Ruheperiode selbst aber wirkungslos bleiben.

## Literatur

(Auszug — das vollständige Literaturverzeichnis kann beim Verfasser eingesehen bzw. angefordert werden)

ABBOTT, D. L.: The role of budscales in the morphogenesis and dormancy of the apple fruit bud. Physiology of tree crops. Acad. Press (1970) 65—82

ALLEWELDT, G.: Die Umweltabhängigkeit des vegetativen Wachstums, der Wachstumsruhe und der Blütenbildung von Reben (Vitis-Species) III. Die Blütenbildung. Vitis **4** (1964) 240—261

ASKENASY, E.: Über die jährliche Periode der Knospen. Bot. Ztg. **35** (1877) 793—815 u. 817—848

BENNET, J. P.: Temperature and bud rest period. Effect of temperature and exposure on the rest period of deciduous plant leaf bud investigated. Calif. Agricult. **4** (1950) 11—16

CASSAGNES, P., J. CARLES: Evolution des réserves du rameau de pommier en fonction de l'alternance. Physiol. végétale, Paris **8** (1970) 111—124

ČERNÝ, L.: Beiträge zur Frage der Winterruhe von Obstgehölzen. Physiolog. Probleme im Obstbau. DAL-Tagungsber., Berlin, **35** (1962) 139—151

ČERNÝ, L.: Vegetačni klid a odpočinek pupenů jabloní. Védecke práce ovocnářské, ČSAZV, Praha **2** (1963) 123—141

ČERNÝ, L.: Veredlung der Walnuß und anderer Holzarten in der Zeit der echten Winterruhe. Biol. Plant. (Praha) **7** (1965) 226—237

ČERNÝ, L.: Nový postup výroby roubovancu ořešáku královského. Rostlinná Výroba **15** (1969) 521—530

CHANDLER, W. H.: The winter killing of peach buds as influenced by previous treatment. Missouri Agric. Exp. Stat. Bull. **74** (1907) 1–47

CHANDLER, W. H., M. H. KIMBALL, G. L. PHILP, W. P. TUFTS, G. P. WELDON: Chilling requirements for opening of buds on deciduous orchard trees and some other plants in California. Univ. of Calif. Exp. Stat. Bull. **611** (1937) 1–63

CHANDLER, W. H., W. P. TUFTS: Influence of the rest period on opening of buds of fruit trees in spring and on development of flower buds of peach trees. Proc. Am. Soc. Hort. Sci. **30** (1934) 180–186.

HENKEL, P. A.: Ruhezustand der Pflanzen (Russisch). Dok. Akad. Nauk. SSSR **62** (1948) 409–412

HENKEL, P. A., E. Z. OKNINA: Bestimmung der Frostresistenz der Pflanzen nach der Tiefe der Ruhe ihrer Gewebe und Zellen (Methodische Anweisungen). (Russisch) Moskva, Izv. Akad. Nauk SSSR 1954

JOST, L.: Über Beziehungen zwischen der Blattentwicklung und der Gefäßbildung in den Pflanzen. Bot. Ztg. **51** (1896) 89 bis 134

KLEBS, G.: Über das Verhältnis der Außenwelt zur Entwicklung der Pflanze. Sitz. Ber. Akad. Wiss. Heidelberg., math.-naturw. Kl. 5 (1913) 1–47

KLEBS, G.: Über das Verhältnis von Wachstum und Ruhe bei den Pflanzen. Biol. Zbl. **37** (1917) 373–415

MOLISCH, H.: Über ein einfaches Verfahren, Pflanzen zu treiben (Warmbadmethode), Teil II. S. B. Akad. Wiss. Wien, math.-nat. Kl., Abt. I **118** (1909) 637–691

MOROZ, J. Z.: Einfluß der tiefen Temperaturen auf das Wachstum und die Entwicklung der Holzgewächse. (Russisch). Sovjeisk. Bot. **5/6** (1940) 233–241

OVERCASH, J. P., J. A. CAMPBELL: The effects of intermitten warm und cold periods on breaking the rest period of peach leaf buds. Proc. Am. Soc. Hort. Sci. **66** (1955) 87–92

RAZDORSKIJ, V. F.: Anatomija rastenij. Moskva, Sovjetskaja nauka 1949

RJADNOVA, I. M.: Entwicklung der Blütenknospen der Obstbäume im Laufe der herbstwinterlichen Periode und ihre Winterfestigkeit. (Russisch). Agrobiologija **5** (1951) 145–147

ROGERS, W. S., A. B. BEAKBANE: Stock and scion relations. Ann. Rev. Plant. Physiol. **8** (1957) 217–236

TREVIRANUS, L. C.: Beiträge zur Pflanzenphysiologie. (Abhandlungen, die Pflanzenphysiologie betreffend, von TH. A. KNIGHT, S. 96–260). Heinrich Dietrich Verlag 1811 Göttingen

VEGIS, A.: Einfluß tagesperiodisch wechselnder Aufbewahrungstemperatur auf die Streckungsbereitschaft der ruhenden Winterknospen von *Stratiotes aloides*. Physiol. Plantarum Copenhagen **1** (1948) 216–235

VEGIS, A.: Handbuch der Pflanzenphysiologie, Bd. XVI. Springer Verlag, Berlin, Göttingen, Heidelberg 1961

WEBER, F.: Über die Abkürzung der Ruheperiode der Holzgewächse durch Verletzung der Knospen beziehungsweise Injektion derselben mit Wasser. S. B. Akad. Wiss. Wien, Abt. I, **120** (1911) 179–194

ZELLER, O.: Entwicklungsverlauf der Infloreszenzknospen einiger Kern- und Steinobstsorten. Angew. Bot. **29** (1955) 69–89

## Samenruhe und Samenkeimung

Die meisten Obstgehölze werden heute vegetativ vermehrt. Unabhängig davon spielt die Problematik der Samenruhe und Keimung für die Unterlagenproduktion eine maßgebliche Rolle. Das trifft insbesondere für Steinobstunterlagen zu, die nahezu vollständig auf generativem Wege erzeugt werden. Aber auch Apfel- und Birnensämlinge verlieren trotz vorherrschender Pflanzung kleinkroniger Bäume auf schwachwachsenden, vegetativ vermehrten Unterlagen ihre Bedeutung nicht.

Sämlingsunterlagen sind einfacher und billiger zu erzeugen als vegetative Unterlagen. Aus diesem Grund ist der Züchter auch bemüht, schwächer als der übliche Sämling wachsende generativ vermehrbare Apfelunterlagen zu erzeugen. Ein praktischer Weg hierzu führt über die Nutzung apomiktischer *Malus*-Arten (Schmidt 1974), die jedoch Probleme mit der Verträglichkeit der Veredlungspartner mit sich bringen. Die andere Möglichkeit ist die Einkreuzung von Lokal- oder Primitivsorten. Auf diese Weise wurden z. B. in der ČSSR die Apfel-Samenspender-Klone J-Kl-A bis D mit stark differenzierter Wuchsstärke gezüchtet (Župnik 1978, mündliche Mitteilung). An der Selektion verbesserter generativer Steinobstunterlagen wird vielerorts gearbeitet. Der erste Schritt aller dieser Bemühungen ist die Prüfung des Keimverhaltens in der Absicht, jährlich stabile hohe Auflaufergebnisse zu sichern, ein Ziel, von dem wir noch weit entfernt sind.

Die unzureichende Keimung der Samen kann vielfältige Ursachen haben. Diese auf Grund möglicher Einflußfaktoren während des Reifeverlaufs der Samen in ihrer Komplexität zu analysieren, ist beim gegenwärtigen Wissensstand noch nicht möglich. Unabhängig davon soll versucht werden, zunächst einige grundlegende Erkenntnisse über das Keimverhalten, d. h. über den Aktivitätswechsel pflanzlicher Ruheorgane und dessen physiologische, biochemische und genetische Grundlagen zusammenzufassen.

## Samenruhe

Der Ruhezustand kann als das zeitlich begrenzte Fehlen des Wachstumsvermögens der im embryonalen Zustand befindlichen Gewebe und Organe bezeichnet werden. Ursachen dafür sind u. a. unzureichende Sauerstoffzufuhr, Wuchsstoffmangel oder auch die Anreicherung wachstumshemmender Stoffe (Szalai 1967). In der Regel liegt eine Kombination verschiedenartiger Einflüsse vor. Jede Art der Wachstumsruhe ist notwendiger Bestandteil im Lebenszyklus pflanzlicher Organe. Sie dient der Steigerung der Widerstandsfähigkeit gegenüber ungünstigen Bedingungen (Frost, Trockenheit, Hitze) und damit dem Fortbestand der Art. Art und Zeitpunkt der Ruhe sind das Ergebnis evolutionistischer Anpassung. Ruheperioden sind daher mitunter auch art- und sogar sortenspezifisch differenziert. Der Ausbildung des Ruhezustandes dienen 2 Mechanismen. Es wirken die spezifische physiologische Beschaffenheit des Embryos und ferner die durch die Samenschale ausgelösten Hemmreaktionen (Nikolaieva 1967). Diese können je nach Witterungsverlauf von Jahr zu Jahr unterschiedlich ausgeprägt sein. Das trifft insbesondere für Steinobst zu und bedingt einen erheblichen Unsicherheitsfaktor hinsichtlich des Auflaufergebnisses. Versuche an Getreide von Roemer und Wienhues (1959), Belderok (1961) u. a. lassen den Schluß zu, daß die Keimruhe nach trockener, warmer Witterung kürzer ist als in kühlen feuchten Jahren. Versuche von Junges und Ludwig (1967) an *Impatiens balsamina* L., dem Gartenspringkraut, belegen, daß die Keimruhe am stärksten durch die Wasserversorgung in Wechselwirkung mit dem Mineralstoffangebot während der Zeit der Reife beeinflußt wird. Ein hohes Wasserangebot verlängert die Keimruhe, Stickstoff dagegen verkürzt sie. Licht und Tageslänge hatten in diesem Versuch untergeordnete Bedeutung.

## Keimung

Keimung ist der Übergang von sehr geringer zu hoher Stoffwechselaktivität im Samen. Haber (1967) bezeichnet die bei der Quellung einsetzenden Stoffwechselprozesse noch nicht als Keimung, sondern erst das Platzen der Samenschale, wodurch es der Keimwurzel möglich wird, hervorzutreten. In der Praxis versteht man unter Keimung das Auflaufen der Saat, d. h. das Hervortreten der Pflanzen aus dem Boden bis zum Beginn der Photosynthese.

Bereits SACHS (1860) und HABERLANDT (1875) als auch VEGIS (1967) u. a. erkannten, daß die Keimung je nach Art bzw. Sorte innerhalb charakteristischer Temperaturgrenzen verläuft, die sich dem Reife- bzw. Ruhezustand entsprechend unterscheiden können. In der Vorruhe verlaufen dabei, abhängig von den Außenbedingungen, die Stoffwechsel- und Wachstumsprozesse in immer enger werdenden Grenzen. Dabei hängen Geschwindigkeit und Grad der Einengung des Temperaturbereiches sowie die Ausbildung oder Nichtausbildung der tiefen, wahren Wachstumsruhe hochgradig von den während der Reife der Samen herrschenden Umweltbedingungen ab (VEGIS 1967). VEGIS schreibt weiter: „Wenn bei keiner Temperatur mehr unter sonst optimalen äußeren Bedingungen eine Keimung der Samen, ein Treiben der Knospen stattfindet, d. h. der Temperaturbereich der Keimung bzw. des Wachstums zu existieren aufgehört hat, hat der zweite Abschnitt der Wachstumsperiode, die Hauptruhe oder Mittelruhe, begonnen, während der die Samen und Knospen in einer wahren Wachstumsruhe verharren. Dieser Abschnitt ist vollendet, wenn unter gewissen, zuerst sehr begrenzten äußeren Bedingungen, z. B. in einem noch sehr engen Temperaturbereich, bei im übrigen günstigen äußeren Bedingungen das Treiben bzw. die Keimung in Gang gesetzt werden kann. Damit ist der Übergang zu dem dritten und letzten Abschnitt der Ruheperiode, d. h. zur Nachruhe, gekennzeichnet.

Im Laufe der Nachruhe bzw. Nachreife erweitert sich der Temperaturbereich der Keimung bzw. des Treibens immer mehr, bis schließlich die definitiven, für die betreffende Art oder Varietät charakteristischen weitmöglichsten Grenzen erreicht sind. Damit ist die Ruheperiode beendet und die höchste Wachstumsaktivität erreicht. Das Anfangsstadium der Nachruhe erinnert sehr an das Endstadium der Vorruhe, ihr Endstadium aber an den Beginn der Vorruhe. In gewissem Grade kann die Nachruhe als eine umgekehrte Vorruhe betrachtet werden. In vielen Fällen scheint es, daß zwischen der Vor- und Nachruhe keine Hauptruhe eingeschaltet ist und die Vorruhe direkt in die Nachruhe übergeht.“

ATTENBERG (1907) sah als erster in der Erweiterung des Temperaturbereiches der Keimung das Wesen der Nachruhe. Außerhalb des optimalen Temperaturbereiches in diesem Stadium befinden sich die Samen noch in einer Art Zwangsruhe, die BORRISS (1940) als Zustand der relativen Ruhe definiert. Bei Keimversuchen ist dieses Verhalten zu beachten, weil anderenfalls leicht Fehlschlüsse möglich sind. Voraussetzungen für den Beginn der Keimung sind die Aufnahme von Wasser durch die Samen und die Überwindung der Keimruhe. Es erfolgt nunmehr eine Inaktivierung der Keimhemm-Mechanismen, deren Funktionsweise noch nicht in allen Einzelheiten aufgeklärt ist. Im gequollenen Zustand der Samen müssen Temperaturstufen, Temperaturschwankungen, Licht bestimmter Intensität bzw. Qualität usw. einwirken, um die Keimruhe zu brechen. BOUVIER-DURAND et al. (1981) konnten z. B. an Apfelsamen nachweisen, daß zur Brechung der Keimruhe die Ausbildung spezifischer Strukturen ("stracks") im endoplasmischen Reticulum notwendig ist, die nur bei Temperaturen um 0°C entstehen (weitere geprüfte Varianten waren 12°C und 20°C). Nach HENCKEL und OKNINA (1948) sowie HENCKEL (1967) erfolgt nach Beendigung der Ruhe eine Rückführung des Protoplasmas der Embryozellen aus einem Gel- in den Solzustand, der eine Isolierung des Protoplasmas beendet. Diese Isolierung tritt infolge Entwässerung als Ausdruck der Ruhe ein, wobei Phosphatide und Fettsäuren entscheidende Schutzfunktionen vor schädigendem Wasserverlust des Protoplasmas auszuüben scheinen. Nach HA-

BER (1967) laufen in gequollenen ungekeimten, aber aus der tiefen Ruhe ausgetretenen Samen (am Beispiel von Salat) schon vor dem Platzen der Samenschale (d. h. in der physiologischen Ruhe) zahlreiche Stoffwechselprozesse ab. Der Tricarboxylsäure-Zyklus kommt in Gang, Transamination, Amidation, Kopplung der Atmung an die Phosphorylierung (zur Energiegewinnung), Phosphatveresterung, Sulfatreduktion und andere Abläufe werden aktiviert. In den Zellen bilden sich bereits Vorstufen der Chloroplasten, mitotische Teilungen finden statt, und die Zytokininbildung setzt ein. Dabei lebt der Keimling solange heterotroph, d. h. auf Kosten der von der Mutterpflanze gespeicherten Reservestoffe, bis die Keimpflanze selbst zur Photosynthese und darauf aufbauend zur primären Eiweißsynthese fähig ist.

Das auffallendste Merkmal des Keimungsvorganges ist die Verzuckerung der Stärke. Zucker dient einerseits der Energiegewinnung, andererseits als Bausubstanz bei der Organbildung. Auch der Abbau von Fetten, die in Obstsamen reichlich vorhanden sein können (in der Haselnuß z. B. 55%), verläuft über Kohlenhydrat-Zwischenstufen. Um die Keimung und die angedeuteten Stoffwechselprozesse auszulösen und in Gang zu halten, benötigt die Pflanze ausreichend Wasser, bestimmte Temperaturstufen und vor allem Sauerstoff der Luft für die Atmung. Auf die Nachreife und die Keimung übt die Zusammensetzung der Luft, insbesondere das $O_2 : CO_2$-Verhältnis, einen wesentlichen Einfluß aus. Dabei ändert sich die Reaktion der Embryonen auf verschiedene Luftzusammensetzung im Verlaufe der Entwicklung deutlich. Durch $CO_2$-Anreicherung ist in bestimmten Fällen eine Brechung der Keimruhe möglich. Das ist bei Keimversuchen und bei der Stratifikation zu beachten (ARNDT 1967). Weiterhin kann ungenügende Sauerstoffzufuhr bei bestimmten Temperaturen im Verlauf der Stratifikation zur Unterbrechung während der physiologischen Ruhe bereits eingeleiteter Stoffwechselabläufe und zur Ausbildung einer Sekundärruhe führen, die das Auflaufen im gleichen Jahr gänzlich verhindert (NIKOLAIEVA 1967). Besonders bei der Stratifikation in Plastgefäßen ist daher immer für ausreichenden Luftaustausch zu sorgen.

Samen vieler Pflanzenarten keimen nur bei Belichtung, Kern- und Steinobstsamen sind Dunkelkeimer. Es ist bisher noch nicht ausreichend geklärt, welchen Einfluß das Licht auf einzelne Stoffwechselschritte im Verlauf der Keimung ausübt. TOOLE et al. (1956) wiesen die Existenz eines Pigmentsystems nach, welches auf Licht bestimmter Wellenlänge reagiert und eine Folge nicht im einzelnen aufgeklärter Enzymreaktionen auslöst, die die Keimung einleiten. Nach neuesten Forschungsergebnissen spielt der photosensible Stoffwechselregulator Phytochrom bei der Keimung im Wechselspiel zwischen Temperatur und Licht eine entscheidende Rolle. Phytochrom, ein Polypeptid, kommt in verschiedenen Zustandsstufen in den Zellmembranen der Samen vor. Eine Temperaturerhöhung nach der Stratifikation begünstigt die Fähigkeit des roten Lichtes, die Keimung zu stimulieren, indem das Phytochrom in eine andere aktivere Zustandsstufe übergeführt wird. Damit ist eine entscheidende Voraussetzung für die Auslösung der Keimung geschaffen (VAN DER WOUNDE 1981, zitiert bei „o. V.“ 1981). CROCKER und BARTON (1953) sehen einen Zusammenhang zwischen Lichtwirkung und Atmung. KANTOR und SIMANCIK (1967) konnten an Koniferensamen eine deutliche Beziehung zwischen Lichtbedürfnis und Fettgehalt der Samen nachweisen (weiterführende Angaben s. bei TOOLE et al. (1956), BORRISS (1967) u. a.).

## Keimhemmung

Um Samen sicher zur Keimung zu bringen, muß deren Behandlung, insbesondere die Stratifikation, von Anfang bis Ende dem physiologischen bzw. biochemischen und anatomischen Zustand des Saatgutes angepaßt werden. Da der physiologische Zustand, wie bereits erwähnt, von Jahr zu Jahr unterschiedlich sein kann, ergeben sich aus dieser Verhaltensweise objektive Schwierigkeiten für die Beherrschung der Verfahren. Beim Steinobst kommt erschwerend hinzu, daß die Samen zur Gruppe der Hartschaligen gehören. Die Hartschaligkeit entsteht durch Austrocknung der Samenschale während der Reifung. Dabei geben die Samen Wasser ab, ohne den Verlust später wieder zu ersetzen. Voraussetzung für die Auslösung der Keimung ist die Überwindung der Ruhe durch Einwirkung innerer und äußerer Faktoren (Temperatur, Licht und dadurch ausgelöste Fermentreaktionen) im gequollenen Zustand der Samen. Hartschalige Samen verhindern aber die Wasseraufnahme durch eine wasserundurchlässige Testa. Der Grad der Hartschaligkeit ist witterungsbedingt sehr variabel. Bei der Überwindung der Hartschaligkeit spielen zahlreiche Umweltfaktoren eine Rolle. Mögliche mechanische Beschädigungen und einwirkende Temperaturbedingungen, insbesondere Temperaturwechsel, sind dabei entscheidend beteiligt. So werden die Voraussetzungen dafür geschaffen, daß eine Wasseraufnahme meistens durch Mechanismen im Bereich des Nabels der Samen möglich wird. Es kann nur eine Quellung bei ausreichender Sauerstoffaufnahme erfolgen, was zur Überwindung der Ruhe führt. Anatomische Untersuchungen der Testa sind geeignet dabei zu helfen, diesen Mechanismus aufzuklären, um gezielt auf die Samen einzuwirken (weiterführende Angaben siehe bei Popzow 1967). So ist z. B. bei Steinobstsamen die keimhemmende Wirkung der Testa rein anatomisch bedingt. Durch Beschädigung der Samenschale oder auch durch Freipräparieren des Embryos (vielfach in der Süßkirschenzüchtung genutztes Verfahren) wird dieser, sofern er keimfähig ist, sofort zur Wasseraufnahme und zur Keimung angeregt. Apfelembryonen keimen ohne Stratifikation, wenn sie aus den Samen herauspräpariert werden. Das beweist, daß hier Hemmfaktoren innerhalb der Kotyledonen existieren, die während der Stratifikation abgebaut werden müssen (Zerski und Jankovska 1981, Thevenot 1982). Bereits Keil (1939) vermutete u. a. HCN als keimhemmende Substanz.

Borriss (1967) stellte fest, daß die Keimbereitschaft von einem bestimmten Gehalt an Aminostickstoff und vom Metabolismus einzelner Aminosäuren abhängt. Duczmal (1967) konnte die Blausäurebildung während der Stratifikation von Apfelsamen sowie deren Hemmwirkung eindeutig nachweisen (s. Abb. 1). Die Bildung der Blausäure erfolgt in Zusammenhang mit dem Glutaminsäure-, Asparagin- und Cystinstoffwechsel der Samen.

In der Baumschulpraxis werden bei Steinobst nach meist maschineller Ernte der Früchte die Steine in speziellen Passiermaschinen vom Fruchtfleisch getrennt. Das gewonnene Saatgut wird gewaschen und an der Luft getrocknet. Je nach dem geplanten Aussaattermin im Herbst oder Frühjahr wird das Saatgut nach 24stündigem Vorquellen in Wasser und anschließender Beizung mit chemischen Mitteln in feuchten Sand eingeschichtet und in Kellern oder Kühlräumen bei +4 °C bis +8 °C stratifiziert. In luftdurchlässigen Kunststoffbehältern ist eine Stratifikation ebenfalls möglich.

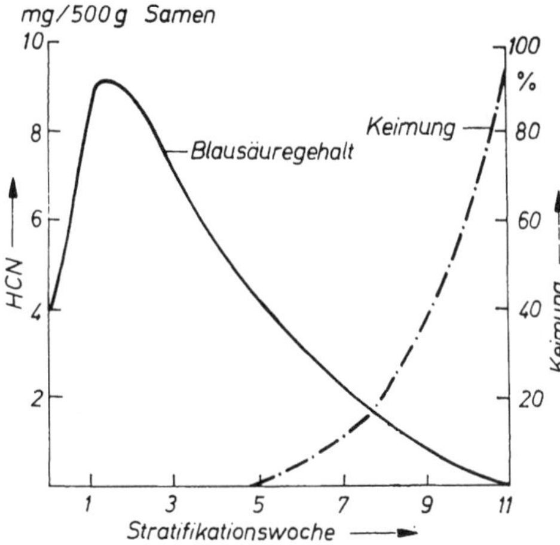


*Abb. 1:* Bildung von Blausäure und deren Einfluß auf die Keimung von Apfelsamen (vereinfacht, nach DUCZMAL 1967)

Die Stratifikationsdauer beträgt nach MÜLLER et al. (1975) z. B. für

*Prunus mahaleb* 3—5 Monate,
*Prunus avium* 3—5 Monate,
*Prunus* Myrobalane-Säml. 2—3 Monate,
*Prunus* „Hinduka" 1 Monat,
*Prunus* „Brompton" 2—3 Monate.

Werden *P. mahaleb* oder *P. avium* im Herbst ausgeäst, so erfolgt die natürliche Stratifikation im Boden. Der Vorgang ist aber unter diesen Bedingungen nicht beeinflußbar und kann zu einem völligen Mißerfolg führen. Unabhängig davon wurden in zahlreichen Ländern, so auch in der DDR, mit der Herbstaussaat trotzdem bessere Ergebnisse als mit Frühjahrsaussaat erzielt. Dagegen keimt Apfel-, Birnen- und Erdbeersaatgut, je nach Sorte und Jahr, in der Regel zumindest mit 70%, die Stratifikationsdauer für Apfel beträgt dabei etwa 90 Tage (s. Tab. 1), Erdbeersamen (für Züchtungszwecke benötigt) brauchen gar nicht stratifiziert zu werden.

## Hinweise zur Verbesserung der Auflaufergebnisse von *Prunus*-Saatgut

Die genetisch bedingte Variabilität des Merkmals „Keimfähigkeit" läßt es aussichtsreich erscheinen, innerhalb einer Art nach Idiotypen mit verbesserter Keimungsbereitschaft zu suchen. Eindrucksvoll bewiesen z. B. BORRISS und ARNDT (1967) an *Agrostemma githago*, daß das keimphysiologische Verhalten an die Nachkommen vererbt wird und dabei der mütterliche Einfluß in der $F_1$-Generation, offenbar bedingt durch das Nährgewebe im Samen, überwiegt. Wei-

*Tab. 1:* Keimprozente von Apfelsamen 5 verschiedener Sorten

| Jahr | 1977 | 1978 | 1979 | 1980 | 1981 | 1982 |
|---|---|---|---|---|---|---|
| ‚Golden Delicious‘ | 84,9 | 90,3 | 73,0 | 95,6 | 63,1 | 83,2 |
| ‚Alkmene‘ | 85,3 | 85,1 | 95,6 | 86,0 | — | 86,3 |
| ‚Juno‘ | 94,0 | 74,1 | 95,0 | 90,5 | 86,4 | 88,7 |
| ‚Starkrimson‘ | 84,6 | 95,4 | — | 83,6 | — | — |
| ‚Yellowspur‘ | 66,5 | 79,0 | 91,6 | 86,6 | 52,2 | 83,5 |

*Tab. 2:* Fruchtansatz und Auflaufergebnisse in % nach Artbastardierung bei *Prunus* (nach WOLFRAM, FISCHER, STOYAN 1977)

| | *P. avium* | | *P. kurilensis* | | *P. incisa* | | *P. canescens* | | *P. tomentosa* | |
|---|---|---|---|---|---|---|---|---|---|---|
| ♀ | F | A | F | A | F | A | F | A | F | A |
| *P. avium* | — | — | 18,1 | 9,6 | 23,1 | 7,5 | 12,9 | 24,9 | 1,8 | 74,1 |
| *P. kurilensis* | 0 | 0 | — | — | 35,6 | 6,5 | 4,4 | 1,9 | 2,7 | 0 |
| *P. incisa* | 1,1 | 0 | 11,8 | 1,1 | — | — | 4,2 | 0 | 1,3 | 0 |
| *P. canescens* | 19,1 | 67,7 | 2,4 | 14,3 | 22,6 | 3,2 | — | — | 14,0 | 2,9 |
| *P. tomentosa* | 0,9 | 0 | 2,0 | 32,3 | 7,3 | 63,7 | 10,5 | 42,5 | — | — |

F = Fruchtansatz nach künstlicher Bestäubung,
A = Auflaufergebnis

tere Kreuzungsschritte bis zur $F_3$-Generation ließen mehr einen intermediären Erbgang vermuten. Bei *Prunus*-Arten kann das Keimergebnis infolge von Inkompatibilitätsreaktionen auch vom Pollenspender beeinträchtigt werden (WOLFRAM, FISCHER, STOYAN 1977). In Tabelle 2 sind daher auch die Fruchtansatzergebnisse mit angeführt. Aus den Zahlen läßt sich deutlich der genetisch bedingte Einfluß der jeweiligen *Prunus*-Art auf das Keimergebnis nachweisen. Gleiche Ergebnisse wurden an *P. avium* (BLAZEK et al. 1981) und an *P. mahaleb* (WOLFRAM, FISCHER, STOYAN 1977) ermittelt, wo erhebliche Sorten-Unterschiede im Keimverhalten auftraten. Auf Grund einer ebenso großen

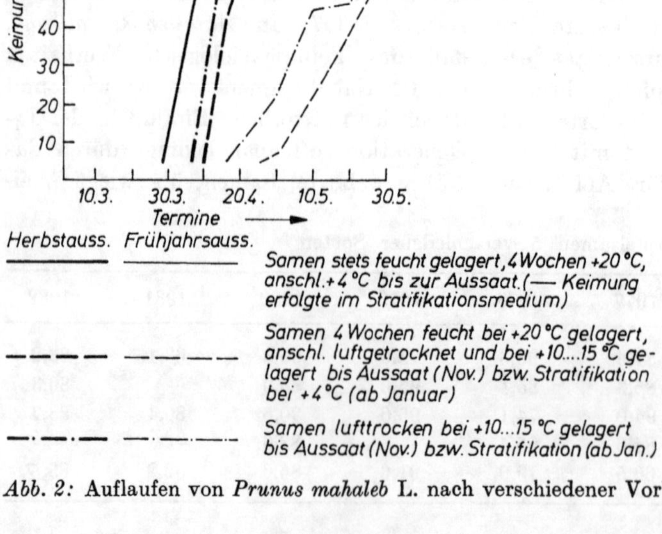


*Abb. 2:* Auflaufen von *Prunus mahaleb* L. nach verschiedener Vorbehandlung des Saatgutes

Variabilität der Keimergebnisse zwischen den Jahren und Standorten, die in allen Versuchen beobachtet wurde, sind vor allem bei *Prunus*-Arten mehrere Prüfjahre notwendig, um das Keimverhalten einer Art oder Sorte mit einiger Sicherheit beurteilen zu können.

Entscheidenden Einfluß auf das Keimergebnis hat die Behandlung des Saatgutes vor und während der Stratifikation. Mittels verschiedener Behandlungsvarianten erreichte FISCHER (1972) mit *P. mahaleb* die in Abbildung 2 angeführten Ergebnisse. Die Keimung von *P. mahaleb* ist um so zuverlässiger, je besser es gelingt, keimhemmende Stoffe im Samen rechtzeitig abzubauen. Wichtig erscheint das sofortige Entsteinen der Früchte, welches die Keimhemmung deutlich mindert. Außerdem können andere keimfördernde Maßnahmen nur wirken, wenn die entwicklungsstimulierenden Prozesse im Samen nicht durch anhaftendes Fruchtfleisch nach der Ernte behindert werden. So trägt eine Wärmebehandlung nach der Entsteinung, z. B. mit +20 °C während 4 Wochen Lagerdauer, weiter zum Abbau keimhemmender Stoffe bei. Sofortige Kühllagerung dagegen (z. B. bei +4 °C) kann diesen Abbau blockieren und das Überliegen der Samen nach der Aussaat fördern. Eine Wärmebehandlung hat vor allem dann Vorteile, wenn andere Faktoren nicht optimal gestaltet werden können.

Durch das Anquellen des Saatgutes vor der Aussaat bzw. vor der Stra-

*Tab. 3:* Auflaufen von *P. avium* und *P. mahaleb*-Saatgut (%) nach verschiedener Vorbehandlung (1979) bei Herbstaussat (November)

| Sorte | Varianten der Saatgutvorbehandlung | | | | |
|---|---|---|---|---|---|
| | Samen unmittelbar nach der Ernte entsteint | | | | |
| | langsam bei Zimmertemperatur getrocknet, 4 Wochen bei +20 °C trocken gelagert, anschließend 24 h in Wasser eingequollen, in Torf-Sand-Gemisch eingeschichtet | | 24 h in Wasser eingequollen, stets feucht gehalten durch sofortiges Einschichten in Torf-Sand-Gemisch | | |
| | | | 4 Wochen + 20 °C | | |
| | Einschlag im Freiland, 30 cm tief | Lagerung bei +4 °C in Kühlzelle | Lagerung bei +4 °C in Kühlzelle | Einschlag im Freiland, 30 cm tief | Einschlag im Freiland, 30 cm tief |
| ‚Lamberts' | 9 | 70 | 52 | 53 | 53 |
| ‚Schneiders Späte Knorpel' | 0 | 0 | 5 | 0 | 2 |
| ‚Merton Heart' | 0 | 33 | 28 | 44 | 37 |
| ‚Merton Glory' | 0 | 17 | 5 | 10 | 3 |
| ‚Altenburger Melone' | 67 | 60 | 43 | 36 | 67 |
| *Prunus mahaleb*, Klon 1 | 88 | 76 | 96 | 96 | 100 |
| *Prunus mahaleb*, Klon 2 | 97 | 65 | 100 | 98 | 100 |

tifikation wird die Keimfähigkeit verbessert. Das Anquellen scheint das ständige Feuchthalten des Samens bis zur Aussaat in seiner positiven Wirkung noch zu übertreffen. Andererseits mußte an *P. mahaleb* festgestellt werden, daß eine Verletzung der Samenschale nicht zur Verbesserung der Keimung beiträgt.

Mit verschiedenen Süßkirschensorten (*P. avium* L.) wurden die in Tabelle 3 genannten Ergebnisse erreicht, sie stützen die bisherigen Aussagen.

Die Versuchsergebnisse verdeutlichen weiterhin, daß jede Sorte ihre spezifischen Stratifikationsbedingungen benötigt, wenn ihr vorhandenes Keimpotential voll ausgeschöpft werden soll. Bekannt ist, daß diese Ansprüche sich je nach Witterungsablauf während der Samenentwicklung und Samenreife von Jahr zu Jahr ändern können. Zur besseren Aufklärung der komplexen Stoffwechselvorgänge bei der Keimung sind weitergehende Forschungsarbeiten, besonders an Steinobst, notwendig.

## Literatur

(Auszug — das vollständige Literaturverzeichnis kann beim Verfasser eingesehen bzw. angefordert werden)


ABOU-ZEID, A., C. M. HEDTRICH, K. NEUMANN: Untersuchungen zum Nachreifeprozeß bei Samen von *Prunus avium*. Angewandte Botanik **51** (1977) 37—54

ARNDT, M.: Über den Einfluß von Kohlendioxid und Sauerstoff auf Nachreife und Keimung von Agrostemma-Samen, in: Physiologie, Ökologie und Biochemie der Keimung. Bd. I Greifswald (1967) 201 bis 207

BLAŽEK, J., L. KARES, J. KLOUTVOR: Möglichkeiten zur Beeinflussung der Stratifikation von Süßkirschen-Samen (tschechisch). Vědecké Práce Ovonářské Holovousy **8** (1981) 11—25

BORRISS, H.: Über die inneren Vorgänge bei der Samenkeimung und ihre Beeinflussung durch Außenfaktoren. Jb. wiss. Botanik **89** (1940) 255—339

BORRISS, H.: Vergleichende Untersuchungen über die Wirkung von Gibberellinen auf die Samenkeimung. in: Physiologie, Ökologie und Biochemie der Keimung. Bd. I Greifswald (1967) 221—238

BORRISS, H., M. ARNDT: Die genetischen Grundlagen der Samenruhe bei *Agrostemma githago*. in: Physiologie, Ökologie und Biochemie der Keimung, Bd. I Greifswald (1967) 393—404

BORRISS, H., J. SCHULZE, G. GALLIEN, E. ALBRECHT: Über qualitative und quantitative Veränderungen der Fermentgarnitur während der Reifungs- und Keimungsvorgänge von *Agrostemma*-Samen. in: Physiologie, Ökologie und Biochemie der Keimung, Bd. II Greifswald (1967) 697—718

CZERSKI, J., K. JANKOWSKA: Germination of embryos from stratified and non-stratified seeds and growth of apple seedlings (*Malus domestica* Borkh. cv. „Antonowka"). Acta Soc. bot. Poloniae, Warszawa **50** (1981) 595—605

DIMOV, N.: Untersuchungen in der Baumschule an ausgelesenen Steinweichsel- und Vogelkirschenunterlagen für Kirschen. Gradinarska i Lazarska Nauka, Sofia **13** (1976) 28—34

FISCHER, M.: Verfahren zur Verbesserung der Auflaufergebnisse von *Prunus mahaleb*-Saatgut Abschlußbericht, IfO Pillnitz (1972) (unveröffentl.)

FISCHER, M., I. STOYAN: Variabilitätsuntersuchungen an selbstfertilen Formen von *Prunus mahaleb* L. Arch. Züchtungsforsch. **9** (1979) 151—161

HABER, A. H.: An examination of the concepts of "dormancy" and "germination" from studies with Lettuce seeds. in: Physiologie, Ökologie und Biochemie der Keimung. Bd. I Greifswald (1967) 47—53

JUNGES, W., H. LUDWIG: Einfluß von Wasserversorgung, Düngung und Licht während der Samenbildung auf die Samenruhe bei *Impatiens balsamina* L. in: Physiologie, Ökologie und Biochemie der Keimung Bd. I Greifswald (1967) 325—327

KAMINSKI, W., S. W. ZAGAJA: Spoczynek wtorny nasion jabloni. Czesc. I. Wplyw podwyzszonych temperatur (Sekundäre Dormancy von Apfelsamen. 1. Mitt. Einfluß hoher Temperaturen.) Prace Inst. Sadownictwa Skierniewicach, Warszawa 18 (1974) 3–8

KHOKHLOVA, V. V.: Vlijanie Gibberrellina na vskhozhest semjan cherncj smorodiny. (Gibberellinwirkung auf die Keimfähigkeit der Samen der Schwarzen Johannisbeere.) Fiziol. i Biochim. Kul't. Rast. Kiev 11 (1979) 6, S. 605–610

KOPAŃ, V. P.: Strukturnye i biochimiceskie izmenenija v semenach jabloni v period stratifikacii. (Strukturelle und biochemische Veränderungen in Apfelsamen während der Stratifikation.) Sel'skochoz. Biol., Moskva 7 (1972) 126–128

POSKUTA, J., J. CZERSKI: Contribution to the discussion: Are the embryos of the apple tree cv. Antonowka in a state of dormancy? and an answer to Lewak's critical note on the paper of Czerski and Janowska. Acta Soc. bot. Poloniae, Warszawa 48 (1979) 337–349

RUDNICKI, R., J. PIENIAZEK: Apple fruit volatiles as inhibitors of apple seed germination. Bull. Acad. polon. Sci., Varsovie, Ser. Sci. biol. 21 (1973) 827–829

SACHS, J.: Physiologische Untersuchungen über die Abhängigkeit der Keimung von der Temperatur. Jb. der wiss. Bot. 2 (1860) 338–377

SCHMIDT, H.: The inheritance of apomixis in polyploid *Malus*-rootstock-material. Proc. XIX. Int. Hort. Congr. Warschau Bd. 1 A, (1974) 345

SMOLENSKA, G., S. LEWAK: The role of lipases in the germination of dormant apple embryos. Planta 116 (1974) 361–370

SUSZKA, B.: Increase of germinative capacity of mazzard cherry (*Prunus avium* L.) seeds through the induction of secondary dormancy. Arbor. Kornickie 21 (1976) 257–270

THEVENOT, C.: Correlations between axis and cotyledons in appleembryo dormancy. Z. Pflanzenphysiologie 106 (1982) 15–26

WOLFRAM, B.: Ergebnisse langjähriger Prüfungen von *Prunus*-Kreuzungsnachkommenschaften als Unterlagen für Süßkirschen Tag.-Ber. AdL d. DDR 174 (1979) 257 bis 262

ZIGAS, R. P., B. G. COOMBE: Seedling development in peach, *Prunus persica* (L) Batsch. I. Effects of testas and temperature (Sämlingsentwicklung bei Pfirsich, *Prunus persica* (L) Batsch. 1. Mitt. Wirkung von Samenschale und Temperatur. Austral. J. Plant. Physiol. Melbourne 4 (1977) 349 bis 358

## Komponenten der Ertragsbildung bei Apfelbäumen

Ausgangspunkt für die folgenden Betrachtungen sollen die „Ergebnisse der quantitativen Strukturanalyse eines Systems der Trieb- und Ertragsbildung bei Apfelbäumen" von NEUMANN & NEUMANN (1971) und unsere ‚Modellvorstellungen zum Entwicklungsrhythmus von Apfelbäumen' (SCHMIDT 1973) sein. Letztere stellen die entwicklungsphysiologischen Prozesse als ertragsbildende Komponenten in den Vordergrund.

Dieser Darstellung zufolge durchlaufen Apfelbäume im jährlichen Entwicklungszyklus im wesentlichen drei Phasen: Beginnend mit dem Frühjahrsaustrieb überwiegt in der ersten Phase das Streckungswachstum. Korrelative Hemmungen, insbesondere die Apikaldominanz, deren stoffwechselphysiologische Grundlage wahrscheinlich der ‚hormongerichtete Transport' ist, sind Ursachen für das unterschiedliche Streckungswachstum der Sprosse. Mit der Umwandlung junger Blattanlagen in Knospenschuppen als vermutliche Folge von Cytokininmangel und mit der Ausbildung von Knospen beginnt die Sommerruhe. In dieser Phase überwiegen Zellteilungsprozesse. Sie ist durch ein sehr labiles Gleichgewicht zwischen Wuchs- und Hemmstoffen gekennzeichnet, als deren Bildungszentren sowohl die Sprosse mit den Früchten als auch die Wurzeln anzusehen sind. Bei genügend hoher meristematischer Aktivität werden in dieser Zeit in den Knospen die Blütenanlagen differenziert. Eine ausreichende Anzahl Blütenknospen mit hoher Fruchtungstendenz ist die Voraussetzung für einen „optimalen Ertrag", d. h. einen Ertrag, den der Baum ohne negative Nachwirkungen Jahr für Jahr zu erbringen vermag. In der dritten Entwicklungsphase, der Winterruhe, besteht ein Kältebedürfnis. Nach Überwindung der Winterruhe beginnt mit der Entfaltung der Knospen ein neuer Entwicklungszyklus.

Als wichtigste Etappe der Ertragsbildung ist die Differenzierung der Blütenanlagen in den Knospen anzusehen. Da die Differenzierungsprozesse in den Knospen sich nicht durch erhebliche Massezunahme auszeichnen, wird wahrscheinlich die Nährstoffkonkurrenz von weit geringerer Bedeutung sein als die Wechselwirkungen zwischen den Phytohormonen. Als Voraussetzung für die Blütenbildung kann folgende Phytohormonkonstellation angenommen werden: geringe Gibberellin- und Auxinkonzentration nach Absterben der jungen Blattspreiten und der Einstellung des Streckungswachstums; parallel dazu ist eine Erhöhung der Konzentration eines pflanzeneigenen Hemmstoffes, der Abscisinsäure, beobachtet worden. Dadurch wird der scheinbar gehemmte Zustand der „Sommerruhe" der Knospen charakterisiert. Demgegenüber würde die Aufrechterhaltung eines kurzzeitigen Plastochrons eine genügende Cytokininzufuhr erfordern. Dieses Gleichgewicht ist als sehr labil zu bezeichnen und kann sehr leicht durch innere und äußere Faktoren in die eine oder andere Richtung beeinflußt werden. Das ist der Grund, weshalb im konkreten Fall einer einzelnen Knospe nur mit einer geringen Wahrscheinlichkeit vorausgesagt werden kann, ob sie sich vegetativ oder generativ weiterentwickeln wird. Die Richtung der weiteren Entwicklung ist also für die Einzelknospe in Form dieser alternativen Möglichkeit zufällig. Nur für die Gesamtheit der Knospen eines bestimmten Sproßsystems ist die Entwicklungsrichtung mit größerer Wahrscheinlichkeit vorauszusagen. Es ist aber inzwischen erkannt worden, daß eine der wesentlichsten Bedingungen für die Blütenbildung eine bestimmte Zellteilungsrate in den Knospen ist.

Diese Bedingung ist aber nur in solchen Knospen gegeben, die sich dem Einfluß korrelativer Hemmungen weitgehend entziehen. Das findet seinen morphologischen Ausdruck darin, daß die Knospen bestimmter Sproßklassen bevorzugt Blüten differenzieren. Darin drückt sich auch die Notwendigkeit aus, mit der Knospen an bestimmten Sproßklassen zwangsläufig Blüten differenzieren. Analysiert man die Gesamtzahl der Sprosse eines Baumes, so ist die Häufigkeitsverteilung der einzelnen Sproßklassen das Ergebnis der korrelativen Hemmungen in der ersten Entwicklungsphase. Diese korrelativen Hemmungen dauern sehr wahrscheinlich auch in der Phase der Sommerruhe an.

Ausgehend von der Zielstellung der Obstproduktion, jährlich einen „optimalen Ertrag" zu erreichen, wäre die weitgehende Beherrschung der skizzierten komplexen Kontrollmechanismen notwendig. Leider sind wir noch weit entfernt von einer Beherrschung aller Kontrollmechanismen. Auf der Grundlage der formulierten Hypothese über die Rolle der Apikaldominanz und endogenen Rhythmik (SCHMIDT, 1973) können aber schwerwiegende Fehler bei anbautechnischen Maßnahmen der Ertragsregulierung zu Ereignissen mit sehr geringer

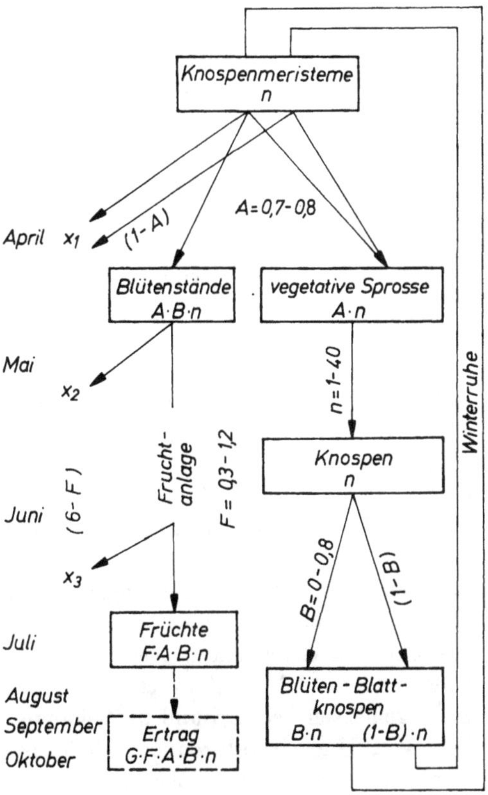


*Abb. 1:* Schema der Aufeinanderfolge wesentlicher ertragsbildender Komponenten

n = Zahl der in einem gegebenen Jahr angelegten Knospen

B = Blühtendenz: Zahl der Blütenknospen bezogen auf die Gesamtknospenzahl

A = Aktivität der Knospenmeristeme: Zahl austreibender Knospen bezogen auf die Gesamtknospenzahl

F Fruchtungstendenz: Früchte je Fruchtstand

G = Fruchtmasse: g je Frucht

($x_1$ = ruhende Knospen; $x_2$ bzw. $x_3$ = Nachblüte bzw. Junifruchtfall)

Wahrscheinlichkeit werden. Mit anderen Worten heißt das, den Zufallsbereich der zu erwartenden Erträge dadurch einengen zu können, daß wir die ertragsbildenden Komponenten auf der Grundlage als wesentlich erkannter entwicklungsphysiologischer Etappen darstellen. Größte Aussicht auf Erfolg bei der zielgerichteten Beeinflussung von Massenereignissen ist unseres Erachtens dann gegeben, wenn für die Einzelereignisse nur zwei Möglichkeiten in Form einer Alternative gegeben sind. Deshalb betrachten wir als wesentliche Etappen solche, die entwicklungsphysiologische Alternativen beinhalten. Darüber hinaus sollten auf Grund bereits vorliegenden experimentellen Materials zahlenmäßige Angaben gemacht werden über die relativen Häufigkeiten in einer statistischen Grundgesamtheit. Eine solche Analyse wird in Abbildung 1 schematisch wiedergegeben. Verfolgt man den zweijährigen Entwicklungszyklus der Ertragsbildung anhand der Abbildung 1, so besteht das Wesentliche der ersten, vegetativen Etappe darin, daß Sprosse verschiedener Länge gebildet werden, die das Sproßsystem einer Apfelbaumkrone charakterisieren. Die in Nodien und Internodien gegliederten Sprosse unterscheiden sich in der Länge der Internodien und Zahl der Nodien. Sprosse mit gestauchten Internodien haben nie mehr als acht Nodien, wobei deren Lateralmeristeme zum größten Teil nicht entwickelt sind. Da in allen Blattknospen etwa acht Blattanlagen vorgebildet sind, ist die minimale Nodienzahl auch der gestreckten Sprosse acht.

Angaben über die Nodienzahl, die mit der Gesamtknospenzahl ($n$ in Abb. 1) in Beziehung stehen, fehlen in der Literatur ebenso wie Angaben über den relativen Anteil Blütenknospen (Zahl der Blütenknospen bezogen auf die Gesamtzahl der Knospen = Blühtendenz B in Abb. 1) als Ergebnis der alternativen Entwicklungsmöglichkeit der Knospen. Wir finden nur Angaben über Länge der Sprosse bzw. deren Anzahl und über den relativen Anteil Blütenknospen tragender Sprosse bzw. über die Anzahl Blütenknospen an solchem „reproduktiven Neuwuchs". Die in Abbildung 1 angegebenen relativen Häufigkeiten gehen auf eigene Zählungen zurück und umfassen einen sehr großen Bereich (0,0—0,8). Man kann nur soviel sagen, daß zwar alle Knospen vegetativ bleiben können, aber niemals alle Knospen Blüten differenzieren.

Das zweite Jahr des Entwicklungszyklus beginnt mit dem Austreiben eines Teiles der Knospen, während der andere Teil nicht austreibt oder später abstirbt ($x_1$). Da zu diesem Sachverhalt, den wir als Aktivität der Knospenmeristeme (A in Abb. 1) bezeichnen wollen, keine Untersuchungsergebnisse bekannt sind, wurden nur Schätzwerte von NEUMANN & NEUMANN (1971) und aus der eigenen Arbeitsgruppe eingetragen. Danach sind etwa 20—30% mehr Knospen angelegt worden als schließlich austreiben. Verfolgen wir nun nur noch die weitere Entwicklung der Blütenknospen, so geht etwa die sechsfache Menge Blüten in die Rechnung ein, da jede Knospe einen Blütenstand mit im Mittel sechs Blüten besitzt. Ob sich aus einer Blüte eine Fruchtanlage entwickelt, hängt sowohl von der Bestäubung als auch von der Befruchtung ab, zwei alternative Möglichkeiten, die in der Abbildung 1 zusammengefaßt wurden. Im negativen Falle werden in der ersten Fallperiode die Blüten abgeworfen ($x_2$), durchschnittlich sind das 30 bis 50%. Nach der Befruchtung entwickelt sich normalerweise vorrangig der Embryo. Ist diese Entwicklung gestört, wächst die Frucht nicht weiter und wird während des sogenannten Junifruchtfalles abgestoßen ($x_3$). Dieser umfaßt in Abhängigkeit vom vorangegangenen Blütenfall 60—40% (BLASSE & BARTHOLD, 1971). Der geringe Prozentsatz (2—3%) der noch vor der Ernte abfallenden Früchte soll hier unberücksichtigt bleiben. Von den ursprünglich vorhandenen Blüten entwickelt sich etwa nur der zehnte Teil zu Früchten weiter. Der Frage nach dem Anteil Blüten, bezogen auf die vorhanden gewesenen Blütenstände, der sogenannten Fruchtungstendenz, sind schon viele Autoren nachgegangen. Die Fruchtungstendenz (F in Abb. 1) schwankt zwar genetisch bedingt und in Abhängigkeit von Umweltfaktoren erheblich, bewegt sich aber im wesentlichen zwischen 0,3 und 1,2. Das bedeutet, daß 5- bis 20mal soviel Blüten bestäubt werden können wie sich schließlich zu Früchten weiterentwickeln. Das Ergebnis ist dann der Ertrag in Form einer variablen Menge Früchte in variabler Qualität.

Die Zahl der Früchte ergibt sich entsprechend den zu Abbildung 1 gegebenen Erläuterungen aus dem Produkt der Größen $n$, $B$, $A$ und $F$. Multipliziert mit dem Fruchtgewicht ($G$), einem der Qualitätsmerkmale des Ertrages, ergibt sich der Ertrag in quantitativer Form: $n \cdot B \cdot A \cdot F \cdot G$, wobei diese Komponenten der Ertragsbildung in ihrer zahlenmäßigen Größe von Jahr zu Jahr variieren können.

Diese Beschreibung des Ertrages auf der Grundlage als wesentlich betrachteter Etwicklungsetappen stimmt mit der Darstellung der ertragsbildenden Faktoren, wie sie bei phänometrischen

Untersuchungen von NEUMANN & NEUMANN (1971) erarbeitet worden sind, weitgehend überein:

$$E = nV \cdot \frac{nN}{nV} \cdot \frac{nN_I}{nN} \cdot \frac{nI}{nN_I} \cdot \frac{nF}{nI} \cdot G_F \qquad (1)$$

In dieser Formel bedeutet $n$ jeweils die Anzahl folgender Merkmale: $V$ = Knospen, $N$ = Neuwuchs, $N_I$ = Infloreszenzen differenzierender Neuwuchs, $I$ = Infloreszenzen, $F$ = Früchte, $G_F$ = Fruchtgewicht. Danach sind folgende Größen in unserer Abbildung 1 mit denen der Formel (1) identisch:

$$n = nV, \quad A = \frac{nN}{nV}, \; F = \frac{nF}{nI}, \; G = G_F.$$

Da ausgehend vom Jahr der Blüte und Fruchtentwicklung $N$ und $N_I$ den Neuwuchs des vorangegangenen Jahres, $\frac{nN}{nV}$ folglich auch die Aktivität der Knospen des Vorjahres bedeuten, erscheint es uns entsprechend unserem Konzept über die Entwicklungsetappen der Apfelbäume sachlich richtiger, den Beginn der generativen Entwicklung nicht an den „Neuwuchs" des Vorjahres zu koppeln, der wohl eher der ersten Entwicklungsphase des überwiegenden Streckungswachstums entspricht, sondern in die Knospen zu verlegen.

Aufbauend auf obigen Betrachtungen über die Komponenten der Ertragsbildung bei Apfelbäumen wurde versucht, die quantitativen Beziehungen zwischen den wesentlichen Ertragskomponenten grafisch zu veranschaulichen und gleichzeitig die Möglichkeiten und Grenzen der Steuerung durch Wachstumsregulatoren deutlich zu machen.

Als Grundlage für die grafische Darstellung wurde ein Koordinatensystem mit vier Quadranten gewählt, wobei Vorzeichen der Koordinaten unberücksichtigt blieben (Abb. 2). Die vegetative Leistung ist als Anzahl aktiver Knospen je Baum als Ausgangsgröße auf der linken Abszisse wiedergegeben. Das Ausmaß der Ertragskomponenten Blühtendenz (I), Fruchtungstendenz (II) und Fruchtmasse (III) ist als Strahlenbündel in den jeweiligen Quadranten dargestellt. Die Zielgröße ist der Flächenertrag in t/ha (IV). Ausgehend von einer gegebenen Baumzahl je Hektar (im Beispiel angenommen 1000) kann der Ertrag in kg/Baum, ausgedrückt werden. Damit ist es möglich, alle weiteren Zusammenhänge der Ertragskomponenten, bezogen auf den Baum, zu betrachten. Die weiteren Koordinaten stellen dann jeweils das Produkt der aufeinanderfolgenden Ertragskomponenten dar.

Die in der grafischen Darstellung verwendeten Zahlen gehen nicht auf zu diesem Zweck durchgeführte konkrete Erhebungen zurück, sind aber auch nicht nur Rechenbeispiel. Sie basieren auf einer Vielzahl von Beobachtungen auch anderer Autoren, die im einzelnen nicht aufgeführt werden sollen.

Da die vegetative Leistung mit ihrer relativ geringen Variabilität, die durch den regelmäßig durchgeführten Schnitt noch stark eingeschränkt wird, die Ertragsschwankungen nur unwesentlich beeinflußt, wurde in unseren Betrachtungen von einer konstanten Knospenzahl (1000/Baum) ausgegangen. Leider gibt es gerade über diese Größe kaum exakte Angaben. Wir haben sie direkt aus anderen Messungen, wie Trieblängen- und Internodienlängsmessungen, abgeleitet.

Der relative Anteil an Blütenknospen bezogen auf die Gesamtknospenzahl („Blühtendenz") ist das Ergebnis der Blütenknospendifferenzierung in der vorangegangenen Vegetationsperiode. Unter allen Ertragskomponenten zeigt die Blühtendenz die größte Variabilität. Obwohl bekannt ist, daß in gewissem Umfang eine negative Korrelation zwi-

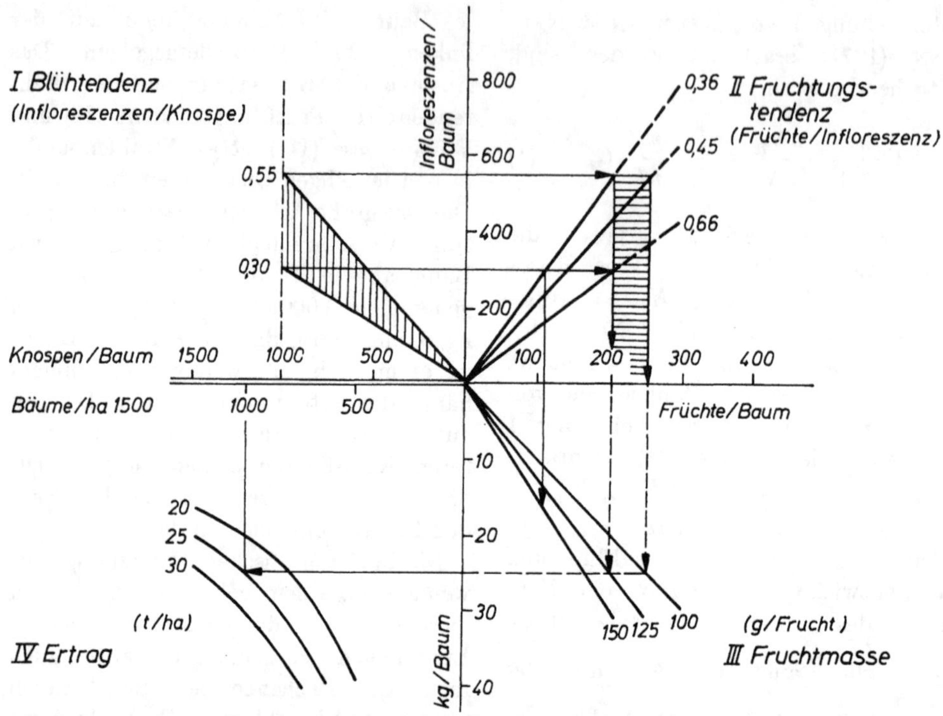


*Abb. 2:* Grafische Darstellung der Zusammenhänge zwischen Fruchtungstentenz, Blühtendenz, Fruchtmasse und Ertrag von Apfelbäumen

schen Blühtendenz und Fruchtungstendenz auftreten kann, die dem direkten Einfluß der Blühtendenz auf den Ertrag entgegenwirkt, steht außer Zweifel, daß die Variabilität der Blütenknospendifferenzierung die Hauptursache der Variabilität des Ertrages ist. Dieser Zusammenhang zwischen Blühtendenz und Ertrag ist durch Streitberg und Handschack (1982) erneut nachgewiesen worden.

Dem Vorschlag dieser Autoren folgend wurde die Unterteilung der Gesamtvariationsbreite der Blühtendenz in drei Klassen in unsere Grafik übernommen. Von Streitberg und Handschack wurde eingeschätzt, daß ein optimaler Bereich der Blühtendenz zwischen 0,3 und 0,55 liegt, auf dessen Grundlage unter Praxisbedingungen mit dem geplanten Ertrag zu rechnen ist. Blühtendenzen über 0,55 führen bereits bei normaler Fruchtungstendenz zu einem so starken Fruchtansatz, daß die negative Korrelation zur Fruchtmasse wirksam wird und Qualitätsminderungen der Früchte auftreten.

Um mit einer Blühtendenz von 0,3···0,55 den geforderten Ertrag von 25 kg/Baum bei einer mittleren Fruchtmasse von 125 g zu erreichen, ist eine Fruchtungstendenz von 0,66···0,36 notwendig, d. h. jeder dritte Blütenstand muß 1 bis 2 Früchte tragen. Wenn diese allgemeine Aussage im Mittel den Beobachtungen entspricht, so wird aus der Grafik aber auch deutlich, daß bei einer Blühtendenz von 0,3 und einer Fruchtungstendenz von 0,36 selbst bei Fruchtmassen um 150 g das Ertragsziel nicht erreicht werden kann. Bei Blühtendenzen kleiner als 0,3 sind Fruchtungstendenzen größer als 0,66 und Fruchtmassen von mindestens 125 g notwendig. Fruchtungstendenzen um 1,0 sind im allgemeinen aber selten, so daß es bei weniger als 30% Blütenknospen zu Ertragseinbußen kommen muß. Andererseits führen Blühtendenzen größer als 0,55, auch wenn nur jede dritte Infloreszenz eine Frucht bringt, zu überhöhten Erträgen, die letzten Endes Alternanz verursachen, weil sie zum begrenzenden Faktor für die Blütenknospendifferenzierung werden.

Die Fruchtmasse ist die Ertragskomponente mit der geringsten Variabilität. In bestimmten Grenzen besteht eine negative Korrelation zum Fruchtansatz, die aber durch Reduzierung des Fruchtansatzes in gewissem Umfang gemindert werden kann.

Wenn auch durch Zufälligkeit der Witterungsfaktoren das Ausmaß der Blütenknospendifferenzierung einen hohen Grad an Unbestimmtheit erfährt, wirken doch in starkem Maße korrelative Wachstumshemmungen negativ auf sie ein. Bedingt durch die charakteristische morphologische Struktur von Apfelsprossen, indem vorrangig terminale Meristeme Blüten differenzieren und Früchte in diesem Sinne apikale Organe sind, spielen korrelative Hemmungen vom Typ der Apikaldominanz bei der Blütenknospendifferenzierung eine entscheidende Rolle. Da andererseits korrelative Hemmungen in erster Linie einer hormonalen Regulation unterliegen, sind gerade hier Ansatzpunkte für den Einsatz von Wachstumsregulatoren gegeben. Entweder es werden dadurch die Früchte als die Blütenbildung hemmenden Hormonproduzenten teilweise durch Fruchtausdünnung entfernt, oder es wird die Hormontranslokation von den Früchten zu Knospen gehemmt. Wie die Ethephonanwendung unter bestimmten Bedingungen zeigt, kann es auch ohne Fruchtausdünnung zur Förderung der Blütenknospendifferenzierung kommen (SCHMIDT, KATZFUSS, BUBAN 1975). Es ist gerechtfertigt, den Ethephoneinsatz bereits bei einer mittleren Blühtendenz, die einem Blütenknospenbesatz von 30···50% entspricht, einzuplanen. um nach dem zu erwartenden Vollertrag auch im Folgejahr eine Blühstärke in der gleichen Größenordnung zu sichern. Bei einer normalen Fruchtungstendenz kann damit, wie bereits erwähnt, das Ertragsziel mit großer Wahrscheinlichkeit erreicht werden.

Übersteigt die Blühtendenz den angenommenen optimalen Bereich, so ist auf jeden Fall eine chemische Fruchtausdünnung (z. B. mit Carbaryl) vorzunehmen, sofern die Fruchtungstendenz nicht durch irgendwelche Schadfaktoren entscheidend reduziert wurde. Bei Einhaltung der Anwendungsempfehlungen für Carbaryl ist mit einer Reduzierung der Fruchtzahl um 20···25% zu rechnen, wobei gleichzeitig die Fruchtmasse im Durchschnitt um etwa 20 g zunimmt.

## Literatur

(Auszug — das vollständige Literaturverzeichnis kann beim Verfasser eingesehen bzw. angefordert werden)


BUBAN, T.: New possibilities for regulating fruit bud formation in apples. Szölöes termörügykepzödesenek, **6** (1971) 3—19

CORNFORTH, J. W., B. V. MILLBORROW, G. RYBACK: Identification and estimation of (+)-abscisin II („dormin") in plant extracts by spectropolarimetry. Nature **210** (1966) 627—628

COVILLE, F. V.: The influence of cold stimulating the growth of plants. J. agric. Res. **20** (1920) 151—160

GOLIKOVA, N. A.: Das Fruchtungsverhalten von Apfelbäumen im Zusammenhang mit ihren altersbedingten Veränderungen (russ.) Vestnik sel'skochoz. Nauki, Moskva **15** (1970) 52—56

HANSEN, P.: The effect of cropping on the distribution of growth in apple trees. Tidsskr. Planteavl 75 (1971) 119–127

HENKE, O., S. SCHMIDT: Veränderungen der Wuchsstoff-Hemmstoff-Verhältnisse in Blättern und Knospen von Apfelbäumen. Flora 156 (1965) Abt. A, 33–42

JANKIEWICZ, L. S.: Gravimorismus in higher plants. In: GORDON, S. A. & COHEN, M. J., Gravity and the Organism. Chicago (1971)

JANKIEWICZ, L. S.: A cybernetic model of growth correlation in young apple trees. Biol. Plant. (Praha) 14 (1972) 52–61

NEUMANN, D., U. NEUMANN: Die quantitative Strukturanalyse eines Systems der Trieb- und Ertragsbildung bei Apfelbäumen. Teilabschlußbericht Inst. f. Obstforsch. Dresden-Pillnitz der AdL (1971)

PHILLIPS, I. D. J.: Apical dominance. In: WILKINS, M. B.: The physiology of plant growth and development. McGraw-Hill, London (1969)

SCHMIDT, S.: Modellvorstellungen zum Entwicklungsrhythmus von Apfelbäumen. Arch. Gartenbau 21 (1973) 581–595

SCHMIDT, S.: Komponenten der Ertragsbildung bei Apfelbäumen. Arch. Gartenbau 22 (1974) 461–468

SCHMIDT, S., M. KATZFUSS, T. BUBAN: Blühfördernde Wirkung von 2-Chloräthylphosphonsäure bei Apfelbäumen. Biol. Plantarum (Praha) 17 (1975) 231–234

STREITBERG, H., M. HANDSCHACK: Mikroskopische Methode zur quantitativen Schätzung des Infloreszenzknospenbesatzes von Apfelsorten im Oktober/November. Arch. Gartenbau 31 (1983) 91–103

## Schätzmethode für den Besatz mit Infloreszenzknospen

Da regelmäßiges Blühen und hohe Blühwilligkeit wichtige Voraussetzungen für jährlich optimale Erträge besonders bei der Obstart Apfel darstellen, haben alle Maßnahmen zur Regulierung der Blütenbildung vorrangige Bedeutung. Um gezielt in den Ertragsbildungsprozeß eingreifen zu können, ist es erforderlich, rechtzeitig über den Besatz mit Infloreszenzknospen informiert zu sein. Da diese im Oktober/November beim Kernobst noch nicht mit bloßem Auge zu erkennen sind, erschien es notwendig, eine einfache Methode zur Bestimmung des Infloreszenzknospenbesatzes bei Apfel im Oktober/November für die Praxis zu erarbeiten (STREITBERG, HANDSCHACK 1983, STREITBERG und Mitarbeiter 1982).

Längs geschnittene terminale Knospen je nach Sorte ein- und zwei- bzw. zwei- und dreijähriger Sproßbereiche (vgl. Abb. 1) werden an jeweils 40 Stichproben mit dem Stereomikroskop untersucht. Diese Stichprobe, die bei geringer Variabilität insgesamt von 10 Bäumen zu entnehmen ist, ermöglicht ausreichend genau den im Folgejahr zu erwartenden Besatz mit Infloreszenzknospen einzuschätzen. Zusätzlich kann man sich über die Ausbildung von Lateralinfloreszenzen durch Untersuchung von ebenfalls 40 Knospen aus dem mittleren Lateralbereich der Langtriebe informieren.

Es besteht eine statistisch gesicherte positive Korrelation zwischen dem prozentualen Infloreszenzknospenbesatz und dem Ertrag. Bei steigendem Besatz mit Infloreszenzknospen nimmt der Einzelbaumertrag nahezu linear zu. Auf Grund der erfaßten Erträge wurden die Ertragsmittelwerte und die Ertragsstreuung für drei Gruppen des Infloreszenzknospenbesatzes der Novemberbonitur der Jahre 1978/79 und 1979/80 für die Sorten ‚Auralia', ‚Alkmene', ‚Golden Delicious', ‚Clivia', ‚Herma', ‚James Grieve', ‚Jonathan', ‚Ontario', ‚Schweizer Orangen' und ‚Spartan' berechnet und in Tabelle 1 aufgeführt.

Der Ertrag der mittleren Gruppen erscheint optimal. Das durchschnittliche Einzelfruchtgewicht von 129–141 g ist günstig.

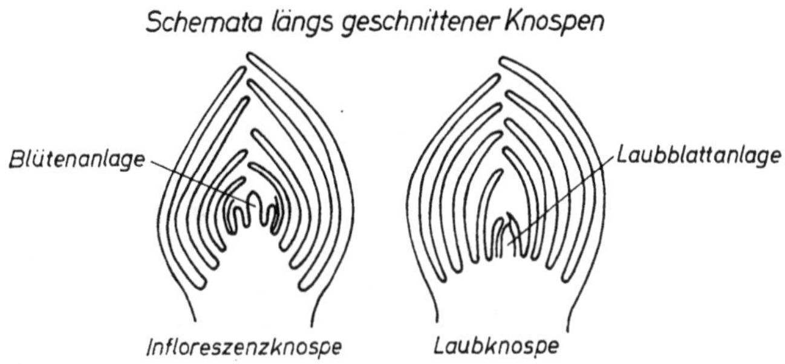


*Abb. 1:* Längsschnitte durch Apfelknospen
links: Blütenknospe
rechts: Laubknospe

*Tab. 1:* Erträge der Jahre 1979 und 1980, bezogen auf 3 Gruppen des terminalen Infloreszenzknospenbesatzes der Vorjahre (November) sowie Streuung der Ertragswerte

| Infloreszenzknospenbesatz im November in % | Mittelwerte des Ertrages in kg/Baum | Streuung des Ertrages in kg/Baum | relative Ertragsstreuung in % |
|---|---|---|---|
| >55 | 47,2 | 9,34 | 19,8 |
| 30–55 | 31,3 | 7,67 | 24,5 |
| < 30 | 11,1 | 4,78 | 43,0 |

Mit Hilfe der Schätzmethode der Infloreszenzknospen sind somit wichtige Hinweise für die Ertragsstabilisierung möglich (s. a. Abschnitt „Methode zur Beurteilung der Blütenqualität", S. 219).

## Literatur


STREITBERG, H.: Untersuchungen des Infloreszenzknospenbesatzes und der Blütenqualität bei Apfelbäumen als Grundlage für die Erarbeitung einer mikroskopischen Methode zur Schätzung. Arch. Gartenbau **27** (1979) 337–348

STREITBERG, H., M. HANDSCHACK: Mikroskopische Methode zur quantitativen Schätzung des Infloreszenzknospenbesatzes von Apfelsorten im Oktober/November. Arch. Gartenbau im Druck. 1983

STREITBERG, H., M. HANDSCHACK, U. KETTNER U. WÜNSCHE: Mikroskopische Methode zur Schätzung des Infloreszenzknospenbesatzes von Apfelsorten zur Planung und zur Stabilisierung der Erträge. Gartenbau **29** (1982) 338–340.


# Abweichungen vom optimalen Entwicklungs- und Ertragsverhalten und daraus abzuleitende Maßnahmen

## Ertragsverluste durch genetisch bedingte Mängel der Obstarten und -sorten, sowie durch nachteilige Umwelteinflüsse

*Periodisch mit Ausfalljahren wechselnde Ertragsjahre (Alternanz)*

*Genetisch bedingte Alternanz*

*Abhängigkeit der Erträge von der Blühwilligkeit der Obstarten*

Blütenbildung und Fruchtungsvermögen sind integrierende Bestandteile der Produktion von Obst und vielfach Gegenstand physiologischer Forschungen. Besondere Bedeutung hat dabei der Ertragswechsel erlangt. Bei manchen Arten und Sorten ist dieser kaum ausgeprägt, bei anderen jedoch so stark, daß ihm große wirtschaftliche Bedeutung zukommt.

Die Strauchbeerenobstarten zeichnen sich allgemein durch gute Blühwilligkeit aus, so daß hier bisher kaum Anlaß bestand, sich mit Fragen der physiologischen Forschung zur Blütenbildung zu befassen.

Ertragswechsel kommt hauptsächlich bei Baumobstarten vor und ist bei Apfel, Birne, Zitrus, Mango, Pflaume und Pfirsich beobachtet worden (Davis 1957). Bei Äpfeln ist die Alternanz besonders ausgeprägt. Gute und schlechte Erntejahre wechseln einander ab und belasten die Wirtschaftlichkeit des Anbaus beträchtlich. Die Gründe für das alternierende Tragen sind in der unterschiedlichen Neigung zur Blütenbildung zu suchen.

*Abhängigkeit der Erträge von Blühwilligkeit und Fruchtungstendenz der Sorten, insbesondere bei Kernobst*

Beim Obst besteht im Entwicklugsablauf keine eindeutige Trennnng der Phasen in Blüteninduktion und Fruchtbildung wie bei einjährigen Pflanzen. Es kommt hier zu einer Überschneidung der Blüteninduktion mit der Trieb- und Fruchtbildung (Abb. 1).

Wie aus Abbildung 1 ersichtlich, kommt es beim Kernobst zu einer starken Überschneidung zwischen Fruchtwachstum und Blütenbildung zur Zeitspanne der Blütenknospendifferenzierung. Beim Steinobst konkurrieren diese beiden Vorgänge weniger deutlich, weil sich die Blütenknospen in der Regel erst bilden, wenn das Wachstum der Früchte schon weitgehend abgeschlossen ist. Die Stoffbilanz beim Kernobst ist daher während der entscheidenden Entwicklungsphase der Blütenentwicklung von Ende Juni bis Ende Juli besonders stark angespannt. Bei hohem Fruchtbehang wird unter diesen Bedingungen in Abhängigkeit von einer unterschiedlichen Prädisposition der Sorten die Blühinduktion negativ beeinflußt. Blühinduktion und Blütendifferenzierung stehen unter genetischer Kontrolle. Dabei sind unter „Blühinduktion" alle Prozesse zu verstehen, die das Sproßmeristem so umstimmen, daß es von der vegetativen zur generativen Differenzierung übergeht. Die Kausalketten, die während

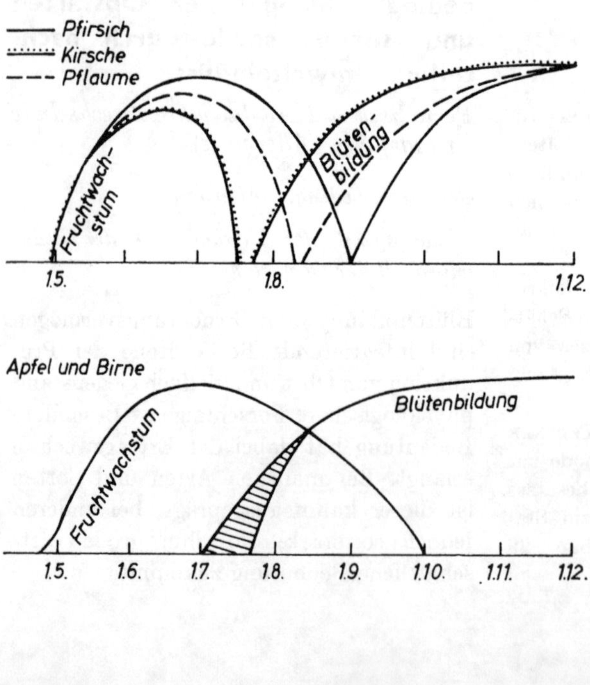


*Abb. 1:* Unterschiedliche Entwicklung von der Frucht- und Blütenknospenbildung bei Kern- und Steinobst; nach Feucht (1957)

der Blühinduktion ablaufen und zur Blütendifferenzierung führen, sind noch nicht restlos geklärt und beanspruchen das bevorzugte Interesse der Physiologen (s. S. 427). Beim Strauch- und Beerenobst gibt es vorerst keine Hinweise dafür, daß während der Induktionsphase bestimmte Außenbedingungen, z. B. Tageslänge, einwirken müssen, um die Blühinduktion einzuleiten. Es ist vielmehr damit zu rechnen, daß intrazelluläre, d. h. entwicklungsabhängige Regulationsmechanismen im Zusammenhang mit der Stoffwechselsituation und dem Genotyp während der Induktionsphase in Tätigkeit treten.

Schließlich beeinflußt die genetisch bedingte Alternanzneigung die Ertragskapazität einer Sorte erheblich. Die Ertragskapazität wird von einem Komplex von Merkmalen bedingt, der in allen Einzelheiten, insbesondere in seinen vielfältigen Wechselwirkungen der Teileigenschaften, noch nicht völlig aufgeklärt

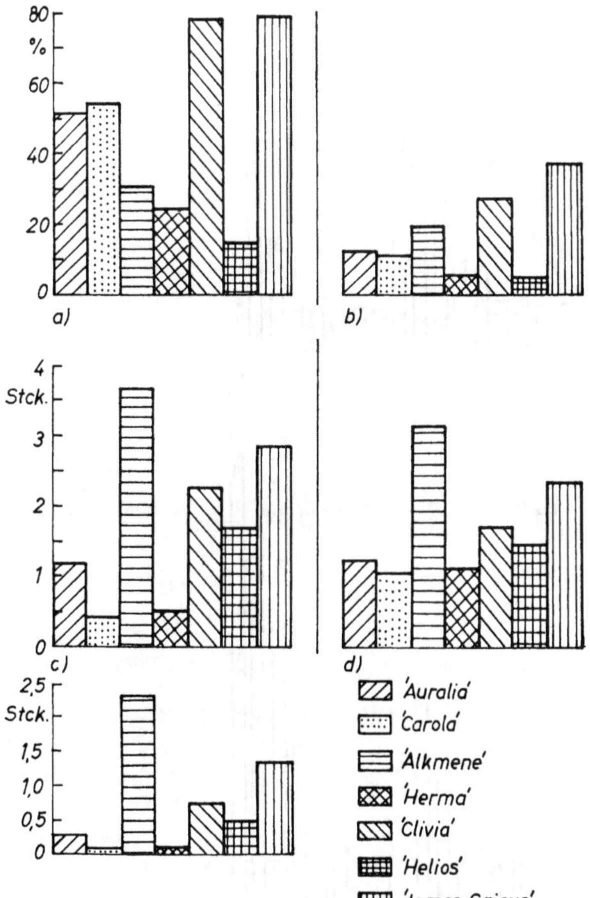


*Abb. 2:* a) Anzahl Neuwuchs mit Infloreszenzen (%)
b) Anzahl Infloreszenzen je Neuwuchs (Stück)
c) Anteil der Infloreszenzen am Langtrieb (%)
d) Anzahl Infloreszenzen je Neuwuchs mit Infloreszenzen (Stück)
e) Anzahl Infloreszenzen am Langtrieb (Stück)

ist. Merkmale wie Ort und Zeit der Blütenbildung, der Fruchtungstendenz, der Qualität der Einzelblüten, die Dauer der Befruchtungsfähigkeit der Eizellen, die Aufblühfolge, die Beziehungen dieser Merkmale zu morphologischen Merkmalen der Krone, bzw. auch von Teilverzweigungssystemen unterschiedlichen Alters, können zwar je Sorte analysiert werden — einige Beispiele werden im folgenden dargelegt — sie dienen aber letztlich nur zur Charakterisierung von Sorten, ohne spezifische

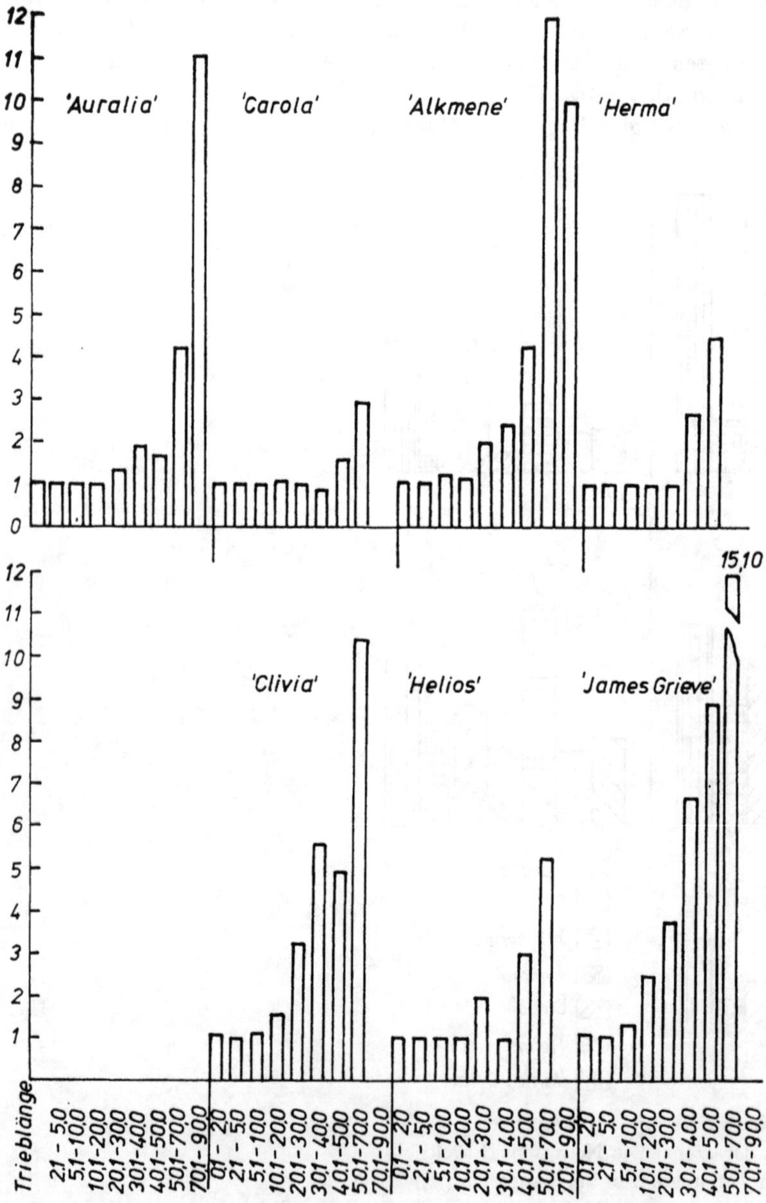


*Abb. 3:* Anzahl Infloreszenzen je Trieb der Längenklassen 0,1···90,0 cm

Hinweise auf die Alternanzneigung und damit auf die Ertragskapazität zu vermitteln, wenn sie nicht im Zusammenhang, d. h. in ihrem gegenseitigen Wechselspiel, betrachtet werden.

An einigen Beispielen soll die genetisch unterschiedliche Veranlagung zur Blütenbildung bei einigen Apfelsorten dargestellt werden. Es handelt sich dabei um Durchschnittswerte von je 6 Bäumen, die sich im 3. Standjahr befinden und auf die Unterlage M 11 veredelt sind.

Der Anteil an Neuwuchs mit Infloreszenzen weist zwischen den Sorten beträchtliche Unterschiede auf (Abb. 2) und schwankt zwischen fast 80% (‚Clivia', ‚James Grieve') und 15% (‚Helios'). Auch in der Anzahl der Infloreszenzen je Neuwuchs bestehen beträchtliche Differenzen. An der Spitze liegen auch hier ‚James Grieve' und ‚Clivia'. Der Anteil Infloreszenzen an Langtrieben wird in Abbildung 2c und e dargestellt. Hier sowie in der Anzahl Infloreszenzen bezogen auf den Neuwuchs (Abb. 2d) dominiert die Sorte ‚Alkmene', gefolgt von ‚James Grieve'. Auch hinsichtlich der Verteilung der Infloreszenzen auf die Trieblängenklassen bestehen, wie aus der Abbildung 3 hervorgeht, große Unterschiede. ‚James Grieve', ‚Alkmene', ‚Auralia' und ‚Clivia' differenzieren besonders an den Trieblängenklassen > 20 cm zahlreiche Infloreszenzen.

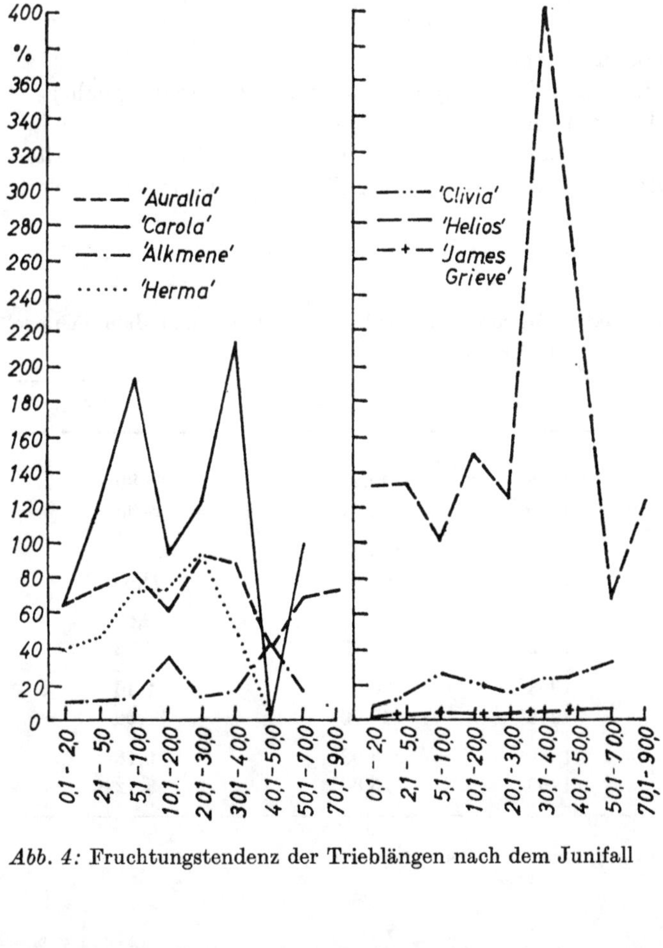


*Abb. 4:* Fruchtungstendenz der Trieblängen nach dem Junifall

Für den Ertrag ist jedoch nicht allein die Anzahl der Blüten entscheidend, sondern ebensosehr ihre Fruchtungstendenz. Hier bestehen nicht nur Unterschiede zwischen den einzelnen Sorten, sondern auch die Trieblängenklassen verhalten sich hinsichtlich der Blühwilligkeit verschieden. In Abbildung 4 ist die Fruchtungstendenz unterschiedlicher Trieblängenklassen nach dem Junifruchtfall dargestellt. Besonders auffallend ist die hohe Fruchtungstendenz der Sorte ‚Helios' sowie die extrem niedrige von ‚James Grieve' nach dem Junifall. Auch die Durchschnittswerte der Fruchtungstendenz in Abbildung 4 veranschaulichen die erheblichen Sortendifferenzen. Während ‚Helios' je Infloreszenz mindestens eine Frucht trug, brauchte ‚James Grieve' hierzu 30 Infloreszenzen.

Die sortenspezifische Ausbildung von Infloreszenzen wird durch die Höhe des Ertrages modifiziert, so daß das hier dargestellte Verhaltensmuster Abwandlungen bis zum völligen Ausfall der Blütenbildung erfahren kann bzw. zum periodischen Tragen überleitet. Die Anzahl Infloreszenzen je Baum und ihre Fruchtungstendenz sind in diesem Zusammenhang entscheidende Faktoren.

Am Beispiel der Sorte ‚James Grieve' läßt sich überzeugend darstellen, wie es durch die Verbindung zwischen großer Blühwilligkeit und mäßiger Fruchtungstendenz zu einem regelmäßigen Ertrag kommt. ‚James Grieve' gehört aus diesem Grunde auch zu den Sorten, die eine geringe Alternanz aufweisen. Die mittlere prozentuale Ertragsschwankung (E) charakterisiert die Höhe der Ertragsschwankungen und ist ein Maßstab für die Ertragssicherheit. Die dabei benutzte Formel lautet:

$$E(\%) = \frac{100 \times \text{Ernte im Ej} - \text{Ernte im Aj}}{\text{Ernte im Ej}}$$

(Aj = Ausfalljahr; Ej = Ertragsjahr)

Bei ‚James Grieve' beträgt dieser Alternanzindex E — 37%, während die Sorte

*Tab. 1:* Morphologische und reproduktive Merkmale der Apfelsorten ‚Helios' und ‚James Grieve' und ihr Einfluß auf den Ertrag eines 3- und 4jährigen Baumes

| Merkmal | Jahr | ‚Helios'*) | ‚James Grieve'*) |
|---|---|---|---|
| Anteil reproduktiver | 1968 | 49,20 | 85,80 |
| Neuwuchs % | 1969 | 14,61 | 84,88 |
| Anzahl Infloreszenzen | 1968 | 146,40 | 560,00 |
| je Krone | 1969 | 101,40 | 1008,60 |
| Anteil der Langtriebe | 1968 | 85,88 | 89,69 |
| > 20 cm an der Gesamtzahl % | 1969 | 23,53 | 54,72 |
| Fruchtungstendenz | 1968 | 20,50 | 2,46 |
| der Infloreszenzen % | 1969 | 147,00 | 30,00 |
| Ertrag kg | 1968 | 3,93 | 0,78 |
| | 1969 | 15,80 | 8,42 |

* = im Herbst 1965 gepflanzt

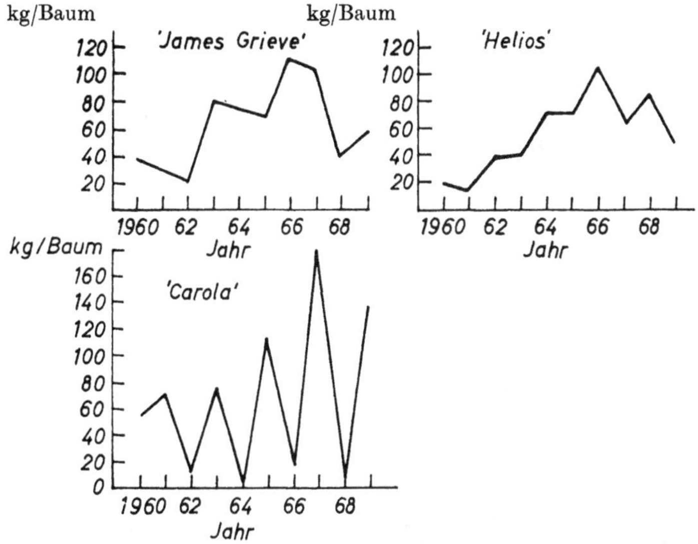


*Abb. 5:* Ertragsverlauf der Sorten ‚James Grieve', ‚Carola' und ‚Helios'

‚Carola' bei reicher Blühwilligkeit und hoher Fruchtungstendenz eher zur Alternanz neigt (SCHWOPE und MEIER, 1965) wie die Maßzahl E — 56% zeigt. Anders liegen die Verhältnisse bei ‚Helios'. Bei relativ geringer Blühwilligkeit besitzt die Sorte eine hohe Fruchtungstendenz, so daß es auch hier nicht zu einem übermäßigen Fruchtansatz kommt, der zur Alternanz führen würde. Der in Abbildung 5 dargestellte zehnjährige Ertragsverlauf der Sorten ‚James Grieve', ‚Carola' und ‚Helios' bestätigt die getroffenen Feststellungen.

### *Einfluß der Unterlage auf Blühwilligkeit und Ertragsverhalten*

Die Unterlage beeinflußt die Triebleistung, Blüten- und Fruchtbildung bei den einzelnen Obstarten unterschiedlich. Am stärksten läßt sich der Unterlageneinfluß beim Apfel nachweisen. Der Unterlageneinfluß ist hinsichtlich der Blühwilligkeit beträchtlich, während er sich im Ertragsverhalten der Sorte weniger bemerkbar macht. Es gibt Unterlagen, die eine frühe und reiche Blüte induzieren, während andere die Blühinduktion hinauszögern und erst spät mit dem Ertrag beginnen. Auch die Ertragssorten unterscheiden sich hinsichtlich ihrer Beeinflußbarkeit durch die Unterlagen wesentlich.

Es gibt Sorten, die leicht beeinflußbar sind, andere dagegen schwer. Aus den Abbildungen 6 und 7 ist deutlich erkennbar, wie unterschiedlich sich die Sorten verhalten können. Eine eindeutige Erklärung gibt es hierfür noch nicht. Einen hohen Anteil hat jedoch die genetische Veranlagung der Sorte. Es deutet sich an, daß blühwillige Sorten durch die Unterlage stärker beeinflußt werden und wesentlich früher mit der Blüte beginnen und mehr Infloreszenzen anlegen.

Das Ertragsverhalten der Sorten wird durch Unterlagen weniger beeinflußt als die Blühwilligkeit. Sorten, die zu einem ausgesprochenen Ertragswechsel neigen, behalten ihn auf ihrer Unterlage bei. Dabei zeigt sich bei manchen Sorten, daß schwachwüchsige Unterlagen den Ertragswechsel reduzieren, jedoch nicht ausschalten. Das sortenbedingte Merkmal des Ertragsverhaltens wird durch die Unterlage nur wenig verändert (Abb. 8).

Unabhängig vom Grad der Blühwilligkeit der Sorten wird deutlich, daß Kombinationen mit M 9 besonders blühwillig sind. Nur mit ‚Carola‘, die in Kombination mit M 9 zu schwachwüchsig ist, übertrifft M 4 den M 9 geringfügig.

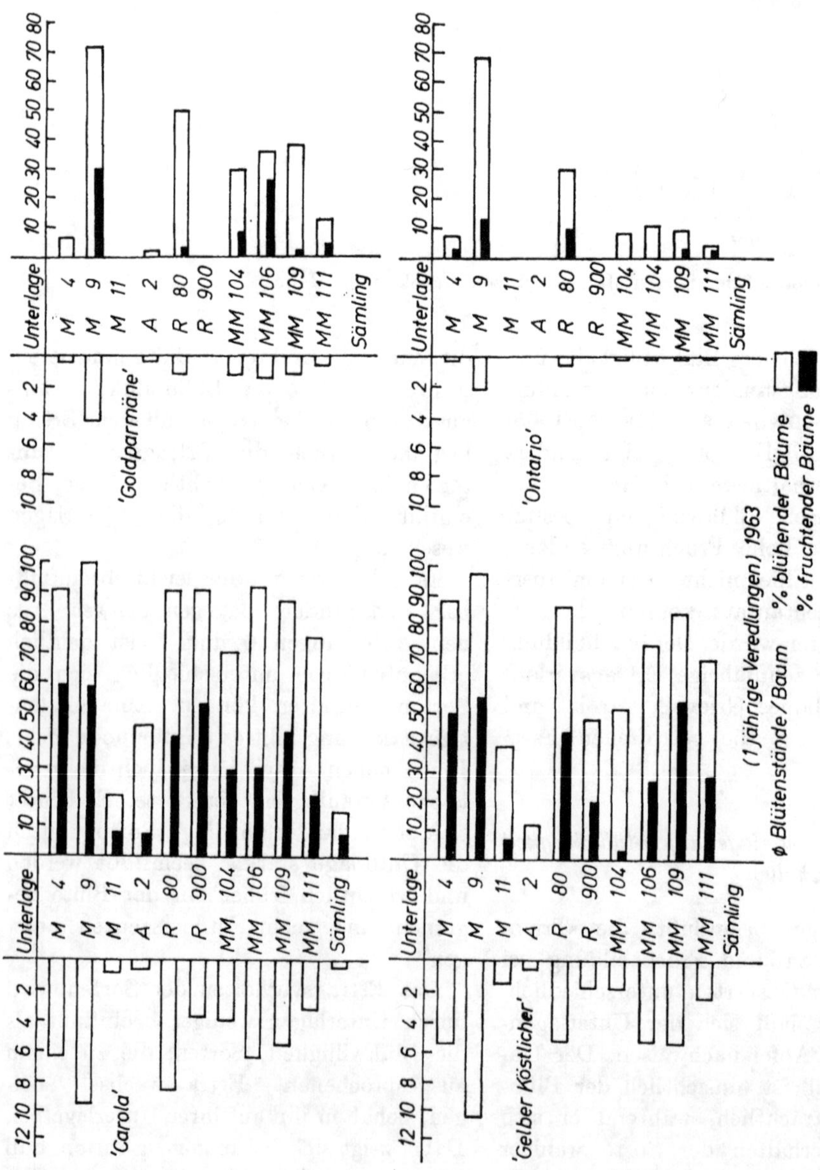


*Abb. 6:* Einfluß der Unterlage auf die Blühwilligkeit und den Fruchtansatz bei den Sorten ‚Ontario‘, ‚Goldparmäne‘, ‚Golden Delicious‘ (= ‚Gelber Köstlicher‘) und ‚Carola‘; nach SCHMADLAK (1967)

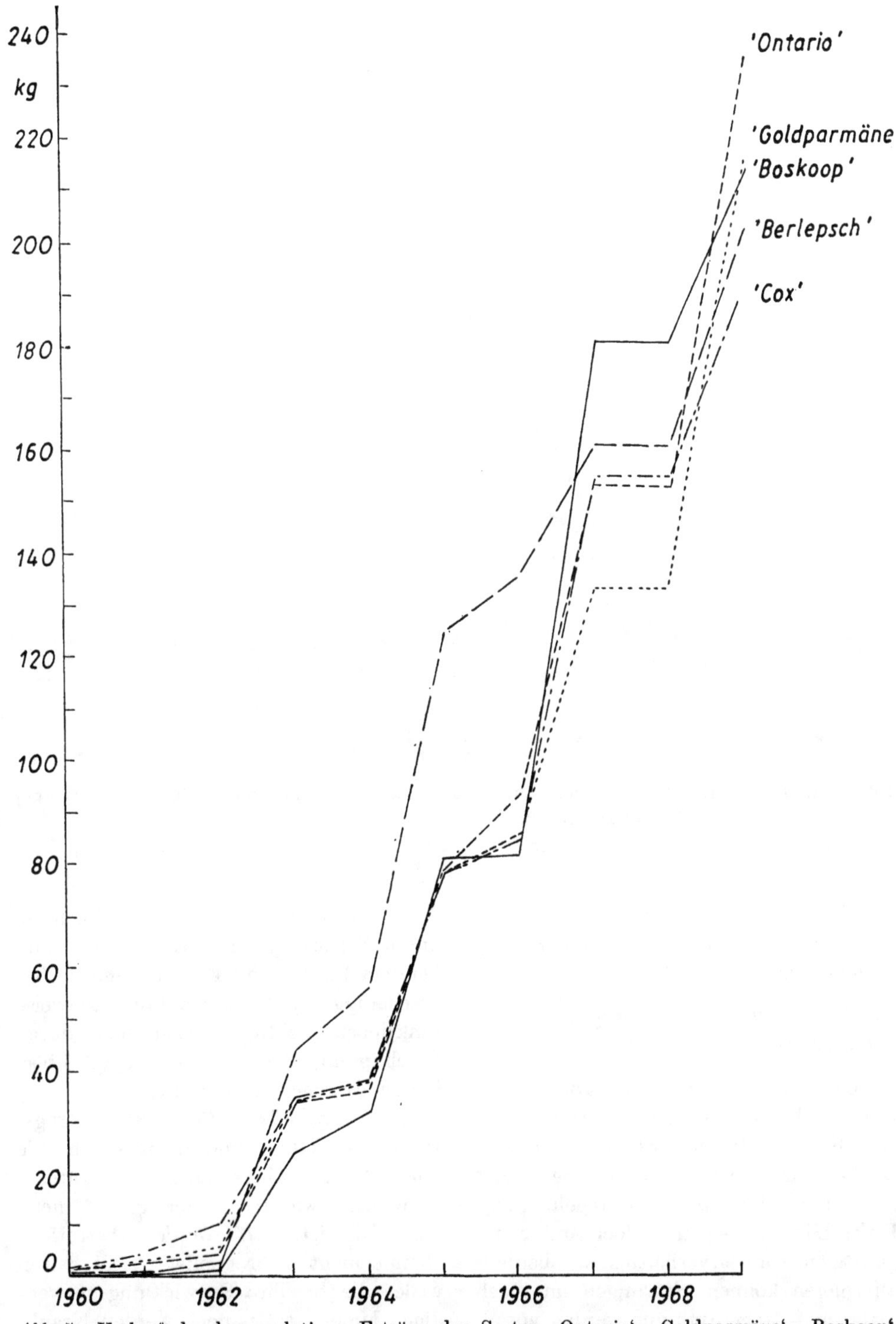


*Abb. 7:* Verlauf der kommulativen Erträge der Sorten ,Ontario', ,Goldparmäne', ,Boskoop'. ,Berlepsch' und ,Cox Orangen' im Mittel von 10 Unterlagen; nach SCHMADLAK (1974)

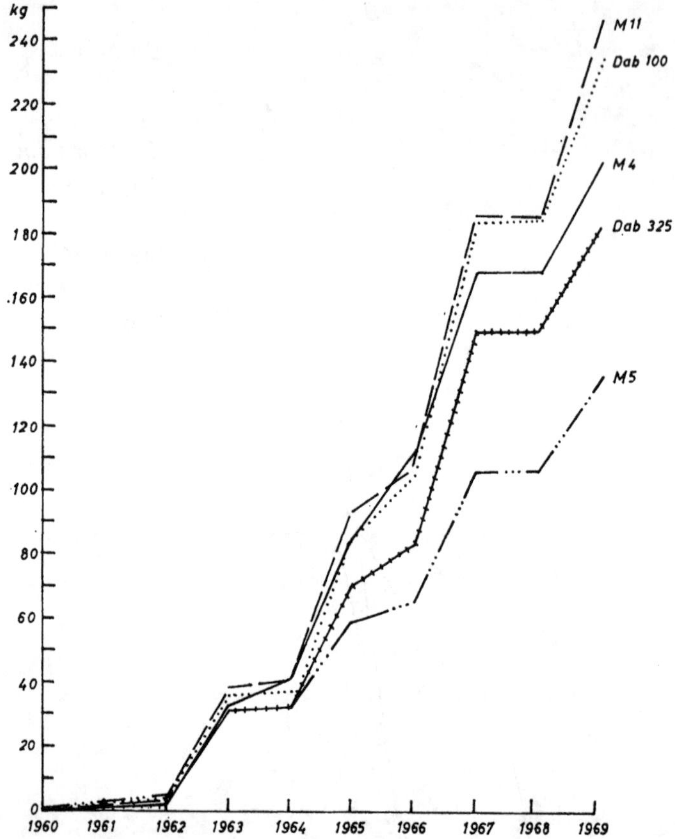


*Abb. 8:* Einfluß von 10 Unterlagen auf den Verlauf des kumulativen Einzelbaumertrages der Sorte ‚Ontario'; nach SCHMADLAK (1974)

*Möglichkeiten der Abschwächung der Alternanz durch pflanzenbauliche Maßnahmen*

*Durch Umwelteinflüsse bedingter Ertragswechsel*

Neben Sorten, die auch unter günstigsten Bedingungen auf Grund ihrer erblich festgelegten Struktur grundsätzlich nur jedes zweite Jahr tragen, gibt es andere, die zwar zur regelmäßigen Fruchtbildung neigen, jedoch unter ungünstigen Umweltverhältnissen ebenfalls alternieren können. Störungen im regelmäßigen Ertragsrhythmus werden vor allem durch Spätfröste, welche den Behang des betreffenden Jahres vernichten, durch Schädlings- und Krankheitsbefall, bei dem Blätter und Früchte unmittelbar geschädigt und zumindest teilweise funktionsuntüchtig werden und durch Erschöpfung der Bäume infolge überhöhter Erträge hervorgerufen.

Spätfrostschäden, die einen Ertragswechsel einleiten, sind nicht selten. Sie müssen sich aber nicht so nachteilig auswirken, wie es in der Praxis meist der Fall ist. Oft werden betroffene Bäume nicht mehr gepflegt, sie erhalten weder die für ihre Entwicklung notwendigen Mineralstoffe, noch werden Krankheiten und Schädlinge bekämpft. Dabei wäre gerade in solchen Fällen oft noch viel zu retten, nicht selten sogar der größte Teil des Ertrages.

Die wohl stärkste Alternanz weisen ungepflegte Bäume des Extensivobstbaues auf. Hier kommt es durch zeitweilig hohe Zufallserträge in Jahren, in denen die Bedingungen für die Ertragsbildung günstig sind, infolge mangelnder Nährstoffversorgung und Pflege zu einer Erschöpfung der Bäume. Sie benötigen erst eine Vegetationsperiode, um wieder Reservestoffe bilden und sich erholen zu können.

Eine weitere wichtige Ursache, der überhöhte Ertrag, führt ebenfalls, und zwar auch in Intensivanlagen, zum Ertragswechsel, möglicherweise bei allen Sorten. Oft werden bestimmte Sorten als völlig ertragstreu hingestellt. Hinweise aus der Literatur besagen, sie würden nie alternieren. Dies trifft jedoch nicht zu. So stellte z. B. Meli (1960) in ungarischen Intensivanlagen fest, daß bei ‚Jonathan' die Erträge trotz bester Pflege der Bestände im Verlauf der Jahre zwischen 11 und 375 dt/ha schwankten, bei ‚Golden Delicious' zwischen 20 und 1068 dt/ha. Die Alternanz wird in diesem Falle dadurch ausgelöst, daß der Assimilationsapparat nicht in der Lage ist, bei stark überhöhten Ernten die Assimilate für die Fruchtausbildung, den Neutrieb, die Blütenknospendifferenzierung, die Reservestoffbildung für den Winter und für die Wurzel gleichzeitig zu liefern. Aus dieser Feststellung muß der Schluß gezogen werden, daß einmalige überhöhte Erträge, wie sie nicht selten genannt werden, vielleicht sogar um damit zu prahlen, zu verwerfen sind. Es geht darum, dem Standort angemessene, jährlich regelmäßige Optimalerträge zu erzielen. Diese liegen bei uns mit Sorten höchster Leistung, wie ‚Golden Delicious' um 350···400 dt/ha. Das letzte Beispiel beweist, daß schließlich jede Sorte zur Alternanz zu bringen ist und daß es hinsichtlich der Neigung zum Ertragswechsel zwar wesentliche graduelle, aber keine prinzipiellen Unterschiede zwischen den Sorten gibt.

### *Einige grundlegende Betrachtungen zur Problematik der Alternanz*

Der sich anbahnende industriemäßig betriebene Obstbau muß sich durch hohe und regelmäßige Ernten auszeichnen. Somit haben Sorten, die genetisch bedingt grundsätzlich alternieren, keine Existenzberechtigung mehr. Weiterhin ist es notwendig, den Extensivobstbau, der marktverwirrend wirkt, zu beseitigen. Im Intensivobstbau sind durch Ertragslenkung mit dem Ziel, optimale, aber keinesfalls maximale Ernten einzubringen, alle Maßnahmen so zu treffen, daß das Ertragspotential der Sorten Jahr für Jahr ausgeschöpft wird.

In der Literatur kommt mit beharrlicher Regelmäßigkeit immer wieder die Tendenz zum Ausdruck, daß die Alternanz durch Mangel an Nährstoffen entstehe. Dabei wird völlig übersehen, daß mangelnde Stoffproduktion zwar eine wichtige, aber keinesfalls die alleinige und ausschlaggebende Ursache des Ertragswechsels ist. Im Extensivobstbau spielt die unzureichende Assimilationsleistung und Düngung, welche die Bäume veranlaßt, erst ein Jahr lang Reservestoffe zu sammeln, um dann zu tragen, tatsächlich eine wichtige Rolle. Im Intensivobstbau war Nährstoff- und Assimilatemangel ein Grund für den Ertragswechsel, solange man unzureichend Mineralstoffe zuführte und für die Assimilation unzweckmäßige Pflanzensysteme, Sorten-Unterlagenkombinationen und Kronenformen wählte. Für den modernen Intensivobstbau mit seinen optimalen Bodenpflegesystemen, zweckmäßigen Kronen und hohen Nährstoffgaben scheidet die

Ursache Nährstoff- und Assimilatemangel weitgehend aus. Es hat daher auch keinen Sinn mehr, die umfangreiche Literatur, die sich mit der Problematik der Alternanz von der Warte des Nährstoffmangels aus beschäftigt, zu diskutieren. Sie führt nicht weiter. Es geht nur in zweiter Linie um Mineralstoffe und Kohlenhydrate, wenn Maßnahmen zur Beseitigung der Alternanz erörtert werden. Vorrangig sind Forschungsarbeiten über Regulationsmechanismen, die eine im Sinne der Ertragsbildung optimale Verteilung der Assimilate und Mineralstoffe in der Pflanze bewirken. Wir müssen uns von der Nährstoffmangel-Theorie abwenden und uns mit dem Wuchsstoff/Hemmstoffhaushalt und mit seinem Einfluß auf die Stoffverteilung und Stoffumwandlung beschäftigen, weil es nur so möglich ist, zu den Ursachen der Alternanz vorzudringen.

Viele Untersuchungen über stoffliche Veränderungen in Holz, Blatt und Frucht alternierender Bäume, die von der Hypothese ausgehen, daß Nährstoffmangel die primäre Ursache der Alternanz sei, führen nicht weiter. Sie berichten über Veränderungen, die als Folge der Alternanz anzusehen sind, und nicht als Ursache. So betrachtet, ist auch die derzeit noch übliche Methode zur Bekämpfung des Ertragswechsels physiologisch nicht mehr vertretbar. Man bemüht sich, die Alternanz, also eine fehlgesteuerte Stoffverteilung, durch Vernichtung eines Teiles des Fruchtbehangs zu brechen. Dieses Verfahren steht prinzipiell im Widerspruch zur Forderung, hohe Stoffgewinne zu erzielen, um optimale Ernten zu ermöglichen. Aber nur sehr wenige Forscher haben bisher die richtige Schlußfolgerung für ihre Arbeit aus den bereits vorliegenden Ergebnissen gezogen. Sie kann nur lauten, daß eine von Natur aus unterbleibende Blütenknospendifferenzierung durch Anwendung geeigneter Wachstumsregulatoren erzwungen werden muß und zwar ohne Vernichtung von Substanz.

Daß nicht allein Mangel an Assimilaten die Ursache der Alternanz sein kann, beweisen auch die Untersuchungen von Hansen (1971) u. a. Er fand, daß der Fruchtbehang zwar eine Verringerung des Neuwuchses zur Folge hat, daß aber unabhängig davon die insgesamt produzierte Trockensubstanz bei tragenden Bäumen größer ist als bei nichtfruchtenden. Das Attraktionszentrum Frucht bedingt also eine Steigerung der Assimilationsrate (s. S. 29). Die hohe Assimilationsleistung wird unabhängig davon vollbracht, daß die Blattfläche bei nicht fruchtenden Bäumen weit größer ist als bei fruchtenden. Auch dieses Beispiel weist auf die maßgebliche Mitbeteiligung von Wachstumsregulatoren bei Stoffgewinn und Stoffverteilung hin.

### *Einfluß des Wuchsverhaltens der Bäume auf das alternierende Tragen*

Es hat sich gezeigt, daß schon das gewählte Pflanzsystem die Alternanzneigung der Bäume beeinflußt. Gur, Samisch und Zamet (1969) fanden, daß zumindest bei ‚Golden Delicious‘ die Tendenz zur Alternanz mit zunehmender Pflanzentfernung abnahm. Sicherlich spielen in diesem Zusammenhang Wurzelkonkurrenz, Ertragsförderung durch sehr dichte Pflanzung und damit in Verbindung stehende Einflüsse auf Wuchsstoff- und Hemmstoffhaushalt eine Rolle. Lötter (1967) konnte beobachten, daß Sorten, die vorwiegend am Kurzholz tragen, genetisch bedingt eher einem Alternanzrhythmus unterliegen als solche, die auch am langen Holz Blüten bilden.

So betrachtet, ist es auch nicht verwunderlich, daß Spurtypen z. B. von ‚Golden Delicious‘ infolge gehemmter Entwicklung der Triebbildung und damit der Blütenbildung am einjährigen Trieb viel stärker zur Alternanz neigen als der Ausgangstyp (WERTHEIM 1970). Was die Bekämpfung der Alternanz anbetrifft, so stellt die Verwendung von Spurtypen einen Rückschritt dar. Man verzichtet auf den regulierenden Einfluß der über den Schnitt bei wüchsigen Bäumen möglich ist.

Mangelnder Trieb ist wohl auch die Ursache dafür, daß sich die Alternanz mit zunehmendem Alter der Bäume verstärkt (GOLIKOVA 1971). Die Blütenbildung verlagert sich immer mehr von den Langtrieben weg zum kurzen Fruchtholz. Bei Frosteinwirkung kommt es daher zwangsläufig zur Vernichtung eines höheren Blütenanteils. Daher ist durch ständigen Schnitt immer für ausreichenden Neuwuchs zu sorgen, weil damit u. a. auch die Alternanz eingeschränkt wird.

### *Stoffliche Veränderungen bei alternierenden Bäumen*

Aus der Fülle der Literatur sollen hier nur einige Beispiele ausgewählt werden, weil stoffliche Veränderungen im Bereich der Kohlenhydrate, der Stickstoffverbindungen und Mineralstoffe zweifellos sekundärer Natur sind. Man muß sie als Folge der Alternanz ansehen.

Im Stoffwechsel der Kohlenhydrate unterscheiden sich tragende Bäume im Vollertrags- und Ausfalljahr wesentlich. So fand ARUTJUNJAN (1970), daß in tragenden Bäumen der Gehalt an löslichen Kohlenhydraten zunahm, während in nichttragenden das Gegenteil der Fall war. Zu Beginn der Vegetationsperiode ist auch der Gesamtgehalt an Kohlenhydraten in tragenden Bäumen höher. Das gleiche gilt für den Gesamt- und Aminostickstoff. Nach HOLUBOWICZ (1972) sind die Knospen von Apfelkurztrieben jährlich tragender Sorten reicher an freien Aminosäuren als alternierende. Es besteht auch eine Beziehung zwischen dem ArgininGehalt der Knospen, dem Alternanzverhalten der Sorten und der Blütenknospenbildung. KAZARJAN und ARUTJUNJAN (1972) stellen fest, daß im Ausfalljahr eine Zunahme an organischen Phosphorverbindungen in den Wurzeln zu beobachten ist, die zu Beginn der Ruheperiode ein Maximum erreicht. Die Blätter zeigten eine gleiche, aber weniger ausgeprägte Tendenz. LEWAK und GROCHOWSKA (1970) fanden, daß der Leukanthozyanidingehalt der Blätter ertragloser Apfelbäume der Sorte ‚Landsberger' vor der Knospenbildung höher ist als bei tragenden Bäumen. CASSAGNES und CARLES (1970) stellten fest, daß die Zweige nichtfruchtender Bäume zum Zeitpunkt der Blüten- und Fruchtbildung besser mit Reservestoffen versorgt waren als fruchtende Zweige. Dagegen waren die Unterschiede im N-Gehalt gering. Nach HOLUBOWICZ (1970) steht der Trockensubstanzgehalt der Blätter in keiner unmittelbaren Beziehung zur Alternanz und zur Blütenbildung, dagegen fanden sich Relationen zwischen dem Mineralstoffgehalt und dem Tragverhalten.

Es ließen sich noch zahlreiche Beispiele für Veränderungen im Stoffwechsel alternierender Bäume anführen. Darauf wird jedoch verzichtet, weil derartige Ergebnisse vorerst nicht in eine Hypothese über die Entstehung der Alternanz einzuordnen sind und auch keine Hinweise zur Beseitigung des Ertragswechsels geben können.

### *Durch den Ertragswechsel gestörte Gleichgewichte*

Nach einem Jahr des überhöhten Ertrages ist infolge mangelnder Einlagerung von Reservestoffen bereits das zügige Wachstum des Baumes im folgenden Frühjahr nicht mehr gesichert. Alle Reserve-Assimilate sind im Tragjahr vom übermäßigen Blüten- und Fruchtansatz verbraucht worden. Erst wenn nach dem Austrieb die jungen Blätter eine bestimmte Größe erreicht haben, sind sie fähig, Assimilate an andere Organe abzugeben. Diese Konkurrenz zwischen generativem und vegetativem Wachs-

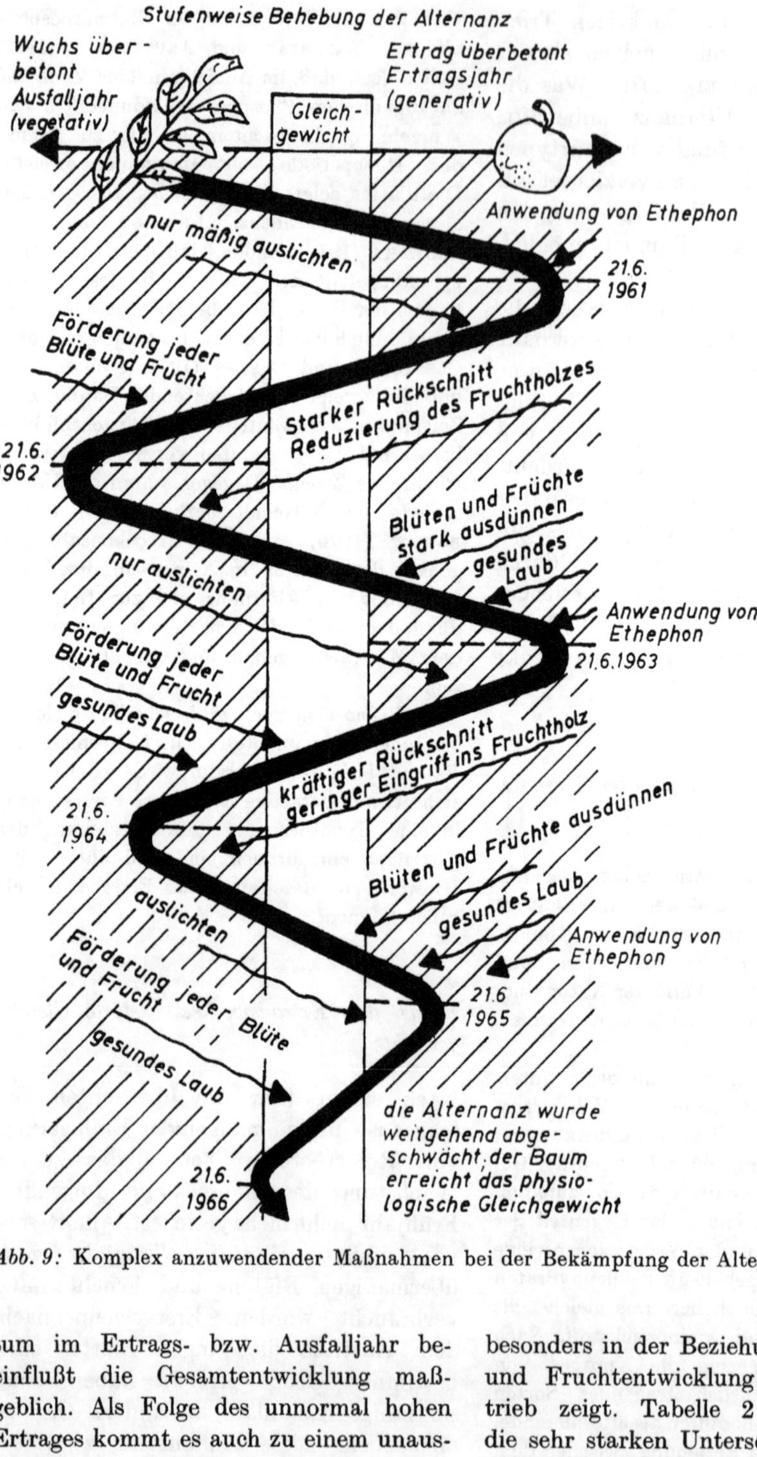


*Abb. 9:* Komplex anzuwendender Maßnahmen bei der Bekämpfung der Alternanz

tum im Ertrags- bzw. Ausfalljahr beeinflußt die Gesamtentwicklung maßgeblich. Als Folge des unnormal hohen Ertrages kommt es auch zu einem unausgeglichenen Triebwachstum, was sich besonders in der Beziehung von Neutrieb und Fruchtentwicklung beim Johannistrieb zeigt. Tabelle 2 veranschaulicht die sehr starken Unterschiede im Wuchs alternierender Bäume im Trag- und

Ausfalljahr und das demgegenüber weitgehend ausgeglichene Wachstum regelmäßiger Träger. Im alternierenden Baum sind alle Gleichgewichte gestört. Das betrifft nicht nur die Blüten-, Frucht- und Triebbildung, sondern auch den Kohlenhydrat- und Mineralstoffwechsel und nicht zuletzt den Hormonhaushalt. In Abbildung 9 wird gezeigt, wie man durch einen Maßnahmenkomplex versuchen muß, im Laufe einiger Jahre die Alternanz zu brechen.

*Regulierung von Wuchs und Ertrag durch Handausdünnen der Früchte, Schnitt und Anwendung von Wachstumsregulatoren*

*Handausdünnung und Schnitt*

Wichtig für die Sicherung der Fruchtausbildung und die Schaffung der stofflichen Voraussetzungen für die im nächsten Jahr angestrebte vegetative und generative Entwicklung einschließlich der Reservestoffbildung ist ein günstiges Blatt-Frucht-Verhältnis. Es läßt sich aber durch einmaliges Auszählen der Blätter und Früchte nur schwer eine eindeutige Beziehung finden (SCHUMACHER 1965), weil sich die Verhältniszahl in der ersten Zeit der Vegetationsperiode schnell verändert. Auch konnte nachgewiesen werden, daß Blätter in unmittelbarer Nachbarschaft von Früchten in der Lage sind, ihre Assimilationsleistung zu steigern (s. S. 29). SCHUMACHER weist darauf hin, daß das optimale Blatt-Frucht-Verhältnis nicht nur an einzelnen Ästen eines Baumes, sondern auch je nach Sorte und geographischer Lage des Standortes recht unterschiedlich sein kann. Er schlägt zur Sicherung der Ergebnisse drei Auszählungen vor. Die erste bei Abfall der Blütenblätter, die zweite unmittelbar vor dem Juni-Fall, die dritte kurz danach. Die erhaltenen Werte lassen einen Schluß auf das Blatt-Frucht-Verhältnis einerseits, auf den Fruchtfall und den zu erwartenden Blütenansatz andererseits zu. Die in der Literatur oft genannten Blatt-Frucht-Verhältniszahlen haben, wenn sie nur einmal bestimmt werden, nur für einen bestimmten Zeitpunkt Gültigkeit und verlieren danach ihre praktische Bedeutung. Es wird auch oft übersehen, daß die Zahl der Blätter und die Größe der Blattfläche im Laufe der Vegetationsperiode stark zunehmen. SCHUMACHER (1965) fordert unter Berücksichtigung der Sicherung der Blütenbildung für das nächste Jahr folgende Blattzahlen je Frucht beim Apfel:

bei Abfall der Blütenblätter zwischen 2 und 4,
unmittelbar vor dem Juni-Fall um 15,
kurz nach dem Juni-Fall zwischen 30 und 40.

Dabei wird berücksichtigt, daß sich die Blattfläche kleiner Blätter in wenigen Tagen verdoppeln kann. Das Blatt-Frucht-Verhältnis bei Birnen soll ähnlich gewählt werden. Im Zusammenhang mit der Alternanz interessiert die Beobachtung, daß manche Bäume innerhalb bestimmter Astpartien alternieren. Diese Erscheinung beweist die hohe Selbständigkeit der Äste und Triebe (Abb. 10). Man kann jeden Ast als Einzelindividuum ansehen, muß jedoch berücksichtigen, daß es ein physiologisches Gleichgewicht

*Tab. 2:* Anteil der Johannistriebe in Prozent der totalen Trieblänge nach SCHUMACHER (1965)

| Baumgruppe | nach der Trieblänge | nach der Triebart |
|---|---|---|
| alternierend tragende Bäume im Ausfalljahr | 35,0 | 21,6 |
| alternierend tragende Bäume im Tragjahr | 5,3 | 3,8 |
| regelmäßig tragende Bäume | 12,9 | 7,8 |

*Abb. 10:* Astweise alternierender Baum. Die Blätter der fruchttragenden Triebe sind hellgrün und die Belaubung ist spärlich. Äste ohne Früchte haben dichtes Laubwerk und tiefdunkelgrüne Blätter

nur innerhalb des gesamten Baumes geben kann. Gerade die physiologische Ungleichheit der Triebe ermöglicht es aber dem Baum, regelmäßig Blüten anzusetzen und zu tragen, denn eine Frucht wird niemals am gleichen Trieb gebildet, sondern die Orte des Blütenansatzes wechseln von Jahr zu Jahr ständig. Nach SCHUMACHER besteht daher das physiologische Gleichgewicht in einem Gemisch verschiedenartiger, tragender und nicht tragender, alter und neuer, langer und kurzer Triebe. Dabei befindet sich ein Baum, der keine Jungtriebe mehr bildet, nicht im physiologischen Gleichgewicht. Eine wesentliche Voraussetzung für die Erhaltung des Gleichgewichtes ist daher der regelmäßige Schnitt. Insbesondere wirkt sich die völlige Entfernung der über drei bis vier Jahre alten abgetragenen Äste (Fruchtastumtrieb) günstig aus.

Der Vollertrag ist bei Kernobst bereits gesichert, wenn ein Bruchteil der Blüten zur Fruchtbildung kommt. Dieser Prozentsatz kann je nach Sorte stark schwanken. Er liegt bei blühwilligen Sorten bei etwa 4···5%. Steinobst muß etwa 25% der Blüten zur Fruchtbildung bringen. Der natürliche Fruchtfall ist somit ein natürlicher Regulierungsvorgang, der bei alternierenden Bäumen jedoch nicht optimal funktioniert. Bei Sorten, die auf Grund ihrer genetischen Struktur zur Alternanz neigen, ist der natürliche Fruchtabwurf unzureichend. Es ist also notwendig, überflüssige Früchte mechanisch oder mit Hilfe chemischer Mittel zu entfernen. Zweckmäßig ist die Ausdünnung von Hand. Diese Maßnahme ermöglicht eine genaue Regulierung des Behanges. Zwar wird dadurch das Erntegewicht erniedrigt, dafür aber die Fruchtqualität gesteigert und die nächstjährige Ernte gesichert. Versuche haben ergeben, daß zwischen dem Zeitpunkt des Ausdünnens und der Blütenknospendifferenzierung ein enger Zusammenhang besteht. Je später überflüssige Früchte entfernt werden, um so weniger wird die Blütenknospendifferenzierung beeinflußt. Um zu einem ausgeglichenen Ertrag zu kommen, muß man vor dem Juni-Fruchtfall ausdünnen. Besser wäre es noch, überflüssige Blüten zu entfernen. Diese Maßnahme hat jedoch den Nachteil, daß man die Fruchtungstendenz der Blüten nicht zuverlässig einschätzen kann. Man verschätzt sich sehr leicht in der Zahl der zu entfernenden Einzelblüten und Blütenstände. So kann z. B. die Befruchtung mangelhaft sein. Weiterhin ist es möglich, daß im Anschluß an Spätfröste noch Früchte abfallen. Am zweckmäßigsten erscheint die Ausdünnung 20 Tage nach Abfall der Blütenblätter.

Bei der Ausdünnung von Hand ist zu beachten, daß genügend Triebe gänzlich ohne Fruchtansatz sind. An diesen sollen sich die Blütenknospen für das nächste Jahr differenzieren.

Der Grad der Ausdünnung richtet sich nach dem Blütenbesatz. Abbildung 11

*Abb. 11:* Ausdünnungstechnik bei übermäßig starkem Behang. Oben: zur Brechung der Alternanz ist es notwendig, ganze Blütenbüschel zu entfernen, wenn der Trieb Blütenknospen für das kommende Jahr differenzieren soll

Unten: Soll nur die Fruchtqualität verbessert werden, so entfernt man die Mittelblüte und die schwächer entwickelten Früchte, d. h. je Blütenbüschel werden 1···2 Früchte belassen; nach SCHUMACHER (1965)

zeigt einen richtig ausgedünnten Trieb. An jedem Blütenbüschel werden ein bis zwei Früchte belassen. Die Zentralblüte, die oft nur schlecht entwickelte Früchte erzeugt, wird in jedem Fall entfernt. Will man die Alternanz brechen, so ist es notwendig, ganze Blütenbüschel herauszunehmen. Dabei gilt die Regel, daß um so mehr Büschel entfernt werden müssen, je größer der Blütenansatz ist (Abb. 11). Bei starkem Blütenansatz ist es notwendig, von 3 Blütenbüscheln 2 ganz auszuschneiden. Die Art und Weise der Entfernung von Blüten hat Rückwirkungen auf die weitere Entwicklung, insbesondere auf die Blütenknospendifferenzierung. Beläßt man je Blütenstand eine oder zwei Früchte, so wirkt sich dies günstig auf die Fruchtqualität aus. Zur Blütenknospendifferenzierung kommt es jedoch an solchen Trieben kaum. Man muß daher beim Ausdünnen unterscheiden, ob man die Fruchtqualität verbessern oder die Alternanz brechen will.

Beim Pfirsich ist oft zu beobachten, daß die Bäume während der ersten Jahre sehr stark tragen und später wegen Erschöpfung nur noch kleine Früchte bringen oder völlig vergreisen. Diesem schnellen Alterungsprozeß kann man vorbeugen, indem man den Behang auspflückt. Man erzielt dadurch bessere Früchte und sichert dem Baum eine längere Ertragsdauer.

## Literatur

(Auszug — das vollständige Literaturverzeichnis kann beim Verfasser eingesehn bzw. angefordert werden)

ARUTJUNJAN, R. G.: Variations in the functional activity of apple roots and leaves during "on" and "off" years. Biol. Z. Armenii, Erevan **23** (1970) 14f.

BUSCH, R.: Zur Frage der Ertragsschwankungen im Obstbau. Obstbau **11** (1969) 163 bis 165

BUSCH, R.: Auswirkungen der Alternanz auf die Obstproduktion in der DDR. Obstbau **10** (1970) 132–136

DAVIS, L. D.: Flowering and alternate bearing. Proc. Am. Soc. Hort. Sci. **70**, 1957, 545 to 556

FRIEDRICH, G.: Der Einfluß verschiedener Stammbildner auf Wuchs und Ertrag von Birnenviertelstämmen. Züchter **31** (1961) 77–83

FRIEDRICH, G.: Über die Entstehung der Alternanz. Obstbau **9** (1970) 131–132

HOLUBOWICZ, T., M. UGOLIK, J. WIERSZYLLOWSKI: Die Veränderungen im Gehalt an freien Aminosäuren und Wuchsstoffen in den Knospen von Apfelkurztrieben während der Periode der Blüteninduktion (poln.). Prace Komisji Nauk rolniczych i Komisji Nauk lesnych **33** (1972) 137–145

KAZARJAN, V. O., R. G. ARUTJUNJAN: O nekotorych osobennostjach fosfornogo obmena jabloni v svjazi s periodičnost'ju plodonošenija. Biol. Z. Armenii, Erevan **25** (1972) 3–9

LEWAK, S., M. I. GROCHOWSKA, T. KURYL, D. WYZINSKA: Changes in the leucoanthocyanidin content in the leaves of biennially bearing apple trees. Acta Soc. bot. Poloniae. **39** (1970) 141–150

LÖTTER, J. DE V.: Biennial bearing of deciduous fruit trees. Deciduous Fruit Grower, Cape Town **17** (1967) 19–22

MELI, T.: Auch in Intensivobstanlagen ist man rasch in der Alternanz. Schweiz. Z. Obst- u. Weinbau **104** (1968) 374

SCHUMACHER, R.: Regulierung des Fruchtansatzes. Eugen Ulmer Verlag, Stuttgart 1965

SCHUMACHER, R.: Ein Beitrag zur regelmäßigen Fruchtbarkeit der Apfelsorte „Mantet". Erwerbsobstbau **14** (1972) 167–168

SILBEREISEN, R., G. BUCHLOH: Über die Bedeutung der Blätter am Neuwuchs für die Fruchtausbildung beim Apfel. Gartenbauwissenschaft **35** (1970) 55–90

*Anwendung von Wachstumsregulatoren zur Stabilisierung der Blütenbildung*

Wesentlich für die Steigerung der Obsterträge und um regelmäßig jedes Jahr etwa gleich hohe Mengen zu ernten, sind Maßnahmen zur Steuerung des Fruchtbehanges. Übermäßige Erträge, bei denen sich die Bäume verausgaben, sind ebenso nachteilig wie Fehlernten.

Unzureichender Blütenansatz ist oft, aber nicht immer, die Folge eines hohen Ertrages. Es ist daher notwendig, in Vollertragsjahren und darüber hinaus allgemein, auch in Vegetationsperioden mit einem für die Blütenbildung ungünstigen Witterungsablauf, die Blütenknospendifferenzierung für das Folgejahr zu sichern. Dabei wird vorausgesetzt, daß ein übermäßiger Behang rechtzeitig ausgedünnt wurde. Die Ertragsstabilisierung mit Hilfe von Wachstumsregulatoren ist besonders bei Sorten, die ihrer erblichen Struktur nach zu wechselweisen Tragen neigen, eine notwendige Pflegemaßnahme. Als zuverlässiger Wirkstoff hat sich dafür die 2-Chloräthylphosphonsäure (Ethephon), die unter verschiedenen Handelsnamen angeboten wird, erwiesen. Behandelt werden Apfelbestände im Vollertragsjahr. Eine Applikation im Ausfalljahr hat, weil sich dann ohnehin Blütenknospen bilden, keinen entsprechenden Effekt. Man spritzt den Wirkstoff, sobald man sich ein zuverlässiges Bild über den zu erwartenden Ertrag machen kann. Das ist der Fall, wenn ein guter Blütenansatz vorhanden war und ein entsprechender Fruchtansatz vorliegt. Je stärker Blüte und Fruchtansatz, um so notwendiger ist die Wuchsstoffanwendung (Schmidt und Katzfuss 1980). Eine Behandlung ist nicht angezeigt, wenn junge Anlagen sich noch in der Periode des ansteigenden Ertrages befinden oder wenn Blüte und Fruchtansatz nur gering sind; ferner wenn z. B. durch Blütenfröste der Fruchtansatz unter den Erwartungen bleibt, oder wenn es sich um Sorten handelt, die regelmäßig stark blühen und fruchten und vom Sortenverhalten her nicht zur Alternanz neigen, wie z. B. ‚James Grieve'.

Bei sehr ertragswilligen Sorten, wie z. B. ‚Golden Delicious' oder ‚Idared', steht die Ausdünnung eines zu starken Behanges als ertragsregulierende Maßnahme im Vordergrund. Blüten werden dann ohnehin in ausreichendem Maße gebildet. Bei Sorten wie ‚James Grieve', der während des Junifruchtfalls alle Früchte, die den Optimalertrag übersteigen würden, abstößt, erübrigt sich in der Regel auch die Ausdünnung.

Schmidt und Katzfuss (1980) empfehlen zur Sicherung der Blütenbildung das Ethephonpräparat Flordimex 0,03% bei einer Aufwandmege von 1200 bis 1500 l/ha. Die Anwendung muß erfolgen, wenn die Knospenbildung einen Punkt erreicht hat, an dem entschieden wird, ob die Weiterdifferenzierung in die vegetative oder in die generative Richtung gehen wird. Das ist wenige Wochen nach der Blüte der Fall. Die erste Spritzung erfolgt in der Zeit vom 5. bis 12. Juni, die 2. eine Woche später. Ethephon verursacht bei richtiger Anwendung keinen verstärkten natürlichen Fruchtfall, auch Trieb- und Fruchtwachstum werden nicht behindert. Nur bei sehr hohem Fruchtansatz kann es auch fruchtausdünnend wirken, was aber unter diesen Umständen nicht nachteilig ist.

Sandke (1978) konnte nachweisen, daß Ethephon-Behandlungen kurz vor der Ernte bei der stark alternierenden Herbstsorte ‚Carola' eine verstärkte Blütenknospenbildung auf Kosten der vegetativen Knospen veranlassen. Im Durchschnitt brachten alle im Herbst mit Ethephon behandelten Herbst- und Wintersorten einen höheren mittleren Ertrag. Dabei reagieren die verschiedenen Sorten unterschiedlich. Nach SANDKE (1980) ist ein höherer Anteil terminaler Blütenknospen erst vom 2. Jahr nach der Ethephon-Behandlung an zu erwarten, während eine verstärkte Bildung von lateralen Blütenknospen bereits in der 1. Vegetationsperiode nachzuweisen ist.

*Anwendung von Wachstumsregulatoren zur Fruchtausdünnung*

LUCKWILL (1953) gelang es, die Wirkungsweise der Auxine bei der Fruchtausdünnung, aber auch zur Verhinderung des vorzeitigen Fruchtfalles physiologisch zu erklären (s. Seite 223). Er brachte die natürlichen Fallperioden mit der Wuchsstoffbildung in den Samen der Früchte in Verbindung. Eine Frucht bleibt nur mit dem Trieb verbunden, solange vom Samen gebildete Wuchsstoffe über den Stiel zur Ansatzstelle hin abfließen. Bewirkt man durch Spritzung synthetischer Auxine eine Verminderung der Eigenproduktion oder Abtötung der Samen, so wird dadurch die Bildung einer Trennungsschicht induziert. Weniger entwickelte Früchte, deren Samen die Auxinbildung zu stark einschränkten, fallen ab. Bleiben jedoch Samen ungeschädigt, so wird die natürliche Hormonbildung sehr bald wieder aktiviert, d. h. die Haftfähigkeit der Frucht am Baum ist weiterhin gesichert. Anders wirkt der Wuchsstoff, wenn er zur Verhinderung des Vorerntefruchtabfalles eingesetzt wird. Hier ergänzt der künstlich aufgebrachte Wuchsstoff die entwicklungsbedingt und bei manchen Sorten zu früh nachlassende natürliche Auxinproduktion der Samen. Die Bildung des Trennungsgewebes zögert sich hinaus, der vorzeitige Fruchtfall wird vermindert.

Gezieltes Ausdünnen eines zu starken Behanges mit der Hand führt beim Apfel, wie bereits dargelegt, immer zum erwünschten Erfolg, ist aber wegen des hohen Arbeitsaufwandes in Großbetrieben nicht durchführbar. Man muß daher synthetische Ausdünnungsmittel anwenden. Zur Fruchtausdünnung eignen sich Dinitromittel, Carbaryl oder Auxine. Die meisten Versuchsergebnisse über Fruchtausdünnung beziehen sich auf den Apfel.

Dinitromittel töten Pollenkörner und weibliche Organe teilweise ab. Sie müssen zur Zeit des Aufblühens angewandt werden, zu der der wirkliche Fruchtansatz noch nicht erkennbar war.

Carbaryl (N-Methyl-1-naphthylcarbamat) wird bei Apfel angewandt, wenn die jungen Früchte einen Durchmesser von 10 bis 15 mm erreicht haben. Nach MANTINGER (1976) ist Carbaryl das sicherste Ausdünnungsmittel für ‚Golden Delicious'. Die Berostungsgefahr im Südtiroler Anbaugebiet ist anscheinend geringer als anderswo.

Carbaryl verlangt, wie alle Ausdünnungsmittel, je nach Empfindlichkeit der Sorte unterschiedlich hohe Anwendungskonzentrationen. SCHUMACHER (1975) nennt dafür Beispiele (s. Tab. 1). Grundsätzlich reagieren schwach- und sehr starkwachsende Bäume empfindlicher als mittelstark wüchsige, viele Lokalsorten vertragen höhere Konzentrationen als Intensivsorten.

Für die Ausdünnung des Pfirsichs haben sich Carbaryl-Präparate gut bewährt (SCHUMACHER 1975).

Mit der $\alpha$-NAA oder mit Naphthylacetamid (NAD) läßt sich relativ gut ausdünnen. Es wird die Weiterentwicklung der sich bildenden Samen gebremst mit dem Ergebnis, daß sich zwischen Frucht und Ansatzstelle am Trieb ein Trennungsgewebe bildet. Der günstige Zeitpunkt für die Anwendung des NAD liegt in der 1. oder 2. Woche nach dem

*Tab. 1:* Dosierung chemischer Fruchtausdünnungsmittel (nach SCHUMACHER 1975)

| Sorte | α-NAA ppm | Amid (NAD) ppm | Carbaryl (45% Wirkstoff) % |
|---|---|---|---|
| Apfel | | | |
| ‚Early Mc Intosh' | 10 | −50 | 0,1 |
| ‚Stark Earliest' | 5−10 | 35−50 | 0,1 |
| ‚Klarapfel' | 5−10 | 35−50 | 0,1 |
| Andere Frühsorten | 5−10 | 35−50 | 0,1 |
| ‚James Grieve' | 5−10 | 35−50 | 0,1−0,15 |
| ‚Gravensteiner' | 10 | 50−75 | 0,10−0,15 |
| ‚Cortland' | 5−10 | 50 | 0,15 |
| ‚Oldenburg' | 10 | 50−75 | 0,15 |
| ‚Ingrid Marie' | — | — | — |
| ‚Cox Orangen' | 10 | 35−50 | 0,1−(0,15) |
| ‚Berlepsch' | 10 | 50−75 | 0,15 |
| ‚Jonathan' | 5−10 | 35−50 | 0,1 |
| ‚Mc Intosh' | 5−10 | 35−50 | 0,1 |
| ‚Idared' | 10 | 50 | 0,1 |
| ‚Boskoop' | 10−15 | 75 | 0,15 |
| ‚Ontaıio' | 10−15 | 75−100 | 0,15−0,2 |
| ‚Glockenapfel' | 15 | 50−75 | 0,15−0,2 |
| ‚Golden Delicious' | 15 | 75−100 | 0,15 |
| ‚Champagner' | 10−15 | 75−100 | 0,15−0,2 |
| ‚Maigold' | 15 | 75−100 | 0,15 |
| ‚Bohnapfel' | 15 | 75−100 | 0,2 |
| Lokale Massenträger | 15 | 75−100 | 0,2 |
| Zeitpunkt der Behandlung | Durchmesser der Mittelfrucht 10−14 mm | Ende Blüte | Fruchtgröße 10−15 mm |

1 ppm = 0,0001%, d. h. z. B. 0,1 g Wirkstoff auf 100 Liter Wasser

Abfall der Blütenblätter (vgl. Tab. 1: Amid) (SCHUMACHER 1975). Für diesen Zeitpunkt genügen kleine Wirkstoffmengen. NAA wird bei Fruchtdurchmessern von 10−15 mm angewendet. Sortenunterschiede hinsichtlich der Wuchsstoffempfindlichkeit sind zu beachten. Triploide Sorten sind grundsätzlich resistenter als diploide, Spätsorten im allgemeinen weniger empfindlich als Frühsorten. Eine voll gültige Einordnung der Sorten ist nicht möglich, weil Standortbedingungen, Klimaunterschiede, Witterungsablauf und Entwicklungszustand der Bäume den Empfindlichkeitsgrad von Fall zu Fall variieren.

Bei Birnen liegen noch keine ausreichenden Versuchsergebnisse für konkrete Empfehlungen vor.

Die Witterung hat unmittelbaren Einfluß auf die Wirkung des Ausdünnungsmittels. Bei erhöhter Luftfeuchtigkeit dringen die Wirkstoffe leichter in das Blatt ein als bei trockenem Wetter. Bei Windstille ist der Verdunstungsgrad der Spritzbrühe geringer als bei Wind. Gute Aufnahmebedingungen liegen bei warmer, feuchter Witterung und bewölktem Himmel bei Windstille vor, ungünstige bei kühler, trockener, windiger bzw. warmer, sonniger Witterung und vor allem bei sehr heißem wie auch kühlnebligem Wetter (SCHUMACHER 1975). Es ist zu empfehlen, während der frühen Morgenstunden zu spritzen, da die Aufnahme der Wirkstoffe bei Tageslicht wesentlich stärker ist als nachts. Die Bäume sollen gut benetzt werden. Die Dosierung und Wirkung ist auch stark vom Alter der Bäume abhängig. Jungbäume bis zum 5. Jahr sollten nur bei übermäßigem Behang und mit niedrigen Konzentrationen ausgedünnt werden (SCHUMACHER 1975).

In letzter Zeit hat auch die Ausdünnung mit Ethephon Beachtung gefunden. Mit 400 ppm Ethephon erfolgt eine genügende Ausdünnung, wenn blühwillige Sorten im frühen Blühstadium (10—15% offene Blüten) behandelt werden. KVAALE (1977), KUSTEMANS und WESTERLAKEN (1978), WERTHEIM (1978), KNIGHT und JACKSON (1980) behandelten die Bäume zwischen Ballonstadium und Vollblüte und ergänzten die Ausdünnungsmaßnahmen je nach Sorte durch Handausdünnung und Schnitt.

Pflaumen lassen sich mit Ethephon gut ausdünnen (DHURIA u. a. 1979) Die Wirkung ist jedoch stark von den Umweltverhältnissen und von den Sorten abhängig. Für die Ausdünnung des Pfirsichs wird Ethephon in Konzentrationen zwischen 150 und 300 ppm empfohlen (SVOBODA und BAZANT 1977). Die beste Anwendungszeit ist gekommen, wenn das Endosperm eine Länge von 7 bis 12 mm erreicht hat. Die Früchte sind dann etwa 15 bis 18 mm groß. Zu beachten ist, daß das Endosperm sich bei verschiedenen Sorten recht unterschiedlich rasch entwickelt.

*Anwendung von Wachstumsregulatoren zur Minderung des Vorerntefruchtfalls und des Junifruchtfalls*

Bei Sorten, die zu verstärktem Fruchtfall vor der Baumreife neigen, wie z. B. ‚Berlepsch‘, ‚Breuhahn‘, ‚Cox Orangen‘, ‚Goldparmäne‘, und ‚Oldenburg‘ läßt sich die Haftfähigkeit der Früchte am Baum durch Wachstumsregulatoren verbessern.

Man nimmt dazu $\alpha$-NAA bzw. deren Amid (NAD). Als optimal für das Amid gelten je nach Witterung 25—35 ppm, bei der Säure genügen 10—20 ppm. Auch 2,4 D-Präparate und 2,4,5 Trichlorphenoxypropionsäure sind brauchbar. Die Vorerntespritzung ist in gleicher Weise witterungsabhängig wie die Fruchtausdünnung.

WERTHEIM (1971) gelang es mit einer Spätanwendung von NAA und NAD den Junifruchtfall zu reduzieren. Behandelt wurde 30 bis 40 Tage nach der Vollblüte. $GA_{4+7}$ ergab den gleichen Effekt, wenn es 20 bis 30 Tage nach der Blüte angewandt wurde. Auch andere Antiäthylene und Äthylenbiosynthese-Hemmstoffe, wie z. B. Rhichitoxin, AVS oder MVG senken den Juni- und Vorerntefruchtfall. Es liegen jedoch noch zu wenig Erfahrungen mit diesen Wirkstoffen vor. Die Minderung des Junifruchtfalles kann von Vorteil sein, wenn bei Jungbäumen durch günstiges Wachstumswetter oder auch durch Stickstoffüberdüngung die Apikaldominanz der Sprosse so gefördert wird, daß der Fruchtabstoß das normale Maß überschreitet. Andererseits ist zu beachten, daß die Anwendung von Auxinen 10 bis 21 Tage nach der Vollblüte den Junifruchtfall erhöht.

*Einfluß der Mineralstoffversorgung auf die Alternanz*

Zwar gibt es viele Hinweise in der Literatur, die besagen, daß insbesondere die Blätter im Vollertragsjahr andere Mineralstoffverhältnisse aufweisen als im Ausfalljahr. Dies besagt jedoch nichts hinsichtlich der Ursachen der Alternanz, es handelt sich um Folgeerscheinungen.

Zahlreiche Versuchsergebnisse beweisen den negativen Einfluß einseitiger Stickstoffdüngung. Übermäßige Stickstoffgaben führen zu überhöhter Triebigkeit, verbunden mit einem oft übermäßig starken Fruchtabfall. Im Zusammenhang mit der Bekämpfung der Alternanz sollte beachtet werden, daß die Bäume im Tragjahr ausreichend, im Ausfalljahr möglicherweise gar keinen Stickstoff erhalten.

*Einfluß der Zusatzbewässerung auf die Alternanz*

Eine ausreichende, aber nicht zu reichliche Zusatzbewässerung fördert den Wuchs und den Ertrag. Hier gilt ähnlich wie beim Stickstoff, daß im Ausfalljahr nicht noch durch Zusatzbewässerung die Neutriebbildung angeregt wird. Im Vollertragsjahr müssen jedoch die Bäume genügend Wasser erhalten. Es ist auch beobachtet worden, daß infolge der Zusatzbewässerung die Alternanz umschlagen kann, d. h. alternierende Bäume tragen plötzlich 2 Jahre hintereinander oder fallen 2 Jahre lang völlig aus (Friedrich 1970).

*Einfluß der Unterlage auf die Alternanz*

Die Unterlage kann die Alternanz im positiven oder negativen Sinne beeinflussen. So wirft ‚James Grieve' auf der Unterlage M 1 in feuchten, regenreichen Jahren fast alle Früchte beim Junifall ab, dagegen behält die Sorte auf M 4 nahezu den gesamten Behang. Der Fruchtabwurf läßt sich nur bedingt durch die wenig stärkere Wüchsigkeit auf M 1 erklären. Die Apikaldominanz der Triebe war hier allerdings infolge der Wuchsförderung durch reichliche Wasserversorgung so groß, daß die Früchte nur unzureichend mit Nährstoffen versorgt wurden. Auf M 4 wirkte sich die Apikaldominanz nicht so negativ aus.

Anscheinend spielen genetisch bedingte Unterschiede im Wuchsstoff-Hemmstoff-Haushalt der Kombinationen mit, die nicht in der Wuchsstärke zum Ausdruck kommen.

Bei sehr starkwüchsigen Sorten, wie z. B. ‚Boskoop', ‚Goldparmäne' oder ‚Berlepsch' kann man die Alternanz durch Wahl schwachwüchsiger Unterlagen wie M 9 einschränken. Es kommt dann zwar auch noch zu Haupt- und Mindererertragsjahren, aber ein völliger Ausfall ist seltener. Nicht immer ist jedoch die schwache Unterlage anzuraten. Bei sehr schwachwüchsigen Sorten wie ‚Klarapfel' würde sich die Alternanz nur noch verstärken. Die Möglichkeit, über die Wahl der Unterlage die Alternanz einzuschränken, findet also sehr schnell Grenzen.

*Einfluß des Schnittes auf die Alternanz*

Wie Versuchsergebnisse zeigten, läßt sich auch durch geeignete Schnittmaßnahmen die Alternanz mildern. Zunächst wird man durch Waagerechtbinden der Triebe den Blütenknospenansatz zumindest bei an sich ertragswilligen Sorten erzwingen. Durch Binden wird das Wachstum gehemmt. Infolge davon werden Assimilate auch für die Reservestoffbildung und Blütenknospendifferenzierung frei. Nach dem Binden nimmt die Zahl der kurzen Zweige von 2···15 cm Länge, die am fruchtbarsten sind, zu. Herunterbinden bedeutet Erhaltung von Substanz im Gegensatz zum Schnitt. Im Jahre des Vollertrages wird man kräftig zurückschneiden und damit nicht nur einen Teil der Triebe, sondern gleichzeitig auch der Blüten entfernen. Im folgenden Ausfalljahr wird nur gebunden. Sorten, die infolge ihrer genetischen Struktur einem so starken Alternanzrhythmus unterliegen, daß alle derartigen Maßnahmen erfolglos bleiben, sollte man umveredeln.

*Schlußfolgerungen aus den Empfehlungen zur Bekämpfung der Alternanz*

Alle Maßnahmen, die zur Minderung der Alternanz empfohlen werden, sichern nur Teilergebnisse. So weist z. B. Schumacher (1972) darauf hin, daß bei der Apfelsorte ‚Mantet' die starke Alternanz durch Fruchtausdünnung nicht zu brechen ist. Auch durch Schnittmaßnahmen allein läßt sich die Alternanz nicht beseitigen. Ein grundlegender Wandel ist erst zu erwarten, wenn genügend neue Sorten zur Verfügung stehen, die auf Grund ihres genetischen Programms zu regelmäßiger Tragbarkeit neigen. Da es aber notwendig ist, vorerst mit den vorhandenen, mehr oder weniger alternierenden Sorten, zurechtzukommen, muß man Wachstumsregulatoren einsetzen, welche die Blütenknospenbildung in jedem Fall erzwingen. Auf diese Weise läßt sich die Alternanz deutlich mildern, gleichzeitig steigen damit auch die Erträge an.

## Vom Boden ausgehende Störungen der Gehölzentwicklung

*Bodenmüdigkeit*

In der Pflanzenproduktion führt der artgleiche Nachbau bei vielen Pflanzenarten zu geringeren Wuchs- und Ertragsleistungen. Diese auch als Selbstunverträglichkeit bezeichnete Erscheinung beinhaltet eine Fülle unterschiedlicher Wirkprinzipien. Die Folgeerscheinungen der Selbstunverträglichkeit werden allgemein auch als Bodenmüdigkeit bezeichnet. Klaus (1939) gibt zur Bodenmüdigkeit folgende Definition: Sie ist „der durch wiederholten Anbau eintretende Verlust der Eignung eines Bodens, einer bestimmten Pflanzenart als Substrat zu dienen, dessen Ursache nicht bekannt, aber pflanzenspezifisch ist". Diese Definition ist mit gewissen Einschränkungen hinsichtlich des Zeitpunktes des Auftretens entsprechender Schadwirkungen auch heute noch gültig. Sie grenzt die Bodenmüdigkeit aber eindeutig auf die noch unbekannten Ursachen der Wuchs- und Ertragsminderungen bei selbstunverträglichen Pflanzen ein. Damit wird die Bodenmüdigkeit als Bestandteil jenes Faktorenkomplexes ausgewiesen, der im Falle eines Nachbaues, mit oder ohne Anbaupause, zu „Nachbauschäden" führt. Neben bodenphysikalischen und bodenchemischen Ursachen kann es sich dabei um spezifische oder unspezifische Schaderreger handeln. Sie werden im Boden durch die jeweilige Pflanzenart angereichert und sind befähigt, nachfolgende Pflanzenarten in ihrer Entwicklung zu beeinträchtigen. Sind derartige Schaderreger bekannt, können ihre Auswirkungen nicht mehr der Bodenmüdigkeit zugeordnet werden.

Im Obstbau sind vielfach Nachbauschäden und besonders schwere Fälle von Bodenmüdigkeit festzustellen. Letztere erhalten ihre besondere Bedeutung u. a. dadurch, daß sie noch nach sehr langen Anbaupausen auftreten. Deshalb kann eine Fruchtfolge mit der Wiederbepflanzung einer Fläche mit der gleichen Obstart nach einer Anbaupause und Zwischennutzung durch andere Kulturen in der Regel keine Lösung des Problems darstellen.

Savory (1966) hat für die Apfelmüdigkeit den Begriff „specific apple replant disease" eingeführt, der mit „spezifische Apfelnachbaukrankheit" zu übersetzen ist. Dieser Begriff fußt auf Untersuchungen Savorys, mit denen er zu der Feststellung kam, daß außer den allgemeinen Begleiterscheinungen im Nachbau, wie z. B. Schäden durch die hohe Zahl im Boden angereicherter Nematoden, die nicht allein für die Wuchsminderungen verantwortlich gemacht werden können, eine spezifische Ursache für diese Erscheinung vorliegen muß. Die Spezifität der Apfelnachbaukrankheit ist in jüngster Zeit von Sewell (1979) und Sewell und White (1981) in Zweifel gezogen worden, weil Wuchsbeeinträchtigungen an Apfelgehölzen auch bei nicht art- bzw. gattungsgleichen Vorfrüchten beobachtet worden sind. Sewell (1979) vermutet, daß die Bodenmüdigkeit eine allgemeine, weit verbreitete und variable bodenbürtige Erkrankung darstellt, die viele Pflanzen betrifft und beim Nachbau von Äpfeln besonders ausgeprägt ist. Dem entgegen stehen die vielfältigen Beobachtungen verschiedener Autoren, die über eine ausgeprägte Spezifität der Bodenmüdigkeit berichten. Möglicherweise liegt hier eine nicht ausreichende Trennung der unspezifischen Schaderreger, die allgemein zu Wuchs- und Ertragsminderungen im Sinne von allgemeinen Nachbauschäden führen können, von den die spezifische Nachbaukrankheit verursachenden Faktoren vor. Eine endgültige Klärung dieser Frage wird sich erst nach der Aufdeckung der Ursache der Bodenmüdigkeit ergeben.

Die Symptome der Bodenmüdigkeit sind leider nicht sehr spezifisch. Am augenfälligsten ist das stark reduzierte Sproßwachstum, das häufig auf ausgeprägt müden Böden zur völligen Einstellung des Längenwachstums und damit zum Rosettenstadium führen kann (Abb. 1). Das Wurzelwachstum ist ebenfalls reduziert. Die Faserwurzeln zeigen ein borstiges Aussehen, das offenbar dadurch zustandekommt, daß die stark verzweigten Faserwurzeln nicht zur vollen Entfaltung kommen, d. h. nicht die übliche Länge erreichen.

Kemmer (1936) beschrieb als weiteres Symptom die abnormal starke Neigung zum basisbetonten Wuchs. Es scheint

*Abb. 1:* Auswirkungen der Bodenmüdigkeit auf Apfelsämlinge
links: müder Boden, gedämpft
rechts: müder Boden

jedoch, daß dieses Merkmal in erster Linie auf Hochstämme zutrifft. Bei Niederstämmen und Sämlingen ist dieses Merkmal nicht sehr stark ausgeprägt.

Wie FASTABEND (1955), berichteten bereits vorher auch andere Autoren über Schwierigkeiten bei der Okulation von Gehölzen auf müdem Boden. Dies dürfte jedoch kaum eine unmittelbare Auswirkung der Bodenmüdigkeit sein, sondern vielmehr eine Folge des gestörten Wachstums.

Umstritten ist die Frage nach der Reaktion von Unterlagen und Sortenunterlagenkombinationen auf die Bodenmüdigkeit. Allgemein wird eine sehr unterschiedliche Reaktion der Unterlagen beim Apfel angenommen, wobei die schwachwachsenden Unterlagen stärker auf die Bodenmüdigkeit reagieren sollen. Nach OTTO und WINKLER (1975) sind die Unterschiede zwischen den gebräuchlichsten Unterlagen so gering, daß sie für praktische Belange keine Bedeutung haben. Dabei wurde allerdings festgestellt, daß die schwachwachsende Unterlage M 9 relativ geringere Wuchsminderungen aufweist als die starkwachsende Unterlage M 11. M 4 nimmt eine Mittelstellung ein. Auch bei verschiedenen Klonen neuer Kreuzungskombinationen von *Malus pumila* mit anderen *Malus*-Arten waren keine Anzeichen für eine Toleranz gegenüber der Bodenmüdigkeit erkennbar. Auch diese Frage wird sicher erst mit der Klärung der Ursache der Bodenmüdigkeit zu entscheiden sein.

Von den Kirschen-Unterlagen ist bekannt, daß *Prunus avium* im Nachbau größere Schwierigkeiten bereitet als *Prunus mahaleb*.

Zur Charakterisierung des Problems gehören weitere interessante Erscheinungen. An erster Stelle ist hier die Dauer der Bodenmüdigkeit zu nennen. Die Angaben dazu sind sehr unterschiedlich. Sie reichen bis zu einer Dauer von 50 und mehr Jahren. Wenn solche Angaben im Einzelfall möglicherweise einer exakten Nachprüfung nicht standhalten können, darf jedoch als erwiesen angesehen werden, daß sich die Bodenmüdigkeit über viele Jahre, d. h. 7…10 und mehr Jahre, unverändert im Boden erhalten kann. Diese Zeitspanne bedeutet in jedem Fall sowohl für die Baumschulen als auch für geschlossene Obstanlagen eine enorme ökonomische Belastung.

Weiter ist festzustellen, daß die Bodenmüdigkeit nicht auf jedem Standort auftreten muß; wo sie jedoch auftritt, bleibt sie streng auf die Fläche begrenzt, auf der art- bzw. gattungsgleicher Nachbau erfolgt ist. Eine Ausbreitung der Bodenmüdigkeit im Boden findet demnach nicht statt. Sie entwickelt sich in der Regel ganzflächig. Ein nestweises Auftreten, wie es z. B. von Nematodenschäden bekannt ist, kommt nicht vor.

Zu den interessanten Erscheinungen ist auch die von KEMMER (1935) beschriebene Umkehrarbeit der Bodenmüdigkeit zu rechnen; d. h., daß Gehölze von müdem Boden auf jungfräuliche Standorte verpflanzt, sehr bald ein völlig normales Wachstum aufweisen.

Erstaunlicherweise sind bisher Untersuchungen über den Zeitpunkt des Beginns der Bodenmüdigkeit unterblieben. Allgemein wird vorausgesetzt, was SCHANDER (1956) ausdrücklich betont, daß die Bodenmüdigkeit stets nur nach der Rodung auftritt. Dagegen hat OTTO (1966) Bodenmüdigkeit im Bereich der Wurzelkronen älterer Apfelbäume festgestellt. Die Schlußfolgerung, daß sich die Bodenmüdigkeit bereits in wachsenden Anlagen entwickelt, konnte durch weitere Untersuchungen belegt werden (OTTO und WINKLER, 1976). Demnach ist die Rodung nicht Voraussetzung für das Auftreten der Bodenmüdigkeit, sondern in Verbindung mit dem Nachbau lediglich der Zeitpunkt, zu dem die Auswirkungen offensichtlich werden.

Über die Ursachen der Bodenmüdigkeit bestehen sehr unterschiedliche Meinungen. Eine spezifische Ursache konnte bisher jedoch in keinem Fall nachgewiesen werden. Es ist deshalb auch nicht verwunderlich, daß je nach den von den einzelnen Autoren vorgenommenen Untersuchungen die eine oder andere Theorie in den Vordergrund gerückt worden ist. Zu diesen Fragen sollen hier lediglich in einigen Überlegungen wesentliche Aspekte angeführt werden.

Sowohl die Vorstellung, daß die Bodenmüdigkeit durch eine einseitige Beanspruchung des Nährstoffhaushaltes, insbesondere der Spurenelemente des Bodens, als auch durch Veränderung seiner physikalischen Faktoren bedingt sei, stehen nicht mehr im Vordergrund der Erörterungen. Die Tatsache, daß andere Pflanzenarten auf diesen Böden ein völlig normales Wachstum zeigen und daß derartige Veränderungen im Boden bei entsprechender Ackerkultur im Laufe weniger Jahre an Wirkungen verlieren müßten, stehen nicht in Übereinstimmung mit der Dauer der Bodenmüdigkeit. Die vor etwa 20 Jahren vertretene Auffassung, daß die Bodenmüdigkeit durch freilebende Nematoden, insbesondere durch *Pratylenchus penetrans*, verursacht wird, fand auch keine Bestätigung. Die Nematoden sind vielmehr zu den unspezifischen Schaderregern im Nachbaufall zu zählen.

In der letzten Zeit rückten berechtigterweise die Toxin- und Mikroorganismentheorie in den Vordergrund. Auf Grund von Untersuchungen von Patrick (1955) über die Pfirsichmüdigkeit, wonach das durch mikrobielle Tätigkeit aus dem Amygdalin der Wurzeln freigesetzte Benzaldehyd entsprechende Wuchshemmungen verursacht, hat sich u. a. Börner (1959) dieser Frage gewidmet. Er fand dabei, daß das aus Wurzeln und Blättern stammende Phlorizin, dessen Abbauprodukt das Phloretin und eine weitere phenolische Substanz bei Apfelsämlingen Wachstumshemmungen hervorrufen. Weitere Untersuchungen und Berechnungen führten Börner (1965) aber zu dem Schluß, daß die im Boden erreichten Konzentrationen zur Erzielung entsprechender Wirkungen nicht ausreichen können. Auch der schnelle Abbau dieser Verbindungen im Boden spricht gegen die Annahme, daß in dieser Verbindung die Ursache der Bodenmüdigkeit zu sehen ist. Gleiche Überlegungen gelten auch für das Patulin, das als Stoffwechselprodukt von *Penicillium expansum* im Boden nachweisbar ist und entsprechende Schäden bei Apfelgehölzen hervorrufen kann (Börner 1963). Hier stellt sich nun generell die Frage, ob auf biologischem Weg entstandene toxische Substanzen im Boden über eine ausreichende Persistenz verfügen können und ob für ihre Wirksamkeit eine ausreichend hohe Spezifität unterstellt werden kann.

Mit der Mikroorganismentheorie lassen sich dagegen die meisten mit der Bodenmüdigkeit verbundenen Erscheinungen am besten in Übereinstimmung bringen. Sowohl die Spezifität als auch die Dauer der Bodenmüdigkeit können mit den von Mikroorganismen bekannten Eigenschaften ihre Erklärung finden. Entgegen manchen Vorstellungen kann auch die „Umkehrbarkeit“ der Bodenmüdigkeit, d. h. das Einsetzen eines normalen Wachstums bei Verpflanzung der Gehölze von müdem auf jungfräulichen Boden mit der Wirkung entsprechender Mikroorganismen in Verbindung gebracht werden. Allerdings muß davon ausgegangen werden, daß die Anreicherung und Verbreitung dieser Mikroorganismen im Boden nicht nur von den allgemein bekannten Faktoren bestimmt werden. Obwohl von der theoretischen Seite viel für eine ursächliche Beteiligung von Mikroorganismen an der Bodenmüdigkeit spricht, sind in der Vergangenheit sehr wenig spezielle Untersuchungen dazu durchgeführt worden. Greifbare Ergebnisse sind auf diesem Gebiet bisher nicht erzielt worden. In den letzten Jahren hat die Wirkungsweise von Maßnahmen zur Beseitigung der Bodenmüdigkeit die Vermutung wieder stärker aufkommen lassen, daß Mikroorganismen, insbesondere Bakterien, als Ursache der Bodenmüdigkeit in Betracht zu ziehen sind (Hein 1972).

In weiteren Arbeiten haben sich Otto (1972a, b, c, 1973), sowie auch Winkler und Otto (1972) bemüht, durch entsprechende Versuchsanordnungen Theorien über die Ursache der Bodenmüdigkeit zu widerlegen und Beweise für die Gültigkeit einer dieser Theorien zu finden. Erstmalig gelang der Nachweis, daß die Bodenmüdigkeit durch Faserwurzeln, die von der Erde befreit worden sind, in ein müdigkeitsfreies Substrat und auf darin wachsende Apfelsämlinge übertragen werden kann. Außerdem ist die Bodenmüdigkeit auch durch wurzelfreien müden Boden übertragbar. Es ist somit geschlußfolgert worden, daß die Bodenmüdigkeit durch Mikroorganismen verursacht wird, die einerseits im Boden angereichert sind, andererseits aber auch mit den Faserwurzeln der Gehölze vergesellschaftet sein müssen. Von den vielfältigen Formen der Bodenmikroorganismen kommen in erster Linie Bakterien und Aktinomyzeten als Ursache der Bodenmüdigkeit in Frage. Sie stimmen hinsichtlich ihrer Temperaturtoleranz mit der kritischen Temperatur zur Beseitigung der Bodenmüdigkeit am besten überein. Dies gilt insbesondere für die Aktinomyzeten.

In Verfolgung ihrer Hypothese gelang es Otto und Winkler (1977), Aktinomyzeten in den Faserwurzeln von Apfelsämlingen in müden Böden nachzuweisen. Sie dringen durch die Wurzelepidermis in die Wurzelrinde ein und besiedeln sie. Im Verlauf dieses Prozesses kommt es offenbar zu Schädigungen des Wurzelrindengewebes, die mit der Intensität der Besiedlung zunehmen und schließlich zur Zerstörung der Wurzelrinde führen. Das Auftreten der Aktinomyzeten in den Faserwurzeln der Apfelsämlinge als Sekundärorganismen nach einer vorausgegangenen Schädigung, z. B. durch freilebende Nematoden oder mikroskopische Bodenpilze, ist unwahrscheinlich. In mehr als 50% aller Fälle konnten die Aktinomyzeten als alleinige Fremdorganismen in den Wurzeln nachgewiesen werden. Häufig wurden beginnende Besiedlungen an noch völlig intakt erscheinenden Wurzeln registriert. Diese Frage ist besonders wichtig, da Aktinomyzeten, mit Ausnahme des Schorfes an Kartoffeln und einigen anderen Pflanzenarten, allgemein nur als Saprophyten bekannt sind.

Mit diesen Ergebnissen läßt sich sowohl die Bodenmüdigkeit im Nachbau als auch in wachsenden Anlagen gut in Übereinstimmung bringen. Im Laufe der Standzeit der Apfelgehölze kommt es, in Abhängigkeit von den entsprechenden Bedingungen, zu einer mehr oder weniger starken Anreicherung dieser Organismen im Boden, die das Faserwurzelwachstum beeinträchtigen bzw. im Nachbaufall ein normales Wurzelwachstum unmöglich machen und so die ausgeprägten Wachstumsstörungen verursachen.

Bisher sind noch keine Aktinomyzeten als Schaderreger an Wurzeln von Obstgehölzen festgestellt worden. Der endgültige Nachweis der Aktinomyzeten als Ursache der Bodenmüdigkeit bei Apfel muß mit der Isolierung der fraglichen Organismen, der Infektion und der Reisolierung noch erbracht werden. Somit bleibt die Frage nach der Ursache der Bodenmüdigkeit bei Apfel auch weiterhin offen. Die Klärung erfordert weitere intensive Untersuchungen. Das ist nicht nur eine wissenschaftstheoretische Frage, sondern eine wichtige Voraussetzung für die Entwicklung von spezifischen Verfahren zur Bekämpfung der Bodenmüdigkeit, die anstelle unspezifischer Bekämpfungsverfahren eines Tages zum Einsatz gelangen müssen.

Sewell und Wilson (1975) sehen auf Grund umfangreicher Untersuchungen die Ursache für die Kirschmüdigkeit in dem Pilz Thielaviopsis basicola. Gleichzeitig wiesen sie nach, daß die Bodenmüdigkeit bei Apfel nicht durch diesen Pilz verursacht werden kann.

### *Wirtschaftliche Bedeutung*

In der Vergangenheit war die Bodenmüdigkeit in erster Linie ein Problem der Baumschulen. Die dort vorherrschende Pflanzdichte und die kurzen Standzeiten der Gehölze führten in vielen Fällen sehr schnell zu starken Auswirkungen der Bodenmüdigkeit. Die Inanspruchnahme von Wechselland, meist auf vertraglicher Basis mit angrenzenden landwirtschaftlichen Betrieben geregelt, oder der Wechsel der Gehölzart waren Maßnahmen, die halfen, die negativen wirtschaftlichen Auswirkungen zu verringern.

Im Rahmen der früheren extensiven Obstproduktion kam es nur gelegentlich zu Schäden durch die Bodenmüdigkeit. Sie traten bei Nach- und Neupflanzungen im Zusammenhang mit Frostschäden oder anderweitig verursachten Ausfällen in den Obstanlagen auf. Mit zunehmender Intensivierung, d. h. mit zunehmender Baumzahl je ha und mit kürzer werdenden Umtriebszeiten wurden auch in den Obstanlagen häufiger nachteilige Wirkungen des artgleichen Nachbaues registriert. Sie traten aber nur dort auf, wo ein Landwechsel nicht möglich war bzw. nicht berücksichtigt worden ist.

Im Intensivobstbau haben sich diese Verhältnisse grundsätzlich geändert. Gebiete, in denen höhere Konzentrationen der Obstproduktion erreicht wurden, boten in der Regel nur geringe Möglichkeiten des Landwechsels. Andererseits erforderten die vorgenommenen Investitionen an Anlagen und Gebäuden eine möglichst arrondierte Flächenlage. In dieser Entwicklungsphase des Obstbaues begann auch eine intensivere wissenschaftliche Bearbeitung des Problems und die Suche nach Verfahren zur Beseitigung der Bodenmüdigkeit. Die von Savory (1966) und Hoestra (1968) zusammengestellten Arbeiten belegen die Intensität, mit der an diese Frage herangegangen worden ist.

In der DDR sind in den letzten zehn Jahren in mehreren Anbaugebieten Obstanlagen in Größenordnungen neu entstanden, die bei ständiger Entwicklung industriemäßiger Produktionsverfahren die Grundlage für die Versorgung der Bevölkerung mit Frischobst aus eigenem Aufkommen sichern. Industriemäßige Produktionsverfahren bedingen einen hohen Konzentrationsgrad der Produktion. Sie beinhalten und erfordern eine Reihe von Faktoren, die in einer hohen bzw. weiter steigenden Arbeitsproduktivität ihren Ausdruck finden. Zu diesen Faktoren gehört, neben vielen anderen Gesichtspunkten, auch die Notwendigkeit, die Reproduktion der Obstanlagen im Zusammenhang mit der territorialen Fixierung bestimmter Investitionen zu sichern. Zu diesen Investitionen gehören z. B. Lagerhäuser mit Vermarktungsstationen, Betriebs- und Sozialgebäude, Wasser- und Mischstationen für den Pflanzenschutz, stationär verlegte Bewässerungsanlagen und nicht zuletzt der Wegebau, der mit Sicherheit bereits in naher Zukunft eine wesentliche Bedeutung erlangen wird. Unterstellt man eine Wuchs- und Ertragseinbuße durch die Bodenmüdigkeit im ersten Nachbau von nur 10%, so bedeutet dies bei einer Standzeit der Anlagen von 15 Jahren bereits erhebliche Gewinneinbußen je Umtrieb. Mit Sicherheit werden aber bereits im ersten Nachbau auf den meisten Standorten wesentlich höhere Schäden zu erwarten sein. So haben OTTO und WINKLER (1982) in der DDR Ertragseinbußen von durchschnittlich 50% mit einer großen Variationsbreite ermittelt.

Diese Betrachtung erfaßt jedoch nur die Auswirkungen, die durch einen artgleichen Nachbau zu erwarten sind. Nach neueren Untersuchungen (OTTO und WINKLER, 1976) tritt die Bodenmüdigkeit bereits in wachsenden Anlagen auf. Über die Auswirkungen liegen zur Zeit noch keine exakten Analysen vor, so daß eine Schätzung noch erschwert ist. Weitere Untersuchungen dazu werden hier Klarheit bringen müssen. Es ist jedoch die Frage zu stellen, wie sich durch eine Verhinderung der Entwicklung der Bodenmüdigkeit in wachsenden Anlagen die Standzeit der Obstgehölze verändern läßt. Gegenwärtig wird mit Standzeiten von ca. 15···20 Jahren gerechnet. Wie zur Zeit laufende Untersuchungen erkennen lassen, ergeben sich bereits im Laufe dieser Standzeiten bei sehr intensiven Anbausystemen Anzeichen für nachlassende Neuwuchsleistungen, stagnierende bzw. abnehmende Erträge und insbesondere abnehmende bzw. unzureichende Fruchtgrößen. Eine Verlängerung der Vollertragsperiode bei gleichbleibender Qualität dürfte somit ein wesentliches, ökonomisch wirksames Ergebnis darstellen.

*Maßnahmen gegen die Bodenmüdigkeit*

Die Maßnahmen, die zur Vermeidung von Schäden durch die Bodenmüdigkeit möglich sind und zur Zeit angewendet werden, lassen sich in drei Gruppen einteilen: Landwechsel, Obstartenwechsel und Bodendesinfektion bzw. Bodenentseuchung.

Der Landwechsel, d. h. das Ausführen von Neupflanzungen von Obstanlagen auf jungfräulichen Böden ist das sicherste Mittel. Er ist uneingeschränkt dort zu empfehlen, wo die entsprechenden Möglichkeiten zum Landtausch bestehen und wo die Verlagerung der Flächen in solche Entfernungen möglich ist, die ökonomisch noch vertretbar sind. Er kann aber nur dort zum Erfolg führen, wo das zu bepflanzende Land mit Sicherheit noch nicht die gleiche Obstart getragen hat.

Häufig wird jedoch die Meinung vertreten, daß eine Anbaupause von wenigen Jahren, in der eine anderweitige Nutzung der Flächen erfolgt, ausreichend ist und ein Nachbau betrieben werden kann. Dies trifft in der Regel nicht zu. Wo ein geringer Grad der Bodenmüdigkeit erreicht ist, werden die Nachbauschäden möglicherweise so gering sein, daß sie ohne exakte Erfassung der vegetativen Leistung nicht offensichtlich werden. Bei einem höheren Grad der Bodenmüdigkeit allerdings können aber auch nach längeren Anbaupausen so starke Schäden auftreten, daß schließlich die Rodung der Anlage der einzige Ausweg bleibt. Meistens gehen diesem Entschluß einige Bemühungen voraus, durch Verbesserung der allgemeinen Wachstumsfaktoren bessere vegetative Leistungen zu erzielen. Es ist jedoch bekannt, daß die Auswirkungen der Bodenmüdigkeit weder durch praxisübliche Maßnahmen der mineralischen, noch der organischen Düngung zu verringern sind. Die bei diesem Vorgehen auftretenden ökonomischen Schäden sind beträchtlich.

Auch dem Obstartenwechsel sind durch das Obstartenverhältnis Grenzen gesetzt. Den größten Flächenanteil nimmt in der Regel der Apfel ein. In bestimmten Gebieten dominieren aus ökologischen Gründen aber auch andere Obstarten, die dann ebenfalls den begrenzenden Faktor darstellen. Wo entsprechende Möglichkeiten bestehen, sollten sie allerdings voll genutzt werden. Eindeutige und exakte Angaben über die zu wählende Folge verschiedener Obstarten liegen nicht vor. Hier können lediglich auf Grund von Erfahrungen, die in der Literatur vorliegen, Empfehlungen gegeben werden. Danach ist der Apfel als empfindlichste Obstart stets an den Anfang einer Obstartenfolge zu stellen. Birne bzw. Steinobst können in der Regel gefahrlos folgen. Bei Kirschen soll auch eine Folge verschiedener Unterlagen möglich sein, wobei *Prunus mahaleb* als weniger empfindlich als *Prunus avium* angesehen wird.

Wie zu ersehen ist, werden in geschlossenen Anbaugebieten nur begrenzte Möglichkeiten für einen Land- bzw. Obstartenwechsel zur Umgehung von Nachbauschäden beim Apfel gegeben sein. Es hat deshalb nicht an Versuchen gefehlt, Mittel und Verfahren zu finden, die die Bodenmüdigkeit beseitigen. Da mangelnde Kenntnisse über die Ursache der Bodenmüdigkeit die Entwicklung spezifischer Mittel nicht ermöglichte, sind meist sehr radikale Verfahren zum Einsatz gekommen. Neben der Dämpfung des Bodens zeigten sich auch Schwefelkohlenstoff und Formalin als gut wirksam. Allerdings standen für den großflächigen Einsatz keine geeigneten Technologien zur Verfügung, so daß zusammen mit den Mittelkosten zu hohe finanzielle Aufwendungen erforderlich waren.

Im Zusammenhang mit früheren Vorstellungen, daß freilebende Nematoden die Bodenmüdigkeit verursachen, ist eine breite Palette von Nematiziden zur Erprobung gekommen. Hierüber liegen verhältnismäßig viele Untersuchungsergebnisse vor, die z. T. jedoch zu widersprüchlichen Schlußfolgerungen führten. Das ist einerseits darauf zurückzuführen, daß eine klare Trennung zwischen der Bodenmüdigkeit und Nematodenschäden von vornherein nicht immer möglich war. Andererseits ist bekannt, daß der Erfolg einer Bodenbehandlung mit Nematiziden auch sehr stark von der sachkundigen Anwendung abhängt. Schließlich führt eine Dezimierung von Nematodenpopulationen durch Bodenentseuchungen nicht zwangsläufig zu besseren Wuchsleistungen. Bei unbekannten Anteilen verschiedener Ursachen der Wuchsminderungen sind deshalb Fehlschlüsse leicht verständlich.

Von den vielen erprobten Mitteln, die hier nicht einzeln aufgeführt werden, hat sich allein das Chlorpikrin als sicher wirksam gegen die Bodenmüdigkeit erwiesen. Die damit erzielten Wuchsleistungen entsprechen in der Regel denen, die durch Dämpfung des Bodens erreicht werden. Auch Di-Trapex-CP, ein chlorpikrinhaltiges Nematizid, zeigte ähnliche Wirkungen (Hein 1972). Bei Chlorpikrin handelt es sich um ein radikales Bodenentseuchungsmittel. Allen anderen geprüften Nematiziden ist eigentümlich, daß sie in Abhängigkeit vom Standort und anderen Faktoren sehr unterschiedliche, in seltenen Fällen sichere Ergebnisse erbrachten. Nach Otto und Winkler (1982) können auch mit Bodenentseuchungsmitteln mit dem Wirkstoff Dazomet bei einer Aufwandmenge von 500 kg/ha Wuchsverbesserungen auf müden Böden erzielt werden, die denen nach Bodendämpfung bzw. nach Anwendung des Chlorpikrins entsprechen.

Bodenentseuchungsmittel mit dem Wirkstoff Metham-Natrium sind nur bedingt geeignet. Sie vermögen offenbar nur in leichten Fällen von Bodenmüdigkeit Wuchsverbesserungen herbeizuführen.

Die Kosten für die Durchführung einer Bodenentseuchung sind außerordentlich hoch. Deshalb ist im Falle von Bodenmüdigkeit auf größeren Flächen ihr Einsatz bisher eine Seltenheit. Es ist jedoch damit zu rechnen, daß im Zuge weiterer Entwicklungen auf dem Gebiet der Bodenentseuchungsmittel auch kostengünstigere Verfahren zur Anwendung gelangen werden. Ungeklärt ist allerdings die Frage, inwieweit die Bodenentseuchungen zu einer vollständigen Beseitigung der Bodenmüdigkeit führen. Bei Streifen- oder Pflanzlochbehandlungen stellen sich nach der Durchwurzelung entseuchten Bodens und nach dem Eindringen der Wurzeln in den unbehandelten Boden wieder entsprechende Wirkungen ein. Bodenentseuchungen stellen auch keine Lösung des Problems der Bodenmüdigkeit in wachsenden Anlagen dar. Es dürfte kaum zu erwarten sein, daß unspezifische und radikale Bodenentseuchungen, die offenbar allein zur Beseitigung der Bodenmüdigkeit geeignet sind, nur eine geringfügige oder keine Phytotoxizität aufweisen. Es bleibt somit als Zielstellung für die weiteren Arbeiten auf diesem Gebiet die Entwicklung spezifischer Bekämpfungsverfahren, die sowohl für den Nachbau als auch zur Beseitigung der Bodenmüdigkeit in wachsenden Anlagen eingesetzt werden können. Diese Zielstellung entspricht den allgemeinen Forderungen nach möglichst geringen Nebenwirkungen eingesetzter Mittel im Hinblick auf den ungestörten Ablauf bodenbiologischer Prozesse.

*Test auf Bodenmüdigkeit*

In Fällen, in denen aus verschiedenen Gründen ein artgleicher Nachbau vorgesehen werden mußte, ist vielfach versucht worden, den Grad der Bodenmüdigkeit bzw. den der zu erwartenden Nachbauschäden zu ermitteln. Dazu wurden in der Regel Bodenproben gedämpft oder mit Chlorpikrin behandelt und in Gefäßversuchen das Wachstum der entsprechenden Obstart ermittelt. Zur Ausschaltung von Nebenwirkungen bzw. zur Minimierung des sogenannten „Dämpfeffektes" ist von OTTO und WINKLER

*Abb. 2:* Beispiel eines Testergebnisses mit sehr starker Bodenmüdigkeit. Empfehlung: Bodenentseuchung mit einem Dazomet-Präparat
(Variaten: a = unbehandelter Boden,
b = Boden für 1 Stunde auf 100°C erhitzt,
c = Entseuchung mit einem Dazomet-Präparat,
d = Entseuchung mit einem Metham-Natrium-Präparat,
e = Einsatz eines Aldicarb-Präparates)

(1974) ein Test ausgearbeitet worden, der eine Aussage über den Grad der Bodenmüdigkeit und eine Abgrenzung von Nachbauschäden durch Nematoden ermöglichte. Dieses Testprinzip fußte allerdings auf der Annahme, daß nur durch Chlorpikrin eine sichere Bekämpfung der Bodenmüdigkeit möglich sei. Nachdem von Otto und Winkler (1982) erkannt worden war, daß auch andere Bodenentseuchungsmittel ähnlich gute Wirkungen aufweisen, ist ein anderes Testverfahren erarbeitet worden, das nunmehr auch eine Einschätzung der Wirksamkeit der einzusetzenden Bodenentseuchungsmittel gestattet (Otto und Winkler 1986).

Auch bei diesem Testverfahren handelt es sich um einen Vegetationsversuch mit Sämlingen der entsprechenden Obstart in Gefäßen. Dazu werden Bodenproben aus den zu prüfenden Quartieren entnommen und verschiedenen Behandlungen unterworfen. Als Bezugsgrößen dienen sowohl der unbehandelte Boden (Variante a) als auch der bei 100 °C für die Dauer von einer Stunde gedämpfte Boden (Variante b). In zwei weiteren Bodenpartien werden Bodenentseuchungsmittel mit dem Wirkstoff Dazomet (Variante c) bzw. mit dem Wirkstoff Metham-Natrium (Variante d) angewendet. Schließlich wird ein Nematizid mit dem Wirkstoff Aldicarb eingesetzt (Variante e). Aus den Differenzen der Wuchsleistungen der Sämlinge zwischen den Varianten kann auf das Vorliegen und die Schwere von Nachbauschäden geschlossen werden. In Abbildung 2 ist ein Testergebnis zur Veranschaulichung wiedergegeben. Dabei weist das Ausmaß der Differenz zwischen den Wuchsleistungen in den Varianten a und b auf sehr starke Bodenmüdigkeit bzw. Nachbauschäden hin. Auf Grund der Ergebnisse in den Varianten c und d kann davon ausgegangen werden, daß eine Bodenentseuchung mit Dazomet-Präparaten ein normales Wachstum ermöglicht, nicht jedoch eine Entseuchung mit Metham-Natrium-Präparaten. Die Wirkungslosigkeit des Aldicarb-Präparates belegt, daß es sich in diesem Fall nicht bzw. nicht ausschließlich um Nematodenschäden handelt, so daß mit einer Abnahme der Auswirkungen auch bei längeren Anbaupausen nicht zu rechnen ist.

Bei diesem Testprinzip handelt es sich um ein indirektes Nachweisverfahren, d. h., es werden nicht die Schadursachen quantitativ ermittelt, sondern deren Auswirkungen auf das Sämlingswachstum. Damit ist nur eine relativ grobe Klassifizierung der zu erwartenden Schäden möglich. Die Aussagekraft der Testergebnisse kann außerdem durch zahlreiche Einflußfaktoren beeinträchtigt werden. Sie reichen von der exakten Probenahme über die sachgerechte Anwendung der Bodenentseuchungsmittel bis hin zu den Maßnahmen des Pflanzenschutzes zur Gewährleistung eines optimalen Sämlingswachstums. Trotz dieser Einschränkungen ist der Test geeignet, Fehlentscheidungen im Rahmen der Reproduktion von Obstanlagen zu vermeiden und rechtzeitig differenzierte Maßnahmen zur Bekämpfung der Bodenmüdigkeit bzw. von Nachbauschäden einzuleiten.

## Literatur

(Auszug — das vollständige Literaturverzeichnis kann beim Verfasser eingesehen bzw. angefordert werden)

Börner, H.: The apple replant problem. I. The excretion of phlorizin from apple root residues. Contr. Boyce Thompson Inst. **20** (1959) 39—56

Börner, H.: Untersuchungen über die Bildung antiphytotischer und antimikrobieller Substanzen durch Mikroorganismen im Boden und ihre mögliche Bedeutung für die Bodenmüdigkeit beim Apfel (*Pirus malus* L.). I. und II. Phytopathol. Z. **48** (1963) 370 bis 396; **49** (1963) 1—28

BÖRNER, H.: Möglichkeiten einer Toxinbildung im Boden und die Bedeutung dieser Stoffe für das Problem der Bodenmüdigkeit in Apfelbaumschulen. Erwerbsobstbau **7** (1965) 187–193

FASTABEND, H.: Über die Ursachen der Bodenmüdigkeit in Obstbaumschulen. Landwirtschaftsverl. Hiltrup/Münster (1955)

HEIN, K.: Beitrag zum Problem der Bodenmüdigkeit. Diss. TU Hannover (1972)

HOESTRA, H.: Replant diseases of apple in the Netherlands. Mededelingen Landbouwhogeschool Wageningen, Nederland (1968)

KEMMER, E.: Über die Auswirkungen der Bodenmüdigkeit bei Obstgehölzen. Gartenwelt **39** (1935) 8

KLAUS, H.: Das Problem der Bodenmüdigkeit unter Berücksichtigung des Obstbaus. Landw. Jhrb. **89** (1939) 413–459

OTTO, G.: Ein Test zur Ermittlung der Bodenmüdigkeit obstbaulich genutzter Böden. iga-Kurzdokumentation (1971)

OTTO, G.: Untersuchungen über die Ursache der Bodenmüdigkeit bei Obstgehölzen. I. Versuche zur Übertragung der Bodenmüdigkeit durch Wurzeln. Zbl. f. Bakt., Parasitenkde., Infektionskrh. u. Hygiene II. Abt. **127** (1972a) 279–289
II. Versuche zur Übertragung der Bodenmüdigkeit durch wurzelfreien müden Boden. **128** (1972b) 601–611
III. Versuche zur Beseitigung der Bodenmüdigkeit durch Dämpfung bei verschiedenen Temperaturen. **127** (1972c) 777–782
V. Einfluß unterschiedlicher Dämpftemperaturen auf die Mikroflora eines müden Bodens. **128** (1973) 377–382

OTTO, G., H. WINKLER: Ein Test zur Ermittlung der Bodenmüdigkeit in obstbaulich genutzten Böden, 2. Aufl. iga-Kurzdokumentation (1974)

OTTO, G., H. WINKLER: Die Reaktion einiger Apfelunterlagen und Sorten-Unterlagen-Kombinationen auf die Bodenmüdigkeit. Arch. Gartenbau **23** (1975) 441–451

OTTO, G., H. WINKLER: Nachweis der Bodenmüdigkeit in wachsenden Apfelanlagen. Zbl. f. Bakt., Parasitenkde., Infektionskrh. u. Hygiene II. Abt. 131 (1976) 730 bis 735

OTTO, G., H. WINKLER: Untersuchungen über die Ursache der Bodenmüdigkeit. VI. Nachweis von Aktinomyzeten in Faserwurzeln von Apfelsämlingen in Böden mit verschiedenen Müdigkeitsgraden. Zbl. f. Bakt. Parasitenkde., Infektionskr. und Hygiene II. Abt. **132** (1977) 593–606

OTTO, G., H. WINKLER: Auswirkungen von Nachbauschäden bei der Reproduktion von Apfelanlagen und Möglichkeiten zu ihrer Verhinderung. Gartenbau **29** (1982) 243 bis 244

OTTO, G., H. WINKLER: Prognose von Nachbauschäden in Obstanlagen. Merkblatt des Pflanzenschutzes, Markkleeberg (1986) im Druck

PATRICK, Z. A.: The peach replant problem in Ontario. II. Toxic substances from microbial decomposition products of peach root residues. Canad. J. Bot. **33** (1955) 461 bis 486

SAVORY, B. M.: Specific replant diseases. Res. Rev. Nr. 1, East Malling. CAB, Farnham Royal Bucks, Engl. (1966)

SEWELL, G. W. F., J. F. WILSON: The role of Thielaviopsis basicola in the specific replant disorders of cherry and plum. Annals of Applied Biology **79** (1975) 149–169

SEWELL, G. W. F.: Reappraisal of the nature of the "specific replant disease" of apple. Rev. Plant Pathol., London **58** (1979) 209 to 211

SEWELL, G. W. F., G. C. WHITE: Effects of formalin and other soil treatments on the poor growth or replant disease of apple. Rep. E. Malling Res. Stn. for 1980, Maidstone (1981) 169–170

WINKLER, H., G. OTTO: Untersuchungen über die Ursache der Bodenmüdigkeit bei Obstgehölzen. IV. Einfluß verschiedener Dämpftemperaturen auf freilebende Nematoden in müden Böden. Zbl. f. Bakt., Parasitenkde., Infektionskrkh. u. Hygiene. II. Abt. **127** (1972) 783–788

# Ertragsvoraussage auf Grund der Faktoren und des Verlaufs der Ertragsbildung

## Grundlagen

Die Ertragsvoraussage soll in erster Linie Grundlagen für die Leitung und Planung der Obstproduktion im Betrieb schaffen, z. B. für den rationellen Einsatz von Arbeitskräften, Transportmitteln und Leergut bei der Ernte und für die Auslastung der Lagerkapazität. Auf Grund der Voraussagen über die Höhe und Zusammensetzung der Produktion nach Sorte und Güteklasse in repräsentativen Stichproben von Betrieben sind Angaben zur Ertragserwartung in den Anbaugebieten zu gewinnen.

Die Methoden der Ertragsvoraussage sind aus dem Verlauf und den Faktoren der Ertragsbildung sowie aus der Struktur des Obstgehölzbestandes und der Variation der Gehölze im Bestand abzuleiten. Die Ertragsbildung erstreckt sich bei Kernobstarten über 2 oder 3 Vegetationsperioden. In dieser Zeit werden vegetative und reproduktive Merkmale ausgebildet, die den Ertrag beeinflussen und deshalb als Regressoren des Ertrages zu betrachten sind (Abb. 1). Das Kronenvolumen (V) wird als morphologische Komponente der Ertragskapazität der Anbausystem-Variante gemäß durch die Kronengestaltung festgelegt. Die Anzahl der Infloreszenzknospen ($nK_I$) wird im Juli des Jahres i unter dem Einfluß der Anzahl der Früchte (nF) gebildet und bestimmt die Anzahl Infloreszenzen (nI) im Folgejahr i + 1. Aus nI und dem Fruchtansatz (nF/nI) ergibt sich nF, aus nF und der Einzelfruchtmasse ($M_F$) resultiert der Ertrag (E). Auf dem Wege $nF \rightarrow nK_I \rightarrow nI \rightarrow nF$ kann Ertragsalternanz entstehen.

Bei der Nutzung von Regressionen des Ertrages auf diese Merkmale für die Ertragsvoraussage sind folgende Bedingungen zu beachten:

Die Bestimmtheit der Regression ist maßgebend für die Länge des Konfidenzintervalles des Voraussagewertes, d. h. für die Präzision der Voraussage. — Die Variation der Merkmalsausbildung bei den Bäumen einer Bestandseinheit, die Baumstreuung (s), ist maßgebend für den Stichprobenumfang (n), wenn eine bestimmte Länge (L) des Konfidenzintervalles des Ertrages einzuhalten ist ($n = 4\,s^2t^2/L^2$). Für die im System der Ertragsbildung berücksichtigten Merkmale (Abb. 1) sind Variationskoeffizienten (s %) von 6 Sorten in Tabelle 1 angegeben. — Der Aufwand für die Er-

*Tab. 1:* Variationskoeffizienten (s%) von Merkmalen der Bäume von 6 Apfelsorten (V = Kronenvolumen, nI = Anzahl Infloreszenzen, nF = Anzahl Früchte, $M_F$ = Einzelfruchtmasse, E = Ertrag)

| Sorte | V | nI | nF/nI | nF | $M_F$ | E |
|---|---|---|---|---|---|---|
| ‚James Grieve‘ | 43 | 39 | 43 | 51 | 10 | 46 |
| ‚Carola‘ | 25 | 137 | 72 | 99 | 11 | 95 |
| ‚Elektra‘ | 29 | 68 | 61 | 89 | 11 | 86 |
| ‚Auralia‘ | 28 | 62 | 35 | 45 | 11 | 40 |
| ‚Undine‘ | 36 | 92 | 51 | 67 | 11 | 62 |
| ‚Ontario‘ | 40 | 161 | 52 | 103 | 8 | 100 |
| $\bar{x}$ | 33 | 93 | 52 | 76 | 10 | 71 |

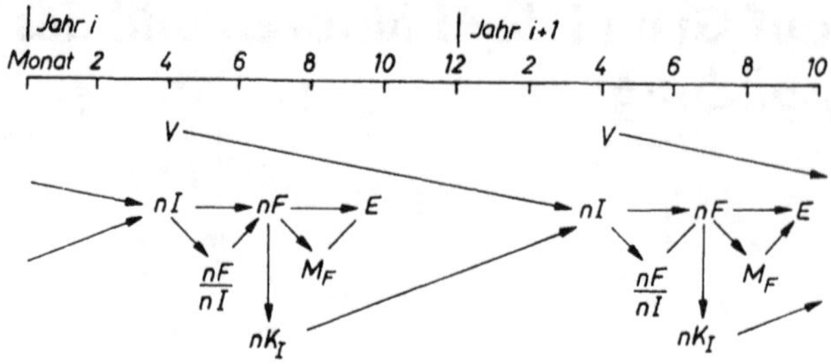


*Abb. 1:* Verlauf der Ertragsbildung bei Kernobstarten

fassung der Ausbildungsstufe eines Merkmals ist bei der Durchführung der Ertragsvoraussage im Produktionsbetrieb entscheidend für Berücksichtigung des Merkmals als Regressor.

Der Baumbestand eines Betriebes ist in bezug auf die ertragsbestimmenden Faktoren, z. B. Sorte, Unterlage, Alter, Standweite, natürliche Standortbedingungen, in der Regel uneinheitlich. Deshalb muß er in Bestandseinheiten (BE) gegliedert werden, deren Bäume in bezug auf diese Faktoren einheitlich sind. Dadurch wird die Stichprobenentnahme für die Ertragsvoraussage wesentlich einfacher und effektiver. Die Repräsentanz BE-bezogener Stichproben ist gewährleistet, wenn alle wesentlichen Ertragsfaktoren bei der Gliederung des Bestandes in BE berücksichtigt worden sind.

## Zeitdistanzabhängige Methoden für Kernobstarten

Aus dem Verlauf der Ertragsbildung ist abzuleiten, daß die Effektivität der Ertragsvoraussage mit Annäherung an den Erntetermin nicht kontinuierlich, sondern in wenigen großen Stufen zunimmt. Zweckmäßige Termine für die Ertragsvoraussage ergeben sich also im Verlauf der Ertragsbildung jeweils dann, wenn ein Merkmal ausgebildet worden ist, das eine deutliche Effektivitätssteigerung der Ertragsvoraussage ermöglicht.

Die Bedingungen für die Ertragsvoraussage und die zu erfüllenden Forderungen sind z. B. bei Kernobst durch eine Gliederung der Gesamtaufgabe in drei Stufen am besten in Übereinstimmung zu bringen. Die drei Voraussagen unterscheiden sich im Zeitabstand zwischen Durchführung und Ernte, in den Grundlagen und Bedingungen sowie in der Methodik der Durchführung.

## Langfristige Ertragsvoraussage

Der Zeitabstand beträgt mehrere Jahre. Als Grundlagen werden Maßzahlen des Baumbestandes, die spezifische Ertragskapazität der Sorten-Unterlagen-Kombination und Maßzahlen der natürlichen Standortbedingungen verwendet.

Die Wirkungen der Faktorenkomplexe Sorten-Unterlagen-Kombination (SUK), natürliche Standortbedingungen und Anbausystem auf die Ertragskapazität der BE müssen im Zusammenhang beurteilt werden (Abb. 2). — Das Anbausystem wirkt über die bei der Pflanzung festgelegte Anzahl Bäume je ha funktional auf das Kronenvolumen je ha. Über das Kronenvolumen je Baum besteht eine stochastische Beziehung, in die auch die anderen Faktorenkomplexe (SUK, Standort usw.) eingreifen. Auf Grund der

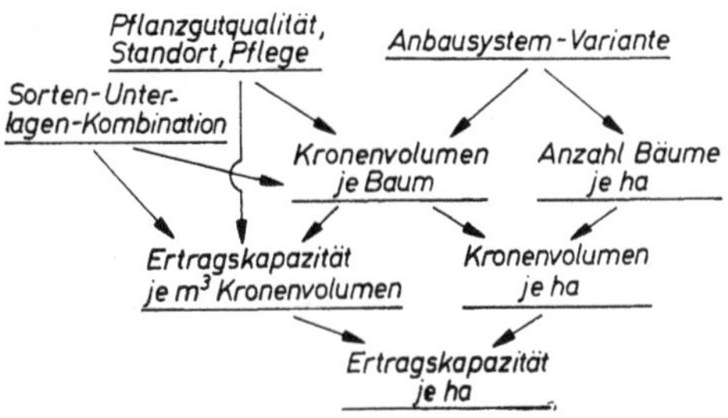


*Abb. 2:* Faktoren der Ertragskapazität je Flächeneinheit (dt/ha) eines Baumbestandes

technologischen Forderungen ist die Variation des resultierenden Merkmals Kronenvolumen je ha eingeschränkt. Infolgedessen kann nach Abschluß der Kronenerziehung, d. h. im Stadium des Vollertrages, eine relativ konstante Ausbildung dieses Merkmals angenommen werden. — Wenn das Kronenvolumen je ha auf Grund periodischer Messungen als Regressor mit bekannter Ausbildungsstufe berücksichtigt wird, ist für die langfristige Ertragsvoraussage der Einfluß der Sorten-Unterlagen-Kombination (SUK) und der natürlichen Standortbedingungen nur noch über die Ertragskapazität je $m^3$ Kronenvolumen zu schätzen (Abb. 2). — Die natürlichen Standortbedingungen können nur berücksichtigt werden, wenn für ihre Ausbildung schlag- oder BE-bezogene Angaben vorliegen, wie z. B. die Bodenzahl. — Die Pflege bleibt bei der langfristigen Ertragsvoraussage unberücksichtigt, weil angenommen werden muß, daß sie im Mittel der Jahre den Normativen für die Intensitätsstufe der Anbausystemvariante entspricht.

Die Wirkung der Faktoren ist aus Erfahrungswerten oder Erhebungsdaten abzuleiten. Der Variationsbereich jedes Faktors wird klassifiziert. Die Breite und die Anzahl der Klassen müssen für alle Anbaugebiete und Betriebe einheitlich festgelegt werden, um die Vergleichbarkeit zu gewährleisten. Dem Mittelwert jeder Klasse wird ein Wirkungskoeffizient zugeordnet, der nach Begründung gebietsbezogen sein kann. Der Wirkungskoeffizient (K) je Klasse, d. h. je Faktorenstufe, ist eine Verhältniszahl. Ihr Wert ist gleich 1, wenn die Faktorenstufe durchschnittliche Ertragskapazität je ha bewirkt.

Bei der Festlegung der Koeffizienten ist die Wirkungsweise der Faktoren auf die Ertragskapazität je Flächeneinheit des Bestandes zu beachten. Die Sorten-Unterlagen-Kombination ($K_{SUK}$) wirkt ständig durch die reproduktive Tendenz der Verzweigung auf die Ertragskapazität je $m^3$ Kronenvolumen und nur bis zum Erreichen des planmäßigen Kronenvolumens je Baum durch die Wuchsstärke auch auf die morphologische Komponente der Ertragskapazität je Flächeneinheit. — Die Bodengüte ($K_{BZ}$) beeinflußt vor allem die Triebstärke positiv. Sie wirkt also zu Beginn der Standzeit vorwiegend über das Kronenvolumen. — Als Grundlage zur Festlegung der Standzeit-Koeffizienten ($K_{StZ}$) sind betriebs- oder gebietsspezifische Daten über den Verlauf des Ertragsanstiegs zu verwenden. — Wenn langjährige Beobachtungsergebnisse über Blütenfrostschäden vorliegen, ist der Wirkungskoeffizient der Frostlage ($K_F$) aus dem Anteil der Frostlage an der Nettofläche der BE, dem Anteil der Frostjahre an den Beobachtungsjahren und dem mittleren Anteil des Ertragsverlustes in Frostjahren am Normalertrag abzuleiten. — Die Bewässerung kann ebenso wie die Bodengüte durch Förderung der Triebleistung zu Beginn der Standzeit über das Kronenvolumen auf die Ertragskapazität wirken und den Anstieg beschleunigen. Nachdem das geplante Kronenvolumen ausgebildet ist, geht die Wirkung vor allem über die Einzelfruchtmasse auf die spezifische Ertragskapazität.

Die Wirkung der Faktoren auf die Ertragskapazität einer BE ($E_{BE}$) wird durch die Multiplikation des mittleren Erwartungswertes für das Anbaugebiet mit den zutreffenden Koeffizienten berechnet:

$$E_{BE} = \frac{E}{StFE} \cdot r \cdot p \cdot nB_{BE} \cdot K_{SUK} \cdot K_{StZ} \cdot K_{BZ} \cdot K_{F} \cdot 10^{-2}\ (dt)$$

Es bedeutet: E/StFE = Ertrag je Standflächeneinheit (kg/m²), r = Reihenabstand (m), p = Baumabstand in der Reihe (m), $nB_{BE}$ = Anzahl Bäume der BE.

*Tab. 2:* Koeffizienten (b) der Regression des relativen Ertrages auf den Vorjahresertrag ($E_{i+1}$ auf $E_i$) bei Bestandseinheiten in Rostock-Biestow und Pillnitz (+ = signifikante Regression)

| Sorte | Rostock-Biestow | Dresden-Pillnitz |
|---|---|---|
| ‚James Grieve' | 0,10 | 0,27 |
| ‚Carola' | – 0,88 + | – 0,91 + |
| ‚Elektra' | – 0,51 + | – 0,85 + |
| ‚Auralia' | – 0,34 + | – 0,78 + |
| ‚Golden Delicious' | – 0,28 | – 0,40 |
| ‚Clivia' | – 0,26 | – 0,12 |
| ‚Herma' | – 0,72 + | 0,22 |
| ‚Ontario' | – 0,72 + | – 0,76 + |
| ‚Undine' | – 0,69 + | – 0,84 + |

## Jahresertragsvoraussage

Für die Ertragsplanung des folgenden Jahres (i + 1) muß bis zum Juni des laufenden Jahres (i) der betreffende Jahreswert der langfristigen Voraussage als Ausgangswert verwendet werden. Erst nach dem Junifall der Fruchtansätze, also im Juli, ist eine zuverlässigere Voraussage des Ertrages im folgenden Jahr möglich. Als Grundlage für die Voraussage des nächstjährigen Ertrages ($E_{i+1}$) sind der betreffende Jahreswert der langfristigen Voraussage ($\bar{E}$), das Ergebnis der im Juli durchgeführten kurzfristigen Voraussage des Ertrages ($E_i$) und der Koeffizient b der Regression von $E_{i+1}$ auf $E_i$ erforderlich. Langjährige Ertragsermittlungen in Feldversuchen lieferten Schätzwerte für die sortenspezifische Alternanz des Ertrages (Tab. 2). Nach

$$E_{i+1} = \bar{E} + b\,(E_i - E)$$

wird aus dem Erwartungswert der langfristigen Voraussage ($\bar{E}$) und der kurzfristigen ($E_i$) für jede BE im August der voraussichtliche Ertrag des folgenden Jahres ($F_{i+1}$) berechnet.

## Kurzfristige Ertragsvoraussage

In jeder zu schätzenden Bestandseinheit muß eine repräsentative Stichprobe von Bäumen ausgewählt werden. Der Ertrag je Baum wird nicht direkt geschätzt, sondern aus Schätzwerten für die Ertragsmerkmale Fruchtzahl und Einzelfruchtmasse berechnet. Die Schätzung der Fruchtzahl je Baum erfolgt partiell kumulativ. Der gesamte Fruchtbehang des Baumes wird als eine Häufung (Kumulation) aus den Teilmengen (Partien) betrachtet. Man beginnt die Schätzung mit dem Abzählen einer bestimmten Teilmenge und zählt dann mit Hilfe einer Zähluhr, aus wieviel solcher Teilmenge der Fruchtbehang des Baumes besteht. Die Anzahl Früchte je Baum wird als Produkt der Anzahl Früchte je Teilmenge und der Anzahl Teilmengen je Baum berechnet.

Diese Methode hat einen geringeren Fehler als die Ermittlung über die Baumkapazität und die Behangdichte nach WINTER (1969). Ein größerer Zeitaufwand ist in Kauf zu nehmen, wenn die Voraussage je Bestandseinheit so genau sein soll, daß danach z. B. der Abstand der leeren Großkisten in der Arbeitsgasse vor der Ernte berechnet werden kann.

Bei der Voraussage der Einzelfruchtmasse wird vom Gebietsmittelwert der Sorte ausgegangen. Die relative Abweichung der Einzelfruchtmasse einer Bestandseinheit vom Gebietsmittel kann auf Grund der Faktoren Standort, Unterlage, Standzeit, Witterung, Pflegezustand und Fruchtbesatzdichte geschätzt werden. Eine zuverlässigere Voraussage der Einzelfruchtmasse zur Erntezeit ist beim Apfel möglich, wenn der Fruchtdurchmesser am 60. Tag nach Vollblüte auf Grund einer Stichprobe ermittelt wird (STOLLE und SCHMIDT 1975). — Der Voraussagewert für den Ertrag einer Bestandseinheit wird über den mittleren Ertrag je Baum berechnet, der sich als Produkt der mittleren Anzahl Früchte je Baum und der Einzelfruchtmasse ergibt.

## Artspezifische Varianten

### Steinobstarten

Die langfristige Voraussage erfolgt grundsätzlich wie bei den Kernobstarten. Der Standort wird in die Teilfaktoren Bodenmächtigkeit, Untergrundmaterial, Bodenfeuchtigkeitsbedingungen, Lage und Bodenzahl zerlegt. — Der Ertrag je Flächeneinheit, der als Ausgangswert für die Berechnung dient, wird bei der Süßkirsche nach der Standfläche je Baum differenziert (Grenzwert ist 30 m$^2$).

Die Jahresvoraussage geht wie bei Kernobst von der langfristigen Voraussage aus. Außer dem Vorjahresertrag kann auch die Länge des Neuwuchses bei der Berechnung des Voraussagewertes berücksichtigt werden. — Eine grundsätzlich andere Methode ist die Berechnung auf Grund der Ertragskomponenten Kronenvolumen, Anzahl der Bukettsprosse und Anzahl der Infloreszenzen je Bukettsproß (oder Kurztrieb bei Sauerkirsche und Pflaume) sowie der Anzahl Infloreszenzen je Trieb. — Die Jahresvoraussage hat nach beiden Verfahren eine relativ große Irrtumswahrscheinlichkeit, weil der Fruchtansatz durch die nicht voraussagbaren Bedingungen während der Blühzeit stark beeinflußt wird.

Bei der kurzfristigen Ertragsvoraussage für die Steinobstarten ist die Fruchtzählung in der ganzen Krone des Stichprobenbaumes zu zeitaufwendig. Deshalb muß ein Stichprobenraum innerhalb der Krone abgegrenzt werden. Wird das Volumen des Stichprobenraumes $V_S = 1\,m^3$ bemessen, kann der Erwartungswert für den Ertrag des Stichprobenbaumes als $E = \frac{n_F}{V_S} \cdot M_F \cdot V$ berechnet werden.

Der Ertrag von jungen Bäumen, die noch keine geschlossene Krone gebildet haben, wird direkt geschätzt.

### Strauchbeerenobstarten

Die für die Baumobstarten entwickelte Methode der langfristigen Ertragsvoraussage ist auch für Johannis- und Stachelbeerbestände geeignet. Die Wirkung der Faktoren Sorte, Standzeit und Strauchvolumen je ha ist zu berücksichtigen. Die Bodenart wirkt in Verbindung mit der Wasserführung vor allem über das Strauchvolumen auf die Ertragskapazität des Bestandes (Abb. 2). Die Einbeziehung eines entsprechenden Wirkungskoeffizienten in die Berechnung des Erwartungswertes von $E_{BE}$ ist also nur erforderlich, wenn kein Wirkungskoeffizient für das Strauchvolumen einbezogen wird.

Die im Hinblick auf die Alternanz der Kernobstarten entwickelte Methode der Jahresertragsvoraussage kann bei Johannis- und Stachelbeersträuchern keine Verbesserung der langfristigen Voraussage ergeben, weil bei ihnen infolge ständiger Erneuerung der Fruchtäste keine Ertragsalternanz auftritt.

Die kurzfristige Voraussage des Ertrages als Produkt der Anzahl Früchte je Strauch und der Masse je Frucht ist bei den Strauchbeerenobstarten praktisch nicht möglich, weil der Fehler der partiell-kumulativen Fruchtzahlschätzung wegen des sehr dichten Fruchtbesatzes zu groß wird. Zuverlässige Voraussagewerte sind auf folgendem Wege zu erhalten: Das gemessene Volumen je Strauch ($V_{St}$) wird mit einem Erwartungswert für den artspezifischen Ertrag je Volumeneinheit $\left(\frac{E}{V}\right)$ multipliziert. Der sich ergebende Schätzwert für den Ertrag je Strauch wird mit einem Koeffizienten ($K_{nF/L}$) multipliziert, der aus der bonitierten Fruchtbesatzdichte am einjährigen Altersbereich der Verzweigung ($nF/L1j$) abzuleiten ist. — Durch Einbeziehung der Anzahl Sträucher ($nSt_{BE}$) in das Produkt ergibt sich der Erwartungswert für den Ertrag der Bestandseinheit ($E_{BE}$):

$$E_{BE} = V_{St} \cdot \frac{E}{V} \cdot K_{nF/L} \cdot nSt_{BE} \cdot 10^{-2} \text{ (dt)}$$

## Literatur

Abbott, D. L. u. a.: Physiologie of the apple tree. To study the factors influencing flower initiation, fruit set and cropping and to develop a method of crop forecasting. Long Ashton Report 1973, herausg. 1974, 30–33

Autorenkollektiv (Ltg. Prof. Dr. Neumann): Grundlagen und Methoden zur Ertragsvoraussage bei der Obstproduktion. iga-Ratgeber, Internationale Gartenbauausstellung der DDR, Erfurt 1979

Michalson, E. L.: Projecting apple yields variety and tree density. Proc. annu. Meeting Washington State horticult. Assoc. 63 (1967) 76–80

Prus-Glowacka, W.: Prognozowanie plonow i zbiorow jablek metoda gestosci rozmieszczenia owocow na drzewie. (Voraussage der Apfelerträge nach der Methode der Verteilungsdichte der Früchte am Baum). Ogrodnictwo, Warszawa **11** (1974) 307–310

Stolle, G., G. Schmidt: Bedeutung und Grundlagen der Voraussage der zu erwartenden Fruchtgrößen bei Apfel. Tagungsbericht, Univ. Halle 1975

Winter, F.: Die ‚Behangdichtenmethode‘ ein Modell zur Analyse und Prognose von Kernobsterträgen. Agrarstat. Studien des Stat. Amt. d. EWG (1969), 137 S.

Winter, F.: Ernteschätzung bei Kernobst. Gartenbaul. Versuchsber. Landw. Kammer Rheinland (1969) 160–165

Winter, F., F. Klose: Prognosen über die Obstproduktion in der EWG mit Hilfe des Systems IBM 1130. IBM-Nachrichten **19** (1969) 687–692

# Physiologie der lagernden Frucht

Die Entwicklung der Früchte des Kernobstes nach der Ernte ist durch das Reifen und die Seneszenz gekennzeichnet. Als Reife wird ein physiologischer Abschnitt bezeichnet, das Stadium des Überganges von der Wachstums- zur Alterungsphase. Während dieses Entwicklungsabschnittes vollziehen sich in der Frucht zahlreiche biochemische und biophysikalische Veränderungen, in deren Verlauf sie ihre volle Genußfähigkeit erreichen. Nach Überschreiten dieser Spanne tritt die Frucht in die Phase der Seneszenz ein, der Abbau der Inhaltsstoffe erfolgt ungeregelt. Es kommt zum Kollabieren einzelner Zellen und schließlich zum Zusammenbruch des Stoffwechsels der ganzen Frucht. Im Reifeverlauf der Früchte unterscheidet man zwischen Baumreife (maturation) und Genußreife (ripening). Das zuerst genannte Stadium bezeichnet einen Entwicklungsstand, an dem die Früchte morphologisch voll ausgebildet sind und sich beim Pflücken oft (z. B. ‚James Grieve', ‚Oldenburg', ‚Cox Orangen', ‚Berlepsch') nicht selten aber auch nur durch kräftiges Knicken des Stieles (z. B. ‚Golden Delicious') von der Mutterpflanze lösen lassen.

Im Stadium der Genußreife bilden die Früchte die für Art und Sorte typischen Merkmale in bezug auf Farbe, Geschmack, Aroma und Konsistenz aus. Sie erreichen einen Zustand, der vom Konsumenten beim Verzehr als optimal empfunden wird.

Zwischen beiden Reifegraden bestehen jedoch keine prinzipiellen, sondern nur graduelle Unterschiede. Die Reifungsvorgänge setzen bereits zu einem Zeitpunkt ein, an dem die Frucht ihre Entwicklung noch nicht abgeschlossen hat. In ihr vollzieht sich ein gleitender Übergang von der Wachstumsphase über das Reifestadium bis hin zur Seneszenz. Die für den Reifeprozeß typischen Veränderungen, wie Abbau des Chlorophylls und der adstringierenden Substanzen, Abnahme der Festigkeit und Abnahme im viskoelastischen Verhalten, Erweiterung im Säure-Zuckerverhältnis sowie Bildung von Aromastoffen, beginnen bereits kurz nach Überschreiten des Kulminationspunktes im Farbstoffgehalt, wenn auch die Samen ein bestimmtes Entwicklungsstadium erreicht haben. Die Reife deutet sich schon an, wenn die stoffaufbauenden Prozesse in der Frucht noch überwiegen.

Dieser Ablauf wird durch Veränderungen im Verhältnis der in der Frucht und dem Samen selbst gebildeten und über die Fruchtträger in das Fruchtgewebe translokierten Wachstumsregulatoren gesteuert (s. S. 223). Berücksichtigt man die bereits am Baum in der noch wachsenden Frucht ablaufenden Stoffwechselprozesse, so wird verständlich, warum der Reifeverlauf nach der Ernte nicht nur durch die vorgesehenen Lagerbedingungen, wie Regelung der Temperatur, der Luftfeuchte und der Zusammensetzung der Lageratmosphäre beeinflußt werden kann. Alle Maßnahmen, die während der Entwicklung der Früchte am Baum zu einer Verzögerung des Metabolismus in Apfel oder Birne führen, also die Pflückreife hinausschieben, ziehen gleichfalls eine Verlängerung der Dauer zwischen Pflück- und Genußreife nach sich. Bei einer längeren Entwicklung am Baum können die Früchte bis zum Erreichen der Baumreife auch mehr Reservestoffe einlagern und Zellwandsubstanz aufbauen. Dies führt u. a. zu einer größeren Widerstandsfähigkeit gegenüber Mikroorganismen und vermindert das Auftreten nichtparasitärer Erkrankungen.

Die Zeitspanne zwischen dem Eintritt der Pflück- und Genußreife ist bei den einzelnen Obstarten und -sorten unterschiedlich lang. Sie wird in der Praxis mit dem Begriff „Haltbarkeit" gleichgesetzt. Bei den Beeren- und Steinobstarten sowie den Frühsorten des Kernobstes ist diese zeitliche Differenz so kurz, daß sich beide Reifestadien fast decken. Sie besitzen daher nur eine geringe Haltbarkeit. Die Herbstsorten der Äpfel und Birnen erreichen ihre volle Genußreife dagegen erst 2···8 Wochen und die lagerfähigen Wintersorten erst 1···7 Monate nach der Baumreife.

Birnen verlangen eine Einlagerungstemperatur zwischen −1···+1 °C. Die Zeit der erforderlichen Aufbewahrung bei tieferer Temperatur, bezogen auf die Gesamtlagerzeit, muß um so länger sein, je später die Früchte ihre Baumreife erreicht haben. Die Einwirkung niederer Temperaturen darf aber nicht unbegrenzt ausgedehnt werden, da nach Überschreiten eines kritischen Punktes die Birnen ihre Fähigkeit nachzureifen, verlieren. Sie werden dann bei höheren Nachreifetemperaturen um +18···21 °C, die man bei kühlgelagerten Birnen anwenden muß, um die reifebeschleunigenden Stoffwechselvorgänge anzuregen, nicht mehr weich, sondern nehmen eine strohige, „rübige" Konsistenz an und können kein Aroma mehr bilden. Der kritische Zeitpunkt ist erreicht, wenn nach der Auslagerung und Nachreife bei +18 bis +20 °C die Birnen innerhalb von 5···7

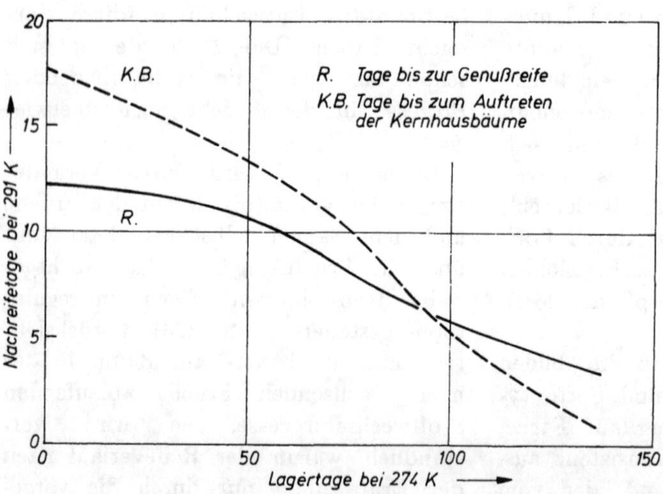


*Abb. 1:* Nachreifezeit und Auftreten der Kernhausbräune in Tagen nach der Kühllagerung der Früchte der Birne ‚Konferenz'; nach FIDLER und Mitarbeiter (1973)

Tagen noch in der Lage sind, Farbe und Geschmacksstoffe zu bilden, bzw. wenn die Differenz zwischen der Zeit für die Nachreife und dem Auftreten der Kernhausbräune 2···3 Tage beträgt (Abb. 1).

Bei der Lagerung der Birnen ist deshalb eine ständige, mit längerer Lagerzeit sich immer häufiger wiederholende Nachreifekontrolle unerläßlich.

## Reifeverlauf der Früchte nach der Ernte

Nach dem Lösen der Früchte von ihrer Mutterpflanze vollziehen sich in ihnen die gleichen Stoffumsetzungen, wie in denjenigen, die unmittelbar am Baum reifen. Um ihre Lebenstätigkeit aufrecht zu erhalten, benötigen sie Energie, die sie auf dem Wege der biologischen Oxydation (oxydative Phosphorylierung) durch Abbau der in ihnen gespeicherten Kohlenhydrate und Säuren gewinnen. Reifen die Früchte am Fruchtträger, so verwenden sie bis zur vollen Ausbildung des Trenngewebes zwischen Fruchtstiel und Fruchtholz aus den Blättern nachgelieferte Assimilate. Da gleichzeitig noch eine Wechselwirkung im Hormonhaushalt zwischen Pflanze und reifender Frucht besteht, verläuft die Reifung an Baum, Strauch oder Erdbeerstaude in der Regel mit geringerer Intensität als nach der Ernte.

Die Atmungsintensität der Früchte am Baum, gemessen an der Aufnahme von Sauerstoff und der Ausscheidung von Kohlendioxid, bleibt im Verlauf der Entwicklung nicht konstant (Abb. 2). Im Stadium der Zellteilung liegt sie sehr hoch. Mit zunehmender Zellvergrößerung wird die Atmung ständig geringer und erreicht ein Minimum kurz vor dem Ende der Zellstreckungsperiode. Anschließend steigt die Atmungsinten-

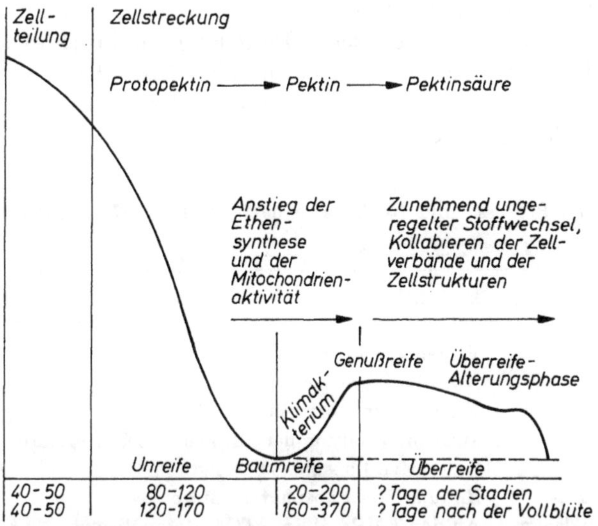


*Abb. 2:* Allgemeiner Verlauf der Atmungsintensität von Kernobstfrüchten während Entwicklung und Reife

sität bei einigen Fruchtarten wieder an, um nach Überschreiten der vollen Genußreife bis zum Zusammenbruch der Gewebestruktur erneut abzufallen. Der Wiederanstieg der Atmungsintensität nach Eintritt der Baumreife wurde von KIDD und WEST (1925) entdeckt und von ihnen als „Klimakterium" bezeichnet.

Das Klimakterium bezeichnet eine Periode in der Ontogenese der Früchte, in deren Verlauf durch die endogene Äthylen- und Abscisinsäurebildung (BANGERTH 1980) zahlreiche biologische Veränderungen eingeleitet werden. Einige charakteristische sind in der Tabelle 1 zusammengefaßt.

In diesem Abschnitt laufen alle charakteristischen Stoffwechselvorgänge in den Früchten ab, die mit dem Begriff „Fruchtreife" umschrieben werden können, wie z. B. der Farbumschlag von grün nach gelb, der Abbau der Säuren, die Abnahme der Gewebefestigkeit und die Bildung von Geschmacks- und Aromastoffen. Dabei treten gleichzeitig gravierende Unterschiede in der Widerstandsfähigkeit der Früchte gegenüber Krankheitserregern auf. Der Reifevorgang ist eine Funktion katabolischer und anabolischer Prozesse, in deren Verlauf die $CO_2$-Ausscheidung sich stärker, die $O_2$-Aufnahme jedoch nur geringfügig erhöht, was zu einem Anstieg des Respirationskoeffizienten (RQ) im Verlauf des klimakterischen Atmungsanstieges führt (HULME und Mitarbeiter 1969). Im engeren Sinne umfaßt der Begriff „Reife" bei den Kernobstarten einen Entwicklungsabschnitt einer Frucht zwischen dem letzten Stadium der Baumreife (maturation) und dem ersten Stadium der Alterungsphase (senescence).

Die optimale Genußreife der Früchte fällt bei Birnen meist mit dem Auftreten des klimakterischen Atmungsmaximums zusammen, bei Äpfeln tritt sie bei einigen Sorten kurz vor, bei anderen dagegen erst nach Überschreiten des Atmungsmaximums auf.

Man kann aber nicht alle stofflichen Vorgänge, die in Verbindung mit der Fruchtreife stehen, auf den klimakterischen Atmungsanstieg zurückführen. Das Klimakterium stellt nur einen Spezialfall in der Fruchtreife einiger Obstarten dar. In Früchten von Obstarten, die kein Klimakterium im Atmungsverhalten während des Reifeverlaufes aufweisen, vollziehen sich ebenfalls die im Prinzip gleichen biochemischen und texturellen Veränderungen (Tab. 2).

Eine strenge Einteilung der Früchte in solche, die einen klimakterischen Atmungsanstieg während der Fruchtreife aufweisen und in jene, bei denen die

*Tab. 1:* Mit der Fruchtreife verbundene Prozesse und Reaktionen nach BIALE (1975), KADER (1980)

| Biodegradation | Biosynthese |
|---|---|
| Depolimerisation | Proteinsynthese |
| Substratverbrauch | Karotinoidsynthese |
| Abscission | Nucleinsäurestoffwechsel |
| Verlust der Chloroplastenstruktur | Aufrechterhaltung der Mitochondrienintegrität |
| Pigmentabbau (Chlorophylle) | Oxydative Phosphorylierung |
| Zunehmende Aktivität hydrolytischer Enzyme, Esterasen, Dehydrogenasen, Oxydasen, Phosphatasen, Ribonuclease u. a. | Bildung von Phosphataseestern<br>An den EMP-, HMP-, TCA-Metabolismus gebundene Synthesen u. a. |

*Tab. 2:* Einteilung der Früchte nach ihrem Atmungsverlauf nach BIALE (1960), gekürzt

| Obstarten | |
|---|---|
| mit Klimakterium | ohne Klimakterium |
| Apfel | Kirsche |
| Birne | Erdbeere |
| Aprikose | Weintraube |
| Pfirsich | Orange |
| Pflaume | Zitrone |
| Banane | Ananas |

Intensität der Atmung von der Phase des Wachstums bis hin zur Seneszenz fast linear verläuft, wie sie von BIALE (1960) postuliert wurde, ist aus diesem Grund nicht haltbar. Der Unterschied zwischen beiden Gruppen von Obstarten besteht nur darin, daß die endogene Äthylenbildung in den Früchten ohne Klimakterium nicht so groß ist, daß die Atmungsintensität während des Prozesses der Reife erhöht wird und eine Ausscheidung von Äthylen beobachtet werden kann.

In zahlreichen Versuchen ließ sich eine enge Beziehung zwischen dem Gehalt an Protein-Stickstoff in den Früchten und der Intensität ihrer Atmung (Abb. 3) nachweisen. Da die mit dem klimakterischen Anstieg der Atmung einsetzenden biochemischen Umwandlungen nur bei gleichzeitiger verstärkter Neubildung von Fermenten möglich sind, ist die Voraussetzung für den normalen Reifeablauf der Früchte eine Proteinsynthese (HULME 1972). Diese erfolgt durch Umwandlung und Einbau von löslichem Amino- und Amidstickstoff in Protein. Während der Fruchtreife verringert sich deshalb deren Gehalt solange, bis das klimakterische Atmungsmaximum überschritten ist. Danach erfolgt wieder ein Abbau des Proteins und eine Zunahme im Gehalt an löslichen Stickstoffverbindungen (Abb. 4).

Nach der Unterbrechung der Zufuhr

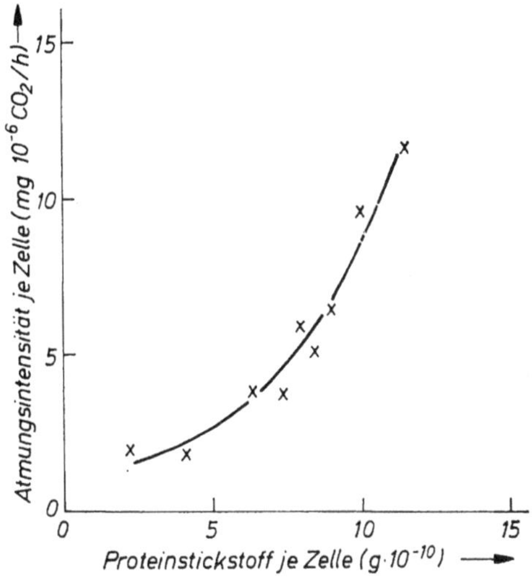


*Abb. 3:* Verhältnis zwischen Atmungsintensität je Zelle und Protein-Stickstoff je Zelle bei der Apfelsorte ‚Granny Smith'; nach ROBERTSON und TURNER (1951)

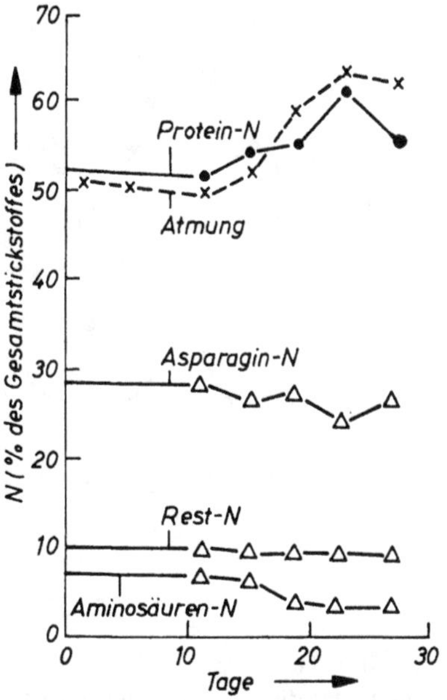


*Abb. 4:* Relative Veränderungen innerhalb der Stickstoff-Fraktionen im Verlauf des klimakterischen Atmungsanstieges bei der Apfelsorte ‚Bramley's Seedling' bei 12 °C; nach HULME (1937)

von Assimilaten aus dem Baum muß die Frucht die zur Aufrechterhaltung des Stoffwechsels notwendige Energie aus dem Abbau der im Verlauf der Vegetationsperiode angereicherten Reservestoffe selbst gewinnen. Sie nutzt dafür vorrangig Kohlenhydrate, organische Säuren und in geringerem Umfang Fette, Wachse, Eiweißstoffe und Zellwandsubstanz. Aus diesem Grund verringert sich im Verlauf der Lagerung der Gehalt an Kohlenhydraten und organischen Säuren in Abhängigkeit vom Lagerklima und der Zusammensetzung der Lageratmosphäre ständig.

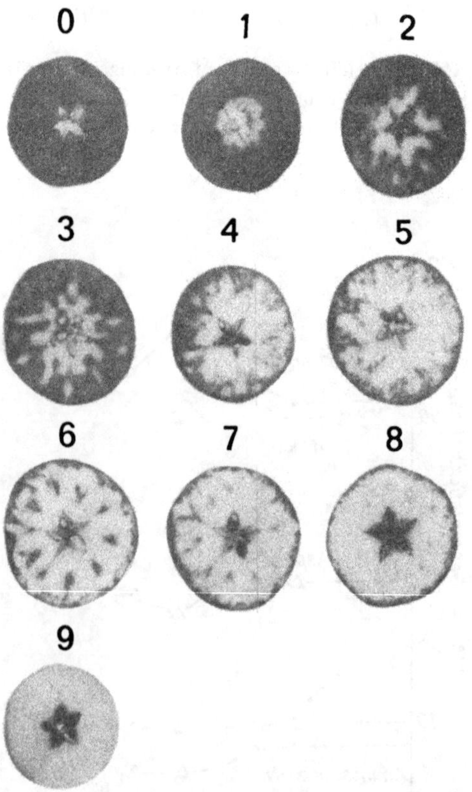


*Abb. 5:* Jod-Stärke-Testskala
Die Schwärzung zeigt die Intensität der Stärkeeinlagerung bzw. des Stärkeabbaus an. Die Frucht enthält Mitte bis Ende August die größte Menge Reservestärke (0), die im Laufe der weiteren Fruchtentwicklung und -reife abgebaut (9) wird

In den Früchten, die während der Wachstumsperiode vorübergehend Stärke einlagern, wird diese zuerst abgebaut. Ihre Abnahme erfolgt am schnellsten im Markgewebe und danach im Rindenparenchym der Frucht. Am längsten ist sie um die Perianthleitbündel und unterhalb der Schale (Abb. 5) nachweisbar. Zum Zeitpunkt der Ernte beträgt der Stärkegehalt in den Apfelfrüchten maximal 1···2% der Frischmasse. Ihr Abbau ist stark temperaturabhängig. Im Bereich von +15···+20 °C ist sie bereits nach 10···20 Tagen nicht mehr nachweisbar, bei Lagertemperaturen um 0 °C oder bei Aufbewahrung der Früchte im CA-Lager kann Fruchtstärke aber noch nach 3···4 Monaten in geringen Mengen vorhanden sein. Bei Frühsorten ist der Stärkeabbau bereits am Baum erfolgt.

Die Geschwindigkeit des Abbaues der Stärke beeinflußt Veränderungen des Gehaltes der Früchte an Zuckern wesentlich. Die Intensität der Abnahme im Gehalt an Gesamtzucker in den Früchten während der Lagerung wird außer durch die Temperatur (Abb. 6) wesentlich durch die Zusammensetzung der Lageratmosphäre beeinflußt. Mit abnehmendem Sauerstoff- und zunehmendem Kohlendioxid-Partialdruck in der Lageratmosphäre wird der Gesamtzucker wesentlich langsamer abgebaut als in Früchten, die in normaler Atmosphäre aufbewahrt werden. In gleicher Richtung wirkt eine Reduzierung des Gesamtluftdruckes im Lagerraum (s. S. 510). Saccharose nimmt, obwohl sie ständig für die Atmung benötigt wird, bis kurz vor dem Verschwinden der Stärke an Menge zu (Abb. 6). Erst nach vollständiger Hydrolyse der Stärke vermindert sich der Saccharosegehalt. Der Verbrauch an Saccharose steigt mit zunehmender Temperatur beträchtlich an.

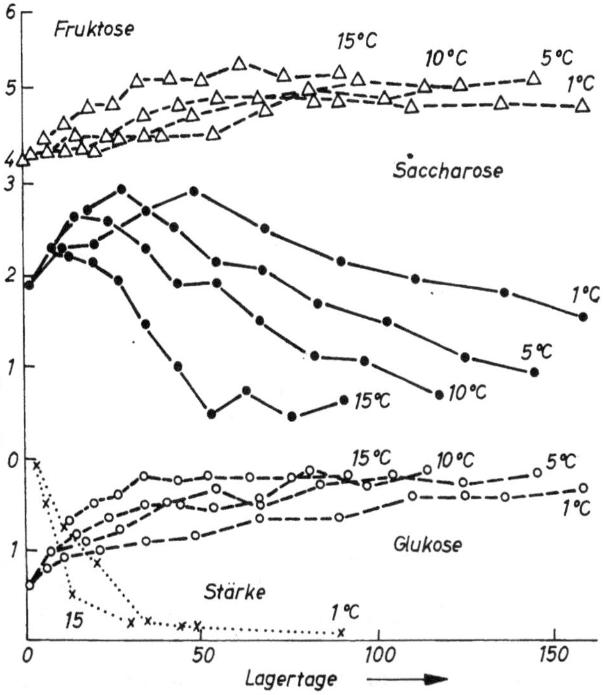


*Abb. 6:* Einfluß der Lagertemperatur auf Veränderungen im Zucker- und Stärkegehalt in den Früchten der Sorte ,Bramley's Seedling'; nach Zahlenangaben von Griffiths und Mitarbeiter (1950)

Die Hauptmenge der Zucker in Früchten des Kernobstes liegt als Fruktose vor. Nach der Ernte erhöht sich ihr Gehalt ständig und erreicht mit der Genußreife ein Maximum. Erst mit Eintritt der Seneszenz wird sie als Atmungssubstrat in den Stoffwechsel einbezogen.

Solange die Früchte am Baum hängen, wird die Fruktose durch Umwandlung des in den Blättern gebildeten und in die Früchte weitergeleiteten Sorbits aufgebaut. Da die Stärke nur aus Glukosemolekülen besteht und die Saccharose sich zu gleichen Teilen aus Glukose und Fruktose zusammensetzt, kann die Anreicherung der Fruktose und der Saccharose im Verlauf der Fruchtreife nur durch Umwandlung von Glukose erfolgen. Die Glukose stellt bei den Kernobstarten das bevorzugte Atmungssubstrat dar. Deshalb reichert sie sich während des klimakterischen Atmungsanstieges auch nur in geringeren Konzentrationen an.

Neben diesen drei Zuckerarten enthalten die Früchte nur noch den Zuckeralkohol Sorbit in größeren Mengen. Er wird vor allem bei niedrigen Temperaturen durch aerobe Umwandlung aus Fruktose im Verlauf der Lagerung gebildet.

Zu einer Zunahme von Sorbit kommt es vor allem in den Sorten, die empfindlich gegenüber tiefen Lagertemperaturen sind und zum Auftreten der „Kältefleischbräune" neigen. Eine direkte Beziehung zwischen Befall mit Fleischbräune und Anreicherung von Sorbit scheint aber nicht zu bestehen (Fidler und North 1970). Die Erhöhung der Konzentration dieses Zuckeralkohols kurz vor dem Auftreten der Kältefleischbräune muß ähnlich wie die Steigerung der Atmung und des schnell einsetzenden Säureschwundes als Index eines gestörten Stoffwechsels in den Früchten gewertet werden.

Ein engerer Zusammenhang dürfte jedoch zwischen dem Gehalt an Sorbit und dem Auftreten der Glasigkeit bestehen (WILLIAMS 1965, FAUST und Mitarbeiter 1969). Glasige Früchte enthalten immer mehr Sorbit. Die Ursache dafür ist, daß durch Austritt der Zellflüssigkeit in die Interzellularen der Gasaustausch mit der umgebenden Luft erschwert wird. Dies führt zu anaeroben Verhältnissen im Fruchtfleisch. Sorbit kann in der Frucht aber nur unter aeroben Bedingungen in Fruktose umgewandelt werden.

Jedem Praktiker ist bekannt, daß mit fortschreitendem Reifegrad die Früchte eine weichere Konsistenz annehmen. Unter Mitwirkung mehrerer Fermentsysteme wird das in unreifen Früchten in unlöslicher Form vorliegende Pektin durch Verringerung des Veresterungsgrades, Aufspaltung der Neben- und Hauptvalenzbindungen sowie Abbau der Pektinmoleküle zu kleineren Bruchstükken durch die Polygalakturonase in eine wasserlösliche Form übergeführt. Die Folge davon ist eine Lockerung der Zellverbände und eine Verringerung der Festigkeit des Fruchtgewebes (Abb. 7 u. 8).

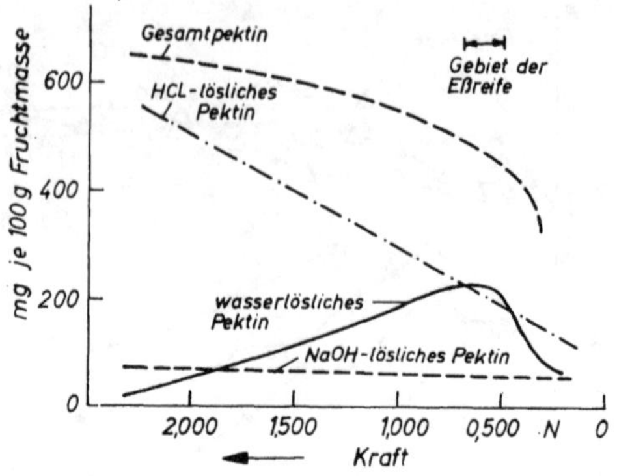


*Abb. 7:* Zusammenhang zwischen Pektinfraktionen und Weichwerden von ‚Pastorenbirnen', die bei $+10\,^{\circ}C$ gelagert wurden; nach PAECH (1938)

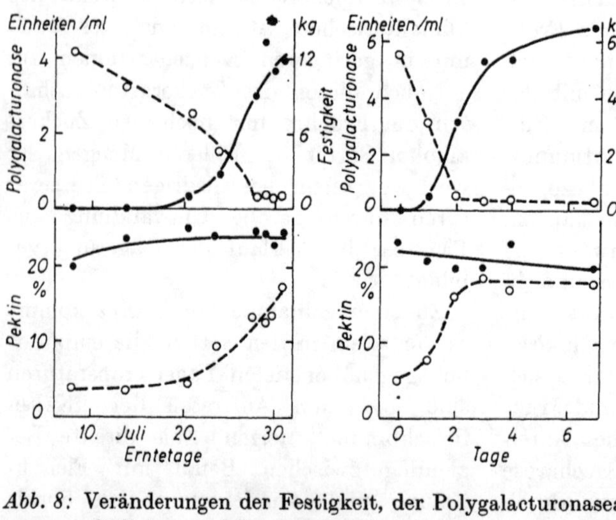


*Abb. 8:* Veränderungen der Festigkeit, der Polygalacturonaseaktivität, des Gehaltes an wasserlöslichem und Gesamt-Pektin;
links: ‚Elberta'-Pfirsiche während der Baumreife;
rechts: ‚Red Haven'-Pfirsiche während der Nacherntereife; nach PRESSEY und Mitarbeiter (1971)

Der Pektinabbau verläuft bei den einzelnen Fruchtarten sehr unterschiedlich rasch und zwar am schnellsten bei den Beerenobstarten und am langsamsten bei lagerfähigen Äpfeln und Birnen. Besonders schnell wird Pektin während einer mehrtägigen Zwischenlagerung bei höheren Temperaturen abgebaut. Die dann einsetzende Pektinhydrolyse wird, einmal eingeleitet, durch erneute Erniedrigung der Lagertemperatur nicht wieder voll zum Stillstand gebracht. Sie verläuft deshalb bei einer anschließenden Lagerung solcher Früchte unter optimalen Lagerbedingungen schneller, als vergleichsweise bei denen, die unmittelbar nach der Ernte in das Kaltlager gebracht worden sind.

Einen wesentlichen Maßstab für die Qualität der Früchte bildet ihr Säuregehalt. In Verbindung mit den im Fruchtfleisch vorhandenen Zuckermengen stellen Säuren eine wichtige Komponente bei der Ausbildung der Geschmacksmerkmale dar. Darüber hinaus besteht zwischen dem Gehalt an Säuren, der Geschwindigkeit ihres Abbaues sowie der Lagerfähigkeit der Früchte eine enge Beziehung. Je höher der arten- und sortentypische Säurespiegel zum Zeitpunkt der Ernte und Einlagerung der Früchte liegt, um so besser ist deren Lagerfähigkeit.

Der Gehalt an titrierbarer Säure verringert sich im Verlauf der Lagerung annähernd linear zur Lagerzeit (Abb. 9). Der Abbau verläuft aber um so schneller, je größer die Anfangskonzentration ist. Zunehmende Temperatur fördert, Senkung des Sauerstoff- und Erhöhung des Kohlendioxid-Partialdruckes verzögert diesen Vorgang. Gehalt und Geschwindigkeit des Abbaues der Säuren werden maßgeblich durch die Art der Düngung beeinflußt (Tab. 3).

Vor allem zwischen Säuregehalt und Kaliumdüngung besteht eine enge Korrelation.

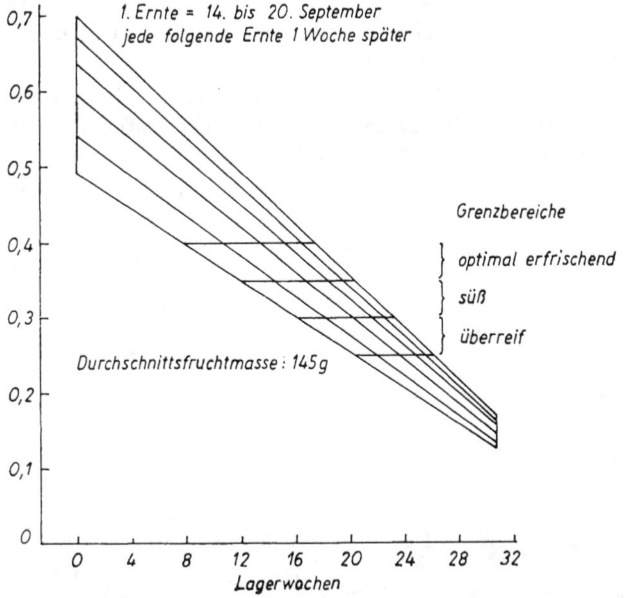


*Abb. 9:* Einfluß des Erntezeitpunktes auf Veränderungen im Gehalt an titrierbarer Säure in der Gesamtfrucht der Apfelsorte ‚Golden Delicious' während der Lagerung bei +1°C; Mittelwerte der Einlagerungsperioden 1970, 1971 und 1972 (in Prozent)

*Tab. 3:* Einfluß der Düngung auf den Säuregehalt in Äpfeln und dessen Abnahme im Verlauf der Lagerung nach EAVES und LEEFE (1955)

| Düngung mit | titrierbare Azidität | |
|---|---|---|
| | Gehalt zur Zeit der Ernte | Verlust im Verlauf der Lagerung |
| ungedüngt | niedrig | niedrig |
| N | niedrig bis mittel | hoch |
| P | mittel | hoch |
| K | hoch | niedrig |
| N + P + K | mittel | mittel |

Der Säurestoffwechsel im Verlauf der Fruchtreife ist eng mit dem Auftreten nichtparasitärer Erkrankungen verknüpft. Ein plötzlicher Rückgang an titrierbarer Säure deutet stets darauf hin, daß Störungen im Stoffwechsel vorliegen. Ein besonders starker Säurerückgang ist zu beachten, wenn bei Früchten, die gegen tiefe Temperaturen empfindlich sind, die untere Temperaturgrenze unterschritten wird.

Im Gegensatz zum Wachsanteil unterliegt der Fettgehalt auf der Fruchtschale stärkeren quantitativen und qualitativen Veränderungen (Abb. 10). Mit dem Eintritt der Früchte in das Stadium der Genußreife erreicht die Fettmenge auf der Schale ein Maximum. Erst nach dem Überschreiten der Grenze der optimalen Genußreife wird der Fettanteil auf der Schale wieder verringert. Die Anreicherung von Fett auf der Epidermis wird durch alle Lagermaßnahmen herabgesetzt (bzw. die Neubildung wird zeitlich verzögert), die den allgemeinen Reifeverlauf der Früchte inhibieren.

Der Wachsgehalt der Schale unterliegt während der Fruchtreife nur geringen quantitativen und qualitativen Veränderungen. Die im Verlauf der Fruchtentwicklung gebildete Gesamtmenge an Wachs und die Struktur der Wachsschicht ist aber mitentscheidend für die Verluste durch Verdunstung auf dem Lager. Nach GOLOVKIN und KUZMIN (1970) hat die chemische Zusammensetzung des Wachses Einfluß auf das Lagerverhalten der Früchte. Bei einem höheren Anteil an Nonacosan, einem $C_{29}$-Kohlenwasserstoff, im Oberflächenwachs wird der Masseschwund erhöht und gleichzeitig die Haltbarkeit wesentlich verringert.

Auf die mit der Reife sich vollziehenden Veränderungen im Farbstoffgehalt, in der Palette der Aromastoffe sowie auf die Bedeutung des Äthylens für den Stoffwechsel reifender Früchte wurde

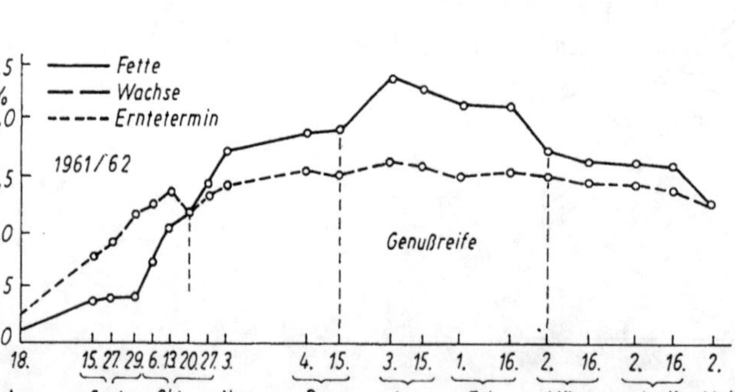


*Abb. 10:* Fett- und Wachsgehalt in % des Trockengewichtes, bezogen auf Erntetermin und Genußreife von ‚Golden Delicious' aus Klein-Altendorf; nach NEUBELLER (1963)

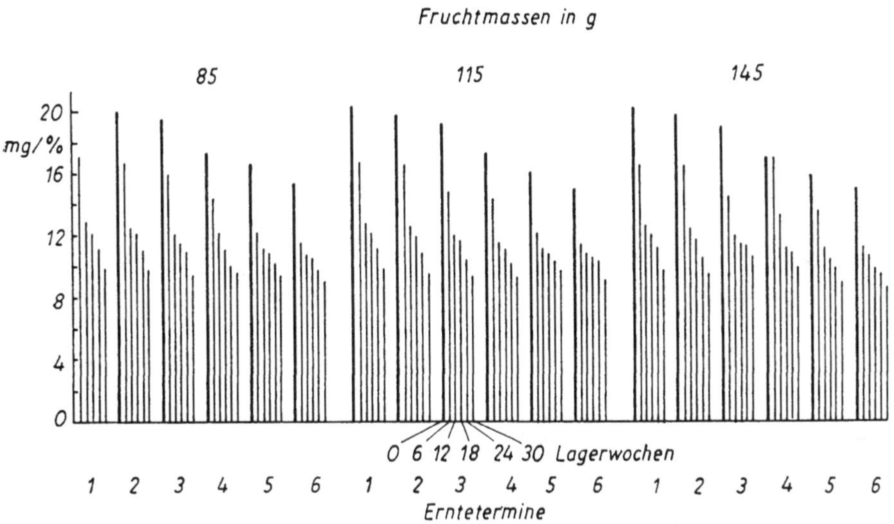


*Abb. 11:* Einfluß des Erntetermins auf die Veränderung im Vitamin-C-Gehalt der Früchte der Apfelsorte ‚Golden Delicious‘ während der Lagerung bei +1°C

bereits im Abschnitt S. 295f. näher eingegangen.

Von den in den Früchten vorkommenden Vitaminen unterliegt der Gehalt an Vitamin C in der Reifungsphase den stärksten Veränderungen. Er vermindert sich mit fortschreitendem Reifegrad der Früchte beträchtlich (vgl. Abschn. S. 326). Die Abbaurate schwankt bei den einzelnen Obstarten und -sorten in Abhängigkeit von der Temperatur und der Zusammensetzung der Lageratmosphäre erheblich. Vitamin C vermindert sich besonders bei höheren Temperaturen und fortgeschrittenem Reifegrad sehr nachhaltig. Der Verlust kann bei Beerenobstarten innerhalb von 2···3 Tagen 50···90% der ursprünglich vorhandenen Menge betragen. Auch bei Kernobst ist im Verlauf der Lagerung ein wesentlicher Rückgang (Abb. 11) zu beobachten. Die vollständige Zerstörung des Vitamins C erfolgt kurz vor dem Auftreten sichtbarer Symptome von Schalen- und Fruchtfleischverbräunungen.

Die Aufgabe der Lagerung besteht u. a. darin, durch Senkung der Atmungsintensität die Dissimilation der Reservestoffe so weit zu verzögern, daß eine möglichst lange Haltbarkeit der Früchte gegeben ist, ohne daß Veränderungen im Stoffwechsel auftreten, die den Nährwert und die organoleptischen Eigenschaften maßgeblich beeinträchtigen.

## Begriffsbestimmung „Haltbarkeit“

In der Praxis und auch in der Literatur wird oft die „Lagerfähigkeit“ der Früchte gleichgesetzt mit der „absoluten Haltbarkeit“. Die Zeitspanne zwischen Baumreife und Genußreife ist eine genetisch geprägte Arten- und Sorteneigenschaft. Die Begriffe „Lagerfähigkeit“ und „Haltbarkeit“ können daher nicht gleichgesetzt

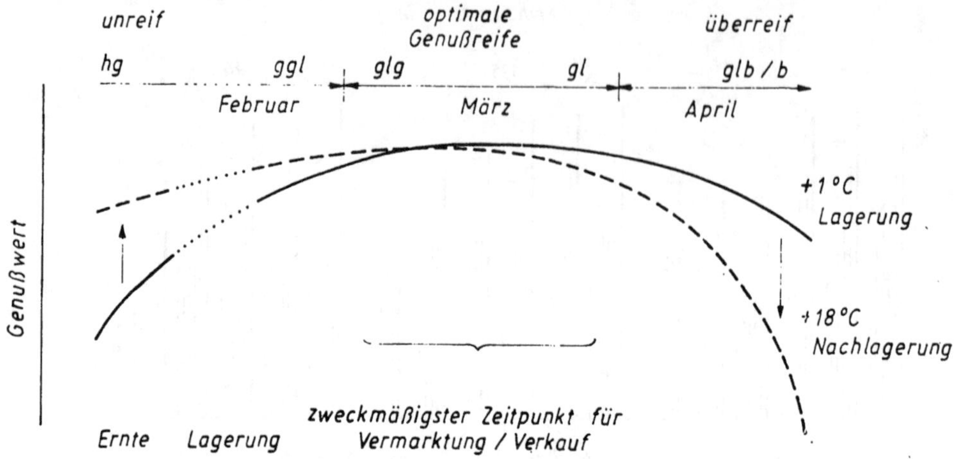


*Abb. 12:* Schematische Darstellung des Reifeverlaufes bei der Apfelsorte ‚Golden Delicious' während der Lagerung bei +1°C und anschließender achttägiger Nachlagerung bei +18 °C
hg: hellgrün glg: gelbgrün ggl: grüngelb gl: gelb glb/b: gelbbraun bis braun

werden. Man darf daher unter Haltbarkeit nicht den Auslagerungszeitpunkt verstehen, an dem noch ein hoher Prozentsatz der Früchte äußerlich und innerlich intakt ist und an dem diese alle Manipulationen, denen sie während der Aufbereitung und Vermarktung ausgesetzt sind, ohne sichtbare Schäden überstehen. Die Früchte müssen nach erfolgter Auslagerung und Vermarktung ihre äußere und innere Qualität noch bis zum Verbrauch behalten. Die Haltbarkeit muß somit über den Auslagerungszeitpunkt hinausgehen. Das Obst wird durch den Konsumenten oft nicht unmittelbar nach dem Kauf verzehrt. Besonders Äpfel bewahrt man meist einige Tage lang bei Zimmertemperatur auf. Die Zeitspanne vom Erwerb bis zum Verzehr kann bei Beerenobst 1···2 Tage, bei Steinobst 3···5 Tage und bei Kernobst etwa 10 Tage betragen. In diesem Stadium ist der Stoffumsatz in den Früchten aber sehr intensiv, sie werden deshalb verhältnismäßig schnell überreif. Der Qualitätsabfall nach der Vermarktung geht dabei um so schneller vor sich, je mehr sich die Früchte ihrer absoluten Haltbarkeitsgrenze auf dem Lager genähert haben (Abb. 12).

Um eine kontinuierliche Versorgung der Bevölkerung mit Frischobst in hoher Qualität zu sichern, sind Kompromisse notwendig. Es muß einerseits angestrebt werden, die maximal mögliche Haltbarkeit im Lager zu erhalten, andererseits soll der Frischmarkt ständig mit Obst, das den vollen Genußwert bis zum Verzehr behält, beliefert werden. Das erfordert eine ständige Kontrolle der Lagerpartien auf ihr Verhalten bei der Nachreife im Anschluß an die Auslagerung. Nur diese kommerzielle Variante der Haltbarkeit sollte bestimmend für die einzuhaltende Grenze der Lagerung bei den verschiedenen Obstarten und -sorten sein.

# Wirkung der Standortqualität und der Pflegesysteme auf den Reifeverlauf der Früchte nach der Ernte

Qualität und Haltbarkeit des Obstes werden von den Umweltverhältnissen und Anbaubedingungen, unter denen es herangewachsen ist, entscheidend beeinflußt. Die Wirkung kann so nachhaltig sein, daß Früchte einer Sorte und gleicher Herkunft in einem Jahr für lange Zeit eine ausgezeichnete Qualität behalten. Im darauffolgenden müssen sie möglicherweise trotz gleicher Lagerbedingungen infolge des Auftretens nichtparasitärer Erkrankungen oder wegen des starken Befalles durch Fäulen nach wesentlich kürzerer Zeit vorzeitig ausgelagert werden, weil die Verluste untragbar hoch geworden sind.

Die ökologischen und Anbaufaktoren beeinflussen die Lagerfähigkeit des Obstes vorwiegend in folgenden Eigenschaften:

- Ausbildung der Fruchtmasse,
- Versorgung der Früchte mit Assimilaten und Nährstoffen,
- Dauer des Fruchtwachstums,
- Struktur und Resistenz des Fruchtgewebes gegen Streßbedingungen auf dem Lager,
- Aktivität des Stoffwechsels und Geschwindigkeit des Reifeablaufs in den Früchten.

Eine eindeutige Zuordnung der einzelnen Anbaufaktoren zu bestimmten Merkmalen der Haltbarkeit, des Stoffwechsels oder der Widerstandsfähigkeit der Früchte nach der Ernte ist kaum möglich, da die Einflüsse im Komplex wirksam werden.

Der Boden beeinflußt die Haltbarkeit der Früchte über den Wasserhaushalt und die Sorptionsfähigkeit für einzelne Nährstoffe. Es ist bekannt, daß Äpfel von Sandböden früher reifen, eine bessere Ausfärbung aufweisen und bei später Ernte sich schlechter halten als solche von Löß- oder sandigen Lehmböden. Auf schweren Lehm- und Tonböden schließt dagegen das vegetative Wachstum der Bäume nicht rechtzeitig ab, was sich nachteilig auf die Qualität der Früchte auswirken kann. Der mögliche negative Einfluß des Bodens verliert aber in dem Maße an Gewicht, wie es gelingt, durch Regelung des Wasserhaushaltes und der Nährstoffbereitstellung ausgleichend zu wirken.

Für die Lagerfähigkeit der Kernobstfrüchte haben die physiologisch wirksame Temperatursumme über +5 °C oder +10 °C während der Vegetationsperiode und die Niederschlagssumme in den letzten 4···6 Wochen vor dem Erreichen der Baumreife der Früchte entscheidenden Einfluß (Abb. 13).

Die Klimafaktoren „Temperatur" und „Niederschlag" beeinflussen sowohl über die Mobilisierung der Nährstoffe als auch über Veränderungen der assimilatorischen Leistung der Blätter Qualität und Haltbarkeit der Früchte. Eine ungleichmäßige Wasserversorgung verringert nicht nur die Fruchtmasse, sondern stört auch den Stoffwechselablauf durch unausgeglichene Versorgung der Zellen mit Assimilaten und Nährstoffen. Die Zellwände werden dadurch instabil und nehmen eine lockere Struktur an. In extremen Fällen können Trockenperioden durch Behinderung der Aufnahme von Bor verkrüppelte Früchte zur Folge haben. Wirken höhere und tiefere Temperaturen wechselweise im gegenläufigen Sinne, dann wird der Zellaufbau möglicherweise so empfindlich

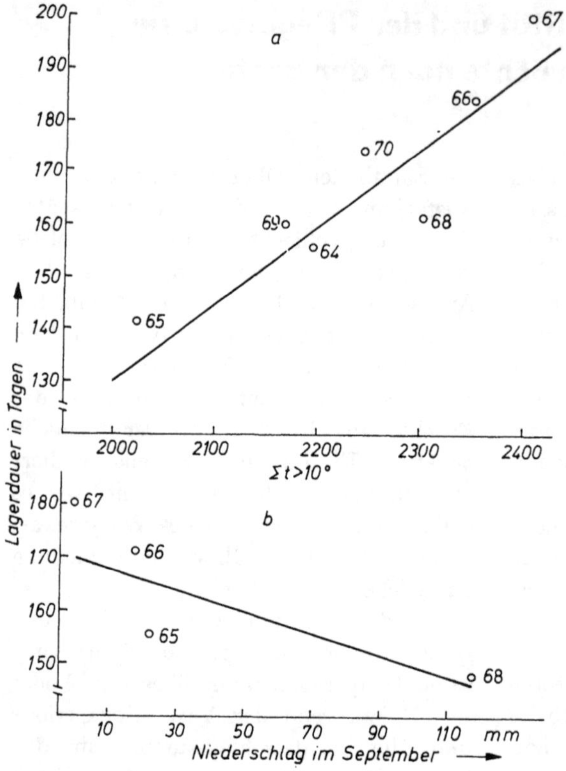


*Abb. 13:* Abhängigkeit der Lagerdauer der Äpfel der Sorten ‚Simirenko Renette' (a) und ‚Boiken' (b) von den meteorologischen Bedingungen während der Vegetationsperioden; nach IGNAT'EVA (1982)

gestört, daß mit Stippigkeit und Glasigkeit zu rechnen ist. Auf dem Kühllager sind solche Früchte gegen Kältefleischbräune besondes anfällig; im CA-Lager empfindlich gegenüber höheren Kohlendioxid- und niedrigeren Sauerstoffkonzentrationen.

Zur Erzeugung lagerfähiger Früchte muß deshalb vorwiegend in der Zeit von der Blüte bis gegen Anfang Juli bei Trockenheit durch Zusatzbewässerung für eine gleichmäßige und ausreichende Wasserverfügbarkeit gesorgt werden. Eine reichliche Wasserzufuhr nach diesem Termin wirkt sich jedoch negativ aus. Die Lagerfähigkeit der Früchte wird dadurch vermindert. Liegen weiterhin die Durchschnittstemperaturen sehr hoch, so bilden sich Früchte mit lockerem Gewebe. Bei niedrigeren Temperaturen verzögert sich der Triebabschluß, als Folge davon werden die Früchte nur ungenügend mit Assimilaten versorgt, der Stoffwechsel verlangsamt sich, sie bilden nur ein schwaches Aroma aus, das Chlorophyll in der Schale weicht nicht den sortentypischen roten und gelben Farbstoffen.

Bei hohen Temperaturen während der letzten Vegetationswochen wird der Abbau der organischen Säuren im Verlauf der Reife am Baum begünstigt. Je wärmer es ist, um so mehr organische Säuren dienen als Atmungssubstrat bei Schonung der Kohlenhydrate. Dieser Ablauf ist besonders dann zu beobachten, wenn gleichzeitig das Wasser im Minimum ist. Je ausgeglichener die Bäume mit Wasser versorgt werden, um so höher liegt zum Zeitpunkt der Baumreife der Gehalt an Kohlenhydraten und Säuren in der Frucht und um so geringer ist die Geschwindigkeit ihres Abbaues im Verlauf der Lagerung. Damit verknüpft ist auch eine bessere Lagerfähigkeit. Zur Regelung des Wasserangebotes kann bei gleichzeitiger Ausnutzung der Verdunstungskälte und der damit verbundenen Minderung extrem hoher Temperaturen die Überkronenberegnung, möglicherweise auch in Form der klimatisierenden Beregnung, für die Ausbildung einer guten Fruchtqualität nützlicher sein als die Bodenbewässerung.

Äpfel und Birnen aus Höhenlagen zwischen 300···500 m über NN sind reicher an Zucker, Zellwandbestandteilen, titrierbarer Säure und Mineralstoffen. Bei gleichzeitig festerer Beschaffenheit des Fruchtfleisches und langsam verlaufendem Stoffwechsel sind sie besser lagerfähig als vergleichbare Früchte aus niedriger gelegenen Anbaugebieten. So kann z. B. ‚James Grieve' aus Höhenlagen des Harzes im Normallager bei voller Erhaltung der Qualität bis November/Dezember aufbewahrt werden; Spätherbstsorten werden dort zu Wintersorten.

In gut belichtete Früchte werden mehr Kohlenhydrate und organische Säuren sowie Phenolverbindungen eingelagert als in Schattenfrüchte. Die Sonnenfrucht ist von festerer Konsistenz und stabiler. Ihre Schale besteht aus mehreren, zu einem festen Plattenkolenchym verbundenen Schichten. Die Epidermis wird stärker kutiniert und weist weniger Risse und Unebenheiten auf. Sonnenfrüchte mit einem hohen Deckfarbenanteil sind aus diesen Gründen auf dem Lager widerstandsfähiger gegen physiologisch bedingte Schäden wie Hautbräune und Fruchtfleischbräune.

Über den Lichtfaktor und das Blatt-Frucht-Verhältnis wirken auch die Kronengestaltung und der Schnitt auf die Lagerfähigkeit der Früchte. Äpfel, Pflaumen und Kirschen aus Innenbereichen großkroniger Bäume enthalten nach Kopylow und Mitarb. (1970) bei einem engeren Zucker-Säure-Verhältnis weniger Gesamtzucker und Vitamin C als Früchte aus den Außenbezirken der Krone. Nach Friedrich (1958) beeinflussen alle Maßnahmen, die geeignet sind, einen sinnvollen Ausgleich zwischen Triebwachstum und Fruchtbildung zu schaffen, die Haltbarkeit des Obstes im günstigen Sinne. Früchte von Bäumen mit einem weiten Blatt-Frucht-Verhältnis, wie sie häufig bei Jungbäumen und solchen mit schwachem Behang zu finden sind, zeigen keine befriedigende Haltbarkeit. Das oft empfohlene, allerdings je nach Autor stark unterschiedliche Blatt-Frucht-Verhältnis von 30···40 berücksichtigt vornehmlich Größe, Färbung und Geschmack. Zur Ausbildung gut lagerfähiger Früchte sollte es je nach Standort der Bäume und Baumform 15 bis maximal 30 betragen. Für die Apfelsorte ‚Golden Delicious' hält Silbereisen (1966) in wärmeren Anbaugebieten ein Verhältnis von 15, in kälteren Standorten von 20 für angepaßt, eine mangelhafte Qualität entsteht erst dann, wenn weniger als 100 cm$^2$ Blattfläche zur Verfügung stehen (Silbereisen und Buchloh 1970). Die Äpfel bleiben bei zu wenig zur Verfügung stehender Blattfläche klein und grün, sie besitzen wenig lösliche Trockensubstanz und titrierbare Säure. Zur Bildung maximaler Fruchtgrößen sind nach Hansen (1969) 371···1175 cm$^2$ Blattfläche je Frucht notwendig. Übergroße Früchte sind aber nur für die unmittelbare Vermarktung, nicht für die Lagerung, geeignet. Ein strenger Rückschnitt der Triebe, der einen verstärkten Neuaustrieb auf Kosten der Versorgung der Früchte mit Assimilaten und Nährstoffen zur Folge hat, kann ebenso wie eine starke Triebhemmung durch Wachstumsregulatoren die Qualität der Früchte negativ beeinflussen.

Günstig auf die Ausprägung der Qualität der Früchte kann ein Sommerschnitt im Juni/Juli wirken (STRUKLEC 1981). Durch diese Maßnahme wird die Kalziumversorgung von Blättern und Früchten verbessert und damit das K/Ca-Verhältnis in den Früchten enger. Der Gehalt an Frucht-N verringert sich, die Menge an assimilierter Gesamtsäure wird erhöht und der Abbau der Fruchtsäuren während der Lagerung verlangsamt. Die Ausfärbung der Früchte ist besser, vor allem der Karotinoid- und Anthozyangehalt ist als Folge einer intensiveren Bestrahlung der Früchte höher; also Merkmale, die die Haltbarkeit der Früchte verbessern können.

Extrem große Früchte sind in der Regel wasserreicher und geschmacksärmer als solche sortentypischer Durchschnittsgröße. Die Fruchtmasse beeinflußt die Lagerfähigkeit aber nur dann, wenn die Früchte aus großvolumigen Zellen mit dünnwandigen Zellwänden aufgebaut sind. Enthalten sie gleichzeitig wenig Kohlenhydrate und Säuren und besteht ein enges Kohlenhydrat-Protein-Verhältnis, so weisen sie meist eine hohe Stoffwechselaktivität auf und sind sehr anfällig gegenüber nichtparasitären Erkrankungen und Fäulen (Abb. 14). Große Früchte aus Spitzenregionen der Äste, die ausgeglichen mit Assimilaten und Nährstoffen versorgt sind, die auf Grund der günstigen Belichtung ein stabiles Deckgewebe ausgebildet haben, sind — sofern sie zum richtigen Zeitpunkt geerntet werden — in der Regel mit bestem Erfolg lagerfähig.

Die am Baum bereits als morphologisch unterentwickelt erkennbaren Früchte (Tab. 4) sind nach der Periode des Junifruchtfalles, spätestens einige Monate vor der Ernte durch Ausdünnen zu entfernen (STOLL und Mitarbeiter 1981). Morphologisch-biochemisch unterentwickelte Früchte entwickeln sich nach der Ernte niemals zu geschmacklich vollwertigen Früchten, auch wenn sie zu einem späteren Termin als die normal entwickelten Früchte geerntet werden. Morphologisch-biochemisch unterentwikkelte Früchte gehören nicht in ein Lager.

Im Zusammenhang mit der „Dichtpflanzung" gewinnt die Frage des Unterlageneinflusses eine immer größere Bedeutung. In zahlreichen Versuchen wurde nachgewiesen, daß Früchte von Bäumen auf sehr schwachwachsenden Unterlagen

*Tab. 4:* Zusammenhang zwischen morphologisch-biochemischen Meßgrößen bei Apfelfrüchten nach STOLL (1980)

| unterentwickelt | **morphologische Meßgrößen** | voll entwickelt |
|---|---|---|
| spitz | Kelchpartie | breit |
| klein | Distanz Kelchhöcker | groß |
| gering | tiefe Kelchgrube | groß |
| hoch | Lentizellenzahl/cm² | niedrig |
| | **biochemische Meßgrößen** | |
| gering | % Deckfarbenanteil | hoch |
| hoch | Chlorophyllgehalt im Fruchtfleisch | niedrig |
| niedrig | Zuckergehalt (Refraktometerwert) | hoch |
| niedrig | titrierbarer Säuregehalt | hoch |
| niedrig | Aromastoffe | hoch |

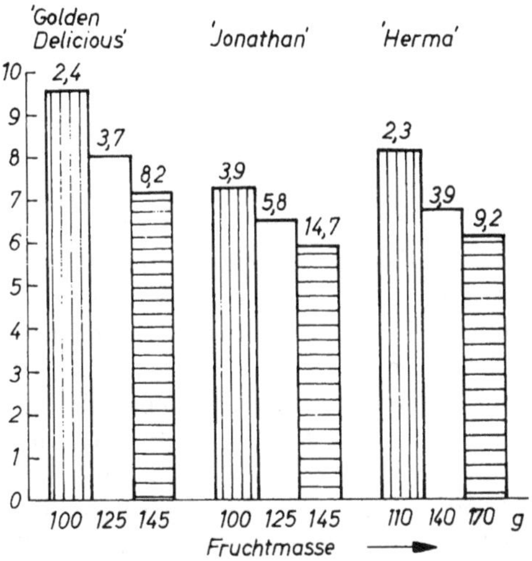


*Abb. 14:* Schwundverluste nach 6monatiger Lagerung von Apfelfrüchten in Abhängigkeit von der Fruchtmasse. Mittelwerte von 5 Lagerperioden. Lagertemperatur: ‚Golden Delicious' = +1°C, ‚Jonathan' und ‚Herma' = +4°C, relative Luftfeuchtigkeit = 92···95%. Die Zahlen über den Säulen geben die Verluste durch Fäulnis und nichtparasitäre Erkrankungen an

(z. B. M 9) bei besserer Beurteilung von Geschmack und Ausfärbung eine geringere Haltbarkeit aufweisen als vergleichbare Äpfel von stärker wachsenden Kombinationen (Unterlagen z. B. M 4, M 2, M 26).

Diese Regel gilt aber nur dann, wenn man denselben Kalendertermin für die Ernte zugrunde legt. Werden Äpfel von schwächer wachsenden Kombinationen entsprechend ihrer früher eintretenden Baumreife zum gleichen physiologischen Reifestadium, z. B. gemessen am klimakterischen Atmungsminimum oder dem Aufhellungsgrad der Grundfarbe gepflückt, so besitzen sie die gleiche Haltbarkeit wie solche von Bäumen auf stärker wachsenden Unterlagen. Dieser Zusammenhang konnte von Stoll (1973) nachgewiesen werden.

Für den Großanbau einer Sorte und deren Ernte zum optimalen Pflücktermin ist das unterlagenbedingt unterschiedliche Stadium der Pflückreife von großer wirtschaftlicher Bedeutung; besteht doch damit die Möglichkeit, die Ernte zeitlich auseinander zu ziehen.

Die beste Haltbarkeit weisen Früchte von im Vollertrag stehenden Bäumen auf. Bei Jungbäumen ist das Blatt-Frucht-Verhältnis meist ein zu weites, es werden Früchte mit einem zu schwammigen Gewebe gebildet. An alten Bäumen ist der Prozentsatz Früchte, die an schwachem oder stark beschattetem Holz wachsen, übermäßig groß. Aus diesen Gründen sind sowohl Früchte von Jungbäumen als auch von nicht mehr wüchsigen abtragenden Altbäumen schlecht lagerfähig.

Haltbarkeit und Qualität können durch die Düngung in erheblichem Maße beeinflußt werden. Die Beurteilung der Wirkung der einzelnen Nährstoffe auf die Haltbarkeit der Früchte ist aber sehr schwierig, weil der Zellstoffwechsel durch die Gesamtheit der aufgenommenen Mineralstoffe einerseits, die Intensität der Assimilation andererseits gesteuert wird. Nach Kramer und Mitarbeiter (1966) ist die zu bemessende Menge an Mineralstoffen von den Bodenverhältnissen, einschließlich Wasser- und Nährstoffgehalt, dem Klima des Standortes, dem Verlauf der Jahreswitterung, der Obstart, Sorte, Unterlage, Kronengestaltung, den Schnittmaßnahmen, dem Verhältnis der vegetativen zur generativen Leistung sowie dem Alter und der Größe des Gehölzes abhängig. Es ist deshalb nicht möglich, Grenzwerte für einzelne Nährstoffe anzugeben, die als optimal für die Erzeugung lagerfähigen Obstes angesehen werden können.

Unter dem Gesichtspunkt der Qualität und Haltbarkeit der Frucht kommt dem Stickstoff eine dominierende Rolle

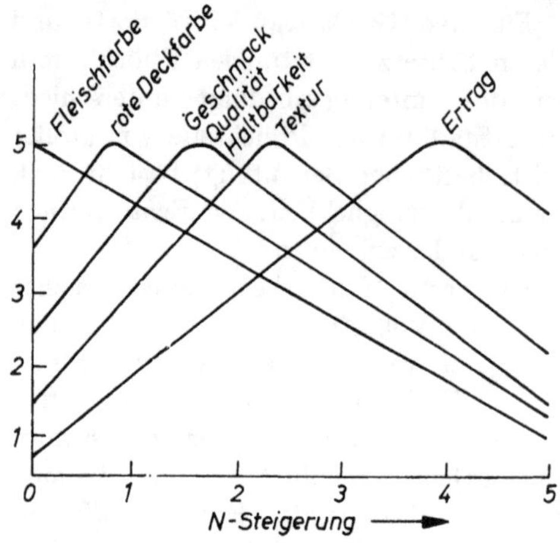


*Abb. 15:* Prinzipschema der Wirkung steigender N-Versorgung auf den Ertrag und die verschiedenen Qualitätskomponenten des Apfels (5 = Maximalwerte); nach STOLL (1969)

zu (Abb. 15). Eine reichliche N-Versorgung fördert nicht nur das vegetative Wachstum und verzögert im Herbst den Triebabschluß; als Bestandteil von Aminosäuren und Protein beeinflußt der Stickstoff über das Blatt-Frucht-Verhältnis die Größe der Frucht, ihre chemische Zusammensetzung und ihren strukturellen Aufbau. Eine übersteigerte N-Düngung bedingt große, grüne, schlecht ausgefärbte Früchte mit geringem Deckfarbenanteil und verminderter Fruchtfleischfestigkeit. Sie sind anfällig gegen „Fäulnis", insbesondere gegen Gloeosporiumfäule, Stippe, Schalenbräune, Glasigkeit und Kältefleischbräune (Tab. 5).

Ein steigender Stickstoffgehalt in den Blättern senkt den Kohlenhydratgehalt und den Säuregehalt in den Früchten (BJARNE 1972). Für die Praxis ist von Bedeutung, daß bei einer höheren N-Gabe der Stickstoffgehalt in den Früchten auf das 2···3fache, in den Blättern dagegen nur um etwa 10% erhöht wird (FAUST und SHEAR 1972). Eine Analyse des N-Gehaltes der Blätter läßt deshalb nur bedingt Schlußfolgerungen auf den N-Gehalt der Früchte sowie deren Stoffwechselintensität zu.

Bei der Bemessung der N-Gabe muß

*Tab. 5:* Wirkung verschiedener Mineraldünger auf die chemische Zusammensetzung und das Lagerverhalten von ‚Cox Orangen Pippin'-Äpfeln nach WILKINSON (1956), zitiert bei HULME (1958)

| Behandlung | Wirkung auf die chemische Zusammensetzung | Wirkung auf das Lagerverhalten der Früchte | |
|---|---|---|---|
| | | Fäulnis | Kältefleischbräune |
| Stickstoff als Ammoniumsulfat | zunehmende Stickstoffkonzentration, reduzierte Phosphorkonzentration, zunehmende Mangankonzentration | zunehmend | zunehmend |
| Phosphor als Superphosphat | keine | keine | keine |
| Kalium als Kaliumkarbonat | zunehmender Kalium- und Magnesiumgehalt sowie steigende Azidität | zunehmend | zunehmend |
| Grasuntersaat | abnehmende Stickstoffkonzentration, zunehmende Phosphor- und Natriumkonzentration sowie steigende Azidität, zunehmender Kalium- und Magnesiumgehalt, wenn kein Stickstoff gegeben wurde | abnehmend | abnehmend |

der Obstbauer sich darüber im klaren sein, ob er „Massen“ erzeugen will, oder bei gleichmäßig guten Durchschnittserträgen haltbares Obst mit guten Qualitätseigenschaften.

Eine ausgewogene Kaliversorgung ist zur Senkung der Atmungsintensität notwendig und führt zur Verzögerung der Fruchtreife, zur Bildung gut ausgefärbter Früchte mit festem Fruchtfleisch und hohem Säuregehalt (BÜNEMANN 1964, 1965). Die Anfälligkeit der Früchte gegen nichtparasitäre Erkrankungen wird bei ausreichender Versorgung der Bäume mit Kali vermindert.

Ein einseitiges Überangebot an Kali ist aber dann von Nachteil, wenn Magnesium und Kalzium als Antagonisten nicht ausreichend im Boden vorhanden sind. Die Obstbäume verfügen über ein gutes Aufschließungsvermögen für Phosphor, Qualität und Haltbarkeit der Früchte werden deshalb nur bei ausgesprochenem Mangel an diesem Nährstoff beeinträchtigt.

Bei der Bemessung der Düngermenge sollte man immer davon ausgehen, daß ein Zuviel als auch ein Zuwenig sich nachteilig auf die Fruchtqualität auswirken.

Soll Obst mit guten Lagereigenschaften und ausgezeichneter Geschmacksqualität erzeugt werden, so ist es notwendig, insbesondere die Stickstoff- aber auch die Kalidüngung auf Grund von Bodenanalysen (mineralisierter, pflanzenverfügbarer Stickstoff), Blatt- und Fruchtanalysen der Pflanzenentwicklung anzupassen (s. S. 528). Besonders nachteilig wirken späte Harnstoffspritzungen in den letzten beiden Vegetationsmonaten vor der Ernte auf die Haltbarkeit der Früchte ein (Tab. 6).

Eine ausreichende Kalzium- und Magnesiumversorgung der Bäume ist für den Aufbau der Blätter ebenso wichtig wie für die Ausbildung stabiler Zellwände der Früchte. Bei ihrer Bemessung ist der Ionenantagonismus zu beachten.

Bei ausreichender Kalziumversorgung des Gewebes ist die Atmungsintensität der Früchte niedriger als bei einem geringeren Kalziumgehalt (CORTES 1974). Dies trifft mit hoher Wahrscheinlichkeit für alle Pflanzenarten und -gewebe zu, da $Ca^{++}$-Ionen im Gegensatz zu $Mg^{++}$- und $K^{+}$-Ionen die Umwandlung von P-Enolpyrovat zu Pyrovat hemmen (TURN und TURN 1975). Da Kalzium die Stabilsierung der Zellmembranstruktur erhöht (FAUST und SHEAR 1972), sind Früchte mit einem geringen $Ca^{++}$-Gehalt (unter 90 ppm) sehr anfällig gegenüber einem vorzeitigen Zusammenbruch, insbesondere gegenüber dem Auftreten der Fleischbräune; Gehalte über 110 ppm

*Tab. 6:* Auswirkungen spät verabfolgter Harnstoff-Spritzungen auf Lageräpfel nach STOLL (1973)

| Versuche | Harnstoff-Spritzungen | % verkäuflich |
|---|---|---|
| ‚Jonathan‘ (1963/64) | ohne | 85,2 |
| 242 Lagertage bei | 0,5% im September | 57,5 |
| 4°C – 5% $CO_2$ – 3% $O_2$ | | |
| ‚Golden Delicious‘ (1964/65) | ohne | 85,9 |
| 182 Lagertage bei | | |
| 4°C – 10% $CO_2$ – 11% $O_2$ | 0,8% am 6. Juli | 81,2 |
| | 0,8% am 6. August | 38,1 |
| | 0,8% am 8. September | 62,0 |

haben jedoch nur noch eine geringe Wirkung.

Bei extrem niedrigem Kalziumgehalt unterliegen die Früchte schon lange bevor sie in das Reifestadium eintreten einem Zusammenbruch, sie verlieren ihr Chlorophyll, sind anfällig gegenüber Lentizellenverbräunung, die Lentizellen spalten auf, wenn gleichzeitig ein hoher innerer Turgordruck vorliegt. Dem entgegen wirken wiederholte Spritzungen mit $CaCl_2$-Lösung während der Vegetationsperiode oder Tauchen der Früchte nach der Ernte in eine Kalziumchloridlösung (s. S. 520). Natürlich aufgenommenes oder appliziertes Kalzium ist gleichmäßig über das gesamte Parenchymgewebe verteilt (WIENEKE 1979), demgegenüber wird die Hauptmenge an Chlorionen im äußeren Fruchtfleisch lokalisiert. Aus diesem Grund wird in den Früchten in allen Gewebeteilen das Auftreten nichtparasitärer Erkrankungen eingeschränkt oder vermieden.

Für die Dauerlagerung ist nur gesundes Obst brauchbar. Der Erfolg oder Mißerfolg der Lagerung hängt ententscheidend vom Gesundheitszustand der Früchte ab. Die Bekämpfung parasitärer Lagerfäulen muß bereits im Verlauf der Vegetationsperiode durch eine sinnvoll abgestimmte Spritzfolge beginnen. Durch Anwendung tiefer Lagertemperaturen oder Veränderung der

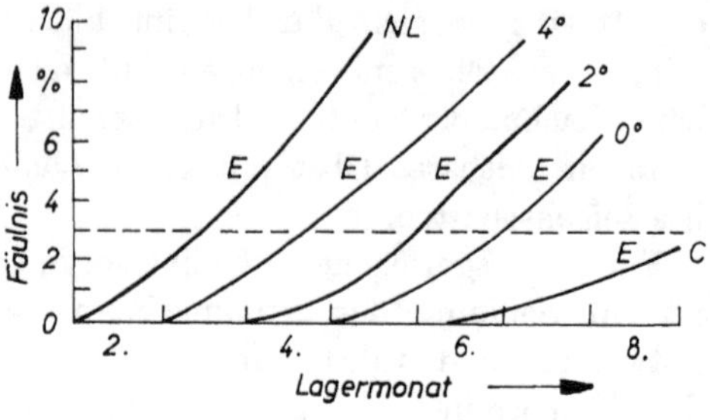


*Abb. 16:* Von Lagerkondition und Lagerdauer abhängiger Anstieg der Schäden durch Fäulen an ,Golden Delicious'-Früchten; NL = Naturlager; E = Ende der Eßreife; C = kontrollierte Atmosphäre; nach STOLL (1973)

Lageratmosphäre ist es möglich, Monilia-, Botrytis- und Gloeosporiumfäule merklich zu reduzieren. Diese Maßnahmen für sich allein reichen jedoch für eine Langzeitlagerung nicht aus, um die Fäulnisverluste in vertretbaren Grenzen zu halten. Nach STOLL (1973) wird der wirtschaftlich tragbare Verlust (Abb. 16) durch Fäulnis bei sinnvoll gestaltetem Pflanzenschutz im maschinengekühlten und im CA-Lager bis zum Eintritt der Genußreife niemals überschritten.

Bei der Anwendung von Pflanzenschutzmitteln, vor allem der Fungizide, ist ähnlich wie bei der Behandlung mit Wachstumsregulatoren zur Steuerung des Fruchtfalles (vgl. Seite 456), darauf zu achten, daß die Haltbarkeit der Früchte nicht beeinträchtigt wird (Tab. 7).

*Tab. 7:* Einfluß einiger Fungizide auf den Reifungsverlauf von Äpfeln, nach HANSEN (1966)

| sehr starke Reifeförderung | mittlere bis starke Reifeförderung | geringe Reifeförderung bis neutrales Verhalten | neutral bis geringe Reifehemmung | deutliche Reifehemmung |
|---|---|---|---|---|
| Zineb<br>Tuzet | Captan<br>(bei Birnen reifehemmend) Metiram | Maneb<br>Dithianon (Delan)<br>Rhodandinitrobenzol, Mancozeb<br>Dichlofluanid (Euparen) | TMTD<br>Ortho Phaltan<br>Netzschwefel | Ziram |

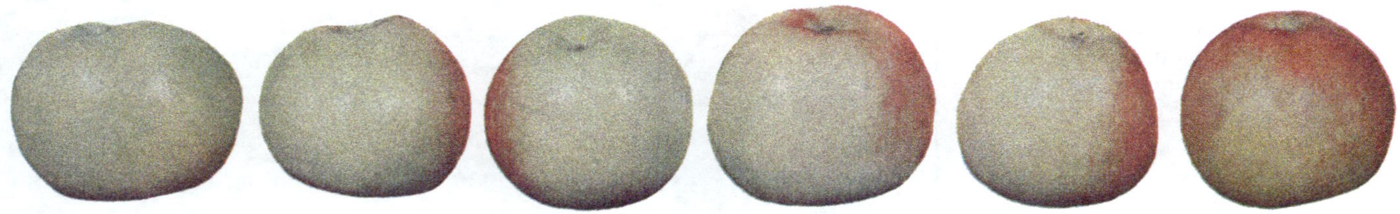

Abb. 1 A: Abbaustufen der Chlorophyllfarbstoffe; v. l.: Frucht 1 und 2 = unreif, 3 = pflückreif, 4 und 5 = genußreif, 6 = überreif (Text s. S. 299)

Abb. 2 A: Genetisch determinierte Fähigkeit der Sorten, Anthozyan zu bilden; links: Sorte ‚Ingrid Marie', rechts: Sorte ‚James Grieve' (Text s. S. 291)

Abb. 4 A: Einfluß der Berostung auf die Schrumpfneigung der Früchte (Text s. S. 504 f.)

Abb. 3 A: Einfluß des Sonnenlichtes auf die Anthozyansynthese bei den Früchten der Sorte ‚James Grieve' (Text s. S. 291)
links: Erntezeitpunkt
Mitte: 4 Tage dem Sonnenlicht ausgesetzt
rechts: 8 Tage dem Sonnenlicht ausgesetzt

TAFEL 3

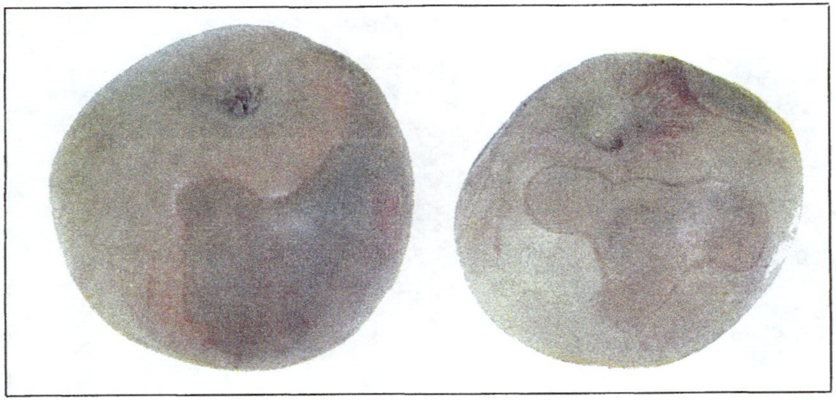

Abb. 5 A: Weiche Schalenbräune (Text s. S. 516)

Abb. 6 A: *Cladosporium*-Fäule

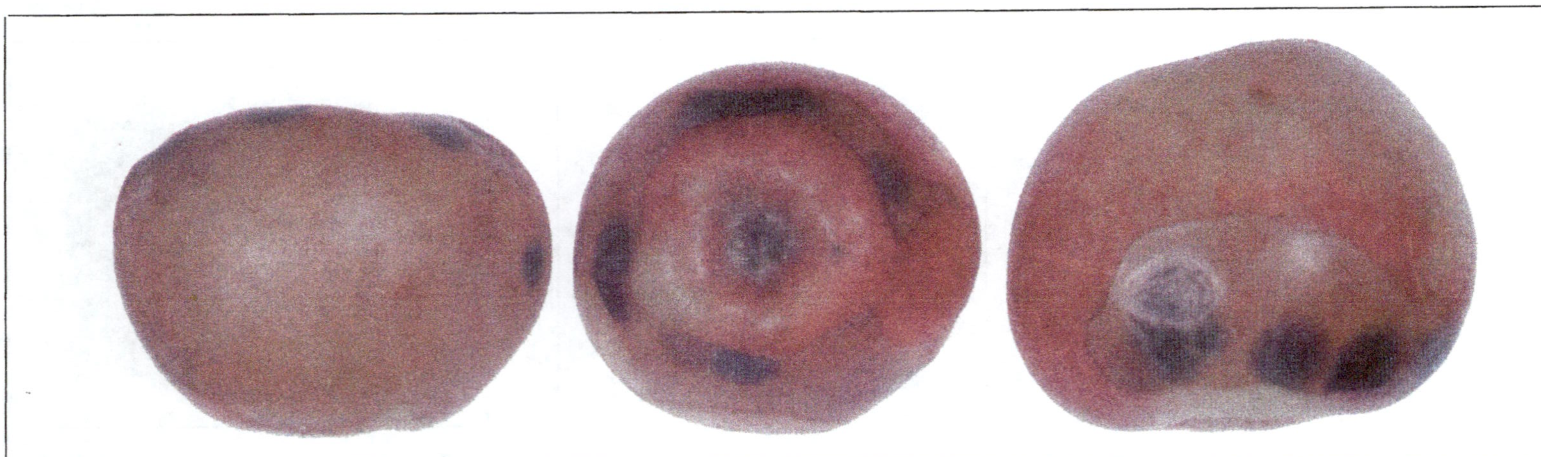

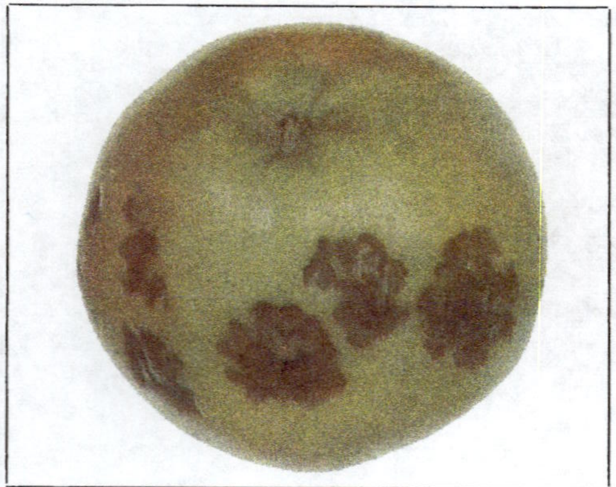

Abb. 7 A: Schalenbräune (Text s. S. 515)

Abb. 8 A: Altersschalenbräune (Text s. S. 515)

Abb. 9 A: Jonathanflecken (Text s. S. 520)
links: kleinfleckiger Typ
rechts: großfleckiger Typ

TAFEL 5

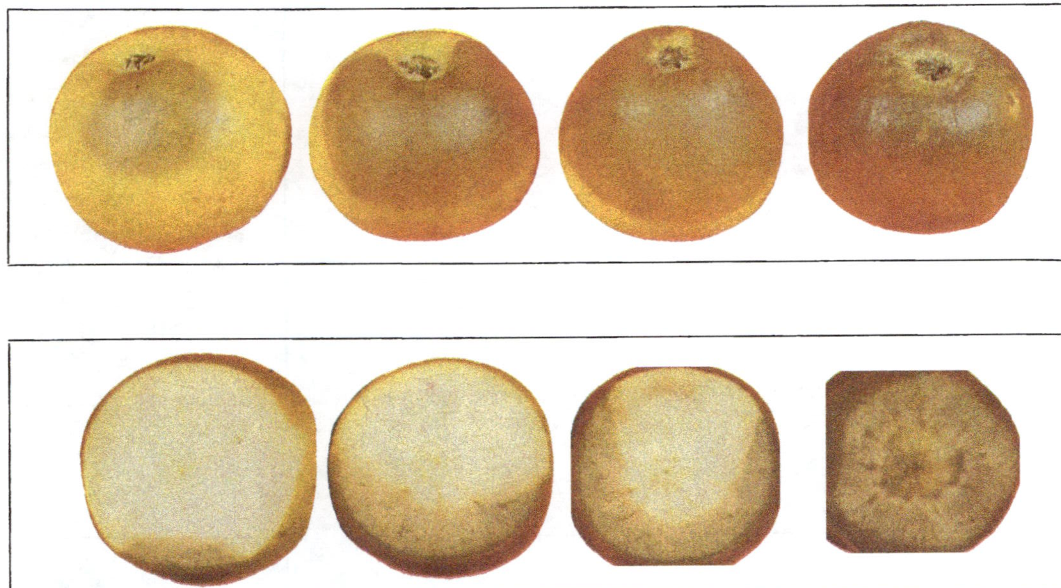

Abb. 12 A: Kältefleischbräune (Text s. S. 521)

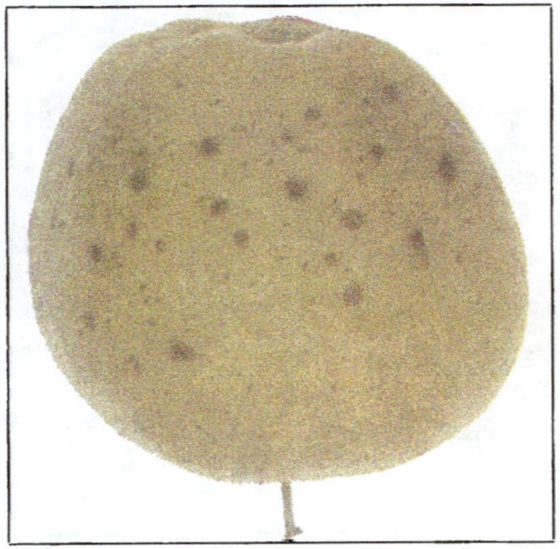

Abb. 10 A: Braune Lentizellenflecken (Text s. S. 521)

Abb. 11 A: Rote Lentizellenflecken (Text s. S. 521)

TAFEL 6

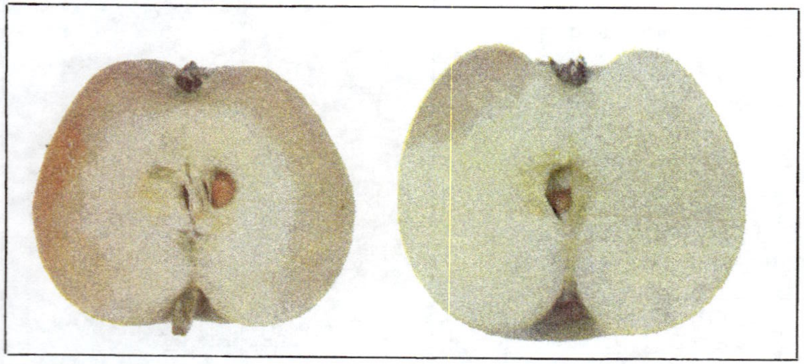

Abb. 13 A: Nasse Fleischbräune (Text s. S. 521)

Abb. 14 A: Altersfleischbräune (Text s. S. 523)
Aufnahme: P. Florstedt

Abb. 15 A: Glasigkeit (Text s. S. 528)

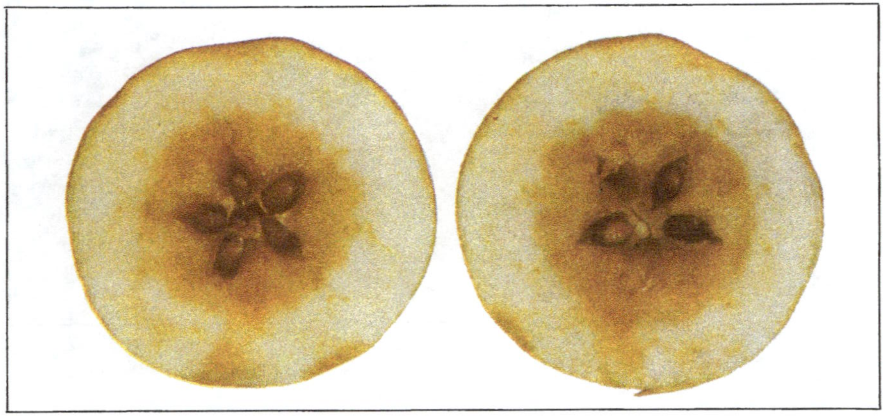

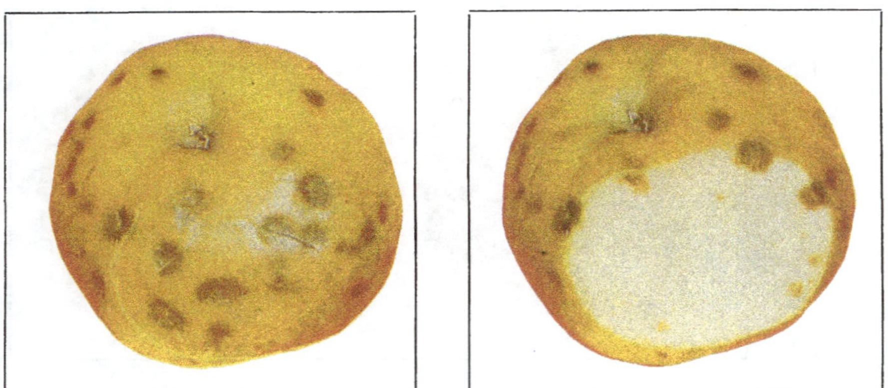

Abb. 16 A: Kernhausbräune am Apfel (Text s. S. 524)

Abb. 17 A: Kernhausbräune an der Birne (Text s. S. 524)

Abb. 18 A: Stippigkeit bei der Sorte ‚Herma‘ (Text s. S. 525)
links: Schäden auf der Fruchtschale
rechts: im Fruchtfleisch

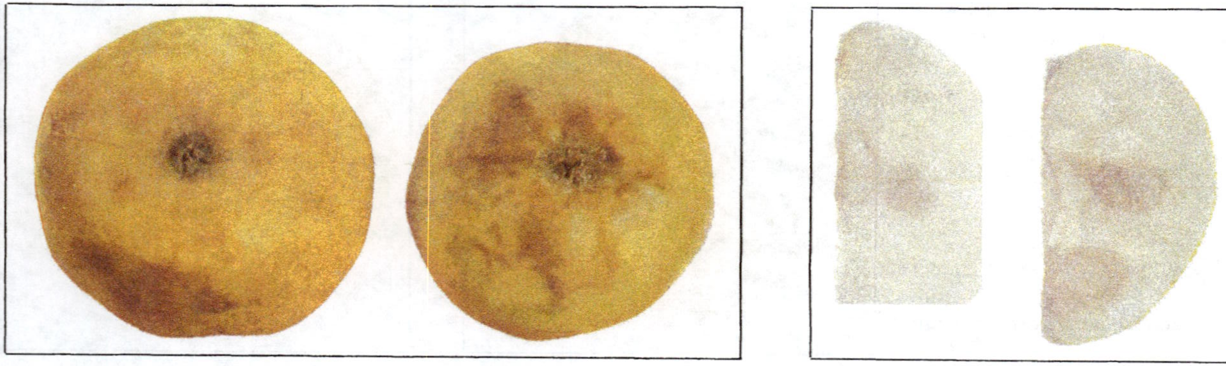

Abb. 19 A: Schäden durch Kohlendioxid (Text s. S. 529)

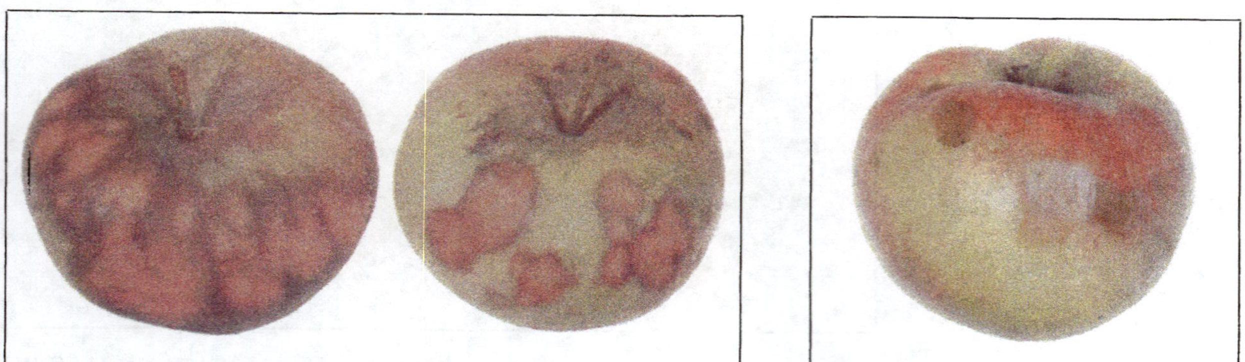

Abb. 20 A: Schäden durch Sauerstoffmangel (Text s. S. 529)

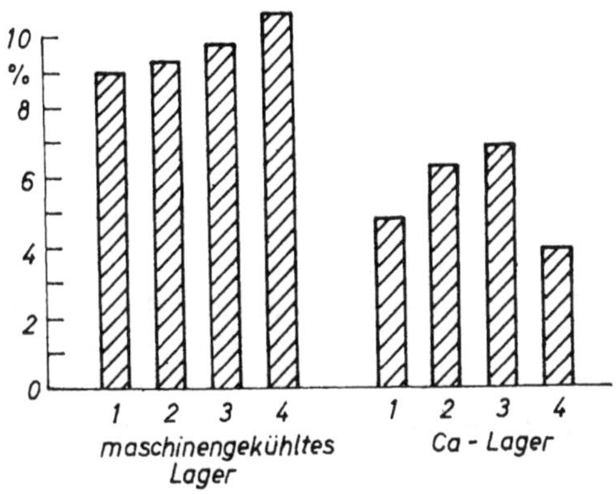


*Abb. 17:* Mittlerer prozentualer Masseverlust bei der Sorte ‚Golden Delicious' im maschinengekühlten Lager und CA-Lager;

1 = unbeschädigt; 2 = 80 mm² Druckstellen; 3 = 250 mm² Druckstellen; 4 = ohne Stiel; nach Wahl (1974)

Vor Anwendung von neuen Mitteln sollte im Testversuch stets ihre Nebenwirkung auf den Reifeverlauf der Früchte überprüft werden. Mechanisch beschädigte Früchte weisen in der Regel eine verminderte Lagerfähigkeit auf, Verletzungen des Deckgewebes und des darunterliegenden Fruchtfleisches bilden Eintrittspforten für Fäulniserreger. Gleichzeitig wird der Masseschwund (Abb. 17) erhöht. Im Verlauf der Ernte, des Transportes und der Einlagerung sind aus den genannten Gründen jegliche Verletzungen der Früchte zu vermeiden.

In zunehmendem Maße werden im Obstbau Wachstumsregulatoren eingesetzt, um die Triebbildung zu steuern und den Ertrag zu stabilisieren. Mittel, die das Triebwachstum hemmen, wie z. B. Alar und TIBA, beeinflussen neben dem Kohlenhydrat- und Säurestoffwechsel zugleich den Mineralstoffgehalt der Früchte. Nach Lüdders und Mitarbeiter (1980) wird durch Alar der Ca-Gehalt der Früchte erhöht und damit in den Früchten ein günstiges Ca : K-Verhältnis erzielt, durch Anwendung des Mittels TIBA dagegen der Ca-Gehalt in den Früchten gesenkt und zugleich der K-Gehalt erhöht, was ein ungünstiges Ca:K-Verhältnis bedingt. Solche Früchte können anfälliger für das Auftreten nichtparasitärer Erkrankungen sein.

Bei einem Einsatz von Mitteln zur Verhinderung des vorzeitigen Fruchtfalls, wie NAA, 2,4 D und 2,4,5 T oder TP bzw. SADH (s. a. S. 456) wird zwar die Ausbildung des Trenngewebes zwischen Fruchtstiel und Ast verzögert, diese Wachstumsregulatoren können aber zugleich das Lagerverhalten der Früchte durch Erhöhung ihrer Anfälligkeit gegen nichtparasitäre Erkrankungen negativ beeinflussen.

Mittel zur Förderung der Abscission, wie Ethephon (Flordimex) beschleunigen den Reifeverlauf und fördern die Anthozyansynthese, ohne daß die Früchte notgedrungen ihren optimalen Genußwert nach der Ernte und Lagerung erreichen müssen (Henze 1981).

Zur Erzeugung von gut lagerfähigem Obst sind alle Pflegemaßnahmen so zu gestalten, daß Früchte mit einer sortentypischen Durchschnittsgröße produziert werden. Sie sollen optimal mit Nährstoffen und Assimilaten versorgt sein und unter dem Einfluß ausreichender Sonnenbestrahlung eine glatte, widerstandsfähige Schale ausgebildet haben. Das Fruchtfleisch soll aus stabilen Zellen aufgebaut sein, und die ohne äußere und innere Beschädigung geernteten Früchte müssen in kürzester Zeit in das Lager eingebracht werden.

Jede Verzögerung bei der Einlagerung zieht schwerwiegende Folgen nach sich. Je Woche Zwischenlagerung erhöht sich der Masseschwund der Früchte während der Lagerung um 2···3% (Kluge und Reichel 1978), zugleich wird durch die einsetzende Reifestimulierung die Haltbarkeit erheblich verkürzt.

# Einfluß des Erntezeitpunktes auf den Reifeverlauf der Früchte

Der Reifeverlauf der Früchte nach der Ernte kann durch die Wahl des Pflückzeitpunktes variiert werden. Mit dem Eintritt in das Stadium der Pflückreife setzen unmittelbar danach die bereits beschriebenen Reife- und Abbauvorgänge ein. Diese verlaufen um so intensiver, je weiter sich die Früchte schon am Baum dem Stadium der Genußreife genähert haben.

Für eine Langzeitlagerung ist vom physiologischen Standpunkt aus gesehen der Erntezeitpunkt dann gegeben, wenn die Atmungsintensität der Früchte den Tiefstwert erreicht hat (Abb. 2). In diesem Entwicklungsstadium ist der Stoffwechsel der Früchte auf ein Minimum reduziert. Früchte, die zu diesem Zeitpunkt geerntet und eingelagert werden, entwickeln jedoch auf dem Lager bzw. im Verlauf der Nachreife nicht immer ihren vollen Genußwert. Die Durchführung der Ernte zum Zeitpunkt des klimakterischen Atmungsminimums, gemessen an der $CO_2$-Ausscheidung, ist deshalb in jüngster Zeit etwas umstritten (Blanpied 1969, Stoll und Mitarbeiter 1981). Nach neueren Untersuchungen (Schulz 1983) liegt bei einigen Sorten, wie z. B. bei ‚Golden Delicious', der günstigste Pflückzeitpunkt etwa 1···3 Wochen nach Eintritt des Atmungsminimums. Die Bedeutung des klimakterischen Atmungsverlaufs zur Charakterisierung des Reifegrades ist aber unumstritten, da es einen bedeutenden Abschnitt in der Gesamtentwicklung der Frucht darstellt.

Die Kunst der Lagerung besteht darin, durch Wahl optimaler Lagerbedingungen den Wiederanstieg der Atmungsintensität und damit die Reifungsvorgänge soweit zu verzögern, daß eine lange Haltbarkeit erzielt wird. Aus betriebswirtschaftlicher Sicht wie auch vom physiologischen Standpunkt aus gesehen ist eine vorzeitige, wie auch eine verspätete Ernte nachteilig (Abb. 18).

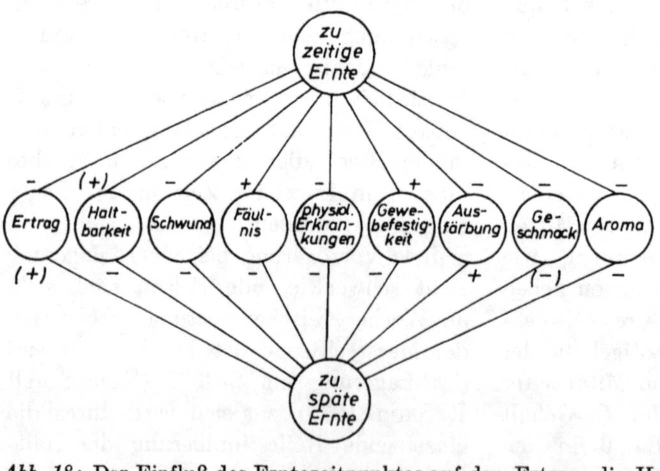


*Abb. 18:* Der Einfluß des Erntezeitpunktes auf den Ertrag, die Haltbarkeit und einige Qualitätsmerkmale beim Kernobst während der Lagerung; nach Schulz (1970)

In den letzten drei Wochen vor dem Erreichen der optimalen Pflückreife kann der Ertragszuwachs noch 10···20% ausmachen. Dies ist in den einzelnen Jahren sehr unterschiedlich und hängt vom allgemeinen Wachstumsrhythmus der Früchte ab. Der Zuwachs ist besonders groß in Jahren mit kühlen, regenreichen Sommern und feuchtwarmen Herbstwochen. Wird der Erntebeginn aber zu spät gewählt, so können die Verluste durch vorzeitigen Fruchtfall höher liegen als der zu erwartende Ertragszuwachs. In gewissen Grenzen ist der vorzeitige Fruchtfall durch Anwendung von Wachstumsregulatoren beeinflußbar (s. S. 456).

Die Haltbarkeit der Früchte ist im allgemeinen bei einer vorzeitigen Ernte besser als bei einer zu späten. Sie besitzen ein festeres Fruchtfleisch und sind somit gegen mechanische Belastungen bei Ernte und Transport weniger empfindlich. Auch ihre Widerstandsfähigkeit gegenüber Fäulniserregern ist größer. Zu zeitig geerntete Früchte werden aber hinsichtlich Geschmack, Aroma und Ausfärbung während der Lagerung und nach erfolgter Auslagerung geringer bewertet als solche, die zum optimalen Zeitpunkt gepflückt wurden.

Die Verluste durch Transpiration sind bei vorzeitig abgenommenen Früchten infolge eines schwächer ausgebildeten Deckgewebes meist erhöht, bei zu spät geernteten steigt dagegen der Stoffverlust durch die Atmung beträchtlich an (Abb. 19).

Die Wahl des richtigen Pflückzeitpunktes ist besonders im Hinblick auf das Auftreten nichtparasitärer Erkrankungen auf dem Lager wichtig. Sorten, die stärker zum Auftreten der Schalenbräune neigen, sollten eher etwas verzögert, diejenigen, die anfällig sind für Kältefleischbräune, Kernhausbräune

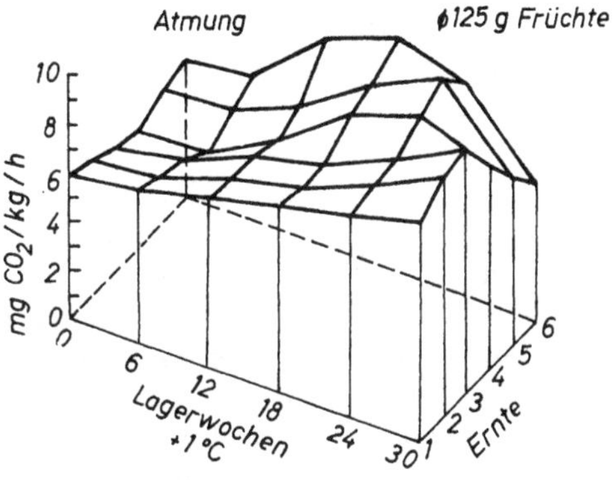


*Abb. 19:* Einfluß des Pflückzeitpunktes auf die Atmungsintensität der Früchte der Sorte ‚Golden Delicious‘ während der Lagerung bei +1°C

oder $CO_2$- und $O_2$-Schäden besser zu einem früher gelegenen Zeitpunkt geerntet werden.

Eine um 5···10 Tage frühere Ernte ist allgemein bei Früchten von jungen, schwach tragenden oder umveredelten Bäumen sowie von solchen, die mit Wuchsstoffen oder reifefördernden Schädlingsbekämpfungsmitteln behandelt worden waren, zu empfehlen. Bei Früchten, die im CA-Lager aufbewahrt werden sollen, ist eine vorzeitige Ernte ebenfalls angebracht.

Eine verzögerte Ernte wird häufig für Früchte empfohlen, bei denen infolge überhöhter Stickstoffdüngung zum optimalen Pflücktermin das Chlorophyll noch nicht genügend abgebaut ist oder es sich um morphologisch unterentwickelte Früchte handelt. Solche Äpfel sind aber nur bedingt lagerfähig, da die Reifungsvorgänge, wie z. B. Pektinabbau und Verringerung des Säuregehaltes, bereits so weit fortgeschritten sind, daß die Haltbarkeit bei ungenügender Geschmacksausbildung nur gering ist.

Zur Bestimmung des optimalen Pflücktermins werden zahlreiche Kriterien empfohlen (Roemer 1968). Als wichtigste seien genannt: die Aufhellung der Grundfarbe der Schale und der Grad des Abbaues des Chlorophylls im Fruchtfleisch, das leichte Lösen des Fruchtstieles, das Braunwerden der Samen, die Bestimmung der Fruchtfleischfestigkeit, das erreichte morphologische Entwicklungsstadium (Stoll 1968), der Grad des Stärkeabbaues, die Bildung bestimmter Aroma- und Geschmackskomponenten, die Intensität der Äthylenbildung, verstärkt einsetzende Violaxanthinbildung (Gross und Lenz 1979), Ermittlung der Resonanzfrequenz (Weiss und Mitarbeiter 1982) sowie die Ermittlung des klimakterischen Minimums. Auch ökologische Faktoren werden zur Bestimmung des Pflückzeitpunktes herangezogen.

Alle diese Methoden haben aber den Nachteil, daß sie, jede für sich allein, keine sichere Auskunft über das erreichte physiologische Reifestadium geben oder aber, wie im Falle der Bestimmung der Atmungsintensität, gegenwärtig in der Praxis kaum durchgeführt werden können bzw. an die Einhaltung bestimmter Untersuchungsbedingungen geknüpft sind. So muß bei der Bestimmung der löslichen Trockenmasse und der Gewebefestigkeit eine genaue Fruchttemperatur eingehalten werden. Die Festigkeit schwankt im Temperaturbereich von +2···+20°C je nach Sorte und angewandtem Prüfverfahren bei Äpfeln zwischen −0,07···−0,90, Birnen −0,47 bis +0,92, Aprikosen −0,66···−1,65 und Pfirsichen −0,22···+3,37% je Grad Temperaturerhöhung (Bourne 1982).

Erschwerend für die Ermittlung des optimalen Erntezeitpunktes wirkt die mehr oder weniger starke Streuung im Reifeablauf der Früchte einer Sorte zwischen den Bäumen und innerhalb eines Baumes selbst, bedingt durch Sonnen- und Schattenseite, die Himmelsrichtung oder das Fruchtastalter. Zu beachten ist, daß alle genannten Reifekriterien ökologisch bedingten Störfaktoren unterliegen. Bei Sorten, die im Reifeablauf zu einer starken Variabilität neigen ist es angebracht, eine Zweiphasenernte durchzuführen.

Als Anhaltspunkt für den zu erwartenden Erntetermin kann auch die mittlere Zeitspanne von der Vollblüte bis zum Beginn der Pflückreife dienen. Sie ist für die einzelnen Anbaugebiete unterschiedlich lang und nur aus Erfahrungswerten zu ermitteln. Für den Raum Halle beträgt sie nach zehnjährigen Erhebungen in Prussendorf für die Sorten:

| | |
|---|---|
| ‚Helios‘ | 90···100 Tage |
| ‚James Grieve‘ | 100···120 Tage |
| ‚Alkmene‘ | 110···120 Tage |
| ‚Cox Orangen Renette‘, ‚Carola‘ | 120···130 Tage |
| ‚Clivia‘, ‚Auralia‘, ‚Spartan‘ | 130···140 Tage |
| ‚Jonathan‘, Schweizer Orangen‘, ‚Boskoop‘, ‚Herma‘, ‚Golden Delicious‘ | 140···150 Tage |
| ‚Idared‘ | 150···160 Tage |
| ‚Starkrimson‘, ‚Ontario‘ | 160···170 Tage |

Nach Stoll (1970) eignen sich die einzelnen Tage der Sekundärphase der Fruchtentwicklung nach Erreichen des T-Stadiums besser zur Bestimmung des Erntetermines, da diese Zeitspanne im geringeren Maße von ökologischen Faktoren beeinflußt wird als die Gesamtentwicklungszeit einer Frucht von der Vollblüte bis zur Baumreife (s. a. S. 477).

Besonders schwierig wird die Einhaltung eines optimalen Erntezeitpunktes dann, wenn von einer Sorte große Partien anfallen. Es besteht zwar die Möglichkeit durch Wahl der Unterlage, Einsatz von Wachstumsregulatoren, Höhe der Düngergabe und Mehrphasenernte den Reifeverlauf zu steuern, doch sind diese Mittel nur begrenzt anwendbar. Hier sollte mit Hilfe einer nachträglichen Ermittlung des Reifegrades der Zeitpunkt der Auslagerung bestimmt werden, um die Lagerverluste so gering wie möglich zu halten.

# Einfluß der Temperatur auf den Reifeverlauf der Früchte

Die Geschwindigkeit des Reifeverlaufs der Früchte nach der Ernte ist wesentlich von ihrer Stoffwechselaktivität abhängig. Je schneller die Stoffumsetzungen ablaufen, um so früher wird das Stadium der Genußreife erreicht und überschritten.

Die Intensität, mit welcher sich diese Umsetzungen vollziehen, werden in natürlicher Atmosphäre vor allem durch die Temperatur gesteuert. Der Einfluß der Temperatur auf die Geschwindigkeit der fermentativen Umsetzungen in den Früchten kann aus der VANT HOFFschen Regel:

$$Q_{10} = \frac{Y_t \pm 10}{Y_t} \approx 2 \cdots 3$$

abgeleitet werden. Sie besagt, daß bei einer Senkung oder Erhöhung der Temperatur um 10 °C von $Y_t$ auf $Y_t \pm 10$ die Stoffumsetzungen um das Zwei- bis Dreifache verzögert oder gesteigert werden.

Am Beispiel der Atmungsintensität der Birnen (Abb. 20) wird die Wirkungsweise der Temperatur sehr deutlich. Die Atmungsrate im klimakterischen Maximum steigt bei den Temperaturen 0 °C, +10 °C und +20 °C von etwa 50 über 150 auf 350 cm³ $CO_2$ je 10 kg Früchte und Stunde an. Die VANT HOFFsche Regel hat bei lebenden Objekten aber nur im Temperaturbereich oberhalb des Gefrierpunktes des Zellsaftes bis zu etwa +40 °C Gültigkeit. Bei weiter ansteigender Temperatur verliert sie infolge Denaturierung des Proteins ihre Gültigkeit.

Der Reifeverlauf einer Frucht besteht aus einer Vielzahl einzelner Fermentreaktionen. Die Teilschritte des Stoffumsatzes besitzen aber einen unterschiedlichen $Q_{10}$-Wert, der zwischen 1,3 und 7,0 liegt. Hierauf beruht zum

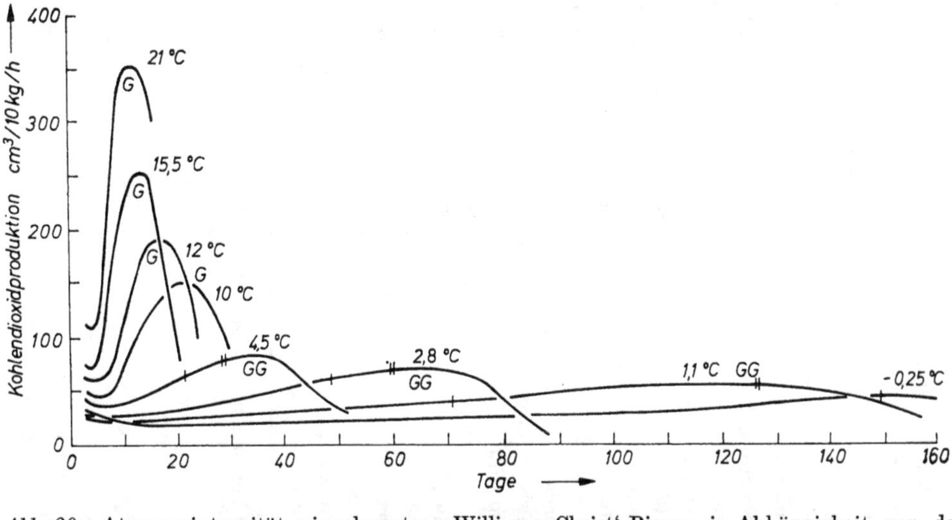


*Abb. 20:* Atmungsintensität eingelagerter ‚Williams Christ'-Birnen in Abhängigkeit von der Temperatur und der Dauer der Lagerung; nach KIDD und WEST (1937); G = Zeitpunkt der Gelbfärbung, GG = Zeitpunkt der Grüngelbfärbung der Früchte

*Tab. 8:* Atmungswärme von Obst in Abhängigkeit von der Temperatur, nach HANSEN (1967), Auszug, umgerechnete Werte

| Obstart | Atmungswärme in KJ/t · 24 h bei | | | | | |
|---|---|---|---|---|---|---|
| | 0°C | 2°C | 5°C | 10°C | 15°C | 20°C |
| Apfel (Frühsorten) | 840—1590 | 1220—1800 | 1340— 2720 | 3520— 5230 | 4600— 7960 | 5070—10680 |
| Apfel (Spätsorten) | 460— 920 | 920—1170 | 1170— 1800 | 1760— 2680 | 2390— 5020 | 3770— 6200 |
| Aprikosen | 1340—1470 | 1630—2300 | 2850— 4820 | 5360— 8790 | 7330—13400 | 11720—17170 |
| Birnen (Frühsorten) | 670—1260 | 1130—2260 | 1880— 3980 | 2510— 5440 | 8790—13820 | 10050—23030 |
| Birnen (Spätsorten) | 670— 920 | 920—1930 | 1510— 3600 | 2010— 4770 | 7120—10890 | 8160—18840 |
| Brombeeren | 4020—5860 | 5020—8920 | 7330—11890 | 13310—24280 | 18000—37260 | 33490—50240 |
| Erdbeeren | 2930—4040 | 3480—5490 | 3810— 7960 | 7750—15160 | 11300—20930 | 15070—25960 |
| Himbeeren | 4060—7950 | 4690—9970 | 7120—14240 | 12640—24280 | 18840—50240 | 29310—62800 |
| Johannisbeeren (schwarz) | 1760—2850 | 2810—4610 | 3770—69990 | 5610—15700 | 12730—30150 | 19260—48150 |
| Johannisbeeren (rot) | 1170—1720 | 1510—2640 | 2050— 3980 | 3010— 8120 | 6910—17590 | 10680—26800 |
| Kirschen (süß) | 1340—1840 | 1510—2680 | 2390— 3890 | 3310— 8580 | 6910—14240 | 13400—19050 |
| Kirschen (sauer) | 1340—1880 | 1630—2970 | 2640— 4690 | 3680— 9380 | 7700—15700 | 14860—20930 |
| Mirabellen | 1590—1675 | 1840—2850 | 3100— 5400 | 5280— 8790 | 6780—15070 | 11510—18590 |
| Pfirsiche | 1090—1630 | 1510—1880 | 2180— 3520 | 5570— 7910 | 7540—11390 | 12140—15700 |
| Pflaumen | 1590—1840 | 1930—3010 | 3220— 5650 | 5400—10890 | 7120—16120 | 12140—20310 |
| Stachelbeeren | 1210—1760 | 1680—2550 | 2050— 3890 | 3060— 7620 | 6820—16330 | 10470—27630 |
| Weintrauben | 420— 840 | 1010—1470 | 1420— 2090 | 2050— 3140 | 3100— 4190 | 4310— 6700 |
| Zwetschen | 1170—1340 | 1550—2680 | 2470— 5250 | 4940— 7960 | 6450—12980 | 10260—17380 |

Bei der Veratmung von Glukose entsprechen 41,868 KJ ≈ 2,67 g Zucker und ≈ 2,00 Liter $CO_2$; 1 KJ = 0,2388 Kcal
1 Kcal = 4,1868 KJ

Teil die unterschiedliche Empfindlichkeit der einzelnen Obstarten gegenüber tieferen Lagertemperaturen. Einige Apfelsorten neigen deshalb besonders zum Auftreten nichtparasitärer Erkrankungen, wie Kältefleischbräune und Tiefenscald. Dabei spielt die Gesamtkonstitution der Frucht eine wesentliche Rolle. Der mittlere $Q_{10}$-Wert für den Gesamtstoffwechsel, gemessen an der Atmungsintensität, ist bei den einzelnen Fruchtarten nicht einheitlich groß. Er wird durch den Enzymgehalt, die chemische Zusammensetzung der Früchte sowie den strukturellen Aufbau der Gesamtfrucht, der Zellwände und des Protoplasmas beeinflußt. Hierin liegt einer der Hauptgründe, warum bei verschiedenen Obstarten und -sorten die Atmungsintensität, gemessen an der freiwerdenden Wärmemenge, mit steigender Temperatur nicht gleichmäßig zunimmt (Tab. 8). Die meisten Apfelsorten sind aus demselben Grund bei +4 °C noch sehr gut lagerfähig, wohingegen

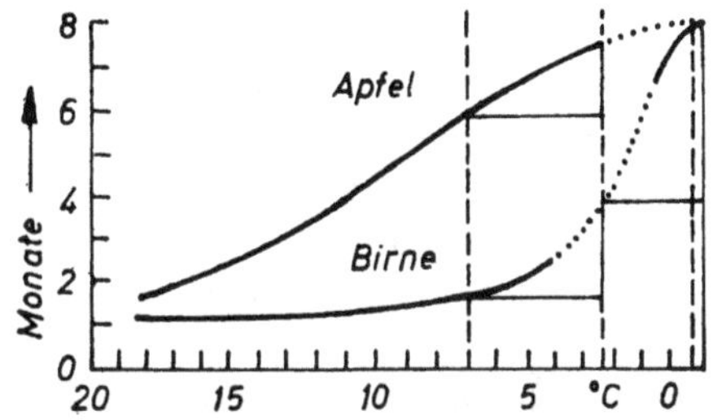


*Abb. 21:* Einfluß der Lagertemperatur auf die Haltbarkeit von Apfel und Birne; nach Krumbholz (1938)

Birnen ihre optimale Haltbarkeit erst im Temperaturbereich um 0 °C erlangen (Abb. 21).

Für die Lagerung der Obstarten und -sorten ist die Temperatur so zu wählen, daß ihr Reifeverlauf, ohne in pathogene Bahnen gelenkt zu werden, maximal gehemmt wird. Als optimale Lagertemperatur können die in der Tabelle 9 angegebenen Bereiche angenommen werden.

Diese Temperaturbereiche sind aber

*Tab. 9:* Optimale Bedingungen für die Haltbarkeit der Früchte auf dem Lager

| Obstart | Temperatur °C | relative Luftfeuchtigkeit | Haltbarkeit |
|---|---|---|---|
| Äpfel | | | |
| ‚Golparmäne‘, ‚Ontario‘, ‚Alkmene‘, | +4…+5 | | |
| ‚Boskoop‘, ‚Cox‘, ‚Erwin Baur‘, ‚Herma‘, | | 90…95 | 1…7 Monate |
| ‚James Grieve‘, ‚Jonathan‘, | +2…+4 | | |
| ‚Golden Delicious‘, ‚Auralia‘, ‚Clivia‘ | 0…2 | | |
| Birnen (Lagersorten) | −1…+1 | 90…95 | 1…4 Monate |
| Quitten | 0…+2 | 90 | …3 Monate |
| Aprikosen | −1…0 | 90 | …3 Wochen |
| Pfirsiche | −1…0 | 90 | maximal 4 Wochen |
| Pflaumen | −1…+1 | 90…95 | 1…5 Wochen |
| Kirschen süß | 0…+2 | 90…95 | …2 Wochen |
| Kirschen sauer, mit Stiel | −1…0 | 90…95 | …1 Woche |
| Erdbeeren | 0…−2 | 90…95 | max. 5 Tage |
| Stachelbeeren grün | 0 | 90 | 2…4 Wochen |
| Stachelbeeren reif | …+3 | 90 | maximal 8 Tage |
| Johannisbeeren rot, schwarz | 0 | 90 | 1…3 Wochen |
| Weintrauben | −1…0 | 90…95 | 1…6 Monate |

nur als Richtwerte anzusehen, die je nach den Bedingungen, unter denen das Obst herangewachsen ist, und in Abhängigkeit vom erreichten Reifegrad zum Zeitpunkt der Einlagerung um 1···2 °C nach oben und unten abweichen können.

Nach der Ernte sind die Früchte, um vorzeitiges Einsetzen der Reife zu vermeiden, ohne Zwischenlagerung sofort in das Lager einzubringen. Jede Zwischenlagerung bei höheren Temperaturen verkürzt ihre Haltbarkeit (Tab. 10). Nach Untersuchungen von PORRITT und LIDSTER (1978) kann aber eine Erwärmung der Früchte auf 38 °C für wenige Tage im Anschluß an die Ernte den Stoffwechsel so beeinflussen, daß sie während der nachfolgenden Kühllagerung ihre Fruchtfleischfestigkeit wesentlich besser erhalten und dann weniger anfällig gegenüber nichtparasitären Erkrankungen sind.

Eine sehr schnelle Abkühlung der Früchte unmittelbar nach der Ernte auf die optimale Lagertemperatur ist bei einigen Obstarten durchaus nicht immer angebracht. Besonders bei Äpfeln wirkt eine stufenweise Abkühlung, wobei sie ihren Stoffwechsel auf die neuen Klimabedingungen allmählich einstellen können, häufig günstiger (Abb. 22). Sorten, die zur Kältefleischbräune neigen, wie z. B. ‚Boskoop', ‚Cox Orange', ‚Glockenapfel', ‚Goldparmäne', ‚Ingrid Marie', ‚Jonathan' und

*Tab. 10:* Wirkung der Birnenvorlagerung auf die mögliche Lagerdauer nach TINDALE (1965)

| Vorlagerzeit bei Außentemperatur | Lagerdauer bei 0 °C |
|---|---|
| 1 Tag | 13 Wochen |
| 2 Tage | 6 Wochen |
| 4 Tage | 4 Wochen |

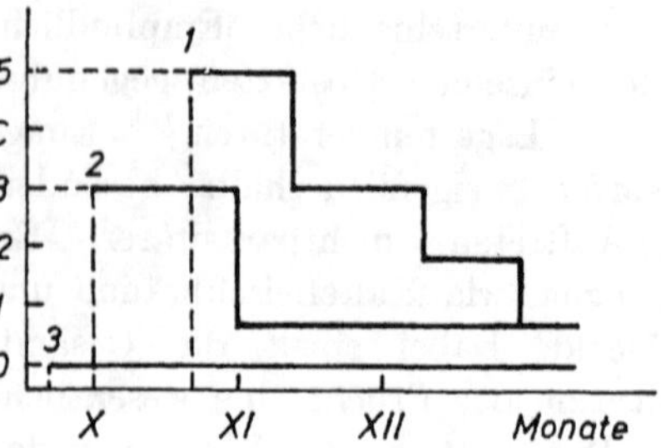


*Abb. 22:* Abkühlungsschema für einige Apfelsorten; nach MEZZETTI und PALTRINIERI (1968)

1 und 2 = Stufenweise Abkühlung bei den Sorten ‚Abbondanza' und ‚Golden Delicious'

3 = Schnelle Abkühlung bei der Sorte ‚Roter Delicious'

‚McIntosh', sollten stets in Stufen auf die endgültige Lagertemperatur abgekühlt werden.

Eine stufenweise Abkühlung ist um so notwendiger, je später die Früchte geerntet wurden. Früchte der Sorte ‚Golden Delicious', zum physiologisch richtigen Zeitpunkt gepflückt, sind dagegen in kürzester Zeit auf die optimale Lagertemperatur von 0···+1 °C abzukühlen; bei verspäteter Ernte verbessern sich die Lagerfähigkeit und die Ausbildung eines guten Aromas jedoch nur bei allmählicher Abkühlung. Dasselbe trifft auch für kleine, relativ viel Chlorophyll enthaltende Früchte zu.

Nach einer Langzeitlagerung bei tieferen Temperaturen oder im CA-Lager ist es, um den Chlorophyllabbau zu fördern und einen vollen Genußwert zu erreichen, oft nützlich, die Früchte vor der Vermarktung nachzureifen. Dies gilt insbesondere für Birnen. Dazu stehen im Prinzip drei Möglichkeiten zur Verfügung:

— Erhöhung der Temperatur auf +15···+22 °C bei gesteigerter Luftfeuchtigkeit unter Berücksichtigung der Sortenansprüche

— Begasung der Früchte mit Äthylen in Konzentrationen von 1…2‰, bezogen auf das Lagerleerraumvolumen (etwa 1 g Äthylen/m³) und
— Anregung der Atmungsintensität durch Einstellung der Lagerraumluft auf etwa 50% Sauerstoff (Abb. 23) bei gleichzeitiger Entfernung des gebildeten Kohlendioxides mittels Adsorber. Eine noch stärkere Beschleunigung des Reifeablaufes durch weitere Erhöhung des Sauerstoffgehaltes in der Lageratmosphäre ist jedoch nicht angebracht, da nach HENZE (1969) bei Kernobst unter dem Einfluß einer 100prozentigen Sauerstoffatmosphäre Atmungsanomalien auftreten können.

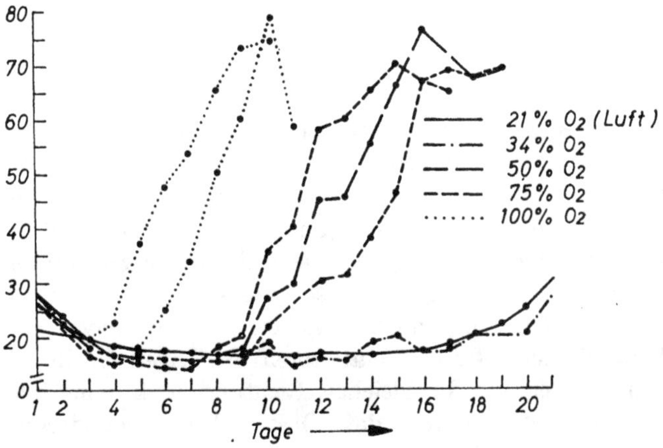


*Abb. 23:* Wirkung unterschiedlicher Sauerstoffkonzentrationen auf die Atmung von ‚Wickson'-Pflaumen; nach MAXIE und Mitarbeiter (1958) (in mg $CO_2$/kg Frucht/h)

## Einfluß der Luftfeuchtigkeit auf den Reifeverlauf der Früchte

In Verbindung mit der Temperatur bestimmt weiterhin die Luftfeuchtigkeit in der Lageratmosphäre die Fruchtqualität und den wirtschaftlichen Erfolg der Lagerung. Betragen die Atmungsverluste im Temperaturbereich zwischen 0 und +5°C je Monat etwa 0,1…0,4%, so entsprechen bei Kernobst im Mittel die Transpirationsverluste 0,1…2% der Einlagerungsmasse. Für die außenluftgekühlten Normallager gelten nach STOLL (1968) als Richtwerte 1,5%, für das maschinengekühlte Lager 1% und für das CA-Lager weniger als 0,5% je Monat.

Es bestehen aber, wie Tabelle 11 zeigt, erhebliche Unterschiede zwischen den einzelnen Sorten.

Bei Beeren- und Steinobstarten liegen die Verluste durch Schwund bedeutend höher und können Werte von 2…10% je Woche bzw. Monat annehmen. Hohe Verluste durch Transpiration verringern den Lagererfolg infolge Senkung des Auslagerungsgewichtes. Sie begrenzen auch die Zeitdauer der Lagerung, da die Früchte infolge der Volumenabnahme zu schrumpfen beginnen. Schrumpfsymptome treten bei Äpfeln und Birnen im allgemeinen bei einem Masseschwund ab 4…6% auf.

*Tab. 11:* Durchschnittlicher prozentualer Masseverlust durch Wasserabgabe je Monat bei Lageräpfeln; nach STOLL (1968), Lagerbedingungen: 4 °C, 90% relative Luftfeuchtigkeit

| Nicht zum Schrumpfen neigende Sorten | | schrumpfneigende Sorten | |
|---|---|---|---|
| ‚Champagner Renette‘ | 0,8 | ‚Jonathan‘ | 1,1 |
| ‚Idared‘ | 0,8 | ‚Berlepsch‘ | 1,3 |
| ‚Bramley's Seedling‘ | 0,9 | ‚Glockenapfel‘ | 1,3 |
| ‚Maigold‘ | 0,9 | ‚Golden Delicious‘ | 1,4 |
| ‚Ontario‘ | 0,9 | ‚Kanada Reinette‘ | 1,4 |
| ‚Bohnapfel‘ | 1,0 | ‚Boskoop‘ | 1,4 |
| ‚Roter Delicious‘ | 1,1 | ‚Cox Orangen-Renette‘ | 1,4 |

Auf den Reifeverlauf wirken die Verluste durch Transpiration in drei Richtungen. Werden Früchte in einer Atmosphäre mit niedriger relativer Luftfeuchtigkeit gelagert, so steigt mit sinkender Hydratur der Schale und der äußeren Gewebsschichten die Atmungsintensität vorübergehend an, um nach kurzer Zeit wieder abzufallen. Werden sie für längere Zeit Luft mit einem relativen Feuchtigkeitsgehalt von 70···90% ausgesetzt, dann stellt sich ein der neuen Hydratur entsprechendes Atmungsniveau ein, das meist unter dem liegt, das sie bei maximaler Turgeszenz erreichen.

Bei sehr hoher Wasserabgabe verlieren die Schale und die äußeren Parenchymgewebe ihre Turgeszenz. Das bewirkt eine Verschiebung des osmotischen Wertes, bedingt Strukturveränderungen im Protoplasma und führt zu Stoffwechselstörungen. Mit fortschreitendem Reifegrad werden dann die Früchte gegen physiologische und mechanische Belastungen sehr empfindlich. Es kommt zum Auftreten der „Altersschalenbräune“, wie man sie oft an überreifen Früchten der Sorte ‚Golden Delicious‘ beobachten kann.

Sinkt der Wasserdampfpartialdruck in der Lageratmosphäre ab, so diffundieren die leichtflüchtigen Stoffwechselprodukte (WILLS und MCGLASSON 1970) bedeutend schneller aus den Früchten heraus. Dadurch verringern sich bei anfälligen Sorten durch Fleischbräune und Schalenbräune hervorgerufene Lagerschäden (SCOTT und ROBERT 1967). Die Abgabe dieser flüchtigen Substanzen verläuft um so intensiver, je größer die Luftgeschwindigkeit (Luftumwälzung durch Ventilatoren) im Lagerraum ist.

In gleicher Richtung wirkt eine Lagerung des Obstes bei vermindertem Luftdruck (BANGARTH 1973). Unter diesen Bedingungen diffundieren flüchtige Stoffwechselprodukte, vor allem Äthylen, sehr schnell aus dem Zellgewebe heraus. Es kommt dadurch zur Verzögerung der Reife, und die Haltbarkeit der Früchte wird verbessert. Die Verluste durch Transpiration hängen auch weitgehend von der Fruchtgröße ab. Da nach dem Diffusionsgesetz der Massenschwund $\Delta M$ proportional dem Diffusionswiderstand des Deckgewebes, der Größe der Oberfläche und der Differenz des Wasserdampfpartialdruckgefälles zwischen der Fruchtoberfläche und umgebender Atmosphäre ist, transpirieren kleine Früchte besonders stark. Ferner sind die Transpirationsverluste von der Schalenstärke, von der Struktur und der chemischen Zusammensetzung des Deckgewebes abhängig. Die Stärke der Schale der Früchte ist sortenabhängig unterschiedlich und wird durch ökolo-

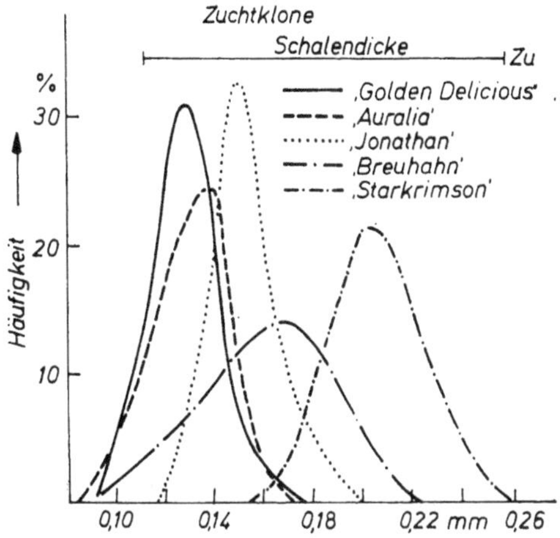


*Abb. 24:* Schalendicke verschiedener Apfelsorten und Häufigkeitsverteilung der Spannweite der Schalendicke bei Zuchtklonen unterschiedlicher Eigenschaften; nach WILCKE (1982)

gische Faktoren und Anbaumaßnahmen stark modifiziert; sie schwankt von 0,08···0,30 mm (Abb. 24).

Besonders die Kutikula bildet eine Sperre für Wasserdampf und somit einen Schutz vor Transpiration. Bei sehr jungen, unreifen Früchten ist die Deckschicht noch nicht voll ausgebildet und ihre transpirationshemmende Wirkung daher sehr gering (PIENIAZEK 1943). Die Permeabilität der Schale für Wasserdampf verringert sich in dem Maße, wie die Kutinierung der Epidermis, vor allem der radialen Zellwände, mit fortschreitender Baumreife zunimmt.

Nach Überschreiten des günstigsten Pflückzeitpunktes vergrößert sich die Durchlässigkeit der Schale für Wasserdampf wieder.

Eine zweckmäßige Ausbildung der Epidermis und ihre vollständige Inkrustierung mit Kutin ist für die Senkung der Schwundverluste auch insofern von Bedeutung, als nach SMOCK und NEUBERT (1950) die Wasserabgabe, ebenso wie der Gasaustausch bei der Atmung, bis zu 70% unmittelbar durch die Kutikula und nur zu etwa 30% über die Lentizellen erfolgt.

Die Transpirationsneigung einzelner Sorten hängt aber nicht nur vom Grad der Kutinierung ihrer Epidermis, sondern auch vom strukturellen Aufbau der Kutinschicht ab. Die hohe Transpirationsneigung des ,Golden Delicious' wird darauf zurückgeführt, daß

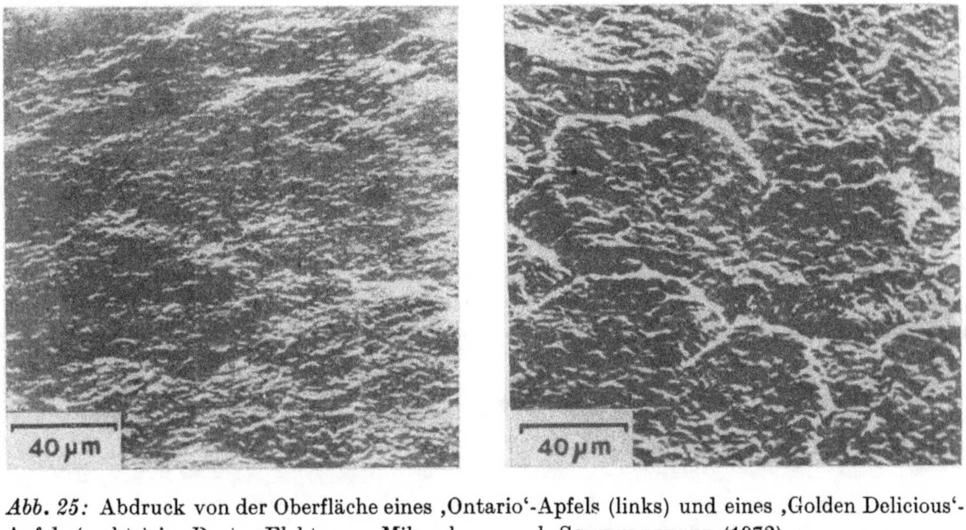


*Abb. 25:* Abdruck von der Oberfläche eines ,Ontario'-Apfels (links) und eines ,Golden Delicious'-Apfels (rechts) im Raster-Elektronen-Mikroskop; nach SCHWERTFEGER (1972)

bei dieser Sorte zahlreiche Risse und Gräben die Kutinschicht durchbrechen (Abb. 25). In den feinen Spalten befinden sich stäbchenförmige Wachsablagerungen in beträchtlichen Mengen (Hall 1966). Auch stärker berostete Früchte neigen leichter zum Schrumpfen als solche mit einem glatten, gleichmäßig aufgebautem Deckgewebe.

Die relativ geringe Schrumpfneigung der Sonnenseite einer Frucht beruht sowohl auf einer Verstärkung der Zellwände als auch auf einer Zunahme der Zellschichten der Hypodermis. Der Einfluß ökologischer Faktoren auf die Transpirationsneigung der Früchte konnte in zahlreichen Versuchen nachgewiesen werden. Stoll (1968) ermittelte an Früchten der Sorte ‚Jonathan', die aus der Ostschweiz, Norditalien und Nordungarn stammten, eine mittlere Wasserabgabe je Monat in Höhe von 1,12, 0,86 und 0,80%.

Neben dem Grad der Kutinierung der Epidermis beeinflußt die Ausbildung der Wachs- und Fettschicht auf der Schale die Wasserverdunstung der Früchte erheblich. Die Bedeutung der Wachsanteile auf der Schale als transpirationshemmenden Schutz bestätigen die Ergebnisse von Horracks (1964). Nach Entfernen der Wachsschicht gaben die Früchte der Sorte ‚Granny Smith' 70mal und die der Sorte ‚Golden Delicious' 30mal mehr Wasser ab als diejenigen, bei denen die Wachsschicht erhalten war.

Während der Lagerung nimmt die Kurve der Wasserabgabe einen nahezu linearen Verlauf. Nur zu Beginn der Einlagerung kann in den ersten 10

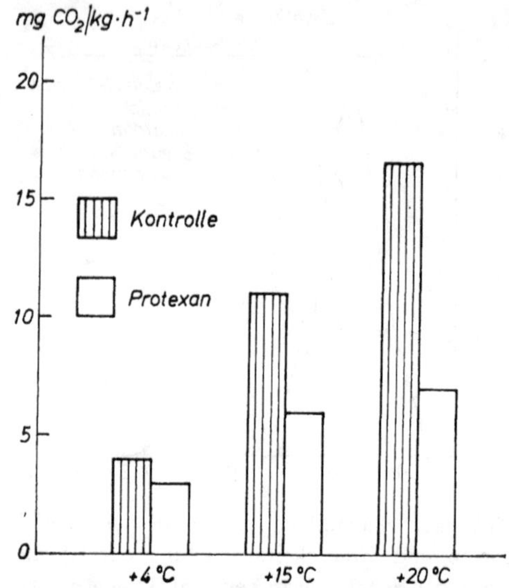


*Abb. 26:* Atmungsintensität der Früchte der Apfelsorte ‚Undine' mit und ohne Protexanbehandlung; nach Britz (1980)

Tagen der Schwundverlust etwas höher sein und bei Überschreiten der optimalen Lagerdauer wieder etwas ansteigen. Der Pflückzeitpunkt übt im Zeitraum von $\pm 8 \cdots 10$ Tagen, gerechnet vom optimalen Termin, nur einen geringen Einfluß auf die Transpirationsneigung der Früchte aus, jedoch können erhebliche Jahresunterschiede im Niveau bestehen.

Zur Reduzierung des Masseschwundes werden Kernobst- und Zitrusfrüchte oft mit Wachsemulsion vor der Einlagerung behandelt (Osterloh 1980). In der DDR wird dafür die Wachsemulsion „Protexan" angewendet. Durch starke Einschränkung der Transpiration und der Atmungsintensität (Abb. 26) wird der Masseschwund um 30 (‚Golden Delicious') bis über 70% (‚Clivia') gesenkt (Britz 1980).

# Einfluß der Luftzusammensetzung auf den Reifeverlauf der Früchte

Vermindert man den Sauerstoffgehalt der Lageratmosphäre und erhöht ihren Kohlendioxidgehalt, so werden die Atmungsintensität (Tab. 12) und, damit verbunden, die Reifungsgeschwindigkeit der Früchte eingeschränkt. Dies führt zu einer besseren Erhaltung ihrer Qualität und verlängert die Lagerfähigkeit.

Das Chlorophyll in der Schale bleibt weitgehend erhalten, Pektin wird langsamer abgebaut, die Früchte behalten darum sehr lange eine festere Konsistenz. Auch der Säureabbau wird gebremst. Ein höherer $CO_2$-Gehalt in der Lagerraumluft führt (WOLF 1969) in manchen Fällen sogar zur Resynthese bestimmter organischer Säuren im Fruchtfleisch. Insgesamt verläuft bei geringerem Gehalt an Sauerstoff und einer höheren Konzentration an Kohlendioxid der Abbau der Stärke, Zucker und Eiweißstoffe langsamer als in natürlicher Atmosphäre. Die mit dem klimakterischen Atmungsanstieg normalerweise einsetzende Umbildung von löslichen Stickstoffverbindungen in Protein ist gleichfalls unterdrückt oder zumindest verzögert (Abb. 27). Infolge einer allgemeinen Verlangsamung des Stoffwechsels bilden die Früchte auch nur

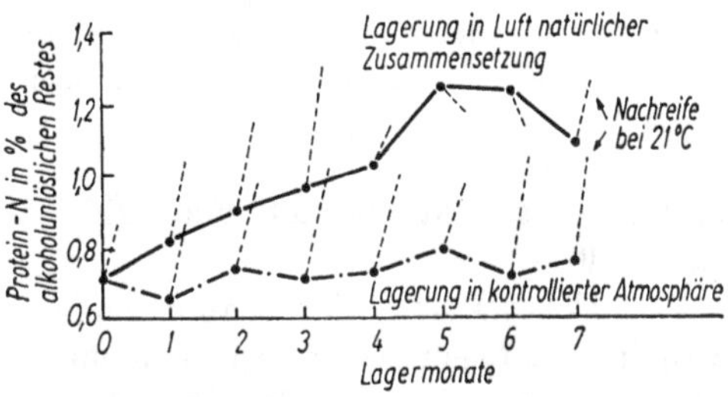


*Abb. 27:* Veränderung im Protein-Stickstoffgehalt von ‚Anjou'-Birnen während der Lagerung bei −1°C in normaler Luft und in kontrollierter (gesteuerter) Atmosphäre (2···2,5% $O_2$; 2···3% $CO_2$); nach LI und HANSEN (1964), gekürzt

*Tab. 12:* Einfluß des Kohlendioxid- und Sauerstoffgehaltes in der Lageratmosphäre auf die Atmungsintensität ($CO_2$-Ausscheidung und $O_2$-Aufnahme) bei der Apfelsorte ‚Cox Orangen' bei + 3°C im Verhältnis zur Atmung in natürlicher Luft, nach FIDLER und NORTH (1966, 1967)

| $CO_2:O_2$ in der Lagerraumluft | Veränderung der Atmungsintensität im Vergleich zu Luft = 100 | | Respirationsquotient RQ |
|---|---|---|---|
| | $CO_2$ | $O_2$ | $CO_2/O_2$ |
| 0 : 21 | 100 | 100 | 1,40 |
| 0 : 10 | 84 | 80 | 1,40 |
| 0 : 5 | 70 | 62 | 1,45 |
| 0 : 3···2 | 63 | 52 | 1,50 |
| 0 : 1,5 | 39 | — | — |
| 10 : 10 | 40 | 60 | 0,95 |
| 5 : 16 | 50 | 60 | 1,20 |
| 5 : 5 | 38 | 49 | 1,10 |
| 5 : 3 | 32 | 40 | 1,10 |
| 5 : 1,5 | 25 | 29 | 1,15 |

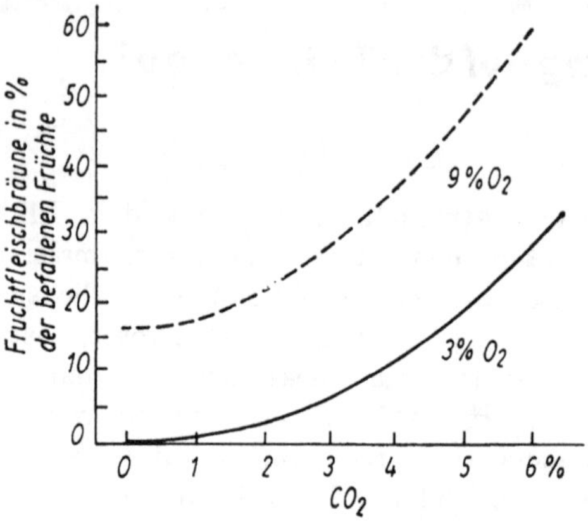


*Abb. 28:* Abhängigkeit des Auftretens der Fruchtfleischbräune vom $CO_2$- und $O_2$-Gehalt im Lager bei ‚Cox Orangen Renette'; nach MOLLS-RASMUSSEN (1961)

geringe Mengen Aromastoffe und Äthylen (vgl. S. 302f.).

Die Entwicklung der Fäulniserreger wird im CA-Lager weitgehend gehemmt. Gloeosporiumfäule tritt kaum auf, da die Bildung pektolytischer Fermente verzögert wird (EDNEY 1964) und der Reifeverlauf der Früchte sich verlangsamt. Eine Senkung des Sauerstoffgehaltes unter 5% mindert auch das Wachstum der Schimmelpilze, Kohlendioxid wirkt jedoch erst ab 10···25% gleichsinnig.

Die normale Schalenbräune (scald), die weiche Schalenbräune (soft scald) und die Überalterungsschalenbräune treten während der CA-Lagerung mit 2···3% Sauerstoff und Kohlendioxid in der Lagerraumluft nicht oder nur geringfügig auf. Im selben Konzentrationsbereich beider Gasanteile wird auch die Bildung der Fleischbräune (internal breakdown) verringert (Abb. 28).

Die reifeverzögernde und verlustmindernde Wirkung der CA-Lagerung (controlled atmospheric storage) nutzt man in der modernen Lagerwirtschaft. Als optimale Kohlendioxid- und Sauerstoffkonzentrationen gelten die in der Tabelle 13 aufgeführten Bereiche.

Gegenüber der Lagerung in natürlicher Atmosphäre beträgt die Haltbarkeitsverlängerung bei Kernobst etwa 1···3 Monate und bei Steinobst 1···6 Wochen. Bei Beerenobst hat die CA-Lagerung nur für Erdbeeren zur Lagerung über das

*Tab. 13:* Mittlere Haltbarkeitsverlängerung bei einigen Obstarten durch Lagerung in veränderter Atmosphäre, nach STOLL (1971, 1973) und BÜNEMANN, HANSEN (1973), bezogen auf die Lagerung in normaler Atmosphäre im maschinengekühlten Lager

| Obstart | Gehalt in der Lageratmosphäre | | Haltbarkeitsverlängerung |
|---|---|---|---|
| | % $CO_2$ | % $O_2$ | |
| Äpfel | 2···5 | 2··· 4 | 1···3 Monate |
| | 7···10 | 14···11 | 1···2 Monate |
| Birnen | 0···4 | 1··· 4 | 1···2 Monate |
| | 7···10 | 14···11 | 3···6 Wochen |
| Aprikosen | 0···3 | 2··· 5 | 2···4 Wochen |
| Pfirsiche | 0···5 | 1··· 3 | 2 Wochen |
| Pflaumen | 3···5 | 2··· 4 | 1···3 Wochen |
| Kirschen (süß) | 3···10 | 2··· 5 | 1···2 Wochen |
| Kirschen (sauer) | 3···5 | 2··· 5 | 1···2 Wochen |
| Erdbeeren*) | 10 | 1··· 2 | 5 Tage |
| Weintrauben | 3 | 2 | 1 Monat |

*) 5···20% $CO_2$ für 1···2 Tage als „Stoßbehandlung" für den Transport

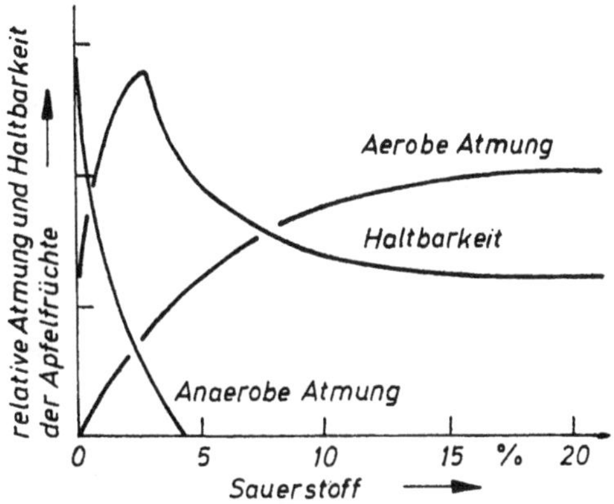


*Abb. 29:* Einfluß der Sauerstoffkonzentration auf die aerobe und anaerobe Atmung sowie die Haltbarkeit von Äpfeln; nach TOMKINS (1965)

Wochenende und zum Marktausgleich bei einem stoßweisen Anfall größerer Mengen wirtschaftliche Bedeutung erlangt. Zur besseren Erhaltung der Qualität und zur Verhinderung des Wachstums von Mikroorganismen werden Erdbeeren auch bei Kohlendioxidkonzentrationen von 5···20% transportiert.

Eine zu starke Erhöhung des $CO_2$-Gehaltes und vor allem Senkung des Sauerstoffpartialdruckes in der Lagerraumluft kann die Haltbarkeit der Früchte vermindern. Unter diesen Bedingungen wird der Stoffwechsel der Früchte in Bahnen gelenkt, die zur Bildung toxisch wirkender Verbindungen führen (Tab. 14).

Die Sensibilität der einzelnen Fruchtarten und auch -sorten gegenüber höheren $CO_2$-Anteilen und niedrigen Sauerstoffpartialdrücken in der Lageratmosphäre ist sehr unterschiedlich. Sie hängt ab vom morphologischen Aufbau und der Konstitution der Früchte sowie ihrer Widerstandsfähigkeit gegenüber den als Streß wirkenden CA-Lagerbedingungen. Dabei ist zu beachten, daß auf Grund der Atmung der Sauerstoff- und Kohlendioxidgehalt im Fruchtfleisch im Mittel um 1···2% niedriger bzw. höher liegen, als in der die Frucht umgebenden Atmosphäre. Diese Differenz ist um so weiter, je dichter die Zellen im Fruchtfleisch angeordnet sind und um so geringer dadurch das Hohlraumvolumen (Interzellularen) ausgebildet ist.

Unterhalb einer Sauerstoffkonzentration von 5% in der Lagerraumluft setzt in jedem Fall bereits die anaerobe Atmung in den Früchten ein (Abb. 29). Sie ist um so stärker, je niedriger die äußere Sauerstoffkonzentration eingestellt wird. Bei zunehmender anaerober Atmung werden in erheblichen Men-

*Tab. 14:* Bernsteinsäuregehalt in % Apfelsäure des Preßsaftes von Äpfeln und Birnen nach 21tägiger Lagerzeit in unterschiedlicher Atmosphäre, nach HENZE (1969, 1973)

| Behandlung 21 Tage in + 4°C | | | ‚Glockenapfel‘ | ‚Golden Delicious‘ | ‚Cox Orangen‘ | ‚Alexander Lucas‘ |
|---|---|---|---|---|---|---|
| | | | zunehmend $CO_2$-empfindlich | | | |
| Atmosphäre (%) | | | | | | |
| $CO_2$ | $O_2$ | $N_2$ | | | | |
| 0 | 21 | 79 | 0 | 0 | 0 | 0 |
| 0 | 4 | 96 | 0 | 0 | 10 | 15 |
| 5 | 4 | 91 | 0 | 0 | 23 | 95 |
| 10 | 4 | 86 | 0 | 25 | 57 | 100 |
| Hohlraumvolumen % | | | 21 | 21 | 16 | 1 |

gen Essigsäure, Alkohol, Azeton, Diazetyl und Bernsteinsäure gebildet, die zum Auftreten von CA-Lagerschäden führen, wie z. B. Hautverätzungen, Fruchtfleisch- und Kernhausverbräunungen. Auch Kavernenbildungen im Fruchtgewebe kommen vor.

Bernsteinsäure reichert sich im Gewebe dann stärker an, wenn die Früchte höheren $CO_2$-Gehalten in der Lageratmosphäre ausgesetzt werden und zur verstärkten Acetaldehyd- bzw. Äthanol-Bildung kommt es, wenn der $O_2$-Gehalt in der Lagerluft unter das für die Früchte verträgliche Minimum abgesenkt wird (Bachmann 1981).

Die Empfindlichkeit des Obstes gegenüber CA-Lagerbedingungen nimmt in dem Grad ab, wie es nach Stoll (1972) gelingt, Früchte mit hoher „Vitalität" und äußerer und innerer Gesundheit einzulagern. Am besten sind Früchte sortentypischer Größe von Bäumen im Vollertragsalter mit gleichmäßig guten Durchschnittserträgen geeignet. Die Schale darf keine Verletzungen aufweisen, die Lentizellen sollen klein und gut verheilt sein, und der Deckfarbenanteil muß möglichst hoch liegen.

Die richtige Wahl des Pflückzeitpunktes ist für den Reifeverlauf der Früchte im CA-Lager besonders wichtig. Unreif geerntete Äpfel und Birnen sind zum Zeitpunkt der Auslagerung geschmacklich minderwertig, bei zu reifen ist die Widerstandsfähigkeit und damit Haltbarkeit verringert; es treten nichtparasitäre CA-Lager-Erkrankungen auf. Der günstigste Erntezeitpunkt ist dann erreicht, wenn der Geruch der Früchte nicht mehr „grasig", sondern normal ausgeprägt und das Chlorophyll im Fruchtfleisch abgebaut ist.

Unmittelbar nach dem Öffnen der CA-Lagerzellen besitzen die Früchte noch nicht ihren vollen Genußwert. Zur Einleitung der Reifeprozesse ist zwischen Auslagerung und Vermarktung eine Nachreifebehandlung der Früchte bei Temperaturen zwischen +15 und +20 °C (Karacall 1972) oder eine Begasung mit Äthylen erforderlich.

Die Initialzeit bis zum Eintritt der Genußreife hängt von der Länge der Lagerzeit und dem physiologischen Zustand der Früchte ab. Sie beträgt nach Leblond (1971) 10···20 Tage.

Dieselbe Wirkung wie durch eine Erhöhung des Kohlendioxidgehaltes und Minderung des Sauerstoffgehaltes in der Lageratmosphäre bei normalem Luftdruck wird durch eine Reduzierung des Gesamtluftdruckes im Lagerraum erreicht. Bei einer Senkung des Luftdruckes auf 1/10 des normalen Atmosphärendruckes entspricht dies einem Sauerstoffgehalt von 2,1%. Dadurch wird der Stoffwechsel der Früchte wie bei der normalen CA-Lagerung reduziert, die Äthylenbildung verzögert und eine Äthylenanreicherung im Lagerraum durch ständiges Absaugen vermieden (Bangerth 1973, Streif 1974), der Abbau der Kohlenhydrate, Säuren und des Vitamin C reduziert (Abb. 30). Gleichzeitig wird die Entwicklung der Mikroorganismen erheblich eingeschränkt (Jamieson 1980).

Eine Einführung dieses Verfahrens in die Praxis ist aus technischen Gründen bislang nicht möglich, befindet sich aber bereits im Versuchsstadium.

Zur Verbesserung der Haltbarkeit der Früchte im normalen Kühllager oder CA-Lager werden sie vor der Einlagerung auch für wenige Tage mit einer Atmosphäre behandelt, die 10···30% $CO_2$ enthält, ein Verfahren, welches für den Transport von Erdbeeren angewendet wird. Durch diese Maßnahme wird eine deutliche Verbesserung der Fruchtfleischfestigkeit und eine Verzögerung im Zucker-, Säure- und Chlorophyllabbau erreicht (Lau und Looney 1978);

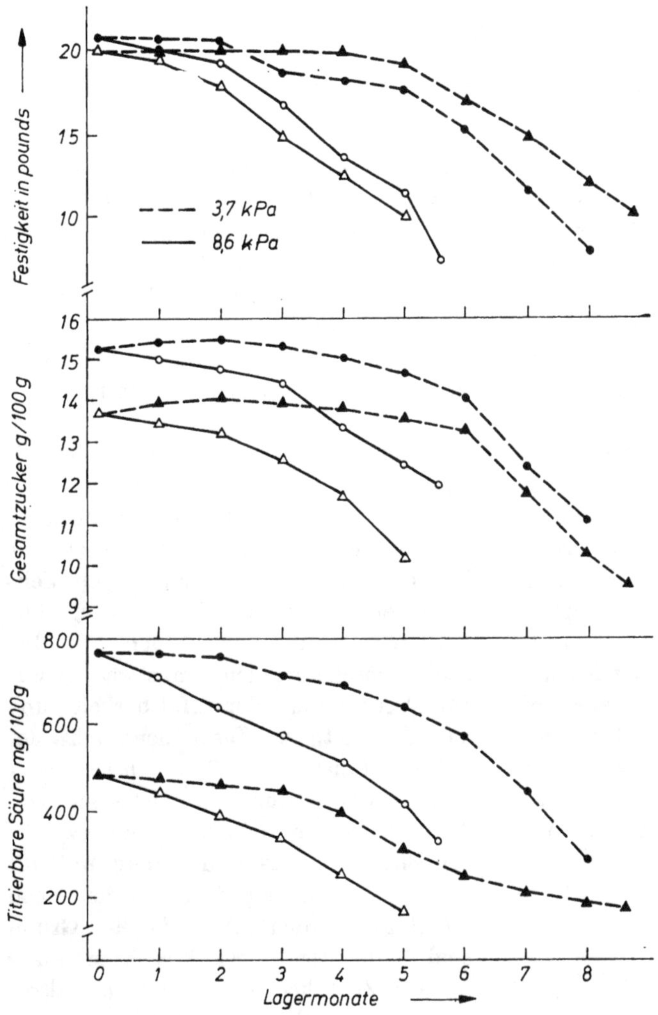


*Abb. 30:* Wirkung einer Lagerung unter vermindertem Luftdruck auf Festigkeit, den Gesamtzucker und die titrierbare Säure bei den Apfelsorten ‚Golden Delicious' (• ○) und ‚Red King' (▲ △); nach SALUNKHE und WU (1975)

zugleich werden der interne Äthylengehalt und die Atmungsintensität verringert (STREIF 1979). Diese Methode ist jedoch nicht für $CO_2$-empfindliche Sorten anwendbar. Durch eine kurzzeitige Begasung mit hohen $CO_2$-Anteilen wird ferner bei Stein- und Beerenobstarten die Entwicklung von Fäulniserregern während der Lagerung eindeutig gehemmt (AMIRI-ARDALAN 1968).

# Einfluß der flüchtigen Stoffwechselprodukte auf den Reifeverlauf der Früchte

Mit dem Eintritt der Früchte in das Stadium der Baumreife bilden sie zahlreiche Stoffe, die mehr oder weniger flüchtig sind und ihnen ihren arteigenen sortentypischen Geschmack und das charakteristische Aroma verleihen, die Reifungsvorgänge in den Früchten auslösen und fördern sowie an der Entstehung nichtparasitärer Erkrankungen beteiligt sind. Je mehr sich die Früchte dem Stadium der Genußreife nähern, um so intensiver verläuft die Bildung dieser Stoffe und um so stärker ist ihre Ausscheidung aus den Früchten und ihre Anreicherung in der Lageratmosphäre.

Durch Einhalten günstiger Lagerbedingungen — Temperatur, Luftfeuchtigkeit, Kohlendioxid- und Sauerstoffkonzentration — kann sowohl die vorzeitige Bildung dieser Stoffwechselprodukte eingeschränkt als auch ihre Wirksamkeit gehemmt werden (vgl. S. 521).

Für die normale Fruchtreife besitzt das Äthylen die größte Bedeutung. Bei Lagertemperaturen unter +4 °C und bei starker Absenkung des $O_2$- sowie Erhöhung des $CO_2$-Partialdruckes in der Lageratmosphäre ist die Wirkung des Äthylens stark reduziert, obwohl es im Lagerraum erheblich angereichert werden kann (Bufler und Bangerth 1981). Werden in der Reife zu weit vorgeschrittene Früchte eingelagert, liegt die eingestellte Lagertemperatur zu hoch oder nimmt die Einstellung der für jede Fruchtart und Sorte spezifische Lageratmosphäre einen zu langen Zeitraum ein, kann das in der Lagerluft angereicherte Äthylen in den Früchten Stoffwechselanomalien auslösen, was zur Verkürzung der Haltbarkeit und zum vorzeitigen Zusammenbruch der Früchte führt (Liu 1978). Diese Reaktionen können durch Anreicherung von Acetaldehyd im Fruchtgewebe, z. B. bei Birnen (Janes und Frenkel 1978) wenn sie zwischengelagert wurden, noch verstärkt werden. Aus diesem Grund sind flüchtige Stoffwechselprodukte mittels Zeolithen oder anderen Adsorbentien aus dem Lagerraum zu entfernen (Fidler und Mitarbeiter 1978).

Bei der Lagerung von Äpfeln und Birnen im außenluftgekühlten Lager, in welchem die Temperaturen in Abhängigkeit von den klimatischen Bedingungen meist zwischen +4 °C und +8 °C schwanken, ist die Wirkung des Äthylens beachtlich. Da die Reifungsvorgänge bei den im klimakterischen Minimum befindlichen Früchten durch das von den reifen Früchten ausgeschiedene Äthylen ausgelöst werden, sind Sorten unterschiedlichen Reifegrades niemals gemeinsam in einem Lagerraum aufzu-

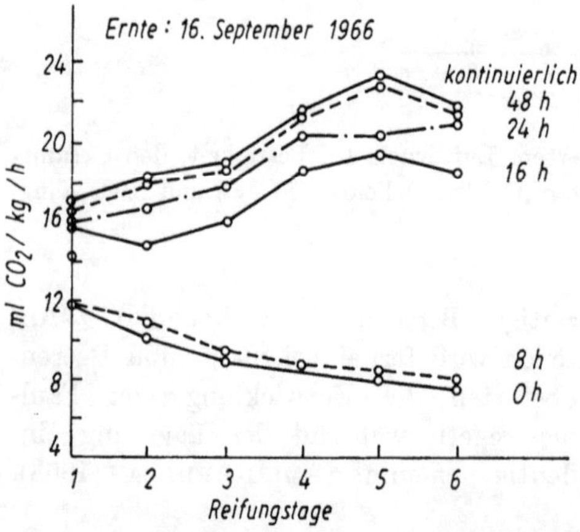


*Abb. 31:* Wirkung der Länge einer Äthylenbegasung (500 ppm) auf den klimakterischen Atmungsverlauf reifender ‚Boscs'-Birnen; nach Hansen und Blanpied (1968)

bewahren. Auch im maschinengekühlten Lager ist die gemeinsame Einlagerung von Sorten mit unterschiedlichem Reifegrad unzweckmäßig. Beim Öffnen größerer Zellen wird die Temperatur erhöht, und das Äthylen kann wirksam werden.

Die Entfernung der flüchtigen Stoffwechselprodukte aus der Lageratmosphäre durch Luftwaschaggregate oder Adsorber hat sich bislang in der Praxis noch nicht durchgesetzt. Zweckmäßig dürfte die Luftreinigung sein, wenn neben den flüchtigen Stoffwechselprodukten den Früchte auch von Mikroorganismen erzeugte Geruchsstoffe aus dem Lager entfernt werden sollen. Geeignet für diesen Zweck sind Aktivkohlefilter mit zwangsweiser Luftführung.

Durch Begasung mit Äthylen kann die Nachreifezeit bei Birnen verkürzt werden (Ab. 31).

## Nichtparasitäre Erkrankungen der Früchte

Während des Wachstums der Früchte, nach der Ernte, im Verlauf der Lagerung und in der Zeit zwischen Vermarktung und Konsum treten Schäden auf, die nicht durch Parasiten hervorgerufen werden. Sie sind durch Störungen im normalen Stoffumsatz der Früchte bedingt. Besonders betroffen sind der Kohlenhydrat- und Säurestoffwechsel (Faust und Mitarbeiter 1969) oder die Vorgänge der Translokation bzw. Fixierung von Kationen (Bangerth 1973). Nichtparasitäre Erkrankungen sind eng mit dem Reifeverlauf und dem Atmungsstoffwechsel der Früchte verbunden. Die Stärke ihres Auftretens hängt weitgehend von der Vitalität des Obstes und den Lagerungsbedingungen ab (s. S. 99). Die Verluste sind in den einzelnen Jahren unterschiedlich hoch. Wesentlichen Einfluß auf die Höhe der Ausfälle haben die Anbaubedingungen, deshalb bestehen oft große Unterschiede im Befall zwischen den einzelnen Herkünften. Meist beobachtet man aber nur die eine oder die andere Form nichtparasitärer Erkrankungen. Bei verstärktem Auftreten von Schalenbräune entstehen selten höhere Ausfälle durch Fruchtfleischbräune und umgekehrt.

Für das Auftreten nichtparasitärer Erkrankungen kommt dem Kalzium eine zentrale Bedeutung zu. So werden z. B. das Auftreten der Stippigkeit, Lentizellenflecken, des Lentizellenzusammenbruchs, des Morschwerdens und Platzens der Früchte, die Kältefleischbräune und der vorzeitige Zusammenbruch der Früchte, die Jonathanflecken und die Glasigkeit auf einen gestörten Kalziumhaushalt zurückgeführt.

Das zweiwertige $Ca^{++}$ Kation bewirkt die Aufrechterhaltung der Struktur der Zellwände und den Aufbau der Mittellamellen. Bei Kalziummangel wird die Permeabilität der Zellwände (Schumacher 1980) bzw. die osmotische Stabilität der Zellen (Ehwald und Mitarbeiter 1982) stark vermindert. Kalzium ist offenbar wichtig für die Erhaltung der Turgor-belasteten Zellstruktur und für die Vermeidung eines osmotischen Durchbruchs durch den Tonoplasten (Zippel 1982) mit nachfolgendem Zusammenbruch des Parenchymgewebes und der Entstehung von Nekrosen. Aus diesem Grund ist die Optimierung des Feuchtigkeitsgehaltes im Lagerraum nicht allein unter dem Gesichtspunkt einer Minimierung der Transpiration, sondern stets im Zusammenhang mit dem Auftreten nichtparasitärer Erkrankungen zu sehen. Da die osmotische Stabilität der Parenchymzellen im Verlauf der Fruchtentwicklung zunächst zu-, mit einsetzender Baumreife abnimmt, ist in Verbindung mit dem erreichten Reifegrad der Früchte die Raumfeuchte festzulegen.

Da in stark wachsenden Langtrieben große Mengen Hormone gebildet werden und der Transpirationsstrom zu diesen sehr hoch ist, werden in ihnen die Nährstoffe zu Lasten der Früchte stärker angereichert. Mit Antigibberellinen wird die Wuchsstoffbildung vermindert, das Triebwachstum gehemmt und die Nährstoffkonkurrenz zu den Jungfrüchten reduziert. Es werden Früchte mit großer Zellstabilität gebildet, die gegenüber nichtparasitären Erkrankungen weniger anfällig sind. Auch die Unterlage fördert oder hemmt die Kationenaufnahme; so erhöht die Unterlage MM 106 und verringert die Unterlage M 4 die Nährstoffaufnahme. Das Auftreten nichtparasitärer Erkrankungen kann auch durch mehrmaliges Spritzen mit Kalziumchloridlösung oder Tauchen der Früchte in eine solche vor dem Einlagern gemindert werden (s. a. S. 520).

Die Klassifizierung der auftretenden nichtparasitären Erkrankungen wird nach zwei Prinzipien vorgenommen und zwar:

1. nach dem Reifeverlauf, den einwirkenden äußeren Faktoren und den Wachstumsbedingungen bei Erkrankungen begünstigt durch:
   - Unreife der Früchte (Schalenbräune), fortgeschrittenen Reifegrad (Fruchtfleischverbräunungen, Jonathanflecken) und Überreife (Überalterungsschalenbräune, Mehligwerden),
   - niedrige Temperaturen (Fruchtfleischverbräunungen, sowie weiche Schalenbräune, Kälteschäden),
   - hohe Kohlendioxid- und niedrige Sauerstoffkonzentrationen (Schalen- und Fruchtfleischverfärbungen, Deformationen einzelner Fruchtgewebepartien),
   - Disharmonien in der Entwicklung der Früchte am Baum (Stippigkeit, Glasigkeit).
2. Nach den befallenen Fruchtgewebepartien in Erkrankungen:
   - der Schale,
   - des Parenchymgewebes zwischen Schale und Gefäßbündelring sowie
   - des Parenchymgewebes zwischen Kernhaus und dem Gefäßbündelring.

Eine strenge, genau definierte Einteilung ist aber nicht möglich, da sowohl nach dem ersten als auch nach dem zweiten Einteilungsprinzip Wechselwirkungen und Überschneidungen eintreten können. Die an den für eine industriemäßig organisierte Großproduktion in der DDR empfohlenen Apfel- und Birnensorten auftretenden nichtparasitären Erkrankungen sind in den Tabellen 15 und 16 zusammengefaßt.

## Schalenbräune (Hautbräune, scald)

Als Schalenbräune werden grundsätzlich alle flächigen Bräunungen der Früchte bezeichnet, deren Ursachen und somit auch Bekämpfungsmaßnahmen verschieden sein können. Dazu zählen die ‚Echte Schalenbräune', die ‚Spezielle Schalenbräune der Sorte Golden Delicious', die ‚Altersschalenbräune' und die ‚Weiche Schalenbräune'. Im weiteren Sinne gehören auch dazu die durch zu hohe Kohlendioxidkonzentrationen in der Lageratmosphäre und durch Wassertropfenverätzungen hervorgerufenen Schalenverbräunungen (s. $CO_2$-Schäden, S. 529).

Die **‚Echte Schalenbräune'** (superficial scald, Storage scald, Common scald), auch als vorzeitige oder Ernteschalenbräune bezeichnet, tritt bei anfälligen Sorten etwa nach 1···6 Lagerwochen auf (Porritt und Mitarbeiter 1982). Sie entwickelt sich fast unabhängig von der Lagertemperatur, an bereits geschädigten Früchten nach der Auslagerung und Nachreife bei höheren Temperaturen jedoch besonders stark. Bei ihr wird im Anfangsstadium des Auftretens nur die Epidermis befallen, weshalb die Früchte an den befallenen Stellen eine blasse Farbe annehmen. Im fortgeschrittenen Stadium erkranken auch die hypodermalen Zellschichten, niemals aber das darunter liegende Parenchymgewebe.

Teile der Früchte sind ganzflächig mit braungefärbten oder gesprenkelten bzw. mit unregelmäßig sich strahlenförmig ausbildenden Flecken überzogen, die gegenüber dem gesunden Gewebe etwas eingesunken sind und zum Teil eine lederartige Konsistenz annehmen. Bei einem sehr starken Befall kann der größte Teil der Schale erfaßt sein. Diese Erkrankung ist nicht, wie häufig angenommen wird, nur ein Schönheitsfehler, der den Verkaufswert der Früchte mindert. Die Schale enthält etwa 30···60% des in den Früchten vorkommenden Vitamins C (vgl. S. 326), eine Verbräunung kann aber erst eintreten, nachdem das Vitamin C zerstört ist. Schalenbräune entsteht bevorzugt an grünen Schattenfrüchten mit wenig Deckfarbe und an grünen Schalenpartien anthozyanhaltiger Früchte.

Gefährdet ist besonders die Gruppe des ‚Red Delicious', und zwar vor allem ‚Starkrimson', ferner ‚Breuhahn', ‚Roba' und ‚Clivia' bei vorzeitiger Ernte (s. a. Tafel 4, Abb. 7A).

**Altersschalenbräune** (senescent scald) tritt erst am Ende der Lagerperiode auf, der Übergang zur Fleischbräune ist fließend. Während

*Tab. 15:* Anfälligkeit einiger wirtschaftlich wichtiger Apfelsorten gegenüber nichtparsitären Erkrankungen

| Sommersorten | | Dauersorten | |
|---|---|---|---|
| ‚James Grieve' | Sc., LTB., IB., Gl., Sc., St. | ‚Bohnapfel' | Sc. |
| | | ‚Boskoop' | Sc., LTB., (JF.) |
| | | ‚Roter Boskoop' | Sc., LTB., St. |
| Herbstsorten | | ‚Clivia' | St., Gl., (Sc.) |
| | | ‚Gloster' | MB., (IB.) |
| ‚Albrechtapfel' | Sc., TSc., LTB., IB. | ‚Golden Delicious' | Lf., A., (Sc.) |
| ‚Alkmene' | LTB | ‚Herma' | LTB., IB., JF., (Sc., St.,) |
| ‚Auralia' | St., LTB. | | |
| ‚Breuhahn' | IB., St., (Sc.) | | |
| ‚Carola' | MB., LTB. | ‚Idared' | IB., (LTB., Sc.) |
| ‚Cox Orangen' | Sc., LTB., IB., St. | ‚Ingrid Marie' | LTB., MB |
| ‚Erwin Baur' | LTB., IB., CB., Gl. | ‚Ontario' | Sc., LTB., IB., CB. |
| ‚Goldparmäne' | LTB | ‚Undine' | IB., St., (Sc.) |
| ‚Jonathan' | JF., LTB., IB | | |
| ‚Jonagold' | SC., LTB., St. | | |
| ‚Spartan' | Sc., CB., (IB.) | | |
| ‚Starkrimson' | Sc., (IB.) | | |

Sc. = Scald
TSc. = Tiefenscald
Lf. = Lentizellenflecken
JF. = Jonathanflecken (spot)
LTB. = Low temperature breakdown
A. = Altersschalenbräune
IB. = Internal breakdown
MB. = Mealy breakdown
St. = Stippigkeit (bitter pit)
CB. = Core breakdown
Gl. = Glasigkeit (Water core)

*Tab. 16:* Anfalligkeit einiger wirtschaftlich wichtiger Birnensorten gegenüber nichtparasitären Erkrankungen

| Sommersorten | | Wintersorten | |
|---|---|---|---|
| ‚Bunte Julibirne‘ | | ‚Paris‘ | Sc. |
| ‚Trévoux‘ | | ‚Madame Verte‘ | IB., CF., R. |
| ‚Clapps Liebling‘ | | ‚Nordhäuser Winterforelle‘ | (IB.), CF. |
| ‚Williams Christ‘ | Sc., (CF.) | | |
| Herbstsorten | | | |
| ‚Marianne‘ | (CF.) | | |
| ‚Konferenzbirne‘ | | | |
| ‚Alexander Lucas‘ | (CF.), R. | | |
| Sc. = Scald | | CF. = Core flush | |
| IB. = Internal browning | | R. = Rübigkeit | |

bei der Echten Schalenbräune selbst die unmittelbar unter der Epidermis liegenden Fruchtfleischschichten unverändert bleiben, ist die Altersschalenbräune meist mit einer Erweichung der obersten 2 mm des Fruchtfleisches und leichter Abziehbarkeit der Schale gekoppelt. Bei ‚Herma‘ kann gleichzeitig Fleischbräune auftreten (s. a. Tafel 4, Abb. 8A).

**Altersschalenbräune des ‚Golden Delicious‘** (skin browning, bruin) ist eine spezielle Variante und wird z. B. im niederländischen Sprachgebrauch deutlich von den übrigen Formen abgegrenzt. Bei ‚Golden Delicious‘-Früchten geht die Bräunung auch auf die oberen Fruchtfleischschichten über und kann Fäulnis im Gefolge haben. Solche Äpfel sind bei zu später Ernte meist überlagert. Zu ergänzen ist, daß die Primärstadien der Alternaria-Fäule bei überlagertem ‚Golden Delicious‘ wie Schalenbräune aussehen. Ein Auftreten läßt sich vermeiden, indem man die Früchte zum optimalen Erntezeitpunkt pflückt, nicht bei höheren Temperaturen zwischen- und rechtzeitig auslagert.

Typisch für diese Schalenbräune ist, daß sie schlagartig etwa in der Mitte der Lagerperiode auftritt, und daß der Hauptschaden erst während der Vermarktung, bei Übergang in andere Temperaturen und Luftzusammensetzungen, sichtbar wird.

**Weiche Schalenbräune** (soft scald, deep scald) Diese Erkrankung der Schale ist keine Schalenbräune im engeren Sinn. Sie entsteht nach Einwirkung einer für die Sorte zu tiefen Lagertemperatur. ‚James Grieve‘ und ‚Albrechtapfel‘ sind besonders anfällig.

Die befallenen Schalenpartien sind gegenüber dem gesunden Gewebe scharf abgegrenzt, etwa 1 mm tief eingesunken und fühlen sich samtweich an (s. a. Tafel 3, Abb. 5A).

Im fortgeschrittenen Stadium wird auch das Fruchtfleisch geschädigt. Die Erkrankung soll nach Wills (1973) durch eine starke Bildung von Hexanol und dessen Ester unter der Wirkung tieferer Lagertemperaturen hervorgerufen werden. Ihr Auftreten ist durch Einhalten der für anfällige Sorten optimalen Lagertemperaturen vermeidbar. Die weiche Schalenbräune kann leicht mit dem Anfangsstadium der ‚Cladosporium-Fäule‘ verwechselt werden. Im fortgeschrittenen Stadium sind beide Erkrankungen jedoch am Auftreten schwarzer Flecke oder brauner Sporenlager unterscheidbar.

Die Ursachen der Schalenbräune sind noch nicht vollständig geklärt, besonders was die auslösenden Faktoren und die unterschiedlichen Erscheinungsformen anbetrifft (Bünemann und Joseph 1978). Bei der Bräunung der Fruchtschale handelt es sich um grundsätzlich andere physiologische Vorgänge als bei der enzymatisch gesteuerten Phenoloxydation des Fruchtfleisches. Als verantwortlich für das entstehende Schadbild werden Terpene angesehen. Die Bräunung wird wahrscheinlich durch Autoxydation des labilen, vierfach ungesättigten Kohlenwasserstoffs α-Farnesen verursacht (ANET 1972). Dabei entstehen Verbindungen mit drei Doppelbindungen, die weiter polymerisieren und einen gasundurchlässigen Film bilden können, wie das z. B. bei ‚Erwin Baur‘ beobachtet wurde.

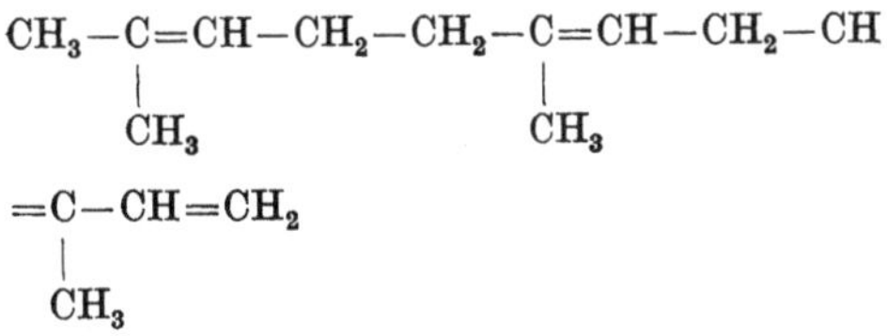

α-Farnesen

Zwischen dem Gehalt an Trienen in der Schale und dem Auftreten von Schalenbräune besteht ein enger Zusammenhang. Aber auch Phenolkörper, wie die Leukoanthozyane, vor allem aber ein hoher Anteil niedermolekularer Substanzen am Gesamtphenolgehalt, werden für die Schalenbräune verantwortlich gemacht. Statt zu polymerisieren können die Terpene aber auch zerfallen, als flüchtige Substanzen in die Zellen eindringen und dort toxisch wirken. Terpene machen bei verschiedenen Früchten bis 70% der flüchtigen Substanzen aus. Da sie geruchlos sind, treten sie als Aromastoffe nicht in Erscheinung. Die Schale von Sorten mit Neigung zur Schalenbräune schmeckt meist etwas bitter. Für den Ausbruch wird zunächst das Einwirken einer anaeroben Phase (Induktionsphase) vermutet, gefolgt von einer aeroben Symptomausprägung (z. B. Nachlagerphase).

Ähnlich wie für andere physiologische Krankheiten gilt, daß nur voll turgeszente Äpfel, die ihre Transpiration stark einschränken, echte Schalenbräune bekommen, während bei einer etwas trockeneren Lagerung bei sonst gleichen Lagerbedingungen die Früchte nicht oder nur wenig befallen werden. Die Oxydation läßt sich durch Antioxydantien verhindern (Abb. 32). In vielen Ländern brachten Nacherntetauchungen mit Diphenylamin und Ethoxyquin Erfolg. Toxikologisch etwas weniger bedenklich ist Butylhydroxyanisol (BHA). Diese Mittel sind jedoch lebensmittelrechtlich in vielen Ländern nicht zugelassen.

In den Niederlanden hat man zur Bekämpfung der Schalenbräune mit gutem Erfolg

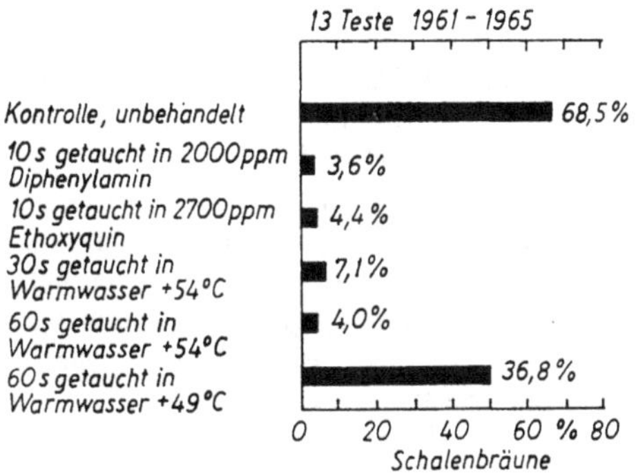


*Abb. 32:* Die Wirkung einer chemischen bzw. Warmwasserbehandlung auf die Entwicklung der Schalenbräune nach 5 bis 6monatiger Lagerung bei 0 °C und anschließender Lagerung für 6 Tage bei 21°C; nach HARDENBURG (1967)

Delvocat — ein lezithinhaltiges Präparat — eingesetzt. Da Lezithin aber ein guter Nährboden für Mikroorganismen ist, muß ein Antibiotikum zugesetzt werden. Die günstige Wirkung einer Warmwassertauchung (+54 °C für 30···60 s vor der Einlagerung) (HARDENBURG 1967, Abb. 32) beruht anscheinend auf einer strukturellen Veränderung der Oberflächenwachse, wobei die Schale gasdurchlässiger wird. Eine Störung der Kutikulaoberfläche kann auch durch Einsatz ‚harter‘ Mehltaufungizide erreicht werden. Durch partielles Anätzen erhöht sich dabei die Gasdurchlässigkeit, damit sind jedoch meist qualitätsmindernde Berostungen verbunden (BLANK 1982).

Schalenbräune läßt sich entweder durch eine Senkung des α-Farnesenspiegels, so z. B. durch das hochwirksame Monoterpen Phoron bzw. auch Terpineol oder Äthanol, verhindern oder über die Hemmung der Autoxydation des α-Farnesens durch Antioxydantien. Der Wachstumsregulator α-Naphthylessigsäure senkt zwar den Farnesenspiegel, verstärkt aber die Oxydation und fördert somit die Schalenbräune.

Die hohe Wirksamkeit des Einwickelns der Früchte oder des Auskleidens der Lagerbehälter mit ölgetränktem Papier läßt sich damit erklären, daß Farnesen dort in dreimal höherer Konzentration angereichert werden kann als in der Frucht selbst.

Die hemmende Wirkung sehr geringer $O_2$-Mengen in der Lagerluft könnte auf einer Behinderung der Farnesenoxydation beruhen.

Verstärkte Akkumulation von Farnesen findet statt, wenn sich Äthylen in der Lageratmosphäre anreichert. Zwischen Farnesenspiegel und Äthylenkonzentration in Versuchscontainern zeigte sich eine deutliche Korrelation (JOHNSON 1981). Zusammengelagerte Apfelpartien lassen Nachbarschaftswirkungen erkennen. Zum einen hemmen mit Diphenylamin behandelte Partien auch das Auftreten von Schalenbräune nicht behandelter Äpfel, andererseits wirkt eine befallene Partie stimulierend auf eine noch nicht befallene. Zwischenzeitliche Temperaturerhöhungen und Frischluftgaben im CA-Lager wirkten in Versuchen von BLANK (1980) wohl durch Aktivierung des Gasaustausches günstig gegen Schalenbräune, noch deutlicher aber gegen Kernhausbräune bei ‚Holsteiner Cox'.

Der wohl wichtigste Dispositionsfaktor für Schalenbräune ist ein zu früher Erntetermin (Tab. 17). Gut ausgefärbte Früchte mit einem hohen Anteil Deckfarbe sind dagegen weniger gefährdet. Wegen schlechterer Belichtung sind Äpfel aus dem unteren Kronenbereich wesentlich empfindlicher als voll belichtete. Übermäßige Zusatzbewässerung und zu reichliche N-Düngung wirken reifeverzögernd und

*Tab. 17:* Einfluß des Erntetermins auf die Entstehung der Schalenbräune und anderer nichtparasitärer Erkrankungen

a) Niederelbe (BRD) ‚Holsteiner Cox' nach BLANK (1975, 1980)
Auslagerung am 25. 3., Befallsgrad in %

| Erntetermin | Ø Fruchtgewicht | Schalenbräune | | Fleischbräune | Lentizellenschäden | Fäulnis |
|---|---|---|---|---|---|---|
| 16. 9. 1974 | | 39,5 | | 2,0 | 0 | 4,3 |
| 23. 9. 1974 | | 33,0 | | 3,0 | 1 | 1,1 |
| 1. 10. 1974 | | 9,7 | | 12,0 | 12 | 3,0 |
| | | | | | Stippigkeit | |
| 24. 9. 1979 | 145 g | 11,9* | 56,5** | 0,0 | 3 | 2,9 |
| 2. 10. 1979 | 146 g | 6,9 | 64,3 | 0,6 | 1 | 2,2 |
| 8. 10. 1979 | 152 g | 7,3 | 49,5 | 0,4 | 3 | 1,6 |

* = bei Auslagerung ** = bei Nachlagerung

b) SR Rumänien nach BURZO und Mitarbeiter (1981)
Schalenbräune, Befallsgrad in %

| Ernte | ‚Jonathan' | ‚Starkrimson' | ‚Starking Delicious' | ‚Richared' | ‚Golden Delicious' |
|---|---|---|---|---|---|
| 132 | 4,5 | 100,0 | 84,9 | 100,0 | 0 |
| 142 | 0,5 | 26,2 | 16,2 | 15,8 | 0 |
| 150 | 0,0 | 16,5 | 3,6 | 3,7 | 0 |
| Tage nach Vollblüte | | | | | |
| Stippigkeit (%) | 3,2 | 11,5 | 0,6 | 1,4 | 0 |
| | 2,1 | 1,3 | 0,4 | 0,8 | 0 |
| | 0,8 | 0,8 | 0,1 | 0,2 | 0 |

*Tab. 18:* Einfluß der Lageratmosphäre auf das Auftreten nichtparasitärer Erkrankungen bei ‚Jonagold', Mittel von vier Lagerjahren, nach SCHAIK (1981), Befallsgrad in %

| Auslagertermin | Kühllager | | CA 6% | $CO_2$/15% $O_2$ | CA 6% | $CO_2$/3% $O_2$ |
|---|---|---|---|---|---|---|
| | 3 °C | 1 °C | 3 °C | 1 °C | 3 °C | 1 °C |
| | Schalenbräune | | | | | |
| Anf. Febr. | 3,5 | 0,0 | 0,3 | 0,6 | 0,0 | 0,0 |
| Ende März | 18,0 | 4,9 | 1,9 | 1,3 | 0,2 | 0,0 |
| Ende Mai | 15,9 | 12,3 | 1,0 | 1,7 | 0,0 | 0,0 |
| | Fleischbräune | | | | | |
| Anf. Febr. | 4,3 | 1,8 | 1,2 | 0,6 | 0,0 | 0,0 |
| Ende März | 3,0 | 0,0 | 0,0 | 0,0 | 0,0 | 0,0 |
| Ende Mai | 3,2 | 5,9 | 2,5 | 1,5 | 0,0 | 0,0 |
| | Fäulnis | | | | | |
| Anf. Febr. | 2,7 | 0,6 | 0,3 | 0,0 | 0,1 | 0,1 |
| Ende März | 6,8 | 7,2 | 0,6 | 1,6 | 0,0 | 0,8 |
| Ende Mai | 29,0 | 11,6 | 13,2 | 0,7 | 1,5 | 1,5 |

*Tab. 19:* Einfluß von Kalziumbehandlungen auf nichtparasitäre Erkrankungen von ‚Holsteiner Cox', nach BLANK (1975), Befallsgrad in %

| Behandlung | Schalenbräune | Fleischbräune | Fäulnis | Kernhausbräune | Stippigkeit |
|---|---|---|---|---|---|
| 5malige Spritzung mit 0,5% $CaCl_2$ | 17,8 | 0,9 | 0,5 | 38 | 3 |
| Kontrolle | 23,2 | 8,0 | 5,1 | 54 | 32 |
| | Kühllager bis 17. 3., Bonitur Kernhausbräune am 1. 4. 75 | | | | |
| 1malige Tauchung mit 4% $CaCl_2$ | 3,1 | 0,0 | 11,6 | 47 | 0 |
| Kontrolle | 22,2 | 2,0 | 2,9 | 58 | 22 |
| Lagerverhalten | 1976 | (BLANK 1977) | | | |
| Ca-Spritzung | 11,6 | 0,9 | — | — | 0,6 |
| Kontrolle | 18,7 | 10,5 | — | — | 6,7 |
| | 6 Lagermonate, 2 °C, 93% relative Luftfeuchtigkeit | | | | |

damit begünstigend auf Schalenbräune. Neben der Wahl des Erntetermins sind zu hohe relative Feuchte im Lager und nur geringer Luftwechsel die stärksten Einflußgrößen. Zweiseitig gesteuerte CA-Lagerung stellt eine wirksame Maßnahme gegen Schalenbräune dar (Tab. 18).

Aus den typischen Schalenbräuneregionen Italiens und den USA ist bekannt, daß eine warme, trockene Witterung die Schalenbräune fördert. Ausschlaggebend scheinen vor allem die letzten 4 bis 6 Wochen vor der Ernte zu sein. Sind sie heiß und trocken und sinken die Nachttemperaturen nicht unter 10 °C ab,

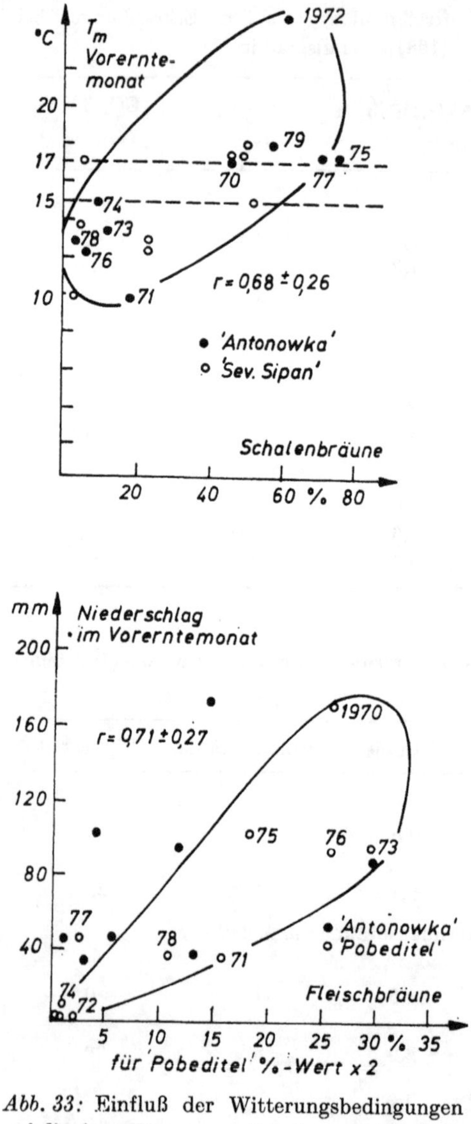


*Abb. 33:* Einfluß der Witterungsbedingungen auf die Ausprägung von Schalen- und Fleischbräune von Äpfeln; nach LAGOVA (1980)

so muß zwangsläufig mit Schalenbräune gerechnet werden. Es werden mindestens 200 kühlere Nachtstunden benötigt, um relativ sicher vor Schalenbräune zu sein. Auch die Tagesmitteltemperatur scheint sich als Prognosegröße zu eignen (Abb. 33). Die in der DDR hauptsächlich betroffene Sorte ‚Starkrimson' zeigte jedoch in dem reifefördernden strahlungsreichen Jahr 1982 keine höheren Schäden als sonst üblich. Für diese hier nicht im ökologischen Optimum stehende Sorte scheint somit eine gewisse minimale Temperatursumme nötig zu sein, um befallsfreie Qualitäten zu erzielen.

Das Auftreten der Schalenbräune wird nachhaltig durch eine reichliche Kalziumversorgung der Früchte verhindert. Dies kann durch Spritzen mit Kalziumchloridlösung im Verlauf der Fruchtentwicklung oder Tauchen der Früchte in Kalziumchloridlösungen (Tab. 19) kurz vor der Einlagerung erreicht werden.

## Jonathanflecken (Jonathan spot)

Wie der Name dieser nichtparasitären Erkrankung erkennen läßt, kommt sie hauptsächlich an ‚Jonathan' selbst und den Sorten der ‚Jonathan'- sowie ‚Red Delicious'-Gruppe vor. Auch ‚Herma' neigt sehr zum Auftreten von Jonathanflecken, ebenso ‚Starking'. Nur gelegentlich werden ‚Idared' und ‚Gravensteiner' befallen.

Auf dem Lager entwickeln sich die Flecken erst nach 4···8 Wochen. Das Schadbild ist durch kleine, braunschwarze Flecken um die Lentizellen herum gekennzeichnet. Man unterscheidet zwei Typen,

- den kleinfleckigen mit scharf abgegrenzten nur 2 mm großen spots mit roter bis braunschwarzer Farbe, die gegenüber dem gesunden Gewebe etwas eingesunken sind und
- den großfleckigen Ringtyp von maximal 5···6 mm Durchmesser, bei welchem ein hellgrauer Fleck von einem fast schwarzen Ring umgeben ist. Die Lentizelle in der Mitte des spots erscheint ebenfalls schwarz.

Beide Typen entwickeln sich besonders an übergroßen, massigen, in der Reife fortgeschrittenen Früchten und zwar stärker auf der von der Sonne intensiv beschienenen Fruchthälfte. Zwischen der Empfindlichkeit bestimmter Sorten zum Auftreten der Jonathanflecken und ihrer Anfälligkeit gegenüber der Fleischbräune besteht eine enge Beziehung. In Jahren, in denen sich die Fleckenkrankheit stärker entwickelt, neigen die Früchte dieser Sorten weniger zum Auftreten der Fruchtfleischbräune und umgekehrt.

Rechtzeitige Ernte, rasche, der Empfindlichkeit dieser Sorten gegen Kältefleischbräune angepaßte Abkühlung auf die optimalen Lagertemperaturen, Einstellung der relativen Luftfeuchtigkeit unter 92% oder Lagerung der Früchte im CA-Lager mit mindestens 3% Kohlendioxid kann ein Auftreten weitgehend verhindern. Mehrmalige Spritzungen mit einer 0,4 prozentigen $CaCl_2$-Lösung ab Juni/Juli (Fukuda 1972) reduzieren den Befall (s. a. Tafel 4, Abb. 9A).

## Lentizellenflecken (Lentizellen spots, Plara, Cox-Flecken)

Die rote und braune Lentizellenfleckenkrankheit tritt unter unseren klimatischen Anbaubedingungen selten auf. Nur in warmen Klimazonen kann sie verheerende Ausmaße annehmen. Es handelt sich dabei um eine unzureichende Wundverkorkung der sich entwickelnden Lentizellen unter Wirkung schalenreizender Pflanzenschutzmittel oder ungünstiger klimatischer Bedingungen. Die Krankheit tritt verstärkt häufig in sehr trokkenen Jahren auf. Die Verheilung der Wunden der Schale hält nicht Schritt mit dem Wachstum der Früchte, die Zellen um die Lentizellen kollabieren, färben sich braun und bilden bei gesteigerter Atmungsintensität und starker Lichteinwirkung Wundanthozyan. Das Auftreten von Lentizellenflecken kann ähnlich wie die Stippe durch mehrmalige Spritzungen mit Kalziumnitrat oder Kalziumchlorid und Nichtanwendung schalenreizender Pflanzenschutzmittel verhindert werden (s. a. Tafel 5, Abb. 10 u. 11A).

## Fleischbräune (Internal breakdown, Jonathan bederf, low temperature breakdown, internal browning, soggy breakdown, alcohol injury)

Unter dem Begriff „Fleischbräune" werden alle Erkrankungen des Fruchtfleisches vom Kernhaus bis zur Schale zusammengefaßt, bei denen die Zellen als Folge einer Störung im Stoffwechsel unter Bildung toxisch wirkender Verbindungen zusammenbrechen und eine hell- bis dunkelbraune Färbung annehmen. Sie werden durch Übergang von der aeroben Atmung zur anaeroben Glykolyse im Gewebe gebildet, wobei sich Äthylalkohol (Gärgeschmack) und Azetaldehyd mit den Zwischenstufen Azetoin und Diazetyl (stechender Geschmack), bisweilen auch Äthylazetat (esterartiger Geschmack) anreichern. Das Auftreten der braunen Farbe ist aber in jedem Fall eine Sekundärreaktion. Sie entsteht dadurch, daß nach der Zerstörung der inneren Zellstruktur die Polyphenoloxydase unkontrolliert auf die in den Zellen enthaltenen Polyphenole einwirken kann. Ehe es also zur Bildung der Fruchtfleischverbräunung kommt, muß bereits eine Zellschädigung eingetreten sein. Fleischbräune ist ein Sammelbegriff für mehrere Schadformen, die sich nach dem Erscheinungsbild und durch die Ursache der Auslösung voneinander unterscheiden in:

- Normale oder Jonathanfleischbräune (internal breakdown, Jonathan bederf), einem inneren Zusammenbruch des Fruchtfleisches durch vorzeitigen Übergang von der Baum- in die Genußreife und das Alterungsstadium.
- Kältefleischbräune (low temperature breakdown), die infolge Einwirkung für anfällige Sorten zu tiefer Temperaturen hervorgerufen wird (Abb. 34).
- Innere Verbräunung (internal browning), welche ebenfalls auf die Einwirkung zu tiefer Temperaturen zurückgeführt werden kann, bei der aber im Gegensatz zur Kältefleischbräune vom Kernhaus ausgehend das gesamte Fruchtfleisch in Mitleidenschaft gezogen wird (Abb. 35).
- Nasse Fleischbräune (soggy breakdown), bei der durch Austritt von Zellflüssigkeit in die interzellulären Hohlräume das Fruchtfleisch ein glasig-durchscheinendes Aussehen erhält, eine Erkrankung, die auch im CA-Lager auftritt (s. a. Tafel 6, Abb. 13A);
- Alkoholschädigung (alcohol injury) entsteht durch Anreicherung von Äthanol im Fruchtgewebe während der Lagerung der Früchte unter niedrigen Sauerstoffpartialdrücken.

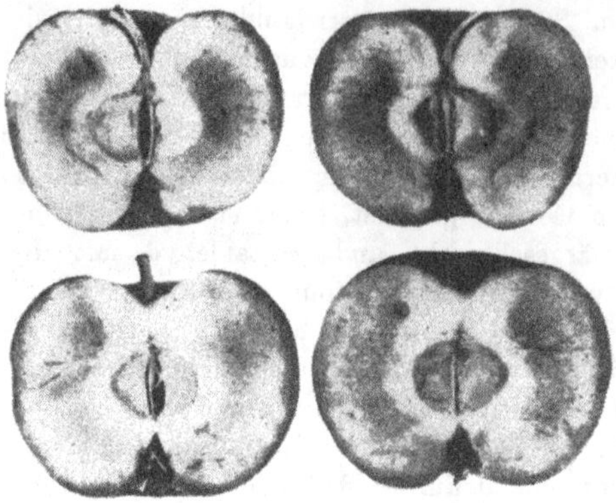

*Abb. 34:* Kältefleischbräune (s. a. Tafel 5, Abb. 12A).

*Abb. 35:* Innere Verbräunung

– Überalterungsfleischbräune (mealy breakdown) tritt auf, wenn die Früchte zu reif geerntet, zwischengelagert oder die jahresspezifische Lagerfähigkeit überschritten werden.
– Kernhausbräune (core browning, core flesh) ist eine diffuse Bräunung der Kernhausregion zwischen den Karpellen und ist eine typische Seneszenz-Erkrankung an Äpfeln und Birnen.

Die Jonathan-Fleischbräune wird auf eine aerobe Bildung von Azetaldehyd (Clijsters 1966) im Verlauf der vorzeitig einsetzenden Fruchtreife bei partieller Alterung von Fruchtfleischpartien zwischen der Schale und dem Gefäßbündelring zurückgeführt. Je reifer die Früchte zum Zeitpunkt der Einlagerung sind, um so stärker bildet sich Azetaldehyd und um so schneller entwickelt sich die Fleischbräune während der anschließenden Lagerung. Da Azetaldehyd aerob gebildet wird, kann durch die Senkung des Sauerstoffgehaltes in der Lageratmosphäre auf 2···3% dessen Entstehung und damit ein Auftreten der ‚Jonathan'-Fleischbräune weitgehend verhindert werden. Voraussetzung ist jedoch, daß die Früchte im präklimakterischen Minimum eingelagert wurden.

Als Ursache für die Erkrankung an Kältefleischbräune wird die Bildung von Oxalessigsäure angenommen, welche die Bernsteinsäureoxydation hemmt. Bernsteinsäure, die toxisch auf das Gewebe wirkt, häuft sich an. Die eigentlich auslösende Ursache liegt im unterschiedlichen $Q_{10}$-Wert für die verschiedenen am Ablauf des normalen Kohlenhydrat- und Säurestoffwechsels beteiligten Fermentsysteme, so daß sich mit Verringerung der Lagertemperatur das Gleichgewicht der Stoffwechselreaktionen verschiebt. Unter Sauerstoffmangel kommt es zur Äthanolbildung, bei Kohlendioxidüberschuß zur Akkumulation von Bernsteinsäure. Membranläsionen durch Ca-Mangel führen durch pH-Verschiebung ebenfalls zu veränderten Enzymaktivitäten. Dabei spielt ferner der morphologische Aufbau des Fruchtfleisches eine wesentliche Rolle. Die ersten Symptome sind immer an Früchten zu erkennen, die bei höheren Temperaturen lagern. Die Intensität des Auftretens und damit der Prozentsatz an befallenen Früchten ist aber bei tieferen Temperaturen größer. Eine indirekte Wirkung bei der Entstehung der Fleischbräune wird dem Zuckeralkohol Sorbit zugeschrieben. Wird der in den Blättern gebildete bzw. in die Früchte verlagerte Zuckeralkohol nicht schnell genug in die Fruchtzellen eingebaut bzw. in Fruktose umgewandelt, so erhöht sich deren Atmungsintensität, und die Reifungsvorgänge in den Früchten setzen vorzeitig ein. Stoffwechselstörungen treten sehr bald im Lager auf. Die Aufnahme des Sorbits in das Zytoplasma läßt sich durch Kalziumapplikationen fördern. Darauf beruht nach Bangerth (1973) auch die fleischbräunemindernde Wirkung, wenn die Früchte kurz vor der Einlagerung in eine vierprozentige $CaCl_2$-Lösung getaucht werden. Die Atmungsintensität wird gesenkt und damit der Reifeverlauf verzögert. Die Fleischbräune beginnt meist 2···6 mm unterhalb der Schale und breitet sich von hier um die ganze Frucht herum im Rindengewebe aus, einem Gewebebereich, der aus relativ großvolumigen Zellen aufgebaut ist (Abb. 36).

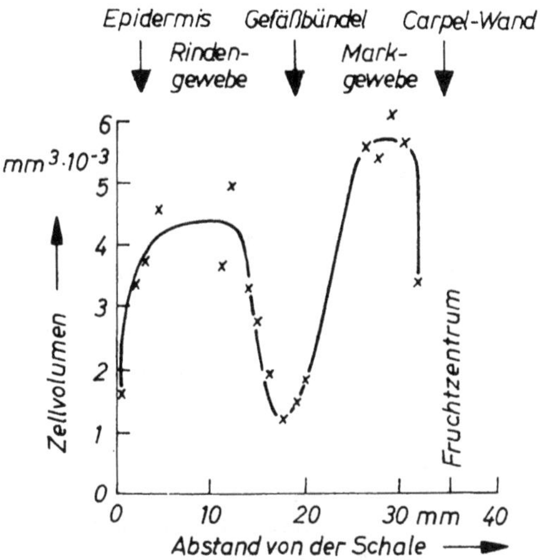


*Abb. 36:* Unterschiedliche Zellgröße im Bereich des Äquatorial-Radius in einem baumreifen Apfel; nach BAIN und ROBERTSON (1951)

Das Kerngehäuse wird erst mit dem vollständigen Zusammenbruch der Früchte geschädigt.

Die Fleischbräune entsteht immer zuerst an der Ca-ärmeren Gewebepartie in der Blütenregion. Die Kernhauszone wird erst mit dem vollständigen Zusammenbruch der Früchte geschädigt.

Im Lager soll die relative Luftfeuchtigkeit 92% nicht übersteigen, die Lagertemperatur darf nicht unter +3 °C···4 °C abgesenkt werden. Hierin liegt neben der unmittelbaren Wirkung eines verminderten Sauerstoffpartialdruckes in der Lageratmosphäre ein weiterer Vorteil der CA-Lagerung, da für eine Langzeitlagerung die Temperatur gegenüber dem konventionellen Kühllager um durchschnittlich 1 °C höher liegen kann. Fleischbräuneanfällige Sorten sind im Lager mit Luft natürlicher Zusammensetzung in jedem Fall stufenweise auf die endgültige Lagertemperatur abzukühlen.

Werden die Früchte zwischen der 7. und 8. Lagerwoche für 3···5 Tage vorübergehend auf +15 bis +18 °C erwärmt und anschließend wieder abgekühlt, so wird zwar das Auftreten der Fleischbräune gemindert (FIDLER und NORTH 1968), jedoch die Haltbarkeit verkürzt.

Bei der inneren Verbräunung beginnt die Schädigung in dem ebenfalls aus großen Zellen aufgebauten Markgewebe (Abb. 36) und verbreitet sich von hier aus über die gesamte Frucht. Bei beiden, durch zu tiefe Lagertemperaturen bedingten Fruchtschädigungen nimmt im Endstadium die Schale eine durchscheinende braune Färbung an.

Bei Alkoholschädigung (alcohol injury) äußert sich die Fleischbräune zunächst im Weichwerden des Gewebes mit nachfolgender Bräunung und dem deutlich erkennbaren Geschmack nach Alkohol bei einem Gehalt ab 30 mg/100 g Gewebe. Sie tritt vor allem bei Sauerstoffmangel auf. Als untere Grenze gelten für eine schadensfreie Lagerung anfälliger Früchte 1,8···2,0% Sauerstoff in der Lageratmosphäre. Eine auftretende Zellschädigung wird am frühesten durch einen schnellen Anstieg von Äthanol angezeigt. Es können sich innerhalb eines Tages 10 mg Äthanol/100 ml Zellsaft bilden. Übersteigt der Äthanolgehalt einen Grenzwert von 150 mg in 100 ml Saft nicht, wird er durch eine ausreichende Belüftung und dadurch bedingter Oxydation innerhalb 6···7 Wochen wieder vollständig abgebaut. Bei längerer Einwirkung höherer Konzentrationen kommt es zur irreversiblen Schädigung des Fruchtgewebes.

Neben Äthanol ist auch die Bildung von Äthylazetat ein Zeichen für die beginnende Entwicklung der Fleischbräune. Äthylazetatbildung ist eine typische Folge des verlangsamten Sauerstofftransportes zu den Geweben, wobei es zur verstärkten Anreicherung von Äthanol als Folge der einsetzenden anaeroben Glykolyse und Azetyl-CoA als Ausgangssubstanz des teilweise blockierten Zitronensäurezyklus kommt. Durch Früchte der Sorten ‚Golden Delicious‘ und ‚Starkrimson‘ wird gegen Ende der Lagerperiode auch ohne vorhergegangenen Sauerstoffmangel Äthylazetat ausgeschieden, was ein Zeichen für die beginnende Seneszenzphase ist.

Überalterungsfleischbräune bzw. Mehligkeit (mealy breakdown, senescence breakdown) ist eine nichtparasitäre Erkrankung. Sie entwickelt sich gegen Ende der natürlichen Lagerfähigkeit der Früchte und zwar bei Äpfeln, die zu reif eingelagert oder zwischengelagert wurden und daher nur beschränkt haltbar sind. Dies ist oft bei Früh- und Herbst-

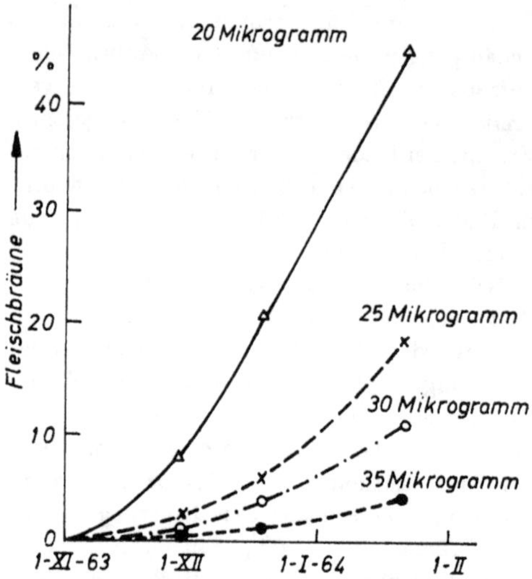


*Abb. 37:* Mittlerer Verlauf des Auftretens der Fleischbräune während der Lagerperiode 1963/64 als Funktion des Chlorophyllgehaltes der Schale (Mikrogramm je 10 cm² Schale), Lagertemperatur 3 °C; nach CLIJSTERS (1964)

sorten, wie ‚Carola' und ‚Ingrid Marie', gelegentlich aber auch bei ‚Boskoop' der Fall.

Es wird vorzeitig das die Zellen miteinander verbindende Pektin abgebaut, das Zellgewebe lockert sich, das Fruchtfleisch wird mehlig, oft platzt auch die Schale. Die Überalterungsfleischbräune wird durch hohe Luftfeuchtigkeit im Lager und ungenügende Belüftung gefördert. Wird der richtige Pflückzeitpunkt eingehalten und die Lagerung nicht zu lange ausgedehnt, so lassen sich diese Schäden vermeiden (s. a. Tafel 6, Abb. 14A).

Unter Kernhausbräune (core flush, core browning, core breakdown, brown heart, core) versteht man eine Verbräunung des Markgewebes zwischen den Samenfächern und dem Leitbündelring der Früchte. Es handelt sich meist um eine Art Überalterungsfleischbräune, da sie an zu lange gelagerten Früchten auftritt. Das verbräunte Gewebe ist mehlig trocken und besitzt einen unangenehmen und faden, meistens brennenden Nachgeschmack (Azetaldehyd). Aus obstbaulicher Sicht ist dieser Schaden durch Maßnahmen vermeidbar, die zu einem ausgewogenen Verhältnis in der Versorgung der Früchte mit Assimilaten und Nährstoffen beitragen. Die Früchte neigen besonders in den Jahren sehr stark zur Kernhausbräune, wenn in den letzten sechs Vegetationswochen die Sonneneinstrahlung gering ist und die Temperaturen niedrig liegen (s. a. Tafel 7, Abb. 16A u. 17A).

Die Entwicklung der Kernhausbräune läßt sich weitgehend durch Lagerung der Früchte im CA-Lager mit 2···3% Sauerstoff und Kohlendioxid vermeiden. Hohe $CO_2$-Konzentrationen fördern jedoch das Auftreten dieser Erkrankung (Tab. 20). Hoher Turgordruck (geringer Schwund) wirkt ebenfalls fördernd. Bekämpft werden kann sie durch Phoron.

Als Ursache für die Zerstörungen der normalen Zellmembran-, Protoplasma- und Zellstrukturen werden in allen Fällen neben Störungen im Kalziumhaushalt abnorme Stoffwechselvorgänge beim Kohlenhydrat- und Säureabbau angenommen. Da die Schale den Sauerstoffzutritt hemmt, sind glattschalige Sorten, deren Schale eine Wachsschicht besitzen, sowie Äpfel nach Wachsbehandlung (Protexan) oder spätem Erntetermin und dadurch bedingtem schnellerem Säureabbau

*Tab. 20:* Einfluß der Lageratmosphäre auf das Auftreten von Kernhausbräune bei der Apfelsorte ‚Gloster'; nach SCHAIK (1981), Befallsgrad in %

| Auslagertermin | Kühllager | CA-Lager Lageratmosphäre (% $CO_2$/% $O_2$) | | | |
|---|---|---|---|---|---|
| | | 6/15 | 9/12 | 0/3 | 3/3 |
| 12. 1. 1981 | 1,0 | 2,0 | 13,0 | 0,5 | 0,0 |
| 23. 2. 1981 | 1,5 | 36,5 | 71,0 | 0,0 | 2,0 |
| 22. 4. 1981 | 14,0 | 85,0 | 98,0 | 4,5 | 6,0 |
| 8. 6. 1981 | 71,5 | 91,0 | 99,0 | 20,5 | 27,0 |

anfälliger. Fleischbräune entsteht, wenn instabile, übergroße Früchte zu spät geerntet, verzögert eingelagert und zu lange gelagert werden bzw. zuckerarme, weichfleischige Sorten mit hohem Säuregehalt (‚Herma‘, ‚Ontario‘) zu kühl lagern. Je höher die lösliche Trockensubstanz in den Früchten angereichert und um so fester ihr Fruchtfleisch ist, um so kühler und feuchter sind die Früchte lagerfähig.

Erkennbar ist der Beginn der Entwicklung aller Fleischbräunearten an dem plötzlich eintretenden Säureschwund in den Früchten. Werden regelmäßig Verkostungen durchgeführt oder der titrierbare Säuregehalt der Früchte ermittelt, so lassen sich bei den ersten Anzeichen eines schnellen Rückganges im Säuregehalt die Früchte noch rechtzeitig auslagern und vermarkten. Die praktische Bekämpfung der Fleischbräune muß bereits in der Obstanlage beginnen. Große Früchte mit dünnwandigen und proteinreichen Zellen im fortgeschrittenen Reifegrad sind besonders anfällig. Späte und überhöhte Stickstoffdüngung, ein schwacher Behang, Früchte von Jungbäumen, von Bäumen mit einem weiten Blatt-Frucht-Verhältnis sind sehr anfällig. Eine reichliche Kaliumdüngung senkt zwar die Anfälligkeit für Fleischbräune, fördert aber in manchen Jahren das Auftreten der Kernhausbräune und die Stippigkeit.

Die Früchte sind zum optimalen Pflückzeitpunkt zu ernten. Als Maß für die Wahl des Erntetermins kann der Chlorophyllgehalt herangezogen werden (s. S. 295 u. Abb. 37). Jede Zwischenlagerung nach der Ernte ist zu vermeiden. Bei anfälligen Sorten sind keine reifefördernden Wachstumsregulatoren oder Pflanzenschutzmittel anzuwenden.

Die Fleischbräune tritt vor allem in niederschlagsreichen Jahren an Früchten von Bäumen auf, die auf leichten Böden stehen, einen schwachen Behang aufweisen und stark mit Stickstoff gedüngt wurden.

Zwischen den verschiedenen Erscheinungsformen der Fleischbräune bestehen enge Übergänge. Gemeinsames Kennzeichen ist der plötzliche Säureschwund der Früchte. Bei regelmäßiger Qualitätsüberwachung kann oft noch rechtzeitig ausgelagert werden. Die Anfälligkeit läßt sich nach Urban (1982) über Streßlagerung ermitteln. Hierfür werden in vierwöchigem Abstand Apfelproben aus dem Lager entnommen und bei +20 °C zwischengelagert.

Um das Auftreten nichtparasitärer Fruchtfleischerkrankungen frühzeitig zu erkennen, werden in der Literatur zahlreiche Methoden empfohlen, mit denen es möglich ist, noch vor oder kurz nach dem Sichtbarwerden der ersten Fleischverbräunungen diese festzustellen. Alle Methoden erfordern jedoch einen erheblichen analytischen oder apparativen Aufwand. Im Interesse der Senkung der Lagerverluste sollten zentrale Untersuchungsstätten eingerichtet werden, die diese Bestimmungen ausführen können.

## Stippigkeit (bitter pit, stipping)

Stippige Äpfel zeigen leicht eingesunkene, dunkelgrün bis braun gefärbte Flecken in der Schale, bisweilen aber nur kleine Reifungshöfe, in deren Mitte sich später ein Stippefleck bildet. Neben der oberflächlich sitzenden Schalenstippe gibt es noch die bis etwa 1,5 cm in die Tiefe gehende, äußerlich meist nicht erkennbare Fleischstippe. Dagegen werden die bereits vor der Ernte sichtbaren deutlich größeren vereinzelten, zunächst roten Flecken meist als Korkfleckigkeit (cork spot, corking) abgegliedert. Die Übergänge sind jedoch fließend. Korkflecken bilden sich bereits 30···40 Tage nach der Blüte (s. a. Tafel 7, Abb. 18A).

Sie sind infolge einer sehr starken Zellteilung im Anfangsstadium des Auftretens fest und hart und besitzen keinen bitteren Geschmack. Anstelle von Zitronensäure ist im erkrankten Gewebe ein höherer Essigsäuregehalt vorhanden. Die auslösenden Faktoren für das Auftreten der braunen Korkstellen sind nach Shear (1972) die gleichen wie für die Entwicklung der Stippeflecken.

Die als Lagerstippigkeit bezeichnete Form der Stippe tritt erst während längerer Lagerung in Erscheinung. Dabei kann eine vorhandene Disposition durch ein optimales Lagerregime in der Ausprägung unterdrückt, mindestens aber verzögert werden. Die eigentlichen „Stippen“ sind abgestorbene Zellgruppen des Fruchtfleisches von 3···10 mm Durchmesser und oft stark bitterem Geschmack.

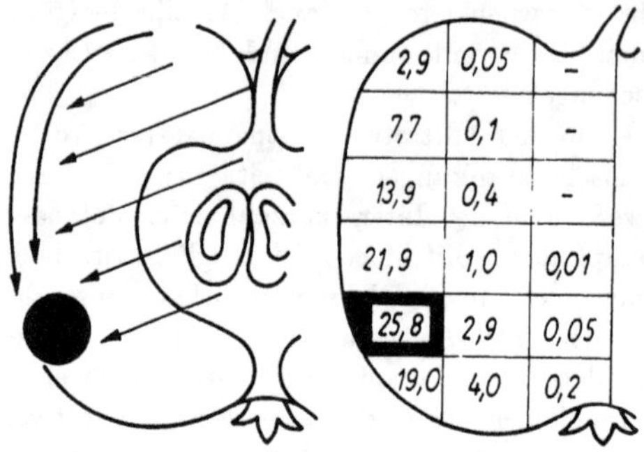


*Abb. 38:* Kalziumgefälle, links: die Pfeile deuten die Abnahme der Ca-Ionen-Konzentration an; rechts: prozentuale Verteilung der Stippestellen im Einzelapfel; nach KOHL (1967)

Sie treten zumeist verstärkt an der unteren Kelchhälfte der Frucht, der Zone der geringsten Kalziumversorgung, auf (Abb. 38). Stippigkeit ist ursächlich mit Kalziummangel gekoppelt. Sorten, die Ca bevorzugt als Oxalat im Fruchtstiel festlegen, wie z. B. ‚Cox Orangen' und darüber hinaus die gesamte Gruppe der ‚Cox'-Verwandtschaft, wozu u. a. auch die Müncheberger Sorten ‚Auralia', ‚Clivia' und ‚Alkmene' gehören, sind besonders anfällig. Sie zeigen bei gleichen Anbaubedingungen wesentlich geringere Ca-Gehalte im Fruchtfleisch als z. B. der verhältnismäßig stipperesistente ‚Golden Delicious'. Durch Membranläsionen weisen erkrankte Gewebe im Anfangsstadium eine erhöhte Atmungsrate sowie von der Norm abweichende Äthylensynthesen und Proteinbildung auf, was sich an Reifungshöfen zeigt. Lösliche Kohlenhydrate werden schnell abgebaut und gleichzeitig organische Säuren, vor allem Zitronensäure, angereichert.

Nach SIMON (1978) beobachtet man bei der Entstehung der Stippigkeit eine Phase des Flüssigkeitsaustrittes in die Interzellularen. Sie äußert sich bei jungen Äpfeln bisweilen in Form von glasigen Flecken in Regionen, in denen später Stippe auftritt. Bei anschließender Wasserverdunstung kollabieren dann diese Zellpartien. Die Bräunung durch Phenoloxydase, deren Aktivitätserhöhung gleichfalls nachgewiesen ist, stellt das Endstadium dieser Entwicklung dar. Ursachen der Stippigkeit sind dabei alle Vorgänge, die das K/CA-Verhältnis im Gewebe ungünstig beeinflussen.

Dem Obstbauer stehen einige Maßnahmen zur Verfügung, die bei richtiger Anwendung die Stippe stark einschränken. Als solche seien genannt: ausreichende Humusanreicherung im Boden zur Verbesserung des Wasserhaushaltes und der Kontinuität der Nährstoffbereitstellung; Verhinderung von Kaliumüberschuß und Kalziummangel im Boden; Beregnung bei Trockenheit während der Hauptwachstumsperiode der Früchte; Einschränkung der Wasserbereitstellung mit zunehmender Baumreife der Früchte durch wasserzehrende Untersaaten; Unterdrückung der Alternanz z. B. durch Fruchtausdünnung jedoch erst nach dem Junifall, da bei zu schwachem Behang (Tab. 21) und dadurch bedingter Zunahme der Einzelfruchtmasse die Stippigkeit besonders stark auftritt; keinen scharfen Rückschnitt durchführen, der zur einseitigen Förderung des Triebwachstums führt; Wahl der für den Standort zweckmäßigsten Unterlagen-Edelsortenkombinationen.

Reichliche Stickstoffdüngung fördert die

*Tab. 21:* Einfluß des Fruchtbehanges auf die Stippigkeit nach BANGERTH und LINK (1972)

| Natürlicher Behang | Prozentsatz stippiger Früchte | | |
|---|---|---|---|
| | ‚Boskoop' | ‚Cox Orangen' | ‚Gravensteiner' |
| sehr schwach | | 54 | 47 |
| schwach | 68 | 47 | 29 |
| mittelstark | 47 | 34 | 16 |
| stark | 10 | 27 | 13 |
| sehr stark | 6 | 18 | 11 |

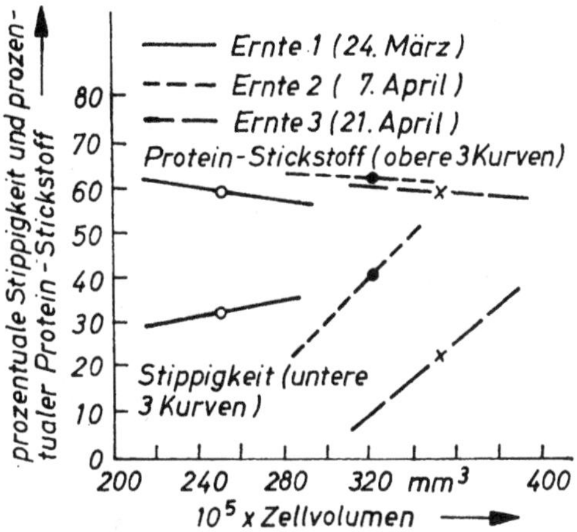


*Abb. 39:* Prozentuale Stippigkeit und prozentualer Protein-Stickstoff-Gehalt der Früchte im Verhältnis zum Zellvolumen und zum Erntetermin bei der Apfelsorte ‚Granny Smith'; nach Martin, Lewis und Černy (1967)

Stippigkeit besonders dann, wenn bei geringem Ertrag Früchte mit großem Zellvolumen gebildet werden (Abb. 39) und das Triebwachstum stark erhöht ist.

Eine unmittelbare Bekämpfung der Stippe ist durch Zusatz von 0,4···0,8% Kalziumnitrat oder -chlorid zur Spritzbrühe bei 5···8 Pflanzenschutzmaßnahmen, beginnend nach dem Junifall, möglich. Etwa drei Wochen vor der Ernte sollte der Spritzbrühe kein Kalzium mehr zugesetzt werden, um zu verhindern, daß zur Ernte noch weißer Belag auf den Früchten haftet. Zur Verbesserung der Kalziumversorgung der Früchte sind Spritzungen bei einer relativen Luftfeuchtigkeit unterhalb 80% durchzuführen. Günstig auf die Kalziumaufnahme und die Verringerung der Stippefleckenbildung wirkt die gleichzeitige Anwendung von Spurenelementen, vor allem von Bor, Zink und Kupfer. Auch Spritzungen mit Wachstumsregulatoren, die das Triebwachstum einschränken und damit die Nährstoffkonkurrenz zwischen Trieb und Frucht mindern, werden empfohlen.

Von großer Bedeutung zur Einschränkung der Weiterentwicklung der Stippeflecken während der Lagerung ist die richtige Wahl des Pflückzeitpunktes. Zu früh geerntete Äpfel werden im Verlauf der Lagerung oft stippiger als spät gepflückte, der Erntetermin ist aber wegen der Gefahr des Auftretens der Altersfleischbräune und Verkürzung der Haltbarkeit auch nicht zu spät zu wählen. In Jahren mit einem hohen Anteil erkrankter Früchte sollte die relative Luftfeuchtigkeit im Lager höher eingestellt werden. Eine wesentlich über 92···95% liegende Feuchtigkeit ist jedoch nicht ratsam, weil damit die Gefahr des Auftretens der Fleischbräune, der Lentizellenflecken und der Fruchtfäulen vergrößert wird.

Für eine Minderung des Stippebefalls sind die Lagertemperatur und die Geschwindigkeit der Abkühlung der Früchte entscheidende Faktoren. Erfahrungsgemäß sind unmittelbar nach der Ernte eingelagerte und auf die für die einzelnen Sorten optimalen Temperaturen schnell abgekühlten Früchte weniger stippig als solche, die verzögert eingelagert und langsam abgekühlt wurden. Im CA-Lager ist die Befallszunahme bedeutend geringer als im normalen maschinengekühlten oder gar im außenluftgekühlten Lager.

Zur Bestimmung der Prädisposition für Stippigkeit ist ein Test mit künstlicher Reifebeschleunigung durch Äthylen sehr gut geeignet. Ginsburg (1965) leitete Azetylengas (1%) über Äpfel, dessen Verunreinigungen mit Äthylen reifebeschleunigend wirkten. Sicherer arbeitet die Methode nach Bangerth (1974). 50 Äpfel aus der mittleren Kronenpartie werden 14 Tage vor dem voraussichtlichen Erntetermin gepflückt, in eine Lösung mit 2000 ppm 2-Chloräthanphosphonsäure (Ethephon) getaucht und nach 10 Tagen auf Stippigkeit bonitiert. In der DDR wird der „Stippetest" seit 1980 durch Tauchung in 0,5% Flordimex (Wirkstoff Ethephon) mit etwas Netzmittelzusatz durchgeführt. Man erhält dadurch bereits zum Erntezeitpunkt sehr gute Hinweise, welche Partien lange lagerfähig sind und welche beschleunigt vermarktet bzw. der Verarbeitungsindustrie zugeführt werden müssen. Die Treffergenauigkeit ist in manchen Anbaugebieten sehr hoch. In Jahren mit starker Reifebeschleunigung können die Äpfel aber schon weniger äthylenempfindlich geworden sein, was zur Unsicherheit des Stippetests führt.

Wichtige Hinweise für das mögliche Auftreten von Stippe aber auch Fleischbräune

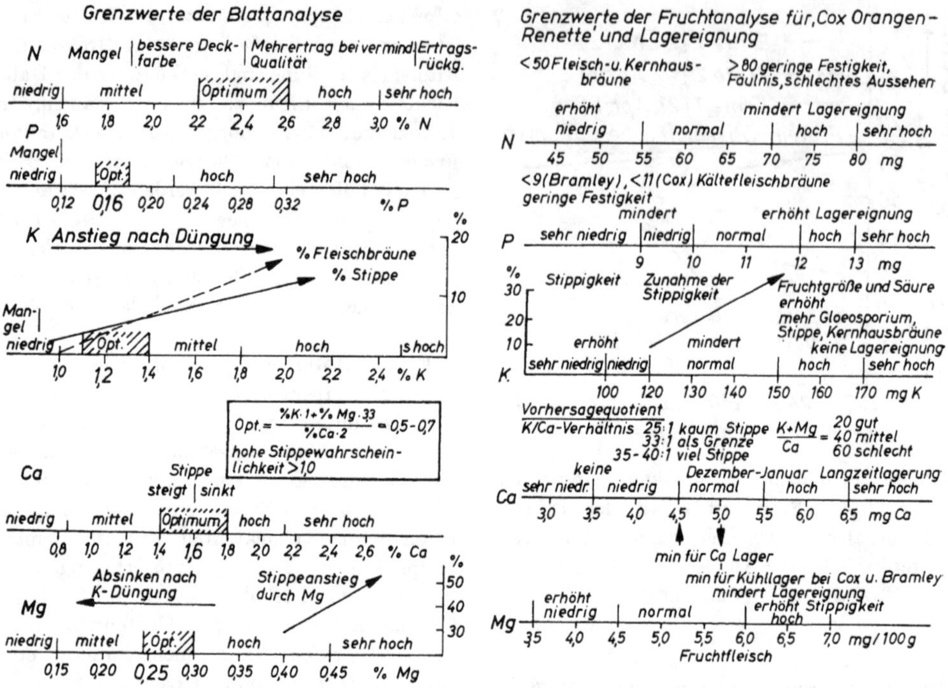


*Abb. 40:* Zusammenhänge zwischen den Mineralstoffgehalten von Blättern und Früchten und dem Auftreten von Stippe und Fleischbräune im Lager; nach Delver und Schouten (1980), zitiert bei Johnson (1980) a) Grenzwerte der Blattanalyse; b) Grenzwerte der Fruchtanalyse für ‚Cox Orangen Renette' und Lagereignung (zusammengestellt von Wilcke)

sind durch die Ermittlung der Mineralstoffhöhe und der Mineralstoffverhältnisse in Blatt und Frucht gegeben. Aus solchen Untersuchungen lassen sich Richtlinien für eine die Fruchtqualität und die Lagerfähigkeit fördernde Düngung ableiten. Dabei müssen ebenso die Mineralstoffgehalte im Boden selbst mit berücksichtigt werden, weil Nährstoffangebot und Nährstoffaufnahmen, je nach Bodenbeschaffenheit und Klima, von Standort zu Standort beträchtlich voneinander abweichen können (Abb. 40).

## Glasigkeit (water core, bzw. watercore)

Mit Glasigkeit wird eine Erkrankung bei Äpfeln bezeichnet, bei der das Fruchtfleisch durch Austritt von Flüssigkeit in die interzellularen Hohlräume glasig-durchscheinend wird (s. a. Tafel 6, Abb. 15A).

Im Anfangsstadium entwickeln sich die glasigen Gewebepartien nur in unmittelbarer Nähe der Gefäßbündelzone oder an den Karpellwänden, später sind größere Abschnitte des Mark- und Rindengewebes betroffen.

Im erkrankten Fruchtfleisch wird vorhandene Stärke rasch hydrolisiert, und die Gesamtsäure, so auch die Apfelsäure, schnell abgebaut. Als Folge der in den Interzellularen angesammelten Flüssigkeit ist der Gasaustausch in den betroffenen Gewebeabschnitten stark behindert, und es setzt eine anaerobe Atmung ein. Mit fortschreitender Ausdehnung der Glasigkeit reichern sich deshalb im befallenen Gewebe Alkohol, größere Mengen Azetaldehyd und Äthylazetat an. Hierauf beruht auch die rasche Entwicklung der Fleischbräune in glasigen Früchten während der Kühllagerung.

*Tab. 22:* Zucker- und Sorbitgehalt von ‚Winesap-'Äpfeln bei Glasigkeit nach WILLIAMS (1966) aus SIMON (1978)

| | Sorbit mg/ml | Glukose und Fruktose mg/ml | Saccharose mg/ml | gesamte Molarität |
|---|---|---|---|---|
| Pulpe gesunder Früchte | 9 | 72 | 38 | 0,54 |
| Pulpe glasiger Früchte | 18 | 67 | 38 | 0,56 |
| Interzellularflüssigkeit glasiger Früchte | 48 | 13 | 18 | 0,38 |

Die Flüssigkeit im glasigen Gewebe enthält große Mengen Sorbit (Tab. 22), der aus den Blättern zugeführt wird und unter anaeroben Bedingungen nicht in Fruktose umgewandelt und als Reservestoff in die Zellen eingelagert werden kann. Auf Grund des niedrigen Säure- und höheren Sorbitgehaltes schmecken glasige Früchte sehr süß.

Die Glasigkeit wird gefördert, wenn ein weites Blatt-Frucht-Verhältnis von über 30 besteht. Je mehr Blätter auf eine Frucht kommen, um so stärker ist der Befall gefährdeter Sorten, wie z. B. ‚Clivia' oder ‚Erwin Baur'. Die Ausprägung ist um so intensiver, je stärker die Blätter assimilieren und je weniger Früchte zur Aufnahme des Sorbits zur Verfügung stehen.

Die Anfälligkeit verstärkt sich, wenn bei starker Sonnenscheinintensität und hohen Wärmegraden die Früchte schnell reifen. Werden die Früchte noch zu spät geerntet, vergrößert sich der Schaden auf dem Lager unter verstärktem Auftreten der Fleischbräune beträchtlich.

Glasige Äpfel sind im allgemeinen wegen ihrer geringen Haltbarkeit von der Lagerung auszuschließen. Bei leichtem Befall können sie bei Temperaturen, die um 1 °C···2 °C über den Normalwerten liegen und einer relativen Luftfeuchtigkeit um 85% für eine gewisse Zeit gelagert werden. Die Flüssigkeit verdunstet unter diesen Lagerbedingungen oder wird resorbiert. Stark glasige Früchte lassen sich von gesunden, weil sie ein höheres spezifisches Gewicht besitzen und damit im Wasser untertauchen, in einem Wasserbad abtrennen. Die für ‚Gloster' typische Glasigkeit geht im CA-Lager bis Anfang Mai fast vollständig und ohne Wertminderung zurück (BLANK 1982).

## Kohlendioxid- und Sauerstoffmangel-Schäden

Eine eindeutige Trennung in Schäden, die durch einen zu hohen Gehalt an Kohlendioxid oder einen zu niedrigen Gehalt an Sauerstoff in der Lageratmosphäre hervorgerufen wer-

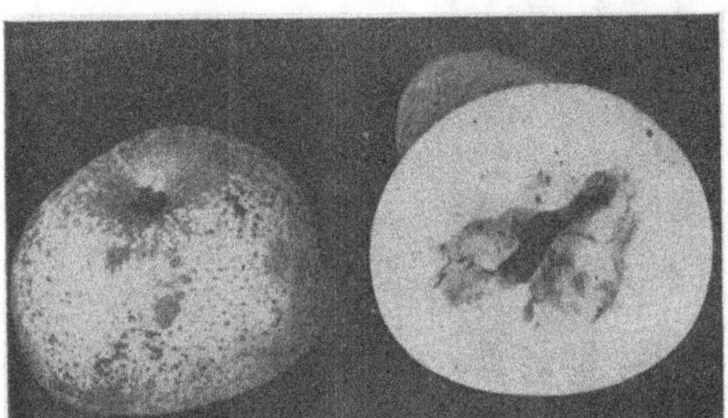

*Abb. 41:* Kohlendioxidschäden an der Birne, sogenannte „Kaverne" (Hohlraum); entnommen: BÜNEMANN und HANSEN (1973) (s. a. Tafel 8, Abb. 19 u. 20 A)

*Tab. 23:* Wirkung einer Zwischenlagerung bei normalen Temperaturen auf die Anfälligkeit von Birnen der Sorte ‚Comice' für innere $CO_2$-Schäden nach TOMKINS (1960), gelagert bei + 1,5 °C für 35 Tage

| Zwischenlagerung in Tagen | Prozent geschädigte Birnen | | | | |
|---|---|---|---|---|---|
| | Luft | 3% $CO_2$ | 6% $CO_2$ | 9% $CO_2$ | 12% $CO_2$ |
| 0 | 0 | 0 | 0 | 0 | 0 |
| 3 | 0 | 0 | 0 | 10 | 53 |
| 5 | 0 | 0 | 26 | 66 | 100 |

den, ist nur schwer möglich, die Schadbilder sind sehr ähnlich und bei der CA-Lagerung wirken praktisch beide Faktoren gleichzeitig.

Häufiger kommt es zu Schäden infolge eines zu hohen Kohlendioxidgehaltes. Sie können im Parenchymgewebe (Internal $CO_2$-injury, brownheard) oder in der Schale (External $CO_2$-injury) auftreten. Fruchtfleischpartien, die vor allem in der Nähe des Kerngehäuses, verbräunen, sterben ab, und es entstehen als Kavernen bezeichnete Hohlräume (Abb. 41). Besonders bei Birnen verbräunt das Fruchtfleisch dabei nicht. Bei einem zu hohen $CO_2$-Gehalt in der Lageratmosphäre werden die Früchte gegenüber Kältefleischbräune empfindlicher, gelegentlich ist auch ein Weichwerden und vermehrtes Auftreten der Mehligkeit zu beobachten. Bei den Apfelsorten ‚Golden Delicious', ‚Jonathan', ‚McIntosh', ‚Erwin Baur', ‚Albrechtapfel' und ‚Carola' können Hautschädigungen auftreten. Bei Bildung von Wassertropfen auf den Früchten kommt es zur „Ätzungshautbräune".

Die Empfindlichkeit der Obstarten und -sorten gegen höhere $CO_2$-Konzentrationen in der Lagerraumluft ist sehr unterschiedlich. Die Birne ‚Alexander Lucas' wird schon bei Kohlendioxidgehalten über 1% geschädigt, die Sorten ‚Cox Orangen', ‚Jonathan' und ‚Erwin Baur' ab 4···5%, wohingegen die Sorte ‚Golden Delicious' $CO_2$-Konzentrationen von 8···12% gut verträgt. Im allgemeinen sind die Sorten der ‚Jonathan'- und der ‚Red Delicious'-Gruppen (ANDERSON 1967) sehr empfindlich gegenüber höherem $CO_2$-Gehalt. Äpfel, insbesondere Birnen, sind bei einer verzögerten Einlagerung besonders anfällig gegen höhere $CO_2$-Partialdrücke (Tab. 23).

Bei zu geringem Sauerstoffpartialdruck treten ebenfalls Hautschädigungen (Abb. 42) und Fruchtfleischverbräunungen auf. Durch niedrigen Sauerstoffgehalt in der Lageratmosphäre wird die negative Wirkung hoher $CO_2$-Gehalte noch verstärkt. Es bilden sich Azetaldehyd und mit zunehmender anaerober Atmung auch Alkohol und Azetat. Die Früchte nehmen dann einen scharfen oder gärigen Geschmack an. Die rote Farbe anthozyanhal-

*Abb. 42:* Sauerstoffmangel am Apfel; entnommen: BÜNEMANN und HANSEN (1973)

tiger Apfelsorten wird häufig in Purpur, Blau oder Braun verändert.

Zu reif eingelagerte Früchte sind sehr anfällig gegenüber höheren Kohlendioxid- und niedrigen Sauerstoffkonzentrationen. Werden die Früchte aber zu unreif eingelagert, besteht die Gefahr, daß der Chlorophyllabbau vollkommen blockiert wird.

Um größere Verluste zu vermeiden, ist für die einzelnen Sorten und Herkünfte in Kleinversuchen die optimale Zusammensetzung der CA-Lageratmosphäre zu ermitteln. Im Verlauf der Lagerung muß der Gehalt an $CO_2$ und $O_2$ an repräsentativen Stellen der Lagerzellen kontrolliert werden. Im CA-Lager etwas höher eingestellte Lagertemperaturen als im maschinengekühlten Lager beugen der Entstehung von Kohlendioxidschäden vor, können aber die negativen Wirkungen bei Sauerstoffmangel verstärken.

## Gefrierschäden

Gefrierschäden an lagernden Früchten können leicht mit nichtparasitären Erkrankungen, insbesondere dem „low temperature breakdown" verwechselt werden. Im Gegensatz zur letzteren muß die Temperatur unter den Gefrierpunkt des Zellsaftes abgesunken sein. Der Zellsaft der Früchte der einzelnen Sorten gefriert bei Temperaturen zwischen −1,5 bis −3,0 °C, im Mittel bei −2,2 °C. Bei baumreifen Früchten mit einem hohen Gehalt an löslichen Inhaltsstoffen liegt der Gefrierpunkt des Zellsaftes niedriger als bei Früchten mit einem geringen osmotischen Wert des Zellsaftes und solchen, die in der Reife weit fortgeschritten sind.

Gefrierschäden im Lager entstehen dann, wenn die Steuerelemente die Kältemaschinen nicht ausschalten oder an Partien, die unmittelbar am Luftaustritt der Verdampfer lagern.

Das Ausmaß der Gefrierschäden hängt von 2 Faktoren ab:

- der Tiefe der einwirkenden Temperatur und der Länge der Einwirkungszeit und
- der Geschwindigkeit der Temperaturabsenkung im Fruchtgewebe.

Bei langsamer Abkühlung unter den Gefrierpunkt schreitet die Eisbildung in den Zellen nur mit geringer Geschwindigkeit fort, es wird selten der gesamte Zellsaft ausgefroren — aufgrund der Erhöhung des osmotischen Wertes meistens erst bei Temperaturen im Gewebe unterhalb −5…−7 °C — und es bilden sich nur kleine Eiskristalle. Bei schneller Abkühlung entstehen große Kristalle, die eine Zerstörung des Protoplasmas hervorrufen. Aus demselben Grund sollen auch langsam gefrorene Früchte nicht bewegt werden, da es dann zur plötzlich einsetzenden großen Kristallbildung kommt. Um den Schaden gering zu halten, müssen gefrorene Früchte über einen Zeitraum von 2…3 Tagen langsam auftauen. Widerstandsfähige Früchte, wie die der Sorte ‚Golden Delicious' lassen sich ohne stärkere Qualitätseinbuße noch mehrere Wochen oder Monate lagern.

Nach dem Auftauen empfindlicher Sorten entstehen entweder um die Periantleitbündel braungefärbte Nekrosen (Abb. 43) oder die Früchte brechen infolge Plasmolyse in kürzester Zeit vollkommen zusammen. Da bei dem Auftreten der Kältefleischbräune primäre Amine, vor allem Äthylenamin, gebildet und die Säuren sehr stark abgebaut werden, wird dies als Unterscheidungsmerkmal zum Gefrierschaden herangezogen. Dies ist aber nur unmittelbar nach dem Auftauen der Früchte möglich, da schon kurze Zeit nach dem Auftauen als Folge der Plasmolyse dieselben Symptome in gefriergeschädigten Früchten auftreten.

Zur Vermeidung des Entstehens von Gefrierschäden sollten in Großlagerzellen Temperaturwächter angebracht und die Obstbehälter, welche an den Luftaustrittsspalten der Verdampfer stehen, mit PE-Folie abgedeckt werden.

## Fehlreife bei Birnen

Beim Überschreiten einer bestimmten Lagerdauer im Temperaturbereich von −1…+1 °C verlieren Birnen die Fähigkeit, normal nachzureifen. Bei Temperaturen um 0 °C sind bei ihnen, im Gegensatz zu den Äpfeln, die Reifungsprozesse vollkommen unterbunden. Sie bleiben hart und grün und müssen zur

*Abb. 43:* Kälteschäden am Apfel; entnommen: BÜNEMANN und HANSEN (1973)

*Tab. 24:* Voraussagekriterien für das Auftreten nichtparasitärer Erkrankungen an Früchten nach HELD (1978), geändert von WILCKE

| Krankheit | Witterung | Voraussagekriterien | Maßnahmen |
|---|---|---|---|
| Stippigkeit Bentizellen | warm und trocken | Baumbefall K/Ca-Verhältnis über 33 Stippetest | etwa 6 $CaCl_2$-Spritzungen, evtl. Bor-Zusatz, Tauchung, keine vorzeitige oder zu späte Ernte, schnelles Abkühlen |
| Schalenbräune | warm und trocken, geringe Temperatursumme | Nächte über 10 °C; mind. 200 h unter 10 °C | geringe Lagerfähigkeit, nicht zu niedrige Temp., CA-Lagerung, optimaler Erntetermin, Sortenverhalten beachten |
| Fleischbräune | warm und trocken, mit Regenperiode vor Ernte | Streßlagerung nach URBAN als Vorprüfung | langsames Abkühlen, nicht zu niedrige Temp., nicht zu spät ernten, $CO_2$-empfindliche Sorten beachten |
| Altersfleischbräune | warm und trocken | fortgeschrittene Reife, Stärke- und Säureabbau beschleunigt | früh ernten, nicht zu kalt lagern, nicht zu viel $CO_2$ anreichern |
| Glasigkeit | warm und trocken, hohe Globalstrahlung | glasige Markzone, hohes Blatt-Frucht-Verhältnis | rechtzeitig ernten, wärmer und trockener lagern |
| Kernhausbräune | kühle Sommer | geringer Gehalt an Trockensubstanz, unterentwickelte Früchte | geringe Luftfeuchtigkeit, Luftwäsche, zu Lagerbeginn kein $CO_2$ aufbauen lassen |
| Schrumpfung | kühl und feucht | geringer Gehalt an Trockensubstanz | zusätzliche Luftbefeuchtung, nicht zu lange lagern |

Erlangung ihrer vollen Genußreife bei höheren Temperaturen nachreifen.

Die Nachreifetemperatur ist für die einzelnen Sorten unterschiedlich hoch und schwankt zwischen +6 °C und +22 °C. Sie nimmt mit der Länge der Lagerdauer zu, gleichzeitig verkürzt sich aber die Nachreife von etwa 2···4 Wochen im ersten Lagermonat auf 8···14 Tage im 3. bis 5. Lagermonat. Beim Überschreiten dieses Zeitpunktes verlieren die Birnen ihre Fähigkeit normal nachzureifen.

## Voraussagekriterien für das Auftreten nichtparasitärer Fruchterkrankungen

Da der wirtschaftliche Erfolg der Obstlagerung besonders in Jahren mit extremem Witterungsablauf in starkem Maße durch das Auftreten nichtparasitärer Erkrankungen gemindert wird, ist es unbedingt notwendig, daß der Leiter einer Lagerstation sich umfangreiche Erfahrungen aneignet, damit er in der Lage ist, bereits gegen Ende der Vegetationsperiode Aussagen treffen zu können, unter welchen Bedingungen (Temperatur, relative Luftfeuchtigkeit, $CO_2/O_2$-Konzentration) die Früchte der einzelnen Sorten zu lagern sind. In der Tabelle 24 sind einige wichtige Kriterien zusammengefaßt, die es dem Praktiker ermöglichen, die richtige Entscheidung zu finden.

## Literatur

(Auszug — das vollständige Literaturverzeichnis kann beim Verfasser eingesehen bzw. angefordert werden)


ANDERSON, R. F.: Experimental storage of eastern-grown ‚Delicious' apples in various controlled atmospheres. Proc. Am. Soc. Hort. Sci. **91** (1967) 810–820

AMIRI-ARDALAN, N.: Einfluß verschiedener Luftzusammensetzungen auf das Gewebe von Früchten nach der Ernte. Diss. TU Berlin (West) (1968)

ANET, E. F. L. J.: Superficial scald, a functional disorder of stored apples. VIII. Volatile products from the autoxidation von α-Farnesene. J. Sci. Fd. Agric. **23** (1972) 605–608

ANET, E. F. L. J.: dito IX. Effect of maturity and ventilation. J. Sci. Fd. Agric. **23** (1972) 763–769

BACHMANN, U.: Prüfung der Belastbarkeit von Früchten der Apfelsorten ‚Cox Orangen' und ‚Golden Delicious' durch extreme CA-Bedingungen. Diss. Univ. Bonn (1981)

BAIN, J. M., R. N. ROBERTSON: The physiology of growth in apple fruits. I. Cell size, number, and fruit development. Austr. J. Res., Serie B4 (1951) 75–91

BANGERTH, F.: Die Stippigkeit der Äpfel, ein noch immer ungelöstes Problem der Fruchtphysiologie. Gartenbauwissenschaft **35(17)** (1970) 91–120

BANGERTH, F.: Investigation upon Ca related physiological disorders. Phytopathol. Z. **77** (1973) 20–37

BANGERTH, F.: Zur Wirkung eines reduzierten Drucks auf Physiologie, Qualität und Lagerfähigkeit von Obst, Gemüse und Schnittblumen. Gartenbauwissenschaft **38(20)** (1973) 479–508

BANGERTH, F.: Untersuchungen und Überlegungen zur Vorausschätzung des Stippebefalls. Erwerbsobstbau **16** (1974) 169–172

BANGERTH, F.: Funktion der Abscisinsäure bei der Reife von Apfelfrüchten. Gartenbauwissenschaft **45** (27) (1980) 224–228

BANGERTH, F., D. R. DILLEY, D. H. DEWEY: Effect of postharvest calcium treatments on internal breakdown and respiration of apple fruits. J. Am. Soc. Hort. Sci. **97** (1972) 679–682

BANGERTH, F., H. LINK: Möglichkeiten der Entstehung und Bekämpfung von Stippigkeit und Lentizellenflecken I und II. Erwerbsobstbau **14** (1972) 113–116 und 138–140

BANGERTH, F., M. MOSTAFAWI: Einfluß der Wasserversorgung und des Fruchtgewichtes auf den Mineralstoffgehalt und die Stippigkeit von Apfelfrüchten. Erwerbsobstbau **11** (1969) 101–104

BIALE, J. B.: Respiration of fruits, in: W. RUHLAND, Hdb. Pflanzenphysiologie 12/2 (1960) 536–592

BIALE, J.: B. Synthetic and degrative processes in fruit ripening. in: HAARD u. SALUNKHE: Symposium, The AIV Publishing Company, Inc., Westport, Connecticut (1975) 5–18

BJARNE, L.: Quality of Gravenstein apples in relation to the nutritional status of the trees. Meld. Norg. Landbrukshøgsk., Vollebekk **51** (1972) 1–12

BLANK, H.-G.: Untersuchungen zur Bekämpfung der Schalenbräune an der Apfelsorte ‚Holsteiner Cox'. Mitt. OVR Jork **30** (1975) 229–236

BLANK, H.-G.: Untersuchungen zur Bekämpfung der Schalenbräune an der Sorte ‚Holsteiner Cox' in der Lagersaison 1979/80. Mitt. OVR Jork **35** (1980) 270–281

BLANK, H.-G.: Versuche zur Bekämpfung der Schalenbräune an der Sorte ‚Holsteiner Cox' 1980/81. Mitt. OVR Jork **37** (1982) 195–206

BLANK, H.-G.: Versuchsergebnisse der Lagerung der Sorte ‚Gloster' aus der Saison 1981/82. Mitt. OVR Jork **37** (1982) 399–404

BLANPIED, G. D.: A study of the relationship between optimum harvest dates for storage and respiratory climacteric rise in apple fruits. J. Am. Soc. Hort. Sci. **94** (1969) 177–179

BLANPIED, G. D., R. M. SMOCK, D. A. KOLLAS: Effect of alar on optimum harvest dates and keeping quality of apples. Proc. Am. Soc. Hort. Sci. **90** (1967) 467–474

BOHNEN, K.: Ursache und Bekämpfung der Lentizellenröte auf Äpfeln. Z. Pflanzenkrankh. **74** (1967) 602–615

BOLLARD, E. G.: The physiology and nutrition of developing fruits. In: A. C. HULME, The biochemist of fruits and their products. Acad. Press, London u. New York Vol. 1 (1970) 387–425

VAN DEN BOON, J., A. DAS, A. C. VAN SCHREVEN: A five-year fertilizer trial with apples on a sandy soil; the effect on magnesium deficieney, foliage and fruit composition, and keeping quality. Neth. J. agric. Sci. **14** (1966) 1–31

BOURNE, M. C.: Effects of temperature on firmness of raw fruits and vegetables. J. Fd. Sci., **47** (1982) 440–444

BRAMLAGE, W. J., M. R. SHIPWAY: Loss of watercore and development of internal breakdown during storage of ‚Delicious' apples, as determined by repeated light transmittance measurement of intact apples. Proc. Am. Soc. Hort. Sci. **90** (1967) 475–483

BRITZ, P.: Neue Erkenntnisse und Erfahrungen zur Anwendung von Protexan. Speziell agrochemie, psm-information, VEB Kombinat Agrochemie Piesteritz (1980) 25–28

BUCHLOH, G.: Zur Entstehung der Schalenbräune bei Äpfeln. Gartenbauwissenschaft **22**(4) (1957) 191–207

BUFLER, G., F. BANGERTH: Enzymaktivitäten und Fruchtreife bei unterschiedlich gelagerten Apfelfrüchten. Gartenbauwissenschaft **46**(**28**) (1981) 30–36

BUFLER, G., F. BANGERTH: Pyruvate decarboxylase in ‚Golden Delicious' apples; kinetics and relation to acetoin and ethanol production in different storage atmospheres. Sci. Horticult. **16** (1982) 137–146

BÜNEMANN, G.: Die Fruchtqualität beim Apfel in Abhängigkeit von der Nährstoffzufuhr. I. Literatur-Übersicht (Sammelreferat). Gartenbauwissenschaft **29**(**11**) (1964) 481–516

BÜNEMANN, G.: dito, II. Versuche zur Kationen- und Stickstoffversorgung und ihrer Qualitätsbeeinflussung. Gartenbauwissenschaft **30**(**12**) (1965) 3–44

BÜNEMANN, G.: Der Einfluß jahreszeitlich unterschiedlicher Stickstoffversorgung auf das Wachstum von Apfelbäumen. II. Stippigkeit bei ‚Cox' in Abhängigkeit vom Zeitpunkt der N-Gabe unter Berücksichtigung der Ca-Zufuhr. Gartenbauwissenschaft **34**(**16**) (1969) 287–302

BÜNEMANN, G., H. HANSEN: Frucht- und Gemüselagerung; eine Anleitung für den Lagerwart. Eugen Ulmer Verlag, Stuttgart (1973)

BÜNEMANN, G., A. JOSEPH: Schalenbräune, mögliche Ursachen und Bekämpfung. Erwerbsobstbau **20** (1978) 214–218

BURG, S. P.: Hypobaric storage and transportation of fresh fruits and vegetables. Symposium, The AIV Publishing Company, Inc., Westport, Connecticut (1975) 172 bis 188

BURZO, I., A. GHERGHI: Untersuchungen zur Entwicklung physiologischer Krankheiten während der Lagerung von Äpfeln. (rum.)

Lucr. stiintif. Inst. cerc. Proiect. Valor. Industr. Leg. Fruct., XII (1981) 95–103

CLIJSTERS, H.: Over de biochemische achtergrond van het Jonathanbederf. Belg. Fruitrev. **18** (1964) 125–128

CLIJSTERS, H.: Eine biochemische Erklärung der Fleischbräune beim ‚Jonathan'-Apfel. Erwerbsobstbau 8 (1966) 234–236

CORTES, T. C.: Die Wirkung erhöhter Calcium- und Magnesium-Gehalte in Früchten der Apfelsorten ‚Cox Orangen' auf Inhaltsstoffe und physiologische Zustandsänderungen unter Berücksichtigung der Stippigkeit. Diss. Univ. Bonn (1974)

DELVER, P., S. P. SCHOUTEN: Fruchtanalyse und Lagerfähigkeit von Äpfeln Fruitteelt **70** (1980) 37, 1120

DELVER, P.: Stip in appels. Meded. Proefstation voor de Fruitteelt, Wilhelminadorp **17** (1978)

DILLEY, D. R., I. KLEIN: Proteinsynthesis in relation to fruit ripening. Qual. Plant. Mater. Veg. XIX (1969) 55–65

DIXON, B., G. R. SAGAR, V. M. SHOROCKS: Effect of calcium and boron on the incidence of tree and storage pit in apples of the cultivar Ergmont Russet. J. Hort. Sci. **48** (1973) 403–411

EAVES, C. A., J. S. LEEFE: The influence of orchard nutrition upon the acidity relationships in Cortland apples. J. Hort. Sci. **30** (1955) 86–95

EDNEY, K. L.: The effect of the composition of the storage atmosphere on the development of rotting of ‚Cox's Orange Pippin' apples and the production of pectolytic enzymes by Gloeosporium spp. Ann. appl. Biol. **54** (1964) 327–334

EHWALD, R., P. ZIPPEL, P. LIPPMANN: Osmotische Eigenschaften der Apfelparenchymzellen. Colloquia Pflanzenphysiologie der HUB Berlin, Nr. 6 (1982) 31–48

FAUST, M., C. B. SHEAR: Investigation of corking disorders of apples. III. Biochemical changes during the development of cork spot of „York Imperial" apples. Proc. Am. Soc. Hort. Sci. **93** (1968) 746–752

FAUST, M., C. B. SHEAR: Biochemical changes during the development of cork spot of apples. Qual. Plant. Mater. Veg. XIX (1969) 255–265

FAUST, M., C. B. SHEAR: The effect of calcium on respiration of apples. J. Amer. Soc. Hort. Sci. **97** (1972) 437–439

FAUST, M., C. B. SHEAR, C. B. SMITH: Investigation of corking disorders of apples. I. Mineral element gradients in „York Imperial" apples. Proc. Am. Soc. Hort. Sci. **91** (1967) 69–72

FAUST, M., C. B. SHEAR, M. W. WILLIAMS: Disorder of carbohydrate metabolism of apples. Bot. Rev. **35** (1969) 168–194

FIDLER, J. C., C. J. NORTH: The respiration of apples in CA-storage conditions. IIF, Annece 1961-1 (1966) 93–100

FIDLER, J. C., C. J. NORTH: The effect of conditions of storage on the respiration of apples. I. The effects of temperature and concentrations of carbon dioxide and oxygen on the production of carbon dioxide and uptake of oxygen. J. Hort. Sci. **42** (1967) 189–206

FIDLER, J. C., C. J. NORTH: dito. II. The effect on the relationship between loss of respirable substrate on the formation of end products. J. Hort. Sci. **42** (1967) 207 to 221

FIDLER, J. C., C. J. NORTH: dito. III. The effect of modulation of temperature on the respiration of ‚Cox's Orange Pippin' apples, and on the extent of low temperature injury. J. Hort. Sci. **43** (1968) 421 to 428

FIDLER, J. C., C. J. NORTH: dito. IV. Changes on concentration of possible substrates of respiration, as related to production of carbon dioxide and uptake of oxygen by apples at low temperatures. J. Hort. Sci. **43** (1968) 429–439

FIDLER, J. C., C. J. NORTH: Sorbitol in stored apples. J. Hort. Sci. **45** (1970) 197–204

FIDLER, J. C., B. G. WILKONSON, K. L. EDNEY, R. O. SHARPLES: The biology of apple and pear storage. Research Rev. Nr. 3, Commonwealth Bureau Hort. Plantation Crops East Malling, Maidstone, Kent (1973)

FIEDLER, W.: Düngung der Obstgehölze. iga ratgeber, (1973) 1–40

FUKUDA, H.: Effect of calcium sprays on physiological disorders of Jonathan apples. II. Jonathan spot and other spotting disorders. J. Jap. Soc. Hort. Sci., Tokyo **41** (1972) 17–22

GOLIAS, J.: Reaktion von Apfelfrüchten auf eine gesteuerte Lageranaerobiose. Archiv Gartenbau **31** (1983) 357–365

GOLOVIK, N. A., M. P. KUZMIN: Retaining quality and decreasing weight loss during the cold storage of apples. Bull. Inst. int. Froid, Suppl. 3 (1970) 267–269

VAN GOOR, B. J.: The effect of frequent spraying with calcium nitrate solutions on the mineral and the occurence of bitter pit of the apple ‚Cox's Orange Pippin'. J. Hort. Sci. **46** (1971) 347–364

VAN GOOR, B. J.: Penetration of surface – applied $^{45}$Ca into apple fruit. J. Hort. Sci. **48** (1973) 261–270

GRIFFITHS, D. G., N. A. POTTER, A. C. HULME: Data for the study of the metabolism of apples during growth and storage. J. Hort. Sci. **25** (1950) 266–288

GROSS, J., F. LENZ: Violaxanthingehalt als Indikator zur Erntezeitbestimmung bei ‚Golden Delicious' Äpfeln. Erwerbsobstbau **44** (1979) 134–135

HAARD, N. F., D. K. SALUNKHE: Postharvest biology and handling of fruits and vegetables symposium, The AVI Publishing Company, Inc., Westport, Connecticut (1975)

HAAS, DE, P. G., L. WENNEMUTH: Reifeverlauf und Lagerverhalten bei Äpfeln in Abhängigkeit vom Zeitpunkt der Ernte. II. Untersuchungen zum Lagerverhalten und Möglichkeiten zur Bestimmung der optimalen Pflücktermine. Gartenbauwissenschaft **29(11)** (1964) 325–346

HALL, D. M.: A study of the surface wax deposits on apple fruit. Austr. J. biol. Sci. **19** (1966) 1017–1025

HANSEN, E.: Postharvest physiology of fruits. Ann. Rev. Plant. Physiol. **17** (1966) 459–480

HANSEN, E., G. D. BLANPIED: Ethylene induced ripening of pears in relation to maturity and length of treatment. Proc. Am. Soc. Hort. Sci. **93** (1968) 807–812

HANSEN, H.: Über die Nebenwirkungen der organischen Fungizide auf Äpfel und Birnen im Hinblick auf die Qualität und Haltbarkeit der Früchte. Obstbau, Weinbau **3** (1966) 172–176

HANSEN, H.: Spezifische Wärme und Atmungswärme von Obst. DKV Arbeitsblatt 8–21, Kältetechnik **19** (1967) H. 2

HANSEN, H., J. KUPRIANOFF: Some experimences with air-washing in cold and gas stores of pears and apples. IIF, Annexe 1961-1 (1969) 337–344

HARDENBURG, R. E.: Hot-water and chemical treatments to control scald on „Stayman" apples. Proc. Am. Soc. Hort. Sci. **90** (1967) 484–490

HELD, W.-H.: Läßt sich das Lagerverhalten voraussagen? Gärtnerpost (Berlin) **30** (1978) 8

HENZE, J.: Beziehungen zwischen Respiration und innerer Atmosphäre bei $CO_2$-empfindlichen Kernobstarten. Qual. Plant. Mater. Veg. XIX (1969) 229–242

HENZE, J.: Möglichkeiten zur Beeinflussung der Fruchtatmung und -reifung bei Kernobst. Gartenbauwissenschaft **34(16)** (1969) 159–225, 329–364

HENZE, J.: Grenzen der Verträglichkeit gegenüber extremen Lagerbedingungen bei Kernobst. Erwerbsobstbau **15** (1973) 113–116

HENZE, H.: Lassen sich Erntetermin und Fruchtqualität beim Apfel beeinflussen? Rhein. Monatsschrift **69** (1981) 324–328

HORROCKS, R. L.: Wax and the water vapour permeability of apple cuticle. Nature (Lond.), **203** (1964) 547

HULME, A. C.: Changes in the nitrogenous compounds of the apple in the period of the climacteric rise in respiratory activity. Rept. Fd. Investig. Board, London (1937) 128–131

HULME, A. C.: Some aspects of the biochemistry of apple and pear fruits. Advanc. Food Res. 8 (1958) 297–413

HULME, A. C.: The biochemistry of fruits and their Products. Vol. 1 Acad. Press London u. New York (1970), Vol. 2 (1971)

HULME, A. C.: The protein of fruits: their involvements as enzymes in ripening, a review. J. Fd. Technol. **7** (1972) 343–371

HULME, A. C., J. D. JONES, L. S. C. WOOLTORTON: The respiration climacteric in apple fruits. Proc. Roy. Soc. **158** (1963) 514–535

HULME, A. C., M. J. C. RHODE, L. S. C. WOOLTORTON, T. GALLIARD: Biochemical changes associated with ripening of apples. Qual. Plant. Mater. Veg. XIX, 1–3 (1969) 1–18

IGNATEVA, B. D.: Dlitelńoe plodov chranenie. Kiev, Urożaj (1982)

JAMIESON, W.: Use of hypobaric conditions for refrigerated storage of meats, fruits and vegetables. Fd. Technol. Chicago (1980) 64–71

JANES, H. W., CH. FRENKEL: Promotion of softening processes in pear by acetaldehyde, independent of ethylene action. J. Amer. Soc. Hort. Sci. **103** (1978) 397–400

JOHNSON, D. S.: Influence of phosphorus sprays on the storage quality of apples. Atkinson, Mineral Nutrition of Fruit Trees, Butterworth, London, Boston (1980) 327 to 328

JOHNSON, D. S.: Effects of postharvest treatments on storage quality. Rep. E. Malling Res. Stn. for 1980. (1981) 120

KADER, A. A.: Prevention of ripening in fruits by use of controlled atmospheres. Fd. Technol. (1980) 51–54

KIDD, F.: Respiration of fruits. Nature **135** (1935) 327–330

KIDD, F., C. WEST, M. M. KIDD: Gas storage of fruit. Fd. Investig. Spec. Rep. Nr. 30, Low Temp. Res. Station, Cambridge (1927)

MOLLS RASMUSSEN, P.: Gas storage of danish apples at low oxygen and low carbon dioxide concentrations. IIF, Annexe 1961-1 (1961) 255–258

NEUBELLER, J.: Über den Lipoidgehalt von Apfelfrüchten während ihrer Entwicklung am Baum und ihrer Lagerung. Gartenbauwissenschaft **28** (**10**) (1963) 199–244

NEUBELLER, J.: Lipoidgehalt von Apfelschalen in verschiedenen Reifestadien. Erwerbsobstbau **5** (1963) 205–207

OSTERLOH, A.: Obstlagerung. VEB Deutscher Landwirtschaftsverlag, Berlin 1980, 1. Aufl.

PAECH, K.: Jahresbericht des Kältetechnischen Instituts in Karlsruhe über die Tätigkeit 1936/37; Teil 16, Pflanzenphysiologische Grundlagenforschung. Landw. J. **85** (1938) 653–660

PINIAZEK, S. A.: Maturity of apple fruits in relation to the rate of transpiration. Proc. Am. Soc. Hort. Sci. **42** (1943)

PORRITT, S. W., P. D. LIDSTER: The effect of pre-storage heating on ripening and senescence of apples during cold storage. J. Am. Soc. Hort. Sci. **103** (1978) 584–587

PORRITT, S. W., M. MEHERIUK, P. D. LIDSTER: Postharvest disorders of apples and pears. Publication 1737, Communications Branch, Agric. Canada (1982)

PRESSEY, R., D. M. HINTON, J. K. AVANTS: Development of polygalacturose activity and solubilization of pectin in peaches during ripening. J. Fd. Sci. **36** (1971) 1070 to 1073

ROBERTSON, R. N., J. F. TURNER: The physiology of growth in apple fruits II. Respiratory and other metabolic activites as functions of cell number and cell size in fruit development. Austr. J. Sci. Res., Serie B4 (1951) 92–107

ROEMER, KL.: Möglichkeiten einer besseren Bestimmung des Pflücktermins bei Äpfeln. Mitt. OVR, Jork **23** (1968) 301–316

SALUNKHE, D. K., M. T. WU: Subatmospheric storage of fruits and vegetables. Symposium: Postharvest biology and handling of fruits and vegetables. AIV Publishing Company, Inc., Westport. Connecticut (1975) 153–171

SANDKE, G.: Ergebnisse zum Stoffwechsel der löslichen Kohlenhydrate im System Apfelblatt-Apfelfrucht unter besonderer Berücksichtigung der Rolle des Sorbits. Diss. MLU Halle (1971)

SANDKE, G.: Die Metabolisierung von Saccharose, Fructose und Sorbit in der Apfelfrucht. Biochem. Physiol. Pflanzen. Jena **164** (1973) 142–152

SCHAIK, A.: Das Lagerverhalten neuer Apfelsorten, Fruitteelt **7** (1981) 1032–1034

SCHUMACHER, R.: Mögliche Ursachen für das Auftreten physiologischer Krankheiten beim Apfel. Schweiz. Z. Obst-Weinbau **116** (1980) 467–473

SCHUMACHER, R., F. FANKHAUSER, W. STADLER: Versuche mit Calciumchlorid, Antitranspiration und Borsäure zur Verminderung der Stippebildung. Schweiz. Z. Obst-Weinbau **112** (1976) 300–304

SCHULZ, H.: Der Einfluß des Erntezeitpunktes auf das Lagerverhalten von ‚Gelber Köstlicher'. Obstbau **10** (1970) 29–31

SCHULZ, H.: Die Bestimmung des klimakterischen Atmungsminimums. Fo.-Bericht, Pillnitz (1983)

SCHWERTFEGER, G.: Die Oberfläche der Apfelfrucht in Aufnahmen mit dem Raster-Elektronen-Mikroskop und Elektronen-Mikroskop. Erwerbsobstbau **14** (1972) 17–20

KIDD, F., C. WEST: The course of respiratory activity throughout the life of an apple. Rep. Fd. Investig. Board, London for 1924. (1925) 27–32

KIDD, F., C. WEST: The cold storage and gas storage of english grown Williams Bon Chrétien pears. Rep. Fd. Investig. Board, London for 1936. (1937) 113–165

KLUGE, K., M. REICHEL: Einfluß der Zeitspanne zwischen Ernte und Einlagerung auf die Masseverluste bei Äpfeln. Gartenbau 25 (1978) 11–12

KOHL, W.: Die Calciumverteilung im Apfel und ihre Beziehung zur Stippigkeit. Erwerbsobstbau 9 (1967) 212–214

KRAMER, S., R. SCHURICHT, G. FRIEDRICH: Obstbau. VEB Landwirtschaftsverlag, Berlin (1966)

KRUMBHOLZ, G.: Über den Einfluß der Temperatur bei der Kaltlagerung von Kernobst auf die Haltbarkeit und Reifefähigkeit der Früchte. Gartenbauwissenschaft 3 (1938) 2–11

LAGOVA, E. V.: Einfluß meteorologischer Bedingungen der Vegetationsperiode auf den Befall von Äpfeln mit physiologischen Lagerkrankheiten. (russ.) Selekcija i sortoizuchenie v intensivnom sadovodstvo, Mitschurinsk (1980) 30–34

LAU OI LIM, N. E. LOONEY: Effects of a pre-storage high $CO_2$ treatment on british Columbia and Washington State ‚Golden Delicious' apples. J. Am. Soc. Hort. Sci. 103 (1978) 341–344

LEBLOND, C.: Comportement au froid des pommes ‚Golden Delicious' dans l'air et dans différents mélanges gazeux en fonction de leur état physiologique á la récolte. Proc. XIII. Intern. Cong. Refrig., Washington 4 (1971)

LI, P. H., E. HANSEN: Effects of modified atmosphere storage on organic acid and protein metabolism of pears. Proc. Am. Soc. Hort. Sci. 85 (1964) 100–111

LIDSTER, P. S., S. W. PORRITT, M. A. TUNG: Texture modification of „Van" sweet cherries by postharvest calcium treatments. J. Am. Soc. Hort. Sci. 103 (1978) 527 bis 530

LIU, F. W.: Effects of harvest date and ethylene concentration in controlled atmosphere storage on the quality of ‚McIntosh' apples. J. Am. Soc. Hort. Sci. 103 (1978) 388–392

LÜDDERS, P., FISCHER, Einfluß von Alar und TIBA auf den Mineralstoffgehalt der Früchte bei unterschiedlichem Fruchtbehang. Gartenbauwissenschaft 45 (1980) 235–340

MARTIN, D., T. L. LEWIS, J. ČERNY: Nitrogen metabolism during storage in relation to the breakdown of apples. Austr. J. Agric. Res. 18 (1967) 271–278

MASON, J. L.: Calcium concentration and firmness of stored ‚McIntosh' apples increased by calcium chloride solution plus thickener. Hort Science 11 (1976) 504–505

MAXIE, E. C., B. J. ROBINSON: Effect of various oxygen concentrations on the respiration of ‚Wickson' plum fruit and fruit tissues. Proc. Am. Soc. Hort. Sci. 71 (1958) 145–156

MEIGH, D. F.: The natural skin coating of the apple and its influence on scald in storage. I. Fatty acids and hydrocarbons. J. Sci. Fd. Agric. 15 (1964) 436–443

MEZZETI, A., G. PALTRINIERI: La conservazione delle mele. Frutticoltura 30 (1968) 355–373

SCOTT, K. J., E. A. ROBERTS: Breakdown in Jonathan and Delicious apples in relation to weight lost during cool storage. Austr. J. Exp. Agric. Anim. Husb. 8 (1967) 86 to 90

SEIPP, D.: Einflüsse einer beschleunigten $O_2$-Absenkung im CA-Lager auf Fruchtqualitätsmerkmale bei Äpfeln. Diss. TH Hannover (1974)

SHEAR, C. B.: Incidence of cork spot as related to calcium in leaves and fruit of ‚York Imperial' apples. J. Am. Soc. Hort. Sci. 97 (1972) 61–64

SHEAR, C. B., M. FAUST: Preharvest nutrition and postharvest physiology of Apples. Symposium: Postharvest biology and handling of fruits and vegetables, AIV Publishing Company, Inc., Westport, Connecticut (1975) 35–42

SILBEREISEN, R.: Beziehungen zwischen Fruchtausbildung, Blatt-Frucht-Verhältnis und Wärmeklima bei ‚Golden Delicious'. Gartenbauwissenschaft 31(13) (1966) 267–296 und 347–380

SIMON, E. W.: The symptoms of calcium defiency in plants. New Phytol. 80 (1978) 1–15

SMITH, H.: The use of carbon dioxide in the transport and storage of fruits and vegetables. Adv. Fd. Red. **12** (1963) 95–146

SMOCK, R. M., A. M. NEUBERT: Apples and apple products. Interscience Pub. New York and London (1950)

STOLL, K.: Prognose des Pflückzeitpunktes der Apfelfrucht anhand morphologischer Entwicklungsstadien. Schweiz. Z. Obst- u. Weinbau **104** (1968) 641–645

STOLL, K.: Wasserverluste an Lageräpfeln in ihrer Beziehung zur Hautbeschaffenheit der Frucht. Mitt. Rebe, Wein, Obstbau, Früchteverw., Klosterneuburg **18** (1968) 204–210

STOLL, K.: Höchsterträge und Qualitätserzeugung bei Obst und Gemüse als Düngungsproblem. Qual. Plant. Mater. Veg. XIX (1969) 206–224

STOLL, K.: Zur Pflückreifebestimmung bei Äpfeln. Schweiz. Z. Obst- u. Weinbau **106** (1970) 519–522

STOLL, K.: Lagerung von Früchten und Gemüsen in kontrollierter Atmosphäre. Flugschrift Nr. 77, Mitt. Eidg. Forschungsanstalt Obst, Wein- u. Gartenbau, Wädenswil (1971) 1–38

STOLL, K.: Elemente einer programmierten integralen Obstkultur, ermittelt im Experiment der Lagerung. Bodenkunde **24** (1973) 75–90

STOLL, K.: Fruchtalter, Pflückreife und Vollentwicklung beim Apfel. Schweiz. Z. Obst- u. Weinbau, 118 (1980) 579–583

STOLL, K.: Gefrierschäden an Aepfeln. Schweiz. Z. Obst- u. Weinbau **117** (1981) 32–36

STOLL, K., F. HAUSER, D. DAETWYLER: Unterschiede zwischen morphologischer Fruchtentwicklung und physiologischer Reifung beim Apfel. Gartenbauwissenschaft **46** (1981) 119–125

STREIF, J.: Die Wirkung einer Lagerung unter reduziertem Druck (LRD) auf physiologische Reifemerkmale und Veränderungen einiger Inhaltsstoffe von Birnen und Tomatenfrüchten. Diss. Univ. Hohenheim (1974)

STREIF, J.: Lagerverhalten und Fruchtqualität von Äpfeln nach einer kurzzeitigen Behandlung mit hohen $CO_2$-Konzentrationen. Gartenbauwissenschaft **44** (1979) 263–268

STREIF, J.: Erfahrungen zum Verhalten von Äpfeln nach Frosteinwirkung. Erwerbsobstbau **23** (1981) 239–241

STRUKLEC, A.: Untersuchungen zum Atmungsklimakterium bei Äpfeln und Birnen. Diss. Rhein. Friedrich Wilhelm-Univ. Bonn (1970)

STRUKLEC, A.: Einfluß des Schnittermins beim Sommerschnitt auf Blatt und Frucht beim Apfel. Gartenbauwissenschaft **46** (1981) 268–276

STUMPF, P. K., E. E. CONN: The biochemistry of plants. A comprehensive treatise. in: DAVIES, S. D., Metabolism and Respiration, Bd. 2, Acad. Press. New York und London (1980)

TINDALE,: Apple and pears cool storage in victoria. Part 6, Cool storage of pears. J. agric. Melbourne **63** (1965) 263–369

TOMKINS, R. G.: The conditions for the gas storage of certain fruits and vegetables obtained by the use of a simple small-scale method. Proc. 18th. int. Congr. Refrig. Copenhagen (1959) Vol. III 189–192

TOMKINS, R. G.: The choice of conditions for the storage of fruits and vegetables. Ann. Rep. East Malling Res. Stat. for 1965 (1966) 60–76

TURNER, J. F., D. H. TURNER: The regulation of carbohydrate metabolism. Ann. Rev. Plant Physiol. **26** (1975) 159–186

VISHANSKA, Y.: About the role of the cuticule in the apperance of bitter and ‚Jonathan' sports on the fruits of some apple cultivars. I. Investigation of the cuticula of fruits varying in size and of different fruit parts. Grandinarska i Koz. Nauka (Sofija) **19** (1982) 19–22

WAHL, H.: Der Einfluß von Beschädigungen auf das Lagerverhalten von Äpfeln. Arch. Gartenbau **22** (1974) 287–302

WATKINS, L. B., I. B. FERGUSON: The interaction of copper and zink with calcium in apple fruit. Sci. Horticult. **17** (1982) 319 to 325

WEISS, J., A. ZAUSSINGER, M. WINKLER: Ergebnisse von Untersuchungen über Veränderungen der Werte der Farbvalenz, der Resonanzfrequenz und der Resonanzamplitude bei Äpfeln der Sorte ‚Lodi' während der Kühllagerung. Mitt. Klosterneuburg **32** (1982) 235–246

WIENEKE, J.: Autoradiography localization

of $^{45}Ca$ and $^{36}Cl$ after postharvest dipping of apple fruits. Acta Hortic., The Hague **92** (1979) 334–336

Wilcke, C.: Physikalische Parameter der Lagerfähigkeit des Apfels. Colloquia Pflanzenphysiol. der Humboldt-Univ. Berlin, Nr. 6 (1982) 7–20

Wilcke, C., E., Urban: Möglichkeiten der Einschränkung nichtparasitärer Erkrankungen beim Apfel durch agrotechnische Maßnahmen während der Vegetationsperiode. Gartenbau Berlin **32** (1985) 53–55

Williams, M. W.: Relationship of sugar and sorbitol to watercore in apples. Proc. Am. Soc. Hort. Sci. **88** (1966) 67–75

Wills, R. B. H., W. B. McGlasson: Loss of volatiles by apples in cool storage: a differential response to increased water loss. J. Hort. Sci. **45** (1970) 283–286

Wills, R. B. H., W. B. McGlasson: Effect of storage temperature on apple volatiles associated with low temperature breakdown. J. Hort. Sci. **46** (1971) 115 bis 120

Wills, R. B. H., K. J. Scott: Methods of increasing water loss from apples to reduce low temperature breakdown. J. Hort. Sci. **47** (1972) 349–355

Wolf, J.: Der Säurestoffwechsel in Obstfrüchten in seiner Beziehung zu Reifung, Altern und Lagerung. Qual. Plant. Mater. Veg. XIX (1969) 79–127

Zippel, P., C. Wilcke, R. Ehwald: Osmotische Stabilität der Apfelparenchymzellen im Verlauf der Reifung und Lagerung unter besonderer Berücksichtigung der Rolle des Calciums. Colloquia Pflanzenphysiol. der HUB Berlin, Nr. 6 (1982) 49–59

# Resistenzphysiologie

## Resistenz gegenüber abiotischen Schadeinflüssen

### Definition der Resistenz

Die Überlebenswahrscheinlichkeit einer Pflanze auf einem gegebenen Standort ist um so höher, je geringer die Gefährdung durch abiotische Belastungen ist, je besser die Pflanze diesen Belastungen angepaßt ist und je höher das Regenerationsvermögen der Pflanzen nach partiellen Schädigungen ausgeprägt ist. Unter abiotischen Belastungen wird eine Vielzahl von Schadfaktoren zusammengefaßt, die von außen auf die Pflanze einwirken und nicht auf der Mitbeteiligung von Schadorganismen beruhen. Sie gehören überwiegend zu den Standortmerkmalen. Die wichtigsten abiotischen Belastungen beruhen auf Witterungseinflüssen. Teilweise sind es mechanische Ursachen, wie Sturm, Schneelast, Eisanhang u. ä., denen bei Forstgehölzen eine große Bedeutung zukommt und denen dem Standort angepaßte Provenienzen infolge ihrer morphologischen Eigenschaften widerstehen. Bei Obstgehölzen wird die Standfestigkeit vor allem über die Wahl der Sorten-Unterlagen-Kombinationen beeinflußt oder durch technische Maßnahmen unterstützt. Für die Obstkulturen sind meteorogene Streßfaktoren bedeutsamer. Dazu zählen vor allem Trockenheit (Dürre), Hitze und Kälte. Streß bedeutet eine physiologische Belastung des Organismus, er kann von der Pflanze durch die entsprechende Widerstands- oder Anpassungsfähigkeit überwunden werden. Streß und Resistenz sind miteinander gekoppelt (Kreeb 1974). Unter dem Einfluß des Streßfaktors wird die Resistenz der Pflanze in der Regel gesteigert. In den letzten Jahrzehnten trat mit zunehmenden Luftverunreinigungen ein neuer standortgebundener Streßfaktor auf. Für das Überleben in Immissionsgebieten mit Schwefeldioxid ist vielfach das Zusammenwirken von Rauchresistenz und Frostresistenz entscheidend (Vogl 1972).

Die Widerstandsfähigkeit gegenüber allen Streß-Faktoren ergibt sich aus der Wirksamkeit pflanzeneigener Schutzmechanismen, die im Vermeiden (avoidance) bzw. in der spezifischen Fähigkeit des Protoplasmas im Ertragen (tolerance) der Streßwirkung zum Ausdruck kommt.

### Komponenten der Resistenz gegen meteorogenen Streß

Beide Anpassungserscheinungen, die Widerstandsfähigkeit des Protoplasmas (tolerance) und die Art und Weise der Streßvermeidung (avoidance) wirken bei der Überwindung der Belastung im Komplex. Außerdem wirkt in der Regel nicht eine abiotische Streßart allein. So ist meist Hitzestreß mit Dürrestreß gekoppelt. Während Kälte- und Hitzeresistenz unterschiedliche Mechanismen haben, weisen Kälte- und Dürreresistenz viele Gemeinsamkeiten auf. In Tabelle 1

*Tab. 1:* Komponenten der Klimaresistenz (abiotische Resistenz) und Zusammenhang zwischen Resistenz, Toleranz und „avoidance" (SALZER, J., verändert nach LEVITT 1958, KREEB 1972, LARCHER 1980)

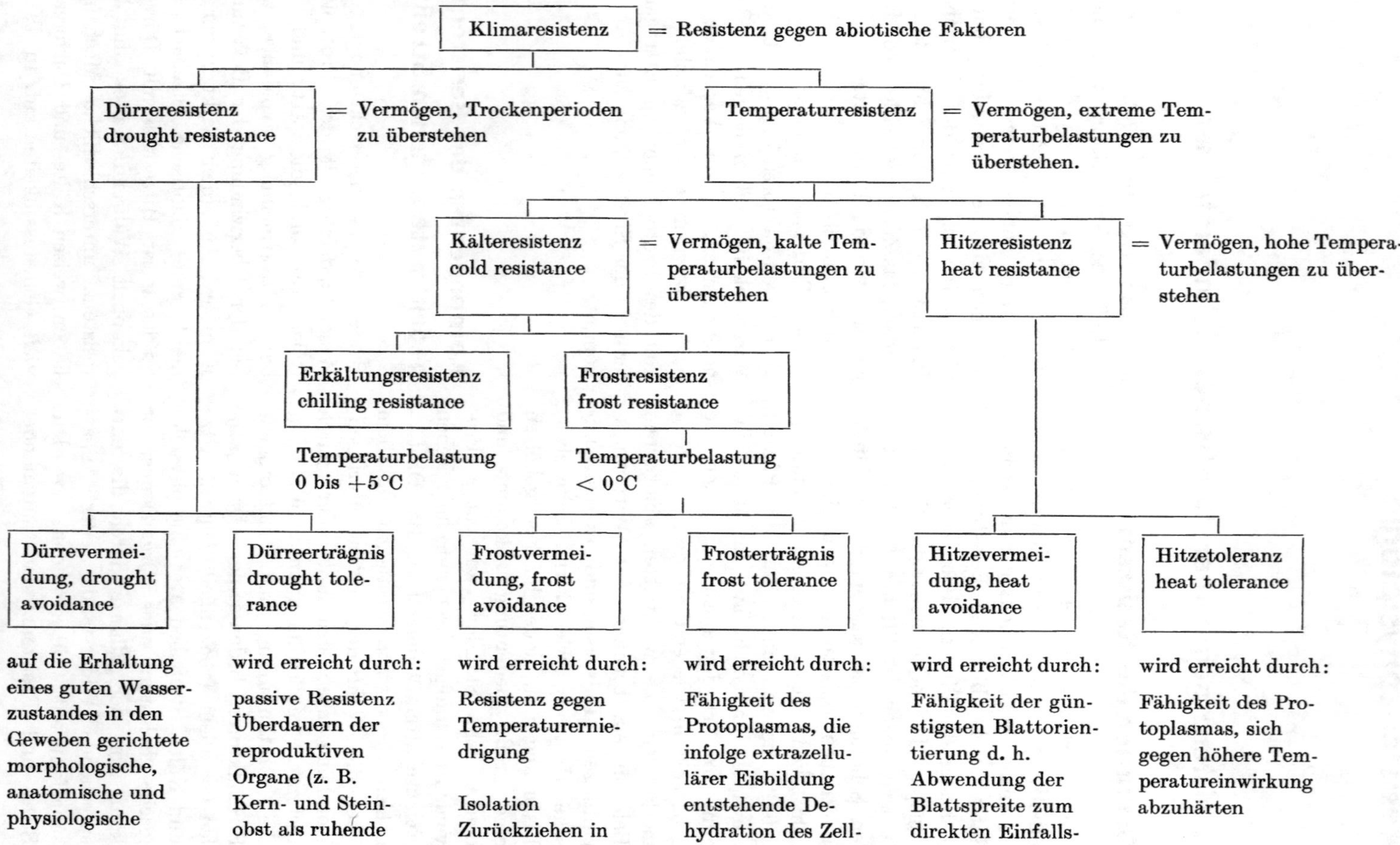

| | | | | | |
|---|---|---|---|---|---|
| Anpassung durch: | Embryonen im Samenruhezustand) | Samen und Zwiebeln, Rhizome | inhaltes zu ertragen bzw. zu kompensieren, Abhärtung des Plasmas und dadurch Erwerb der Gefrierbeständigkeit (bound water) | winkel des Lichtes bei starker Sonneneinstrahlung | rel. hohe Abhärtungsgeschwindigkeit |
| verbesserte Wasseraufnahme aus dem Boden<br>• Vergrößerung<br>• des Wurzelsystems<br>• Erhaltung der Saugkraft der Wurzelzellen | aktive Resistenz des Plasmas einzelner Organe durch Abhärtung gegen Entwässerung (dehydration) und gegen Austrocknung (desiccation) | Ausnutzung der Gefrierwärme (z. B. bei Interzellulareisbildung,<br>Atmungswärme<br>Gefrierpunkterniedrigung und dadurch Erhöhung der Unterkühlbarkeit | hohe Stabilität der Abhärtung, d. h. rel. geringe Enthärtungsgeschwindigkeit bei Wärmeeinbruch | Strahlungsabschirmung<br>Ausbildung von Sonnenblättern an der Peripherie der Baumkrone<br>Reflexion durch Epidermis, Kutikula | hohe Stabilität, der Abhärtung, d. h. geringe Enthärtungsgeschwindigkeit des Protoplasmas bei Einwirkung niedriger Temperaturen |
| Minderung der Wasserverluste<br>• Stomataregulation (frühzeitiger Spaltenschluß)<br>• Ausbildung eines wirksamen kutikulären Transpirationsschutzes<br>• Reduktion der transpirierenden Oberfläche | | Ausbildung kleinzelliger Gewebe, dadurch wird höhere Unterkühlbarkeit erreicht | Fähigkeit des Protoplasmas zu schneller Rückhärtung<br>rel. lang anhaltende Rückhärtungsfähigkeit auch nach Erfüllung des Kältebedürfnisses bzw. nach Aufhebung der obligaten Ruhe bzw. auch nach Knospenaufbruch in den nächsten Stadien | Wärmeisolation durch Behaarung<br>Verkorkung der äußeren Zellschichten bei Früchten<br>Transpirationskühlung | Fähigkeit des Protoplasmas zu schneller Rückhärtung nach Enthärtung<br>Fähigkeit zur Rückhärtung auch noch an sonnigen Herbsttagen |
| Wasserspeicherung und erhöhtes Wasserleitungsvermögen | | | | | |

wird eine Übersicht über die vielfältigen Resistenzformen gegenüber einigen Streßfaktoren gegeben.

## Dürreresistenz

Dürreresistenz ist die Fähigkeit der Pflanzen, Trockenperioden zu überstehen. Je länger eine Pflanze eine Hydraturabnahme im kritischen Bereich verzögert und je besser das Protoplasma bei Dürrestreß ohne Schädigung noch Wasser abgeben kann, desto größer sind die Überlebenschancen.

*Dürreresistenz durch Vermeidung bzw. Verzögerung der Austrocknung*

Alle Mechanismen und Verhaltensweisen der Pflanzen, die der Erhaltung eines normalen Wasserzustandes in den Geweben dienen, wirken im Sinne der ‚drought avoidance'. Die Wasserbilanz ergibt sich aus der Wasseraufnahme und der Transpiration. Eine negative Wasserbilanz macht sich in einer Abnahme der Wasserfüllung, des Wasserpotentials der Gewebe, bemerkbar. In den Blättern, dem Ort der Transpiration, treten diese Veränderungen zuerst auf. Das Wassersättigungsdefizit (WSD) drückt aus, wieviel Wasser einem Gewebe an der vollen Sättigung fehlt.

$$WSD = \frac{W_S - W_{akt}}{W_S} \cdot 100\%$$

$W_{akt}$ = der jeweils aktuelle Wassergehalt
$W_S$ = Wassergehalt der Blätter im Zustand der Sättigung.

Bei negativer Bilanz wird das Wassersättigungsdefizit größer. Der potentielle osmotische Druck steigt bei negativer Wasserbilanz an. Folgende Vorkehrungen verzögern die Austrocknung:

— verbesserte Nutzung der Wasserreserven im Boden durch weitausgreifendes Wurzelwerk mit großer aktiver Oberfläche und raschem Wachstum auch in tiefe Bodenschichten, im Obstbau z. B. durch Einsatz von stark wachsenden Unterlagen auf leichten Böden.

— verminderte Wasserabgabe durch frühzeitige und wirksame Erhöhung des Diffusionswiderstandes der transpirierenden Organe durch rechtzeitigen Stomataschluß und anatomisch bedingte geringe kutikuläre Transpiration. Die Pflanzen humider Gebiete verringern bei Dürrestreß nach STOCKER (1956) ihren Wasserverbrauch, indem sie ihre Stomata weniger weit öffnen und weniger lange geöffnet haben (siehe auch „stomatäre Transpiration" bei STREITBERG, Seite 92). Nach LARCHER (1980) setzen die Sparmaßnahmen in der Baumkrone zunächst in den beschatteten Bereichen ein, in denen die Ansprechschwelle für die Spaltenverengung am niedrigsten ist. Es folgen die Blätter der Kronenbasis, zuletzt schränken die Gipfelblätter die Verdunstung ein.

LOVEYS und KRIEDEMANN (1973) beobachteten bei Weinreben, die allmählicher Bodenaustrocknung ausgesetzt waren, eine starke Zunahme des Abscisinsäurespiegels parallel zur Schließbereitschaft der Stomata (Abb. 1). Über morphologische Anpassungsreaktionen der Blätter an Wassermangel berichtete bereits STREITBERG (S. 103). Der Wasserverlust kann auch durch Besprühen mit Polyäthylen-, Akryl-, Silikon- oder Polyterpenverbindungen (LARCHER 1980), sogen. Antitranspirantien, künstlich herabgesetzt werden. Diese Applikation ist wegen der negativen Nebenwirkungen auf die $CO_2$-Aufnahme jedoch ohne praktische Bedeutung.

— gutes Wasserleitvermögen, abhängig

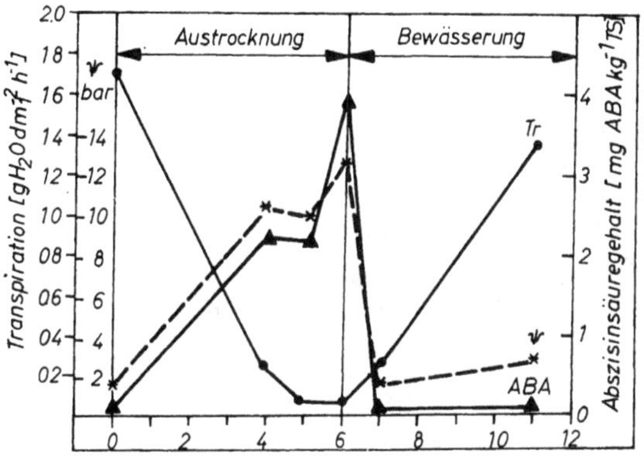


*Abb. 1:* Transpiration (Tr), Wasserpotential (ψ) und Abscisinsäuregehalt (ABA) von Blättern der Weinrebe während allmählicher Bodenaustrocknung und nach Bewässerung (LARCHER 1980, nach LOVEYS und KRIEDEMANN 1973)

von der Größe der Leitfläche und der Länge des Transportweges

- Wasserspeicherung ist vor allem bei sukkulenten Pflanzen ausgeprägt und am wirksamsten, wenn eine Oberflächenreduktion mit hohem Transpirationswiderstand der Abschlußgewebe gekoppelt ist. Die Früchte der Obstgehölze entsprechen diesem Prinzip.
- Aber auch der Stamm der Laubgehölze kann als begrenztes Wasserreservoir ausgleichend auf die Tagesbilanz wirken (s. Wassertransport S. 85f.).
  Schon vor dem Laubaustrieb (BRAUN 1960) kommt es zu radialen Wasserverschiebungen aus dem Holz in Rinde und Knospen. In abgeschnittenen Pfropfreisern entleert sich zuerst der Holzkörper von innen und unten her fortschreitend.

*Ertragen der Austrocknung (Austrocknungsvermögen, drought tolerance)*

Zur Ermittlung des Austrocknungsvermögens werden Pflanzenteile oder Gewebestücke Luft mit bekanntem Feuchtigkeitsgehalt ausgesetzt. Als Resistenzmaß dient die Dürreletalität (DL 50). Es ist die relative Luftfeuchte, bei der 50% der Zellen geschädigt werden.

*Überdauerungsvermögen*

Das Überdauerungsvermögen ist die Dürreresistenz bei fehlendem Wassernachschub. Nach PISEK (1958) wird das Überdauerungsvermögen aus der kutikulären Transpirationsrate und aus der Menge des nach Spaltenschluß und bis zum Auftreten erster Austrocknungsschäden verfügbaren Wassers ermittelt.

$$\text{Überdauerungsvermögen} = \frac{W_v}{Tr_{cut}}$$

$W_v$ = Menge des nach Spaltenschluß und vor Auftreten erster Austrocknungsschäden verfügbaren Wassers,
$Tr_{cut}$ = Kutikuläre Transpiration.

Das Überdauerungsvermögen ist größer, wenn sich die Spaltöffnungen bereits bei leichter Unterbilanz verengen, wenn die Wasserleitung sowie Wasserverschiebung gut funktionieren und wenn Dürreschäden erst bei hohen Wassersättigungsdefiziten auftreten (Abb. 2).

*Trockenheitsbeanspruchung*

Die Trockenheitsbeanspruchung läßt erkennen, wie stark die Pflanze auf ihrem Standort unter Trockenheit leidet.

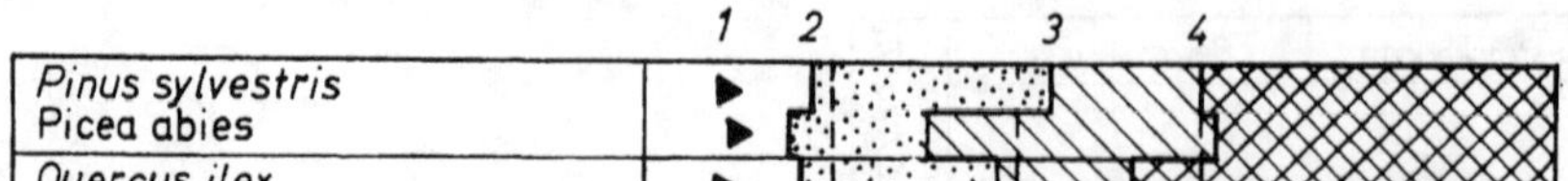


*Abb. 2:* Wassergehalt der Blätter verschiedener Pflanzen bei Wassersättigung und Verfügbarkeit des Wasservorrates. 1 Wasserdefizit vom Sättigungsgewicht bei Beginn des Spaltenschließens, 2 Sättigungsdefizit beim Auftreten geringer Austrocknungsschäden (5—10% der Blattfläche tot); das noch verbleibende Wasser (3 bis 4) ist lebensnotwendig und kann nur unter Gefahr ernster Trockenschäden angegriffen werden („nicht verfügbares Wasser"). Das nach Spaltenschluß bis zum Beginn von Schäden „verfügbare Wasser" (punktiertes Feld) stellt eine Notreserve in Dürrezeiten dar (nach LARCHER 1980)

Trockenheitsbeanspruchung = Tr.B.

$$\text{Tr.B.} = \frac{\text{WSD}_{\text{akt.}}}{\text{WSD}_{\text{krit.}}} \cdot 100\%$$

$\text{WSD}_{\text{akt.}}$ = aktuelles Wassersättigungsdefizit, jeweils aktueller Wassergehalt bei Probenentnahme.
$\text{WSD}_{\text{krit.}}$ = Kritisches Wassersättigungsdefizit.

### *Welkekapazität*

Als Welkekapazität bezeichnet KUSNIRENKO (1968) diejenige Feuchtigkeitsmenge im Boden, bei der es in den einzelnen Entwicklungsstadien der Obstbäume zum irreversiblen Welken der Blätter kommt. Bezüglich der Dürreverträglichkeit unterscheidet er drei Gruppen:

1. Gruppe: feuchtigkeitsliebend: Apfel, Quitte, Sauerkirsche, Birne, Himbeere, Süßkirsche, Stachelbeere, Erdbeere;
2. Gruppe: mitteldürreresistent: Brombeere, Aprikose, Kirschpflaumen;
3. Gruppe: dürreresistent: Weinrebe.

### *Dürreschäden durch „Frosttrocknis"*

können besonders bei wintergrünen Gehölzen auftreten, wenn durch Strahlung und Erwärmung der oberirdischen Pflanzenorgane, durch geringe relative Luftfeuchtigkeit und Windeinwirkung Wasserverluste auftreten, während Boden und Stamm noch gefroren sind und eine Wassernachleitung somit fehlt. Die Gefahr wächst, wenn der Baum bereits mit einem Wasserdefizit in die Frostperiode geht. Eindeutige Frosttrocknisschäden sind bei Obstgehölzen jedoch schwer nachweisbar. Großflächige Rindenschäden auf der Sonnenseite sind genauso gut über vorzeitige Aktivierung, Enthärtung, nachfolgende Erfrierung und anschließendes Vertrocknen möglich. Kalken bzw. Weißen der Bäume wirkt dieser lokalen Erwärmung entgegen und verlangsamt auch den Knospenaustrieb.

## Resistenz gegen Extremtemperaturen

### *Physiologie der Temperaturschädigung*

Das Protoplasma beantwortet Temperaturstreß mit einem Atmungsanstieg (Larcher 1980). Diese gesteigerte Stoffwechselaktivität begleitet den Versuch, eingetretene Defekte zu reparieren und feinstrukturelle Voraussetzungen für eine Anpassung zu schaffen im Wettlauf zwischen Akklimatisation und destruktiven Vorgängen im Plasma. Die Biomembranen werden nach Santarius (1981) durch Frost und Hitze unterschiedlich beeinflußt.

### *Zellschädigungen durch Kälte*

Bei Kälteschäden muß zwischen den Belastungen unterschieden werden, die mit Kältebelastung unterhalb 0 °C verbunden sind (frost injury) und solchen, bei denen niedrige Temperaturen über dem Gefrierpunkt physiologische Störungen auslösen (chilling injury), die über den Zusammenbruch des Nucleinsäure- und Eiweißstoffwechsels und Membranschädigungen (Larcher 1980) bis zum „Erkältungstod" (Molisch 1897) führen können. Er ist bei mitteleuropäischen Obstarten ohne Bedeutung. Der Frosttod tritt bei Temperaturbelastungen unterhalb des Gefrierpunktes auf und ist mit Eisbildung im Gewebe verbunden. Mit dem Unterschreiten des Gefrierpunktes, der in lebenden Zellen der gelösten Stoffe wegen etwas unter 0 °C liegt, kommt es zu Unterkühlung, jedoch wegen des Fehlens von Eiskeimen noch nicht zur Eisbildung. Erst bei weiterem Absinken der Temperatur bildet sich das erste Eis und zwar zunächst außerhalb der lebenden Zelle. Häufig erstarrt zuerst der auf der Pflanze befindliche Tau, von dort dringen die Eiskristalle durch Poren, Stomata, Hydathoden u. a. in die Pflanze ein, es kommt zur Eisbildung im Interzellularraum. Bei wasserreichen, unabgehärteten und großen Zellen folgt bald die blitzartig ablaufende, für die Pflanze tödliche intrazelluläre Eisbildung. Je kleiner das Wasservolumen bzw. die Zelle, desto geringer ist die Wahrscheinlichkeit der Eiskeimbildung, desto besser ist auch die Unterkühlbarkeit.

Bedeutsamer ist die Frostschädigung über die extrazelluläre Eisbildung. Da der Dampfdruck über Eis gleicher Temperatur niedriger ist als über unterkühlter Lösung, entzieht das auskristallisierende Eis der Zelle, dem Protoplasma, Wasser bis auf einen Restwasseranteil in den Zellen von 15—30% (Krasavtsev 1979), das offensichtlich elektroadsorptiv gebundene „bound water" (Levitt 1956). Zellphysiologisch ähneln sich dabei Gefrier- und Dürreschädigung (Larcher 1980). Es werden membrangebundene Enzymsysteme inaktiviert und es kommt in der ungefrorenen, geschrumpften Zelle bis zu toxisch wirkenden Konzentrationen von Salzionen und organischen Säuren (Santarius 1971). Diese Vorgänge sind miteinander verbunden. Dehydration senkt den Gefrierpunkt und steigert die Unterkühlbarkeit. Aber auch extreme Dehydration — infolge extrazellulärer Eisbildung — kann das Protoplasma irreversibel schädigen. Beim Absinken der Temperatur zeigt der Trieb eines Gehölzes 3 exotherme Gipfel durch plötzliche Freisetzung von Erstarrungswärme. Der erste Gipfel entsteht zwischen 0 °C und −10 °C durch Auskristallisieren extrazellulären Wassers bei Gehölzen, z. B. in Borke, Rinde, Phloem, Kambium und dem toten Holzgewebe, der zweite durch extrazelluläre Eisbildung in den Knospen, der dritte durch intrazelluläre Eisbildung in den Holzmarkstrahlen des Xylems (Burke u. a. 1976; Krasavtsev 1979).

*Schädigungen durch hohe Temperaturen*

Während Gefrieren in der Regel Entwässerung und damit verbunden eine Steigerung der Konzentrationen potentiell membrantoxischer Stoffe verursacht, wirkt Hitze nach Santarius (1981) direkt auf die Membranstruktur ein und führt zur Denaturierung der Proteine und damit zum Tod der Zelle.

Hitze führt durch hohe Atmung zu einer Senkung der Netto-Assimilation (S. 22). Überoptimalen Blatt-Temperaturen kann man durch klimatisierende Beregnung begegnen.

Gelegentlich wird auch über Blattschäden in Obstanlagen durch Hitze berichtet, doch läßt sich der Einfluß von Überhitzung, unausgeglichener Wasserbilanz und Starklicht bei Feldbeobachtungen kaum trennen. Im gemäßigten Klima ist der „Sonnenbrand" an Apfelfrüchten, gekennzeichnet durch Absterben peripherer Gewebepartien auf der Sonnenseite, am bekanntesten. Die Anfälligkeit wird durch Schwefelpräparate (Winter u. a. 1974) gefördert.

## Kälteresistenz

Das Verhalten der Obstgehölze ist dem normalen Temperaturverlauf des Herkunftsgebietes in zweierlei Weise angepaßt. Über den Wechsel von Ruhe und Aktivität entgehen die empfindlichsten Entwicklungsstadien der stärksten Frostbelastung, und außerdem bilden die Obstarten und -sorten während der Vegetationsruhe und unter Kälteeinwirkung in unterschiedlichem Ausmaß und Tempo eine physiologisch bedingte Kälteresistenz der Zellen und Gewebe aus. Die Kälteresistenz (cold resistance) charakterisiert die Anpassungsfähigkeit an eine Kältebelastung, die durch die Tiefe der Temperatur und die Dauer der jeweiligen Temperaturstufe gekennzeichnet ist. Sie ist die Fähigkeit, Kälte ohne bleibende Schädigung zu überleben. Kälteresistenz ist analog zu den verschiedenen Formen der Schädigung durch Kälte der Oberbegriff für die

- Erkältungsresistenz (chilling resistance) gegen Zellschädigung durch niedrige Temperaturen über 0 °C und die
- Frostresistenz (frost resistance) gegen schädigende Einwirkungen von Temperaturen unter 0 °C.

Die Frostresistenz ergibt sich (siehe Tab. 1) aus der Frostvermeidung (frost avoidance) und der Frosterträgnis (frost tolerance). Die Frosttoleranz bezieht sich auf das Überleben bei Eisbildung. „Frosthärte" wird von Larcher mit Frosttoleranz gleichgesetzt, wird in der Literatur jedoch meist synonym zur Frostresistenz gebraucht (Winter u. a. 1981). Die Frostverträglichkeit wird als experimentelle Meßgröße verwendet; darunter versteht man jenen meßbaren ungeschädigten prozentualen Anteil lebender Materie (z. B. Zellen oder Pflanzenteile), der bei Einwirkung bestimmter

Frostbelastungen überlebt und durch eine LG (Letale Grenze / $LG_0 \cdots LG_{100}$) ausdrückbar ist. Diese Größe bezieht sich auf die aktuelle Frostresistenz zum gegebenen Zeitpunkt. Die Frostresistenz ist nur als dynamische Größe im Wechsel von Abhärtung und Verwöhnung zu verstehen. SCHEUMANN (1965) unterscheidet deshalb als wichtige Kriterien:

- Bereitschaft zur Abhärtung, bedeutsam vor allem bei Frühfrost, gekoppelt mit rechtzeitigem Vegetationsabschluß;
- Umfang des Abhärtungsvermögens; bedeutsam vor allem für ruhende Pflanzenorgane bei Winterfrösten,
- Stabilität der Frosthärte, von Bedeutung bei stark wechselndem Temperaturverlauf mit der Dynamik von Enthärtung und Rückhärtung, wobei
- der Zeitpunkt des Austriebes für die Spätfrostfestigkeit von entscheidender Bedeutung ist.

Das Überstehen eines Winters mit seinen Frostperioden ist aber niemals über eine einfache Frostresistenzangabe zu erklären.

Die „natürliche Frostresistenz" (FISCHER 1976) oder Winterfestigkeit ergibt sich aus beiden Formen der Frostresistenz auf Zellebene, aus dem Wechsel von Ruhe und Aktivität der Meristeme, aus dem Restitu ionsvermögen nach eingetretenen Schädigungen, aus der Stand- und Bruchfestigkeit und anderen Eigenschaften.

Zur Charakterisierung einer Sorte oder eines Zuchtklones setzen deshalb FISCHER (1976) und MITTELSTÄDT (1979) einen Merkmalskomplex ein (Abb. 3). Diese Anpassung der gesamten Pflanze an den Temperaturverlauf winterkalter Klimate bezeichnet SCHEUMANN (1969) auch als „habituelle Frostresistenz".

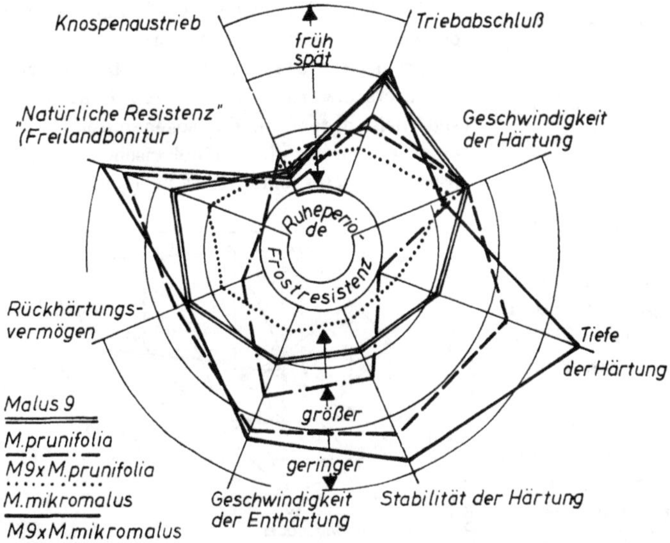


*Abb. 3:* Vergleich von M 9 mit M 9 × *Malus prunifolia*- und *Malus micromalus*-Nachkommen bezüglich Laubaustrieb, Triebabschluß und Frostresistenzverhalten (die Kreise entsprechen den Boniturwerten „4" = äußerer Kreis, „3" = zweiter Kreis usw. bis zum Mittelpunkt = „0". (nach FISCHER 1976)

*Methoden zur Ermittlung der Frostresistenz*

Die älteste Methode ist die Schadbonitur im Freiland nach einem Frosteinbruch. Durch die unterschiedlichen konkreten Bedingungen sind diese Ergebnisse schwer reproduzierbar. Deshalb werden für exakte Ermittlungen experimentelle Frostbelastungen mit anschließender Bestimmung der Vitalität, der $LG_{50}$, vorgenommen. Um die Frostresistenz in ihrer Dynamik zu erfassen, wird das Untersuchungsmaterial einem definierten Temperaturwechsel ausgesetzt, in den einzelnen Abschnitten der Vegetationsruhe werden Proben zur Frostbelastung in kritischen Temperaturbereichen übernommen und Abhärtungsbereitschaft, Abhärtungsvermögen, Stabilität der Frosthärte und Rückhärtungsvermögen beurteilt (Scheumann 1964, 1967; Mittelstädt 1968a, Salzer 1984).

Für die Bestimmung des Schädigungsgrades, der Frostverträglichkeit bei der konkreten Prüfung, werden folgende Methoden eingesetzt:

— Bräunungsmethode: Bräunung zeigt abgestorbene Gewebeteile an z. B. nach Knospenlängsschnitten. Es ist zugleich die übliche Freilandbonitur-Methode,
— Nährlösungsmethode: Prüfung des Austriebsvermögens von in Nährlösung angetriebenen Zweigen nach der Frostbelastung,
— Plasmolytische Methode: nur lebende Zellen erhalten die Fähigkeit zur Plasmolyse und Deplasmolyse,
— Überlebensfärbung: Färbung überlebender Zellen mit Triphenyl-Tetrazolium-Chlorid (Steponkus und Lanphear 1967),
— Konduktometrische Methode: frostbelastete Triebe werden in destilliertes Wasser gelegt, aus abgestorbenen Zellen diffundieren Inhaltsstoffe in das Wasser und erhöhen dessen Leitfähigkeit,
— Kryoskopische Methode: unter dem Gefriermikroskop wird die bei der Eisbildung die je nach Frostbelastbarkeit an unterschiedlichen Temperaturstufen entstehende Erstarrungswärme erfaßt. Bei Registrierung des Temperaturverlaufes spricht man auch von „Differential-Thermo-Analyse“,
— surviving-Methode: das Versuchsmaterial wird nach der Belastung im Freiland weiterkultiviert und beobachtet (als Pfropfreis auf unbehandelten Unterlagen oder als ganze Pflanze in Erdkultur), sie erfaßt auch das „Restitutions“- oder Regenerationsvermögen (Kemmer und Schulz 1955).

Die surviving-Methode ist die sicherste (Holubowicz und Bojar 1984), die Bräunungsmethode jedoch die effektivste für Massenanalysen (Zwintscher 1944, Kemmer und Schulz 1955; Salzer 1981, Mittelstädt 1968a, 1979). Die Bräunung bildet sich nach dem Auftauen nicht sofort aus; bei ruhenden Knospen muß man etwa 4 Tage lang warten, bei voll aufgeblühten Blüten genügt schon 1 Tag. Auch die Rangfolge der Empfindlichkeit der Gewebe ändert sich mit der Entwicklung. Bei ruhenden Knospen bis etwa zum grünen Knospenstadium ist bei reproduktiven Knospen des Apfels die Markbrücke am empfindlichsten, ab Ballonstadium ist es das Gynäceum.

Bisher wurde zur Beurteilung der Frostverträglichkeit vordergründig die Temperatur (T) und nicht die Belastungsdauer (D) in Betracht gezogen. Die widersprüchlichen „Letal-“ oder „Latenzgrenzen“ (Larcher 1980) sind ausschließlich auf die Kennzeichnung sogenannter „Grenztemperaturen“ gerichtet. Zwintscher (1944) führte Frostbelastungen mit unterschiedlicher Dauer durch. Perraudin (1965) wies darauf hin, daß sogenannten Grenztemperaturen für die phänologischen Stadien Grenzen gesetzt sind. Salzer (1981) unter-

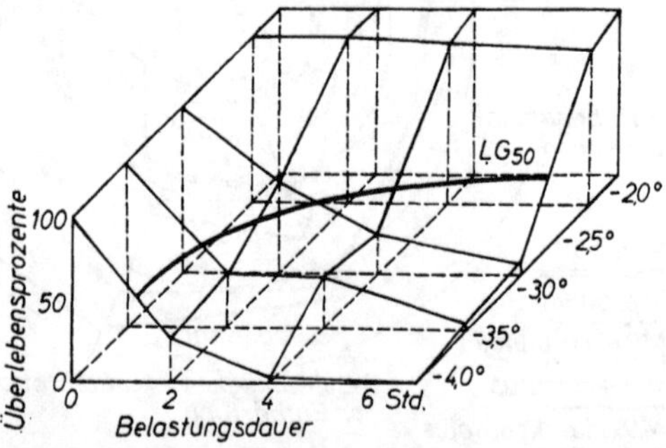


*Abb. 4:* Einfluß von Temperatur und Belastungsdauer auf die Frostverträglichkeit der reproduktiven Organe der Sorte ‚Alkmene‘ im Ballonstadium (nach Salzer 1984)

suchte an unterschiedlichen Entwicklungsstadien die quantitative Wirkung der Belastungsdauer auf die Absterberate bei reproduktiven Organen des Apfels.

In Abbildung 4 wird der funktionelle Zusammenhang zwischen dem Prozentsatz der überlebenden reproduktiven Organe in Abhängigkeit von der Belastungsdauer und der Temperatur durch ebene Flächen im Raum sichtbar. Durch einen in dieses Modell hineingelegten Schnitt erhält man die als $LG_{50}$ gekennzeichnete Kurve. Unter $LG_{50}$ (letale Grenze für 50%iges Absterben) werden sämtliche Temperatur-Dauer-Kombinationen verstanden, die ein 50%iges Absterben bewirken. Projiziert man diese Kurve in das zweidimensionale Koordinatensystem (Dauer, Temperatur), so erhält man die in Abbildung 5 dargestellte Kurve. Es ergibt sich daraus ein „äquivalenter Punkt" der $LG_{50}$, in dem der Einfluß von Belastungsdauer (D) und Belastungstemperatur (T) auf die Überlebensrate von 50% gleich ist. Hier liegt der optimale Bereich für experimentelle Sortenvergleiche. (SALZER 1981 SALZER und NOLLAU 1983).

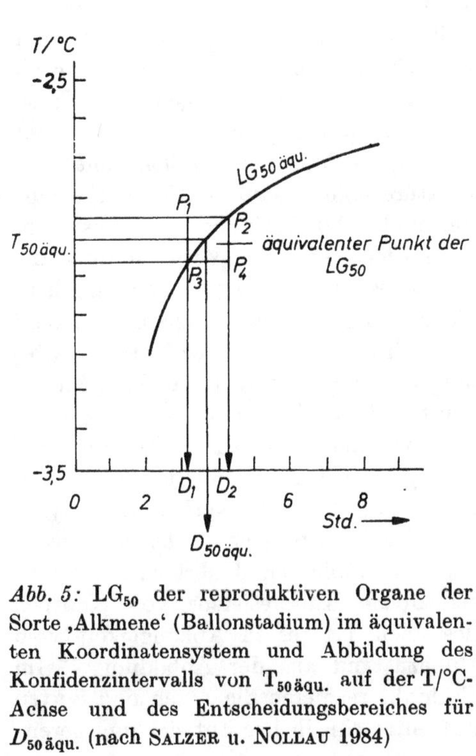


*Abb. 5:* $LG_{50}$ der reproduktiven Organe der Sorte ‚Alkmene' (Ballonstadium) im äquivalenten Koordinatensystem und Abbildung des Konfidenzintervalls von $T_{50\,äqu.}$ auf der T/°C-Achse und des Entscheidungsbereiches für $D_{50\,äqu.}$ (nach SALZER u. NOLLAU 1984)

*Physiologie der Frosthärtung und Dynamik der Frostresistenz*

*Phasen der Akklimatisierung*

Die Veränderungen in der Widerstandsfähigkeit gegen Kälte erfolgen nicht plötzlich, sondern im Ergebnis einer Reihe von aufeinanderfolgenden Etappen (WEISER 1970, LEVITT 1972, KACPERSKA-PALACZ 1973, BÜRKE u. a. 1976, TYURINA u. a. 1978), wobei jede Etappe die Voraussetzung für die nächste darstellt.

Die 1. Abhärtungsetappe ist gekennzeichnet durch Verlangsamung und schließlich Beendigung des Trieblängenwachstums und Übergang in die Knospenvorruhe, induziert je nach Gehölzart durch die Einwirkung herbstlich kühler Temperaturen und/oder (TUMANOV u. a. 1965, VOGL und KEMMER 1961; (s. a. Photoperiode S. 402, Thermoperiode S. 408 und Winterruhe S. 409) die verminderte Tageslänge. Für die mitteleuropäischen Obstgehölze beginnt diese Etappe in der Regel im September/Oktober. Die zur Vorruhe übergegangenen Pflanzenteile vertragen bereits mittlere Fröste; es ist die Prädisposition zur weiteren Abhärtung gegeben.

Die 2. Etappe der Abhärtung wird durch niedrige Temperaturen um +5 bis −5 °C (identisch mit „erster Phase" nach TUMANOV u. a. 1965), besonders kühler Nächte ausgelöst.

Die Pflanzen treten in die Vorabhärtung ein. Polymerisierte, empfindliche Proteine treten gegenüber depolymerisierten, kälteempfindlichen zurück. Die Zellen werden wasserärmer, das Volumen des Zytoplasmas nimmt bei gleichzeitiger Abnahme des Vakuolenvolumens zu, die Permeabilität der Biomembranen steigt für Wasser, Elektrolyte und Nichtelektrolyte (Mittelstädt 1968b). In der Zelle häufen sich lösliche Kohlenhydrate an. Damit nimmt die Unterkühlbarkeit zu, der Gefrierpunkt wird erniedrigt. Die Zellen sind gegen extrazelluläre Eisbildung, gegen Wasserentzug durch Interzellulareis besser gerüstet, und sie vertragen schon, je nach Abhärtungstemperatur, extrazelluläre Eisbildung bei Temperaturen um —25 bis —30 °C.

Der Eintritt in die 3. Etappe, die tiefste Abhärtung, erfordert anhaltenden starken Frost unterhalb —5 °C. Im Protoplasma wird ein Teil des Wassers strukturell festgelegt (bound water), wobei besonders den Zuckern und den Protein-Zucker-Komplexen eine wasserbindende Wirkung zugeschrieben wird. Die Wegsamkeit der Biomembranen verringert sich, die Plasmaviskosität steigt. Das resistente Protoplasma setzt weiterer Entwässerung eine hohe Widerstandskraft entgegen. Bei langsamer Abhärtung unter dem Einfluß immer weiter sinkender Temperaturen kann die Frosttoleranz auf Temperaturbelastungen gesteigert werden, denen die Pflanzen in der Natur nie ausgesetzt sind, z. B. bis zur schadlosen Überführung von Knospen bei Apfel oder Schwarzer Johannisbeere in flüssigen Stickstoff von —195 °C (Sakai und Nishiyama 1977, Tumanov u. a. 1982). Sechs Stunden nach dem Auftauen ertragen derartige Triebe aus flüssigem Stickstoff bei einer zweiten Frostbelastung nur noch —45 °C (Weiser 1970).

*Frostresistenz und Aktivitätswechsel*

Mit dem Eintritt in die Knospenruhe wird die Disposition für die Abhärtung der Triebe gegeben. Die weitere Abhärtung erfolgt unabhängig vom Ruhezustand durch den Temperaturverlauf. Dabei ist die Einwirkung der Temperatur sogar gegenläufig: längere Kälteeinwirkung ist Voraussetzung sowohl für eine tiefe Frosthärtung als auch für die Überwindung der echten Winterruhe. Hatch und Walker (1969) stellten fest, daß Pflanzen beim Übergang von der echten Winterruhe zur witterungsbedingten Zwangsruhe weder ihre Frostresistenz noch ihre Fähigkeit zur Rückhärtung verändern. Auch Salzer fand, daß bei anhaltender Kältebehandlung (—15 °C) die Frostresistenz der reproduktiven Organe und auch der vegetativen Knospen der Apfelsorten ‚Golden Delicious‘ und ‚Auralia‘ 4 Wochen vor bzw. 4 Wochen nach Erfüllung des Kältebedürfnisses keine Veränderung zeigt. Mit dem Übergang von der Nachruhe zur Zwangsruhe kann allerdings eine Wärmeperiode vorzeitig die ersten Austriebsphasen auslösen (Knospenschwellung, Knospenaufbruch usw.).

Proebsting (1963) untersuchte beim Pfirsich während der Zwangsruhe Ende Januar die Veränderungen der Frostresistenz zum Zeitpunkt der meiotischen Teilung der Pollenmutterzellen. Eine Temperaturerhöhung auf +2 °C hatte zum Zeitpunkt der beginnenden Meiose eine wesentlich geringere Verminderung der Frostresistenz zur Folge als eine ähnliche Erwärmung nur einen Tag später. Damit ist auch die Stabilität der Frosthärte bei länger anhaltenden Wärmeeinbrüchen mit der Stabilität des Ruhezustandes in seiner Dynamik (Vor-, Voll-, Nachruhe und Zwangsruhe) verbunden. Die zeitliche Parallele zwischen Ruheverlauf und Dynamik der Frostresistenz geht vereinfacht aus der Abbildung 6 hervor; die unterschiedliche Kälteresistenz von Knospen desselben Triebes in Abhängigkeit vom Ruhezustand aus der Abbildung 7. Im Frühjahr reagieren die Arten und Sorten mit unterschiedlicher Entwicklungsbereit-

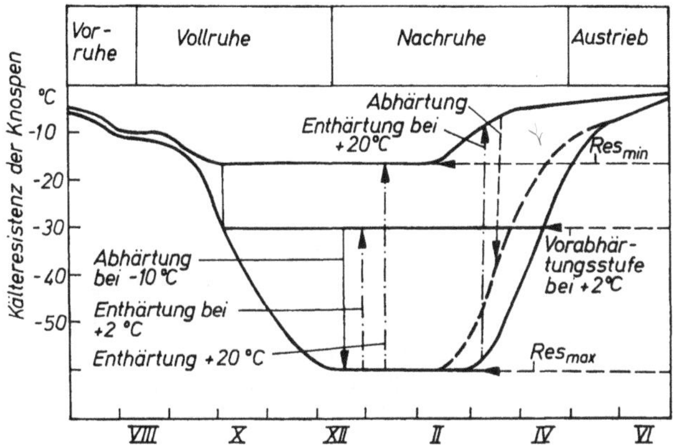


*Abb. 6:* Jahreszeitliche Dynamik der Kälteresistenz von vegetativen Knospen der Apfelsorte ‚Antonovka'. Obere ausgezogene Kurve: Minimalresistenz nach Enthärtung. Untere ausgegzogene Kurve: maximal erreichbare Kälteresistenz nach stufenweiser Abhärtung bei fortbestehendem Dauerfrost von —10 °C. Gestrichelte Kurve: verminderte Kälteresistenz nach Enthärtung bis zur Wiederhärtung (= Rückhärtung). SALZER nach LARCHER (1980), verändert

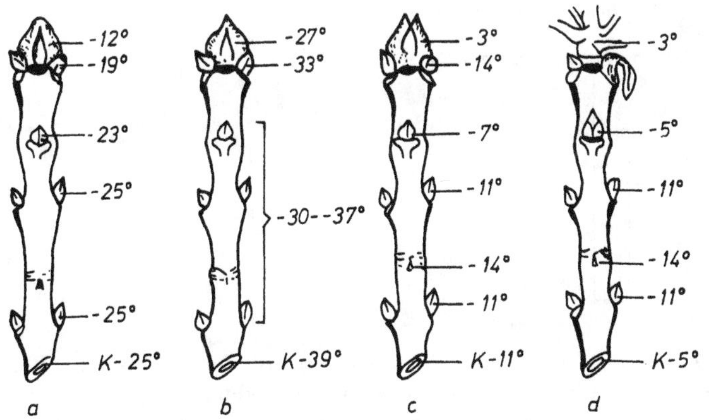


*Abb. 7:* Unterschiedliche Kälteresistenz der Knospen auf einem Zweig von *Fraxinus ornus* in Abhängigkeit vom Entwicklungsgrad.
a — Ende November, b — im Winter, c — zu Beginn der Knospenschwellung (nach Aufhebung der Zwangsruhe), d — beim Frühjahrsaustrieb.
K — Sproßkambium (nach MAIR 1968)

schaft auf die Erwärmung (Abb. 8). Dadurch sind Frühblüher mit geringem Kältebedürfnis, wie Mandel, Aprikose, Pfirsich, Walnuß, Haselnuß, durch Spätfroste besonders gefährdet.

In der Abbildung 9 sind die Temperaturkurven für 90%iges bzw. 10%iges Überleben der reproduktiven Organe in Abhängigkeit vom Entwicklungsstand (bei einer etwa 4stündigen Frostbelastungsdauer) dargestellt. Mit zunehmender Entwicklung nimmt die mittlere Frostverträglichkeit wie auch die Differenz zwischen der Frostverträglichkeit der einzelnen Knospen ab. Diese gesetzmäßige Temperaturabhängigkeit spiegelt sich

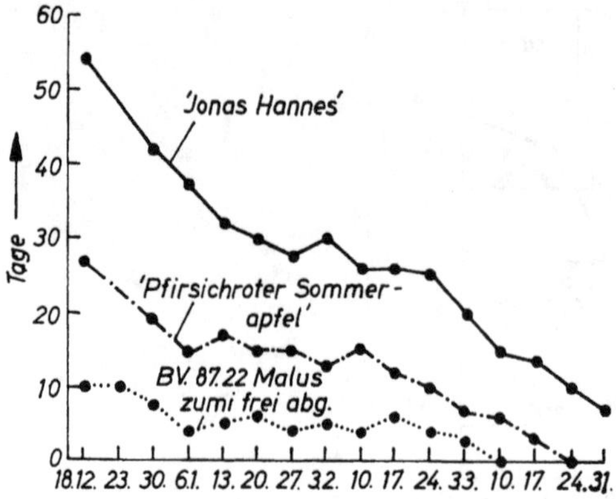


*Abb. 8:* Vergleich der unterschiedlichen Entwicklungsbereitschaft (Tage bis zum Laubaustrieb) bei einigen Formen von *Malus* nach dem Einstellen in das Gewächshaus während des Winters 1957/58 (nach MURAWSKI 1961)

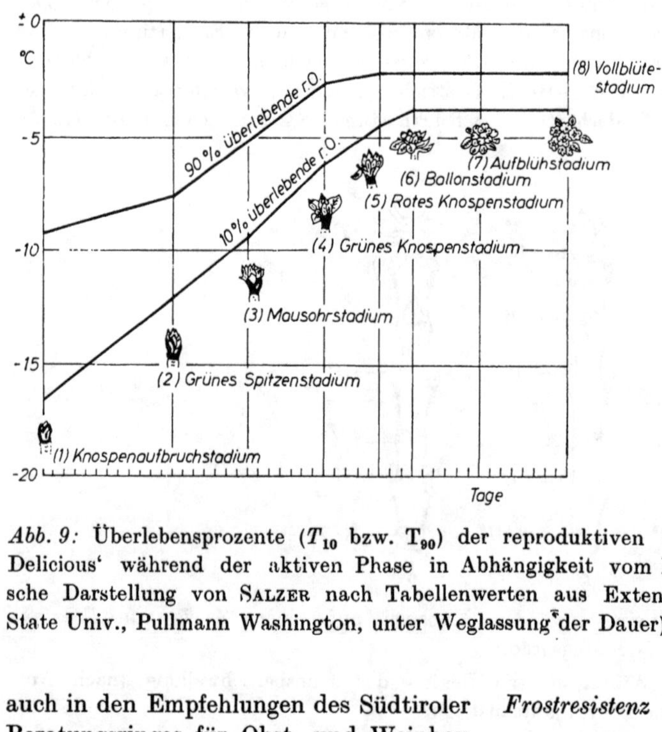


*Abb. 9:* Überlebensprozente ($T_{10}$ bzw. $T_{90}$) der reproduktiven Organe der Apfelsorte ‚Red Delicious' während der aktiven Phase in Abhängigkeit vom Entwicklungsstadium (graphische Darstellung von SALZER nach Tabellenwerten aus Extension Bull. 0913, Washington State Univ., Pullmann Washington, unter Weglassung der Dauer)

auch in den Empfehlungen des Südtiroler Beratungsringes für Obst- und Weinbau für die Einschaltung der Frostschutzberegnung wieder beginnend mit −7 °C beim Stadium ‚Grüne Spitzen' (C nach FLECKINGER), zurückgehend auf −2 °C im ‚Roten Knospen'- und ‚Ballonstadium' (E und $E_2$) und 0 °C während der „Vollblüte". Die Abhärtungsfähigkeit vermindert sich beim Übergang vom Ruhezustand zur aktiven Phase schrittweise.

### *Frostresistenz und Gewebefeuchtigkeit*

Es liegen zahlreiche Beobachtungen darüber vor, daß die Frostverträglichkeit der reproduktiven Organe bei Anzucht der Obstbäume auf relativ trockenem Boden höher ist als auf feuchtem Boden (z. B. MODLIBOWSKA 1961). Auch eine Befeuchtung der reproduktiven Organe 24 Stunden vor der Frostbelastung erhöht die Frostschädigung (STRANG u. a. 1980; HEWETT u. a. 1978). SALZER konnte bei

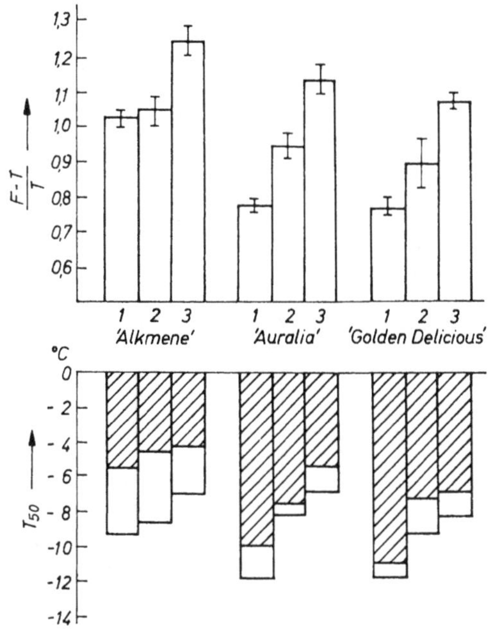


*Abb. 10:* Einfluß unterschiedlicher Feuchte- und Temperaturvorbehandlung auf die $T_{50}$ der reproduktiven Organe der Sorten ‚Alkmene' ‚Auralia' und ‚Golden Delicious' im Knospenaufbruchstadium.
Oben: Gewebefeuchtigkeit $\left(\frac{F-T}{T}\right)$ einjähriger Triebe nach eintägiger unterschiedlicher Feuchtevorbehandlung (1. bei Zimmerluft; 2. bei relativer Feuchte = 100%; 3. nach Einstellen der Triebe 2 cm in Wasser) bei 20 °C.
Unten: $T_{50}$ der reproduktiven Organe der Sorten ‚Alkmene', ‚Auralia' und ‚Golden Delicious' bei unterschiedlicher Feuchtevorbehandlung und unterschiedlicher Temperaturbehandlung (20 °C. 1 d = schräg schraffiert bzw. 0 °C · 1 d = nicht schraffiert) nach achtstündiger Temperatureinwirkung (Salzer 1982)
(F = Frischmasse, T = Trockenmasse)

Apfelsorten sowohl im Stadium des Knospenaufbruches (Abb. 10) als auch noch im Vollblühstadium experimentell die Verbesserung der Frostverträglichkeit durch reduzierte Gewebefeuchte nachweisen.

## *Genotypische Variabilität der Frostverträglichkeit*

Wie die meisten wirtschaftlich bedeutsamen Merkmale ist auch die Frostresistenz polygen bedingt und zeigt eine kontinuierliche Variation.

Mit Hilfe einer fahrbaren Kühlzelle (Murawski 1962) prüfte Mittelstädt (1965) den Gang der Abhärtung unter natürlichen und künstlichen Bedingungen während der Vegetationsruhe. In der Zeit vom 6.—19. Januar 1961 wurden 3 Parzellen mit unterschiedlichem Zuchtmaterial von Apfel im Vergleich zur Sorte ‚Hibernal' künstlichem Frost ausgesetzt. Die vorhergehenden Entwicklungsbedingungen waren für jeden Versuch ähnlich. Die Parzelle III.6. (Tab. 2) wurde stufenweise getestet, so daß sich alle Pflanzen abhärten konnten; Temperaturen von —20 °C fügten ihnen daher kaum nennenswerten Schaden zu. Die Parzelle III.7. wurde ohne vorherige zusätzliche Abhärtung gefrostet. Dabei erlitten alle Pflanzen mit sortenbedingten Abstufungen beträchtliche Schäden. Parzelle III.8. wurde wiederum bei fallenden Temperaturen bis zu —32 °C gehärtet. Während ‚Hibernal' diese hohe Belastung ohne Schaden überstand, hatten alle übrigen Pflanzen stark gelitten; sie waren nicht in der Lage, sich weit genug abzuhärten. Eine andere Serie wurde vom 19.—23. Januar bei sinkenden Außentemperaturen gefrostet (Tab. 3). Hier bestand die Möglichkeit, die Wirkung des sich verschärfenden Frostes auf die Abhärtung zu prüfen. Eine künstliche Abhärtung erfolgte nicht. Die Gefriertemperatur wurde sofort auf die vorgesehene Tiefe gebracht und betrug —25 °C···—26 °C. An dieser Versuchsweise läßt sich eindeutig das unterschiedliche Abhärtungsvermögen der im Versuch benutzten Sorten nachweisen. Eine langsame Abhärtung zeigt Apfelklon BV 74,5 (‚Apollo') während ‚Hibernal' sich sehr schnell abgehärtet hatte. Murawski (1962) und Mittelstädt (1966) konnten in gleicher Weise genotypische Unterschiede bei Pflaumensorten nachweisen, wobei zu *Prunus cerasifera* gehörende Formen besonders schlecht abschnitten. Kohn (1959)

*Tab. 2:* Frostversuche an Äpfeln im Winter 1960/61 mit unterschiedlicher experimenteller Härtung Laubaustrieb im Frühjahr in %

| Parzelle | ‚Hibernal' | BV, 74,5 | BV, 68,19 | BV, 69,21 | BV, 25,12 | BV, 26,30 | BV, 26,1 |
|---|---|---|---|---|---|---|---|
| | | ‚Cox' × ‚Oldenburg' | | | ‚Jonathan' frei abgeblüht | | |
| III.6. | 100,0 | 100,0 | 100,0 | 100,0 | 98,9 | 97,4 | 86,1 |
| III.7. | 39,0 | 0,0 | 4,0 | 0,0 | 1,0 | 1,0 | 0,0 |
| III.8. | 100,0 | 9,0 | 18,0 | 2,0 | 10,0 | 12,0 | 10,0 |

| Parzelle | Zeit der Frostung | Temperatur am Tag vor der Frostung | | Temperatur bei Versuchsbeginn | | Temperatur während der Frostung | Durchschnittlicher Laubaustrieb |
|---|---|---|---|---|---|---|---|
| | | Maximum | Minimum | Maximum | Minimum | | |
| III.6. | 6.–11. 1. | 3,2 | –0,7 | 3,3 | –0,3 | –20,2 | 98,0*) |
| III.7. | 11.–13. 1. | 4,3 | –0,1 | 2,8 | –0,2 | –20,1 | 6,4 |
| III.8. | 13.–19. 1. | 0,6 | –4,7 | 1,7 | –5,4 | –32,1 | 22,9*) |

*) gehärtet

*Tab. 3:* Frostversuche an Äpfeln im Winter 1960/61 mit unterschiedlicher natürlicher Härtung unter gleichen Bedingungen Laubaustrieb im Frühjahr in %

| Parzelle | ‚Hibernal' | BV, 74,5 | BV, 68,19 | BV, 69,21 | BV, 25,12 | BV, 26,30 | VB, 26,1 |
|---|---|---|---|---|---|---|---|
| | | ‚Cox' × ‚Oldenburg' | | | ‚Jonathan' frei abgeblüht | | |
| III.9. | 100,0 | 0,0 | 30,0 | 4,0 | 48,0 | 30,0 | 34,0 |
| III.10. | 100,0 | 12,8 | 94,0 | 87,0 | 95,0 | 98,0 | 92,0 |
| III.11. | 100,0 | 93,6 | 99,0 | 99,0 | 99,0 | 99,0 | 98,0 |

| Parzelle | Zeit der Frostung | Temperatur am Tag vor der Frostung | | Temperatur bei Versuchsbeginn | | Temperatur während der Frostung | Durchschnittlicher Laubaustrieb |
|---|---|---|---|---|---|---|---|
| | | Maximum | Minimum | Maximum | Minimum | | |
| III.9. | 19.–21. 1. | –5,0 | –10,4 | –3,2 | –12,4 | –26,5 | 35,1 |
| III.10. | 21.–22. 1. | –0,3 | – 9,8 | –1,9 | –10,7 | –24,8 | 85,3 |
| III.11. | 22.–29. 1. | –9,4 | –18,3 | –5,4 | –20,3 | –25,5 | 98,2 |

zeigte, daß die Frostresistenz der Rinde nicht nur in Abhängigkeit von der Sorte, sondern auch von ihrem Alter unterschiedlich sein kann.

Die Versuche verdeutlichen, daß die Abhärtungsfähigkeit der Sorten sehr unterschiedlich und in der erblich bedingten Fähigkeit der Pflanze begründet ist, die sich den Umweltbedingungen mehr oder weniger anpassen kann. Dieses Verhalten ist mit ein Grund dafür, daß die Beurteilung der Frostresistenz verschiedener Sorten unter natürlichen Bedingungen oft zu widersprüchlichen Ergebnissen geführt hat. Die Gehölze sind an den normalen Temperaturverlauf im

*Tab. 4:* Bewertung von Apfelsorten und Unterlagen nach ihrer Reaktion auf niedere Temperaturen während der Ruheperiode

| Art | frostresistent | mittelmäßig resistent | frostempfindlich |
|---|---|---|---|
| Apfel | ,Antonowka' | ,Bancroft' | ,Alkmene' |
| | ,Auralia' | ,Carola' | ,Apollo' |
| | ,Bohnapfel' | ,Breuhahn' | ,Ananas-Renette' |
| | ,Danziger Kant' | ,Clivia' | ,Berlepsch' |
| | ,Helios' | ,Dülmener Rosenapfel' | ,Boskoop' |
| | ,Hibernal' | ,Elektra' | ,Champagner-Renette' |
| | ,Linda' | ,Golden Delicious' | ,Cox Orangen Renette' |
| | ,Macoun' | ,Herma' | ,Early McIntosh' |
| | ,Red McIntosh' | ,Idared' | ,Erwin Baur' |
| | ,Red Melba' | ,Ivette' | ,Gravensteiner' |
| | ,Undine' | ,Roter Eiserapfel' | ,James Grieve' |
| | ,Wealthy' | ,Spartan' | ,Jonared' |
| | ,Weißer Klarapfel' | ,Spencer' | ,Jonathan' |
| | ,Yellowspur' | ,Stark Earliest' | ,Juno' |
| | ,Belgolden' | ,Jonagold' | ,Mutsu' |
| | A 2 | M 4 | ,Oldenburg' |
| | M 11 | MM 106 | ,Roba' |
| | M 26 | Pi 80 | ,Rogo' |
| | MM 111 | | ,Schweizer Orangenapfel' |
| | | | ,Starkrimson' |

Herkunftsgebiet durch Aktivitätswechsel, Ruheverlauf, photoperiodische Reaktion, Temperaturschwellen bzw. Temperatursummen für den Austrieb nach Beendigung der endogenen Winterruhe weitgehend angepaßt. Aus Osteuropa stammende kontinentale Sortentypen widerstehen zwar in der Winterruhe extremen Frösten; vorzeitige Wärmeperioden führen aber rasch zur Aufhebung der Frosthärte und zum Austrieb. Die maritimen Typen erreichen zwar im tiefen Winter nicht die gleiche extreme Frosthärte, zeigen aber eine hohe Stabilität der Frosthärte und ein besseres Rückhärtungsvermögen. Die „Frostresistenz“ der Arten und Sorten ist also nicht in überall gültigen Rangfolgen zu beschreiben, die Resistenzreihen gelten nur für die konkreten Bedingungen des Anbaugebiets. Für die Obstanbaugebiete der DDR zeigt Tabelle 4 für Apfel eine solche gegenwärtige Einschätzung.

Für das Überleben vor allem der für die Ertragsstabilität so wichtigen Blütenknospen nach Austriebsbeginn sind mehrere sortenabhängige Faktoren von Bedeutung. Späte Blühzeit führt zu einer „Scheinresistenz“, die empfindlichsten Entwicklungsstadien weichen der Zeit der häufigsten Spätfröste aus. Auch die Verteilung der Blüten am ein- und mehrjährigen Bereich der Fruchtäste, eine hohe Blütenzahl und eine längere Blühdauer erhöhen die Wahrscheinlichkeit, daß noch eine so große absolute Zahl an Blüten überlebt, daß noch ein nennenswerter Ertrag möglich ist. Salzer (1981) konnte jedoch darüber hinaus eine genetische Variabilität in der Frostverträglichkeit der reproduktiven Organe im aktiven Zustand bei 4 Apfelsorten experimentell nachweisen. Dazu mußten Blüten gleichen Entwicklungsstadiums (Ballonstadium und Vollblüte, Abb. 11) verglichen werden. Eine Einschätzung

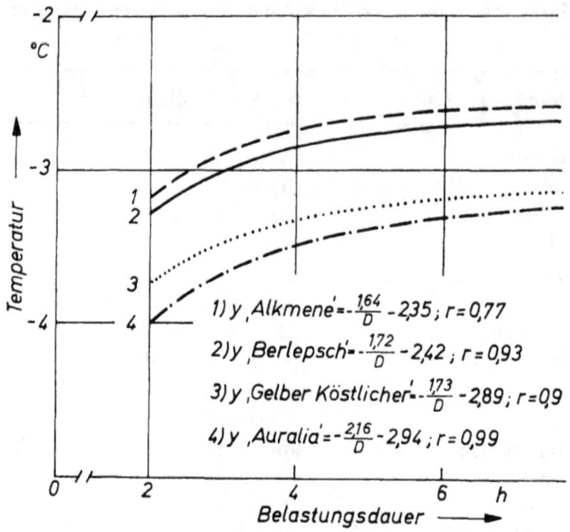


*Abb. 11:* $LB_{50}$ der aktuellen Frostverträglichkeit der reproduktiven Organe der Sorten ,Alkmene', ,Berlepsch', ,Golden Delicious' und ,Auralia' im Stadium 6. Schnitt und Belastung: 10. 04. 1981 (nach SALZER)

der Blütenfrostempfindlichkeit von Apfelsorten in den Hauptanbaugebieten der DDR gibt Tabelle 5. Wenn auch die Zuordnung nicht immer eindeutig ist (in anderen Aufstellungen wird z. B. ,Golden Delicious' auch unter der besten Gruppe aufgeführt), zeigt sich doch, daß die Rangfolge mit der zur Winterfrostresistenz keineswegs identisch ist.

*Verhalten der Frucht bei Frühfrösten*

Schädigungen der Früchte bei Kernobst vor Abschluß der Ernte durch Frühfröste kommen in Mitteleuropa relativ selten vor, in größerem Umfang zuletzt im Jahre 1980.

Der Verlauf des Gefriervorganges und der Frostschädigung unterscheidet sich nicht grundsätzlich von dem bei anderen Organen. Allerdings spielt der Einfluß der Belastungsdauer eine besonders große Rolle.

Durch die Fruchtmasse ergibt sich zunächst eine gewisse Verzögerung in der Anpassung an die Umgebungstemperatur. Die erste Eisbildung in der Frucht erfolgt ebenfalls in den Interzellularen. Der geringere Dampfdruck über den wachsenden Eiskeimen entzieht dem Zellsaft der Fruchtzellen langsam das Wasser. Dieser Wasserentzug erhöht die Konzentration des Zellsaftes und erniedrigt damit den Gefrierpunkt. Die Gefrierfront stößt zuerst entlang der wasserreichen Gefäßbündel vor. Bereits diese 1. Etappe des Gefriervorganges, äußerlich bereits als „Hartfrieren" erkennbar, setzt Erstarrungswärme (334,9 J/g Wasser) frei und verzögert die weitere Abkühlung (STOLL 1981). Die weitere Temperaturabnahme führt — nach einer zeitlich begrenzten Unterkühlungsphase — dann zur Eiskeimbildung in den Zellen des Fruchtfleisches und damit zu ihrer irreversiblen Schädigung. Der Prozeß ist von einem kurzen Temperaturanstieg begleitet, bedingt durch die Freisetzung von Erstarrungswärme.

Das in den Interzellularen entstehendes Eis entzieht den Zellen Wasser, es kommt zur reversiblen Schrumpfung der Früchte um etwa 10% (STOLL 1981, STREIF 1981). Bei sehr langsamem Auftauen regeneriert sich das Gewebe, ohne irreversible Schädigungen zu hinterlassen. Es ist daher nicht ratsam, hartgefrorene Früchte zu ernten, sie sind bis zum

*Tab. 5:* Empfindlichkeit der reproduktiven Organe von Apfelsorten gegenüber Spätfrösten

| Art | wenig empfindlich | mittelmäßig empfindlich | sehr empfindlich |
|---|---|---|---|
| Apfel | ,Boiken' | ,Albrechtapfel' | ,Alkmene' |
| | ,Gloster 69' | ,Apollo' | ,Carola' |
| | ,Goldspur' | ,Auralia' | ,Clivia' |
| | ,Helios' | ,Breuhahn' | ,Cox Orangen' |
| | ,Granny Smith' | ,Early Blaze' | ,Elektra' |
| | | | ,Goldparmäne' |
| | ,Jamba 69' | ,Golden Delicious' | ,Macoun' |
| | ,James Grieve' | ,Herma' | ,Mutsu' |
| | ,Landsberger' | ,Idared' | ,Redspur' |
| | ,Ontario' | ,Ingrid Marie' | ,Red Delicious' |
| | ,Viktoria' | ,Jonathan' | ,Starking' |
| | ,Yellow Spur' | ,Juno' | ,Starkrimson' |
| | | ,Klarapfel' | ,Wellspur' |
| | | ,Oldenburg' | ,Roter Boskoop' |
| | | ,Red McIntosh' | ,Roter Berlepsch' |
| | | ,Roba' | |
| | | ,Rogo' | |
| | | ,Schweizer Orangen' | |
| | | ,Spartan' | |
| | | ,Stark Earliest' | |
| | | ,Undine' | |
| | | ,Zuccalmaglio' | |

Wiederauftauen am Baum zu belassen. Das Fruchtfleisch hartgefrorener Früchte ist gegen jede zusätzliche mechanische Belastung extrem empfindlich und reagiert nach dem Auftauen mit Verbräunung. Der Auftauprozeß ist mit einer Stimulierung der Atmung verbunden, die zu einer extremen Reifebeschleunigung und zu raschem Abbau der Früchte führen kann. Diese sollen daher unverzüglich verbraucht werden.

Kernhausverbräunung tritt, vor allem bei ,Idared' und ,Jonathan', nicht nur nach längerem Gefrieren, sondern auch schon bei längerer zu kühler Lagerung bei Temperaturen dicht über 0 °C auf (s. a. Physiologie der lagernden Frucht S. 522).

Die Frostverträglichkeit der Früchte wird also durch mehrere Faktoren beeinflußt. Die Dynamik des „Hartfrierens" bis zum Erfrieren ist abhängig von der Gefrierdauer und dem Temperaturniveau, dem die Frucht ausgesetzt wird. Stoll (1981) konnte bei ,Jonathan' nachweisen, daß eine Temperaturabsenkung von nur 15 Stunden, also der angenommenen Dauer einer Frostnacht, selbst bei −5 °C keine Schäden verursachte. Eine viertägige Belastung führte dagegen schon bei −3 °C zu deutlichen Schäden. Etwa −2 °C wurden auch als Dauerbelastung ohne nachhaltige Schädigung nach dem Auftauen vertragen. Schubert (1977) fand bei nur 12stündiger Frosteinwirkung bei der Sorte ,Golden Delicious' zwischen −7 °C und −8 °C erste Schädigungen, die nach Wiedererwärmung zu Verbräunungen führten. Eine weitere Variabilität ist über die Sorte, vor allem deren Zuckergehalt bzw. Zellsaftkonzentration in der Frucht, gegeben. Der Temperaturbereich, in dem in der Praxis noch nicht mit nachhaltigen Schäden zu rechnen ist, liegt etwa zwischen −1 °C und −3 °C (Stoll 1981).

Für die Praxis ist weiterhin wichtig zu wissen, daß die Eignung der Früchte für die Langzeitlagerung nicht erst durch das „Hartfrieren", sondern bereits schon durch mehrfache Belastungen am Baum mit Temperaturen dicht oberhalb des Gefrierpunktes negativ beeinträchtigt wird, weil dadurch vorzeitig Reifevorgänge stimuliert werden können (SCHUBERT 1977).

*Zur Physiologie der Frostschutzmaßnahmen*

Die Frosthärte wird generell durch optimale Entwicklungsbedingungen der Gehölze durch richtige Standortwahl und optimale Intensivierungsmaßnahmen gefördert (Zusammenstellung bei FRIEDRICH 1970).

Die Ausbildung einer ausreichenden Abhärtungsbereitschaft setzt voraus, daß zumindest die oberen Blätter der Triebe bis in die zweite Hälfte des September intakt bleiben (HOLUBOWICZ 1984), vorzeitige Defoliation z. B. in Baumschulen oder unzureichender Pflanzenschutz führen zu einer erhöhten Gefährdung. Holzfrostschäden (Kambium- und Rindenschäden an Stamm und Trieben) im Winter werden begünstigt durch unzureichende Verträglichkeit von Unterlage und Ertragssorte, durch zu hohe Düngergaben, vor allem an Stickstoff, die ein rechtzeitiges Ausreifen der Triebe verhindern, aber auch durch Nährstoffmangel bzw. unharmonische Düngung, die eine ausreichende Bereitstellung von Reservestoffen aus der Photosynthese behindern. Aus gleichem Grunde schränken Dürre und Erschöpfung durch übermäßigen Ertrag bei Alternanz die Frostresistenz ein. Auch frühe Erntereife der Sorte bietet dem Baum bessere Möglichkeiten zur ausreichenden Reservestoffbildung in der Nacherntezeit.

Die bekannten technischen Frostschutzmaßnahmen gegen Spätfröste wie Heizen, Luftverwirbelung oder Lufttrübung bei Strahlungsfrost, Frostschutzberegnung u. a. bewirken, daß die Pflanzen vor extremer Frosteinwirkung geschützt werden.

Mehrere Methoden sind gegen eine vorzeitige Aktivierung der Pflanzen gerichtet. Weißfärbung der Stämme erhöht die Strahlungsreflektion und somit die vorzeitige Enthärtung oder Aktivierung von Knospen und Kambium. Mit temperatursenkender Beregnung bei einem Anstieg der Frühjahrstemperaturen über 7 °C konnte in Experimenten zahlreicher Autoren über den Einfluß der Verdunstungskälte der Austrieb bis zu 17 Tagen verzögert werden. Der Aufwand ist jedoch sehr hoch; als negative Nebenwirkungen sind Bodenvernässung und Senkung der Frostresistenz der befeuchteten Knospen nicht zu unterschätzen. Deshalb haben viele Autoren (Übersicht bei VOGL und MITTELSTÄDT 1978) versucht, mit einer Herbstapplikation von Wachstumsregulatoren den Austrieb zu verzögern. Besonders bei Süßkirsche konnte dieses Ziel zwar mit Ethephon-Präparaten erreicht werden, die Methode setzte sich jedoch bisher nicht durch, da sie auch bei spätem Frühjahr den Austrieb verzögert. Bedenklich sind vor allem negative Begleiterscheinungen hinsichtlich Gummifluß und Ertrag.

Zahlreiche Versuche dienten der Steigerung der natürlichen Frostresistenz durch Chemikalien, sogenannte „kryoprotektive" Substanzen. Dabei kamen vor allem Äthylenglykol, Glyzerol, Polyvinylpyrolidon, CCC, DEPEG, PP-333, Gibberellinsäure, Abscisinsäure, Zystein, Dimethylsulfoxine u. a. zum Einsatz (Übersicht: HOLUBOWICZ 1984), die teils den Übergang in den Ruhezustand beschleunigen (Abscisinsäure), vorwiegend aber direkt das Abhärtungsvermögen oder die Stabilität der Frosthärte erhöhen sollen. Für den praktischen Obstbau ist es jedoch wichtiger, durch richtige pflanzenbauliche Maßnahmen dafür zu sorgen, daß die Bäume mit ausgereiften Trieben und ausreichenden Reservestoffen in den Winter kommen.

Dagegen verdienen die Experimente

mit kryoprotektiven Substanzen zur kurzfristigen Frostresistenzerhöhung der reproduktiven Organe nach dem Austrieb für die Zukunft Beachtung. KUIPER (1964) erhöhte bei der Behandlung von Apfelbäumen 4 Stunden vor der Frostbelastung mit N-Decenyl-Bernsteinsäure die Frosthärte der Blüten um 6 °C. Bisher sind alle Versuche dieser Art noch nicht praxisreif, da es bis heute nicht gelang, ausreichend reproduzierbare Ergebnisse mit wirtschaftlich vertretbaren Mitteln bei Applikation durch Spritzen zu erzielen.

Somit bleiben richtige Standort- und Sortenwahl und Pflege, die zu jährlich hohem Blütenansatz unter Vermeidung von Alternanz führen und ausreichender Einsatz von Bienen die wichtigsten ‚Frostschutzmaßnahmen', ergänzt durch sinnvolle Bodenpflege, die den Wärmenachschub aus dem Boden in der kritischen Zeit fördert.

*Hitzeresistenz*

Bezüglich des Ertragens supraoptimaler Temperaturen der Pflanzen unterscheidet LARCHER (1980) 3 Gruppen:

a) Hitzeempfindliche Arten mit letalen Schädigungen schon zwischen 30 °C und 45 °C. Dazu gehören vor allem Wasserpflanzen; aber auch weichlaubige Landpflanzen und manche pflanzenpathogene Bakterien und Viren werden in diesem Temperaturbereich geschädigt.

b) Hitze ertragende Eukaryonten überleben halbstündiges Erhitzen auf 50 °C bis 60 °C.

c) Hitzebeständige Prokaryonten, z. B. hitzestabile Bakterien, Viren und Blaualgen ertragen bis 75 °C.

Bei Obstgehölzen konnte SALZER (unveröff.) eine Adaptation an Hitze nachweisen. Die Hitzeresistenz weist einen Jahresgang in Anpassung an den natürlichen Temperaturverlauf auf (Abb. 12). Eine Vorbehandlung der Blätter mit 0 °C für nur einen Tag setzt bereits die Überlebensrate bedeutend herab. Auch zur Hitzeresistenz fanden SALZER und HILTMANN (unveröff.) sowie KHALIN u. a. (1980) Sortenunterschiede an Apfelblättern. Eine praktische Bedeutung kommt der Hitzeresistenz als Sorteneigenschaft bei Baumobst möglicherweise in extrem sommerheißen Anbaugebieten, wie z. B. der Krim, (KHALIN u. a. 1980) zu.

## Einfluß von Immissionen auf Obstgehölze

Beim gegenwärtigen Stand unserer Kenntnisse über Möglichkeiten zur effektiven Reinigung der Abgase muß auch der Obstbauer noch für längere Zeit mit

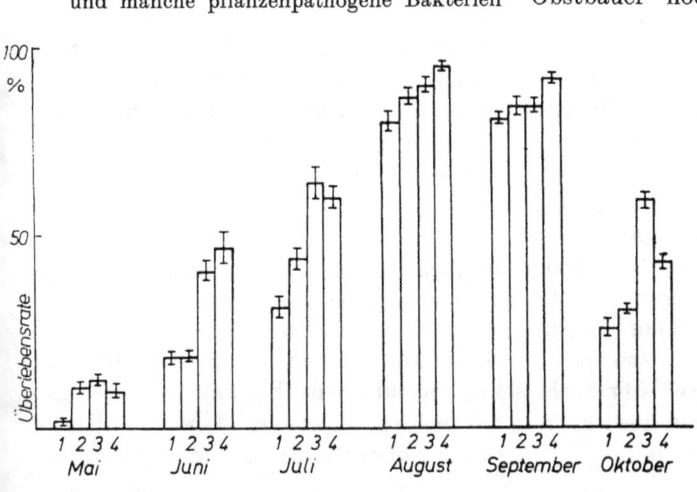


*Abb. 12:* Hitzeresistenz von Apfelblättern der Sorten ‚Boskoop' (1), ‚Alkmene' (2), ‚Auralia' (3) und ‚Golden Delicious' (4) bei einer Hitzebelastung (Wasserbad: 48°C/30 Min.) während der Vegetationsperiode 1970 (nach SALZER und HILTMANN unveröffentlicht)

Rauchbelastungen rechnen. Stoffe, die aus Industriebetrieben oder anderen technischen Einrichtungen gas-, nebel- oder staubförmig in die Luft gelangen, bezeichnet man als „Emissionen". Der Teil der Schadstoffe, der unmittelbar am Ort der Pflanze zur Wirkung kommt, wird als „Immission" bezeichnet. In der Anordnung zur Begrenzung und Ermittlung von Luftverunreinigungen (GBl. der DDR, Teil II, Nr. 80 vom 25. 7. 1968) und in der dritten Durchführungsbestimmung zur fünften Durchführungsverordnung zum Landeskulturgesetz — Reinhaltung der Luft — vom 15. 3. 1982 (GBl. der DDR, Teil I, Nr. 21 vom 1. 6. 1982) werden für 147 Schadstoffe „hygienisch zulässige Grenzkonzentrationen" (maximale Immissionskonzentrationen = MIK-Werte) und andere Immissionskenngrößen aufgeführt. Unter dem MIK-Wert wird diejenige Konzentration in der bodennahen Luftschicht definiert, die nach den derzeitigen Erkenntnissen für den Menschen bei zeitlich begrenzter Einwirkung als unbedenklich gelten kann, wobei Kurzzeitgrenzwerte ($MIK_K$, Dauer 10—30 Minuten) und Dauergrenzwerte ($MIK_D$, 24 Stunden) unterschieden werden.

Wenn man von Sonderfällen mit lokaler Bedeutung absieht, sind für den Obstbauer der DDR vor allem die phytotoxischen Fluorverbindungen, die $SO_2$-Emissionen aus der Braunkohleverbrennung besonders von Großkraftwerken und — mehr lokal — Chlorwasserstoffe zu beachten (Börtitz und Dässler 1969). Für staubförmige und fluorhaltige Emissionen gibt es zwar wirksame Reinigungsanlagen, doch gerade bei Fluor kann bereits ein kurzfristiger Ausfall dieser Anlagen schwerwiegende Folgen haben. Für die vollständige Absorption von $SO_2$ aus Rauchgasen sind die technisch-ökonomischen Probleme noch nicht befriedigend gelöst.

Durch kurzfristiges Einwirken hoher Immissionen werden akute, leicht sichtbare Schädigungen ausgelöst. Durch langfristige Einwirkung niedriger Konzentrationen dicht über dem MIK-Wert kann es zu schwer erkennbaren chronischen Schädigungen kommen. Durch den Bau immer höherer Kamine konnte die akute Schädigung in der Nähe der Emittenten eingeschränkt werden. Dafür nahm der Ausbreitungsradius der Emissionen besonders bei Schwefeldioxid zu. Die Immissionsbelastung hängt von weiteren Faktoren ab. Prallhänge in der Hauptwindrichtung sind besonders gefährdet. Bestandesränder auf der Seite des Emittenten sind stärker exponiert als die Bestandesmitte. Besonders kritisch sind Inversions-Wetterlagen in der Vegetationsperiode mit geringem Luftaustausch zwischen tieferen und höheren Luftschichten.

Der durch Immissionen ausgelöste wirtschaftliche Schaden ist nicht identisch mit der physiologisch nachweisbaren Schädigung der Pflanze. Vor allem Ruß und Flugasche können in erster Linie durch Verschmutzung des Erntegutes schaden, ohne die Pflanze wesentlich zu schädigen (Dässler und Börtitz 1971). Geringfügige Fruchtnekrosen, Geschmacksbeeinträchtigungen oder Anreicherungen von Giftstoffen in oder auf der Frucht, so vor allem bei Fluor oder Hüttenstäuben, senken den Gebrauchswert des Erntegutes (Börtitz 1968), ohne die vegetativen und generativen Prozesse des Baumes wesentlich zu beeinflussen.

### *Physiologie der Abgasschädigung und Immissionsresistenz*

Gasförmige Immissionen dringen vorwiegend über die Stomata in die assimilierenden Organe ein. Neben den Reaktionen unmittelbar an der Eintrittsstelle sind — vor allem bei Chlor und Fluor — auch noch Verlagerungen in der Pflanze mit Anreicherungen an bestimmten Stellen, etwa über den Transpirationsstrom, möglich. Die Schädigung der Pflanze ist also nicht nur von der Konzentration und Einwirkungsdauer der Immissionen, sondern auch von allen ökologischen Faktoren abhängig, die das Stomataverhalten beeinflussen. Optimale Assimilationsbedingungen, wie hohe Strahlungsintensität, hohe Luftfeuchtigkeit sowie günstige Wasser- und Nährstoffversorgung fördern das Eindringen der Schadstoffe.

Der Schädigungsablauf sei am Beispiel der $SO_2$-Einwirkung dargestellt. Mit der Einwirkung akuter Immissionen in der Größenordnung um 1 ppm $SO_2$ kommt es rasch zu einer Depression der Assimilation und einer meist nur kurzfristigen und geringfügigen Hemmung der Transpiration durch Verengung der Stomata. Bald sinkt die Assimilation unter den Kompensationspunkt ab, die Stomata öffnen sich weit und verlieren bei stark ansteigender Transpiration ihre Regulationsfähigkeit. Während die ersten Schädigungen in rauchfreier Luft noch reversibel sind, löst anhaltende Belastung rasch zahlreiche weitere, auch irreversible Reaktionen in der Zelle aus (Jäger und Klein, 1980, Nikolajewskij 1979); zuerst werden die Pigmente geschädigt, dann sterben die Blätter ab (Börtitz und Vogl 1967). Der Ausfall von Assimilationsorganen führt zu einer Verminderung der Stoffbilanz und somit des Ertrages. Je nach dem Zeitpunkt der Schädigung kann der Ausfall durch Neuaustrieb, durch Regeneration, überwunden werden. Mehrmalige akute Schädigungen führen zu schweren Störungen bis zum Absterben der Pflanzen. Akute Schäden entstehen vor allem bei Havarien bei den Emittenten oder auch bei längerer Exposition unmittelbar in der Rauchfahne einer Industrieanlage, besonders bei extremen Wetter-Inversionslagen.

Bei den häufigeren chronischen Immissionen mit geringer Schadstoffkonzentration, wie sie vor allem bei $SO_2$ im Einflußbereich von Großkraftwerken auftreten, ist der Ablauf anders. Wiederum dringt der Schadstoff über die Stomata ein. Die teilweise Entgiftung der Schadstoffe (Oxydation von $SO_2$ zu dem weniger phytotoxischen $SO_3$) erfolgt unter Belastung des Redox-Puffersystems der Pflanze offensichtlich noch in den Plasmagrenzschichten beim Eintritt in die Zelle. Die Chloroplasten, die Pigmente werden nicht oder kaum angegriffen, nur bei relativ starker Einwirkung ist eine reversible Assimilationsdepression als frühester meßtechnischer Nachweis auf den Stoffwechsel des Blattes erkennbar. Die starke Beanspruchung der zelleigenen Puffersysteme beschleunigt jedoch die Alterungsvorgänge als unspezifische Reaktion. Es kommt zu vorzeitiger Vergilbung und auf diese Weise ebenfalls zu einer langfristigen Beeinträchtigung der Stoffbilanz, die bis zum Absterben der Bäume führen kann. Der chronisch belastete Baum ist darüber hinaus physiologisch gestört und anfälliger gegen zusätzliche andersartige Belastungen. Vor allem die Frosthärte ist herabgesetzt (Vogl u. a. 1972); offensichtlich addiert sich dabei der negative Einfluß beider Belastungsfaktoren auf die Regulierbarkeit der Membranpermeabilität (Michael u. a. 1980).

Fluorid-Ionen wirken inhibierend insbesondere auf Fermente des Kohlenhydratstoffwechsels, z. B. Enolase u. a. (Garber 1973, Dässler 1976).

Da die ersten Stadien dieser Immissionswirkung nicht sichtbar sind, sprach man auch von „unsichtbaren Rauchschäden" oder, da sie mit Methoden der Gaswechselmessung oder Untersuchung der Fermentaktivitäten relativ früh meßbar gemacht werden konnten, von „physiologischen Rauschschädigungen“ (VOGL u. a. 1965). Solange diese Vorgänge reversibel sind, spricht man besser statt von Schädigung von Belastung oder nach BÖRTITZ (1974) von „unsichtbarer Immissionswirkung“. Zwischen unsichtbarer Immissionswirkung und chronischer Erkrankung bestehen fließende Übergänge. Beiden gemeinsam ist die Schadstoffanreicherung, die auf die Dauer zu sichtbaren Schädigungssymptomen (Nekrosen und/oder Wuchsminderungen) führen kann, die aber über die Anreicherung der Schadstoffe in der Frucht, besonders bei Fluor, auch für den Gebrauchswert pflanzlicher Produkte von Bedeutung sein kann.

Es gibt keine absolute Resistenz gegen phytotoxische Immissionen, nur eine Abstufung der relativen Rauchhärte. Aber auch diese relative Resistenz ist im konkreten Fall stets das Resultat unterschiedlicher Teilkomponenten (VOGL u. a. 1965). Ähnlich wie bei der Resistenz gegen andere abiotische Schadfaktoren ergibt sich die aktuelle Rauchhärte zum Zeitpunkt einer Immissionsbelastung sowohl aus dem Verhalten der Pflanze, das einen Eintritt des Schadgases vermindert oder vermeidet (avoidance mechanisms) als auch (tolerance mechanisms) aus physiologischen bzw. biochemischen Reaktionen gegenüber dem eingedrungenen Schadstoff (JÄGER und KLEIN 1980). Das Schadgas kann nicht in die Pflanze eindringen, wenn diese durch Einflüsse, die nicht mit der Immission zusammenhängen, vorübergehend geschützt ist (Scheinresistenz). Dazu zählen z. B. die Vegetationsruhe laubabwerfender Gehölze und vor allem Stomataschluß bei Dunkelheit oder Trockenheit oder auch die Spritzung mit Antitranspirantien (REHBEIN 1970), die aber vorläufig wegen der Unregelmäßigkeit akuter Immissionen und der gleichzeitigen Senkung der Stoffproduktion im Obstbau nur von theoretischer Bedeutung ist. KRASINSKIJ (1949) formulierte für das Verhalten sukkulenter Blätter mit geringer Gaswegsamkeit die „morphologisch-anatomische Immissionsresistenz“ (als Form der avoidance). Solche Blätter nehmen zwar das Schadgas, aber auch das für die Stoffproduktion benötigte $CO_2$ weniger intensiv auf. Dieser Resistenztyp konnte inzwischen für Fichtenklone unterschiedlicher Rauchhärte bestätigt werden (BRAUN 1977); hohe Assimilationsleistung je Blattflächeneinheit korreliert mit hoher Schadgasaufnahme. Eine reflektorische Immissionsresistenz liegt vor, wenn das eingedrungene Schadgas die Pflanzen zu Reaktionen veranlaßt, die einer weiteren Schadgasaufnahme entgegenwirken (VOGL 1971). Dieses Verhalten ist vor allem für die Resistenzabstufung gegenüber Ozon-Immissionen beobachtet worden, spielt aber sonst offensichtlich eine untergeordnete Rolle. In der Regel nimmt also im Unterschied zur Resistenz gegen andere abiotische Schadfaktoren durch Rauchbelastung die Rauchhärte nicht zu.

Während für die Reaktion auf akute Immissionen der Umfang der Schadstoffaufnahme zum gegebenen Zeitpunkt, also die avoidance-Mechanismen von entscheidender Bedeutung sind, ist für die Resistenz gegen chronische Immissionen auch die Resistenz gegen Schädigungen durch den aufgenommenen Schadstoff, also die physiologisch-biochemische Widerstandsfähigkeit, die Toleranz vor allem der Assimilationsorgane, zu beachten, die allerdings ebenfalls von Umweltbedingungen und Vitalität der Pflanzen beeinflußt wird. Hieraus ergibt sich, daß es keine absoluten Grenzwerte der tolerierbaren Schadstoffkonzentration in der Luft gibt. Für viele Pflanzen wurde deshalb die maximale Empfindlichkeit, die sogenannte „erste

Toleranzgrenze" gemessen, die den Grenzwert unter Bedingungen erfassen soll, die in der Regel mit optimalen Assimilationsbedingungen identisch sind.

Die Resistenz der gesamten Pflanze wird darüber hinaus durch ihr Regenerationsvermögen bestimmt. Vor allem des geringen Regenerationsvermögens wegen zählen z. B. immergrüne Konifernen, die mehrere intakte Nadeljahrgänge benötigen, zu den rauchempfindlichsten Gehölzen. Optimale Pflege erhöht zwar mit der Assimilationsleistung der Blätter die Schadgasaufnahme, erhöht aber vor allem die Widerstandskraft der Zellen gegen eingedrungenes Gift und das Regenerationsvermögen der Pflanzen. Deshalb wird in rauchbeeinflußten Wäldern mit Erfolg die Mineraldüngung als unspezifische Gegenmaßnahme gegen Rauchschäden eingesetzt.

### *Reaktion der Obstarten auf die wichtigsten Abgase*

#### *Einfluß von Schwefeldioxid ($SO_2$)*

Die Wirkung des $SO_2$ konzentriert sich bei gärtnerischen Kulturen auf die Schädigung der Blätter und umfaßt alle Formen von der verringerten Assimilationstätigkeit, geringer Blattgröße bis zu schweren Blattnekrosen, bei Obstgehölzen bis zum völligen Laubabwurf (DÄSSLER 1976). Besonders nach akuter Immission treten bereits nach wenigen Tagen Blattnekrosen vor allem in den Intercostalfeldern auf. Sie sind braun bis rotbraun bei Apfel, Süß- und Sauerkirsche, schwärzlich bei Birne und Walnuß, elfenbeinfarbig bei Pfirsich gefärbt (GUDERIAN 1969). Bei Blättern von Beerenobst erscheint oftmals eine Vielzahl kleinflächiger, unregelmäßiger chlorotischer oder nekrotischer Flecke. Schädigungssymptome an Früchten durch $SO_2$ stellen nach den bisherigen Beobachtungen, im Gegensatz zum Verhalten unter Fluorimmissionen, seltene Ausnahmen dar.

Chronische Schädigungen weisen keine spezifischen Schädigungsmerkmale auf, wenn es auch zu vorzeitigen Vergilbungen und einer anschließenden Abnahme der Wuchsleistung kommt.

Die Symptome sind somit wenig spezifisch. Auffällig ist meistens, daß die genannten Erscheinungen vorwiegend an der Kronenseite auftreten, die dem Emittenten zugewandt ist.

Akute wie chronische Schädigungen führen zu einer Beeinträchtigung von Wachstum und Ertrag. Der Ertrag wird nicht nur über die absolute Menge, sondern auch durch verminderte Qualität beeinträchtigt. Die Früchte sind kleiner und bei Kernobst oft berostet, die inneren Qualitätseigenschaften (Zukker, Säure, Vitamin C u. a.) sind wenig verändert.

Nach Erfahrungen an anderen Kulturen läßt sich die Rauchhärte der Bäume durch optimale Nährstoffversorgung, besonders mit Stickstoff, erhöhen.

Die einzelnen Obstarten weisen erhebliche Unterschiede in ihrer Empfindlichkeit auf (GUDERIAN 1969; GUDERIAN und STRATMANN 1968). Sehr anfällig sind Walnuß, Stachelbeeren, Johannisbeere, Himbeere; eine mittlere Empfindlichkeit zeigen Pfirsich, Sauerkirsche, Apfel, Haselnuß; relativ rauchhart sind Süßkirsche, Pflaume, Birne, Weinrebe, Brombeere und Erdbeere. Bei den empfindlichen Obstarten traten die Schädigungen schon bei Schadstoffkonzentrationen von 0,26 ppm $SO_2$ auf; bei den resistenteren Obstarten erst bei Schadstoffkonzentrationen von 0,44 ppm $SO_2$.

Wenn sich die MIK-Werte auch nicht auf die phytotoxischen Wirkungen der Schadstoffe beziehen, so kann man nach den von GUDERIAN (197) in einem Schadgebiet ermittelten Grenzwerten für Schädigungen durch $SO_2$-Immissionen für Obstgehölze doch einschätzen, daß bei Einhaltung der $MIK_K$-Werte für $SO_2$ gerade noch keine Immissionsschäden nachweisbar sein dürften. 0,2 ppm $SO_2$ entsprechen unter

Normalbedingungen etwa 0,56 mg $SO_2/m^3$ Luft, der $MIK_K$-Wert liegt bei 0,5 mg $SO_2/m^3$.

Neben Artunterschieden sind auch bei Obstgehölzen Sortenunterschiede in der relativen Rauchhärte nachweisbar. Bei Apfel zählt ‚James Grieve' zu den rauchhärtesten Sorten, besonders empfindlich sind ‚Manks Codlin', auch ‚Cox Orangen', ‚Pippin' und ‚Jonathan'. ‚Golden Delicious' liegt zwischen ‚James Grieve' und ‚Jonathan'. Bei Birne zählt z. B. ‚Gute Luise' zu den empfindlichen, ‚Clapps Liebling' zu den rauchhärteren Sorten. Apfelsorten auf der Unterlage M 7 sind, offensichtlich des besseren Regenerationsvermögens wegen, widerstandsfähiger als solche auf M 9 (Spierings 1969). Die angegebenen Unterschiede beziehen sich auf die Bedingungen akuter Rauchschäden. Erdbeeren erwiesen sich — trotz Sortendifferenzen — als besonders empfindlich in den $SO_2$-Begasungsversuchen von Reuter u. a. (1983).

Da Obstgehölze nicht zu den $SO_2$-empfindlichsten Pflanzen gehören, kann die Beobachtung anderer Kulturen gewisse Anhaltspunkte geben. Zu den $SO_2$-empfindlichsten Gehölzen gehören Weißtanne, Fichte und Kiefer, bei akuter Immission auch Lärche, während die innerhalb unserer Laubgehölze relativ empfindliche Eberesche (*Sorbus aucuparia* L.) sich in schweren Rauchschadgebieten spontan stark ausbreiten kann.

### *Einfluß von Fluorwasserstoff (HF)*

In der Umgebung chemischer Fabriken, vor allem von Aluminiumhütten, Industrieanlagen für Phosphatdüngemittel, Ziegeleien und Keramikbrennöfen, aber selbst von Anlagen zur Stahlerzeugung und Kohleverbrennung, können Fluorverbindungen auftreten. Sie entweichen den Schornsteinen und Fabrikanlagen vor allem als Fluorwasserstoff (HF) und als Siliziumtetrafluorid ($SiF_4$) oder werden als Natrium- oder Kaliumfluoridstaub ausgestoßen (Dässler 1976, Dässler und Grumbach 1967). Dabei entstehen vornehmlich schwere akute Immissionen mit geringer Reichweite besonders bei Inversions-Wetterlagen; bei anhaltender Hochdruckwetterlage und Wind waren Fluorimmissionen gelegentlich in 7—8 km Entfernung vom Emittenten noch nachweisbar. Fluorimmissionen sind im allgemeinen mit einer Beeinträchtigung der Bienenvölker verbunden (Börtitz 1977). Fluorwasserstoff ist extrem phytotoxisch. Während die $MIK_K$-Werte bei 0,02 mg $F/m^3$ liegen, ist bereits bei 0,01 $mg/m^3$ mit Reaktionen gärtnerischer Kulturpflanzen zu rechnen (Dässler 1976). Als die empfindlichsten gärtnerischen Kulturen wurden dabei in der Umgebung einer Flußsäurefabrik ermittelt (Dässler 1976): Gladiole, Iris, Tulpe, Narzisse, Schnittpetersilie, Zwiebel; unter den Obstgehölzen Walnuß, Weinrebe und Pflaume. Junge Anlagen sind stärker gefährdet als Altbäume (Reuter und Dässler 1983).

Akute Immissionen rufen Blattnekrosen hervor. Während bei der Reaktion der Pflanze auf $SO_2$ der Entgiftung durch Umbau in $SO_3$ eine große Bedeutung zukommt, spielt bei chronischem Fluoreinfluß die Anreicherung des Fluors in Pflanzenorganen, in Blättern und Früchten eine erhebliche Rolle. Nach den Ergebnissen von Reuter und Dässler (1983) konnte bei HF-Begasung der Normalgehalt der Blatt-Trockenmasse, der bei Kernobst bei 5,5—9,0 ppm (= mg F/kg TS) Fluor liegt, bis auf das 500fache erhöht werden. Die Fluorakkumulation ergibt sich dabei aus Konzentrationen und Einwirkungsdauer. Der F-Gehalt im Blatt nahm bei steigender Stomatazahl zu. Bei längeren Begasungspausen sinkt der F-Gehalt im Blatt langsam wieder ab. Zwischen F-Gehalt der Blätter und Schädigungs-

*Tab. 6:* HF-Empfindlichkeit von Blättern und Früchten verschiedener Obstarten

| Art | Blatt | Frucht |
|---|---|---|
| Süßkirsche | mittel | stark |
| Pflaume | stark | stark |
| Aprikose | stark | gering |
| Apfel | mittel-stark | gering |
| Birne | gering | stark |
| Sauerkirsche | gering | keine |
| Quitte | gering | keine |
| Johannisbeere | gering | unempfindlich |

grad besteht allerdings keine strenge Korrelation, da die konkreten Bedingungen während der meist stoßartigen akuten Immissionen offensichtlich schwerer wiegen. Eine Schadstoff-Anreicherung bis auf das 20- bis 80fache konnte auch in der Blüte nachgewiesen werden, wobei zwar die Akkumulation in den Staub- und Fruchtblättern besonders hoch ist, die makroskopisch erkennbaren Nekrosen jedoch zuerst an den Blüttenblättern auftreten. Der Normal-F-Gehalt der Früchte liegt bei Kernobst bei 3—8 ppm Fluor, die Akkumulation ist zwar nicht so intensiv wie im Blatt, kann aber doch vor allem in jungen Früchten Ende Mai, Anfang Juni bei experimenteller Langzeitbegasung das 50fache des Normalwertes erreichen. Unter natürlichen Immissionsbedingungen treten derart hohe Werte nicht auf. Die Fluorimmissionen führen nach diesen Ergebnissen von REUTER und DÄSSLER (1983) über die Schädigung der Assimilationsorgane zur Minderung von Blattgröße, Triebwachstum, Dickenwachstum und niedrigeren Ertrag über die Minderung von Blühintensität und Fruchtgewicht und Erhöhung des Fruchtfalles. Zusätzlich kann sich die Schädigung der Bienenvölker auf den Ertrag auswirken; direkte Auswirkungen auf Pollenkeimung und Pollenschlauchwachstum treten erst bei extrem hohen Fluorimmissionen auf.

Die sichtbaren Schadsymptome sind bei den einzelnen Obstarten sehr unterschiedlich (Tab. 6, nach REUTER und DÄSSLER 1983). Blattnekrosen finden sich zuerst am Nußbaum und bei vielen Pflaumensorten (BÖRTITZ und DÄSSLER 1969), während an den Blättern von Birnen und Sauerkirschen kaum Nekrosen auftreten. Fruchtschäden finden sich in Gebieten mit chronischen HF-Immissionen besonders bei Süßkirsche, Birne und Pflaume. Dabei kommt es zu apikalen Verknorpelungen, bei Herbstbirnen zur Pflückreife und bei Winterbirnen zur Genußreife am Kelch zu kleinen, dunklen, eingesenkten Flecken, es

*Tab. 7:* Resistenzreihen für Apfelsorten nach ihrer Blattempfindlichkeit gegenüber Fluorverbindungen

| | relativ unempfindlich | gering | mittel | hoch — sehr hoch |
|---|---|---|---|---|
| Für die industriemäßige Obstproduktion | ‚Apollo‘<br>‚Yellowspur‘ | ‚Helios‘<br>‚Carola‘<br>‚Roter Boskoop‘<br>‚Belgolden‘<br>‚Auralia‘ | ‚Alkmene‘<br>‚Golden Delicious‘<br>‚Breuhahn‘<br>‚James Grieve‘<br>‚Red McIntosh‘<br>‚Spartan‘<br>‚Redspur‘ | ‚Jonagold‘<br>‚Jonathan‘<br>‚Albrecht‘<br>‚Klarapfel‘<br>‚Idared‘ |
| Kleinerzeugeranbau | | ‚Schweizer Orangen‘<br>‚Undine‘<br>‚Clivia‘ | ‚Cox Orange‘<br>‚Rogo‘<br>‚Roba‘ | ‚Herma‘<br>‚Juno‘<br>‚Elektra‘<br>‚Ontario‘ |
| Zur industriellen Verarbeitung | ‚Bohnapfel‘ | | | |
| Sonstige Sorten | ‚Oldenburg‘<br>Renettenarten | ‚Goldspur‘<br>‚Goldparmäne‘<br>‚Baumann‘<br>‚Herrnhut‘<br>‚Landsberger‘<br>‚Stark Earliest‘ | ‚Jacob Lebel‘<br>‚Zucallmaglio‘<br>‚Erwin Baur‘<br>‚Macoun‘<br>‚Bancroft‘ | ‚Starking‘<br>‚Starkrimson‘<br>‚Roter Berlepsch‘<br>‚Ingrid Marie‘ |

*Tab. 8:* Resistenzreihe für Birnensorten in Fluorimmissionsgebieten auf der Grundlage der Blatt- und Fruchtempfindlichkeit

| Relativ unempfindlich: |
|---|
| ‚Gräfin von Paris' |
| ‚Köstliche von Charneu' |
| ‚Boscs Flaschenbirne' |
| **geringe Empfindlichkeit:** |
| ‚Gellerts Butterbirne' |
| ‚Konferenzbirne' |
| ‚Madame Verte' |
| **hoch – sehr hoch empfindlich:** |
| ‚Gute Luise' |
| ‚Clapps Liebling' |
| ‚Williams Christ' |
| ‚Alexander Lucas' |
| ‚Frühe von Trevoux' |
| ‚Präsident Drouard' |
| ‚Nordhäuser Winterforelle' |
| ‚Tongern' |

können großflächige Fruchtnekrosen folgen. Die Schadbilder sind bei Dässler und Grumbach (1967) eingehend beschrieben.

Erhebliche Sortendifferenzen in der Empfindlichkeit gegenüber HF-Immissionen rechtfertigen die Aufstellung der „Resistenzreihen" für Apfel (Tab. 7) und Birne (Tab. 8) durch Reuter und Dässler (1983).

In der Nähe von Fluor-Emittenten, also bis zu etwa 2 km Entfernung, sind deshalb nur Sauerkirsche, Beerenobst und Quitten anbauwürdig, dann können die unempfindlichen Apfel- und Birnensorten mit genutzt werden.

### *Sonstige gasförmige Immissionen*

In der Nähe von Kaliwerken, Verzinkereien oder schwelenden PVC-Abfällen auf Müllhalden liegen mitunter beträchtliche HCl-Immissionen vor, die zu Blattschädigungen, Verkahlung und Mindererträgen auch bei Baum- und Strauchbeerenobst führen können. Diese Schädigungen sind jedoch meist lokal eng begrenzt. Der phytotoxische Schwellenwert liet etwa bei 0,05 mg HCl/m$^3$ Luft (Ewert 1968).

Unter anderen klimatischen Bedingungen, so besonders in verschiedenen Gebieten der USA, stellen Oxydantien, speziell Ozon, einen wichtigen Schadstoff dar. Er ist in der DDR und in der BRD ohne Bedeutung. Alle anderen gasförmigen Schadstoffe können hier wegen ihrer nur lokalen Bedeutung vernachlässigt werden.

Einen Schadkomplex, der für den Obstbau oft überschätzt wird, stellen Belastungen durch Abgase von Motoren, insbesondere von Kraftfahrzeugen im Bereich dichtbefahrener Straßen dar, besonders an steilen Auffahrten. Die Ablage von Blei auf Pflanzen (Dässler 1976), hervorgerufen durch Autoabgase, kann ebenso unvertretbar hoch werden wie die Ausscheidung poly-zyklischer Aromate. Diese und weitere Restsubstanzen schlagen sich auf Blättern und Früchten nieder. An derartigen Straßen ist jedoch ohnehin Straßenobstbau nicht vertretbar. Unmittelbar in Straßennähe liegende Obstanlagen oder Kleingärten können durch dichte Hecken abgeschirmt werden.

### *Staubförmige Immissionen*

Die Zahl der Stäube ist groß, sie läßt sich gruppieren in Ruß, Flugasche, Zementstäube, Hüttenstäube und Stäube der chemischen Industrie. Ruß, Flugasche und Straßenstaub verursachen zwar erhebliche Verschmutzungen, haben aber nur in Extremfällen pflanzenschädigende Wirkungen über die Lichtminderung und vor allem Überhitzung. Die anderen Stäube rufen oft Verätzungen hervor, wesentlicher ist jedoch, daß sich unter ihrem Einfluß der Boden verändert (Mineralstoffe, pH-Wert, Struktur). Die Stäube der Braunkohlenkraftwerke führen im Laufe der Jahre mitunter zu einer erheblichen Aufkalkung des Bodens. Besonders in Stäuben der Hüttenindustrie können Oxide von Arsen, Blei, Kupfer,

Zink u. a. auftreten (Börtitz und Dässler 1969). Da Staubbeläge leicht auffallen, Abgase aber selbst im phytotoxischen Bereich ohne spezielle Meßgeräte nicht wahrnehmbar sind, werden Abgasschäden oft irrtümlich auf Staubablagerungen zurückgeführt.

Einen Sonderfall der nicht gasförmigen Immissionen stellen Salzschäden dar. Wenn auch an unseren Küsten Salzaerosole eine untergeordnete Rolle spielen, kommt es doch durch Streusalzverwendung im Straßenwinterdienst immer wieder zu Schädigungen (Zulauf, 1966, Meyer, 1978). Ähnlich wie bei gasförmigen HCL-Immissionen reichert sich Cl in der Pflanze über die toxische Grenze hinaus an, es entstehen Nekrosen an stark transpirierenden Organen. Auch der osmotische Druck im Boden erhöht sich, Trockenschäden sind die Folge. Sensible Pflanzen ertragen gerade noch einen Lösungsdruck von $1{,}46 \cdot 10^5$ Pa. tolerante Pflanzen mehr als $5{,}83 \cdot 10^5$ Pa, Blattschäden werden jedoch schon durch Beregnungswasser ausgelöst, das nur 1/5 bis 1/10 der NaCl-Konzentration enthält, die im Wurzelmedium gleiche Schäden verursacht (Ehlig und Bernstein 1959). Obstkulturen sind wesentlich empfindlicher als die meisten Feldkulturen (z. B. Gemüsearten). Unter den einheimischen Obstgehölzen ist die Birne am unempfindlichsten, es folgen Weinrebe, Apfel und das meiste Steinobst, wobei die Pflaume eine hohe Blattempfindlichkeit aufweist. Ehlig und Bernstein (1959) fanden bei Pflaume Blattschädigungen nach 18 Stunden Beregnung bei einem NaCl-Gehalt von 5 mMol/l. Dieser Wert liegt jedoch noch höher als bei der Eignungsklasse 3 für Bewässerungswasser im Fachbereichsstandard TGL 6466, Blatt 1 vom Dez. 1970. Die empfindlichsten Obstarten im gemäßigten Klimagebiet sind Pfirsich, Brombeere und Stachelbeere (Ormrod 1978). Es wird auch von Toleranzdifferenzen zwischen den Sorten berichtet (Stepanova 1973).

## Literatur

(Auszug — das vollständige Literaturverzeichnis kann beim Verfasser eingesehen bzw. angefordert werden)


Braun, H. J.: Die frühzeitliche Wasserverschiebung in Bäumen und Pfropfreisern. Zeitschr. für Botanik **49** (1960) 96—109

Bürke, u. a.: Freezing and injury in plants. Ann. Rev. Plan Physiol. **27** (1976), 507 to 528

Ehlig, C. F., L. Bernstein: Foliar absorption of sodium and chloride as a factor in sprinkler irrigation. Proc. Amer. Soc. Hort. Sci. **74** (1959), 661—670

Fischer, M.: Über die Frostresistenz und ihre Beziehungen zur endogenen Ruheperiode bei Malus-Arten und deren $F_1$- bzw. $R_1$-Nachkommen. Arch. Gartenbau **24** (1976) 231—237

Friedrich, G.: Der Obstbau. 8. Aufl. Neumann Verlag Radebeul (1980) 575—576

Graf, H.: Hitzeschäden bei Birnen im Jahre 1982. Erwerbsobstbau **24** (1982) 248—249

Guderian, R.: Air pollution. Springer-Verlag Berlin (1977) 127 S.

Hatch, A. H. und D. R. Walker: Rest intensity of dormant peach and apricot leaf buds as influenced by temperature, cold hardiness and respiration. J. Amer. Soc. Hort. Sci. **94** (1969) 304—307

Heber, U., K. A. Santarius: Cell death by cold and heat, and resistance to extreme temperature. Mechanisms of hardening and dehardening. In H. Precht, J. Christopersen, H. Hensel, W. Larcher (eds.): Temperature and life S. 232—292. Springer-Verlag Berlin (1973)

Hewett, E. W. u. a.: Modification of critical freezing temperatures in fruit buds by elevated tissue water content. Hort. Sci. **13** (1978) 247—249

Holubowicz, T., K. Bojar: The effect of different temperatures on frost tolerance of one year old ‚Belle de Boskoop' apple shots. II. Reliability of three different methods used for frost injury estimation. Fruit Sci. Rep., Res. Inst. Pomology, Skierniewice **4** (1977) 1, 19—24

Holubowicz, T.: Einfluß von Außenbedingungen auf die Widerstandsfähigkeit von

Obstbäumen auf negative Temperaturen. Tagungsberichte der AdL, 1984, im Druck

Jäger, H.-J., H. Klein: Biochemical and physiological effects of $SO_2$ on plants. Angew. Bot. **54** (1980) 337–348

Jordan, M., C. Conrad: Sowjetische Erfahrungen mit der Synchron-Impulsberegnung. Gartenbau **24** (1977) 85–86

Kasperskaja-Palacz, A.: Modification of winter hardiness of plant with growth retardants. Final Report E-21-Cr-62 USDA FG-Po-225. Institute of Botany, University of Warsaw, Poland (1973)

Kemmer, E., F. Schulz: Das Frostproblem im Obstbau. Bayr. Landw.-Verl. München (1955) 96 S.

Khvalin, N. N. u. a.: Zasukho- i zharoustojchivost perspektivnykh sortov jabloni v intensivnykh promyshlennykh sadakh Kryma. Trudy po prikladnoj botanike, genetike i selekcii t. **67**, (1980) 31–35

Kohn, H.: Experimenteller Beitrag zur Kenntnis der Frostresistenz von Rinde. Winterknospen und Blüten verschiedener Apfelsorten (aus dem Bot. Inst. d. Uni Innsbruck). Die Gartenbauwissenschaft **24** (6) 314–329

Krasavtsev, O. A.: Pecularities of the mechanism of xylen and flower-buds frost killing in cherry trees (russ.). Fiziol. i biochem. kultur. rost **11** (1979) 176 bis 180

Krasavcev, O. A., N. N. Khvalin: Ob osobennostajakh morozostojkosti i vymerzanija parenkhimnycch kletok drevesiny jabloni. Fiziol. Rast. **25** (1978) 5–11

Kreeb, K.-H.: Ökophysiologie der Pflanzen. VEB Gustav Fischer Verlag Jena (1974)

Kuiper, P. J. C.: Inducing resistance to freezing and dessication in plants by decenylsuccinic acid. Science (1964), 146

Kusnirenko, M. D. u. a.: Metody sravnitelńogo opredelenija zasukhoustojchivosti plodovykh rastenij. In Metody ocenki ustojchivosti restenij k neblagoprijatnym uslovijam sredy. L. 1976 S. 87–101

Larcher, W.: Ökologie dei Pflanzen. 3. Aufl.; Ulmer Verl. Stuttgart (1980) 378 S.

Levitt, J.: Frost, drought and heat resistance. Protoplasmatologia, Bd. VIII, Heft 6, Springer-Verl. Wien, (1958) 87 S.

Levitt, J.: The hardiness of plants. Acad. Press Inc. Publ. New York (1956) 278 S.

Levitt, J.: Responses of plants to environmental stress. Academic Press. New York, London (1972)

Loveys, B. R. und P. E. Kriedeman: Rapid changes in abscicic acid-like inhibitors following alterations in vine leaf water potential. Physiol. Plant. **28** (1973) 476 to 479

Meyer, F. H.: Bäume in der Stadt. Verlag Eugen Ulmer Stuttgart (1978) 327 S.

Mittelstädt, H.: Beiträge zur Züchtungsforschung bei Apfel. XI. Eine Prüfmethode für die Frostresistenz von Apfelsämlingen. Arch. Gartenbau **16** (1968) 37–49

Mittelstädt, H.: Selektion von Apfelsämlingen auf Frostresistenz. Tag.-Ber. AdL d. DDR **174** (1979) 281–287

Modlibowskaja, I.: Effekt of soil moisture on frost resistance of apple blossom, including some observations of ghost and parachute blossoms. J. Hort. Sci. **36** (1961) 186–196

Molisch, H.: Untersuchungen über das Erfrieren der Pflanzen. Sitzungsber. Kaiserl. Akad. Wiss. Wien, math.-nat. K. 106 (1897) 1–73

Murawski, H.: Probleme und Aussichten bei der Züchtung frostresistenter Obstarten. DAL-Sitzungsberichte 11 (1962), 39–59

Nikolajevskij, V. S.: Biologičeskie osnovy gazoustojčivosti rastenij. Izd. Nauka, sibirskoe otdel, Novosibirsk (1979) 278 S.

Ormrod, D. P.: Pollution in horticulture. Elsevier sci. publ. Comp.; Amsterdam, Oxford, New York, (1978) 260 S.

Perraudin, G.: Resistance au gel printanier de quelques expéces et variétes fruitieres Agriculture Romande **4** (10) (1965) 70–73.

Pisek, A.: Versuche zur Frostresistenzprüfung von Rinde, Winterknospen und Blüten einiger Arten von Obstgehölzen. Gartenbauwiss. **23** (1958) 54–74

Proebsting, E. L.: The role of air temperatures and bud development in determining hardiness of dormant Elberta peach fruit buds. Proc. Amer. Soc. Hort. Sci. **1** (1963) 259–269

Reuter, F., S. Böritz, G. Rühle: Einfluß gasförmiger Luftverunreinigungen auf verschiedene Erdbeersorten. Gartenbau **30** (1983) Beilage S. 7–8

REUTER, F., H.-G. DÄSSLER: Der Einfluß von Fluorwasserstoff auf Kernobstgehölze, insbesondere auf die Obstart Apfel. Arch. f. Gartenbau **31** (1983)

SAKAI, A., Y. NISHIYAMA: Cold storage of winter apple buds in liquid nitrogen. J. Jap. Soc. Hort. Sci. **46** (1977) 169–172

SALZER, J.: Einfluß der Belastungsdauer auf die Frostempfindlichkeit reproduktiver Organe des Apfels. Umwelt-Stress: (Tagungsbericht der III. Arbeitstagung Umweltbiophysik, Templin, März 1981), S. 184–189. Hrsg. von K. UNGER und J. SCHUH Halle/Saale Kongreß- u. Tagungsberichte der MLU Halle–Wittenberg (1982)

SALZER, J., V. NOLLAU: Erarbeitung einer Methode zur Beurteilung der Frostverträglichkeit der reproduktiven Organe des Apfels mit Schlußfolgerungen für die züchterische Praxis. Abschlußbericht des Institutes für Obstforschung Dresden-Pillnitz (1982)

SANTARIUS, K. A.: Ursachen der Frostschäden und Frostadaptation bei Pflanzen. Ber. Dtsch. Bot. Ges. **84** (1971) 425–436

SANTARIUS, K. A.: Die Wirkung extremer Temperaturen (Frost, Hitze) auf die Membranen von Pflanzenstellen. Umwelt-Stress: (Tagungsbericht der III. Arbeitstagung Umweltbiophysik, Templin, März 1981) 161–170. Hrsg. von K. UNGER und J. SCHUH, Kongreß- u. Tagungsberichte der MLU Halle–Wittenberg (1982)

SCHEUMANN, W.: Möglichkeiten und Ergebnisse der Frostresistenzprüfung in der Lärchenzüchtung. Tagungsberichte der AdL **69** (1965) 189–199

SCHEUMANN, W.: Über Frostresistenz von Gehölzen und Möglichkeiten einer Resistenzprüfung an Züchtungsmaterial. Tagungsberichte AdL **65** (1964) 103–109

SCHEUMANN, W.: Kälteresistenz. In LYR, H. u. a.: Gehölzphysiologie, VEB G. Fischer-Verl. Jena (1967) 257–262

SCHEUMANN, W.: Die Dynamik der Frostresistenz und ihre Bestimmung an Gehölzen im Massentest. Tagungsberichte der DAL **100** (1968) 45–54

STEPONKUS, P. L. und F. O. LANGPHEAR: Refinement of trifenyl tetrazolium chloride method of determining cold injury. Plant Physiol. **42** (1967) 1423–1426

STOCKER, O.: Die Abhängigkeit der Transpiration von den Umweltfaktoren. In: W. RUHLAND (ed.) Handbuch der Pflanzenphysiologie III, 436–488, Springer-Verlag Berlin (1956)

STOLL, K.: Gefrierschäden an Äpfeln. Schweiz. Z. Obst- und Weinbau **117** (1981) 32–36

STRANG, J. G. u. a.: Effect of Duration and Rate of Freezing and Tissue Hydration on Bartlett Bear Buds, Flowers, and Small Fruit. J. Amer. Soc. Hort. Sci. **105** (1) 102–107

STREIF, J.: Erfahrungen zum Verhalten von Äpfeln nach Frosteinwirkung. Erwerbsobstbau **23** (1981) 239–241

TUMANOV, I. I. u. a.: Wlijanije fotoperiodow na morozstojkost abrikosa i czernoj smorodiny. Fizj. Rast., **12** (1965) 665–682

TUMANOV, I. I. u. a.: Vlijanie glubiny pokoja i prodolscitelnosti pervoj fazy zakalivanija na morozostojkost cernoy smorodniy. Fiziol. Rast. **29** (1982) 1083–1094

TYURINA, M. M. u. a.: Interactionss between development of frost resistance and dormancy in plants. Acta Hort. **81** (1978) 51–60

VOGL, M., CH. KEMMER: Untersuchungen zur Winterruhe bei Pappeln. Arch. Forstwesen **10** (1961) 872–895

VOGL, M., H. SCHÖNBACH, E. HAEDICKE: Experimentelle Untersuchungen zur relativen Rauchhärte im Rahmen eines Provenienzversuches mit der japanischen Lärche. Arch. Forstwiss. **17** (1968) 1001–1013

VOGL, M., W. SCHEUMANN, S. BÖRTITZ, U. LEONHARDT, E. HAEDICKE: Untersuchungen zur individuellen Rauch- und Frosthärte von Fichten aus einem Schadgebiet im oberen Erzgebirge. Arch. Pflanzenschutz 8 (1972) 233–243

VOGL, M., H. MITTELSTÄDT: Frostschutz im Obstbau – Möglichkeiten in Gegenwart und Zukunft. Arch. Gartenbau **26** (1978) 199–209

WEISER, C. J.: Cold Resistance and Injury in Woody Plants Knowledge of hardy plant adaptions to freezing stress may help us to reduce winterdamage. Science **169** (1970) Number 3952, 1269–1278

WILNER, J.: Results of laboratory tests for winter hardiness of woody plants by electrolytic methods. Proc. Amer. Soc. Hort. Sci. **66** (1955) 93–99

WINTER, F.: Umwelteinflüsse auf Obstgewächse. In: Lucas Anleitung zum Obstbau, 29. Aufl. 40–46, Eugen Ulmer Verlag Stuttgart 1974

WINTER, F. u. a.: Lucas Anleitung zum Obstbau. 30. Aufl., Verl. Eugen Ulmer Stuttgart 1981

ZWINTZSCHER, M.: Experimentelle Untersuchungen zur Züchtung von Obstgehölzen mit frostwiderstandsfähigen Fruchtknospen und Blüten, I. Malusformen. Zschr. f. Pflanzenzüchtung **26** (1944) 245–352

## Resistenz gegenüber biotischen Schaderregern

Es ist eine geläufige Erscheinung, daß in Obstkulturen — selbst unter praktisch gleichartigen Umweltbedingungen — oft erhebliche Unterschiede im Befall durch Krankheiten oder Schädlinge auftreten, wobei im Extremfall etwa Apfelbäume der einen Sorte keine oder kaum merkliche Schäden erleiden, solche einer anderen Sorte aber stark in Mitleidenschaft gezogen werden. Diese Erscheinungen sind durch die beiden diametral entgegengesetzten Eigenschaften extremer Widerstandsfähigkeit oder Resistenz und extremer Anfälligkeit bedingt, zwischen denen es gleitende Übergänge gibt.

Die Eigenschaft einer Sorte, Pathogenen gegenüber resistent zu sein, ist für den Pflanzenschutz natürlich von höchstem Interesse; trägt sie doch wesentlich zur Verringerung des Pestizidaufwandes und zur erhöhten Rentabilität des Obstbaues bei. Daher ist das Ziel der Züchtung zugleich auch auf die Steigerung der genetisch bedingten Widerstandsfähigkeit gegenüber wichtigen Schaderregern gerichtet.

Wenngleich die Ursachen der Resistenz gegenüber biotischen Faktoren erst zum Teil bekannt sind, ist doch offenkundig, daß es eine ganze Reihe unterschiedlicher Mechanismen gibt, die den Schaderregern von seiten der Obstgewächse als Wirtspflanzen entgegengesetzt werden können. Sie bewirken eine Beeinträchtigung des Schädlings oder des Parasiten, die von der bloßen Einschränkung seiner potentiellen Vermehrungsquote bis zur Unterbindung jeglicher Entwicklung reicht.

Die Resistenzmechanismen können rein mechanischer Natur sein (z. B. bedingt durch Stärke der Kutikula), sind jedoch im Obstbau vorwiegend physiologisch begründet. Bei der Widerstandsfähigkeit eines Wirtes gegenüber einem bestimmten Pathogen können auch durchaus mehrere, sehr verschiedenartige Resistenzmechanismen in Erscheinung treten. Eine Resistenz kann ferner passiv wie auch aktiv sein.

Passive Resistenz beruht stets auf Merkmalen und Eigenschaften einer Pflanze, die ihr unabhängig von der Einflußnahme eines Pathogens eigentümlich sind, wie z. B. eine bestimmte Gewebestruktur, Sekretion antibiotisch wirkender Substanzen, Gehalt an Antitoxinen, Hemm- und Vergällungsstoffen oder auch das Fehlen bestimmter Nähr- und Wirkstoffe, die für den Schaderreger lebensnotwendig sind.

Aktive Resistenz ist demgegenüber gekennzeichnet durch postinfektionelle Reaktionen des Wirtes gegenüber dem Pathogen. Es werden dabei über den Einfluß von Stoffwechselprodukten des Parasiten Veränderungen in der Art und Intensität des Wirtsstoffwechsels ausgelöst. Charakteristisch ist u. a. die Aktivierung einer Anzahl von Fermenten (etwa von Peroxydasen und Polyphenoloxydasen) und in Verbindung damit die Bildung zuvor nicht vorhandener Hemmstoffe (Phytoalexine) bzw. die Anreicherung solcher Substanzen etwa antifungaler Wirkung, die bereits in gesundem Gewebe vorhanden sind (Phytonzide u. a. Inhibitoren). Sehr bedeutsam sind in diesem Zusammenhang z. B. phenolische Verbindungen und deren Oxydationsprodukte (z. B. Tannine). Als Inhibitoren kommen namentlich auch Alkaloide, Anthozyane und ätherische Öle in Betracht (JIRÁTKO 1972). Eine aktive Resistenz kann auch mit der Ausbildung von Schutzbarrieren verbunden sein (z. B. aus Gummi oder verdickten Zellmembranen).

Je nach der Reaktionsintensität des Wirtes gegenüber dem Pathogen ergibt sich eine normergische Reaktion, die mit einer gehemmten Ausbreitung des Erregers und einem meist gemilderten Krankheitsverlauf einhergeht, wie sie der sogenannten Feldresistenz eigentümlich ist, oder eine hyperergische (Überempfindlichkeits-) Reaktion, bei der zusammen mit den betroffenen Wirtszellen der eingedrungene Erreger abstirbt.

Einen Sonderfall stellt die Toleranz eines Wirtes gegenüber Krankheitserregern und Schädlingen dar. Sie vermögen sich in oder an dem Wirt zu entwickeln, ohne daß für ihn eine merkliche oder nennenswerte Schädigung damit verbunden ist. So vorteilhaft Toleranz einerseits erscheint, so bedenklich ist andererseits der Umstand, daß tolerante Varietäten Infektionsquellen für nichttolerante Wirtspflanzen darstellen.

Von erheblicher praktischer Bedeutung ist, daß die Resistenz wie auch die Anfälligkeit eines Wirtes gegenüber einem Schaderreger durch Umweltbedingungen und verschiedene biotische Faktoren teilweise in beträchtlichem Maße modifizierbar ist. In dieser Hinsicht sind u. a. Einflüsse der Jahreszeit bzw. der Witterung, der Pflege und Düngung, des Alters der Pflanzen bzw. ihrer Organe wie auch die Wahl bestimmter Gehölzunterlagen zu nennen. Erwähnt sei auch die Erscheinung einer Sensibilisierung (s. ROSS 1974), die einen mehr oder weniger wirksamen Schutz vor Infektion durch einen Schaderreger nach vorausgegangener Infektion des Wirtes durch einen unter Umständen auch andersartigen Erreger darstellt. Für das Auftreten einer infektionsgebundenen Immunität gegenüber einem Zweitinfekt durch einen verwandten Erregerstamm wird besonders in der Virologie der Ausdruck „Prämunität" gebraucht. Es gibt andererseits auch Fälle, in denen die Resistenz gegenüber einem bestimmten Pathogen bei Vorliegen einer Erkrankung durch andersartige Erreger beeinträchtigt wird.

Im folgenden werden einige spezielle Befunde und Erklärungen zu Formen und Ursachen bzw. Begleiterscheinungen der Resistenz bei Obstgewächsen gegenüber einigen wichtigen Krankheiten und Schädlingen behandelt, wie sie von den jeweiligen Bearbeitern insbesondere aus jüngerer Zeit dargelegt werden. Natürlich wurden deren Untersuchungen bei den einzelnen Obstarten nicht jeweils an denselben Spektren von Varietäten (Sorten, Klonen, Sämlingen) vorgenommen, wodurch auch z. T. widersprüchlich erscheinende Ergebnisse vielleicht ihre Erklärung finden.

## Resistenz gegenüber pilzlichen Krankheitserregern

Zu den bedeutendsten Krankheiten im Obstbau gehört der Apfelschorf (*Venturia inaequalis* (COOKE) ADERH.). Sortenbedingte Abweichungen werden besonders sinnfällig bei Gegenüberstellung so unterschiedlich befallsgefährdeter

Sorten wie ‚James Grieve' und ‚Dülmener Rosenapfel'. Dennoch braucht es in der Sporenkeimung und den ersten Phasen der Infektion bei Sorten abweichender Anfälligkeit bzw. Resistenz kaum Unterschiede zu geben. Nach wenigen Tagen schon bleibt allerdings das Myzel des Pilzes bei resistenten Sorten in der Entwicklung mehr oder weniger zurück (Brauns 1962). Gelegentlich können hingegen morphologische Besonderheiten des Wirtsgewebes die Infektionsbereitschaft beeinflussen, wie das Fisher und Corke (1971) an Früchten einer bestimmten Varietät nachwiesen, und zwar wurde die rot gefärbte Seite mit weicherer Schale, dünnerer Wachsschicht und Kutikula (bei zugleich höherem N-Gehalt) leichter befallen als die grüne. In einem anderen Fall fand Cereteli (1971), daß zwischen der Stärke der Kutikula und der Epidermis bei Apfelsorten und ihrer Schorfanfälligkeit keine Korrelation besteht, hingegen Blätter resistenter Sorten zwischen Epidermis und Palisadenparenchym eine verstärkte Zellbarriere ausbilden, welche das Vordringen und die Entwicklung des Parasiten unterbindet. Früchte resistenter Sorten zeigten zwischen ihrer Widerstandsfähigkeit und der Stärke des subepidermalen Gewebes eine positive Beziehung. Schon der Behaarung der Blattunterseite kommt nach Vanin und Žukov (1971) eine gewisse infektionsbehindernde Wirkung zu, die allerdings nicht unbestritten ist (Ključareva 1968).

Von besonderem Interesse für die Pathogenese sind jedoch die biochemischen Prozesse nach der Infektion. So fand Ičšenko (1968) einen bis 3fach höheren Peroxydase- und z. T. auch größeren Polyphenoloxydasegehalt in den Blättern einer resistenten Sorte als in solchen einer anfälligen. Raa (1968) führt die Resistenz darauf zurück, daß die betroffenen Wirtszellen auf Toxine des Pilzes hyperergisch reagieren, wobei es — ausgehend vom Phlorizin — unter dem Einfluß einer Polyphenoloxydase direkt oder nach Hydrolyse durch die $\beta$-Glukosidase zu Phloretin zur Bildung fungizider Oxydationszwischenprodukte (3-Hydroxyphlorizin und 3-Hydroxyphloretin) und zur Inaktivierung der für den Pilz lebensnotwendigen Pektinase kommt. Auch Hanušova (1969) würdigt die Bedeutung der Polyphenoloxydase. Deren experimentelle Hemmung, etwa mit Thiokarbamid, führte zu einer deutlichen Resistenzminderung. Pellizzari und Mitarbeiter (1970) wiesen in Verbindung mit hyperergischer Reaktion eine erhebliche Zunahme des Elektrolyt-Austritts bei Apfelblättern nach, und zwar bereits 22 Stunden vor Symptomausbildung. Die Erscheinung deutet auf einen Verlust der selektiven Zell-Permeabilität, die für Enzymaktivierung und Einleitung von Oxydationsprozessen in Verbindung mit dem Auftreten von Nekrosen bedeutsam sein könnte. Cakadze und Cereteli (1971) ermittelten eine positive Korrelation zwischen Resistenz und dem Gehalt an Vitamin C, freien Aminosäuren sowie Peroxydasen und anderen Oxydierungsfermenten. Hunter und Mitarbeiter (1968) fanden bei der Sorte ‚Millers Seedling' nach Infektion eine stimulierte Bildung von fungistatischen Agenzien, wie sie bereits präinfektionell in den Blättern vorkamen, wenngleich in resistenten Sorten mehr als in anfälligen. Eine Verringerung der Schorfresistenz unter dem Einfluß bestimmter Umweltbedingungen führt Iščenko (1970) auf Veränderungen in den Oxydations-/Reduktionsprozessen des Pflanzengewebes zurück. Es vermag u. a. Dunkelhaltung sowie Gewächshauskultur die Schorfresistenz von Apfelsämlingen zu verringern (Senger 1969).

In bezug auf den Apfelmehltau (*Podosphaera leucotricha* (Ell. et Ev.)

SALM.) hebt KOPAN (1968) die höhere Aktivität an oxydierenden Fermenten (Peroxydasen, Polyphenoloxydasen) in Blättern von resistenten Apfelsorten und Sämlingen in Beziehung zum Mechanismus der Mehltauresistenz hervor und sieht sogar in der Ermittlung der Fermentaktivität eine Möglichkeit der Frühdiagnose auf Resistenz bei Kreuzungsmaterial. Demgegenüber fanden VOLVACH und SAMORODOVA-BIANCI (1971) keine signifikanten Unterschiede u. a. in der Peroxydase- und Polyphenoloxydaseaktivität unbefallener Blätter von resistenten und anfälligen Sorten, wohl aber einen viel höheren Tanningehalt bei den resistenten Sorten. Infizierte Blätter wiesen eine Zunahme an Peroxydaseaktivität, dem Gehalt an Asparagin, Arginin, Chlorogensäure sowie Tannin auf. CIMANOWSKI und MILLIKAN (1970) ermittelten bei altersresistenten im Vergleich zu jungen, anfälligen Blättern derselben Sorte sowie bei Blättern resistenter Klone relativ hohe osmotische Werte des Zellsaftes (s. auch KOPAN 1968), räumen aber ein, daß durchaus noch weitere innere und äußere Faktoren für die Resistenz von Bedeutung sein dürften. Dafür spricht u. a. auch, daß die Blätter des von ihnen untersuchten resistentesten Klons den höchsten mittels Präzisionspenetrometer gemessenen Eindringwiderstand aufwiesen.

Unterschiede in der Resistenz von Bäumen der gleichen Sorte, aber unterschiedlichen Alters erklärt VOLVACH (1973) durch bestandsspezifische Unterschiede im Mikroklima und Infektionsreservoir. JANČUK (1968) wies nach, daß gewisse, sehr schwach wachsende Unterlagen im Vergleich zu anderen einen verminderten Befall bedingten. Beobachtete Unterschiede in der Anfälligkeit bestimmter Sorten an verschiedenen Standorten erklären MIHATSCH und MILDENBERGER (1966) damit, daß „bestimmte Sorten in einem für Mehltau nicht optimalen Klima sehr träge auf Infektionen reagieren, also unter diesen Bedingungen resistent erscheinen,“ während sie in Mehltaulagen maximal befallen werden können. Eine Korrelation zwischen Resistenz gegen Mehltau und Schorf wie auch zwischen Mehltauresistenz und Behaarungsdichte der Blätter konnte nicht nachgewiesen werden (MILDENBERGER und MIHATSCH 1968).

Bei Apfelsorten mit Resistenz gegen *Monilia fructigena* (PERS.) SACC. war das Myzelwachstum in den Früchten im Vergleich zu anfälligen deutlich gehemmt (KOVAL 1969). FAWCETT und SPENCER (1969) wiesen die Bildung von Phytoalexinen im Fruchtsaft infizierter Äpfel nach. Es wurden sechs phenolische Verbindungen (darunter 4-Hydroxibenzoesäure und 4-Hydroxi-3-methoxybenzoesäure) gefunden, die unter der Einwirkung des Pathogens entstanden waren. Die Ausbreitung dieses Pilzes in Pfirsichfrüchten war mit abnehmender Fruchtfestigkeit und zunehmender Reife beschleunigt. In unreifen Früchten wirkten sich in Verbindung mit physikalischen auch chemische Hemmfaktoren auf die Myzelausbreitung aus (HALL 1972). Nach VOLVAC (1975) trug die ‚Widerstandsfähigkeit' gegenüber *Monilinia cinerea* (SCHRÖT.) in einem von ihm geprüften Sortiment fast durchweg stark befallsgefährdeter Sauerkirschsorten phaenologischen Charakter, d. h. ein Befall wird vom Zusammentreffen der Blühperiode mit regnerischer Witterung bestimmt. Dennoch gab es dabei Sortenunterschiede hinsichtlich der Eindringgeschwindigkeit des Erregers in das Wirtsgewebe, die durch physiologisch-biochemische und anatomisch-morphologische Besonderheiten bedingt sind. Eine Beziehung zwischen der relativen Resistenz der Blüten und der Früchte war nicht nachweisbar.

In der Rinde von Pfirsich wurden jahreszeitlich bedingte Unterschiede im Gehalt an Zuckern und Zuckeralkoholen mit Einfluß auf die Keimung von Pyknidosporen der Erreger der Valsa-Krankheit (*Cytospora* spp.) nachgewiesen. Bei der am wenigsten frostresistenten Sorte ergab sich die relativ höchste Mannitol-Konzentration, was in bezug auf Förderung der Sporenkeimung an frostgeschädigtem Gewebe von Bedeutung sein kann (ROHRBACH 1967). WENSLEY (1970) wies nach, daß der physiologische Zustand der Pfirsichbäume wie auch Termin und Art von Verletzungen das Ausmaß der Infektionen erheblich beeinflussen. Deutliche Sensibilisierungseffekte (induzierte Resistenz) ergaben sich bei wiederholter Beimpfung von Pflaume mit *C. cincta* SACC., die mit einer deutlichen Hemmung der Nekroseentwicklung über Entfernungen bis wenigstens 18 cm (HUBERT und HELTON 1967) oder gar 120 cm (HELTON und BRAUN 1971) verbunden war. Bei Infektionen zu verschiedenen Terminen fanden RANDALL und HELTON (1976) nach Juli-Infektion eine besonders lang anhaltende induzierte Resistenz. Auch bei Pfirsich ergab sich eine solche induzierte Resistenz gegenüber *C. cincta* (BRAUN und HELTON 1971). Der Hemmeffekt war bis 7 Wochen nach der Erstinfektion nachweisbar. HELTON (1976) konnte bei Pfirsich eine reziproke Resistenz nach Alternativinfektionen mit zwei Krankheitserregern beobachten, wobei Zweiginfektionen mit *Agrobacterium tumefaciens* (SM. et TOWNS.) CONN nachfolgenden Befall durch *C. cincta* abschwächten und umgekehrt.

Verjüngungsschnitt an Apfel hatte gemäß ISIN (1975) — ebenso wie mineralische Düngung — in den ersten beiden Jahren einen resistenzfördernden Einfluß gegenüber *Cytospora* sp. Andererseits bewirkte Mineraldüngung (insbesondere N-Düngung) zu späterer Zeit einen beschleunigten Krankheitsverlauf. Die Anfälligkeit von Süßkirschensorten gegenüber *C. leucostoma* (PERS.) SACC. wird durch die Unterlage beeinflußt. Sie war bei Untersuchungen von RYBOVA (1976) auf *Prunus-mahaleb*-Unterlagen höher als auf Süß- und Sauerkirsch-Sämlingen.

In bezug auf den Bleiglanz (*Stereum purpureum* PERS.) führt BEEVER (1970) die jahreszeitlich modifizierte Anfälligkeit und die Unterschiede in der Anfälligkeit von Steinobst (höher) und Kernobst (geringer) auf die jeweilige Eignung des Xylemsaftes als Nährmedium für den Pilz zurück, indem ein höherer C- und N-Gehalt dessen Wachstum begünstigt. GROSCLAUDE (1971, 1973) fand, daß die höchsten Infektionsraten Mitte November bis Anfang Dezember vorliegen, um Mitte Februar fast auf Null abzusinken (günstigster Schnittermin!). Bei Pflaume zeigte sich, daß mit einer Sporensuspension von *Trichoderma viride* behandelte frische Schnittwunden einen vollkommenen Schutz vor nachfolgenden Infektionen durch *S. purpureum* erlangten.

Nach OKASHA und Mitarbeiter (1968) beeinflussen Polyphenole in den Wurzeln von Erdbeeren die Resistenz gegen Verticillium-Welke (*Verticillium albo-atrum* RKE. et BERTH.). Es wurde auch eine Beziehung zwischen der relativen Resistenz von Erdbeerklonen und ihrer Fähigkeit, die pilzliche Pektinaseaktivität zu hemmen, aufgefunden (KHALIFA und Mitarbeiter 1968). Von SOMERS und HARRISON (1967) wurden verschiedene Fraktionen von Tanninen aus *Verticillium*-geschädigtem Aprikosenholz gewonnen. Von den drei isolierten Fraktionen hatte diejenige mit einem Molekulargewicht von offenbar mehr als 2000 die stärkste Hemmwirkung auf Sporenkeimung und Hyphenwachstum. Nach ZLO-

TINA und ARBUZOVA (1971) zeigte sich ein erheblicher Einfluß der Unterlage auf die Resistenz von verschiedenen Obstarten. Humusgaben und Volldüngung erhöhten die Resistenz von Schwarzer Johannisbeere gegen *Verticillium* (ŠERENGOVYJ 1968). Analog dazu war die Befallsneigung von Erdbeersorten gemäß WILLIAMS (1975) bei guter Nährstoffversorgung, normalem Pflanzabstand und ständiger Belaubung sehr viel geringer als bei Nährstoffmangel, engem Pflanzabstand und Entblätterung im August.

Erdbeerpflanzen mit Feldresistenz gegen den Erdbeermehltau (*Sphaerotheca macularis* WALLER et FRIES) hatten überwiegend dunkelgrünes, lederartiges, sehr anfällige jedoch helles, samtweiches Laub (HONDELMANN 1967). Beziehungen der Laubmerkmale zur Anfälligkeit fand auch WILHELM (1965). Offenbar liegt eine Korrelation zwischen Resistenz gegen Mehltau wie auch *Verticillium* und der Morphologie der Laubblätter vor. Nach PERRIES (1962) hängt die Widerstandsfähigkeit mit den unterschiedlichen Schwierigkeiten für den Mehltaupilz zusammen, die Kutikula und die Außenwand der Epidermis zu durchdringen.

Bei resistenten Erdbeersorten war nach Infektion mit dem Erreger der Roten Wurzelfäule (*Phytophthora fragariae* HICKM.) die Bildung von zwei Hemmstoffen in den Wurzeln nachweisbar, welche Sporenkeimung und Myzelwachstum von *Cladosporium cucumerinum* EU. et ARTH. und teilweise auch das Myzelwachstum von *P. fragariae* hemmten (MUSSEL und STAPLES 1971). Manche Sorten besitzen eine ausgeprägte Feldresistenz. Ein einfaches Pflanzenmerkmal in Verbindung damit vermochte GOODING (1972) nicht zu finden, doch zeichneten sich einige Sorten mit guter Feldresistenz durch ein hohes Regenerationsvermögen der Wurzeln aus.

In Schwarzen Johannisbeer-Sorten mit Resistenz gegen den Amerikanischen Stachelbeermehltau (*Sphaerotheca mors-uvae* SCHW.) wurde eine phenolische Substanz nachgewiesen (wahrscheinlich ein Flavanon oder ein Ester einer Phenol-Karboxylsäure), die eine Hemmwirkung auf Konidienkeimung und Keimschlauchwachstum ausübt (TRAJKOVSKI 1972). Derselbe Autor (1976) gibt an, daß hohe Resistenz mit einem hohen Gehalt an o-Dihydroxyphenolen, relativ geringem Askorbinsäuregehalt und hoher Aktivität der Polyphenoloxydase und der Isoenzyme der Peroxydase gekoppelt war. BARDASHEVA (1970) gibt an, daß sich resistente Sorten durch ein kräftigeres Triebwachstum hervorheben.

In Blättern resistenter Rebsorten ermittelte GADLEV (1969) nach Infektion durch den Erreger der Reben-Peronospora (*Plasmopara viticola* (BERK. et CURT.) BERL. et DE TONI.) die Bildung von vier antibiotisch wirksamen Substanzen, die für den Erreger hochtoxisch sind. POPOV (1968) fand, daß Pfropfung Peronospora-anfälliger Sorten auf resistente Unterlagen die Aktivität der Polyphenoloxydase und Peroxydase in den Blättern erhöhte, desgleichen auch die Wirksamkeit verdünnter Blattextrakte in bezug auf Inaktivierung und Abtötung der Zoosporen. Bei resistenten Pflanzen waren die oxydativen Prozesse schon vor erfolgter Infektion relativ intensiv und erfuhren postinfektionell noch eine erhebliche Steigerung.

In unreifen Früchten einer resistenten Apfelsorte fanden BROWN und SWINBURNE (1971) nach Infektion mit *Nectria galligena* BRES. eine Anreicherung von Benzoesäure, deren erhöhte Konzentration in dem infizierten Gewebe für die Erklärung des Resistenzverhaltens ausreichend erschien.

## Resistenz gegenüber bakteriellen Krankheitserregern

In wäßrigen Extrakten gegen Feuerbrand (*Erwinia amylovora* (BURRIL) WINSL. et al.) resistenter Gewebepartien von Birne (z. B. Blattflächen) wies HILDEBRAND (1970) eine höhere antibiotische Aktivität nach als in anfälligen Gewebepartien (z. B. Rinde). Infektionsbedingt ergab sich eine Zunahme von Hydrochinonen und eine Verringerung des Gehaltes an Arbutin, welches in resistenten Sorten in größerer Menge gefunden wurde als in anfälligen. Von POWELL und HILDEBRAND (1970) wird angenommen, daß u. a. im Zuge der Arbutinoxydation entstehende, für *E. amylovora* toxische Substanzen für den Resistenzmechanismus bedeutsam sind.

Bei ‚Jonathan' wurde eine unterlagenbedingte Resistenzbeeinflussung nachgewiesen (MOWRY 1971). Von verschiedenen Autoren wird die starke Befallsbegünstigung durch Verletzungen des Wirtsgewebes hervorgehoben.

## Resistenz gegenüber Schädlingen

Gegenüber der Apfelfaltenlaus (*Sappaphis devecta* WLK.) unterscheiden sich die resistenten von den anfälligen Apfelsorten darin, daß bei den ersteren (z. B. ‚Cox Orangen' und ‚James Grieve') die Bildung von Faltengallen unterbleibt, während gegenüber der Mehligen Apfelblattlaus (*Dysaphis plantaginea* PASS.) bei resistenten Sorten Überempfindlichkeitsreaktionen, verbunden mit intensiven Blattnekrosen, beobachtet wurden (ALSTON und BRIGGS 1968, 1970). BRIGGS und ALSTON (1969) fanden bei einem Apfelsämling eine so weitgehende Resistenz, daß die Vollendung des Entwicklungszyklus dieser Art unterbunden wurde. Desgleichen fanden sie eine beachtliche Resistenz bei einer Apfelsorte gegenüber der Eiablage und Larvenentwicklung von *Hoplocampa testudinea* KLUG. Ähnliches wiesen WESTIGARD und Mitarbeiter (1970) namentlich bei asiatischen Birnenspezies für den Birnenblattsauger (*Psylla pyricola* FOERST.) nach. Untersuchungen von KENNEDY und SCHAEFERS (1974) zur Resistenz von Himbeersorten gegenüber *Amphorophora agathonica* ließen erkenen, daß die Mortalität der Blattläuse bei resistenten Sorten größer war als bei einer anfälligen. Bei bestimmten resistenten Sorten wurde auch ein Abwandern der Blattläuse festgestellt, während in einem anderen Fall die Resistenz offenbar auf einer Antibiose beruhte. Gegenüber der Reblaus (*Viteus vitifolii* FITCH) findet sich bei bestimmten Rebensorten eine Toleranz, wohingegen Sorten mit epidemiologischer Resistenz bei Befall durch das Auftreten von Faulstellen an den Wurzeln geschädigt werden (ANDERS, 1957; zit. v. ROSS, 1974).

Näher auf den Resistenzmechanismus gehen die Untersuchungen verschiedener Autoren im Hinblick auf die Spinnmilbenresistenz, insbesondere bei Erdbeeren, ein. RODRIGUEZ und Mitarb. (1970) konnten eine positive Beziehung zwischen dem N-Gehalt der Blätter und dem Schädigungsgrad durch *Tetranychus urticae* KOCH feststellen, und zwar bei verschiedenen Sorten wie auch nach unterschiedlicher Düngung. FRITZSCHE und Mitarbeiter (1980) wiesen nach, daß auch sortentypische Unterschiede im Blattzuckergehalt verschiedener Apfelsorten auf die Vermehrungsrate der Obstbaumspinnmilbe (*Panonychus ulmi* (KOCH)) und der Gemeinen Spinnmilbe (*Tetranychus urticae* KOCH) von Einfluß sind, ferner, daß auch kulturmaßnahmenbedingte Veränderungen des Gehaltes von Apfelblättern an reduzierenden Zukkern zu Veränderungen in der Populationsdichte dieser Spinnmilben führen können und u. U. eine Resistenz vortäuschen. Eine (positive) Korrelation zeigte sich auch zwischen dem Farnesolgehalt und dem Anfälligkeitsgrad verschiedener Erdbeersorten gegenüber *Tetranychus cinnabarinus* BOISD. (REGEV 1978).

DABROWSKI und Mitarbeiter (1971) führen die Resistenzunterschiede auf anlockend bzw. abschreckend wirkende Blattinhaltsstoffe zurück. Wasserlösliche Blattextrakte eines anfälligen Erdbeerklons hatten eine erhöhte Lockwirkung auf weibliche Milben, die den Extrakt auch stärker annahmen (RODRIGUEZ und Mitarbeiter 1971). Gerichtete Reaktionen wurden ferner gegenüber ätherischen Ölen aus Blättern nachgewiesen. Auch CHAPLIN und Mitarbeiter (1972) ermittelten positiv und negativ gerichtete Reaktionen gegenüber Erdbeerblättern bestimmter Sorten. Wässrige Extrakte von resistenten Erdbeeren bedingten eine Hemmung der Nahrungsaufnahme oder Meideverhalten. Während das Laub bei resistenten Sorten steten Mangel an Attraktivität erkennen ließ, waren die Blätter anfälliger Sorten im Frühjahr und Frühsommer attraktiv, nicht jedoch im Juli/August, und anschließend von neuem. KISHABA und Mitarbeiter (1972) stellten bei weniger anfälligen kalifornischen Erdbeerklonen eine im allgemeinen schwächere Behaarung fest als bei hoch anfälligen. Eine adäquate Beziehung deutet sich bei Apfel in Verbindung mit *Panonychus ulmi* an, indem die Sorte ,James Grieve' mit besonders hoher Behaarungsdichte der Blattunterseite auch eine relativ hohe Befallsneigung gegenüber dieser Spinnmilbe aufweist (FRITZSCHE und Mitarbeiter 1982). Rasterelektronenmikroskopische Untersuchungen derselben Autoren erhärten die von POST (1962) gegebenen Hinweise auf die Bedeutung der Dichte und Struktur des Pallisadenmesophylls als mit in Frage kommende Ursache für Anfälligkeitsunterschiede von Apfelsorten gegenüber *Panonychus ulmi*.

In Blättern von Schwarzen Johannisbeeren ermittelte SAMORODOVA-BIANKI (1967) bei Resistenz gegen die Johannisbeergallmilbe (*Eriophyes ribis* NAL.) einen höheren Gehalt an Zucker, verschiedenen organischen Säuren, Asche, wasserlöslichen Polyphenolen und Karotin, jedoch einen geringeren Gehalt an Askorbinsäure und Glutathion bei zugleich erhöhter Polyphenoloxydase-, aber geringerer Askorbinsäureoxydase-Aktivität als in Blättern von anfälligen Sorten.

## Literatur

(Auszug — das vollständige Literaturverzeichnis kann beim Verfasser eingesehen bzw. angefordert werden)

ALSTON, F. H., J. B. BRIGGS: Inheritance of hypersensitivity to rosy aphid *Dysaphis plantaginea* in apple. Canad. J. Genetics Cytol. **12** (1970), 257–258

BRAUN, J. W., A. W. HELTON: Induced resistance to Cytospora in *Prunus persica*. Phytopathology **61** (1971), 685–687

BRAUNS, M.: Untersuchungen über die Resistenz der Sorte ,Antonowka' und ihrer resistenten Nachkommen gegen den Erreger des Apfelschorfes. Züchter **32** (1962), 297 bis 304

CERETELI, G. L.: (Anatomische Kennzeichen der Widerstandsfähigkeit von Apfelsorten gegenüber Apfelschorf.). AN GrusSSR **63** (1971), 209–212

CIMANOWSKI, J., D. F. MILLIKAN: Resistance of apple to powdery mildew and its relationship to osmotic activity of the cell sap. Phytopathology **60** (1970), 1848 to 1849.

FAWCETT, C. H., D. M. SPENCER: Phytoalexins production and brown rot in apples. Phytochemistry **8** (1969), 6

FRITZSCHE, R., H. B. SCHMIDT, M. MÜLLER, S. THIELE: Morphologisch-anatomische

Studien an Apfelblättern als Beitrag zur Aufklärung der Ursachen sortenbedingter Befallsunterschiede bzw. Resistenzmechanismen. Arch. Phytopathol. u. Pflanzenschutz, Berlin **18** (1982) 223–232

FRITZSCHE, R., H. WOLFGANG, E. REISS, S. THIELE: Untersuchungen zu den Ursachen sortenbedingter Befallsunterschiede von Apfelbäumen mit Oligonychus ulmi KOCH. Arch. Phytopathol. u. Pflanzenschutz, Berlin **16** (1980) 193–198

GROSCLAUDE, C.: Le plomb des arbres fruitiers. Ètude expérimentale de l'infection naturelle des blessures de taille par le *Stereum purpureum* au cours de repos végétatif. Conséquences pratiques. C. R. Séances Acad. Agric. France, Paris **57** (1971), 1094–1103

HELTON, A. W.: Induction of reciprocal resistance in Prunus persica by Cytospora cincta and Agrobacterium tumefaciens. Phytopathology. St. Paul Minn. **66** (1976) 212–214

HILDEBRAND, D. C.: Fire blight resistance in Pyrus: hydroquinone formation as related to antibiotic activity. Canad. J. Bot. **48** (1970), 177–181

HUBERT, J. J., A. W. HELTON: A translocated resistance phenomenon in *Prunus domestica* induced by initial infection with *Cytospora cincta*. Phytopathology **57** (1967), 1094–1098

IŠČENKO, L. A.: (Wechselwirkung zwischen der Entwicklung des Schorfes auf Apfelblättern und der Aktivität oxidierender Fermente in ihnen während der Vegetationsperiode.) Naučnye doklady vysšij školy. Biolog. Nauki, Moskva **11** (1968), 85–88

ISIN, M. M.: (Results of studies of some management and chemical control measures against Cytospora sp. on apple trees.) Tematicheskij Sbornik Nauchn. Rabot Inst. Pladov. i. Vinograd. i Opytn. Stantsil 3. Alma Ata (1975) 187–192

JIRĂTKO, J.: Rezistence rostlin proti chorobám (současn énázory.) SI ÚŠTI, ř. Ochrana Rostlin **2** (1972), 84

KENNEDY, G. G., SCHAEFERS, G. A.: Evidence for nonpreference and antibiosis in aphid-resistant red raspberry cultivars. Enviromental Entomology **3** (1974) 773–777

KOPAN, V. P.: (Some physiological-biochemical factors in the resistance of apples to mildew.) Sadivnyctvo, Resp. mižvid. nauk.-temat. Zb. **7** (1968), 91–98

KRASINSKIJ, N. P.: Dymonstojčivost rastenij i dymonstojčivie assortimenty (itogirabot 1934–1948 gg). Učenye zapiski Gořkovskogo gosudarstvennogo universiteta, vyp. **14** (1949) 225–246

MIHATSCH, H., G. MILDENBERGER: Beiträge zur Vererbung der Mehltauresistenz bei Malus. II. Beziehungen zwischen Mehltaubefall und Witterungsverlauf. Züchter **36** (1966), 80–86

MUSSELL, H. W., R. C. STAPLES: Phytoalexinlike compounds apparently involved in strawberry resistance to *Phytophthora fragaria*. Phytopathology **61** (1971), 515 to 517

POST, A.: Effect of cultural measures on the poplation density of the fruit tree red spider mite, Metatetranychus ulmi KOCH (Acari, Tetranychidae). Meded. Proefstat. Fruitteelt in de volle Grond **4** (1962) 1–110

RAA, J.: Polyphenols and natural resistance of apple leaves against *Venturia inaequalis* (COOKE) ADERH. Netherlands J. Plant Pathol. **74** (1968), Suppl. 1; 37–45

RANDALL, H., A. W. HELTON: Effect of inoculation date on induction of resistance to Cytospora in Italian prune trees by Cytospora cincta. Phytopathology, St. Paul Minn. **66** (1976) 206–207

REGEV, S.: Difference in farnesol content in strawberry varieties and their susceptibility to the carmin spider mite Tetranychus cinnabarinus (BOISD.) (Acari, Tetranychidae). Entom. exper. et appl., Amsterdam **24** (1978) 22–26

RODRIGUEZ, J. G., Z. T. DABROWSKI, L. P. STOLTZ, C. E. CHAPLIN, W. O. SMITH jun.: Studies on resistance of strawberries to mites. 2. Preference and nonpreference responses of *Tetranychus urticae* and *T. turkestani* to water-soluble extracts of foliage. J. econ. Entomol. **64** (1971), 383 to 387

ROSS, H.: Resistenz in: KLINKOWSKI, M., MÜHLE, E., REINMUTH, E. und BOCHOW, H. Phytopathologie und Pflanzenschutz I (1974) Berlin, 256–271

RYABOVA, A. N.: (Dieback of sweet and sour cherry plants.) Byulleten gosodarstvennogo Nikitskogo Botanicheskojo sada, Yalta (1976) 21–24

SAMORODOVA-BIANKI, G. B.: (Biochemische Unterschiede bei den resistenten und den durch die Johannisbeergallmilbe befallenen Formen der Schwarzen Johannisbeere.) Biologičeskie nauki (1967) 5, 124–127

SOMERS, R. C., A. F. HARRISON: Wood tannis-isolation and significance in host resistance to Verticillium wilt disease. Aust. J. biol. Sci. **20** (1967), 475–479

TRAJKOVSKI, V.: Resistance to sphaerotheca mors-uvae (SCHW.) BERK. in *Ribes nigrum* L. I. Chromatographic studies. Swed. J. agric. Res., Stockholm **2** (1972), 181–194

TRAJKOVSKI, V.: Resistance to Sphaerotheca mors-uvae (SCHW.) BERK. in Ribes nigrum L. 6. The mechanism of resistance of Ribes nigrum to Sphaerotheca mors-uvae (SCHW.) BERK. Swed. J. agric. Res. Stockholm **6** (1976) 215–223

VOL'VAC, P. V.: (Die Resistenz der Sauerkirsche gegen Monilia in der Südukraine.) Sadovodstvo, Vinograd. i. Vinodelie Moldavii, Kishinev **30** (1975), 39–41

WILLIAMS, H.: The effect on Verticillium wilt of strawberries of plant spacing, fertilizer application and defoliation. Plant Pathol., London **24** (1975) 45–47

# Aufgaben zur Züchtung neuer Sorten aus physiologischer Sicht

## Züchtung auf Krankheitsresistenz und ihre Perspektiven

Eine enge Wissenschaftskooperation verschiedener Disziplinen wird besonders bei der gegenwärtig ständig an Bedeutung zunehmenden Züchtung auf Krankheitsresistenz deutlich. Der Erfolg der praktischen Resistenzzüchtung hängt in der Hauptsache von der gelungenen Kombination der wirtschaftlich wichtigen Merkmale wie Ertrag, Fruchtqualität, Haltbarkeit bei Lagersorten, Schwachwüchsigkeit mit den gewünschten Resistenzeigenschaften gegenüber wirtschaftlich bedeutsamen Krankheiten ab. Eine hohe Selektionsrate mit den gewünschten Merkmalen läßt sich nur dann erzielen, wenn die Elternsorten diese Merkmale gut vererben. Kenntnisse über die Vererbung der verschiedenen Resistenzeigenschaften und quantitativen Merkmale liegen bereits vor. Über biochemische Zusammenhänge und Ursachen der Resistenz gibt es aber nur wenig Anhaltspunkte. Trotz des Fehlens von umfassenden Erkenntnissen auf diesem Gebiet werden international und national weitere wirtschaftlich bedeutende Krankheiten einer systematischen Resistenzzüchtung zugänglich gemacht. Eine gezielte züchterische Bearbeitung erfordert bestimmte Voraussetzungen, die für alle Wirt-Pathogen-Kombinationen erfüllt sein müssen. Dies sind:

1. Möglichkeiten zu Anfälligkeitsprüfungen großer Sortimente,
2. Vorhandensein von genetisch bedingten Befallsunterschieden der Sorten,
3. Vorhandensein einer Resistenzprüfmethode,
4. Herstellung und Testung großer Nachkommenschaften,
5. Schätzung des Erblichkeitsgrades,
6. Prüfung der Kombinationseignung,
7. Einsatz von Massenselektionsverfahren.

Dabei werden die Erfolgsaussichten solcher Arbeiten weitgehend davon abhängen, wie es gelingt, beide genetischen Systeme, nämlich das der Pathogene selbst und das der Sorten, in der züchterischen Bearbeitung zu beherrschen.

Erfolgsaussichten bestehen bei solchen Wirt-Pathogen-Kombinationen, bei denen deutliche Befallsunterschiede zwischen den Sorten und damit Trägern von Resistenzgenen als Donoren gefunden werden.

So kann die Resistenzzüchtung gegen Apfelschorf bisher als sehr erfolgreich angesehen werden. Seit 1970 wurde bereits eine Reihe von resistenten Sorten zugelassen, die auch in ihren obstbaulichen Eigenschaften weitgehend befriedigen (Tab. 1). Aus eigenen Arbeiten stehen zahlreiche schorfresistente Zuchtklone in obstbaulichen Prüfungen. Zur entscheidenden Frage im Anbau dieser schorfresistenten Sorten wird die Stabilität der Resistenz. So muß zum Beispiel durch die weltweite Verwendung der resistenten Wildart *Malus floribunda* 821 als Resistenzdonor in Kreuzungen, die das Resistenzgen Vf auf ihre Nachkommen überträgt, die Stabilität der Schorfresistenz parallel zu den obstbaulichen

Prüfungen mit untersucht werden. Sie ist unbedingte Voraussetzung für einen langjährigen erfolgreichen Anbau von resistenten Sorten.

Der Erreger des Apfelschorfes zeichnet sich durch ein breites Rassenspektrum aus. Eine reiche Formenmannigfaltigkeit des Schorfpilzes wurde bereits von RUDLOFF (1935) ermittelt. Von 172 Pilzherkünften waren nicht zwei Kulturen in ihren morphologischen Eigenschaften identisch. Die Formenfülle des Pilzes erschöpft sich nicht nur in den phänotypisch erkennbaren Merkmalen. Wahrscheinlich ist auch eine physiologische Spezialisierung gegeben, die das Vorhandensein verschiedener Biotypen des Schorfpilzes erklärt.

Neue Untersuchungen aus verschiedenen ökologischen Gebieten bestätigen die große Spezialisierung des Schorfpilzes. Verschiedene Pilzherkünfte unterscheiden sich in ihrer Virulenz und Aggressivität, aber auch in ihrer genetischen Substanz. Dadurch wird es möglich, die Resistenz einer Sorte unter bestimmten ökologischen Bedingungen zu durchbrechen. Besonders gefährdet sind Bestandseinheiten mit solchen Sorten, deren Resistenz nur auf einem oder wenigen Genen beruht, die von ein und demselben Resistenzdonor (z. B. *Malus floribunda*, Tab. 1) abstammen. Erste Hinweise über eine mögliche Durchbrechung der Schorfresistenz wurden bereits von der Apfelsorte ‚Prima' bekannt (FISCHER, BUKARTSCHUK, BONDARENKO, ARTAMONOVA 1983), deren Resistenz ebenfalls durch *Malus floribunda* 821 (Vf) bedingt wird.

Neben der oligogen bedingten Resistenz der Wildarten ist eine zweite Art der Resistenz bekannt, die polygen bedingte Resistenz. Sie wird durch die Sorte ‚Steinantonowka' vererbt. Diese Resistenz wirkt rassenunspezifisch und beruht auf einer Vielzahl von Genen. Sie stellt keine absolute Resistenz dar nach der Art der Gen-für-Gen-Beziehungen bei den Wildarten (FLOR 1959). Sie wird als „Feldresistenz" bezeichnet. Auf Grund der polygenen Bedingtheit der Resistenz kann sie nicht ohne weiteres durchbrochen werden.

*Tab. 1:* Neue schorfresistente Apfelsorten mit Angaben zum Jahr der Zulassung, der genetischen Basis der Resistenz und dem Herkunftsland (nach LESPINASSE, OLIVIER, GODICHEAU 1979)

| USA | Kanada | Frankreich | Großbritannien |
|---|---|---|---|
| ‚Prima'<br>(1970) – Vf | ‚Mac Free'<br>(1974) – Vf | ‚Priam'<br>(1974) – Vf | ‚Gavin'<br>(1977) – Vf |
| ‚Priscilla'<br>(1972) – Vf | ‚Nova Easygro'<br>(1975) – Vr | ‚Querina'<br>(1977) – Vf | |
| ‚Sir Prize'<br>(1975) – Vf | ‚Novamac'<br>(1978) – Vf | | |
| ‚Liberty'<br>(1978) – Vf | | | |
| ‚Jonafree'<br>(1979) – Vf) | | | |

Vf = *Malus floribunda*
Vr = *Malus pumila* R 12740 7A

Um eine dauerhafte Resistenz bei neuen Sorten zu erreichen, ist es notwendig, die vertikale (rassenspezifische) mit der horizontalen (rassenunspezifischen) Resistenz zu kombinieren (Fischer 1979). Des weiteren sollten die stofflichen Wirkungsprinzipien der Resistenz bei Wirtspflanze und Pathogen weiter erforscht werden, um sichere Prüfverfahren zu erarbeiten. Resistenzprüfmethoden, die auf physiologischen Grundlagen beruhen, gibt es für pilzliche und bakterielle Krankheitserreger bisher so gut wie nicht. Die Erforschung der Ursachen der Resistenz, die ihre Basis in der physiologischen Forschung hat, ist außerordentlich aufwendig und bot für die Obstzüchtung bisher nur wenige Hinweise. Die Kenntnisse der physiologischen Wirkungsmechanismen resistenter Obstgehölze gegen bestimmte Schaderreger ist aber notwendig, wenn es gelingen soll, durch Einbau stoffwechselphysiologischer Testverfahren, die Rückschlüsse auf den wahrscheinlichen Resistenzgrad ermöglichen, den Züchtungsgang wesentlich zu verkürzen.

In der Regel sind bei der Verwendung von Wildarten als Resistenzdonoren zahlreiche Kreuzungsschritte notwendig, um Resistenz mit hohem Ertrag und guter Fruchtqualität in einem Idiotyp zu vereinen. Deshalb wird in der Züchtung versucht, auch innerhalb von reinen Kultursortennachkommenschaften resistente Formen zu finden. Beispielsweise wurden für die Züchtung auf Mehltauresistenz in ausreichend großen Nachkommenschaften resistente Sämlinge selektiert. In Heritabilitätsschätzungen wurde von 15 Apfelsorten ‚Starkrimson‘ als Elternsorte mit hoher spezifischer Kombinationseignung für Mehltauresistenz ermittelt (Dathe 1975). Diese Sorte eignet sich aber nur bedingt für die praktische Züchtung, da auch ihre negativen Fruchteigenschaften und Geschmacksqualitäten in den Nachkommenschaften vererbt werden und auch die Wuchsform der Nachkommenschaften nicht den Anforderungen entspricht. Die Selektionsrate bleibt in Populationen mit ‚Starkrimson‘ sehr gering. An den genannten Beispielen ist die Problematik der Resistenzzüchtung angedeutet.

Ähnlich gelagert sind die Aufgaben der Züchtung gegen Feuerbrand (*Erwinia amylovora*) und Bakterienbrand (*Pseudomonas syringae*) (Fischer, C. u. a. 1983a, Fischer, M. u. a. 1983b, Fischer, C. u. a. 1983c). Bisherige Ergebnisse deuten polygene Bedingtheit der Resistenz an. Es erscheint möglich, eine züchterische Verbesserung des Resistenzverhaltens von neuen Sorten zu erreichen. Die Testung ist allerdings sehr aufwendig und läßt nur langsame Fortschritte zu. Die Ursachen von Resistenz bzw. geringer Anfälligkeit sind unbekannt. Ihre Aufklärung ließe die Aussichten einerseits für wirksame Bekämpfungsmaßnahmen, die derzeit noch nicht befriedigen, andererseits aber auch für wesentlich effektivere Testmethoden größer werden.

# Beziehungen zwischen Pflanzenphysiologie, Züchtungsforschung und praktischer Obstzüchtung

Ergebnisse pflanzenphysiologischer Forschung dienen heute bereits vielfältig zur Verbesserung der Produktionsverfahren im Obstbau. Ein besseres Wissen um die Zusammenhänge zwischen Anbaugestaltung und Pflegemaßnahmen einerseits, Pflanzenentwicklung und Ertragsbildung andererseits, ist dazu geeignet, den Anbau immer ertragssicherer zu gestalten.

Die Anwendung physiologischer Erkenntnisse allein zur Verbesserung der Obstproduktion reicht jedoch für die Zukunft, d. h. für die nächsten Generationen der Obstanlagen, nicht mehr aus. Wir brauchen vor allem auch neue, den Forderungen des modernen Intensivanbaus besser angepaßte Sorten. Das betrifft deren Wuchs, die Regelmäßigkeit und Höhe der Erträge und nicht zuletzt die Fruchtqualität einschließlich des Lagerverhaltens. Der Züchter benötigt dazu u. a. Testverfahren, die es ihm gestatten, auf Grund entwicklungs- und stoffwechselphysiologischer Verhaltensweisen eine Neuzüchtung hinsichtlich ihres obstbaulichen Wertes schneller als im Feldversuch beurteilen zu können.

So wird das Ertragspotential einer Sorte u. a. durch die Morphologie des Baumes, durch Merkmale der Blütenbildung, der Fruchtungstendenz und schließlich der Fruchtgröße bedingt. Hier liegen zwar bereits zahlreiche Ergebnisse vor, die im Zuchtprozeß berücksichtigt werden, aber richtungsweisende Erkenntnisse für eine züchterische Bearbeitung von Besonderheiten im Zusammenhang mit der Befruchtungsbiologie und Ertragsbildung, wie die Wertigkeit bestimmter Blüten, die Dauer der Befruchtungsfähigkeit, die Aufblühfolge, die Blütenknospendifferenzierung in Abhängigkeit vom sortenspezifischen Wuchsstoffhaushalt oder die Wechselwirkungen dieser Merkmale zu morphologischen Merkmalen fehlen weitgehend. Es wird in nächster Zeit auch nur schrittweise möglich sein, auf diesem Gebiet zu weiteren, für die Züchtung anwendungsreifen Ergebnissen zu gelangen. Hier helfen der Züchtung zur Zeit Methoden der quantitativen Genetik. So wissen wir heute, daß das Ertragspotential einer Sorte genetisch bedingt ist. Durch die Anwendung systematischer Kreuzungspläne ist es möglich, die Art und Weise der Vererbung dieses Komplexmerkmals genauer zu bestimmen und dadurch Aussagen über den Erbwert von definiertem Ausgangsmaterial zu erarbeiten (Dathe 1975, Murawski und Fischer 1979).

Zu diesem Komplex ergeben sich noch zahlreiche weitere Ansatzpunkte für eine gezielte Unterstützung der praktischen Züchtung durch die physiologische Forschung, so z. B. zu Problemen der Apikaldominanz und deren Brechung, zu den stoffwechselphysiologischen Ursachen abiotischer und biotischer Resistenz (siehe voriges Kapitel), zur Klärung von Korrelationen zwischen dem Verhalten in der juvenilen und der adulten Phase der Entwicklung bei Sämlingen der Obstgehölze usw. Bedingung für die züchterische Nutzung physiologischer Erkenntnisse und Methoden ist deren Anwendbarkeit in Massenselektionsverfahren. Allein hierin sind aber auch ihre Grenzen begründet. Andererseits können grundlegende Erkenntnisse von wesentlicher Bedeutung für die Erschließung weiterer Möglichkeiten zur Beschleunigung und weiteren Erhöhung der Effektivität der Obstzüchtung sein. Die durch die extrem langsame Generationsfolge gegenüber ein- und zweijährigen Kulturpflanzen erschwerte Züchtungsarbeit ist besonders auf erweiterte Erkenntnisse verwandter Wissensgebiete angewiesen. Letztlich setzt auch die Anwendung neuer Methoden in der Züchtung, die durch die Erschließung der Gewebekultur für Obstgehölze und Erdbeeren ermöglicht werden, Ergebnisse physiologischer Grundlagenforschungen verschiedenster Arbeitsrichtungen voraus, die dann gezielt eingesetzt werden können. Mit diesen Hinweisen wurden die Probleme nur angedeutet. Ihre Bearbeitung erfordert Zeit und materielle, wie personelle Voraussetzungen. Entscheidend für den Erfolg wird sein, daß eine enge Kooperation von Wissenschaftlern verschiedener Disziplinen geschaffen wird, um die Forderungen und Möglichkeiten gegeneinander abzuwägen und in Übereinstimmung zu bringen.

Die Abbildung auf Seite 587f. umreißt einige Aufgaben der Obstzüchtung, für deren Lösung physiologische und biochemische Erkenntnisse bzw. Methoden von Nutzen sein können. Dabei soll deutlich werden, wo Züchter, Pflanzenphysiologen, Phytopathologen und Technologen, jeder auf seinem Gebiet, neue wichtige Aufgaben zu bewältigen haben, soll das Problem „Sorte“ in seiner Gesamtheit für den Obstbau immer besseren und effektiveren Lösungen zugeführt werden.

## Literatur

(Auswahl — das vollständige Literaturverzeichnis kann beim Verfasser eingesehen bzw. angefordert werden)


Dathe, B.: Quantitative genetische Untersuchungen an Apfelsämlingen zur Entwicklung neuer Selektionsprinzipien. Berlin AdL, Diss. 1975

Fischer, C.: Resistenzzüchtung gegen Schorf (Venturia inaequalis [Cooke] Aderh.) und Mehltau (Podosphaera leucotricha [Ell. et Ev.] SALM.). Tagungsberichte AdL d. DDR **174** (1979) 97—104

Fischer, C., V. Bukartschuk, A. Bondarenko, E. Artamonova: Erste Ergebnisse zur Stabilität der Schorfresistenz beim Apfel unter verschiedenen ökologischen Bedingungen in der UdSSR und DDR. Arch. Gartenbau **31** (1983) 263—264

Fischer, C., H.-J. Schaefer, M. Fischer, B. Dathe, W. Ficke: Erste Ergebnisse der Resistenzzüchtung gegen Feuerbrand, Erwinia amylovora (Burrill) Winslow et al. bei Kernobst. 1. Mitt. Apfelsorten. Arch. Züchtungsforsch. **13** (1983) 137—146

Fischer, M., C. Fischer, H.-J. Schaefer, W. Ficke: Erste Ergebnisse der Resistenzzüchtung gegen Feuerbrand, Erwinia amylovora (Burrill) Winslow et al. bei Kernobst. 2. Mitt. Apfel- und Birnenunterlagen. Arch. Züchtungsforsch. **13** (1983) 183—191

Fischer, C., M. Fischer, B. Wolfram, B. Kaltschmidt: Resistenzprüfungen gegen Bakterienbrand (Pseudomonas syringae van Hall.) an Apfel und Kirsche. Arch. Züchtungsforsch. **13** (1983) 193—203

Flor, H. H.: Genetic controls of host-parasite interactions in rust diseases. In: Plant Pathology 1908—1958, Madison 1959

Lespinasse, Y., J. M. Olivier, M. Godicheau: Etudes entreprises dans le cadre de la resistance a la tavelure du pommier. Proceedings of Eucarpia, Fruit Section, Symposium „Tree Fruit Breeding“, Angers 1979

Murawski, H., M. Fischer: Beschleunigung des Zuchtfortschritts in der Obstzüchtung durch gezielte Anwendung genetischer Erkenntnisse in Verbindung mit Methoden der Kombinationszüchtung — eine internationale Aufgabe. Tagungsber. AdL d. DDR **174** (1979) 11—17

Rudloff, C. F.: Venturia inaequalis [Cooke] Aderh. III. Zur Formenmannigfaltigkeit des Pilzes. Gartenbauwiss. **9** (1935) 105—119

Archiv f. Züchtungsforschung **8** (1978) Heft 2, Tagungsber. AdL d. DDR **174** (1979) Anwendung neuer Erkenntnisse der Züchtungsforschung in der Obstzüchtung

**FORDERUNGEN** | **LÖSUNGSWEGE**

**1. Ertrag:**

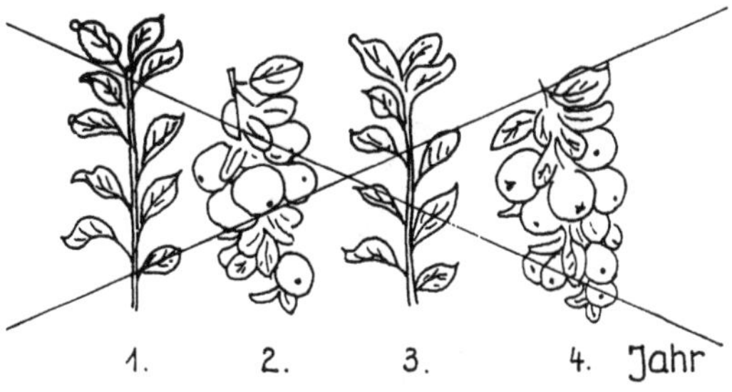


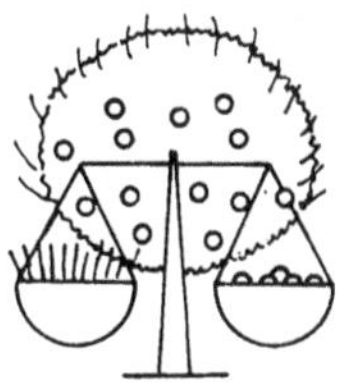

Alternanz: Jahre mit starkem Wuchs wechseln mit Jahren eines übermäßigen Ertrags ab.

Wuchs und Ertrag gleichmäßig verteilt, optimale Erträge = Erträge, die ein Maximum der Leistung darstellen, die der Baum zu erbringen vermag, ohne die nächstjährige Ernte zu gefährden.

Züchtung von Idiotypen mit jährlich hohem (nicht extrem hohem!) Ertrag ohne Alternanz — günstiges Verhältnis von vegetativer und generativer Entwicklung

Verwendung reichlich und regelmäßig blühender und fruchtender Eltern, Eliminierung alternierender Eltern und Nachkommenschaften aus dem Züchtungsmaterial — Klärung der Ursachen der Alternanz, Auslese von Idiotypen mit hoher Blühtendenz und geringer, aber für den Ertrag ausreichender Fruchtungstendenz als günstigste Kombination für regelmäßiges Tragen

**2. Physiologie:**

ausreichende Blühwilligkeit für jährlich optimale Ernten

günstiges Verhältnis von Blühwilligkeit zu Fruchtungstendenz — ausreichender Ansatz und eine dem angestrebten Optimalertrag angepaßte Bereinigung im Zusammenhang mit dem Junifruchtfall

abgestimmtes, günstiges Verhältnis zwischen Blühwilligkeit, Fruchtungstendenz und Wachstum

Auslese entsprechender Formen mit Hilfe entwicklungsphysiologischer Testverfahren

**3. Physiologie:**

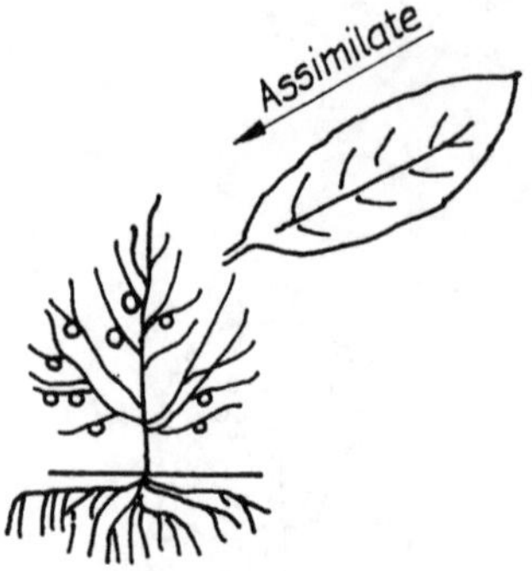


Optimalverteilung auf Früchte, Sproß und Wurzel begünstigt regelmäßige Erträge. Anzustreben ist ein genetisch bedingtes optimales Verteilungsschema

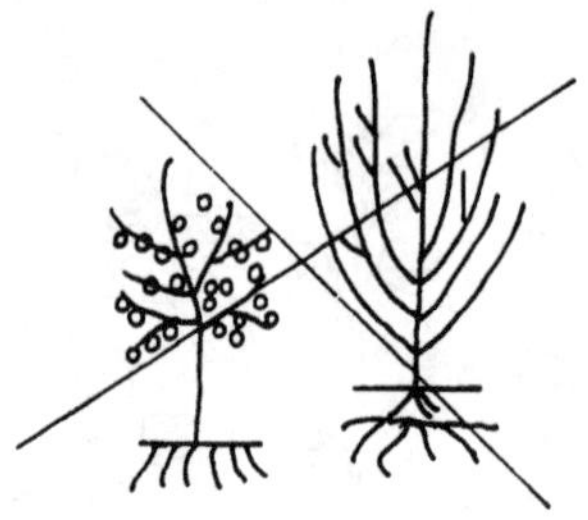

einseitige Bereitstellung von Assimilaten für den Sproß, die Wurzel oder die Früchte fördert die Alternanz

günstige Verteilung der Assimilate auf Blätter, Astgerüst und Wurzel als Vorleistung für gleichmäßige und hohe Erträge bei optimalem Zuwachs

Verwendung von Eltern mit hoher Assimilationsleistung je Blattflächeneinheit — Schnellmethoden zur Messung der Assimilationsintensität, Klärung bestimmter Fragen des „hormonbedingten" Stofftransportes

**4. Morphologie:**

zweckmäßiger Aufbau, günstige Verzweigungswinkel, ausreichend Neuwuchs

Neuwuchs, unzureichend, Verzweigung ungenügend

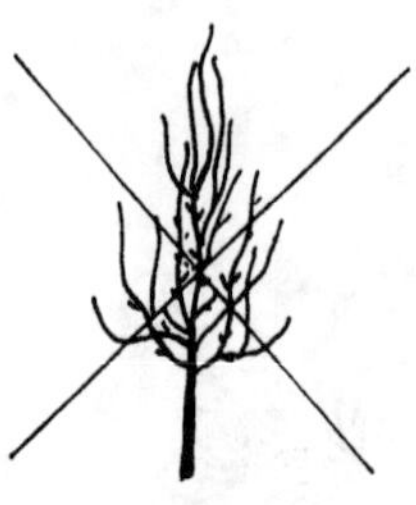

zu ungünstige Verzweigungswinkel, erfordert zuviel Schnitt = Substanzverlust

für industriemäßige Produktionsverfahren geeignetes Astgerüst: günstige Verzweigungswinkel, ausreichend Blattfläche durch relativ kurze Internodien, günstiges Verhältnis von Altwuchs zu Neuwuchs, optimale Verzweigungsdichte (genügend Ertrag — wenig Schnitt — gute Fruchtqualität)

Einkreuzung von Eltern, die einen günstigen Verzweigungscharakter vererben

**5. Fruchtgröße, Fruchtqualität:**

starke Schwankungen der Fruchtgröße bedingen Mehrarbeit und starke ökonomische Verluste

gleichmäßige Fruchtgrößen vereinfachen Ernte, Lagerung und Sortierung und sind ökonomisch günstiger

Züchtung von Sorten, die einen hohen Anteil gleichmäßig großer Früchte bringen ohne Unterschreitung einer Mindestfruchtgröße, mit günstigem Zucker/Säure-Verhältnis, optimaler Aromaausbildung und ausreichender Fruchtfestigkeit

Eliminierung von Eltern und Nachkommen mit stark schwankender Fruchtgröße — Entwicklung objektiver Bewertungsmethoden zur Beurteilung des Geschmacks

**6. Resistenz gegen biotische Faktoren:**

geringe Anfälligkeit gegenüber den wichtigsten Pilzkrankheiten schränkt zahlreiche Pflanzenschutzmaßnahmen ein und wirkt sich ökonomisch sehr günstig aus („Feldresistenz", nicht absolute Resistenz)

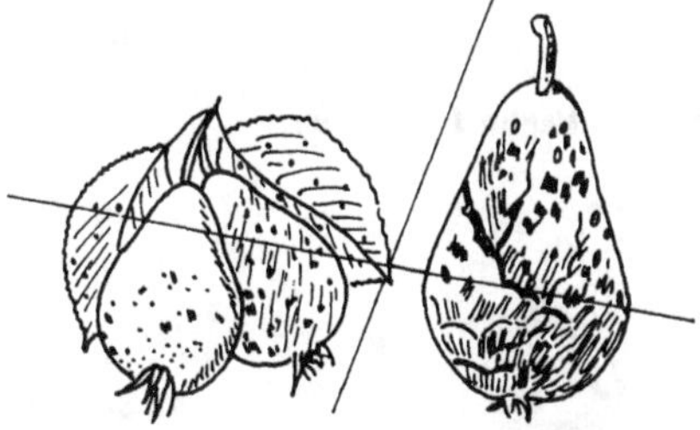

schorfanfällige Birne

stark schorfanfällige und mehltauanfällige Sorten belasten durch notwendige Sondermaßnahmen die Obstproduktion sehr stark

mehltauanfälliger Apfel

Sorten mit Feldresistenz gegenüber Schorf, Mehltau und anderen pilzlichen und tierischen Schaderregern

Einkreuzung resistenter Eltern, Prüfung der Resistenz von Zuchtmaterial, — Klärung der Zusammenhänge zwischen Jugend- und Altersresistenz (Mehltau) für sichere Frühselektion, Entwicklung von Methoden zur Erkennung der rassenspezifischen und rassenunspezifischen Resistenz

gesunder Trieb einer resistenten Sorte

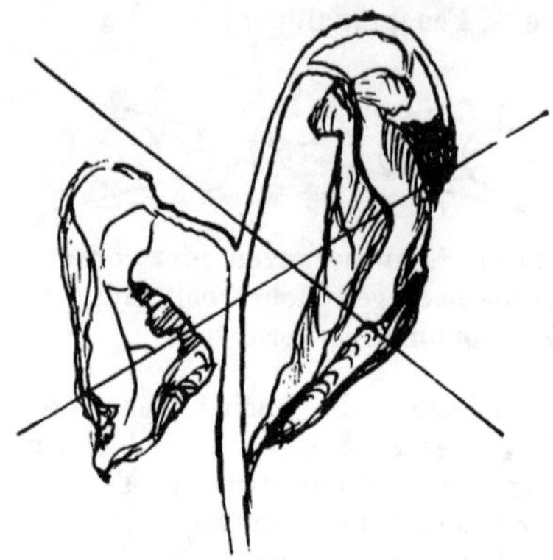

von Feuerbrand geschädigter Trieb

Sorten mit Resistenz gegenüber Feuerbrand und Bakterienbrand sowie Toleranz gegen Virosen

Nutzung resistenter bzw. wenig anfälliger Eltern im Zuchtprozeß — Klärung der stofflichen Ursachen der Resistenz, Entwicklung von Schnellmethoden zur Massentestung, Klärung der Biologie der Erreger unter künstlichen Bedingungen (reproduzierbare Ergebnisse im Gewächshaus). Nach Aufklärung der biochemischen Resistenzursachen evtl. Entwicklung indirekter Testverfahren

**7. Resistenz gegen abiotische Faktoren:**

Sorte, die geringe Spätfröste ohne Schäden überstehen kann (langsame Aufblühfolge)

Sorten, die auch auf geringe Spätfröste mit Totalschaden der Blüten reagieren

ausreichende Holzfrostfestigkeit unter unseren klimatischen Bedingungen (gute Stabilität der Frosthärte notwendig), ausreichende Frostverträglichkeit der reproduktiven Organe bei Kälteeinbrüchen

Nutzung wenig frostempfindlicher Eltern — Entwicklung von Schnellmethoden zur Resistenzprüfung unter standardisierten Bedingungen

# Sachregister

www.ingramcontent.com/pod-product-compliance
Lightning Source LLC
LaVergne TN
LVHW081351011026
849161LV00013BA/2790